Lehrbuch der Allgemeinen Geographie
Band 6, Teil 2

Lehrbuch der Allgemeinen Geographie

Begründet von Erich Obst
Fortgeführt von Josef Schmithüsen

Autoren der bisher erschienenen Einzelbände

J. Blüthgen, Münster · K. Fischer, Augsburg
H. G. Gierloff-Emden, München · Ed. Imhof, Zürich
H. Louis, München · E. Obst, Göttingen · J. Schmithüsen,
Saarbrücken · S. Schneider, Bad Godesberg
G. Schwarz, Freiburg i. Br. · M. Schwind, Hannover
W. Weischet, Freiburg i. Br. · F. Wilhelm, München

Walter de Gruyter · Berlin · New York 1989

Gabriele Schwarz

Allgemeine Siedlungsgeographie

4. Auflage

Teil 2

Die Städte

Walter de Gruyter · Berlin · New York 1989

Professor Dr. Gabriele Schwarz
Albert-Ludwigs-Universität Freiburg i. Br.
Geographisches Institut I
Werderring 4
7800 Freiburg i. Br.

Teil 2 enthält 62 Abbildungen und 69 Tabellen

CIP-Titelaufnahme der Deutschen Bibliothek

Lehrbuch der allgemeinen Geographie / begr. von Erich Obst.
Hrsg. von Josef Schmithüsen. Autoren d. bisher erschienenen
Einzelbd. J. Blüthgen ... – Berlin, New York : de Gruyter
NE: Obst, Erich [Begr.]; Schmithüsen, Josef [Hrsg.]; Blüthgen, Joachim
 [Mitarb.]

Bd. 6. Schwarz, Gabriele: Allgemeine Siedlungsgeographie.
 Teil 2. Die Städte. – 4. Aufl. – 1988
Schwarz, Gabriele:
Allgemeine Siedlungsgeographie / Gabriele Schwarz. – Berlin ;
New York : de Gruyter.
 (Lehrbuch der allgemeinen Geographie ; Bd. 6)
Teil 2. Die Städte. – 4. Aufl. – 1988
 ISBN 3-11-011019-9

Copyright © 1988 by Walter de Gruyter & Co., Berlin 30.
Alle Rechte, insbesondere das Recht der Vervielfältigung sowie der Übersetzung, vorbehalten. Kein
Teil des Werkes darf in irgendeiner Form (durch Fotokopie, Mikrofilm oder ein anderes Verfahren)
ohne schriftliche Genehmigung des Verlages reproduziert oder unter Verwendung elektronischer
Systeme verarbeitet, vervielfältigt oder verbreitet werden. Printed in Germany.
Satz und Druck: Buch- und Offsetdruckerei Wagner GmbH, Nördlingen.
Bindearbeiten: Dieter Mikolai, Berlin.

Vorwort zur 4. Auflage

Die vorliegende Auflage des Lehrbuchs mußte diesmal in zwei Teilen erscheinen. Dies erwies sich als unumgänglich, da sich die siedlungsgeographische Forschung immens ausgeweitet und neue Themenkreise aufgegriffen hat. Insbesondere die Literatur über die Siedlungen der Entwicklungsländer und über stadtgeographische Themen allgemein hat eine erhebliche Erweiterung erfahren. Trotz des gewachsenen Umfangs ist die Gliederung im Prinzip gleich geblieben, lediglich manche Kapitel-Überschriften wurden aktualisiert.

Wenn die Literatur über die ländlichen Siedlungen im allgemeinen nur bis Mitte der siebziger Jahre verfolgt werden konnte, so ist dies hauptsächlich arbeitsmäßig begründet. Jedoch dürfte dieser Mangel nicht allzu stark ins Gewicht fallen, da die Arbeiten zur Genese ländlicher Siedlungstypen inzwischen gegenüber denjenigen anderer Siedlungstypen an Bedeutung eingebüßt haben.

Die Literatur zu ländlichen Siedlungs- und Flurformen ist im Gegensatz zur letzten Auflage nun zusammengefaßt, da beides meist gemeinsam behandelt wird. In den Kapiteln IV und V wurden veraltete Titel ausgeschieden und statt dessen neuere Arbeiten aufgenommen. Erweitert wurde das Literaturverzeichnis hinsichtlich der Fremdenverkehrs- und Marktsiedlungen, weil die Beschäftigung mit diesen gegenwärtig besonderes Interesse entgegengebracht wird.

In bezug auf die Stadtgeographie ließ es sich nicht vermeiden, daß manche Kapitel neu formuliert wurden. Ich habe mich dabei bemüht, dem aktuellen Forschungsstand nahezukommen. Daß dies nicht immer gelingen konnte, hängt mit den schnellen Veränderungen, etwa im Gefolge politischer Krisen und raschen wirtschaftlichen Wandels zusammen. Abgesehen davon sind, seitdem das Manuskript für den Druck vorbereitet wurde, zahlreiche Untersuchungen im In- und Ausland erschienen, die nicht mehr eingearbeitet werden konnten.

Aus drucktechnischen Gründen mußte auf Seitenverweise verzichtet werden. Es war nur die Angabe der entsprechenden Kapitel bzw. Unterkapitel möglich. Mitunter habe ich die Nummern der Abbildungen bzw. Tabellen eingefügt, in deren Nähe sich der Text befindet, auf den Bezug genommen wird. Ansonsten muß auf das ausführliche Register zurückgegriffen werden.

Dem Verlag und seinen Mitarbeitern danke ich für ihre Geduld und Hilfe, die sie mir haben zuteil werden lassen. Ebenso danke ich all denen, die mir Teile des Manuskripts durchgesehen haben; bei Übersetzungen, kartographischen- und Schreibarbeiten ebenso wie bei den Korrekturen von Fahnen und Umbruch behilflich waren. Sie alle namentlich zu erwähnen, würde den Umfang eines Vorwortes sprengen.

Freiburg im Breisgau, Januar 1988 Gabriele Schwarz

Es war Gabriele Schwarz nicht mehr vergönnt, das Erscheinen der 4. Auflage ihres Lehrbuchs selbst zu erleben. Kurz vor dem Abschluß der Arbeiten an ihrem Werk ist sie im März 1988 plötzlich verstorben. Den Text- und den Literaturteil hatte sie noch selbst zu Ende führen können. Lediglich die Arbeiten am Register waren noch nicht vollendet. Hierfür lagen jedoch bereits Unterlagen vor, die eine Fertigstellung ermöglichten. Damit kann dieses Lebenswerk von Gabriele Schwarz, das von ihrer beeindruckenden Persönlichkeit als Wissenschaftlerin Zeugnis ablegt, der Fachwelt zugänglich gemacht werden.

Aachen, Oktober 1988																								Werner Kreisel

Inhalt

Teil 2

Verzeichnis der Abbildungen und Tabellen XIII
Literaturverzeichnis XVII

VII. Die Städte 483

    A. Das geographische Wesen der Stadt oder der geographische Stadtbegriff einschließlich einiger Definitionen 483

        1. Die Städte als zentrale Orte und ihre Rangordnung 483

    B. Die allgemeinen Funktionen der Stadt und ihre abgrenzbaren Raumbeziehungen 494

        1. Die Anordnung der zentralen Orte unterschiedlicher Hierarchie und die Gliederung der entsprechenden Umkreise 524

        2. Die Verteilung der Städte als zentrale Orte und Mobilitätsfragen 553

    C. Städte mit besonderen Funktionen oder funktionale Stadttypen 581

        1. Besondere politische Funktionen und daraus erwachsene Stadttypen . . . 586

        2. Besondere kulturelle Funktionen und dadurch bewirkte Stadttypen 593

        3. Besondere Wirtschafts- und Verkehrsfunktionen und dadurch bedingte Stadttypen 597

            a) Ackerbürger- bzw. Landstädte (Agrarstädte) 597

            b) Einzelhandels-Zentren (retail centers bzw. towns) und Dienstleistungs-Zentren (service centers) 601

            c) Industriestädte 604

            d) Verkehrstädte 614

            e) Handels- bzw. Fernhandelsstädte bzw. multifunktionale Management-Zentren 616

        4. Die Hauptstädte 632

    D. Die innere Differenzierung von Städten oder die Viertelsbildung 642

        1. Zur Methodik der inneren Gliederung einer Stadt 643

        2. Die vornehmlich durch zentrale Funktionen bewirkten Glieder einer Stadt bzw. der Stadtkern 647

            a) Klein- und Mittelstädte 648

            b) Groß- und Weltstädte 660

3. Industrie- und Verkehrsanlagen in ihrer Bedeutung für die
   Viertelsbildung 691
4. Die Wohn- und Erholungsbereiche von Städten 703
   a) Anglo-Amerika, Australien/Neuseeland und Republik Südafrika . . . 704
   b) Das westlich orientierte Europa 735
      α) Klein- und Mittelstädte 737
      β) Groß- und Weltstädte bzw. Verdichtungsräume 747
   c) Südeuropa 794
   d) Sowjetunion und Ostblockländer 803
   e) Japan 808
   f) Entwicklungsländer 811
      α) Ost- und Südostasien 812
      β) Indien und Pakistan 819
      γ) Orientalische Länder 823
      δ) Tropisch-Afrika 835
      ε) Lateinamerika 848

E. Die geographische und topographische Lage der Städte 862
   1. Die geographische Lage der Städte 862
   2. Die topographische Lage der Städte 874

F. Die Physiognomie der Städte oder ihre Grundriß- und Aufrißgestaltung . . . 879
   1. Die Grundrißgestaltung 880
      a) Grundriß des Stadtkerns auf historisch-kultureller Grundlage 880
         α) Die Grundrißgestaltung des Stadtkerns in den asiatischen
            Kulturländern 880
         β) Die Grundrißgestaltung der europäischen Städte einschließlich
            derjenigen des russischen Raumes 890
         γ) Die Grundrißgestaltung der Kolonialstädte 902
      b) Die Grundrißgestaltung des Stadtkerns unter allgemeinen Gesichts-
         punkten in der Spannung zwischen Konstanz und Wandlung 907
      c) Das Wachstum der Städte und die Grundrißgestalt 917
   2. Die Aufrißgestaltung 920

G. Besondere Probleme der Groß- und Weltstädte bzw. der
   Verdichtungsräume 931
   1. Das Stadtklima und sein Einfluß auf die innere Differenzierung sowie die
      Grund- und Aufrißgestalt 932
   2. Die Versorgung der Groß- und Weltstädte 959
      a) Heizung und Licht 962
      b) Wasserbeschaffung, Abwasser- und Abfallbeseitigung 970

Inhalt IX

    3. Der innerstädtische Vorortverkehr (Nahverkehr) sowie an Weltstädte gebundene Fernverkehrsanlagen 987

Literatur 1031

Sachregister XIX

Teil 1

Verzeichnis der Abbildungen und Tabellen XIII
Literaturverzeichnis XVI

   I. Die Entwicklung der Siedlungsgeographie 1

  II. Siedlungsraum und Siedlungsverteilung 18

    A. Die Grenzen des Siedlungsraumes 18

    B. Die Verteilung der Siedlungen und der Bevölkerung über die Erdoberfläche in ihrer Abhängigkeit von physisch- und anthropogeographischen Faktoren . 27

       1. Der Einfluß der physisch-geographischen Faktoren auf die Verteilung der Siedlungen und der Bevölkerung 27

       2. Der Einfluß der anthropogeographischen Faktoren auf die Verteilung der Siedlungen und der Bevölkerung 33

          a) Der Einfluß der Siedlungsart und der Wirtschaftskultur 33

             α) Die autarke Primitivwirtschaft der Sammler, Jäger und Fischer . . . 34

             β) Die semi-autarke Sippen- und Stammeswirtschaft 36

             γ) Die anautarke Wirtschaft auf staatlicher Grundlage 40

             δ) Die anautarke Wirtschaft im Zeitalter von Industrie, Weltwirtschaft und Weltverkehr 44

          b) Der Einfluß der historischen Entwicklung 46

 III. Die Gemeindetypisierung, ihre Grundlagen und ihre Bedeutung für die funktionale Gliederung der Siedlungen 53

 IV. Die ländlichen Siedlungen im eigentlichen Sinne 61

    A. Die topographische Lage der Wohnplätze 61

      1. Die Siedlungen der Wildbeuter (ephemere Siedlungsart) 62

      2. Die Siedlungen der höheren Jäger (episodisch-temporäre Siedlungsart) . . 62

      3. Die Siedlungen der Hirtennomaden (periodisch-temporäre Siedlungsart) 63

      4. Die Siedlungen bei halbnomadischen Lebensformen (Saisonsiedlung) . . 64

X Inhalt

    5. Die Siedlungen auf der Grundlage des Hackbaus (überwiegend semi-permanente Siedlungsart) 65

    6. Die Siedlungen auf der Grundlage des Pflugbaus (permanente Siedlungsart) 68

B. Die ländlichen Wohnstätten 74

    1. Windschirme und Hütten der Wildbeuter 76

    2. Hütten und Zelte der höheren Jäger und Hirtennomaden 77

        a) Die Wohnstätten der höheren Jäger 77

        b) Die Wohnstätten der Hirtennomaden 80

    3. Der Übergang von Hütte und Zelt zum Haus bei halbnomadischen Lebensformen 81

    4. Das einräumige Haus der Hackbauern 84

    5. Das entwickelte Haus bei den auf der Grundlage des Pflugbaus wirtschaftenden Menschen 91

        a) Grundform und Baumaterial 91

        b) Haus und Gehöft 103

            α) Haus und Hof im Orient, im Mittelmeerraum und im Fernen Osten ... 104

            β Bäuerliche Haus- und Hofformen Mitteleuropas 109

            γ) Sonderformen von Haus und Hof 120

C. Die Gestaltung der Wohnplätze oder die Siedlungsform unter Berücksichtigung der Ortsnamen 123

    1. Einführung in die Grundbegriffe 123

        a) Gliederung der Wohnplätze nach der Größe 123

        b) Gliederung der Wohnplätze nach der Grundrißgestaltung bzw. die Siedlungsform 126

        c) Gliederung der Siedlungen in bezug auf ihre Genese 127

    2. Die Siedlungsformen und die Ortsnamen im Rahmen der unterschiedlichen Wirtschaftskulturen 129

        a) Die kleinen Gruppensiedlungen der Horden und Banden von Wildbeutern und höheren Jägern 129

        b) Die Großfamilien- und Stammessiedlungen der Hirtennomaden als kleinere oder größere Gruppensiedlungen 132

        c) Die Einzelsiedlungen und Gruppensiedlungen verschiedener Art bei halbnomadischen Lebensformen 135

        d) Die kleinen und großen Gruppensiedlungen bei den Hackbauern ... 138

        e) Die differenzierte Gestaltung der Siedlungen bei den Pflugbauvölkern, insbesondere bei den Kulturvölkern, unter Berücksichtigung kultureller und historischer Gesichtspunkte 154

α) Die Siedlungsgestaltung in Ostasien 156
β) Die Siedlungsgestaltung in Indien 163
γ) Die Siedlungsgestaltung in Südostasien 164
δ) Die Siedlungsgestaltung im Orient 166
ε) Die Siedlungsgestaltung in Rußland 171
ζ) Die Siedlungsgestaltung in Europa 175
η) Die Siedlungsgestaltung in den einstigen europäisch besiedelten Kolonialländern 214

D. Die Gestaltung der Flur und die Zuordnung von Flur- und Siedlungsform . . . 220

   1. Einführung in die Problematik und in die Grundbegriffe 220

   2. Flurformen mit geschlossenem Besitz 229

      a) Großblockfluren 229

      b) Kleinblock-Einödfluren 238

      c) Streifen-Einödverbände mit oder ohne Hofanschluß 245

   3. Flurformen mit Gemengegelage des Besitzes 225

      a) Kleinblock-Gemengeverbände sowie Block- und Streifenfluren 225

      b) Streifen-Gemengeverbände (teilweise Gewannfluren) 264

      c) Kombinationsformen in der Flurgestaltung 299

V. Die zwischen Land und Stadt stehenden Siedlungen (nichtländliche, teilweise stadtähnliche Siedlungen) 307

A. Gewerbe- und Industriesiedlungen der anautarken Wirtschaftskultur vor dem Einsetzen der Industrialisierung 307

   1. Bergbau-, Hütten- und Hammersiedlungen 308

   2. Waldgewerbliche Siedlungen 313

   3. Fischereigewerbliche Siedlungen 317

   4. Siedlungen des Verarbeitungsgewerbes bzw. der Verarbeitungsindustrie . 322

B. Durch die Industrie hervorgerufene oder umgeformte Siedlungen der modernen Zeit 326

   1. Holzwirtschaftliche Siedlungen 327

   2. Fischereiwirtschaftliche Siedlungen 330

   3. Bergwirtschaftliche Siedlungen 334

   4. Ländliche Industrie und Siedlung 346

C. Verkehrssiedlungen 359

D. Fremdenverkehrs-Siedlungen 371

E. Wohnsiedlungen 385

XII   Inhalt

    F. Schutz- und Herrschaftssiedlungen sowie Kultstätten und Kultsiedlungen . . . 390

        1. Schutz- und Herrschaftssiedlungen (Burgen und Schlösser usw.) 390

        2. Kultstätten und Kultsiedlungen 395

VI. Mittelpunkts-Siedlungen 412

    1. Mittelpunkte in Streusiedlungsgebieten 313

    2. Marktsiedlungen mit periodischem Marktbetrieb im Rahmen der anautarken Wirtschaftskultur 416

    3. Marktsiedlungen im Rahmen der semi-autarken Wirtschaftskultur 421

Literatur 427

Sachregister XVII

Verzeichnis der Abbildungen und Tabellen

Abbildungen

96	Der Zentralitätsgrad der zentralen Orte in Bayern (nach Boustedt)	499
97	Schema der zwischenstädtischen Beziehungen vor dem Einsetzen elektronischer Informationsübermittlung in den Vereinigten Staaten (nach Pred, 1971)	511
98	Sektorale Aufgliederung der höheren Zentralität für das Rhein-Ruhr-Gebiet (im Ausschnitt und in den Signaturen etwas verändert) (nach Blotevogel, 1983)	520
99	Zentrale Orte mittlerer und höherer Stufe in ihrer Funktionsspezialisierung in Nordwürttemberg (1970) (im Ausschnitt und in den Signaturen verändert und die Bereichsbildung auf das Einflußgebiet von Stuttgart beschränkt (nach Borcherdt, 1977)	522
100	Theoretische Verteilung der Städte (nach Christaller)	526
101	Die Zahl der koinzidierenden zentralen Orte innerhalb eines städtereichen und eines städtearmen Sektors, wobei die eingetragenen Zahlen ein- oder mehrfache Koinzidenzen angeben (auf der Grundlage von Lösch nach Beavon und Mabin, 1975, S. 147)	527
102	Stadt-Land-Beziehungen am Beispiel von Bam/Iran (nach Ehlers)	560
103	Rang-Größen-Verteilung der israelischen Städte in den Jahren 1922 und 1967 (nach Unterlagen von Amiram und Shakar, 1961 und Blake, 1971)	562
104	Eisenbahn- und Pendelverkehr im County von London und die „Neuen Städte" von London um das Jahr 1960 (nach Sinclair)	566
105	Die Gliederung der Randstad Holland im Jahre 1977 und die im Jahre 1966 bzw. für das Jahrzehnt 1980–1990 vorgesehenen Entlastungsorte (nach Borchert und van Ginkel)	568
106	Die Verlagerungen der Stadt Delhi (nach Hearn)	588
107	Einzelhandels- bzw. Dienstleistungszentren in den Vereinigten Staaten für die Städte mit 10 000 Einwohnern und mehr (nach dem Zensus vom Jahre 1950, nach Nelson)	601
108	Die innere Gliederung von Berkane mit der Verlagerung des Marktes (nach Troin)	650
109	Burgstadt Aizu-Makamatsu nach einem Plan aus dem Jahre 1654 (nach Gutschow)	654
110	Der Zustand von Aizu-Wakanatsu, Präf. Fukushima im Jahre 1970 (nach Yokoo)	655
111	Stockholm im Jahre 1865 (nach William-Olsson)	662
112	Stockholm im Jahre 1910 (nach William-Olsson)	662
113	Stockholm im Jahre 1960 (nach William-Olsson)	663
114	Der Hafen von London zwischen Westminster und den ersten Dockhäfen. Zustand um 1960 (nach Pailing)	669
115	Das Main-Taunus Shopping Center, westlich von Frankfurt a. M., außerhalb der Vororte der Stadt gelegen, in seinem Anfangsstadium, heute erweitert (mit Genehmigung der Deutschen Einkaufszentrum GmbH, Sulzbach/Ts.)	671
116	Der Anteil der Beschäftigten nach Rassen im CBD in Pietermaritzburg (Natal) für das Jahr 1971 (nach Thorrington-Smith u. a. bzw. Wills und Schulze)	676
117	Die Nutzung im CBD von Pietmaritzburg (Natal) im Jahre 1971 (nach Wills und Schulze)	677
118	Die Gliederung der City von Tokyo (nach Schöller)	680
119	Modell einer zweipoligen Stadt (Bazar und City) am Beispiel von Teheran (nach Seger)	684
120	Schema der inneren Differenzierung einer indischen Großstadt (etwas verändert nach Smailes und Blenck)	685
121	Schema der Entwicklungskerne (nach Kreße)	694
122	Die Nutzung längs des Expressways 494 im Süden von Minneapolis–St. Paul (nach Baerwald)	699
123	Die Entwicklung von CBD und Übergangsgürtel in Boston von 1875–1920 (nach Ward)	710

XIV Verzeichnis der Abbildungen und Tabellen

124 Die Anordnung der funktionalen Glieder in konzentrischen Ringen (nach dem Schema von Burgess) 724
125 Das sozialökologische Modell von Chicago (nach Rees) 726
126 Die Anordnung der funktionalen Glieder (nach dem Sektorenschema von Hoyt) 727
127 Die Anordnung der funktionalen Glieder mit mehrfachen Kernen (nach Harris und Ullman) 728
128 Die sozio-ökonomische bzw. rassische Gliederung in Johannesburg (nach Hart und Fair) . . 733
129 Die soziale Differenzierung von Sunderland im Jahre 1961 (nach Robson) 756
130 Die sozio-ökonomische Gliederung von Mannheim im Jahre 1970 (nach Bähr und Killisch) 760
131 Nord-Süd-Profil (Skizze) von Rouen (nach Frémont) 783
132 Die Entwicklung eines Oberschichtviertels (Seijo) im Zeitraum 1963–1975 (nach Nakabayashi) 810
133 Die Entwicklung eines sozial gemischten Viertels (Midorigaoka) im Zeitraum 1963–1975 (nach Nakabayashi) 810
134 Modell der inneren Gliederung von Singapore (nach Yeoung) 818
135 Cité in Kinshasa (mit Genehmigung des DAU-Bildarchivs, Stuttgart) 843
136 Die sozialräumliche Gliederung von Daressalam einschließlich der Zuwanderung bzw. der innerstädtischen Mobilität (nach Vorlaufer) 845
137 Idealschema der spanisch-lateinamerikanischen Großstadt (nach Bähr und Mertins) 854
138 Die alte Grundrißgestaltung von Peking mit Orientierung der Stadtmauern und des Straßennetzes (nach Schnitthenner) 882
139 Die Grundrißgestaltung von Ahmedabad als Beispiel einer nordindischen Stadt mit dem Sackgassenprinzip des Straßennetzes (nach Baedeker, Indien, 1914) 884
140 Idealplan einer Hindustadt (nach Ram Raz und Havell) 886
141 Die Grundrißgestaltung der Palaststadt Jaipur, den Bedingungen der Silpa Sastra entsprechend (nach Baedeker, Indien, 1914) 886
142 Die Grundrißgestaltung von Kayseri in Mittelanatolien (nach Bartsch). Trotz Veränderungen in späterer Zeit sind die Altstadtquartiere im Kern erhalten geblieben (Richter, 1972) 888
143 Die Grundrißgestaltung von Damaskus. Griechische Stadtanlage, die unter islamischer Herrschaft durch Einführung von Sackgassen verändert wurde (nach Watzinger und Wulzinger) 889
144 San Gimignano (nach Campatelli) 891
145 Die Grundrißgestaltung von Florenz, Beispiel der Grundrißkontinuität im Kern seit römischer Zeit (nach Creutzburg) 892
146 Die Grundrißgestaltung von Regensburg. Nachwirken der römischen Kastellanlage und die mittelalterlichen Erweiterungen (nach Voggenreiter) 894
147 Die Grundrißgestaltung von Hildesheim (mit Genehmigung des Niedersächsischen Staatsarchivs, Hannover) 895
148 Die Altstadt von Freiburg i. Br. mit dem Straßenmarkt als Leitachse (nach „Freiburg und der Breisgau", 1954) 896
149 Die Grundrißgestaltung von Reichenbach in Schlesien bis 1945. Beispiel des ostdeutschen Kolonialgrundrisses (Genehmigung von „Luftbild und Karte") 898
150 Die Grundrißgestaltung von Nowgorod. Altstadt am linken Ufer des Wolchow. Beispiel des Kreml-Typs; Neustadt am rechten Ufer, planmäßiges Gitternetz (nach Pullé) 900
151 Die Renaissancestadt Palma Nuova, 1593 gegründet (nach Braun und Hogenberg) 901
152 Cuzco nach einem Stich aus dem Jahre 1563 mit dem schachbrettförmigen Grundriß (nach Wilhelmy) 903
153 Die Grundrißgestaltung von Belo Horizonte, Schachbrett mit übergeordneten Diagonalstraßen (nach Wilhelmy) 906
154 Die Grundrißgestaltung von Rom bis einschließlich der barocken Erweiterungen (nach Creutzburg-Habbe) 914

Verzeichnis der Abbildungen und Tabellen   XV

155 Schema der Stadterneuerung bzw. -erweiterung in der Pariser Region (nach Beaujeu-Garnier) 915
156 Tagesmittel der Lufttemperatur und der Oberflächenstrahlungstemperaturen in °C, Besonnungsstunden der Oberflächen und deren Tagesschwankungen (nach Kessler, 1971, S. 20) . 956
157 Die Wasserbeschaffung von New York, die auf benachbarte Bundesstaaten übergreift – von Mitte bis Ende der fünfziger Jahre – (nach van Burkalow) 979

Tabellen

VII.B.1	Katalog zentraler Güter und Dienste	496
VII.B.2	Zentralitätsstufen und -index	497
VII.B.3	Zentrale Institutionen in Bayern und ihr Dispersionsfaktor	499
VII.B.4	Die repräsentativen Funktionen von zentralen Dörfern und kleinen Städten für die südafrikanische Karru und für das südwestliche Wisconsin	501
VII.B.5	Ausgewählte Hierarchiesysteme	504
VII.B.6	Schwellenwerte für die Rangeinstufung der zentralen Orte in Österreich für das Jahr 1973	506
VII.B.7	Die Versorgung mit n zentralen Gütern durch M zentrale Orte	508
VII.B.8	Übersicht über die Zahl der nach jeweils unterschiedlichen Präsenzgradklassen in den vier Bedeutungstypen vertretenen zentralen Funktionen	512
VII.B.9	Minimum der Erwerbstätigen in v. H. aller Erwerbstätigen bei Städten verschiedener Größenordnung auf Grund von 14 Erwerbszweigen (U.S. Census von 1950)	515
VII.B.10	Vergleich zwischen städtereichen und städtearmen Sektoren	528
VII.B.11	Das Verhältnis von zufälliger und geregelter Verteilung zentraler Orte auf Grund des Entropiemaßes	530
VII.B.12	Die „standard market towns", ihr Ergänzungsgebiet und deren Bevölkerungsdichte	531
VII.B.13	Hierarchie der zentralen Orte, Zahl ihrer Funktionen, zu versorgende Bevölkerung und „trade areas" der zentralen Orte unterschiedlicher Hierarchie innerhalb des „corn belts" der Vereinigten Staaten	533
VII.B.14	Die Aufgliederung der Bereichsbevölkerung in Nordwürttemberg im Jahre 1970 in v. H.	535
VII.B.15	Prozentuale Aufschlüsselung (nach Geldwert) der tertiären Güterströme von und nach Organisationseinheiten des metropolitanen Bereichs von Malmö im Jahre 1970	537
VII.B.16	Standort der Beschäftigten in Unternehmen und Firmen in Seattle-Tacoma im Jahre 1974	538
VII.B.17	Die Diffusion der Zeitungen in chilenischen Städten im Jahre 1885 und 1930	539
VII.B.18	Einkommensspezifische Verteilung und Nachfrage aus Groß-Ingersheim auf verschiedene Versorgungsorte in v. H.	547
VII.B.19	Die Entwicklung der Größenordnung der Städte in der Volksrepublik China 1953 und 1972	554
VII.B.20	Der Anteil der Bevölkerung in den Städten der Indischen Union nach Größengruppen	556
VII.B.21	Die Gliederung der Randstad Holland nach Fläche, Bevölkerung und Brutto-Bevölkerungsdichte im Jahre 1977	567
VII.B.22	Die Entwicklung des Primate City-Index in Australien und Neuseeland	574
VII.B.23	Der Anteil der Primate Cities an der Gesamtbevölkerung und an der städtischen Bevölkerung (für Städte mit 20 000 Einwohnern und mehr) in Tropisch-Afrika	581
VII.C.1	Zahl der sowjetischen Städte bestimmter Funktionstypen in Abhängigkeit von der Größe der Städte	583

XVI Verzeichnis der Abbildungen und Tabellen

VII.C.2	Neue Städte in der Sowjetunion mit 50 000 E. und mehr im Jahre 1959	613
VII.D.1	Die Citybildung von London	661
VII.D.2	Die Gliederung der Wiener City	666
VII.D.3	Die Struktur der innerstädtischen Geschäftszentren	675
VII.D.4	Ungefährer Anteil der geschoßweisen Nutzung im chinesischen Geschäftsviertel von Kuala Lumpur im Jahre 1961	687
VII.D.5	Der Anteil der Industrie in den Hauptstädten afrikanischer Länder für das Jahr 1970	702
VII.D.6	Flächenanteile unter Berücksichtigung der Stockwerknutzung am Beispiel amerikanischer Städte	709
VII.D.7	Zahl der Oberschicht-Familien in Boston nach Distrikten in der zentralen Stadt und zusammengefaßt für die Vororte	709
VII.D.8	Segregation zwischen ausgewählten ethnischen Minoritäten (foreign stock) im Jahre 1960 für die gesamte New York-Northeastern New Jersey Standard Consolidated Area (oberhalb der Diagonale) und für die New York Standard Metropolitan Statistical Area (unterhalb der Diagonale)	716
VII.D.9	Veränderungen bestimmter Merkmale mit wachsender Entfernung vom CBD	723
VII.D.10	Der Anteil der Flächennutzung in der Übergangszone vor und nach der Sanierung von Birmingham in den Jahren 1952 und 1972 (Auswahl)	758
VII.D.11	Alte und neue Baublöcke im Sanierungsgebiet Wedding nach Erhebungen im Jahre 1961 in v. H.	761
VII.D.12	Die Entwicklung des Anteils ausländischer Arbeitskräfte in der Bundesrepublik Deutschland nach den wichtigsten beteiligten Nationen	763
VII.D.13	Der Anteil ausländischer Arbeitskräfte in Frankreich für die Jahre 1972/73 und 1976	764
VII.D.14	Dekoratives Grün und öffentliche Parkanlagen in qm/Person	803
VII.D.15	Die Sozialstruktur von Ufa für das Jahr 1968	804
VII.D.16	Der Anteil der nicht-industriellen Landnutzung in sowjetischen und US-amerikanischen Städten	805
VII.D.17	Zahl und Anteil der in Spontansiedlungen lebenden Bevölkerung in ausgewählten Großstädten von Ost-, Südost- und Südasien	812
VII.D.18	Zahl und Anteil der in Spontansiedlungen lebenden Bevölkerung in ausgewählten Städen des Orients	824
VII.D.19	Zahl und Anteil der in Spontansiedlungen lebenden Bevölkerung in ausgewählten Großstädten in Tropisch-Afrika	838
VII.D.20	Der Anteil der Familien nach Einkommen und Wohnbedingungen in Bogotá im Jahre 1970	855
VII.D.21	Zahl und Anteil der in Spontansiedlungen lebenden Bevölkerung in ausgewählten Städten Lateinamerikas	858
VII.E.1	Die Bindung der Städte an die Flüsse in China	865
VII.G.1	Vergleich zwischen Spurenstoffen in der reinen und verunreinigten Atmosphäre	932
VII.G.2	Durchschnittliche Veränderungen, die durch die Verstädterung hervorgerufen werden	934
VII.G.3	Schwefeldioxid-Immissionsbelastungen in Stadtteilen von Hannover im Jahre 1974/75	936
VII.G.4	Unterscheidungsmerkmale zwischen dem London- und Los Angeles-Smog	939
VII.G.5	Die angenommenen Zonen in einer synthetischen Stadt	942
VII.G.6	Jährlicher Temperaturanstieg in großen japanischen Städten in °C/Jahr	945
VII.G.7	Die Landnutzung im Verdichtungsraum von Tokyo in qkm	946
VII.G.8	Mittlere monatliche Minimumtemperaturen in °C im Durchschnitt der Monate Dezember bis Februar nach Landnutzungstypen in Tokyo	947
VII.G.9	Kritische Windgeschwindigkeiten für verschiedene Städte, die keine städtischen Wärmeinseln mehr zulassen	947

Verzeichnis der Abbildungen und Tabellen   XVII

VII.G.10	Durchschnittliche Anzahl der Sommer- und Windtage 1957–1961 in Frankfurt a. M.	951
VII.G.11	Temperaturen an einem sonnigen sommerlichen Nachmittag und Abend innerhalb und in der Nähe eines Gebäudes	957
VII.G.12	Anteil der Wohnungen, die mit fließendem Wasser und Elektrizität versorgt sind, wenn möglich mit Vergleichszahlen für die ländlichen Siedlungen	959
VII.G.13	Der jährliche Pro-Kopf-Verbrauch an Brennholz und Holzkohle in ausgewählten Entwicklungsländern für den häuslichen Bedarf in m³ Rundholzäquivalent	962
VII.G.14	Typen der Wohnverhältnisse der Unterschicht-Stadtwanderer in indischen Städten	966
VII.G.15	Der elektrische Stromverbrauch in den Millionenstädten der Bundesrepublik Deutschland für das Jahr 1981 in v. H. des Gesamtverbrauchs	967
VII.G.16	Durchschnittlicher einwohnerbezogener Wasserbedarf nach Gemeindegrößen	974
VII.G.17	Tagesdurchschnitte für den Pro-Kopf-Verbrauch an Wasser	974
VII.G.18	Die Entwicklung der Verkehrsmittel (innerstädtischer und Vorortverkehr)	987
VII.G.19	Anteil der Benutzer unterschiedlicher Verkehrsmittel im Nahverkehr der Städte Großbritanniens	990
VII.G.20	Geschätzte Zahl der Pendler in Rußland bzw. der Sowjetunion in ihrer Verteilung auf die öffentlichen Verkehrsmittel 1865–1975	994
VII.G.21	Individual- und öffentlicher innerstädtischer und Vorortverkehr in den hier ausgewählten Industrieländern	1011
VII.G.22	Auto- und Motorradbestand in südostasiatischen Weltstädten	1020

Literaturverzeichnis

Allgemeine Werke und Bibliographien		1031
VII.A	Das geographische Wesen der Stadt einschließlich einiger Definitionen	1032
VII.B	Die allgemeinen Funktionen der Stadt und ihre abgrenzbaren Raumbeziehungen	1033
VII.C	Städte mit besonderen Funktionen oder funktionale Stadttypen	1042
VII.D	Die innere Differenzierung von Städen oder die Viertelsbildung	1049
VII.E	Die geographische und topographische Lage der Städte	1077
VII.F	Die Physiognomie der Städte oder ihre Grundriß- und Aufrißgestaltung	1078
VII.G	Besondere Probleme der Groß- und Weltstädte bzw. der Verdichtungsräume	1084

VII. Die Städte

A. Das geographische Wesen der Stadt oder der geographische Stadtbegriff einschließlich einiger Definitionen

1. Die Städte als zentrale Orte und ihre Rangordnung

Wir haben den Begriff „Stadt" oft genug gebraucht und ihn mehr von der negativen Seite her umschreiben müssen, ohne uns Rechenschaft über seinen eigentlichen Inhalt zu geben. Das zu tun, soll die Aufgabe zu Beginn der „Allgemeinen Stadtgeographie" sein.

Sicher gehört es zum Kennzeichen der Stadt, daß die Bevölkerung in ihr auf engem Raum zusammengedrängt lebt. Wenn besondere kartographische Methoden entwickelt wurden, um dieses Phänomen zu erfassen (sphärische Methode u. a.; vgl. de Geer 1919 und 1922; Geisler, 1938; Hartke, 1938), so weist das auf die Notwendigkeit hin, Größe und Bevölkerungsdichte für die Charakterisierung einer Siedlung als Stadt nicht außer acht zu lassen. Doch zeigt sich bald, daß man hier nicht allein auf statistischen Werten aufbauen darf.

In Deutschland wurden seit Bestehen des Statistischen Jahrbuchs für das Deutsche Reich (1880-1883) bis heute, sowohl in der Bundesrepublik Deutschland als auch in der Deutschen Demokratischen Republik, alle Gemeinden mit weniger als 2000 Einwohnern zu den ländlichen und diejenigen mit 2000 Einwohnern und mehr zu den städtischen Siedlungen gezählt, ein Grenzwert, der auch in andern Ländern benutzt wird, wenngleich keineswegs überall. Unstimmigkeiten ergeben sich bereits dann, wenn die Verwaltungseinheiten, auf die sich die statistischen Erhebungen beziehen, nicht mit den Siedlungseinheiten zusammenfallen. So besitzen die Großgemeinden in Oldenburg häufig 2000 Einwohner und mehr, ohne daß daran gedacht werden könnte, sie zu den Städten zu rechnen, als die sie bei rein statistischer Auswertung erscheinen. Ähnlich steht es in Frankreich, wo gerade im Streusiedlungsgebiet des Westens häufig Großgemeinden geschaffen wurden. Um die dabei auftretenden Schwierigkeiten zu beheben, ist man hier dazu übergegangen, die in Frage stehenden Gemeinden näher auf ihren städtischen Charakter hin zu untersuchen und gelangte zu einer Verminderung in der Gesamtzahl der Städte von 1585 auf 1087 (Sorre, 1952, S. 176).

Wieweit künstliche Verwaltungsgrenzen die statistische Methode zu beeinträchtigen vermögen, hat sich besonders deutlich in Japan gezeigt. In den Jahren 1953 und 1954 wurden hier Dörfer zu Großgemeinden zusammengeschlossen, kleinere Städte verwaltungsmäßig durch benachbarte ländliche Gemeinden erweitert usf., so daß die Diskrepanz zwischen Siedlungseinheit und Verwaltungsbezirk sich wesentlich verschärfte (Schwind, 1957, S. 68 ff.) und Gemeinden bis zu 100 000 Einwohnern keine Städte zu sein brauchen (Schöller, 1968, S. 15).

Dort, wo rechtliche Unterschiede zwischen ländlichen und städtischen Siedlungen bestanden[1], zeigt sich, daß Städte im rechtlichen Sinne diese Bewertung nicht auf Grund der statistischen Erhebungen verdienen, ebenso wie Orte mit 2000 Einwohnern und mehr (bzw. einem andern Grenzwert) kein Stadtrecht besaßen. So haben die zahlreichen südwestdeutschen Zwergstädte, die überwiegend im ausgehenden Hochmittelalter von Territorialherren gegründet wurden, meist weniger als 2000 Einwohner (Gradmann, 1914, S. 147ff.). Sie vermochten sich gegenüber älteren und größeren Städten nicht immer durchzusetzen, behielten aber die Bezeichnung „Stadt". Der Industrialisierungs- und Verstädterungsprozeß seit dem 19. Jh. ist in Großbritannien nicht anders als in Deutschland und benachbarten Ländern in besonderem Maße dafür verantwortlich zu machen, daß die zuvor festgefügte und rechtlich fundierte Unterscheidung zwischen ländlichen und städtischen Siedlungen zu Fall gebracht wurde. Vielfach versuchte man die Sachlage dadurch zu meistern, nachträglich Übereinstimmung zwischen ihrer Größe und rechtlichen Stellung zu erzielen, wobei sich die Rechtsnormen selbst verlagerten und lediglich hinsichtlich der Selbstverwaltung noch eine Rolle spielen.

Die größenmäßige Klassifizierung der Gemeinden führte weiterhin dazu, die in der Statistik als Städte betrachteten Orte zu untergliedern. So werden in Deutschland und in etwas abgewandelter Form auch in andern Ländern die Gemeinden mit 2000 – unter 5000 Einwohnern als Landstädte eingestuft, die mit 5000 – unter 20 000 Einwohnern als Kleinstädte, die mit 20 000 – unter 100 000 Einwohnern als Mittelstädte und die mit 100 000 Einwohnern und mehr als Großstädte. Bedenkt man, aus welcher Zeit diese Gliederung stammt, dann wird man heute eine solche Wertungsskala – zumindest in den Industrieländern – nicht mehr für verbindlich halten können. Sieht man zunächst von den Mittelpunkts-Siedlungen ab, dann sollte man Städte unter 50 000 Einwohnern als Kleinstädte betrachten, solche von 50 000 – unter 250 000 Einwohnern als Mittelstädte und diejenigen von 250 000 Einwohnern und mehr als Großstädte, ohne daß sich scharfe Grenzen abzeichnen. Häufig werden von den letzteren noch die Weltstädte abgesetzt, ohne daß sich begrifflich klare Unterscheidungsmerkmale ausmachen lassen.

Ähnlich wie die Größenordnung ist auch die Bevölkerungsdichte für die Charakterisierung einer Siedlung als Stadt von Belang, ein relativ einfach zu handhabendes Hilfsmittel, das Vergleiche ermöglicht, aber durch tiefergehende Aussagen ergänzt werden muß. Räumlich und zeitlich ist auch die untere Grenze, die für die Bevölkerungsdichte einer Stadt gefordert werden muß, verschieden. Daß in vorindustrieller Zeit im westlichen und mittleren Europa andere Normen hätten verwandt werden müssen als gegenwärtig, erscheint verständlich genug, zumal bei wachsender Bevölkerungszahl zunächst die noch vorhandenen Freiflächen innerhalb der Städte aufgefüllt wurden. Selbst in den west- und mitteleuropäischen Städten geht man von unterschiedlichen Grenzwerten aus. Das mag die Zusammenstellung von Klöpper (1956/57) zeigen, wonach für Frankreich als untere Grenze 500 E./qkm, für die Bundesrepublik Deutschland 1000 E./qkm und für Großbritannien 2500 E./qkm gefordert werden.

---

[1] Dies war nicht überall der Fall. In Frankreich, Belgien, Italien sind ländliche und städtische Siedlungen rechtlich einander gleichgestellt; in Indien war nie ein besonderes Stadtrecht vorhanden.

Mit der absoluten Größe und der Bevölkerungsdichte, denen man u. U. noch ein Mindestmaß für die Entfernung der Wohnhäuser bzw. die Wohnhausdichte hinzufügen könnte, verknüpft sich das, was in den meisten Definitionen als wesentliches Element hervorgehoben wird, nämlich die Geschlossenheit der Ortsform. Damit wird ein in der Landschaft zum Ausdruck kommendes Phänomen, das der Beobachtung zugänglich ist, als wichtigstes Merkmal einer städtischen Siedlung erkannt. Forderte Schlüter (1899, S. 65) jedes Element der Kulturlandschaft, also auch Dörfer und Städte, als Teile der Landschaft zu betrachten und die Physiognomie zum Ausgangspunkt stadtgeographischer Untersuchungen zu machen, so vertrat Dörries (1930, S. 214) in seiner Definition der Stadt diese Auffassung am eindeutigsten: „Geht man vom streng geographischen Gesichtspunkt aus, der die einzelne Stadt oder Städtegruppe noch nicht sofort als Bestandteile der dazugehörigen Kulturlandschaft wertet, dürfte als möglichst allgemeingültige Fassung die folgende in Frage kommen, die unter einer Stadt eine Siedlung versteht von mehr oder minder planvoller, geschlossener und um einen meist deutlich erkennbaren Kern gruppierte Ortsform mit sehr mannigfaltigen, aus den verschiedensten Formelementen zusammengesetzten Ortsbilde".

Gehen wir dieser Formulierung näher nach, so dringt sie tiefer in das geographische Wesen der Stadt ein, als es statistische Werte oder rechtliche Bestimmungen zu tun vermögen. Allerdings würde man heute die Geschlossenheit der Ortsform auf Teilbereiche des städtischen Gemeinwesens beschränken, aber die erhebliche Differenzierung des Ortsbildes bleibt bestehen, die zugleich Ausdruck der Vielfalt der sozialen und wirtschaftlichen Verhältnisse einer Stadt und ihrer Bevölkerung ist. Würde man die absolute Größe allein zum Maßstab nehmen, dann wären z. B. die Großdörfer mancher afrikanischer Gebiete zu den Städten zu rechnen; ihnen aber fehlt sicher die geschlossene Ortsform und erst recht die soziale Differenzierung, wenn man von dem Häuptlingssitz einmal absieht. Die Stadtdörfer, die wir im südlichen Mittelmeerraum kennenlernten, sind zwar hinsichtlich Größe und Ortsform als Städte zu betrachten, aber da ihnen häufig die soziale Differenzierung mangelt, wird dadurch eine Abgrenzung gegenüber wirklichen Städten möglich. Für die „zwischen Land und Stadt stehenden Siedlungen", die wir in Kapitel V untersuchten, ist trotz städtischer Gestaltung, die sie annehmen können, eine gewisse Einseitigkeit der Sozialverhältnisse unverkennbar. Nur in den „Mittelpunkts-Siedlungen" ist ein gewisses Anfangsstadium der Städte zu sehen (Kap. VI.).

Worauf aber ist die für Städte geforderte Differenzierung, auf die auch Enequist (1951) besonders hinwies, zurückzuführen? Die Ursache dafür in den Stadtbegriff aufzunehmen, war das Anliegen von Bobek (1938, S. 89), der die Stadt gegenüber anderen Siedlungen durch „Geschlossenheit der Ortsform, gewisse Größe des Ortes und städtisches Leben innerhalb des Ortes" charakterisiert wissen will, ähnlich wie es von französischer Seite aus geschieht (Brunhes und Deffontaines, 1926, S. 102 ff.; Chabot, 1952, S. 14).

Wenn Hofmeister (1980, S. 179/80) dabei beanstandet, daß „Stadt" und „städtische Lebensform" eine Tautologie sei, so kann man in dieser Beziehung auch anderer Auffassung sein, eben deswegen, weil es Siedlungen städtischer Gestaltung gibt, die trotzdem nicht als Städte gelten können. Letztlich erfolgt im Rahmen der städtischen Lebensform eine Gewichtsverlagerung von statistisch oder physiognomisch faßbaren Elementen zu der Bevölkerung, von der sie bewohnt wird. Im Gegensatz zu den ländlichen Siedlungen, deren Existenz in der Nährfläche liegt, mit der sie aufs engste verknüpft ist, bedarf die Stadt einer solchen nicht. Dies schließt nicht aus, daß landwirtschaftliche Betätigung und demgemäß eine entsprechend genutzte Fläche vorhanden sein kann, sei es, daß in manchen Kulturgebieten solche Areale in die Stadt einbezogen wurden, um in Zeiten der Not die Ernährung der Bevölkerung zu sichern bzw. bei unvollkommener Verkehrserschließung eine solche Symbiose noch heute befürwortet wird (China). Doch wird der landwirtschaftliche Erwerb, für die Gesamtsiedlung betrachtet, immer nur zusätzliche Hilfsquelle sein.

Gewerbliche Betätigung im sekundären Sektor ebenso wie industrieller Erwerb bringen allein noch keine städtische Lebensform hervor, wenngleich sie ihr förderlich sind, weil über die Zufuhr von Rohstoffen, die Herstellung von Halbfabrikaten, die an solche Betriebe abzugeben sind, die die Endprodukte herstellen, die dann über den Handel dem Verbraucher zugeführt werden, der Warenverkehr gesteigert wird. Das kommt dem tertiären Sektor zugute, der über Einzel- sowie Großhandel, Dienstleistungen jeglicher Art, einschließlich Transportwesen das Wesentliche der städtischen Lebensform ausmacht. Dabei spielen Veränderungen vornehmlich in den Industrieländern hinsichtlich des sekundären Sektors teils vor und teils nach dem Zweiten Weltkrieg eine erhebliche Rolle. Großbetriebe setzen sich immer mehr durch, die einerseits auf Grund der modernen Transport- und Kommunikationsmittel nicht mehr gezwungen sind, ihre Produktion auf einen Standort zu konzentrieren und die andererseits das Streben haben, durch Vervollkommnung ihrer Erzeugnisse konkurrenzfähig zu bleiben und sich deshalb eigene Forschungsstätten schaffen, u. U. auch eigene Verkaufsorganisationen aufbauen. Um all diese Glieder zusammenzuhalten, benötigt es eines erheblichen Verwaltungsapparates, und all das führt zur Ausbildung eines tertiären Sektors innerhalb der Industrie. Fügt man hinzu, daß ebenfalls Handel und Dienstleistungen einem Konzentrationsprozeß unterliegen, bei gleichzeitiger erheblicher Spezialisierung, dann werden Städte – je bedeutungsvoller sie sind, um so mehr – nicht durch Einseitigkeit, sondern durch Vielfalt im sozialen Spektrum charakterisiert, womit sie dann in der Lage sind, solche Siedlungen zu versorgen, die eine derartige Differenzierung nur in beschränktem Maße aufweisen.

Das führt noch einen Schritt weiter. Wurde neben der Geschlossenheit der Ortsform – zumindest in Teilen der Stadt – die Differenzierung des Ortsbildes als entscheidend für das Wesen der Stadt herausgestellt, so kommt eine Gewichtsverlagerung zustande, wenn die städtische Lebensform und mit ihr die soziale Differenzierung zum Ansatzpunkt gemacht wird, die weit über die der ländlichen Siedlungen hinausgeht. Eine nochmalige Verlagerung aber zeigt sich, wenn nun die durch die städtische Lebensform hervorgerufenen Beziehungen zwischen der Stadt und ihrem Hinterland in den Vordergrund gerückt und zum Maßstab dafür gemacht werden, ob eine Siedlung als Stadt zu gelten hat oder nicht. Ländliche Siedlungen vermögen für sich zu bestehen, allerdings nur unter der Voraussetzung, daß sich deren Bevölkerung bei geringen Ansprüchen in jeder Beziehung selbst versorgen kann. Meist auf die Entwicklungsländer beschränkt, aber auch in den alten Kulturländern mit gering entwickeltem Verkehrsnetz vorhanden, kommt es zu einem direkten Austausch zwischen Land und Stadt, indem die ländliche Bevölkerung ihre Überschußprodukte auf den städtischen Markt bringt und dort dann diejenigen städtischen Produkte, die über den Fernhandel hierher gelangen, durch gewerbliche Betätigung oder Dienstleistungen angeboten werden, zu erwerben. In ausgesprochenen Industrieländern mit modernen Verkehrseinrichtungen, Tiefkühl- und andern Konservierungsmethoden, steigendem Lebensstandard nicht allein der städtischen, sondern auch der ländlichen Bevölkerung, deren Spezialisierung auf wenige agrarische Produkte bei Steigerung der Produktivität ausgerichtet ist, wird die direkte Beziehung zwischen Erzeuger und Verbraucher geringer, die indirekte über die Abgabe an den Großhandel bzw. Verbrauchermärkte aber intensiver ebenso wie die Inanspruchnahme städtischer Güter und Dienste. Demgemäß können die Stadt-Land-Beziehungen räumlich verschieden sein, ebenso wie sie in der zeitlichen Abfolge Veränderungen unterliegen. Bereits Bobek (1927, S. 216) forderte, daß „jede Stadt möglichst allseitiger wirtschaftlicher sowie politischer und Verkehrsmittelpunkt eines unscharf begrenzten Gebietes zu sein habe". Christaller (1933) gab diesem Sachverhalt eine eigene Wendung. Unter bewußter Vernachlässigung aller andern Gesichtspunkte stellte er die Funktion voran und betrachtete alle Siedlungen, die städtische Güter und Dienste anbieten, als zentrale Orte, denen, je nach ihrer Bedeutung, ein bestimmtes Hinterland zugeordnet ist. Die als „zwischen Land und Stadt" angesprochenen Siedlungen (Kap. V.) bedürfen in verstärktem Maße der Stadt, weil sie in ihrer Einseitigkeit in jeweils unterschiedlicher Weise die Vielfalt des städtischen Lebens benötigen, ob die Bevölkerung der Wohnsiedlungen ihren Arbeitsort in der Stadt hat, ob die Fremdenverkehrs-Siedlungen insbesondere von Städtern aufgesucht werden usf.

Die Zentralität vermittelt die allgemeinen Funktionen, die jede Stadt bzw. jeder zentrale Ort besitzen muß, um eine Mittelpunktswirkung ausüben zu können. Darüber hinaus aber sind für manche Städte besondere Funktionen charakteristisch, die nur teilweise aus dem Beziehungssystem zum Hinterland erwachsen, teilweise aber auf Fernwirkungen beruhen, sei es, daß bestimmten Wirtschaftszweigen oder sei es, daß kulturellen oder sozialen Aufgaben der Vorrang gebührt. In der Verflechtung der notwendigen allgemeinen und der zusätzlichen besonderen Funktionen existieren dann Bergbau-, Industrie-, Universitäts-, Tempelstädte usf.

Die Bedingungen, die für das geographische Wesen der Stadt bestehen, sind sicher nicht unabhängig voneinander, sondern betonen jeweils verschiedene Aspekte. Wir beginnen mit den allgemeinen Funktionen der Stadt, was die Gesamtheit der Stadt-Land-Beziehungen einschließt, wobei allerdings „Land" nicht mehr unbedingt agrarischer Bereich zu bedeuten braucht, sondern ebenso von Bergbau-, Industrie-, Wohnsiedlungen usf. erfüllt sein kann. Es folgt die Behandlung der besonderen Funktionen, durch die mehr der individuelle als der allgemeine Charakter von Städten betont wird. Die durch besondere Funktionen sich ergebenden Stadttypen treten in den verschiedenen Kulturbereichen in verschiedener Häufung auf, was eine Differenzierung auf der genannten Grundlage erlaubt. Dies gilt nicht nur für die Gegenwart, sondern auch für die Vergangenheit. Die besonderen Funktionen von Städten wandelten sich nicht unerheblich im Laufe der Zeit. Versuchen wir, diejenige Funktion herauszustellen, die bei der

Entstehung von Städten maßgebend war, dann zeigen sich wiederum wichtige Unterschiede zwischen den einzelnen Kulturräumen. Bei einer solchen Kombination erübrigt es sich, einen speziellen Abschnitt über die Entstehung der Städte einzuschalten, was bei aller Verbindung von Geographie und Geschichte letztlich doch die Aufgabe des Historikers bleibt. Von den allgemeinen und besonderen Funktionen gelangen wir zur inneren Gliederung der Stadt, die einerseits als Abbild ihrer Funktionen erscheint, andererseits aber auch soziale, ethnische und religiöse Phänomene der verschiedenen Kulturräume widerspiegelt. Über die topographische und geographische Lage der Städte kommen wir zu ihrer Physiognomie, d. h. ihrem Grund- und Aufriß. In jeder dieser Kategorien spielen die Groß- und Weltstädte eine besondere Rolle, für die nun noch einige Erläuterungen notwendig sind, abgesehen von den bei ihnen besonders gelagerten Problemen, die zum Schluß behandelt werden.

Nicht allein auf die Großstädte beschränkt, sondern auf sämtliche Städte eines Landes bezogen bzw. auf solche von einer gewissen Größenordnung an, stellt sich die Frage der *Verstädterung*. Bei einem großzügigen Vergleich läßt sich der Verstädterungsgrad kaum anders messen als durch den Anteil der städtischen Bevölkerung an der Gesamtbevölkerung eines Landes. Das führt sicher zu Ungenauigkeiten, weil sich insbesondere die Großstädte über ihre Verwaltungsgrenzen hinweg erweiterten und weder Eingemeindungen noch Verwaltungsreformen es vermochten, Übereinstimmung in dieser Beziehung zu erzielen, zumal es sich um einen dynamischen Prozeß handelt, der in seiner Eigenständigkeit durch Maßnahmen der Verwaltung kaum eingeholt werden kann. Abgesehen davon dürften in manchen Regionen die Zählungen selbst ungenau sein, gerade wenn man an diejenigen denkt, in denen das Analphabetentum noch eine erhebliche Rolle spielt. Hinsichtlich des Verstädterungsgrades, der später benutzt werden muß, lassen sich demgemäß nur Anhaltspunkte gewinnen.

Was bedeutet nun Verstädterung bzw. Urbanisierung? Hiermit setzte sich von geographischer Seite Lindauer (1970, S. 9 ff.) und Heller (Bd. 23, 1973) auseinander, wobei ersterer den Begriffen Urbanisation, Urbanisierung und Verstädterung jeweils einen verschiedenen Inhalt geben wollte, letzterer diese Ausdrücke als synonym wertete, weil in der in- und ausländischen Literatur unterschiedliche Formulierungen für das eine und andere gebraucht werden und eine Differenzierung mehr Verwirrung als Klarheit bringt.

Die von Lindauer herangezogenen Fakten bleiben bei Heller dieselben. Mit der Verstädterung bzw. Urbanisierung hängt zunächst das zahlenmäßige Wachstum der städtischen Bevölkerung zusammen, durch die Abwanderung der ländlichen Bevölkerung in die Städte hervorgerufen. Das kann einerseits eine Verdichtung innerhalb eines gesteckten Rahmens bedeuten, andererseits aber auch eine Ausweitung in die unmittelbare Nachbarschaft, so daß zunächst der bauliche Zusammenhang gewahrt bleibt. Es sind dies Verhältnisse, wie sie – je nach dem Zeitpunkt der Industrialisierung – in den Industrieländern ausgeprägt waren und in den Entwicklungsländern in vollem Gange sind. Dabei vollziehen sich soziale Wandlungen, indem die ländliche Bevölkerung zu städtischer Lebensweise übergeht und Bindungen aufgibt, die ihr zuvor durch den Zusammenhalt von Großfamilie, u. U. Stamm (Detribalisierung) auferlegt waren. Unter solchen Voraussetzungen überwiegen die von der Stadt ausgelösten zentripetalen Kräfte.

Eine flächenmäßige Ausweitung der Städte vermag auch ohne Bevölkerungswachstum vonstatten zu gehen, dann nämlich, wenn die Ansprüche an die Wohnfläche bzw. die Lage der Wohnung in der Umgebung sich steigern und es zur Abwanderung städtischer Bevölkerungsgruppen kommt, die meist ihren Arbeitsplatz in der Stadt beibehalten. Der zentripetalen Anziehungskraft der Stadt, die die Arbeitsplätze stellt, darüber hinaus über Bildungsmöglichkeiten den sozialen Aufstieg vermittelt, bei Verringerung der Arbeits- und Erhöhung der Freizeit für letztere einen Teil der dafür notwendigen Einrichtungen bereithält, gesellen sich durch die Randwanderung von städtischen Bevölkerungsgruppen zentrifugal gerichtete Kräfte hinzu, was allerdings entsprechende Verkehrsbedingungen voraussetzt. Bei diesen Vorgängen kommt es zu einem direkten Kontakt zwischen ländlicher und städtischer Bevölkerung, was in kürzerer oder längerer Frist dazu führt, daß ein Teil städtischer Lebensgewohnheiten von der ländlichen Bevölkerung übernommen wird, was ebenfalls durch Werbung und Massenmedien geschieht.

Die Urbanisierung des „Landes" wird auch als Suburbanisierung bezeichnet, die nicht allein die Randwanderung der Bevölkerung und die Wandlungen der Lebensgewohnheiten betrifft, sondern ebenfalls die Industrie, Vorgänge, die gleichzeitig, aber unabhängig voneinander einsetzen können. Etwas anders steht es mit dem tertiären Sektor, dessen Verlagerungen in der Regel nachträglich der der Bevölkerung folgen, weil abzuwarten bleibt, ob entsprechende Einrichtungen genügend in Anspruch genommen werden.

Letztlich erübrigt sich der Begriff der Suburbanisierung, weil mit „Urbanisierung des Landes" dasselbe gemeint ist, aber ersterer hat sich so eingebürgert, daß man ihn kaum ausschalten kann.

Bei immer weiterem Ausgreifen der Randwanderung kann es zum Zusammenwachsen von Siedlungen kommen, und eine Verdichtung ist ebenfalls dadurch möglich, daß ältere Orte ausgebaut oder neue gegründet werden, die sich dann entweder als Wohnsiedlungen oder *Trabanten* präsentieren oder, falls genügend Arbeitsplätze im sekundären und tertiären Sektor zur Verfügung stehen, als *Satelliten* bezeichnet werden.

Bei einem solchen Ausgreifen der Städte auf das „Land im weiteren Sinne", in dem nicht allein ländliche Siedlungen, sondern auch andere Typen der „zwischen Land und Stadt stehenden Orte" unter den geringeren oder stärkeren Einfluß der Städte geraten, ergibt sich meist eine Diskrepanz zwischen Verwaltungsgliederung und Ausdehnung der Städte, was in den einzelnen Ländern auf verschiedene Weise zur Lösung gebracht wurde.

Bereits im Jahre 1915 prägte Geddes für die Großstädte Großbritanniens mit seiner frühen Industrialisierung den Begriff der *Conurbation*, ohne ihn eingehender zu definieren. Das holte Fawcett (1932, S. 100) nach den Volkszählungsergebnissen des Jahres 1931 nach, indem er eine Conurbation als eine „area occupied by a continous series of dwellings, factories, harbours and docks, urban parks, playing fields etc., which are not separated from each other by rural land", bestimmt wissen wollte. Der bauliche Zusammenhang bildete dabei das wichtigste Kriterium. Später wandte man den Begriff der Conurbation lediglich für Städte mit 1 Mill. Einwohnern und mehr an und legte stärkeres Gewicht auf die Beziehungen, die zu einem Zentrum bestehen, das innerhalb seiner Verwaltungsgrenzen als zentrale Stadt bezeichnet werden kann. Beließ man es zunächst bei der alten Verwaltungsgliederung, so fand in England im Jahre 1971 eine Verwaltungsreform statt, die eine erhebliche Minderung der Verwaltungseinheiten der counties brachte. So gliederten sich die West Midlands bis zur Neugliederung in sechs county boroughs, acht municipial boroughs und zehn urban districts, unter denen das county borough Birmingham das wichtigste war. Im Jahre 1971 schuf man metropolitan counties, bezog Coventry in die West Midlands ein und reduzierte damit die Zahl der beteiligten Verwaltungsbezirke auf sieben, wobei Birmingham als Planungsinstanz für die West Midlands gewählt wurde (Jäger, 1976, S. 142). Manche statistischen Daten liegen für die Gesamt-Conurbationen vor, andere lediglich für die zentrale Stadt, so daß man ebenfalls im Jahre 1971 daranging, Großbritannien mit einem Gitternetz von 1 qkm Größe zu überziehen und diese zur Grundlage von Datenerhebungen zu machen.

Bereits im Jahre 1930 begann man in den Vereinigten Staaten, metropolitan districts auszuscheiden, bis man im Jahre 1950 und 1960 *urbanized areas* entwickelte. Sie enthielten mindestens eine Stadt mit 50 000 Einwohnern und mehr, die innerhalb ihres Verwaltungsbereiches als zentrale Stadt angesehen wird. Ihr wurden „zentrale Weiler" und „zentrale Dörfer" (Kap. VI.) angegliedert, sofern sie mindestens 1250 Wohneinheiten/qkm aufwiesen, ebenso wie nichtinkorporierte Orte mit einer Bevölkerungsdichte von mindestens 250 E./qkm, schließlich noch um solche Bereiche erweitert, die bei der erforderlichen Bevölkerungsdichte nicht mehr als 2,5 km vom verstädterten Gebiet entfernt lagen. Da man zumindest im Jahre 1950 genaue Feldaufnahmen machte, im Jahre 1960 statistische Bezirke heranzog, konnte man eine relativ genaue Abgrenzung erzielen.

Da das Verfahren einigermaßen umständlich ist und bei den in Zehnjahresabständen erfolgenden Volkszählungen erneuert werden muß, ging man zur selben Zeit zu den *Standard Metropolitan Statistical Areas* (SMSA) über. Sie umfassen ebenfalls mindestens eine Stadt von 50 000 Einwohnern und mehr, die wieder als zentrale Stadt aufzufassen ist. Darüber hinaus aber werden ganze counties einbezogen, sofern mindestens 75 v.H. der Erwerbstätigen nicht dem ersten Sektor angehören, wozu dann Bestimmungen über Pendlerbeziehungen zur zentralen Stadt u. a. m. gehören (Meynen und Hoffmann, 1954/55; Nellner, 1970, S. 106 ff.). Die SMSAs sind räumlich umfassender als die urbanized areas und haben vor allem den Nachteil, daß sie erhebliche Agrargebiete einschließen können, vornehmlich dann, wenn die zugeschlagenen counties räumlich sehr ausgedehnt sind. Trotzdem bilden sie die Grundlage für die statistischen Erhebungen.

In der Bundesrepublik Deutschland ging man nach dem Zweiten Weltkrieg von der Akademie für Raumforschung und Landesplanung daran, *Stadtregionen* auszugliedern, die mindestens eine Bevölkerung von 80 000 umfassen sollten. Für die Jahre 1950 und 1961 galten dieselben Prinzipien, indem drei Merkmale herangezogen wurden, nämlich das der Verdichtung, das der Struktur und das der Verflechtung.

Für die Verdichtung wurde die Bevölkerungsdichte entscheidend, die in der Kernstadt und ihrem Ergänzungsgebiet, die seit dem Jahre 1967 bzw. 1970 als Kerngebiet zusammengefaßt wurden, mehr als 500 E./qkm betragen sollte, in der verstädterten Zone 200-500 E./qkm und in der Randzone unter 200 E./qkm. Dabei beinhaltet Kernstadt „das Verwaltungsgebiet der Stadtgemeinde mit der größten zentralen Bedeutung" (Nellner, 1970, S.3), was in dieser Formulierung der zentralen Stadt in Großbritannien oder in den Vereinigten Staaten entspricht. Überall dann stellen sich Schwierigkeiten ein, wenn Veränderungen im Gebietsstand der Kernstadt bzw. des Kerngebietes vorgenommen werden. Denkt man z. B. an München, dann waren hier vornehmlich im Norden die Eingemeindungen so erheblich, daß die Kernstadt bis an die nördliche Peripherie reicht. Als Hannover im Jahre 1974 eine erhebliche Zahl seiner Vororte eingemeindete, ohne allerdings Langenhagen mit dem Flughafen oder Entlastungsstädte einbeziehen zu können und auch einige Gemeinden im Süden außerhalb blieben, wäre es fast dazu gekommen, daß die Kernstadt den gesamten verstädterten Raum erfaßt hätte (Voppel, 1978, S.72). Noch komplizierter werden die Verhältnisse, wenn eine Stadtregion mehr als eine Kernstadt enthält, was im Jahre 1970 immerhin bei 15 von insgesamt 72 Stadtregionen der Fall war, sieht man in dieser Hinsicht vom Rhein-Ruhrgebiet ab. Ob sich immer ermessen läßt, welcher von ihnen die größte Bedeutung zukommt, dürfte zumindest fraglich sein. Sobald man nicht mehr die Kernstadt, sondern das Kerngebiet als Zentrum der Stadtregion betrachtet, wie es von der Raumordnung und Landesplanung vorgesehen ist, entfällt die Verwaltungsgrenze der Kernstadt als Gliederungsmerkmal, und der „zentralen Stadt" in Großbritannien, den Vereinigten Staaten und andern Ländern kommt dann ein anderer Inhalt als dem Kerngebiet der Städte in der Bundesrepublik Deutschland zu, so daß aus diesem Grunde später „zentrale Stadt und Kernstadt bzw. Kerngebiet" nicht gleichgesetzt werden.

Als Strukturmerkmal galt der Anteil der landwirtschaftlichen Erwerbstätigen, der für das Kerngebiet unter 10 v.H., in der verstädterten Zone unter 30 v.H. und in der Randzone teils unter 50 v.H., teils bei 50-65 v.H. festgelegt wurde. Das Verflechtungsmerkmal sah man in dem Anteil der Auspendler an den Erwerbstätigen einer Gemeinde gegeben, der insgesamt 60 v.H. ausmachen sollte, von denen mindestens die Hälfte (30 v.H.) das Kerngebiet und mindestens ein Drittel (20 v.H.) die verstädterte Zone zum Ziele hatte.

In Vorbereitung auf die Volks- und Berufszählung vom Jahre 1970 suchte man in der Akademie für Raumforschung und Landesplanung unter den veränderten wirtschaftlichen und sozialen Verhältnissen nach neuen und vereinfachten Abgrenzungskriterien. Die Zusammenfassung von Kernstadt und Ergänzungsgebiet wurde bereits erwähnt. An die Stelle der Bevölkerungsdichte setzte man die Einwohner-Arbeitsplatzdichte (EAD), d.h. die Summe der Wohnbevölkerung plus der Erwerbstätigen am Arbeitsort pro qkm. Die EAD im Kerngebiet sollte 600 Personen/qkm betragen, in der verstädterten Zone 250 – unter 600 und in der Randzone unter 250, wobei man nun die an die Randzone anschließenden kleinen Zentren einschloß, sofern sie ebenfalls über eine EAD von 600 verfügten und in dieser Beziehung kein Unterschied zwischen Satelliten und Trabanten gemacht wurde, was letztlich einen Widerspruch bedeutet. Lediglich für die äußere Abgrenzung der Stadtregionen behielt man Struktur- und Verflechtungsmerkmale bei, erniedrigte aber die Werte für die in der Landwirtschaft Erwerbstätigen auf unter 50 v. H., damit in Einklang stehend, daß bereits früher im Rahmen von Gemeindetypisierungen als ländliche Gemeinden nur solche zu gelten hatten, in denen der Anteil der in der Landwirtschaft Erwerbstätigen 50 v. H. und mehr betrug (Kap. III.). Den Anteil der von der Randzone in das Kerngebiet oder die verstädterte Zone Pendelnden legte man einheitlich auf 25 v. H. an allen Erwerbstätigen einer zur Randzone gehörigen Gemeinde fest (Schwarz, 1970). Hinsichtlich von Trabanten und Satelliten, gaben die ersteren noch 25 v. H. der Erwerbstätigen als Pendler an das Kerngebiet ab, während die letzteren auf Grund ihrer größeren Selbständigkeit das nicht mehr unbedingt tun. Schließlich sollte noch erwähnt werden, daß seit dem Jahre 1961 das Ruhrgebiet um die Stadtregionen Düsseldorf, Köln, Krefeld, Iserlohn und Wuppertal/Solingen/Remscheid erweitert wurde, ohne daß eine Untergliederung stattfand, die notwendig gewesen wäre.

Nun blieb man in der Bundesrepublik Deutschland nicht bei der Bestimmung von Stadtregionen stehen. Das durch die Ministerkonferenz von Bund und Ländern erlassene Raumordnungsgesetz vom Jahre 1968 gründete sich auf das von Boustedt, Müller und Schwarz (1968) erstellte Gutachten, in dem *Verdichtungsräume* gebildet wurden, die daraufhin zu überprüfen waren, ob sie sich durch ausgewogene wirtschaftliche, soziale und kulturelle Verhältnisse auszeichneten, die man durch Maßnahmen der Raumordnung und Landesplanung zu erhalten bestrebt war, oder ob sie in dieser Beziehung Mängel aufwiesen, denen abgeholfen werden mußte. Den Begriff des Verdichtungsraumes wählte man deshalb, weil er in keiner andern Disziplin verwandt worden ist und man den von Isenberg (1957) eingeführten Begriff *Ballung*, dem negative Inhalte zugeschrieben wurden, vermeiden wollte ebenso wie den der Agglomeration, der in den einzelnen Ländern verschiedene Definitionen erfuhr. Die im Jahre 1961 ausgeschiedenen Stadtregionen bildeten die Grundlage. Diejenigen unter ihnen, die mindestens 150 000 Einwohner hatten, deren Kernstädte eine Einwohner-Arbeitsplatzdichte von 1250 und mehr/qkm und deren vierstufig gegliederter Verdichtungsraum eine Bevölkerungsdichte von 1000 E./qkm aufweisen konnten, wurden als Verdichtungsräume ausgewiesen. Unter den 68 Stadtregionen des Jahres 1967 konnten aus diesen 24 Verdichtungsräume gebildet werden, die hinsichtlich Fläche und Bevölkerung erhebliche Unterschiede zeigten. Das Rhein-Ruhr-Gebiet, das bereits als Stadtregion galt, mit mehr als 6000 qkm und mehr als 10 Mill. Einwohnern, die Rhein-Main-Region, in der drei Stadtregionen aufgingen, mit fast 2000 qkm und einer Bevölkerung von mehr als 2 Mill. gehörten ebenso dazu wie die am unteren Ende ausgeschiedenen Verdichtungsräume von Siegen (166 qkm, 166 000 E.) oder Bremerhaven (107 qkm, 157 000 E.).

Nun kann man in der Geographie mit der drei- bis vierfachen Gliederung eines Verdichtungsraumes in Kernstadt, Ergänzungsgebiet, verstädterte oder suburbane und Randzone, der u. U. Satelliten eingeordnet sind, nicht allzuviel anfangen. Insbesondere die Kernstadt und ihr Ergänzungsgebiet sind wesentlich komplizierter aufgebaut; darüber hinaus können in der suburbanen Zone bereits Zentren unterschiedlicher Bedeutung zu liegen kommen, und innerhalb der Randzone treten verschiedentlich „abgesetzte" verstädterte Bereiche auf, gleichgültig, ob sie durch eine bestimmte Funktion geprägt sind (Industrie, Naherholung) oder ob sie selbst als Zentren fungieren. Anhand der Beispiele von Kassel, Karlsruhe und Bonn wies Nellner (1976) auf diesen Sachverhalt hin.

In der Geographie werden Begriffe wie Verdichtungs-, Ballungsgebiet bzw. Agglomerationsraum nebeneinander gebraucht und sehr viel mehr Kriterien herangezogen, um eine Gliederung herbeizuführen, wie es die Vortragsreihen auf den Deutschen Geographentagen in Bad Godesberg „Bevölkerungsballung und Verdichtungsräume" (1960, S. 71-120), in Mainz „Ballungsgebiete und Verdichtungsräume" (1978, S. 43-248) und in Mannheim „Entwicklung von Agglomerationsräumen (1983, S. 288-344) beweisen. Blotevogel und Hommel (1980) beschränkten den Begriff „städtische Agglomeration" auf solche Verdichtungsräume mit mindestens 500 000 Einwohnern, was sinnvoll ist.

Die Bildung von Stadtregionen bzw. städtischen Agglomerationen blieb nicht auf die Bundesrepublik Deutschland beschränkt. In Band 58 der Beiträge der Akademie für Raumforschung und Landesplanung (1982) wurden die verschiedenen Abgrenzungsmethoden für dreizehn europäische Länder einschließlich der Deutschen Demokratischen Republik und Polens dargelegt und von Nellner (1982, S. 399 ff.) zusammengefaßt. Darauf sei verwiesen, da es hier zu weit führen würde, die selbst innerhalb eines Landes nicht einheitlichen Kriterien zu behandeln. Teils wird dabei von morphologischen, teils von sozio-ökonomischen Gesichtspunkten ausgegangen, u. U. auch eine Mischung von beiden bevorzugt. Aufgrund der erheblichen Unterschiede, die auch bei den Grenzwerten auftreten, ist es bisher nicht möglich, eine genaue Vergleichbarkeit zu erzielen. Zumindest aber weisen die Bemühungen darauf hin, daß in den Industrieländern Einschnitte in der Entwicklung des Städtenetzes vorliegen, um an anderer Stelle den Begriff des Städtesystems zu erläutern.

Die vorhandenen Einschnitte werden meist als vorindustrielle Stadt bezeichnet, letzteres auf Sjoberg (1960) zurückgehend, als Stadt des Industriezeitalters und als postindustrielle Stadt. Letzterer Begriff ist insofern irreführend, weil unter veränderten technischen Möglichkeiten der industriellen Produktion und des Verkehrswesens bei geringeren Beschäftigungszahlen auf die Produktion selbst nicht verzichtet werden kann, so daß es besser ist, von der spätindustriellen Phase zu sprechen. Abgesehen davon ist eine eindeutige zeitliche Abgrenzung, selbst innerhalb eines Landes, nicht möglich, wie es bereits im Abschnitt über die Hausindustrie mit Verlagssystem dargelegt (Kap. VI. A.) und u. a. von Blotevogel (1975) für die Entwicklung der Städte vor der Industrialisierung (1780-1850) in Westfalen betont wurde.

Sofern eine Stadtregion bzw. ein Verdichtungsraum von einer zentralen Stadt bzw. einer Kernstadt beherrscht wird, hat sich nach dem Vorbild von Davidovich (1962) der Begriff der monozentrischen Stadtregion bzw. städtischen Agglomeration durchgesetzt; sobald zwei oder mehr zentrale bzw. Kernstädte eingingen, dann wird die städtische Agglomeration polyzentrisch, wobei sich dann häufig eine Aufgabenteilung einstellt und die jeweilige Spezialisierung eine Verstärkung der zuvor nicht fehlenden zwischenstädtischen Beziehungen hervorbringt. Hommel (1974) setzte dafür den Begriff des mehrkernigen Verdichtungsraumes ein.

Da bei der Abgrenzung der Verdichtungsräume als häufigstes Merkmal das Pendlerwesen Eingang gewann (Nellner, 1982, S. 428), bedeutet die äußere Abgrenzung des Verdichtungsraumes eine Verkehrsgrenze. Das legte Hassinger bereits im Jahre 1910 für Wien fest, indem er die 1^h-Isochrone, bezogen auf den Verkehrsmittelpunkt des Stephansplatzes, als Grenzwert festsetzte. Leyden (1933, S. 130 ff.) gelangte für Berlin mit Hilfe von Isochronen und Verkehrsdichte zu keiner befriedigenden Abgrenzung, wohl darin begründet, daß es keinen eindeutig bestimmbaren Verkehrsmittelpunkt gab und die Streuung der Arbeitsplätze erheblicher war. Wenngleich seither durch den Automobilverkehr Veränderungen eintraten mit einer erheblichen Ausweitung der Suburbanisierung, wird man daran festhalten müssen, daß die Zeitdauer und die Kosten, die für die Überwindung der Entfernung zwischen Arbeits- und Wohnplatz bestehen, in die Abgrenzung der Verdichtungsräume eingehen und unter west- und mitteleuropäischen Verhältnissen die 1^h-Isochrone selten überschritten wird.

Wenn in späteren Abschnitten Einwohnerzahlen genannt werden, dann beziehen sie sich in den Vereinigten Staaten auf die Standard Metropolitan Statistical Areas (SMSA), sonst – falls nicht anders vermerkt – auf die zentralen bzw. Kernstädte. Eine solche Diskrepanz ist leider aufgrund der jeweiligen statistischen Erhebungen unvermeidbar.

B. Die allgemeinen Funktionen der Stadt und ihre abgrenzbaren Raumbeziehungen

Eine voll entwickelte Stadt vermag nicht durch sich selbst zu existieren, denn sie findet einen wesentlichen Teil ihrer Lebensgrundlage in den Beziehungen zu einem engeren oder weiteren Umkreis. Wenn in den früheren Auflagen von Stadt-Land-Beziehungen die Rede war (3. Aufl., 1966, S. 367), so läßt sich das in vollem Umfang nicht mehr aufrechterhalten. Zwar gibt es noch Bereiche, innerhalb derer vorindustrielle Städte existieren, die insbesondere auf der Basis der Verknüpfungen mit dem Land bzw. der ländlichen Bevölkerung ihre Grundlage finden. Selbst innerhalb der Industrieländer lassen sich Bezirke ausfindig machen, in denen sich dieses Moment bis heute erhielt. Bereits in vorindustrieller Zeit spielten darüber hinaus, sofern sich in den Funktionen der Städte gewisse Spezialisierungen abzeichneten, zwischenstädtische Beziehungen eine Rolle, wie es Blotevogel (1975) in Westfalen für das Ende des 18. bis zur Mitte des 19. Jh.s nachwies.

Als im Rahmen der anautarken Wirtschaftskultur sich eine arbeitsteilige Gesellschaft ausbildete und es damit zur Entfaltung von Städten kam, bedurften diese der Ergänzung durch das Land. Letzteres trug zur Ernährung der städtischen Bevölkerung bei und stellte u. U. Rohstoffe zur Verfügung, die im städtischen Handwerk zur Verarbeitung kamen. Die Zuwanderung vom Land in die Städte trug dazu bei, daß deren Bevölkerungszahl sich auf einem gewissen Niveau zu halten vermochte, u. U. sogar ansteigen konnte. Ebenso war die ländliche Bevölkerung auf die Städte angewiesen, in denen die überschüssige landwirtschaftliche Produktion aufgenommen und in den Handel gebracht wurde; hier vermochte sich die ländliche Bevölkerung mit gewerblichen Waren zu versorgen, die sie selbst nicht herstellen konnte und die in den Städten produziert wurden oder ihr durch den Handel zuflossen. Politische und Verwaltungsaufgaben waren in den Städten konzentriert, ebenso wie sie kultische, kulturelle und soziale Aufgaben wahrnahmen, die – in verschiedenem Ausmaß – nicht allein von der städtischen, sondern ebenfalls von der ländlichen Bevölkerung in Anspruch genommen wurden. Damit waren die Städte und ihr ländlicher Umkreis wechselseitig aufeinander bezogen. Dabei stellte sich bald heraus, daß die Städte mit ihrem ländlichen Umkreis[1] nicht gleichgeordnet nebeneinander bestanden. Bedeutungsmäßig kleinere Städte mit einer geringen Zahl städtischer Funktionen unterschieden sich von wichtigeren, in denen höhere Funktionen eine stärkere Bündelung erfuhren, wenngleich ihnen die geringwertigen nicht fehlten. Das bedeutet, daß zwischen den Städten eines Landes eine bestimmte Rangordnung vorhanden war, die sich der Ausdehnung der entsprechenden Umkreise mitteilte. Die Tatsache, daß auch heute noch eine Rangordnung zwischen den Städten vorhanden ist, trotz aller Wandlungen, die das industrielle Zeitalter und die spätindustrielle Phase herbeiführten, und zwar unabhängig davon, ob mit der Industrie neue Städte entstanden (z. B. England oder die Sowjetunion) oder ob unter veränderten Verkehrsbedingungen (Eisenbahn, Automobil) auf manche Zentren der unteren Stufen verzichtet werden konnte (z. B. Mitteleuropa und Nordamerika bzw. Japan), belegt, daß die historische Entwicklung auch für das Verständnis der gegenwärtigen Rangordnung bzw. der dazugehörigen Umkreise eine Rolle spielt.

Nun führte Christaller (1933, S. 23 ff.) den Begriff der zentralen Orte ein, unter die auch die Städte fallen. Auf Gradmann (1914) zurückgreifend, der Städte als Mittelpunkte eines Gebietes betrachtete, war für Christaller die Mittelpunktswirkung entscheidend. Um den historischen Begriff der Stadt im westlichen und mittleren Europa auszuschalten und auch solche Mittelpunkte aufnehmen zu können, die kein Stadtrecht besaßen (z. B. Marktsiedlungen in Bayern, ein Teil der Kirchdörfer in Westfalen), kam er zunächst zu dem Begriff der zentralen Siedlung. Weil er aber nicht die Siedlung als solche meinte, die sich mit gewissen Vorstellungen insbesondere über den Aufriß verknüpft, sondern es ihm auf die vorhandenen Funktionen ankam, wandte er als neutralen Begriff den der zentralen Orte an. Auch von historischer Seite wurden die zentralen Orte in die Nomenklatur aufgenommen, weil damit die Vorformen der Städte in Mitteleuropa besser eingegliedert werden konnten (Schlesinger, 1963; Ennen, 1965; Fehn, 1970; Mitterauer, 1971). Der eben erschienene Band über die Stadt-Land-Beziehungen in Deutschland und Frankreich vom 14.-19. Jh. (Bulst, Hoock und Irsigler als Herausgeber, 1983) konnte leider nicht mehr berücksichtigt werden. Schließlich lassen sich auch im Rahmen der semi-autarken Wirtschaftskultur, sofern es zur Ausbildung von periodischen Märkten kam (Kap. VI.), diese unter den Begriff der zentralen Orte subsumieren (Gormsen, 1971). Wenn Borcherdt (1973 und 1977) anstelle des Begriffes der zentralen Orte bzw. ihrer Umkreise den der Versorgungsorte bzw. Versorgungsbereiche vorschlug und am Beispiel des Saarlandes

---

[1] Umkreis wird in diesem Abschnitt lediglich für Beziehungen zwischen den zentralen Orten und den ihnen zugeordneten Bereichen gebraucht; im nächsten Abschnitt erfolgt eine genauere Differenzierung (Kap. VII.B.2.).

und des nördlichen Württemberg verifizierte, dann nahm er zwar den auch bei Christaller in den Vordergrund gestellten Gesichtspunkt des Versorgungsprinzips auf (neben dem Verwaltungs- bzw. Verkehrsprinzip), aber die Zielsetzung war eine jeweils verschiedene. Christaller wollte unter Ausschaltung der Oberflächenformen, die entscheidend in die Transportverhältnisse eingehen, ohne Berücksichtigung der Bevölkerungsdichte und ohne Bezugnahme auf die unterschiedliche Kaufkraft der Bevölkerung eine Theorie entwickeln und ökonomische Gesetzmäßigkeiten in der Anordnung der zentralen Orte unterschiedlicher Hierarchie und ihrer Umkreise finden. Borcherdt hingegen war bestrebt, die tatsächlichen Versorgungsbeziehungen herauszufinden und die real gegebenen Umkreise zu bestimmen. Dazu wäre es nicht unbedingt notwendig gewesen, einen neuen Begriff einzuführen, sondern es hätte genügt, eine Präzisierung des Begriffes „zentraler Ort" vorzunehmen.

Kehrt man zunächst zu der Theorie von Christaller zurück, dann stellte er einen Katalog der ihm wichtig erscheinenden zentralen Güter und Dienste auf.

Tab. VII.B.1 Katalog zentraler Güter und Dienste

1. Einrichtungen der Verwaltung:
   niedere Arten: Standesamt, Gendarmerieposten, Bürgermeisterei (im Rheinland), Steuererhebungsstelle
   mittlere Arten: Kreis-(Bezirks-)Amt, Amtsgericht, Finanzamt
   höhere Arten: Provinzial-(Kreis-)Regierung, Landgericht, Arbeitsamt
2. Einrichtungen von kultureller und kirchlicher Bedeutung:
   niedere Arten: Mittel- oder Bürgerschulen, Volksbibliotheken, Kirchspielsitze
   mittlere Arten: höhere Schulen, Kreis-(Bezirks-)Schulverwaltung, Dekanate
   höhere und höchste Arten: Hochschulen, Landesbibliotheken, Museen, Theater, Bischofssitze
3. Einrichtungen von sanitärer Bedeutung: mit drei Stufen
4. Einrichtungen von gesellschaftlicher Bedeutung: mit drei Stufen
5. Einrichtungen zur Organisation des wirtschaftlichen und sozialen Lebens mit drei Stufen
6. Einrichtungen des Handels und Geldverkehrs: mit drei Stufen
7. Gewerbliche Einrichtungen: mit drei Stufen
8. Bedeutung als Arbeitsmarkt: je nach der Anzahl und Größe der Betriebe, der Stärke der Arbeiterbevölkerung (eigener Zusatz: die Industrie wird nicht zu den zentralen Gütern und Diensten gerechnet, sondern erscheint nur indirekt über die Versorgung der Bevölkerung)
9. Einrichtungen des Verkehrs: drei Stufen

Nach Christaller, 1933, S. 139/40.

Auf diese Weise gelangte Christaller außer den hilfszentralen Orten zu sieben Rangstufen, die er nach der Verwaltungshierarchie in Süddeutschland folgendermaßen gliederte (1933, S. 155) und in Beziehung zu einer gewissen Größenordnung der jeweiligen Einwohnerzahl brachte. Mit einem bestimmten Zentralitätsindex versehen, der im nächsten Absatz geklärt wird, wird dieser aus Gründen der Vereinfachung in die folgende Tabelle aufgenommen:

Der Begriff des zentralen Ortes nach Christaller setzt voraus, daß in jedem ein Überschuß von zentralen Gütern und Diensten vorhanden sein muß, um die *Versorgung* des Umkreises zu ermöglichen. Ein besonderes Problem war es nun,

Tab. VII.B.2 Zentralitätsstufen und -index

Typ	Einwohner	Zentralitätsindex
Marktort um	1 200	0,5 – 2
Amtsort um	2 000	2 – 4
Kreisort um	4 000	4 – 12
Bezirksort um	10 000	12 – 30
Gauort um	30 000	30 – 150
Provinzhauptort um	100 000	150 – 1200
Landeshauptort um	500 000	1200 – 3000

Nach Christaller, 1933, S. 155.

diese Überschußbedeutung quantitativ festzulegen. Dafür wurde die Zahl der Telephonanschlüsse verwandt, für die folgender Ausdruck gefunden wurde:

$$Z_z = T_z - E_z \cdot \frac{T_g}{E_g}$$

Z_z = Zentralitätsgrad bzw. -index
T_z = Zahl der Telephonanschlüsse in dem zentralen Ort
E_z = Einwohnerzahl des zentralen Ortes
T_g = Zahl der Telephonanschlüsse in dem zugeordneten Umkreis
E_g = Einwohnerzahl des Umkreises

Die von Christaller getroffene Auswahl der Kriterien entspricht in etwa den Verhältnissen vor fünfzig Jahren in Süddeutschland, als mit Industrialisierung und Eisenbahnverkehr bereits Ansätze zur Ausbildung von Verdichtungsräumen gegeben waren, selbst wenn letzterer Ausdruck noch nicht gebraucht wurde. Bei erheblicher Anhebung der Bevölkerungszahlen zumindest in den höheren Hierarchiestufen, verursacht durch die Abwanderung der ländlichen Bevölkerung in die Städte oder die Vermehrung von Arbeiterbauern im Umkreis von ihnen, setzten keine beträchtlichen Verschiebungen in der Rangabstufung der höheren Zentren ein (Schöller, 1962 und 1976). Der Vermehrung der Erwerbstätigen im sekundären Sektor trug Christaller durch die Aufnahme von Punkt 8 (Arbeitsmarkt) Rechnung. Die Beanstandung von Bobek (1966, S. 123), daß Christaller von kleinen isolierten Städten mit einem weiten agraren Umkreis ausging, dürfte nicht ganz stichhaltig sein. Die Zahl der Erwerbstätigen im tertiären Sektor verzeichnete einen geringeren Zuwachs als die im sekundären Sektor, weil der Bedarf der letzteren an zentralen Gütern und Diensten geringer war. Die schärfste Kritik gegenüber der Methode von Christaller richtete sich gegen die Bemessung des Zentralitätsgrades durch die Telephonmethode, weil Behörden usf. mit ein oder zwei Anschlüssen auskommen, aber intern ein wesentlich dichteres Netz ausbauten (z. B. Neef, 1950, S. 8 ff. und 1962; Schultze, 1951, S. 106 ff.); doch nahm Christaller selbst bereits im Jahre 1949/50 von der Telephonmethode Abstand.

Auch später hielt man in der Bundesrepublik Deutschland – ebenso wie in andern Ländern – daran fest, anhand *ausgewählter Kriterien* die Hierarchie der zentralen Orte zu bestimmen. Nur einige Beispiele in dieser Beziehung seien genannt.

Boustedt (1962, S. 203 ff.) untersuchte die Gemeinden in Bayern im Hinblick auf den hierarchischen Aufbau der zentralen Orte und traf die Unterscheidung zwischen zwei verschiedenen Formen zentraler Einrichtungen, einerseits Einzelhandelsgeschäfte mit neun, andererseits allgemeine zentrale Einrichtungen mit zwölf verschiedenen Merkmalen, nahm allerdings keine Verwaltungseinrichtungen auf. Das hatte seinen Grund darin, daß letztere ohnehin hierarchisch gestuft erscheinen und er mit Hilfe offiziöser Dienste, wie es Bobek (1966) bzw. Bobek-Fesl (1978, S. 10) genannt haben (Krankenhäuser, ein Teil der Schulen usf.), die mit der Verwaltungsgliederung häufig eine Koppelung eingehen, und privatwirtschaftlicher Dienste die Hierarchie ableiten wollte. Boustedt war nun genötigt, die jeweilige Überschußbedeutung zu bestimmen, was er mit Hilfe des Dispersionsfaktors tat. Dieser besagt, den Anteil derjenigen Gemeinden, in denen sich die eine oder andere Dienstleistung befindet, an der Gesamtzahl der bayerischen Gemeinden zu berechnen. Den höchsten Zentralitätsgrad 1 – ob man damit beginnt und die geringerwertigen in aufsteigender Zahlenfolge benennt oder den umgekehrten Weg einschlägt und diejenigen der untersten Stufe mit 1 bezeichnet, wird nicht allein in der deutschen Literatur unterschiedlich gehandhabt – erhielten jene Gemeinden, in denen sämtliche Merkmale beider Gruppen vorhanden waren. Alles weitere ist aus der folgenden Tabelle und Abb. 96 zu ersehen.

Von den 7119 Gemeinden in Bayern wurden 339 ermittelt, die als zentrale Orte zu betrachten sind, wobei die erste Stufe mindestens 50 000 Einwohner (nach der angelsächsischen Nomenklatur als threshold population bezeichnet) besitzt, die zweite 20 000 – unter 50 000, die dritte 10 000 – unter 20 000, zu denen noch ein bedeutender Teil derjenigen mit 5000 – unter 10 000 zählt, schließlich die vierte, innerhalb derer das Auseinanderklaffen am stärksten ist, indem bis 10 000 Einwohner erreicht werden können, aber, wenngleich in geringfügigem Maße, noch Gemeinden mit weniger als 2000 Einwohnern erscheinen. Gemeinden, deren Bevölkerung weniger als 1000 ausmacht, kommen als zentrale Orte nicht in Frage (Boustedt, 1962, S. 207 ff.).

Heinritz (1979, S. 62) beanstandete teils die zu geringe Zahl der verwendeten Merkmale und teils die Berechnung des Zentralitätsgrades mit Hilfe des Dispersionsfaktors, letzteres allerdings an einem sehr extremen Beispiel, das in der Merkmalsgruppierung von Boustedt nicht vorkommt.

Trotzdem geht es nicht an, das Kriterium der Auswahl zentraler Güter und Dienste als zu subjektiv und in das Belieben der Autoren gestellt, völlig abzulehnen (Heinritz, 1979, S. 58 ff.), denn in einfach gelagerten Fällen, bei denen die Oberflächengestalt einigermaßen homogen ist, ebenso wie die Kaufkraft der Bevölkerung, lassen sich damit relativ gute Ergebnisse erzielen. Wir wollen uns hier auf zwei Beispiele beschränken, die mit Absicht aus den Vereinigten Staaten (Wisconsin; Brush, 1953) und der Republik Südafrika (Karru; Carol, 1952) gewählt wurden, wobei es vornehmlich darum ging, zentrale Weiler bzw. Dörfer (Kap. VI.) in ihrer Ausstattung gegenüber kleineren Städten abzugrenzen. Hinsichtlich der ländlichen Siedlungsformen stimmen beide Gebiete überein, indem es sich um Einzelhöfe handelt. Auch insofern ist Übereinstimmung gegeben, indem die Industrie kaum eingriff. Die sonstige kulturgeographische Situation allerdings weist erhebliche Unterschiede auf, die auf die Abgrenzung zwischen zentralem

Tab. VII.B.3 Zentrale Institutionen in Bayern und ihr Dispersionsfaktor

Zentrale Institutionen	Gemeinden mit den jeweiligen zentralen Einrichtungen	
	absolut	in v. H. aller Gemeinden (Dispersionsfaktor)
Gruppe A: Einzelhandelsgeschäfte		
1. Eisen-, Stahl- und Metallwaren	939	13,2
2. Schuhwaren	928	13,1
3. Fahrräder und deren Zubehör	745	10,5
4. Rundfunk-, elektrische Schallplatten- und Fernsehgeräte	405	5,7
5. Landmaschinen	339	4,8
6. Uhren, Gold- und Silberwaren	326	4,6
7. Glas- und Porzellanwaren	207	2,9
8. Möbel und Teppiche	163	2,3
9. Optische und feinmechanische Artikel, Photobedarf	156	2,2
Gruppe B: Allgemeine zentrale Institutionen		
1. Apotheken	645	9,1
2. Kinos	637	8,9
3. Krankenhäuser	461	6,5
4. Drogerien	388	5,5
5. Baywa-Lagerhäuser (ohne Nebenstellen)	385	5,4
6. Höhere Schulen	294	4,1
7. Rechtsanwälte	270	3,8
8. Fachärzte	269	3,8
9. Sparkassen und regionale Banken	257	3,6
10. Krankenkassen (ohne Nebenstellen)	52	0,7
11. Zeitungsverlage	47	0,7
12. Zweigniederlassungen der Bayer. Raiffeisen-Zentralkasse	20	0,3

Nach Boustedt, 1962, S. 204.

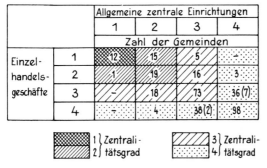

Abb. 96 Der Zentralitätsgrad der zentralen Orte in Bayern (nach Boustedt).

Dorf (dorp bzw. village) und kleineren Städten (town) einwirken. Mit der geringen Bevölkerungsdichte der südafrikanischen Karru (rd. 0,5 E./qkm) und der nicht unerheblichen Zahl von Nichteuropäern hängt es zusammen, daß hier das „dorp" – der ländliche Mittelpunkt ohne eine nennenswerte ländliche Bevölkerung, der noch nicht als Stadt betrachtet werden kann – bei einer durchschnittlich größeren Bevölkerung eine stärkere Integration vor allem hinsichtlich der sozialen Funktionen aufweist, als es etwa für das kleinere zentrale village im dichter besiedelten Wisconsin (23,6 E./qkm) der Vereinigten Staaten der Fall ist. Die hier auftretenden Größenklassen von 115-1415 Einwohner für „villages" und 1329-7217 Einwohner für „towns" erscheinen zunächst merkwürdig. Sie wurden dadurch gewonnen, daß nicht die absolute Größe der Bevölkerungszahl als Unterscheidungsmerkmal diente, sondern die logarithmischen Werte berechnet und graphisch dargestellt wurden (Tab. VII.B.4.). Mit diesem Hilfsmittel treten die Stellen deutlicher hervor, an denen die entsprechende Kurve Sprünge aufweist, die dann für die Abgrenzung der Größengruppen benutzt werden. Köck (1975, S. 32) wies darauf hin, daß selbst wenn solche Sprünge nicht vorhanden sind, und die Rang-Größenverteilung sich als Gerade ergibt, das hierarchische Prinzip nicht aufgegeben zu werden braucht. Wir lassen die repräsentativen zentralen Einrichtungen für die „dörper" bzw. „villages" bzw. der „towns" der genannten Gebiete in etwas vereinfachter Form folgen (Tab. VII.B.4.).

Wichtig ist nun, den Vergleich weiter zu spannen und west- bzw. mitteleuropäische Verhältnisse einzubeziehen, wo meist eine höhere Bevölkerungsdichte vorliegt, die ländlichen Siedlungen vielfach als Dörfer ausgebildet sind und die zentralen Orte meist aus rechtlich bevorzugten Siedlungen des Hochmittelalters hervorgingen. In dieser Hinsicht untersuchten Brush und Bracey (1955) sowie Bracey (1962) den Bereich von Somerset südlich von Bristol, der ebenfalls nur wenig von der Industrie berührt wird. Der höheren Bevölkerungsdichte (70 E./qkm) wird die größere Einwohnerzahl der zentralen Dörfer (unter 5000 Einwohner) und der kleinen Städte (5000 Einwohner und mehr) gerecht, und letztere besaßen zum Zeitpunkt der Untersuchung auch den verwaltungsmäßigen Status eines urban districts. Eine Abgrenzung dieser „towns" gegenüber solchen höheren Ranges war nicht geplant, ganz abgesehen davon, daß sich letztere außerhalb des Raumes befinden, der in die Betrachtung einbezogen wurde. Für die Untersuchung wurden auch hier bestimmte zentrale Einrichtungen ausgewählt, und zwar solche, von denen mit einiger Sicherheit feststand, daß sie weniger von der Bevölkerung des zentralen Ortes selbst als vielmehr von der Agrarbevölkerung benutzt wurden. Geschäfte sieben verschiedener Branchen und acht soziale und andere zentrale Einrichtungen (Arzt, Bank usf.) waren bestimmend. Jede dieser Dienstleistungen wurde mit einem Punkt bewertet; die Gesamtheit der Punkte in einem Ort ergab dann den Zentralitätsindex, der zwischen 11 und 815 schwankte; erreichte er etwa 100, dann galt das als Grenze zwischen zentralen Dörfern und kleinen Städten (towns). Dabei gibt sich zu erkennen, daß den „zentralen Dörfern" in England soziale Einrichtungen und spezialisiertere Warenangebote mehr eigen sind als den entsprechenden Siedlungen in Wisconsin (Brush und Bracey, 1955). Das mag teilweise an der unterschiedlichen Bevölkerungsdichte liegen und hängt teilweise aber auch mit der Benutzung unterschiedlicher Verkehrsmittel –

Tab. VII.B.4 Die repräsentativen Funktionen von zentralen Dörfern und kleinen Städten für die südafrikanische Karru und für das südwestliche Wisconsin

Zentrale Einrichtungen in „dörpern" bzw. „villages" mit 1500–2500 E. bzw. 115–1415 E.

Karru	Wisconsin
Distriktsbehörden	
Höhere Schule	Höhere Schule
Kirche	Kirche
Ein bis zwei Ärzte	
Ein bis drei Anwälte und Notare	
Bank	Bank
Ein bis zwei Hotels	Gasthaus
Zwei bis drei Garagen	Autoreparatur-Werkstatt
	Tankstelle
Transportunternehmen	Transportunternehmen
Geschäft mit vielseitigem Angebot	Lebensmittelgeschäft
Friseur	Eisenwarenhandlung
Ein bis zwei Fleischer	

Zentrale Einrichtungen in kleinen Städten mit etwa 10 000 E. bzw. 1329–7217 E.

Karru	Wisconsin
Zweigbüros von Regierungsdep.	
Regierungsgeometer	
	Arzt
Zahnarzt	Zahnarzt
Tierarzt	Tierarzt
Krankenhaus	
	Rechtsanwalt
Eine wöchentlich erscheinende Zeitung	Eine wöchentlich erscheinende Zeitung
Buchhandlung	
Lichtspieltheater	Lichtspieltheater
Lokaler Flughafen	
	Güterbahnhof
	Ausgangspunkt regelmäßiger Omnibuslinien
	Hotel
Milchgeschäft	
Bäckerei	Bäckerei
Schuhgeschäft	Schuhgeschäft
Bis fünf Konfektionsgeschäfte	Konfektionsgeschäft
Uhrmacher-Juwelier	Uhrmacher-Juwelier
	Blumengeschäft
	Möbelgeschäft
Bazar	

Nach Carol, 1952, S. 57 und Brush, 1953, S. 386.

zumindest um die Mitte der fünfziger Jahre – zusammen, indem in England öffentliche Verkehrsmittel noch das Übergewicht hatten, in den Vereinigten Staaten aber bereits der Personenkraftwagen.

Noch anders verhält es sich in der Deutschen Demokratischen Republik, den übrigen Ostblockländern und der Sowjetunion. Neef (1962, S. 227 ff.) wies darauf hin, daß zahlreiche zentrale Orte niederen Ranges in der Deutschen Demokratischen Republik ihre einstige Aufgabe nicht mehr erfüllen können, weil es zur Verstaatlichung erheblicher Teile des tertiären Sektors kam, und Schöller (1967, S. 91 ff.) faßte die Situation folgendermaßen zusammen: „Die Abnahme wirtschaftszentraler Funktionen erstreckt sich auf alle Stadtgrößen und Funktionstypen. Am nachhaltigsten wurden natürlich die städtischen Kleinzentren betroffen, die breite zentralörtliche Unterschicht, deren vornehmliche Aufgabe es einst war, in komplexer Weise Marktort zu sein. Zu ihrem Abstieg hat entscheidend beigetragen, daß im Rahmen der Kollektivierung der Landwirtschaft neue dörfliche Agrarzentren mit Landwarenhaus, staatlichen Spezialgeschäften, Kulturhaus, Landkino, Landambulatorium, Zentralschule und Reparaturzentrum geschaffen wurden. Da jedoch die Planung für den Ausbau derartiger Zentren häufig aus politischen und organisatorischen Gründen (insbesondere bei der Zusammenlegung landwirtschaftlicher Produktionsgenossenschaften) geändert wurde, blieb das System der zentralen Orte niederen Ranges sehr variabel und labil. ... Bei der Gruppe der Mittelzentren entschied der Sitz der Kreisverwaltung und der Grad der Industrialisierung darüber, ob die Städte zur ausgelaugten Unterschicht abstiegen oder aber funktionell gestärkt wurden. Die zunehmende Kraft der Verwaltungszentralisation ist ein Grundzug, der die Entwicklung aller größeren Städte in der DDR mitbestimmt. ... Von der staatlichen Planung wurden weniger die bürgerlichen Dienstleistungsorte als die Schwerpunkte der industriellen Produktion im Aufbau und in der Modernisierung gefördert". Ähnliche Beobachtungen wurden in Polen gemacht, wenngleich hier landwirtschaftliche Produktionsgenossenschaften weniger ins Gewicht fallen (Dziewoński u. a., 1957; Kosínski, 1964, S. 83 ff.), und in der Tschechoslowakei verhalten sich die Dinge nicht anders. Hier büßte das berühmte Kuttenberg an Bedeutung ein ebenso wie der größte Teil der kleinen Städtchen im Mährischen Gesenke oder Trautenau am Südostrand des Riesengebirges, dessen Laubengänge um den Markt (Ring) einst von Geschäften umsäumt waren und in den sechziger Jahren nur wenige Läden existierten. Hier muß – anders als in den westlichen Ländern – die Verwaltungshierarchie zur Grundlage in der Abstufung der Städte gemacht werden.

Noch anders liegen die Verhältnisse in den Entwicklungsländern. Hier untersuchte Abiodun (1967, S. 354) die Städte der Ijebu-Provinz im südwestlichen Nigeria. Hier muß einerseits die Existenz eines täglichen Marktes gesichert sein, um Städte gegenüber periodischen Märkten (Kap. VI.) absetzen zu können. Das Vorhandensein einer Bank, einer höheren Schule, Geschäften, Krankenhaus oder die Versorgung mit elektrischem Strom besitzen hier einen höheren Rang als in den Industrieländern. Bei 28 ausgewählten Kriterien ergibt sich dann eine fünfstufige Hierarchie.

In Venezuela und vornehmlich in Mexiko (Becken von Puebla) stellte Gormsen (1971) die Übereinanderlagerung zweier verschiedener zentralörtlicher Systeme fest. Abhängig von der jeweiligen Bevölkerungsdichte erhielt sich vornehmlich in den Höhenbereichen ein fünffach gestuftes Marktsystem (berechnet nach der Zahl der Marktstände), die auf die Bedürfnisse der bäuerlich gebliebenen Indios abgestellt sind. Da man in Puebla bereits im ersten Drittel des vorigen Jahrhunderts zur Industrialisierung überging, entwickelten sich Arbeiterbauern, die sich ebenfalls auf den Märkten versorgen, ebenso wie das auch Arbeiter tun. Die Städte mit einer dreistufigen Hierarchie werden von der sich bildenden Mittelschicht aufgesucht, und die Oberschicht bevorzugt die Zentren höherer Ordnung und scheut sich nicht, bei günstigen Verkehrsbedingungen für den Bedarf an speziellen Gütern und Dienstleistungen die Hauptstadt Mexiko City zu bevorzugen (Entfernung Puebla–Mexiko City rd. 130 km). Mit Hilfe der Telephonmethode von Christaller konnte in diesem Falle die hierarchische Einstufung der Städte vorgenommen werden.

Falls vor der Kolonialzeit keine oder kaum Märkte existierten, wie z. B. in Angola, Uganda oder Portugiesisch-Guinea bzw. Guinea-Bissau (Matznetter, 1963 und 1966; Kade, 1969), dann wurde das vorhandene Austauschsystem (etwa Buschmärkte, Kap. VI.) so gut wie ausgelöscht und die jeweiligen Kolonialmächte entwickelten ein „oktroyiertes Netz" zentraler Orte (Matznetter, 1963, S. 418) in Abhängigkeit von der Bevölkerungsdichte der afrikanischen Bevölkerung, deren Lebensformen (Nomaden bzw. Hackbauern) und unterschiedlichem Akkulturationsvermögen.

Wenn sich Heinritz (1979, S. 58) auf die Arbeit von Spieker (1975) über die Kleinstädte im Libanon bezieht, um für Enwicklungsländer die nach europäischen Gesichtspunkten vorgenommene hierarchische Gliederung der Städte in Frage zu stellen, so liegen in diesem Gebiet die Bevölkerungsverhältnisse mit ihren unterschiedlichen Glaubensbekenntnissen innerhalb des Christentums und des Islams besonders kompliziert, so daß daraus keine allgemeinen Schlußfolgerungen gezogen werden dürfen, abgesehen davon, daß man nach der Verselbständigung der afrikanischen Staaten bzw. den Auseinandersetzungen in einem Teil des Vorderen Orients nicht überall übersieht, wie die Verhältnisse gegenwärtig liegen.

Insbesondere auf Industrieländer bezogen (mit Ausnahme von Bengalen und der südafrikanischen Karru), hat sich Köck (1975, S. 26) die Mühe gemacht, die unterschiedlichen Hierarchiestufen, deren Benennung und die zugeordnete Bevölkerungszahl der zentralen Orte zusammenzustellen, was mit kleinen Abweichungen übernommen wurde. Dabei zeigt sich, daß – unabhängig von dem Zeitpunkt der Untersuchung und unabhängig von dem bearbeiteten Raum – sieben bis zehn Abstufungen erscheinen, die sich allerdings meist zu vier bis fünf Hauptgruppen zusammenfassen lassen.

Sofern Auswahlkriterien angewandt wurden, läßt sich der Zeitpunkt der Untersuchung nicht mehr ausschalten. Wenn Klöpper (1952, S. 67) als unterste Stufe der Zentralität die Existenz einer Apotheke vorschlägt, weil „zu deren Errichtung eine besondere behördliche Genehmigung nötig ist, die nur aufgrund eines vorliegenden Bedürfnisses erteilt wird", so ist seitdem in dieser Beziehung eine erhebliche Lockerung eingetreten. Als Kennzeichen einer „town" in England und Wales sah Smailes (1944) u. a. die Existenz eines Lichtspieltheaters an; die Konkurrenz, die inzwischen durch das Fernsehen eintrat, läßt dieses Kriterium in den meisten

504 Die Städte

Tab. VII.B.5 Ausgewählte Hierarchiesysteme

Berry/Barnum/Tennant, 1962; Berry, 1967, USA	Carol, 1952, Karru	Carol, 1956, 1960, Schweiz	Palomäki, 1964, SW-Finnland	Smailes, 1944, England und Wales	Klucka, 1970 Bundesrepublik Deutschland
Hamlet (100)	Dorpie	Dorf	Hamlet (300) Service Village Centre (439)		
Village (400)	Dorp	Marktort	Parish Centre (1099)	Urban Village	Z. O. unterster Stufe
Town (1500)			Borough Centre (2976)	Fully fledged Town	Dasselbe mit Teilfunktionen von Z. O. mittlerer Stufe
Small City bzw. County Seat (6000)	Town	Stadt		Major Town bzw. Minor City	Z. O. mittlerer Stufe
Regional City (60 000)	Regional Centre	Großstadt		City	Z. O. höherer Stufe
Regional Capital					Z. O. hoher Stufe mit Teilfunktionen eines Z. O. höchster Stufe
Regional Metropolis (250 000)	City	Metropole	Provincial Supraprovincial Centre (44 731)	Provincial Capital Regional Capital Major City	Großzentrum, Z. O. höchster Stufe
National Metropolis (> 1 Mill.)				National Capital (Metropolis, London)	

Nach Köck, 1975, S. 26, Auswahl.
Die genannten Autoren finden sich im Verzeichnis des Schrifttums; was in Tab. VII.B.2. (Christaller) und in Tab. VII.B.6. (Bobek-FESL) enthalten ist, wurde weggelassen ebenso wie die Gliederung von Kar in West-Bengalen, weil in letzterem Falle die Zuordnungen ohnehin anders geartet sind.
Z. O. in letzter Spalte = zentraler Ort

Industrieländern und einigen Entwicklungsländern kaum noch als wesentlich erscheinen.

Einen andern Weg schlug Bobek (1969) bzw. Bobek-Fesl (1978) ein. Zunächst wurden die Verwaltungsfunktionen – im Gegensatz zu Boustedt, Borcherdt und anderen Autoren – mit folgender Begründung an die erste Stelle gesetzt: „Der regional hierarchische Aufbau der Behörden, vor allem des Verwaltungsdienstes, ihre Tendenz zur Angliederung weiterer öffentlicher Einrichtungen, deren insgesamt geringe Beweglichkeit und festgelegte Zuordnung ihrer Sprengel (Umkreise) machen sie zu entscheidenden Kristallisationspunkten, die auf verschiedener Ebene ihrer Hierarchie ganz bestimmte Standortvorteile bieten und die Angliederung und Konzentration weiterer privater und offiziöser Dienste fördert" (Bobek-Fesl, 1978, S. 11). Unter letzteren werden halbamtliche Dienste verstanden, die unter der Kontrolle von Behörden oder bestimmter Gremien stehen (Schulen, Krankenhäuser usf.). Von den Behörden als gesetzte Dienste gehen nach der Formulierung von Borcherdt (1977, S. 20) Zwangsbeziehungen aus. Bobek wollte die Gesamtbedeutung der zentralen Orte bestimmen unter Berufung auf Fourastié (1954), der das immer stärkere Anwachsen des tertiären Sektors und damit die spätindustrielle Phase des westlichen Europa kennzeichnen wollte. Es läßt sich aber zeigen, daß Überschußbedeutung oder Zentralität und Gesamtbedeutung oder Nodalität zwei verschiedene Gesichtspunkte darstellen, die nichts mit einer zeitlichen Abfolge zu tun haben.

Insgesamt wurden von Bobek-Fesl (1978, S. 4 ff.) 182 Dienste ausgeschieden, unter denen die gesetzten und offiziösen besonders gekennzeichnet wurden. Überprüft wurde ihr Vorhandensein in allen österreichischen Gemeinden, wobei praktische Ärzte in 1339 Orten vorkamen, Erzbistum und internationale Messe lediglich in zweien. Unberücksichtigt blieb die Häufigkeit einer Einrichtung innerhalb eines zentralen Ortes, weil das nichts mit deren jeweiliger Bedeutung, sondern mit deren Einwohnerzahl zu tun hat. Die gesetzten Dienste mit ihrer klaren Hierarchie dienten zur Rangabstufung, wobei deren Anteil an den gesamten Diensten Mindestanforderungen erfüllen muß (Tab. VII.B.6.). Sonst wurden für jeden zentralen Ort jede gesonderte zentrale Einrichtung mit einem Punkt bewertet und die Summe der Punkte als Rangziffer-Wert bezeichnet, der sich von den zentralen Orten der unteren Stufe bis zu denen der Landeshauptstädte erhöhen muß. In zentralen Orten der unteren Stufe und der Viertelshauptstädte hatten die privatwirtschaftlichen Dienste das Übergewicht, in zentralen Orten mittlerer Stufe und Landeshauptstädten hingegen waren offizielle und offiziöse Dienste relativ stärker vertreten.

Nach der von Meynen, Klöpper und Körber (1957) für Rheinland-Pfalz entwickelten Methode, bei der man nicht von der Ausstattung der zentralen Orte selbst ausging, sondern mit Hilfe einer Fragebogenaktion deren Bedeutung von der Beanspruchung des dazugehörigen Umkreises abhängig machte, kam z.B. eine Untergliederung der zentralen Orte mittlerer Stufe in solche zustande, die Kleinzentren waren und Teilfunktionen eines Mittelzentrums wahrnahmen usf. Körber (1956, S. 98 ff.) setzte sich eingehend damit auseinander, wobei die Informationen durch Lehrer gewonnen wurden, zudem aber Stichproben hinzukamen, um die Richtigkeit zu überprüfen. Es sind zwar auch hier Einwände gemacht worden, aber

Die Städte

Tab. VII.B.6 Schwellenwerte für die Rangeinstufung der zentralen Orte in Österreich für das Jahr 1973

Stufe	Rang	geforderte Rangziffer-Werte	geforderte Mindestzahlen an stufenspezifischen Diensten		Ausstattungsart	Zahl der Fälle
LHST	9	mehr als 160	LHST-Dienste mind. 42*	von 64	gut bis sehr gut	5
	8	mehr als 115	LHST-Dienste mind. 14□		schwach	2
	7a	110 und darüber	VHST-Dienste mind. 17*		gut bis sehr gut	5
VHST	7bL	100 und darüber	VHST-Dienste mind. 10• (LHST-Dienste mind. 12)	von 25	mäßig, jedoch mit Anreicherung von Diensten der Landeshauptstadtstufe	2
	7b		VHST-Dienste mind. 12•		mäßig	2
MST	6	80 bis unter 100	MST-Dienste mind. 29*	von 44	gut bis sehr gut	25
	5	65 bis unter 80	MST-Dienste mind. 18•		mäßig	35
	4	51.5 bis unter 65	MST-Dienste mind. 9□		schwach	33
UST	3	34 bis unter 51.5	UST-Dienste mind. 30*	von 47	gut bis sehr gut	101
	2	23 bis 34	UST-Dienste mind. 22•		mäßig	151
	1	13△ bis unter 23	UST-Dienste mind. 11□		schwach	230

LHST = Landeshauptstadt-Stufe
VHST = Viertelshauptstadt-Stufe
MST = Mittlere Stufe
UST = Untere Stufe

*mindestens etwa zwei Drittel
•mindestens etwa zwei Fünftel bzw. die Hälfte der stufenspezifischen Dienste laut Katalog
□mindestens etwa ein Fünftel
△mit zwei Ausnahmen: die Gerichtsorte Eberstein (12 Dienste) und Ried i. O. (11 Dienste) wurden berücksichtigt.

Nach Bobek-Fesl, 1978, S. 19.

solche sind m. W. bei keiner Methode ausgeblieben. Dabei erhöhte sich die Zahl der Abstufungen nicht gegenüber derjenigen von Christaller, wenngleich den Mittelzentren eine höhere Bedeutung zugemessen wurde als früher. Darauf aufbauend, entwarf Klucka (1970) eine Karte der zentralen Orte mittlerer und höherer Stufe für die Bundesrepublik Deutschland. Auch bei Borcherdt (1973 und 1977) trat eine ähnliche Untergliederung ein, wobei allerdings seine Definition eines nicht voll ausgestatteten Mittel- oder Oberzentrums sich nicht unbedingt auf das Fehlen bestimmter Funktionen bezog, sondern auf eine zu geringe Inanspruchnahme durch die Bevölkerung des Umkreises. Da er sich nicht auf Verwaltungsfunktionen stützte und sich auf diejenigen der Versorgung beschränkte, muß sich eine zu geringe Inanspruchnahme darin auswirken, daß sich das Angebot auf ein niedrigeres Niveau einspielt, es sei denn, daß eine Erhöhung des städtischen Bedarfs einsetzt.

Weiter führte Borcherdt (1977, S. 17) den Begriff des Selbstversorgerortes ein, bei dem Beziehungen zum Umkreis entfallen. Sie finden sich insbesondere in Verdichtungsräumen, in denen in ursprünglichen Industriedörfern der tertiäre Sektor so angereichert werden konnte, daß die Versorgung der Bevölkerung auf unterer Stufe gewährleistet ist. Es kann aber ebenfalls vorkommen, daß durch die Verwaltungsreform der sechziger und siebziger Jahre die Gemeinden des vorhandenen Umkreises zur Eingemeindung in diejenige des zuständigen zentralen Ortes kamen, denn wenngleich das Bestreben bestand, sich nicht auf die Gemeinden, sondern auf die Siedlungen als solche zu beziehen, so ist es in einem größeren Gebiet nicht möglich, Befragungen in sämtlichen Orten anzustellen. Die von Borcherdt (1977, Karte 2) entworfene Karte der Hierarchie der Versorgungsorte im nördlichen Württemberg zeigt eine Häufung der Selbstversorgerorte im Umkreis von Stuttgart, während sie in dem mehr landwirtschaftlich ausgerichteten und mit geringerer Bevölkerungsdichte versehenen Osten seltener sind. Die entsprechende Karte ist bei Heinritz (1979, S. 66) veröffentlicht, allerdings ohne die Verbesserung, die später (1977, Karte 1) getroffen wurde, indem nun Heilbronn und Ulm als höhere zentrale Orte einschließlich von Stuttgart eingestuft wurden, dann aber Stuttgart als höheres Zentrum mit Teilfunktionen höchster Stufe zur Einreihung kam (Abb. 99). Wenn sich in der Zahl der Hierarchiestufen zwischen dem Industriezeitalter und der spätindustriellen Phase wenig änderte, so traten insofern Wandlungen ein, indem die zentralen Orte mittlerer oder höherer Stufe eine Stärkung erfuhren, was nicht als Widerspruch gegenüber den später zu behandelnden Kleinstädten in bezug auf ihre innere Differenzierung zu werten ist (Kap. VII.D.), weil es sich lediglich um relative Beurteilungen handelt und häufig noch immer die zentralen Orte der untersten Stufe zahlenmäßig am stärksten vertreten sind.

Wenngleich es in diesem Zusammenhang lediglich um die hierarchische Abstufung der zentralen Orte geht und teilweise um die Berechnung der Überschußbedeutung, nicht aber um die Anordnung der zentralen Orte unterschiedlicher Stufen, so muß bereits an dieser Stelle auf die Reichweite zentraler Güter und Dienste hingewiesen werden. Bereits Christaller (1933, S. 59) traf die Unterscheidung einer äußeren (oder oberen) und einer inneren (oder unteren) Grenze. ... „Die *obere Grenze* wird bestimmt durch die äußerste Entfernung vom zentralen Ort, jenseits derer das betreffende zentrale Gut nicht mehr aus diesem zentralen Ort erworben wird, und zwar entweder wird es jenseits dieser Grenze überhaupt nicht mehr erworben, oder es wird aus einem andern zentralen Ort bezogen; im ersteren Falle ist die absolute Grenze erreicht ..., im letzteren die relative".

„Die *untere Grenze* oder Reichweite ist von wesentlich anderer Art. ... Sie wird bestimmt durch die Mindestmenge des Verbrauchs dieses zentralen Guts, die erforderlich ist, damit sich die Produktion oder das Angebot des zentralen Gutes rentiere; der Verbrauch aber ist abhängig ... von der Zahl und Verteilung der Bevölkerung in dem Gebiet, von ihren Einkommensverhältnissen, ihren Bedürfnissen, von dem Preis und der Menge des zentralen Guts usf." Das aber sind gerade diejenigen Elemente, die im Rahmen des Modells ausgeschlossen werden sollten, so daß Christaller sich auf die äußere Reichweite eines Gutes bezog.

Das ist wichtig darzutun, um den Ansatz von Berry und Garrison (1958, S. 111 ff. bzw. Berry und Horton, 1970, S. 174 ff.) verständlich zu machen. Sie benutzten die innere Reichweite eines Gutes, die sie als *Umsatzschwelle* definierten, die erreicht werden muß, um ein entsprechendes Gut anbieten zu können. Sofern man die zentralen Güter von 1 bis n in aufsteigender Reihenfolge ihrer Umsatzschwelle

Die Städte

(threshold sales level) anordnet, dann besitzt z. B. der zentrale Ort A (Tab. VII.B.7.) sämtliche Güter und Dienste der darunter liegenden Rangstufen, mindestens aber eines, das den andern fehlt (hierarchical marginal good).

Tab. VII.B.7 Die Versorgung mit n zentralen Gütern durch M zentrale Orte

Zentrale Orte	Güter				
	$n^*, n-1, \ldots$	$n-i^*,$ $n-(i+1), \ldots$	$n-j^*,$ $n-(j+1), \ldots$	$\ldots$	$k^*, (k-1), \ldots 1$
A	X	X	X	$\ldots$	X
B		X	X	$\ldots$	X
C			X	$\ldots$	X
.			.		.
.			.		.
.			.		.
M				.	X

* hierarchical marginal good bzw. rangspezifische Einrichtung. Bezeichnung für das Gut, das von einem bestimmten Rang an die Umsatzschwelle erreicht
Nach Berry und Garrison, 1958; s. a. Schöller, 1972, S. 75.

Zwischen zwei A-Orten vermag sich ein zentraler Ort B auszubilden, für den das Gut n-i kennzeichnend ist, das für diese Stufe als spezifisch angesehen werden kann und für diese Gruppe das hierarchical marginal good bildet usf. Dadurch wird Unabhängigkeit von der Anordnung der zentralen Orte erreicht, ebenso wie von der Bevölkerungsdichte, der Kaufkraft der Bevölkerung, die allerdings indirekt in die Umsatzschwelle eingehen.

Es gibt dies wohl die allgemeinste Darstellung ab, die nicht auf ein bestimmtes Land oder Teile davon beschränkt ist, so daß auf die bei Köck (1975, S. 22 ff.) zitierten Arbeiten von Berry u. a. verzichtet werden kann bzw. in einem andern Zusammenhang zur Erläuterung kommen sollen. Voraussetzung allerdings ist, daß der Umsatz bestimmter Güter und Einrichtungen bekannt ist, so daß solche von vornherein entfallen, die keinen erwerbsmäßigen Charakter besitzen.

Der Umsatz von Einzelhandel und Handwerksbetrieben ging auch wesentlich in die Überschußberechnungen von Godlund (1956) ein. Allerdings muß man seine Zielsetzung kennen, um seine Berechnungen verstehen zu können. Er wollte an drei Beispielen (den „counties" Malmöhus und Kristianstad in Gotland, Östergotland in Mittelschweden und Norrland im Norden), die hinsichtlich wirtschaftlicher Betätigung, Bevölkerungsdichte, Kaufkraft der Bevölkerung usf. erhebliche Unterschiede aufweisen, die Entwicklung für etwa ein halbes Jahrhundert nachvollziehen, und zwar in bezug auf den Einzelhandel und Handwerksbetriebe. Da die Zahl der Erwerbstätigen bzw. Beschäftigten aber lediglich für die Jahre 1930 und 1947 vorlag, mußte er auf deren Benutzung verzichten und wich auf die Zahl der Einzelhandels- und Handwerksbetriebe aus, die – allerdings bei einer gewissen Auswahl (Godlund, 1956, S. 21 ff.) – für die zentralen Orte unterschiedlicher Größenordnung und das umgebende Land erhältlich waren, letzteres in der Regel auf die entsprechenden „counties" beschränkt. Infolgedessen berechnete er den Bedeutungsüberschuß zunächst durch folgenden Ausdruck:

$$C = B_t - P_t \cdot \frac{B_r}{P_r}$$

C = Bedeutungsüberschuß
B_t = Zahl der Einzelhandels- und Handwerkseinrichtungen im zentralen Ort t
P_t = Bevölkerungszahl des zentralen Ortes t
B_r = Zahl der Einzelhandels- und Handwerkseinrich. in der Region
P_r = Bevölkerungszahl innerhalb der Region

Um nun aber die Unterschiede zwischen den ausgewählten Gebieten zur Geltung kommen zu lassen, bedurfte es einer Korrektur, indem der durchschnittliche Umsatz je Einrichtung und Ortsgrößenklasse durch den durchschnittlichen Umsatz innerhalb von Gotland bzw. Svealand bzw. Norrland dividiert wurde mit der Bezeichnung m_t. Dann nimmt obige Überschußformel folgende Gestalt an:

$$C = B_t \cdot m_t - P_t \cdot \frac{B_r}{P_r}$$

Eine ähnliche Verbesserung ist hinsichtlich der ländlichen Gemeinden (kleiner als 200 Einwohner) notwendig. Hier gibt m_r den durchschnittlichen Umsatz pro Einrichtung in den Landgemeinden wieder, dividiert durch den durchschnittlichen Umsatz je Einrichtung in den Städten der Region. Dabei kommt es zu folgender Überschußformel:

$$C = B_t \cdot m_t - P_t \cdot \frac{B_r \cdot m_r}{P_r}$$

Immerhin zeigen die größeren Städte in Malmöhus und Kristianstad, ebenso wie in Svealand, einen höheren Überschuß als die kleineren bei einem jeweiligen Anstieg in dem Zeitraum 1930/31-1945/46, während die ohnehin kleineren Städte in Norrland (damals die größte etwas mehr als 20 000 Einwohner) den geringsten Überschuß gegenüber denjenigen derselben Größenordnung in den andern bearbeiteten „counties" besaßen. Vornehmlich für Norrland konnte darüber hinaus nachgewiesen werden, daß für stärker industrialisierte Städte mit höheren Einwohnerzahlen der Überschuß geringer ausfiel als für kleinere, die mehr als Dienstleistungszentren fungierten (Godlund, 1956, S. 32 ff.). Die wachsende Zahl der Einzelhandels- und verwandter Betriebe für Gesamt-Schweden zwischen den Jahren 1900 und 1945 (1900-1920: 0,7-0,8/100 Einwohner, 1930/31: 1,0/100 Einwohner und 1945/46: 1,1/100 Einwohner) wirkte sich ebenfalls auf ein Ansteigen des Zentralitätsüberschusses aus. Da als wesentliches Merkmal die Zahl der Einzelhandels- und ähnlicher Betriebe in die Berechnung einging, der erzielte Umsatz nur sekundär zur Korrektur eingesetzt wurde, bezeichnete Köck (1975, S. 66) das Verfahren als *Ausstattungsüberschußmethode*.

Noch mehr Gewicht auf den Umsatz zur Bestimmung der Überschußbedeutung legte Preston (1970 und 1971), der am Beispiel der nordwestlichen Vereinigten

Staaten (Bundesstaaten Washington, Oregon, Idaho, westliches Montana) 164 zentrale Orte mit mindestens 2500 Einwohnern, die Selbstverwaltung besaßen (incorporated), mit Daten vom Beginn der sechziger Jahre untersucht. Hinsichtlich der höheren Funktionen ging er teilweise über das engere Arbeitsgebiet hinaus (Utah), weil die Grenzen zwischen Bundesstaaten bei der räumlichen Zuordnung der entsprechenden Umkreise keine trennende Wirkung ausüben. Er benutzte nun den Gesamtumsatz im Einzelhandel und den Gesamtumsatz in ausgewählten Dienstleistungen zusammen mit andern Indikatoren, um die *Umsatzüberschußbedeutung* zu bestimmen. Dabei kam folgende Berechnung zustande:

$$Z_z = R + S - a \cdot M \cdot F$$

Z_z = Überschußbedeutung
R = Gesamtumsatz im Einzelhandel der zentralen Orte
S = Gesamtumsatz ausgewählter Dienstleistungen der zentralen Orte
a = Durchschnittliche Ausgaben der Haushaltungen im Einzelhandel und für Dienstleistungen innerhalb des zentralen Ortes
M = Mittleres Familieneinkommen innerhalb des zentralen Ortes
F = Zahl der Haushaltungen innerhalb des zentralen Ortes

$R + S$ geben dann die Nodalität an, $a \cdot M \cdot F$ die Eigenbedürfnisse innerhalb des zentralen Ortes.

Durch die Auswahl der Dienstleistungen und die Nicht-Berücksichtigung solcher Dienste, für die nicht unmittelbare Ausgaben erwachsen, kommen sicher lediglich Annäherungswerte zustande. Immerhin reichen sie dafür aus, daß fünf unter den 164 untersuchten zentralen Orten ein Funktionsdefizit aufweisen und bei einer fünfstufigen Hierarchie Seattle (Washington), Portland (Oregon) und Salt Lake City (Utah) den höchsten Rang (1 und von hier aus aufwärts gezählt) aufweisen. Infolgedessen bestätigte Preston den hierarchischen Aufbau der zentralen Orte ebenso wie die Überschußbedeutung (1971, S. 153). Die Beziehungen zwischen den Städten höherer und niederer Ordnung bzw. die Vollständigkeit der Hierarchie allerdings kann sich als sehr unterschiedlich erweisen. Manche Stufen können ausfallen, was in Washington und Oregon in gemäßigter Form, in Utah aber extrem ausgebildet ist (Abb. 97). Die zwischenstädtischen Beziehungen vollziehen sich zwischen zentralen Weilern und kleinen Städten über die Banken bzw. deren Filialen, diejenigen zwischen Städten höherer Ordnung über die Herausgabe von Tageszeitungen und deren Verteilung. Hochrangige Zentren zeichnen sich durch die Herstellung von Sonntagszeitungen und deren Verbreitung aus ebenso wie durch Zweigstellen bestimmter Firmen, so daß hier räumliche Interaktionen zustandekommen ebenso wie unabhängig voneinander existierende Städtesysteme, die sich selten auf die Hauptstadt eines Bundeslandes (Ausnahme Salt Lake City in Utah), sondern meist auf die wirtschaftlich stärkste Stadt beziehen. Die Methode von Preston ist einleuchtend; der hierarchische Aufbau ist gewährleistet, wenngleich nicht alle Stufen der Hierarchie vorhanden sein müssen (Abb. 97). Voraussichtlich auf Kanada übertragbar, wird allerdings sonst für die westlichen Industrieländer das dazu benötigte Datenmaterial nicht immer zur Verfügung stehen bzw.

Die allgemeinen Funktionen der Stadt   511

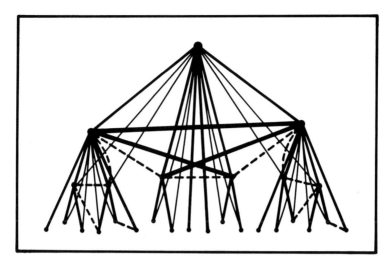

═══ Zwischenstädtische Beziehungen nach dem Modell von Christaller

---- Entsprechende Beziehungen nach dem Modell von Lösch

▬▬ Unabhängige Zentren hoher Ordnung

Die gegenseitigen Beziehungen zwischen dem Zentrum mit dem höchsten Rang und dem des niedrigsten Ranges wurden auf der linken und rechten Seite weggelassen

Abb. 97 Schema der zwischenstädtischen Beziehungen usf. (nach Pred).

nicht vollständig vergleichbar sein, geschweige denn in den sozialistischen oder Entwicklungsländern.

Die zentralen Funktionen selbst werden nun auch im Rahmen der Faktorenanalyse bzw. anderer statistischer Verfahren verwandt, um nach dem Grad der Ausstattung die Hierarchiestufen zu bestimmen, wobei die Zahl der Variablen und deren Zusammenfassung zu Faktoren der subjektiven Beurteilung der jeweiligen Bearbeiter unterliegt. Hinsichtlich der sozial-ökologischen Gliederung von Städten, bei denen solche Verfahren mindestens dieselbe, vielleicht sogar eine noch größere Bedeutung besitzen, ist darauf noch einmal kurz einzugehen (Kap. VII.D.). Achtzig verschiedene Einrichtungen einschließlich offizieller und offiziöser benutzte Köck (1975) für Rheinland-Pfalz, um die Hierarchiestufen zu bestimmen. Unter 340 Orten bei einer Ausscheidung von drei Faktoren (Faktor I = Theater/Opernhaus, Universität/Hochschule und Landgericht, Faktor II = Arbeitsamt, Landratsamt, Gesundheitsamt, Finanzamt, Amtsgericht und Lokalredaktion, Faktor III = ausgewählte 71 Einzelhandels- und Dienstleistungsbetriebe) konnten für das Jahr 1970 211 zentrale Orte nachgewiesen werden, die auf die Gliederung von Meynen, Klöpper und Körber (1957) (oberzentrale, mittelzentrale mit Funktionen von oberzentralen, mittel- und unterzentrale Orte) übertragen werden konnten. Dabei führte Köck (1975, S. 128 ff.) den Präsenzgrad einer Funktion innerhalb jeder Bedeutungsstufe ein, gegeben durch die Zahl der zentralen Orte innerhalb jeder Bedeutungsstufe, in denen die jeweilige Funktion gegeben ist, in Prozent aller zentralen Orte derselben Bedeutungsstufe.

Tab. VII.B.8 Übersicht über die Zahl der nach jeweils unterschiedlichen Präsenzgradklassen in den vier Bedeutungstypen vertretenen zentralen Funktionen

Bedeu-tungs-typen	Präsenzgrad (-klassen) der unten angegebenen Anzahl zentraler Funktionen									
	>0%	>10%	>20%	>30%	>40%	>50%	>60%	>70%	>80%	>90%	= 100%
I	80	80	80	80	80	79	79	79	79	79	79
II	79	79	78	77	76	76	74	72	68	63	63
III	75	74	71	69	67	60	52	46	35	28	14
IV	72	57	46	38	32	24	21	18	13	9	2

Nach Köck, 1975, S. 129
Vergleichend hierzu beträgt die Anzahl der durchschnittlich je Ort und Bedeutungstyp vorhandenen zentralen Funktionen für die Bedeutungstypen I, II, III und IV in der gleichen Reihenfolge 79,5 / 73,7 / 54,9 / 29,8.

Gleichmäßig stellt sich die Präsenz bei den Oberzentren ein, indem in sämtlichen entsprechenden Orten höchstens eine Funktion fehlt (Bezirksregierung), alle übrigen 79 Funktionen vorhanden sind. Etwas stärker erweist sich das Gefälle bei den mittelzentralen Orten mit Funktionen von Oberzentren. „Während 79 Funktionen überhaupt in dieser Gruppe vorkommen und 76 bzw. 72 Funktionen noch in bis zu 60 bzw. 80 v. H. der Orte dieser Gruppe präsent sind, weisen eine vollständige Präsenz (100 v. H.) nur noch 63 (78,75 v. H.) der 80 Funktionen auf. Weitaus deutlicher tritt die Singularität der Präsenz zahlreicher Funktionen in den Stufen III und IV auf. Sind beide Ortsgruppen mit 75 bzw. 72 überhaupt vorhandenen Funktionen in Relation zu den Bedeutungstypen I und II noch überaus breit ausgestattet, so sind in mehr als 50 v. H. der Orte beider Gruppen nur noch 60 bzw. 24 Funktionen präsent. Vollständig regelhaftes Vorkommen schließlich ist nur noch für 14 bzw. 2 Funktionen vorhanden" (Köck, 1975, S. 130).

Trotz der starken singulären Funktionen in den Unter- und Mittelzentren läßt sich ein relatives hierarchisches System in Rheinland-Pfalz ausmachen, denn die Zahl der zentralen Orte wächst von oben nach unten (Oberzentren 4, Mittelzentren mit Teilfunktionen von Oberzentren 9, Mittelzentren 39, Unterzentren 159). Dabei besitzt jeder Ort höherer Zentralität auch die Funktionen der unteren Stufen bei Vermehrung von deren Zahl und jedes höhere Zentrum ein oder mehrere Einrichtungen, die für diese Rangstufe spezifisch erscheinen und das erstemal auftreten (Progression). Gleichzeitig ergibt sich von den unteren zu den höheren Zentren eine Progression in der Einwohnerzahl, allerdings in geringerem Ausmaß als bei der Zahl der Funktionen.

Wenn nun verschiedene Methoden erläutert wurden, um die Hierarchie der zentralen Orte zu belegen, u. U. deren Gesamt- oder Überschußbedeutung zu berechnen, dann lassen sich die in andern Gebieten verwandten Verfahren auf die zentralen Orte in Rheinland-Pfalz übertragen, was Köck (1975, S. 106) in vollständigerer Weise tat, als es hier geschehen kann. Daß dabei hinsichtlich der Oberzentren die Übereinstimmung am größten ist, kann kaum überraschen. In bezug auf die Mittelzentren mit Teilfunktionen von Oberzentren erscheinen die Schwankungen bereits größer (9 Orte bei der Faktorenanalyse, 6 bei der Umsatzüberschußmethode und 2 bei der Umlandmethode). Daß die Anzahl der entsprechenden Orte im Rahmen der Umsatzüberschußmethode geringer als im Rahmen der Faktorenanalyse ist, ergibt sich schon daraus, daß bei ersterer sämtliche offiziellen und offiziösen Einrichtungen ausgeschaltet wurden. Die noch stärkere Reduktion in bezug auf die Umlandmethode ist teils darauf zurückzuführen, daß die Bedeutung der zentralen Orte für das Umland die Hauptrolle spielt, ein Gesichtspunkt, der bei statistischen Verfahren nicht berücksichtigt werden kann und deswegen hier mehr die Nodalität als die Zentralität zum Ausdruck gelangt, teils darauf, daß die zeitliche Differenz zwischen den Aufnahmen von Meynen, Klöpper und Körber und den Daten von Köck etwa fünfzehn entscheidende Jahre in der wirtschaftlichen Entwicklung umfaßt. Nicht anders steht es bei den Mittelzentren, während die Schwankungen bei den Unterzentren geringer ausfallen. Man wird sich außerdem damit abfinden müssen, daß Grenzfälle vorhanden sind. Am meisten fällt wohl die unterschiedliche Zuordnung von Ludwigshafen auf, das nach der Faktorenanalyse zur Bedeutungsstufe II und der Umsatzüberschußmethode als zentraler Ort mittlerer Stufe mit Teilfunktionen eines Oberzentrums eingeordnet wurde, nach der Umlandmethode als Mittelzentrum, wobei man sich die historischen Verhältnisse vergegenwärtigen muß ebenso wie die Zugehörigkeit zum polyzentrischen Verdichtungsraum Rhein-Neckar, innerhalb dessen beträchtliche Funktionsteilungen bzw. -spezialisierungen der dazugehörigen Städte charakteristisch sind.

Kurz muß noch auf eine Methode aufmerksam gemacht werden, die stärker für die räumlich nicht abgrenzbaren zwischenstädtischen Beziehungen angewandt, aber ebenfalls für die Bewertung der Nodalität herangezogen wird. Dabei handelt es sich um ein Wiederaufleben der Telephonmethode, allerdings in anderer Weise als bei Christaller. Für den Bundesstaat Washington in den Vereinigten Staaten wurden von Nystuen und Dacey (1961) für einen bestimmten Zeitraum sämtliche Ferngespräche, die von einem Ort ausgingen, mit den jeweiligen Zielorten gezählt, ebenfalls alle Ferngespräche, die in einem Ort ankamen, mit den entsprechenden Ausgangsorten. Erstere ordnete man in Spalten, letztere in Zeilen an, so daß eine Matrix zustandekam. Die Summe der Spalten, nach der Größe geordnet, sollten dann den Rang eines Ortes innerhalb der Hierarchie angeben. Weiterhin kann man der Matrix entnehmen, zu welchen Zielorten die Hauptbeziehungen führen, wobei noch die Unterscheidung getroffen wurde, ob der Zielort größer (in bezug auf die ankommenden Gespräche) war als die Ausgangsorte, wobei ersterer dann den letzteren funktional übergeordnet ist; liegt der Fall umgekehrt, dann gilt der Ausgangsort als unabhängig. Auf dieser Grundlage läßt sich nun die *Graphenmethode* anwenden, indem die Ausgangs- und Zielorte jeweils als Punkte (Knoten), ihre dominanten Beziehungen als gerade Verbindungslinien erscheinen, jeweils mit einem Pfeil versehen, um den Zielort erkennen zu können. Abgesehen von der unterschiedlichen Behandlung der Zielorte im Vergleich zu den Ausgangsorten hinsichtlich ihrer Größe ist der wichtigste Einwand gegenüber der Graphenmethode wohl darin zu sehen, daß sie im Rahmen der Ferngespräche nicht unterscheiden läßt, ob sie etwas mit zentralen Funktionen zu tun haben oder nicht. Auch Davies und Lewis (1970) benutzten die Graphenmethode für Wales mit Daten vom Jahre 1958, bevor der Selbstwähldienst eingeführt wurde. Immerhin wiesen sie darauf hin, daß bei dem Fehlen anderer Unterlagen ein ungefähres Bild der Nodalzentren zustandekommt, führen aber selbst Beispiele an, bei denen die Einstufung problematisch erscheint (1970, S. 24 und S. 29). In dem Lehrbuch von Carter-Vetter (1980, S. 139 ff.) findet das leider keine Erwähnung mehr.

Auf die Behandlung der *Gravitationsmodelle* kann hier verzichtet werden, weil sie kaum für die Feststellung der Hierarchiestufen wichtig ist, sondern mehr für die Ausdehnung der entsprechenden Umkreise.

Ein anderer Weg, die Bedeutung von Städten zu beurteilen, ist darin gegeben, nicht auf die zentralen Einrichtungen selbst zurückzugreifen, sondern die *Bevölkerungsgruppen* heranzuziehen, die die zentralen Einrichtungen tragen. Die Volks- und Berufszählungen stellen dann das Material bereit, um die „zentralen Berufsgruppen" zu erfassen und sie in Beziehung zur Gesamtzahl der Erwerbstätigen bzw. Beschäftigten zu setzen. Diese zentralen Berufsgruppen finden sich vor allem in den Wirtschaftsabteilungen „Handel und Verkehr" sowie „Öffentliche Dienste", d. h. dem teritären Sektor. Wird der Anteil der gekennzeichneten Bevölkerungsgruppen berechnet, so läßt sich allerdings nicht vermeiden, daß einige zentrale Berufsgruppen außer acht gelassen werden (vor allem der tertiäre Sektor innerhalb der Industrie) und andere nicht-zentrale in die Berechnung eingehen. Das muß leider häufig in Kauf genommen werden, denn auch bei komplizierteren Verfahren, die sich etwa bei der Auswahl bestimmter Erwerbsgruppen innerhalb der Wirtschaftsabteilungen ergeben (Schlier, 1937), stellen sich Fehlerquellen ein. Es läßt sich nicht immer entscheiden, ob eine Einrichtung und die damit verbundenen Erwerbstätigen bzw. Beschäftigten allein für den Bedarf der Stadt, für die Stadt und den ihr zugeordneten Umkreis oder darüber hinaus noch überregional wirksam sind. Aus Durchschnittsberechnungen in Mitteleuropa ist ersichtlich, daß die Erwerbstätigen der Wirtschaftsabteilungen „Handel und Verkehr" sowie „Öffentliche Dienste" mit etwa 10 v. H. an der Gesamtzahl der Erwerbstätigen eines zentralen Ortes vorhanden sein müssen, damit sich dieser Ort selbst mit zentralen Gütern und Diensten versorgen kann. Das entspricht etwa einem Fünftel bis einem Viertel der städtischen Gesamtbevölkerung (Bobek, 1938, S. 93; Arnhold, 1951). Mit einer Veränderung dieses Wertes nach dem Zweiten Weltkrieg ist zu rechnen. Zumindest ist es für voll entwickelte Städte – sofern man an deren Überschußbedeutung festhält – notwendig, daß sie sich durch einen Überschuß der zentralen Berufsgruppen auszeichnen, der dann die Versorgung des Umkreises übernimmt.

Dieser Gesichtspunkt, den überschüssigen Anteil der Erwerbstätigen festzustellen, fand zunächst in den Vereinigten Staaten besondere Beachtung. Hoyt (1941) und andere unterschieden zwischen der Zahl bzw. dem Anteil der Erwerbstätigen, der den Bedarf eines zentralen Ortes deckt (nonbasic employment) und demjenigen, der dem Umkreis zugute kommt (basic employment). Manche Berechnungsgrundlagen wurden angegeben, um das Verhältnis beider Gruppen festzulegen und daraus Schlüsse über den wirtschaftlichen Charakter zu ziehen.

Auf eine dieser Methoden, die von Ullman und Dacey (1962, S. 124 ff.), sei hier etwas näher eingegangen. Für jeweils 38 Städte unterschiedlicher Größenordnung wurde der Anteil der in 14 Wirtschaftsgruppen Erwerbstätigen berechnet, unter Einschluß von Bergbau, Baugewerbe, Schwer- und Leichtindustrie, so daß von vornherein eine andere Ausgangssituation gegeben erscheint als bei den zuvor diskutierten Methoden. Unter den jeweils 38 Werten gibt der kleinste die minimalen Erfordernisse (minimum requirement method) einer Stadt an, d. h. die nonbasic employments. Versuche, eine höhere Zahl von Städten in die Kalkulation eingehen zu lassen oder andere Veränderungen vorzunehmen, ergaben nur geringe Abweichungen, so daß für nordamerikanische Verhältnisse im Jahre 1950 die folgenden minimalen Erfordernisse repräsentativ waren (Tab. VII.B.9).

Damit zeigt sich, daß die Summe der Minima bei den größeren Städten mit spezialisierterem Angebot höher zu liegen kommt als bei den kleineren, was bedeutet, daß die untergeordneten Städte stärker den Umkreis bedienen, die mit einem höheren Rang mehr die eigene Bevölkerung, wenngleich nicht zu übersehen ist, ob dieses Ergebnis Allgemeingültigkeit besitzt.

Tab. VII.B.9 Minimum der Erwerbstätigen in v. H. aller Erwerbstätigen bei Städten verschiedener Größenordnung auf Grund von 14 Erwerbszweigen (U. S. Census von 1950)

Erwerbszweig	Städte über 1 Mill. E.[1]	300 000–800 000	100 000–300 000	25 000–40 000	10 000–12 500	2 500–3 000
Landwirtschaft	0,6	1,0	1,1	0,2	0,4	0,3
Bergbau	0,1	0,0	0,0	0,0	0,0	0,0
Baugewerbe	4,6	4,1	3,8	3,2	2,5	1,8
Schwerindustrie	2,3	3,1	2,0	0,8	1,2	
Leichtindustrie	4,9	3,7	4,2	1,9	1,0	2,8
Transport	6,6	4,5	3,2	3,5	3,4	2,4
Großhandel	2,1	2,3	1,4	1,5	1,1	
Einzelhandel	14,8	13,3	12,1	13,4	11,9	8,6
Finanz und Versicherung	3,1	1,9	1,8	1,8	1,6	0,8
Reparaturarbeiten	2,0	1,8	1,6	1,6	1,2	0,9
Persönliche Dienste	4,6	3,5	3,3	3,3	2,8	2,6
Freie Berufe	6,9	6,8	5,8	5,8	4,1	3,0
Öffentliche Verwaltung	3,3	2,0	2,2	2,2	1,7	0,5
Insgesamt	56,7	48,6	43,1	39,8	33,2	24,0

[1] Auswahl von 14 Städten, während sonst 38 die Grundlage abgeben. Nach Ullman und Dacey, 1962, S. 123.

Trägt man nun die minimale Erwerbstätigenzahl in v. H. der gesamten Erwerbstätigen für die einzelnen Wirtschaftszweige auf der y-Achse, den logarithmischen Wert der Einwohnerzahl auf der x-Achse auf, dann erhält man eine lineare Regression, die durch zwei Parameter bestimmt ist, nämlich die Neigung der Geraden und ihren Schnittpunkt mit der y-Achse. Allgemein kann dann für die einzelnen Wirtschaftszweige folgende Beziehung gültig werden:

$E = a + b \cdot \log G$

E = Minimalbesatz der Erwerbstätigen in einem bestimmten Wirtschaftszweig in v. H. der gesamten Erwerbstätigen

G = Gesamtzahl der Bevölkerung einer Stadt

a und b Parameter, die sich nach Auftragen der Werte aus der linearen Regression ergeben

Unter diesen Voraussetzungen ist man nicht mehr von zuvor festgelegten Größenordnungen der Städte abhängig, sondern für jede beliebige Größe zwischen 2500 Einwohnern und mehr als 1 Million läßt sich der Minimalbesatz und demnach ebenso der Überschuß an Erwerbstätigen eines Wirtschaftszweiges (basic employment) angeben. Allerdings bleibt dabei zu bedenken, daß ein erheblicher Unsicherheitsfaktor eingeht, indem diejenigen Erwerbstätigen, über die nicht abgrenzbare überregionale oder sogar internationale Beziehungen ausgelöst werden (Industrie, Großhandel), in die Berechnung eingingen. Insgesamt aber bedeutet die Unterscheidung von basic- oder städtebildenden Funktionen und von Lokalfunktionen einen Fortschritt.

Diesen Gedanken verfolgte auch Boesler (1960, S. 16 ff.). Er wollte eine Verbindung zwischen dem Umfang der Wertschöpfung und den städtebildenden bzw. Lokalfunktionen herstellen; da aber die Berechnung der Wertschöpfung kompliziert ist und nur für wenige Städte in Thüringen vorliegt, griff er doch wieder auf die Zahl der Beschäftigten zurück, zumal für verschiedene Erwerbszweige mit einer erfahrungsmäßig bestimmten Wertschöpfungsquote je Beschäftigten zu rechnen ist. Die Quoten lagen bei den untersuchten Städten im Handwerk bei

1800 DM, in der Industrie bei 6000 DM, in der Verwaltung bei 3600 DM und im Großhandel bei 4200 DM. Diese Angaben wurden allerdings kaum noch verwandt. Der Index I_1 oder Index der städtischen Funktionen wurde durch den Anteil der Erwerbstätigen an der Gesamtbevölkerung eines zentralen Ortes errechnet und lag nach empirischen Untersuchungen zwischen 50 und 60 v. H. Der Index I_3 oder Index der Lokalfunktionen befand sich entsprechend zwischen 10 und 22 v. H., der Index I_2 oder der Index der städtebildenden Funktionen ergab sich aus I_1-I_3 und lag zwischen 28 und 50 v. H. Der Anteil der Erwerbstätigen an der Gesamtbevölkerung mußte, sofern er sich auf die städtebildenden Funktionen bezieht, mindestens 28 v. H. betragen, damit eine voll entwickelte Stadt mit Überschußbedeutung entwickelt war. Da nur eine Großstadt und sonst lediglich Mittel- und Kleinstädte (nach der statistischen Aufgliederung) in die Betrachtung einbezogen wurden, konnten Verbindungen zwischen der Größe der Städte hinsichtlich der Einwohnerzahl und dem entsprechenden Anteil der städtebildenden bzw. Lokalfunktionen nicht aufgedeckt werden. Im Gegenteil versuchte Boesler (1960, S. 19) durch die Konstruktion einer Modellstadt von 40 000 Einwohnern von individuellen Zügen unabhängig zu werden und konstatierte ohnehin, daß die Einwohnerzahl einer Stadt und ihre städtebildenden Funktionen unabhängige Variable seien. Damit ergibt sich ein Gegensatz zu den Ergebnissen von Ullman und Dacey, die trotz der geäußerten Bedenken den wirklichen Verhältnissen in den Vereinigten Staaten vielleicht doch etwas näherkommen.

Sich ebenfalls auf Beschäftigtenzahlen im teritären Sektor stützend, unternahm Blotevogel (1981 und 1983) die Zentralitätsbestimmung der größeren Städte in Nordrhein-Westfalen, wobei im Grunde genommen nicht der Bedeutungsüberschuß, sondern die Gesamtbedeutung berechnet wurde, demgemäß die Nodalität. „Gegenüber dem ‚Bedeutungsüberschußkonzept' wird hier die ‚absolute Versorgungsleistung' der zentralen Orte – allerdings differenziert nach Hierarchieebenen – zu bestimmen versucht, unabhängig davon, ob und zu welchem Teil sie von der Bevölkerung des Zentralortes selbst oder vom ‚Umland' in Anspruch genommen wird" (1981, S. 89). Hinsichtlich der Beschäftigten im tertiären Sektor wurde eine Auswahl vorgenommen, indem lediglich die Abteilungen 4 (Handel), 6 (Kreditinstitute und Versicherungsgewerbe), 7 (private Dienstleistungen), 8 (Organisationen ohne Erwerbscharakter) und 9 (Gebietskörperschaften) der amtlichen Systematik der Wirtschaftsabteilungen berücksichtigt wurden, durch die am besten die „zentrale Bevölkerungsschicht" erfaßt werden kann. Die absolute Zahl der Beschäftigten in den genannten Abteilungen zur Berechnung des Nodalitätsindexes heranzuziehen, war deswegen nicht möglich, weil dabei qualitative Unterschiede verdeckt werden. Das unterbleibt, sofern für jede Hierarchiestufe die Versorgungsleistung quantitativ gesondert erfaßt wird, so daß von der eindimensionalen zur mehrdimensionalen Betrachtung übergegangen wird. Demgemäß wählte der Verfasser das sonst gebräuchliche Stufenschema und kam zu folgender Aufgliederung:

1. ubiquitäre, d. h. in allen Stadtteilen und nicht-zentralen Siedlungen vorhandene Versorgungsleistung
2. unterzentrale Versorgungsleistung
3. mittelzentrale Versorgungsleistung

4. oberzentrale Versorgungsleistung
5. großzentrale Versorgungsleistung[1]

Hinsichtlich der absoluten Beschäftigten ergibt sich dann folgender Nodalitätsindex:

B_i = $B_{ubq;i}$ + $B_{UZ;i}$ + $B_{MZ;i}$ + $B_{OZ;i}$ + $B_{GZ;i}$
B_i = Beschäftigtenzahl der Stadt i in den Wirtschaftsabteilungen 4 und 6–9
$B_{ubq;i}$ = ubiquitäre Versorgungsleistung der Stadt i, die weiteren entsprechend unterzentrale, mittelzentrale, oberzentrale und großzentrale Versorgungsleistung der Stadt i

Zunächst geht es an die Bestimmung des ubiquitären Teils. Nimmt man für das Bundesland Nordrhein-Westfalen eine gleichmäßige Versorgungsleistung in dieser Beziehung an, dann ergibt sich $B_{ubq;i}$ als lineare Funktion der Einwohnerzahl E_i der Stadt i und läßt sich durch folgenden Ansatz ausdrücken:

$$B_{ubq;i} = \frac{1}{1000} \cdot a \cdot E_i ,$$

wobei der Parameter a den ubiquitären Besatz mit Beschäftigten der Wirtschaftsabteilungen 4 und 6-9 pro 1000 Einwohner im landesweiten Durchschnitt angibt. Nach einer Stichprobe in 17 Gemeinden, die nach Klucka (1970) keine zentralen Funktionen aufweisen, errechnete sich der durchschnittliche Besatz mit ubiquitären Funktionen für Nordrhein-Westfalen mit 63,2 Beschäftigten pro 1000 Einwohner.

In ähnlicher Weise erfolgte die Berechnung von $B_{UZ;i}$, der wiederum nach einer Stichprobe bestimmt wurde, und zwar für solche Orte, die nach Klucka geschlossene unterzentrale Umkreise besitzen.

$$B_{UZ;i} = \frac{1}{1000} (b - a) E_{UZ;i}$$

Für b ergab sich ein Beschäftigtenbesatz von 84,9 pro 1000 Einwohner, unter Abzug des ubiquitären Besatzes ein Wert von 21,7 pro 1000 Einwohner, der als spezifisch unterzentraler Besatz der Bereichsbevölkerung anzusehen ist.

Der durchschnittliche mittelzentrale Besatz wurde mit 125,8 Beschäftigten pro 1000 Einwohner in Mittelbereichen berechnet, wovon der ubiquitäre und der unterzentrale Besatz abzuziehen sind und damit 40,9 Beschäftigte pro 1000 Einwohner im Durchschnitt für mittelzentrale Bereiche zur Verfügung stehen.

Das Prinzip dürfte damit klar sein und soll der besseren Übersichtlichkeit willen an zwei von Blotevogel (1981, S. 88) selbst ausgewählten Beispielen noch einmal klargemacht werden.

---
[1] Hier fügte Blotevogel „überregional" hinzu; da aber der Begriff „überregional" sonst anders gebraucht wird, nämlich als nicht mehr abgrenzbare Raumbeziehungen, konnte er hier nicht übernommen werden.

In Bielefeld mit 314 000 Einwohnern (1970) waren 62 750 Personen in den zuvor genannten Wirtschaftsbereichen beschäftigt. Davon entfielen 19 800 auf die ubiquitäre Versorgung, weitere 6800 Beschäftigte

$$\frac{1}{1000} \cdot 21{,}7 \cdot 314\,000$$

auf die unterzentrale und 16 000 auf die mittelzentrale der 390 000 Einwohner im Bielefelder Mittelbereich. Dann ergibt sich gegenüber den Gesamtbeschäftigten von 62 750 eine Differenz von 20 150, die als Maß für die oberzentrale Versorgungsleistung in Anspruch genommen werden kann, was dem Landesdurchschnitt ebenso wie der Einstufung von Klucka (1970) entspricht.

Herne mit 203 200 Einwohnern und 23 200 Beschäftigten in den ausgewählten Wirtschaftsabteilungen bildet nach der Verwaltungsreform gleichzeitig die Unter- und Mittelbereichsbevölkerung (Selbstversorgerort). Auf die ubiquitär wirksame Beschäftigtenzahl entfielen 12 800, auf die unterzentrale 4400. Demnach verblieben 6800 Beschäftigte, die für die mittelzentrale Versorgung in Anspruch genommen werden können. Im Durchschnitt des Landes Nordrhein-Westfalen aber ergibt sich für den mittelzentralen Besatz ein Durchschnitt von 8300, so daß Herne zwar die Versorgungsstufe eines unterzentralen Ortes übersteigt, aber hinsichtlich des mittelzentralen Besatzes Mängel aufweist, die vornehmlich im Handel zu suchen sind. Damit klingen hier bereits Zusammenhänge an, die zwischen Funktionstypen und hierarchischem Aufbau bestehen, was dann für die mittelzentralen und höheren Rangstufen, vornehmlich für den öffentlichen und privatwirtschaftlichen Sektor genauer fixiert wird (Blotevogel, 1981, S. 125 ff.).

Um die Entwicklung weiter verfolgen zu können, untersuchte Blotevogel (1983) in seiner Arbeit „Das Städtesystem in Nordrhein-Westfalen" die Verhältnisse für das Jahr 1981. Unter Bezugnahme auf Bartels (1979, S. 114) definierte er zunächst den Begriff des Städtesystems, zumal dieser in letzter Zeit häufig als Titel stadtgeographischer Untersuchungen, insbesondere in den angelsächsischen Ländern, gewählt wurde, allerdings vielfach unter sehr verschiedenen Aspekten und keineswegs auf die zentralen Orte beschränkt. Wohl von Kraus (1961) für Nordrhein-Westfalen und damit für die Bundesrepublik das erstemal gebraucht, schränkte Blotevogel (1983, S. 74) ihn auf „die funktionalen Verflechtungen zwischen den Städten bzw. die Interaktionen zwischen ihnen ein, wobei es sich immer um ein offenes System handelt, das durch vielfältige Beziehungen mit der Außenwelt verbunden ist und sich häufig nur durch einen sehr geringen Geschlossenheitsgrad abgrenzen läßt". Dabei werden die abgrenzbaren Beziehungen nicht geleugnet, aber der Zielsetzung der Arbeit entspricht es nicht, diese in die Betrachtung einzubeziehen. Dabei wird die Unterscheidung zwischen arbeitsteiliger Funktionsspezialisierung (im Rahmen des tertiären Sektors) und hierarchischem Aufbau getroffen, d. h. nach einer Verknüpfung zwischen funktionalen Stadttypen und der Hierarchie gesucht, und zwar für diejenigen Städte, die höher als Mittelzentren eingestuft werden. Das ergibt sich aus der Materiallage, da seit dem Jahre 1970 keine Volks- und Berufszählung mehr stattfand und die Zahl der Beschäftigten auf diejenigen zu beschränken war, die der Sozialversicherung angehörten. Sie machen immerhin 82 v. H. aller Beschäftigten im tertiären Sektor aus, wenngleich dadurch der öffentliche Dienst unterrepräsentiert ist. Da die entsprechenden Beschäftigtenzahlen lediglich für kreisfreie Städte und Kreise vorliegen, ergibt eine Stichprobe aus solchen kreisfreien Städten, die nicht als Oberzentren angesprochen werden können und selbst aus einem oder mehreren Mittelbereichen bestehen, einen durchschnittlichen Beschäftigtenbesatz pro 1000 Einwohner nach dem zuvor erwähnten Verfahren für Mittelzentren. Für dreizehn Wirtschaftsgruppen einschließlich des Verkehrs, der früher nicht aufgenommen wurde, ließ sich damit der Beschäftigtenbesatz pro 1000 Einwohner berechnen, dessen Summe den Beschäftigtenbesatz pro 1000 Einwohner für den tertiären Sektor im Durchschnitt der mittelzentralen Orte ergibt. Dabei setzte sich Blotevogel für eine stärkere Aufgliederung der Hierarchiestufen oberhalb der Mittelzentren ein, als es bei Klucka (1970) geschah, wobei allerdings die Frage aufzuwerfen ist, ob das als Eigenheit des Rhein-Ruhrgebietes anzusprechen ist und bei einer Ausweitung auf die Bundesrepublik Deutschland wegen der damit verbundenen Generalisierung entfallen muß, eine Auswirkung dessen, daß der Begriff des Städtesystems im Grunde genommen für staatliche Einheiten, aber nicht für Teile von ihnen verwandt wird. In dieser Beziehung muß auf die Untersuchung von Dziewoński und Jerczynski „Theory, methods of analysis and historical development of national settlement systems" (1978) verwiesen werden, selbst wenn die Gliederung der Staaten nach politischen, wirtschaftlichen und sozialen Kriterien nicht ganz befriedigen kann.

Blotevogel ging von dem Ansatz aus, daß für sämtliche zentralen Orte oberhalb der Mittelzentren die durchschnittlichen Beschäftigten im tertiären Sektor der Mittelzentren das Minimum für die höhere Bewertung innerhalb der Hierarchie abgeben, so daß die minimum requirement-Methode von Ullman und Dacey (Tab. VII.B.9.) bis zu einem gewissen Grade wieder aufgenommen wurde. Abb. 98 vermittelt einen Eindruck von den Hierarchiestufen oberhalb der Mittelzentren und deren Funktionsspezialisierung, wobei in letzterem Fall – abgesehen von der Sonderstellung von Bonn – auf die sich ergänzenden Spezialfunktionen von Düsseldorf und Köln aufmerksam gemacht werden soll, ebenso wie die etwa gleichartige Spezialisierung der ursprünglichen Industriestädte Essen und Dortmund, die ihren tertiären Sektor in Handel, Verkehr und Dienstleistungen ausweiten konnten, hinsichtlich der Verwaltung aber auf mittelzentraler Ebene stehenblieben, während Münster gerade in dieser Beziehung (Gebietskörperschaften usw., Bank- und Versicherungsgewerbe ebenso wie Kultur) ein Überangebot bereithält. Unter Hinzuziehung des zweiten Sektors gelangten dann für einzelne Städte und Regionen innerhalb von Nordrhein-Westfalen hinsichtlich der Entwicklung der Beschäftigtenzahlen (Sozialversicherte) Probleme der Raumordnung zur Diskussion, die sich in den Landesentwicklungsplänen niederschlagen. Dabei geht es z. B. um die Frage, ob innerhalb des engeren Rhein-Ruhr-Gebietes ein weiteres Zentrum im Rang von Düsseldorf und Köln ausgebaut werden soll oder nicht, ob u. U. im städtearmen Südosten des Landes Paderborn die Funktionen eines Oberzentrums zugewiesen erhält u. a. m. Auch hinsichtlich der Funktionsspezialisierung, ihrer Aufrechterhaltung oder sogar Verstärkung (z. B. Konzentration der Eisen- und Stahlindustrie in Duisburg in noch stärkerem Maße als bisher bei

520 Die Städte

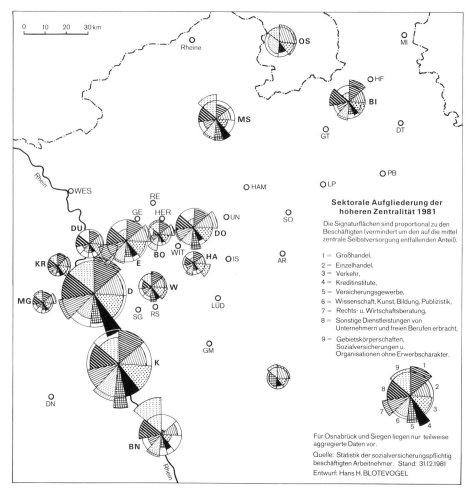

Abb. 98 Sektorale Aufgliederung der höheren Zentralität für das Rhein-Ruhr-Gebiet (im Ausschnitt und in den Signaturen etwas verändert; nach Blotevogel, 1983).

entsprechender Schrumpfung dieses Zweiges an andern Standorten, was dann durch Funktionszuwachs in anderen Bereichen auszugleichen ist) gelangen zur Diskussion, was hier nicht weiter verfolgt werden kann.

Für das nördliche Württemberg untersuchte Kulinat (in Borcherdt, 1977, S. 224 ff.) die Funktionsspezialisierung der zentralen Orte mittlerer Stufe; für die kartographische Darstellung kam es zur Auswahl von neun Kriterien, danach ausgesucht, wie weit sie die unmittelbare Versorgung der Bevölkerung gewährleisten, wobei teils die Zahl der Einrichtungen und teils die zu versorgende Bevölkerung des Umkreises den Maßstab abgaben. Dabei zeigte sich, daß die in ländlichen Gebieten liegenden Zentren eine vollständigere Ausstattung aufwiesen, mit Ausnahme der Rechtsanwälte, die nur dort dem mittelzentralen Rang entsprechen, wo sich Unternehmensleitungen befinden oder entsprechende Gerichte. Im Umkreis von Stuttgart hingegen, vornehmlich im Süden und Westen, besitzen häufig

Banken, ebenso wie Groß- und Einzelhandel nicht den den Städten sonst zukommenden Rang, weil einerseits Konkurrenzsituationen zwischen ihnen auftreten und andererseits die „Schattenwirkung" von Stuttgart bemerkbar wird. Als höhere Zentren oberhalb des mittleren Ranges fungieren lediglich Ulm und Heilbronn, als höheres Zentrum mit Teilfunktionen höchster Zentren allein Stuttgart, so daß das Städtesystem – sofern man diesen Begriff einschränkend übertragen will –, sich erheblich von dem Nordrhein-Westfalens abhebt und der Rang von Köln und Düsseldorf im nördlichen Württemberg von keiner Stadt erreicht wird, die ihrerseits hinter Hamburg, Frankfurt a. M. und München zurückbleiben.

Leider ließ es sich nicht ermöglichen, Abb. 98 und 99 in demselben Maßstab wiederzugeben. Es sollte lediglich dargetan werden, daß es sinnvoll ist, den hierarchischen Aufbau mit der Funktionsspezialisierung zu verknüpfen. Trotzdem ist sonst eine unmittelbare Vergleichbarkeit zwischen beiden Abbildungen nicht vorhanden, teils wegen der anders gearteten kartographischen Darstellung, teils wegen der verschiedenen methodischen Ansätze, die mit der jeweiligen unterschiedlichen Zielsetzung in Zusammenhang stehen.

Immerhin konnte sichergestellt werden, daß eine hierarchische Abstufung der Städte auch in Verdichtungsräumen gegeben ist, allerdings bei differenzierten Anordnungsprinzipien, was im nächsten Abschnitt zu behandeln ist. Das wurde ebenfalls für die Städte zwischen der nördlichen Megalopolis der Vereinigten Staaten einschließlich von New York bis hin nach Chicago bestätigt (Philbrick, 1957). Für den Verdichtungsraum Rhein-Main bestritten allerdings Krenzlin (1961, S. 323) und Tharun (1975, S. 46) die Existenz einer hierarchischen Stufung. Eine genaue Untersuchung liegt für diesen Bereich nicht vor, und es ist zu vermuten, daß dieser Gedanke nicht in bezug auf die Hierarchiestufen selbst geäußert wurde, sondern mehr im Hinblick auf deren räumliche Anordnung.

Schließlich bleibt die Frage zu erörtern, ob ein hierarchischer Aufbau der Städte überall gegeben ist. Das wird verneint werden müssen, denn – abgesehen von jenen Orten, die selbst bei städtischer Gestaltung zu den zwischen Land und Stadt stehenden Siedlungen an den Grenzen der Ökumene zu rechnen sind – findet man sonst in manchen Ländern Städte, wo sich die wichtigen Funktionen auf eine einzige Stadt konzentrieren (Primate City-Struktur, Kap. VII.B.3.), was mitunter in alten Kulturländern bzw. Teilen von ihnen der Fall ist, ebenso wie in solchen Entwicklungsländern, die erst nach ihrer politischen Verselbständigung sich einen politischen Mittelpunkt schufen (Kap. VII.B.3.).

Wenn zahlreiche Methoden für die Festlegung der Hierarchiestufen entwickelt wurden, unter denen hier nur eine Auswahl getroffen werden konnte, dann ist das auf mehrere Ursachen zurückzuführen. Ob man die Gesamtbedeutung oder Nodalität bzw. die Überschußbedeutung oder Zentralität ermitteln will, ist Auffassungssache. Weiterhin spielt die statistische Datenlage eine Rolle, die mitunter dazu zwingt, sich eines andern Verfahrens zu bedienen. Darüber hinaus gibt es politische Einheiten, für die die Verwaltungshierarchie entscheidend ist und in die hierarchische Abstufung eingreift, ebenso wie andere, in denen das wirtschaftliche Potential maßgebend ist, was sich dann in unterschiedlichem methodischen Vorgehen niederschlägt. Schließlich kommt es auf die Zielsetzung der Untersuchungen an, ob man die direkte Versorgung der Bevölkerung an die erste Stelle rückt, ob

522 Die Städte

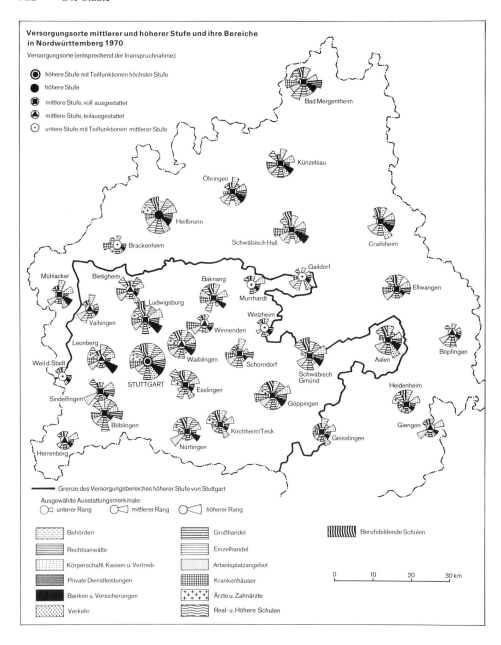

Abb. 99 Zentrale Orte mittlerer und höherer Stufe in ihrer Funktionsspezialisierung in Nordwürttemberg (1970) (im Ausschnitt und in den Signaturen verändert und auf die Bereichsbildung im Einflußgebiet von Stuttgart beschränkt (nach Borcherdt, 1977).

Ausgewählte Ausstattungsmerkmale

	unterer Rang	mittlerer Rang	höherer Rang
Behörden	Bezirksnotariat	mindestens 4 Ämter der Kreisverwaltung	Regierungspräsidium
Rechtsanwälte gemäß Landesdurchschnitt ausreichend weitere	5 000 Personen	5 000–25 000 Personen	25 000 Personen und mehr
Zahl der körpersch. Kassen und Versicherungen	1	2–9	9 und mehr
Private Dienstleistungen, Beschäftigte pro 1000 Einw.	25–40	41–70	71 und mehr
Banken und Versicherungen, Beschäftigte pro 1000 Einw.	5–10	11–25	26 und mehr
Verkehr, Beschäftigte pro 1000 Einw.	bis 19	20–44	45 und mehr
Großhandel, Beschäftigte pro 1000 Einw.	10–20	21–40	41 und mehr
Einzelhandel, Beschäftigte pro 1000 Einw.	30–44	45–69	70 und mehr
Arbeitsplatzangebot, Zahl der Berufseinpendler je 1000 Einw.	130–199	200–349	350 und mehr
Krankenhäuser, Bettenzahl gemäß Landesdurchschnitt ausreichend für weitere	6000 Personen	6000–25 000 Personen	25 000 Personen und mehr
Ärzte und Zahnärzte gemäß Landesdurchschnitt ausreichend für weitere	400–5000 Personen	5000–30 000 Personen	30 000 Personen und mehr
Real- und höhere Schulen, Zahl	1–2	3–6	7 und mehr
Berufsbildende Schulen, Zahl	1–4	5–7	8 und mehr

Die Ausstattungsmerkmale wurden lediglich zusätzlich zur Umlandmethode verwandt.

die zwischenstädtischen Beziehungen berücksichtigt werden, ob theoretische Modelle gewonnen werden sollen oder ob das größere Gewicht auf den realen Verhältnissen liegt, die die Grundlage für praxisorientierte Vorstellungen in der Raumordnung und Landesplanung abzugeben haben. Die Zahl der Hierarchiestufen innerhalb eines Landes aber vermag unterschiedlich zu sein, wie es an den vorgeführten Beispielen in Schweden und den Vereinigten Staaten zum Ausdruck gelangte, weil die gesamte kulturlandschaftliche Entwicklung selbst innerhalb eines Staates nicht gleichmäßig verläuft.

2. Die Anordnung der zentralen Orte unterschiedlicher Hierarchie und die Gliederung der entsprechenden Umkreise

Ist in dem vorigen Abschnitt von der Anordnung der zentralen Orte unterschiedlicher Hierarchiestufen bewußt abgesehen worden, so soll dieses Problem nun angegangen werden, wobei selbstverständlich eine Beschränkung auf diejenigen Bereiche stattfinden muß, innerhalb derer sich eine Hierarchie nachweisen läßt.

Dabei eröffnen sich nach Dacey (1962, S. 63 ff.) drei theoretische Möglichkeiten, indem innerhalb eines Gebietes die zentralen Funktionen sich in einem einzigen Ort konzentrieren, Verhältnisse, die zwar vorkommen, bei denen aber der hierarchische Aufbau fehlt. Dann bleiben zwei Variationen übrig, die eine, bei der eine regelmäßige Verteilung, nicht allein der zentralen Orte als solche, sondern ebenfalls der Hierarchiestufen gegeben erscheint, die andere, bei der kein Ordnungsprinzip erkennbar ist, sondern sich eine zufällige Verteilung einstellt.

Wir haben uns zunächst mit dem ersteren Fall zu befassen, weil bei der Aufstellung von Modellen jeweils von einer regelmäßigen Verteilung ausgegangen wurde, ob in Mitteleuropa oder in den Vereinigten Staaten. Galpin (1918, S. 87), der zwar keine Abstufung der zentralen Orte vornahm, aber die Voraussetzung machte, daß von jedem zentralen Ort in gleichem Abstand sechs Verkehrswege ausgehen, die ihn mit dem nächstgelegenen zentralen Ort verbinden, setzte sich für eine kreisförmige Gestalt der Umkreise ein, so daß Überschneidungsbereiche entstehen, deren Bevölkerung den weitesten Weg für die Inanspruchnahme eines zentralen Ortes hat. Kolb (1923, S. 8) verbesserte dieses Schema, indem er einen Ort höherer Zentralität K als Mittelpunkt eines Systems auffaßte, für den drei Abstufungen in den Beziehungen zum Umkreis gemacht wurden. Dem K-Ort war ein Gebiet erster, zweiter und dritter Ordnung zugehörig, wofür hier nun die allgemein gewordenen Begriffe *Umland*, *Hinterland* und *Einflußgebiet* eingeführt werden sollen, was wohl zum erstenmal von Schöller (1953, S. 175) und dann von Hottes (1954, S. 44) genau definiert und systematisch verwandt wurde. Der K-Ort besaß nach Kolb – in konzentrischen Ringen angeordnet – ein Umland, dessen Bevölkerung sich mit kurzfristigen, periodischen und langfristigen Gütern und Diensten in K versorgen kann. Die Bevölkerung des entfernter gelegenen Hinterlandes benutzte den K-Ort lediglich für den periodischen und langfristigen Bedarf. Dafür waren hier M-Orte ausgebildet, den untersten Rang in der Hierarchie einnehmend, wo lediglich kurzfristig benötigte Güter zum Angebot kamen, die in den höheren Funktionen auf K-Orte angewiesen waren. Innerhalb des Einflußgebietes von K entwickelten sich zentrale Orte, deren Zentralität zwischen denen von M- und K-Orten lag, die sowohl ein eigenes Umland als auch ein entsprechendes Hinterland aufwiesen, welch letzteres sich teils noch innerhalb des Einflußgebietes von K befand, teils darüber hinausging und dann in das Einflußgebiet eines K gleichwertigen oder höherrangigen Zentrums geriet (Abb. in der dritten Auflage, 1966, S. 383). Unterversorgte Bereiche ließen sich dabei nicht vermeiden, zumindest aber wurde eine Abstufung auch der Umkreise erkannt. Ob dabei immer drei Stufen, d. h. Umland, Hinterland und Einflußgebiet, zur Ausbildung gelangen, ist eine besonere Frage, was u. U. von den Entwicklungsphasen der Städte selbst abhängig sein kann, wieweit sie dem Verdichtungsprozeß bzw. der Metropolisierung unterlagen oder davon relativ unberührt blieben. Demgemäß wird man gegenwärtig damit zu rechnen haben, daß innerhalb eines Städtesystems der spätindustriellen Phase hinsichtlich der Ergänzungsgebiete der Städte unterschiedliche Abstufungen nebeneinander bestehen.

Christaller (1933, S. 65 ff.) wollte ein Modell entwickeln, innerhalb dessen unterversorgte Gebiete nicht auftauchen, so daß anstelle der Kreise Sechsecke traten, die in jeweils sechs gleichseitige Dreiecke aufgeteilt werden können, wobei die Konstruktion der zugehörigen Kreise nicht unnötig ist, weil sich die zentralen Orte jeweils auf den Schnittpunkten entsprechender Kreise mit den zugeordneten Sechsecken befinden. Dann ergeben sich zwei Möglichkeiten, indem einerseits der Kreis das Sechseck umgibt und andererseits das entsprechende Sechseck den Kreis einschließt (letzteres nach der Formulierung von Loesch [1944, S. 75] als Inkreis bezeichnet). Christaller entschied sich für den ersteren Fall, weil er sich für die äußere Reichweite (Kap. VII.B.1.) von Gütern und Diensten als Grundlage seines Systems entschied. Zu den bereits erwähnten Voraussetzungen (homogene Oberfläche, gleichmäßige Bevölkerungsverteilung und keine Einkommensunterschiede) kamen nun noch weitere Bedingungen hinzu, sofern auf die Versorgung der Bevölkerung Wert gelegt wird (*Versorgungs-* oder *Marktprinzip*). Dazu gehört, daß die Bevölkerung des Umkreises aus ökonomischen Gründen (Zeit- und Geldersparnis für die zurückzulegenden Wege) den nächst gelegenen zentralen Ort bestimmter Rangstufe aufsucht, weiter, daß eine gleichmäßige Verteilung der zentralen Orte bestimmter Rangstufe gegeben ist, und schließlich, daß jeder M-, A-, K-, B-Ort usf. dieselben Güter und Dienste anbietet, d. h. hinsichtlich seiner spezifischen Funktionen keine Unterschiede auftreten. Außerdem ist darauf hinzuweisen, daß Christaller (1933, S. 71) die Umkreise Ergänzungsgebiete nannte und die Unterscheidung zwischen dem Ergänzungsgebiet von M-, A-, K-, B-Orten usf. traf. Dabei war sich der Autor selbst darüber klar, daß „ein mathematisch – starres Schema in mancher Hinsicht unvollkommen, in dieser Strenge sogar nicht richtig ist" (S. 73), wofür er in seinem regionalen Teil (S. 182 ff.) mannigfache Belege brachte und den Ursachen dafür nachging. Aber ein Modell, innerhalb dessen einschränkende Bedingungen gestellt werden müssen, die von der Wirklichkeit abweichen, bedeutet etwas anderes, als die realen Verhältnisse darzustellen.

Nun ging Christaller von einigen Erfahrungen in Süddeutschland aus, bezog sich auf einen Mittelpunkt G (für die Abkürzungen, s. Kap. VII.B.1.), um den auf einem Kreis mit dem Radius von 36 km 6 B-Orte in gleichem Abstand voneinander zu liegen kommen. Sowohl in dem G- als auch in den B-Orten gelangen sämtliche Güter und Dienste aller zentralen Orte niedrigeren Ranges zum Angebot, darüber hinaus aber auch diejenigen, die als rangspezifisch für die B-Orte anzusehen sind. Dann existiert eine Untergrenze oder ein Schwellenwert, von dem ab die rangspezifischen Güter von B zum Angebot kommen können und eine obere Grenze oder Reichweite, wo das gerade noch möglich ist. Letztere wurde mit 36 km bestimmt, wodurch sich erstere über die gleichseitigen Dreiecke, die durch die Verbindungslinien von je zwei benachbarten B-Orten und je einem B- und dem G-Ort gegeben sind, sich zu $36 \cdot \sqrt{3}$ errechnen lassen (Abb. 100).

Nun aber existieren Güter und Dienste untergeordneter Art, die den Schwellenwert von 21 km nicht erreichen. Für sie entstehen neue zentrale Orte, die am günstigsten so gelegen sein sollen, daß sie sowohl gegenüber dem Mittelpunkt als

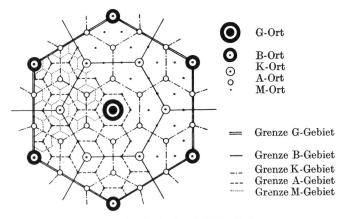

Abb. 100 Theoretische Verteilung der Städte (nach Christaller).

auch hinsichtlich der B-Orte die größte Entfernung besitzen. Diese K-Orte haben dann die Reichweite von 21 km und einen Schwellenwert von $21 : \sqrt{3} = 12$ km. Bei den nun entstandenen gleichseitigen Dreiecken schneidet die Verlängerung der Höhe die Verbindungslinien der B-Orte gerade in der Mitte, so daß die K-Orte gegenüber den B-Orten regelmäßig versetzt erscheinen. Dieses System läßt sich einerseits nach unten bis zu den M-Orten fortsetzen, andererseits auch nach oben, so daß für die G-Orte der Schwellenwert 36 km, die Reichweite $36 \cdot \sqrt{3} = 62$ km beträgt, für die P-Orte die entsprechenden Werte bei 62 und 108 km und für die L-Orte bei 108 und 187 km liegen.

Dabei zeigt das Angebot von Gütern und Diensten von den M- zu den L-Orten eine erhebliche Progression, die nicht allein daraus resultiert, daß jeder ranghöhere Ort auch die Funktionen sämtlicher rangniedriger ausübt, sondern daß ebenfalls die rangspezifischen Einrichtungen in derselben Richtung zunehmen.

Berechnet man die Orte der einzelnen Hierarchiestufen in einem L-System und berücksichtigt lediglich die rangspezifischen, so daß keine Mehrfachzählung erfolgt, dann ergibt sich folgende Reihe:

1 L – 2 P – 6 G – 18 B – 54 K – 162 A – 486 M,

insgesamt 729 zentrale Orte, wobei „allerdings die zentralen Orte niederen Ranges im Schnittpunkt der Grenzen der Einzugsbereiche der höherrangigen zentralen Orte liegen, ihre Zuordnung zu dem einen oder andern zentralen Ort ist also streng genommen unentschieden ...". Die Hierarchie der zentralen Orte bzw. ihrer Ergänzungsgebiete folgt beim Versorgungsprinzip der Reihe

1 3 9 27 81 243 729,

so daß „drei Untereinheiten jeweils eine höherrangige Einheit ausmachen" (Christaller, 1950, S. 9). Der Faktor 3 wurde zwar nicht von Christaller, wohl aber von Loesch (1944, S. 91) als k-Wert bezeichnet, was sich seitdem allgemein durchgesetzt hat.

Das bedeutet, daß u. U. ebenfalls andere k-Werte auftreten, sobald nicht das Versorgungsprinzip, sondern das Transport- oder das Verwaltungsprinzip im Vordergrund stehen. Bei Christaller (1933, S. 77 ff. und S. 82 ff.) wurde das – zumin-

Die allgemeinen Funktionen der Stadt 527

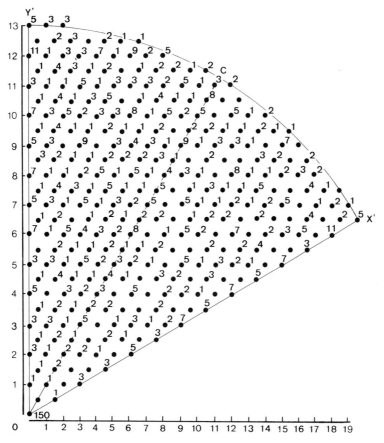

Abb. 101 Die Zahl der koinzidierenden zentralen Orte innerhalb eines städtereichen und eines städtearmen Sektors, wobei die eingetragenen Zahlen ein- oder mehrfache Koinzidenzen angeben (auf der Grundlage von Lösch; nach Beavon und Mabin, 1975, S. 147).

dest im allgemeinen Teil – relativ kurz behandelt, später aber (1950 und 1962) mehr gleichberechtigt nebeneinander gesehen und auch Kombinationsversuche unternommen, wobei sich für das Verkehrsprinzip ein k-Wert von 4 und für das Verwaltungsprinzip ein solcher von 7 ergab.

Kommen wir nun zu dem Modell von Loesch (1944), dann stützte er sich ebenfalls auf eine homogene Oberfläche mit derselben Bevölkerungsdichte, ebenso wie Sechsecke die Grundlage des Systems bildeten. Im Gegensatz aber zu Christaller verwandte er die innere Reichweite (Kap. VII.B.1.) und verlangte nicht, daß jeder zentrale Ort höherer Ordnung sämtliche Funktionen der unteren Stufen besaß, was bedeutet, daß funktionale Stadttypen ermöglicht wurden. Er ging nun von den kleinsten Hexagonen mit dem k-Wert 3 aus, die er um einen Mittelpunkt 0 anordnete. Dabei hatten benachbarte zentrale Orte den Abstand a, die übernächsten Nachbarn auf der Basis der in den Sechsecken enthaltenen gleichseitigen Dreiecke einen solchen von $a \cdot \sqrt{3}$ (Abb. 101). Bezeichnet man diese

Hexagone mit A_0, dann kam das nächste A_1 dadurch zustande, daß bei einer Drehung um 90° der k-Wert 4 betrug, die Anordnung wiederum wie bei dem ersten auch um das Zentrum 0 zur Anordnung kam. A_2 mit dem k-Wert 7 lag schiefwinklig (Abb. bei Haggett, 1973, S. 150) für die ersten neun k-Werte, wobei Beavon und Mabin (1975) den Beweis erbrachten, daß nicht alle Zahlen für die k-Werte in Frage kommen, die dann u. U. im Rahmen anderer geometrischer Figuren (z. B. Rechtecke oder Rhomben) auftauchen. Sobald eine schiefwinklige Lage der Sechsecke resultierte, wurde nun eine Drehung vorgenommen, derart, daß nach Möglichkeit die nun resultierenden zentralen Orte mit solchen zusammenfielen, die bereits in vorangegangenen A_i-Systemen vorhanden waren und zugleich einem bestimmten Sektor OY'C angehörten. Insgesamt gelangten 150 verschiedene Sechseck-Systeme zur Konstruktion, sämtlich um den Mittelpunkt 0, der als Metropole gedacht war. Beavon und Mabin (1975, S. 92) bestimmten für jedes A_i den k-Wert und konnten bei Übertragung in ein Koordinatensystem bei dem auf der x-Achse der mittlere Abstand zum nächsten, auf der y-Achse zum übernächsten Nachbarn gewählt wurde, jeweils die zentralen Orte ausmachen, bei denen zwei oder mehr zentrale Orte zusammenfallen. Dabei kann es vorkommen, daß für einen Punkt zwei Möglichkeiten der Zurechnung entstehen, wobei in Abb. 101 die Zuordnung zum Sektor OY'C geschah. Dadurch entstehen städtische Sektoren, von denen einer in Abb. 101 durch OY'C gekennzeichnet ist, und städtearme, in unserm Fall OX'C.

Tab. VII.B.10 Vergleich zwischen städtereichen und städtearmen Sektoren

Zahl koinzidierender Zentren	Häufigkeit innerhalb des städtereichen Sektors	innerhalb des städtearmen Sektors
11	1	0
10	0	0
9	3	0
8	3	1
7	4	2
6	0	0
5	20	8
4	10	3
2	32	32
1	57	31

Nach Beavon und Mabin, 1975, S. 148.

Noch bis zur Gegenwart halten die Diskussionen an, ob das starre Modell von Christaller oder mehr Freiheiten bietende von Lösch der Wirklichkeit näherkommt. Man braucht sich in dieser Beziehung nur die seit dem Jahre 1969 erscheinende Zeitschrift „Geographical Analysis" anzusehen, um diese Meinung vertreten zu können.

Nun existieren nicht allein Kreise, die für die Anordnung der zentralen Orte entscheidend sind und aus ökonomischen Gründen von Sechsecksystemen abgelöst

Die allgemeinen Funktionen der Stadt 529

wurden, sondern man kann auch von Rechtecken und Rhomben ausgehen, worauf Berry (1967, S. 79 ff.) aufmerksam machte. Es ist zu erwarten, daß sich solche Anordnungen vornehmlich in Gebieten ausbildeten, in denen die Vermessung der Landnahme voranging, insbesondere in den Vereinigten Staaten und Kanada. Allerdings lediglich auf zwei Hierarchiestufen beschränkt, die höhere mit A und die darunter gelegene mit B bezeichnet, können unter Beachtung des Versorgungsprinzips sich die A-Orte an den Ecken der Rhomben ausbilden, während B-Orte im Mittelpunkt der geometrischen Figur zur Ausbildung gelangen. Dann wird jeder A-Ort von vier B-Orten in gleichem Abstand umgeben, ebenso wie jedem B-Ort vier A-Orte zugeordnet sind, und der k-Wert 2 beträgt. Sofern das Transportprinzip im Vordergrund steht, werden die Verkehrswege entscheidend, längs derer sich zwischen je zwei A-Orte ein B-Ort einschiebt und der k-Wert sich auf 3 beläuft. Hinsichtlich des Verwaltungsprinzips würde sich ein k-Wert von 5 ergeben.

Nun ist noch einmal auf Dacey (1962) zurückzukommen, unter dessen theoretischen Möglichkeiten bisher die zufällige Verteilung der zentralen Orte nicht behandelt wurde, was nun nachzuholen ist. Sich auf die Arbeiten von Brush (1953) sowie Brush und Bracey (1955, s. a. Tab. VII.B.6.) stützend, ging es ihm darum, für das südwestliche Wisconsin die realen Verhältnisse der Verteilung der zentralen Orte darzulegen. Dazu benutzte er die Methode des *nächsten Nachbarn*, indem er für jeden zentralen Ort sechs Sektoren ausgliederte und jeweils die Entfernung zum nächsten Nachbarn in Luftlinie ausmaß. Das tat er zunächst für alle zentralen Orte, unabhängig von ihrer Hierarchie, weiter für die „towns" (Tab. VII.B.6.), die zentralen Dörfer und die zentralen Weiler jeweils in bezug auf alle Orte, schließlich lediglich die „towns". Dabei existierten in einem Gebiet von 16 340 qkm 235 zentrale Orte, unter denen 20 als „towns", 73 als zentrale Dörfer und 143 als zentrale Weiler eingestuft waren. Schließlich wurde das Mittel der Entfernungen gebildet, wobei als erster Sektor jeweils derjenige mit der geringsten Entfernung, der 6. mit der größten Entfernung angesehen wurde. Weiter kam es darauf an, die beobachteten Entfernungen mit denen zu vergleichen, die bei der Reduktion auf einen Punkt im Rahmen eines Hexagonalsystems und bei einer zufälligen Verteilung auftraten, und zwar für jede der unterschiedlichen Messungen. Als Ergebnis ist zu betrachten, daß die Verteilung der zentralen Orte im südwestlichen Wisconsin mehr zur Zufälligkeit als zur Regelmäßigkeit neigt, wobei ersteres am stärksten für die „towns" in Frage kommt. Es kann sein, daß die Oberflächengestalt (Endmoränen) dafür verantwortlich ist. Insgesamt braucht das kein Gegensatz zu den früheren Erörterungen zu sein, weil die zentralen Orte vornehmlich der unteren Kategorien erheblichen Wandlungen unterlagen.

Kurz sei noch darauf aufmerksam gemacht, daß sowohl in der amerikanischen als auch in der russischen Literatur ein Gesetz aus der Thermodynamik zur Anwendung kam, um die Existenz von Hierarchiestufen der zentralen Orte zu beweisen oder zu widerlegen. In einem abgeschlossenen Städtesystem, das über Verdichtung der Bevölkerung, Schaffung von Arbeitsplätzen u. a. m. keine Zufuhr von Energie erfährt, stellt sich meist eine zufällige Verteilung ein, und – falls eine hierarchische Abstufung gegeben war – löst diese sich auf, was als maximale Entropie bezeichnet wird. Im Rahmen eines offenen Systems, innerhalb dessen Zufuhr und Abgabe von Energie sich die Waage halten oder ersteres überwiegt, gelangt man über den Bedarf der Bevölkerung und der für letztere zumutbaren Wege meist zu bestimmten Hierarchiestufen und zu einer geregelten Anordnung der zentralen Orte (Berry, 1967, S. 78), selbst wenn ursprünglich eine zufällige Verteilung maßgebend war. Ohne auf die mathematischen Ableitungen eingehen zu können (Medvedkov, 1967, S. 150 ff.), sollen wenigstens die Ergebnisse dargelegt werden.

Lediglich in Südwest-Wisconsin und im Krononerg Län überstieg die zufällige Verteilung die geregelte, wobei in letzterem Fall die schwierigen Geländeverhältnisse dafür verantwortlich gemacht wurden. Bei der Anwendung der Methode des nächsten Nachbarn sind die Unterschiede so geringfügig, daß sie kaum ins Gewicht fallen. Trotzdem bleibt das Problem, ob es sinnvoll ist, physikalische Gesetze auf stadtgeographische Tatsachenbestände zu übertragen.

Tab. VII.B.11 Das Verhältnis von zufälliger und geregelter Verteilung zentraler Orte auf Grund des Entropiemaßes

Land	Gebietsgröße in qkm	Verhältnis von zufälliger zu regelmäßiger hierarchischer Verteilung
Norditalien	9450	78 : 115
Nordfrankreich	9450	91 : 117
Südwest-Wisconsin	3250	46 : 43
Elbetal/Tschechoslowakei	7200	39 : 95
Südbothnien/Finnland	17 200	144 : 272
Kronoberg Län/Schweden	8800	41 : 15

Nach Medvedkov, 1967, S. 165.

Nun sollen drei Beispiele einer regelmäßigen Verteilung ohne die einschränkenden Bedingungen von Christaller dargelegt werden, wobei das eine aus China für die Zeit vor dem Ersten Weltkrieg bzw. um die letzte Jahrhundertwende stammt, das zweite aus den Vereinigten Staaten mit der Entwicklung seit dem letzten Drittel des 19. Jh.s bis zum Jahre 1960 und das letzte aus dem Verdichtungsraum Stuttgart und seiner Umgebung in der Bundesrepublik Deutschland um das Jahr 1970, d. h. einerseits aus einem traditionellen Bereich der anautarken Wirtschaftskultur mit Handwerk und Handel, die andern aus Gebieten der spätindustriellen Phase, und zwar teils aus vorwiegend landwirtschaftlich orientierten Bereichen und teils aus solchen, die Verdichtungsräume abgeben.

Für China stellte Skinner (1964 und 1972; s. a. Berry, 1967, S. 67/68 und S. 93 ff.) heraus, daß die „standard market towns" die unterste Einheit der zentralen Orte abgeben, in denen zwei- bis dreimal in der Woche (überwiegend Zehntagewoche) Markt abgehalten wurde, der für die Versorgung von achtzehn bis zwanzig Dörfern gedacht war. Diese befanden sich in zwei Kreisen um die „standard market towns" angeordnet, meist sechs in einem inneren und zwölf in einem äußeren Ring. Die Versorgung der Märkte ließ sich lediglich durch wandernde Händler und Handwerker aufrechterhalten, die mindestens zwei der „standard market towns" innerhalb einer Woche aufsuchten, weil der Gewinn sowohl aus den an die bäuerliche Bevölkerung abzugebenden Waren als auch dem Aufkauf der bäuerlichen Überschußproduktion sonst zu gering gewesen wäre. Die „standard market towns" befanden sich auf Sechsecken in gleichmäßigem Abstand voneinander, wobei zwei benachbarte solcher Orte in der Regel verschiedene Marktzyklen besaßen.

Die „standard market towns" in China waren auf zentrale Orte höherer Ordnung angewiesen, die „intermediate market towns" bzw. die „central market towns", die als unterste Kategorie der Städte (hsien) fungierten, wofür in China die Ummauerung ein deutliches Kennzeichen bedeutete. Über den hier ansässigen Großhandel konnten Waren angeboten werden, die nicht in der Umgebung erzeugt wurden und die über die hier ansässigen wandernden Händler, sofern ein derartiger Bedarf bestand, auch den nicht ummauerten „standard market towns" zugute kamen. Diese Orte höherer Zentralität hatten eigene Markttage, die nicht mit denen der „standard market towns" koinzidierten. Sie wurden von der ländlichen Bevölkerung des eigenen Umlandes aufgesucht, selten aber von den Bauern im Umland der „standard market towns", sondern lediglich von einer gebildeten Elite, die spezielle Güter erwerben wollte (vornehmlich Bücher, Material zum Schreiben usf.). Sie wickelten hier in den Teehäusern dann häufig selbst Geldgeschäfte ab und traten als Geldverleiher auf, um später die Zinsen einzuziehen. Vielfach bedienten die „intermediate" bzw. „central market towns" zwei „standard market towns", so daß unter Einschluß der ersteren ein System mit dem k-Wert 3 entwickelt war.

Sollte eine neue „standard market town" eingerichtet werden (z. B. wegen Bevölkerungsvermehrung oder aus andern Gründen), dann stand man vor der Wahl, welche Markttage am günstigsten waren. In dem Hinterland einer hsien-Stadt im Szetschuan existierten vier „standard market towns", bei denen diejenigen im Westen an den Tagen 1 – 4 – 7, im Norden 2 – 5 – 8, im Osten 3 – 6 – 9 und im Süden 1 – 5 – 8 ihren Markt abhielten. Um die geringsten Konflikte in dem bestehenden System aufkommen zu lassen, konnten entweder die Tage 2 – 5 – 8 oder 3 – 6 – 10 zur Diskussion stehen. Doch in Wirklichkeit gelangte man zu einem andern Zyklus, nämlich zu 2 – 5 – 8, und zwar deswegen, weil die „standard market towns" im Westen (1 – 4 – 7) und diejenigen im Osten (3 – 6 – 8) die engsten Beziehungen zu der hsien-Stadt unterhielten, während diejenigen im Norden und Süden andere Städte der untersten Verwaltungseinheiten bevorzugten.

Sowohl die Anordnung der hsien-Städte, die ein Umland und ein Hinterland versorgten, als auch die der „standard market towns", die lediglich ein Umland besaßen, folgten den von Christaller aufgestellten Regeln (Hexagone). Dabei legte die bäuerliche Bevölkerung etwa 4-5 km zurück, um die „standard market towns" zu erreichen. Der Abstand zwischen den letzteren betrug in etwa 8 km, die bediente Fläche etwas über 50 qkm, die durchschnittlich zu versorgende Bevölkerung 7000-8000, die Bevölkerungsdichte 111-150 E./qkm. Demgemäß entsprachen die „standard market towns" in etwa den M-Orten von Christaller, was den Weg zum Zentrum und das Ergänzungsgebiet anlangt, aber die zu versorgende Bevölkerung stellte sich als höher heraus, was im wesentlichen auf die größere Bevölkerungsdichte zurückzuführen war.

Tab. VII.B.12 Die „standard market towns", ihr Ergänzungsgebiet und deren Bevölkerungsdichte

Anteil aller „standard market towns"	Ergänzungsgebiet in qkm	Bevölkerungsdichte E./qkm
5	158 und mehr	bis 19
15	97–157	20– 59
60	30– 96	60–299
15	16– 29	300–499
5	bis 15	500 und mehr

Nach Skinner, 1972, S. 592.

In dem riesigen Gebiet, das China umfaßt, existierten manche Abweichungen von der wohl als Norm zu betrachtenden Art.

Die „standard market towns" im Umkreis der großen Städte mit besonders intensiver Landwirtschaft hatten bei größter Bevölkerungsdichte das kleinste Ergänzungsgebiet. In den Gebirgs- und Trockenräumen hingegen mit niedriger Bevölkerungsdichte stellten sich die Ergänzungsgebiete als wesentlich umfangreicher heraus. Welche Änderungen nach dem Zweiten Weltkrieg eintraten, gilt es an anderer Stelle zu erläutern (Kap. VII.B.3.). Daß China nicht das einzige Land darstellt, innerhalb dessen die zentralen Orte zumindest der unteren Stufen sich in Hexagonen anordneten, sondern sich das dort wiederholte, wo chinesischer Kultureinfluß wirksam war (Korea und Teile von Japan), dürfte verständlich sein. Berry (1967, S. 95) wies noch auf andere Bereiche hin, innerhalb derer ähnliche Prinzipien zum Ausdruck gelangten bzw. dies bis zur Gegenwart noch tun.

Obgleich Dacey die zufällige Verteilung der untergeordneten zentralen Orte für das südwestliche Wisconsin in den Vordergrund stellte, gibt sich mitunter doch eine regelmäßige Verteilung zu erkennen. Das bewiesen Berry, Barnum und Tennant (1962) für die zentralen Orte von Iowa, wobei hinsichtlich der Bezeichnungen auf Tab. VII.B.6. verwiesen werden muß, vornehmlich deswegen, weil man in der deutschen Sprache keinen unterscheidenden Ausdruck für „town" und „city" besitzt. Teils als Rhombenmuster (Berry, 1967, S. 39) und teils als Rechteckmuster gezeichnet (Berry, Barnum und Tennant, 1962, nach Schöller, 1972, S. 351), findet man in waagerechter und senkrechter Richtung entlang der Verkehrswege eine regelmäßige Aufreihung: City – zentrales Dorf – „town" – zentrales Dorf, jeweils in gleichmäßigen Abständen mit einem k-Wert von 4.

Dabei ist es erst allmählich zu einer solchen Entwicklung gekommen (Berry, 1967, S. 6 ff.), einerseits im Hinblick auf die Farmbevölkerung und andererseits in bezug auf die zentralen Orte. Nach dem Zweiten Weltkrieg nahm die Zahl der Farmen ab, ihre Betriebsfläche zu, was zur Folge hatte, daß die Bevölkerungsdichte der Farmbevölkerung sank, was ebenfalls für die Bewohner der zentralen Dörfer und der towns zu beobachten war, die einen Teil ihres Geschäfts- und Dienstleistungssektors aufgeben mußten. Die Hauptorte der counties allerdings blieben davon verschont, ebenso wie das als regional capital eingestufte Omaha-Council Bluffs. Zentrale Weiler wurden nicht mehr aufgenommen, weil sie eine zu geringe Rolle spielen. Die regelmäßige Anordnung der unterschiedlichen Hierarchiestufen kam erst im Laufe der Zeit zustande. Als im Jahre 1868/69 Council Bluffs Eisenbahnverbindung erhielt und Eisenbahnstationen zum Ansatzpunkt zentraler Orte wurden, vermochten die Farmer dadurch ihr Absatzgebiet zu erweitern. Nach dem Jahre 1879 erfolgte, befürwortet durch das neue Verkehrsmittel, eine erhebliche Zuwanderung. Querverbindungen zwischen den bisher Ost–West verlaufenden Eisenbahnen brachten eine weitere Auffüllung, so daß der Höhepunkt etwa zu Beginn des Ersten Weltkrieges erreicht war. Nachdem die unbefestigten Wege eine feste Straßendecke erhielten, Lastwagen den Transport durch die Eisenbahnen entbehrlich machten, verschwanden die zentralen Orte der unteren Hierarchiestufe, vornehmlich dann, wenn sie an Nebenstraßen zu liegen kamen, so daß die Regelmäßigkeit in der Anordnung der zentralen Orte relativ jungen Datums ist.

Bei einer Bevölkerungsdichte von 16 E./qkm ergibt sich für die Beziehungen zwischen der Einwohnerzahl einer bestimmten Hierarchiestufe, der Zahl der vorhandenen Funktionen, der zu versorgenden Bevölkerung und der trade area[1] folgendes:

---

[1] Berry (1967, S. 368) macht in diesem Fall keine Unterscheidung zwischen Umland, Hinterland und Einflußgebiet, so daß der angelsächsische Ausdruck übernommen wurde.

Tab. VII.B.13 Hierarchie der zentralen Orte, Zahl ihrer Funktionen, zu versorgende Bevölkerung und „trades areas" der zentralen Orte unterschiedlicher Hierarchie innerhalb des „corn belts" der Vereinigten Staaten

Bevölkerung des zentralen Ortes	Zahl der Funktionen	Zu versorgende Bevölkerung	trade area in qkm
City 6400–6900	90–92	bis 80 000	max. 2560
Town 1200–1700	43–50	bis 12 000	max. 1280
zentr. Dorf 450– 500	28–40	bis 1200	max. 160

Nach Berry, 1967; Werte abgerundet

Vergleicht man diese Angaben mit denen von Skinner für die „standard market towns" (Tab. VII.B.12.), dann wird der Einfluß der Bevölkerungsdichte besonders klar, denn dort, wo diese in China extrem niedrig liegt, beläuft sich das Ergänzungsgebiet auf 158 qkm und mehr, was in etwa dem der zentralen Dörfer entspricht.

Für die beiden im Arbeitsgebiet liegenden „cities" Red Oak und Atlantic stellte sich heraus, daß sie innerhalb eines Radius von 9,6-11,2 km die Versorgung des umgebenden Landes ausschließlich übernehmen; jenseits davon besteht die Möglichkeit, daß das Umland der zentralen Dörfer in die trade area der „cities" einbezogen wird, weil die Bevölkerung bestrebt ist, das höherrangige Angebot in Anspruch zu nehmen und dabei größere Entfernungen in Kauf zu nehmen. Den „towns" allerdings mit ihrer abnehmenden Einwohnerzahl gelingt das nicht, so daß ihnen wie den ihnen benachbarten zentralen Dörfern die entsprechenden trade areas erhalten blieben. Infolgedessen ergibt sich bei einem gesamten k-Wert von 4 für die „cities" ein solcher von 5 und für die towns von 1.

Entfernt man sich vom corn belt in den Weizen- bzw. Weidegürtel, dann sinkt die Einwohnerzahl der zentralen Orte derselben Hierarchiestufe ebenso wie die Bevölkerungsdichte, was eine Ausweitung der jeweiligen trade areas bedeutet. Die Zahl der zentralen Güter und Dienste variiert allerdings in besonderer Weise. Vergleicht man in dieser Beziehung Iowa und Süddakota, so lassen sich im ersteren Gebiet die entsprechenden Einrichtungen vom zentralen Dorf über die town bis zur „city" mit 24, 48 und 96 angeben. In Süddakota kommen dafür folgende Werte in Frage: 15, 30, 45. Das läßt sich als $24 \cdot 2^0$, $24 \cdot 2^1$ und $24 \cdot 2^2$ bzw. $15 \cdot 2^0$, $15 \cdot 2^1$ und $15 \cdot 2^2$ darstellen. Daraus leitet sich eine Progression der zentralen Güter und Dienste ab, die folgendermaßen zusammengefaßt werden kann:
$$P = d \, 2^{w-1},$$
wobei P die Progression bedeutet, d einen variablen Faktor, der sich vornehmlich auf die unterschiedliche Bevölkerungsdichte bezieht, w die Hierarchiestufe und 2 auf die Anordnung der zentralen Orte, indem auf jede „city" zwei „towns" und auf jede „town" zwei zentrale Dörfer entfallen (Berry, 1967, S. 38 ff.).

In bezug auf Nordwürttemberg setzte Borcherdt (1977, S. 98 ff.) sich noch einmal mit dem Begriff der Reichweite auseinander. Er ging davon aus, daß nicht allein ökonomische Faktoren die Versorgungsbeziehungen eines zentralen Ortes bestimmen, zumal die Aufwendungen an Zeit und Fahrkosten seit der zweiten Hälfte der fünfziger Jahre eine geringere Rolle spielen als früher und der Besitz eines Personenkraftwagens die Koppelung von Besorgungen und Inanspruchnahme von Dienstleistungen stärker hervortreten ließ als zuvor. Zugleich änderten sich die Einkaufsgewohnheiten, da Eisschrank, Gefrierverfahren u. a. m. die sonst täglich erforderlichen Besorgungen erheblich reduzierten. Weiter müssen die differenzierten Ansprüche unterschiedlicher Sozialschichten berücksichtigt werden, was bereits von Klöpper (1953) am Beispiel einer niedersächsischen Klein- und Industriestadt verifiziert wurde. Da letztlich jedes Gut und jede Dienstleistung eine besondere Reichweite besitzt, was in zahlreichen Stadtmonographien nachgewiesen werden konnte, bedeutet deren Zusammenfassung durch eine geschlossene Linie ohnehin nur eine Durchschnittsreichweite. Deshalb führte Borcherdt (1977, S. 102) den Begriff der Aktionsreichweite ein, worunter „jene Entfernungen verstanden werden, die der einzelne oder auch bestimmte soziale Gruppen für Besorgungen in den verschiedenen Versorgungsorten sowie zum Aufsuchen des Arbeitsplatzes oder von Erholungsgebieten regelmäßig oder wiederholt zurücklegen. Zur näheren Kennzeichnung können unterschieden werden: z. B. Aktionsreichweiten bei Besorgungen auf der untersten Bedarfsstufe, ... auf der mittleren Bedarfsstufe usw.", die man nach wie vor als *Umland, Hinterland* und *Einflußgebiet* bezeichnen kann. Als Versorgungsgebiet eines zentralen Ortes wurde jener Bereich definiert, aus dem mindestens ein Drittel der Bevölkerung den entsprechenden zentralen Ort auch wirklich benutzt; innerhalb eines solchen Bezirks wurde zudem ein Nahbereich ausgeschieden, wo die Mehrzahl der Bevölkerung ihre Bedürfnisse deckt, letzteres das Umland, ersteres das Hinterland umschließend. Dabei ergaben sich zwei Systeme, indem in den dünn besiedelten Agrarbereichen lediglich zentrale Orte der unteren und mittleren Stufe ausgebildet waren, ohne daß sich Beziehungen zu höheren Zentren einstellten, weil insbesondere die Mittelzentren ein Anheben ihrer Zentralität erfuhren und dem Normalverbraucher all das zu bieten vermögen, was ebenfalls in Zentren höherer Ordnung zu erhalten ist, so daß gelegentliche, aber keine regelmäßigen Beziehungen nach Heilbronn, Stuttgart oder Ulm (letzteres in Abb. 99 weggelassen) zustande kamen. Bei den letzteren hingegen zeigte sich, daß ihnen ein Umland fehlte, weil die entsprechende Versorgung auf unterer Stufe von den Selbstversorgerorten übernommen wurde. Um so ausgedehnter war das Hinterland und das Einflußgebiet, das sich längs der Verkehrsachsen 40-50 km fingerförmig nach außen schob, um sich dann in einige isolierte Bezirke aufzufächern.

Trotz der Umformulierungen bzw. begrifflichen Einengung stellten sich hinsichtlich der Anordnung der Zentren mittlerer Stufe regelmäßige Züge heraus, wenngleich nicht unbedingt das Sechsecksystem. „Es lassen sich deutlich zwei Zonen erkennen: Im Norden und Osten des Untersuchungsgebietes sind die Abstände zwischen den Städten am größten, während sich die Maschen des Netzes zum Verdichtungsraum hin verengen. Die mittleren Abstände, von einem Versorgungsort mittlerer Stufe zu einem seiner Nachbarn gemessen, betragen in Ostwürttemberg, auf der Schwäbischen Alb, in Hohenlohe und im Heilbronner Raum 26-34 Straßenkilometer" (mit Ausnahme von Bad Mergentheim). „Im Verdichtungsraum Stuttgart betragen die Abstandsmittel nur noch 12-23 km, wobei die Übergänge zwischen Verdichtungsraum und ländlichem Raum fließend sind..." (Grotz in Borcherdt, 1977, S. 164). Gegenüber der Untersuchung von Christaller kamen kaum neue Zentren hinzu, wohl aber machte sich die Anhebung der Zentralität gerade der Mittelzentren bemerkbar, wobei voraussichtlich das Grundgerüst bereits aus dem Hochmittelalter stammt, nicht allerdings die Zentralitätsstufen.

Um nun einen Begriff von dem Verhältnis der Bevölkerung der Mittelzentren zu der des Um- bzw. Hinterlandes zu erhalten, sei auf die folgende Tabelle verwiesen, wobei im Rahmen der Bereichsbevölkerung noch die Unterscheidung zwischen denen in Siedlungen mit 2000 Einwohnern und mehr bzw. denen unter 2000 Einwohnern gemacht wurde.

Tab. VII.B.14 Die Aufgliederung der Bereichsbevölkerung in Nordwürttemberg im Jahre 1970 in v. H.

Typ	Zentrumsbevölkerung	Umlandbevölkerung	
		in Siedlungen mit 2000 E. und mehr	in Siedlungen mit weniger als 2000 E.
ländlicher Raum	20–40	0–20	50–75
verstädterter Raum	25–50	25–40	15–40
städtischer Raum	25–50	45–75	0–25

Nach Grotz in Borcherdt, 1977, S. 170.

Hatten wir es bisher mit einer Zweigliederung zu tun, so lassen sich nun drei Gruppen von „Versorgungsorten" ausmachen. Im ländlichen Raum ist der Anteil der Zentrumsbevölkerung am geringsten, der in Siedlungen mit weniger als 2000 Einwohnern am größten. Im verstädterten Raum, der sich ringförmig um den Verdichtungsraum Stuttgart legt, kann der Anteil der Zentrumsbevölkerung auf 50 v. H. ansteigen, ebenso wie derjenige der Bewohner in Siedlungen mit 2000 Einwohnern und mehr, und im städtischen Raum bleibt zwar der Anteil der Zentrumsbevölkerung gegenüber der vorigen Gruppe konstant, dafür aber wächst der Anteil der Bevölkerung in Siedlungen mit 2000 Einwohnern und mehr, während derjenige in Siedlungen mit weniger als 2000 Einwohnern auf null absinken kann. Dabei wurde Stuttgart selbst nicht in die Berechnung einbezogen, weil seine hohe Einwohnerzahl das sonstige Bild verwischt hätte und die zu versorgende Bevölkerung zum überwiegenden Teil in der Landeshauptstadt wohnt. Das bedeutet – wenngleich in andern Größenordnungen – daß das Zentrum des Verdichtungsgebietes stärker auf Eigenversorgung abgestellt ist, wie es Ullman und Dacey mit Hilfe der minimum requirement-Methode für amerikanische Städte darlegten (Tab. VII.B.9.).

Rechnet man die von Berry für Iowa gemachten Angaben in entsprechender Weise um (Tab. VII.B.13.), dann kommen dort auf die „cities" nur ein Anteil von knapp 10 v. H., wobei man sich darüber klar sein muß, daß deren Einwohnerzahl bei 6000-7000 liegt, abgesehen von den Unterschieden in der Bevölkerungsdichte (Iowa 16 E./qkm und ländliche Gebiete in Nordwürttemberg 180-239 E./qkm).

Ob sich die hier vorgestellten Ergebnisse auf andere monozentrische Verdichtungsräume übertragen lassen, muß einstweilen offenbleiben.

Kommt es bereits in monozentrischen Verdichtungsräumen sowohl wie in landwirtschaftlich gebliebenen Gebieten zu Überschneidungen des Hinterlandes von Mittelstädten, ebenso wie zwischen den höheren Zentren innerhalb des Verdichtungsraumes selbst, wie das Borcherdt (1977) in seiner Karte 1 niederlegte, so gibt sich das in polyzentrischen Verdichtungsräumen noch stärker zu erkennen. Das kann entweder durch eine funktionale Spezialisierung der dazugehörigen Städte bewirkt werden, was im Rhein-Neckarraum besonders ausgeprägt ist und dem Rhein-Main-Verdichtungsgebiet nicht fehlt. Selbst im Rhein-Ruhrgebiet vermochten nur solche Städte, deren Bedeutung oberhalb der mittelzentralen Ebene liegt, diesen Stand zu erreichen, sofern sie sich ein Hinterland zu schaffen vermochten. Selbst wenn sich zahlreiche Mehrfachbeziehungen einstellten (Meschede, 1971; Hommel, 1974; Schöller, 1981), ist es nicht zu einer Auflösung der Beziehungen zum Hinterland gekommen, wohl aber zu einer ungeregelten Anordnung der Städte derselben Hierarchiestufe (Abb. 98), was wohl ebenso für den Verdichtungsraum Rhein-Main zu beanspruchen ist. Für den Verdichtungsraum im Nordosten der Vereinigten Staaten (Megalopolis), innerhalb dessen das Hinterland von Boston zwar Einbußen zugunsten von New York hat hinnehmen müssen (Green, 1955), ist die Abgrenzung des jeweiligen Hinterlandes möglich. Noch mehr wäre die Ausweitung des Hinterlandes von New York zum Ausdruck gelangt, wenn ein Vergleich mit den Arbeiten von Pred (1980, Zusammenfassung von Arbeiten aus dem Beginn der siebziger Jahre) möglich gewesen wäre. Daß dieser Prozeß in den Vereinigten Staaten zehn bis zwanzig Jahre früher als im westlichen und mittleren Europa einsetzte, hängt teils mit der früheren Motorisierung im zuerst genannten Kontinent zusammen, aber auch damit, daß die Mobilität der Bevölkerung, die im westlichen Europa mit Hilfe des neuen Verkehrsmittels nach dem Zweiten Weltkrieg ein beträchtliches Wachstum zeigte, in Nordamerika bereits vor dessen Aufnahme erheblich größer war und auch blieb, was als Erbe des Pionierzeitalters zu verstehen ist.

An Pred (Abb. 97) anknüpfend, existieren außer den Beziehungen der zentralen Orte zu ihrem Umland, Hinterland und Einzugsgebiet auch solche zwischen den Städten. Hägerstrand (1972) hat für Schweden wohl als erster darauf aufmerksam gemacht, daß Stockholm, Malmö und Göteborg in der Aufnahme von Neuerungen (Innovationen) am stärksten waren und sich von hier aus in die Nachbarschaft wellenförmig ausbreiteten (Diffusion), so daß eine auch im Verkehr besonders bevorzugte Achse zwischen den beiden östlichen Metropolen und der Hauptstadt entstand, von der aus dann der Südwesten, später und weniger intensiv der Norden profitierte. Dabei fand das Newtonsche Gravitationsgesetz Anwendung, indem sich zwei Massen M_1 und M_2 um so mehr anziehen, je kürzer die Distanz (d) zwischen ihnen ist

$$\frac{M_1 \cdot M_2}{d^2},$$

ein anderes Beispiel, in dem physikalische Gesetzmäßigkeiten auf kulturgeographische übertragen wurden.

Dies ist von andern Autoren dann weiterverfolgt worden, indem z. B. Bylund und Ek (1974) die zwischenstädtischen Beziehungen von Malmö untersuchten (nach Pred, 1975, S. 307), was in der folgenden Tabelle wiedergegeben wird, wobei die Angaben für die Industrie weggelassen wurden:

An dieser Stelle ist lediglich darauf zu verweisen, daß abgesehen von Malmö selbst die Hinterlandbeziehungen relativ geringfügig bleiben und die Güterströme einen ähnlichen Verlauf besitzen wie der Informationsaustausch.

Tab. VII.B.15 Prozentuale Aufschlüsselung (nach Geldwert) der tertiären Güterströme von und nach Organisationseinheiten des metropolitanen Bereichs von Malmö im Jahre 1970

Dienstleistungen von Betrieben in Malmö	Lokal innerhalb von Malmö	Stockholm	Göteborg	Kleine Orte im Hinterland	Andere zentrale Orte außerhalb des Hinterlandes
Dienstl. v. Betrieben in Malmö	60	10	4	11	15
Güter u. Dienste, vertrieben durch Industriebetr.	66	14	1	3	16
Alle Güter- u. Dienstleistungsströme von zehn ausgewählten Organisationen	47	20	7	9	18
Informationsaustausch der eben genannten Organisationen	45	17	4	8	26

Nach Pred 1975, S. 307.

Für die Vereinigten Staaten beschäftigte sich Pred in mehreren Arbeiten (1966, 1971) mit der Aufnahme und Diffusion von Innovationen für die Zeit von 1790 bis 1860 bzw. 1914, als elektronische Hilfsmittel noch nicht zur Verfügung standen. In diesem Zusammenhang sei auf die Zeitungen eingegangen, die durch die noch nicht eingeführten technologischen Errungenschaften hinsichtlich Auflage und Zahl der Abonnenten nur ein beschränktes Wirkungsfeld besaßen (Pred, 1971, S. 166). Als Beispiel sei Philadelphia angeführt, wo man heute aufgrund von Radio und Fernsehen innerhalb weniger Stunden die neuesten Nachrichten erhält, durch die Tageszeitungen innerhalb eines Tages. Hingegen benötigte man im Jahre 1790 67–80 Tage, um von Paris oder London zu Informationen zu gelangen. Die Nachrichtenübermittlung nach Baltimore brauchte 6, nach Boston 12 Tage. Die vier größten Städte standen durch die Küstenschiffahrt miteinander in Verbindung, bis dann der Bau von Kanälen eine Verbesserung brachte und die zwischenstädtischen Beziehungen verstärkte. Krim (1967, in Berry und Horton, 1970, S. 89 ff.) ging der Innovation und Diffusion der Einführung von Straßenbahnen in den Jahren 1851-1865 nach, wobei sich ein erhebliches Gefälle vom Nordosten mit dem Zentrum New York nach Westen und Süden zeigte und der Mississippi kaum überschritten wurde. Mit einer zeitlichen Verzögerung von mehr als zwanzig Jahren hatten die größeren Städte einschließlich derjenigen an der Westküste diese Neuerung übernommen. Dabei ergab sich, daß die Aufnahme von Innovationen von den Städten des höchsten Hierarchiegrades abwärts verläuft. Später erweiterte Berry (1971 bzw. in English und Mayfield, 1972, S. 340 ff.) anhand der Untersuchung von Nielsen (1967/68) über Aufnahme und Verbreitung des Fernsehens in den Vereinigten Staaten seine Unterlagen. Drei Städte (New York, Chicago und Philadelphia) eröffneten zu Beginn des Zweiten Weltkrieges Fernsehstationen. Bei Unterbrechung durch den Krieg kam es in den Jahren 1947-1950 zu weiteren 58 Stationen. Bis zum Jahre 1956 hatten einige Städte mehrere Fernsehstationen, und die Ausbreitung war bis an die Westküste gelangt, bis schließlich im Jahre 1965 der Sättigungsgrad fast erreicht war (Karten in Berry bzw. English und Mayfield, 1972, S. 345 ff.). Für die ersten Jahre liegen keine Unterlagen für den Anteil der Haushalte vor, die ein Fernsehgerät besaßen. Es ließ sich lediglich feststellen, daß im Jahre 1946 6500, im Jahre 1947 178 000 und um das Jahr 1950 bereits mehr als 1 Million Apparate produziert wurden. Im Jahre 1953 gab es noch weite Gebiete, in denen das Fernsehen noch keinen Eingang gefunden hatte. Innerhalb der nächsten drei Jahre trat eine erhebliche Erweiterung ein, und im Jahre 1965 waren im größten Teil des Landes 100 v. H. der Haushaltungen mit einem Fernsehgerät versehen, und es blieben nur kleine Bereiche zurück, wo sich der genannte Anteil auf 20-39 v. H. belief.

Nach Pederson (1970) nahm Berry nun die Unterscheidung zwischen der Unternehmerinitiative (eine Person, Geschäftsleute, eine Stadt oder eine andere Institution) und der Haushaltsinnovation vor.

538 Die Städte

Bei der Unternehmerinnovation verläuft die Ausbreitung abwärts der hierarchischen Ordnung der Städte. Hinsichtlich der Haushaltsinnovation treten andere Probleme hinzu, indem das Einkommen eine Rolle spielt und aus diesem Grunde Bereiche zurücktreten, in denen der Anteil der Farbigen hoch ist.

Hielt Berry im Grunde genommen daran fest, daß sich Innovationen innerhalb der Hierarchiestufen abwärts ausbreiten, so wurde bereits am Beispiel von Schweden offenbar (Tab. VII.B.15.), daß dieses Konzept nur teilweise Gültigkeit beanspruchen kann. Am Beispiel der Standard Metropolitan Area von Seattle-Tacoma kam Pred (1975 bzw. Bourne-Simmons, 1978, S. 302) zu einem anderen Ergebnis. Im Jahre 1974 existierten hier 204 000 Beschäftigte, die von 53 Unternehmen bzw. Firmen abhängig waren, wobei allerdings diejenigen in der Industrie eingeschlossen wurden.

Tab. VII.B.16 Standort der Beschäftigten in Unternehmen und Firmen in Seattle-Tacoma im Jahre 1974

Standort	Geschätzte Zahl der Beschäftigten	Anteil an der Gesamtzahl der Beschäftigen
Seattle-Tacoma (lokal)	90 551	44,5
Andere metropolitane Komplexe einschließlich Kanada (2164 B.)	63 310	31,1
Kleinere „cities" u. „towns" außerhalb des Hinderlandes einschließlich Kanada (2661 B.)	23 706	11,6
Hinterland[1]	21 287	10,4
Alaska (einschließlich 406 Saisonarbeiter)	2 901	1,4
Ausland ohne Kanada	5 841	2,9
Summe	203 511	100,0

[1] Das Hinterland von Seattle-Tacoma umfaßte den Bundesstaat Washington ohne das Clark County, das zur Portland SMSA gehört, nicht aber die neuerdings hinzugezogenen SMSAs von Anchorage, Richland-Kennewick und Yakima.
Nach Pred, 1975 bzw. in Bourne und Simmons, 1978, S. 302.

Pred (1978, S. 299) leugnet zwar nicht die hierarchische Staffelung, die sich aber vornehmlich auf geschäftliche Unternehmungen beschränkte. Daß hier das Gravitationsmodell keine Anwendung finden kann und die Distanzüberwindung keine Rolle mehr spielt, dürfte klar geworden sein; um so stärker rücken die zwischenstädtischen Beziehungen in den Vordergrund, und das zweifellos in wesentlich größerem Ausmaß als vor dem Ersten Weltkrieg (Abb. 97). Ebenso eindeutig ist, daß bei Christaller ein gegenseitiger Austausch von Städten derselben Rangordnung ausgeschlossen ist und bei Loesch sich zumindest in engen Grenzen hält.

Um nun noch ein Beispiel aus den Entwicklungsländern hinzuzufügen, sei auf die Untersuchung von Pederson (1970; auch in Bourne und Simmons, 1978, S. 310 ff.) verwiesen. Das Aufkommen von Krankenhäusern (1543), Zeitungen (1812), Feuerwehr (1911), Wasserwerken (1866), Bildung von Rotary Clubs (1923), Anlage von Radiostationen (1925) und Supermärkten (1952) wurde benutzt, wobei die Zahlen in Klammern das Jahr angeben, innerhalb dessen die Innovation aufgenommen wurde. Dabei stellte sich heraus, daß in chilenischen Städten lediglich zwei in Valparaiso stattfanden, die übrigen in der Hauptstadt Santiago. Unter den angeführten Innovationen haben lediglich die Zeitungen alle Städte erreicht, für die im Jahre 1885 und im Jahre 1930 eine genauere Aufschlüsselung vorliegt:

Tab. VII.B.17 Die Diffusion der Zeitungen in chilenischen Städten im Jahre 1885 und 1930

Größe der Städte	Zeitungen 1885 Zahl der Städte in denen Zeitungen herauskamen	in v. H.	Zeitungen 1930 Zahl der Städte in denen Zeitungen herauskamen	in v. H.
2 – unter 3 000	4	13,8	11	26,2
3 – unter 4 000	9	25,0	6	26,1
4 – unter 5 000	1	14,3	5	35,4
5 – unter 7 000	3	23,1	6	42,4
7 – unter 10 000	1	11,1	12	75,0
10 – unter 15 000	1	50,0	9	90,0
15 – unter 30 000	4	80,0	11	91,6
30 000 und mehr	2	100,0	9	100,0

Nach Pedersen, 1970 bzw. Bourne und Simmons, 1978, S. 315.

Ob der im Jahre 1905 in Chicago gegründete Rotary Club, dem Mitglieder des öffentlichen Lebens unterschiedlicher Berufszweige angehören, sich über Großbritannien nach Nord-, West- und Mitteleuropa ausdehnte und mit einer zeitlichen Verzögerung auch in Lateinamerika Fuß faßte, für geographische Belange wichtig ist, erscheint etwas zweifelhaft. Mit seinen rd. 700 000 Mitgliedern besitzt er nicht dieselbe Bedeutung wie andere Innovationen, die einschneidende Veränderungen im Lebensstil der gesamten Bevölkerung herbeiführten. Eine solche Fragestellung sollte man den Soziologen überlassen und mit den Begriffen Innovation und Diffusion etwas vorsichtiger umgehen, als es bisher geschieht.

Wenngleich den gegenseitigen zwischenstädtischen Beziehungen in den entwickelten Industrieländern gegenwärtig größere Bedeutung zuzumessen ist als früher mit der erwähnten zeitlichen Verschiebung zwischen den Vereinigten Staaten und dem mittleren und westlichen Europa, so blieben die „Stadt-Land"-Beziehungen in der zuvor erwähnten erweiterten Definition (Tab. VII.B.13. bis Tab. VII.B.15.) erhalten. Deshalb muß in diesem Zusammenhang auf die Bindungen der Städte zum Umland, Hinterland und Einzugsgebiet das größere Gewicht gelegt werden, was in der Überschrift dieses Kapitels als „abgrenzbare Beziehungen" zum Ausdruck gelangen sollte.

Nun ergibt sich das Problem, welche *Kriterien* für die *Abgrenzung* herangezogen werden können. Vor der Entwicklung von Eisenbahn- und Autoverkehr waren es – abgesehen von der Fluß- und Küstenschiffahrt – vornehmlich Landwege, die auf die Städte zuliefen und von der bäuerlichen Bevölkerung in Anspruch genommen wurden. Unter solchen Voraussetzungen nahm das Umland in etwa kreisförmige Gestalt an, was z. B. Dickinson (1934) für East Anglia rekonstruieren und kartographisch festlegen konnte und ebenfalls für das westliche und mittlere Europa gültig war. Mit der Ausbildung des Eisenbahnnetzes trat eine erhebliche Wandlung ein. Die von den Eisenbahnen berührten Zentren vermochten ihr Um- bzw. Hinterland auf Kosten derer, denen diese Gunst nicht zuteil wurde, auszudehnen. Damit verlor ein Teil der kleinen Städte den Charakter der voll entwickelten Stadt, und die Gestalt des Um- bzw. Hinterlandes änderte sich. Längs der Bahnlinien konnten Menschen und Waren schneller befördert werden als auf den Wegen und Straßen in den Zwischenräumen, so daß sich ein vielverzweigtes Gebilde mit Ausstülpungen längs der Eisenbahnlinien entwickelte. Mit Hilfe der Auszählung der verkauften Fahrkarten hinsichtlich des Zielpunktes ließ sich eine Vorstellung von den Grenzen des Um- bzw. Hinterlandes ermitteln, und auch die auf ein Stadtzentrum bezogenen Isochronen (Linien gleicher Verkehrsferne) vermochten wertvolle Aufschlüsse zu geben (Chabot, 1938).

Der Einsatz von Autobussen wirkte sich wiederum auf die Ausformung des Um- bzw. Hinterlandes aus. Der Autobusverkehr bedeutete im Vergleich zu den Eisenbahnen kaum eine Zeitersparnis, so daß die Grenzen des Um- bzw. Hinterlandes einer Stadt dadurch nicht wesentlich nach außen verschoben wurden. Wohl aber konnten die zwischen den Bahnlinien gelegenen Bereiche nun näher an die Stadt herangezogen werden, womit sich eine Intensitätssteigerung der Stadt-Land-Beziehungen vollzog, wie es Chabot (1938) am Beispiel der Stundenisochrone für Dijon nachweisen konnte und ebenfalls für deutsche Städte Untersuchungen dieser Art zu demselben Ergebnis kamen. In manchen Gebieten wurde die Eisenbahn weitgehend aus dem Lokalverkehr ausgeschaltet und durch Autobusse ersetzt, die u. U. das billigere Verkehrsmittel darstellten, wie es etwa in England und Wales der Fall war. Hier ließ sich die Ausdehnung des Umlandes von Städten niedrigster Ordnung durch die Endpunkte der von ihnen ausstrahlenden Omnibuslinien erfassen (Green, 1950 und 1951), eine Methode, die z. B. auch in Dänemark und Schweden mit Erfolg angewandt wurde (Godlund, 1951). In den Vereinigten Staaten würde diese Methode bereits seit den dreißiger Jahren versagen, weil der Besitz eines Personenkraftwagens bereits so weit fortgeschritten war, daß die unmittelbaren „Stadt-Land"-Beziehungen vor allem auf dieser Verkehrsbasis beruhten und das noch heute tun. Inzwischen sind auch die west- und mitteleuropäischen Länder diesem Trend gefolgt, wenngleich öffentliche Verkehrsmittel noch immer eine größere Rolle spielen als in Amerika.

Städte höherer Ordnung waren als Eil- und Schnellzugstationen im Eisenbahnnetz und als Sammel- bzw. Ausgangspunkte einer besonders hohen Anzahl von Autobuslinien begünstigt und vermochten aufgrund dessen, ein umfassendes Hinterland an sich zu binden. Meist aber zeigte sich dann eine Gliederung, indem der der Stadt benachbarte Bereich, der von einer dichten Linie von Verkehrslinien erfaßt wurde, die engste Verknüpfung mit ihr hatte. Davon hob sich ein äußerer „Ring" ab, in dem die merkbar geringere Häufigkeit der Verkehrsverbindungen auf eine Lockerung der Stadt-Land-Beziehungen hinwies; die Städte höheren Ranges wurden nur zu besonderen Anlässen aufgesucht, gleichgültig, ob güter- oder sozialspezifische Gründe dafür verantwortlich waren. Daß auch diese Verhältnisse, die Gliederung des Hinterlandes, durch die Verkehrsverbindungen selbst dargestellt werden konnten, zeigte Suret-Canale (1944) am Beispiel von Toulouse. Hier ergab sich für die damalige Zeit, daß die Straßen innerhalb des eng verbundenen Umlandes fünfmal am Tage durch regelmäßig verkehrende Autobuslinien befahren wurden, während sich dieser Wert im Hinterland meist auf eine einzige tägliche Verbindung reduzierte.

Wie bereits angedeutet, brachte die Motorisierung im westlichen und mittleren Europa eine nochmalige Erweiterung und Intensivierung der nun veränderten „Stadt-Land"-Beziehungen, unabhängig davon, ob sich die Städte mittleren Ranges derart zu erweitern vermochten, daß die Stadt höchsten Ranges nur noch ausnahmsweise aufgesucht wird wie im nördlichen Württemberg (Abb. 99) oder ob sich eine Konzentration der Städte mit höheren Rangstufen längs einiger bevorzugter Zonen einstellte wie im Rhein-Ruhrgebiet. Einige Möglichkeiten wie die Auszählung verkaufter Fahrkarten sind als Hilfsmittel der Abgrenzung entfallen, und die Möglichkeit der Wahl zwischen zwei oder mehr zentralen Orten höheren Ranges erfuhr eine erhebliche Zunahme. Dabei ist es nicht immer das Zentrum des höchsten Ranges, das die stärkste Anziehungskraft ausübt. Man braucht nur an Hamburg zu denken, für das Eckey (1978 zunächst für den Hamburger Stadtstaat und dann für einen Bereich, der 40 km vom Zentrum entfernt lag) den urbanen, suburbanen und ländlichen Raum mit Hilfe von 53 Variablen abgrenzte. Damit ist er zumindest im Osten und Nordosten, vor allem in Gemeinden, die zum Kreis Herzogtum Lauenburg gehören, sicher in das Hinterland von Lübeck gekommen, dessen Bevölkerung – trotz etwa derselben Entfernung zu Hamburg und trotz der Parkschwierigkeiten, die hier wie dort bestehen – Lübeck als Einkaufsort vorzieht, weil hier noch eine Vielzahl von Einzelhandelsgeschäften und Reparaturmöglichkeiten bestehen, die in Hamburg keinen Platz mehr haben.

Abgesehen von den Verkehrsverhältnissen wird das Hinterland teilweise auch durch Zwangs- bzw. offiziöse Beziehungen bestimmt. Mitunter wurden die Einzugsbereiche von Real- und höheren Schulen bzw. der Gewerbeschulen benutzt, die sich eng an die Verwaltungsgrenzen anlehnen, ebenso wie soziale Einrichtungen (Krankenhäuser). Im Bereich der Presse (z. B. Hartke, 1952) stellte sich nach dem Zweiten Weltkrieg ein erheblicher Konzentrationsprozeß ein, indem nun u. U. innerhalb eines Regierungsbezirkes lediglich eine einzige Tageszeitung herauskommt mit entsprechenden Beilagen für die unterschiedlichen Regionen, völlig anders als in den Vereinigten Staaten.

In wirtschaftlicher Hinsicht galt früher der Einzugsbereich des *Wochenmarktes* als repräsentativ, womit die andere Seite der Stadt-Land-Beziehungen betont wurde, nämlich die Versorgung der städtischen Bevölkerung durch die ländliche. In gering industrialisierten und verstädterten Gebieten, in denen das moderne Verkehrswesen wenig Eingang gewann, vermögen die durch den Wochenmarkt ausgelösten Stadt-Land-Beziehungen eine der Realität entsprechende Vorstellung von dessen Reichweite zu geben. Für große Teile der Mittelmeerländer spielt diese Art der Stadt-Land-Beziehungen bis zur Gegenwart noch eine wichtige Rolle, und dasselbe galt vor dem Zweiten Weltkrieg für Südosteuropa und die zwischeneuropäischen Staaten, teilweise nun durch Kolchosmärkte ersetzt. Auch in Frankreich scheint der Wochenmarkt seine Bedeutung in dieser Hinsicht noch nicht völlig eingebüßt zu haben, trotz des entwickelten Verkehrswesens, dessen sich die ländliche Bevölkerung in jeder Weise bedient. Ob aber in der Bundesrepublik Deutschland der Einzugsbereich des Wochenmarktes, sofern diese Einrichtung nach dem Zweiten Weltkrieg in Mittel- und Großstädten wieder aufgenommen wurde, noch als repräsentativ für die Reichweite der unmittelbaren Stadt-Land-Beziehungen in Anspruch genommen werden kann, muß bezweifelt werden, weil der Anteil der Bauern, die sich am Marktleben beteiligen, gering geworden ist gegenüber dem der Händler, die sich auf dem Großmarkt versorgen. In den Vereinigten Staaten kam der Wochenmarkt früh zum Erliegen zugunsten von Jahrmärkten, die mehr eine Vergnügungsfunktion ausüben (Kniffen, 1949 und 1961).

Ging es bei der Festlegung des Einflußgebietes des Wochenmarktes vor allem um die Herkunft der ländlichen Bevölkerung, die ihre Erzeugnisse zum Verkauf brachte bzw. bringt, und weniger darum, wie weit die Ernährung der städtischen Bevölkerung dadurch gesichert wurde bzw. wird, so bildete die *Lebensmittelversorgung* der Stadt im Rahmen der Stadt-Land-Beziehungen einen wichtigen Faktor. Bei gering entwickelten Verkehrsverhältnissen spielt die Abhängigkeit der Stadt vom umgebenden Land noch heute eine ausschlaggebende Rolle wie etwa in den asiatischen alten Kulturländern. Doch insbesondere in den industrialisierten und verstädterten Räumen mußte man die direkte Versorgung der Stadt durch den ländlichen Umkreis – auch hinsichtlich lebensnotwendiger Güter – weitgehend aufgeben; hier wuchs die städtische und industrielle Bevölkerung derart an, daß trotz Intensivierung der eigenen Landwirtschaft die Zufuhr von Getreide, Fleisch usf. vielfach aus Übersee notwendig wurde. Das hat sich zweifellos nach dem Zweiten Weltkrieg innerhalb der Europäischen Gemeinschaft in mancher Beziehung geändert, weil nun die Überschußproduktion an Milchprodukten, Fleisch, Zucker usf. zu einem erheblichen Problem zwischen den Mitgliedsstaaten geworden ist. Insbesondere bildete früher der Bedarf an leicht verderblichen Erzeugnissen wie Gemüse, Obst und Frischmilch für die Versorgung der städtischen Bevölkerung eine nicht leicht zu lösende Frage. Die Einzugsgebiete in der Versorgung mit Gemüse und Frischmilch stellten wohl die wichtigsten Kriterien für die Stadt-Land-Beziehungen dar. Hierin gelangte sicher das Prinzip Thünens zur Geltung, nach dem das Interferieren von Produktions- und Transportkosten die Landnutzung bestimmte und darauf hinwirkte, daß deren Intensität vom Rande der Stadt bis zur Peripherie des Hinterlandes nachließ. Demgemäß zeigten die Einzugsgebiete einer Stadt bezüglich der verschiedenen Nahrungsmittel eine etwa ringförmige Anordnung, die unter dem Einfluß von Verkehrsverbindungen und natürlicher Ausstattung im Einzelfall wohl Abweichungen aufwies, ohne daß der Grundzug völlig verwischt wurde.

In der Nachbarschaft der Stadt und insbesondere der Großstadt konnte man wegen der geringen Entfernung zum Verbrauchszentrum hohe Produktionskosten auf sich nehmen. Damit ließ sich der Boden in geeigneter Weise und reichlich düngen – teilweise unter Benutzung von Fäkalien und Rieselfeldern der Stadt –, so daß unabhängig von der natürlichen Bodengüte ein intensiver Gemüseanbau entwickelt werden konnte. Er war in dieser Form, bei der häufig die Anlage von Glashäusern auch klimatische Hemmnisse einschränkte, nur im Kleinbetrieb möglich, dem die Parzellierung am Stadtrand, dem zukünftigen Ausdehnungsbereich einer Stadt, ohnehin Vorschub leistete. Diese Gartenbauzone, die in kleineren Städten nur in Ansätzen ausgebildet war, bei Städten höherer Ordnung sich bereits gut zu erkennen gab, erlangte bei Groß- und Weltstädten eine besondere Ausdehnung. Mit der Gartenbauzone teilweise verknüpft und teilweise darüber hinausreichend, befand sich das Einzugsgebiet hinsichtlich der Frischmilchversorgung, sei es, daß Abmelkbetriebe auf Kunstfuttergrundlage die Basis abgaben oder sei es, daß Weideland, u. U. durch Rieselanlagen begünstigt, eine überdurchschnittliche Viehhaltung ermöglichte (vgl. z. B. für Hannover: Wülker-Weymann, 1941; für Berlin: Winz und Lembke, 1939; für Bordeaux: Barrère, 1949). Mit der Ausdehnung der Städte, vor allem seit der Mitte des vorigen Jahrhunderts, war auch eine

Erweiterung des Milcheinzugsgebietes verbunden, wie es z. B. Heine für Kiel (1938, S. 43 ff.) oder Dubuc (1938) bzw. Demangeon (1948, S. 822) für Paris darlegten.

Hier wurden im Jahre 1892 31 v. H. der Milch aus einer Entfernung von weniger als 50 km bezogen und 68 v. H. aus dem Hinterland von 50-150 km; im Jahre 1935 dagegen trug die Nahzone, die sich unterdessen zum Gartenbaugürtel entwickelt hatte, nur noch mit 4 v. H. zur Versorgung der Stadt bei, während 71 v. H. aus dem äußeren Ring kamen und darüber hinaus noch das Einflußgebiet bis zu einer Entfernung von 200 km und mehr herangezogen werden mußte. Entsprechende Zahlen für die Gegenwart liegen nicht vor, aber nach den Ausführungen von Beaujeu-Garnier (1977, S. 132 ff.) läßt sich folgern, daß im Nahbereich eine Spezialisierung auf Blumenzucht stattfand, sonst aber ein erheblicher Rückgang einsetzte, teils wegen der Ausdehnung des städtisch überbauten Gebietes und teils, weil die Erzeugung im französischen Mittelmeergebiet günstigere Voraussetzungen bietet, die Ernte bei Frühgemüse eher stattfinden kann und die Zufuhr zum Großmarkt Rungis in Paris (Kap. VII. F.) mit Hilfe von Kühlwagen gelöst werden kann. Hinzu kommen die neuen Konservierungsmethoden, die ebenso wie bei der Milchversorgung wichtig geworden sind.

Die Auflösung der landwirtschaftlichen Intensivzone im Umkreis der großen Städte hat in den verstädterten Industrieländern beträchtliche Fortschritte gemacht. Auch bei industriellen Rohstoffen, die in der Stadt zur Verarbeitung kommen, hat man sich weitgehend von den Erzeugnissen des Hinterlandes gelöst. Falls solche Bindungen noch vorliegen, tragen sie im Einzelfall zur Verstärkung der „Stadt-Land"-Beziehungen bei und können unter dieser Voraussetzung zur Abgrenzung des Hinterlandes herangezogen werden. Wichtiger jedoch, gerade im Hinblick auf die wirtschaftliche Verknüpfung von Stadt und „Land", erscheint der in der Stadt bzw. Großstadt konzentrierte Großhandel. Er übernimmt einerseits die Aufgabe, dem Zentrum aus verschiedenen Gebieten das zuzuführen, was es benötigt; ihm kommt andererseits die Aufgabe zu, die dadurch erworbenen Güter nicht nur dem Einzelhandel der eigenen Bevölkerung, sondern auch den Zentren geringerer Rangordnung bzw. dem des ländlichen Um- und Hinterlandes zugänglich zu machen.

Wie gerade Zentren, die abhängig von benachbarten Großstädten wurden und dessen Verdichtungsraum angehören, einen unterdurchschnittlich entwickelten Großhandel aufweisen, zeigte Schneider (1962) am Beispiel von Offenbach, trotz dessen Selbständigkeit hinsichtlich der Lederindustrie und entsprechender Messe-Einrichtung, und Wolf (1964) machte es sich zur Aufgabe, die Konzentration der Versorgungsfunktionen für Frankfurt a. M. festzulegen, besonders im Hinblick auf den Großmarkt für Gemüse und Obst. Dieser, der zu der genannten Zeit Mannheim und Ludwigshafen, Darmstadt und Wiesbaden, Koblenz, Siegen und Fulda teilweise oder gänzlich mit Obst und Gemüse versorgte und seit dem Jahre 1928 ein immer größer werdendes Einzugsgebiet an sich zu binden wußte, steht hinsichtlich seines Umschlags an erster Stelle in der Bundesrepublik Deutschland; mit den Erzeugergebieten des Um- bzw. Hinterlandes besitzt er relativ geringe Beziehungen, wozu die planlose Verbauung, die Ausdehnung des Bauerwartungslandes usf. beitrugen und die Sozialbrache steigerten, die in andern Bereichen rückgängig gemacht werden konnte. Im Um- und Hinterland von Hamburg allerdings hielt man stärker an dem Anbau von Spezialkulturen fest, und mitunter gelang nach dem Zweiten Weltkrieg sogar eine Ausdehnung.

In den Vereinigten Staaten ging die Entwicklung in dieser Hinsicht noch weiter. Für Chicago schilderte Cutler (1976, S. 164) den Rückgang der Farmbetriebe seit dem Jahre 1960 um 40 v. H. im Zusammenhang mit der Ausbildung neuer Vororte, was Preissteigerungen des Grund und Bodens nach sich zog, so daß „the 'poor' farmer can grieve at his leisure on Miami Beach, while the 'rich city slicke' works the rest of his lifetime to pay for taking his land".

Allerdings ist das eine Entwicklung, die erst nach dem Zweiten Weltkrieg besonderes Ausmaß annahm, denn Cleef (1938, S. 115), ebenso wie Ely und Wehrwein (1940, S. 133 ff.) konstatierten noch, daß trotz der Tendenz, die Konservenindustrie in das Erzeugungsgebiet der zu konservierenden Produkte zu verlagern, eine differenzierte Intensivzone im Umkreis der Standard Metropolitan Statistical Areas unentbehrlich war. Nun ist es hier und in entsprechenden Ländern wirtschaftlicher Entfaltung so weit gekommen, daß die „Intensivzone" für die Abgrenzung des Um- bzw. Hinterlandes kaum noch in Frage kommt, wenngleich Ausnahmen gegeben sind (z. B. Göteborg in Schweden). Die Niederlande kann man in dieser Beziehung nicht unbedingt anführen, weil ein erheblicher Teil der Intensivkulturen – selbst wenn sie im Umkreis der großen Städte angebaut werden – zu einem beträchtlichen Maß für den Export bestimmt sind.

Die japanischen Metropolen schlossen sich einer solchen Entwicklung voraussichtlich an. Noch im Jahre 1950 ließ sich die Gartenbauzone von Tokyo gut erkennen. In einem Umkreis von etwa 30-50 km, in Betrieben, die lediglich 0,4-0,6 ha Land bewirtschafteten, wurden 80-90 v. H. des in der Stadt benötigten Frischgemüses gezogen und ebenfalls ein erheblicher Anteil des Obstes; jenseits des so bestimmten Umlandes nahm der Gemüsebau erheblich ab, und die Betriebe wurden etwas größer (Eyre, 1959). Seitdem kam die Viehhaltung hinzu, so daß sich zwar der Umsatz an Gemüse, Obst und Viehzuchtprodukten erhöhte und der in Monokultur betriebene Reisanbau immer mehr zurückging (Yamamato, Takayashi, Ichimimami und Okui, 1981, S. 10 ff.). Als im Jahre 1968 Verstädterungsförderungs- und Verstädterungskontrollgebiete im Rahmen der Landesplanung ausgeschieden wurden, um in den dicht bebauten Bereichen Freiflächen, unter die auch landwirtschaftliche Nutzflächen fielen, vor einer Bebauung zu schützen, gab es in den 23 Stadtbezirken von Tokyo kaum noch Verstädterungskontrollgebiete, bei denen sich das Konzept hätte durchführen lassen (Flüchter, 1978, S. 84).

„Die Ausweisung von ‚Verstädterungsförderungs- und -kontrollgebieten' hat erhebliche Konsequenzen für die Weiterführung oder Aufgabe der Landwirtschaft. Sicherlich sind bei dieser Alternative betriebsstrukturelle Probleme von Wichtigkeit, doch erhalten Phänomene wie Grundsteuererhöhung, Bodenpreisanstieg und Grundstücksspekulation eine nicht weniger entscheidende Bedeutung. Es ist einleuchtend, daß Flächen innerhalb der ‚Verstädterungsförderungsgebiete' absolut höhere Bodenpreise erzielen als Nachbarland, in dem eine Bauentwicklung untersagt ist. Um die bei der Grenzziehung beider Gebiete sich abzeichnende Bodenpreisschere und damit die Spekulation im Rahmen zu halten, wurde bereits 1971/73 das Steuersystem dahingehend abgeändert, daß Grund und Boden innerhalb der ‚Verstädteförderungsgebiete' einheitlich als ‚Wohnland' ... eingestuft wurden, unabhängig davon, ob es sich um landwirtschaftliche, Wohn- oder sonstige Nutzungsformen handelte. Gegenüber Bauern im ‚Verstädterungsförderungsgebiet', die an die Aufgabe ihrer Landwirtschaft dachten, erschien diese Maßnahme im öffentlichen Interesse gerechtfertigt ... Für viele Betriebe jedoch, die die Landwirtschaft fortsetzen wollten, entstanden unzumutbare Härten, denn die neue Wohnlandbesteuerung läßt sich mit Einkünften nur aus der Landwirtschaft nicht begleichen. Demgemäß ging in den Stadtbezirken von Tokyo die landwirtschaftliche Nutzfläche zwischen den Jahren 1965 und 1973 von 25 000 ha auf 15 000 ha zurück" (Flüchter, 1978, S. 88).

Wie mit dem Wachstum und der Industrialisierung von Hongkong seit dem Jahre 1950 die Landwirtschaft des Umlandes zunächst intensiviert und auf den Verbrauch der Stadtbevölkerung eingestellt wurde, stellte Davis (1962, S. 331 ff.) dar. In etwa zehn Jahren dehnte sich der Naßreisbau von 6800 ha mit einem Ertrag von 24 600 t auf 8800 ha mit einer Produktion von 33 000 t aus. Die Erzeugung von Frischgemüse belief sich in den ersten Nachkriegsjahren auf 21 400 t und 1958/59 auf 84 700 t. Obstbäume existierten früher kaum, und inzwischen erreichte die Zahl der Bäume etwa eine Viertel Million. Seitdem aber ist mit einem Rückgang der landwirtschaftlichen Nutzfläche zu rechnen. Insbesondere der Naßreisbau war davon betroffen, der im Jahre 1978 nur noch eine Fläche von 40 ha einnahm. Der Anbau von Süßkartoffeln und Obst nahm ebenfalls ab. Wohl dehnte man den Gemüsebau aus, ging hier von der organischen zur Kunstdüngung über, wobei ersteres nur bis zum Jahre 1977 andauerte (Hill, 1982). So läßt sich auch hier eine Einengung der Intensivzone feststellen, und man verläßt sich mehr und mehr auf die Einfuhr aus China und andern Gebieten, zumal vornehmlich die New Territories (Kap. VII. F.) mit ihrem schwierigen Relief für die landwirtschaftliche Produktion in Frage kommen. Es ist zu vermuten, daß es sich dabei um einen irreversiblen Vorgang handelt, denn wenn China im Jahre 1997 Hongkong übernimmt – allerdings mit Zugeständnissen in wirtschaftlicher Hinsicht –, wird sich voraussichtlich die Zufuhr landwirtschaftlicher Produkte aus diesem Land verstärken.

Zwar berichtete Schmitthenner (1930, S. 103) von den chinesischen großen Städten, „daß sie gleich einem Thünenschen Ring von Gemüsegärten und sorgfältig bestellten Feldern umgeben sind, die gerade im Umkreis der Großstädte aufgrund der vorhandenen Fäkalien am besten gedüngt und am fruchtbarsten sind und dazu helfen, die großen, in den Städten zusammenkommenden Menschenmengen zu ernähren", und es ist sicher richtig, daß durch Verwaltungsreformen den großen Städten erhebliche landwirtschaftliche Nutzflächen einverleibt wurden; weniger bekannt ist allerdings, ob dieses Gelände zur Sicherstellung der Erzeugung von Grundnahrungsmitteln dient, womit die Intensivzone entfallen würde.

Die orientalischen Städte sind in der Regel von einer auf Bewässerungswirtschaft basierenden Gartenbauzone umgeben, zumal sie sich meist in Oasen befinden. In dieser Beziehung ist wohl kaum eine Änderung gegenüber den von Busch-Zantner (1932, S. 6) dargestellten Verhältnissen gegeben, wenngleich mit der Ausdehnung der großen Städte wohl eine Verkleinerung des Gartenlandes einsetzte.

Kolchosen und Sowchosen in der Sowjetunion und anderen sozialistischen Ländern werden dazu angehalten, sich auf die Versorgung der Zentren mit Obst, Gemüse und Milch einzustellen, weil sie – abgesehen von Getreide- und Zuckerlieferungen – hinsichtlich der Ernährung autark bleiben möchten, was bedeutet, daß hier die Intensivzone noch zur Abgrenzung des Um- bzw. Hinterlandes herangezogen werden kann, trotz Industrialisierung und Verstädterung.

In den industrialisierten und verstädterten Ländern spielt die Versorgung von Großstädten über den Großhandel und die Reichweite seines Einflusses fast eine entscheidendere Rolle als die Versorgung durch das Hinterland. Hier dürften auch die sozialistischen Länder keine Ausnahme machen, wo der Großhandel staatlich gelenkt wird. In den überwiegend ländlich gebliebenen alten Kulturländern dürften die Verhältnisse gerade umgekehrt liegen.

Die Verknüpfung von Stadt und Land findet ihre Festigung durch Zusammenhänge, die durch die *Bevölkerung* selbst gegeben sind, denn früher zeigte sich vielfach, daß der Zuzug vom umgebenden Land für die Erhaltung und das Wachstum der Städte entscheidend war. Untersuchungen über die Gebürtigkeit der Stadtbevölkerung und die Herkunftsbereiche der Zuwanderer vermittelten Aufschluß darüber, wie weit die Anziehungskraft einer Stadt in dieser Hinsicht reichte. Allerdings ist die Stärke solcher Bindungen in den einzelnen Kulturräumen unterschiedlich, und danach muß beurteilt werden, ob es sinnvoll ist, die Herkunft der Stadtbevölkerung für die Abgrenzung des Hinterlandes heranzuziehen. Immerhin ist darauf hinzuweisen, daß die kleineren Städte des einstigen Estland (Kant, 1951), Schwedens (Bergston, 1951) und Schlesiens (Schwidetzky, 1950, S. 14) ihren Zuzug aus einem Umkreis von 5-10 km erhielten, die Anziehungskraft bedeutender Städte wie Breslau, Hannover oder Oslo sich auf 50-100 km erstreckte. Dabei mag zugegeben werden, daß es sicher Städte gab, insbesondere vom Typ der Industriestädte (Kap. VII.C.3. c), deren Zuwanderung nur in geringem Maße aus dem eigenen Hinterland erfolgte, ebenso wie das für zahlreiche Hauptstädte galt (Wien, Berlin oder Paris).

In den industrialisierten und verstädterten Ländern mit einem gut ausgebildeten Verkehrswesen werden Stadt und Land nun noch in anderer Weise durch die Bevölkerung verknüpft. Mit der Trennung von Arbeits- und Wohnort entwickelte sich die Pendelwanderung zu einem wichtigen Phänomen. Sie kam früher im wesentlichen der Industrie zugute, die dadurch einen erheblichen Teil ihrer Arbeitskräfte erhielt, was sich dann auf den tertiären Sektor und höhere Sozialschichten ausdehnte. So läßt sich mit der Bestimmung des Pendeleinzugsbereichs das Umland von Städten gegeneinander abgrenzen. Für die Zeit vor dem Zweiten Weltkrieg bzw. kurz danach konnte Barrère (1956) das für Bordeaux nachweisen, Dumont (1950) für Brügge und Gent, und im Rhein-Main-Gebiet führten die Untersuchungen von Hartke (1939) zu guten Ergebnissen. Mag in den Entwicklungsländern die Pendelwanderung der Unterschichten geringer sein als in den fortgeschrittenen Industrieländern, so fehlt sie doch nicht, was an einigen Beispielen später zu belegen sein wird, und in manchen Gebieten wich die Oberschicht soweit an die Peripherie aus, daß sie mit Hilfe des Personenkraftwagens ihren Arbeitsort im Zentrum der Stadt aufsuchen muß.

Wird es zur Aufgabe gemacht, der Reichweite des städtischen Einflusses nachzugehen, so kann man *ein* Element aus der Fülle derjenigen, die in die Gesamtheit der „Stadt-Land"-Beziehungen eingehen, herausgreifen, um damit für ein größeres Gebiet die Abgrenzung von Umland, Hinterland und Einflußgebiet zu erreichen. Allerdings gilt allgemein nicht mehr die in der dritten Auflage vertretene Auffassung, daß für Städte derselben Rangordnung sich ein Nebeneinanderlagern der verschiedenen Einzugsgebiete ergibt und bei unterschiedlicher Bedeutung der Zentren diejenigen geringer Stufe wohl noch ein Umland, aber kein Hinterland mehr haben und vom Hinterland der bedeutenderen umfaßt werden, so daß ein Ineinanderlagern resultiert. Es sei an die Untersuchung von Borcherdt (1977) über Nordwürttemberg oder an die von Hommel (1974) über das Rhein-Ruhrgebiet erinnert (Abb. 99 und Abb. 98).

Ein anderer Weg besteht darin, für ein Zentrum *alle* wichtig erscheinenden *Elemente* der Stadt-Land-Beziehungen der früheren Zeit oder der Gegenwart heranzuziehen, wie es Tuominen für Turku in Finnland tat. Benachbarte Städte müssen dann so weit berücksichtigt werden, als sie Einfluß auf das eigentliche Untersuchungsobjekt nehmen. Betrachtet man die Reichweite städtischen Einflusses bezüglich verschiedener Elemente, so erhält man eine ganze Anzahl von Grenzlinien, mit deren Zusammenfallen lediglich bei solchen zu rechnen ist, die durch Zwangsbeziehungen bzw. an diese anknüpfenden offiziösen Einrichtungen und Dienste entstanden. In der Regel aber tritt eine gewisse Annäherung der Grenzlinien in bestimmten Abständen vom Zentrum auf, so daß diese Häufungen einerseits dazu dienen, zumindest das Umland vom Hinterland zu trennen und andererseits innerhalb des Hinterlandes Überschneidungen zwischen zwei benachbarten Zentren zum Ausdruck gebracht werden können.

Unterschiedlich wird es gehandhabt, ob es zu zwei oder drei Abstufungen kam, mitunter in der Sache begründet (Nordwürttemberg, Abb. 99), mitunter unabhängig davon. So differenzierte Annaheim (1950) zwischen einem eng und locker verbundenen Hinterland von Basel, und sofern man die Vorortzone noch zur städtischen Agglomeration rechnet, blieb es um das Jahr 1960 (Annaheim, 1967, Bl. 7103) bei der Zweiteilung, selbst wenn eine Umbenennung in näheres Umland (Intensivzone) und weiteres Umland (Extensivzone) kam. Das Besondere in diesem Fall ist das Ausgreifen auf deutsches und französisches Staatsgebiet, und der exterritoriale Flughafen, der von Basel, Freiburg und Mülhausen benutzt wird, befindet sich letztlich auf französischem Staatsgebiet. Überschneidungen des jeweiligen Hinterlandes ergaben sich mit Aarau, Olten, Solothurn, Delsberg, Müllheim und Freiburg. Ob es allerdings eine Besonderheit von Entwicklungsländern ist, daß nur zwei Stufen zur Ausbildung kamen, wie es Stewig (1983, S. 268) am Beispiel der Türkei und insbesondere für die Umgebung von Bursa darlegte, ist zu bezweifeln, allein schon deswegen, weil im Osmanischen Reich des 19. Jh.s zur Straffung der Verwaltung kleine Mittelpunkte neu geschaffen wurden.

Eine umfangreiche *Fragebogenaktion* mit 61 Kriterien, was etwa einer 10prozentigen Stichprobe entsprach, machte es in Nordwürttemberg möglich, zu den dargelegten differenzierten Abgrenzungen von Umland, Hinterland bzw. Einzugsgebiet zu kommen. Darüber hinaus erfolgten im landwirtschaftlichen Gebiet des Ostens und in der Umgebung des Verdichtungsraumes Stuttgart (Ludwigsburg–

Tab. VII.B.18 Einkommensspezifische Verteilung und Nachfrage aus Groß-Ingersheim auf verschiedene Versorgungsorte in v. H.

Gut- bzw. Dienstleistungen	Einkommensgruppe	Bietigheim 5 km	Ludwigsburg 11 km	Stuttgart 25 km	Heilbronn 28 km	Sonstige
Mantel,	800	29,7	45,9	13,5	2,7	8,1
Anzug, Kostüm	1 300	14,3	35,7	35,7	7,1	7,1
Uhren u. Schmuck	800	63,3	23,3	10,0	0	3,3
	1 300	24,3	29,7	27,0	5,4	13,5
Lederwaren	800	33,3	21,2	12,1	3,0	30,3
	1 300	12,5	42,5	20,0	7,5	17,5
Weihnachtseinkauf	800	26,7	33,3	33,3	0	6,7
	1 300	22,6	16,1	51,6	9,7	0
Facharztbesuch	800	86,5	8,1	5,4	0	0
	1 300	60,0	27,5	10,0	0	2,5
Krankenhausaufenthalt	800	90,6	6,3	3,1	0	0
	1 300	78,0	9,8	12,2	0	0

Nach Grotz in Borcherdt, 1977, S. 194.

Heilbronn) Interviews, um die Aktionsreichweiten, die in güter- und gruppenspezifische gegliedert wurden, zu erfassen, selbst wenn eine strenge Scheidung zwischen beiden vielfach nicht gegeben sein dürfte. Damit konnte dann den Gründen nachgegangen werden, warum einer Stadt mittlerer Stufe der Vorrang gegenüber einer andern gegeben wurde, die hinsichtlich ihrer Distanz zum Besucher eine ähnliche oder sogar größere Entfernung besaß. In beiden Gebieten war die Benutzung von Personenkraftwagen oder Motorrädern etwa gleich groß (60 v. H.), wenngleich das öffentliche Verkehrsnetz im Osten zu wünschen übrigließ und am Rande des Verdichtungsraumes als befriedigend empfunden wurde (Grotz in Borcherdt, 1977, S. 178). Mit der Frage, „ob die Entfernung zum tatsächlich aufgesuchten Versorgungsort ‚als günstig oder ungünstig empfunden wird' in Abhängigkeit von der Straßenentfernung und in bezug auf den Zeitaufwand bei Benutzung öffentlicher Verkehrsmittel ergab sich, daß Distanzen bis 35 Minuten Entfernung mit öffentlichen Verkehrsmitteln in der Beurteilung der Erreichbarkeit bei den Bürgern eine geringe Rolle spielten. Jenseits dieser Grenze nimmt der Entfernungswiderstand aber rasch zu. Für die Benutzer privater Verkehrsmittel entspricht diese kritische Entfernung ca. 20-25 Minuten Fahrt". Mit dem Zeitaufwand und der Häufigkeit der öffentlichen Fahrverbindungen konnte die schlechtere Situation in Ostwürttemberg, Hohenlohe, des Schwäbischen Waldes und der Schwäbischen Alb zum Ausdruck gebracht werden. Da es sich aufgrund der geringen Bevölkerungsdichte kaum lohnen dürfte, den öffentlichen Verkehr zu stärken, u. U. sogar mit einer Schwächung zu rechnen ist, läßt sich die Verkehrsungunst, die für die Erreichbarkeit von Städten mittlerer Stufe besteht, lediglich über ein Anwachsen privater Verkehrsmittel erreichen (Grotz in Borcherdt, 1977, S. 187 ff.).

Die gruppenspezifische Aktionsreichweite wurde mit Hilfe bestimmter Güter und Dienstleistungen, zwei Einkommensgruppen (unter 800 DM monatlich und 1300 DM und mehr) und den Versorgungsbeziehungen erfaßt. Ein Beispiel soll hier angeführt werden:

Groß-Ingersheim mit 3200 Einwohnern im Jahre 1971 ist auf der mittleren Zentralitätsstufe Ludwigsburg zugeordnet. Trotzdem ist die Aufsplitterung der Versorgungsbeziehungen erheblich, indem das nur 5 km entfernte Bietigheim einen Teil der Käufer abzieht und dieser zentrale Ort im Gesundheitswesen am stärksten in Anspruch genommen wird, weil einerseits Fachärzte in genügender Zahl zur Verfügung stehen und andererseits bei Krankenhaus-Aufenthalten die Häufigkeit von Besuchen durch Angehörige sich besser bewerkstelligen läßt. Weniger Heilbronn, aber insbesondere Stuttgart, beide über Autobahnen erreichbar, wird bei dem Kauf von hochwertigen Waren bevorzugt und nimmt in bezug auf Weihnachtseinkäufe eine Spitzenstellung ein. Bei den höheren Einkommensgruppen liegt der Anteil der Versorgung mit speziellen Gütern um 10-20 v. H. höher als bei den unteren, teils durch die größeren Ansprüche an die Qualität der zu erwerbenden Waren und durch breitere Auswahlmöglichkeiten hervorgerufen, teils durch schnellere Informationsquellen.

Zu den kalkulierbaren sozialen Einflüssen auf das Einkaufsverhalten, die für die Befragungen einerseits im verstädterten Raum Ludwigsburg–Heilbronn und andererseits im ländlichen Gebiet um Ellwangen durchgeführt wurden, rechnete Mahnke (in Borcherdt, 1977, S. 255 ff.) zunächst die Altersstruktur, denn ältere Menschen suchen das nächstgelegene Zentrum auf, wo sie an alten Gewohnheiten festhalten und ihnen das Vertrautsein mit den Geschäftsleuten wichtig ist. Die junge Generation hingegen, deren Mobilität weit größer ist, bevorzugt entweder am Arbeitsort oder höhere Zentren, in denen das Angebot vielfältiger ist, die Anonymität gewahrt bleibt und u. U. Vergnügungsmöglichkeiten zur Verfügung stehen, die es am Wohnort nicht gibt. Wichtig ist weiter die Gegenüberstellung des Einkaufsverhaltens zwischen Landwirten und anderen Berufsgruppen. Erstere erhalten ihr Handwerkszeug, Ersatzteile, Futtermittel bei der Genossenschaft, bei der sie auch versichert sind, und decken ihren sonstigen Bedarf in ländlichen Kleinzentren. Das gilt vornehmlich für den Raum um Ellwangen, wo insbesondere ältere, immobile, finanzschwache Gruppen wohnen, und von den Befragten die Vertrautheit mit ihrem Zentrum am stärksten betont wurde. Im verstädterten Bereich von Ludwigsburg–Heilbronn hingegen, wo hinsichtlich der Sozialstruktur ein breites Mittelfeld gegeben ist „mit der Tendenz zur altersmäßig nicht definierten, finanziell aber besser gestellten Gruppen" (Mahnke, 1977, S. 260), stehen entweder preisgünstige Angebote (z. B. Heilbronn) oder Anonymität beim Kauf (z. B. Ludwigsburg) jeweils an erster Stelle. Aus der Vielzahl der von Mahnke angeführten Beispiele sei schließlich noch die Koppelung von Besorgungen bzw. Inanspruchnahme von Dienstleistungen hervorgehoben, die im verstädterten Bereich aufgrund kürzerer Distanzen geringer ist als in den Mittelzentren des landwirtschaftlichen Gebietes. Daß diese Aussagen mit geringen Variationen nicht auf Nordwürttemberg beschränkt sind, sondern allgemeine Gültigkeit beanspruchen, sei betont.

Das zeigt sich ebenfalls bei den Untersuchungen, die im südwestlichen Wisconsin gemacht wurden. Hier wurde das Konsumverhalten der Farmer für das Jahr 1934 vom Bureau of Business and Economic Research of the University of Iowa bearbeitet, darüber hinaus für das Jahr 1960 das unterschiedliche Verhalten von Farmern und Städtern, wobei in einem ausgewählten kleineren Bereich intensive Befragungen zur Durchführung kamen (Berry, 1967, S. 10 ff.). Für das Jahr 1934 stellte sich heraus, daß Kirchgang und täglicher Bedarf an die zunächst gelegenen zentralen Orte, unabhängig von ihrer Zentralitätsstufe, gebunden war. In bezug auf das Aufsuchen von Ärzten und Rechtsanwälten, hinsichtlich des Kaufs von Damenkonfektion und der Inanspruchnahme von Krankenhäusern ließen sich die Farmer auf weitere Wege ein und bevorzugten die Hauptorte der counties ebenso wie die regionale Hauptstadt Council Bluffs-Omaha, in deren Hinterland sich nun einige Überschneidungen abzeichneten. Die Herausgabe von Tageszeitungen war auf Council Bluffs-Omaha im Westen und das nicht mehr in das Untersuchungsgebiet fallende Des Moines im Osten beschränkt.

Für das Jahr 1960 soll das Kaufverhalten für Bekleidung, Möbel und Nahrungsmittel herausgegriffen werden. Bei dem Erwerb von Kleidung fielen für die Farmer zentrale Dörfer und „towns" nun aus; sie wandten sich den Hauptorten der counties und der regionalen Hauptstadt Council Bluffs-Omaha zu, wobei letzteres nun mit seinem Hinterland in das der Hauptorte der counties einbrach, und es ebenfalls vorkommen konnte, daß man sich nicht mehr an eine der drei genannten „Städte" gebunden fühlte. Das dürfte teils ein Abbild des hohen Verdienstes sein und teils mit der veränderten Lebenshaltung, die sich der der Städter weitgehend angepaßt hatte. Nur ältere Menschen suchten noch die zentralen Dörfer oder „towns" für den genannten Zweck auf, wobei es sich mehr um Werkskleidung handelte, die im „general store" erworben werden konnte. Die Städter in den zentralen Dörfern und „towns" unterschieden sich in ihrem Verhalten kaum noch von dem der Farmer. Hinsichtlich des Erwerbs von Möbeln ergab sich ein anderes Bild, denn hier vermochten zentrale Dörfer oder „towns" sich für den Bedarf der Farmer ein eigenes Umland zu schaffen, auf Kosten der Hauptorte der counties. Das Hinterland von Red Oak und Atlantic verkleinerte sich im Hinblick auf das der Versorgung mit Bekleidung, und Council Bluffs-Omaha reichte mit seinem Einfluß in das Hinterland von Red Oak beträchtlich hinein. Hinsichtlich der Städter trat eine Beschränkung auf die beiden Hauptorte der counties ein, und die Städter der kleineren Zentren machten von Doppelbeziehungen Gebrauch. In bezug auf die Versorgung mit Lebensmitteln kamen für die Farmer wohl noch zentrale Dörfer und „towns" in Frage, wenngleich wiederum das Hauptgewicht bei Red Oak und Atlantic lag, weil hier die Koppelung mit Gängen zu Behörden usf. möglich war; der Einfluß von Council Bluffs-Omaha war zwar größer als bei dem Kauf von Möbeln, ohne das Hinterland von Red Oak und Atlantic zu berühren. Völlig anders verhielten sich die Städter, die sich im wesentlichen auf ihren zentralen Ort beschränkten (Berry, Barnum und Tennant, 1962; Berry, 1967, S. 16 ff.; auch in Schöller, 1972, S. 331-381).

Generationsunterschiede im Einkaufsverhalten ließen sich sowohl in entsprechenden europäischen und nordamerikanischen ländlichen Gebieten nachweisen. Sonst aber haben sich die Farmer in den Vereinigten Staaten nicht überall, aber in bevorzugten Gebieten städtische Lebensweise mehr zu eigen gemacht als die bäuerliche Bevölkerung des westlichen und mittleren Europa.

Auf einen anderen Sachverhalt, der die „Stadt-Land"-Beziehungen beeinflußt, wies Murdie (1965) im südwestlichen Ontario hin. Hier leben Mennoniten mit alten Ordnungsvorstellungen und „moderne Kanadier" zusammen. Wiederum über Befragungen, die 25 v. H. der „alten Mennoniten" ebenso wie die der „modernen Kanadier" betrafen, paßten erstere wohl ihre Landwirtschaft dem neuesten Stand an. Hinsichtlich des Aufsuchens von Banken, der Anschaffung von Werkzeugen u. ä. m. waren keine Unterschiede zwischen beiden Gruppen zu bemerken. Bei dem Erwerb von Lebensmitteln beteiligten sich „moderne Kanadier" mehr als Mennoniten, weil letztere noch eine gewisse Eigenversorgung betrieben, abgesehen davon, daß sie den jeweils nächstgelegenen zentralen Ort aufsuchten, „moderne Kanadier" stärker darauf Bedacht nahmen, die höheren zentralen Orte zu bevorzugen. Am schärfsten kam der Unterschied beider Gruppen in bezug des Kaufs von Kleidung zum Ausdruck, indem „moderne Kanadier" nur selten zentrale Dörfer oder „towns" zu diesem Zweck benutzten, sondern bestrebt waren, „cities und regionalen Hauptstädten" den Vorrang zu geben. „Alte Mennoniten" hingegen, die an der Art der Kleidung zur Zeit ihrer Einwanderung (um das Jahr 1800) festhielten, benötigten lediglich das Arbeitsmaterial, das sie auch in den zentralen Dörfern oder „towns" fanden, um dann die Selbstherstellung zu übernehmen. Infolgedessen differierten auch die zurückgelegten Entfernungen bei den in Anspruch genommenen Institutionen bzw. Käufen. Für Arztbesuche kamen „moderne Kanadier" auf maximal 40 km, Mennoniten auf 16 km, für Bankgeschäfte waren es bei beiden Gruppen 23 km. Für den Erwerb von Nahrungsmitteln lag für die erste Gruppe das Maximum bei 40 km, für die zweite bei 13 km, und für Kleidung bzw. Materialbeschaffung dafür war der Unterschied mit 40 km und 11 km am größten. Da „moderne Kanadier" in der Regel über ein Auto verfügen, Mennoniten nach wie vor auf Pferd und Wagen angewiesen sind und längere Fahrten mit öffentlichen Verkehrsmitteln durchführen, suchen letztere nach Möglichkeit kürzere Entfernungen, weil der zeitliche Aufwand auch deshalb größer ist, weil zum Teil unbefestigte Wege benutzt werden müssen. Insofern stehen die aufgewendeten Entfernungen bei den „modernen Kanadiern" in direkter Beziehung zur Rangordnung der zentralen Orte, was bei den Mennoniten nicht der Fall ist.

Ray (1967) führte im Jahre 1964 eine Befragung von hundert Farmern im östlichen Ontario durch, in einem Gebiet, innerhalb dessen je ein Kernbereich von Franko-Kanadiern und Anglo-Kanadiern und je ein Randbereich beider Gruppen ausgeschieden werden konnten. Eine fünfstufige Rangordnung war maßgebend, innerhalb derer die zentralen Weiler durch das Angebot von Nahrungsmitteln und Autoreparaturwerkstätten gekennzeichnet wurden, die zentralen Dörfer durch das Vorhandensein von Banken, die „towns" durch ärztliche Betreuung und Dienste auf rechtlicher Ebene, die „cities" durch das Vorhandensein von Zahnärzten und die regionalen Hauptstädte durch das Angebot von optischen Geräten.

Von allen Gruppen wurde der nächstgelegene zentrale Ort, einschließlich der zentralen Weiler, für den Einkauf von Nahrungsmitteln benutzt, von wenigen Ausnahmen abgesehen, die vornehmlich in der anglo-kanadischen Grenzzone auftraten, wo dann Besorgungskopplungen eine Rolle spielten. Immerhin griff das Umland der zentralen Dörfer bereits in dasjenige der zentralen Weiler ein, die im Verschwinden begriffen sind. Das Umland wurde von dem Hinterland der „towns" umschlossen, innerhalb derer die kulturellen Unterschiede am tiefsten zum Tragen gelangen, denn hinsichtlich ärztlicher Betreuung und Rechtsberatung wenden sich Franko- und Anglo-Kanadier jeweils Angehörigen ihrer Gruppe zu, selbst wenn weitere Wege in Kauf genommen werden müssen. In den regionalen Hauptstädten einschließlich Ottawa, die beide kulturelle Gruppen beherbergen, ließ sich eine Unterscheidung nicht mehr durchführen, was sich aber wahrscheinlich mit der verwandten Methode erklären läßt. Immerhin ist auch hier zu erkennen, daß unterschiedliche Herkunft und verschiedenes religiöses Bekenntnis zu Differenzierungen im Aufsuchen der zentralen Orte führte.

Wenn bisher von dem gegensätzlichen Verhalten hinsichtlich des Einkaufs zwischen Landwirten bzw. Farmern und Städtern bzw. unterschiedlich religiös gebundenen Gruppen unter den Farmern die Rede war, so kommt noch ein weiteres Moment hinzu, das ebenfalls kulturlandschaftliche Auswirkungen hinsichtlich der Stadt-Land-Beziehungen besitzen kann, nämlich ehemalige territoriale Grenzen. Sie wirken sich dann besonders scharf aus, wenn sie gleichzeitig zu Konfessionsgrenzen wurden. Das machte Schöller (1953) am Beispiel der rheinisch-westfälischen Grenze zwischen Wupper und Ebbegebirge deutlich, wo seit dem ausgehenden Mittelalter das Herzogtum Berg und die Grafschaft Mark aneinanderstießen, der Westen mehr vom Rheinland, der Osten mehr von Westfalen beeinflußt wurde. Von gewerblicher Betätigung ausgehend, entwickelte sich in beiden Gebieten die Frühindustrialisierung, im Westen gelenkt durch Handelsunternehmer mit dem Schwerpunkt Elberfeld-Barmen (Wuppertal), im Osten durch Produzentenunternehmer in Klein- und Mittelbetrieben, wobei dort allmählich die Textilindustrie die Oberhand gewann, hier aber die Kleineisenindustrie mit unterschiedlichen Schwerpunkten (z. B. Velbert, Lüdenscheid). Die differenzierte Haltung blieb nicht auf das Unternehmertum beschränkt, sondern ging quer durch alle sozialen Schichten, so daß der Gegensatz Bauer – Städter im Bergland nicht zum Tragen kam. Von den Niederlanden und dem Niederrhein drang im Westen der Calvinismus ein, und durch Zuwanderer faßten Freikirchen und Sekten Fuß. Von Dortmund, Soest und Lippstadt gelangte das lutherische Bekenntnis in die Grafschaft Mark, und als diese an Preußen gelangte, wurde lediglich der Herrenhuter Brüdergemeinde eine Sonderstellung zuerkannt. Als die Territorialgrenze, insbesondere seit dem Jahre 1818 (preußischer Zollverein), zur Verwaltungsgrenze wurde, hinderte dies nicht, daß die alten Beziehungen erhalten blieben, so daß das Hinterland von Wuppertal in etwa der früheren Territorialgrenze – auf der Wasserscheide zwischen Wupper und Ruhr gelegen – folgt. Mit der kulturhistorischen Ausrichtung der Untersuchung von Schöller hängt es zusammen, daß den durch die Verwaltung gegebenen Zwangsbeziehungen und den daran anknüpfenden offiziösen Einrichtungen sowohl für die Gliederung der Hierarchiestufen als auch für das damit verbundene Um- bzw. Hinterland die wichtigste Rolle zuerkannt wurde, sowohl für die Rekonstruktion der Verhältnisse im Jahre 1780 als auch für die entsprechenden Belange um das Jahr 1950, so daß auf das Einkaufsverhalten der Bevölkerung verzichtet werden mußte. Trotz einiger Veränderungen nach dem Zweiten Weltkrieg vermochte Wuppertal seine Stellung als oberzentrales Zentrum zu erhalten (Abb. 98), dem Hagen etwas nachstand und sonst in der früheren Grafschaft Mark lediglich starke Mittelzentren (z.B. Iserlohn oder Lüdenscheid) zur Ausbildung kamen (Blotevogel, 1983). Aufgrund von Stichprobenbefragungen konnte Blotevogel (1974, S. 106 ff.) feststellen, daß Jugendliche mehr dazu neigen, die höherrangigen Zentren aufzusuchen als die ältere Generation, ebenso wie höhere Sozialschichten hinsichtlich des Einkaufs von Möbeln, Kleidung usf. Wuppertal gegenüber Hagen vorziehen und u. U. auch andere Großstädte aufsuchen wie Dortmund oder Düsseldorf u.a.m. Daß eine enge Beziehung zwischen dem Arbeitsort von Auspendlern und damit verbundenen Einkäufen besteht, ließ sich nicht nachweisen, wenngleich in Hamburg andere Erfahrungen gemacht wurden (Pfeil, 1968, S. 30/31). Ob dabei das „ausgebaute und differenzierte Zentrensystem" im niederbergischen und märkischen Land" eine Rolle spielt, „so daß sich vielfältige und auch alternative Zentrenbeziehungen ohne ein Vermittlungssystem der Arbeitsstätte oder des Arbeitsweges entwickeln können" und die Entfernung nach Hamburg geringer ist bzw. höchstens eine

Konkurrenz zu Lübeck gegeben erscheint, vermag vielleicht einen solchen Unterschied zu erklären.

Nun geht es noch darum, die *kartographische Darstellung* von Umland, Hinterland und Einzugsgebiet zu behandeln. In den west- und mitteleuropäischen Ländern ging man seit der Untersuchung von Christaller (1939) daran, dies durch in sich schließende Linien zu tun, was zunächst Dickinson (1930) für Leeds und Bradford tat, um dann in einem größeren Rahmen in seinem Werk „City, Region and Regionalism" (1947 und 1956) dasselbe zu tun. Hier ging er nicht allein auf die Verhältnisse in England ein, sondern auch auf diejenigen in Frankreich, Deutschland bzw. der Bundesrepublik Deutschland und der Vereinigten Staaten. Sein noch umfassenderes Werk „City and Region" (1966) läßt sich fast als Allgemeine Stadtgeographie auffassen, wenngleich mit der Beschränkung auf die eben genannten Länder. Nimmt man Linien zur Abgrenzung von Umland, Hinterland und Einzugsgebiet, dann ist man sich darüber klar, daß in bestimmten Entfernungen von der jeweiligen Stadt die Reichweiten verschiedener Einrichtungen sich bündeln und in Wirklichkeit keine Grenzlinie, sondern ein Grenzsaum gegeben erscheint. Auch Chabot (1961) benutzte Linien zur Abgrenzung des Um- und Hinterlandes französischer Regionalzentren, wobei das Umland durch den Pendlereinzugsbereich und die Versorgung mit Frischgemüse und Obst, sowie durch die von den Städten ausgehenden Telefonverbindungen gekennzeichnet wurde. Im Hinterland machten sich die Handelsbeziehungen verschiedener Art bemerkbar, und der Einflußbereich, der kartographisch nicht mehr zur Darstellung kam, ließ sich durch die Herkunft der Studenten und die Verbreitung der Tageszeitungen bestimmen. Da die eben genannten Kriterien gegenwärtig wohl selten noch aussagekräftig genug sind und die Überschneidungen im Hinterland gegenüber der Zeit um das Jahr 1960 sich verstärkten, wurde die entsprechende Abbildung in der dritten Auflage (Abb. 103, S. 392) nicht mehr aufgenommen. In Abb. 99 wurde der Einflußbereich von Stuttgart in seiner linienhaften Abgrenzung angedeutet, so daß das Verfahren bis heute Bestand hat, wenngleich durch Farbschraffuren Zweifachbeziehungen und durch schwarze Schraffuren indifferente Bereiche zur Ausscheidung kamen.

Eine andere Möglichkeit besteht darin, die ländlichen Siedlungen mit „ihren" Städten durch gerade Linien miteinander zu verbinden, was vornehmlich dann sinnvoll ist, wenn die ländlichen Siedlungen als Einzelhöfe erscheinen. Das wurde von Berry, Barnum und Tennant (auch in Schöller, 1972) im südlichen Wisconsin getan, ebenso wie in anderen nordamerikanischen Gebieten, und fand ebenfalls in Wales Anwendung (Davies und Lewis, 1970, S. 31 ff.). Hier kam man noch zu einer anderen Lösung, indem auf Grund einer Fragebogenaktion zunächst für ausgewählte Funktionen das Um- bzw. Hinterland bestimmt wurde (Rowley, 1967 bzw. Carter-Vetter, 1980, S. 144 ff.). Für ein Viertel Quadratkilometer auf der britischen Generalstabskarte erhielt man fünf Fragebogen für zwanzig verschiedene Funktionen. Jeder zentrale Ort erhielt einen Punkt für jede der in ihr enthaltenen Funktion. Dann konnte zunächst der Umkreis für jede der ausgewählten Funktionen durch geschlossene Linien dargestellt werden. Darüber hinaus verwandte man die Summe der jedem zentralen Ort zukommenden Punkte als Prozentangaben und vermochte, auf dieser Grundlage Isolinien zu ziehen (den

Ausdruck Isoplethen sollte man vermeiden, weil er in der Klimatologie festgelegt ist); die 50-Prozent-Isolinie gab dann den Bereich an, innerhalb dessen ein Zentrum eine beherrschende Stellung besaß, was als Umland gedeutet werden kann. Danach drängen sich darunterliegende Isolinien eng zusammen, was einen erheblichen Gradientabfall bedeutet, und die 1-Prozent-Isolinie verweist darauf, daß hier der Einfluß des zentralen Ortes aufhört und dafür ein anderer die Oberhand erhält. Sicher aber läßt sich diese Methode lediglich für kleine Bereiche anwenden.

3. Die Verteilung der Städte als zentrale Orte und Mobilitätsfragen

Im allgemeinen ist die Verteilung der Städte abhängig von der Bevölkerungsdichte und dem kulturell-wirtschaftlichen Niveau der Bevölkerung. Dabei muß allerdings hinzugefügt werden, daß im folgenden die zahlenmäßigen Angaben nicht streng miteinander vergleichbar sind, weil in zahlreichen Ländern mit Ungenauigkeiten in den statistischen Erhebungen zu rechnen ist und für manche Frage keine Unterlagen existieren. Infolgedessen ist städtisches Leben in den Randgebieten der Ökumene, wo die Bevölkerungsdichte aufgrund der Naturausstattung ohnehin gering ist, nur wenig entwickelt, und die vorhandenen zentralen Orte entbehren in ihrer Bedeutung des pyramidenförmigen Stufenaufbaus. Kleine, weit voneinander gelegene „Stationen", die Verwaltungs-, Handels- und einige kulturelle Aufgaben übernehmen (Kap. VI.3.), ohne wirkliche Städte abgeben zu können, sind für die subpolaren Bereiche weitgehend charakteristisch. Ihnen sind die auch selten 1000 Einwohner umfassende „Kolonien" Grönlands zuzurechnen, wie hier die Distrikts-Verwaltungssitze bezeichnet werden. Auch größere Siedlungen entstanden in weit polwärts vorgeschobener Lage. Wir erinnern an Workuta (rd. 65 000 E.), an Kandalakscha oder Norilsk (173 000 E.), bei denen es sich meist um isolierte Bergbausiedlungen handelt, die zwar Fernwirkungen hinsichtlich Versorgung und Absatz ihrer Produkte auslösen, aber dennoch kaum als Städte angesprochen werden können.

Mit ähnlichen Verhältnissen haben wir auch in den ausgesprochenen Trockenräumen der Erde zu rechnen, wo entweder kleine, unter sich wenig differenzierte Mittelpunkts-Siedlungen zu erwarten sind, oder, falls das moderne Wirtschaftsleben Eingang gewann, meist durch den Bergbau hervorgerufene Großsiedlungen (Kap. IV.A.5.). Nicht anders steht es in den Hochgebirgen. Hier zählt Cerro de Pasco (Peru) in 4370 m Seehöhe mit rd. 28 000 Einwohnern als die höchste „Stadt" der Erde, und Potosí (1970: rd. 97 000 E.) gehört in dieselbe Reihe. „Oberhalb von Ackerbau- und Baumgrenze wirken sie wie Fremdkörper im Raum" (Wilhelmy, 1952, S. 416). Insbesondere in den Tropen, teils auch in den Subtropen, wo die allgemeinen Lebensbedingungen in den Hochländern am günstigsten sind, gelangt gerade hier städtisches Leben zu besonderer Entfaltung, ob in den Anden, in Äthiopien oder in Tibet.

Betrachten wir nun die Verteilung und Größenordnung der Städte zunächst in den *alten Kulturländern* und beziehen uns zuerst auf China. Die Verhältnisse um die letzte Jahrhundertwende wurden bereits dargetan (Kap. VII.B.2.), so daß es an dieser Stelle nur um die neuere Entwicklung geht. Küchler (1976) vermutet, daß die im Jahre 1958 im Rahmen des „Großen Sprungs" entstandenen Volkskommunen die Einzugsbereiche der „standard market towns" zur Grundlage hatten. Zwar sind die Angaben für die Zahl der Städte und ihre Größenordnung nicht genau; die von Chang (1976, S. 400 ff.) angeführten stimmen mit denen in der dritten Auflage gegebenen Daten nicht überein, müssen aber als Grundlage genommen werden, um Angaben bis nahe an die Gegenwart zu erhalten. Im Jahre 1953 wurden 4228 Städte mit 2000 – unter 20 000 Einwohnern gezählt, die 76 v. H. aller Städte ausmachten, wozu teils die „standard market towns" gehörten, teils aber auch die Städte der untersten Verwaltungsordnung (hsien). Im Jahre 1972 nahm man lediglich noch Städte mit 10 000 Einwohnern und mehr auf, so daß ein direkter Vergleich nicht möglich ist.

Tab. VII.B.19 Die Entwicklung der Größenordnung der Städte in der Volksrepublik China 1953 und 1972

Größenordnung	Zahl der Städte	
	1953	1972
10 000 – unter 50 000	?	940
50 000 – unter 100 000	71	105
100 000 – unter 500 000	77	91
500 000 – unter 1 Mill.	16	22
1 Mill. – unter 2 Mill.	5	14
2 Mill. – unter 3 Mill.	2	4
3 Mill. – unter 5 Mill.	1	1
5 Mill. – und mehr	1	2

Nach Chang, 1976, S. 401.

Das Anwachsen in der Zahl der Millionenstädte besteht in Wirklichkeit nicht, sondern geht auf Verwaltungsreformen zurück, so daß z. B. Peking ein Bereich von 17 800 qkm, Schanghai ein solcher von 5800 qkm und Tientsin ein Bezirk von 11 000 qkm untersteht, in denen hsien-Städte ebenso wie Dörfer eingeschlossen sind. Infolgedessen befindet sich auch innerhalb der Millionenstädte eine bäuerliche Bevölkerung, deren Anteil etwa 25 v. H. beträgt, und in Schanghai leben etwa 45 v. H. der Bewohner in den eingemeindeten hsien-Städten. Letztlich war man bestrebt, insbesondere die Millionenstädte nicht weiter wachsen zu lassen. Das erreichte man dadurch, daß die nach der Revolution eingeströmte Landbevölkerung die Rückwanderung antreten mußte und die in den großen Städten ausgebildeten Techniker, Lehrer usf. in die unterentwickelten Randbereiche verpflanzt wurden, um eine wirtschaftliche und kulturelle Anpassung an die Kerngebiete zu erzielen. Auch die Erweiterung der Stadtdistrikte diente der Beschränkung der städtischen Bevölkerung und dem Angleichen ländlicher und städtischer Lebensform, wenngleich in anderer Form als in der Sowjetunion, indem dort Städter die Qualitäten des ländlichen Daseins kennenlernen, hier aber städtische Art auf das Land übertragen werden soll. Diese Maßnahme im Zusammenhang mit der Verringerung der Geburtenrate hatte immerhin den Erfolg, daß in dem Jahrzehnt von 1960-1970 in der Volksrepublik China der Anteil der städtischen an der Gesamtbevölkerung von 18,6 auf 16,6 v. H. sank (Dürr, 1978, S. 167 ff.).

Die Verwaltungsgliederung blieb – von den oben erwähnten Ausnahmen abgesehen – im allgemeinen erhalten und damit auch die Hierarchie des Städtesystems. Ein einziges Beispiel für Veränderungen in dieser Beziehung konnte bisher beigebracht werden, von dem sich nicht entscheiden läßt, ob es sich um einen spezifisch gelagerten Fall handelt oder ob eine Verallgemeinerung möglich ist. Es geht um die durch das Erdbeben im Jahre 1976 schwer heimgesuchte Stadt Tangshan (Provinz Hopej, jetzt Hebei), in der seit dem letzten Drittel des 19. Jh.s der Kohlenbergbau begann und nach der Revolution eine Vielzahl von Industriezweigen Aufnahme fand, so daß sie im Jahre 1965 800 000 Einwohner hatte, ohne einen bestimmten Rang im Verwaltungssystem einzunehmen. Infolgedessen „fielen übergeordnete Probleme der Stadtentwicklung unter die Kompetenz der Provinzregierung, die ihrerseits an die Direktiven in Peking gebunden war" (Lewis, 1971, S. 156; Dürr, 1978, S. 170). Bis zum Jahre 1962 gingen die von benachbarten Regionen eingeführten Importe von Tangshan an die hsien-Städte und wurden von dort aus an die Kommunen weiterverteilt, bis im Jahre 1962 der Beschluß gefaßt wurde, Wirtschaftsgebiete mit je einer Groß-Ein- und Verkaufsgenossenschaft einzurichten. Nun sah man Tangshan für die Aufnahme einer solchen vor, wobei in der weiteren Verteilung die hsien-Städte ausgeschaltet wurden und die in den Kommunen eingerichteten Handelsgenossenschaften als Direktempfänger fungierten. Ob umgekehrt die Überschußproduktion der Kommunen denselben Weg nahm, ist anzunehmen, kann aber nicht entschieden werden. Den Bedeutungsverlust der hsien-Städte, deren Bevölkerung in die Kommunen oder in die größeren Städte abwandern mußte, erkannte auch Chang (1976). Da aber die Kommunen voraussichtlich in Standort und Einzugsbereich den „standard markets" von Skinner (1964 bzw. 1972) entsprechen, blieben trotzdem alte Raumstrukturen erhalten. Wieweit unter den genannten Voraussetzungen eine Abwanderung vom Land in die Städte erfolgt oder wieweit zwischenstädtische Wanderungen eine Rolle spielen bzw. ob die Arbeitskräfte in den Städten durch Einpendler unterstützt werden, läßt sich nicht übersehen.

In Anlehnung an die Methode von Zipf (1941) und Stewart (1947) untersuchte Berry (1961 bzw. Berry und Horton, 1970) für 38 Länder der Welt um das Jahr 1950 die Größenverteilung der Städte ohne Afrika, weil hier keine geeigneten Unterlagen vorhanden waren. Er benutzte dazu die Rang-Größen-Beziehung, indem die Stadt mit der höchsten Einwohnerzahl den Rang 1, die zweitgrößte den Rang 2, die i-te Stadt den Rang i erhält. Unter Benutzung von doppelt logarithmischem Millimeterpapier lassen sich dann Rang und Größe kombinieren. Dabei ergeben sich zwei Hauptverteilungs-Prinzipien mit etlichen Zwischengliedern. In dem Fall, daß eine Vielzahl kleiner Städte existiert und die Zahl der größeren abnimmt, kommt es häufig vor, daß die Gesamtverteilung eine Gerade ausmacht. Das wird als logarithmische Normalverteilung angesprochen, abgekürzt log-normale Verteilung. Daß sich eine solche meist in großen Ländern einstellt, allerdings unabhängig von dem Grad der Urbanisierung und ebenso unabhängig von den wirtschaftlichen Verhältnissen, erkannte bereits Berry (1970, S. 70 ff.). Das andere Extrem besteht darin, daß eine Stadt das völlige Übergewicht besitzt, was in der Übersetzung des Werkes von Haggett (1973, S. 127 ff.) als Hauptstadt- oder Primat-Verteilung angesprochen wird. Nun gibt es zahlreiche Beispiele, daß Hauptstädte nicht den ersten Rang einnehmen, so daß es sinnvoller erscheint, den von Jefferson (1939) geprägten Begriff der Primate City-Verteilung zu übernehmen. Meist auf kleine Länder beschränkt, aber nicht unbedingt mit Entwicklungsländern zusammenfallend, müssen die Gründe für eine solche Verteilung – ähnlich wie bei der log-normalen – von Fall zu Fall untersucht werden. Das Rang-Größen-Verhältnis sagt allerdings nichts über die Gleichmäßigkeit in der Verteilung hierarchisch geordneter Städte aus ebensowenig wie über die Beziehungen zum Umland.

556   Die Städte

Berry (1961 bzw. 1970, S. 68) stellte nun sowohl für China als auch für die *Indische Union* eine log-normale Verteilung fest. Gewisse Schwierigkeiten entstanden vornehmlich dadurch, daß er mit der Gruppe von 20 000 Einwohnern begann, und die kleineren Städte, die für beide Länder – zumindest hinsichtlich ihrer Zahl wichtig sind – entfielen. Wenn nach den früheren Darlegungen für China in den Becken und Ebenen mit einem hierarchischen Aufbau zu rechnen ist und – abgesehen von neuen Industriestädten – das Verwaltungssystem entsprechend gestufte Umlandbeziehungen erwarten läßt, so gilt das nicht unbedingt für Britisch-Indien bzw. dessen Nachfolgestaaten. Hinsichtlich der Entwicklung des Anteils der Bevölkerung in den verschiedenen städtischen Größengruppen gibt zunächst folgende Tabelle Auskunft:

Tab. VII.B.20 Der Anteil der Bevölkerung in den Städten der Indischen Union nach Größengruppen

Größengruppe	1901	1911	1921	1931	1941	1951	1961	1971
5 000 – u. 10 000	20	20	19	17	15	13	7	5
10 000 – u. 20 000	23	20	19	19	16	14	13	12
20 000 – u. 50 000	17	18	17	19	18	17	18	17
50 000 – u. 100 000	11	11	12	12	12	12	11	12
100 000 u. m.	23	24	25	27	35	42	48	52
Durchschnitt i. d. Indischen Union	11	11	11	12	14	17	18	20

Nach Deshpande und Bhat, 1975, S. 359 ff.
Die Werte wurden abgerundet, weil innerhalb der indischen Statistik mehrfach Veränderungen innerhalb des städtischen Status vorgenommen wurden.

Obgleich zahlenmäßig die kleineren Städte von 5000 – unter 50 000 Einwohnern auch noch im Jahre 1971 mit rd. 2300 gegenüber 198 in der Gruppe von 50 000 – unter 100 000 und 142 in derjenigen von 100 000 und mehr überwogen, so ging ihr Anteil an der städtischen Bevölkerung von 60 v. H. im Jahre 1901 auf 34 v. H. im Jahre 1971 zurück, und auch Städte von 50 000 – unter 100 000 Einwohnern waren von jeher unterrepräsentiert. Während aber der Anteil der letzteren eine Zunahme erfuhr, erfolgte bei dem der ersteren eine Reduktion, nicht allein relativ, sondern auch absolut. Demgemäß kommt den Städten von 100 000 Einwohnern und mehr wachsende Bedeutung zu, und es ist anzunehmen, daß nach der politischen Teilung des Subkontinents ein erheblicher Teil der Flüchtlinge die größeren Städte bevorzugte. Insgesamt ist hervorzuheben, daß – ähnlich wie in China – die Verstädterung gering blieb und bei dem hohen Geburtenüberschuß keine Entvölkerung der ländlichen Gemeinden einsetzte. Dabei muß allerdings berücksichtigt werden, daß erhebliche regionale Unterschiede bestehen, indem die einzelnen Bundesstaaten wie in Westbengalen mit Kalkutta oder in Maharashtra mit Bombay eine Primate City-Struktur im Sinne von Jefferson nachweisbar ist, in andern dagegen wie in Andhra Pradesh eine dezentralisierte zentralörtliche Struktur gegeben erscheint (Bronger, 1970). Obgleich etwa zwei Drittel der Gesamtbevölkerung ortsgebürtig ist und der Hauptteil der Wanderungen sich zwischen ländlichen Siedlungen vollzieht, ist ebenfalls mit einer Migration vom Land in die

Städte zu rechnen, an der nicht allein die unteren, sondern auch die höheren Kasten beteiligt sind (Aufderlandwehr, 1976, S. 159). Allerdings ist bei etwa einem Drittel der vom Land zugewanderten Städter die Aufenthaltsdauer auf 1-5 Jahre beschränkt, sei es, daß von vornherein nur eine temporäre Arbeit gesucht wurde, sei es, daß sich die erwarteten Hoffnungen nicht erfüllten oder sei es, daß kurzfristig, z. B. bei einem Bauboom, erhebliche Arbeitskräfte benötigt wurden. Das bedeutet, daß die Bindungen zur ländlichen Heimatgemeinde meist erhalten bleiben und damit auch die Kastenordnung eine Stabilisierung erfährt. Doch werden auch in dieser Beziehung regionale Unterschiede auftreten, indem z. B. in Andrha Pradesh die ländlichen Migranten aus der engeren Umgebung kommen, und dasselbe ist auch für Westbengalen der Fall, wo mit Ausnahme der Flüchtlinge aus Bangladesch die Zuwanderer nach Kalkutta sich überwiegend aus dem eigenen Bundesstaat rekrutieren. In Bombay dagegen hat sich der Einzugsbereich über Maharastra hinaus fast auf die gesamte Indische Union erweitert, was zur Folge hat, daß die Rückwanderungsquote sinkt. Das Ausmaß der Pendelwanderung läßt sich kaum beurteilen.

Insgesamt ist kaum mit einem hierarchischen Aufbau der Städte zu rechnen, was nicht ausschließt, daß sich mindestens drei Verdichtungsräume ausbildeten, nämlich Kalkutta, Bombay und Delhi.

Etwas stärker als in China und Indien stellt sich die Verstädterung im *Orient* einschließlich Nordafrikas dar, wo – von wenigen Ausnahmen abgesehen (Afghanistan rd. 10 v. H.) – mit einem Anteil der städtischen Bevölkerung von 30-45 v. H. zu rechnen ist (1970). In besonderen Fällen wie in Qatar, Bahrein und Kuwait steigt dieser Wert auf 68, 75 bzw. 80 v. H. an, ohne daß es näherer Erläuterungen dazu bedarf (Clarke, 1973, S. 86 ff.). Für letztere gilt dann eine ausgesprochene Primate City-Struktur ebenso wie für den Irak, wenngleich sich sonst eine gleichmäßigere Verteilung einstellt.

Wichtig ist hier, die Art der Stadt-Land-Beziehungen darzutun. Noch bis in die sechziger Jahre war man sich darüber einig, daß der im Orient herrschende Rentenkapitalismus für die spezifische Form der Stadt-Land-Beziehung verantwortlich sei (Bobek, 1938, S. 99 und 1974; Wirth, 1966, S. 423). Die Städte sind hier meist an die Oasen gebunden und schon deshalb in ihrer Einflußnahme beschränkt, so daß zumindest in den größeren dem Fernhandel als zusätzliche Hilfsquelle eine wichtige Rolle zukam. Das Hinterland hat die Ernährung der Stadt zu sichern, doch nicht dadurch, daß die überschüssige landwirtschaftliche Produktion dem städtischen Markt direkt zur Verfügung gestellt wurde, sondern auf indirektem Wege; die in den Städten lebenden Großgrundbesitzer zogen die ihnen durch Naturalpacht zufallenden Erträge ein. Damit war zwar eine enge, aber einseitige Beziehung zwischen Land und Stadt hergestellt, denn die Städter, die hohe Abgaben erhielten, entzogen den meist verschuldeten Fellachen die Möglichkeit, an den städtischen Gütern und Diensten teilzunehmen. Demgemäß hob man den parasitären Charakter der Städte hervor. Der soziale Gegensatz zwischen Land und Stadt wurde nun häufig dadurch verschärft, daß sich die Städte auch bevölkerungsmäßig nicht vom Lande ergänzten. „Niemals wird ein Fellache ein Städter", stellte Weulersse (1938, S. 235) für Syrien fest und erweiterte das für den Nahen Orient. Die Spaltung der städtischen Bevölkerung in religiös und völkisch verschiedene Gruppen schuf Bindungen, die sich unter den Angehörigen solcher Gruppen zwischen den Städten vollzogen, eine Einwurzelung der Stadt im Land aber verhinderte.

Letzteres ist in dieser Ausschließlichkeit nicht mehr gültig. Lediglich in Afghanistan ist die Übervölkerung auf dem Land noch nicht so groß, daß als einzige Möglichkeit bleibt, in die Städte zu ziehen, zumal auch die Großgrundbesitzer hier meist in den ländlichen Gemeinden verbleiben, höchstens als Kapitalanlage in den neu entstandenen Städten Grundstücke erwerben. In den letzteren sind die Mieten so hoch, daß die Bauern höchstens in frei werdende Wohnungen der verbliebenen Altstadt ziehen können und es sonst vorziehen, als Pendler von den benachbarten Dörfern Arbeitsgelegenheiten in den städtischen Zentren wahrzunehmen. Höchstens in Herat und Kabul mag die Situation etwas anders sein (Grötzbach, 1976, S. 225ff.). Sonst aber ist die Landflucht in sehr unterschiedlichem Ausmaß vorhanden und vollzieht sich häufig in Etappen, indem erst kleinere Städte aufgesucht werden, bis man dann in die Großstädte drängt. Einerseits ist die bäuerliche Bevölkerung daran beteiligt, die in der Landwirtschaft kein Auskommen mehr findet, gleichgültig, ob Agrarreformen durchgeführt wurden oder nicht. Andererseits sind es die Großgrundbesitzer, die aus kleineren in die großen Städte streben. Schließlich kommen Beamte und Angestellte hinzu, die durch gewollte oder nicht gewollte Versetzungen zwischenstädtische Beziehungen auslösen, was auch für einen Teil der Kaufleute gilt.

Wieweit sind nun die Stadt-Land-Beziehungen von einem solchen Wandel betroffen? Für die Levante vertrat Wirth (1973, S. 331) die Auffassung von Veränderungen in dieser Beziehung. Er wies darauf hin, daß im 19. Jh. Landarbeiter bzw. Teilbauern ein zusätzliches Einkommen durch die von städtischen Großkaufleuten organisierte Heimindustrie hatten, die erst mit dem Eindringen billiger westlicher industrieller Erzeugnisse zum Erliegen kam. Damit nahm auch die städtische Oberschicht westliche Vorbilder auf und investierte ihr Kapital nicht mehr allein im Grundbesitz, sondern setzte es für Verbesserungen in der Landwirtschaft bzw. für die eigene industrielle Entwicklung ein. Diese Meinung ist nicht unwidersprochen geblieben (Ehlers, 1975 und 1977; Bobek, 1974). Dabei sollte auf zwei Punkte aufmerksam gemacht werden. Einerseits stellte Bobek (1976) für den Iran, und zwar für die Zeit vor der Agrarreform, unterschiedliche Abhängigkeitsverhältnisse zwischen absentistischen Grundherren und Teilbauern heraus, und außerdem haben die orientalischen Länder nach dem Ersten und Zweiten Weltkrieg derart verschiedene Entwicklungen durchgemacht, daß einheitliche Veränderungen in den Stadt-Land-Beziehungen nicht zu erwarten sind. Soweit es sich beurteilen läßt, haben sich in der Türkei nach dem Ersten Weltkrieg im Zusammenhang mit der Intensivierung der Landwirtschaft, der Ausdehnung der Industrie und sonstigen Infrastrukturmaßnahmen Verhältnisse ausgebildet, in denen Stadt und Land einigermaßen gleichberechtigte Partner darstellen, wie es z.B. Rother (1971, S. 257ff.) am Beispiel von Tarsus, Mersin und Adana darlegte. Das mag auch für einige Länder der Levante Gültigkeit haben, wenngleich im Libanon zwar rentenkapitalistische Formen der Stadt-Land-Beziehungen kaum noch zum Tragen kommen, wohl aber das Nebeneinander von Subsistenz- und Marktwirtschaft zu einer differenzierten Entwicklung führte. Im Rahmen der ersteren begnügte man sich mit periodischen Märkten, bei der letzteren kam es zur Ausbildung eines stärkeren hierarchischen Aufbaus der Städte und zu engen Verflechtungen zu den Zentren mittlerer Stufe, die mehrmals wöchentlich aufgesucht werden. Da der Übergang zur Marktwirtschaft aber von bestimmten religiösen Gruppen getragen wurde (Christen, teils Sunniten), war die Ausdehnung des Umlandes der genannten Städte – jedenfalls bis zum Libanonkrieg – ebenso abhängig von den Wohnbereichen der unterschiedlichen konfessionellen Gemeinschaften von Christen und Mohammedanern (Spieker, 1975, Karte 8).

Bereits im Iran lassen sich andere Gegebenheiten erkennen, indem zwei sich überlagernde Beziehungssysteme existieren. Mit Hilfe sozialer und kultureller Einrichtungen (Bau von Krankenhäusern, Schulen) gehen positive Wirkungen von den Städten aus, zumal das Verkehrsnetz ausgebaut wurde und damit einen engeren Kontakt zwischen ländlichen und städtischen Siedlungen ermöglichte (Abb. 102). In Bereichen, wo die Agrarreform nicht stattgefunden hat, wie z. B. in der Umgebung von Bam, Zentraliran (Ehlers, 1975), führten die Teilbauern nach wie vor ihre Naturalabgaben an die absentistischen Großgrundbesitzer ab, mit dem einzigen Unterschied gegenüber früher, daß letztere in eine der Provinzhauptstädte oder gar nach Teheran abwanderten. Da nun aber die Teilbauern mit dem ihnen verbliebenen Rest der Ernte nicht in der Lage waren, ihre Familien das ganze Jahr über zu ernähren, waren sie darauf angewiesen, einen Teil der nächsten Ernte gegen Naturalien, Kleidung usf. zu verpfänden (pish-foroush), wobei die Bazarhändler erhebliche Profite erzielten (Ehlers, 1975; Momeni, 1976). Aber selbst, wenn die Agrarreform durchgeführt, der Teilbauer Besitzer seines von ihm bewirtschafteten Landes wurde, blieben alte Formen der Stadt-Land-Beziehung erhalten.

Mag die Verstädterung in den Maghrebländern den zuvor erwähnten Durchschnitt für orientalische Länder von 30-45 v. H. erreichen oder ihn sogar überschreiten (Tunesien 50 v. H.), so liegen die Verhältnisse gegenüber dem Mittleren Osten doch anders, weil sich mit der französischen Protektorats- bzw. Kolonialzeit Veränderungen einstellten. Das betrifft am wenigstens Tunesien, das im 19. Jh. zum damaligen Osmanischen Reich gehörte und über ein ausreichendes hierarchisch gestuftes Städtenetz verfügte, wohl aber wurden Algerien und Marokko stärker in Mitleidenschaft gezogen. Im Gegensatz zum „Grand Liban", wo sich Frankreich während seiner Mandatsherrschaft auf gebildete christliche Bevölkerungsgruppen zu stützen vermochte und deshalb nur wenige Führungskräfte dorthin entsandte, war die Zuwanderung von Franzosen und andern Südeuropäern in die Maghrebländer beträchtlich. Sie betätigten sich hier teils in der Landwirtschaft, die sie marktwirtschaftlich organisierten und damit die Möglichkeit der in der Subsistenzwirtschaft verharrenden Bauern oder halbnomadischen Beduinen einschränkten. Sie drangen auch in den Handel ein und beanspruchten nicht allein herausgehobene Positionen, und dasselbe galt für die Verwaltung u. a. m. Vor dem Zweiten Weltkrieg betrug der Anteil der ländlichen Bevölkerung in den Maghrebländern 80-85 v. H. (Despois und Raynal, 1967, S. 60), 1970 bzw. 1975 die der städtischen 40-50 v. H., so daß die Schnelligkeit des Verstädterungsprozesses als entscheidend angesehen werden muß. Dabei lassen die genannten Werte das volle Ausmaß dieser Entwicklung deshalb nicht erkennen, weil nach der Verselbständi-

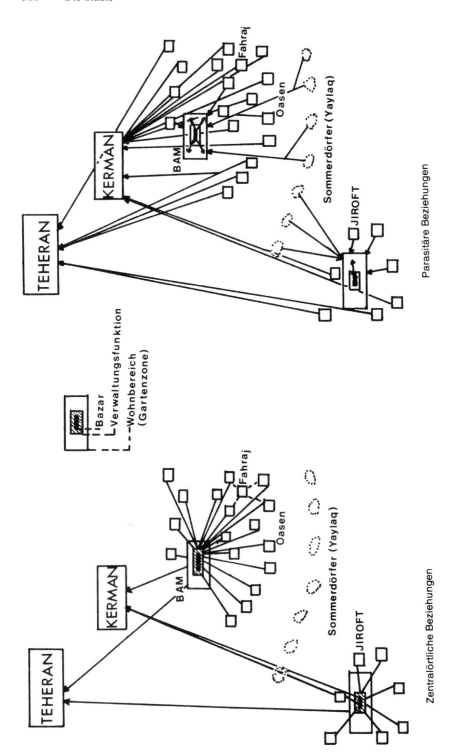

Abb. 102 Stadt-Land-Beziehungen am Beispiel von Bam/Iran (nach Ehlers).

gung die Ausländer (Franzosen und Südeuropäer) ebenso wie der größte Teil der Juden abwanderte. Immerhin hatte Frankreich in Algerien und Marokko durch Ausbau der Verkehrswege, Schaffung neuer Mittelpunkte, die nach Möglichkeit mit den einheimischen periodischen Märkten verbunden wurden, erreicht, zu einem hierarchisch gestuften Städtenetz zu gelangen, wobei allerdings Gewichtsverlagerungen jeweils an die Küste zustande kamen, ein Moment, das sich auch nach der Befreiung erhielt (Schmitz, 1973, S. 197 ff.).

Eine besondere Stellung nehmen die Städte *Israels* unter denen des Orients ein (Abb. 103). Hier waren im Jahre 1922, als Großbritannien Palästina als Mandat übernahm, lediglich 12 Städte vorhanden, unter denen Jerusalem mit 63 000 Einwohnern und Tel Aviv-Jaffa mit 48 000 Einwohnern hervorragten, während die übrigen zehn in der Größenordnung von 25 000 bis 5000 Einwohnern rangierten (Amiram und Shakar, 1961, S. 358; Bell, 1962, S. 103). Damit kam eine Rang-Größen-Verteilung zustande, die in dem mittleren Gliedern log-normal war, in den niedrigen und höheren Rängen Abweichungen zeigte. Als Israel im Jahre 1948 zum selbständigen Staat wurde, die Zuwanderung aus Europa und Amerika, später aus dem Mittleren Osten und Nordafrika erhebliche Ausmaße annahm, die Landwirtschaft auf Exportorientierung umgestellt und gleichzeitig ein Industrialisierungsprozeß eingeleitet wurde, reichten die vorhandenen Zentren nicht aus. Man fand nicht allein zu besonderen Formen der ländlichen Siedlungen (Kap. IV.), sondern begann mit der Anlage Neuer Städte, derart, daß man bis zum Jahre 1952 ältere kleine Agrarstädte als Ansatzpunkt benutzte, um von diesem Zeitpunkt an zu völligen Neugründungen überzugehen, insbesondere in Galiläa und in der Negev. Bis zum Jahre 1964 hatte man 28 Neue Städte ins Leben gerufen, deren Zahl die der älteren um etwa das Doppelte übertraf, was dazu führte, daß das Rang-Größen-Verhältnis für das Jahr 1967 im wesentlichen einer log-normalen Verteilung entsprach (Abb. 103) und in den sechziger Jahren die städtische Bevölkerung 85 v. H. der Gesamtbevölkerung ausmachte. In der Planung sah man dabei ein hierarchisch geordnetes System vor (Spiegel, 1966, S. 19; Feasy, 1975), derart, daß Orte mit etwa 2000 Einwohnern 4-8 ländliche Siedlungen zu versorgen hatten, Kleinstädte mit 6000-12 000 Einwohnern einen umfassenderen Bereich und schließlich Mittelstädte von 40 000-60 000 Einwohnern sowohl das eigene ländliche Umland als auch die untergeordneten Mittelpunkte bedienen sollten. Wenn Heinritz (1979, S. 40) betont, daß die Neuen Städte ihre Aufgabe nicht erfüllten und die staatliche Planung die realen Gegebenheiten unterschätzt habe, so ist bei dieser Beurteilung zu bedenken, daß einerseits die Kibbutzim und Moshavim mit eigenen Schulen, Absatzgenossenschaften und Industrie ausgestattet wurden, so daß lediglich höhere Zentren in Frage kamen. Weiterhin konnte man im Rahmen der Planung den Zustrom aus dem Mittleren Osten und Nordafrika kaum abschätzen, indem nun Bevölkerungsgruppen nach Israel kamen, die meist Analphabeten und ohne sonstige Ausbildung waren und die zu 80-90 v. H. in diesen Neuen Städten untergebracht wurden. Schließlich ließ sich auch nicht die Zunahme des Autoverkehrs voraussehen, die u. U. die kleinen Zentren entbehrlich werden ließ (Ash, 1974).

Geht man zu den heutigen Industrieländern über, zunächst zu *Mitteleuropa*, dann waren deren Städte vor dem 18./19. Jh. ebenfalls auf eine Agrargesellschaft

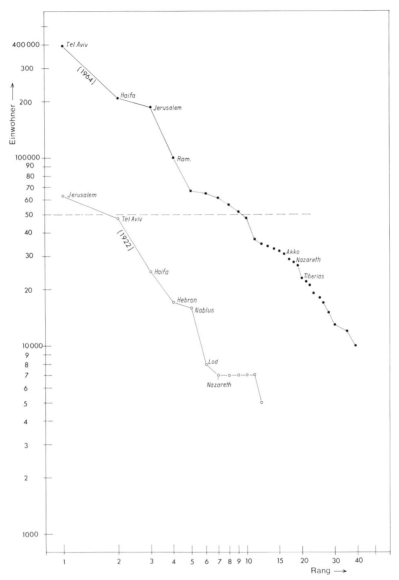

Abb. 103 Rang-Größen-Verteilung der israelischen Städte in den Jahren 1922 und 1967 (nach Unterlagen von Amiram und Shakar, 1961 sowie Blake, 1971).

ausgerichtet. Ammann (1963) erfaßte für das ausgehende Mittelalter in Deutschland mehr als 3000 Kleinstädte (unter 2000 E.), etwa 200 Mittelstädte (2000 – unter 10 000 E.) und etwa 25 Großstädte (10 000 E. und mehr), unter denen Köln mit 40 000 Einwohnern die bedeutendste war. Der Anteil der städtischen Bevölkerung belief sich damals auf 25 v. H. Dabei ergab sich eine unterschiedliche Verteilung in engem Zusammenhang mit der jeweiligen Bevölkerungsdichte und der Art der sich nun festigenden territorialen Gliederung, indem sich einerseits ein Gefälle von

Norden nach Süden und andererseits ein solches von Westen nach Osten einstellte. Erweitert man den Untersuchungsraum auf das Gebiet zwischen Brügge und Brestlitowsk, Falsterbo und Genf, wie es Stoob (1979, S. 159ff.) tat, unter Einbeziehung der von den Städten eingenommenen Fläche, dann verschieben sich die oben genannten Werte, indem dann um das Jahr 1300 mit 60-70 Großstädten zu rechnen ist.

Verflechtungen zwischen Land und Stadt ergaben sich teils aus der Abwanderung der ländlichen Bevölkerung in die Städte, in denen die Abhängigkeit von der Grundherrschaft meist entfiel, wobei es sich um Nahwanderungen handelte. Außerdem aber kamen auch zwischenstädtischen Wanderungen Bedeutung zu, wie sie im Rahmen der Zunftverfassung von den Gesellen gefordert wurden und außerdem durch kaufmännische Beziehungen zur Auslösung kamen. Fliedner (1974, S. 159ff.) wies das an nordwestdeutschen Beispielen, Ammann (1963) an oberdeutschen nach. Ebenso wie die Verteilung der Städte nicht gleichmäßig war, ebenso stand es mit ihrem hierarchischen Aufbau. Ammann nahm für Oberdeutschland drei Hierarchiestufen in Anspruch, wenngleich unklar bleibt, ob sich das für Deutschland oder Mitteleuropa verallgemeinern läßt.

Bis zur Wende des 18./19. Jh.s trat keine wesentliche Verdichtung des Städtenetzes ein, wohl aber innerhalb der einzelnen Territorien eine straffere Gliederung durch die entsprechenden Verwaltungsinstanzen, wobei die nach der Reformation einsetzende konfessionelle Differenzierung territorial gebunden war. Wohl traten in der frühen Neuzeit noch einige Veränderungen ein (Stoob, 1979, S. 195ff.), Rückbildungen und Neugründungen, ohne daß der Grundstock dessen, was im Hochmittelalter geschaffen wurde, zur Auflösung kam. Einerseits trat eine Bereicherung ein, indem Reformation und Erfindung der Buchdruckerkunst zur Anhebung des Bildungsniveaus führten. Andererseits konnte es nun vorkommen, daß eine Ausbeutung des Landes durch städtische Bürger erfolgte. In den Niederlanden ließen letztere Niederungsmoore abtorfen, um mit Hilfe der Salzgewinnung ihre finanzielle Situation zu verbessern, wodurch potentielle landwirtschaftliche Nutzfläche eingeschränkt wurde. Das allerdings wandelte sich bereits im 17. Jh., indem städtisches Kapital für die Trockenlegung der Seen und die Erschließung der Hochmoore eingesetzt wurde. Es sei auf die engen und sowohl dem Land als auch der Stadt zugute kommenden Beziehungen aufmerksam gemacht, die sich zwischen Groningen und den von ihr erschlossenen Fehnkolonien ergaben, indem die Stadt vom Land den Torf erhielt, die Bauern dafür die städtischen Fäkalien, um damit ihre Felder zu düngen (Petri, 1974). Sofern die ländliche Hausindustrie im Verlagssystem in der frühen Neuzeit zur Ausbildung kam, geschah das meist auf Kosten der ländlichen Unterschicht. Trotzdem waren es jeweils nur kurze Perioden und räumlich begrenzte Bereiche, in denen Städten u. U. ein parasitärer Charakter zugeschrieben werden konnte.

Anders liegen die Dinge beim Eingreifen der Industrie. Sobald sich Industriewerke in ländliche Siedlungen, als Anknüpfungspunkte neuer Siedlungen oder in Städten einstellten, trat ein wesentliches Bevölkerungswachstum ein, und damit wurde der Bedarf an zentralen Gütern und Diensten, je nach der sozialen Lage, beträchtlich erhöht. Auf diesem Wege vermochte die Industrie auf die zentralen Orte einzuwirken.

Mit der Industrialisierung aufs engste verknüpft war die Ausbildung von Großstädten, nun in wesentlich höherem Ausmaß als im Hochmittelalter, allerdings derart, daß bei geringen Verschiebungen das hochmittelalterliche Grundgerüst erhalten blieb. Zwar wurden von der Raumforschung und Landesplanung (Veröffentl. der Akademie, Forschungs- und Sitzungsberichte, Bd. 103, 1975) bereits für Mittelstädte Stadtregionen gebildet, was eine gewisse Berechtigung darin findet, daß sie zumindest nach dem Zweiten Weltkrieg eine Aufwertung erfuhren (Borcherdt, 1977, S. 62/63), aber in der Regel dienten einst ländliche Siedlungen der Ergänzung der Kernstadt und mitunter entfällt die verstädterte Zone. Hinzu gesellen sich isolierte Großstädte, die man auch als Solitärstädte bezeichnen kann, bei denen die verstädterte Zone bereits wichtig ist. Als Beispiel sei auf Kiel, Münster, Kassel, Karlsruhe, Augsburg oder Würzburg verwiesen. Hier kommt es vor, daß kleinere Zentren in der Stadtregion aufgingen. In wesentlich stärkerem Ausmaß ist das in den Verdichtungsräumen der Fall, an deren Peripherie sich meist kleinere Trabanten eine gewisse Selbständigkeit zu wahren wußten, unter denen die des Saarlandes, Hannover, Nürnberg–Fürth–Erlangen, Rhein-Neckar, Rhein–Main, München, Hamburg und Rhein–Ruhr die wichtigsten sind, sieht man von West-Berlin ab. Es lassen sich zwar Vergleiche hinsichtlich des Anteils der Bevölkerung in den Kernstädten, im Ergänzungsgebiet, der verstädterten und der Randzone zwischen den Jahren 1939 und 1970 durchführen, aber da in manchen Bundesländern die Verwaltungsreform bereits durchgeführt war und in andern noch nicht, gelangt man zu ungleichmäßigen Ergebnissen, abgesehen davon, daß bei erheblichen Eingemeindungen wie in München noch 70 v. H., in Hamburg sogar 77 v. H. der Bevölkerung in der Kernstadt wohnen, in Stuttgart dagegen lediglich 32 v. H. Insgesamt ist in der Bundesrepublik Deutschland die Verstädterung auf etwa 80 v. H. zu veranschlagen.

Mit der Industrialisierung – nicht auf Deutschland beschränkt, sondern für alle europäischen Industrieländer gültig – verband sich eine Massenabwanderung vom Land, unterstützt durch die Verdichtung des Eisenbahnnetzes. Das hielt in etwa bis zum Ersten Weltkrieg an. Durch Kriegsfolgen und Weltwirtschaftskrise bedingt, setzte in der Zwischenkriegszeit ein Nachlassen der räumlichen Mobilität ein. Mit der wirtschaftlichen Erholung nach dem Zweiten Weltkrieg blieb zwar eine gewisse Abwanderung vom Umland in die Stadt erhalten (Schaffer, 1972, S. 132), aber im allgemeinen setzte ein Rückgang ein, denn im Jahre 1964 kamen auf 1000 Einwohner nur noch rd. 60 Fortzüge (Schwarz, 1972, S. 247). Bei sinkenden Geburtenraten, die auch die ländliche Bevölkerung betrafen, ist in dieser Beziehung mit einem Verstärkungseffekt zu rechnen. Insgesamt nahmen auch die Wanderungen zwischen den Städten gegenüber der Vorkriegszeit ab, wobei die Bevölkerung von Städten unter 200 000 Einwohnern sich stärker an Wanderungen beteiligte als die von größeren, innerhalb derer die Möglichkeit zum sozialen Aufstieg, höherem Lohnangebot u. a. m. bereits so vielfältig ist, daß der Anreiz zum Wechsel des Wohnorts sich minderte. Differenzierend griffen allerdings Krisen bestimmter Industriezweige (Bergbau, Eisen- und Stahlindustrie, Textilindustrie) ein, so daß hinsichtlich des Wanderungsgewinns norddeutsche gegenüber süddeutschen Städten zurückblieben. An die Stelle der Einschränkungen der Wanderungsbewegungen vom Umland in die Stadt und zwischen den

Städten traten nun aber andere Phänomene, die insgesamt eine Steigerung der Bevölkerungsmobilität hervorriefen. Hierzu gehört in erster Linie die Pendelwanderung, die bis zu einem gewissen Grade auch schon vor dem Zweiten Weltkrieg existierte, dann aber unter Benutzung des Personenkraftwagens, der wesentlich weiteren Kreisen zugänglich ist als früher, sich in zweierlei Formen vollzieht. Einerseits geht die ländliche Bevölkerung in Berufe über, die nicht an Ort und Stelle, wohl aber in der benachbarten Stadt gebraucht werden. Haus- und Gartenbesitz sowie billigere Lebenshaltung schaffen einen Ausgleich für die entstehenden Transportkosten. Andererseits wollen auch die Stadtbewohner an den Vorzügen teilnehmen, die ihnen das Umland bietet (billigere Grundstückspreise bzw. Mieten, geringere Belästigung durch Lärm usf.). Auf diese Weise steigerte sich z. B. der Anteil der Auspendler an der Zahl der Erwerbstätigen in Baden-Württemberg von weniger als 10 v. H. im Jahre 1900 auf 21,8 v. H. im Jahre 1950 auf schließlich 31,1 v. H. im Jahre 1970, zum letzten Zeitpunkt mehr als 1 Mill. Beschäftigte umfassend. Seit Beginn der siebziger Jahre leitete die negative Geburtenbilanz der westdeutschen Bevölkerung im Zusammenhang mit dem seit dem Jahre 1974 verwirklichten Anwerbestop für ausländische Arbeiter (Gastarbeiter), die seit Beginn der sechziger Jahre, während der Zeit der wirtschaftlichen Hochkonjunktur insbesondere aus dem Mittelmeerraum zuwanderten, eine Reduktion der Bevölkerung nicht allein in Klein- und Mittelstädten, sondern auch in Großstädten ein, wenngleich die Zahl der Gastarbeiter mit ihren Familien eine gegenüber früher verlangsamte Zunahme aufwies. Ob trotzdem noch eine räumliche Ausweitung der Stadtregionen bzw. Ballungsräume aufgrund höherer Wohnansprüche vonstatten gehen wird, hängt von der gesamtwirtschaftlichen Entwicklung ab, über die sich heute kaum Prognosen machen lassen.

Die Verstädterung mit der Vorrangstellung der Großstädte, ihrer Häufung und Anlehnung an die Bergbaureviere prägt sich mit besonderer Schärfe in *England* und *Wales* aus, wobei der Anteil der städtischen Bevölkerung 78,1 v. H. (1971) betrug. Auch insofern nimmt England eine Sonderstellung ein, als die Industrialisierung eine gegenüber früher völlig neue Bevölkerungsverteilung brachte und sämtliche Kohlenreviere ebenso wie der Bereich von London sich durch eine außerordentlich hohe Bevölkerungsdichte auszeichnen. Das aber hatte zur Folge, daß innerhalb eines, gelegentlich eines halben Jahrhunderts Großstädte häufig „nicht im Anschluß an bestehende Hauptbevölkerungszentren, sondern aus unbedeutenden Städten, ja Dörfern" entstanden (Conzen, 1952, S. 10). Damit kam in der Verteilung der Städte eine Konzentration ohnegleichen zustande, und die Überbetonung der Großstädte wurde noch markanter als im kontinentalen West- und Mitteleuropa. Aus diesem Grunde nehmen England und Wales eine Zwischenstellung in der Rang-Größen-Verteilung der Städte ein, indem weder eine ausgesprochene Primate City- noch eine log-normale Verteilung ersichtlich ist (Berry und Horton, 1970, S. 69). Hinsichtlich der Mobilität machte Hall (1973 bzw. 1974) ähnliche Beobachtungen, wie sie für die Bundesrepublik Deutschland dargelegt wurden. Vor dem Jahre 1900 waren Arbeits- und Wohnort noch in relativer Nähe zum Zentrum. In der Periode von 1900-1950 wanderte die Bevölkerung in die Außenbezirke ab, während die Arbeitsstätten in der Nähe des Zentrums verblieben. Vom Jahre 1950 ab bis zur Gegenwart fand eine Dezentralisation der

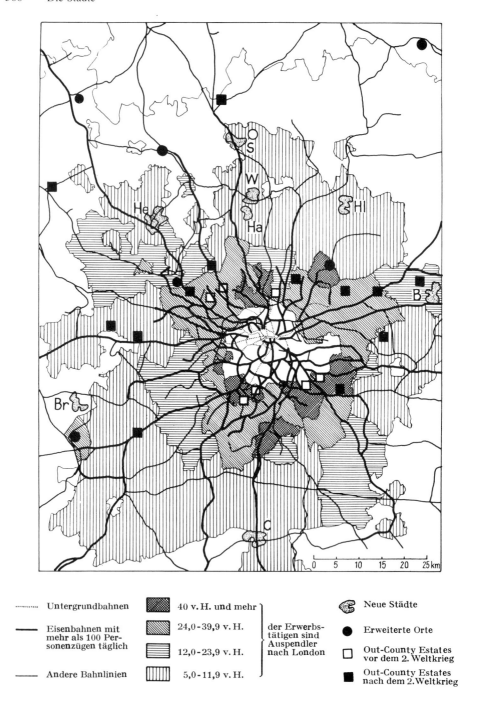

Abb. 104 Eisenbahn- und Pendelverkehr im County von London und die „Neuen Städte" von London um das Jahr 1960 (s. Text; nach Sinclair).

Bevölkerung in noch größere Entfernung vom Kern statt, dem die Arbeitsstätten später und in verlangsamtem Tempo folgten. Insgesamt ergab sich nach dem Zweiten Weltkrieg ein erheblicher Anstieg der Pendler, die z. B. in Birmingham von 8 v. H. mit 101 000 Erwerbstätigen auf 11 v. H. mit 153 000 Erwerbstätigen (1951-1961) wuchs, Entfernungen von 50-60 km zwischen Arbeits- und Wohnplatz keine Seltenheit mehr sind.

Daß daraus der Begriff der Conurbation erwuchs, wurde bereits erwähnt (Kap. VII.A.). Wenngleich Abb. 104 nicht mehr dem neuesten Stand entspricht, weil auch in Großbritannien Autobahnen zur Verfügung stehen, die einen Teil des Pendelverkehrs bewältigen, außerdem lediglich die Einpendler in das county von London für das Jahr 1951 dargestellt wurden und einige nach dem Jahre 1963 entstandenen „Neuen Städte" (Abb. 93) fehlen, so zeigt sie doch einerseits den Prozeß der Suburbanisierung und die erhebliche Trennung von Wohnungs- und Arbeitsstätte. Daß seitdem mit der Verlagerung des sekundären und tertiären Sektors das county von London nicht mehr alleiniges Einpendlerzentrum ist, die zentripetalen Kräfte zugunsten der zentrifugalen gelockert erscheinen, ohne allerdings die Vorrangstellung der City von London zu gefährden, dürfte verständlich erscheinen.

In den Beneluxländern soll lediglich auf die *Randstad Holland* eingegangen werden, wobei sich dieser Begriff in den dreißiger Jahren unseres Jahrhunderts ohne Präzisierung einbürgerte und mit den Raumordnungsplänen nach dem Zweiten Weltkrieg eine genauere Festlegung erfuhr, allerdings derart, daß beim Wandel demographischer und wirtschaftlicher Phänomene Veränderungen in den Planungszielen eintraten. Dabei ergab sich eine Gliederung, die mit der Vorstellung der Umrahmung des „Grünen Herzens" durch einen Städtekranz nicht mehr allzuviel zu tun hat; dennoch wird auch in der wissenschaftlichen Literatur der Begriff „Randstad Holland" weiter verwandt, der als polyzentrischer Verdichtungsraum einzustufen ist und trotzdem in seiner Ausprägung wohl einmalig in der Welt ist.

Tab. VII.B.21 Die Gliederung der Randstad Holland nach Fläche, Bevölkerung und Bevölkerungsdichte im Jahre 1977

Gebiet	Fläche in 1 000 qm	Bevölkerung in Mill.	Bevölkerungsdichte in E./qkm
Städtering	1,7	3,9	2 252
Nordflügel	1,0	2,0	1 875
Südflügel	0,7	1,9	2 815
Außengebiet	1,3	0,8	585
Mittelgebiet	2,6	1,2	446
Randgebiet	0,9	0,6	623
Offenes Mittelgebiet Nord	1,0	0,4	407
Offenes Mittelgebiet Süd	0,7	0,2	257
Randstad	5,6	5,9	1 034
Niederlande	33,8	13,8	409

Nach Borchert und van Ginkel, 1979, S. 26.

568   Die Städte

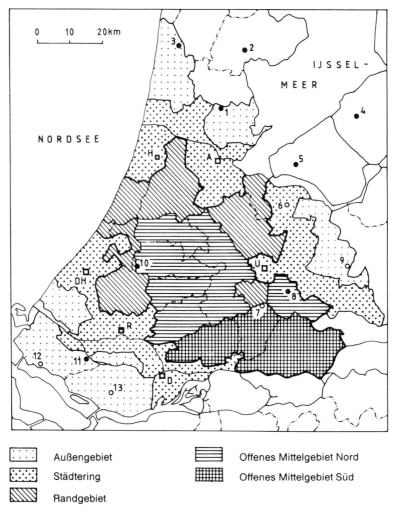

⋮⋮⋮	Außengebiet	≡	Offenes Mittelgebiet Nord
⋰⋰⋰	Städtering	▦	Offenes Mittelgebiet Süd
▨	Randgebiet		

Entlastungsorte

1966
 1 Purmerand
 2 Hoorn
 3 Alkmaar
 4 Lelystad
 5 Almere
 6 Oostermeent
 7 Nieuwegen
 8 Houten
 9 Hamersveld
10 Zoetermeer
11 Spijkenisse
12 Hoekse Waard

1980-1990
 1 Purmerand
 2 Hoorn
 3 Alkmaar und Umgebung
 4 Lelystad
 5 Almere

 8 Houten

10 Zoetermeer
11 Spijkenisse

Abb. 105 Die Gliederung der Randstad Holland im Jahre 1977, sowie die 1966 bzw. für 1980-1990 vorgesehenen Entlastungsorte (nach Borchert und van Ginkel).

Wie aus Abb. 105 hervorgeht, ist der „Städtering" unterbrochen, wobei sich ein Nordflügel mit Amsterdam, Haarlem und den Ausläufern entlang des Nordseekanals bis Ijmuiden und Utrecht herausschält und ein Südflügel mit Leiden, Den Haag, Delft, Rotterdam und Dordrecht.

Dabei handelt es sich um Städte unterschiedlicher Größenordnung und Funktion, unter denen die meisten hochmittelalterlicher Entstehung sind und ihre Blüteperiode während des 17. Jh.s erlebten. Die Industrialisierung allerdings setzte erst am Ende des 19. Jh.s ein, und durch mancherlei Maßnahmen blieb der „urban sprawl" der britischen Conurbationen hier aus. Mit der Konzentration des wirtschaftlichen und kulturellen Lebens auf den Westen des Landes, innerhalb dessen zugleich die wichtigsten Erholungsbereiche in den Bezirken der jungen Dünen bzw. im Küstengebiet ausgebildet sind, ebenso wie eine hochentwickelte und spezialisierte Landwirtschaft in den Poldern, wollte man letztere vor der städtischen Bebauung schützen.

Zunächst ging man an die Erweiterung bestehender Städte in direkten Anschluß an den bis nach dem Zweiten Weltkrieg scharf ausgeprägten Rand zwischen den Städten und den ländlich verbliebenen Abschnitten.

Die Erweiterung bestehender Städte stieß wegen des Raummangels zunehmend auf Schwierigkeiten, so daß im zweiten Raumordnungsplan vom Jahre 1966 Entlastungsorte ausgewiesen wurden, die in Abb. 105 vermerkt sind. Dabei handelte es sich teils um existierende kleine Städte, die zum Ausbau kommen sollten, und teils um „Neue Städte", letztere aber gebunden an die neu gewonnenen Polder der Zuidersee, Lelystad in Ostflevoland und Almere Haven in Südflevoland, von denen erstere als Satelliten-, letztere als Trabantenstadt gedacht ist.

Allerdings hatte man zwei Phänomene übersehen, nämlich einerseits den Bevölkerungsverlust der großen Städte in den siebziger Jahren und andererseits den Zuzug in das Mittelgebiet, in dem die vorhandenen Dörfer dadurch in geringerem oder stärkerem Maße ihre Sozialstruktur änderten. Nun stellte sich heraus, daß der Zuzug in das Mittelgebiet am stärksten von der Bevölkerung des Städteringes getragen wurde. Mehr als zwei Drittel der Bewohner im Mittelgebiet zogen nach dem Jahre 1960 zu, in bezug auf den Sozialstatus höhere Schichten, die ihren Arbeitsplatz in den Kernen der Randstad beibehielten, eine Verstärkung des Pendlertums herbeiführend.

Die dargelegten Probleme führten im dritten Raumordnungsplan der siebziger Jahre zu veränderten Vorstellungen über die weitere Entwicklung. Die Zahl der zu fördernden Entlastungsorte (Abb. 105) wurde verringert, und man nahm wieder darauf Bedacht, die zentralen Städte selbst zu stärken, was mehr als zuvor Sanierungsarbeiten notwendig machen wird. Dabei sind die Wandlungen im Planungskonzept, die ebenso bei der Nutzung der Polder der Zuidersee bzw. dem dort entstehenden Siedlungsnetz auftraten, nicht so sehr als Fehleinschätzungen der Situation zu betrachten, sondern in den schnellen und meist nicht vorauszusehenden Veränderungen der demographischen und wirtschaftlichen Verhältnisse begründet, was nicht auf die Niederlande beschränkt ist.

Die *Sowjetunion* und die *Vereinigten Staaten* sind hinsichtlich Ausdehnung (22,4 bzw. 9,4 Mill. qkm), absoluter Bevölkerungszahl (242 bzw. 203 Mill. E.) und durchschnittlicher Bevölkerungsdichte (11 bzw. 23 E./qkm) einigermaßen vergleichbar. In bezug auf den Anteil der Stadtbevölkerung zeigen sich bereits Unterschiede, denn in der Sowjetunion betrug dieser Wert 62 v. H. (1977), in den Vereinigten Staaten 76,1 v. H. Mehr als hundert Jahre, die die Vereinigten Staaten in Industrialisierung und Verstädterung der Sowjetunion voraus sind, machen sich darin bemerkbar, selbst wenn der Abstand immer geringer wird. Hinzu kommt die günstigere Verkehrserschließung in den Vereinigten Staaten, wo zwar die Benutzung der Eisenbahn mit einer Streckenlänge von 0,324 Mill. km im Rückgang begriffen ist, dafür die Straßen immer mehr ausgebaut werden (4,9 Mill. km befestigte Straßen), während die entsprechenden Werte für die Sowjetunion 0,128 Mill. bzw. 0,660 Mill. km lauten.

Die Rang-Größen-Verteilung in der Sowjetunion zeigt dadurch ihre besondere Note, daß Moskau für eine log-normale Verteilung zu klein ist und aufgrund der historischen Verhältnisse Leningrad sich nicht eingliedern läßt. Weiterhin befinden sich zwar die Städte vom Rang 3 (Kiew) bis zum Rang 22 (Riga) auf einer Geraden, die aber einen geringeren Neigungswinkel als üblich besitzt. Erst bei Städten von 500 000 Einwohnern und darunter setzt eine log-normale Verteilung ein (Harris, 1970, S. 137 ff.). Das kann in Zusammenhang mit der Größe des Landes ebenso wie mit der unterdurchschnittlichen Verkehrserschließung gesehen werden, so daß sich in den verschiedenen ökonomischen Regionen relativ selbständige Städtesysteme ausbildeten. Dieselben Faktoren werden auch dafür in Anspruch genommen, daß Moskau lediglich 3,8 v. H. der Bevölkerung des Landes auf sich vereint, während dies z. B. für Paris 16,8 v. H. und für London 22,5 v. H. waren (Hall, 1966, S. 23). Sofern dasselbe Verfahren für den europäischen Abschnitt der Sowjetunion durchgeführt wird, stellen sich für Moskau und Leningrad Primate City-Strukturen heraus, und die übrigen Städte besitzen eine log-normale Verteilung. Man wird allerdings hinzufügen müssen, daß in der Sowjetunion für die Hauptstadt und andere große Städte bewußt die Tendenz besteht, ihr Wachstum einzudämmen, was bei der Verfügung des Staates über den Boden und den Wohnungsbau als möglich anzusprechen ist. Trotzdem nahm die Bevölkerung von Moskau im Zeitraum von 1957-1976 um 1,4 Mill. zu (Karger und Stadelbauer, 1978, S. 174), wenngleich das Ziel besteht, „sie zur kommunistischen Modellstadt bis zum Jahre 2000 auszubauen", ohne eine Vergrößerung von Fläche und Bevölkerung vorzunehmen. Sollte das Wirklichkeit werden, so bedeutet dies keinesfalls eine Aufgabe der Vorrangstellung im politischen, wirtschaftlichen und kulturellen Leben für die Gesamtheit des Raumes.

Anders liegen die Verhältnisse in den Vereinigten Staaten, wo eine log-normale Verteilung der Städte gegeben ist (1970) und New York mit 16,7 Mill. Einwohnern unbestritten den ersten Rang einnimmt, wenngleich regionale Unterschiede auftreten, was in der Sowjetunion nicht anders ist.

Hinsichtlich des Städtewachstums sind zwischen beiden Gebieten erhebliche Unterschiede zu vermerken. In der Sowjetunion war es nach der Revolution die bewußte Umgestaltung von einer Agrar- in eine Industriegesellschaft, wobei die Kollektivierung der Landwirtschaft die Abwanderung der ländlichen Bevölkerung erheblich förderte. Von 1929-1939 nahm die Stadtbevölkerung um 95 v. H. von 29 auf 56 Mill. zu, die Landbevölkerung dagegen lediglich um 0,6 Mill. „Besonders stark war die Land-Stadt-Verschiebung im Kriegs- und Nachkriegsjahrzehnt"

(Karger und Stadelbauer, 1978, S. 143). Danach blieb zwar die Zuwanderung in die Städte erhalten, so daß die städtische Bevölkerung im Jahre 1976 160 Mill. betrug, wovon 18,4 Mill. auf Geburtenüberschuß, 5,0 Mill. auf die Umwandlung ländlicher Siedlungen in Städte und 16,4 Mill. auf Wanderungsgewinne entfielen, aber letztere erfolgten zumindest seit den sechziger Jahren nicht mehr überwiegend aus den Sowchosen und Kolchosen, sondern die Wanderung zwischen den Städten gewann an Bedeutung. Diese machte im Jahre 1967 bereits 55 v. H. des Wanderungsüberschusses aus (Tatevosyan, 1972, S. 128 ff.). Dabei kam es zu Verschiebungen zwischen dem Westen (einschließlich des Urals) und dem Osten des Landes. Im Jahrzehnt von 1959-1969 nahmen West- und Ostsibirien 800 000 frühere Bewohner des Westens auf, was durch Erhöhung der Löhne und sonstige Infrastrukturmaßnahmen erreicht werden konnte. Daß allerdings 62 v. H. der Zugezogenen im Höchstfall vier Jahre blieben und mit Ausnahme des Oblasts Tjumen (Erdöl und -gas) kein anderer Oblast West- und Ostsibiriens eine stetige positive Wanderungsbilanz besaß, mag die Situation charakterisieren (Zayanchovskaya und Zakhaiya, 1972, S. 678 ff.).

Statistische Angaben über die Pendler liegen nur in beschränktem Maße vor. Einschließlich der Ausbildungspendler wurde ihre Zahl im Jahre 1970 auf 9,7-12 Mill. geschätzt (Fuchs und Demko, 1978, S. 365; Davidovich, 1973, S. 455). Abgesehen von solchen, die innerhalb ländlicher Bereiche nicht am Wohnort arbeiten, und denen, die ihren Arbeitsplatz und ihre Wohnung zwischen verschiedenen Städten aufteilen, stieg die Zahl der Pendler in der Periode von 1950-1970 um das Neunfache an. Das wesentliche Ziel der Einpendler geben Mittelstädte von 100 000 – unter 250 000 Einwohner ab, wo ihr Anteil an den Beschäftigten 27,3 v. H. beträgt, während in Groß- und Kleinstädten dieser Wert auf 7-9 v. H. sinkt. Dabei werden die öffentlichen Verkehrsmittel benutzt, unter denen nach dem Zweiten Weltkrieg die Eisenbahn von Omnibussen als Hauptverkehrsträger abgelöst wurde, um dadurch auch entlegenere Bereiche erfassen zu können. Entfernungen von 60-70 km sind die Regel, wenngleich auch mehr als 100 km üblich sind. Schließlich kommt ein weiteres Charakteristikum hinzu, indem überwiegend wenig qualifizierte Arbeiter als Pendler fungieren, denn der steigende Besitz eines Personenkraftwagens blieb der Intelligenz vorbehalten, die mehr Einfluß darauf hat, in der Nähe der Arbeitsstätte eine Wohnung zu erhalten.

In den Vereinigten Staaten war die überseeische Einwanderung für das Wachstum der Städte im 19. Jh. verantwortlich zu machen. Noch im letzten Viertel des 19. Jh.s setzte sich die städtische Bevölkerung zu zwei Dritteln aus Einwanderern und ihren in Amerika geborenen Kindern zusammen (Ward, 1971, S. 51). Zu dem Zeitpunkt, als die „alte Einwanderung" aus West-, Mittel- und Nordeuropa zurückging und die „neue Einwanderung" aus Süd- und Osteuropa ihren Beginn nahm, das Abströmen nach Westen noch in vollem Gang war, fing bereits die Landflucht an. Die „neue Einwanderung" kam ohnehin mehr den Städten, insbesondere des Nordostens und mittleren Westens zugute. Bereits im Jahre 1910 betrug der Anteil der städtischen Bevölkerung 45,7 v. H. Während des Ersten Weltkriegs wanderten Neger aus den Südstaaten in die industriellen Zentren des Nordens ab, nach dem Ersten Weltkrieg folgten Mexikaner, und während des Zweiten Weltkriegs bzw. danach wiederholte sich das. Daß sich ebenfalls Wanderungen zwischen den Städten vollziehen, vornehmlich bei den gehobenen Schichten, die auf diese Weise sozial aufzusteigen vermögen, braucht nicht näher begründet zu werden, wobei die hohe Mobilität, die den Amerikanern eignet, häufig zum Überschreiten von Bundesländern führte, zumal nun auch Städte im Süden einen erheblichen Aufschwung nahmen und Führungskräfte benötigten. Nach dem Zweiten Weltkrieg traten grundsätzliche Wandlungen ein (Mayer, 1975). Der Geburtenüberschuß nahm erheblich ab. Die ländliche Bevölkerung blieb einigermaßen stabil, so daß die Landflucht sich verlangsamte. Aber auch die Städte, insbesondere die Millionenstädte, machten Veränderungen durch. Mit der Schaffung der highways war das Streben verbunden, immer stärker die Peripherie aufzusuchen, so daß eine Suburbanisierung der Bevölkerung, der Dienstleistungen und der Industrie einsetzte. Vergleicht man den Anteil der Bevölkerung, der in der zentralen City wohnt, mit dem, der außerhalb davon in der SMSA lebt, für die Gesamtheit aller SMSA im Rahmen jeder Dekade von 1900-1970, dann ergab sich für diejenige von 1930-1940 das erste Mal ein Übergewicht der Vororte mit einem Anteil von 58,5 v. H., doch so, daß dieser Wert in dem Jahrzehnt von 1950-1960 75 v. H. überschritt (Berry und Kasarda, 1977, S. 170/71).

Damit traten nun auch Veränderungen in der Pendelwanderung ein, wobei es allerdings nur möglich ist, einen Vergleich zwischen den Jahren 1960 und 1970 zu erzielen (Berry und Gillard, 1977). Wohn- und Arbeitsplatz stellte man für jede SMSA bzw. auch für kleinere Städte nach dem Anteil der Einpendler in den Central Business District und die sonstigen Bereiche der SMSA fest. Ebenso wurden die „umgekehrten Einpendler", d. h. die Auspendler, die in der zentralen City wohnten und außerhalb davon ihrer Beschäftigung nachgingen, erfaßt. Weder läßt sich allgemein von einer Zunahme der Pendler noch von einer Ausweitung des Pendler-Einzugsbereichs sprechen, sondern in dieser Beziehung resultierten Differenzierungen. Es gab Metropolen, für die eine erhebliche Abnahme der Einpendler in die zentrale City zu verzeichnen war, ohne daß eine Ausweitung des Pendler-Einzugsbereichs einsetzte und ohne daß die Auspendler eine wesentliche Rolle spielten. Das beste Beispiel in dieser Beziehung wurde in Boston gefunden (Berry und Gillard, 1977, S. 192/193), obgleich sich hier voraussichtlich mit der Anlage der ring-highways und der sich dort ansiedelnden Industrie nach dem Jahre 1970 Wandlungen ergaben. In Buffalo, Detroit oder Chicago hingegen wiederholte sich zwar die Reduktion der Einpendler in die zentrale City, der Pendler-Einzugsbereich dehnte sich aber aus, und vor allem wuchs der Anteil der Auspendler. Vornehmlich in den SMSAs von Texas nahmen die Einpendler in die zentrale City zu bei beträchtlicher Ausdehnung des Einzugsbereichs und unterschiedlichen Verhältnissen hinsichtlich des Anteils der Auspendler, wohl mit der relativ jungen Großstadtentwicklung zusammenhängend.

Seit den sechziger Jahren macht sich in den Vereinigten Staaten eine Verlangsamung im Wachstum der SMSA bemerkbar, teils auf den Geburtenrückgang zurückzuführen, teils mit der Abwanderung der Bevölkerung in nicht-metropole Siedlungen. In einigen der SMSA ergab sich zwischen den Jahren 1970-1973 bereits ein Bevölkerungsverlust wie in Cleveland, Cincinnati, Pittsburgh, St. Louis und New York. Telephon und andere elektronische Kommunikationsmittel ermöglichten es der gehobenen erwerbstätigen Bevölkerung, in umweltfreundlichen Bereichen außerhalb der Ballungen zu wohnen. Dabei steht allerdings fest, daß bei diesen Gruppen der Verbrauch an Energie eine beträchtliche Zunahme erfuhr und gegenwärtig in Frage steht, ob sich diese Tendenz fortsetzen wird (Phillips und Brunn, 1978, S. 289 ff.).

Während in der Sowjetunion isolierte Verdichtungsräume vornehmlich in den Hauptstädten der verschiedenen Republiken ausgebildet sind, polyzentrische Städteagglomerationen, die Meckelein (1960) als Gruppenstädte auffaßte, an die Bergbau- und Schwerindustrie gebunden sind, die allerdings wesentlich weitläufiger als im Rhein-Ruhrgebiet oder in Oberschlesien erscheinen (Kortus, 1964, S. 190), besitzen die Vereinigten Staaten kaum polyzentrische Agglomerationen, es sei denn, man wollte Doppelstädte wie Minneapolis–St. Paul (2,0 Mill. E.) dazurechnen. Einerseits handelt es sich um relativ isolierte Verdichtungsräume, und andererseits fand eine Ballung statt, die so einzigartig ist, daß sie von Gottmann (1961) den Eigennamen der Megalopolis erhielt. Sie erstreckt sich von Boston bis Washington, D. C., wobei die Entfernung zwischen Boston und New York 250 km, die zwischen New York und Philadelphia 100 km beträgt; insgesamt wird eine Längserstreckung von mehr als 500 km bei einer Breite von rd. 250 km erreicht. Darin befindet sich, meist randlich gelegen und zu wichtigsten Häfen der Vereinigten Staaten gehörend, ein Teil der bedeutendsten SMSAs, die ihr eigenes verstädtertes Um- und Hinterland haben, die sich mitunter überschneiden. Sie werden durch ein besonders leistungsfähiges Verkehrsnetz zusammengehalten. Eisenbahnen treten immer mehr zugunsten von Personen- und Lastkraftwagen zurück, pipelines ermöglichen die Erdöl- und -gasversorgung, und im Personenverkehr wird in stärkerem Maße, als es sonst bei den genannten Entfernungen üblich ist, das Flugzeug benutzt. Ohne Industrie ist die Megalopolis nicht zu denken, aber abgesehen von der hafengebundenen wandert diese immer mehr in die westliche Randzone ab. Eine geschlossene Bebauung ist nicht gegeben. Der Anteil der Waldfläche ist mancherorts relativ hoch, und obgleich in den dazugehörigen nichtmetropolen Gemeinden der Anteil der rural-non-farm-Bevölkerung häufig bis zu 70 v. H. ausmacht, so ist die verbliebene Landwirtschaft ausgesprochen intensiv, wenngleich sie für die Versorgung von fast 30 Mill. Einwohnern in keiner Weise ausreicht.

Es soll darauf verzichtet werden, in diesem Zusammenhang auf Kanada (Johnston, 1975, S. 133 ff.) und die Südafrikanische Republik (Holzner, 1970, S. 77 ff.) einzugehen. Doch läßt es sich nicht vermeiden, die Verhältnisse in *Australien* einzubeziehen, denn hier handelt es sich um eine ausgesprochene Primate City-Struktur.

Außer den „zentralen Weilern und Dörfern" (Kap. VI.1.) gibt es nur wenige Städte bis zu 30 000 Einwohnern. Keine im Inneren des Landes gelegene Stadt weist eine Bevölkerung von mehr als 60 000 Einwohnern auf, wovon nur die Bundeshauptstadt Canberra eine Ausnahme macht. Bowland (1977) unterschied drei Stadien in der Konzentration der Bevölkerung auf die Hauptstädte der Bundesländer. In der ersten Periode nahmen die Häfen die einwandernde Bevölkerung auf; bei der Entwicklung der Landwirtschaft wurde relativ schnell die Exportorientierung bestimmend, was wiederum den Hafenstädten zum Wachstum verhalf. Das zweite Stadium, etwa den Zeitraum von 1890 bis zum Ende des

Tab. VII.B.22 Die Entwicklung des Primate City-Index in Australien und Neuseeland

Bundesland bzw. Staat	1911	1967	Hauptstadt
Neu-Südwales	90	85	Sydney
Victoria	87	91	Melbourne
Queensland	75	81	Brisbane
Südaustralien	92	92	Adelaide
Westaustralien	79	90	Perth
Tasmanien	58	58	Hobart
Neuseeland	32	44	Auckland

Nach Rose, 1974, S. 100.

Der Primate City-Index wurde nicht durch das Verhältnis der größten zur zweitgrößten Stadt gebildet, sondern durch das Verhältnis der größten Stadt zu den vier nachfolgenden.

Zweiten Weltkriegs umfassend, brachte den Hauptstädten einen geringen bevölkerungsmäßigen Gewinn, wohl aber eine Umstrukturierung, indem die Industrialisierung aufgenommen wurde, deren Produktion man durch Zollmaßnahmen schützte. Im dritten Abschnitt kam zu einer verstärkten Industrie eine erhebliche Ausweitung des Dienstleistungssektors, was wiederum den Haupt- und Hafenstädten zugute kam, die die Verteilung in das Innere und den Export übernahmen. Banken, Versicherungen und Industriekonzerne gründeten keine Filialen in untergeordneten Städten, sondern wickeln ihre Geschäfte weitgehend über Vertreter ab. Trotz der erheblichen Entfernungen, die sowohl zwischen den Hauptstädten als auch zwischen ihnen und den Farmen bestehen, sind die Stadt-Umland-Beziehungen und die Verbindungen zwischen den Hauptstädten intensiv. Die ländliche Bevölkerung produziert für den Markt und ist mit Hilfe geeigneter Verkehrsmittel – die Anzahl der Personenkraftwagen im Verhältnis zur Bevölkerung ist annähernd so hoch wie in den Vereinigten Staaten – in der Lage, die jeweilige Hauptstadt aufzusuchen, selbst wenn mehr als 600 km in Kauf genommen werden müssen. Da die großen Gesellschaften Wert darauf legen, den Aufstieg zu gehobenen und Management-Posten denjenigen vorzubehalten, die über Erfahrungen außerhalb des eigenen Bundeslandes verfügen, ist der Austausch zwischen den Hauptstädten erheblich. Die nicht unbeträchtliche europäische Einwanderung nach dem Zweiten Weltkrieg war wiederum vornehmlich in die Hauptstädte gerichtet und verstärkte deren Übergewicht.

Japan nimmt innerhalb Ostasiens eine Sonderstellung ein, indem zwar später als in zahlreichen europäischen Ländern und ebenfalls später als in den Vereinigten Staaten Verstädterung und Industrialisierung aufgenommen wurden, aber dennoch innerhalb der kürzeren Frist – bei einigen Besonderheiten – ähnlich geartete Probleme entstanden. Bis zur Meijo-Reform (1868) blieb die Bevölkerung relativ konstant ebenso wie das Verhältnis von ländlicher zu städtischer Bevölkerung; die Burgstädte, die das Übergewicht besaßen, trugen parasitären Charakter, indem die hier wohnenden Feudalherren mit ihrem Gefolge von den Naturalsteuern der Bauern lebten. Bei starker politischer Konzentration hatte Tokyo bereits zu Beginn des 19. Jh.s die Millionengrenze überschritten (Kiuchi und Masai, 1975,

S. 177)[1], was als Vorbote der späteren Entwicklung zu deuten ist. Nach dem Jahre 1868, vornehmlich aber seit Beginn des 20. Jh.s, setzte ein hoher Geburtenüberschuß ein, der trotz Förderung von Kleingewerbe und Textilindustrie von den existierenden Städten nicht in vollem Maße aufgenommen werden konnte. Deren Verteilung mit dem Schwergewicht an der Japansee blieb zunächst noch erhalten, nimmt man Tokyo aus. Nur langsam gelang es, daß die Städte eine fördernde und fruchtbringende Wirkung auf die ländliche Bevölkerung auszuüben vermochten. Erst mit der Aufnahme der Schwerindustrie im letzten Jahrzehnt des 19. Jh.s (Kriege gegen Rußland und China) setzte die Verlagerung an die pazifische Seite und der Ausbau der Häfen Yokohama und Kobe ein. Bereits zu Beginn des 20. Jh.s war die Konzentration der „großen Sechs" vorhanden mit Tokyo, Osaka, Kyoto, Nagoya, Yokohama und Kobe (Schöller, 1969, S. 17). Landflucht aus dem näheren Umkreis und hoher Geburtenüberschuß auch in den Städten waren dafür verantwortlich zu machen, wobei der Eisenbahnbau verstärkend eingriff. Im Jahre 1920 vereinten die Stadtregionen Tokyo–Yokohama und Osaka–Kobe–Kyoto bereits 25 v. H. der Gesamtbevölkerung auf sich.

Verstädterung und Industrialisierung setzten sich bis zum Zweiten Weltkrieg fort, wobei die Zerstörung von Tokyo und Yokohama durch das Kanto-Erdbeben im Jahre 1923 nun das Streben nach Modernisierung mit sich brachte und durch die Großindustrie die gewerbliche Betätigung eingeschränkt wurde. Nach dem Zweiten Weltkrieg war zunächst der Geburtenüberschuß noch groß, was zur Folge hatte, daß der Anteil der arbeitsfähigen Bevölkerung von 68,5 v. H. im Jahre 1972 enorm hoch lag, das Wirtschaftsleben begünstigend, wenngleich es Anzeichen gibt, daß hier eine Änderung einsetzt (Schöller, 1978, S. 378). Sonst trat eine erhebliche geographische Mobilitätssteigerung ein, indem die kleinen Gemeinden unter 30 000 Einwohnern abnahmen, diejenigen bis 50 000 Einwohnern in ihrem Zuwachs unter dem Landesdurchschnitt lagen, dafür die Gruppe von 200 000 bis unter 500 000 Einwohner ebenso wie die Millionenstädte eine erhebliche Steigerung ihrer Bevölkerung erzielen konnten. Die ländliche Bevölkerung und die der kleinen Städte erlitten Einbußen, wie es früher nicht vorstellbar war. Die Hauptstädte der Präfekturen dagegen konnten ihre Stellung ausbauen, sofern sie nicht allein industrielle Arbeitsplätze, sondern auch die notwendigen Bildungs- und Vergnügungseinrichtungen zur Verfügung stellen konnten. Häufig sind die Hauptstädte der Präfekturen innerhalb ihres Verwaltungsbezirks als Primate Cities ausgebildet, indem sie nicht allein die größte Einwohnerzahl haben, sondern ebenfalls die höchste Wachstumsrate aufweisen, mitunter in so verschärfter Form, daß alle anderen Gemeinden der entsprechenden Präfektur negative Wanderungsbilanzen zeigen (Schöller, 1973, S. 296 ff.). Nur diejenigen in ausgesprochen abgelegenen Gebieten und solche im Umkreis der Millionenstädte hatten an dieser Entwicklung nicht teil. Dabei erfolgte die Zuwanderung meist aus der Region selbst; Sapporo (Hokkaido) konnte auf dieser Grundlage die Millionengrenze überschreiten.

Nicht allein die Hauptstädte der Präfekturen erlebten nach dem Zweiten Weltkrieg eine Steigerung ihrer Bedeutung, sondern ebenfalls das Städteband zwischen

---

[1] Schöller (1969, S. 17) nimmt allerdings an, daß dies erst nach 1871 erreicht wurde.

Yokohama und Kobe, innerhalb dessen jede Stadt mehr als 1 Mill. Einwohner besitzt und mehr als ein Drittel der Bevölkerung auf sich vereint. Das war zunächst im Zeitraum von 1955-1965 eine Folge der Fernwanderung, indem Tokyo die Bevölkerung aus allen Landesteilen an sich zog, der Zuzug der ländlichen Bevölkerung nachließ, der von andern Großstädten stärker ausgeprägt war. Osaka–Kobe–Kyoto erhielten ihren Zuwachs vornehmlich aus dem Inlandsee-Gebiet, von Shikoku und Kyushi, und Nagoya vermochte innerhalb eines schmalen Streifens die Bevölkerung der nördlichen Bereiche an sich zu ziehen. Diese Fernwanderungen sind auf Dauer gedacht, die einst so starken Familienbindungen gelockert. Bereits im Jahre 1965 zeigte sich dabei ein Phänomen, das bis dahin noch nicht aufgetaucht war, indem die Kernstädte Tokyo und Osaka eine negative Wanderungsbilanz aufwiesen, dafür Nachbarpräfekturen einen um so höheren Anstieg zu verzeichnen hatten, was dann häufig eine Verstärkung der Pendelwanderung brachte. Die Schnellbahn Tokyo-Osaka, die sowohl im Norden als auch nach Süden weitergeführt werden soll, und der geplante Bau von Autobahnen dienen dem Zusammenhalt. Ähnlich wie man der Ballung Boston-Washington den Eigennamen Megalopolis gab, bildeten sich in Japan ähnliche Verdichtungsräume aus, die allerdings gegenüber der amerikanischen doch Unterschiede aufweisen. Insofern sollte man den Begriff der Megalopolis nicht übertragen, sondern die heimischen Namen verwenden, die Ballung Tokyo-Yokohama mit Keihin, diejenige von Osaka–Kobe–Kyoto mit Hanshin bezeichnen, wenngleich man nun bereits darangeht, den entsprechenden Verdichtungsraum als Tokaido-Megalopolis zu betrachten (Ilo, 1980).

Unter den Entwicklungsländern nimmt *Lateinamerika* eine Sonderstellung ein, weil hier die Verstädterung meist hoch ist und insgesamt der Anteil der städtischen Bevölkerung für das Jahr 1974 auf 54 v. H. geschätzt wird, bei regionalen Unterschieden derart, daß Uruguay mit mehr als 80 v. H. sich an der Spitze befindet, Venezuela mit 76 v. H., Argentinien mit 72 v. H., Brasilien mit 56 v. H., Kolumbien mit 52 v. H. und Mexiko mit 45 v. H. folgen. Meist hohe Geburtenüberschüsse sowohl auf dem Land als auch in den Städten tragen zur Verstärkung der Verstädterung bei, wenngleich es in dieser Beziehung Abweichungen gibt (z. B. Uruguay und Argentinien). Die Abwanderung der ländlichen Bevölkerung wird durch die in der Kolonialzeit ausgebildete Sozialstruktur begünstigt. Landarbeiter auf Plantagen oder gut geführten Haciendas wurden durch die stattfindende Mechanisierung entbehrlich; Eigentümer von Minifundien leiden unter dem zunehmenden Bevölkerungsdruck und haben nur noch wenig Möglichkeiten, ihre geringen Einkünfte durch Annahme von Saisonarbeit auf den Latifundien zu verbessern, so daß ein erheblicher Teil von ihnen ebenfalls in die Städte zieht. Mehr als die Hälfte des Wachstums der großen Städte wird der Zuwanderung vom Land zugeschrieben, ohne daß die Bevölkerungszunahme in den Städten eine entsprechende Steigerung der Arbeitsplätze nach sich zieht, was dann zur Arbeitslosigkeit oder Unterbeschäftigung führt. Vollzog sich die erste Industrialisierung noch mit arbeitsintensiven industriellen Betrieben, so ging man nach dem Zweiten Weltkrieg unter dem Einfluß der Industrieländer zu kapitalintensiven Unternehmungen über, so daß für ungelernte Arbeiter geringere Möglichkeiten blieben, zumal der Dienstleistungssektor ohnehin übersetzt war.

Wie hoch der Anteil derjenigen ist, deren Hoffnungen sich nicht erfüllten und die wieder in die Heimat zurückkehren, läßt sich kaum übersehen. Wohl wies Browning (1971, S. 284) für Peru eine solche Rückwanderung nach, aber wirtschaftlich und politisch liegt hier ein Sonderfall vor, von dem man keine Rückschlüsse auf die sonstigen lateinamerikanischen Verhältnisse ziehen kann. Ohne es zahlenmäßig belegen zu können, besteht mehr der Eindruck, daß die Verbindung mit der Heimatgemeinde abgebrochen wird bzw. den gegenteiligen Effekt hat, indem immer mehr Familienmitglieder in die Städte nachziehen. Daß an der Wanderung – jedenfalls in der Altersgruppe von 15-25 Jahren – mehr Frauen als Männer beteiligt sind (Breese, 1966, S. 83), weil erstere als Hausangestellte sich eine Existenz aufbauen können, stellt eine Eigenart Lateinamerikas dar, auf die erheblichen Unterschiede verweisend, die hier in der Sozialstruktur gegeben erscheinen (Kap. VII.D.). Unterschiedlich in den einzelnen lateinamerikanischen Ländern verhält es sich mit der etappenweisen Wanderung von ländlichen Gemeinden in Kleinstädte bis hin zu Großstädten, was sich nicht in einer Generation vollzieht, und der Direktwanderung von ländlichen Bereichen in die großen bzw. Hauptstädte (Bähr, 1976, S. 43).

Aus der kolonialen Epoche vielfach überkommen, erweist sich die Primate City-Struktur häufig als herrschend. Das gilt z. B. für Uruguay, wo auf Montevideo mit 1,1 Mill. Einwohnern Salto mit 58 000 Einwohnern folgt. Dies zeigt sich in Chile mit Santiago–Valparaiso–Viña-del-Mar, die eine Bevölkerung von 4,2 Mill. auf sich vereinen, und dann Städte folgen, deren Einwohnerzahlen zwischen 100 000 bis unter 200 000 liegen, obgleich man von staatlicher Seite bestrebt ist, keine weitere Konzentration zuzulassen (Bramhall, 1971, S. 336 ff.). Die Beispiele ließen sich mehren. Mitunter aber wurde im Verlauf einiger Jahrzehnte die Primate City-Struktur überwunden. In Mexiko weisen Mittelstädte bereits ein höheres Wachstum als die Hauptstadt auf (Unikel, 1975, S. 292). Ähnliches zeigt sich in Kolumbien, wo fast eine log-normale Verteilung zustande kam. Weiter gehört Venezuela ebenso wie Brasilien dazu, wo die allgemeinen wirtschaftlichen Verhältnisse etwas günstiger sind (Müller, 1975, S. 212 ff.; Morse, 1969, S. 486 ff.).

Daß im kolonialen Lateinamerika häufig die meist absentistischen Großgrundbesitzer den Städten parasitäre Grundzüge verliehen, konnte nicht ausbleiben. Daß dieses Moment nicht völlig überwunden werden konnte bzw. sich unter Umständen zwei sich überlagernde Beziehungssysteme zwischen Land und Stadt ergaben, wie es zuvor für Teile des Orients dargelegt wurde (Abb. 102), sei zur weiteren Charakterisierung vermerkt. Es dürfte allerdings zu weit gehen, feudale und koloniale Strukturen allgemein für die Ausbildung „nur nehmender" Städte verantwortlich zu machen, was auch von Hoselitz (1955) mit der Unterscheidung „generativer" und „parasitärer" Städte in dieser Schärfe nicht gemeint war.

In den *süd-* und *ostasiatischen Entwicklungsländern* sind hinsichtlich der Urbanisierung manche Unterschiede, aber auch Parallelen zu Lateinamerika vorhanden. Sehen wir von den Stadtstaaten Singapore, Hongkong und Macao ab (Kap. VII.C. 4.), die ihre besonderen Probleme haben, dann wird man zunächst die hohe allgemeine Bevölkerungsdichte als differenzierend ansehen müssen, wenngleich es einige Ausnahmen gibt (Teile von Indonesien). Hinsichtlich des Verstädterungsgrades lassen sich drei Typen unterscheiden. Der eine ist durch hohe Bevölkerungsdichte und relativ große Verstädterung bei einheitlicher Bevölkerung gekennzeichnet, was insbesondere für Taiwan (Formosa) und Südkorea zutrifft. Hier lag der Anteil der städtischen Bevölkerung im Jahre 1960 bei 56 bzw. 29 v. H. und stieg in Südkorea innerhalb eines Jahrzehnts auf 41 v. H. an. Geprägt durch chinesische Kultur, war jeweils ein einheimisches Städtewesen vorhanden, das seit dem Ende des 19. Jh.s unter japanischen Einfluß geriet, was den Beginn der Industrialisierung und die Ausweitung des Bildungswesens bedeutete. Die Aufnahme von Flüchtlingen nach dem Zweiten Weltkrieg war beiden Staaten gemeinsam, insofern aber unterschiedlich geartet, als es sich in Taiwan vornehmlich um die Aufnahme von Angehörigen des Militärs und der Verwaltung handelte (rd. 2 Mill.), deren Ziel in die Städte gerichtet war. Im Koreakrieg wurden die Menschenverluste durch Flüchtlinge aus Nordkorea mehr als ausgeglichen. Zwar ist der Geburtenüberschuß noch immer hoch, konnte aber in den letzten Jahren gesenkt werden. Relativ geringes Analphabetentum und Ausweitung der Industrialisierung in den Städten können dazu verhelfen, daß die Abwanderung vom Land in die Stadt mit der Schaffung von Arbeitsplätzen zum Ausgleich kommt, selbst wenn das für Seoul noch nicht gelungen ist (Ro, 1972, S. 198). Eine ausgesprochene Primate City-Struktur scheint nach den vorliegenden Daten nicht zu existieren. – Als zweite Gruppe sind Malaysia und die Philippinen zu betrachten, in denen der Anteil der städtischen Bevölkerung bei 42 (West-Malaysia) bzw. 30 v. H. liegt, wobei in beiden Ländern wohl eine gewisse Vorrangstellung der Hauptstädte zu beobachten ist, ohne daß diese Primate Cities abgäben. McGee (1972, S. 110) stellte für West-Malaysia ein Wanderungsmodell auf, indem er für das Land Selbstversorgungs- und Marktwirtschaft unterschied. Die ländliche Bevölkerung mit Selbstversorgung wandert meist nur saisonal in die Städte und kehrt wieder in die Heimatgemeinden zurück. Die bäuerlichen Gruppen hingegen, die sich der Marktwirtschaft zugewandt haben, finden meist in den Städten keine Anpassungsschwierigkeiten und bleiben, wenn sie die Stadt zum Wohnort wählen, auf Dauer. Probleme tauchen vornehmlich dann auf, wenn aus dem Kreise der Selbstversorger die jüngere Generation in die Städte zieht, was später mitunter zur Rückwanderung führt. Wie weit letzteres als typisch für Südostasien anzusehen ist, läßt sich bisher nicht beurteilen. – Schließlich sind die Länder herauszustellen, in denen der Anteil der städtischen Bevölkerung unter 20 v. H. liegt, was vornehmlich für Sri Lanka und Thailand gilt, die eine ausgesprochene Primate City-Struktur aufweisen, die allerdings in letzterem Bereich bereits gemildert erscheint. Diejenigen Gebiete, in denen noch immer erhebliche Bevölkerungsverschiebungen vor sich gehen, sollen außerhalb der Betrachtung bleiben.

Anders als in Lateinamerika und anders als in Südost- und Ostasien liegen die Verhältnisse im *tropischen Afrika*. Mit einer durchschnittlichen Bevölkerungsdichte von 10 E./qkm am niedrigsten liegend bei allerdings starken regionalen Unterschieden war nach den Schätzungen von George (1972) der Anteil der städtischen Bevölkerung in Tropisch-Afrika im Jahre 1920 mit 2 v. H. außerordentlich gering, wobei Städte von 20 000 Einwohnern und mehr eingeschlossen wurden, und dieser Anteil sich bis zum Jahre 1970 auf 10 v. H. erhöhte. Im Jahre 1975 betrug die Verstädterung in Westafrika 16,5 v. H. mit dem geringsten Wert in Mauretanien von 3 v. H. und dem höchsten in Senegal mit 23,1 v. H. In Zentralafrika belief sich der Anteil der städtischen Bevölkerung auf 12,7 v. H. mit dem Minimum in Burundi mit 2,8 v. H. und dem Maximum in Äquatorial-Guinea mit 25,2 v. H. Ost- und Nordostafrika hatten die geringste Verstädterung mit 8,4 v. H., wobei dieser Wert in Rwanda auf 0,7 v. H. sank und in Zambia auf 28,6 v. H. stieg (Manshard, 1977, S. 211). Dabei ist zu unterstreichen, daß mehr als die Hälfte der Stadtbewohner in Zentren unter 100 000 Einwohnern lebte, anders als in Lateinamerika und Südostasien. Städte mit 1 Mill. und mehr Einwohnern stellen in Tropisch-Afrika eine Seltenheit dar und sind auf Addis Abeba, Ibadan, Lagos und Kinshasa beschränkt. Allerdings befindet sich die jährliche Wachstumsrate der Städte von 20 000 Einwohnern und mehr an der Spitze in der Welt und wurde für das Jahrzehnt von 1960-1970 auf 7 v. H. berechnet (Manshard, 1977, S. 4). Die Kürze des Urbanisierungsprozesses, der hier erst nach dem Zweiten Weltkrieg einsetzte, muß betont werden. Wanderungen bedeutenden Ausmaßes gab es in Afrika seit langer Zeit, wurden dann allerdings, mit Ausnahme von Wanderarbeitern, durch die Kolonialmächte unterbunden. Mit der politischen Selbständigkeit der einzelnen Staaten, die mehrere, oft rivalisierende Stämme umfaßten, sind solche Wanderungen durch Flüchtlingsströme wieder in Gang gesetzt worden. Wie weit das allerdings zu einer Abwanderung vom Land in die Städte führte, läßt sich nicht übersehen.

Wenn Ginsburg (1972, S. 276) feststellte, daß die ländliche Bevölkerung sofort die großen bzw. die Hauptstädte aufsuchte, so scheinen im tropischen Afrika die Verhältnisse komplizierter zu liegen. Am Beispiel von Sierra Leone zeigten Ridell und Harvey (1972, S. 278), daß einerseits in abgelegenen und noch nicht durch moderne Verkehrsanlagen erschlossenen Gebieten die Abwanderung so gut wie unterbleibt, daß andererseits in den von der Hauptstadt Freetown weiter entfernt gelegenen Bereichen von der Landbevölkerung zunächst die Mittelzentren aufgesucht werden, ehe man den zweiten Schritt unternimmt, in die Hauptstadt zu ziehen, was dann etappenweise Wanderung bedeutet. Eine solche fehlt allerdings dann, wenn sich Arbeitsmöglichkeiten im Bergbau bieten, wie es in diesem Fall die Diamantenfelder von Kono darstellen. In einem größeren Umkreis von der Hauptstadt selbst ist diese dann das alleinige Ziel der vom Land kommenden Gruppen.

Stärker als in andern Entwicklungsländern spielt im tropischen Afrika die Rückwanderung von den Städten auf das Land eine Rolle, was in der Südafrikanischen Republik politisch motiviert ist, in den andern Bereichen aber dem Wunsch zumindest eines Teiles der Bevölkerung entspricht, weil sie innerhalb von Großfamilie, Sippe und Stamm ihre Rechte behalten, die ihnen nach der Rückwanderung Sicherheit gewähren. Die hohe Mobilität, die den Afrikanern eignet, suchten Gould und Prothero (1975, S. 95 ff.) durch die Unterscheidung von „Zirkulation", die nicht von Dauer ist, und „Migration", die als permanent anzusehen ist, zu erfassen. Die Abwanderung vornehmlich in die größeren Städte scheint häufig eine Zirkulation zu sein (Aufenthalt ein Jahr und länger), und die endgültige Migration steht zurück. Statistisch ist das am besten über den Anteil der in Städten Geborenen klarzumachen. Dieser betrug z. B. in Daressalam im Jahre 1967 32,5 v. H., in Libreville im Jahre 1964 26 v. H. (Lasserre, 1972, S. 723) und in Yaounde im Jahre 1964 32 v. H. (Franqueville, 1972, S. 568). In den „Kupferstädten" von Zambia lag dieser Anteil bei höchstens 2 v. H. (Mitchell, 1973, S. 298), was aber, durch den Bergbau bedingt, eine Sonderheit darstellt. Besteht die Möglichkeit, Werte für verschiedene Zeitpunkte zu erhalten, dann lassen sich Entwicklungstendenzen ablesen. Für Kinshasa z. B. war der Anteil der Ortsgebürtigen 1955 25,9 v. H. und im Jahre 1967 47 v. H. (Ducreux, 1972, S. 557), was darauf hindeutet, daß hier die Zirkulation immer mehr von der Migration abgelöst wird. Umgekehrt liegen die Verhältnisse in Lagos, wo sich die Werte für das Jahr 1931 auf 42 v. H. und im Jahre 1950 auf 36 v. H. beliefen, wenngleich aufgrund der neueren Entwicklung mit einem Überwiegen der dauernden Übersiedlung zu rechnen ist.

Mitunter finden sich Angaben über die Dauer des Aufenthalts der erwachsenen Männer bzw. der Familien in den Städten. So ist für die Kupferorte Zambias charakteristisch, daß 68 v. H. der Männer bis zu vier Jahren blieben, wenn sie aus Entfernungen bis 320 km kamen; belief sich die Distanz zu den Heimatdörfern auf mehr als 640 km, dann lag dieser Anteil sogar bei 80 v. H. (Mitchell, 1973, S. 298). In Kinshasa verließen im Jahre 1955 38,5 v. H. der Zuwanderer nach fünf Jahren wieder die Stadt.

Die Bindungen an Großfamilie, Sippe und Stamm können bei nicht allzu großen Entfernungen durch häufige Besuche im Heimatdorf aufrechterhalten werden, wie es von Kampala (Gutkind, 1965 bzw. 1969, S. 390) oder Daressalam (Vorlaufer, 1973, S. 171) bekannt ist, wobei allerdings Differenzierungen zwischen den einzelnen Stämmen bestehen. Existiert diese Möglichkeit nicht, dann können Zusammenschlüsse von Angehörigen ein- und desselben Stammes erfolgen, die neuen Zuwanderern derselben Gruppe Hilfestellungen geben, so daß sich die tribale Struktur in den Städten fortsetzt. Sofern die Zirkulation zur Migration wird, dann stellen sich allerdings Auflösungserscheinungen ein, die nicht übersehen werden dürfen.

Greifen wir zum Abschluß die Frage nach der Verteilung der Städte im tropischen Afrika auf, dann hilft folgende Tabelle weiter. Sofern andere Werte als bei Manshard (1977, S. 221) erscheinen, so liegt das daran, daß neuere Daten zur Verfügung standen.

Es mag zur Charakterisierung des tropischen Afrika beitragen, daß es kleine Länder gibt, in denen die Hauptstadt das einzige Zentrum darstellt, wie es in Burundi oder Gambia der Fall ist, die aber nicht die einzigen sind. Vornehmlich in den binnenländischen Bereichen des einstigen Französisch-West- und -Äquatorialafrika, in denen die Verwaltungseinheiten der Territorien selbständig wurden, zeigt sich eine ausgesprochene Primate City-Struktur (Mauretanien, Tschad, Niger). Sie ist ebenfalls in Senegal vorhanden, weil Dakar früher als Oberzentrum für das gesamte Französisch-Westafrika fungierte, mit der Ausbildung der selbständigen Binnenstaaten mitunter eine Hinwendung zu den Einheiten der Oberguineaküste vorgenommen wurde. Zwar stellt Vorlaufer (1973, S. 23 ff.) Daressalam als Primate City von Tanzania heraus, aber im Vergleich zu anderen afrikanischen Staaten ist die Bedeutung der ehemaligen Hauptstadt gemindert, jedenfalls, was die Bevölkerung anlangt. Dort, wo die Bergbaureviere eine Rolle spielen, z. B. in Zaïre oder in Zambia, besitzt wohl die Hauptstadt die jeweils höchste Einwohnerzahl, ohne eine Primate City-Struktur zu besitzen. In Nigeria, das mit seinen Yorubastädten im Süden und mit den einstigen Karawanenstädten im Norden

Tab. VII.B.23 Der Anteil der Primate Cities in der Gesamtbevölkerung und an der städtischen Bevölkerung (für Städte mit 20 000 Einwohnern und mehr) in Tropisch-Afrika

Land	Jahr	Anteil d. Prim. C. a. d. Gesamtb.	Hauptstadt	Anteil d. Prim. C. a. d. städt. B.
Nigeria	1963	1,7	Lagos	9,2
Burundi	1965	2,1	Bujumbura	100,0
Tanzania	1970	2,3	Daressalam[1]	36,5
Uganda	1969	3,4	Kampala	44,3
Äthiopien	1974	3,6	Addis Abeba	34,6
Niger	1974	4,2	Niamey	48,8
Mali	1972	4,2	Bamako	28,4
Tschad	1972	4,7	Ndjemena	56,0
Togo	1970	6,6	Lome	53,4
Mauretanien	1967	6,6	Nouakchott	76,9
Gambia	1973	7,7	Banjul(Bathurst)	100,0
Zaire	1974	8,3	Kinshasa	31,4
Elfenbeink.	1974	13,5	Abidjan	42,6
Senegal	1973	13,9	Dakar	53,6

Nach Manshard, 1977, S. 221 und Statistisches Bundesamt Wiesbaden: Länderberichte.

[1] Daressalam ist zwar noch die wichtigste Stadt von Tanzania, obgleich Dodoma zur Hauptstadt gemacht wurde.

ohnehin eine Sonderstellung beansprucht, spiegelt sich das in der Verteilung der Städte wider, die einer log-normalen nahe kommt (Abiodun, 1967).

Anders als in Lateinamerika, aber ähnlich wie in Südostasien sind Männer stärker als Frauen an der Abwanderung in die Städte beteiligt, weil in Afrika häufig die Landbewirtschaftung in den Händen der Frauen liegt und Männer als Dienstpersonal in den Haushalten der Oberschicht Verdienstmöglichkeiten finden.

C. Städte mit besonderen Funktionen oder funktionale Stadttypen

Manche Städte zeichnen sich über ihre zentralen Funktionen hinaus durch besondere Funktionen aus, die in ihrer Wirkung nicht unbedingt auf das eigentliche Hinterland bzw. Einflußgebiet beschränkt bleiben, sondern weiter ausgreifen können. Wenn wir von einer Universitätsstadt, einer Handelsstadt, einer Industriestadt o. ä. sprechen, dann verbinden wir damit bestimmte Vorstellungen, die nicht allein die wirtschaftliche oder soziale Struktur betreffen, sondern der Gesamtheit ihrer Lebensverhältnisse eine spezifische Prägung verleihen. Keineswegs allen Städten kommt ein solch besonderer Charakter zu. Dort, wo genaue statistische Unterlagen für eine funktionale Klassifizierung der Städte in Anspruch genommen wurden, muß in der Regel eine nicht unerhebliche Gruppe als mit mannigfaltigen Funktionen versehen ausgeschieden werden. In der von Harris (1943) gegebenen Klassifikation der US-amerikanischen Städte, in der neueren von Nelson (1955) ebenso wie in der von Keuning (1950) für die niederländischen Städte z. B. erscheinen fast 20 v. H. oder sogar mehr unter den „diversified cities". Dabei handelt es sich einerseits um kleinere Städte mit niedrigen zentralen

Funktionen, andererseits aber um wichtige Zentren, die von dem Streben erfüllt waren, die bei ihnen nur gering ausgebildeten Funktionen immer stärker zu integrieren und zu multifunktionalen Städten zu werden. Wie unsere Hafen- und Handelsstädte Bremen und Hamburg ihren industriellen Sektor immer mehr ausbauten und auch auf kulturellem Gebiet ihre Belange wahrnahmen, so wurde die industrielle Bedeutung von Hannover durch die Entwicklung seiner Messe und damit durch den Handel erweitert.

In der Regel reicht dazu die Gemeindetypisierung nicht aus, weil hier mehr Wert darauf zu legen ist, ländliche Siedlungen von denen zwischen Land und Stadt stehenden zu unterscheiden. Wohl läßt sich die Größe der Städte angeben, u. U. das Überwiegen des sekundären oder des tertiären Sektors feststellen (Ruppert, 1965; Blotevogel und Hommel, 1980) oder mittels der Einpendler ein Überblick über den Umfang des Umlandes gewinnen (Hahlweg, 1968), aber das sind einzelne Momente, durch die die Städte funktional nicht erschöpfend dargestellt werden können.

Zunächst soll hier die von Harris (1943, S. 86 ff.) an Hand der US-amerikanischen Städte erprobte Methode zu Rate gezogen werden, wobei nicht immer die Verwaltungseinheiten, sondern sofern statistisch erfaßbar, die metropolitan districts zugrunde gelegt wurden, statistische Einheiten, die eine Stadt von 50 000 Einwohnern und mehr mit ihren Vororten erfassen. Für alle Städte mit 10 000 Einwohnern und mehr lagen für das Jahr 1930 die Beschäftigten-Zählung vor. Dabei wurden hinsichtlich des Anteils der Beschäftigten für Industriestädte, Großhandelsstädte usf. Grenzwerte gefunden, die zwar zu berechnen sind, aber schließlich doch auf Grund besonders eindeutiger Beispiele gemäß der in diesem Rahmen gewonnenen Erfahrungen erzielt wurden, unabhängig von der Größe der Städte, aber für Industrie, Einzelhandel, Großhandel u. a. m. verschiedene Maßstäbe verwendend. Für besondere Verwaltungsaufgaben konnte kein Kriterium ausgemacht werden, so daß entsprechende Städte unberücksichtigt blieben. Die Werte als solche sind weniger wichtig, um so mehr allerdings die auf diese Weise gefundenen funktionalen Typen: überragende Industriestädte, Industriestädte geringeren Grades, Einzelhandelszentren, Großhandelsstädte, Verkehrsstädte, Bergbau-, Fremdenverkehrs- und Rentner- sowie Universitätsstädte.

Nachdem Harris (1945) die Städte der Sowjetunion mit 100 000 Einwohnern und mehr in ähnlicher Weise typisiert hatte, übernahm er nun mit kleineren Verbesserungen die Gliederung von Khorev (1965), der sämtliche Städte mit 50 000 Einwohnern und mehr und teilweise auch die kleineren nach dem Anteil der Beschäftigten in verschiedenen Zweigen des Erwerbslebens charakterisierte. Um einen von Erfahrungen unabhängigen Maßstab zu gewinnen, wurde für alle Städte mit 50 000 Einwohnern und mehr der Durchschnitt der Beschäftigten in Bergbau und Industrie einerseits und andererseits der Durchschnitt der in Industrie, Baugewerbe, Transport- und Kommunikationswesen Beschäftigten berechnet und dann die Zahl der Städte angegeben, die in der engeren oder weiteren Kategorie unter oder über dem genannten Durchschnitt für alle Städte sich befanden. Als weiteres differenzierendes Element trat die Größe der Städte hinzu. In letzterer Beziehung ergab sich folgende Gliederung, wobei nach Möglichkeit auch kleinere Städte berücksichtigt, diejenigen städtischen Typs aber nicht einbezogen wurden:

Tab. VII.C.1 Zahl der sowjetischen Städte bestimmter Funktionstypen in Abhängigkeit von der Größe der Städte

Funktionaler Stadttype	Bevölkerung in 1 000			
	50 u. m.	20–49	10–19	unter 10
Multif. Verwaltungs-Zentren	134	14	3	–
Lokale Zentren	15	40	viele	viele
Industriestädte	136	310	viele	wenige
Verkehrsstädte	5	61	einige	einige
Fremdenverkehrsstädte	4	1	einige	einige
Universitäts- u. Forschungs-Zentren	2	3	einige	einige
Andere, nicht klassifizierte Zentren	8	15	einige	einige

Nach Khorev, 1965, S. 68 ff. bzw. Harris, 1970, S. 107.

In den späteren Abschnitten über die Funktionstypen soll hierauf näher eingegangen werden. An dieser Stelle sei nur noch erwähnt, daß die sonst ausgeschiedenen Kriegshäfen ebenso wie die Landstädte mit einem bemerkenswert hohen Anteil von ländlicher Bevölkerung in obiger Tabelle nicht erscheinen bzw. unter die nicht klassifizierten gerieten.

Da die eben ausgewiesenen Grenzwerte auf Erfahrung beruhen, strebte man danach, mathematisch exakte Methoden zu benutzen. Wiederum für die Städte der Vereinigten Staaten nach dem Zensus vom Jahre 1950 bearbeitet und auf die urbanized areas bezogen, ging Nelson (1955) von folgenden Überlegungen aus:

Die in der amerikanischen Statistik unterschiedenen 24 Erwerbszweige werden auf neun Gruppen, die für Städte wichtig sind, reduziert und für jede Stadt der Anteil der in diesen neun Gruppen Beschäftigten im Verhältnis zur Gesamtzahl der Erwerbstätigen berechnet ebenso für jede Gruppe das arithmetische Mittel des genannten Anteils. Letzteres beträgt z. B. für die in der Industrie Beschäftigten 27,07 v. H., für die im Einzelhandel Beschäftigten 10,09 v. H. oder für die im Bergbau Beschäftigten 1,62 v. H. Die mittlere Abweichung d_i für jede Stadt E_i mit dem Beschäftigtenanteil einer Gruppe x_i ist dann durch $x_i - \bar{x}_i$ gegeben, wobei $\bar{x}_i$ das arithmetische Mittel des Anteils dieser Gruppe für alle Städte bedeutet. Die mittlere Abweichung $\bar{d}_i$ für alle Städte erhält man durch die Summe von $x_i - \bar{x}_i$, geteilt durch die Anzahl der in Betracht kommenden Städte

$$\bar{d}_i = \frac{\sum_{i=1}^{h} x - \bar{x}_i}{n}$$

Dieser Ausdruck kann negativ oder positiv sein. Um negative Werte auszuschalten, führt man für jedes $x_i - \bar{x}_i$ das Quadrat ein und bezeichnet den Ausdruck

$$\sqrt{\frac{\sum_{i=1}^{h}(x_i - \bar{x}_i)^2}{n}}$$

als Standardabweichung (Gregory, 1968, S. 24 ff.). Die Standardabweichung σ gibt an, mit welcher Beschäftigtengruppe eine Stadt in besonderem Maße über dem Durchschnitt liegt. Darüber hinaus kann die graduelle Bedeutung einer Beschäftigtengruppe daran gemessen werden, ob das arithmetische Mittel ein-, zwei oder dreimal von σ übertroffen wird. Die Möglichkeiten der Kombination sind bei dem von Nelson verwandten Verfahren ungleich größer als bei demjenigen von Harris, denn einerseits kann die Bewertung der Dominanz eines Erwerbszweiges für eine Stadt beurteilt werden und andererseits besteht die Möglichkeit, eine Stadt durch mehrere Erwerbszweige zu charakterisieren, was sicher häufiger der Fall ist, als man im allgemeinen annimmt.

Wird eine Stadt durch mehrere überragende Erwerbszweige gekennzeichnet, dann läßt sich dadurch die Tendenz zur Ausbildung multifunktionaler Städte erkennen, sofern verschiedene Gruppen der Industrie und zentraler Einrichtungen beteiligt sind. Deswegen hat es eine gewisse Berechtigung, die Funktionen einer Stadt hinsichtlich ihrer Einseitigkeit oder Vielseitigkeit zu betrachten. Ansätze dazu finden sich in bezug auf die amerikanischen Städte mit 300 000 Einwohnern und mehr bei Ullman und Dacey (1962, S. 137 ff.), die einen bestimmten Index für die Spezialisierung berechneten, so daß danach Washington und Detroit, die Bundeshauptstadt und eine ausgesprochene Industriestadt in eine Gruppe gehören, aber eine Auswertung in bezug auf funktionale Stadttypen, worauf es hier im wesentlichen ankommt, nicht erfolgte.

Stärker wurde dieses Mittel von französischer Seite benutzt, wo die Städte mit 20 000 Einwohnern und mehr untersucht wurden. Bei Ausschaltung von Land- und Forstwirtschaft sowie Fischerei wird die Zahl der in der Industrie Beschäftigten (sekundärer Sektor) zu der in Handel, Verkehr usf. (tertiärer Sektor) in Beziehung gesetzt (Carrière und Pinchemel, 1963, S. 176 ff.). Ist das Verhältnis zwischen der im sekundären und im tertiären Sektor Beschäftigten 1, dann sind Industrie und zentrale Funktionen in gleicher Weise beteiligt. Wenn das Verhältnis der Erwerbstätigen im sekundären und tertiären Sektor zwischen 0 und 1 liegt, dann sind die zentralen Funktionen wichtiger als die Industrie. Sobald der genannte Faktor einen höheren Wert als 1 erreicht, ist das Umgekehrte der Fall. Für die französischen Städte mit 20 000 Einwohnern und mehr bedeutet dies, daß bei 66 v. H. der Provinzstädte der tertiäre Sektor größer als der sekundäre war; das Gegenteil zeigte sich nur im Raum von Paris, wo 66 v. H. der Städte höhere Werte für die Industrie aufwiesen. Ausgesprochene Industriestädte, bei denen das Verhältnis von sekundärer zu tertiärer Erwerbsbevölkerung höher als 3 ist, bilden in Frankreich eine Ausnahme, und in nur wenigen Großstädten überwiegen die in der Industrie Beschäftigten mit einer Verhältniszahl von höchstens 2:1. Daraus zogen Carrière und Pichemel (1963, S. 179) mit Recht den Schluß, daß die Industrie in Frankreich ein bereits vorhandenes Städtenetz überformte, aber nicht grundlegend änderte, was im kontinentalen Europa manche Parallele findet, in Großbritannien, den Vereinigten Staaten und der Sowjetunion aber anders ist.

Hat man Städte des sekundären von solchen des tertiären Sektors unterschieden, dann läßt sich weiterhin – und das gilt insbesondere für die Industrie – untersuchen, ob ein bestimmter Zweig vorherrschend oder ob Vielseitigkeit bestimmend ist. Die Einseitigkeit zu berechnen, stößt auf keine Schwierigkeiten, weil der

Anteil der in Frage stehenden Erwerbsgruppen an der Gesamtzahl der zum sekundären Sektor Gehörigen einen eindeutigen Maßstab abgibt. Auf dieser Grundlage trafen Carrière und Pinchemel (1963, S. 209 ff.) die Differenzierung zwischen mono- und polyindustriellen Städten; unter ersteren sind diejenigen zu verstehen, die überragend durch Bergbau, Metallindustrie usf. charakterisiert sind, unter letzteren diejenigen, bei denen mindestens zwei Industriezweige führend sind. Schwieriger ist es, die Vielseitigkeit festzulegen, die nach einem auf amerikanischem Vorbild beruhenden Index berechnet wird. Verdient die Spezialisierung Beachtung, weil die Abhängigkeit von ein bis zwei Industriezweigen in wirtschaftlichen Krisenperioden gefährlich sein kann, so bringt der Index der Vielseitigkeit nichts wesentlich Neues und braucht hier nicht näher erläutert zu werden.

Auch die früher getroffene Unterscheidung zwischen den Beschäftigten, die vornehmlich die Stadtbevölkerung versorgen (nonbasic employment), und denjenigen, die für das Umland, Hinterland usf. tätig sind (basic employment), vermag in die funktionale Gliederung der Städte einzugehen, sofern das Hauptgewicht auf die städtebildenden Funktionen gelegt wird. Dann kommt es nicht mehr auf eine arithmetische Mittelbildung an, sondern auf die Berechnung des minimalen Bedarfs einer Stadt für die verschiedenen Erwerbszweige. Diese Grundlage benutzte Alexandersson (1956) für die Typisierung der US-amerikanischen Städte mit 10 000 Einwohnern und mehr nach dem Zensus vom Jahre 1950. Für jeden der 36 Erwerbszweige berechnete er für jede Stadt bzw. für jede urbanized area den Anteil der Beschäftigten und erstellte kumulative Verteilungsdiagramme, bei denen auf der einen Achse der Anteil der Städte, auf der andern der Anteil der Beschäftigten in einem der 36 Erwerbszweige, vom niedrigsten Wert fortschreitend, aufgetragen wurde. Um Extremfälle auszuschalten, bezog er sich bei jeder der 36 Verteilungskurven nicht auf das absolute Minimum, sondern diskutierte den k_1-Wert, der 1 v. H. über der Ausgangsposition lag, demnach die 9. Stadt betraf, und den k-Wert, der 5 v. H., d. h. die jeweils 43. Stadt betraf und entschied sich, auf amerikanische Lebensverhältnisse Bezug nehmend, den k-Wert als Minimalbesatz anzusehen. Es gibt Erwerbszeige, bei denen das absolute Minimum, k_1- und k-Wert gleich 0 sind, z. B. Bergbau, Holzindustrie, Automobilindustrie ebenso wie andere, bei denen der k-Wert um einige Prozent höher ist als der k_1-Wert. Um die jeweilige Bedeutung eines Erwerbszweiges für eine Stadt auszudrücken, wurde weiterhin die Unterscheidung getroffen, ob der k-Wert um 5-9,9 v. H. (C-Städte), um 10-19,9 v. H. (B-Städte) oder um 20 v. H. und mehr übertroffen wird (A-Städte). Differenzierungen innerhalb des Landes, wie sie z. B. für die Städte des Südens mit ihrem hohen Besatz an persönlichen Dienstleistungen oder für Kalifornien mit überdurchschnittlich hohem Lebensstandard gegeben sind, blieben unberücksichtigt ebenso wie die Beziehung zwischen der Größe der Städte und dem k-Wert. Letzteres untersuchte Morrisset (1958), wobei sich herausstellte, daß sich der k-Wert der Beschäftigten im tertiären Sektor mit steigender Einwohnerzahl erhöht.

Vornehmlich nach dem Zweiten Weltkrieg wurden statistische Verfahren entwickelt, die teilweise für die Bestimmung funktionaler Stadttypen, teilweise auch für die Herauskristallisierung regionaler Stadttypen herangezogen wurden.

Dabei spielt u. a. die Faktorenanalyse eine Rolle, die allerdings vornehmlich für die soziale Gliederung der Städte eine Rolle spielt, so daß im Abschnitt über die innere Differenzierung der Städte darauf eingegangen werden soll (Kap. VII.D.). Sofern solche Methoden für die Ausgliederung von Funktionstypen oder regionalen Stadttypen Verwendung fanden, wurden die gewonnenen Ergebnisse in die Betrachtung einbezogen.

Wir können hier nur auf die wichtigsten Typen der besonderen Funktionen eingehen. Die Auswahl wurde nach folgenden Gesichtspunkten getroffen: Unberücksichtigt bleiben vor allem solche, die trotz städtischer Prägung nachweislich meist keine zentralen Funktionen besitzen; hierzu gehören vor allem die der Erholung dienenden „Städte" ebenso wie die „Wohnstädte", für die auf frühere Abschnitte verwiesen wird (Kap. V.). Dagegen werden diejenigen Typen herausgestellt, die einerseits zum Verständnis der Entwicklung des Städtewesens in den verschiedenen Kulturbereichen beitragen und die andererseits unter den gegenwärtigen wirtschaftlichen und sozialen Bedingungen wichtig sind.

1. Besondere politische Funktionen und daraus erwachsende Stadttypen

Von jeher haben politische Funktionen für die Entstehung von Städten eine ausschlaggebende Rolle gespielt, sei es, daß die Ausübung der Herrschaft, sei es, daß die Gewährung des Schutzes im Vordergrund stand. Dadurch konnte die Ansiedlung von Kaufleuten bewußt in die Wege geleitet oder unbewußt gefördert und dadurch auch dem Beamtentum eine wichtige Stellung gewährt werden. Residenz- und Burgstädte, Festungs- und Garnisonstädte ebenso wie Beamtenstädte sind der Ausdruck politischen Willens. Eines allerdings bleibt bei diesen Stadttypen zu bedenken: die Wandelbarkeit ihrer Funktionen. Sie sind in besonderem Maße abhängig vom politischen Geschehen. Herrschergeschlechter streben auf, vergehen, und neue treten an ihre Stelle, die sich u. U. eine andere Residenz wählen. Staatsgrenzen unterliegen Veränderungen, so daß die zu ihrem Schutze errichteten Militärstädte dann notwendig ihren Charakter einbüßen. Verwaltungsfunktionen können von der einen in die andere Stadt verlegt werden, und was jener genommen wird, das gewinnt diese.

Residenz- und Burgstädte stehen am Beginn der Entwicklung des Städtewesens überhaupt. Die bedeutenden Städte der Induskultur, Harappa und Mohendjodaro, waren Residenzstädte und Festungen zugleich. Im Zweistromland bildeten in der sumerischen Kultur die Burgsitze von Priesterkönigen die Ansatzpunkte städtischen Lebens. Zwar konnten diese Siedlungen um das 3. Jahrtausend v. Chr. noch nicht als eigentliche Städte bezeichnet werden, weil es sich im wesentlichen um eine königliche Gutswirtschaft handelte; doch entwickelten sich einige von ihnen zu Städten, nachdem es vielleicht semitischen Stammesfürsten – gewohnt, über nomadische Zeltlager zu herrschen – gelang, mehrere Priesterburgen staatlich zusammenzufassen (Kirsten, 1956; Schmökel, 1955). Auch in Ägypten waren es die Residenzen von Priesterkönigen, die städtisches Leben einleiteten. Ebenso ist in Kreta zur Zeit der mittelminoischen Kultur eine Zentralgewalt bezeugt. Mit der Palastsiedlung Knossos war offenbar ein Gemeinwesen entstanden, das die Kennzeichnung als Stadt bereits verdiente und durch die Residenz die charakteristische

Note erhielt. Vielfach erlagen die altorientalischen Residenzstädte, die zugleich religiöse Mittelpunkte waren, dem Wandel politischer Kräfteverhältnisse, so daß sie heute nur noch durch Ausgrabungen erschließbar sind. Es sei, um nur ein Beispiel herauszugreifen, an Assur gedacht, dem Mittelpunkt des assyrischen Reiches, am Westufer des Tigris, 100 km südlich von Mossul gelegen. Nach dem Untergang des Assyrerreiches am Ende des 7. Jahrhunderts v. Chr. ging die Bedeutung der Stadt mehr und mehr zurück, so daß die Siedlung zur Zeit Alexanders des Großen ein unbeachteter Flecken war. Erst als die Römer ihr Weltreich auf das Zweistromland auszudehnen versuchten, wurde das westliche Tigrisufer als Brückenkopf für das Partherreich wichtig; an der Stelle der alten Stadt Assur entstand nun ein militärischer Stützpunkt, bis dieser den wiederholten römischen Angriffen erlag und damit die Siedlung endgültig unterging (Andreae und Lenzen, 1933, S. 1 ff.).

Natur- und kulturgeographische Momente, beschränktes Oasenland, das die Ausbildung bäuerlicher Kultur fördert, und weites Steppen- und Wüstenland, das kriegerischen Hirtennomaden als Lebensraum dient, wirkten zusammen, um im Orient das autokratische Herrschaftsprinzip immer wieder zur Geltung zu bringen und damit den Residenzstädten besondere Bedeutung zukommen zu lassen. Eindringlich zeigt sich dies bei den arabisch-islamischen Städten. Die Araber lernten auf ihren Eroberungszügen die Städte der byzantinischen, persischen und hellenistischen Kultur kennen. Sie hielten sich zunächst abseits der alten vorhandenen Städte und begnügten sich mit militärischen Lagern, in denen die Kriegsheere zusammengehalten wurden. Diese Lager, zu denen z. B. Basra, Kufra und Kairuan gehörten, entwickelten sich dann zu Städten, deren Funktion vor allem eine militärische und politische war, zumal die Feldherren nach der Eroberung die Lagersiedlungen oft genug zu Residenzen erwählten (Reitemeyer, 1912; für Kairuan vgl. Despois und Raynald, 1967, S. 246).

Der Typ der Burg- und Residenzstädte findet sich in erheblicher Verbreitung auch in Indien. Er gehört hier wahrscheinlich nicht zur ältesten Schicht, wenn wir von der Stromoasenkultur am Indus absehen. Doch war er bereits in den Hindureichen entwickelt, und erst recht gewann er mit dem Eindringen der Mohammedaner an Bedeutung. Ähnlich wie im Orient verband sich mit dieser spezifischen Funktion das Werden und Vergehen von Städten; ähnlich wie dort zeigt sich auch hier die Verlagerung der Residenzen beim Herrscherwechsel. Trotz dieser Veränderungen aber forderten besonders günstige Lageverhältnisse in beiden Bereichen immer wieder von neuem zur Anlage von Städten an etwa derselben Stelle heraus. Wir wollen dies nach den Untersuchungen von Hearn (1928) am Beispiel von Delhi etwas näher erläutern:

Über die Lage der ältesten Stadt an der Djamna im Bereiche der schmalen Ebene, die die Verbindung zwischen den Strombereichen von Indus und Ganges herstellt, wissen wir nichts. Daß sich hier eine strategisch ausgezeichnete Position zur Beherrschung sowohl des Pandschab als auch Hindostans anbot, dürfte verständlich erscheinen. Von der Mitte des 11. Jh.s ab ist die Entwicklung zu übersehen. Damals entstand Alt-Delhi, das dann dem Ansturm der Mohammedaner erlag, von diesen aber wieder zur Haupt- und Residenzstadt erwählt wurde. Bald fand die wachsende Bevölkerung innerhalb des Mauerkranzes nicht mehr Platz, so daß sich im ebenen Gelände des Nordostens offene Vorstädte entwickelten. Diese aber waren in kriegerischen Auseinandersetzungen besonders gefährdet, so daß man zu ihrem Schutz im Nordosten die ummauerte Stadt Siri gründete. Mit einem Herrscherwechsel im Jahre 1320 wurde Tughlukabad zur neuen Residenz ausersehen, 9 km östlich von Alt-Delhi

588   Die Städte

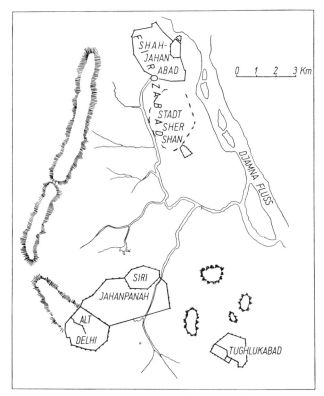

Abb. 106 Die Verlagerungen in der Stadt Delhi (nach Hearn).

auf einer isolierten Höhe gelegen. Diese gab man bei einem erneuten Regierungswechsel wieder auf, um das bereits bebaute Gelände zwischen Alt-Delhi und Siri zur Stadt Jahanpanah zu erheben. Der nächste Herrscher rief im Jahre 1354 Firozabad ins Leben, 6-8 km östlich von Siri. Nach der Eroberung durch die Moguln entstand auf einem Teil des Bodens von Firozabad die Stadt Sher Shah's, und im Jahre 1648 legte Shah Jahan nördlich davon die siebente Stadt an, Shajahanabad, für deren Aufbau man das Material der Mauern von Firozabad und der Stadt Sher Shan's verwandte. Auf diese Weise fand eine Verlagerung von Delhi in einem Bereiche von 50 bis 60 qkm statt, derart, daß die jüngeren Gründungen im allgemeinen nordöstlich der älteren lagen, eine Erscheinung, die u. U. mit Laufverlegungen der Djamna zusammenhängt (Abb. 106).

Residenz- bzw. Burgstädte sind nicht nur für die Entstehung der indischen Städte wichtig; es spielt dies auch für ihre gegenwärtige Gestaltung eine Rolle, denn unter englischer Herrschaft blieben zahlreiche Fürstenstaaten erhalten, die in einer Residenz- bzw. Burgstadt ihren Mittelpunkt fanden, ähnlich wie das auch für Hinterindien der Fall ist.

Sowohl in Südostasien als auch in Java bildeten Palast- und Tempelstädte mittel- oder nachmittelalterlicher Entstehung die Grundlage des Städtewesens, wozu etwa „die Königsstädte des 18. und 19. Jh.s gehören wie Mandalay als letzter Sitz des burmanischen und Hué als der der annamitischen Könige oder Bangkok, dessen Tempel- und Palastzentrum noch heute diese Funktion fortführt" (Uhlig, 1975, S. 133).

Ebenso wie in West- und Mitteleuropa Vorläufer des hochmittelalterlichen Städtewesens bekannt sind, ebenso verhält es sich in Japan, wo im 6. und 7. Jh. Hauptstädte als Residenzstädte, meist nach chinesischem Vorbild, in der Nara-

Ebene und im Becken von Kyoto entstanden (Fujioka, 1970, S. 13). Der Hauptteil aber entwickelte sich erst seit dem 16. Jh. während der Tokugawa-Periode, als Burgsitze von Feudalherren (Abb. 109).

Wesentlich anders liegen die Verhältnisse in China. Wohl mag bei der frühen Ausbildung des chinesischen Städtewesens im Nordwesten des Landes die Funktion als Fluchtburg bzw. politisch-militärisches Zentrum eine Rolle gespielt haben, wie es Schmitthenner (1930, S. 90) vermutete und Trewartha (1952) näher ausführte. Doch entwickelte sich die chinesische Stadt unter dem immer wieder zur Einheit des Gesamtraumes strebenden Staatswillen und den Erfordernissen, die die Verwaltung eines großen zusammenhängenden Reiches mit sich brachte, in erster Linie zur Beamtenstadt. Festgefügt war die Verwaltungsordnung mit den hsien-Städten, in denen sich die Kreisverwaltung befand, den darüber stehenden tschu-Städten als Zentren der Präfekturen und den fu-Städten, in denen die Provinzen ihren Mittelpunkt hatten. Ein literarisches Prüfungssystem, in dem auf eine umfassende Allgemeinbildung Wert gelegt wurde, war seit dem 7. Jh. n. Chr. die Grundlage für die Auswahl der Beamten. Wenngleich nach dem Zweiten Weltkrieg die Beamtenhierarchie entfiel und Änderungen in den Verwaltungsgrenzen vorgenommen wurden, ist es im wesentlichen bei dem hierarchischen Aufbau der Städte geblieben. Die Provinzhauptstädte, insgesamt 25 im Jahre 1970, die meist die größten ihres Verwaltungsbezirkes sind und in der Regel mehr als 500 000 Einwohner haben, hatten – von wenigen Verlagerungen abgesehen – schon lange zuvor diese Funktion und wurden zu Ansatzpunkten von Leicht- und Schwerindustrie, zumal sie alle an das Eisenbahnnetz angeschlossen sind. Auch die Präfekturstädte, etwa 200 an Zahl, weisen eine beachtliche Konstanz auf und erweitern ihre administrativen Aufgaben durch Aufnahme einzelner Industriewerke. Auf der untersten Stufe der hsien-Ebene mit 5000-20 000 Einwohnern befinden sich etwa 2000 Städte, die hinsichtlich ihrer Industrie auf die Belange der Landwirtschaft ausgerichtet sind und sonst etwas an Bedeutung gegenüber früher einbüßten, weil ein Teil ihrer Aufgaben den Volkskommunen bzw. Brigaden (Kap. VII.B.3.) zugewiesen wurde (Chang, 1976). Da man nicht gewillt ist, die Industrialisierung auf Kosten der Landwirtschaft durchzuführen, aber daran interessiert ist, die westlichen unterentwickelten Provinzen bzw. autonomen Gebiete den fortgeschritteneren östlichen anzugleichen, war es möglich, eine solche Konstanz im hierarchischen Aufbau der Städte zu wahren.

Wir wenden uns nun Europa, vornehmlich den west- und mitteleuropäischen Ländern zu, um hier die Bedeutung der politischen Funktionen für die Entstehung der Städte und ihre gegenwärtige Charakterisierung zu betrachten. Herrschaftsanspruch und militärischer Schutz haben auch hier für die Entstehung von Städten oft genug eine entscheidende Rolle gespielt. Als die Römer ihr Weltreich schufen, gründeten sie ihre Herrschaft in den unterworfenen Gebieten auf ein nach strategischen Gesichtspunkten angelegtes Straßennetz, das von Kastellen geschützt wurde. Diese bildeten vielfach die Anknüpfungspunkte für die Entstehung von Städten, bei denen die militärische Funktion häufig das Übergewicht erhielt. Eine größere Anzahl italienischer oder spanischer Städte geht auf römische Militärstädte zurück. In Frankreich, im westlichen und südlichen Deutschland bis zum Limes, in den Alpen- und Donauländern ebenso wie in England stellen die römischen Garnisonstädte neben den Zivilstädten die älteste Schicht städtischer Siedlungen dar, sofern man berücksichtigt, daß damit nicht unbedingt eine Kontinuität städtischen Lebens gegeben war. Während der Völkerwanderung und im frühen Mittelalter verschwanden vor allem in den nördlich der Alpen gelegenen Gebieten städtische Lebensformen weitgehend, wenn auch auf anderer Grundlage die Siedlungsstätten oft genug weiter benutzt wurden; sie gaben dann für die Stadtkultur des Mittelalters erneut die Ansatzpunkte ab (Vercauteren, 1934; Aubin, 1949), allerdings meist unter Wandlung ihrer Funktion (Bischofssitze usf., Kap. VII.C.2.). Zumindest für Deutschland seien einige dieser Römerstädte genannt: Xanten, Neuß, Bonn, Trier und Straßburg waren wichtige Garnisonstädte; Köln, Koblenz, Speyer, Worms, Rottweil, Kempten, Augsburg, Regensburg und Passau gehören in dieselbe Reihe. Mitunter zeigt sich der römische Ursprung noch in der Grundrißgestaltung, falls sich nicht sogar römische Bauwerke erhielten, worauf später zurückzukommen sein wird.

Bei der Entstehung der west- und mitteleuropäischen Städte im frühen Mittelalter spielten herrschaftlich organisierte Burgen eine entscheidende Rolle (Schlesinger, 1958), die den Ansatzpunkt für Handel und Handwerk abgaben, bedeutete doch das Wort „burg" zwischen Rhein und Elbe vom 8. bis in das 12. Jh. hinein ein städtisches Gemeinwesen (Schlesinger, 1963 bzw. 1969, S. 104). Zahlreiche Namen noch heute wichtiger Städte, die bis in frühmittelalterliche Zeit zurückreichen, tragen in ihrem Namen das Grundwort „burg", wie etwa Regensburg, Würzburg oder Magdeburg. Im späteren Hochmittelalter bildeten sich Burgstädte besonders in territorial zersplitterten Gebieten aus. Die Burg auf der Höhe beherrscht noch heute vielfach das Stadtbild, und manche Landschaft in Italien oder Spanien, in Frankreich oder im westlichen Deutschland erhält ihr Gepräge durch die hochmittelalterlichen Burgstädte. Vielfach begegnet dann eine Zweiteilung zwischen der Burg auf der Höhe und der eigentlichen Stadt zu ihren Füßen. Hier sei auch auf das eindrucksvolle Beispiel von Carcassonne verwiesen, wo sich auf dem Gipfel eines Hügels die bis in keltische Zeit zurückreichende „cité" mit ihrem doppelten Mauerkranz erhebt, während in der im Jahre 1247 planmäßig angelegten Niederstadt sich das städtische Leben vollzieht.

Burgsiedlungen städtischen Charakters waren es bei den Westslawen, die vor der Übernahme deutschen Stadtrechts ähnliche Funktionen versahen, die sich bis in die zweite Hälfte des 10. Jh.s zurückverfolgen lassen, z. B. Gnesen, Posen, Breslau, Oppeln, Krakau, Kolberg und Stettin, wobei letzteres zu Beginn des 12. Jh.s 2500-3000 Einwohner hatte (Ludat, 1958, S. 541 ff.).

Die Verbesserung der Kriegstechnik machte in der Folgezeit Burgen entbehrlich; die Burgstädte verloren meist ihre Funktion und mußten sich auf eine andere umstellen. Nun aber schufen sich vor allem in der absolutistischen Periode im 17. und 18. Jh. Könige und Fürsten ihre Residenzstädte. So gründete z. B. Ludwig XIV. Versailles, das in der modernen Epoche in den Bannkreis von Paris geriet und zur Wohnstadt mit eingeengten zentralen Funktionen wurde. Nancy erhielt sein Gepräge als Residenzstadt durch die Herzöge von Lothringen und wandelte sich zur modernen Industriestadt. Karlsruhe wurde zur Residenz der Markgrafen von Baden-Durlach, um sich dann zur Beamtenstadt zu entwickeln (Metz, 1927) und nach dem Zweiten Weltkrieg der Industrie eine entscheidende Rolle einzuräumen. Mannheim fand seinen Beginn als kurpfälzische Residenz und wandte sich später dem industriellen Ausbau zu (Friedemann, 1968).

Der militärische Schutz aber durfte nicht vernachlässigt werden. Festungsstädte, meist an den Ausfallstraßen in der Nähe der politischen Grenzen gelegen, übernahmen die Funktion der Burgstädte. Oft noch unbebautes Gelände mit umschließend, war ihrer Entfaltung sowohl in räumlicher Hinsicht als auch in ihrer allgemeinen Lebenssphäre eine gewisse Beengung und besondere Einseitigkeit eigen. Neu-Breisach, Belfort, Verdun und Wesel (Dorfs, 1972) oder Ulm mögen als Beispiele genügen. In demselben Maße aber galt es, Schutzstellungen und Ausfalltore an den Meeresküsten zu besitzen. Wenn der Festungscharakter meist bestehenden Städten aufgeprägt wurde, so kommt dies bei Kriegshäfen zweifellos auch vor, obgleich hier ebenso Neugründungen eigens zu dem genannten Zwecke vorliegen. Für Großbritannien, das als Inselstaat unter den europäischen Ländern am stärksten auf das Meer angewiesen ist, waren seine verwundbarsten Stellen von jeher dort, wo es auf den Kontinent schaut. So kam im Mittelalter den „Cinque Ports" an der Südküste, Sandwich, Dover, Romney, Hyste und Hastings, der Charakter von Kriegshäfen zu, die besondere Vorrechte besaßen, um eine solche Aufgabe erfüllen zu können (Schultze, 1930, S. 133 ff.). Unter ihnen behielt allein Dover diese Funktion bis zur Gegenwart bei, an der schmalsten Stelle der Meeresunterbrechung zwischen England und dem Kontinent gelegen; aus diesem Grunde nahm man Schwierigkeiten in Kauf, die der Ausbau des Hafens bot, um den modernen Erfordernissen gerecht werden zu können. Sonst übernahmen Portsmouth, Portland und Plymouth die Rolle der versandenden mittelalterlichen Kriegshäfen, und auch einige Häfen der Ostküste, vor allem im schottischen Bereich, wurden in den Dienst der militärischen Interessen gestellt. Ausgesprochener deutscher Kriegshafen war Wilhelmshaven, das um die Mitte des vorigen Jahrhunderts um dieser Aufgabe willen ins Leben gerufen wurde. Wie schwierig es ist, solch einseitig ausgerichteten Städten eine neue wirtschaftliche Basis zu geben, läßt sich gerade an diesem Beispiel ersehen; sowohl in der Industrie als auch im Fremdenverkehr und in einer Stärkung des kulturellen Lebens wird nach dem Zweiten Weltkrieg ein Ausweg gesucht. In Frankreich fungieren Toulon für die Südküste, Brest für die Westküste und Cherbourg für die Nordküste als Kriegshäfen. Rochefort, eine Gründung von Colbert, wurde der ungenügenden Hafenverhältnisse wegen nach dem Ersten Weltkrieg als Kriegshafen aufgegeben und besitzt heute nur einen kleinen Handelshafen. Die moderne Kriegstechnik bedarf der Festungsstädte und Kriegshäfen in geringerem Maße, als es früher der Fall war, so daß diese funktionalen Stadttypen an Bedeutung verlieren. Garnisonstädte, in denen sich der militärische Charakter mehr oder weniger stark durchsetzt, sind auch in Zukunft bei einer funktionalen Klassifizierung zu berücksichtigen, wenngleich sie an Prägnanz verlieren und meist eine breitere Grundlage besitzen. Immerhin stellten sie den jüngsten funktionalen Typ der US-amerikanischen Städte dar, der vor allem während des Zweiten Weltkrieges zur Ausbildung kam. Nelson (1955, S. 200) rechnete hierzu Warrington und Key West in Florida, Newport in Rhode Island, Riverview in Virginia und Junction City in Kansas.

Wie stark politische Funktionen zur Entwicklung von Städten zu führen vermögen, sei schließlich am Beispiel der Sowjetunion gezeigt. Hier, wo byzantinische und mongolische Einflüsse in vielfacher Weise maßgebend waren, drückt sich das auch in der Vorrangstellung der politischen Funktionen des Städtewesens aus. Selbst bei den ältesten Städten des 9. Jh.s wie in Nowgorod, Smolensk, Tschernigow, Vyšograd und Kiew beschränkten sich die ersten Ansatzpunkte auf meist erhöht liegende Burgsitze, gorod genannt, denen erst im 10. Jh. Talsiedlungen, podoly oder posady, folgten, die auf Handel und Handwerk ausgerichtet waren. Auch Moskau, das erstemal 1147 erwähnt, ging aus einem untergeordneten gorod hervor, das ein Jahrhundert später zum Sitz eines Teilfürsten wurde, während das zugehörige posad noch im 14. Jh. eine untergeordnete Rolle spielte (Hellmann, 1966). Nachdem die Staatsbildung im russischen Waldland im Raume von Moskau vollzogen war, standen die mittelalterlichen Stadtgründungen überwiegend im Dienste militärischer Interessen, wie es im Kreml physiognomisch zum Ausdruck gelangt. Mit der Ausdehnung des Russischen Reiches entstanden an bestimmten Befestigungslinien gegen Süden im 16. Jh. Serpuchow, Livny, Jelez, Orel, Woronesch und Belgorod; mit der Gründung von Borissow im Jahre 1600 war man bis an den mittleren Donez vorgedrungen. Im Südosten und Osten wurden Kasan erobert und als militärische Stützpunkte Tschewoksary, Uljanowsk-Simbirsk, Sysran, Kuibyschew, Samara, Saratow, Wolgograd-Zarizyn und Astrachan ins Leben gerufen. Die Eroberung der Ukraine im 18. Jh. brachte für die dort entstehenden Städte das Übergewicht der militärischen Belange wiederum zur Geltung ebenso wie dies für Peter den Großen bei der Gründung von St. Petersburg-Leningrad eine Rolle spielte, und für die Städte Sibiriens liegen die Dinge nicht viel anders. Bis ins 18. Jh. hinein bedeutete die Stadt – von wenigen Ausnahmen abgesehen – einen umzäunten befestigten militärischen Verteidigungsplatz, und je näher sich die Städte an den Grenzen des Reiches befanden, um so ausschließlicher kam ihnen dieser Charakter zu, so daß Miljukoff (1918, S. 130) die Situation folgendermaßen kennzeichnete: „Bevor die Stadt der russischen Bevölkerung notwendig war, wurde sie der russischen Regierung notwendig." Erst nachdem Sicherheit gewährleistet war, traten andere Funktionen hinzu. Insbesondere unter Katharina II. wurde im Rahmen einer neuen Verwaltungsgliederung eine erhebliche Zahl dörflicher Niederlassungen zu Städten erhoben, die die Funktion von Beamtenstädten erfüllen sollten, ohne daß wirtschaftliche Interessen berücksichtigt wurden, so daß eine Vielzahl solcher „künstlicher" Verwaltungsmittelpunkte wieder zu Dörfern degradiert werden mußte. Trotz der Umwälzungen, die die russische Revolution hervorbrachte, wurden unter den 321 Städten mit 50 000 Einwohnern und mehr allein 134 als multifunktionale administrative Zentren eingestuft, wovon 16 Hauptstädte der Unionsrepubliken mit jeweils den höchsten Einwohnerzahlen waren, weitere 118 Zentren der Oblasts oder vergleichbaren Verwaltungseinheiten (Khorev, 1965 bzw. Harris, 1970, S. 68; Tab. VII.C.1.).

Für die amerikanischen Städte fand Harris (1943) kein geeignetes Kriterium, um die Dominanz politischer Funktionen zu bestimmen. Häufig genug waren die Hauptstädte der Bundesländer Ansatzpunkte des Großhandels, der Industrie oder von Verkehrseinrichtungen, so daß die Verwaltungsfunktion durch andere Merkmale überschattet wird. Besser als mit Hilfe des Ausscheidens der städtebildenden Funktionen (basic employment), die Alexandersson anwandte (1956, S. 116ff.), lassen sich ausgesprochene Verwaltungsstädte auf Grund der Standardabweichung gegenüber dem durchschnittlichen Anteil der Beschäftigten ausscheiden, wie es Nelson tat (1955, bzw. 1959, S. 149 und S. 152 ff.). Abgesehen von der Bundeshauptstadt Washington gehört ein Teil der Hauptstädte der Bundesländer dazu, besonders ausgesprochen und ohne weitere bedeutende Funktionen dann, wenn diese Städte relativ klein bleiben. Sacramento in Kalifornien mit 192 000 Einwohnern ist die größte unter ihnen, Jefferson City in Missouri mit 28 000 Einwohnern, Frankfort in Kentucky mit 18 000 Einwohnern oder Olympia in Washington stellen typische Beispiele dar.

Auf diese Weise wurden politische Funktionen in den Kulturländern der Alten Welt in mannigfacher Abwandlung für die Ausbildung zahlreicher Städte entscheidend. Anders dagegen steht es zumeist in den europäisch besiedelten Kolonialländern. Wohl gründeten die Spanier ihre Macht in den Andenhochländern in erster Linie auf Städte, die die Aufgabe hatten, Verwaltungsmittelpunkte zu sein und bald auch zu kulturellen Zentren wurden. Sie knüpften dabei öfter an die Städte der Inkazeit an, die die nämliche Funktion hatten (Wilhelmy, 1952, S. 40). Doch sowohl im östlichen Südamerika als in Nordamerika, in Südafrika, Neuseeland und Australien hatten, wenn man von Einzelheiten absieht, wirtschaftliche Interessen das Übergewicht. Daß sich dann allerdings einige Städte zu ausgesprochenen Beamtenstädten entwickelten, wie es z. B. für einen Teil der Hauptstädte der US-amerikanischen Bundesstaaten der Fall ist (Harris, 1943, S. 98; Nelson, 1955, S. 200), bedarf keiner weiteren Erläuterung. In den tropischen Kolonialgebieten, wo die Europäer lediglich die Herrschaft antraten, ohne selbst eine durchgreifende Besiedlung vornehmen zu können, spielt für die von ihnen ins Leben gerufenen Städte das Hervortreten politischer Funktionen wieder eine größere Rolle. So stellen z. B. Kaduna, Buéa, Bingerville und Abidjan in Westafrika ausgesprochene Verwaltungsstädte dar.

2. Besondere kulturelle Funktionen und dadurch bewirkte Stadttypen

Unter den kulturellen Funktionen, die u. U. städtischem Leben das Gepräge zu geben vermögen, werden einerseits kultische Momente und andererseits überragende Bildungseinrichtungen zu betrachten sein. *Tempel-* und entsprechend *Bischofsstädte* oder *Wallfahrts-* bzw. *Klosterstädte* bilden das Adäquat der einen und *Universitätsstädte* das der zweiten Gruppe. Für alle diese auf kultureller Basis zu begreifenden Stadttypen aber dürfte gelten, daß ihnen im allgemeinen eine geringere Bedeutung zukommt als den durch politische Funktionen geprägten. Im Gegensatz zu diesen ist ihnen aber eine größere Beständigkeit eigen, denn sie werden kaum von dem Wandel politischer Verhältnisse betroffen.

Den Kultsiedlungen wurde ein besonderer Abschnitt gewidmet (Kap. V.); auf ihn ist zu verweisen, um die inneren Zusammenhänge für die begrenzte Ausbildung eigentlicher „Kultstädte" zu verstehen. In Ostasien ist die Entwicklung städtischer Siedlungen im Anschluß an Kultplätze relativ selten, und Tempelstädte spielen hier nur eine untergeordnete Rolle. In Tibet dagegen war die Verknüpfung von Mönchtum und Staat eine wesentliche Voraussetzung dafür, daß ein Teil der Klostersiedlungen als Klosterstädte in Erscheinung trat. In Indien stellen die im Anschluß an Wallfahrtsplätze entstandenen Städte, die meist auch heute noch ein

Übergewicht in dieser Funktion haben, wohl die älteste Schicht dar (James, 1930), wobei die Lage an Flüssen, insbesondere am Ganges, kultisch verankert ist. Wallfahrts- bzw. Tempelstädte geben hier nicht nur kleinere Zentren ab, sondern entwickelten sich teilweise zu Großstädten wie Madura (548 000 Einwohner), Varanesi (Benares, 583 000 E.), Allahabad (514 000 E.) oder Amritsar (430 000 E.). Legte Mecking (1913) in seiner Darstellung von Benares besonderes Gewicht auf die mit dem Kult zusammenhängenden Erscheinungen, so vermittelten Spate und Ahmad (1951) bzw. Spate und Learmonth (1967, S. 559), ein Gesamtbild von Benares und Allahabad; daraus geht hervor, daß Benares mit seinem Geschäftszentrum, seiner Hindu-Universität, seinen administrativen Aufgaben und seiner breiten gewerblichen Grundlage als voll entwickelte Stadt zu gelten hat ebenso wie Allahabad, das außer seiner kultischen Bedeutung als Verwaltungs- und Bildungszentrum auch als Messestadt fungiert. Schließlich legte Singh (1955) noch eine Monographie über Benares vor.

Bei der Konzentration auf Mekka (367 000 E.) mit seinem Wüstenhafen Djidda (561 000 E.) und Medina (rd. 198 000 E.) sind die heiligen Stätten des Islams nicht allzu zahlreich, wenngleich vornehmlich durch die Abspaltung der Schiiten im Irak und Iran Grabmoscheen, die auf Familienangehörige Mohammeds zurückgeführt werden, als Wallfahrtsplätze in Frage kommen, mit denen sich dann in der Regel die religiöse Ausbildung in den Medressen verbindet (z. B. Nedjef mit 100 000 E., Kerbela mit 65 000 E. in Irak oder Meshed mit 670 000 E. in Iran).

Das Einzugsgebiet dieser Wallfahrtsstädte geht wohl über das städtische Hinterland hinaus, bleibt aber innerhalb der nationalen Grenzen. Das trifft nun für Mekka und Medina einschließlich Djidda, das Zubringerdienste leistet, sicher nicht zu. Mekka, das seinen jährlichen Pilgerstrom von 200 000 im Jahre 1950 auf fast 1 Mill. im Jahre 1974 vergrößern konnte, ist innerhalb der islamischen Welt von internationaler Bedeutung; Mohammedaner aus Pakistan, Iran, Jemen, Indonesien, Indien, Nigeria, Ägypten, der Türkei, dem Irak und kleineren afrikanischen Ländern beteiligen sich am Wallfahrtsverkehr. Das war nur unter bewußter staatlicher Förderung durch Saudi-Arabien möglich, indem Djidda einen Flughafen erhielt und im Jahre 1974 bereits über 50 v. H. der Pilger mit dem Flugzeug zureisten, gleichzeitig die Straßen verbessert wurden, Auto und Autobus eingesetzt werden konnten. Zugleich aber ging man daran, die Wallfahrtsstätten in Mekka und Medina selbst zu erweitern unter Niederlegung erheblicher Teile der jeweiligen Altstadt (Schweizer, 1976, S. 231 ff.).

Mit der allgemeinen Säkularisierung des Lebens im christlichen Abendland sind hier Städte, die ihre vorwiegende Aufgabe darin besitzen, religiöse Mittelpunkte zu sein, nicht allzu häufig. Man wird vielleicht Canterbury als Sitz des anglikanischen Erzbischofs in England in dieser Beziehung nennen, u. U. auch Roskilde, in dessen Dom sich die Grabstätten der dänischen Könige befinden und das fast als dänisches Nationalheiligtum erscheint. Stärker kommt das Hervortreten des religiösen Motivs in den katholischen Ländern zur Geltung, in denen vor allem die Erzbischofs- und Bischofssitze hervortreten. Je weniger diese von der modernen Wirtschaft, d. h. von der Industrialisierung erfaßt wurden, um so ausgeprägter ist zumeist die Vorrangstellung des kirchlichen Lebens. Wir greifen als Beispiel Frankreich heraus, wo vornehmlich diejenigen Bischofssitze, die nicht zugleich

Hauptstädte der politischen Verwaltungseinheiten sind (Départements), auch heute noch mitunter durch die kirchlichen Institutionen bestimmt werden. Man mag an Bayeux in der Normandie, an Soissons an der Aisne oder an Autun im Morvan denken, die alle weniger als 30 000 Einwohner haben.

Für die Entstehung von Städten dagegen hat der Kult, in den einzelnen Landschaften in durchaus unterschiedlichem Grade, eine mehr oder minder entscheidende Rolle gespielt. In den ersten nachchristlichen Jahrhunderten zu Bischofssitzen erwählten römischen Städten vermochte sich entweder über die Völkerwanderungszeit hinweg städtischen Lebens einigermaßen zu erhalten wie in Italien, oder aber die kirchliche Funktion dieser Siedlungen konnte zumindest gewahrt werden wie bei manchen Orten in Frankreich und Belgien. Eine solche Kontinuität ist in der Schweiz und in Deutschland nur für Chur (81 000 E.), Mainz (184 000 E.), Köln (978 000 E.) und Trier (98 000 E.) bezeugt. Sie bildeten bevorzugte Ansatzpunkte für die Entwicklung städtischer Lebensformen, in denen dem Handel große Bedeutung zukam. Mit der fortschreitenden Christianisierung in den germanischen Ländern benötigte man Bischofssitze jenseits des Limes, die an wichtigen Heerstraßen ins Leben gerufen wurden, wie es z. B. in Nordwestdeutschland der Fall war. Auch in ihnen lagen Siedlungen vor, die besonders geeignet waren, ihre funktionalen Grundlagen zu erweitern. In Frankreich, wo zahlreiche Klöster seit dem 4. bis zum Ende des 6. Jh.s in oder in der Nähe von Bischofssitzen entstanden, trugen diese zur Kontinuität antiker Siedlungen bei, während bei den späteren Klostergründungen des 7. und 8. Jh.s die Entwicklung von Städten einsetzen konnte wie z. B. in St. Gallen, Fulda und Hersfeld, dies aber nicht unbedingt zu sein brauchte.

Wir wenden uns nun den *Universitätsstädten* zu, unter die keineswegs alle Städte zu rechnen sind, die Universitäten besitzen, sondern nur solche, die in besonderem Maße vom Universitätsleben geprägt werden. Es handelt sich meist um kleinere Städte, in die die Industrie nur wenig Eingang gewann und manchmal auch bewußt ferngehalten wurde. Unter den amerikanischen Universitätsstädten, die vornehmlich nach dem Sezessionskrieg entweder als private Stiftungen oder als staatliche Einrichtungen entstanden, erreichen nur wenige 100 000 Einwohner, insbesondere Madison in Wisconsin, das gleichzeitig Hauptstadt des entsprechenden Bundeslandes ist. Sonst sind es gerade kleinere Städte von 10 000-30 000 Einwohnern, in denen bei Übernahme des englischen Collegesystems die Geschlossenheit des Campus an der Peripherie auch bei Erweiterungen gewahrt werden konnte.

In Europa dagegen vermochten stärker solche Städte, deren Universitäten aus dem Hochmittelalter stammen oder spätere landesherrliche Gründungen darstellen, sich als Universitätsstädte durchzusetzen. Großbritannien mit seinem Collegesystem nimmt dabei eine besondere Stellung ein. St. Andrews, die älteste Universität in Schottland (1411) mit 2600 Studenten und einer Einwohnerzahl von weniger als 10 000 (um das Jahr 1960) erhält im wesentlichen dadurch seine Prägung (Gilbert, 1961, S. 3). In England kommt den beiden ältesten Universitäten (12. bzw. Anfang des 13. Jh.s) Cambridge (106 000 E.) und Oxford (117 000 E.) noch heute eine überragende Rolle im Geistes- und Erziehungswesen des englischen Volkes zu, die allerdings beide mit wachsenden Studentenzahlen und entsprechenden Erweiterungen nicht mehr auf *einen* geschlossenen Bezirk beschränkt blieben, wenngleich man in beiden Fällen versucht, keine allzu großen Entfernungen von der Altstadt aufkommen zu lassen. Hatte sich nach dem Zweiten Weltkrieg in Cambridge Industrie niedergelassen, die der Ergänzung durch die Forschung bedurfte, so sah man seit dem Jahre 1950 für das County Cambridgeshire eine gemeinsame Planung vor, die den Charakter der Universitätsstadt wahren wollte, so daß die industriellen Produktionssätten verlegt werden mußten. Nicht in dem Maße ist das für Oxford geglückt, das als county borough Entscheidungsmöglichkeiten für die Planung nur für den eigentlichen Stadtbereich besitzt und nicht auf die benachbarten counties Berkshire und Oxfordshire einwirken konnte. Jenseits der verwaltungsmäßigen Stadtgrenzen fanden Industrie und neue Wohnbezirke Aufnahme, die zwar durch einen Grüngürtel von der historischen Stadt abgesetzt sind, was aber eine Überfremdung nicht völlig aufhalten kann (Gilbert, 1961, S. 69).

Zu den deutschen Universitätsstädten haben wir etwa Marburg, Tübingen und Erlangen mit jeweils weniger als 100 000 Einwohnern zu rechnen, außerdem Göttingen (124 000 E.), Heidelberg (129 000 E.) und Freiburg i. Br. (174 000 E.), in denen die Universitäten aus dem 14., 15. und 16. Jh. stammen und ihre Kulturtradition über die Zeiten hinweg zu wahren wußten. Lediglich Erlangen (Blüthgen, 1961) und Göttingen wurden erst im 18. Jh. gegründet. Die Schaffung neuer Universitäten im 19. und beginnenden 20. Jh. diente meist dazu, die Funktion vorhandener Großstädte zu erweitern und führte deshalb nicht zur Ausbildung ausgesprochener Universitätsstädte. Nach dem Zweiten Weltkrieg entstanden in der Bundesrepublik Deutschland fast dreißig neue Hochschulen, die mitunter nicht mehr alle Fakultäten umfassen. Ob Industriestädte als Ansatzpunkte gewählt wurden (z.B. Bochum oder Dortmund), ob frühere Reichsstädte, in denen teils die Industrie und teils die Dienstleistungen das Übergewicht besitzen (z.B. Ulm, Augsburg oder Regensburg), zumindest wird erst die Zukunft erweisen, in welchem Maße diese Universitäten zum Schwerpunkt der Städte werden (Mayr, 1979).

In anderen europäischen Ländern ist an die altkastilische Bischofsstadt Salamanca (125 000 E.) zu denken, die ihre Universität im Jahre 1243 erhielt und bis ins 18. Jh. hinein ein Zentrum spanischen Geisteslebens bildete; die im Jahre 1940 ins Leben gerufene päpstliche Universität nimmt die alte Tradition wieder auf. Coïmbra (56 000 E.), dessen Universität im Jahre 1307 entstand, gilt noch heute als die bedeutendste portugiesische Landesuniversität. Wenn auch Paris nicht direkt zu den Universitätsstädten gehört, weil seine Aufgaben wesentlich umfassender sind (Kap. VII.C.4.), so läßt sich die Sorbonne, neben Bologna die älteste Universität (12. Jh.) auf europäischem Boden, aus dem Leben der Stadt nicht wegdenken. Am Montagne Saint-Geneviève, wo einst das Zentrum des römischen Lutetia lag, hatte sich im 12. Jh. eine ländliche Vorstadt inmitten von Weinbergen entwickelt. „Dieser ruhige Ort, wo wenige Schritte von Notre Dame entfernt es weder an freiem Platz noch an Gärten fehlte, zog die Lehrer und Schüler an, die ihre Zusammenkünfte unter freiem Himmel in behelfsmäßig hergerichteten, billig gemieteten Schuppen oder Scheunen hielten, weil die Klöster zu klein geworden waren. Die Handelsniederlassung rund um die Schiffslände stieß sie ab wegen der hohen Preise, ihrer engen Gebäude ebenso wie durch den Lärm, der dort zu jeder

Tageszeit herrschte" (Dion, 1951, S. 20). So bildete sich am linken Ufer der Seine ein besonderer Stadtteil heraus, das Viertel der geistlichen Schulen, die Université, die bis nach dem Zweiten Weltkrieg als Quartier Latin noch etwa dieselbe Aufgabe wie einst erfüllte. Seitdem fand auch hier eine Dezentralisierung auf dreizehn Universitäten bzw. weitere Hochschulen statt, die sich auf verschiedene und in großer Entfernung vom Zentrum gelegene Vororte verteilen wie Nanterre oder Orsay. Dabei fand der Typ der Campus-Universität nach amerikanischem Vorbild nach dem Zweiten Weltkrieg in den französischen Städten mehr noch als in den entsprechenden der Bundesrepublik Deutschland Eingang.

Schließlich sei noch auf Uppsala verwiesen (140 000 E.), der ältesten Universität Schwedens (1477). Als gleichzeitiger Sitz des schwedischen Erzbischofs sind damit ebenso wie in andern Universitätsstädten Zusammenhänge angedeutet, die auf die im Mittelalter enge Verbindung von christlicher Kirche und Wissenschaft Bezug nehmen, aus der sich dann die Universität als selbständige wissenschaftliche Einrichtung herauskristallisierte. Eine solche Verknüpfung von Religion und wissenschaftlicher Ausbildung zeigt sich noch heute in andern Kulturbereichen wie etwa in Indien oder in den islamischen Ländern. Die Wallfahrtsstädte geben hier mitunter zugleich Universitätsstädte ab. Daneben aber kam mit der Europäisierung der Welt europäisches Universitätsleben in fast alle Länder der Erde. Doch meist entstanden diese Universitäten in den Groß- oder Hauptstädten, ob in Peking (1899) oder Hongkong (1911), in Tokyo (1913) bzw. Osaka (1931), ob in Bombay (1857) oder Kalkutta (1857), ob in Algier (1879) oder Kumasi (Ghana) u.a.m. So konnten sich keine eigentlichen Universitätsstädte entwickeln, es sei denn, daß bei Übernahme des angelsächsischen College-Prinzips ein auch in etwas größerer Entfernung vom Zentrum gelegener Vorort mit der genannten Zweckbestimmung zur Ausbildung gelangte. Wie stark aber in Europa selbst Universitätsstädte durch traditionelle Momente bestimmt werden, dürften die obigen Darlegungen gezeigt haben.

3. Besondere Wirtschafts- und Verkehrsfunktionen und dadurch bedingte Stadttypen

a) Ackerbürger- bzw. Landstädte (Agrarstädte)

Die Ackerbürger- oder Landstadt – letztere unabhängig von statistischen Einteilungen – ist dadurch charakterisiert, daß ein geringerer oder größerer Teil der Bevölkerung selbst noch Landwirtschaft treibt, darüber hinaus aber Handel und Gewerbe soweit vertreten sind, daß die Bewohner eines beschränkten Umlandes die Möglichkeit haben, ihre überschüssigen Produkte abzusetzen und die Waren zu erwerben, die sie selbst nicht herstellen. Bewußt wird der Begriff „Marktstadt" vermieden, da einerseits die früher erwähnten periodischen Märkte (Kap. VI.2.) höchstens als Vorstufe von Städten anzusprechen sind und ihnen weitere Funktionen, vornehmlich in der Verwaltungshierarchie, zufallen müssen, um städtischen Charakter zu erhalten, andererseits der heutige Begriff „Markt" sehr viel weiter gefaßt wird als in früherer Zeit.

Bei den Landstädten wird es sich meist um kleinere, abseits der früheren und gegenwärtigen Hauptverkehrswege gelegene Städte handeln, die in ausgespronen Industrieländern der Vergangenheit angehören, entweder zu Zwergstädten absanken oder sich auf andere Funktionen umstellten und dann zu den zwischen Land und Stadt stehenden Siedlungen gehören, so daß nur noch einige wenige ihren Charakter zu erhalten vermochten. In den von Europäern besiedelten ehemaligen Kolonialgebieten kam es nicht zur Ausbildung von Landstädten, deren Funktion von den „zentralen Weilern" und „zentralen Dörfern" übernommen wurde, die aber ursprünglich keine in der Landwirtschaft tätige Bevölkerung aufwiesen. So sind Landstädte vornehmlich auf Länder beschränkt, die in der anautarken Wirtschaftskultur verharren, selbst wenn gewisse Ansätze zur Industrie gegeben sind.

Da Ackerbürgerstädte in der Vergangenheit im westlichen und mittleren Europa eine erhebliche Rolle gespielt haben und sie noch heute als besonderer Typ in Ostmittel- und Südosteuropa herausgestellt werden, soll mit deren Darstellung begonnen werden. Für Mitteleuropa sah Stoob (1956) die Spätschicht der Stadtgründungen im 14. und 15. Jh. als Landstädte an, die nicht mehr alle städtischen Privilegien erhielten, denn mitunter fehlte die Ummauerung, mitunter auch das Marktrecht, was ihn dazu veranlaßte, sie als Minderstädte zu bezeichnen. In Begriffen wie Wigbold, Flecken, Freiheit u. a. m. fand das seinen Ausdruck (Haase, 1958 bzw. 1969, S. 71). Sie konnten als Ackerbürgerstädte, denen das Handwerk, wenngleich wenig spezialisiert, nicht fehlte oder in Rebbaugebieten als Weinbauern- und Weinhandelsstädte erscheinen (Scheuerbrandt, 1972, S. 220ff.), unter denen einige in Mainfranken, im Neckar-, Kocher- und Jagstgebiet mit je etwa 2000 Einwohnern ihre Existenz zu wahren wußten, nicht anders, als das auch im Elsaß beobachtet werden kann. In Frankreich finden sich mitunter kleinere Städte, in denen die Landwirtschaft ein zusätzliches Element abgibt, insbesondere, wenn es sich um den Anbau von Spezialkulturen handelt, so z. B. in Antibes an der Côte d'Azur mit 18 v. H. in der Landwirtschaft Beschäftigten oder in Arles mit 28 v. H., während dieser Anteil im Durchschnitt aller französischen Städte ohne Paris bei 6 v. H. liegt (Pinchemel, 1970, S. 590).

In Schweden und Schwedisch-Finnland war eine erhebliche Zahl besonders derjenigen Städte, die seit dem 16. Jh. entstanden, bis zur Mitte des 19. Jh.s mit der Agrarwirtschaft verbunden. Von insgesamt 104 Städten in der Mitte des 18. Jh.s besaßen mehr als die Hälfte weniger als 1000 Einwohner, wobei sich zu den überwiegenden Bauern, die den Eigenbedarf deckten, etliche Handwerker gesellten, der Einzelhandel aber unterrepräsentiert war, indem es Städte ohne ein einziges Geschäft gab (Imhof, 1974, S. 171 ff.).

Besondere Formen nahmen die Ackerbürgerstädte in erheblichen Teilen von Ostdeutschland, den Sudentenländern und Ostmitteleuropa an, denn hier kam es vom 12.-16. Jh. häufig zur gleichzeitigen Anlage von Städten mit ihnen rechtlich zugeordneten Dörfern durch einen Lokator, so daß die Gesamtheit von Stadt und abhängigen ländlichen Siedlungen als Weichbild bezeichnet wurde. Kuhn (1971, S. 67) vermutet, daß solche Weichbilder vornehmlich dort ins Leben gerufen wurden, wo sich das Magdeburger Stadtrecht durchgesetzt hatte, wenngleich die von ihm gewählte Bezeichnung „Stadtdorf" für die stadtabhängigen ländlichen Siedlungen insofern nicht glücklich ist, als Verwechslungen mit den unter ganz andern Bedingungen entstandenen Stadtdörfern in Ungarn und dem Mittelmeergebiet (Kap. V.) nicht auszuschließen sind. Dort, wo man Weichbilder in Bereichen schuf, wo Reihendörfer mit Streifen-Einödverbänden üblich waren, erhielten auch die städtischen Bürger ihr Land in Streifen-Einödverbänden, allerdings ohne Hofanschluß und in kleineren Ausmaßen wie die Bauern. Allerdings setzte dann häufig eine Entwicklung ein, bei der die Bürger als Kapitalanlage bäuerliche Streifeneinöden aufkauften, verschärft während und nach der Wüstungsperiode, so daß es dadurch verstärkt zum Typ der Ackerbürgerstadt kam (Kuhn, 1971, S. 68).

In Ostmitteleuropa, wo Weichbilder bis in das 16. Jh. hinein gegründet wurden, und in Südosteuropa spielt bei Städten unter 20 000 Einwohnern die Verknüpfung von Landwirtschaft und städtischem Wesen bis zur Gegenwart noch eine Rolle. Das gilt z. B. für Polen und hier insbesondere für die östlichen Bereiche, wo schon solche Orte beschränkte zentrale Funktionen ausüben, in denen mehr als 30 v. H. der Bevölkerung von der Landwirtschaft lebt, einige Schulen, Geschäfte, ein Lichtspieltheater nicht allein die Einwohner der entsprechenden Orte, sondern auch die des Umlandes versorgen. In der Landwirtschaft überwiegen Kleinbetriebe, die häufig den Anbau von Spezialkulturen aufgenommen haben. Trotz des Überangebots von Arbeitskräften spielen Auspendler nach industriellen Schwerpunkten oder größeren Städten eine untergeordnete Rolle, weil die verkehrsmäßige Situation ungünstig ist. Davon zu unterscheiden sind solche Landstädte, die teilweise die unterste Verwaltungsstufe der powiats vertreten und bei denen sich Landwirtschaft und Dienstleistungen das Gleichgewicht halten.

In der Wojewodschaft Bialystok z. B. machen die beiden eben genannten Gruppen ein Drittel aller Städte aus, in der Wojewodschaft Lublin liegt der Anteil noch höher (Kiełczewska-Zaleska, 1963, S. 86 ff.). Auch in Rumänien tritt die Landwirtschaft gerade in den kleineren Städten als zusätzlich prägender Faktor auf (Sandru, 1960, S. 86 ff.). In Bulgarien, wo man bereits Städte mit 25 000 Einwohnern und mehr als „große Städte" betrachtet, machen ausgesprochene „Agrarstädte", in denen mehr als 80 v. H. der Bevölkerung in der Landwirtschaft tätig sind, und „Agrar- und Handwerkerstädte" mit 49 Orten rd. 75 v. H. aller Städte aus (Penkoff, 1960, S. 224).

Außerhalb der gekennzeichneten Bereiche von Europa gibt es zwar Landstädte, aber kaum Ackerbürgerstädte, weil innerhalb der noch vorhandenen Agrargesellschaften die ländliche Bevölkerung durch verschiedene Formen des Rentenkapitalismus oder anderer feudaler Systeme geprägt wurde, was noch immer nachwirkt, selbst wenn Agrarreformen zur Überwindung der sozialen Gegensätze beitragen sollten.

Im Orient sind sicher Landstädte vorhanden, wie sie Ehlers (1975, S. 42 ff.) am Beispiel der Oasenstadt Bam am Südrand der Lut darstellte und Vergleiche zu entsprechenden Siedlungen in Iran und Afghanistan zog. Mit rd. 33 000 Einwohnern ist Bam von einer Gartenbauzone umgeben, die von 25 Qanaten bewässert wird, wobei das Land im Besitz der Kaufleute und der wenigen Großgrundbesitzer liegt, die in der Stadt verblieben. Die Bewirtschaftung erfolgt durch Landarbeiter, die in Bam ansässig sind und denen es zuzuschreiben ist, daß 17 v. H. der Erwerbstätigen zum ersten Sektor gezählt werden. Sie haben außerdem die Aufgabe, die Viehherden zu betreuen, die während des Sommers auf die Yailas gebracht werden, wo zusätzlicher Getreidebau möglich ist, so daß rd. 1000 Menschen an diesen Verlagerungen teilnehmen.

In Indien existieren Landstädte, denn im Durchschnitt aller Städte sind 10 v. H. der Erwerbstätigen in der Landwirtschaft beschäftigt, die in 25 v. H. der Städte die Hauptbeschäftigung abgibt, so daß indische Landstädte als „overgrown villages" bezeichnet wurden (Munsi, 1975, S. 289). Sie gehen allerdings in ihrer Einwohnerzahl zurück und unterliegen nach der Unabhängigkeit einem Schrumpfungsprozeß, weil die Bevölkerung in größere Zentren abwandert. Die früher dargestellten Wochenmärkte (Kap. VI.2.), sofern sie das Stadium eines stabilen Wohnplatzes erreicht haben, vermögen sich selten zu Landstädten zu entwickeln, weil dort Großhändler, Zwischenhändler und Handwerker den Hauptteil der Zuwanderer ausmachen, Bauern, die gleichzeitig ihre Produkte verkaufen, nur wenig daran beteiligt sind (Singh, 1965, S. 17ff.).

In China waren ursprünglich Marktorte und hsien-Städte nicht identisch, und da letztere einen Teil ihrer Aufgaben an Kommunen bzw. Brigaden abgeben mußten, ist der Typ der Landstadt wohl kaum vorhanden.

Dieser spielt dafür in Lateinamerika wieder, wenngleich eine bescheidene Rolle, wobei es mitunter nicht einfach ist, bei geschlossenen Siedlungen eine strenge Scheidung zwischen Marktorten und Landstädten herbeizuführen. In armen und dünn besiedelten Gebieten wie um Oaxaca übernehmen Märkte die Aufgabe von Landstädten; in armen und dicht besiedelten Bereichen wie im Raum von Mexico City stellen sich Landstädte ein, die aber unter der Konkurrenz der Hauptstadt leiden. Der Anteil der Bevölkerung, der in solchen Landstädten lebt, an der Gesamtzahl der Einwohner einer Region bleibt häufig unter 10 v. H. und steigt vornehmlich in Minas Gerais und in Uruguay auf 15 bzw. 30 v. H. auf Grund der besseren wirtschaftlichen Verhältnisse (Bataillon, 1970, S. 190). Der Anteil der in der Landwirtschaft Erwerbstätigen kann auf 30-50 v. H. anwachsen wie im Bereich von Guadalajara, wobei innerhalb dieser Gruppe die soziale Rangstellung sehr verschieden sein kann, je nachdem, ob die ländliche Unterschicht den Ausschlag gibt oder Großgrundbesitzer ihren Betrieb durch Verwalter bewirtschaften lassen und selbst in den Landstädten wohnen. Davon hängt dann auch ab, ob sie eine Volksschule und ein kleines Krankenhaus besitzen oder darüber hinaus höhere Schulen, Anschluß an Radio- und Fernsehnetz wie z. B. in Minas Gerais oder in Uruguay. Hinsichtlich der Erwerbstätigkeit ist der dritte Sektor am stärksten vertreten, einerseits um die Landbevölkerung zu versorgen, andererseits um die überschüssige landwirtschaftliche Produktion dem nationalen oder internationalen Markt zugänglich zu machen, sofern das bei einigermaßen günstigen Verkehrsverbindungen nicht von den Hauptstädten selbst übernommen wird (Collin-Delavaud, 1972, S. 361ff.).

In Afrika südlich der Sahara und in Madagaskar ist eine Unterscheidung zwischen Marktorten und Landstädten noch schwieriger. U. U. lassen sich die „Yorubastädte" als Landstädte einstufen (Manshard, 1977, S. 89ff.). Sonst sind es große und kleinere Städte, bei denen der Anteil der in der Landwirtschaft Tätigen zwischen 10 und 30 v. H. liegt wie in Bangui (302 000 E.), der Hauptstadt der Zentralafrikanischen Republik, N'djamena (Fort Lamy, 193 000 E.) im Tschad, Ougadougou (rd. 169 000 E.) in Burkissa Faso (Obervolta), nach Manshard (1977,

S. 17) ein extremes Beispiel für eine Urbanisierung ohne Entwicklung der Industrie, oder in Bouaké (200 000 E.) der Elfenbeinküste. Nimmt man die Frauen hinzu, die in vielen afrikanischen Ländern die Hauptbeteiligten in der Landwirtschaft sind, dann stellte sich z. B. für die kleineren Städte der Elfenbeinküste heraus, daß in Man (100 000 E.) 25 v. H., in Katiola (13 000 E.) sogar 58,8 v. H. der Frauen in der Agrarwirtschaft tätig waren (Vennetier, 1976, S. 122 ff.). Dabei handelt es sich einerseits um Zuwanderer vom Land, die auf diese Weise allmählich urbane Lebensformen annehmen, die Selbstversorgung der eigenen Familie sicherstellen, u. U. durch einige Überschüsse, die auf dem Markt verkauft werden, in den Geldumsatz einbezogen werden. Aber auch Arbeiter und Angestellte bzw. deren Frauen sehen in der Landbewirtschaftung eine zusätzliche Einkommensquelle, so daß vornehmlich kleinere Städte mit Verwaltungsfunktionen als Landstädte angesprochen werden können (Vennetier, 1976).

b) Einzelhandels-Zentren (retail centers bzw. towns) und Dienstleistungs-Zentren (service centers)

Einzelhandels-Zentren werden vor allem bei den Städten der Vereinigten Staaten als besonderer Typ ausgeschieden, sowohl von Harris (1943) als auch von Nelson (1955) und Alexandersson (1956). Trotz verschiedener statistischer Methoden, die angewandt wurden, stimmen die Ergebnisse im wesentlichen überein. Zunächst ist

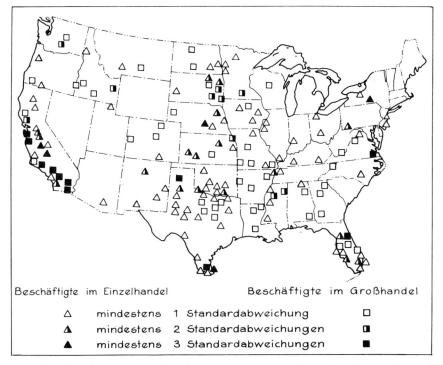

Abb. 107 Einzelhandels- bzw. Dienstleistungszentren in den Vereinigten Staaten für die Städte mit 10 000 Einwohnern und mehr (nach dem Zensus vom Jahre 1950, nach Nelson).

ein charakteristischer negativer Befund hervorzuheben: Selten stellen sich Groß- und Weltstädte als ausgesprochene Einzelhandels-Zentren dar. Dem Einzelhandel kommt zwar, was die Zahl der Beschäftigten anlangt, absolut gesehen, erhebliche Bedeutung zu; relativ jedoch ist der dem Umland und dem Hinterland zur Verfügung stehende Überschuß gering, weil in erster Linie die eigene Bevölkerung versorgt werden muß. Demgemäß ist die städtebildende Wirkung des Einzelhandels (basic employment) in den Groß- und Weltstädten gering. Anders steht es bei den kleineren Mittelpunkten, die vielfach über einen umfassenden Einzelhandel als Verteilerzentren für ein ausgedehntes Hinterland erscheinen. Außerdem ist auf die Beobachtung Wert zu legen, daß sich starke industrielle Betätigung und überragender Einzelhandel meist gegenseitig ausschließen. Das ist für die Verbreitung des gekennzeichneten Stadttyps in den Vereinigten Staaten wichtig, denn Einzelhandels-Zentren sind im manufacturing belt selten, bilden aber ein Wesensmerkmal der Prärie und sind außerdem in Kalifornien und Florida überdurchschnittlich vertreten, hier wohl mit dem Fremdenverkehr zusammenhängend. Die Verteilung ist aus Abb. 107 ersichtlich, wo nach Nelson die einfache, zweifache oder dreifache Standardabweichung vom arithmetischen Mittel der Zahl der Beschäftigten im Einzelhandel benutzt wurde, um graduelle Unterschiede in der Bedeutung des Einzelhandels darzutun.

Seit den erwähnten Arbeiten trat eine begriffliche Erweiterung ein, indem lokale Zentren nicht allein durch den Einzelhandel charakterisiert sind, sondern auch durch Zweigstellen von Banken und Versicherungen, untergeordnete Verwaltungsfunktionen sowie einige kulturelle und soziale Einrichtungen, was dazu führte, daß man in der angelsächsischen und französischen Literatur den Typ der service centers bzw. der ville de services einführte, womit lokale Dienstleistungs-Zentren gemeint sind. Zwar findet man diese nicht bei der nach statistischen Methoden durchgeführten Klassifizierung der Städte von England und Wales durch Moser und Scott (1961), weil lediglich Städte von 50 000 Einwohnern und mehr in die Analyse einbezogen wurden und unter den hier aufgeführten commercial towns wohl etwas anderes verstanden werden muß.

Infolgedessen zeigen die von Berry (1972, S. 44 ff.) erfaßten „local service centers" ein völlig anderes Verteilungsbild als die retail centers von Harris, Nelson und Alexandersson, indem nun eine relativ gleichmäßige Streuung gegeben erscheint. Das liegt nicht unbedingt an der anderen Methode ebensowenig wie an dem anderen Zeitpunkt (Material vom Jahre 1960), sondern hängt einerseits damit zusammen, daß nun die Beschäftigten in Dienstleistungen usf. in die Analyse eingingen, andererseits damit, daß als räumliches Bezugssystem sämtliche zentralen Städte mit 10 000 Einwohnern und mehr gewählt wurden, demgemäß die SMSAs keine Berücksichtigung fanden.

Carrière und Pinchemel (1963, S. 215 ff.) gingen mit ihrer Definition der villes de services weit über die lokalen Dienstleistungszentren hinaus, wobei es zweifellos richtig ist, daß solche Städte auch auf höherer Ebene existieren und ein wichtiges Element im hierarchischen Aufbau des Städtesystems bilden.

Für die Bundesrepublik Deutschland beschäftigte sich Forst (1974) mit der Typisierung der Städte nach statistischen Verfahren, berücksichtigte allerdings lediglich kreisfreie Städte, so daß lokale Einzelhandels- bzw. Dienstleistungszentren automatisch entfallen. In dieser Beziehung ging Lange (1980) für das Rhein-Ruhr-Gebiet weiter und legte gleichzeitig Wert darauf, Unterschiede in der Einstufung für das Jahr 1960 und 1970 vorzunehmen. Er unterschied zwischen „mittelgroßen Zentralstädten" im Jahre 1960, die er im Jahre 1970 als wachstumsschwache Kleinstädte mit Mittelpunktsfunktionen einstufte. In der Regel 10 000-20 000 Einwohner enthaltend, entsprechen sie den unteren Gliedern in der Hierarchie. Die nächste Gruppe bilden Industrie- und Dienstleistungsgemeinden mit einem hohen Anteil von Einpendlern. Dabei handelt es sich meist um Solitärstädte, die häufig Sitz der Kreisverwaltung sind. Bedingt durch die Verwaltungsreform mußte er im Jahre 1970 diesen „cluster" in zwei aufspalten, weil dort, wo Eingemeindungen stattgefunden hatten, automatisch der hohe Einpendleranteil entfiel, so daß er nun Mittelpunktsgemeinden ohne bzw. mit einem großen Anteil von Einpendlern unterschied. Mit ihren Einwohnerzahlen um 50 000 liegend, würden sie nach der früher durchgeführten Einteilung zu den Mittelstädten rechnen und in der Hierarchie höher als die wachstumsschwachen Kleinstädte einzustufen sein. Schließlich kamen vielseitige Industrie- und Dienstleistungszentren zur Ausscheidung, zu denen Krefeld, Mönchengladbach, Neuss, Rheydt, Aachen, Bielefeld und Viersen im Jahre 1961 zählten, im Jahre 1970 Lippstadt wegen stärkerer Industrialisierung ausfiel, dafür Hamm, Gummersbach und Siegen hinzukamen. Meist als große Mittelstädte anzusprechen, nehmen sie in der Hierarchie eine noch höhere Stufe ein. Schließlich kann hier noch Münster als große Solitärstadt angefügt werden, das als ehemalige Hauptstadt der Provinz Westfalen „Bischofs- und Universitätsstadt, Kaufmanns-, Handels-, Markt- und qualifizierter Einkaufsort, Sitz geistlicher, weltlicher und militärischer Behörden oder als vielseitiges Schul- und Kulturzentrum" eingestuft werden kann. „Derartige Beamtenstädte besitzen meist nur eine geringe lokale Industrie. ... Die Vielzahl der hier angeklungenen Bezeichnungen möge zudem andeuten, wie vielfältig eine Stadt als Singularität typisiert werden kann und wie generalisierend dann im Zusammenhang mit mehreren Städten der gemeinsame Inhalt definiert werden muß" (Lange, 1981, S. 87). Demgemäß war dem Verfasser selbst klar, daß die Zusammenfassung mit Bonn-Bad Godesberg – keine andere Stadt in Nordrhein-Westfalen wurde dieser Gruppe zugeordnet – nicht ganz unproblematisch ist.

Am Beispiel der Deutschen Demokratischen Republik soll auf Dienstleistungszentren in einem industrialisierten sozialistischen Land eingegangen werden. Hier kommen insbesondere Kleinstädte in Frage, unter denen sechs Typen ausgeschieden wurden. Einer von ihnen, der als Wohnstandort mit hohem Auspendleranteil charakterisiert wurde, scheidet ohnehin aus, denn solche Orte müssen sich in der Nähe von „Produktionszentren" befinden, für die sie als Wohnorte in Frage kommen. Dann bleibt lediglich ein Typ übrig, der annähernd das erfüllt, was man unter einem Dienstleistungszentrum versteht, nämlich „Kleinstädte mit Versorgungs- und Betreuungsfunktionen für das Umland", die sich als unterste Verwaltungseinheit vornehmlich in dem agrarisch strukturierten Norden des Landes finden (Forschungsstelle für Territorialplanung in der DDR, 1981, S. 102), wobei die früher genannten statistischen Werte für die Einstufung als Kleinstadt gewählt wurden. Bei allen anderen Typen treten Verkehr und vornehmlich Industrie hinzu, so daß dann der Dienstleistungssektor zurücktritt. Man kann das wohl auf andere sozialistische Industrieländer übertragen.

Bei der hier getroffenen Auswahl auf Nordamerika, das westliche und mittlere Europa darf nicht der Schluß gezogen werden, daß Einzelhandels- bzw. Dienstleistungszentren in andern Gebieten fehlen; doch muß darauf aufmerksam gemacht werden, daß sich bei den größeren Dienstleistungsstädten Überschneidungen mit den Handelsstädten ergeben.

c) Industriestädte

Voll entwickelte Städte, die durch die Industrie ihr Gepräge erhalten, hatten ihre Vorläufer vor der eigentlichen Industrialisierungsperiode. Es waren dies Städte, die sich durch eine überdurchschnittliche gewerbliche Produktion auszeichneten und deren Erzeugnisse, in Kleinbetrieben hergestellt, nicht für das Hinterland, sondern im wesentlichen für den Export bestimmt waren. Im Rahmen seiner Produktionsstädte wurden sie von Sombart (1928, S. 124 ff.) als Exportgewerbestädte charakterisiert. Sie nahmen nach den Untersuchungen von Pirenne (1927, S. 181 ff.) auch in sozialer Beziehung eine Sonderstellung ein, indem ein hoher Anteil Besitzloser, d. h. ein umfangreiches Proletariat, einer dünnen finanzkräftigen Oberschicht gegenüberstand. Im Hochmittelalter gehörten vor allem die flandrischen Städte zu ihnen, insbesondere Gent, das mit etwa 50 000 Einwohnern um die Mitte des 14. Jh.s mehr als 4000 Weber und über 1200 Walker beschäftigte; in Ypern arbeiteten noch im ersten Drittel des 15. Jh.s mehr als 50 v. H. der Erwerbstätigen in der Tuchfabrikation, als diese sich bereits im ausgesprochenen Niedergang befand. Augsburg und Nürnberg waren im ausgehenden Mittelalter bis ins 16. Jh. hinein die wichtigsten deutschen Exportgewerbe- und Handelsstädte.

Verbindet sich mit der Industrialisierung seit dem 19. Jh. die Verstädterung und die Entwicklung einer Vielzahl von Großstädten, so wurden Industriestädte mit einem hohen Anteil der Arbeiterbevölkerung vor allem in den industrialisierten Ländern wie im westlichen und mittleren Europa, in den Vereinigten Staaten, der Sowjetunion und Japan zu einem der wichtigsten funktionalen Stadttypen. Sie zeichnen sich gegenüber Industriesiedlungen, auch wenn letztere städtische Prägung zeigen mögen, durch ihre verkehrsgünstige Lage aus, die es ihnen ermöglicht, auch zentrale Funktionen wahrzunehmen. Dabei spielt es eine geringe oder zumindest regional unterschiedliche Rolle, ob die Industriestädte aus Städten mit früher anderer Funktion hervorgingen – wenngleich sich diese hinsichtlich ihres voll entwickelten Stadtcharakters im Vorteil befinden – oder ob sie von vornherein als Industriestädte entstanden. Besonders kritisch ist die Beurteilung, ob Bergbausiedlungen wirkliche Städte abgeben können. Selbst das ist unter der genannten Voraussetzung der Fall. Als Beispiel ist etwa Scranton (103 000 E.) im Anthrazitgebiet der nördlichen Appalachen anzuführen, das sich im Lackawanna-Längstal entwickelte, gerade dort, wo Durchgänge in den begrenzenden Höhenzügen Ausgänge sowohl nach Südosten als nach Nordwesten gestatten. Über die wirtschaftliche Basis des Kohlenbergbaus hinaus wurde Scranton auf diese Weise zu einem wichtigen Eisenbahn-Kreuzungspunkt, an dem sich dann auch die Metall- und Textilindustrie ansetzen konnte, der Handel Eingang gewann usf. So haben wir es hier durchaus mit einer voll entwickelten Stadt zu tun, einer zumindest in der Zwischenkriegszeit „stable and well rounded community" (Zierer, 1927, S. 421), im Gegensatz zu vielen andern Bergbausiedlungen desselben Raumes.

Im Rahmen der Verbreitung der Industriestädte in Europa ist in erster Linie auf *Großbritannien* zu verweisen, wo sich die Industriestädte in der Nachbarschaft von Kohlenlagerstätten bzw. an den Ästuarmündungen ausbildeten und bis zum Ersten Weltkrieg zu Conurbationen (Kap. VII.A.) entfalteten. Nach dem Zweiten Weltkrieg mußte man versuchen, die Monostruktur der Conurbationen zu beheben, weil der Kohlenbergbau und andere traditionelle Zweige in eine Krise gerieten und die Baumwollindustrie ihre Absatzmärkte verlor. Man kam mittels staatlicher Planung auf zwei Wegen zu Lösungen, die bereits kurz vor bzw. nach der letzten Jahrhundertwende ihre Vorläufer hatten, nämlich mit Hilfe der Anlage von industrial estates (Kap. V.B.) und durch die Gründung „Neuer Städte" (Abb. 93), welch letztere auch noch andere Aufgaben zu erfüllen hatten als die der industriellen Diversifikation. Abgesehen von London und seiner Umgebung wurden dabei solche Bereiche bevorzugt, die man wegen ihres hohen Anteils von Arbeitslosen zu development areas erklärte. Hinsichtlich ihrer Funktion stellen die „Neuen Städte" Industriestädte dar, in denen der Anteil der im zweiten Sektor Beschäftigten mindestens bei 50 v. H. liegt (Cresswell und Thomas, 1972, S. 67). Die Zielvorstellung der Unterbringung verschiedener, aber aufeinander abgestimmter Betriebszweige gelang meist, vielleicht mit Ausnahme von Corby (1950 gegründet), wo bereits im Jahre 1934 unter Ausnutzung benachbarter Eisenerzlagerstätten ein Eisen- und Stahlwerk entstand. Wenn in der Conurbation Merseyside bzw. dem metropolitan county Merseyside (1,6 Mill. E.) mit dem Zentrum Liverpool (575 000 E.) am östlichen Rande der Conurbation, zur „Neuen Stadt" Kirkby gehörend, der größte englische industrial estate mit 152 Firmen unterschiedlicher Größenordnung entstand und die Conurbation selbst allein 14 industrial estates aufweist, dann hängt das damit zusammen, daß dieser Bereich zu den development areas gehört (Jäger, 1976, S. 140). Dasselbe trifft für Clydeside mit den Mittelpunkt Glasgow (893 000 E.) zu, wo der älteste industrial estate Hillington sich in der Nähe des Hafens befindet und mit 150 Betrieben sowie 20 000 Beschäftigten ausgestattet ist (Jäger, 1976, S. 230). Die frühere Conurbation South East Lancashire, jetzt das metropolitan county Manchester (2,7 Mill. E.), zu dem die ausgesprochenen Baumwollstädte Preston (133 000 E.), Rochdale (208 000 E.), Oldham (225 000 E.) oder Bolton (261 000 E.) gehörten, mußten andere Wege beschritten werden, um die Monostruktur zu überwinden, weil kein anerkanntes Notstandsgebiet vorlag. Von den im Jahre 1951 existierenden rd. 600 „cotton mills" konnten mehr als zwei Drittel an andere Unternehmen verkauft werden, weitere wurden teilweise von anderen Betrieben übernommen, und lediglich 23 v. H. standen im Jahre 1962 leer oder unterlagen dem Abbruch (Smith, 1969, S. 124 ff.), so daß auch hier eine gewisse Variationsbreite von Wachstumsindustrien erzielt werden konnte. – Wir wollen an dieser Stelle nicht auf die Industriestädte anderer europäischer Länder eingehen, sondern nur betonen, daß sie in Nordeuropa ebenso wie in den Beneluxländern, in Frankreich, der Bundesrepublik Deutschland, der Schweiz, Österreich und in Norditalien einen bezeichnenden Typ abgeben.

Sie tun dies nicht minder in *Nordamerika,* wo Harris (1943, S. 90 ff.) allein 250 von insgesamt 988 Städten mit 10 000 Einwohnern und mehr zu den Industriestädten zählte. Sie finden sich vornehmlich im „manufacturing belt" östlich des Mississippi und nördlich des Ohio, wo so bedeutende Zentren wie Philadelphia (5,6 Mill. E.), Detroit (4,7 Mill. E.), Pittsburgh (2,4 Mill. E.) und Buffalo, (3 Mill. E.) damals wie heute dazu gehören. Allerdings kamen Verlagerungen innerhalb der Standard Metropolitan Statistical Areas vor ebenso wie die Erschließung neuer Industriestandorte, was sich nach dem Zweiten Weltkrieg vornehmlich im Südosten und Süden des Landes vollzog (Zimmer, 1970; Lonsdale und Browning, 1971). In beiden Fällen bediente man sich der industrial estates bzw. der industrial parks, die hier ohne staatliche Hilfe durch private Erschließungsgesellschaften oder von daran interessierten Gemeinden geschaffen wurden (Ritter, 1961, S. 128 ff.). Sofern es dabei nur um ein Ausweichen in Randgebiete der Metropolen ging, blieben die Vorteile des Zusammenhangs mit den letzteren gewahrt. Suchte man aber neue Standorte in Gebieten, wo Baugrund und Arbeitskräfte billiger zu haben waren und letztere kaum gewerkschaftlichen Bindungen unterlagen, dann wurden kleine Städte bzw. „zentrale Dörfer" bevorzugt, u. U. sogar Entfernungen bis zu 15 km von den Verwaltungsgrenzen dieser kleinen Orte in Kauf genommen (Lonsdale und Browning, 1971, S. 261). Die Fühlungsvorteile, die die großen Metropolen boten, brauchten dabei nicht aufgegeben zu werden, denn zumindest für Teile von Kentucky wies Zimmer (1970, S. 152) nach, daß mehr als 40 v. H. der Industrie-Beschäftigten in der Region Zweigwerken angehörten, deren Verwaltungssitz im manufacturing belt lag, wobei New York die führende Rolle beansprucht.

Mit Ausnahme von den Vereinigten Staaten verlief die Entwicklung in den sonst von Europäern besiedelten einstigen Kolonialländern so ähnlich, daß es genügt, sich hier auf *Australien* zu beschränken. Nachdem die Verbindung mit dem Mutterland während der beiden Weltkriege unterbrochen wurde, setzte hier die Industrialisierung ein. Smith (1965) stellte zunächst 25 Bergbaustädte unter insgesamt 422 städtischen Siedlungen heraus. Läßt man eine der von ihm ausgeschiedenen Gruppen der Industriestädte weg, bei denen er selbst dazu neigt, sie als multifunktional einzustufen, dann bleiben 67 Industriestädte übrig, was 15 v. H. aller Städte ausmacht, selbst wenn der Anteil der Erwerbstätigen in der Industrie (ohne Bergbau) bei mehr als 40 v. H. liegt. Die eine Gruppe von Industriestädten zeichnet sich dadurch aus, daß der Anteil der im zweiten Sektor Beschäftigten weit über dem nationalen Durchschnitt liegt, alle andern Möglichkeiten aber kaum vertreten sind. Dazu gehören einerseits Städte, in denen die Schwerindustrie eine Rolle spielt, unter denen Newcastle (364 000 E.), Wollongong (311 000 E.) und Whyalla (33 000 E.) die wichtigsten sind. Andererseits sind kleine Städte dazu zu rechnen, in denen die Verarbeitung landwirtschaftlicher Produkte maßgebend ist, so daß die durchschnittliche Größe dieser Industriestädte bei 12 700 Einwohnern liegt, ihre Zahl bei 50. Die zweite Gruppe ist dadurch charakterisiert, daß außer dem Übergewicht der Industriebeschäftigten Verwaltung und Finanzwesen hinzukommen, 17 Städte mit durchschnittlich 300 000 Einwohnern umfassend, was bedeutet, daß sämtliche Hauptstädte der Bundesländer hierzu gehören. Diese Konzentration auf den eigenen und internationalen Markt ist für die Diskrepanz verantwortlich zu machen, die zwischen dem geringen Anteil der Industriestädte an der Gesamtzahl der Städte und dem hohen Anteil an Industrie-Beschäftigten existiert.

Weiterhin ist *Japan* zu nennen, wo unter Weglassen der Vororte nach Yamaguchi (1970, S. 164) rd. 40 v. H. der Städte als Industriestädte zu bezeichnen sind. Auch hier ging man bei staatlicher Planung und Investitionshilfe mit Hilfe von industrial estates an den Wiederaufbau der Industrie, wobei diejenigen auf neu gewonnenem Land an der pazifischen Küste bzw. der Inlandsee bereits erwähnt wurden (Kap. V.B.). Darüber hinaus aber schied man Entwicklungsgebiete aus, die einerseits der Entlastung der großen Städte dienen und andererseits die Unterschiede in den Lebensverhältnissen zwischen den Regionen ausgleichen sollten. Hierzu gehörte u. a. Tohoku, wo seit der Mitte der fünfziger Jahre Küsten- und seit den sechziger Jahren auch Binnenstandorte gewählt wurden, in der Regel derart, daß die industrial estates in günstiger Verkehrssituation an vorhandene Zentren anknüpften und außer lokalen Firmen auch Zweigbetriebe aus Tokyo, Osaka u. a. O. aufnahmen (Nyakawa, 1973). Was man hier unter „Neuen Industriestädten" versteht, ist allerdings meist etwas anderes als in Großbritannien. Entweder sind es die um die industrial estates und u. U. auch Werkswohnungen vergrößerten älteren Städte wie z. B. Sendai (615 000 E.) oder Akita (261 000 E.) in Tohoku, oder es handelt sich um die verwaltungsmäßige Zusammenfassung mehrerer Gemeinden wie bei der Automobilstadt Toyota in der Nähe von Nagoya, wo sich außerdem 140 Zuliefererbetriebe ansiedelten (Takahashi, 1973, S. 222 ff.) ebenso wie bei Kitakyushu (1,0 Mill. E.), das durch Eisenbahn- und Straßentunnel mit Honshu verbunden wurde.

Schließlich bezeichnet man in Japan als „Neue Stadt" geplante Wohnsiedlungen im Umkreis der Metropolen, meist von der japanischen Housing Corporation errichtet, deren Fläche zwischen 20 und mehr als 1000 ha, deren Einwohnerzahl zwischen weniger als 100 bis zu mehreren hunderttausend schwanken kann. Die größeren unter ihnen sind mit Kindergarten, Schulen und einfachen Geschäften ausgestattet. Die erwerbstätige Bevölkerung aber ist gezwungen, durch Pendeln den Arbeitsort zu erreichen (Tanabe, 1978, S. 39 ff.).

Den Industriestädten in der *Sowjetunion* kommt ein besonderes Gewicht zu. Für diejenigen mit 50 000 Einwohnern und mehr führte Harris (1970, S. 68 ff.) eine Dreigliederung durch in solche, bei denen allein der Bergbau bestimmend ist, in diejenigen, bei denen sich Bergbau und industrielle Verarbeitung verbinden, während der dritten Gruppe der Bergbau fehlt und die Verarbeitungsindustrie den Vorrang hat. Die Zahl der ausschließlichen Bergbaustädte ist gering (10). Ohne daß eine von ihnen 100 000 Einwohner erreicht, finden sie sich in erheblicher Streuung vom Donez-Djnepr-Gebiet bis hin zum Fernen Osten. In der Zeitspanne von 1939-1959 zeigten sie ein überdurchschnittliches Wachstum, was dann nachließ, weil Produktion und Arbeitskräftebedarf in Einklang gebracht worden waren. Mit 44 sind diejenigen beteiligt, bei denen Bergbau und Verarbeitung kombiniert wurden. Sie weisen vornehmlich drei Konzentrationen auf, nämlich im Donez-Djnepr-Gebiet, im Wolga-Ural-Bereich und im Kuzbas. Meist bleibt es, gleichgültig ob Kohle, Eisenerz oder Erdöl den Standort bestimmen, nicht dabei, daß lediglich Eisen- und Stahlwerke bzw. Erdölraffinerien an den Bergbau anknüpfen, sondern häufig geht die vertikale Integration weiter bis zu Endprodukten des

Maschinenbaus bzw. der petrochemischen Industrie. Kriwoirog (641 000 E.), Makejewka (437 000 E.) und Gorlowka (342 000 E.) sind die wichtigsten Zentren dieser Art im Donez-Dnjepr-Revier, Nischnitagil (399 000 E.) und Magnitogorsk (398 000 E.) im Ural, Novokuznezk (537 000 E.) und Prokopjewsk (269 000 E.) im Kuzbas. Fast doppelt so groß ist die Zahl der Industriestädte ohne Bergbau (82). In ihrer Verteilung ist eine etwas größere Streuung zu bemerken als in der vorangegangenen Gruppe, wenngleich sich drei Hauptgebiete herausgebildet haben: das industrielle Zentrum um Moskau, das Donez-Djnepr-Gebiet und der Wolgabereich. Maschinenbau und Textilindustrie kennzeichnen die Städte des Zentrums, Eisen- und Stahlwerke sowie Maschinenbau diejenigen im Donez-Djnepr-Bereich, petrochemische Werke die im Wolgagebiet gelegenen Industriestädte, wobei deren Einwohnerzahl meist zwischen 100 000 und 200 000 zu liegen kommt und damit eine Mittelstellung zwischen der ersten und zweiten Gruppe erreicht wird.

In den im allgemeinen gering industrialisierten alten Kulturländern wie in *China, Indien* und den *orientalischen Gebieten* wurden meist die Städte bevorzugte Ansatzpunkte der Industrie; nur wenn Bodenschätze entscheidend waren, wich man von dieser Regel ab. In China, wo man die Industrialisierung behutsam betreibt, paßte man Art und Verteilung der Industrie der Verwaltungshierarchie der Städte an, und selbst wenn man an die Erschließung neuer Kohlen- und Erzvorkommen ging, erhielten die damit verbundenen „Neuen Städte", vornehmlich in Heilungskiang (Teil der Mandschurei), den Status von hsien- oder Präfekturstädten (Chang, 1976). – Indien, das außer seinen company towns (Kap. V.B.) vor seiner politischen Selbständigkeit vornehmlich zwei Industriebereiche besaß, Bombay mit Baumwoll- und Kalkutta mit Juteverarbeitung, förderte nach der Unabhängigkeit die Industrialisierung erheblich, um der wachsenden Bevölkerung Arbeitsplätze zu bieten. Häufig tat man das mit Hilfe staatlich oder städtisch geförderter industrial estates (Hottes, 1976, S. 484 ff.).

Innerhalb der Indischen Union existierten um das Jahr 1970 bereits 465 solcher für mittlere und kleine Betriebe gedachte Anlagen, von denen sich 184 in Städten befanden, 146 in städtisch beeinflußten Bereichen und 135 in ländlichen Siedlungen, die insgesamt mehr als 1 Mill. Arbeitskräfte zur Verfügung stellten (Manjappa, 1973, S. 70 ff.). Nicht alle diese Unternehmen führten zum Erfolg, weil insbesondere auf dem Lande gelernte Arbeitskräfte und eine Verknüpfung mit dem nationalen Markt fehlten. Wie weit die indische Industrialisierungspolitik zur Ausbildung von Industriestädten führte, läßt sich nicht völlig übersehen. Auf jeden Fall dürfte das für Kanpur (1,3 Mill. E.) zutreffen (Blenck, 1977, S. 217). – Es mag zumindest erwähnt werden, daß unter den Welt- und Hafenstädten Hongkong (4,5 Mill. E.) eine der wenigen ist, in denen die Industrie nach dem Zweiten Weltkrieg zu einem bedeutenden Faktor wurde (Schöller, 1967, S. 115 ff.).

Trotz aller moderner Industrialisierungsbestrebungen in den tropischen Kolonialgebieten bzw. in den daraus hervorgegangenen selbständigen Staaten ist die Industrie im allgemeinen doch noch so wenig durchgreifend, daß der Typ der Industriestadt selten vertreten ist, obgleich die Städte auch hier für die Anlage von Industrieunternehmen bzw. industrial estates den Vorzug erhielten. Es sei lediglich das Beispiel von *Nigeria* angeführt, wo der Anteil der Industriebeschäftigten in

Siedlungen unter 20 000 E. bei 7 v. H., in Städten von 20 000 – unter 100 000 Einwohnern bei 8 v. H. und in solchen von 100 000 Einwohnern und mehr bei 85 v. H. (für das Jahr 1969) lag (Schätzl, 1973, S. 101). Nur dort, wo der Bergbau wichtig wurde und die entsprechende Siedlung gleichzeitig regionale und überregionale Verwaltungsfunktionen erhielt wie z. B. in Bulawayo (348 000 E., Zimbabwe) oder Lubumbashi (402 000 E., früher Elisabethville, Zaire) ging die Entwicklung über die einer company town hinaus.

Sieht man von den letzteren in *Lateinamerika* ab, dann liegen die Verhältnisse hinsichtlich der Industriestädte hier nicht viel anders als sonst in Entwicklungsländern. Allerdings gelangten einige isolierte industrielle Zentren mit günstigen Verkehrsverbindungen zu den jeweiligen Hauptstädten durch Initiative der eigenen kapitalkräftigen Schicht zur Entfaltung, wie es z. B. für Paysanda (80 000 E.) in Uruguay der Fall war, wo seit dem Jahre 1943 die Verarbeitung landwirtschaftlicher Produkte und die Textilindustrie im Vordergrund steht (Collin-Delavaud, 1973, S. 191 ff.). Ähnliches gilt für Medellin (1,3 Mill E.) in Kolumbien; hier fand zu Beginn des 20. Jh.s die Textilindustrie Eingang, später erweitert durch Herstellung von Konfektion, Möbeln und Tabakverarbeitung, bis man sich nach dem Zweiten Weltkrieg auf petrochemische Erzeugnisse umstellte (Revel-Mouroz, 1973, S. 139 ff.). Auch Monterrey (1,0 Mill. E.) im nördlichen Mexiko stellt ein solch isoliertes Industriezentrum dar, wo man seit dem Ende des 19. Jh.s trotz erheblicher Entfernungen zu den Rohstoffen mit der Eisen- und Stahlindustrie begann, später sich andere, meist vertikal miteinander verflochtene Unternehmen hinzugesellten, bis schließlich nach dem Zweiten Weltkrieg Automobil- und elektrotechnische Industrie aufgenommen wurden (Revel-Mouroz, 1973, S. 182 ff.).

Teile von Mexiko und Brasilien machen hinsichtlich der Industriestädte insofern eine Ausnahme, indem das Anknüpfen an die großen Städte des Landes wohl vorhanden ist, daneben aber auch kleinere Mittelpunkte in dieser Beziehung wichtig wurden. Das trifft zunächst für das mexikanische Grenzgebiet gegenüber den Vereinigten Staaten zu. Durch die im Jahre 1930 zwischen dem mexikanischen Niederkalifornien und dem US-amerikanischen Kalifornien eingerichtete Freihandelszone und die für die Vereinigten Staaten damals verbindliche Prohibition wurden kleine mexikanische Grenzorte wie z. B. Tijuana (Griffin und Ford, 1976, S. 436 ff.) zu „Sündenstädten", in denen die Verbote umgangen werden konnten. Staatliche Maßnahmen in den Jahren 1960-1970, die zum Ausbau des tertiären Sektors führten, förderten den Fremdenverkehr aus den Vereinigten Staaten, so daß die Grenzstädte ein erhebliches Wachstum erlebten. Arbeitslosigkeit und Unterbeschäftigung aber wurden dadurch kaum gemildert, so daß man seit dem Jahre 1967 als weiteres Mittel die Industrialisierung einsetzte. Gegenüber Kalifornien war ohnehin eine Freihandelszone eingerichtet, und in den andern Gebieten beschränkte man Zoll- und Steuervergünstigungen auf amerikanische Industriefirmen, die im mexikanischen Grenzgebiet in Zweigbetrieben die Montage von Halbfertigwaren betreiben (maquiladoras-Industrie) und die Fertigprodukte im eigenen Land zum Verkauf bringen sollten. Immerhin existierten um das Jahr 1970 224 maquiladores-Betriebe mit rd. 27 500 Beschäftigten. Da es sich überwiegend um elektrotechnische Industrie einschließlich Elektronik und Textilherstellung handelte, war die Verknüpfung von Fremdenverkehr und Industrie möglich.

Manche der mexikanischen Grenzstädte haben Einwohnerzahlen von 100 000 und mehr erreicht, abgesehen davon, daß jenseits der Grenze meist eine entsprechende amerikanische Stadt zu liegen kommt, was u. U. zur Ausbildung grenzüberschreitender Doppelstädte führt (Tijuana–San Diego, Mexicali–Calexico, Ciudad Juarez–El Paso, Nuevo Laredo–Laredo und Matamoros–Brownsville; Revel-Mouroz, 1973, S. 202 ff.).

São Paulo (5,9 Mill. E.) und seine Region geben den industriellen Schwerpunkt von Brasilien ab, und das in wesentlich stärkerem Maße als Rio de Janeiro (4,3 Mill. E.). Vornehmlich in den südlichen Bundesstaaten Rio Grande do Sul (Delhaes-Guenther, 1973) und in Santa Catarina (Kohlhepp, 1968) entfalteten sich industrielle Klein- und Mittelzentren. Ohne auf Bodenschätze oder zumindest in der ersten Phase auf die Verarbeitung landwirtschaftlicher Produkte zurückgreifen zu können, verdankte die Ende des 19. Jh.s einsetzende Industrie ihre Entwicklung vornehmlich der Einwanderung deutscher Handwerker, die durch Erfindungsgeist und Nutzung der gegebenen Möglichkeiten ohne Einwirkung von außen eine vielfältige Qualitätsindustrie aufbauten, ausgehend von kleinen Familienbetrieben, unter denen sich manche in einem kontinuierlichen Wachstumsprozeß zu Aktiengesellschaften zusammenschlossen, wie es im nordöstlichen Santa Catarina der Fall war (Kohlhepp, 1968, S. 160 ff.) und auch Filialbetriebe innerhalb der Region gründeten. In den großen Verbraucherzentren, vornehmlich in São Paulo und Rio de Janeiro, die die wichtigsten Abnehmer der erzeugten Waren darstellen, richtete man Verkaufsfilialen ein. Auf diese Weise kam es im nordöstlichen Santa Catarina zur Ausbildung zahlreicher kleiner und einiger mittlerer Industriestädte, wobei zu den letzteren Joinville (44 000 E.) und Blumenau (63 000 E.) gehören (Kohlhepp, 1968, S. 174).

Industriestädte entwickelten sich teils aus Städten ursprünglich anderer Funktion, und teils trug die Industrie von sich aus zur Entstehung neuer Städte dieses Typs bei; beide Möglichkeiten sind in Rechnung zu stellen. Abgesehen von den einseitig vom Steinkohlenbergbau abhängigen Industrieorten und den monostrukturierten münsterländischen Textilindustrieorten agrarischen Charakters, deren Dienstleistungssektor so unterrepräsentiert ist, daß sie von benachbarten Städten abhängig wurden, unterschied Lange (1981, S. 89 und S. 147) durch den Bergbau geprägte Industriestädte im Ruhrgebiet, zu denen er im Jahre 1961 Oberhausen, Bottrop, Gelsenkirchen, Gladbeck, Recklinghausen, Castrop-Rauxel, Herne, Lünen, Wanne-Eickel, Wattenscheid, Ahlen, Hersten und Dorsten rechnete. Fast dieselben Städte kennzeichnete er im Jahre 1970 als Industriestädte mit Bergbau, dem Niedergang des Bergbaus einerseits und der Umstellung der auf der Kohle basierenden Schwerindustrie auf andere Industriezweige Rechnung tragend. Hinsichtlich des Anteils der Beschäftigten im tertiären Sektor ergab sich zwischen den Jahren 1961 und 1970 in der Regel eine Zunahme, wenngleich erhebliche Unterschiede verblieben, indem im Jahre 1970 Wanne-Eickel mit 30 v. H., Castrop-Rauxel mit 32 v. H., Recklinghausen dagegen mit 45 v. H. in diese Gruppe eingingen, darauf verweisend, daß genetische Differenzierungen vorliegen, indem diejenigen mit niedrigem Anteil aus Zechensiedlungen hervorgingen, diejenigen mit hohem Anteil bereits vor dem 19. Jh. zentrale Funktionen ausübten. Die Hellwegstädte, in denen der Bergbau nach dem Zweiten Weltkrieg zum Erliegen kam, nehmen teils überregionale Funktionen wahr und teils galten sie zumindest im Jahre 1970 als Industriestädte mit Metallverarbeitung, wobei in dieser Beziehung Bochum zu nennen ist, das damals im tertiärwirtschaftlichen Sektor 39 v. H. Beschäftigte hatte und sich weder mit Dortmund noch mit Essen messen konnte. Ähnliche Verhältnisse trifft man im kontinentalen Europa dort, wo zunächst auf der Grundlage des Steinkohlenbergbaus die Schwerindustrie zur Ausbildung kam.

Auch in den *Vereinigten Staaten* ging eine große Zahl von Industriestädten aus solchen zunächst anderer Aufgabenstellung hervor. Philadelphia etwa wurde bereits zu Beginn der Kolonisation von William Penn im Jahre 1682 gegründet; begünstigt durch die Nähe der Anthrazit- und Eisenerzlagerstätten in den Appalachen, wandte es sich seit der Mitte des 19. Jh.s der Metallindustrie zu, die heute für das wirtschaftliche Leben bestimmend ist (1975: 4,8 Mill. E.). Detroit, die amerikanische Automobilstadt, war ursprünglich ein französischer Pelzhandelsposten auf der Landenge zwischen Huron- und Erie-See; später Ausgangspunkt für die Kolonisation, entwickelte sich die Stadt zum Mittelpunkt des Farmlandes und zum Handelsplatz für dessen Ausfuhrprodukte, bis dann um das Jahr 1900 mit der Gründung der Fordgesellschaft ein neuer Impuls für das Leben dieser Stadt begann und ihre Einwohnerzahl von 28 500 am Ende des 19. Jh.s auf 4,4 Mill. im Jahre 1974 stieg. – Ebenso ist der größte Teil der japanischen Industriestädte auf ältere Städte mit früher anderer Funktion zurückzuführen, und auch in der Sowjetunion, vor allem in ihrem westlichen Abschnitt, begegnen wir häufig dieser Entwicklung. Es sei hier an Leningrad erinnert, das nach der Revolution von der Residenz- und Handelsstadt, deren Bauwerke im Stadtkern erhalten blieben, zur ausgesprochenen Industriestadt ausgestaltet wurde, der größten, die die Sowjetunion besitzt (1977: 4,4 Mill. E.).

Gegenüber der eben dargelegten Gruppe der Industriestädte treten die durch die Industrie selbst entstandenen auf dem *europäischen Kontinent* zurück, ohne allerdings völlig zu fehlen. Wir erinnern an Eindhoven im niederländischen Brabant, dessen Entwicklung zur Stadt von 192 000 E. (1977) auf die Glühlampenfabrik von Philips zurückgeht. Ludwigshafen, noch im Jahre 1855 ein Ort von kaum 2300 Einwohnern, wurde zur Stadt der Badischen Anilin- und Sodafabrik mit 165 000 Einwohnern im Jahre 1977 (Klöpper, 1957). Unter dem Einfluß der Farbenfabriken Bayer vollzog sich der Zusammenschluß einer industriellen Agglomeration zur Stadt Leverkusen (164 000 E.), die sich eine gewisse Eigenständigkeit gegenüber den älteren Zentren wie Köln, Düsseldorf oder Wuppertal zu erwerben vermochte (Ris, 1957). Höchst, die Stadt der Farbwerke dagegen, früher eine wirkliche Kleinstadt mit eigenem Umland bzw. Hinterland, wird durch die Eingemeindung nach Frankfurt a. M. (1928) in ihrem Eigenleben bedroht (Büschenfeld, 1958). Unter der Konkurrenz von Braunschweig leiden sowohl Wolfsburg (127 000 E.) als auch Salzgitter (116 000 E.).

In wesentlich stärkerem Ausmaß finden sich die durch die Industrie hervorgerufenen Städte in *Großbritannien*. Hier wandelten sich nur wenige wichtigere alte Städte zu Industriezentren um, wie es sich etwa bei Norwich (1973: 120 000 E.) oder York (102 000 E.) zeigt. Meist aber ergibt sich zwischen historischer Stadt und Industriestadt eine nur geringe Verknüpfung, denn die alten bedeutenderen Zentren lagen hauptsächlich in den landwirtschaftlich am besten ausgestatteten

Landschaften des Ostens, aber fern von den Bodenschätzen, die seit dem 18. Jh. für die Bevölkerungsverteilung und die Entwicklung der Städte entscheidend wurden. Ob wir auf Birmingham verweisen, das im Mittelalter eine ländliche Siedlung war, ob wir Manchester heranziehen, das sich als kleiner mittelalterlicher Markt zu entfalten begann usf., immer wieder zeigt sich, daß ein erheblicher Teil der bedeutenden Städte Großbritanniens erst dem Industriezeitalter entstammt, was durch die „Neuen Städte" eine Verstärkung erfuhr.

Auch in der *Sowjetunion* nehmen die jungen Industriestädte einen wichtigen Platz innerhalb der Gesamtheit der Städte ein. Nach einem Bericht aus dem Ende des 18. Jh.s hatte Rußland innerhalb seiner damaligen politischen Grenzen 610 Städte, unter denen die meisten nur Marktflecken waren. Lediglich in Moskau, Leningrad und Astrachan lebten mehr als 50 000 Menschen. Haben wir bis zum Ersten Weltkrieg mit einem relativ geringen Anstieg in der Zahl der Städte zu rechnen, so existierten im Jahre 1926 bereits 709, im Jahre 1939 schon 923 und im Jahre 1970 1935 Städte, unter denen allerdings nur knapp 300 50 000 E. und mehr hatten. Hier wird deutlich, daß mit der Sowjetherrschaft ein Bruch in der früheren Entwicklung eintrat, eine bewußte Abkehr von der agraren Struktur und Hinwendung zur Industriewirtschaft. Dies wird um so klarer, wenn man die Funktion der seit dem Ersten Weltkrieg neu gegründeten Städte betrachtet, denn es handelt sich mit Ausnahme von Murmansk und Petropalowsk-Kamtsch ausschließlich um Industrie- bzw. Bergbaustädte (Tab. VII.C.2).

Voraussichtlich sind den hier genannten noch andere hinzuzufügen, weil die Erschließung der nördlichen Gebiete Fortschritte gemacht hat. Die darüber gemachten Angaben (Rat zum Studium der Produktivitätkräfte beim staatlichen Plankomitee der UdSSR, 1981) lassen aber nicht immer erkennen, was bereits Wirklichkeit bzw. erst geplant ist, abgesehen davon, daß es nicht darum ging, die entsprechenden Städte zu nennen, sondern es das Anliegen war, aufeinander abgestimmte Städtesysteme zu behandeln, die sich gegenseitig ergänzen.

Abgesehen von Murmansk erfolgte zunächst noch eine Verstärkung im Raume von Moskau, bis es in der zweiten Phase zum Ausbau im alten Schwerindustriegebiet des Donbas mit einer gewissen Ausweitung kam. Wenn in diesem Zeitraum von 1920-1926 bereits die Bergbau- und Industriestädte des Kuzbas erscheinen, dann hängt das damit zusammen, daß man im Jahre 1926 mit der Ausbeutung der Bodenschätze begann, die Orte selbst noch klein waren und erst danach die starke Entwicklung einsetzte, so daß gegenüber dem Donbas mit einer zeitlichen Verschiebung zu rechnen ist, ähnlich wie das auch für den Ural gilt. Während des Zweiten Weltkrieges wurden die Erdölvorkommen im Wolgagebiet erschlossen, und danach nutzte man in Ostsibirien die hydroelektrische Energie für die Ausbildung neuer Industrieschwerpunkte, so daß Bratsk und Angarsk zu den jüngsten „Neuen Städten" der Sowjetunion zählen.

Bei den meisten dieser neuen Industriestädte handelt es sich zweifelsohne um voll entwickelte Städte, die zugleich politisch-kulturelle Aufgaben erfüllen sollen und in besonderem Maße als Ausdruck der sowjetischen Staats- und Gesellschaftsideologie zu werten sind. Wenn an anderer Stelle die große Bedeutung betont wurde, die politische Gesichtspunkte für die Entstehung der russischen Städte haben, so werden diese unter sowjetischer Herrschaft durch die Industriestadt

Tab. VII.C.2   Neue Städte in der Sowjetunion mit 50 000 E. und mehr im Jahre 1959

1915–1920	1920–1926	1926–1939	1939–1959
		Isolierte Lage	
Murmansk	Duschanbe	Komsomolsk	Angarsk
	Rubzowsk	Petropalowsk	Bratsk
		Severodwinsk	Norilsk
		Tschirtschik	
		Sumgait	
		Donez-Djnepr	
	Gorlowka	Konstantinowka	
	Kramatorsk		
	Novoschaktinsk		
	Makejewka		
	Kadijewka		
	Kommunarsk		
	Lisischansk		
	Krasnyi Lutsch		
		Zentrum	
Novomoskowsk			
Lynuberts			
Mycitschi			
Elektrostal			
		Ural-Wolga	
Dserschinsk	Kopejsk	Magnitogorsk	Krasnokamsk
		Novotroitzk	Novokuibyschew
			Wolsky
		Kuzbas	
	Kuznetzky	Kiseljewsk	
	Anahero-Sudschensk	Belowo	
	Kemerowo		
	Prokopjewsk		
	Novokutznezk		
		Karaganda	
		Karaganda	
		Temirtau	

Nach Harris, 1970, S. 256 ff.

verkörpert. Die hierüber wiedergegebene Strukturskizze von Eisenhüttenstadt an der Oder (Abb. 89) wird dies nur bestätigen können. Auch die Versuche, eine Gliederung der russischen Städte hinsichtlich ihrer Entstehung (Truhe, 1954, s. in Täubert, 1958, S. 234) oder in bezug auf die gegenwärtig wirksamen verwaltungsmäßigen, kulturellen und wirtschaftlichen Kräfte (Knobelsdorff, 1957, s. in Täubert, 1958, S. 235 ff.) durchzuführen, beweisen die Integration, die hier den Industriestädten zukommt.

In den *Ostblockländern,* wo der Einfluß der Sowjetunion sich auf etwa drei Jahrzehnte erstreckt und sehr verschieden geartete Gebiete betraf, bedeutet die

Verstärkung insbesondere der Grundstoffindustrien und die damit verbundene Planung „Neuer Städte" ein unabweisbares Phänomen. Am Beispiel der Deutschen Demokratischen Republik und von Polen sollen die Probleme deutlich gemacht werden. In der Deutschen Demokratischen Republik besteht der aus der früheren Entwicklung verständliche Gegensatz zwischen dem agrarisch orientierten Norden und dem industriell ausgerichteten Süden. Hier wird der Versuch gemacht, zu einem Ausgleich zu gelangen. Nur so wird die Gründung von Eisenhüttenstadt (Abb. 89) verständlich ebenso wie die Aufnahme der aus der Sowjetunion kommenden Pipeline in Schwedt an der Oder, das zu einem petrochemischen Zentrum ausgebaut wird. Eine Zweiglinie der Pipeline führt einerseits nach Rostock und andererseits in das Industriegebiet von Halle-Leipzig, so daß die VEB Leuna und Buna auf Erdöl umgestellt werden konnten. Hier kamen die Beschäftigten aus einem Umkreis der Werke bis zur 1-Stunden-Isochrone einschließlich Halle und Merseburg, so daß der Pendelverkehr eine erhebliche Belastung darstellte. Seit dem Jahre 1964 ging man deshalb daran, Halle-West für 70 000 Beschäftigte zu errichten, das durch Autobahn und elektrifizierter Eisenbahn mit Leuna verbunden wurde. Der Ausbau des Braunkohlenabbaus in der Niederlausitz führte zur Gründung von Neu-Hoyerswerda. – In Polen sah man sich ebenfalls vor die Aufgabe gestellt, den Norden stärker zu industrialisieren, doch meist im Anschluß an bestehende Städte. Sowohl im Südwesten als auch im Osten hatte man die Möglichkeit, neue Bodenschätze zu erschließen. Beim Abbau der Kupferlagerstätten zwischen Liegnitz und Glogau in Niederschlesien kam es zur Gründung der Stadt Lubin; im San-Weichselmündungsbereich, wo seit Beginn der sechziger Jahre Schwefel abgebaut und verarbeitet wird, hatte man mehrere kleinere Zentren zur Verfügung, unter denen Tarnobrezy zum Mittelpunkt des Industriebezirks gewählt wurde, ohne die Pendelwanderung bis zu einem Umkreis von 100 km einzuschränken, um auf diese Weise eine Annäherung von ländlicher und städtischer Lebensweise zu bewirken (Dobrowolska, 1966). Einen andern Wege beschritt man im oberschlesischen Industriegebiet, wo man auf eine Dezentralisierung der Bevölkerung aus dem Kerngebiet bedacht war. Mindestens fünf Entlastungsstädte im Norden und eine im Süden (Neu-Tichau) sollten dies bewirken, wobei im Plan jeweils festgelegt wurde, ob es sich um selbständige Städte mit eigener Industrie und Dienstleistungen handeln sollte oder nur um Trabanten. Lediglich Neu-Tichau erreicht eine Einwohnerzahl von rd. 70 000, ohne ein beträchtliches Eindämmen der Auspendler in den Kern des Reviers zu erreichen. Allerdings wurde eine Ausweitung nach Osten erzielt, indem 10 km östlich von Krakau das Eisenhüttenwerk Nova Huta entstand, das auf oberschlesische Kohle angewiesen ist. Mit einer Wohnsiedlung verbunden, ist die Entfernung gegenüber Krakau zu gering, um die Entwicklung einer eigenständigen Stadt zu gewährleisten (Förster, 1974). – Wenn in China lediglich neun neue Industrie- bzw. Produktionsstädte ins Leben gerufen wurden, dann entspricht das dem politischen Bewußtsein, zunächst eine Intensivierung der Landwirtschaft zu erreichen.

d) Verkehrsstädte

Der Verkehr stellt im Grunde genommen nur ein Mittel zum Zweck dar, entweder ein Mittel zur Aktivierung besonderer Funktionen oder auch ein Mittel, um der Einengung durch solche zu entgehen und den multifunktionalen Charakter von

Städten zu begünstigen. Ausgesprochene Verkehrsstädte finden sich deshalb relativ selten. Sie zeigen sich vornehmlich dort, wo große Räume zu überwinden sind, sei es, daß kontinentale Gebiete durch Eisenbahnen zusammengehalten werden oder sei es, daß Meere oder große Seen durch Schiffslinien miteinander verbunden sind. Eisenbahnstädte und Verkehrshäfen geben die wichtigsten Typen der Verkehrsstädte ab. Sie sind vor allem für *Nordamerika* und die *Sowjetunion* charakteristisch, was nach den früheren Ausführungen verständlich erscheinen dürfte. In den Vereinigten Staaten rechnete Nelson (1955, S. 199) 96 Städte mit 10 000 Einwohnern und mehr (rd. 7 v. H.) zu dieser Gruppe, wobei der weitaus überwiegende Teil als Eisenbahnknotenpunkt gekennzeichnet ist. Nicht unwichtig mag seine Feststellung sein, daß Städte mit ausgesprochener Verkehrsfunktion relativ kleine Zentren darstellen, die dort liegen, wo Nebenlinien von Hauptstrecken des Eisenbahnnetzes abzweigen. Ähnliches trifft für die Sowjetunion zu, wie es der an anderer Stelle aufgeführten Tabelle (Tab. VII.C.2.) zu entnehmen ist.

Wie in Nordamerika und der Sowjetunion (Sibirien) Eisenbahnstädte einen relativ wichtigen funktionalen Typ darstellen, so war hier mit der Entwicklung des Eisenbahnnetzes auch die Entstehung zahlreicher Städte verbunden, die aus einfachen Stationen (Kap. VI.3.) hervorgingen. Darüber hinaus aber war es vor allem der Eisenbahnverkehr, der eine solch befruchtende Wirkung ausübte, da sich vorhandene oder durch ihn entstandene Zentren zu Großstädten entfalteten. Die frühesten Großstädte der Vereinigten Staaten allerdings, die in der ersten Hälfte des 19. Jh.s dazu wurden, waren Seehäfen, an der Ostküste, während in einer zweiten Periode bis zum Jahre 1877 einige Flußhäfen und Häfen der Großen Seen Großstadtcharakter erreichten. Mit Ausnahme von Washington, D. C. verdanken dann aber sämtliche anderen Großstädte ihre Entwicklung zu solchen dem Eisenbahnverkehr, Minneapolis und Rochester, Kansas City und Omaha, Indianapolis und Denver, um nur einige Namen zu nennen (Jefferson, 1931, S. 461 ff.). Selbst San Francisco und Los Angeles, die beiden wichtigsten Häfen der Westküste, entfalteten sich zunächst viel stärker unter dem Einfluß des Eisenbahnverkehrs als unter dem der Überseeschiffahrt, die erst mit dem Erwachen maritimer Interessen im Pazifik an Bedeutung gewann.

In *Europa* liegen die Dinge in der Regel wesentlich anders, denn als der Eisenbahnverkehr einsetzte, war einerseits die Besiedlung so gut wie abgeschlossen und andererseits in Verbindung mit dem Straßenverkehr ein mehr oder minder dichtes und wohl abgestuftes Städtenetz vorhanden. Kaum trugen die Eisenbahnen hier zur Entstehung neuer Städte bei. Wohl aber wirkten sie befruchtend oder hemmend auf die Entwicklung von Städten ein, je nachdem, wie stark die Verknotung der Verkehrslinien wurde. Mancher Wandel in der Bedeutung von Städten hängt hier aufs engste mit der Ausbildung des Eisenbahnverkehrs zusammen. Wir wollen uns in dieser Beziehung auf ein Beispiel beschränken, nämlich auf das Verhältnis von Braunschweig und Hannover vor und nach der Durchführung des Eisenbahnbaus.

Hinsichtlich der natürlichen Voraussetzungen sind Hannover und Braunschweig in der selben Weise geeignet, erstrangige Verkehrsknotenpunkte zu sein. Beide Städte werden von der wichtigen westöstlichen Verkehrsachse berührt, die dem ausgeprägteren Relief des niedersächsischen Berg- und Hügellandes ausweicht und an dessen nördlichem Rande verläuft. Darüber hinaus besitzt das Bergland genügend Pforten und Durchlässe, um auch der Verkehrsspannung zwischen Süddeutschland und der deutschen Nordseeküste gerecht werden zu können. Wohl ist von den natürlichen Grundlagen her das Leinetal und damit Hannover für die Führung der Eisenbahnlinien ein wenig begünstigt. Aber Braunschweig war vor dem Eisenbahnbau der Vorzug gegeben, da es sich aus seiner mittelalterlichen Blütezeit eine breite gewerbliche Basis bewahrt hatte; mit etwa 35 000 Einwohnern im ersten Viertel des 19. Jh.s besaß es eine größere Bedeutung als Hannover, damals eine Land- und Residenzstadt von rd. 26 000 Einwohnern. Es sind vor allem historische Gründe, durch die Hannover zum Knotenpunkt der West-Ost- und Nord-Süd-Linien wurde. Die territoriale Zersplitterung Deutschlands in jener Zeit verhinderte die Ausbildung eines einheitlich geplanten deutschen Eisenbahnnetzes. Zwar ging Preußen voran und trachtete danach, den durch fremde Territorien getrennten Westen und Osten seines Staates durch Eisenbahnen miteinander zu verbinden, aber auch das kleine und zersplitterte Land Braunschweig war durchaus geneigt, das neue Verkehrsmittel einzuführen. Doch war ihm höchstens der Ausbau eines Lokalnetzes möglich, so daß seiner Hauptstadt die Gunst eines regionalen Verkehrsknotens versagt blieb. Hannover dagegen, das sich zunächst gegenüber dem Eisenbahnbau ablehnend verhielt, fiel das auf Grund der größeren Ausdehnung seines Staates fast als ungewolltes Geschenk zu. Damit aber war die Voraussetzung für die relativ schnelle wirtschaftliche Entwicklung Hannovers gegeben, während Braunschweig demgegenüber zurückbleiben mußte. Nach dem Zweiten Weltkrieg verschob sich das Gewicht zwischen beiden Städten noch mehr zugunsten Hannovers, denn der Nord-Süd-Verkehr wurde mit der Errichtung der Zonengrenze und der Abtrennung von Berlin zu einem erheblichen Maße auf die Strecke Bremen bzw. Hamburg-Hannover-Frankfurt a. M. konzentriert, und überdies vermochte sich Hannover in den Luftverkehr einzuschalten. Mit rd. 544 000 Einwohnern besitzt es heute eine wesentlich breitere funktionale Basis als Braunschweig mit etwa 266 000 Einwohnern, und daran ist zu einem erheblichen Teil die durch das Eisenbahnzeitalter hervorgerufene bessere Verkehrssituation beteiligt (Schwarz, 1953).

Mitunter können Verkehrslinien, die primär ausgebildet wurden, zur Entwicklung von Städten beitragen, die dann das sekundäre Element darstellen. Ebenso aber wurden Städte zuerst ins Leben gerufen, die, ihren Bedürfnissen entsprechend, ein Verkehrsnetz entwickelten und u. U. Veranlassung zur Verlagerung von Verkehrslinien gaben. In jedem Fall aber übt der Verkehr eine befruchtende Wirkung auf die Lebensverhältnisse der Städte aus. Bei relativ jungen Städten ist es möglich, das zeitliche Abhängigkeitsverhältnis zwischen Stadt und Verkehr genau zu untersuchen. Komplizierter ist es, dieselbe Aufgabe für vergangene Zeiten zu lösen, vor allem deswegen, weil die Rekonstruktion ehemaliger Verkehrswege auf Schwierigkeiten stößt und eindeutige Belege dafür, was Ursache und was Folge ist, häufig fehlen. Immerhin sind bei der Entstehung von Städten beide Möglichkeiten in Ansatz zu bringen. Es gibt solche, deren ursprüngliche Bestimmung es war, Rastorte des Verkehrs zu sein, wie es z. B. für einige japanische Städte gesichert ist und in deren besonderer Ortsform zum Ausdruck gelangt (Abb. 90). Es gibt andere, die die Verkehrslinien an sich heranzogen und dadurch zu Knotenpunkten wurden. Immer aber sind die Wechselbeziehungen zwischen Stadt und Verkehr außerordentlich eng. Diese gegenseitige Verflechtung, die sich in vielfacher Weise in der geographischen Lage der Städte dokumentiert, gilt es vor allem zu beachten, auch wenn auf Grund der mittelbaren Wirkung des Verkehrs ausgesprochene Verkehrsstädte sich nicht eben häufig finden.

e) Handels- bzw. Fernhandelsstädte bzw. multifunkionale Management-Zentren

Die enge Verbindung, die zwischen dem Verkehr und dem Ursprung bzw. der Entwicklung von Städten besteht, wird durch den Handel zum Tragen gebracht, der eine der wichtigsten Grundlagen städtischen Lebens darstellt. Bereits die Landstädte geben Zentren des Lokalhandels ab. In bedeutenderen Städten, die ein größeres Einflußgebiet besitzen, kommt dem Handel unter Betonung des Großhandels eine wichtigere Rolle zu, vornehmlich dann, wenn Gebiete verschiedener wirtschaftlicher Ausrichtung durch einen städtischen Mittelpunkt zusammengefaßt werden. Doch erst, wenn sich der Handelsaustausch über größere Räume erstreckt, d. h. auf regionaler, nationaler oder internationaler Ebene entscheidend wird, kann man von ausgesprochenen Handelsstädten sprechen. Für ihre Charakterisierung ergeben sich einige Schwierigkeiten. Nicht immer unterscheidet man in der Statistik zwischen Einzel- und Großhandel. In Frankreich z. B. schließt man Handel, Bank- und Versicherungswesen zu einer Gruppe zusammen und stellt diese innerhalb des tertiären Sektors den Dienstleistungen sozialer und kultureller Art sowie den Transportunternehmen gegenüber. Dem liegt die Erfahrung zu Grunde, daß sich Einzel- und Großhandel, Bank- und Versicherungsinstitute meist in denselben regionalen oder sogar überregionalen Mittelpunkten konzentrieren, die häufig genug durch besonderes Hervortreten von Dienstleistungen oder des Verkehrs bzw. durch beides bei relativ geringer Entwicklung der Industrie ihr Gepräge erhalten. Das gilt für die meisten regionalen Mittelpunkte Frankreichs, die hinsichtlich der Verwaltung lediglich die Départements-Ebene einhalten und meist mehr als 100 000 Einwohner haben. Hierzu gehören etwa Marseille (1,0 Mill. E.), Bordeaux (591 000 E.), Nantes (438 000 E.), Rouen (389 000 E.), Straßburg (335 000 E.), Caen (273 000 E.), Tours (235 000 E.), Rennes (203 000 E.) und Dijon (183 000 E., jeweils für das Jahr 1975; Carrière und Pinchemel, 1963, S. 290 ff.).

In den andern regionalen Zentren tritt die Industrie ergänzend hinzu, und die Tendenz zur Ausbildung multifunktionaler Städte zeigt sich mehr oder minder stark, auch dies eine Eigenschaft, die die Aussonderung spezifischer Handelsstädte nicht ganz leicht macht.

Für die dänischen Städte wird dem Großhandel in seiner Beziehung zu einem kontinuierlichen Hinterland oder zu andern Staatsgebieten in den regionalen bzw. überregionalen Zentren Rechnung getragen (Illeris, 1964 bzw. 1978). Dabei erscheint ein neuer Gesichtspunkt, der für manche Handelsstädte, besonders aber für Hafenstädte, wichtig ist: Sie versorgen nicht allein ein einigermaßen geschlossenes Um- und Hinterland, sondern darüber hinaus sind sie am internationalen Handel beteiligt, der von der eigenen wirtschaftlichen Grundlage und dem Verbrauch an Gütern, die selbst nicht erzeugt werden können, abhängig ist.

Für England und Wales schieden Moser und Scott (1961) zwar „commercial towns" aus, zählten aber die Hafenstädte zu den Industriestädten, was gerade für England und Wales vielfach zutreffen dürfte, aber auch hier nicht für alle Hafenstädte Gültigkeit besitzt (z. B. Kriegs-, Verkehrshäfen usf.), wobei London wegen seiner Sonderstellung nicht in die Untersuchung einbezogen wurde.

In Ostmitteleuropa und der Sowjetunion kommt nach den bisher vorliegenden Untersuchungen ausgesprochenen Handelsstädten geringe Bedeutung zu (für die Sowjetunion: Blazhko, 1964, S. 14; für Polen: Kosiński, 1964, S. 86 ff.; für Rumänien: Sandru, 1960, S. 39). Das hat seine Ursache darin, daß der Handel staatlich gelenkt wird und dafür die Verwaltungsmittelpunkte den geeigneten Standort abgeben, meist auch die Industrie einen beachtlichen Faktor darstellt und damit der regionale und überregionale Handel in den multifunktionalen Städten abgewickelt wird.

Wohl bei keinem andern funktionalen Stadttyp als bei dem der Handelsstadt sind nach den Methoden von Harris, Nelson und Alexandersson sehr unterschiedliche Ergebnisse erzielt worden, und Berry (1972, S. 44 ff.) rechnete sie den service centers zu und räumte ihnen keine besondere Stellung ein. Zumindest sind sich die zuerst genannten Autoren darin einig, daß in den Vereinigten Staaten zwei unterschiedliche Gruppen von Handelsstädten existieren. Einerseits handelt es sich um kleinere Mittelpunkte, in denen die landwirtschaftlichen Produkte der Umgebung gesammelt und von hier aus dem Großhandel zur Verfügung gestellt wurden. Nach dem Zweiten Weltkrieg nahmen sie an Bedeutung ab, weil die agroindustriellen Erzeuger über den Kettengroßhandel in direkte Verbindung mit den Supermärkten traten und die Versorgung der Bevölkerungsballungen mit frischem Gemüse und Obst von dem Preisunterschied zwischen diesen und in irgendeiner Form konservierten Waren abhängig wurden (Jumper, 1974, S. 387 ff.).

Andererseits waren Groß- und Weltstädte dem Handel besonders zugewandt, denen ohnehin die Tendenz innewohnt, sich zu multifunktionalen Städten zu entwickeln, so daß allein schon aus diesem Grund die Zuordnung erschwert wird.

Bereits Duncan (1960) differenzierte die amerikanischen SMSAs von 300 000 Einwohnern und mehr in solche von regionaler und nationaler Bedeutung, und Goodwin (1965, S. 1 ff.) hielt die Bezeichnung als „management centers" für richtig. Solche Management-Zentren lassen sich nicht an der Zahl der Beschäftigten bzw. deren Aufgliederung auf die Sektoren messen, sondern dazu mußten andere Kriterien herangezogen werden. Teils kann die Zahl der Verwaltungsorgane von Industriekonzernen und deren jährlichem Umsatz herangezogen werden, teils die Zahl der Banken und Versicherungen mit der Höhe ihrer Bilanzsumme. Unter den 500 größten Unternehmen der Vereinigten Staaten entfielen im Jahre 1967 137 industrielle Hauptverwaltungen auf New York mit einem Umsatz von 120 Bill. Dollar, und Banken, Versicherungen usf. erbrachten 53,5 Bill. Dollar. Für Chicago lauteten die entsprechenden Werte: 38 industrielle Hauptverwaltungen, deren Umsatz sich auf 16,5 Bill. Dollar belief, während die nicht-industriellen Gesellschaften eine Bilanzsumme von 14,3 Bill. Dollar hatten. Gegenüber dem Jahre 1963 war zwar in beiden Städten die Zahl der Hauptverwaltungen etwas zurückgegangen, was aber mit Verlagerungen außerhalb der jeweiligen SMSA zusammenhing, in deren Umkreis sie jedoch verblieben (Rees, 1974, S. 209). Sowohl New York als auch Chicago besaßen Filialen in allen Bundesstaaten ebenso wie in Kanada, sofern die sonstigen internationalen Beziehungen außer acht gelassen werden, denn sowohl Umsatz, Bilanzsumme und Beschäftigte auch der ausländischen Tochtergesellschaften werden bei der Hauptverwaltung erfaßt. Stellt man eine Rangliste allein nach jährlichem Umsatz bzw. Bilanzsumme auf und berücksichtigt nur diejenigen Unternehmen mit mindestens 10 Bill. Dollar, dann ergab sich damals das Folgende: 1. New York, (17 Mill. E.), 2. Chicago (8 Mill. E.), 3. San Francisco (4 Mill. E.), 4. Detroit (5 Mill. E.), 5. Los Angeles (10 Mill. E.), 6. Pittsburgh (2 Mill. E.), 7. Philadelphia (7 Mill. E.), 8. Hartford (1 Mill. E.) und 9. Boston (4 Mill E.). Daraus läßt sich ablesen, daß die Bedeutung der Management-Zentren nicht unbedingt abhängig von der Größe der Städte war. Nimmt man lediglich die 40 umsatzstärksten industriellen Hauptverwaltungen im

Jahre 1977 (Nagel, 1980, S. 78/79), dann bleibt zwar die Vorrangstellung von New York erhalten, aber Detroit rückt an die zweite Stelle (General Motors). Nach Goodwin ergeben sich verschiedene Typen der Management-Zentren. Zu der ersten Gruppe gehören diejenigen, bei denen sich industrielle und nicht-industrielle Unternehmen die Waage halten, was sicher für New York und Chicago zutraf; die zweite zeichnet sich durch das Hervortreten des Finanzwesens aus, für San Francisco, Hartford und Boston gültig, nachgeordnet für Houston (2 Mill. E.), Milwaukee (1 Mill. E.) und Dallas (2 Mill. E.). Schließlich ist der dritte Typ durch Hauptverwaltungen industrieller Unternehmen charakterisiert wie Detroit, Pittsburgh und Philadelphia.

Nur auf die letzteren bezogen, unternahm es Modelski (1979, S. 53 ff.), die Bedeutung einzelner Firmen unter den 50 größten der Welt, nach dem Umsatz berechnet, eine Unterscheidung zwischen solchen auf nationaler, multinationaler und globaler Ebene zu treffen. Sofern 50 v. H. und mehr des Umsatzes im Ausland erwirtschaftet werden, dann handelt es sich um globale Unternehmen, bei 10 – unter 50 v. H. um multinationale und bei weniger als 10 v. H. um nationale. In dieser Beziehung hatte New York eindeutig als globales Zentrum den Vorrang (Verwaltung folgender Firmen: Exxon, Öl; Texaco, Öl; ITT, Elek., Chemie u. a.; IBM, Elek.; Mobil Oil, Öl; Union Carbide, Chemie). Demgegenüber erlangte Chicago nur multinationale Bedeutung, und Detroit nahm eine Zwischenstellung ein. – An anderer Stelle ist auf die Management-Zentren in den übrigen Industrieländern einzugehen, weil zunächst der historischen Dimension des Handels für die Städte nachgegangen werden soll.

Überall dort, wo der Verkehr ein Hindernis findet und man zum Rasten oder zum Umschlag auf andere Verkehrsmittel gezwungen ist, ergeben sich günstige Verhältnisse für den Handel. Zu allen Zeiten hat das Meer Handelsverbindungen ausgelöst, die sich in den Seehäfen konzentrieren und hier um so stärker verdichtet werden, je mehr ihnen durch Landverkehrswege auch ein kontinentales Einzugsgebiet eröffnet wird. Mag auch heute noch die Flußschiffahrt in den Dienst des Fernhandels gestellt werden, so kam ihr vor der Technisierung des Verkehrs in dieser Hinsicht eine ungleich wichtigere Rolle zu. Flußhäfen als Großhandelsstädte werden in die Betrachtung einzubeziehen sein. Auch für sie gilt, daß sie um so größeren Einfluß besitzen, je mehr das übrige Landverkehrsnetz auf sie zustrebt. Die landeinwärts gelegenen Endpunkte der Schiffahrt, Stellen, die gleichzeitig als Brückenorte fungieren, Plätze an Stromschnellen, die umgangen werden müssen, eignen sich vor allem dafür, die genannten Bedingungen zu erfüllen. Schließlich haben wir es mit kontinentalen Fernhandelsplätzen zu tun. Hierzu gehören die Karawanenstädte, die nicht zu Unrecht als Wüstenhäfen bezeichnet werden, und hierzu sind ebenfalls Knotenpunkte des Eisenbahnverkehrs zu rechnen, in denen häufig auch Autobahnen und Flugverkehr unterstützend hinzutreten.

Um welche Art von Handelsstädten es sich auch handeln mag, immer sind sie dem Wandel politischer Verhältnisse und den wirtschaftlichen Veränderungen in besonderem Maße ausgesetzt. So stehen sie in der Spannung zwischen Niedergang bis zum Verfall und Aufblühen zu weltbedeutenden Zentren. Eindringlich zeigt sich das vor allem bei den Karawanenstädten des Orients und des nördlichen Afrika. Wie Palmyra an der alten Weihrauchstraße vor dem ersten nachchristlichen Jahrhundert zu einer wichtigen Karawanenstadt aufstieg, ebenso bildete Loulou an der Seidenstraße im Tarimbecken ein bedeutendes Zentrum, in einer Zeit, als das Römische und das Chinesische Reich Sicherheit gewährleisteten und durch syrische, parthische und chinesische Kaufleute Handelsbeziehungen miteinander in Gang kamen. Beide Karawanenstädte, wie viele andere auch, existieren nicht mehr. Ob Loulou durch zentralasiatische Reitervölker vernichtet wurde oder eine Laufverlegung des Tarim die Oasenstadt veröden ließ (vgl. Hassinger, 1953, S. 222 und Kirsten u. a. 1956, Bd. I, S. 223), mag dahingestellt bleiben. Wirtschaftspolitische Verhältnisse und mangelnde Sicherheit, die die Weihrauchstraße immer mehr zur Bedeutungslosigkeit verurteilten, waren an dem Niedergang von Palmyra beteiligt, dessen endgültige Zerstörung durch die Araber im Jahre 744 als ein letzter Akt in dieser Entwicklung zu betrachten ist. Andere Oasenstädte am Rande der Wüste konnten sich trotz wechselnder Schicksale immer wieder durchsetzen. Als Beispiel dafür seien Aleppo und Damaskus genannt (Wirth, 1966). Hier, wo sich die Gewässer des Antilibanon und des Hermos zum Barada-Fluß sammeln, der die Stadt in west-östlicher Richtung durchzieht, wurde seit früher Zeit der Handel zwischen Ägypten und dem Zweistromland vermittelt, und über die Gebirgspässe besteht zugleich die Verbindung zum Mittelmeerraum. Noch heute ist Damaskus als eine wichtige Handelsstadt mit 837 000 Einwohnern zu betrachten, deren Lagegunst auch im Rahmen der modernen Verkehrsmittel genutzt wird. Sie ist nicht mehr allein Knoten- oder Zielpunkt von Karawanenwegen, sondern, abgesehen von untergeordneten Eisenbahnlinien, wurde sie durch eine Eisenbahn mit Beirut verbunden, durch Autoverkehr sowohl mit Beirut als mit Bagdad verknüpft und erhielt schließlich den einzigen Flughafen des syrischen Staates. So standen die Karawanenstädte im Laufe der Geschichte von jeher in der Spannung zwischen Konstanz und Wandel, weil einerseits die Wasserfrage gelöst werden mußte und andererseits der Gegensatz von Seßhaften und Nomaden immer wieder zu einer Gefährdung des Fernhandels führte. Mit der Verlagerung des Weltverkehrs seit dem Entdeckungszeitalter und erst recht seit Einsetzen des modernen Welthandels verloren die Karawanenwege und der entsprechende Warentransport mehr oder minder an Bedeutung. Damit setzte ein Niedergang ausgesprochener Karawanenstädte ein, wie es sich z. B. in Timbuktu (Mali) zeigt, das heute nur etwa 9000 Einwohner besitzt (Miner, 1953). Vermochte man sich allerdings auf die neuen Wirtschafts- und Verkehrsbedingungen umzustellen, wie wir es eben bei Damaskus sahen oder auch für Kano (399 000 E.) im Norden Nigerias (Becker, 1969), dann blieben die Karawanenstädte bedeutende Handelszentren.

Die Verlagerung wichtiger Verkehrswege im Zusammenhang mit wirtschaftspolitischen Veränderungen bewirkte nicht allein positive oder negative Impulse für die Karawanenstädte, sondern auch für die Seehäfen als Fernhandelsstädte. So wurde z. B. im Entdeckungszeitalter das Mittelmeeer weitgehend aus dem Weltverkehr ausgeschaltet, worunter Venedig, Pisa, Genua u. a. erheblich litten; nur einigen von ihnen gelang es, seit Eröffnung des Suezkanals ihre Handelsbasis aufs neue zu stärken. Das ist z. B. für Genua der Fall, gegenwärtig die bedeutendste Hafen- und Handelsstadt Italiens, die sich gegenüber Neapel und Venedig nicht allein wegen ihrer Lage an der Küste des Ligurischen Meeres, sondern ebenfalls wegen ihrer Nähe zu den besonders industrialisierten Gebieten des Landes durchsetzen konnte. Diese günstige Entwicklung vermochte sich anzubahnen, obgleich der Hafenraum nur mit Hilfe künstlicher Mittel den heutigen Anforderungen gerecht zu werden vermag und obgleich die beengte topographische Lage – ähnlich wie bei Marseille – erhebliche Anforderungen an den Bau von Eisen- und Autobahnen stellt, um der Isolierung zu entgehen (Barbieri, 1959). Ähnliche Verhältnisse finden wir bei den Hafenstädten der Ostsee. Seitdem Lübeck als Fernhandelsstadt im Jahre 1158 ins Leben gerufen wurde, hielten deutsche Kaufleute den Ostseehandel in der Hand. Die Ostseehäfen wie z. B. Wismar oder Stralsund, Rostock oder Greifswald, Danzig, Riga oder Reval bis nach Wisby auf Gotland waren ausgesprochene Fernhandelsstädte; mit Lübeck an der Spitze bildeten sie den Kern der Hanse und dehnten ihre Handelsbeziehungen bis nach England und Flandern aus. Wohl hatte der Untergang der Hanse politische Ursachen. Doch kamen die Ostseehäfen seitdem nie wieder zu Weltgeltung. Wisby, das im Jahre 1361 von den Dänen zerstört wurde, konnte nicht wieder zu rechtem Leben erweckt werden; es existiert heute lediglich als kleiner Marktort, und nur die Ruinen seiner Stadtmauer und gotischen Kirchen zeugen von seiner hochmittelalterlichen Blüte. Für diese Wandlungen ist in erster Linie die Verlagerung der Weltverkehrswege auf die Ozeane verantwortlich zu machen, die mit dem Entdeckungszeitalter begann und den Nordseehäfen das Übergewicht über die der Ostsee sicherte. Haben wir mit den Ostseehäfen bereits Siedlungen kennengelernt, die vornehmlich um des Handels willen ins Leben gerufen wurden, so spielt der Fernhandel für die Entstehung von Städten auch in andern Gebieten eine Rolle. Doch gilt zu beachten, daß seine Bedeutung in dieser Hinsicht regional verschieden zu beurteilen ist und keineswegs allgemein gesagt werden kann, daß der Fernhandel überall der Initiator der Städtebildung war oder die jeweils älteste Städteschicht auf ihn zurückgeführt werden muß. Die Entstehung von Städten durch den Fernhandel, die auch für manche Karawanenstädte in Ansatz zu bringen ist, zeigt sich z. B. bei den phönikischen Fernhandelsstädten an der libanesisch-syrischen Küste, die im 2. vorchristlichen Jahrtausend aufzublühen begannen. Sidon, das heutige Saida, und Tyros, das gegenwärtige Soûr, spielten eine besondere Rolle, wobei letzteres zunächst auf dem Festland entstand, bis man die vorgelagerten Felseninseln miteinander verband und die Trinkwasserversorgung der hier lebenden Bevölkerung durch eine unterirdische Wasserleitung garantierte. Mit den Trümmern der niedergelegten Stadt verknüpfte Alexander der Große die Inseln mit dem Festland durch einen Damm, wodurch auch die heutige topographische Situation gekennzeichnet ist. Nach einem wechselvollen Geschick wurde Soûr nach dem Zweiten Weltkrieg Bezirkshauptstadt mit 18 000 E. (Richter, 1975), ohne seine frühere Handelsbedeutung wieder zu gewinnen, die an Beirut abgegeben wurde. Die phönikische Kolonisation im östlichen und westlichen Mittelmeergebiet beruhte so gut wie ausschließlich auf dem Handel; damit wurden Niederlassungen als Häfen meist in günstiger Insellage gegründet, die sich u. U. nachträglich ein eigenes Hinterland angliederten und zu Fernhandelsstädten wurden, wie es bei Karthago der Fall war (Kirsten u. a., 1956, Bd. I, S. 217 ff.).

Problematischer ist die Beurteilung der Handelsfunktion bei den griechischen Kolonien im Mittelmeergebiet. Nach den Untersuchungen von Kirsten (1956) bildete die Anlage solcher Siedlungen unmittelbar an der Küste und in der Nähe eines einheimischen Stammesmittelpunktes als Handelspartner häufig ein erstes Stadium, dem keine echte Stadt zugeordnet war, weil das unmittelbare Hinterland fehlte. Das eigentliche Ziel der griechischen Kolonisten bestand darin, eine bäuerliche Grundherrschaft über die einheimische Bevölkerung aufzurichten, so daß die entsprechenden Siedlungen als Stadtdörfer (S. 151 ff.) mit Dorfmarken anzusprechen sind. Die griechische Polis als Stadt ist eine relativ junge Erscheinung; mit Ausnahme von Athen entwickelten sich wirkliche Städte erst seit dem 4. Jh. v. Chr., die dann allerdings, wie Athen selbst mit seinem Hafen Piräus, in der Handelsbetätigung eine wesentliche Aufgabe sahen (z. B. Korinth, Rhodos, Milet, Ephesos, Syracus, Neapel). Seitdem blieben Seehäfen als Fernhandelsstädte ein bezeichnendes Merkmal des Mittelmeerraumes, ob in hellenistischer Zeit, als etwa Alexandria eigens zu diesem Zwecke gegründet wurde, ob in der römischen oder frühmittelalterlich-byzantinischen Periode oder im Mittelalter, als Venedig zum neuen Zentrum auf dieser Grundlage erwuchs, ob schließlich in der Gegenwart, wo Barcelona (1,7 Mill. E.), Marseille (1,0 Mill. E.), Genua (800 000 E.), Beirut (702 000 E.), Alexandria (2,2 Mill. E.) usf. eine bedeutsame Rolle spielen.

Nicht nur im Mittelmerraum, sondern auch in nördlicheren Teilen Europas trug der Fernhandel wesentlich zur Ausbildung des Städtewesens bei. Wir haben an anderer Stelle die frühmittelalterlichen Wik-Siedlungen erwähnt (Kap. VII.2.), die ausgesprochene Fernhandelsniederlassungen waren, aber keine politischen Funktionen und kein eigentliches Hinterland besaßen. Gingen die Wik-Siedlungen in Nordeuropa meist ein und bildeten sich selten zu Städten aus (Jankuhn, 1958), so erlebten sie im westlichen und mittleren Europa eine ständige Vermehrung und machten dabei eine Weiterentwicklung durch. Fernhändler suchten hier vorhandene Siedlungskerne auf, wie sie in den einstigen Römerstädten, die nun meist Bischofssitze wurden, zur Verfügung standen oder wie sie durch Burgen, Klöster usf. gegeben waren. So befand sich die Fernhändlerkolonie in Flandern meist vor der gräflichen Residenz. In Paris, das seit dem 3. Jh. auf die Seine-Insel beschränkt worden war, setzten sich die Kaufleute am Flußhafen des nördlichen Seine-Armes an. In Köln lag die Kaufmannssiedlung außerhalb der Mauern der Römerstadt am Rheinufer, in Braunschweig lehnte sich der Wik an die Herrenburg, in Gandersheim an die Stiftsburg usf. an. Flußhäfen wurden in jeder Weise bevorzugt, weil der Warentransport auf Flüssen in frühmittelalterlicher Zeit günstiger war als der auf Straßen. Aus der topographischen Verschmelzung, d. h. der gemeinsamen Ummauerung von Burg und Wik, und der verfassungsrechtlichen Symbiose von civitas und Fernhändlerkolonie entstand dann die Fernhändlerstadt (Ennen, 1953). Sie wird von historischer Seite vielfach – wenngleich nicht unwidersprochen (Schlesinger, 1958; Stoob, 1961) – als der älteste funktionale Stadttyp im westlichen Europa betrachtet, der dann nach dem Osten übertragen wurde, sei es in der Form von kontinentalen durch die Flußschiffahrt begünstigten oder in der von Seehandelsstädten.

Der Fernhandel spielt auch für die ältesten russischen Städte eine wichtige Rolle. Wir finden sie längs einer Meridionale, die durch die Flußläufe von Dnjepr und Wolchow gekennzeichnet ist. Hier entwickelten sich – wiederum meist als Flußhäfen – vor allem die Städte Kiew, Tschernijew, Smolensk, Nowgorod und Polozk. Unter dem Einfluß der Waräger, die als kriegerische Kaufleute kamen und die erste staatliche Organisation Rußlands in die Hand nahmen, wurden diese Handelszentren befestigt. So steht der Fernhandel als aktive Kraft hinter der Entstehung der ältesten russischen Städte, wenn auch die sozialen und wirtschaftlichen Verhältnisse der einheimischen Bevölkerung noch keines Städtewesens bedurften; den Fernhandelsstädten folgten dann die durch politische Funktionen hervorgerufenen.

Vereinzelt war der Fernhandel auch noch in späterer Zeit an der Entstehung von Städten beteiligt. Seit dem Entdeckungszeitalter und vor allem mit der Entfaltung von Weltwirtschaft und Weltverkehr im 19. Jh. war er es, der einerseits neuen Seehäfen zur Ausbildung verhalf und andererseits ältere, die nun in den Bereich der wichtigen Seeverbindungen kamen, aufblühen ließ. Letzteres gilt besonders für die Häfen Nordwesteuropas einschließlich Großbritanniens, während im Ostseegebiet Kontinentalstaaten versuchten, durch Anlage neuer Hafenstädte den Anschluß an den Welthandel zu erreichen. Es zeigt sich das z. B. bei dem durch monatelange Eissperre behinderten Leningrad, das im Jahre 1703 von Peter dem Großen im Sumpfland des Newa-Mündungsgebietes in 60° n. Br. gegründet, unter staatlicher Förderung zur zweitgrößten Stadt des Russischen Reiches wurde und dabei allerdings wesentlich umfassendere Aufgaben übernahm als die einer Fernhandelsstadt. Es wird dies ebenso offenbar bei der Anlage der Hafenstadt Gdingen, die dem nach dem Ersten Weltkrieg geschaffenen polnischen Staat einen eigenen Ausgang zum Meer gewähren sollte, trotz der benachbarten Seehandelsstadt Danzig an der Weichselmündung, die man damals zum Freistaat erklärte.

Zwar wurde nach dem Zweiten Weltkrieg der Bedeutungsunterschied zwischen Nord- und Ostseehäfen nicht aufgehoben, aber die veränderte politische Situation war dafür verantwortlich zu machen, daß die Deutsche Demokratische Republik vornehmlich auf den Ausbau des Hafens von Rostock drängte, der sich nun in den kleinen Stadthafen, den Vorhafen Warnemünde und den neuangelegten Überseehafen gliedert (Obenaus, 1966, S. 115 ff.) und zum wichtigsten Hafen des Landes wurde. Zwar hätte diese Aufgabe auch von dem günstiger gelegenen Stettin übernommen werden können, das trotz Gdingen und Danzig zum bedeutendsten Hafen Polens wurde, weil hier der Transithandel mit der Tschechoslowakei und Ungarn bessere Möglichkeiten fand (Mikolaiski, 1964); offenbar spielten in der Deutschen Demokratischen Republik zwei wirtschaftspolitische Gesichtspunkte eine Rolle, einerseits einen eigenen leistungsfähigen Hafen zu besitzen und andererseits innerhalb ausgesprochener Agrarlandschaften industrielle Arbeitsplätze zu schaffen.

Die Frage liegt nahe, wie weit der Fernhandel für die Entwicklung des Städtewesens in den europäisch besiedelten Kolonialländern verantwortlich zu machen ist. Im Rahmen der spanischen Kolonisation waren zumeist andere Gesichtspunkte entscheidend (Kap. VII.F.), auch wenn man es für notwendig erachtete, Lima mit dem ihm zugeordneten Hafen Callao an der peruanischen Küste im Jahre 1535 zu gründen und zur Hauptstadt des damaligen Vizekönigreichs Peru zu erwählen, um damit der Verbindung mit dem Mutterland gerecht zu werden. Die zentralkontinentale Lage von Santiago forderte aus demselben Grunde schon in kolonialer Zeit die Anlage der Hafenstadt Valparaiso, während Baranquilla erst seit dem

Jahre 1939 zu einem modernen Seehafen ausgebaut wurde und damit die Ergänzung zum zentral gelegenen alten Bogotá bildet (Wilhelmy, 1952).

Die portugiesische Kolonisation dagegen war von Anbeginn auf den Fernhandel ausgerichtet, so daß entsprechende Städte zu einem bezeichnenden Merkmal ihrer Kolonialgebiete wurden. Es sei auf Südamerika verwiesen, wo sich das wirtschaftliche Schwergewicht im Laufe der Zeit von Norden nach Süden verschob und damit auch die Bedeutung der Seehandelsstädte Recife (1523 gegründet), Salvador (1549) und Rio de Janeiro (1531) Wandlungen ihrer Bedeutung durchmachten. Sowohl in Nordamerika als auch in Südafrika, Australien und Neuseeland stand die Kolonisation viel stärker unter dem Gesichtspunkt der Landnahme europäischer Kolonisten. Daß unter dieser Voraussetzung Seehäfen die jeweils älteste Schicht der Städte darstellen, weil über sie die Einwanderung erfolgte, ist ohne weiteres verständlich. In der späteren Entwicklung blieb dann die Vorrangstellung der Seehäfen, denen u. a. die Aufgabe von Fernhandelszentren zufiel, mehr oder minder erhalten.

Mit der Einbeziehung der Tropen bzw. der alten Kulturländer Asiens in das weltwirtschaftliche Kraftfeld wurde auch hier auf die Ausgestaltung bestehender oder die Anlage neuer Häfen besonderer Wert gelegt und damit die periphere Lage der Städte und die Aufgabe des Fernhandels u. U. stärker betont, als es früher der Fall war. Wohl konnte, in der Natur des Insellandes begründet, ein kleiner Teil der japanischen Städte seit ihrer Ausbildung im späten Mittelalter als Hafenstädte gekennzeichnet werden. Doch war das nur ein zusätzliches Element der Residenzstädte; um 1500 gab es hier lediglich zehn freie Hafenstädte, die nicht von Feudalherren oder Priestern, sondern von Kaufleuten beherrscht wurden (Trewartha, 1934, S. 405). Insgesamt besitzt Japan fast 1100 Häfen, unter denen aber 900 nur lokale Bedeutung haben. Seit der Öffnung des Landes und der Industrialisierung, die vornehmlich auf der Einfuhr von Rohstoffen und der Ausfuhr von Fertigwaren beruht, entwickelten sich fast hundert mittlere Häfen, denen internationale Beziehungen nicht fehlen, und siebzehn spezialisierte Haupthäfen, die vornehmlich auf den internationalen Handel ausgerichtet sind, unter denen Tokyo (8,6 Mill. E.), Kobe (1,3 Mill E.), Osaka (2,7 Mill. E.) und Yokohama (2,4 Mill. E.) die wichtigsten sind und nach dem Zweiten Weltkrieg erheblich erweitert und modern ausgestaltet wurden (Meo und Hotmann, 1974). Die Reserve, die China lange gegenüber den Einflüssen des Westens wahrte, konnte nicht aufrechterhalten werden. Damit nahmen auch hier die Seehäfen besonderen Aufschwung, wie z. B. Schanghai im Mündungsbereich des Jangtsekiang, Tientsin, das für Nordchina ein bedeutender Fernhandelsplatz wurde, oder Kanton, das eine ähnliche Stellung für Südchina besaß. Darüber hinaus erzwangen sich europäische Mächte und später auch Japan exterritoriale Konzessionen und gründeten neue Hafenstädte wie etwa Hongkong oder Tsingtau. In Indien, dessen Küsten für die Anlage von Häfen nicht allzu günstig erscheinen, entstanden diese überwiegend als Anlauf- und Handelsstationen europäischer Kaufleute seit dem Entdeckungszeitalter. Unter ihnen entwickelten sich Bombay und Kalkutta zu den wichtigsten Städten des Großraumes, denen der Fernhandel eine wesentliche Note verleiht. Diese Beispiele mögen genügen, um darzutun, daß der Fernhandel in der modernen Epoche in erster Linie von den Seehäfen getragen wird und sie die wichtigste Gruppe der international bedeutenden Handelsstädte abgeben.

Aus diesem Grunde erscheint es richtig, hier in aller Kürze die besonderen Fragen zu berühren, die bei der geographischen Behandlung von Seehäfen auftreten. Mit Recht legte Mecking (1931, S. 1 ff.) entscheidendes Gewicht auf die Betrachtung der Großlage, und zwar in bezug auf das Klima, das Meer und das Land. Im Rahmen der klimatischen Großlage sind alle jene Vorzüge oder Nachteile zu beachten, die für den Schiffsverkehr durch direkte klimatische Ursachen veranlaßt werden. Die Vereisung von Häfen bedeutet in polwärts vorgeschobenen Lagen noch heute, trotz der Entwicklung von Eisbrechern, ein wesentliches Hemmnis für die Ausbildung eines regelmäßigen Handelsverkehrs (vgl. Eismeer, Kap. VI.3.). Es sei an die ungünstige Situation von Leningrad im äußersten Osten des Finnischen Meerbusens erinnert, dessen Hafen in der Regel fünf Monate vereist ist und damit nicht nur gegenüber den Nordsee-, sondern auch den baltischen Häfen benachteiligt erscheint. Rußlands politisches Interesse an Murmansk, das während des Ersten Weltkriegs gegründet wurde, das zwar jenseits des Polarkreises liegt, aber unter der Gunst des Golfstroms steht, ist unter diesem Gesichtspunkt zu begreifen. Stürme und Nebel vermögen wohl den Wert von Höfen zu beeinträchtigen oder machen besondere Maßnahmen erforderlich, um den dadurch ausgelösten Gefahren zu begegnen; doch wie die Entwicklung wichtiger Fernhandelhäfen in Nordwesteuropa beweist, bedeuten diese Faktoren keine einschneidende Beschränkung, wenn nur die Meeres- und Landlage genügend Gunstfaktoren aufweisen.

Unter der Meereslage wird im Grunde genommen die Großlage der Seehäfen im Rahmen der weltwirtschaftlichen Handelsspannungen verstanden. Noch immer besitzen in dieser Hinsicht Gegenküsten einen gewissen Wert. Es zeigt sich das z. B. in Marseille, das das afrikanische Gegengestade mit diesem verknüpft, wenngleich in anderer Weise als vor der Entkolonialisierung, weil wohl noch einige Agrar- und Bergbauprodukte aus den Maghrebländern bezogen werden, sonst aber die Einfuhr von Erdöl das Hauptgewicht beansprucht mit der Ausweitung des Hafens in den Etang de Berre bis Fos. In diesem Zusammenhang sei auf das Werk „Villes et Ports" (Centre National de la Recherche Scientifique Paris, 1979) des zweiten französisch-japanischen Kolloquiums verwiesen, in dem die genannten Probleme für französische und japanische Hafenstädte aufgezeigt werden.

Dublin, das durch die Hafenfunktion bestimmt wird, ist im Rahmen des Ex- und Imports vornehmlich nach Großbritannien ausgerichtet (Stewig, 1959, S. 121 ff.), wenngleich seine Industrie unter den Dezentralisierungs-Tendenzen leidet (Leister, 1964). Auch für die japanischen Häfen waren die wirtschaftlich anders ausgerichteten Gegenküsten Chinas und der Südsee nicht ohne Belang, selbst wenn gegenwärtig die pazifische Küste den Vorrang beansprucht. Man mag im weiteren Sinne die Ostküste Asiens und die Westküste der amerikanischen Kontinente oder die Ostküste der letzteren und die Westküste Europas und Afrikas als Gegenküste bezeichnen. Da sich die Handelsspannungen, großräumig gesehen, einerseits zwischen den Tropen und den mittleren Breiten vor allem der Nordhalbkugel und andererseits zwischen den Industrie- und Rohstoffländern am stärksten erweisen, ist es noch immer der Atlantik einschließlich der Nordsee und damit die atlantischen Seehäfen, denen die größte Bedeutung zukommt. Über den Atlantischen Ozean bzw. das Mittelmeer stehen die Großhäfen des Indischen Ozeans mit denen des nordwestlichen Europa in Verbindung. Japans Entwicklung zum Industrieland und die nordamerikanischen überseeischen Interessen ließen dann auch Handelsspannungen über den Pazifik mehr in Erscheinung treten als früher. Die Handelspartner sind für einen Seehafen allein schon deswegen wichtig, weil die jeweiligen Import- bzw. Exportgüter dadurch bestimmt werden. Mag es im Interesse eines Seehafens liegen, den Import oder Export auf möglichst breiter Basis zu entwickeln, so zeigt sich doch vielfach eine Spezialisierung, die teils durch die Mechanisierung des Hafenbetriebes, besondere Anforderungen an die Lagerung spezieller Produkte usf. und teils durch traditionsgebundene Handelsbeziehungen bewirkt wird. Daß Bremen z. B. zum Baumwollhafen Deutschlands wurde und sich damit gegenüber den rheinischen Häfen und Hamburg durchsetzte, daß seine Baumwollbörse hohes Ansehen genießt, ist auf alte und von der Bremer Kaufmannschaft immer wieder gepflegte Handelsbeziehungen mit den Vereinigten Staaten zurückzuführen. Auch die Hafenanlagen selbst sind Ausdruck der jeweiligen Handelsverknüpfungen und der vorherrschenden Import- oder Exportgüter, denn die Aufgliederung des Gesamthafens in einzelne zweckbestimmte Becken, die auf den Umschlag bzw. die Aufnahme besonderer Güter eingerichtet sind, steht damit in Zusammenhang.

Die Landlage umschließt letztlich die Beziehungen eines Seehafens zu seinem binnenwärts gelegenen Hinterland, die von nicht minderer Bedeutung sind als die überseeischen Bindungen. Das Hafenhinterland charakterisierte Mecking (1931, S. 7) als „den von einem Hafen bedienten und mit ihm durch häufigeren und regelmäßigen Verkehr verbundenen Landraum hinter dem Hafen und um den Hafen". Das Hinterland stellt die Exportgüter bereit, die im Hafen zur Ausfuhr gelangen und auf die auch die Hafenanlage ausgerichtet sein muß, und es ist zugleich der Empfänger der importierten Waren. Daraus läßt sich begreifen, daß das Hafenhinterland von besonderer Art ist und sich von dem Hinterland einer Stadt, die lediglich als zentraler Ort erscheint, unterscheidet, denn wie sich die Häfen vielfach auf die Einfuhr bestimmter Güter spezialisieren, so kann auch die Ausdehnung des Hinterlandes hinsichtlich einzelner Waren durchaus verschiedenen Umfang annehmen (vgl. die ältere Untersuchung von Rühl, 1920, für die deutschen Seehäfen; Weigend, 1958; Alexandersson, 1963). Wie wichtig die geographischen Bedingungen des Hinterlandes sind, zeigte Schultze (1930) am Beispiel der englischen Seehäfen, die er auf der Grundlage von Bevölkerungsdichte und wirtschaftlichen Verhältnissen des Hinterlandes typisierte, in etwas anderer Art als einst Rühl (1920) die Hinterlandsbeziehungen zu diesem Zweck heranzog.

Für die Erschließung des Hinterlandes bedeutet die Lage der Seehäfen an Flußmündungen einen großen Vorteil, was um so mehr gilt, je weiter die Ströme in das Innere eines Landes eindringen und für die Schiffahrt benutzt werden können. Wir erinnern an die Reisausfuhrhäfen Bangkok am Menam und Rangun am Irawadi, während Kalkutta im Delta des Ganges-Brahmaputra oder Alexandria am Rande des Nildeltas nur bedingt dazu gehören. Flußmündungshäfen stellen eine charakteristische Erscheinung des Ost- und Nordseegebietes und der atlantischen Front Europas dar, ob wir an Leningrad (Newa), Riga (Düna), Elbing-Danzig (Weichsel), Stettin (Oder), Hamburg (Elbe), Bremen (Weser), Rotterdam (Rhein) bzw. Antwerpen (Rhein bzw. Schelde) denken oder ob wir die Seehäfen Großbritanniens oder wesentlicher Teile Frankreichs heranziehen. Demselben Phänomen begegnen wir in Nordamerika, wo Quebec die Mündung des St. Lorenz, New York die des Hudson, Philadelphia die des Delaware und New Orleans die des Mississippi beherrscht, während in Südamerika Pará das Eingangstor zum Amazonas und Montevideo sowie Buenos Aires das zum La Plata bilden.

Die hydrographischen Verhältnisse der Ströme gehen unter diesen Umständen wesentlich in die Entwicklung der Häfen ein. Dabei zeigt sich einerseits die Tendenz bei rückwärtiger Lage der Seehäfen die Hafenanlagen flußab zu erweitern und andererseits diejenige, durch immer stärkeren Ausbau der Ströme und Schaffung von Kanalverbindungen den Seeverkehr binnenwärts zu verlagern. In der Verknüpfung von Brückenlage und Lage zum Endpunkt der Seeschiffahrt, wie es ursprünglich in den Seehäfen im Innern der Trichter (Ästuar)-Mündungen Nordwesteuropas häufig verwirklicht war, mußte in früherer Zeit ein großer Vorzug gesehen werden, der sich allerdings mit dem Einsatz moderner Schiffstypen und Eisenbahnen fast in das Gegenteil umkehrte. Durch technische Maßnahmen galt es nun, die unteren Stromstrecken für den Seeverkehr offenzuhalten bzw. den Tidenhub auszuschalten. Wenngleich die ersten Versuche, Dockanlagen zu schaffen, im Mittelalter gemacht wurden, so geht der erhebliche Ausbau ins 19. Jh. zurück, insbesondere dort, wo durch allzu großen Tidenhub (über 4 m) Schwierigkeiten entstanden. So wurden z. B. „in den Jahren 1800-1816 in London die East- und West-India Docks angelegt (je 2 Becken mit insgesamt 12 bzw. 27 ha), die London Docks (3 Bassins mit zusammen 16 ha) und die ausgedehnten Surrey Commercial Docks mit 12 Becken und einer Wasserfläche von 32½ ha" (Sager, 1960, S. 159). Der größte Hafen dieser Art ist Antwerpen, der auf Grund seiner schwierigen Hinterlandsbeziehungen in Konkurrenz zu Rotterdam steht. Letzteres ist der größte Umschlaghafen Europas, u. U. sogar der Welt, der im Ausbau des Europoort, vornehmlich im Bereiche der Insel Rozenburg gelegen und teilweise mit Dockanlagen versehen, seine im Umschlagverkehr und auf der Industrie beruhende Zukunft sieht (Kuipers, 1962). In Großbritannien wurden die meisten Häfen teilweise oder vollständig mit Docks versehen; in Deutschland ist dies nur für Emden und Bremerhaven der Fall. Außerhalb von Europa sind Dockhäfen selten zu finden wie etwa in Bombay und Kalkutta, wo britischer Einfluß zu einer solchen Maßnahme führte. In Quebec und Buenos Aires sind sie kaum noch in Gebrauch, weil durch verbessertes Ausbaggern offene Becken mit genügender Tiefe ausgehoben werden konnten.

Die Ausdehnung der Seehäfen erfolgte seewärts, wie es z. B. in Bremen (Kappe, 1929), London oder Liverpool (Schultze, 1930) gut zu beobachten ist. In manchen Fällen sah man sich gezwungen, Vorhäfen zu schaffen, um das Anlegen großer Schiffe weiterhin zu ermöglichen und den Verkehr ins Binnenland zu verkürzen; so wurde Cuxhaven der Vorhafen von Hamburg und Bremerhaven derjenige von Bremen. Mitunter aber nahm die Entwicklung den gegenteiligen Verlauf. Es zeigt sich das z. B. in dem Verhältnis von Galveston und Houston in Texas (Hannemann, 1928, S. 194 ff.): der heutige Vorhafen Galveston ist der ältere und war einst der bedeutendere, während der binnenwärts gelegene Haupthafen Houston später entstand und sich als Eisenbahnknotenpunkt ein wesentlich größeres Hinterland zu eröffnen vermochte. Dieses Landeinwärts-Wandern der Seehäfen findet sich vor allem in stark industrialisierten Gebieten. So schuf sich Manchester, 50 km vom Meere entfernt, seinen mit dem Mersey verbundenen Kanalhafen, um auf diese Weise die für seine Textilindustrie notwendige Baumwolle billiger einführen zu können, als es sonst auf Grund der Hafenabgaben in Liverpool und der hohen Eisenbahntarife möglich gewesen wäre. Auch Duisburg-Ruhrort oder die Häfen der Großen Seen in Nordamerika können als in den Kontinent vorgeschobene Seehäfen aufgefaßt werden.

Wie immer die Entwicklung eines einzelnen Hafens verlief und wie seine ursprünglichen Lageverhältnisse beschaffen gewesen sein mögen, so erfordert der moderne Seeverkehr mit Tankern bzw. Containern meist mehr oder minder technische Eingriffe, die auch die Kaianlagen betreffen. Dies bedeutet, daß heute fast alle wichtigen Häfen, die dem Fernverkehr dienen, der künstlichen Umgestaltung durch den Menschen bedürfen und somit nicht mehr Natur-, sondern Kunsthäfen sind. Dabei vollzog sich in Abhängigkeit von den Hinterlandsbeziehungen häufig ein Konzentrations- bzw. Auswahlprozeß. Ein solcher war an der Atlantikküste Nordamerikas bereits in der ersten Hälfte des 19. Jh.s abgeschlossen (Pred, 1966, S. 188); mit der Eröffnung des St. Lorenz-Seeweges entstand zwar ein neuer Eisenexport-Hafen (Pointe Noire), aber sonst kam die Wasserstraße den großen bestehenden Häfen zugute wie z. B. Montreal und Chicago, so daß innerhalb der Vereinigten Staaten eine Gewichtsverschiebung von den atlantischen Häfen zu denen der Großen Seen stattfand (Roemer, 1971).

Eine solche Konzentration läßt sich ebenfalls in Neuseeland beobachten (Rimmer, 1967), wo im Jahre 1853 einer Vielzahl kleinster Häfen je zwei auf der Nord- und ebenfalls zwei auf der Südinsel gegenüberstanden (hinsichtlich des Wertes des Gesamtumschlags, nämlich Dunedin und Lyttelton im Süden und Auckland sowie Wellington im Norden). Von mehr als sechzig Hafenorten im Jahre 1867 blieben bis zum Jahre 1960 lediglich knapp dreißig erhalten, unter denen nicht Wellington, das vor dem Ersten bis zum Zweiten Weltkrieg denselben Rang wie Auckland besaß und hinsichtlich seiner Lage am besten dazu geeignet war, die Brücke zwischen Norden und Süden zu schlagen, sondern Auckland der Haupthafen des Landes wurde. Hatte sich Wellington mehr zum Verteiler eingeführter Güter mit Hilfe der Küstenschiffahrt entwickelt, so ging man in Auckland stärker zur Industrialisierung über. Nachdem im Jahre 1962 die Eisenbahnfähre von Wellington nach der Südinsel und die gute Erschließung des Landes durch Eisenbahnen und Straßen die Küstenschiffahrt zurückdrängte, wurde Auckland zum bedeutendsten internationalen Hafen von Neuseeland. Ähnlichen Konzentrationsbestrebungen begegnet man sowohl im westlichen als auch im östlichen Afrika, in Tanzania (Hoyle und Hilling, 1970) nicht anders als in Moçambique (Matznetter, 1974) oder in Ghana, wo im Westen Sekondi-Takoradi bereits im Jahre 1928 zu einem Tiefseehafen ausgebaut wurde, im Osten Accra, das lediglich über einen offenen Reedehafen verfügte, im Jahre 1961 mit der Anlage des modernen Hafens Tema ein zweites bedeutendes Handelszentrum erhielt (Hilling, 1970; Manshard, 1977); von achtzehn Häfen im Jahre 1900 fand eine Reduktion auf zwei statt. Ein

Vergleich des zweifellos erheblich gestiegenen Umschlags ist leider nicht möglich, weil dieser bis zum Jahre 1925 hinsichtlich des Wertes, später in bezug auf die Tonnage erfaßt wurde.

In kontinental bestimmten Staaten mit relativ gleichmäßiger Erschließung oder solchen, bei denen nur einige Landschaften Berührung mit dem Meer haben, entwickelten sich kontinentale Handelsstädte an Knotenpunkten des Landverkehrs. Bei den „Wüstenhäfen" fand im 19./20. Jh. eine Auswahl unter den zuvor existierenden Handelspunkten statt. Bei denjenigen, die durch eigene oder staatliche Initiative in das moderne Eisenbahn-, Straßen- oder Flugnetz eingespannt wurden, erhöhte sich die Bedeutung. Ähnlich verhält es sich auch bei den entsprechenden Städten Mitteleuropas. Hier, wo die Städte im Oberrhein- und Niederrheingebiet sowohl an der Verkehrsspannung zwischen den mediterranen Ländern und den Häfen Nordwesteuropas teilhaben als auch an derjenigen zwischen dem westlichen und östlichen Europa, stellen die Handelsstädte an dem begünstigten Schiffahrtsweg des Rheins gleichzeitig Flußhäfen und Kreuzungspunkte regionaler und überregionaler Eisenbahnlinien dar. Das gilt z. B. für Basel mit 378 000 E., das die Besonderheit besitzt, sein Hinterland auf deutsches und französisches Gebiet ausdehnen zu müssen (Jenny, 1969) und wegen seiner Raumbeengung seit dem Jahre 1963 den neuen Flughafen zusammen mit Mülhausen im Elsaß bei Blotzheim betreibt, mit dem es durch eine zollfreie Autobahn verbunden wurde. Auch Köln mit 978 000 E. wußte seine alte Handelstradition zu wahren (Kraus, 1961), wenngleich Düsseldorf, das nach dem Zweiten Weltkrieg zur Hauptstadt des Bundeslandes Nordrhein-Westfalen erwählt wurde, mit 612 000 E. in Konkurrenz zu Köln trat. Ebenso hat sich Frankfurt a. M. mit 635 000 E., das ähnlich wie Köln „nie Residenz oder Landeshauptstadt war und sich aus eigenen wirtschaftlichen Kräften, unterstützt durch seine hervorragende Verkehrslage, als Handelsplatz emporgearbeitet und gehalten" hat (Lehmann, 1954); schließlich sind noch Stuttgart mit 586 000 E. und München mit 1,3 Mill. E. zu nennen, wobei letzteres die höchsten Wanderungsgewinne aller Städte der Bundesrepublik erzielt. Dabei basieren die genannten Städte nicht allein auf der Handelsfunktion, sondern sind bestrebt, der Multifunktionalität den Vorrang zu geben. Dies ist ebenfalls bei Leipzig mit 564 000 E. zu erkennen, das seit dem beginnenden 16. Jh. den Vergünstigungen der Wettiner seine Vorrangstellung gegenüber anderen Städten desselben Raumes verdankt, die damit erworbene Handelsfunktion bei der Umstellung auf den Eisenbahnverkehr zu bewahren wußte und außerdem wirtschaftlich durch Braunkohlenbergbau und chemische Industrie eine Erweiterung erfuhr (Lehmann, 1964). Damit ergeben sich prinzipiell Parallelen zwischen den bedeutenden Städten in Nordamerika und Europa, indem die Handelsbetätigung zur Multifunktionalität führt, wenngleich letztere, selbst wenn die Bevölkerung der Stadtregionen angegeben würde, – die der Verdichtungsräume eignen sich nicht, weil die Zusammenfassung von Rhein-Ruhr und Rhein-Main Schwierigkeiten mit sich bringt – hinsichtlich der Bevölkerungszahl niedriger als die SMSAs der Vereinigten Staaten angesetzt werden müssen.

Ein Teil der multifunktionalen Städte in den Industrieländern erfüllt die Aufgaben von Management-Zentren. Sie wird es zweifellos in der Sowjetunion und den industrialisierten Ostblockländern geben, zumal der Handel mit den Comecon-, einigen Entwicklungsländern und der westlichen Welt einschließlich Japan in Zunahme begriffen ist. Da hier aber die Direktiven staatlich gelenkt werden, die inneren Währungen sich nicht an denen der Welt orientieren, Angaben über den Umsatz u. a. m. nicht gemacht werden, läßt sich das nicht näher präzisieren.

Wohl aber wurden Management-Zentren in Japan ausgeschieden, die sich nach Yamaguchi (1970, S. 162) durch besonders hohe Ausbildungsqualität der Bevölkerung, hohen Anteil der Beschäftigten im Finanzwesen, im Management usf. auszeichnen. 24 Städte wurden dazu gerechnet und die Unterscheidung zwischen subregionalen, regionalen und nationalen getroffen. Die Entwicklung seit den sechziger Jahren ist weit darüber hinaus gekommen, denn unter den 50 größten industriellen Unternehmen (auf den Umsatz bezogen), die im Jahre 1955 von Modelski (1979, S. 54/55) auf nationaler Ebene arbeitend eingestuft wurden, befanden sich bereits fünf, die im Jahre 1975 als multinational galten (Toyota, Auto; Mitsubishi, Schwerindustrie und Auto; Nissan Motor, Auto; Nippon Steel, Stahl; Hitachi, Elektr.). Mit Ausnahme von Toyota lagen sie alle im Verdichtungsraum von Tokyo bzw. in Keihon (Kap. VII.A.), das hinsichtlich des Umsatzes im Großhandel und den Jahreseinlagen der Banken im Jahre 1973 Osaka und Nagoya weit überflügelt hatte (Schöller, 1976).

In den westlichen europäischen Ländern fällt auf, daß in Italien nur je ein Konzern in Rom und Mailand zu den 50 größten gehören, in der Schweiz lediglich einer (Nestle in Vevey), in Schweden sämtliche industrielle und nicht-industrielle Konzerne, von denen keiner zu den 50 größten der Welt rechnet, sich in Stockholm konzentrieren. In Großbritannien stehen Birmingham und Glasgow bzw. die West Midlands und Clydeside weit hinter London zurück, das sowohl im Finanzwesen die erste Stelle einnimmt als auch in bezug auf die industriellen Verwaltungen (insgesamt 295, davon sechs unter den 50 größten), unter denen fünf globale Bedeutung besitzen (British Petroleum, Unilever, zusammen mit den Niederlanden, Nahrungsmittel, Chemie; Imperial Chemical Ind. bzw. ICI, durch Zusammenschluß von vier Firmen als Gegengewicht gegenüber der Konkurrenz der Bundesrepublik Deutschland entstanden; British-American Tobacco; Royal Dutch Shell, zusammen mit den Niederlanden; Modelski, 1975, S. 46; Rees, 1974, S. 209).

Für die Royal Dutch Shell in den Niederlanden ist Den Haag, für Unilever Rotterdam Verwaltungssitz, und sonst gehören die Philips-Werke in Eindhoven als globales Unternehmen (Elektr., Chemie) dazu. Paris tritt zwar hinsichtlich eigener industrieller Konzerne zurück (Cie. Français, Öl; ELF Aquitaine, Öl und Gas; Renault, Auto), besitzt dafür aber Filialverwaltungen US-amerikanischer Firmen (Elektr., Auto; Blackbourne, 1974), wenngleich die nicht-industriellen sich hier konzentrieren.

Mit Ausnahme von Eindhoven, dessen Wahl durch die Gründerfamilie bestimmt wurde, erkennt man sonst – im Gegensatz zu den Vereinigten Staaten, aber in Parallele zu Japan – im Rahmen der europäischen Management-Zentren eine relativ starke Bindung an die Verdichtungsräume, insbesondere diejenigen, die sich um die jeweiligen Hauptstädte bildeten, sofern man die Schweiz ausnimmt. Geht man von den 50 größten industriellen Konzernverwaltungen der Welt mit mindestens multinationaler Bedeutung aus und berücksichtigt, daß ausländische

Filialen bei der Muttergesellschaft gezählt werden, dann kommen in der Bundesrepulik Deutschland die August Thyssen-Hütte in Duisburg als multinationales Unternehmen in Frage, die Farbwerke Hoechst in Frankfurt a. M., die Badische Anilin- und Sodafabrik in Leverkusen, die Siemenswerke in München, Daimler-Benz in Stuttgart und das Volkswagenwerk in Wolfsburg als globale Unternehmen. Mit Ausnahme von Wolfsburg, wo politische Entscheidungen eine Rolle spielten, befinden sie sich heute sämtlich in Verdichtungsräumen. Berücksichtigt man aber insbesondere bei der chemischen Industrie die Zeit ihrer Entstehung, dann spielte das damals keine wichtige Rolle, wohl aber trugen sie selbst zur Ausbildung der jeweiligen Verdichtungsräume bei. Geht man von den 100 größten Industriekonzernen in der Bundesrepublik Deutschland aus, dann befanden sich im Jahre 1974 28 im Rhein-Ruhrgebiet, davon sieben in Düsseldorf, fünf in Essen, je vier in Köln und Dortmund, wobei nun die ausländischen Filialen (z. B. Ford) mitgezählt wurden, dreizehn in Hamburg, 12 im Rhein-Main-Gebiet, je sechs in Stuttgart und im Rhein-Neckar-Raum, 5 im Verdichtungsgebiet von München und vier in Berlin, damit 75 der 100 bedeutendsten in Ballungsräumen. Die wichtigsten Warenhauskonzerne fanden sich mit Karstadt in Essen, dem Kaufhof in Köln, Hertie in Frankfurt a. M. und mit erheblichem Abstand von den bisher genannten in bezug auf den Umsatz u. a. m. Horten in Düsseldorf. Als Bankzentrum hat Frankfurt a. M. zu gelten, das mit den Hauptverwaltungen der Deutschen und Dresdner Bank, die selbst Teilhaber von Industrieunternehmen sind, an erster Stelle steht, gleichzeitig 34 der insgesamt 84 ausländischen Bankfilialen beherbergt. In zweiter Linie ist Düsseldorf zu nennen, wo die Commerzbank ihren offiziellen Sitz hat, auch wenn deren Hauptgeschäfte in Frankfurt a. M. abgewickelt werden. An ausländischen Bankfilialen kam hier eine Konzentration japanischer Firmen zustande, die nicht allein die Bundesrepublik betreuen, sondern auch die benachbarten Länder der Europäischen Gemeinschaft. In dieser Beziehung spielt ebenfalls Hamburg eine Rolle, während München zurücksteht (Gaebe, 1976, S. 92 ff.). 40 v. H. der Spitzenverbände von Wirtschaft, Industrie und Handwerk haben im Rhein-Ruhr- bzw. im Rhein-Main-Gebiet ihren Sitz. Der gewaltige Bedarf an Büroräumen, schlägt sich in der inneren Differenzierung solcher Management-Zentren nieder. Während Essen (1977 665 000 E.) im Rahmen der sonstigen Hellwegstädte an erster Stelle in der Hierarchie steht und durch seine industriellen Verwaltungen gekennzeichnet ist, haben sich diese sonst nach Osten an den Rhein verlagert, wobei Duisburg (572 000 E.) als wichtigster Rheinhafen eine Rolle spielt, Köln (978 000 E.) durch die Konzentration des Versicherungswesens hervorragt und manch frühere Funktion an die nach dem Zweiten Weltkrieg gewählte Hauptstadt von Nordrhein-Westfalen, d. h. an Düsseldorf (612 000) hat abgeben müssen, wo sich industrielle und nicht-industrielle Konzerne und Einrichtungen in etwa die Waage halten dürften. Dasselbe kann für Hamburg (1,7 Mill. E.) in Anspruch genommen werden, wo sich einerseits die Verwaltungen der Ölkonzerne finden, andererseits aber auch Werbewirtschaft, Wirtschaftsprüfung und -beratung, Vermittlung von Informationen eine führende Stellung besitzen. Letzteres gilt ebenfalls für Frankfurt a. Main (635 000 E.), das durch das Hervortreten nicht-industrieller Konzerne gekennzeichnet ist. In Stuttgart hingegen (585 000 E.) bzw. in seinem Verdichtungsraum überwiegt das industrielle Element, und die Anziehungskraft von München (1,3 Mill. E.), dessen Industrieverwaltungen jung sind und dessen nicht-industrielle Unternehmen gegenüber den andern genannten Verdichtungsräumen zurückstehen, läßt sich kaum zu den ausgesprochenen Management-Zentren rechnen. Als Landeshauptstadt mit erheblichem kulturellen Angebot und der Nähe zum engeren Alpenvorland und zu den Alpen wirken sich diese Momente auch wirtschaftlich aus. Gegenüber Schweden und den andern nordischen Ländern ebenso wie gegenüber Großbritannien und Frankreich ist in der Bundesrepublik Deutschland eine Streuung der Management-Zentren zu beobachten, allerdings derart, daß sie sich an solche Verdichtungsräume halten, die einen leistungsfähigen Flughafen besitzen. Bedeutende Solitärstädte gehören nicht dazu.

Die internationalen Verflechtungen der Industrie, vornehmlich in bezug auf bestimmte Zweige (Automobile, chemische Industrie und Elektronik), führten auch in Kanada, Australien und der Republik Südafrika zur Ausbildung von Management-Zentren. In Kanada steht in dieser Beziehung Toronto vor Montreal an erster Stelle (Ray, 1971), in Australien Sydney und Melbourne, in der Südafrikanischen Republik der Witwatersrand mit Johannesburg-Vereeniging-Bloemfontein ebenso wie der Raum von Durban, die Kapstadt und Port Elizabeth überrundeten. Damit ist das Problem der Management-Zentren angesprochen, wobei hinzugefügt werden muß, daß sie in den etwas stärker industrialisierten Entwicklungsländern ebenfalls vorkommen, ohne daß hier näher darauf eingegangen werden kann.

4. Die Hauptstädte

Unter den durch politische Funktionen ausgezeichneten Städten (Kap. VII.C.1.) spielen die Hauptstädte der Staatswesen eine besondere Rolle. Sie repräsentieren den politischen Willen nach außen, gleichgültig, ob in einem Staat ein oder mehrere Völker zusammengeschlossen sind, gleichgültig, ob der Aufbau eines Staates zentralistisch oder föderativ bestimmt ist.

In den vorderasiatischen oder mittelmeerischen *Stadtstaaten*[1] der Antike waren die Städte, sofern solche existierten, die Mittelpunkte des politischen Lebens schlechthin.

Die staatsbildende Kraft ging von der Stadt aus, die militärischen Schutz bot, die religiöses und geistiges, Wirtschafts- und Verkehrszentrum war und so alle wichtigen höheren städtischen Funktionen auf sich vereinte. Während des Mittelalters blühten Stadtstaaten noch einmal in den Mittelmeerländern auf, vor allem auf italienischem Boden, um dann ihre Bedeutung so gut wie völlig zu verlieren. Nur der heute kleinste Stadtstaat der Erde, der lediglich einen Teil einer wesentlich umfassenderen Stadt ausmacht, der vatikanische Stadtstaat in Rom, nimmt eine Sonderstellung ein. Mit seinen knapp 1000 Einwohnern, die keine Nation bilden, sondern einer Vielzahl von Nationen angehören, ist er der Mittelpunkt der römisch-katholischen Kirche (Toschi, 1931). Von hier aus werden 434 Mill. Menschen, die sich zu dieser Weltreligion bekennen, gelenkt und geleitet, und diejeni-

---
[1] Über die Schwierigkeiten des Stadtbegriffes und damit auch des Stadtstaates in der antiken griechischen Welt vgl. Kirsten, 1956.

gen Staaten, die einen größeren Anteil katholischer Bevölkerung besitzen, entsenden ihre offiziellen Vertreter an den päpstlichen Stuhl.

Allerdings finden sich innerhalb größerer politischer Einheiten wie in der Bundesrepublik Deutschland Stadtstaaten wie die Freien Hansestädte Hamburg und Bremen, die diesen Status bei der Bildung des Deutschen Reiches oder etwas später erhielten und nach dem Zweiten Weltkrieg den andern Bundesländern gleichgestellt sind. Die Schwierigkeit für solche Stadtstaaten, vornehmlich wenn es um wachsende Hafen- und Handelsstädte geht, ist jeweils darin zu sehen, wie es zu Erweiterungen kommen kann. Bremen konnte durch Kauf vom damaligen Königreich Hannover im Jahre 1827 den Vorhafen Bremerhaven anlegen, bis im Jahre 1939 die Preußen gehörigen Häfen Lehe und Geestemünde mit Bremerhaven vereinigt wurden, so daß sich der Stadtstaat aus zwei getrennten Städten, Bremen (565 000 E.) und Bremerhaven (141 000 E.) zusammensetzt. Durch das Groß-Hamburg-Gesetz vom Jahre 1937 war hier die Möglichkeit einer Ausweitung gegeben, indem Hamburg seinen Vorhafen Cuxhaven und das Amt Ritzebüttel an die damalige preußische Provinz Hannover, seine Enklaven Geesthacht und Hansdorf-Schmalenbeck an Schleswig-Holstein abtrat, dafür aber Altona, Wandsbek und Harburg-Wilhelmsburg erhielt. Mit 1,7 Mill. E., die sich nur auf den Stadtstaat beziehen, haben die Vororte längst auf die Bundesländer Niedersachsen und Schleswig-Holstein übergegriffen. Die Teilung Deutschlands nach dem Zweiten Weltkrieg führte zur politischen Sonderstellung von West-Berlin, das nun fast als Stadtstaat angesprochen werden kann und ohne direktes Hinterland spezifischen wirtschaftlichen und sozialen Bedingungen unterliegt (Hofmeister, 1975).

Auch in der Kolonialperiode des 19. Jh.s kam es zur Ausbildung von Stadtstaaten, vornehmlich als Großbritannien sich im Jahre 1841 die Insel Hongkong als britische Kronkolonie aneignete, um später die Halbinsel Kowloon zu erwerben, bis im Jahre 1897 die sog. New Territories für 99 Jahre von China gepachtet wurden. Ebenso entwickelte sich Singapore zum Stadtstaat, das im Jahre 1819 als britischer Stützpunkt gegründet, im Jahre 1959 als Mitglied des Commonwealth selbständig wurde und nach einer kurzen Periode der Föderation mit Malaysia seit dem Jahre 1965 als Republic of Singapore und selbständiger Stadtstaat geführt wird. Ebenso wie Victoria auf der Insel Hongkong liegt Singapore auf einer Insel, die durch einen Damm für Eisenbahn, Straße und Wasserleitung mit der Halbinsel Malaya verbunden ist, während in Hongkong die Verknüpfung der Inselstadt mit der Halbinsel Kowloon im Jahre 1972 durch einen den Hafen querenden unterirdischen Tunnel hergestellt wurde.

Mit 98 v. H. Chinesen ist Hongkong eine fast rein chinesische Stadt, wobei bis zum Jahre 1961 mindestens 1 Mill. Flüchtlinge gezählt wurden, die trotz Schließung der Grenzen illegal noch immer zuwandern. Auch in Singapore überwiegt das chinesische Element mit 79 v. H.; doch spielen daneben Malayen mit 12 v. H. sowie Inder und Pakistani mit 7 v. H. eine Rolle. Wenn in Singapore das Pro-Kopf-Einkommen mit 918 US-Dollar nach Japan am höchsten im südlichen und östlichen Asien ist, so steht Hongkong mit 735 US-Dollar nicht viel nach, was teils damit zusammenhängen mag, daß kapitalkräftige Kaufleute aus Schanghai und Kanton sich hier niederließen. Für beide Städte ist der Freihafen wichtig, der aber für Singapore größere Bedeutung als für Hongkong besitzt, weil hier der frühere

Handel mit China eingeschränkt werden mußte und lediglich für die Versorgung der Stadt mit Lebensmitteln u. a. aufrechterhalten wird. Trotzdem waren – sieht man von der neuesten Entwicklung ab – die Beziehungen zur chinesischen Volksrepublik enger als zu andern Staaten, weil Banken der Volksrepublik in Hongkong Niederlassungen mit erheblichen Einlagen besitzen, was dem Devisenmarkt von Peking erhebliche Vorteile bringt. Mehr als in Singapore hat sich die Bevölkerung von Hongkong auf die Industrie umgestellt, wobei es nicht allein um die Herstellung von Textilien und Konfektion geht, sondern auch um die von elektrotechnischen Geräten. Trotz der in den letzten Jahren gestiegenen Löhne kann man billiger als in Japan produzieren, was einerseits der Ausfuhr zugute kommt, andererseits dem Fremdenverkehr, der in Hongkong noch stärker als in Singapore zum Tragen gekommen ist (Schöller, 1967; Uhlig, 1975, S. 293 ff.).

Dort, wo sich *zentralisierende Kräfte* durchsetzten, richten sich die Blicke eines Volkes in besonderem Maße auf die Hauptstadt; ihr gegenüber tritt alles andere zurück und wird zur „Provinz". Dieser Art von Hauptstädten gehört sicher *Paris* an. Es erscheint keineswegs nur als der politische Mittelpunkt Frankreichs mit zahlreichen nationalen Institutionen, die hier ihren Sitz haben. Als wichtiges Industriezentrum des Landes wurde es in der Herstellung von Luxuswaren führend und beherrscht mit seiner Haute couture und Parfümerie die internationale Mode. Universitäten, sonstige Hochschulen, Nationalbibliothek und Académie Française sichern dieser Hauptstadt den ersten Rang in wissenschaftlichen Belangen, und dem dient zugleich die Konzentration von Verlagswesen, Buch- und Kartenhandel. Das Kunstleben findet seine besondere Stätte, was nicht nur in Film, Theater und Museen zum Ausdruck gelangt, sondern auch in der Anziehungskraft, die seit langem auf Künstler des eigenen Landes und fremder Nationen ausgeübt wird. So überstrahlt Paris in jeder Weise die andern französischen Städte, deren Einwohnerzahl weit hinter der der Hauptstadt zurückbleibt[1], denn in Paris wohnen innerhalb des politischen Verwaltungsbezirkes 2,3 Mill. Einwohner, innerhalb der Agglomeration 8,4 Mill. (1975). Als die Kapetinger im Jahre 987 Paris zur Hauptstadt machten, legten sie den Grund für die überragende Bedeutung der Stadt, die seitdem Hauptstadt blieb und im Laufe dieser fast 1000 Jahre immer mehr den Charakter der historisch verankerten „capitale" erwarb, wohl etwa im Zentrum der Isle de France gelegen, nicht aber im Mittelpunkt des französischen Staates. Ob die sich mehrenden Bestrebungen, den regionalen Städten mehr Bedeutung zukommen zu lassen, zum Erfolg führen werden, ist angesichts einer solchen Sachlage zumindest fraglich. Wenn Vidal de la Blache (1911, S. 378/79) das römische Straßennetz und das der französischen Poststraßen am Ende des 18. Jh.s einander gegenüberstellte, so deswegen, um darzutun, wie stark historische Momente am Werke waren, um das Verkehrsnetz auf Paris zu konzentrieren.

Auch *Madrid*, die Hauptstadt des spanischen Nationalstaates, wird in die Reihe jener Hauptstädte zu stellen sein, die durch die Betonung der politischen Zentralgewalt ihr Gepräge erhielten. Einst eine kleine Landstadt Kastiliens, wurde sie im 15. Jh. zur Residenz der kastilischen bzw. spanischen Könige, bis Philipp II. sie im Jahre 1561 endgültig zur Haupt- und Residenzstadt machte.

---
[1] Die Agglomeration von Lyon umfaßt 1,2 Mill. E., diejenige von Marseille 1,0 Mill. E. (1975).

Es waren wohl nicht direkt faßbare Motive, die zur Aufgabe der alten historischen Hauptstädte Burgos, Valladolid oder Toledo führten. Aber zumindest gehört Madrid jenem zentralen Raum an, von dem aus der politische Zusammenschluß der unterschiedlichen Glieder Spaniens erfolgte. So blieb Madrid bis zum heutigen Tage im wesentlichen die politische Hauptstadt, die zweifellos auch das geistige Leben Spaniens beherrscht. Durch modernen Straßenbau, Eisenbahnen und Flugverkehr gelang die Sammlung der wichtigsten Verkehrsadern einigermaßen auch für Madrid. Finanz- und Bankwesen hatten hier immer stärkere Bedeutung als in Barcelona; was aber lange Zeit fehlte, war die Integration der Industrie, die sich meist auf Kleinbetriebe stützte. Erst nach dem Jahre 1950 trat hier ein Umschwung ein, indem Metallverarbeitung, Fahrzeugbau und elektrotechnische Betriebe Eingang gewannen, mitunter als Filialen oder Tochtergesellschaften ausländischer Firmen (Chrysler, Standard Electric, Telefunken bzw. Allgemeine Elektrizitätsgesellschaft u. a.). Das hatte eine Stärkung der wirtschaftlichen Belange zur Folge und kam darin zum Ausdruck, daß Madrid (3,1 Mill. E.) zwischen den Jahren 1960 und 1970 Barcelona (1,7 Mill. E.) hinsichtlich der Bevölkerungszahl überflügelte (Huetz de Lemps, 1972).

Mit Madrid in vieler Hinsicht vergleichbar erscheint *Ankara*, das als Hauptstadt der Türkei diese Funktion erst seit dem Jahre 1923 erfüllt. Nachdem sich der neue türkische Staat auf Ostthrakien und Anatolien beschränkt fand und letzteres zum politischen Kernraum wurde, sollte aus staatspolitischen Gründen auch die Hauptstadt diesem Bereiche angehören. Das randlich gelegene und gefährdete Konstantinopel (Istanbul) mußte von einer anderen Hauptstadt abgelöst werden. Daß dabei die Wahl auf Ankara fiel, die kleinste und unbedeutendste unter den mittelanatolischen Städten, mag ebensowenig direkt greifbar sein, wie es einst für Madrid der Fall war (Bartsch, 1954). Auch Ankara ist vor allem politische Hauptstadt, die im kulturellen Leben des türkischen Volkes den ersten Platz einnimmt und es verstand, das Verkehrsnetz an sich zu ziehen. Doch hinsichtlich seiner wirtschaftlichen Stärke steht es hinter anderen Städten des Landes zurück. Mit der Übernahme der Hauptstadt-Funktion erlebte Ankara zwar ein schnelles Wachstum von etwa 30 000 auf rd. 2,6 Mill. Einwohner (1975); aber die größere wirtschaftliche Kraft behauptet sich in dem alten Istanbul (Konstantinopel), dessen Einwohnerzahl (3,9 Mill.) von der Hauptstadt noch nicht erreicht wurde. Voraussichtlich mehr als Ankara kommt Istanbul die Bedeutung einer Weltstadt zu (Stewig, 1964) trotz der Verlagerung der Hauptverkehrswege nach Südosten (Suezkanal), aber es bleibt der wichtigste Hafen der Türkei, der über Istanbul an das internationale Verkehrsnetz angeschlossen ist. Bazare und offene Märkte, Moscheen und Universitäten, sowie schließlich die Industrie, die die Veredelung eingeführter Waren vornimmt, sichern seine Bedeutung; trotz des zentralen staatlichen Aufbaus ist man sich in Istanbul der traditionsgebundenen Eigenständigkeit bewußt.

Als letztes Beispiel einer „zentralen" Hauptstadt in dem Sinne, daß ihre Bedeutung durch politisch-zentrale Kräfte bestimmt wird, führen wir *Moskau* an, die Hauptstadt der Sowjetunion. Sie ist mit dem Werden des russischen Staates aufs engste verknüpft und war seit dessen Konsolidierung immer ein wichtiger Mittelpunkt des Russischen Reiches, auch wenn ihr durch die Gründung Peters des

Großen (St. Petersburg bzw. Leningrad) über zweihundert Jahre (1712-1918) die Funktion als Hauptstadt entzogen wurde. Mit der bewußten Abkehr gegen Westen und der Orientierung nach Osten kehrte man zu dem traditionsgebundenen russischen Zentrum zurück. Leningrad entwickelte man jetzt zur ausgesprochenen Industriestadt, so daß deren Einwohnerzahl von etwa 1 Mill. zu Beginn des Ersten Weltkrieges auf 4,4 Mill. mit Einschluß der Vororte stieg. Moskau dagegen, das auf Grund seiner früheren politischen Bedeutung der wichtigste Verkehrsknoten war und in der zweiten Hälfte des 19. Jh.s mit der Industrialisierung begann, hatte im Jahre 1915 bereits 1,9 Mill. Einwohner und steht nun, wenn Groß-Moskau berücksichtigt wird, mit einer Bevölkerungszahl von 7,8 Mill. (1977) an beachtlicher Stelle in der Welt. Ihr kommt, obgleich die Sowjetunion einen Nationalitätenstaat darstellt, in dem das Staatsvolk der Großrussen etwa 58 v. H. ausmacht, eine ähnliche Bedeutung innerhalb der Sowjetunion zu, wie sie Paris für Frankreich besitzt; beide sind die wahrhaften Zentralen ihres Staatsraumes und eben dadurch, individuell betrachtet, so grundverschieden. Auf Moskau streben alle wichtigen Verkehrslinien zu. Die politische Lenkung des Wirtschaftslebens sichert ihm in dieser Hinsicht eine Schlüsselstellung, was durch seine vielseitige Industrie ergänzt wird. Von hier aus werden die innen- und außenpolitischen Geschicke des Großraumes geleitet, und da, wie wohl nirgendwo sonst, auch die kulturellen Belange mit staatlichem Interesse verknüpft sind, ist Moskau ebenso in dieser Beziehung das überragende Zentrum, selbst wenn die Wissenschaftliche Akademie ihren Sitz noch in Leningrad hat. Dem entspricht das Bestreben, die Physiognomie der Hauptstadt zum Ausdruck des sowjetischen Staatswillens zu machen, denn in kaum einer anderen Stadt der Sowjetunion sind die inneren Veränderungen durch Niederlegung des Überkommenen so durchgreifend wie hier.

Zur „zentralen Hauptstadt" hat sich vornehmlich nach dem Zweiten Weltkrieg auch *Tokyo* entwickelt. War Kyoto seit dem Ende des 8. Jh.s bis zum Jahre 1868 die Hauptstadt des Landes, bildete Osaka seit dem 16. Jh. das führende Handels- und Wirtschaftszentrum, so erhielt Tokyo seit dem beginnenden 17. Jh. den Sitz der Militärregierung des Shogunats und wurde sonst durch den Kleinhandel geprägt, während Nagasaki als einziger Außenhandelsplatz fungierte, der einen begrenzten Handelsaustausch mit China pflegte. Nach der Öffnung des Landes verlor Nagasaki rasch an Bedeutung, die neu angelegten Häfen Kobe und Yokohama förderten die Entwicklung von Osaka zum wirtschaftlichen Schwerpunkt und von Tokyo, das zur Hauptstadt gewählt wurde. Seitdem war der Funktionsverlust von Kyoto unausweichlich. Tokyo (8,6 Mill. E.) wurde zum wichtigsten Bildungs- und Kulturzentrum; schon vor dem Zweiten Weltkrieg verlor Osaka (2,8 Mill. E.) die Führung im industriellen Sektor, der eine immer stärker werdende Verlagerung nach Tokyo erfuhr und Nagoya sich mehr nach der Landeshauptstadt als nach Osaka orientierte. Nach dem Zweiten Weltkrieg erfuhr die Führungsrolle von Tokyo eine nochmalige Verstärkung, indem die Verwaltung streng zentralisiert ebenso wie der gesamte Außenhandel staatlich gelenkt wurde, unterstützt durch die Eröffnung der Expreßbahn Tokyo-Osaka, die bis zum Jahre 1975 bis Nord-Kyushu verlängert wurde und einen noch weiteren Ausbau erfahren soll (Schöller, 1976, S. 86ff.).

Auf diese Weise repräsentieren die „zentralen" Hauptstädte, jede in ihrer Weise, das Wesen von Volk und Staat, dem sie als Mittelpunkt dienen. Anders steht es, wenn der Staatsaufbau stärker föderativ bestimmt ist, denn dann gibt es neben der jeweiligen Hauptstadt andere Städte, die sich in dieser oder jener Art mehr oder minder gleichberechtigt neben sie stellen.

Hierzu war sicher *Berlin* als Hauptstadt des Deutschen Reiches zu rechnen. Ging von Preußen der wirtschaftliche und politische Zusammenschluß der deutschen Klein- und Mittelstaaten aus, so wurde seine von preußischen Traditionen erfüllte Landeshauptstadt, dem politischen Schwergewicht entsprechend, im Jahre 1871 zur Hauptstadt des Deutschen Reiches. Innerhalb der kurzen Periode von einem dreiviertel Jahrhundert wuchs Berlin schnell in die Aufgabe der Reichshauptstadt hinein. Seine Bevölkerungszahl, die zuvor dem Rahmen des Landes Preußen angepaßt war, stieg machtvoll an und überflügelte die der anderen bedeutenden Städte Deutschlands immer mehr, obgleich auch letztere ein beträchtliches Wachstum aufwiesen; so hatte Groß-Berlin im Jahre 1939 zwar 4,3 Mill. Einwohner, daneben besaß aber Hamburg 1,7 Mill., und außerdem existierten noch acht Großstädte, deren Einwohnerzahl 500 000 überschritt. Wir brauchen nur auf das Größenverhältnis von Paris zu den anderen französischen Städten zu verweisen, um zu erkennen, daß sich darin Unterschiede in der Bedeutung beider Hauptstädte innerhalb ihres Staatsraumes ausdrücken. Berlin vermochte das Eisenbahnnetz auf sich zu konzentrieren; daneben aber blieben wichtige andere Verkehrsknotenpunkte bestehen, wie z. B. Halle, Leipzig, München, Frankfurt a. M., Köln oder Hannover. Berlin entwickelte sich zu einem hervorragenden wirtschaftlichen Zentrum, nicht zuletzt durch seine Verarbeitungsindustrie. Doch andere Städte standen in dieser Beziehung nicht allzu weit zurück, wenn man an die oben genannten denkt, die bessere Vergleichsmöglichkeiten geben als die Hafenstädte oder die der Schwerindustriegebiete. Berlin bildete den überragenden politischen Mittelpunkt des Deutschen Reiches. Aber nicht alle damit zusammenhängenden Funktionen hatten ihren Sitz in der Hauptstadt, so daß sich etwa das Reichsgericht in Leipzig befand. Schließlich vermochte Berlin zu einem bedeutenden kulturellen Zentrum zu werden. Doch war nicht zu übersehen, daß es gerade in dieser Beziehung auch andere Schwerpunkte gab wie z. B. Dresden oder München. In der historischen Entwicklung des Deutschen Reiches und dem daraus resultierenden Eigenleben seiner verschiedenen Glieder ist es begründet, wenn Berlin wohl Hauptstadt war, aber im gesamtdeutschen Volksbewußtsein nicht als alleiniges Zentrum empfunden wurde. Nach dem Zweiten Weltkrieg und der Teilung des Deutschen Reiches in die Deutsche Demokratische Republik und die Bundesrepublik Deutschland entstanden hinsichtlich der Hauptstadt neue Probleme, denn Berlin selbst wurde geteilt, Ost-Berlin blieb Hauptstadt der Deutschen Demokratischen Republik innerhalb des neu geschaffenen Staates, West-Berlin wurde zur Exklave, räumlich von der Bundesrepublik Deutschland getrennt. Bonn, jetzt Bonn-Bad Godesberg, wählte man zur neuen Hauptstadt, wo Bundesministerien, Parlament usf. ihren Sitz fanden, aber nur wenige Bundesbehörden, die auf die Zusammenarbeit mit den politischen Gremien angewiesen waren, aufgenommen werden konnten. West-Berlin verblieben immerhin 14 Bundesbehörden, die weniger politische als kulturelle und soziale Aufgaben erfüllen, und sonst fand eine noch größere

Streuung dieser Institutionen statt als zuvor. Das brachte Vor- und Nachteile mit sich (Peppler, 1977), wobei nicht entschieden werden kann, ob das eine oder andere überwiegt.

Anders und in gewissem Sinne doch ähnlich liegen die Verhältnisse in *Israel*, das mit seiner hohen Verstädterung (75,9 v. H. der Bevölkerung leben in Städten) gegenüber den benachbarten Staaten auffällt. Die Hauptstadt Jerusalem, auf dem Hochland von Judäa gelegen, ist eine geteilte Stadt (zwischen Israel und Jordanien) mit allen Konsequenzen, die daraus erwachsen. Die jüdische Stadt mit Verwaltungsfunktionen und Universität dehnte sich nach Westen hin aus, die in mehrere völkische Viertel gegliederte und zu Jordanien gehörige Altstadt erfuhr ebenfalls Erweiterungen. Im Jahre 1966 umfaßte West-Jerusalem 196 000 E., Ostjerusalem 65 000 E. Danach wuchs die zunächst wieder verwaltungsmäßig vereinigte Stadt, an der Grenze des Landes gelegen und noch immer mit den Unsicherheiten des politischen Lebens belastet, auf 366 000 E. (1977) an. Das wirtschaftliche Schwergewicht allerdings verlagerte sich in den Küstenstreifen, wo Jaffa im Jahre 1909 durch die Gartenstadt Tel Aviv erweitert und beide im Jahre 1950 zusammengeschlossen wurden. Wenngleich man versucht, das Wachstum dieser Doppelstadt zu beschränken, weil günstiges landwirtschaftliches Gelände in die Bebauung einbezogen wird, so kam es hier trotzdem zu einer Bevölkerungsballung, die im Jahre 1977 910 000 Menschen umfaßte (Orni, 1975, S. 201; Orni und Efrat, 1964, S. 217 ff.).

Der *föderative Aufbau* eines Staates vermag hinsichtlich der Hauptstadt auch zu andern Lösungen zu führen. War Berlin immerhin auf dem Wege, zur wichtigsten Zentrale des Deutschen Reiches zu werden, so machte man anderswo gar nicht den Versuch einer Konzentration, sondern sah das beste Mittel für den Zusammenhalt der verschiedenen Glieder darin, keiner Stadt ein ausgesprochenes Übergewicht zukommen zu lassen. Wir weisen auf Den Haag (677 000 E.) hin, das Verwaltungszentrum der Niederlande, oder auf Bern als Hauptstadt des einstigen Staatenbundes und späteren Bundesstaates der Schweiz (284 000 E., Con.), die beide im wesentlichen als Regierungssitze gekennzeichnet sind, während andere Städte dieser Länder stärker hinsichtlich ihres wirtschaftlichen oder kulturellen Lebens hervortreten. Dasselbe Prinzip, aber mit etwas andern Mitteln, verfolgte man in der Südafrikanischen Republik, die im Jahre 1910 aus dem Zusammenschluß der Cape Province, Transvaals, Natals und des Oranjestaates hervorging. Um sowohl den Belangen dieser verschiedenen Teile als auch denen von Engländern und Buren Rechnung zu tragen, wurde Pretoria in Transvaal (562 000 E.) zur Verwaltungshauptstadt gemacht, die mit ihrer burischen Universität zudem eine Sondernote erhielt. Bloemfontein als Hauptstadt des Oranje-Freistaates bekam das höchste Bundesgericht und entwickelte sich darüber hinaus zur Schul- und Universitätsstadt (180 000 E.). Kapstadt, im Bunde mit Durban der wichtigste Hafen der Südafrikanischen Republik, ist Sitz des Parlamentes (1 Mill. E.), und Johannesburg (1,4 Mill. E.) ist nicht nur das wirtschaftliche Herz des Witwatersrandes, sondern das der gesamten Republik.

Ähnliche Probleme lagen bei der Konstituierung der Vereinigten Staaten von Nordamerika oder bei dem Zusammenschluß der verschiedenen englischen Kolonien in Kanada oder in Australien vor. In keinem dieser Föderativstaaten wurde eines der vorhandenen bedeutenden Wirtschaftszentren zur Bundeshauptstadt gewählt, um das innere Gewicht zwischen den verschiedenen gleichberechtigten Gliedern keiner Belastungsprobe auszusetzen. In den Vereinigten Staaten und in Australien ging man sogar daran, einen von den einzelnen Bundesstaaten unabhängigen Bundesdistrikt zu schaffen, innerhalb dessen sich die Bundeshauptstadt befindet. Auf diese Weise geben Ottawa (609 000 E.), Washington, D. C. (3 Mill. E.) und Canberra (215 000 E.) ausgesprochene Verwaltungshauptstädte ab, die in ihrer wirtschaftlichen Funktion durchaus beschränkt sind und deshalb auch keineswegs zu den größten Städten ihres Landes gehören. In Brasilien, wo im Jahre 1763 außerpolitische Gründe dazu führten, Bahia seiner Hauptstadt-Funktion zu entkleiden und diese Rio de Janeiro zu übertragen, wurden seit langem ähnliche Überlegungen angestellt, die aber erst seit dem Jahre 1956 zur Realisierung gelangten. Vier Jahre später wurde die Bundeshauptstadt Brasilia eingeweiht, die „dem Wunsch nach einer zentralen Lage, nach der Verknüpfung der Landesteile über die Wasserscheidenregion der großen Flußgebiete auf dem gesunden Planalto Central" entsprach (Pfeifer, 1962, S. 290). Auf einer flachwelligen Hochfläche entstand diese neue Stadt im Bereiche der Pioniergrenze, bei der die moderne architektonische Gestaltung sich den Oberflächenformen einpaßte, kein schematisches Gitternetz zur Ausbildung kam und von vornherein auf die funktionale Gliederung Rücksicht genommen wurde. Mit knapp 150 000 Einwohnern im Jahre 1960 (1970 537 000) rechnet man in der Planung auf einen vier- bis fünffachen Zuwachs, sobald die Rolle der neuen Hauptstadt voll ins Bewußtsein gedrungen ist.

So ist die Bedeutung der Hauptstädte unterschiedlich geartet; sie erweist sich abhängig von politisch-historischen Vorgängen, die von sich aus in gewisser Beziehung zu den Raumgegebenheiten stehen, mit denen sich jeder Staat auseinanderzusetzen hat. Infolgedessen trifft die Unterscheidung von Vallaux (1911, S. 314) zwischen „natürlichen" Hauptstädten, die in der historischen Einwurzelung ihre Kennzeichnung finden, und „künstlichen" Hauptstädten, die im wesentlichen als Verwaltungssitze von Bundesstaaten erscheinen, nicht ganz den Kern der Sache, denn in jedem Falle wurde die Wahl der Hauptstadt von politischen Erwägungen geleitet.

Seit J. G. Kohls Studie über „Die geographische Lage der Hauptstädte Europas" (1874) sind die Lageverhältnisse von Hauptstädten immer wieder untersucht worden, wobei mit Recht der politisch-geographische Gesichtspunkt in den Vordergrund gerückt wurde, denn nicht die geographische Lage als solche, sondern die geographische Lage innerhalb eines Staates dürfte hier das Entscheidende sein. Doch ebenso wie sich die Bedeutung einer Hauptstadt nicht von der historisch-politischen Entwicklung des dazugehörigen Staates trennen läßt, ebenso ist auch die Lage einer Hauptstadt ohne diese Grundlage nicht verständlich, und die Kraft der Tradition bleibt ein wichtiger Faktor, der bei der Hauptstadtfrage nicht übersehen werden darf.

Damit verliert auch das Problem der zentralen oder peripheren Lage einer Hauptstadt in gewissem Sinne an Bedeutung. Wohl ist Madrid als Exponent einer zentral gelegenen Hauptstadt zu betrachten, wenn auch nicht im mathematischen Sinne, und bei der Gründung von Washington, D. C. (s. o.) spielte es seinerzeit zweifellos eine Rolle, daß sich der Bundesdistrikt in zentraler Lage innerhalb der „dreizehn alten Kolonien" zwischen den Nord- und Südstaaten befand. Aber weder Paris noch London, weder Prag noch Wien oder Budapest zeichnen sich durch eine zentrale Lage innerhalb des von ihnen zusammengehaltenen Staates aus, auch wenn diese Hauptstädte jeweils eine beherrschende Lagesituation besitzen, die eine politisch-zentrale Stellung ermöglichen. Rom als Hauptstadt des italienischen, Athen als solche des neugriechischen Staates sind kaum von ihrer Mittelpunktslage, sondern viel stärker durch das ihnen eigene historische Gewicht zu begreifen.

Als peripher gelegene Hauptstadt konnte einst Petersburg (Leningrad) in Anspruch genommen werden, als das Russische Reich den Kontakt mit Mittel- und Westeuropa suchte, und nicht umsonst gilt sie als die „europäische" Stadt im russischen Raum. Auch Peking, die „nördliche Hauptstadt", liegt innerhalb des Chinesischen Reiches mehr oder minder peripher. Sie setzte sich gegenüber der „südlichen Hauptstadt" Nanking immer dann durch, wenn Interessen Zentralasiens oder des Nordens im Vordergrund standen, denn hier, in der nach Norden ausgreifenden Bucht der nordchinesischen Ebene werden die von der inneren Mongolei und der Mandschurei zustrebenden Verkehrslinien aufgefangen. Wenn die Völker jener Außenländer die Macht gewannen und dabei selbst in der chinesischen Kultur aufgingen, wenn eine Abwehr gegen sie notwendig wurde oder wenn man stark genug war, sie zu beherrschen, immer war in einer solchen Konstellation das „peripher" gelegene Peking der bevorzugte politische Mittelpunkt Chinas (Schmitthenner, 1925, S. 6 ff.); es ist nur folgerichtig, wenn nach dem Zweiten Weltkrieg, als sich China zunächst auf die Sowjetunion hin orientierte und dann seine Anstrengungen in der Nordost-Region (Mandschurei) und in der Nordwest-Region (Sian) verstärkte, Peking (7,6 Mill.) wiederum zur Hauptstadt wurde.

Die periphere Lage von Hauptstädten beobachten wir vor allem in überseeischen Staaten, die kulturell, wirtschaftlich oder politisch auf mehr oder minder enge Beziehungen zu Europa bzw. den Vereinigten Staaten nicht verzichten konnten. So wurde Lima (3,3 Mill. E.), völlig im Gegensatz zu der sonstigen spanischen Kolonialpolitik, zur Hauptstadt von Peru. Trotz der Bestrebungen, nach einer „zentralen" Hauptstadt für Brasilien blieb manche zugehörige Funktion bislang Rio de Janeiro (4,3 Mill. E.) erhalten. Uruguay und Argentinien werden von den Flußmündungshäfen am La Plata, Montevideo (1,2 Mill. E.) bzw. Buenos Aires (3,0 Mill. E.) nicht nur wirtschaftlich, sondern politisch beherrscht. Als Indien unter britische Herrschaft geriet, wählte man trotz ausgesprochen ungünstiger natürlicher Voraussetzungen Kalkutta (7,0 Mill. E.) zur Hauptstadt, um die Verbindung mit dem Mutterland zu garantieren (Spate und Learnmonth, 1967, S. 544 ff.), während man im Jahre 1912 Neu-Delhi als Verwaltungshauptstadt in der Nachbarschaft des historischen Delhi schuf, um durch diese neue Hauptstadt (Alt- und Neu-Delhi 4,8 Mill. E.) stärkeren Einfluß auf die inneren Angelegenheiten Indiens zu gewinnen.

Teilungen von Staaten, die nach der Verselbständigung einstiger Kolonialräume häufiger vorkamen, schufen auch hinsichtlich der Wahl der jeweiligen Hauptstadt gewisse Probleme. Als das vornehmlich islamische Pakistan sich von der Indischen Union trennte und innerhalb des zweigeteilten Staates zu entscheiden war, ob

West- oder Ostpakistan die Hauptstadt erhalten sollte, entschied man sich mit Karachi (3,5 Mill. E.) für den wirtschaftsstärkeren Westen. Im Jahre 1959 verlegte man die Hauptstadt Westpakistans nach Rawalpindi, bis im Jahre 1961 Islamabad am Fuße des Himalaja dazu auserwählt wurde, letzteres eine völlige Neugründung, die im Jahre 1972 erst 77 000 E. hatte (Blenck, 1977, S. 254). Im Jahre 1971 löste sich Ostpakistan aus der Gemeinschaft, und Dacca (1,5 Mill. E.) wurde zur Haupstadt des neuen Staates Bangladesch. – In Afrika blieben in der Regel die von den Kolonialmächten geschaffenen Grenzen erhalten. Trotz der mitunter erheblichen Gegensätze, die nun zwischen den verschiedenen Stämmen innerhalb der Staaten ausgelöst wurden, konnte das mitunter durch Änderungen der inneren Verwaltungsgliederung behoben werden, ohne daß die Hauptstädte davon betroffen wurden, wie es z. B. in Nigeria der Fall war. Anders lagen die Verhältnisse im früheren Ruanda-Urundi, wobei in ersterem die herrschende, aber kleinere Gruppe der Tutsi von der Mehrheit der Bahutu in schweren Auseinandersetzungen dezimiert bzw. vertrieben wurden, beide Teile eigene Staatswesen bildeten und die von Deutschen und Belgiern als Handels- und Verwaltungsstützpunkte gegründeten Städte Bujumbura (100 000 E.) zur Hauptstadt von Burundi, Kigali (54 000 E.) zu der von Rwanda erhoben wurden. Das ehemalige britische Protektorat Uganda hatte Entebbe am Victoriasee als Verwaltungssitz gegründet, das bis zur Unabhängigkeit offiziell als Hauptstadt galt und heute noch mit 21 000 E. den wichtigsten Flughafen des Landes besitzt. Das wirtschaftliche Schwergewicht aber befand sich schon zu Beginn in Kampala, wo der Sitz des einstigen Königreichs Buganda auch den Europäern in dieser Hinsicht ein besseres Betätigungsfeld bot, so daß seit der Unabhängigkeit Kampala (331 000 E.) als Hauptstadt fungiert (Vorlaufer, 1967). Im früheren Französisch-West- und Äquatorialafrika war eine Untergliederung in Territorien vorhanden mit besonderen Verwaltungssitzen, die nun zu Hauptstädten der selbständig gewordenen Staaten aufstiegen, wobei diese eine Aufwertung erfuhren, während Dakar als einstige Hauptstadt Französisch-Westafrikas und Brazzaville als diejenige Äquatorialafrikas trotz wachsender Einwohnerzahlen an Bedeutung einbüßten. Lediglich Mauretanien besaß kein eigenes Zentrum, sondern wurde von St. Louis aus verwaltet; die islamische Republik Mauretanien gründete eine neue Hauptstadt, Nouakschott, dessen Bevölkerung auf 135 000 anstieg. Schließlich sei noch auf Kuala Lumpur verwiesen. Als chinesischer Markt für die umliegenden Bergbausiedlungen beginnend, sahen sich die Briten bei zunehmenden Zinnabbau und sich ausdehnenden Kautschukplantagen veranlaßt, an den kleinen Kern anknüpfend, im Kangtal ein Verwaltungszentrum zu gründen, das im Jahre 1947 immerhin 147 000 E. hatte. Unterhalb befand sich die alte Sultanstadt Klang und an der Mündung des Flusses der Hafen Port Swettenham (jetzt Port Klang). Hohe Geburtenrate und Zustrom der ländlichen Bevölkerung bewirkten schon vor der Unabhängigkeit die Planung einer „Neuen Stadt" westlich von Kuala Lumpur. Mit der Verselbständigung wurde Kuala Lumpur zur Hauptstadt ausgebaut, mit deren Hilfe über die Ausweitung des Bildungswesens (malayische Universität) das Malayentum gestärkt werden sollte, wozu die Erklärung des Islams zur Staatsreligion ebenfalls beitragen sollte. Eine weitere neue Stadt ist im Entstehen, Sungai Way-Subang, so daß das Klangtal zu einer Conurbation heranwächst, die im Jahre 1970 bereits 890 000 Einwohner hatte. Durch Herauslösen aus dem Bundesstaat Selangar und der

Bildung eines eigenen Bundesdistrikts, der von 93 qkm auf 243 qkm vergrößert wurde, sucht man die Bedeutung der Hauptstadt zu heben und ihr zugleich Erweiterungsmöglichkeiten zu geben. Allerdings liegt der Anteil der Chinesen um 50 v. H., der der Malayen um 20 v. H. und der der Inder um 20 v. H., so daß, vornehmlich hinsichtlich der Chinesen, ein Abstand gegenüber Singapore existiert und dennoch nicht gesichert ist, ob die Malayen das wirtschaftliche Leben bestimmend zu gestalten vermögen (Aitkin und Sheshkin, 1975).

Geht man bei den funktionalen Stadttypen auf die Funktion jeder einzelnen Stadt ein, so versucht man bei *regionalen Stadttypen* eine Zusammenfassung zu erzielen, wobei die Gesichtspunkte unterschiedlich sein können. Mitunter wird der Genese in Verknüpfung mit Grund- und Aufriß der Vorzug gegeben, mitunter auch dazu übergegangen, eine Verbindung mit den Funktionen herzustellen (z. B. Huttenlocher, 1963 für südwestdeutsche Städte; Schöller, 1967 für deutsche Städte). Sicher ist Mitteleuropa in der Vielfalt städtischer Ausdrucksformen besonders für solche Untersuchungen geeignet. Allerdings wurde das Problem regionaler Stadttypen auch in Übersee aufgenommen. Unter Heranziehung der Faktorenanalyse und Daten, die die Bevölkerungsstruktur im weitesten Sinne betreffen, gilt das z. B. für Indien (Ahmad, 1965; Berry und Spodek, 1971) ebenso wie für Kanada (King, 1966; Schwirian und Marte, 1969 bzw. 1974). Es sind das lediglich einige Beispiele, bei denen kein Anspruch auf Vollständigkeit zu erheben ist, aber zumindest sollte auf das Problem aufmerksam gemacht werden.

D. Die innere Differenzierung von Städten oder die Viertelsbildung

Es ist die Eigenheit von Städten, daß in ihnen eine beträchtliche Anzahl von Menschen auf engem Raum zusammenlebt, die nach ihrer sozialen Stellung und in ihrer wirtschaftlichen Betätigung beträchtliche Unterschiede aufweisen. Darüber hinaus aber kommt es durch die zentralen und besonderen Funktionen der Städte dazu, daß auch die Bevölkerung des Hinterlandes die spezifisch städtischen Einrichtungen in Anspruch nimmt. Beide Momente wirken darauf hin, daß Arbeitsstätten, Wohnungen und Erholungsbereiche in einer Stadt nicht völlig willkürlich ineinander verschachtelt sind, sondern daß sich in der Regel bestimmte Prinzipien herausschälen lassen, nach denen die Anordnung der verschiedenen Glieder erfolgt. Die dadurch hervorgerufene innere Gliederung von Städten gelangt – vor allem in Großstädten – durch besondere, im Volksmund übliche Namen bestimmter Stadtviertel zum Ausdruck. In Berlin z. B. verbindet man mit dem Kurfürstendamm, Moabit oder Grunewald einen feststehenden Begriff, der die Stellung eines solchen Viertels innerhalb der Gesamtheit kennzeichnet. In Paris sind es etwa die Cité, das Quartier Latin (Kap. VIII.F.a.), die Champs Elysées (Aufrère, 1950) oder der Montmartre und in London Eastend und Westend, selbst wenn nach dem Zweiten Weltkrieg mit erheblichen Wandlungen zu rechnen ist. In den Vereinigten Staaten wird das Geschäftsviertel von New York als Uptown, das von Chicago als Loop oder das von San Francisco und anderen Städten als Downtown bezeichnet.

Die innere Differenzierung von Städten führt tief in das Wesen städtischen Lebens hinein, denn eine Stadt wird unter diesem Blickpunkt nicht von außen, sondern von innen (William-Olsson, 1940, S. 420/21) durch die für sie charakteristischen Lebensverhältnisse betrachtet. Mitunter wird auch von funktionaler Gliederung gesprochen, weil jedes Glied eine bestimmte Aufgabe für die Gesamtheit einer Stadt besitzt. Der Flächennutzungsplan, wie er von der Landesplanung und Raumordnung entworfen wird, um den augenblicklichen Zustand der Gliederung einer Stadt festzuhalten und Pläne für eine zukünftige Entwicklung zu entwerfen, entspricht nicht durchaus dem, was der Geograph mit der Untersuchung der inneren Differenzierung bezweckt. Uns kommt es wohl darauf an, das Seiende in seiner spezifischen Eigenart zu begreifen; doch ebenso wollen wir auch hier das Vorhandene als etwas Gewordenes betrachten, die Beständigkeit oder den Wandel in der Funktion einer Straße, eines Viertels usw. erfassen und in derselben Art die Anordnung der verschiedenen Glieder im Rahmen der Gesamtentwicklung verstehen.

Wie es bereits bei den Städtesystemen zum Ausdruck gelangte, spielt dabei die Größe der Städte eine Rolle. Zwar nahm Lichtenberger (1970, S. 53) für kontinentaleuropäische Städte eine fünffache Abstufung vor; da für andere Kulturbereiche sich das kaum durchführen läßt, soll es hier mit der Unterscheidung von Klein-, Mittel- und Großstädten sein Bewenden haben, wobei es unterschiedlich ist, ob die Gliederung von Mittelstädten mehr zu denen von Klein- oder Großstädten tendiert.

Zunächst erscheint es notwendig, sich jedenfalls in den Grundzügen darüber klar zu werden, wie die Gliederung einer Stadt methodisch durchzuführen ist. Es geht dann um die Behandlung der wichtigsten Glieder, die eine Stadt ausmachen. Dabei sind zunächst diejenigen auszuscheiden, die vornehmlich durch die zentralen Funktionen hervorgerufen werden. Darüber hinaus ist die Frage zu erörtern, wie sich die besonderen Funktionen – falls solche vorliegen – in der inneren Differenzierung einer Stadt auswirken. Weiterhin muß den Bedürfnissen der Stadtbevölkerung selbst Rechnung getragen werden, d. h. ihren Wohnverhältnissen, ihrer Versorgung mit alltäglichen Bedarfsgütern und den für ihre Erholung notwendigen Flächen. Schließlich gilt es, die einzelnen Glieder wieder zusammenzufassen und ihre Anordnung in einem allgemeinen Rahmen zu untersuchen. Dabei wird sich herausstellen, daß trotz eines allgemeinen Grundprinzips unterschiedliche Typen herausgeschält werden können, die in erster Linie in historisch-kulturellen Verhältnissen ihre Ursache haben.

1. Zur Methodik der inneren Gliederung einer Stadt

Die Ausscheidung unterschiedlich gearteter Stadtviertel ist zunächst durch ein analytisches Verfahren zu erreichen, innerhalb dessen mehrere Momente zu berücksichtigen sind. Zu Beginn kommt es darauf an, die Nutzung der Gebäude bzw. Flächen innerhalb einer Stadt festzustellen, was sich durch eigene Kartierung, Benutzung von Stadtplänen, Adreßbüchern oder Unterlagen von Stadtbauämtern erreichen läßt. Öffentliche Gebäude, die der Verwaltung der Stadt oder des Hinterlandes dienen, solche, in denen Banken, Börsen oder Versicherungen ihren Sitz haben u. a. m., sind herauszustellen. Es kommen diejenigen Gebäude hinzu, die kulturellen Bedürfnissen Rechnung tragen, mag es sich um Kultstätten, Schulen oder Universitäten, Zeitungsredaktionen usw. handeln. In dieser Hinsicht sind ebenfalls die Friedhöfe zu beachten, die sich zumeist durch ihre periphere Lage innerhalb einer Stadt auszeichnen. Auch soziale Einrichtungen wie Krankenhäuser, Praxisräume von Fachärzten und Rechtsanwälten sind auf ihren Standort hin zu prüfen, so daß eine Übersicht über ihre Verteilung ermöglicht wird.

Bezüglich der wirtschaftlichen Aufgaben, die eine Stadt zu erfüllen hat, sei es in ihrer Bedeutung als zentraler Ort oder sei es für die Bedürfnisse der Stadtbevölkerung selbst, muß die Verbreitung der Geschäfte dargelegt werden, wobei häufig eine Differenzierung nach der Art des Geschäftes notwendig ist. Wie weit letztere zu gehen hat, hängt von dem zu untersuchenden Objekt ab; doch ist zumindest auf den Unterschied zwischen Warenhäusern, Geschäften des episodischen, periodischen und täglichen Bedarfs Wert zu legen. Markthallen bzw. Marktplätze, Gebäude, die Großhandelsfirmen inne haben, oder solche, die gewerblich genutzt werden, müssen in ihrer Lage dargestellt werden. Schließlich gilt es, die von der Industrie beanspruchten Gebäude bzw. Flächen zu berücksichtigen, und auch hier mag es u. U. notwendig sein, unterschiedliche Industriezweige mit jeweils anders gearteten Standortsbedingungen auszuscheiden.

Städte bilden zumeist Verkehrsknoten, gleichgültig, ob im lokalen, im regionalen oder sogar im internationalen Verkehrsnetz. Die Verkehrsanlagen, ob Bahnhöfe, Omnibusbahnhöfe, umfangreichere Tankstellen, Flugplätze, Schiffslandeplätze, Karawansereien und dergleichen sind in ihrer Lage zu bezeichnen. Wird zumindest in größeren Städten versucht, die Gleisanlagen von Eisenbahnen oder Vorortbahnen in die Tiefe (Untergrundbahnen) oder in die Höhe (Eisenbahndämme) zu verlagern, so geben sie, wenn dies nicht möglich gemacht werden konnte, häufig genug Grenzen zwischen verschieden gearteten Stadtvierteln ab. Darüber hinaus aber verlangt der innerstädtische Verkehr Beachtung. So gibt etwa die Dichte des Fußgängerverkehrs oder die mehr oder minder starke Benutzung der Straßen durch technische Verkehrsmittel Aufschluß darüber, ob es sich um ausgesprochene Durchgangsverkehrs-, Geschäfts- oder Wohnstraßen handelt. Einerseits kommt Straßen die Funktion von Grenzen zwischen verschieden ausgerichteten Stadtvierteln zu; andererseits aber können sie – und das in stärkerem Maße – als verbindendes Element wirken, so daß unter solchen Umständen dann eine Straße durchaus als eigenes Stadtviertel in Erscheinung zu treten vermag, wenn eine sehr detaillierte Untersuchung durchgeführt wird.

Die Bevölkerung der Städte hat in diesen zu leben, so daß die Wohngebäude oder die, die gleichzeitig Wohn- und Arbeitsstätten umschließen, aufzunehmen sind. In dieser Hinsicht bleibt dann weiter die Art der Wohngebäude zu berücksichtigen, z. B. Mietshäuser, Zwei- oder Einfamilienhäuser, Villen u. a. m., um von hier aus auf die soziale Gliederung der Bewohner schließen zu können. Park- und Sportanlagen als Erholungsflächen ebenso wie Schrebergärten müssen in ihrer Lage innerhalb der Stadt gekennzeichnet werden.

Neben der Gebäude- und Flächennutzung läßt sich die innere Gliederung einer Stadt unter Heranziehung des Wertes der Gebäude bzw. ihrer Ausstattung stützen. Hierbei spielen vor allem die Grundstückspreise eine Rolle, die in der Regel dort, wo sich das Geschäftsleben konzentriert, am höchsten liegen und nach der Peripherie hin abnehmen, allerdings so, daß die soziale Staffelung der Wohnviertel in einer entsprechenden Abstufung der Grundstückspreise zum Ausdruck gelangt. In ähnlicher Weise können auch die Mietpreise verwandt werden, und u. U. vermag die Ausstattung der Gebäude mit elektrischem Strom, Gas, Wasser usw. Aufschluß über die soziale und wirtschaftliche Lage der entsprechenden Bewohner zu geben (Kap. VII.G.1. u. 2.).

Schließlich muß von der Möglichkeit Gebrauch gemacht werden, von den Gebäuden abzusehen und die Bevölkerung, die in der Stadt arbeitet bzw. lebt, als Ausgangspunkt zu wählen, zumal der größte Teil der bebauten Fläche Wohnzwecken dient. Unter den demographischen Merkmalen ist die Bevölkerungsdichte am wichtigsten, die sich in den Industrieländern abhängig von der Größe der Stadt erweist. Hier zeigt sich insbesondere bei den Großstädten, daß das Geschäftsviertel eine wesentlich geringere Dichte – zumindest während der Nacht – aufweist (Citybildung, Kap. VII.D.2.), während in den Entwicklungsländern häufig das Umgekehrte der Fall ist, es sei denn, daß westliche Einflüsse so stark waren, daß sich ein zweiter Geschäftsbereich nach westlichem Vorbild entwickelte, und zwar unabhängig von der Industrie, wohl aber Beziehungen zur Sozialstruktur der Bevölkerung aufweisend. Auch sekundäre Geschäftsviertel bzw. shopping centers sind in die Betrachtung einzubeziehen.

Weiterhin läßt sich die innere Differenzierung durch die Verteilung bestimmter Berufs- bzw. Sozialgruppen erfassen, was eine Kombination mit dem Ausbildungsstand erlaubt. Mitunter gilt die Höhe des Einkommens als wichtiges Kriterium, wobei in einzelnen Ländern Unterlagen dafür zur Verfügung stehen (z. B. in den Vereinigten Staaten oder in Schweden), in anderen aber nicht (z. B. in der Bundesrepublik Deutschland). Abgesehen davon ist zumindest unter europäischen Verhältnissen die Beziehung zwischen Einkommen und sozialem Status kein eindeutiges Kriterium, denn Facharbeiter verdienen u. U. mehr als Akademiker, wenngleich das soziale Ansehen der letzteren höher als das der ersteren einzustufen ist. Dabei muß darauf geachtet werden, möglichst kleine Bezirke zu wählen, was z. B. in der Bundesrepublik Deutschland seit der Volks- und Berufszählung im Jahre 1970 durch Blockprogramme erreicht wird, deren Einheiten in mittelgroßen Städten kaum 500 Einwohner umfassen. Begnügte man sich früher häufig mit einem Dreistufenmodell, was sich bis heute teilweise fortsetzt, so geht man doch bereits bei Kleinstädten zu einer stärkeren Differenzierung über.

In der deutschen Sozialgeographie, sofern sie sich mit der Behandlung von Städten befaßt, wurde die Mobilität der Bevölkerung (Zu- und Fortzüge, innerstädtische Umzüge) im Zusammenhang mit Altersaufbau und sozialen Gruppen als wichtiges Kriterium der Differenzierung benutzt, zunächst für ein nach dem Zweiten Weltkrieg entstandenes Großwohngebiet in Ulm (Eselsberg; Schaffer, 1968), dann für München (Ganser, 1970), was schließlich weiter ausgebaut wurde. Bloß ist es mit der Mobilität allein nicht getan, zumal das meist nur für einen kurzen Zeitraum geschieht und die Randbedingungen der genannten Arbeiten, nämlich die Bevölkerungsprognosen bis zum Jahre 1980, sich nicht erfüllt haben. Ähnlich einseitig stellt sich die Gliederung nach dem politischen Wahlverhalten dar, von Ganser (1966) für München dargestellt. Letzteres wird später meist außer acht gelassen, weil das politische Parteiensystem – sofern überhaupt vorhanden – in den einzelnen Ländern zu unterschiedlich ist.

Insbesondere in den Vereinigten Staaten und von hier auf andere Industrieländer übergreifend, mitunter sogar für Städte der Entwicklungsländer verwandt, wird vielfach die Faktorenanalyse und andere statistische Verfahren zu Hilfe genommen, was dann allerdings die Benutzung des Computers voraussetzt. Shevky und Williams (1949) sowie Bell (1955) nahmen für San Francisco bzw. Los Angeles drei Faktoren zu Hilfe, wobei erstere die Benennung Urbanization, sozialer Rang und Segregation, letzterer Familien-, sozio-ökonomischer und ethnischer Status einführten. Dabei entspricht Segregation dem ethnischen Status, die jeweils durch eine Variable gekennzeichnet werden, nämlich den Anteil der Farbigen bzw. Ausländer. Der soziale Rang bzw. der sozio-ökonomische Status setzt sich aus drei Variablen zusammen, die die Beschäftigung, das Ausbildungsniveau und die Höhe der Miete betreffen. Ebenso werden die Urbanization bzw. der Familienstatus durch drei Variable bestimmt, die als Fruchtbarkeit, Erwerbstätigkeit der Frauen und Einfamilienhäuser zur Darstellung gelangen, wobei der Unterschied allerdings darin besteht, daß hohe Urbanization geringe Kinderzahl, hohe Erwerbstätigkeit der Frauen und geringer Anteil der Einfamilienhäuser bedeutet, während beim hohen Familienstatus genau das Umgekehrte der Fall ist. Unter Benutzung derselben Methode für zehn amerikanische Städte (Arsdol, Camillero und Schmid, 1958 bzw. Schwirian, 1974, S. 287 ff.) stellte sich heraus, daß für vier Städte die Zuordnung der Variablen zu den Faktoren anders als nach den Untersuchungen von Shevky und Bell ausfielen, so daß durch die Wahl der Faktoren und der sie ausmachenden Variablen subjektive Momente eindringen, die man im Grunde genommen ausschließen wollte. Diese kommen ebenfalls in der Bezugnahme auf bestimmte räumliche Einheiten zustande, so daß man nicht davon ausgehen kann, daß statistische Bezirke usf. sozialräumlich homogene Einheiten abgeben, worauf vornehmlich Hamm (1977, S. 161) aufmerksam machte. Rees (1968 bzw. Berry und Horton, 1970, S. 306-389) ging daran, die Standard Metropolitan Statistical Area von Chicago unter Benutzung von zehn Faktoren und 57 Variablen nach sozialen Gesichtspunkten zu gliedern. Inzwischen gab Hamm (1977, S. 96/97), der selbst eine entsprechende Differenzierung für Bern vornahm, eine Aufstellung der Städte, für welche faktorenanalytische oder andere Verfahren angewandt wurden unter Angabe der Zahl der Faktoren ebenso wie der der Variablen. Dabei fehlen allerdings einige der in Großbritannien durchgeführten Arbeiten, die deswegen wichtig sind, weil hier als besonderer Faktor die Gebäudestruktur (Alter, Größe und Ausstattung der Wohnungen usf.) besonders herausgestellt wird, mit den erheblichen Sanierungsarbeiten, vornehmlich nach dem Zweiten Weltkrieg zusammenhängend (Herbert, 1972, S. 139 ff.). Daß die entsprechenden deutschen Arbeiten nicht aufgenommen wurden, liegt an ihrem späten Erscheinen. O'Loughin und Glebe (1980, S. 59 ff.) faßten sie zusammen und gaben das Jahr der Herausgabe (nicht das des Datenmaterials) an, das verwendete Verfahren, die Zahl der zu Hilfe genommenen Variablen bzw. Faktoren und das jeweilige Forschungsziel. Die räumliche Grundlage bildeten teils Stadtteile und teils statistische Bezirke, in einer noch nicht angegebenen Untersuchung über Karlsruhe (Bratzel, 1981) die Baublöcke, wobei sich in letzterem Falle zeigte, daß eingemeindete Dörfer oder kleine Städte jeweils eine eigenständige Gliederung aufweisen. Bezog man sich insgesamt in den Vereinigten Staaten, Kanada oder Australien auf die SMSAs, was in diesem Fall als Vorteil zu werten ist, so beließ man es hinsichtlich der sozialen bzw.

sozialökologischen Gliederung in Europa bei den Kernstädten, jedenfalls im Rahmen faktorenanalytischer oder anderer statistischer Verfahren, was sicher eine Einengung bedeutet, weil die Suburbanisierung von Industrie und Bevölkerung, mitunter auch des tertiären Sektors damit nicht voll erfaßt werden kann. Eine einzige Ausnahme bildet die Arbeit von Braun und Soltau (1976) über Hamburg nach Daten vom Jahre 1960, bei der aber Schwellenwerte für den Anteil der verschiedenen Sozialgruppen maßgebend waren.

Hinsichtlich der statistischen Verfahren, die hier nicht behandelt werden können, sei auf die ausführlichen Darstellungen von Überla (1971) sowie Bahrenberg und Giese (1975) verwiesen. Sofern die sozio-ökonomische Gliederung im Vordergrund steht, wird das ausdrücklich vermerkt. Gehen weitere Faktoren ein, dann soll von sozialökologischer Differenzierung gesprochen werden, um den aus der Biologie stammenden Begriff zu präzisieren. In jedem Falle bleibt es zunächst bei einer Beschreibung, die dann eine Erklärung verlangt. Ob man sich dabei auf die Veränderungen seit der Mitte des 19. Jh.s beschränken kann oder historisch tiefer greifen muß, hängt von dem jeweiligen Objekt ab.

Schließlich ist darauf aufmerksam zu machen, daß in den Vereinigten Staaten und meist auch in den andern einstigen überseeischen industrialisierten Kolonialländern die statistischen Daten für die SMSAs bzw. ähnliche Einheiten vorliegen, ein erheblicher Vorteil, aber mit dem Nachteil verbunden, daß für Städte, die keiner SMSA zugehörig erscheinen, das zur Verfügung stehende Material recht lückenhaft ist. In Europa hingegen existiert eine über die Gemeindestatistiken hinausgehende Erfassung lediglich für die zentralen Städte. Da die Datenerhebung vom Bildungsstand abhängig ist, wurden Angaben darüber eingefügt, zumal statistische Verfahren in Ländern mit hohem Analphabetentum skeptisch zu beurteilen sind.

Weiterhin gewinnt das Stichprobenverfahren, falls vorsichtig genug durchgeführt (Haggett, 1973, S. 240 ff.; Bahrenberg und Giese, 1975, S. 89 ff.) auch für die innere Differenzierung von Städten an Bedeutung, wo mittels Fragebogen und Interviews die wichtig erscheinenden Phänomene von der Bevölkerung selbst beantwortet werden, was vornehmlich dann geschieht, wenn die Gründe für bestimmte Verhaltensweisen aufgedeckt werden sollen. Die stärkste Verbreitung erfährt dies einerseits in Sanierungsgebieten und andererseits in Großwohnanlagen.

2. Die vornehmlich durch zentrale Funktionen bewirkten Glieder einer Stadt bzw. der Stadtkern

Wenden wir uns nun den wichtigsten besonderen Stadtvierteln zu, dann sind zunächst diejenigen herauszustellen, die in erster Linie in den zentralen Funktionen einer Stadt ihre Ursache haben und dann selbstverständlich auch von der Stadtbevölkerung in Anspruch genommen werden. Zu den zentralen Funktionen aber gehören verwaltungsmäßige, kulturelle und soziale Einrichtungen, und zu ihnen rechnen ebenso die spezifisch tertiärwirtschaftlichen und verkehrlichen Aufgaben einer voll entwickelten Stadt.

Wie weit die Ausgliederung besonderer, durch die zentralen Funktionen hervorgerufenen Stadtviertel zu gehen hat, hängt in erster Linie von der Größe bzw.

Bedeutung einer Stadt ab, wobei die Übergänge sich langsam vollziehen und keine scharfen Grenzen vorhanden sind. Eine grobe Größengliederung wurde bereits an anderer Stelle vorgenommen (Kap. VII.A.), auf die wir uns auch in diesem Zusammenhang beziehen. Zwischen Klein- und Großstädten zeigen sich zumindest in den Industrieländern wesentliche Unterschiede, während die Mittelstädte eine Zwischenstellung einnehmen, bei denen noch gewisse Merkmale der Kleinstädte zu finden sind und einige Charakteristika der Großstädte bereits Eingang fanden. Vornehmlich äußert sich das in der Zahl der auszuscheidenden Viertel, indem bei Kleinstädten nur ein Geschäftszentrum bestimmter Ausstattung gegeben erscheint, innerhalb von Großstädten sich eine erhebliche Differenzierung und Spezialisierung ergibt. Dabei muß allerdings betont werden, daß mit Abweichungen in verschiedenen Kulturbereichen zu rechnen ist und die innere Gliederung größerer Städte mehr Anreiz zur Untersuchung bot und für diese umfassenderes Material vorliegt als für kleinere.

a) Klein- und Mittelstädte

Im *Orient* (Mittlerer Osten und Nordafrika) ging man meist von größeren Städten aus (Wirth, 1975) und fand zwei Haupttypen der als Bazar oder Souk bezeichneten Geschäfts-, Gewerbe- und Dienstleistungszentren, unter denen sich der erste noch einmal untergliedern läßt. Für ihn ist die räumliche Trennung von wirtschaftlichen Aktivitäten und Wohnungen entscheidend. Dabei existieren linear gerichtete, nicht abschließbare Bazare, die sich in Afghanistan, im Bereich der persischen Kaspiküste (Kopp, 1973), in Kashan, 250 km südlich von Teheran (Costello, 1973, S. 111) finden, wobei die letzteren nicht die einzigen in Iran sind. Tripolis im Libanon sollte man besser nicht nennen, weil es sich hier um einen Neuaufbau in der Mitte der fünfziger Jahre handelt. Schließlich sind in diesem Zusammenhang die Städte in Marokko zu nennen. Überdachung oder Einwölbung der Bazargassen bzw. Unterlassen dieses Phänomens machen weitere Unterscheidungsmerkmale aus.

Davon zu trennen sind die Flächenbazare, für die seit dem Mittelalter die Einwölbung zur Regel wurde. Ihr wichtigstes Verbreitungsgebiet stellt der einstige osmanisch-safawidische Kernbereich einschließlich Tunesien dar (Wirth, 1975, S. 21). Beide Ausformungen lassen sich zum levantinischen Bazartyp nach Dettmann (1970) zusammenfassen. Dieser setzt sich gegenüber dem nordwestindischen ab, bei dem die Wohnungen der Händler oder Handwerker hinter oder über den dukkanen (Läden bzw. Werkstätten) liegen, wenngleich eine solche Verbindung nicht mehr immer gegeben ist. Bereits im südlichen Afghanistan ist eine solche Ausformung des Bazars vorhanden (Wiebe, 1976, S. 155) und setzt sich nach Süd- und Südostasien fort, so daß man dem levantinischen dem sonstigen südasiatischen Typ gegenüberstellen muß.

Nun aber werden die Verhältnisse im Orient dadurch noch komplizierter, indem die Begriffe Bazar bzw. Souk auch für periodische Märkte üblich sind (Centlivres, 1976, S. 119; Dibes, 1978, S. 29 ff.; Troin, 1975, S. 402). Trotzdem soll es hier bei der Unterscheidung zwischen Bazar und Souk als dem stationären und – mit Ausnahme von Feiertagen – täglich geöffneten Zentrum von Handel, Gewerbe und Dienstleistungen und dem periodischen Markt bleiben, zumal es auch Übergangsformen gibt.

Solche wurden am Beispiel der kleinen Stadt Sasa (rd. 6000 E.) in der Arabischen Republik Jemen beschrieben (Niewoehner-Eberhard, 1976) ebenso wie an dem von Kala Noa (rd. 3000 E.) in Nordwestafghanistan, für das Planhol (1976, S. 149) die seit dem Jahre 1940 erfolgte Entwicklung von einem saisonalen Markt zu einem Bazar bzw. „einer Stadt im Pionierstadium" darlegte.

Hierzu muß auch ein größerer Teil der kleinen (100-400 dukkane) und der mittleren (400-1500 dukkane) städtischen Bazare gerechnet werden, deren Läden zum größten Teil nur an bestimmten Markttagen geöffnet sind und von dorfsässigen Einzelhändlern und Handwerkern beschickt werden, wie dies Grötzbach (1976, S. 17) vornehmlich für das nördliche Afghanistan beschrieb.

Hinsichtlich der Kleinstädte im Orient muß man sich darüber im klaren sein, daß der größere Teil von ihnen mit der Reorganisation des Osmanischen Reiches im 19. Jh. zusammenhängt (Tanzimat-Periode), was für die Türkei, die Levante und Tunesien zutrifft. In den andern Maghrebländern trat während der französischen Kolonial- bzw. Mandatszeit entweder ein Ausbau bereits vorhandener Märkte ebenso wie die Neugründung von Kleinstädten ein. In Afghanistan ist die Entwicklung gerade der Kleinstädte ohnehin eine Erscheinung des 19., meist aber des 20. Jh.s. Lediglich im Iran und in der Levante können sie einen etwas älteren Ursprung haben, was nicht ausschließt, daß dies vereinzelt auch in der Türkei und den Maghrebländern der Fall ist.

Wenn bisher für orientalische Städte der Bazar bzw. Souk als Standort sämtlicher zentraler Funktionen betrachtet wurde, so muß nun gerade für eine Vielzahl von Kleinstädten davon Abstand genommen werden. Das gilt zunächst für diejenigen Anatoliens, die überwiegend aus Dörfern hervorgingen, in denen die Moschee, ältere Verwaltungsgebäude, zwei- bis dreigeschossige Geschäfts- und Wohnhäuser, in denen das Erdgeschoß als Laden oder Werkstatt dient, und schließlich der Wochenmarkt den Kern ausmachen, ein Bazar aber fehlt. Bei Modernisierungsbestrebungen, die die Kleinstädte im gesamten Orient erst nach dem Zweiten Weltkrieg erreichten, bildete sich mit der Intensivierung der Verwaltung, des Schul- und Gesundheitswesens eine „Neustadt" aus, in der sich ein zweites Geschäfts- und Wohnviertel entwickelte mit einem Angebot, das auf die zugezogenen Gruppen von Beamten und Angestellten ausgerichtet war. An den Ausfallstraßen fanden Garagen und das notwendige Kfz-Gewerbe ihren Platz, und schließlich kam es zur Verlagerung des beengten „altstädtischen" Wochenmarktes an die Peripherie. Ein täglicher Viktualienmarkt und ein Gewerbemarkt bzw. industrial estate vervollständigten das Bild. Damit war eine Wertminderung des „altstädtischen" Kerns verbunden, der nur noch die weniger bemittelte städtische Bevölkerung versorgte; der Wochenmarkt, der zu billigen Preisen Güter des periodischen Bedarfs anbot, wurde von der Landbevölkerung bevorzugt, das neue Geschäftsviertel einschließlich des täglichen Marktes kam den zugezogenen Gruppen der höheren Schichten zugute. Auf jeden Fall stellen sich Geschäftsviertel unterschiedlicher Güte und Kunden als die konstituierenden Elemente des Geschäftslebens heraus (Oettinger, 1976; Höhfeld, 1977).

650   Die Städte

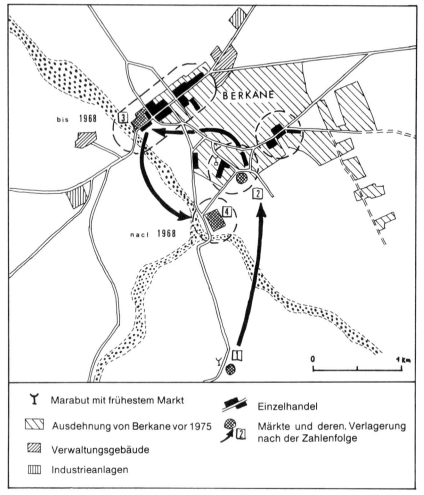

Abb. 108 Die innere Gliederung von Berkane mit der Verlagerung des Marktes (nach Troin).

In geringem Ausmaß finden sich solche Verhältnisse in Tunesien (Ibrahim, 1975, S. 94), in stärkerer Verbreitung in Marokko (Troin, 1975, Bd. I, S. 116 und Bd. II, Karte 26 mit Text). Das soll am Beispiel von Berkane (1936: 3600 E.; 1971: 39 000 E.) dargetan werden.

Zunächst zog das von Europäern geschaffene Zentrum einen in der Nähe gelegenen vorkolonialen Markt an. Innerhalb der städtischen Neugründungen entwickelten sich kleine Geschäftskerne, die mit der Ausbildung des Verwaltungszentrums ihre wichtigste Konzentration an der von hier ausgehenden Straße fanden, wo nun auch der Markt einen neuen Standort erhielt, darauf verweisend, daß sich Geschäftsleben und periodischer Markt ergänzten. Mit der Intensivierung des Marktbetriebes – der Wochenmarkt wurde durch einen Vieh- sowie einen Obst- und Gemüsemarkt erweitert – hielt man es im Jahre 1968 für notwendig, den Markt noch einmal und nun an die südliche Peripherie der Stadt zu verlagern.

Allgemein läßt sich sagen, daß bei großer Bedeutung des Wochenmarktes der stationäre Handel zurückbleibt und umgekehrt, was im letzteren Falle, durch verbesserte Verkehrsverbindungen unterstützt, im Grunde genommen eine engere

Verknüpfung zwischen Land und Stadt bedeuten würde, gleichzeitig eine Verstärkung im hierarchischen System der Städte, wenngleich es im nördlichen Marokko nicht einmal Großstädte gibt, in denen auf den Wochenmarkt verzichtet wird. In dem hier vorgestellten Fall von Berkane zieht der Wochenmarkt rd. 1000 Händler an, von denen etwa die Hälfte Fellachen, die andern hauptberufliche Händler sind und der stationäre Handel in etwa den des Wochenmarktes erreicht. Unverarbeitete landwirtschaftliche Produkte, Textilien, Haushaltswaren sowie in den Dörfern hergestellte handwerkliche Erzeugnisse werden stärker auf dem Wochenmarkt, Lebensmittel, Produkte des städtischen Handwerks und Dienstleistungen mehr in den städtischen Betrieben angeboten.

Eine zweite Variante stellt sich dann ein, sofern ältere Städte unter den modernen Verhältnissen Kleinstädte blieben, denn unter dieser Voraussetzung ist ein altstädtischer Bazar vorhanden, in dem zumeist Branchensortierung herrscht; es kommen modernere Geschäftsviertel hinzu, und schließlich kann – außer Spezialmärkten, die hier außer acht gelassen werden können – sich noch ein Wochenmarkt hinzugesellen ebenso wie er auch fehlen kann. Das kommt z. B. in der Türkei vor, wo Höhfeld (1977, S. 6 ff. und S. 49 ff.) an mehreren Beispielen auf das Absinken der Altstadt und die Verlagerung von Handel, Gewerbe und Dienstleistungen vom Bazar in Geschäftsviertel der Neustadt hinwies. Die Darstellung von Akşehier durch Wenzel (1932, S. 62 ff.), das in den dreißiger Jahren rd. 10 000 Einwohner besaß, entsprach noch völlig dem Bild einer orientalischen Stadt mit Moscheen, Bazar und Hanen, Gebäuden für die Lagerung von Waren und Büroräumen für Großkaufleute. Seitdem haben sich sicher auch hier Wandlungen ergeben, indem der Großhandel den Kleinstädten in der Regel verlorenging und die Hane für andere Zwecke genutzt, wenn nicht gar abgerissen werden, der Bazar nur noch von kümmerlichen Handwerksbetrieben genutzt wird und die sonstigen Aktivitäten sich in einem neuen Geschäftsviertel vollziehen, wie es Pfeifer (1957, S. 104 ff.) für Niğde beschrieb.

In Libanon und in Iran trifft man ähnliche Verhältnisse an (Spieker, 1975; Kopp, 1973; Momeni, 1975; Ehlers, 1975). Überall zeigt sich, daß der Bazar oder Souk mit strenger Branchensortierung in seiner Wertigkeit gegenüber neuen Geschäftsschwerpunkten längs neu angelegter Straßen zurücktritt, wobei jeweils dem Bazar der Großhandel verlorenging, die dazugehörigen Khane abgerissen wurden, wenn es städtebauliche Interessen erforderlich machten; teils überließ man sie dem Verfall oder führte sie einer andern Nutzung zu (Omnibusgaragen, Laden- und Handwerksboxen usf.). Hinsichtlich der Aufgabenstellung zwischen Bazar und neuen Geschäftsvierteln können sich Unterschiede einstellen. In den Kleinstädten des Libanon z. B. fand sich das hochwertigste Angebot an Straßenkreuzungen, die christliche Viertel berührten (Spieker, 1975), und hier auch kam es dazu, daß die ländliche Bevölkerung abgelegener Bereiche durch Lieferwagen aus den Städten versorgt wird.

Sonst bilden Freitagsmoschee und Bazar einschließlich der kaum mehr als solche fungierenden Hane bzw. Khane und den öffentlichen Bädern (hammam) in der Regel den Kern der alten Anlage, wobei sich im Bazar eine Branchensortierung – bzw. Vergesellschaftung zu erkennen gibt; doch wird man für Kleinstädte davon auszugehen haben, daß dabei keine strenge Handhabung erfolgt, weil das Angebot eine engere Palette als in größeren Städten zeigt. Ging dem Bazar meist der Großhandel verloren, so auch ein Teil des Einzelhandels, derart, daß das Angebot an Lebensmitteln bzw. Gemischtwaren an die Hauptverkehrsachse abwanderte und die Zahl der genannten Einrichtungen wesentlich höher liegt als die entsprechenden des periodischen Bedarfs. Das ist teils darauf zurückzuführen, daß die Eigenerzeugung der Bauern oft nicht das ganze Jahr über reicht, sie dann selbst als Käufer auftreten und dabei jeweils dieselben Gemischtwarenhandlungen bevorzugen, weil ihnen – allerdings bei hoher Verzinsung – die für sie notwendigen Waren geborgt werden. Abgesehen davon entfallen bei den Ausgaben der städtischen Haushalte 50 v. H. auf Lebensmittel. Infolgedessen bleibt für den Bazar die überwiegende Deckung des periodischen Bedarfs, wobei wertvollere Güter, die einst mehr im Innern der Anlage zum Verkauf kamen, nun diejenigen Boxen bevorzugen, die an den Ausgängen zu den Hauptdurchgangsstraßen liegen, um mit einer solchen „Umpolung" die gehobenen Schichten zu erreichen.

Durch die Einfuhr billiger industriell hergestellter Waren wurden im Handwerk zahlreiche Zweige entbehrlich. Sowohl für die Städte Mazenderans als auch für Malayer wurde hervorgehoben, daß vornehmlich Schreiner und Schneider einen gewissen Aufschwung erlebten, weil die zuziehenden Beamten die billigen Arbeitskräfte nutzen, um sich ihre Wohnungen möblieren zu lassen und ihre Kleidung auf diese Weise zu beziehen, da Konfektionsware bisher keinen Eingang fand. Andere Zweige aber erlebten einen Niedergang, so daß zahlreiche Boxen leer stehen.

Moderne Einrichtungen wie Banken, Apotheken, Hotels u. a. m. wurden an der Hauptdurchgangsstraße aufgenommen ebenso wie der Verkauf von Elektrowaren, Radios usf. In den peripheren Abschnitten setzte sich Fahrrad- und Kfz-Bedarf einschließlich Reparaturen fest. Insofern ist ein Geschäftszentrum „westlichen Typs" (Wirth, 1968, S. 112 ff.) in kleinen Städten zumindest in Ansätzen vorhanden. Mitunter gesellt sich ein Markt hinzu, in dessen Nähe fliegende Händler auftreten, die sich nach den Passantenströmen richten.

Wenn gerade bei den orientalischen Kleinstädten eine Fülle von Varianten auftreten, so ist das darin begründet, daß die führenden Städte trotz des Bedeutungswandels, den sie seit der Antike oder früher bis zur Gegenwart durchmachten, jeweils dieselben verkehrsgünstigen Standorte aufsuchten und die Kleinstädte lediglich eine relativ junge Auffüllung bedeuten, derer man in sich modernisierenden Staaten bedarf. Aus diesem Grunde auch ist der Unterschied gegenüber Mittelstädten recht groß, so daß letztere im Rahmen der Großstädte behandelt werden sollen.

Nun ging der islamische Einfluß über das Niltal bzw. Karawanenstraßen über die Sahara hinweg, und es entwickelten sich direkte und indirekte Beziehungen zu den Städten der Sudanzone. Während im nördlichen Abschnitt des Sudans (als Staat) die islamischen bzw. orientalischen Einflüsse in den Städten überwiegen (Winters, 1977) und der Bazar Handel, Gewerbe und Dienstleistungen auf sich vereint, setzten sich im Süden des Landes ebenso wie in den „altafrikanischen Städten" im nördlichen Nigeria oder in den Zentren anderer Reichsbildungen wie in Mali, Mosi oder Ashanti afrikanische Einflüsse durch. Früher, d. h. im Hochmittelalter, oder später wurde der Islam aufgenommen, aber mit der oben erwähnten Ausnahme kam es nirgendwo zur Ausbildung von Bazaren, Khanen usf. trotz Fern- und

Lokalhandel sowie einem häufig hoch entwickelten Handwerk, sondern Herrschersitz und periodischer Markt, der sich zum täglichen entwickeln konnte, wurden bestimmend. Dieselbe Beobachtung machten Hodder (1971, S. 347 ff.) für die Städte der Yoruba und Ukwa (1969, S. 152 ff., s. Hodder) für diejenigen des Ibolandes. Erst mit der Kolonialherrschaft setzten hier Wandlungen ein, die aber nicht in Richtung auf die Ausbildung von Bazaren hinausliefen (Gallais, 1967, S. 551 ff.), sondern auf die Eröffnung täglicher Märkte, Ladengeschäfte und Handelskontore.

In *Pakistan,* der *Indischen Union* und *Bangladesch* stehen Kleinstädte mitunter großen Dörfern näher als eigentlichen Städten. Letztere gelten in Teilen der Indischen Union bereits als „alt", wenn sie der zweiten Hälfte des 19. Jh.s entstammen (Mukherjee, 1968, S. 32). Häufig nahmen sie seitdem an Zahl zu, weil als Maßstab lediglich die Einwohnerzahl gesetzt wurde, aber viele von ihnen stagnieren bzw. weisen nur ein sehr geringes Wachstum auf (Munsi, 1973), wobei für den Einzelhandel häufig der Wochenmarkt genügt. Etwas anders steht es mit den seit dem Jahre 1897 eingeführten und staatlich überwachten regulierten täglichen Märkten, die mehr dem Großhandel dienen und angemessene Preise gezahlt werden. Von 122 regulierten Märkten im Jahre 1939 vergrößerte sich deren Zahl auf 1600 in den sechziger Jahren innerhalb der Indischen Union, wobei eine verkehrsgünstige Lage an Eisenbahn oder Straße Voraussetzung ist (Bronger, 1970). Im Durchschnitt würde danach auf 2000 qkm, d. h. einer Fläche, die etwa der des Saarlandes entspricht, ein täglicher regulierter Markt entfallen, so daß die Bauern oft mehr als 100 km zurücklegen müssen, um die Vorteile der regulierten Märkte in Anspruch nehmen zu können. Als Zentren der untersten Verwaltungsebene ist die Ausstattung im Schul- und Gesundheitswesen oft besser als bei den nicht regulierten Märkten. Die Verhältnisse wandeln sich, sofern etwas größere Städte Anschluß an das Eisenbahnnetz erhielten und von einigem Interesse für die Briten waren. Das gilt z. B. für Patiala im Pandschab, das von 54 000 Einwohnern im Jahre 1881 mit Unterbrechungen auf 160 000 im Jahre 1969 anstieg. In winzigen Ansätzen zeigt sich der sonst für Großstädte gegebene Doppelcharakter der anglo-indischen Stadt (Singh, 1971). Zentrum ist der indische Bazar, dessen Untergeschosse die Läden beherbergen und deren Obergeschosse von den Besitzern bewohnt werden. Nach der Unabhängigkeit entwickelte sich der Ort zu einem Bildungszentrum mit einer bescheidenen Universität. Insgesamt aber treten die Mittelstädte zurück.

In den Klein- und Mittelstädten *Südostasiens* kommt einerseits wiederum dem Markt Bedeutung zu, der in den kleineren Zentren als Wochenmarkt, in den größeren als täglicher Markt in Erscheinung tritt. Sonst betätigen sich insbesondere Chinesen, teils auch Inder und Araber als „shopkeepers", deren Läden sich mit der Wohnung verbinden, wie es Bruneau (1975) für das nördliche Thailand und Geertz (1968) für Indonesien beschrieben. Sofern im 20. Jh. mit einer Verdichtung des Verkehrsnetzes begonnen wurde, wie z. B. in Chiang Mai in Nordthailand, das Eisenbahnanschluß erhielt (1966: mehr als 50 000 E., nach Uhlig, 1975, S. 190 um das Jahr 1970: mehr als 100 000 E.), bildeten die Bahnhöfe Ansatzpunkte eines chinesischen Großhandelsviertels.

Für die zahlreichen *chinesischen hsien-Städte* (Kap. VII.C.1.) wurde die Frage aufgeworfen, ob der hierarchische Verwaltungaufbau mit dem der Marktzentren

654   Die Städte

identisch sei oder nicht, wobei Skinner (1964 bzw. 1972, S. 561 ff.) zu dem Schluß kam, daß die hsien-Städte nur zu einem geringen Teil eine volle Marktausstattung besaßen, dies aber wohl für die verwaltungsmäßigen höherrangigen Städte der Fall war. Da die hsien-Städte nach der Revolution einen teil ihrer Aufgaben an die Kommunen bzw. Brigaden abgeben mußten, haben sie sicher auch in wirtschaftlicher Beziehung einen Bedeutungsverlust hinnehmen müssen.

Anders stehen die Verhältnisse in *Japan,* wo ein erheblicher Teil der seit dem 16. Jh. gegründeten Burgstädte (Yokamachi), sofern sie nicht Provinzhauptstädte oder in den Verstädterungsprozeß im Raume Kobe-Osaka bzw. Tokyo-Yokohama einbezogen wurden, als Kleinstädte weiter existieren. Sie machten zwar seit der Meiji-Reform (1868) manchen Wandel durch, ohne daß die alte Struktur völlig verloren ging. Am Beispiel von Aizu-Wakamutsu (Fukushima-Präfektur) kann das an Hand der Arbeiten von Yokoo (1972, S. 223 ff.) und Gutschow (1976, S. 71 ff.) deutlich gemacht werden.

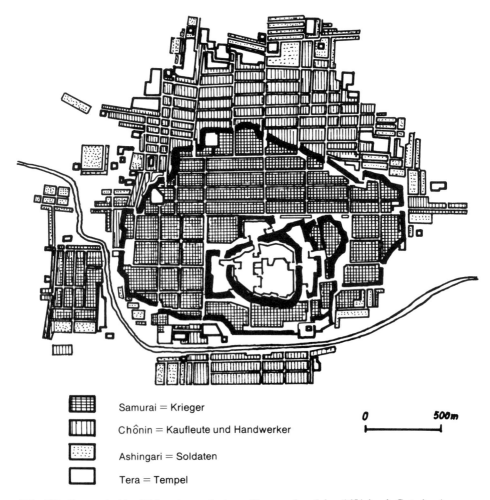

Abb. 109 Burgstadt Aizu-Wakanatsu nach einem Plan aus dem Jahre 1654 (nach Gutschow).

Die innere Differenzierung von Städten 655

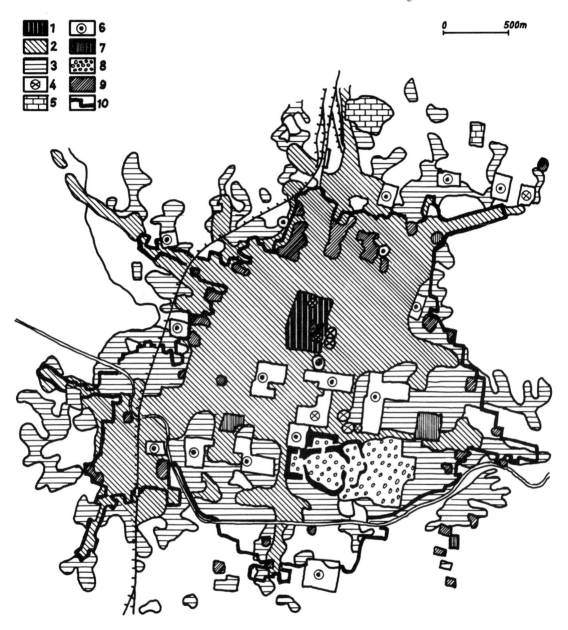

1 Geschäftszentrum   2 Wohngebiete in Mischung mit Handel und Industrie   3 Seit 1945 entstandene Wohngebiete   4 Seit 1859 entstandene Verwaltungsgebäude   5 Seit 1945 ins Leben gerufene Industriebezirke   6 Seit 1868 gegründete Schulen   7 Seit 1900 entstandene Krankenhäuser   8 Park- und Sportanlagen   9 Tempel- und Gräberfelder   10 Ausdehnung der Burgstadt

Abb. 110   Der Zustand von Aizu-Wakanatsu, Präf. Fukushima 1970 (nach Yokoo).

Etwas erhöht befand sich die befestigte Burg, der Sitz des Damayo, der von den Steuern der von ihm abhängigen Bauern seines Lehens lebt. Davon abhängig war die Zahl der ihm dienstbaren Krieger (Samurai), die, streng nach Rangordnung getrennt, ihr befestigtes Quartier (Samuraimachi) vornehmlich im Norden der Burg hatten. Getrennt davon und mit ihren Nord-Süd verlaufenden Straßen auf die Befestigungstore ausgerichtet, schloß sich nach Norden der Siedlungsbezirk der Kaufleute und Handwerker an (Chonimachi), deren schmale Straßen streng nach Branchen gegliedert erschienen. Läden bzw. Handwerksräume befanden sich vor oder unter den Wohnungen, in denen nicht allein die Familien, sondern auch Angestellte, Lehrlinge usw. lebten, so daß hier die höchste Bevölkerungsdichte erzielt wurde. An der Peripherie fanden einfache Soldaten und Knechte Unterkunft, und meist im Anschluß an die Chonimachi bildeten zahlreiche Schreine den Abschluß.

Nach der Meiji-Reform verließen die Samurai die Burgstädte, um im öffentlichen Dienst, als Angestellte von Banken und Industrieunternehmen sich zu betätigen. Die Samuraimachi entleerte sich, in dem behandelten Beispiel deshalb an Prägnanz gewinnend, weil dieser Bezirk in der unruhigen Zeit nach der Reform abbrannte und weitgehend als Ackerland genutzt wurde. Am Ende des 19. Jh.s erhielt die Stadt zwar Eisenbahnanschluß, aber da der Bahnhof relativ weit entfernt lag, übte er keinen Einfluß auf die weitere Entwicklung aus, was bei zahlreichen andern Yokamachi sehr wohl der Fall war, indem sich die Hauptgeschäftsstraßen zum Bahnhof hin orientierten, meist überdacht und nur für Fußgänger zugänglich wurden, wobei neue Elemente wie Kaufhäuser am Ein- oder Ausgang ihren Platz fanden. Im Fall von Aizu-Wakamatsu hingegen verlängerte man die westlich an der Burg hinziehende Süd-Nordstraße unter Einbeziehung eines früheren Tempelplatzes, so daß sich das Geschäftszentrum an der Grenze zwischen ehemaliger Samuraimachi und Chonimachi entfaltete mit Banken, Warenhaus und Geschäften, denen man öffentliche Verwaltungseinrichtungen angliederte. Sonst aber stellte sich wieder eine Zweiteilung ein, indem die Chonimachi in ihrem alten Straßennetz als Kaufmanns- und vor allem Handwerkersiedlung erhalten blieb und die höchste Bevölkerungsdichte aufweist, während im Süden die Burg als Parkanlage dient, sonst Gebäude für Schulen und Verwaltung geschaffen wurden, insbesondere nach dem Zweiten Weltkrieg der Wohnungsbau einsetzte, teils privater Art und teils von der öffentlichen Hand getragen. Nur kleinere Industriewerke finden sich außerhalb der ehemaligen Umgrenzung der Yokomachi, deren Bevölkerung zwar vom Ende des 19. Jh.s bis um das Jahr 1970 von 20 000 auf fast 80 000 anstieg, was aber vornehmlich durch Eingemeindungen im Jahre 1955 zustande kam (Abb. 108 und 109).

Wenden wir uns nun dem *westlichen* und *mittleren Europa* zu, so bildet hier das Privileg des Wochenmarktes die wirtschaftliche Stütze der kleinen Städte und stellt zugleich die Verbindung zum Umland her.

Auch hier vollzog sich der Übergang zum täglichen Markt, bis sich schließlich der Einzelhandel in Ladengeschäfte verlagerte. Rowden (1975, S. 83) setzte den Beginn dieser Entwicklung in London in die letzten Jahrzehnte des 16. Jh.s, als die Stadt knapp 100 000 Einwohner hatte, der Großhandel sich vom Einzelhandel trennte und letzterer in den ersten Jahrzehnten des 17. Jh.s Viertel bestimmter Branchen ausbildete, bis schließlich um das Jahr 1680 bei etwa 550 000 Einwohnern sich ein besonderes Finanzviertel etablierte. Scola (1975) untersuchte den Vorgang für den Lebensmittelhandel in Manchester während der Periode 1770-1870 und zeigte, daß um 1800 bereits Geschäfte vorhanden waren, der Handel auf dem Markt trotzdem noch Erweiterungen erfuhr, indem im Jahre 1803 ein besonderer Fleischmarkt eröffnet und für die wachsende Bevölkerung in den einzelnen Stadtteilen Nebenmärkte geschaffen wurden, wobei die Stände nicht allein den Platz erfüllten, sondern in die angrenzenden Straßen übergriffen. Dabei setzte sich eine Scheidung in den Käuferschichten durch, indem vornehmlich die Industriearbeiter die Märkte bevorzugten. Sobald der Konsum an Fleisch, Fisch, Gemüse und Obst erheblich stieg, ließ sich der Verkauf besser in Geschäften abwickeln, die etwa seit der Mitte des 19. Jh.s überwogen.

Es mag regional durchaus unterschiedlich sein, zu welchem Zeitpunkt dem Markt oder den Geschäften die größere wirtschaftliche Bedeutung zukam, abhängig von der Bevölkerungszahl und deren sozialer Struktur. In Deutschland wird man für *Kleinstädte* die letzte Jahrhundertwende für den Umschwung in Anspruch nehmen können, wobei sich Reste des Marktbetriebes, insbesondere für

Obst und Gemüse, mitunter auch in größeren Städten erhielten oder völlig erloschen.

Der Standort von Verwaltung, sozialen und kulturellen Einrichtungen, Dienstleistungsbetrieben sowie der Geschäfte ist nun für Kleinstädte zu bestimmen, wobei die meist aus dem Hochmittelalter stammende Altstadt und die seit dem 19. Jh. entstandenen Erweiterungen zu unterscheiden sind. Rathaus und Kirche sind meist an die Altstadt gebunden; andere Verwaltungsfunktionen (Landratsamt) fanden hier häufig keinen Platz, so daß mit einigen Schwerpunkten der Rand der Altstadt in Anspruch genommen wird. Schulen finden bessere Möglichkeiten innerhalb der Wohnbezirke. Dienstleistungen mit Erwerbscharakter, nach einfachen und gehobenen unterschieden (Buchholz, 1970, S. 18 und 67), fallen, sofern erstere in Frage kommen, lediglich noch Autoreparatur-Werkstätten ins Gewicht, die nicht in der Altstadt, sondern an den Ausfallstraßen konzentriert sind, nachdem immer mehr Zweige des Handwerks aufgegeben werden. Praxen von Ärzten und Rechtsanwälten neigen nicht unbedingt dazu, bestimmte Standorte zu bevorzugen. So kommt es außer den Verwaltungsschwerpunkten innerhalb der Altstadt oder an deren Rande vornehmlich darauf an, zu einer Gliederung des Geschäftsviertels zu gelangen. Es gibt zwar einige historisch oder topographisch begründete Ausnahmen; doch im allgemeinen sind private Dienstleistungen und Geschäfte auf die Altstadt beschränkt, sofern man die Arbeiten von Jonas (1958), Grötzbach (1963), Buchholz (1970), Duckwitz (1971), Brittinger (1975), Birkenfeld (1975) miteinander vergleicht, wobei es unterschiedlich sein kann, ob die gesamte Altstadt oder nur ein Teil von ihr durch öffentlichen Dienst und wirtschaftliche Betätigung geprägt werden. Als charakteristisch für Kleinstädte stellt sich heraus, daß Geschäfte des periodischen Bedarfs gegenüber denen des täglichen und episodischen überwiegen, und ebenso wichtig ist, daß nur das Erdgeschoß für Geschäfte in Anspruch genommen wird, bei meist zwei- bis dreistöckiger Bauweise die Obergeschosse als Wohnungen dienen, sei es, daß die Ladeninhaber als Besitzer der Grundstücke selbst davon Gebrauch machen oder zur Vermietung übergehen. Zur Bestimmung des Geschäftsviertels verwandte Grötzbach (1963, S. 40) die Geschäftshausdichte innerhalb von Straßenabschnitten; Boustedt (1968, S. 163) ging von der Beschäftigungsquote

$$\frac{\text{beschäftigte Erwerbspersonen}}{\text{Wohnbevölkerung}} \cdot 100$$

innerhalb möglichst kleiner Einheiten aus und von dem Einzelhandelsbesatz (Zahl der Beschäftigten im Einzelhandel auf 100 Einwohner). Daraus ergibt sich zumindest eine Differenzierung von Haupt- und Nebengeschäftsstraßen. In beiden überwiegt das Angebot des periodischen Bedarfs, aber – abgesehen von den größeren Lücken zwischen den Einrichtungen – ist in den letzteren das Angebot täglicher Bedarfsgüter etwas stärker. Häufig wurde letzteres in der Hauptgeschäftsstraße allmählich auf die randlichen Teile verwiesen. Eine Branchensortierung findet sich nicht, und Warenhäuser haben meist noch keinen Eingang gefunden.

Geht man zu den *Mittelstädten* über, dann sind hinsichtlich der Verwaltung schon für die Stadt selbst umfassendere Aufgaben zu erfüllen, die nicht mehr allein im Rathaus untergebracht werden können, sondern deren einzelne Ämter noch in der Nähe der Altstadt meist eine relativ große Streuung aufweisen. Mitunter wird der Versuch unternommen, am Rande der Altstadt wieder eine Zusammenfassung zu erreichen. Dasselbe gilt für andere öffentliche Einrichtungen, die Verlagerungen in die Außengebiete vornehmen, was sich auch für Schulen als günstig herausgestellt hat. Die Hauptgeschäftsstellen von Banken verblieben teils in der Altstadt oder wanderten an die Ringstraßen ab, die die früheren Stadtmauern markieren, haben dann aber ihre Filialen sowohl in der Altstadt als auch in den Wohnbezirken. Ebenso weichen Versicherungen an die Ring- oder Durchgangsstraßen aus, ohne daß es zur Ausbildung von besonderen Bank- oder Versicherungsvierteln kam. Demgegenüber fand eine Konzentration des Geschäftslebens statt mit geringen Ausweitungen in Teile der Ring- oder Durchgangsstraßen. Existierte vor dem Zweiten Weltkrieg u. U. ein Warenhaus, so hat sich deren Zahl vermehrt, meist im Bereich der altstädtischen Geschäftsstraßen. Sofern der stärker als in Kleinstädten spezialisierte Einzelhandel noch nicht mehrere Stockwerke beansprucht, finden sich in den Obergeschossen die Praxen von Spezialärzten, Rechtsanwälten oder Büroräume von Dienstleistungsbetrieben. Bauten, die von vornherein als Bürohäuser konzipiert wurden, stellen sich nur in Ausnahmefällen ein. Selten sind Läden des täglichen Bedarfs, zumal die Warenhäuser mit Lebensmittelabteilungen ausgestattet sind. Trotzdem ist die Nutzung der meist vier- bis fünfgeschossigen Häuser für Verwaltung, Einzelhandel und Dienstleistungen auf einen bzw. wenige Straßenzüge beschränkt, so daß in Nebenstraßen die Obergeschosse noch immer als Wohnungen genutzt werden. Das bedeutet, daß die Citybildung in Ansätzen vorhanden ist, aber noch nicht flächenhaft erscheint. Demgemäß sollte man bei Mittelstädten vom Geschäftszentrum sprechen, das hinsichtlich seiner Intensität mehr als bei Kleinstädten untergliedert ist, aber den Begriff der City vermeiden. Daß sich in den äußeren Wohnbezirken sekundäre kleine Geschäftszentren ausbilden, die einschließlich Bankfilialen, Apotheken mehr den täglichen Bedarf decken, u. U. sich auch Supermärkte entwickeln, die aber selten als shopping centers zu betrachten sind (Kap. VII.F.1.b.), dürfte selbstverständlich sein. Sicher ist eine hierarchische Abstufung für Versorgungsmöglichkeiten gegeben, die für österreichische Mittelstädte eingehend untersucht wurde (Lichtenberger, 1969).

Für *nordamerikanische Klein- und Mittelstädte* liegen die Verhältnisse voraussichtlich etwas anders, indem Mittelstädte bereits mehr dem Aufbau von Großstädten ähneln, abgesehen davon, daß durch die Bildung der Standard Metropolitan Statistical Areas für Städte von 50 000 Einwohnern und mehr die Bevölkerungszahlen meist etwas überhöht sind. Allerdings ist die Entwicklung bis zum Eisenbahnzeitalter zumindest in einigen Bereichen ähnlich. Niemeier (1970, S. 139 ff.) machte darauf aufmerksam, daß in Kleinstädten im Osten der Vereinigten Staaten noch heute der Geschäfts- und Dienstleistungsbereich bewohnt wird, dem sich reine Wohnbezirke angliedern. Zieht man Pittsburgh im frühen 19. Jh. als Beispiel heran, als es im Jahre 1815 1300 Haushaltungen hatte, dann existierten lediglich bei 75 eine Trennung von Arbeits- und Wohnstätte, teils bei Gruppen, die nicht auf das Geschäftsleben angewiesen waren und teils bei solchen, deren Haushaltsvorstand sich zur Ruhe gesetzt hatte (Swauger, 1978). Ebenso wies Zelinsky (1977) darauf hin, daß in Pennsylvanien und von hier nach Maryland, West Virginia und Virginia ausstrahlend, Kleinstädte, deren Entwicklung noch nicht abzusehen war, sich durch mehrgeschossige massive Reihenhäuser auszeichneten und keine strikte Trennung von Geschäfts-, Dienstleistungs- und Wohnfunktion gegeben war. In diesem Zusammenhang machte er darauf aufmerksam, daß voraussichtlich im Südwesten des Landes und in Quebec parallele Situationen gegeben waren. Ähnliche Beobachtungen machte Price (1968) – ebenfalls von Pennsylvanien ausgehend – für Hauptorte von counties, ob sie dem 18. oder frühen 19. Jh. angehören, bei denen ein zentraler Platz mit dem Gerichtsgebäude ausgespart wurde, gesäumt von Kirchen, Geschäften, Gasthäusern und Handwerksbetrieben, welch letztere gleichzeitig Wohnzwecken dienten. Dabei fand eine gewisse Ausweitung dieses Prinzips nach Westen und Süden hin statt. Erhalten hat sich eine solche Anordnung allerdings nur, wenn die Städte nicht auf mehr als 25 000 Einwohner anwuchsen, wobei Lebanon/Kentucky als Beispiel zu nennen ist.

Bereits im mittleren Westen wich man vor dem Eisenbahnzeitalter von diesem Prinzip ab. Wohl bildete bei Hauptorten von counties der zentrale Platz mit dem Gerichtsgebäude den Mittelpunkt, aber es setzte von vornherein die Trennung von Geschäftsleben und Dienstleistungen, in zweigeschossigen Massivhäusern untergebracht, und von Wohnungen ein, für die zunächst ebenfalls zweigeschossige Häuser, nun aber in frame-Konstruktion, vorgesehen wurden, wie es Blume (1957) für Valparaiso (1955: 14 000 E., 1970: 20 000 E.) darlegte, 80 km östlich von Chicago gelegen und bereits in dessen SMSA einbezogen.

Nachdem in den führenden Städten des Landes sich relativ früh und schneller als in Europa Geschäftsleben und Wohnen voneinander trennten und der Central Business District erhebliche Funktionsteilungen aufwies – in New York bei rd. 100 000 Einwohnern zu Beginn des 19. Jh.s und in Boston bei etwa 93 000 Einwohnern um das Jahr 1840 (Bowden, 1975; Ward, 1968) – gewöhnte man sich offenbar schnell an eine solche Scheidung. Das hatte zur Folge, daß in Städten, die während oder nach dem Eisenbahnzeitalter entstanden, von vornherein einige Blöcke für tertiärwirtschaftliche Belange ausgespart wurden. Unter solchen Voraussetzungen können dann auch Kleinstädte einen nicht bewohnten Central Business District besitzen, wie es Weigand (1973, S. 108 und Abb. 25 sowie 26) für San Marcos (1967: rd. 15 000 E.) in Südwest-Texas beschrieb, wo „Mexikaner" und Neger den dürftig ausgestatteten Central Business District benutzen, die völlig davon getrennt lebenden Anglo-Amerikaner, überwiegend mit dem College im Zusammenhang stehend, die shopping centers der in etwa 80 km entfernt liegenden Großstadt San Antonio aufsuchen.

Besondere Beachtung verdienen die zentralen Einrichtungen in den Kleinstädten der *Republik Südafrika,* zumindest in den Bereichen, wo Inder am Geschäftsleben beteiligt sind. Die Group Areas Act vom Jahre 1950 verlangte nicht nur eine strenge Scheidung der Siedlungsbereiche zwischen Weißen und Bantus, sondern eine ebensolche für Inder und Mischlinge (Meer, 1976). So bestanden in Pietersburg (1970: 27 000 E.) in Nordtransvaal im Geschäftszentrum zwar noch einige

Läden von Indern, deren Lizenzen noch nicht abgelaufen waren, aber man hatte bereits damit begonnen, eine indische township zu errichten (Wiese, 1977, S. 105 ff.).

In den *Entwicklungsländern ohne alte Kulturtradition* sind bei allen Unterschieden, die zwischen Südostasien, Afrika südlich der Sahara (mit Ausnahme der Republik Südafrika) und Lateinamerika hinsichtlich der Klein- und Mittelstädte bestehen, einige jeweils wiederkehrende Grundzüge hinsichtlich des Geschäftsviertels zu erkennen. Einerseits besitzen sie meist Verwaltungsfunktionen (im nördlichen Thailand: Bruneau, 1975, S. 331 ff.; für Indonesien: Geertz, 1968, S. 8 ff. und 19 ff.), wobei diese nach dem Zweiten Weltkrieg meist eine Verstärkung und Ergänzung durch soziale und kulturelle Einrichtungen erfuhren. Dasselbe ergibt sich für Afrika in den Bereichen, die kein eigenes Städtewesen entwickelten, wobei mitunter zunächst militärische, dann aber in Verbindung mit Eisenbahn- und Straßenbau Verwaltungsinteressen die Oberhand erhielten (z. B. für Moçambique: Matznetter, 1978, S. 121 ff.; für Tanzania: Vorlaufer, 1970, S. 34 ff.). Ähnliches zeigt sich in Lateinamerika, zumindest in den den Spaniern zugeteilten Regionen.

Für das Geschäftsleben wurde weitgehend der Wochenmarkt entscheidend, ob man Tlaxcala (1960: 7500 E.) im gleichnamigen Staat von Mexiko heranzieht (Gormsen, 1966, S. 118 ff.), ob man Bossangua in der Zentralafrikanischen Republik mit rd. 20 000 Einwohnern betrachtet (Hetzel, 1973) oder andere afrikanische bzw. südostasiatische Kleinstädte. Bei Verstärkung der Stadt-Land-Beziehungen bzw. dem Übergang zu Mittelstädten lassen sich zwei Tendenzen erkennen. Einerseits entwickelt sich der Wochenmarkt zum täglichen Markt, und andererseits stellen sich Ladengeschäfte ein, deren Angebot bei Beginn kaum über das des Marktes hinausgeht. Im westlichen Afrika werden die Inhaber von Levantinern gestellt, im östlichen Afrika von Asiaten (Pakistani und Inder), und in Südostasien existiert teils eine einheimische mohammedanische Kaufmannsschicht (Indonesien), die mehr zu bieten hat als chinesische Ladeninhaber, teils aber haben Chinesen, mitunter auch Araber und Inder den stationären Handel in jeweils besonderen Quartieren, in denen sie zugleich wohnen, in der Hand.

b) Groß- und Weltstädte

Für *europäische Großstädte* ist nun die Citybildung charakteristisch bzw. die flächenfüllende City als ein besonders ausgeprägter Stadtteil. Dabei nimmt die Wohnbevölkerung ab und macht nur noch einen geringen Teil der Einwohner aus, wenngleich sich in dieser Beziehung regionale Unterschiede ergeben.

Insofern können Unterschiede auftreten, als einerseits die Altstadt zum Zentrum der Citybildung wurde und andererseits bei randlicher Berührung der Altstadt sich die Verbindungsstraßen zum Bahnhof zu Leitlinien einer solchen Entwicklung ausbildeten (Hillebrecht, 1976, S. 32).

Leyden (1934 und 1935) traf für niederländische Städte die Feststellung, daß die Abnahme der Bevölkerung im Stadtkern bei Städten mit 100 000 Einwohnern einsetzt. Auf statistische Unterlagen gestützt, läßt sich daraus allerdings nicht ersehen, ob es sich nur um Ansätze handelt oder ob bereits eine genügende Fläche davon erfaßt wurde.

Für München (1976: 1,3 Mill. E.), das unter den deutschen Großstädten später als Berlin, Hamburg oder Dresden der Citybildung unterlag, wurden die Phasen des genannten Vorgangs untersucht (Steinmüller, 1958). Seit etwa dem Jahre 1885 verließ ein Teil der Bevölkerung freiwillig die Altstadt, was sich mit einer Überalterung der Innenstadt-Bevölkerung verknüpfte. Seit dem letzten Jahrzehnt des 19. Jh.s mußten Wohnhäuser dann Geschäftsbauten weichen. Trotzdem blieb die Mischnutzung (Erdgeschoß für gewerbliche Zwecke, Obergeschosse für Wohnungen) für die Altstadt von München bis zum Zweiten Weltkrieg bezeichnend. Erst die Zerstörungen während des Krieges haben es vermocht, daß „ganze Straßenzüge mit Geschäfts- und Bürohäusern, Banken, Versicherungen, Hotels und Vergnügungsbetrieben" bebaut wurden (Steinmüller, 1958, S. 20) und damit die City entstand.

Haben wir bei München, das erst nach dem Zweiten Weltkrieg die Millionengrenze überschritten, von Zahlenwerten abgesehen, so soll dies in bezug auf London nachgeholt werden, wo ein solcher Vorgang wesentlich eher begann. Einer näheren Erläuterung bedarf es nicht: immerhin sollte vermerkt werden, daß 1972 bei 7,3 Mio. Einwohnern 4300 in der City wohnten und 300 000 dort ihrer Arbeit nachgingen (Jäger, 1976, S. 145).

Tab. VII.D.1 Die Citybildung von London

Jahr	Gesamt-Einwohnerzahl von Groß-London	Einwohner der City	Citybev. in v. H. der Gesamtbevölkerung
1801	1 114 644	128 129	11
1841	2 235 344	123 563	6
1881	4 766 661	50 569	1
1921	7 480 201	13 709	0,8
1951	8 346 137	5 268	0,06
1961	8 171 921	4 771	0,06

Nach Stamp und Beaver, 1971, S. 671.

Nun kann man die Citybildung auf verschiedene Weise berechnen, ob man das Verhältnis von Tages- und Nachtbevölkerung zugrundelegt, ob man deren Dichte auf vorhandene statistische Bezirke bezieht oder die Möglichkeit vorliegt, sie in ein relativ enges Quadratschema einzutragen, ob man den Beschäftigungsgrad

$$\frac{\text{Erwerbspersonen nach Lage der Arbeitsstätten}}{\text{gesamte Bevölkerung}} \cdot 100 \quad \text{oder}$$

den Wohnindex benutzt:

$$\frac{\text{wohnende Erwerbstätige}}{\text{beschäftigte Erwerbstätige}} \cdot 100$$

Man wird Kant (1962, S. 351 ff.) recht geben müssen, daß man sich um der Vergleichbarkeit willen auf eine Methode einigen solle. Es bleibt ebenfalls anzuerkennen, daß aufgrund eines nicht allzu schwierigen Verfahrens, auf Quadraten von 250 m mal 250 m beruhend, mit Hilfe des Beschäftigungsgrades die Abgrenzung der City von Stockholm gelungen ist. Aber der volle Inhalt der Gliederung der City läßt sich durch bevölkerungsstatistische Aussagen kaum ermitteln.

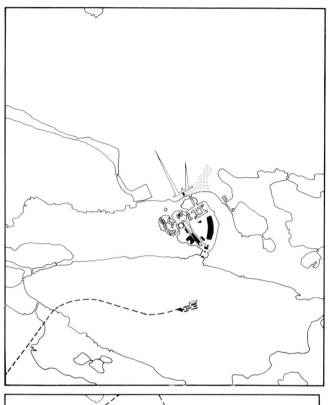

Abb. 111 Stockholm im Jahre 1865 (nach William-Olsson).

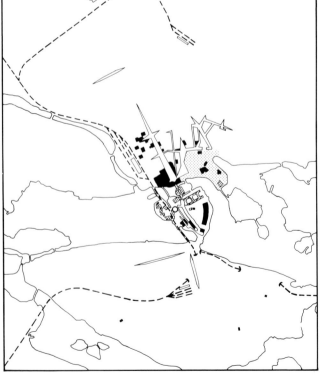

Abb. 112 Stockholm im Jahre 1910 (nach William-Olsson).

Die innere Differenzierung von Städten 663

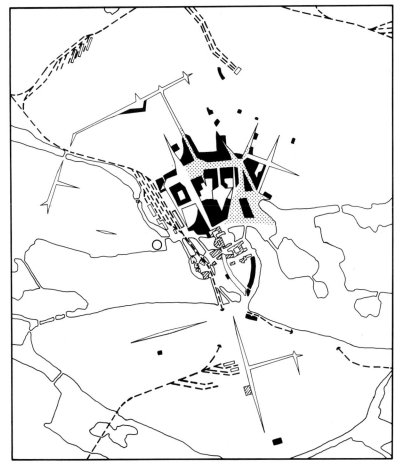

Abb. 113 Stockholm im Jahre 1960 (nach William-Olsson).

Legende zu den Abbildungen 111, 112, 113

1 Öffentliche Verwaltung   4 Druckereien und Textilgewerbe

2 Rathaus   5 Geschäftsstraßen   7 Eisenbahn

3 Bürohäuser   6 Vergnügungsviertel

Bei den Groß- und Weltstädten kommt der Entwicklung besonderer Viertel innerhalb der City und deren Erweiterung von innen nach außen besondere Bedeutung zu. Mitunter wurde der Prozeß der Citybildung anhand einzelner Straßen belegt, etwa am Beispiel der Zeil in Frankfurt a. M. (Hübschmann, 1952), oder durch den Vergleich des Kurfürstendamms (Berlin) mit der Champs Elysées in Paris (Wick, 1967) oder die Entwicklung der Freien Straße in Basel (Bühler, Bienz und Buchmann, 1976). Da es hier aber mehr darauf ankommt, die Gliederung der gesamten City zu erfassen, soll zunächst auf Stockholm eingegangen werden, das zwar als Hauptstadt von Schweden mit 1,4 Mill. Einwohnern (1975) über andere Städte desselben Landes herausragt, für das aber die innere Differenzierung als Problem der Stadtgeographie am frühesten dargelegt wurde, und zwar nicht allein für einen bestimmten Zeitpunkt, sondern in zeitlichen Querschnitten von 1865 bis 1960 (de Geer, 1923; Ahlmann usw., 1934; William-Olsson, 1940 und 1960), wobei noch der Vorteil gegeben ist, daß es sich um eine nicht zerstörte Weltstadt handelt.

Stockholm entfaltete sich am Ausgang des Mälarsees zur Ostsee. Hier bewirken einerseits ost-westlich gerichtete Verwerfungen die besondere Annäherung zwischen Mälarsee-Landschaft und dem offenen Meere, und andererseits kreuzt ein fast nord-südlich verlaufender Oserzug die tektonischen Linien. Durchdringung von Land und Meer mit dem Einschalten von Inseln zwischen dem nördlichen und südlichen Festland, die den alten Stadtkern tragen – „Staden Mellan Broana", was „Stadt zwischen den Brücken" bedeutet – und nicht unerhebliche Reliefunterschiede geben auf diese Weise den Rahmen für die Ausbildung der schwedischen Hauptstadt ab. In ihrer inneren Gliederung ist zunächst das Viertel herauszustellen, in dem die öffentlichen Verwaltungsgebäude konzentriert sind. Sie finden sich in der Hauptsache im alten Kern und scharen sich im nördlichen Teil von Staden Mellan Broana auf der Insel Stadsholmen um die einstige mittelalterliche Burg, die vor mehr als 200 Jahren durch den königlichen Schloßbau ersetzt wurde. Schon immer lag hier das administrative Zentrum nicht nur für die Stadt, sondern für die gesamte schwedische Nation, wenn auch unter dem Einfluß der modernen Großstadtentwicklung eine gewisse Ausdehnung dieses Bezirkes erforderlich und das Rathaus zwischen 1910 und 1930 an die gegenwärtige Stelle verlegt wurde. Anders dagegen steht es mit dem wirtschaftlichen Herz, dem „central business district". Dieser, dessen Ausdehnung im Jahre 1865 an den Kais auf der Insel Stadsholmen lag, mit Geschäftsstraßen, die die Insel von Süden nach Norden durchzogen und ein wenig in die guten Wohngebiete auf dem nördlichen Festland nach Norrmalm übergriffen, hatte sich das bis zum Jahre 1910 gründlich geändert. Als in den letzten Jahrzehnten des 19. Jh.s die schwedische Wirtschaft einen wesentlichen Aufschwung nahm, trat eine erhebliche Steigerung der geschäftlichen Unternehmungen ein, verbunden mit deren räumlicher Konzentration. Da sich der alte Wirtschaftskern nicht ausweiten ließ, bildete sich der wirtschaftliche Schwerpunkt Stockholms im südöstlichen Teil von Norrmalm aus, günstig wegen der Nachbarschaft zum administrativen Zentrum und mit guten Verkehrsbedingungen zu den Wohndistrikten. Hier konzentrierten sich Banken, Versicherungen und Zeitungsverlage. Das „Vergnügungsviertel" mit Theater, Konzertsaal usw. verblieb an seinem Standort, aber weitete sich aus. Die Hauptgeschäftsstraßen, die nach der Höhe der Mieten einer Straßenfront, dividiert durch die Länge der Straßenfront berechnet wurden, verlängerten sich sowohl im Norden als auch im Süden bzw. Osten, wobei zwischen ihnen in den Höfen, wie das in zahlreichen Groß- und Weltstädten der Fall ist, Konfektions- und Druckereigewerbe eingeschlossen waren, die des direkten Kontaktes zum Zeitungsviertel und zu Verlagen bzw. zu den Bekleidungsgeschäften bedurften. Das Bahnhofsviertel zeichnete sich durch eine Konzentration von Hotels aus. Seit dem Zweiten Weltkrieg unterlagen in der City die Mieten der Kontrolle, so daß sie nicht mehr als Anzeiger für die Intensität des Geschäftslebens benutzt werden konnten und die Zahl der Beschäftigten zu Hilfe genommen werden mußte. Stadsholmen blieb das Verwaltungszentrum, das nach wie vor durch eine Geschäftsstraße durchschnitten wird. Theater, Konzerträume, Lichtspieltheater und sonstige Vergnügungseinrichtungen ebenso wie Banken, Versicherungen, Bürohäuser usw. erfuhren in Norrmalm eine weit größere Ausdehnung als zuvor, wobei man zu Planungen überging, die einmal das innerstädtische Verkehrsnetz betrafen, sonst aber die Erstellung von fünf siebzehngeschossigen Bürohäusern südlich der Konzerthallen vorsahen, zwischen zwei Bahnhöfen der Untergrundbahn gelegen. Seitlich zu diesen entstand eine neue Fußgängerstraße, zu deren beiden Seiten zweigeschossige Spezialgeschäfte errichtet wurden, jeweils mit Dachgärten versehen, die man mit Brücken miteinander verband. Die Hauptgeschäftsstraßen dehnten sich vornehmlich nach Norden, Westen und Süden aus (Abb. 111-113), so daß nach Norden eine flächenhafte, nach Westen und Süden eine linienhafte Ausweitung der City erfolgte.

Einerseits von historischen Faktoren abhängig, andererseits aber auch von Divergenzen zwischen dem Bestreben nach Erhaltung traditioneller Formen, Hinwendung zu moderner Baugestaltung oder einer Verbindung beider Elemente, verlief die City-Ausweitung in *Wien* (1974: 2,0 Mill. E.) mehr im traditionellen Rahmen, so daß erst jenseits der Ringstraßen moderne Gebäude Eingang gewinnen. Lichtenberger (1970) untersuchte vornehmlich die Entwicklung der Wiener Ringstraßen, ging aber auch auf die Nutzung der Altstadt und der von dem Ring ausstrahlenden Durchgangsstraßen ein, was hier in tabellarischer Form wiedergegeben sei (s. Tab. VII.D.2).

Lichtenberger zog zwar in ihren Arbeiten die Nutzung der einzelnen Geschosse innerhalb der City tabellarisch in die Betrachtung ein, ohne das besonders zu kartieren. Nach amerikanischem Vorbild (Murphy und Vance, 1954) wurde das zunächst von Carol (1959) für die City von Zürich, dann von Hofmeister (1962) für den entsprechenden Abschnitt von Moabit in West-Berlin durchgeführt, bis schließlich diese Methode in zahlreichen Arbeiten Aufnahme fand. Was für amerikanische Baublöcke relativ einfach ist, nämlich die einzelnen Geschoßflächen zu ermitteln, erscheint bei Zentren, die dem Mittelalter entstammen, wesentlich schwieriger, weil die Parzellierung im Laufe der Jahrhunderte Wandlungen durchmachte. Mitunter besteht die Möglichkeit, über das Brandkataster Fläche und Nutzung der Geschosse zu ermitteln (Schäfer, 1966), was Förster (1968) für die innere Gliederung von *Mainz* (1977: 184 000 E.) aufgriff, ohne allerdings kartographisch das Dreidimensionale zur Geltung zu bringen. Da die Altstadt von Mainz während des Zweiten Weltkrieges zu 80 v. H. zerstört wurde, der Wiederaufbau sich langsam vollzog und erst in den siebziger Jahren einigermaßen zum Abschluß kam, läßt sich gerade an diesem Beispiel einerseits die erst in der Nachkriegszeit vollzogene Citybildung und andererseits die Gliederung der City in bestimmte funktionale Viertel gut verfolgen (Kreth und Waldt, 1977, S. 17 ff.), ähnlich wie das für *Nürnberg* (1976: 495 000 E.) gilt (Mulzer, 1972, S. 112 ff.; Rasso-Ruppert, 1975).

Abele und Leidlmayr (1968 und 1972) gingen als erste daran, am Beispiel der Innenstadt von *Karlsruhe* (1977: 275 000 E.) die Gebäudenutzung dreidimensional

Tab. VII.D.2 Die Gliederung der Wiener City

	Altstadt	Ringstraßen	Wachstumssaum der inneren Bezirke
Geschäftsleben	„Schaufenster d. Wiener Mode" Buchhandlung Spezialgeschäfte Teppiche Antiquitäten, Porzellan u. ä.	Autosalons Reisebüros Fluglinien	Großkaufhäuser an Einbindungsstellen der Ausfallstraßen
Geld- und Versicherungswesen	Hauptanstalten von Banken, Versicherungen, Krankenkassen		
Industriebüros und Großhandel	Mittelbetriebe der Schwer- u. Maschinen- sowie der Textilindustrie + Büros von Baufirmen	Großbetriebe Erdölgesellschaften Import–Export–Handel	• Chemische- und Gummiindustrie • Leder und Glas • Nahrungsmittel
Erzeugungsgew.	„Modellhäuser" Kürschnerwerkstätten		Vielfältige Gewerbe entlang v. Hauptgeschäftsstraßen • Hinterhof- u. Stockwerksind. (Text., Leder, Leichtind.)
Regierung u. Behörden Halboffiz. Institutionen	in Palastbauten	in Gründerzeitbauten, Hohe Schulen, Museen, Oper, Burgtheater, Kammern, Vereine, Forschungsinst.	Allgem. Krankenh. Universitätsk. Botschaften und Gesandtschaften
Hotel- und Gastgewerbe	Intern. Hotels, Pensionen, Bars, Nachtklubs		
Freie Berufe	+Rechtsanwälte	Architekten Steuerberater	Ärzte
Sonstiges	Verlage Speditionen	Reklamebüros	

• Cityindustriesektor Neubau-Mariahilf, + Schwerpunkte, darüber hinaus im ganzen Citybereich

Nach Lichtenberger, 1970, S. 193.

darzustellen, wobei ein plastisches Bild entsteht, indem sowohl die Funktion der ehemaligen Residenz- und späteren Verwaltungsstadt als auch Intensitätsabstufungen in der fünf- bis sechsgeschossigen City zum Ausdruck gelangen. Durch die hohe Zahl der Kontaktstellen privatwirtschaftlicher Unternehmen wird zugleich die Wandlung zur Industriestadt deutlich, denn es geht allgemein bei der inneren Differenzierung und auch der jeweiligen Eigenart der City darum, eine Verknüpfung mit den jeweils besonderen Funktionen zu erreichen.

Wolf (1971) verwandte für einen kleinen Ausschnitt von Darmstadt (1977: 139 000 E.) ebenfalls die vertikale Darstellung, im Grunde genommen aber, um zu beweisen, daß sich das für den Vergleich von Städten unterschiedlicher Bedeutung nicht lohnt. Deshalb ging er daran, für zehn Städte der Bundesrepublik Deutschland eine neue Methode zu erarbeiten, indem die Straßenfronten in 100 m-Abstände zerlegt, dann fünfzehn Nutzungsgruppen unterschieden wurden, von denen allerdings nur neun für Geschäftszentren in Frage kamen. Dann bestimmte er die Anteile der Nutzungsgruppen pro Geschoß und 100 m-Straßenabschnitt. Um Vergleichswerte zu erhalten, bildete er die Summe aller Nutzungsgeschosse und zog daraus das arithmetische Mittel. Dieser Basiswert wurde gleich 1 gesetzt und die Abweichungen vom Mittel als Maßstab dafür genutzt, ob ein Geschäftsgebiet bzw. eine City vorliegt. Es bedarf keiner weiteren Erörterung, wie er zu Geschäftsgebiets-Kennziffern gelangte, die in Frankfurt a. M. mit 239 am höchsten und für Herne mit 10 am niedrigsten lagen, denn ein Management-Zentrum mit 663 000 Einwohnern (1977) und eine aus einem Dorf erwachsene Bergbaustadt mit 186 000 Einwohnern verhalten sich hinsichtlich ihres Geschäftslebens verschieden.

Da sich Wolf auf die Geschäftsgebiete konzentrierte, Verwaltungs- und kulturelle Einrichtungen entfielen, kommt dann auch die stärkere Viertelsbildung der City von Frankfurt a. M. gegenüber den bisher gekennzeichneten deutschen Städten kaum zur Geltung. Wenn in Nürnberg und Mainz die City im wesentlichen innerhalb der hochmittelalterlichen Grenzen verblieb, in Köln die wirtschaftliche Kraft nicht ausreichte, um den hochmittelalterlichen Rahmen zu füllen, so zeigen sich in Frankfurt a. M., München, Hamburg und Düsseldorf stärkere Tendenzen zur City-Erweiterung- bzw. Ergänzung. In Frankfurt a. M. setzte die Citybildung in der hochmittelalterlichen Neustadt ein, wo man nach den Zerstörungen während des Zweiten Weltkrieges zur Hochhausbebauung überging, Kaufhäuser und Möbelgeschäfte Konzentrationen bilden. Von hier aus setzte sich die City bis zum Bahnhof hin fort, wo sich in Nachfolge von Leipzig das Pelzhandelsviertel (Einzel- und Großhandel), das Automobilviertel mit dem Anschluß an das Messegelände entwickelte. Darüber hinaus entstanden südlich des Mains in dem eingemeindeten Niederrad ebenso wie in Eschborn, im Nordwesten an die Frankfurter Stadtgrenze anschließend, neue Bürohausviertel in- und ausländischer Firmen, letzteres durch bessere Verkehrsanbindungen begünstigt. Seit der Mitte der sechziger Jahre wurde das citynahe und nicht zerstörte gut bürgerliche Wohnviertel des südlichen Westends zum City-Erweiterungsgebiet erklärt und dem städtischen Planungsamt die Möglichkeit geboten, Befreiungen von vorhandenen Vorschriften (Verbot der Umwandlung von Wohnraum zu andern Zwecken) zu erteilen. Das hatte zur Folge, daß Banken, Versicherungen und sonstige Verwaltungsinstitutionen benachbarte Grundstücke aufzukaufen begannen, Altbauten abreißen ließen und dafür Hochhäuser errichteten. Inzwischen wurden die Bauleitplanungen geändert, nicht zuletzt unter dem Druck von Hausbesetzungen, u. U. auch durch die Erfahrung, daß man den Bedarf an Bürohäusern überschätzt hatte. Dabei machte die Wohnbevölkerung Wandlungen durch, worauf an anderer Stelle zurückzukommen ist (Kade und Vorlaufer, 1974; Giese, 1977).

In Hamburg ging man in den citynahen guten Wohngebieten an der östlichen Außenalster damit vorsichtiger um (Busse, 1972). Zwar ließ sich die Ausdehnung der Universität in Rotherbaum nicht verhindern; doch im benachbarten Harvestehude blieb die „Tertiärisierung" zwar nicht aus, verlief aber in gemäßigteren Bahnen als im Frankfurter Westend (Friedrichs, 1977; Rhode, 1977). Dafür entstand 6 km nördlich vom Zentrum auf einer der Stadt gehörigen Schrebergartengelände die „Nordstadt", die vornehmlich Bürohäuser (Erdölfirmen) aufnahm

(Dreier, 1967, S. 249 ff.) mit günstigem Verkehrsanschluß, allen Annehmlichkeiten für die hier Beschäftigten, aber – ähnlich wie in Niederrad – ohne zusätzliche Wohnungen. Sonst knüpfte man in diesem Management-Zentrum an die vorhandenen städtischen Mittelpunkte an wie in Altona, Harburg und Wandsbek, die dadurch eine Aufwertung erfuhren (v. Rohr, 1972).

Der erhebliche Bedeutungszuwachs, den Düsseldorf nach dem Zweiten Weltkrieg erlebte und der nicht allein auf die Wahl zur Landeshauptstadt von Nordrhein-Westfalen zurückzuführen ist, äußert sich darin, daß hier drei Büro-Entlastungszentren entstanden, das am Kennedy-Damm, rechtsrheinisch im Norden des Zentrums gelegen und so gut wie fertiggestellt, dasjenige am Seestern und das des Rheincenters, beide linksrheinisch und noch im Ausbau begriffen, wobei hier eine gewisse Mischung von Bürohausnutzung und Wohnungen vorgesehen ist (Dach, 1980, S. 69 ff.).

Nachdem man in München auf stadteigenem Gelände den Siemenswerken im Süden für deren Verwaltungs- und Forschungsaufgaben Flächen anbieten konnte, deren Management die Nähe zu den Vororten der Ober- und oberen Mittelschicht zu schätzen wußte, war man hier in den sechziger Jahren darauf aus, das Europäische Patentamt für die Stadt zu gewinnen. Mit 7000 Arbeitsplätzen bedeutete das einen zusätzlichen wirtschaftlichen Faktor. Allerdings hatte man hier nicht die Möglichkeit, freies Gelände zur Verfügung stellen zu können, das zudem noch guter Verkehrsanschlüsse an die City bedurfte. Deshalb nahm man dafür bebaute Flächen im Süden der City in Anspruch (Gärtnerviertel), wobei mehr als 1000 Bewohner umzusetzen waren (Ecker und Schwals, 1979). Daß in citynahen Bereichen Konkurrenzsituationen eher als in andern städtischen Bereichen auftreten können, dürfte eine allgemeine Erscheinung sein.

Schließlich untersuchten Hartenstein und Staack (1967, S. 35 ff.) sechs Großstädte der Bundesrepublik (Düsseldorf, Stuttgart, Essen, Bremen, Nürnberg und Duisburg) nach dem Vorbild von Murphy und Vance (1955) unter Berücksichtigung der Stockwerknutzung, um den harten Kern der City von dem City-Rahmen zu unterscheiden. Ohne auf Einzelheiten einzugehen, muß erwähnt werden, daß in beiden Bereichen Wohnungen immerhin etwas über ein Fünftel der Geschoßflächen beanspruchen, demgemäß die City und ihr Rand stärker bewohnt sind als das in den Vereinigten Staaten, Kanada, Australien und der Südafrikanischen Republik der Fall ist. Wie weit sich das auf andere west- und mitteleuropäische Großstädte übertragen läßt, muß einstweilen offen bleiben.

Um die erheblichen Differenzierungen des Kerns ausgesprochener Weltstädte zu unterstreichen, soll näher auf *London* (1976: 7,0 Mill. E.) eingegangen werden, das zudem als wichtigster Hafen von Großbritannien erscheint (Hall und Martin, 1964; Donnison und Eversly, 1973). Die „two-headed city" (Hall und Martin, 1964, S. 35) bezieht sich einerseits auf Westminster mit dem Verwaltungszentrum, das teilweise bereits auf die andere Seite der Themse ausweichen mußte. Ihm gliedern sich die diplomatischen Vertretungen an, überwiegend am Hyde Park gelegen. Westend, das ursprünglich vornehme Wohnviertel, wandelte sich zum anspruchsvollen Geschäftsgebiet, nahm auch das Vergnügungsviertel auf. Östlich davon erwarb die Universität nach dem Ersten Weltkrieg ausgedehnte Flächen, an das Britische Museum anknüpfend, ohne daß sich sämtliche kulturellen Funktio-

Die innere Differenzierung von Städten 669

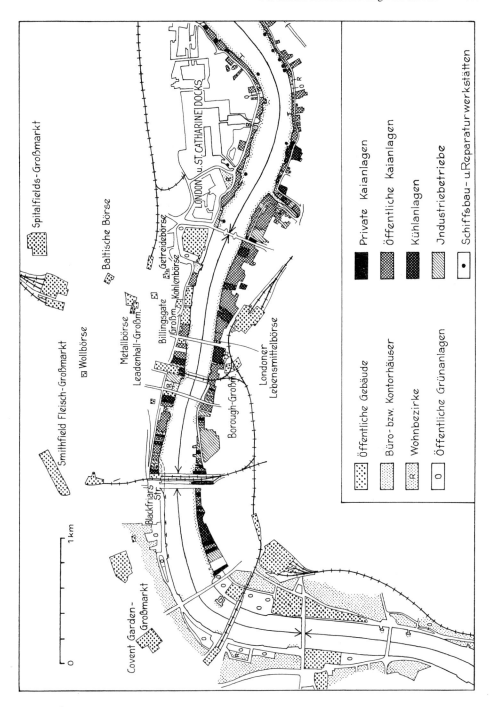

Abb. 114 Der Hafen von London zwischen Westminster und den ersten Dockhäfen. Zustand um 1960 (nach Pailing). Die späteren Veränderungen s. Text.

nen hier vereinigen ließen. Südlich davon erstreckt sich Covent Garden, der in der zweiten Hälfte des 17. Jh.s den Obst- und Gemüsegroßmarkt aufnahm. Er wurde wegen seiner Beengtheit und seines ungenügenden Verkehrsanschlusses im Jahre 1974 auf das Südufer der Themse verlegt. Damit war eine umfangreiche Sanierung verbunden, wobei 85 v. H. des Baubestandes abgerissen wurden; standen hinsichtlich der Flächennutzung im Jahre 1966 Büroräume und Großhandel an erster und zweiter, Wohnungen an dritter Stelle, so soll eine Verschiebung in folgender Reihenfolge stattfinden: Unterhaltung, Wohnen, Einzelhandel und Hotels (Höfle, 1977, S. 168), eine nach dem Zweiten Weltkrieg aufkommende Tendenz aufnehmend, die Citybildung etwas einzudämmen. Östlich gliedert sich die City an, wo Zeitungsredaktionen, Buchdruckereien, Bank- und Versicherungsviertel ihren Platz fanden ebenso wie Bürohausbauten, welch letztere immer mehr an Raum gewinnen. Östlich des Towers begannen dann die Dockhäfen (Abb. 114), zunächst das London- und die St. Catherine Docks, denen flußabwärts weitere folgten. Nachdem die ersten Docks aus Sicherheitsgründen aus der City entfernt wurden, hatte man in der Flußmarsch von East End genügend Raum dafür. Mit der Ausweitung des Hafengeländes nach dem Zweiten Weltkrieg bis zur Themsemündung hin, Groß-London weit überschreitend, wurden die veralteten und für den Containerverkehr nicht mehr geeigneten oberen Dockhäfen geschlossen bzw. die entsprechenden Lagerhallen und -gebäude niedergelegt. Lediglich die St. Catherinedocks erhielten als Welthandelszentrum bisher eine neue Gestaltung, während für die andern stillgelegten Docks mit einer Fläche von mehr als 1000 ha zwar Pläne für eine andere Verwendung bestehen, aber bisher eine endgültige Lösung nicht gefunden wurde (Christie, 1974; Hall, 1976, S. 41/42)[1].

Bereits bei größeren Mittelstädten, erst recht bei Groß- und Weltstädten bildet das Geschäftszentrum bzw. die City nicht die einzige Möglichkeit, sich zu versorgen, sondern daneben existieren Geschäfts- und Dienstleistungseinrichtungen unterschiedlichen Ranges, für die in Mitteleuropa verschiedene Bezeichnungen gewählt wurden, mindestens drei, mitunter aber wesentlich mehr Stufen zur Ausscheidung kamen. Es sei in dieser Beziehung auf die tabellarische Aufstellung von Borchert und Schneider (1976, S. 4) verwiesen, die am Beispiel von Stuttgart eine siebenstufige Hierarchie einschließlich der City erarbeiteten. Vogel (1978, S. 48) verglich die entsprechenden Verhältnisse zwischen der Bundesrepublik Deutschland, Schweden, England und den Niederlanden insbesondere im Hinblick auf ihren „Bevölkerungsmantel", durch den die Abstufung erst zustande kommt, wobei die amerikanischen Einkaufszentren einen fünf- bis zehnfachen größeren Kundenkreis bedienen als die west- und mitteleuropäischen. Da die Innovation der shopping centers in den Vereinigten Staaten liegt, deren hierarchischer Aufbau Parallelen zu denen des westlichen und mittleren Europa zeigt, soll das Problem der Subzentren im Rahmen der amerikanischen Städte behandelt werden.

Bei der Ausweitung der Groß- und Weltstädte nach dem Zweiten Weltkrieg wurden „Ladenstädte", „Einkaufszentren" bzw. „shopping centers", die als synonyme Begriffe gewertet werden sollten, auch in den Großstädten des westli-

---

[1] Weitere Angaben über die Pläne zur Erneuerung der aufgelassenen Docks finden sich bei Eyles (1976).

Die innere Differenzierung von Städten   671

chen und mittleren Europa eingerichtet, wobei zwischen integrierten und nicht integrierten unterschieden wird. Eine integrierte Ladenstadt, wie sie etwa den „Neuen Städten" Großbritanniens eigen ist, schafft man in Zusammenhang mit Wohnkomplexen, bei denen die Größe der Wohnbevölkerung und das Ausmaß des shopping centers bzw. dessen Ausstattung aufeinander bezogen sind. Ging man in der Vallingby-Gruppe (Stockholm) kurz nach dem Zweiten Weltkrieg zunächst dazu über, kleine Ladengruppen zu bevorzugen, so erkannte man seit Ende der fünfziger Jahre, daß mit Parkraum ausgestattete shopping centers im Range von Stadtteil- bzw. Regionalzentren günstiger seien, was dann in Farsta (südlich Stockholm) verwirklicht wurde (Gottschalk, 1967, S. 384). Die „nicht integrierten Ladenstädte" sind nicht unmittelbar mit der Erschließung neuer Wohngegenden verbunden, was etwa bei Unternehmen in der Schweiz (Zürich oder zwischen Lausanne und Genf) bzw. für das Main-Taunus shopping center von Frankfurt a. M., das Ruhrpark-Einkaufszentrum von Bochum oder das Rhein-Ruhr-Zentrum zwischen Mühlheim/Ruhr und Essen gilt, wo außerhalb der Vororte eine Entlastung der jeweiligen City erreicht werden sollte (Vonesch, 1964; Vogel, 1978, S. 66 ff.). Das Main-Taunus shopping center (Abb. 115) war das erste in der Bundesrepublik Deutschland, in dem das Vorbild eines amerikanischen Regionalzentrums verwirklicht wurde. Bis zum Jahre 1967 hatte sich die Zahl der großen Einkaufszentren auf etwa sieben erhöht, um seitdem ein schnelleres Anwachsen zu zeigen, so daß im Jahre 1973 bereits 37 existierten. Sie zusammen mit untergeordneten machten im Jahre 1972 bereits 282 Verkaufsstätten aus, die zu

Abb. 115 Das Main-Taunus Shopping Center, westlich von Frankfurt a. M., außerhalb der Vororte der Stadt gelegen, in seinem Anfangsstadium, heute erweitert (mit Genehmigung der Deutschen Einkaufszentrum GmbH, Sulzbach/Ts.).

77 v. H. in Wohngebieten lagen, zu 6 v. H. in Hauptgeschäftszentren bzw. deren Ausläufern, zu 6 v. H. an Ortsrändern und zu 3 v. H. zwischenständig (Vogel, 1978, S. 70 ff.). Das beweist eindeutig, daß man von Standorten „auf der grünen Wiese" abrückte, um die Versorgung der Wohnbevölkerung sicher zu stellen bzw. bei einer gewissen Entlastung der City die Attraktivität der letzteren nicht zu schmälern.

Im Rahmen der Großstädte von Frankreich scheinen die Verhältnisse etwas anders zu liegen, sieht man von Paris ab, das an anderer Stelle behandelt wird (Kap. VII.F.1.b). Die jeweilige Altstadt ist meist stärker als in entsprechenden deutschen Städten bewohnt. Vornehmlich in den Regionalstädten ging man nach dem Zweiten Weltkrieg dazu über, sich ein neues Verwaltungsviertel mit guter Verkehrsanbindung an das alte Zentrum zu schaffen. Außer Bürohochhäusern, Warenhäusern, kulturellen Einrichtungen usf. wurden hier auch Wohnungen errichtet (z. B. Les Halles in Straßburg; Part-Dieu mit dem nördlich anschließenden Tonkin östlich der Rhône in Lyon; Bonnet, 1975, S. 58 ff.; Mériadeck in Bordeaux; Barrère und Cassou-Mounat, 1978, S. 133 ff.), wobei die bisher hier wohnende und der Unterschicht angehörige Bevölkerung umzusetzen war und gehobene Schichten zuwanderten. Weitere Beispiele dieser Art finden sich bei Borde, Barrère und Cassou-Mounat (1980, S. 147 ff.). Mit diesen Entlastungszentren verhält es sich anders als bei den deutschen, weil sie mehrere Funktionen wahrnehmen und nicht auf die Konzentration von Bürohochhäusern beschränkt bleiben. Mitunter ging man in den französischen Großstädten noch weiter. Nimmt man z. B. in der Agglomeration von Lyon die Entwicklung der zunächst selbständigen Stadt Villeurbanne, die zunächst bei dem Ausgreifen nach Osten als ausgesprochene Industriestadt angesprochen werden konnte, dann fand hier bereits in den dreißiger Jahren eine Umformung statt, die nach dem Zweiten Weltkrieg weitergeführt wurde, indem sich das Geschäftsleben spezialisierte, Bürohochhäuser entstanden, das kulturelle Leben gepflegt wurde, was sich mit einer Zuwanderung des Mittelstandes verband. „La Cité des Grattes-Ciel" bildet nun außer der City von Lyon, Part-Dieu mit Tonkin das dritte Zentrum innerhalb der Agglomeration (Bonnet, 1975, S. 21). Wenn letzteres im Vergleich zu Toulouse, Bordeaux, Grenoble oder Marseille auch als Ausnahme zu werten ist, so wird man sonst bei den Regionalstädten meist mit einer Zweigliederung des tertiärwirtschaftlichen Sektors zu rechnen haben. Innerhalb des alten Geschäftszentrums aber hielt man mehr als in der Bundesrepublik Deutschland an kleineren Einzelhandelsgeschäften fest.

In den großen Städten der Mittelmeerländer trat ebenfalls eine Verzögerung der Citybildung auf, die höchstens nach dem Ersten oder nach dem Zweiten Weltkrieg einsetzte. Auch hier spielt die Wohnfunktion noch immer eine erhebliche Rolle. Das Geschäftsleben verteilt sich auf Einzelhandelsgeschäfte und Märkte, wobei letztere teils den täglichen und teils den periodischen Bedarf decken, derart, daß die Unterschicht die Märkte, die höheren Mittelschichten und die Oberschicht die Geschäfte bevorzugen, wie es Sabelberg (1980) für Florenz darlegte. Dabei bleibt dieses Phänomen nicht auf diese Stadt beschränkt, wenngleich hier die Besonderheit gegeben ist, daß bis zur Mitte des 19. Jh.s die Märkte den Standort des römischen Forums einnahmen. Für Rom wies Olsen (1970, S. 255) darauf hin, daß eine ausgesprochene City fehlt, weil die innerhalb der aurelianischen Mauer (Kap. VII.F.1.b) gelegenen Bereiche zwar mehrere Geschäftsviertel aufweisen, die Wohnbevölkerung aber noch erheblich ist. Im Zuge der Olympischen Spiele vom Jahre 1960 nahm man hier ein vor dem Zweiten Weltkrieg geplantes Projekt wieder auf, die staatliche Verwaltung, die zuvor in über die Stadt verstreuten Adelspalais untergekommen war, in einem 7,5 km vom Zentrum entfernten Gelände im Süden zu konzentrieren; außer Sportanlagen und Hotels bzw. Verwaltungsgebäuden traten Wohnungen hinzu. Die „Esposizione Universale di Roma" oder „Eur" stellt demnach ein besonders geartetes Stadtviertel dar, das nicht als City anzusprechen ist. Ähnlich steht es in Mailand (Dalmasso, 1971, S. 504), in dem vor dem Zweiten Weltkrieg eine etwas stärkere Citybildung einsetzte, und man dennoch nicht alle hierhin gehörigen Funktionen unterbringen konnte, so daß das „centre directionnel" nördlich der Altstadt entstand mit öffentlichen Gebäuden, Bürohochhäusern u.a.m. Das Ausbleiben der Citybildung gilt ebenfalls für Neapel (Döpp, 1968), für Madrid (Huez de Lemp, 1972, S. 50) oder für Lissabon (Freund, 1977). Da die Wohnbevölkerung im Zentrum meist noch beachtlich ist, deren soziale Gliederung sich meist anders als in französischen Großstädten verhält, muß, sofern letzteres Problem angesprochen wird, dies gesondert von den west- und mitteleuropäischen Großstädten geschehen.

Gehen wir nun den *nordamerikanischen Groß- und Weltstädten* einschließlich derjenigen in *Australien* und der *Südafrikanischen Republik* über, dann ist zunächst zu erläutern, daß in überseeischen Bereichen die europäische City als Central Busines District oder CBD bezeichnet wird, weil City dort eine größere Stadt als solche gegenüber der town bedeutet. Abgesehen davon umschließt die europäische City öffentliche Verwaltungseinrichtungen, die im Rahmen des CBD ausgeschlossen werden. So umfaßt der CBD lediglich die zentralen wirtschaftlichen Einrichtungen, wenngleich vornehmlich in den Hauptstädten der Bundesländer der Vereinigten Staaten der Verwaltungsbezirk direkt benachbart zum CBD zu liegen kommt (Mahnke, 1970).

Sowohl die City als auch der CBD sind mit den höchsten Bodenpreisen ausgestattet, die sich vom Zentrum zur Peripherie senken, dies aber nicht gleichmäßig tun, sondern sekundäre Maxima und Minima auftreten, abhängig von der Erreichbarkeit des CBD, von den Annehmlichkeiten, die eine Wohngegend bietet, von der Topographie, von der jeweiligen Nutzung ebenso wie von historischen Faktoren (Brigham, 1965 bzw. 1971, S. 160). Daß jeweils die Bodenpreise die gesamte innere Differenzierung beeinflussen und dies in Groß- und Weltstädten mehr als bei Kleinstädten zur Geltung gelangt, ist einleuchtend. Ebenso aber kann man durch Maßnahmen der Stadtverwaltung oder des Staates Preissteigerungen verhindern (vgl. Stockholm) bzw. ihren Einfluß völlig ausschalten, wie es in den sozialistischen Ländern der Fall ist.

Murphy und Vance (1954) gingen als erste daran, die Ausdehnung des CBD anhand von neun US-amerikanischen Städten zu bestimmen, deren Einwohnerzahl damals zwischen 100 000 und 250 000 lag. Das legt den Schluß nahe, daß die Entvölkerung der Innenstadt schon bei geringeren Stadtgrößen als in Europa einsetzt. Die Bodenpreise zu benutzen, wurde abgelehnt, weil sie schnellen Veränderungen unterliegen und sich keine Vergleichbarkeit zwischen den Städten

674 Die Städte

erzielen ließ, selbst wenn die Stelle des höchsten Bodenwertes jeweils vermerkt wurde. Ebenso blieb die Verkehrsbelastung der Straßen außerhalb der Betrachtung, weil Verkehrszählungen nicht regelmäßig zur Durchführung gelangen. Infolgedessen griffen sie auf die Häuserblöcke zurück. Für jeden Block wurde die Nutzung für jedes Geschoß festgestellt, getrennt nach zentralen und nicht-zentralen Funktionen. Daraus ergibt sich der „Central Business Height Index" oder eines Baublocks. Liegt dieser Wert bei 1 oder höher, dann gehört der genannte Baublock zum CBD.

$$\text{CBHI} = \frac{\text{Fläche aller Geschosse mit zentralen Funktionen}}{\text{gesamte Fläche}}$$

Um Fehler auszuschalten, die bei einer solchen Berechnung auftreten können, muß außerdem der „Central Business Intensity Index" oder CBII eingeführt werden, der den Prozentsatz angibt, den die Fläche aller Stockwerke mit zentralen Funktionen an der gesamten Fläche eines Blockes einschließlich aller Stockwerke besitzt. Ein Block läßt sich dem CBD zuordnen, wenn der genannte Anteil bei 50 v. H. und mehr liegt. Haben beide Indizes die geeignete Größe, so ist an der Zugehörigkeit zum CBD nicht zu zweifeln. Es werden aber auch Blöcke hinzugerechnet, bei denen nur ein Index oder keiner den geeigneten Wert erreicht, falls die Kontinuität unterbrochen wird. Es mag darauf hingewiesen werden, daß in nordamerikanischen Verwaltungsstädten, zu denen z. B. Salt Lake City (Hauptstadt von Utah) oder Sacramento (Hauptstadt von Kalifornien) gehören, der „Central Business Height Index" weniger entscheidend ist (rd. 1,5), weil es sich bei den Beispielen um relativ jung entstandene Städte handelt. Dagegen liegt der „Central Business Intensity Index" zumindest höher als in Industriestädten, abgesehen davon, daß die Fläche, die der CBD im Verhältnis zu der incorporated city besitzt, einen geringen Prozentsatz einnimmt (1,74 v. H. in Sacramento als Maximum, 0,22 v. H. in Tulsa als Minimum). Unter Bezugnahme auf die urbanized area oder die SMSA ist der Anteil selbstverständlich noch kleiner. Daß diese Methode nicht dazu führt, eine Viertelsbildung innerhalb des CBD darzulegen, war den Verfassern bewußt.

Murphy (1972, S. 125 ff.) faßte die Arbeiten über den CBD noch einmal zusammen, wobei ihm zuzustimmen ist, daß sich das Verfahren für kleinere Städte nicht lohnt, wenngleich andere Mittel kaum eingesetzt werden und für weit größere Zentren dann auch die Differenzierung innerhalb des CBD in Ansatz zu bringen ist, was gleichzeitig bedeutet, daß in Städten der Vereinigten Staaten in der Größenordnung von 100 000-250 000 Einwohnern eine Konzentration bestimmter Branchen noch nicht vorhanden ist. In der *Südafrikanischen Republik* nahm Davies (1960) die Methode von Murphy und Vance für Kapstadt auf. Unter Hinzuziehung der Bodenpreise und des Fußgängerverkehrs, Erhöhung des „Central Business Height Index" auf mindestens 4 und Steigerung des „Central Business Intensity Index" auf mindestens 80 v. H. schied er den „harten Kern" des CBD aus und konnte damit die fließenden Übergänge zu den Bereichen festlegen, die nicht mehr zum CBD gehören. In den Außengebieten wird hier der CBD durch Geschäftsstraßen ergänzt, deren Ausstattung kontinuierliche Übergänge aufweist, ohne daß sich eine genaue Abstufung vornehmen ließ (Beaver, 1972, S. 69) und ohne daß der CBD selbst dadurch in Mitleidenschaft gezogen würde.

In *Australien* befaßte sich Scott (1959) mit dem CBD sämtlicher Bundeshauptstädte und unterschied zwischen einem inneren und äußeren Einzelhandelsbereich, denen jeweils ein Bürohausviertel angegliedert ist.

Tab. VII.D.3 Die Struktur der innerstädtischen Geschäftszentren

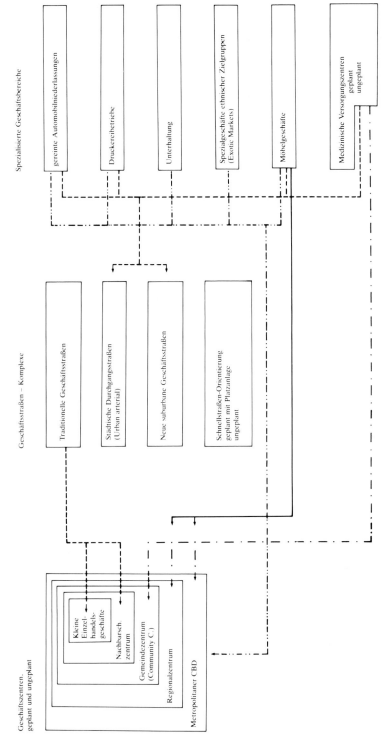

Nach Berry, 1963, S. 200.

676   Die Städte

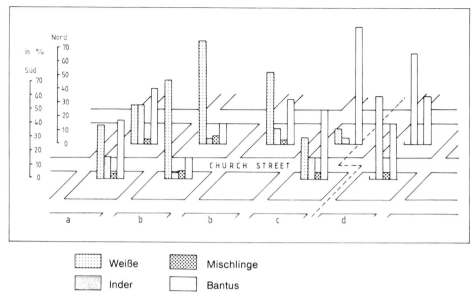

a Früher Inder und Weiße; jetzt Weiße
b Weiße
c Früher Inder, Weiße und Mischlinge; jetzt Weiße
d Früher und 1971 Inder; jeweils 50% v. H. und mehr

Abb. 116 Der Anteil der Beschäftigten nach Rassen im CBD in Pietermaritzburg (Natal) für das Jahr 1971 (nach Thorrington-Smith u. a. bzw. Wills und Schulze).

Hatten bereits Murphy (1962) und Hoyt (1964) vorsichtig auf den Bedeutungsverlust des CBD in den Vereinigten Staaten aufmerksam gemacht, so wurde dies von Berry (1963, auch in Berry und Horton, 1970, S. 457) in den Vordergrund gestellt. Seit den sechziger Jahren wanderten zunächst Versicherungen, dann Banken, Einzelhandel und Verwaltungen von Industriekonzernen nach außen hin ab. Es kam dabei zur Ausbildung flächenhaft entwickelter shopping centers und linear ausgerichteter Geschäftsstraßen in einem solchen Maße, daß diese nicht allein eine Konkurrenz für den CBD bedeuten, sondern letzteren sogar mitunter überflügeln. Dabei gibt sich eine hierarchische Ordnung zu erkennen, die oben schematisch wiedergegeben wurde und die nicht in eine bestimmte räumliche Anordnung zu übertragen ist, weil die Art der shopping centers bzw. Geschäftsstraßen weitgehend von dem Einkommen der Käuferschicht abhängig ist. Regionale shopping centers vermögen sich lediglich in guten Wohngebieten auszubilden, Supermärkte mit billigem Angebot (discount centers) meist in der Nähe einkommensschwacher Gruppen. Im Unterschied zu den shopping centers sind die Geschäftsstraßen verschiedener Art nicht allein auf die Wohnbevölkerung angewiesen, sondern die Käuferschicht erstreckt sich auch auf Durchreisende, was wiederum das Angebot beeinflußt.

Unter den Geschäftsstraßen verdienen diejenigen hervorgehoben zu werden, die als Schnellstraßen zu den Flughäfen führen, was ebenfalls für entsprechende

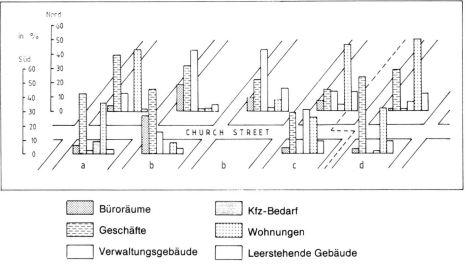

a Früher Inder und Weiße; jetzt Weiße
b Weiße
c Früher Inder, Weiße und Mischlinge; jetzt Weiße
d Früher und 1971 Inder; jeweils 50% v. H. und mehr

Abb. 117 Die Nutzung im CBD von Pietermaritzburg (Natal) im Jahre 1971 (nach Wills und Schulze).

europäische Städte gilt. In deren Nähe lassen sich Zentralverwaltungen in- und ausländischer Firmen nieder, die hinsichtlich der erzeugten Güter, aber auch in bezug auf den des leitenden Personals auf den Flugverkehr angewiesen sind. Verkaufszentralen, Speditionsfirmen, Hotels, die für internationale Konferenzen gewählt werden, gesellen sich hinzu (Hilsinger, 1976). Demgemäß leisten auch die Flughäfen einen gewissen Beitrag zur Dezentralisierung von tertiären Einrichtungen bzw. zu deren Suburbanisierung.

Den Bedeutungsverlust des CBD stellten Berry und Kasarda (1977, S. 255) für New York, Detroit, St. Louis, Cleveland und Los Angeles fest, auf die sich diese Vorgänge aber nicht beschränken. Wie man dem zu begegnen sucht, legte Hofmeister (1971, S. 138ff.) dar, auch wenn es sich in den meisten Fällen um Pläne handelt, deren Verwirklichung nicht unbedingt gesichert ist. Von einer besonderen Möglichkeit der Wiederbelebung des CBD wurde in Montreal Gebrauch gemacht, indem man eine Platzanlage mit begrenzenden Hochhäusern schuf, von der man über Treppen in die unterirdisch verlegte „Galerie de Boutiques" gelangt mit Läden, Dienstleistungen, Gaststätten und Kino. Darunter befinden sich Parkplätze und in der untersten Ebene die Eisenbahnanlagen mit dem Bahnhof (Hofmeister, 1971, S. 135ff.). Allerdings muß hinzugefügt werden, daß in den großen Städten Kanadas die Aushöhlung des CBD nicht so weit fortgeschritten ist wie in den Vereinigten Staaten.

Wie bereits an anderer Stelle angedeutet, liegen in der Republik Südafrika und hier vornehmlich in den größeren Städten besondere Verhältnisse vor, weil mit dem Group Areas Act nun auch der CBD Veränderungen durchmacht. Dabei ging man verschiedene Wege. In Pietermaritzburg (1970: 159 000 E., davon 46 000 Weiße, 36 000 Inder, 68 000 Bantus) konnte man, bevor man im Jahre 1960 an die Realisierung des Gesetzes ging, innerhalb des CBD vier Abschnitte unterscheiden. Im Westen befand sich ein gemischtes Geschäftsviertel von Weißen und Indern; in der Nähe der Bushaltestelle, die von den Bantus für ihre Hin- und Rückfahrt zwischen Arbeits- und Wohngebiet benutzt wird, bildeten sie die wichtigste Käuferschicht. Es schloß sich der weiße CBD an, dem eine Übergangszone folgte, in der sowohl Weiße als auch Inder beteiligt waren bei noch nicht voller Ausnutzung der Fläche, bis im Osten das indische Geschäfts- und Wohnviertel seit etwa dem Ersten Weltkrieg zur Entwicklung kam. Nach dem Jahre 1960 mußten die Inder ihre Betätigung im westlichen Abschnitt aufgeben, Geschäfts- und Wohnnutzung durch Weiße trat an die Stelle. Das weiße CBD blieb erhalten, und die Übergangszone ging ebenfalls an Weiße über mit vorwiegender Geschäfts- und Wohnnutzung; dafür konnte der östliche indische Geschäfts- und Wohnbezirk erhalten werden, und da man keine Ausweitung in die Horizontale vornehmen durfte, konnte man eine solche nur in die Vertikale durchführen (Willis und Schulz, 1976, S. 67 ff.). In Durban (1970: 843 000 E., davon 258 000 Weiße, 317 000 Inder, 225 000 Bantus) gestattete man den Indern zunächst, ihren Markt einschließlich des Geschäftsviertels beizubehalten, verbot ihnen aber, ihre Wohnungen hier zu belassen, wenngleich der Umzug in das Neubauviertel Chatsworth noch nicht vollständig vollzogen werden konnte. Nachdem der Markt nach einem Großbrand wieder errichtet wurde, erklärt man ihn zum „free trading centre", was bedeutet, daß jeder, der die Möglichkeit – außer den Bantus – dazu hatte, hier eine Verkaufsstelle erwerben konnte, ein Verfahren was auch in andern südafrikanischen Großstädten anzutreffen ist (Schneider, 1977).

Die Groß- und Weltstädte der *Sowjetunion* fallen etwas aus dem Rahmen heraus, weil wohl in Moskau (1977: 7,8 Mill. E.), Leningrad (1977: 4,4 Mill. E.) sowie in Kiew (1977: 2,1 Mill. E.) eine Citybildung vorhanden ist, die voraussichtlich schon aus vorrevolutionärer Zeit stammt, Taschkent (1977: 1,7 Mill. E.) und Duschanbe (1977: 460 000 E.) als Hauptstädte der Usbekischen und Tadschikischen SSR gesellen sich nach Giese (1979, S. 160) hinzu, ohne daß dieses Moment für alle Hauptstädte der Teilrepubliken Gültigkeit besitzt (z. B. nicht für Jeriwan mit 1977: 956 000 E.; Stadelbauer, 1976). Infolgedessen nimmt in der Regel die Bevölkerungsdichte vom Zentrum nach der Peripherie nicht wesentlich ab (French, 1979, S. 88 ff.). Zahlreiche Einrichtungen, die in west- und mitteleuropäischen Großstädten an die City gebunden sind, fehlen in den entsprechenden sowjetischen Städten, z. B. Privatpraxen von Spezialärzten, spezielle Zweige des Einzelhandels). Wohl existiert um einen großen Platz ein ausgedehntes Verwaltungszentrum einschließlich von Parteistellen und dem tertiären Sektor der Industrie, vielfach verbunden mit kulturellen Einrichtungen und Hotelbauten nebst einzelnen Kaufhäusern und Geschäften, wobei letztere bereits mit der Wohnfunktion in den oberen Geschossen verknüpft sind. Mitunter entwickelten sich zwei in ihrem Angebot gleichwertige Geschäftsbereiche, insbesondere in denjenigen Städten Sowjet-Mittelasiens, in denen neben der orientalischen eine russische Kolonialstadt entstand (Giese, 1979, S. 159). Daneben existieren innerhalb der entfernteren Wohnbereiche Distriktzentren, die den periodischen und täglichen Bedarf für

30 000-65 000 Einwohner sicherstellen, schließlich Mikrozentren, die den täglichen Bedarf für 6000-16 000 Personen befriedigen sollen. Schließlich kommt den Kolchosmärkten besondere Bedeutung zu. Fast nur auf Güter des täglichen Bedarfs beschränkt, stellen sie sich als Markthallen dar, innerhalb derer nicht allein Kolchosbauern und Sowchose-Arbeiter, sondern auch Konsumgenossenschaften und staatliche Unternehmen ihre Stände bzw. mehrstöckige Verkaufsräume haben. Letztere bieten ihre Waren zu billigeren Preisen, aber in schlechterer Qualität an, was zur Folge hat, daß auch in einem sozialistischen Land Unterschiede in den Käuferschichten entstehen, indem solche mit geringerem Einkommen die staatlichen, die mit höherem Verdienst die privaten Unternehmen bevorzugen. Neben dem relativ zentral gelegenen Hauptmarkt, der täglich geöffnet ist, existieren in den einzelnen Stadtteilen Nebenmärkte, in denen der Verkauf nur ein- oder zweimal wöchentlich erfolgt. Neben dem zentralen Markt in Moskau existieren weitere 27 Nebenmärkte (Gormsen, Harris und Heinritz, 1977, S. 376ff.). In Sowjet-Mittelasien kann es vorkommen, daß der Zentralmarkt an die Stelle des früheren Bazars trat, wenngleich auch mit Verlagerungen an den Rand der Altstadt zu rechnen ist (Giese, 1979, S. 158).

Ähnliche Feststellungen sind für die Großstädte der Ostblockländer zu treffen. Zwar wurden die zerstörte Altstadt von Danzig und Warschau vorbildlich wieder errichtet, ohne aber die alte Funktion als City erneut zu erlangen. Einrichtungen für den Fremdenverkehr und Wohnungen bestimmen heute das Bild mit einer Verlagerung der zentralen Einrichtungen, in denen die öffentlichen Gebäude überwiegen und das Geschäftsleben zurücktritt. Bereits bei einem Vergleich zwischen dem Kurfürstendamm in West-Berlin und der Karl Marx-Allee in Ost-Berlin (Schöller, 1974; Heineberg, 1977) lassen sich diese Unterschiede erkennen. Allerdings kann man auch nicht übersehen, daß zwischen den dazugehörigen Ländern Differenzierungen bestehen.

In *Japan*, wo ein erheblicher Teil der Groß- und Weltstädte unter den Zerstörungen des Zweiten Weltkrieges zu leiden hatte, erfolgte der Wiederaufbau meist planlos und brauchte sich wegen des Fehlens von unterirdischen Versorgungsanlagen kaum an früher Bestehendes zu halten. Lediglich die öffentlichen Gebäude ließ man meist in der Umgebung des einstigen Daimyo-Sitzes, weil hier der Grund und Boden in die öffentliche Hand übergegangen war, was dann eine randliche Lage mit sich bringt. Hier schlossen sich häufig die Bürohausbauten der Firmen an. Mit der Erholung der Wirtschaft seit der Mitte der fünfziger Jahre, dem Ausbau des öffentlichen und privaten Eisenbahnnetzes, dem Wachstum der Pendler und der Intensivierung der Stadt-Land-Beziehungen bildeten zumeist die Hauptbahnhöfe, teils mit Haltestellen der Untergrundbahnen verknüpft, den neuen Ansatzpunkt des CBD, den man zur Errichtung von Warenhäusern benutzte. Diese zogen den periodischen und episodischen Einzelhandel nach sich, was nun bewirkte, daß Teestuben, Restaurants und andere Vergnügungseinrichtungen sich in besonderen Vierteln anschlossen. Unabhängig davon entwickelten sich mehr an Durchgangsstraßen Bankviertel, mit denen der Groß- und Zwischenhandel in Verbindung stand, der seinerseits der Belieferung des Einzelhandels diente. Mit der Errichtung eines neuen modernen Warenhauses kam es schnell zu Verlagerungen der Einkaufsstraßen und der Vergnügungsviertel, so daß die älteren allmählich eingingen.

680 Die Städte

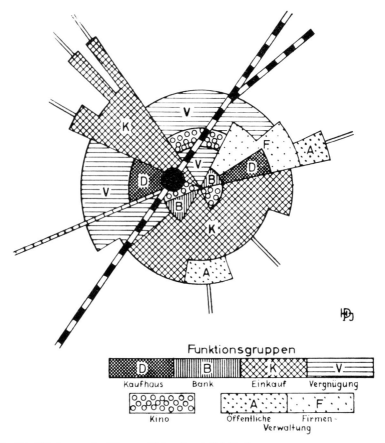

Abb. 118 Die Gliederung der City von Tokyo (nach Schöller).

Gerade solche Verlagerungen stellte Schöller als charakteristisch für die japanischen Großstädte heraus. Diese wurden dadurch verursacht, daß die Banken allmählich in die Einkaufsstraßen einzudringen begannen, mit ihren bis neungeschossigen Stahlbetonbauten die Bodenpreise in die Höhe trieben, was für den spezialisierten Einzelhandel die Notwendigkeit beinhaltete, sich andere Standorte zu suchen. In Tokyo (1977: 12 Mill. E.), Osaka (1977: 2,7 Mill. E.) und Nagoya (2,1 Mill. E.) kam es zur Ausbildung einer doppelten City, die eine am Hauptbahnhof und die andere von einer Ring- oder andern Straße aus erreichbar (Abb. 118).

Von Nagoya ausgehend, hat man inzwischen eine andere Idee verfolgt, nämlich im Anschluß an die Haltestellen von Untergrundbahnen unterirdische Geschäftsstraßen mit periodischem und episodischem Angebot einzurichten, denen wiederum Vergnügungseinrichtungen zugesellt sind, verbunden mit Parkflächen. Tokyo besitzt sieben unterirdische Zentren mit einer Geschäftsfläche von 38 400 qm, Osaka fünf mit 61 600 qm, Nagoya vier mit 25 800 qm; acht andere Städte verfügen lediglich über ein oder zwei solcher Zentren, die „zu den besten, bequemsten und rationellsten Anlagen für Einkauf und Restauration" gehören, aber keine Kultur- und Sozialeinrichtungen kennen (Schöller, 1976, S. 125).

Hinsichtlich der Subzentren liegt ein ähnlicher hierarchischer Aufbau wie bei europäischen oder amerikanischen Groß- und Weltstädten vor (Kitagawa, 1970, S. 139), und an der Ringbahn, die Tokyo halbkreisförmig umzieht, entwickelten sich vier wichtige Einkaufszentren, unter denen eines bereits als Nebencity von Tokyo betrachtet werden kann (Schöller, 1962, S. 584 ff.).

Gehen wir nun zu denjenigen *Entwicklungsländern* über, die ein *altes Städtewesen* besitzen und seit dem 19. Jh. zunächst in engere Berührung mit Europa und dann auch andern Industrieländern gelangten. Hier kommen zunächst die *orientalischen Städte* in Frage, für die bereits bei einem Teil der Kleinstädte Funktionsverluste des Bazars bzw. des ältesten Geschäftszentrums (Türkei) zu bemerken waren. Die Spanne zwischen Klein- und Mittelstädten ist hier meist groß, diejenige zwischen Mittel- und Großstädten nicht sehr erheblich, sieht man von einigen Haupt- und Handelsstädten ab. Dabei ist zu berücksichtigen, daß in manchem dieser Länder der Bevölkerungszustrom in die Städte nach dem Zweiten Weltkrieg so beträchtlich war, daß sie hinsichtlich der Einwohnerzahl zu Großstädten wurden und Mittelstädte zurücktreten. Die seit dem 19. Jh. neu gegründeten Städte, die nicht mehr an Traditionen anknüpften, sei es in Jordanien (Loew, 1975) oder in einstigen europäischen Hoheitsgebieten, sollen außer acht bleiben ebenso wie die durch politische Einwirkungen der letzten zehn Jahre verursachten Veränderungen nicht dargelegt werden können.

Was die orientalischen Mittel- bzw. Großstädte von den kleineren unterscheidet, ist meist ihr ehemaliger Fernhandelscharakter, der sich in einem beachtlichen Großhandel zusammen mit dem Finanzwesen niederschlägt, Freitagsmoschee, Medressen, Koranschulen, Bäder (hammam), Bazar und damit in enger räumlicher Verbindung Großhandelseinrichtungen (Khane, Hane, Funduks, Serails) bildeten den Kern der jeweiligen Anlage (Wirth, 1974, S. 220). War bereits bei den Kleinstädten ein gewisser Funktionsverlust des Bazars bzw. ältesten Einkaufszentrums zu verzeichnen, so ist das erst recht für größere Städte anzunehmen.

Allerdings gibt es in dieser Beziehung auch noch traditionelle Formen, die verschieden geartet sein können.

Als Beispiel der Erweiterung von Souks kann Er Riad (1974: 667 000 E.) angeführt werden, wo nicht allein der alte Souk auf Kosten von Wohngebäuden ausgedehnt wurde und in einem Teil davon hochwertige westliche Waren Eingang fanden, sondern in der Neustadt ein neuer Souk entstand. Die Verknüpfung mit dem Großhandel allerdings erfuhr eine Reduktion, und die Souks blieben nicht mehr einziger Standort des Handwerks. Der innerstädtische Markt wandelte sich zu einem täglichen Obst- und Gemüsemarkt, und für die Oasenbauern und Beduinen entstand ein zweiter Markt, auf dem sie ihre Erzeugnisse anbieten. Darüber hinaus aber entwickelten sich Geschäftsstraßen westlichen Stils, obgleich die Souks für alle Käuferschichten als wichtigstes Geschäftszentrum gelten (Schweizer, 1976, S. 234 ff.; Pape, 1977).

Eine andere Möglichkeit besteht darin, dem Bazar wieder seine alte Geltung zu verschaffen. Das war z. B. in Bursa/Türkei (1970: 276 000 E.) der Fall, als nach einem Brand der Wiederaufbau erfolgte, derart, daß im alten Bazar die wenig Bemittelten, im neuen Abschnitt die wohlhabenden Schichten sich versorgen, da hier das moderne westliche Angebot in diesem Teil des Bazars aufgenommen wurde, zudem zwei Hane ebenfalls zur Wiedererrichtung kamen. Das schließt nicht aus, daß sich Passagen innerhalb von Wohnhäusern bildeten, Wohn- und Geschäftshäuser längs der Hauptstraßen ebenfalls die Verwestlichung markieren. Das Handwerk schloß man an einer Ausfallstraße in einem Industriebazar bzw. industrial estate zusammen (Stewig, 1970 und 1973).

Weiter ist zu berücksichtigen, daß der Bazar das wichtigste Einkaufs- und Versorgungszentrum für alle Bevölkerungsschichten blieb, ob nur unwesentliche Veränderungen in der Altstadt vorgenommen wurden oder neue Straßenanlagen und Rundplätze wenig Anziehungskraft ausübten. Das gilt insbesondere für Herat (1976: 62 000 E.) und Kandahar (115 000 E.) in Afghanistan. Hier befinden sich die Bazare längs zwei die Altstadt geradlinig durchziehender und sich kreuzender Straßen, in deren Schnittpunkt früher eine Überwölbung vorhanden war. Während in Herat dieses Prinzip auf die Antike zurückgeht, wurde in dem erst um die Mitte des 18. Jh.s aus einem Winterlager der Paschtanen entstandene Kandahar entweder eine solche Gestaltung von Herat übernommen (Grötzbach, 1979, S. 214), oder es waren indische Einflüsse maßgebend (Wiebe, 1 8, S. 214), wenngleich der indische Idealplan (Kap. VII.F.1.a.) etwas andere Züge trägt. In beiden Städten findet sich der Kern des Bazars im früher überwölbten Schnittpunkt der beiden Straßen mit dem hochwertigsten Angebot, wo sich auch die Branchensortierung erhielt. Je weiter man sich von diesem Mittelpunkt entfernt, um so mehr läßt die Branchensortierung nach ebenso wie die Güte der Waren. Eine Verdrängung des Handwerks fand noch nicht statt, und die Dienstleistungen blieben dem Bazar erhalten. Ebenso erlitt der Großhandel in den Serails keine Einbußen. Nach dem Ersten Weltkrieg ging man in beiden Städten zur Gründung von Neustädten, in denen sich zwar auch untergeordnete Bazare ausbildeten, die entweder auf das Kfz-Gewerbe einschließlich Reparaturen oder auf ein moderneres Angebot für Fremde ausgerichtet sind, doch keine Konkurrenz für die Innenstadt-Bazare bedeuten.

Ohne näher darauf eingehen zu können, stellt sich auch der Bazar von Täbris (1976: 599 000 E.) noch traditionsgebunden dar (Schweizer, 1972). In den Maghrebländern allerdings wird man vergeblich danach suchen; u. U. kommt das von Andalusiern beeinflußte Salé dafür in Frage, weil hier die Zahl der Franzosen während der Protektoratszeit sehr gering blieb, während sonst die jeweiligen Neustädte mit ihren europäischen Geschäftszentren die Bedeutung der Souks absinken ließen.

Meist aber ging die Entwicklung weiter. Zwar blieb die Branchensortierung bzw. -vergesellschaftung innerhalb des Bazars erhalten, wenngleich auch Ausnahmen in dieser Beziehung vorkommen (z. B. Schiraz mit 1976: 414 000 E.; Clarke, 1963, S. 28 ff.). Allerdings fand eine Standortsverlagerung statt, die erheblicher als bei Kleinstädten ist, indem das Angebot des gehobenen Bedarfs an die Bazarausgänge zu den Durchbruchsstraßen abwanderte, die sich ihrerseits zu Geschäftsstraßen westlichen Stils entfalteten und zu den Wohngebieten der gut situierten Bevölkerung führen. Die Verbindung von Einzelhandel im Bazar und Großhandel in den benachbarten Khanen gab man meist auf bzw. blieb auf verfallende Khane bzw. zu diesem Zwecke geschaffene Neuanlagen beschränkt, wobei letzteres vornehmlich für Damaskus gilt (Dettmann, 1969). Sonst teilte sich der Großhandel in Bürohäuser in den westlich geprägten Geschäftsstraßen und in Warenlager an den Ausfallstraßen auf, wo auch die Haltestellen von Omnibussen und Taxis mit dem entsprechenden Reparaturgewerbe zu liegen kamen. Von einigen Ausnahmen abgesehen, verließen auch die Handwerker den Bazar, um meist in der Altstadt neue Viertel zu beziehen. Innerhalb der verschiedenen altstädtischen Wohnbezirke trugen Quartiersbazare zur Versorgung der Bevölkerung bei. Schließlich gesellten sich Wochenmärkte hinzu. Damaskus hatte deren drei, die jeweils am Freitag stattfanden, wenn der sonstige Geschäftsverkehr ruht. Abgesehen von einem Viehmarkt, wurden Gemischtwaren, gebrauchte Haushaltsgeräte, ebensolche Fahrräder, Radios usf. verkauft, so daß sich der wachsenden Unterschicht die Möglichkeit bot, auf diese Weise westliche Waren zu erwerben (Dibes, 1978, S. 24 ff.). Früher meist im Zentrum der Städte gelegen, in nordafrikanischen Städten teilweise neben der Freitagsmoschee in den Soukbezirk einbezogen (Ibrahim, 1975, S. 179), fand häufig eine Verlagerung an die Peripherie statt. Schließlich sind die fliegenden Händler zu erwähnen, die sich bereits in Kleinstädten finden, in Mittel- und Großstädten aber weit zahlreicher sind; entweder stehen sie im Dienste von Einzelhändlern oder sind selbständig, passen sich den Passantenströmen an und verkaufen in kleinen Mengen billige Waren oder verrichten einfache Dienstleistungen (Garküchen, Schuhputzen usf.). Sowohl Mittelstädte wie z.B. Tripoli (1978: 175 000 E.; Koch, 1977, S. 121) und solche in Syrien als auch Großstädte wie etwa Kabul (1976: 378 000 E.; Hahn, 1964 und 1972 sowie Grötzbach, 1979) weisen die genannten Merkmale auf, wobei in Kabul die den Khanen entsprechenden Serails ihre Bedeutung nur wenig verloren bzw. zu diesem Zweck auch neue Gebäude errichtet wurden (Wiebe 1973, S. 219ff.), auf die im großen und ganzen auf die von der Levante nach Osten nachlassende Verwestlichung verweisend, was ebenfalls darin zum Ausdruck gelangt, daß sich keine City entwickelte.

In wenigen Städten ging die Entwicklung noch weiter, indem der westlich orientierten Oberschicht ebenso wie den Ausländern eine moderne City zur Verfügung steht, die sich meist im Anschluß an die westlich geprägte Geschäftsstraße ausbildete, die nun wieder bereits in Dekadenz begriffen ist. Dazu gehören Ankara, Adana (Rother, 1971), Damaskus (Dettmann, 1969), Beirut (Ruppert, 1969), Teheran (Seger, 1975), u. U. Kairo und Algier, die einzige Stadt in den Maghrebländern, in der es dazu kam (Mensching, 1973, S. 84). Istanbul nimmt insofern eine Sonderstellung ein, indem der Bazar durch neun Citybezirke mit jeweils unterschiedlicher Funktion ergänzt wird (Tümertekin, 1969 und 1970/71 mit Karte der Verbreitungsgebiete). Dabei bleibt allerdings zu bedenken, daß die politischen Auseinandersetzungen in der Levante und in Iran zu manchen Veränderungen im Sinne einer Reorientalisierung geführt haben können.

Der von Seger (1975) gebrauchte Begriff einer zweipoligen Stadt läßt sich voraussichtlich in dem Sinne erweitern, daß solche mit Bazar bzw. Souk und einem westlich orientierten Geschäfts- und Wohnviertel zu denen geringeren Grades, diejenigen mit Bazar und City zu denen höheren Grades rechnen sollten, zumal diese Problematik überall dort auftritt, wo alte Städte direkt oder indirekt mit westlicher Kultur in Berührung kamen.

Mit Absicht wurde Bagdad (1977: 2,3 Mill. E.) nicht zu den zweipoligen Städten gerechnet, weil hier der Großhandel verstaatlicht wurde, die bis dahin investierenden Großhändler sich zurückzogen und u. U. der Bazar wieder zum wichtigsten Einkaufszentrum avancierte (Al-Genabi, 1976, S. 143ff.).

Sowohl in *Pakistan* als auch in der *Indischen Union* wird der Geschäftsbereich mit hoher Bevölkerungsdichte als Bazar bezeichnet, wobei es sich jeweils um den „Straßenbazar" handelt. Sofern Kolonialmächte eingriffen, schufen sie sich ihre eigenen Verwaltungs- und Geschäftszentren, und selbst dann, wenn Europäer neue Städte für ihre Belange anlegten, war der Zuzug heimischer Gruppen erheblich, so daß in keiner Großstadt Europäer das Übergewicht besaßen. Gewisse Unterschiede bestehen zwischen Städten, die auf heimischer Grundlage erwuchsen, und denen, die von Europäern ins Leben gerufen wurden, worauf hier nicht näher eingegangen werden kann.

In beiden Ländern kam zunächst die Militärsiedlung in einiger Entfernung von der heimischen Stadt zu liegen (Abb. 119), die mit einem besonderen Bazar (Sidr-

684 Die Städte

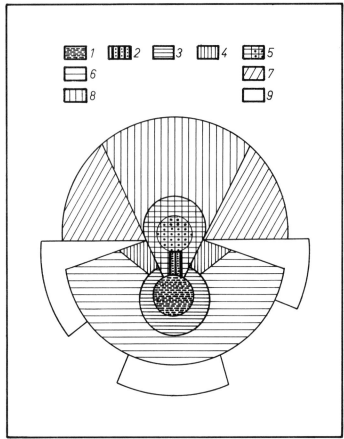

1 Bazar mit Ausweitung
2 Alte Geschäftsstraßen
3 Bereich traditionellen Wohnbaus
4 Alte Villen
5 City-Kern und Rand
6 Wohnungen niederen Standards
7 Wohnungen des Mittelstandes
8 Villenvororte
9 Industrie

Abb. 119 Modell einer zweipoligen Stadt (Bazar und City) am Beispiel von Teheran (nach Seger).

Bazar) ausgestattet wurde, weil es dem Militär verboten war, die vorhandenen Einkaufsmöglichkeiten zu nutzen. Es folgte die britische Verwaltung (civil lines) – meist in Anlehnung an die cantonments –, wo längs einer Straße, der Mall, die notwendigen öffentlichen Gebäude, Banken und Geschäfte entstanden, was zur City ausgeweitet werden konnte, aber nicht brauchte. Mit dem Bau von Eisenbahnen legte man die Strecken zwischen Altstadt einerseits und cantonments bzw. civil lines andererseits an und erreichte damit eine noch stärkere Absonderung.

Ein weiteres Moment gesellt sich hinzu, das jeweils für die heimischen Städte Gültigkeit besitzt. Von Blenck (1977) nicht erwähnt, wohl aber von Smailes (1969, S. 180/81), existiert im Bazarbereich ein Hauptmarkt, dem hierarchisch abgestufte Nebenmärkte zugeordnet sind. Als heimische Einrichtung vorhanden, nahmen die Briten das auf.

Die innere Differenzierung von Städten 685

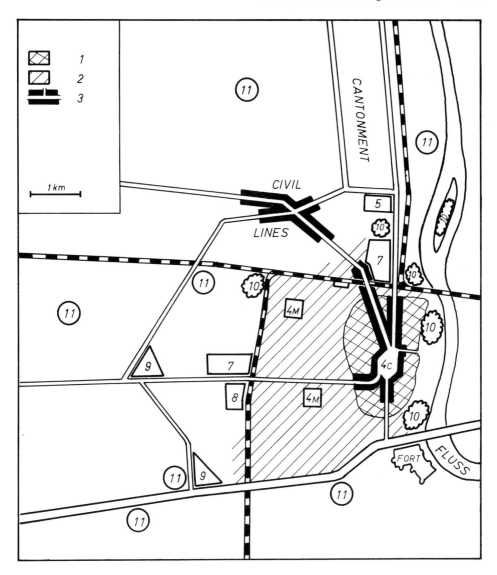

1 Alte ummauerte indische Stadt
2 Indische Stadterweiterung
3 Hauptbazarstraßen
4 Hauptmarkt (Chauk)
4 Nebenmärkte
5 Sidr-Bazar
6 Eisenbahnen und Straßen
7 Industrie
8 Industrial Estates
9 Kolonien bestimmter Berufsgruppen
10 Spontansiedlungen
11 Alte Dorfkerne

Abb. 120 Schema der inneren Differenzierung einer indischen Großstadt (etwas verändert nach Smailes und Blenck).

Sieht man vom Sidr-Bazar ab, dann fehlen Quartiersbazare. An deren Stelle treten Märkte, deren Zahl mit wachsender Bevölkerung zunimmt. So wurden z. B. in Karachi die zunächst offenen Märkte seit dem Jahre 1883 durch Markthallen ersetzt. Bei etwa 140 000 Einwohnern im Jahre 1914 gab es 8 Märkte, im Jahre 1969 bei rd. 3,5 Mill. Einwohnern 38, wovon 14 Groß- und 24 sich als Einzelhandelsmärkte darstellten (Scholz, 1972, S. 50 ff.). Ähnliche Beobachtungen machte Nissel (1977, S. 57) für Bombay (1971: 6,0 Mill. E.) sowie Dutt und Harritt (1972) für Kalkutta (1971: 7,0 Mill. E.). Hinzu gesellen sich die fliegenden Händler, als informaler Sektor des Geschäftslebens bezeichnet, die sich selbst in der neuen Hauptstadt von Pakistan im Angesicht der modernen Geschäfte einstellen.

Über die Geschäftsviertel der Großstädte in der Volksrepublik *China* läßt sich einstweilen wenig ausmachen, zumal sich bei Änderungen der allgemeinen Wirtschaftsausrichtung Wandlungen dabei ergeben können. Dort, wo die Industrie eine Rolle spielt, hat man bei der flächenhaften Erweiterung der Städte den Werken landwirtschaftliche Betriebe zugeordnet, so daß hinsichtlich des täglichen Bedarfs ebenso wie der wichtigsten Dienstleistungen Selbstversorgung angestrebt wurde. Das führte notwendig zu einer Beschränkung des staatlich gelenkten Einzelhandels, der sich teils noch in den früheren Laden-Wohnhäusern vollzieht, sonst aber mehrgeschossige Warenhäuser bevorzugt. Von Ausnahmen abgesehen, herrscht Mischnutzung vor, weil man auf geringe Entfernungen zwischen Arbeits- und Wohnplatz Wert legen muß (Lo, Pannell und Welch, 1977).

Bei den Großstädten *Südostasiens* wird das Bild vielfältiger, weil die jeweils heimische Bevölkerung sich nur in beschränktem Maße am Handel beteiligt, dafür Inder, Chinesen, mitunter auch Araber diese Funktion übernehmen und zudem in verschiedenem Grade Ausländer im Import- sowie Exportgeschäft und industriellen Entwicklungsvorhaben tätig sind.

Hier spielen zunächst – ebenso wie im Orient und Südasien – die fliegenden Händler (hawker) eine Rolle, die teils Zuwanderer vom Land darstellen wie in Djakarta, mitunter aber bereits in den Städten geboren sind wie insbesondere in Singapore oder Hongkong. Sie füllen meist Lücken im sonstigen Angebot aus, indem sie teils die Außenbezirke der Städte versorgen, teils an innerstädtischen Verkehrszentren oder Märkten ihre Waren zu billigeren Preisen absetzen können und deshalb der armen Bevölkerung niedrige Lebenshaltungskosten vermitteln. Die von ihnen betriebenen Garküchen werden von Arbeitern, Handwerkern usw. der Zeitersparnis wegen gerne benutzt, zumal die fliegenden Händler sich für den Vertrieb Stunden aussuchen können, wenn der übrige Geschäftsbetrieb ruht. Lediglich für Singapore läßt sich über ihre zahlenmäßige Entwicklung ein ungefähres Bild gewinnen. Im Jahre 1939 bei einer Gesamtbevölkerung von 0,6 Mill. waren es 11 000, bis der Höchstwert im Jahre 1962 bei 1,7 Mill. Einwohnern mit 50-60 000 erreicht wurde, um bis zum Jahre 1969 bei einer Bevölkerung von 2,1 Mill. auf 25 000 zu sinken. Wie weit fliegende Händler in den einzelnen Groß- und Weltstädten bereits vor dem Zweiten Weltkrieg eine Rolle spielten, war in den einzelnen Städten sicher unterschiedlich; zumindest aber erhöhte sich ihre Zahl nach dem Zweiten Weltkrieg beträchtlich mit der Abwanderung der Bevölkerung in die Großstädte. Bei ungenügendem Angebot an Arbeitsplätzen blieb bei Kapitalmangel und niedrigem Bildungsniveau kaum etwas anderes übrig, als die

Lücken des tertiären Sektors zu füllen. Häufig als Zeichen der Unterbeschäftigung oder versteckter Arbeitslosigkeit gedeutet, gilt das wohl zu Recht, wenngleich nicht für den hawker selbst, der bei geringem Verdienst enorme Arbeitszeiten auf sich nehmen muß. Von Land zu Land und innerhalb eines Landes von Stadt zu Stadt ist die Einstellung der Verwaltung zu den fliegenden Händlern unterschiedlich. Die stärkste Beaufsichtigung besteht wohl in Hongkong und Singapore, wo die hawker einer Lizenz bedürfen. In Singapore ging man so weit, ihnen Markthallen zu schaffen, womit dann der Status des fliegenden Händlers allmählich zum Verschwinden gebracht wird (Yeoung, 1977).

Wie es bereits für Indien erläutert wurde, vollzieht sich sonst ein erheblicher Teil des Einzelhandels mit leicht verderblichen Waren auf Märkten, deren Zahl mit wachsender Bevölkerung zunimmt, ob in Bangkok, Singapore (Bellett, Juni 1966, S. 15), in Hongkong, Djakarta (Helbig, 1931, S. 115; Fichter, 1972, S. 317) u. a. m.

Bei der Entstehung neuer Städte im Rahmen der Hauptstädte oder Stadtstaaten wie in Kuala Lumpur, Singapore oder Hongkong kommt es zur Ausbildung von Nebengeschäftszentren, derart, daß die Läden meist das Erdgeschoß der vielgeschossigen Wohnbauten einnehmen. In Kuala Lumpur schuf man nach englischem Vorbild ein shopping center (McGee, 1967, Abb. 46).

Nun gilt es, das Hauptgeschäftszentrum einzubeziehen. Mitunter verblieb es bei den dicht bevölkerten chinesischen Geschäfts- und Wohnzentrum, z. B. in Djakarta (1973: 5,0 Mill. E.), mit einer gewissen Ausweitung nach Süden, ohne daß es zur ausgesprochenen Citybildung kam (Tanabe, 1968). Ähnliches findet sich in Kuala Lumpur (1970: 452 000 E.), wo westliche Einflüsse zwar stärker bemerkbar, aber nicht so durchgreifend sind, daß eine Ergänzung der Chinatown durch eine City stattfand. Hier läßt sich die Nutzung der einzelnen Geschosse verfolgen, ohne daß es einer näheren Erläuterung bedarf.

Zu den Groß- und Weltstädten Südostasiens, in denen außer fliegenden Händlern, Märkten und einem oder mehreren dicht bevölkerten Geschäftsvierteln eine City existiert, gehören zumindest Bangkok (1977: 4,7 Mill. E.), für das Sternstein

Tab. VII.D.4 Ungefährer Anteil der geschoßweisen Nutzung im chinesischen Geschäftsviertel von Kuala Lumpur im Jahre 1961

Nutzung	Erdgeschoß	1. Obergeschoß	2. Obergeschoß
Wohnen	15,00	75,66	22,48
Großhandelsmarkt und -geschäfte	–	0,20	0,02
Straßenstände	0,17	–	–
Hotels u. ä.	–	3,26	–
Büros v. Verwaltung u. Berufsverein.	–	6,63	19,40
Büros v. Wirtschaftsuntern. u. Banken	19,30	12,95	57,40
Großhandelslager	0,41	1,00	0,70
Spezialindustrie	–	0,30	–
Einzelhandel	65,12	–	–
Verwaltungs- und kult. Einrichtung.	–	–	–
	100,00	100,00	100,00

Nach Sendut, 1969.

(1972, S. 248) die „homeless Westerntype City" gegenüber der Chinatown absetzte, Singapore (1976: 2,3 Mill. E.; Buchanan, 1972 und Yeoung, 1973), Hongkong (1977: 4,5 Mill. E.; Buchholz, 1973 und 1978) und Manila (1975: 1,5 Mill. E.; Mc Indre, 1955), demnach sowohl heimische Städte als auch Kolonialgründungen.

Geht man zu *Lateinamerika* über, dann sollte man auf Grund des europäischen Ursprungs der Städte – abgesehen von den indianischen Vorläufern – vermuten, daß bei den Groß- und Weltstädten sich ein ähnlicher Entwicklungsprozeß wie im Mutterland vollzog. In dieser Beziehung wird man nicht enttäuscht, indem sich die Citybildung ebenfalls auf wenige Städte beschränkt. Gewisse Ansätze dazu finden sich in Puebla (1975: 482 000 E.), wenngleich einige begüterte Familien ihre gepflegten Patiohäuser als Wohnsitz im Kern beibehielten (Gormsen, 1968, S. 181). Schnore (1967, S. 356 ff.) stellte die in den Vereinigten Staaten durchgeführten soziologischen Untersuchungen über lateinamerikanische Städte zusammen. Aussagen über das Vorhanden- oder Nichtvorhandensein einer City wurden zwar nicht gemacht, wenngleich als hier interessierendes Ergebnis zu werten ist, daß die hohen Sozialschichten nicht vor dem Beginn des 20. Jh.s die Altstadt verließen. In Guatemala City z. B. (1973: 730 000 E.) blieben in einem Teil der Altstadt die Patiohäuser der Oberschicht erhalten, in einem anderen drangen seit den dreißiger Jahren und verstärkt nach dem Zweiten Weltkrieg Hochhäuser ein, die teils der öffentlichen und halböffentlichen Verwaltung dienen, teils aber als Appartements genutzt werden (Sandner, 1969, S. 129 ff.). Selbst in Millionenstädten unterblieb die Citybildung, auch wenn die Physiognomie zunächst darauf hindeuten würde; doch ging man in stärkerem Maße als in Nordamerika zu Appartement-Hochhäusern über. Daß Märkte und fliegende Händler nicht fehlen, sei am Rande vermerkt. Eine ausgesprochene City findet sich voraussichtlich nur in Caracas (1971: 1,0 Mill. E.), Lima (1972: 3,3 Mill. E.), Buenos Aires (1970: 3,0 Mill. E.), Rio de Janeiro (1970: 4,3 Mill. E.), São Paulo (5,9 Mill. E.) und Mexico City (1975: 8,6 Mill. E. bzw. Groß-Mexico City 13,0 Mill. E.).

Unter den *afrikanischen Städten* wäre höchstens Kano (1975: 400 000 E.) und in Ibadan (1975: 847 000 E., voraussichtlich Ende der siebziger Jahre 1,5 Mill. E.) eine City zu erwarten. In Kano überwiegen noch immer Haupt- und Nebenmärkte der Altstadt, ein besonderer, früher von den Ibo und jetzt von den Yoruba betriebener Markt, und am Außenrand kam es zur Ausbildung eines früher europäischen Großhandelszentrums, dem sich längs einer Straße ein bescheidenes Geschäftsviertel anschloß. Die Libanesen hatten sich in ihrem Quartier auf den Einzelhandel mit Textilien spezialisiert (Becker, 1969, S. 76 ff.). Selbst in Ibadan überwiegen die Märkte, hierarchisch geordnet, so daß der Bereich mit Ladengeschäften wenig ins Gewicht fällt (Mabogunje, 1967, S. 52/53). Anders dagegen steht es in Lagos (Ende der siebziger Jahre 3,0 Mill. E.). Hier kam es zur Entwicklung einer City auf der Lagos-Insel, sogar mit der Untergliederung von Verwaltungs-, Bürohaus-, Finanz- und Einzelhandelsdistrikt mit Warenhäusern, durch Hochhäuser betont. Abgesehen von Geschäftsstraßen ebenso wie von abgestuften Geschäftskonzentrationen bis hin zum Nachbarschaftszentrum führen die untergeordneten Geschäftsstraßen meist zu Märkten, deren Zahl auf der Insel Lagos im Jahre 1898 16 betrug. Trotz des enormen Bevölkerungswachstums brachte die Verwestlichung des Geschäftslebens und die Verbesserung der innerstädtischen Verkehrsbedingungen eine Reduktion der Märkte bei gleichzeitiger räumlicher Ausweitung auf eine benachbarte Insel und auf das Festland (Mabogunje, 1968, S. 276 ff. und S. 280 ff.). Zwischen den Jahren 1960 und 1977 wurden 27 neue Märkte eröffnet, meist in den peripheren Bereichen des Verdichtungsraumes, die als kleine tägliche Märkte mit vielfältigem Angebot die Bevölkerung eines beschränkten Umkreises versorgen und sich als Nachbarschaftsmärkte in das hierarchische System einordnen lassen. Darüber hinaus spielen Straßenhändler (hawker) eine erhebliche Rolle, die sich vornehmlich dort häufen, wo mehrspurige highways sich plötzlich verengen (Adaleno, 1979, S. 75). Sie werden sich überall in den Großstädten von Tropisch-Afrika finden; doch da meist keine Registrierungspflicht gegeben ist, läßt sich über ihre Zahl – auch für Lagos – keine Aussage machen.

Vielfach sind auch in den europäischen Neugründungen in Tropisch-Afrika tägliche Märkte für die Afrikaner eröffnet worden, selbst dann, wenn das Marktwesen den Afrikanern unbekannt war, wie es Vorlaufer (1967, S. 359 ff.) für Kampala (1975: 331 000 E.) darlegte. Nur in wenigen Großstädten entwickelte sich eine City. Vennetier (1976, S. 104) hob in dieser Beziehung Nairobi (1975: 700 000 E.), Salisbury (1976: 566 000 E.), Abidjan (1976: 1,4 Mill. E.) und Kinshasa (um 1975: 2,2 Mill. E.) hervor, Manshard (1977, S. 53) fügte Accra (1970: 636 000 E. mit der neuen Hafenstadt Tema etwa 740 000 E.) hinzu. Überprüft man das an Hand von Spezialarbeiten, so kann man Kampala anführen (Vorlaufer, 1967, S. 318), wo das zentrale Geschäftsviertel von den Laden-Wohnungen der Inder gebildet wurde und der „harte Kern" sich aus Bank-Hochhäusern europäischer Abkunft zusammensetzte, was aber zur Citybildung nicht genügt. Ähnlich steht es in Daressalam (Vorlaufer, 1973) ebenso wie in Dakar (Seck, 1970, S. 75 ff.).

Wenn es in Städten unterschiedlicher Größenordnung teils zur Ausbildung einer City kam und teils nicht, dann wird nach den Ursachen einer solchen Differenzierung zu fragen sein. Soweit bisher zu übersehen ist, beginnt in Afrika dieser Prozeß bereits in Städten mit 500 000 Einwohnern und mehr, wobei Salisbury mit rd. 20 v. H. Europäern vor der Verselbständigung und Zuwanderungsbeschränkungen für Afrikaner – jedenfalls im Jahre 1976 – eine Sonderstellung beansprucht. Sonst ist die Citybildung auf bevorzugte Millionenstädte beschränkt, was jeweils Haupt- und/oder Hafenstädte betrifft. Zum einen kommt es darauf an, wie weit die heimischen Führungsschichten westliche städtische Lebensformen annahmen und in der Lage sind, diese weiterzuführen. Zum andern aber spielt auch die Präsenz von Ausländern der Industriestaaten eine Rolle, die zum Aufbau einer eigenen Industrie herangezogen werden. In Lagos (Schätzl, 1973, S. 103 ff.) und in Abidjan (Göttlich, 1973, S. 106) z. B. nehmen sie 80-90 v. H. aller leitenden Stellungen in der Wirtschaft ein und tragen, selbst wenn ihr Anteil an der Gesamtbevölkerung gering ist, mit den für sie unentbehrlichen Bürohausbauten ebenso wie für den auf ihre Bedürfnisse abgestellten Einzelhandel zur Ausbildung der City bei.

Sieht man von den sozialistischen Ländern ab, dann existieren aber auch einige Unterschiede der City westlicher Industriegesellschaften und denen von Entwicklungsländern, wenngleich eine strenge Scheidung zwischen „western and nonwestern" cities (Berry, Simmons und Tennant, 1963, S. 390 ff.) bzw. Städten der vorindustriellen Gesellschaft, in deren Stadium sich die der Entwicklungsländer befinden sollen, und denen der modernen Industriegesellschaft (Sjoberg, 1967, S. 209 ff.) nicht existiert, sondern sich mancherlei Übergänge einstellen.

Zwar ist die von der City bzw. dem CBD beanspruchte Fläche gegenüber der Ausdehnung der Großstädte überall relativ klein, zumal gegenüber der Bedeutung, die diesem Stadtteil zukommt, sieht man von den Degradierungserscheinungen ab, die vornehmlich in den Groß- und Weltstädten der Vereinigten Staaten auftreten. Bartholomew (1955, S. 116) berechnete im Durchschnitt mehrerer amerikanischer urban areas, die in dem Zeitraum von 1937-1952 untersucht wurden, daß lediglich 2,65 v. H. der Fläche vom Geschäftsleben geprägt werden; für die Standard Metropolitan Statistical Area von Chicago belief sich dieser Wert am Ende der fünfziger Jahre auf 3,8 v. H. (Berry und Horton, 1970, S. 444 ff.). Bezieht man sich dabei allerdings nicht allein auf die Grundfläche, sondern berücksichtigt die Nutzung der Stockwerke, dann erhöhte sich der genannte Anteil auf 15,8. In den Entwicklungsländern ist der flächenmäßige Anteil noch geringer, weil sich ein erheblicher Teil des Einzelhandels und der Dienstleistungen in traditionellen Formen vollzieht und das Cityangebot lediglich von einer beschränkten Bevölkerungsschicht in Anspruch genommen werden kann. Ginsburg (1967, S. 316) bezog diese Aussage zwar auf indische Großstädte, was sich aber wohl verallgemeinern läßt. Die City westlicher Prägung mit ihrem periodischen und episodischen Angebot unterschiedlicher Preiskategorien wird von fast allen Bewohnern gelegentlich innerhalb eines Jahres aufgesucht, zumal sich nach dem Zweiten Weltkrieg steigende Löhne mit erhöhten Ansprüchen verbanden.

Schließlich ist noch ein Gesichtspunkt zu beachten, der vornehmlich die Groß- und Weltstädte der westlichen Industriegesellschaft betrifft. Die Ausbildung von City bzw. CBD ist zwar abhängig von der Größe einer Stadt, aber die besonderen Funktionen können beschleunigend oder hemmend auf diesen Prozeß einwirken. Ersteres trifft zu, wenn der Handel auf nationaler oder internationaler Ebene im Vordergrund steht. Wenn z. B. Duisburg (1977: 578 000 E.) die kleinste Cityfläche unter den Städten der Bundesrepublik Deutschland mit 0,5 Mill. Einwohnern und mehr besitzt (Orgeig, 1972, S. 16) und zudem noch nicht gesichert ist, ob eine City vorliegt, weil der größte Teil des Einzelhandels sich auf das Erdgeschoß beschränkt, wenn in Bochum (1977: 411 000 E.) erst nach dem Zweiten Weltkrieg die Entwicklung der City begann (Wolcke, 1968), dann wird die obige Aussage bestätigt. Auch in den Methoden von Murphy und Vance spiegelt sich dieser Sachverhalt wider, denn in der ausgesprochenen Industriestadt Worcester/Mass. ist der Central Business Intensity Index besonders niedrig und der flächenmäßige Anteil des CBD relativ klein. Allerdings liegen die Verhältnisse etwas anders, wenn Erdölfirmen bestimmend erscheinen, denn dann ist zwar die Fläche, die dem Einzelhandel zur Verfügung steht, beschränkt, aber die modernen Bürohochhäuser dominieren derart, daß es hier zu einem voll ausgebildeten CBD kam (z. B. Midland/Texas mit 1970: 60 000 E.; Weber, 1961).

3. Industrie- und Verkehrsanlagen in ihrer Bedeutung für die Viertelsbildung

Städte sind zwar nicht ausschließlich Standorte der Industrie (Kap. V.A. und Kap. V.B.), aber in den Industrieländern wird es – abgesehen von noch verbliebenen Landstädten oder solchen, die sich fast ausschließlich dem Fremdenverkehr zuwandten – kaum vorkommen, daß Städte keine Industrie besitzen. Dabei kann sich letztere aus früherer gewerblicher Betätigung oder ohne solche Anknüpfung entwickeln ebenso wie sie in der Gesamtwirtschaft eine untergeordnete oder eine bedeutende Rolle zu spielen vermag (Industriestädte, Kap. VII.C.3.c.).

Unabdingbar für die Entfaltung der Industrie stellt sich der technisierte Verkehr dar, der die Zulieferung von Rohstoffen bzw. Zwischenprodukten ebenso wie den Absatz der Fertigwaren übernimmt, für die Zuführung von Arbeitskräften (Einpendler) wichtig war bzw. noch ist und die Fühlungnahme zwischen Unternehmer und Markt erleichtert.

Die zunächst mit Dampf betriebenen Eisenbahnen und der auf Dampfkraft umgestellte Binnen- und Seeschiffsverkehr machten dabei den Anfang, wobei früher oder später Diesellokomotiven, Elektrifizierung des Streckennetzes oder Gasturbinen Verbesserungen brachten. Mit dem Aufkommen des Autoverkehrs und dem Bau entsprechender Schnellstraßen konnte in unterschiedlichem Maße der Lastkraftwagenverkehr den Transport von Gütern übernehmen. Schließlich kam auch das Flugzeug für den Transport bestimmter Waren bzw. für den Reiseverkehr von Führungskräften in Frage, was sich allerdings auf Groß- und Weltstädte beschränkt. Auf diese Art und Weise wird es für den Standort der Industrie wichtig, zu welcher Zeit sie einsetzte, wobei sich frühere und spätere Phasen unterscheiden lassen und in dieser Beziehung auch Unterschiede zwischen den Industrieländern bestehen.

Mit der Verwendung von Erdöl und -gas stellte sich zunächst eine Senkung der Transportkosten ein, wobei nun dem Arbeitskräftepotential besondere Bedeutung zukam und – nach Industriezweigen verschieden – un- bzw. angelernte Arbeiter oder Facharbeiter, bei Ausdehnung des tertiären Sektors in der Industrie Angestellte benötigt wurden. Das beeinflußte den Standort mancher Branchen insofern, als nun großen Städten der Vorzug gegeben wurde. In diesen aber spielen, falls ein erheblicher Flächenbedarf notwendig ist, die Bodenpreise eine erhebliche Rolle, was nun das Streben an die Peripherie mit sich brachte, ohne der Fühlungsvorteile von Groß- und Weltstädten verlustig zu gehen.

Zu Beginn der Industrialisierung standen lediglich Eisenbahn und Schiffahrt für den Gütertransport zur Verfügung. Läßt man die auf Bodenschätze aufbauende Industrie hier außer acht, dann erweisen sich für historisch gewordene Städte, wie sie zumeist in *Europa* vorliegen, zwei Momente für den Standort von Industrie- und Verkehrsanlagen wichtig. Besonders in bezug auf die reliefempfindlichen Eisenbahnen kommt der Entfernung zwischen Altstadt und dem neuen Verkehrsmittel Beachtung zu, wie man es bei zahlreichen Städten der hessischen Senken oder des Oberrheingebietes beobachten kann. Noch entscheidender jedoch erscheint die Größe der Städte zur Zeit des Eisenbahnbaus und die darauf folgende Bevölkerungsentwicklung. Das stellte Book (1974 und 1978) für die nordischen Länder und Deutschland in den Mittelpunkt seiner Betrachtung, wobei allerdings die Erweiterung des Problems auf den Standort der Industrie nicht einbezogen wurde.

Sofern um die Mitte des 19. Jh.s kleine Städte vorlagen, in denen eine gewisse gewerbliche Betätigung zur industriellen ausgebaut wurde, kam es vor, daß man teils am alten Standort verblieb, teils aber mit neuen Werken die Nähe des Bahnhofs aufsuchte, der in der Regel in geringerer oder größerer Entfernung von der Altstadt angelegt wurde. Das gilt z. B. für die Textilindustrie in Nordhorn (1852: 2400 E.; 1977: 49 000 E.), wie es Klöpper (1941) darlegte. Außerhalb des Geschäftskerns und der Altstadt befanden sich die wenigen größeren Betriebe in Buxtehude (1852: 1450 E.; 1977: 31 000 E.), wo die Nähe der Este maßgebend wurde, sei es, daß das Wasser früher als Kraftquelle eine Rolle spielte und dann als Brauchwasser Verwendung fand, sei es, daß der schiffbare Unterlauf des Flusses den Antransport von Rohstoffen erleichterte (Fick, 1952, S. 101 ff.).

Städte, die sich in der zweiten Hälfte des 19. Jh.s unter Beteiligung der Industrie und verbessertem Verkehrswesen zu Großstädten entfalteten, mußten in Bezug auf Werks- und Verkehrsanlagen noch andere Mittel einsetzen, wie es an den Beispielen von Hannover und Nürnberg gezeigt werden kann.

Die Industrie in Hannover (1850: 51 000 E.) lag damals in der Nachbarstadt Linden und war rohstoffgebunden. Nach dem Jahre 1870 sah man zunächst das Gelände hinter dem Hauptbahnhof für Industrie und Arbeiterwohnungen vor, wobei für die Bahngleise Dammbauten notwendig wurden. Ebenso erhielt Linden Eisenbahnanschluß, dessen Güterbahnhof zum besonderen Anziehungspunkt für die Industrie wurde. Längs der Bahnlinie nach Süden setzten sich einige Firmen in den damals noch nicht zur Stadt gehörigen Dörfern an, was bis zum Zweiten Weltkrieg Bestand hatte, dann aber einem Ausdünnungsprozeß unterlag. Die um die letzte Jahrhundertwende geschaffene Güterumgehungsbahn mit dem Eisenbahn-Ausbesserungswerk in Leinhausen und dem Verschiebebahnhof in Seelze waren die Veranlassung dazu, die industrielle Entwicklung nach Norden zu lenken, sei es, daß eine Randwanderung von räumlich beengten Werken im rückwärtigen Bereich des Hauptbahnhofs einsetzte oder sei es, daß es sich um neue Firmen handelte. Mit der Eröffnung des Mittellandkanals im Jahre 1916 verstärkte sich diese Tendenz, wobei nun insbesondere Großbetriebe mit hohem Flächenbedarf die Nähe der Häfen aufsuchten. Der Bau der Autobahn (1937) und des Flughafens (1952) gaben vorhandenen Betrieben neue Möglichkeiten, ohne eine weitere Abwanderung von Unternehmen an die Peripherie zu bewirken, die bereits aufgefüllt war. Nur die Einrichtung eines Zweigbetriebes des Volkswagenwerks kam als neues Element nach dem Zweiten Weltkrieg hinzu, was zur Folge hatte, daß ein Teil der vorhandenen Betriebe sich auf die Zulieferung der Fahrzeugindustrie umstellte (Schwarz, 1953, S. 69 ff.; Arnold, 1978, S. 164 ff.). Hannover ist zugleich ein gutes Beispiel dafür, wie schwierig es ist, die Trennwirkung des Hauptbahnhofs zu überwinden, trotz der Durchbrechung durch die Untergrundbahn und unterirdischer Fußgängerzone (Voppel, 1978, S. 90).

In den Jahren 1848-1877 entstanden sämtliche sieben von Nürnberg (1850: 54 000 E.; 1977: 491 000 E.) ausgehenden Fernlinien, die im Hauptbahnhof südlich der Altstadt zusammengefaßt werden konnten, wobei die Gleisanlagen hier ebenerdig verliefen, die notwendig werdenden Unterführungen eine ähnliche Scheidung der Stadtteile bewirkten wie die Dammbauten in Hannover. Die Höherlegung der Gleisanlagen nach dem Zweiten Weltkrieg führte eine gewisse Verbesserung herbei, ohne eine vollständige Aufhebung der über hundert Jahre wirksamen Gegensätze zu bewirken. Um die letzte Jahrhundertwende ging man daran, den Güterverkehr vom Hauptbahnhof zu entfernen, eine Güterumgehungsbahn in 2-3 km Entfernung vom Zentrum zu schaffen, so daß nun die Maschinenfabrik MAN (Maschinenfabrik Augsburg-Nürnberg) ebenso wie die Siemens Schuckert-Werke hierhin verlagert wurden. Außer der Konzentration der Industrie im Süden und Westen, hier durch die Ausstrahlung von Fürth bewirkt, konnte mit Hilfe der Umgehungsbahn nun auch der Norden an der Industrialisierung beteiligt werden, während Betriebe im Osten, die früher auf das Wasser der Pegnitz angewiesen waren, abwanderten und der Entwicklung zu wohlhabenden Wohnvierteln unterlagen (Hanfftaengel, 1976; Kreße, 1977, S. 96 ff.), eine Erscheinung, die sonst wenig beobachtet wird.

Geht man zu solchen mitteleuropäischen Städten über, die um die Mitte des 19. Jh.s bereits Großstadtcharakter besaßen, dann ist es als Ausnahme zu werten, wenn der Hauptbahnhof am Rande der Altstadt zu liegen kam bzw. in diese hineingelegt wurde. Das ist z. B. in Köln der Fall (1850: 97 000 E.), wo man dadurch die Möglichkeit hatte, die Rheinbrücke nach Deutz zu erreichen, um hier die Köln-Mindener Bahn aufnehmen zu können (Gansäuer, 1961).

Bei noch größerer Ausdehnung der Städte wie in Berlin (1850: 420 000 E.), Wien (444 000 E.) oder Paris (1 Mill. E.), die bereits mehr oder minder ausgedehnte Mischbereiche von Wohnungen und Gewerbe besaßen, blieb kaum eine andere Möglichkeit, als in einiger Entfernung vom Kern Kopfbahnhöfe einzurichten (meist 6-9), gleichgültig, ob dieses Prinzip durch zentrale Lenkung (Wien und Paris) oder durch Beteiligung mehrerer Eisenbahngesellschaften (Berlin bis etwa zur Reichsgründung) zustande kam. Daß sich bei weiterem Wachstum häufig Ringbahnen als zweckmäßig erwiesen, die an bestimmten Stellen zur Konzentration von Industriewerken führten, ebenso wie das für Fluß- oder Kanalhäfen galt, war ein begünstigender Faktor für die später einsetzende Randwanderung der Industrie.

Kreße (1977) nahm sich für mitteleuropäische Großstädte desselben Problems unter genetischen Gesichtspunkten an. Da nicht allein ein Wachstum von innen nach außen erfolgte, sondern benachbarte Siedlungen bzw. Städte mit einem gewissen Eigenleben die Verbindung mit der Großstadt suchten, unterschied er zwischen Entwicklungskernen, die anziehend oder abhaltend auf die Industrie wirkten, was in folgender Skizze wiedergegeben sei (Abb. 121), die wohl keiner näheren Erörterung bedarf.

Beaver (1937) ging mit seiner Untersuchung über Mitteleuropa hinaus und schloß Großstädte Ostmitteleuropas ein, wo sich ähnlich geartete Lösungen finden. Selbst in Moskau (1850: 365 000 E.) entstand außer den radialen Fernlinien im Jahre 1908 in etwa 10 km Entfernung vom Zentrum eine Ringbahn, längs der sich noch heute Konzentrationspunkte der Industrie finden (Hamilton, 1976, S. 25).

In Großbritannien zeigen sich bei den kleineren historischen Städten Ähnlichkeiten mit den Verhältnissen in Mitteleuropa. Dort aber, wo die Industrialisierung dem Eisenbahnzeitalter voranging, die hier erfundenen Eisenbahnen zunächst dem Kohlentransport dienten, setzte das Wachstum der entsprechenden Orte früher als auf dem Kontinent ein. Im Jahre 1838 umfaßte Birmingham bereits 376 000 E., Manchester etwa 1 Mill. und London im Jahre 1841 2,2 Mill. Um das Jahr 1840 begann man, die wirtschaftlichen Schwerpunkte durch Eisenbahnen zu verbinden, wobei das Besondere darin liegt, daß dies durch konkurrierende Eisenbahngesellschaften geschah, von denen jede Wert auf eigene Bahnhöfe legte; erst nach dem Zweiten Weltkrieg kam die endgültige Verstaatlichung. Mit den Bahnhöfen blieb man zunächst außerhalb der bebauten Fläche, wie es Hall (1964, S. 62 ff.) für London und Leister (1970) für Birmingham und Glasgow nachwiesen.

In einer zweiten Etappe verlegte man die Kopfbahnhöfe an den Rand der vorhandenen oder sich bildenden City, so daß Viadukt- bzw. Tunnelbauten notwendig wurden und Arbeiterwohngebiete den neuen Ansprüchen weichen mußten. Mitunter trat nun eine Arbeitsteilung ein, indem die alten Bahnhöfe für den Güterverkehr und Rangierbetrieb verantwortlich wurden und die neuen den Personenverkehr übernahmen. Als Anknüpfungspunkte für die Industrie blieben die letzteren außer Betracht, wohl aber konnten die Güterbahnhöfe sich als „anziehende Kerne", auswirken. Ebenso spielten im übertragenen Sinne „abhaltende Kerne" eine Rolle, denn der Besitz von Adel, Kirche usf. mußte von den Bahnanlagen umgangen werden, so daß bei der Streckenführung Umwege in Kauf genommen werden mußten. Die von Stamp und Beaver (1974, S. 697 ff.) herausgestellten Halbringbahnen, in London nördlich und in Manchester südlich der Stadt, können, da die Strecken von verschiedenen Gesellschaften betrieben wurden, kaum als solche in Anspruch genommen werden. Zwar übernahmen die Eisenbah-

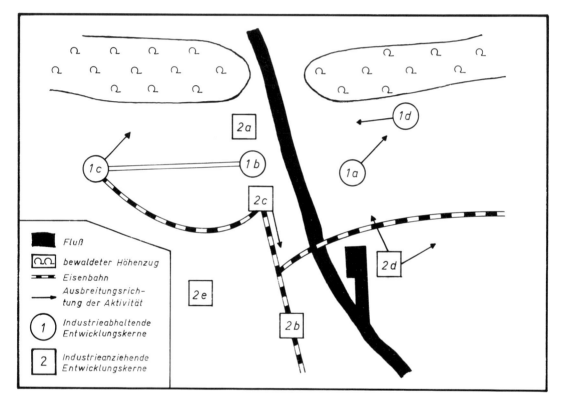

1 Industrieabhaltende Entwicklungskerne
　a Alte Bürgerstadt
　b Residenz
　c Sommerresidenz
　d Vornehme Wohngebiete aus der zweiten Hälfte des 19. Jahrhunderts
2 Industrieanziehende Entwicklungskerne
　a Altes Handwerkergebiet der Residenzstadt
　b Flüchtlingssiedlung aus dem 17. Jahrhundert
　c Bahnhofsindustrie um das Jahr 1850
　d Hafenindustrie aus der zweiten Hälfte des 19. Jahrhunderts
　e Neues Industriegebiet nach dem Zweiten Weltkrieg ohne Kern

Abb. 121 Schema der Entwicklungskerne (nach Kreße).

nen zumindest in London – früher als das im kontinentalen Europa der Fall war – den Arbeiter-Pendelverkehr (um 1850), aber die Ringverbindung zwischen den am Rande der City vorhandenen Personenbahnhöfen gelang erst mit der Fertigstellung der Untergrundbahn im Jahre 1884.

Das Prinzip der Beteiligung mehrerer miteinander konkurrierender Eisenbahngesellschaften wurde zwar nicht in alle ehemaligen angelsächsischen Kolonialgebiete übertragen, wohl aber nach *Nordamerika*. In den Vereinigten Staaten hatten im Jahre 1850 nur sechs Städte eine Bevölkerung von 100 000 und mehr, meist Hafenstädte im Osten des Landes, wo Flüsse und Kanäle auch in kleineren Städten für den Standort des Gewerbes zunächst maßgebend waren. Sieht man von ihnen ab und beschränkt sich auf diejenigen, die mit Hilfe von Eisenbahn, Industrie und europäischer Zuwanderung aus kleinen Anfängen in der zweiten Hälfte des 19. Jh.s ein beträchtliches Wachstum aufwiesen, dann zeigt sich hinsichtlich des sich bildenden Eisenbahnnetzes das Folgende: Radial auf den Kern zustrebende Linien entstanden etwa im Laufe eines halben Jahrhunderts, derart, daß jede Gesellschaft den Versuch machte, so nahe wie möglich an den in Entwicklung begriffenen CBD zu gelangen, um dort ihre Kopfbahnhöfe einzurichten, die vielfach der Ausdehnung des CBD hinderlich waren und zudem als anziehende Kerne von Industrie und Großhandel gelten konnten. Ein sich zum CBD hin öffnendes Bahnhofsviertel entwickelte sich nicht, wohl aber im Umkreis der Bahnhöfe „kompakte Fabrikviertel mit Gleisanschlüssen" (Hofmeister, 1971, S. 33). Häufig gesellten sich zu den Radiallinien Ringbahnen bzw. belt lines, entweder von einer besonderen Gesellschaft getragen oder durch Absprachen zwischen den verschiedenen Gesellschaften, derart, daß die belt lines mit Verschiebe- und Güterbahnhöfen ausgestattet wurden. Auch diese entwickelten sich zu Anknüpfungspunkten der Industrie (Yeates und Garner, 1980, S. 398). Ein gutes Beispiel in dieser Beziehung bietet Chicago (Cutler, 1976, S. 113 ff.), wo – wie in den andern großen Städten auch – nach dem Ersten Weltkrieg nicht mehr rentable Strecken stillgelegt wurden, die weitere industrielle Suburbanisierung längs der Schnellstraßen erfolgte, wenngleich – an amerikanischen Verhältnissen gemessen – der Eisenbahnfrachtverkehr mit 54 v. H. hier noch immer hoch liegt.

In *Japan* gingen die ersten Perioden der Industrialisierung und des Eisenbahnbaus (1872-1920) zeitlich Hand in Hand, wobei aber zu berücksichtigen ist, daß dem Schiffsverkehr mindestens dieselbe Bedeutung zukam. Dem trug man insofern Rechnung, indem nach dem Jahre 1868 Tokyo seinen Hafen Yokohama und Osaka den von Kobe erhielt, womit zugleich die weiteren Schwerpunkte von Verstädterung und Industrialisierung vorgezeichnet wurden. Auch einzelne küstennah gelegene Industriesiedlungen schufen sich Häfen, sowohl solche, bei denen die Seidenspinnerei im Vordergrund stand, als auch solche, in denen die Schwerindustrie aufgebaut wurde. Unter Hinzuziehung britischer Ingenieure kam der Eisenbahnbau mit zunächst verschiedenen Eisenbahngesellschaften zustande, die allerdings während des Ersten Weltkriegs der Nationalisierung unterlagen und Privatunternehmen lediglich weniger bedeutende Vorortstrecken überlassen wurden. Wohl die meisten Burgstädte (Kap. VII.C.1.) und Verkehrssiedlungen erhielten auf diese Weise Eisenbahnanschluß, wobei die Lage des Bahnhofs für die Umstrukturierung innerhalb der Burgstädte maßgeblichen Einfluß besaß. In den großen Städten traten ähnliche Schwierigkeiten auf, wie sie aus anderen Gebieten bekannt sind. Ziehen wir Tokyo (1871: 600 000 E.) als Beispiel heran (Arisue und Aoki, 1970, S. 191 ff.), dann verlief hier die erste Bahnlinie überhaupt von der Hauptstadt über Kawasaki nach der neu gegründeten Hafenstadt Yokohama, wobei die Bahnstation Schinbaschi noch am Rande des Zentrums von Tokyo zu liegen kam. Für eine zweite Hauptstrecke gelang das ebenfalls noch, aber nicht mehr für zwei weitere, die am Rande der bebauten Fläche ihre Bahnhöfe einrichten mußten. Bereits im Jahre 1885 gelang es, den ersten Schritt zu einer Ringbahn zu tun, die zunächst nicht für den innerstädtischen Verkehr gedacht war, die aber später die Bahnhöfe für den Vorortverkehr aufnahm.

Wenn bisher auf die Beziehung Verkehrs- und Industrieanlagen Wert gelegt wurde, so bedeutet das nicht, daß der Standort der städtischen Industrie allein dadurch bestimmt würde. Falls eine gewerbliche Betätigung voranging und zur industriellen ausgebaut wurde, verblieb man mitunter an derselben Stelle, so daß mit vererbten Standorten zu rechnen ist. Insbesondere in großen Städten war für manche Zweige die Nähe zum Kunden, zu neuen Informationen, mitunter auch eine beträchtliche Arbeitsteilung zwischen den Betrieben Veranlassung dazu, daß sich innerhalb der City bzw. des CBD oder in dessen unmittelbarer Nachbarschaft besonders geartete Gewerbeviertel auszubilden vermochten, wobei der große Wert der erzeugten Waren die hohen Bodenpreise aufzuwiegen vermochte, zumal es sich in der Regel um Kleinbetriebe mit geringem Raumbedarf handelte. Dazu gehört die Herstellung von Schmuckwaren, die von hochwertiger Konfektion und schließlich das Druckereigewerbe mit seinen Verbindungen zu Zeitungen und Verlagen. Pred (1964, S. 175) nannte diese mehr gewerblichen denn industriellen Zweige zentral orientierte „communication economy industries".

In Birmingham und London sind gute Beispiele für die Schmuckherstellung vorhanden die sich in London innerhalb der City und in Birmingham an deren Rande befindet. Im jewelry quarter von Birmingham waren ursprünglich Arbeitsstätte und Wohnung des Betriebsinhabers miteinander vereint, bis sich die Zahl der Werkstätten derart vermehrte, daß die Wohnungen als Werkstätten an andere Erzeuger zur Vermietung kamen. Geringer Raumbedarf bei Unternehmen mit häufig einem bis drei Beschäftigten, qualifizierte Handarbeit, Kontakte mit Übersee, von wo das zu verarbeitende Material (Gold, Silber, Edelsteine) heute mit Hilfe des Flugzeugs beschafft wird, geben wichtige Kennzeichen ab, die sich in der Regel nur in großen Städten verwirklichen lassen (Rees, 1970, S. 366 ff.). Sobald das bevorstehende Sanierungsprogramm zustande gekommen ist, sollen die Kleinbetriebe in einem Gebäude vereinigt werden, das aber innerhalb des jewelry quarters liegen soll.

Für die Konfektionsindustrie können Wien, München, Berlin, London, Paris und New York, genannt werden. Allerdings stellte Steed (1976, S. 193 ff.) für Toronto und Montreal nach dem Zweiten Weltkrieg gewisse Auflösungserscheinungen hinsichtlich der zentralen Lage fest, und dasselbe gilt, nicht auf die genannten Städte beschränkt, für das Druckereigewerbe.

Kurz sei auf das von ihm angewandte Verfahren eingegangen, da ähnliche Methoden auch in Großbritannien üblich sind. Zunächst wird eine Gliederung der Metropolen in den CBD, einen inneren und einen äußeren Ring vorgenommen. Für jede dieser Zonen und für bestimmte Zeitintervalle (1950-1960 bzw. 1963-1967) kommen dann die Angaben über Neugründungen (a), Schließungen (b) von Betrieben ebenso wie die Zahl der verlagerten Betriebe hinzu, wobei unter den letzteren diejenigen unterschieden werden, die in eine andere Zone der Metropole abwanderten (c) von denen, die sich von außerhalb in einer der Zonen niederließen (d). Dann ergibt sich die Veränderung x in der Zahl der entsprechenden Betriebe durch den Ausdruck $x = a - b - c + d$. Allerdings bleibt dabei die Größe der Betriebe, bestimmbar durch die Zahl der Beschäftigten, unberücksichtigt.

Mit Hilfe des Stichprobenverfahrens und der Industrieberichterstattung legte v. Rohr (1971) die Verlagerungsquote und den Suburbanisierungsprozeß für acht verschiedene Industriebranchen im Hamburger Raum fest. Die Verlagerungsquote ergibt sich aus dem Anteil der Beschäftigten in den 1955-1969 verlagerten Betrieben (vor der Verlagerung) an den Hamburger Beschäftigten derselben Gruppe im Jahre 1960. In bezug auf den Suburbanisierungsindex bedeutet H die Beschäftigten in einer Branche im Hamburger Raum, R dasselbe in den peripheren Teilen, so daß letzterer durch den Ausdruck

$$\frac{H_{1968}}{H_{1960}} : \frac{R_{1968}}{R_{1960}} \cdot 100$$

festgelegt ist.

Sowohl in der Verlagerungsquote als auch hinsichtlich des Suburbanisierungsindexes zeigten die Druckereien jeweils die höchsten Werte, verbunden mit dem Konzentrationsprozeß im Pressewesen in der Bundesrepublik Deutschland nach dem Zweiten Weltkrieg. Die Möglichkeiten der Telekommunikation macht heute einen Standort der Druckereien innerhalb der City nicht mehr nötig. Ob Eisenbahn, Lastkraftwagen oder sogar das Flugzeug für die schnelle Beförderung zum Kunden eingesetzt werden, läßt sich von einem Standort außerhalb der City fast besser als vom Stadtkern her erreichen.

Haben wir uns zunächst mit solchen gewerblichen bzw. industriellen Zweigen befaßt, die vor dem Zweiten Weltkrieg fast ausschließlich an die City bzw. den CBD gebunden erschienen, was zugleich ihren Standort in großen Städten beinhaltet, so ergibt sich nun die Frage, ob eine Beziehung zwischen der Größe der Städte, der Größe der von ihnen aufgenommenen Betriebe (gemessen an der Zahl der Beschäftigten) und u. U. des von ihnen aufgenommenen Branchenspektrums besteht. Unter Zugrundelegung der Verhältnisse in Nordamerika und Australien vermochte Norcliffe (1975, S. 40 ff.) Unterschiede zwischen Klein-, Mittel- und Großstädten aufzuzeigen. Da in den genannten Gebieten Kleinstädte eine völlig untergeordnete Rolle spielen, wichtige Industriezweige wie die Elektronik nicht aufgenommen wurden, soll hier auf weitere Ergebnisse nicht eingegangen werden.

Von der Größe und Bedeutung der Städte abhängig erweist sich auch deren Anbindung an Autobahnen bzw. expressways. Von einigen Vorläufern abgesehen, wurde in den Vereinigten Staaten das interstate highway-Projekt seit dem Jahre 1956 in Angriff genommen, das vornehmlich dem Fernverkehr dienen sollte. 90 v. H. der Städte mit 50 000 E. und mehr, d. h. den Zentren der Standard Metropolitan Statistical Areas, und zahlreiche andere Städte, erhielten Anschluß (Hofmeister, 1971, S. 192). Parallel zu den Eisenbahnstrecken verlaufend, betonten die expressways das radiale Element und wurden bis in das Innere der Städte geführt, so daß, wie z. B. in Chicago, zahlreiche Industriebetriebe den Verkehrsanlagen weichen mußten (Berry und Horton, 1970, S. 464 ff.). Danach erfolgte zunächst keine Trennung zwischen Durchgangs- und Zielverkehr, bis man im Jahre 1964 die Städte selbst aufforderte, Pläne aufzustellen, um durch zusätzliche Verbindungen zwischen den Radialen nachträglich eine solche Differenzierung zu erreichen. In den meisten Fällen kamen auf diese Weise Ringautobahnen zustande, von denen oft eine in 1,5-2 km Entfernung vom CBD nicht ausreichte, so daß man an die Einrichtung einer zweiten oder sogar dritten Ringbahn denken mußte, wobei letztere dann den Rand der SMSA nachzeichnet. Sofern es die topographischen Verhältnisse erlaubten, schuf man auch in den Conurbationen von Großbritannien Radial- und Ringautobahnen, mit dem einen Unterschied, daß von vornherein eine Trennung von Fern- und Zielverkehr vorgesehen wurde. Im kontinentalen Europa dagegen führte man die Autobahnen nicht an die Stadtkerne heran, so daß die Scheidung von innerstädtischem und Fernverkehr erhalten blieb.

Wie weit Schnellstraßen oder Eisenbahnen für den Güterverkehr genutzt werden, läßt sich in der Regel nur für gesamte Länder ausmachen. Lediglich in den Vereinigten Staaten gelingt es, Unterlagen für einzelne Städte zu erhalten. Lowry (1963) untersuchte das für die Region von Pittsburgh, wobei die Unterscheidung getroffen wurde, ob der Absatz der erzeugten Waren innerhalb der Region verblieb oder nach außerhalb ging. Z. B. zeigte sich, daß Nahrungsmittel, Zeitungen, Möbel innerhalb der Region mit Lastkraftwagen, Eisen- und Stahlerzeugnisse, Automobile, die außerhalb zum Absatz kamen, mit der Eisenbahn befördert wurden. Für Erzeugnisse der Schwer- und Automobilindustrie ist es bei Überwindung erheblicher Entfernungen meist günstiger, die Eisenbahn zu benutzen (s. Chicago), wobei im Huckepack- bzw. Containersystem beladene Lastwagen auf Güterwagen der Bahn verfrachtet werden. Das gilt nicht allein für Amerika, sondern trifft ebenfalls für europäische Länder zu.

Es stellt sich nun die Frage, ob – ähnlich wie bei den Eisenbahnen – auch die Schnellstraßen Anknüpfungspunkte für Industriewerke darstellen. Sobald Befragungen in solchen Betrieben stattfanden, die eine Verlagerung beabsichtigten, ob in München (Thürauf, 1975, S. 181), Stuttgart (Grotz, 1971, S. 95), Frankfurt a. M. (May, 1968, S. 91) oder Hamburg (v. Rohr, 1971, S. 57), rangierte die zu erwartende Verkehrssituation an untergeordneter Stelle. Dasselbe stellte Hofmeister (1971, S. 203) auf Grund der Untersuchungen von Kunstmann für einen Industrievorort von Chicago fest. Das kann aber nicht bedeuten, daß dieser Punkt unwesentlich ist, sondern heißt nur, daß der Kostenfaktor Verkehr – jedenfalls vor der Erhöhung der Ölpreise – gegenüber früher abgenommen hatte.

Gerade in den Vereinigten Staaten sind Beispiele vorhanden, wo die Elektronik-Industrie Standorte in der Nähe der expressways aufgesucht hat, wie das Groves (1971) für San Francisco darstellte. In Boston wurde die Route 128 bekannt, als Ring in etwa 15 km Entfernung vom CBD, wo schon vor Fertigstellung der Schnellstraße 41 Firmen Gelände erworben hatten. Im Jahre 1969 waren es bereits rd. 800 Betriebe mit 66 000 Beschäftigten. Darunter fanden sich teils bedeutende Großbetriebe der Elektronik-Industrie, die einen erheblichen Anteil von Ingenieuren beschäftigten und auf die Zusammenarbeit mit den technisch-wissenschaftlichen Instituten in Boston angewiesen waren ebenso wie zahlreiche industrial estates unterschiedlicher Branchen. Von den 29 industrial estates, die es im Bundesstaat Massachusetts gab, lagen allein 21 an der Route 128. Demzufolge ging man im Jahre 1967 daran, eine etwa in 40 km vom CBD entfernt gelegene weitere Ringbahn anzulegen, die wiederum für neue Firmen den Ansatzpunkt bot, wobei jeweils die Kreuzungen zwischen radialen expressways und Ringstraßen am dichtesten besetzt wurden. Die seit dem Jahre 1970 einsetzende Krise, die auf die erhebliche Einschränkung bundesstaatlicher Aufträge zurückging, änderte nichts an der Anziehungskraft der Route 128 bzw. 495, brachte allerdings hinsichtlich der Betriebszweige Veränderungen mit sich (Soppolsea, 1976).

Eine ähnliche Entwicklung konnte in einem Teil des expressways 494 von Minneapolis-St. Paul verfolgt werden, dessen Ringsystem zwar noch nicht völlig fertiggestellt war, dennoch aber im Süden den Flughafen erreicht (Baerwald, 1978, S. 399 ff.). Ein Vergleich in der Nutzung in den Jahren 1953-1976 läßt die Verdichtung der Leichtindustrie, Bürohäuser usf. erkennen (Abb. 122).

Nun benötigt man keineswegs immer der Ringstraßen; es genügen ebenfalls highways, die für das weite Ausgreifen z. B. der Flugzeugindustrie in Los Angeles verantwortlich waren (Murphy, 1974, S. 409).

Die innere Differenzierung von Städten 699

Abb. 122 Die Nutzung längs des Expressways 494 im Süden von Minneapolis–St. Paul (nach Baerwald).

Wurde an anderer Stelle innerhalb dieses Kapitels erläutert, daß die zu den Flughäfen führenden Schnellstraßen vornehmlich von Betrieben des dritten Sektors aufgesucht werden, so kommt es ebenfalls vor, daß Produktions-Unternehmen die Lage im Flughafen-Umland wählen, wobei sie entweder die Auffahrten zu den Schnellstraßen, mitunter auch einmal die Nähe benachbarter Eisenbahnen aufsuchen. Das gilt insbesondere für Spezialbetriebe der Elektro- und Flugzeugindustrie, häufig unter Beteiligung ausländischer Firmen. Man denke etwa an Kloten-Zürich oder an Heathrow-London (Hilsinger, 1976), während der zum Flughafen O'Hare (Chicago) führende expressway mehr von tertiären Betrieben gesäumt wird, dafür aber südlich davon ein ausgedehntes Industrieviertel entstand.

Faßt man kurz zusammen, dann haben sich im Laufe der Zeit die großen multifunktionalen Städte häufig zu Zentren der Industrie entwickelt. Hinsichtlich der Industriestandorte lassen sich in diesen folgenden Gruppen unterscheiden: 1. Ererbte Standorte der vorindustriellen Zeit innerhalb der City bzw. des CBD. Hall und Martin (1964 und 1966) machten das für London deutlich, um nur ein Beispiel herauszugreifen. 2. Standorte an Eisenbahnlinien mit der Bevorzugung von Güterbahnhöfen, wobei es an manchen Stellen zu Konzentrationen kam und sich diese nun wiederum bis in die Gegenwart zu erhalten vermochten, entweder bei kapitalschwachen Betrieben oder bei solchen, die noch heute des Eisenbahnanschlusses bedürfen. 3. Hafenstandorte mit der dafür typischen Hafenindustrie, was sich in alten und jungen Industrieländern zeigt, aber besonderes Gewicht in Japan besitzt. 4. Straßenorientierung der Industrie. 5. Flughafennahe Standorte, die aber immer mit andern Verkehrsträgern Verknüpfungen eingehen.

Damit ist bereits angedeutet, daß nicht allein die Bevölkerung in die Randgebiete der Städte strebt, daß teilweise zentrale Einrichtungen diesem Trend folgten, sondern daß auch die Industrie dem Suburbanisierungsprozeß unterliegt.

Kitagawa und Bogue (1955), teilweise auch veröffentlicht von Murphey (1974, S. 408), sowie Yeates und Garner (1980) untersuchten für eine Anzahl amerikanischer SMSA die Stärke der industriellen Suburbanisierung in den Zeiträumen 1929-1939, 1939-1947, 1947-1954 und 1954-1967, ausgedrückt durch den Anteil der in der Produktion Beschäftigten außerhalb der zentralen Stadt an der Gesamtzahl der Beschäftigten, wobei bis zum Jahre 1939 eine Zunahme erfolgte, bis zum Jahre 1947 eine Stagnation einsetzte, um dann wieder zu einer Steigerung zu gelangen. Zwischen den einzelnen SMSA aber ergaben sich erhebliche Unterschiede, die allerdings mitunter lediglich auf die Bezugsbasis zurückzuführen sind. Ähnlich verhielt es sich in der Bundesrepublik Deutschland, für die v. Rohr (1975, S. 98) nach einem etwas andern Verfahren eine Rangfolge im Ausmaß der Industrie-Suburbanisierung für den Zeitraum von 1961-1970 aufstellte, wobei Hamburg die zweite Stelle einnahm, Stuttgart aber erst die 23.

V. Rohr (1975, S. 105 ff.) faßte die in der Bundesrepublik Deutschland durchgeführten Untersuchungen über die inter- und intraurbanen Standortsverlagerungen der Industrie zusammen, wobei nur die Arbeit von Thürauf (1975) über München hinzuzufügen ist, der, mehr als es sonst der Fall war, auch die Veränderungen innerhalb der Stadt München berücksichtigte. Für Neugründungen, die gleichzeitig als interurbane Verlagerungen angesprochen werden können, kamen in der ersten Zeit nach dem Zweiten Weltkrieg insbesondere Flüchtlings- und Vertriebenenbetriebe in Frage. In Stuttgart, das seine Industrie seit der zweiten Hälfte des 19. Jh.s aufgebaut hatte, kamen solche Neugründungen vornehmlich dem Umland zugute; in München, das nach dem Zweiten Weltkrieg hinsichtlich der Industrialisierung einen kräftigen Impuls erhielt, konnten bedeutende Betriebe noch innerhalb der Stadt aufgenommen werden, wenngleich das Umland nicht unbeteiligt war. In einer zweiten Phase standen dann jeweils intraurbane Verlagerungen im Vordergrund. Stillegungen von Unternehmen lassen sich in der Bundesrepublik Deutschland – anders wie z. B. in Großbritannien – schwer erfassen. Hinsichtlich der intraurbanen Verlagerungen muß zwischen Total- und Teilverlagerungen unterschieden werden, wobei letzteres im wesentlichen dann möglich ist, wenn sich bestimmte Produktionszweige ausgliedern lassen. Das trifft insbesondere für die Automobilindustrie, aber auch für andere Branchen zu. Einstweilen ist es noch nicht möglich, quantitative Aussagen über das Verhältnis von Total- und Teilverlagerungen zu machen.

Bei Beschränkung auf Betriebe mit 10 Beschäftigten und mehr stellte sich heraus, daß eine Beziehung zwischen der Größe der Betriebe und der Verlagerung in das Umland besteht. Kleine Unternehmen mit weniger als 50 Beschäftigten sind weniger an der Suburbanisierung interessiert, weil sie mehr auf die Nähe zum Zentrum Wert legen müssen und meist auch das Kapital für eine Verlagerung fehlt. Großbetriebe mit 500 Beschäftigten und mehr neigen ebenfalls dazu, am einmal gewählten Standort zu verbleiben, weil sie bereits zuvor geeignetes Gelände fanden, das erweiterungsfähig ist und befürchten müssen, die für sie geeigneten Beschäftigten zu verlieren; deshalb spielen bei ihnen Teilverlagerungen eine untergeordnete Rolle. Infolgedessen sind mittlere Betriebe am stärksten an der Suburbanisierung beteiligt. Weiterhin bestehen enge Verbindungen zwischen der Entfernung zur Kernstadt und der Art der verlagerten Betriebe, indem die Textil- und Bekleidungsindustrie am weitesten nach außen rückt (25-50 km), weil sie am stärksten auf billige Arbeitskräfte (Frauen) angewiesen ist.

Versucht man einen Vergleich mit andern Industrieländern, dann bietet sich zunächst Großbritannien an. Hier scheinen nach den Untersuchungen von Keeble (1968, S. 26 und 1976) die interurbanen Verlagerungen mit Entfernungen von mehr als 160 km ebenso häufig zu sein wie die intraurbanen. In bezug auf die letzteren ist die Textilindustrie kaum beteiligt, wohl aber die sog. Wachstumsindustrien.

Für die Vereinigten Staaten läßt sich kein Gesamtüberblick gewinnen. Wohl aber sei vermerkt, daß Berry und Horton (1970, S. 479 ff.) für Chicago (1950-1964) die Suburbanisierung der Industrie mehr auf Neugründungen als auf Verlagerungen zurückführen. In diesem Zusammenhang sei auch an Boston gedacht. In Australien waren es US-amerikanische Firmen, die den Anstoß zu Verlagerungen in das Umland gaben. Hinsichtlich der Südafrikanischen Republik konnte für den Zeitraum von 1960-1972 eine erhebliche Abwanderung von Betrieben festgestellt werden. Den größten Teil nahmen Vollverlagerungen im Umland von Johannesburg (bis 100 km) ein mit mehr als 70 v. H. der Betriebe; etwa 10 v. H. unter ihnen gingen als Zweigwerke über eine Distanz von 1400-1500 km, die Küstengroßstädte aufsuchend, und weitere 10 v. H. ließen sich in einer Entfernung von 350-550 km nieder, meist in kleineren Städten, wobei das Risiko dafür als besonders hoch eingeschätzt wurde (Rogerson, 1975).

Für Japan dürften die Neugründungen der industrial estates, von großen Konzernen getragen, das Wichtigste sein, zu denen sich binnenländische kleinere industrial estates, etwa in Tohoku, gesellen, die als Zweigwerke von Firmen aus Tokyo, Osaka usf. erscheinen.

Wenn hier ausführlich auf einige Probleme der Industrie im Zusammenhang mit der Verkehrsentwicklung eingegangen wurde, was wiederum in Verbindung mit der Bevölkerungsentwicklung und dem Anwachsen des Pendelverkehrs zu sehen ist, dann geschah das deswegen, weil von hier aus ein Wandel in der sozioökonomischen bzw. sozialökologischen Differenzierung der Städte verständlich wird. Konnte man früher davon ausgehen, daß sich Industrie und gute Wohnlagen ausschlossen, so gilt das gegenwärtig für einige Industriezweige, ist aber nicht mehr allgemein verbindlich.

Nur kurz sollen die Entwicklungsländer hinsichtlich des Standorts der städtischen Industrie behandelt werden. Sieht man von Bergbau und Schwerindustrie ab, die hier meist mit company towns verknüpft sind (Kap. V.B.), dann ergeben sich bei allen Unterschieden zwischen Asien, Lateinamerika und Afrika (ohne die Republik Südafrika) einige gemeinsame Probleme. Diese bestehen in der Konzentration der vorhandenen Industrie in den großen Städten, die meist als Haupt- und/oder Handelsstädte fungieren. Bei dem starken Bevölkerungswachstum sind sie es, die den Hauptstrom der ländlichen Zuwanderer aufnehmen, für die nun aber nicht genügend Arbeitsplätze zur Verfügung stehen. Zudem handelt es sich bei denjenigen, die aus der Landwirtschaft ausscheiden, um ungelernte Kräfte, häufig Analphabeten, so daß sich ein Mangel an Facharbeitern und einheimischen technischen Führungskräften einstellt. Fehlendes Kapital oder dessen anderweitige Verwendung gesellen sich als weitere Schwierigkeit hinzu, in denen der dritte Sektor überbesetzt ist. Am stärksten zeigt sich wohl die Beschränkung der Industrie auf die Hauptstädte in Tropisch-Afrika, wie folgende Tabelle zeigt:

Tab. VII.D.5 Der Anteil der Industrie in den Hauptstädten afrikanischer Länder für das Jahr 1970

Bathurst (Gambia)	100,0	Freetown (Sierra Leone)	75,0
Monrovia (Liberia)	100,0	Blantyre (Malawi)	72,7
Bangui (Zentralafr. R.)	100,0	Daressalam (Tanzania)	62,5
Libreville (Gabun)	100,0	Abidjan (Elfenbeink.)	62,5
Bukavu (Rwanda)	100,0	Khartum (Sudan)	60,0
Lusaka (Zambia)	85,0	Douala (Kamerun)	50,0
Bujumburi (Burundi)	80,0	Conakry (Guinea)	50,0

Nach Mabogunje, 1974, S. 11.

Dabei halten sich die Industriebetriebe überwiegend an Hafenstandorte bzw. Eisenbahnanlagen, zumal die Transportkosten im Rahmen des Produktionsprozesses meist höher als in den Industrieländern zu veranschlagen sind (Ojani und Ogendo, 1973; Vennetier, 1976; Manshard, 1977).

Ein wenig näher sei auf Nigeria eingegangen, nicht allein deswegen, weil hier die Unterlagen relativ gut sind, sondern auch, weil in den einstigen Handelsstädten des Nordens und den Landstädten des Südens „alte Städte" mit einer ausgeprägten Handwerkertradition vorliegen. Im Jahre 1969 entfielen drei Viertel der industriellen Aktivitäten auf die Städte Lagos, Kaduna und Kano, wovon auf Lagos allein die Hälfte kam; zwar eines der neuen Yorubastädte, muß es doch zu den kolonialen Gründungen gerechnet werden. Von hier aus konnten eingeführte Güter am günstigsten im Innern des Landes verteilt werden. Mit einem Anteil von 10 v. H. der in der Industrie Beschäftigten an den Erwerbstätigen bleibt dies im Vergleich zu den Industrieländern gering, kennzeichnet aber die Situation, was ebenso durch den Anteil von Analphabeten (40 v. H. an der Zahl der im Erwerbsleben Tätigen; Adesina, 1975, S. 131) bestätigt wird (für Nigeria insgesamt 60 v. H., nach den Länderberichten 1975 allerdings 80 v. H.), so daß Führungskräfte noch weitgehend aus dem Ausland geholt werden müssen. Die vom Bundesstaat Lagos bzw. den andern in Nigeria zusammengeschlossenen Staaten getragenen Industrialisierungsbestrebungen bedienen sich der industrial estates, deren erstes in unmittelbarer Nähe des Hafens von Lagos im Jahre 1952 ins Leben gerufen wurde, begnügt sich aber nicht mit modernen Fabrikbauten, sondern verband diese mit Wohnsiedlungen und Einkaufszentrum. Nachdem das Hafengelände aufgefüllt war, kamen weitere industrial estates außerhalb der Inseln auf dem Festland im Norden längs Bahnlinie und Straßen zur Anlage (Schätzl, 1973). Da die Industrie eine junge Erscheinung ist, spielen Fragen der Standortverlagerungen, zumindest intra-urbaner Art, eine geringe Rolle. Eher schon kam es zu interurbanen Verlagerungen, meist durch staatliche Interessen veranlaßt, um eine bessere Verteilung auf die verschiedenen Landesteile zu erreichen.

Selbst in Ländern wie der Indischen Union, wo das Verkehrsnetz während der Kolonialzeit besser entwickelt wurde, auf einheimischer Grundlage die Tata-Werke entstanden ebenso wie die Baumwollindustrie in Bombay, die Juteindustrie um Kalkutta auf britische Interessen zurückgeht (Blenck, 1977, S. 223 ff.), ist der Anteil der im zweiten Sektor Beschäftigten insgesamt niedrig (11 v. H.), erhöht sich aber in einzelnen Städten wie z. B. Bombay auf 44 v. H. (Nissel, 1977, S. 38). Auch hier schuf man nach der Unabhängigkeit industrial estates, von denen im Jahre 1971 über 500, davon etwa 130 in Städten, die andern in kleineren Orten bzw. in Dörfern angesetzt wurden. Man bezweckte damit, die Ungleichgewichte innerhalb des Landes zu beseitigen, mit dem Erfolg, daß mehr als die Hälfte der industrial estates nicht funktionsfähig war (Munshi, 1973), weil in abgelegenen Gegenden mit ungenügenden Infrastruktureinrichtungen ein vom Staat zu leistender Kapitaleinsatz hätte erfolgen müssen, der nicht zu rechtfertigen war. Infolgedessen kam die verstärkte Industrialisierung doch wieder den großen Städten zugute. Wie aus Abb. 120 zu ersehen ist, befinden sich die alten Industriebezirke in der Nähe des Bahnhofs und knüpfen an die früheren Bahnreparaturwerkstätten an, und – sofern vorhanden – bildeten die Häfen Anziehungspunkte; die industrial estates hingegen schließen sich randlich an, ohne auf den Verkehrsanschluß zu verzichten.

Was in großen Gebieten mit unterschiedlichen Bevölkerungs-, Sprach- und Religionsgruppen auf ernsthafte Schwierigkeiten stößt, läßt sich in kleinen Bereichen mit einheitlicher Bevölkerungsstruktur einfacher lösen. Es sei hier lediglich auf Puertorico hingewiesen, allerdings zum Commonwealth der Vereinigten Staaten gehörend, wo nicht allein amerikanische, sondern auch europäische Firmen die Industrialisierung betreiben (Blume, 1968, S. 229 ff.; Johnson, 1970, S. 310). Ansätze zu einer ähnlichen Entwicklung finden sich in Taiwan, ganz zu schweigen von Hongkong und Singapore.

Will man sich eine Vorstellung von der Flächenbeanspruchung der Industrie in multifunktionalen Großstädten machen, so gelingt das lediglich für die entsprechenden Städte der Vereinigten Staaten. Barthomolew (1955, S. 116) gab im Durchschnitt der von ihm untersuchten urban areas 11,9 v. H. der Fläche für Industrie einschließlich Verkehrsanlagen (Eisenbahn) an, Berry und Horton (1970, S. 444 ff.) für Chicago 4,4 v. H. für die Industrie und 9,0 v. H. für die damit verbundenen Transportanlagen (Eisenbahn und Flughafen), so daß der Flächenanspruch der Industrie relativ niedrig ausfällt und nur geringfügig über dem liegt, was Geschäftsleben und Dienstleistungen benötigen. Nimmt man die Nutzung der Stockwerke hinzu, dann ergibt sich für die Industrie ein Anteil von 13,9, ein Wert, der unter dem liegt, was der dritte Sektor beansprucht. In ausgesprochenen Industriestädten dürften die Verhältnisse anders sein. Vergleiche in dieser Beziehung mit andern Industrieländern oder gar Entwicklungsländern lassen sich vorläufig nicht durchführen. Immerhin dürfte als allgemeine Erscheinung zu werten sein, daß die größten Flächen für den Wohnungsbedarf, teilweise für Straßen, die das Gelände aufschließen, u. U. für Parkplätze zur Verfügung stehen.

4. Die Wohn- und Erholungsbereiche von Städten

Wenn darauf hingewiesen wurde, daß die für Geschäfte und Dienstleistungen ebenso wie für die Industrie benötigten Flächen relativ gering sind, so kommt den Wohnarealen und den sie aufschließenden Straßen um so größere Bedeutung zu. Wiederum für amerikanische Städte berechnet, machten die für Wohnungen benötigten Bereiche 28,0 v. H. der erschlossenen Bezirke aus, Straßen 27,6 v. H., wozu sich noch Parkanlagen, Sportplätze mit 4,6 v. H. gesellten (Bartholomew, 1955, S. 121). Für die Standard Metropolitan Statistical Area von Chicago ergab sich für die Wohnflächen ein Anteil von 32,1 v. H., für Straßen ein solcher von 25,9 v. H. und für die der sonstigen Freiflächen ein Anteil von 20,4 v. H. Nimmt man die Stockwerknutzung hinzu, dann entfallen Werte über Straßen usf., aber der Anteil der für Wohnungen benötigten Areale erhöht sich auf 58,4 v. H. (Berry und Horton, 1970, S. 451 und 455). Daß dies nur Anhaltspunkte sein können und in den verschiedenen Kulturländern Variationen zu erwarten sind, sei ausdrücklich vermerkt; ob man Eigenheime bevorzugt, mehrstöckige Miethäuser oder gar dicht besetzte Hochhäuser den Ausschlag geben, vermag die angeführten Werte zu ändern; doch wird es dabei bleiben, daß die für Wohnzwecke benötigten Areale den größten Flächenanspruch besitzen.

Ihrer weiteren Gliederung gilt es nun sich zuzuwenden. Stand bisher die wirtschaftliche Nutzung der Gebäude im Vordergrund, so muß jetzt den sozialen oder andern Gesichtspunkten der Vorrang eingeräumt werden. Wenn für europäische und amerikanische Städte die soziale Differenzierung der Wohnviertel entscheidend ist, wenn das bis zu einem gewissen Grade auch für die Ostblockländer, die Sowjetunion und Japan zutrifft, dann wird im Orient, in Indien und in China die Frage akut, wie weit die dort ausgebildeten heimischen Strukturen westlichen Einflüssen unterlagen, und dasselbe Problem stellt sich in den andern Entwicklungsländern, gleichgültig, ob sie ein eigenes Städtewesen kannten oder ob die Städte kolonialen Ursprungs sind. Wiederum geht die Größe der Städte in die Gliederung der Wohnbevölkerung ein, weil zu erwarten ist, daß in kleineren Städten traditionelle Bindungen sich stärker als in Groß- und Weltstädten erhielten. Lediglich für japanische kleinere Städte wurde die Entwicklung der sozialen Differenzierung an anderer Stelle behandelt (Kap. VII.D.2.a.), weil hier der enge Zusammenhang mit den früheren Funktionen gewahrt werden sollte, zumal Industrialisierung und Technisierung nur knapp hundert Jahre zurückliegen.

Die dabei auftretenden methodischen Probleme wurden bereits erörtert (Kap. VII.D.1.). Auf die einzelnen Kulturbereiche bezogen, wird die soziale Schichtung jeweils zu Beginn behandelt. Da in den Vereinigten Staaten die ersten Modelle für die sozio-ökonomische bzw. sozialökologische Gliederung entworfen wurden, an denen man sich später auch in Europa orientierte, soll in diesem Fall von den einstigen europäischen Kolonialländern ausgegangen werden.

a) Anglo-Amerika, Australien/Neuseeland und Republik Südafrika

Für die *Vereinigten Staaten* bezieht sich die dort ausgebildete soziale Schichtung insbesondere auf die Standard Metropolitan Statistical Areas, so daß für Kleinstädte Abstriche zu machen sind. Eine fünf- bis sechsfache Abstufung wird in der Regel durchgeführt, wobei die jeweiligen Verhaltensweisen in der soziologischen Literatur eine erhebliche Rolle spielen, die hier kaum berührt werden können.

Folgt man der Gliederung von Gist und Halbert (1956, S. 298 ff.) bzw. der von Wilson und Schulz (1978, S. 70 ff.), dann müssen die Angaben über den Anteil der einzelnen Schichten an der Gesamtbevölkerung der Städte als Durchschnittswerte betrachtet werden, die durch die jeweiligen besonderen Funktionen abgewandelt werden können. Zur Oberschicht, die in den Metropolen 1-2 v. H. der Bevölkerung ausmacht, gehören im Nordosten ein Teil der Familien, die während der Kolonialperiode einwanderten und es zu Reichtum und Ansehen brachten. Insbesondere Boston und Philadelphia werden als solche „Yankeestädte" gewertet (Gist und Halbert, 1956, S. 300 ff.). Hinzu kommen die „Neureichen", die auf Grund von Erfindungen oder sonstiger besonderer Leistungen in diese Schicht aufstiegen, wobei europäische Einwanderer des 19. Jh.s beteiligt sein können. Die obere Mittelschicht mit einem Anteil von 10-15 v. H. gehört dem oberen und mittleren Management in Verwaltung, Wirtschaft usf. an, wozu sie eine spezialisierte wissenschaftliche Ausbildung benötigt (professionals). Die untere Mittelschicht mit einem Anteil von 35 v. H. stellen vornehmlich die „white collar workers" dar, die in etwa den Angestellten in der Bundesrepublik Deutschland entsprechen, aber auch kleinere selbständige Geschäftsleute usf. umfassen. Die obere Unterschicht geben die Facharbeiter ab, die 35-40 v. H. der städtischen Bevölkerung ausmachen. Zählt man diese zur untersten Mittelschicht, dann besitzen die Mittelschichten ein erhebliches Übergewicht, eine Entwicklung, die in den Vereinigten Staaten einen gewissen zeitlichen Vorsprung vor andern entsprechenden Industrieländern besitzt. Die Unterschicht (lower lower class) bilden dann die ungelernten Arbeiter mit einem Anteil von 20 v. H. Zu ihnen gehören hart arbeitende arme Weiße, die entweder sozial absanken oder aus benachteiligten landwirtschaftlichen Gebieten (z. B. Appalachen) in die Städte abwanderten ebenso wie ethnische Minoritäten.

Die Einwanderer aus West-, Mittel- und Nordeuropa, mit deren Hilfe die Frontier nach Westen vorgeschoben werden konnte, assimilierten sich schnell. Bei der neuen Einwanderung, die vornehmlich Italiener und Osteuropäer nach den Vereinigten Staaten brachte, war das Land bereits vergeben, so daß diese Gruppen in den Städten, vornehmlich des Nordostens, Aufnahme finden mußten. Wohl gelang es osteuropäischen Juden, sozial aufzusteigen und amerikanische Lebensgewohnheiten anzunehmen. Schwieriger schon war es bei den Italienern, obgleich auch bei ihnen in der dritten Generation mitunter eine Lösung aus dem Großfamilienverband erfolgte. Chinesen, die um die letzte Jahrhundertwende einwanderten, beim Bau der Eisenbahnen behilflich waren, hielten an ihren kulturellen Eigenarten fest. Sie ließen sich insbesondere in den großen Metropolen nieder, wo die Nachfrage nach ihren Spezialitäten wie Restaurantbetriebe oder Kunsthandwerk umfangreich genug war, um sich eine eigene Existenz aufzubauen, wenngleich die Verbindung von Arbeits- und Wohnplatz nicht mehr vollständig aufrechterhalten wird. Ebenfalls um die letzte Jahrhundertwende wanderten Japaner zu, die während des Zweiten Weltkrieges interniert wurden, dann aber Entschädigungen erhielten, meist den Westen verließen, die Bildungschancen wahrnehmen und fast vollständig in amerikanischer Lebensweise aufgingen. Mexikaner bilden keine einheitliche Gruppe, aber diejenigen, die nach dem Zweiten Weltkrieg kamen, bilden für die Städte des Westens ein Problem ebenso wie die Puertoricaner, die sich vornehmlich in New York a. a. O. niederließen.

Der „alte Süden" einschließlich des Mississippigebietes wurde von den bisher genannten Gruppen kaum berührt. Mit dem sich hier entwickelnden Plantagensystem verband sich die Haltung von Negersklaven. Mit der Antisklavenbewegung in dem Zeitraum von 1840-1860 vermittelten u. a. Quäker die „underground railway", um entflohenen Sklaven die Möglichkeit zu bieten, sich eine selbständige Existenz aufzubauen. Nun entstanden die ersten beiden von den insgesamt zwölf „all negro towns" (Rose, 1965), zunächst mehr im Norden als im Süden, abseits bestehender Städte gelegen, derart, daß bei dem Wachstum der letzteren sie an den Rand der späteren SMSA gerieten, demgemäß die Segregation zwischen Weißen und Schwarzen im Norden ihren Beginn bereits um die Mitte des 19. Jh.s nahm.

Der Sezessionskrieg und die Sklavenbefreiung brachte keine rechtliche Gleichstellung der Neger, die noch im Jahre 1890 zu 80 v. H. in den ländlichen Gebieten des Südens lebten, da hier das Eisenbahnzeitalter keine wesentliche Industrialisierung und kaum ein Wachstum der Städte herbeiführte. Während des Ersten Weltkriegs, als die europäische Einwanderung ausblieb und dann erheblich eingeschränkt wurde, man aber Arbeitskräfte in den Städten des Nordens benötigte, setzte die Abwanderung von Negern dorthin ein. Ohne oder mit nur geringer Schulbildung konnten sie meist lediglich als ungelernte Arbeiter eingesetzt werden. Mit dem Autoverkehr und einer wenngleich abgeschwächten Industrialisierung im Süden und der Mechanisierung der Landwirtschaft setzte eine erhebliche Landflucht ein, wobei nun die Städte des Südens das Hauptziel bildeten, bis schließlich während des Zweiten Weltkriegs noch einmal diejenigen des Nordens zum Aufnahmebereich wurden. Mit der rechtlichen Gleichstellung der Neger im Jahre 1954, dem Kampf gegen die Armut zu Beginn der sechziger Jahre und den neu eröffneten Bildungschancen kam es ebenfalls zu einer sozialen Schichtung innerhalb dieser Gruppe, wobei aber immer noch ein erheblicher Teil in der „lower lower class" verblieb, innerhalb derer die Neigung zur Kriminalität besonders hoch ist. Im Jahre 1974 belief sich der Anteil der in Städten lebenden Neger auf 81 v.H., wovon mehr als die Hälfte auf den Norden entfielen bei einem Gesamtanteil an der Bevölkerung von 11 v.H. (Demographic Yearbook, 1973, S. 477).

Zwar ist auch in *Kanada* mit unterschiedlichen ethnischen Gruppen zu rechnen. Zumindest ist die Unterscheidung zwischen Franko- und Anglo-Kanadiern zu beachten. Neger trafen nur in geringem Maße ein; doch sind in mancher Beziehung Angehörige der späten Einwanderung ebenso wie eine stärkere europäische Immigration nach dem Zweiten Weltkrieg bemerkenswert.

In *Australien* und *Neuseeland* ist zwar eine soziale Schichtung vorhanden, selbst wenn man gern von der egalitären Gesellschaft spricht (Baldock und Lally, 1974, S. 138 ff.). Doch waren die Unterschiede im Einkommen und sozialer Stellung weniger hervorgehoben, und den einkommensschwächeren Gruppen gewährte man erhebliche staatliche Hilfen. Einwanderungsbeschränkungen in Australien bereits seit Beginn dieses Jh.s, vornehmlich in bezug auf Asiaten, aber auch auf Südeuropäer, sollten den Arbeitern hohe Löhne garantieren. Nach dem Zweiten Weltkrieg wurden sowohl in Australien als auch in Neuseeland wieder europäische Einwanderer aufgenommen, so daß im ersteren Gebiet 23 v.H., im letzteren 11 v.H. der Bevölkerung als „foreign born" gelten. Lassen die Zuwanderer in Neuseeland Familienangehörige nachkommen, dann müssen für diese gewisse Bürgschaften übernommen werden, was teils eine Beschränkung, teils aber eine schnellere Eingliederung bewirkt. Wenngleich die Eingeborenen Australiens zahlenmäßig wenig ins Gewicht fallen, so suchen sie nun immer mehr die großen Städte auf ebenso wie die Maori in Neuseeland, von denen bereits 50 v.H. diesen Prozeß vollzogen haben. Schließlich erfolgte hier eine Immigration von Polynesiern aus einstigen englischen Kolonial- bzw. neuseeländischen Schutzgebieten.

In der *Republik Südafrika* bewirkte der Group Areas Act vom Jahre 1950 für die Wohnbevölkerung noch schärfere Einschnitte, als es für die Geschäftsviertel in Frage kam. Je nach der Bevölkerungszusammensetzung erhielten Mischlinge, Inder und Bantus je ihre eigene township, wobei die der letzteren zumeist die größte Entfernung zum Geschäftszentrum bzw. zur City und den industriellen Arbeitsplätzen hatten.

Kommen wir nun zur sozialen Differenzierung von kleineren *US-amerikanischen Städten,* dann läßt sich die Feststellung von Demerath und Gilmore (1954 bzw.

1971, S. 142), die nur für den Süden gedacht war, auf das gesamte Land übertragen, nämlich daß die Untersuchung der sozio-ökonomischen bzw. sozialökologischen Gliederung so gut wie unterblieb. Mit aller Vorsicht läßt sich das vielleicht für Valparaiso bei Chicago ableiten, daß die jüngeren Wohnviertel, aus Einfamilienhäusern bestehend, einen höheren sozialen Status aufweisen als die älteren, die den CBD umschließen, wobei man zumindest bis nach dem Zweiten Weltkrieg ethnische Minderheiten fernhielt.

Sind aber solche vorhanden, dann trat teils eine strikte Scheidung ein oder aber eine solche war gemindert, wie es für Baton Rouge am Mississippi um die letzte Jahrhundertwende nachgewiesen werden konnte. Am Ende des 18. Jh.s gegründet und schon früh zur Hauptstadt von Louisiana auserkoren, besaß die Stadt um 1900 etwa 10 000 Einwohner, unter ihnen zwei Drittel Neger. „Die besten Wohngegenden der Stadt vor der Jahrhundertwende ordneten sich halbkreisförmig um das zentrale Geschäfts- und Verwaltungsviertel an. In deren unmittelbarer Nähe (zum Teil auch innerhalb des Geschäftsviertels) lagen die größten und vornehmsten Wohnhäuser der Stadt... Mit zunehmender Entfernung vom Zentrum nahm dagegen der soziale Rang der Wohngebiete ab. ... Dieses soziale Gefälle vom Zentrum zum Stadtrand hin kam auch in der rassischen Gliederung der Wohngegenden zum Ausdruck. Das Geschäftsviertel und seine Umgebung wurden allein von der sozial führenden Schicht der weißen Bevölkerung bewohnt. Hier waren die sozial und wirtschaftlich schlechter gestellten Farbigen ausgeschlossen. Sie teilten sich die Wohngebiete außerhalb der Innenstadt mit der übrigen weißen Einwohnerschaft. Bis auf einige Gegenden am Stadtrand, die ausschließlich von Farbigen bewohnt wurden, gab es hier keine schärfere Rassentrennung" (Brill, 1963, S. 72). Mit dem Einsetzen der petrochemischen Industrie seit dem Zweiten Weltkrieg und dem erheblichen Wachstum der Stadt haben sich allerdings erhebliche Wandlungen vollzogen.

Wenn hier bereits auf die früher geringe Rassentrennung in den Städten des Südens der Vereinigten Staaten eingegangen werden mußte, so soll das kurz vervollständigt werden.

Radford (1976) rekonstruierte für die Zeit vor und nach dem Sezessionskrieg (1860 und 1880) die Verteilung von Weißen und Farbigen für Charleston/South Carolina im Bereich der Atlantischen Küstenebene (1860: 40 000 E., darunter 42 v. H. Farbige). Eine ausgesprochene Segregation war zu beiden Zeitpunkten nicht gegeben, zumal ein Teil der Neger in der ante bellum-Periode als Sklaven das Dienstpersonal der Weißen abgaben, die sie in Hintergebäuden ihres Wohnareals unterbrachten. Das erhielt sich über die Sklavenbefreiung hinaus, selbst wenn es üblich wurde, daß die weißen Grundbesitzer ihre Stadthäuser aufgaben, ihr eigenes Wohnhaus und die dazu gehörige Negerwohnung gesondert vermieteten, beide Parteien nichts mehr miteinander zu tun hatten. Dabei ist Charleston wohl diejenige Stadt, in der sich das geschilderte Verteilungsprinzip am längsten erhielt, nämlich bis etwa um das Jahr 1940. Als dann durch Erdölraffinerien und Petrochemie ein erheblicher Bevölkerungszustrom von Weißen einsetzte (1970: 67 000 E. und 45 v. H. Farbige, SMSA 304 000 E. und 31,2 v. H. Farbige), traten nun erhebliche Veränderungen ein (Blume, 1979, S. 205). Auf etwas anders gelagerte Verteilungsmuster in bezug auf die Wohnbereiche der Neger in den Städten des Alten Südens wies Kellogg (1977) hin.

Bei Kleinstädten kaum entscheidbar, wohl aber für größere Mittelstädte kam im Anschluß an den CBD die Übergangszone oder zone of transition zur Ausbildung, wobei der Ausdruck „Zone" insofern irreführend ist, als es sich dabei nicht um eine allseitige Umschließung des CBD zu handeln braucht, wozu teils physisch-geographische und teils historische Verhältnisse beitragen. Der Einfachheit halber soll an dem Ausdruck festgehalten werden.

Die Übergangszone – ob in Mittel-, Groß- oder Weltstädten – zeichnet sich durch gemischte Nutzung aus, aber auch dadurch, daß hier die höchste Bevölkerungsdichte innerhalb einer Stadt erreicht wird. Auf Clark (1951) zurückgehend und von Berry, Simmons und Tennant (1963, auch in Kuls, 1978, S. 122 ff.) noch einmal aufgegriffen und verfeinert, stellt sich die Bevölkerungsdichte in einem beliebigen Bereich einer SMSA als negative Exponentialfunktion der Distanz zum Stadtzentrum dar, besser der Übergangszone, weil der CBD so gut wie nicht bewohnt ist. Dabei gehen Bodenpreise, Veränderungen der Verkehrsbedingungen, Alter der Städte usf. ein. Allerdings muß auf die Netto-Bevölkerungsdichte[1] Wert gelegt werden (Wohnungsbestand pro bebauter Fläche geteilt durch die beanspruchte Wohnfläche pro Kopf). Gerade letzteres wird meist schwer zu erfüllen sein. Auf die Schwierigkeiten eines Vergleichs der Bevölkerungsdichte in Städten wies Hofmeister (1971, S. 108) hin, weil Unterschiede in der Eingemeindungspolitik zu einer falschen Beurteilung führen können. Immerhin geben die von Deskins jr. und Yuill (1967, bei Hofmeister, 1971, S. 74) dargestellten Isolinien der Bevölkerungsdichte ein zutreffendes Bild, wobei die höchste Dichte im Umkreis des CBD mit etwa 10 000 E./qkm erreicht wird und sekundäre Maxima dort auftreten, wo sich Satellitenstädte entwickelten. Berry, Simmons und Tennant (1963, S. 405) berechneten die Bevölkerungsdichte für die am stärksten besetzten 3000 Quadratmeilen innerhalb der Vereinigten Staaten, wobei sich ein noch geringerer Wert als der eben genannte ergibt.

Am Beispiel von Youngstown/Ohio (1970: 140 000 E., urbanized area: 314 000 E.), Worcester/Mass. (175 000 E., SMSA 414 000 E.) und Richmond/Virginia (250 000 E., SMSA 518 000 E.) untersuchte Preston (1968) die Übergangszone, angelehnt an die Methode von Murphy und Vance unter Berücksichtigung der Stockwerknutzung, indem er den Transition Height- und Intensity Index einführte. Den Durchschnitt der von ihm genannten Werte benutzte Hofmeister zur Aufstellung auf Seite 709 oben:

Die letzten drei Posten bezeichnete Preston als atypische Nutzungen, wenngleich sowohl das Wohnen als auch die Freiflächen eine charakteristische Eigenheit der Übergangszone darstellen, letzteres durch den Wegzug höherer Sozialschichten und Sanierungsarbeiten hervorgerufen, sei es, daß bebautes Gelände expressways weichen muß oder sei es, daß die veraltete Bausubstanz zu erneuern ist. Bedenkt man die Entwicklung der zone of transition, in die sich früher der CBD ausdehnte, vornehmlich in die Bereiche, in denen mehrgeschossige Einfamilienhäuser für die Aufnahme von Verwaltungsstellen in Frage kamen, dann ist der hohe Anteil, den öffentliche Dienste und Organisationen einnehmen, zu begreifen, was bedeutet, daß die Übergangszone teilweise als Ergänzungsbereich des CBD zu betrachten ist, was ebenso für die hier geschaffenen Parkmöglichkeiten

---

[1] Der Netto-Bevölkerungsdichte steht die Brutto-Bevölkerungsdichte gegenüber – meist einfach als Bevölkerungsdichte bezeichnet –, bei der Verwaltungseinheiten oder in Städten statistische Bezirke als Bezugsareal fungieren.

Tab. VII.D.6 Flächenanteile unter Berücksichtigung der Stockwerknutzung am Beispiel amerikanischer Städte

Nutzungsart	Anteil in v. H.
Öffentliche Dienste und Organisationen	24,5
Großhandel und Lagerhaltung	10,9
Leichtindustrie	7,8
Autoabstellflächen	4,6
Transportwesen (Eisenbahngelände usf.)	4,1
Kraftfahrzeugwesen (Tankst., Werkstätten)	2,5
Beherbungsgewerbe	1,9
Einzelhandel (ohne Kraftwagen)	4,5
Sonstige private Dienste	4,7
Wohnungen	19,6
Leerstehende Gebäude und Flächen	7,7
Schwerindustrie	7,0

Nach Hofmeister, 171, S. 71.

gilt. Sofern die Entwicklung des Eisenbahnnetzes berücksichtigt wird (Kap. VII.D.3.), dann erscheint es verständlich, daß Großhandel und Lagerhaltung einen erheblichen Flächenbedarf zeigen und die Leichtindustrie hier angesetzt hat. An zweiter Stelle überhaupt aber stehen Wohnungen, wobei vor dem Automobilzeitalter errichtete zwei- bis dreigeschossige Reihenhäuser in frame-Konstruktion (Kap. VII.F.2.) den Hauptbestand ausmachen und an Neger (Youngstown und Richmond) bzw. arme Weiße oder an Angehörige der zweiten Einwanderungswelle (Worcester) zur Vermietung kamen, die hier ursprünglich in der Nähe der Arbeitsstätten Unterkunft fanden. Da die Mietshäuser, die vielfach nicht alle wichtigen sanitären Einrichtungen besitzen und deren Bausubstanz mehr oder minder stark verfällt, weil weder die Vermieter an Reparaturen interessiert sind, da die zu entrichtende Grundsteuer sich nach dem Zustand der Gebäude richtet, noch die Mieter, die nicht wissen, wie lange sie hier wohnen, erhielt die zone of transition häufig den Zusatz „and deterioration".

Tab. VII.D.7 Zahl der Oberschicht-Familien in Boston nach Distrikten in der zentralen Stadt und zusammengefaßt für die Vororte

Distrikt	1894	1905	1914	1939	1943
Zentrale Stadt					
Beacon Hill	280	242	279	362	335
Back Bay	867	1 166	1 102	880	556
Jamaica Plain	56	66	64	36	30
Andere D.	316	161	114	86	41
Summe	1 519	1 635	1 559	1 364	962
Vororte	403	807	1 049	1 349	1 993

Nach Firey, 1947.

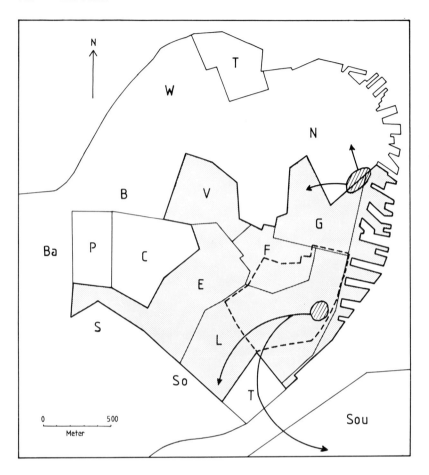

---	CBD im Jahre 1875	T	Eisenbahnstationen
▢	CBD im Jahre 1920	C	Common (Anger)
⦸	Ursprüngliche Einwanderungsquartiere	P	Park
↗	Ausdehnungsrichtung für Einwanderer	Sou	Erholungsflächen

B Beacon Hill (Große Einfamilienhäuser)
Ba Back Bay (Große Einfamilienhäuser)
N North End (Mietshäuser)
S South End (Zimmervermietung)
So South Cove (Mietshäuser)
W West End (Mietshäuser)
E Einzelhandel
F Finanzviertel
G Großmarkt
L Lagerhäuser
V Verwaltung
Sou South Boston

Abb. 123 Die Entwicklung von CBD und Übergangsgürtel in Boston von 1875-1920 (nach Ward).

Entwicklung und Wandel der zone of transition lassen sich noch besser in den zu Millionenstädten erwachsenen SMSAs verdeutlichen. Das soll am Beispiel von Boston (1970: 641 000 E., SMSA 2,7 Mill. E.) geschehen, das zwar als Yankeestadt manche Eigenheiten aufweist, dennoch aber die allgemeinen Züge vermittelt werden können.

Firey (1947) beschäftigte sich mit der Verteilung der Oberschicht-Familien in Boston, die im Social Register mit ihrem Stammbaum aufgeführt sind und in der Regel diejenigen enthalten, die bereits während der Kolonialperiode einwanderten. Der folgenden Tabelle sind die Wohnstandorte zu entnehmen, in der allerdings die Werte für die Vororte zusammengefaßt wurden. Zum besseren Verständnis der Lokalisierung sei auf Abb. 123 verwiesen.

Wenn zwischen den Jahren 1894 und 1905 Beacon Hill einige Einbußen an Yankee-Familien erlitt, dann hing das damit zusammen, daß Teile des westlich davon gelegenen Marschlandes von Back Bay aufgeschüttet und mit prächtigen Villen bebaut wurden. Auf die in Beacon Hill verbleibenden Familien hatte das den Effekt, daß sie die verlassenen Häuser aufkauften, renovierten und an Standesgenossen weiter vergaben, abgesehen davon, daß sie ihre eigenen Häuser erneuerten, so daß dieser Bezirk sein altes Prestige wiedergewann. Daß sich in der Nähe des ausweitenden CBD zwei hoch angesehene Viertel zu halten vermochten, lag teils daran, daß die Ausweitung des CBDs nach Süden hin verlief, wo aus diesem Grunde der Fort Hill, der ebenfalls als gutes Wohngebiet galt, von der Bevölkerung verlassen wurde. Die Nähe zum Regierungs- und Finanzviertel ebenso wie die Abschirmung durch den Common (Anger), den man um einen öffentlichen Park erweiterte, wirkten sich für die Erhaltung des Status von Beacon Hill günstig aus, abgesehen davon, daß die einflußreichen Familien das ihre hinzu taten. Daran hat sich bis zur Gegenwart nichts geändert, indem im Jahre 1955 ein spezielles Gesetz für die Wahrung dieses historischen Viertels sorgte, „in dem der Vergangenheit bis in die Gegenwart reicht" (Boileau, 1975, S. 27). Ähnliches trifft auch für einen Teil von Back Bay zu, wenngleich hier im Süden eine spezifische Art der Stadterneuerung einsetzte. Eine Versicherungsgesellschaft erwarb nicht mehr benötigtes Gelände von Eisenbahngesellschaften (12 ha), errichtete ein Hochhausviertel mit Banken, Versicherungen usf. ebenso wie drei Wohntürme für reiche Ein- und Zweipersonenhaushalte, die überwiegend aus Boston bzw. dessen Vororten zuzogen.

Boston bildet ein gutes, wenngleich kein vollständies Beispiel für die Abfolge (Sukzession) der Einwanderer und ihrer Viertelsbildung seit der zweiten Hälfte des 19. Jh.s (Ward, 1968 und 1971; Abb. 123). Zunächst waren es Iren, die hier um das Jahr 1850 83 v.H. der Einwanderer stellten, während Deutsche, die sonst mitunter an erster oder zweiter Stelle zu finden waren, mehr nach Baltimore, Philadelphia oder New York tendierten. Ein Ansatzpunkt der Iren bildete der Fort Hill, der von der Oberschicht bereits geräumt worden war und mit seiner Nähe zu den Lagerhäusern Arbeitsmöglichkeiten in kurzer Entfernung von den unterteilten großen Einfamilienhäusern bot, die nun zur Miete von den Eigentümern vergeben wurden. Mit der Ausweitung der Lagerhäuser und dem zu diesem Zwecke abzutragenden Hügel mußten sie diesen Bereich verlassen und zogen nach South Cove, wo sie bei Eisenbahngesellschaften, die hier ihre Endstationen eröffneten, Arbeit fanden, ebenso wie nach South Boston, wo man Fabriken eröffnete, der frühere Mittelstand abwanderte und durch Iren ersetzt wurde. Als weiterer Wohnbezirk für diese Gruppe bot sich North End an, das zuvor von Handwerkern bewohnt war, die sich ein neues Viertel in South End schufen. Ungünstigere Wohnbedingungen wegen der kleineren Wohnungen nahm man zunächst wegen der Nähe des Hafens in Kauf. Da aber South Cove und South Boston allmählich genügend Arbeitsplätze boten, wanderte ein erheblicher Teil der Iren in die genannten Bezirke ab. Neue Einwanderergruppen traten nach Beendigung des Bürgerkrieges bzw. seit etwa dem Jahre 1880 die Nachfolge an, insbesondere Italiener und osteuropäische Juden. Erstere erhielten in Werkstätten Beschäftigung, suchten sich aber vornehmlich im Einzelhandel mit frischem Obst und Gemüse zu betätigen und legten deshalb Wert auf die Nähe zum Großmarkt. Letztere fanden in der Konfektionsindustrie Arbeit und konnten deshalb auf die Verbindung mit den Geschäftsleuten im CBD nicht verzichten. Als die Zuwanderung beider Gruppen immer mehr zunahm, waren es vornehmlich die Juden, die nach West End auswichen, bis zum Jahre 1930 das vorherrschende Element bildeten, bis Italiener, Polen und andere aus Europa stammende Gruppen nachzogen. Demnach konnte sich West End rühmen, 23 verschiedene Nationen zu beherbergen. Einige von ihnen, vornehmlich die Italiener, wahrten ihre kulturellen Eigenarten in besonderem Maße. Demgemäß setzte sich das West End aus zahlreichen kleinen Nachbarschaften zusammen, in denen die Einwanderer versuchten, ihre nicht-städtischen Institutionen dem städtischen Leben anzupassen, was

Gans (1962, S. 4) als „urban village" bezeichnete. Daß den meisten, die sich hoch gearbeitet hatten und nicht mehr zur untersten Stufe der Sozialpyramide gehörten, das gelang, zeigt sich daran, daß die Bevölkerungszahl nach dem Zweiten Weltkrieg beträchtlich abnahm, teils, weil der Kinderreichtum nachließ, teils, weil eine benachbarte Klinik Ausdehnungsgelände benötigte und außerdem junge Familien mit Kindern in die Vororte zogen, weil Erneuerungsprojekte im Gespräch waren. Ein solches Viertel kann man nicht als Ghetto auffassen, wie es häufig in der amerikanischen Literatur geschieht, da die Bewohner sozial stabil sind. Trotzdem ging man hier zur Erneuerung über, was das Umsetzen von etwa 2500 Haushaltungen notwendig machte, die über den gesamten Bereich der SMSA verteilt wurden. Das West End entwickelte man zu „einem Gartentyp innerstädtischen Wohnens" für Wohlhabende, die in der Nähe des CBD leben wollten (Uhlig, 1971, S. 100 und S. 177).

Zunächst hatten die Iren die im North End lebenden Handwerker verdrängt, die sich nun einen neuen Wohnbezirk in South End schufen und kleine Reihenhäuser errichteten. Mit ihrem Aufstieg in höhere Mittelschichten zogen sie es vor, in entfernter gelegene Vororte zu ziehen, wo sie in Gärten gelegene Eigenheime erwarben. Ihre Häuser in South End eigneten sich kaum zur Umwandlung in Mietshäuser, so daß sie daran gingen, Zimmer an alleinstehende "white collar workers" zu vergeben, bis schließlich verarmte weiße Arbeiter einzogen, ein ausgesprochener Degradierungsprozeß einsetzte, zumal Alkoholismus und Kriminalität nicht ausblieben. Infolgedessen entwickelte sich South End teilweise zu einem Slumbezirk. Diesen zu sanieren, war eine dringende Aufgabe, die im Jahre 1975 noch nicht bis zur Hälfte erfüllt war.

Nachdem die Juden in den dreißiger Jahren das West End verließen, als sie den Anschluß an die Mittelschicht erreicht hatten, wandten sie sich dem südwestlich davon gelegenen Roxbury zu, bis sie noch weiter nach außen zogen. Nun wanderten in diesen Bereich Neger ein, die im Jahre 1940 lediglich 3 v. H., im Jahre 1970 aber 16 v. H. der Bevölkerung ausmachten (Blume, 1979, S. 374). Hervorgerufen durch ihr spätes Eintreffen, konnten sie nicht an den CBD anknüpfen, wie es sonst in den großen Städten des Nordostens oder mittleren Westens üblich war. 30 v. H. der Negerfamilien lebten im Jahre 1970 von der öffentlichen Wohlfahrt, der höchste Prozentsatz in einem Viertel der zentralen Stadt. Die späte rechtliche Gleichstellung und die Diskriminierung durch die Weißen rechtfertigen es, vom Negerghetto zu sprechen, selbst wenn es juristisch nicht dem Judenghetto im westlichen und mittleren Europa oder in der islamischen Welt gleichkommt, wo die erzwungene Abschließung gegenüber dem Staatsvolk gleichzeitig eine eigene Gemeindeverwaltung und Gerichtsbarkeit beinhaltete. Abgesehen davon hat sich der Begriff des Negerghettos in der wissenschaftlichen Literatur so eingebürgert, daß er sich nicht mehr ausmerzen läßt. Daß sich innerhalb des Negerghettos von Boston Slumbezirke ausbildeten, dürfte nichts Außergewöhnliches sein. Auch hier nahm man die von der Bundesregierung zur Verfügung gestellten Mittel in Anspruch, um eine Sanierungsaktion in die Wege zu leiten und errichtete 5500 neue Billigwohnungen. Allerdings zeigte ein Teil von ihnen nach zehn Jahren bereits wieder Verfallserscheinungen, abgesehen davon, daß im Erneuerungsgebiet zuvor der Anteil der Neger bei 26, danach aber bei 93 v. H. lag und damit eine erhebliche Verstärkung der Segregation vonstatten gegangen war (Boileau, 1975, S. 21), eine Erscheinung, die keineswegs auf Boston beschränkt ist.

Das Problem der Ghettobildung und das der Erneuerung der Übergangszone hat uns nun in einem weiteren Rahmen zu beschäftigen. War an anderer Stelle auf den Unterschied der Wohnstandorte von Weißen und Farbigen zwischen dem Norden und dem Süden aufmerksam gemacht worden, so erfolgte in dieser Beziehung ein Angleichen, wie es z. B. in Baton Rouge beobachtet wurde (Brill, 1963, S. 153 ff.). Mit der Industrialisierung und dem Zuzug einer weißen mittelständischen Bevölkerung reduzierten sich die Mischgebiete erheblich, die Ausweitung des Geschäftslebens veranlaßte die Oberschicht, den CBD zu verlassen und im Osten und Südosten der Stadt ihre Eigenheime zu schaffen. Damit erhöhten sich hier die Bodenpreise, was zu einem Konzentrationsprozeß der Neger südlich und östlich des CBD führte ebenso wie sie in der Nähe der im Norden gelegenen Industrieanlagen einen weiteren Schwerpunkt fanden. Mit dem Wachstum der Stadt auf 1970: 166 000 E. (SMSA 285 000 E.) verringerte sich dabei der Anteil der Farbigen trotz hohen Geburtenüberschusses auf knapp 30 v. H. auf Grund der erheblichen Zuwanderung von Weißen.

Wie aber kam es zu einer Verschärfung von einer normalen Segregation, die meist als eine Übergangserscheinung bei den europäischen Einwanderern zu verstehen ist, zur Ghettobildung der Neger und anderer Farbiger, was sich in der Regel bis zur Gegenwart fortsetzt? Nicht allein die Diskriminierung der Schwarzen durch die Weißen mit dem Geneneffekt, daß auch die Neger unter sich bleiben wollten, waren die Ursache dafür. Hinzu gesellte sich der „doppelte Wohnungsmarkt", indem Makler oder Baugesellschaften die Neger bewogen, in bestimmten Vierteln zu wohnen und Weiße davon abhielten, in die Nähe zu ziehen. Auch führende Persönlichkeiten in den Städten ebenso wie Bank- und Versicherungsgesellschaften waren zunächst an der Ghettoisierung interessiert (Hofmeister, 1971, S. 85; Ford und Griffin, 1979, S. 142). Letztere Autoren verwandten direkt den Begriff der „Ghettomakers". Der Bau von highways und interstate freeways führte häufig zu einer Verteilung der Weißen in Vororten und zu einer Verstärkung der Ghettobildung trotz der entgegengesetzten Intensionen der Bundesregierung.

Allerdings entwickelten sich nach dem Zweiten Weltkrieg meist im Anschluß an die Ghettos der Unterschicht solche, die von Negern bewohnt werden und Mittelstandscharakter besitzen. Ford und Griffin (1979) erläuterten diese Entwicklung für San Diego und glaubten, daß sich dies auf andere Städte des Westens ausdehnen werde, wobei sie Phoenix, Seattle, Denver, Columbus, Omaha und Las Vegas erwähnten, was in letzterem bereits Wirklichkeit geworden ist (Blume, 1979, S. 323). Hofmeister (1971, S. 87) führte in dieser Beziehung Tulsa/Oklahoma an, wertete das allerdings als Ausnahme. Offenbar trat hier ein gewisser Wandel ein, der sich zunächst in den Städten des Westens und Südens einstellte, inzwischen aber auch diejenigen des mittleren Westens und Nordens erfaßt.

Nach den Untersuchungen von Berry, Goodwin, Lake und Smith (in Schwartz, 1976) in Chicago war dort die Einstellung verschiedener weißer Sozialschichten gegenüber der Ausweitung der Neger differenziert. Am stärksten setzten sich weiße „blue collar workers" – ob mit oder ohne Erfolg – zur Wehr. Es konnte aber auch vorkommen, daß der weiße Mittelstand dasselbe tat wie z. B. in South Shore, einem älteren Vorort mit 90 000 Einwohnern (1970), 16 km südlich vom CBD gelegen, wo man versuchte, die Zuwanderung von Negern zu unterbinden, was aber mißlang, so daß sich die Weißen andere Wohnungen suchten und im Jahre 1974 aus einem weißen ein farbiges Mittelstandsviertel geworden war (80 v. H. der Bevölkerung Neger). Anders verhielt es sich in Park Forest, 48 km südlich des CBD gelegen, einer der ersten geplanten neuen Vororte aus den vierziger Jahren und im Jahre 1970 37 000 Einwohner umfassend, davon 2,3 v. H. Neger. Ihnen gegenüber wollten sich die Weißen fair verhalten, kauften Einfamilienhäuser auf, um diese an solche Negerfamilien weiterzugeben, die die notwendigen Mittel dazu hatten, wobei die Ghettobildung unterblieb.

Nicht allein das Problem der Farbigen spielt für die soziale Differenzierung der US-amerikanischen Städte eine Rolle, sondern auch die Segregation europäischer Einwanderer voreinander, wie es am Beispiel von Boston für Italiener usf. deutlich wurde.

Mit Hilfe des von Duncan und Duncan (1955) entwickelten Dissimilaritätsindexes, bei dem der Anteil von zwei bestimmten Sozialschichten oder ethnischen Gruppen eines Baublockes oder einer sonstigen räumlichen Einheit berechnet wird, lassen sich Homogenität oder Nicht-Homogenität der Bewohner messen. Dabei wird der Dissimilaritätsindex DS folgendermaßen bestimmt:

714 Die Städte

$$DS = 1/2 \sum_{i=1}^{k} | x_i - y_i |$$

wobei x_i den Anteil der 1. Gruppe in Block i, y_i den Anteil der zweiten Gruppe in Block i und k die Anzahl der untersuchten Blöcke angibt. Die dabei gewonnenen Werte, bei denen positives oder negatives Vorzeichen unberücksichtigt bleiben, ausgedrückt durch die senkrechten Striche, liegen zwischen 0 und 100, wobei 0 keine und 100 völlige Segregation bedeuten.

Der Dissimilaritätsindex läßt sich in verbesserter Form durch die folgende Formel wiedergeben:

$$DS = 1/2 \frac{\sum_{i=1}^{k} | x_i - y_i |}{1 - \frac{\sum x_{ai}}{\sum y_{ai}}}$$

wobei x_{ai} die Gesamtzahl der entsprechenden Gruppe in der SMSA und y_{ai} die Gesamtzahl der zweiten Gruppe in der SMSA bedeuten. Dabei muß sich für den Nenner immer ein unter 1 liegender Wert ergeben.

Mitunter wird Formel 2 bereits als Segregationsindex bezeichnet. Meist aber dient Formel 3 zur Bestimmung des Segregationsindexes S, bei dem eine soziale Schicht oder ethnische Gruppe gegenüber der restlichen Bevölkerung in einer bestimmten räumlichen Einheit gemessen wird. Sie lautet dann folgendermaßen:

$$S = 1/2 \sum_{i=1}^{k} | \frac{x_i}{x} - \frac{n_i}{n} |$$

x_i, i und k haben dieselbe Bedeutung wie in Formel 1. Bei n_i handelt es sich um den Anteil der restlichen Bevölkerung im Block bzw. räumlichen Einheit i (ohne x_i), bei x um den Anteil der sozialen Schicht oder ethnischen Gruppe in der gesamten SMSA und bei n um den Anteil der übrigen Gruppen, bezogen auf die SMSA.

Dissimilaritäts- und Segregationsindex können einerseits benutzt werden, um die räumliche Segregation von Sozialschichten zu bestimmen, sofern man die Summierung über alle Teilbereiche der SMSA oder entsprechender Einheiten in andern Ländern vornimmt. In der Regel ergibt sich dann eine U-förmige Kurve, was bedeutet, daß Ober- und Unterschicht die stärkste Segregation eingehen, die unteren Glieder der Mittelschichten einer größeren Streuung unterliegen. In den meisten westlich ausgerichteten Industrieländern dürfte das der Fall sein, vielleicht mit Ausnahme der Südafrikanischen Republik.

Weiter werden Dissimilaritäts- bzw. Segregationsindex in den Vereinigten Staaten für unterschiedliche europäische Einwanderergruppen bzw. für die Beurteilung der Segregation der Farbigen benutzt. Lieberson (1963) untersuchte für zehn zentrale Städte des Nordostens und mittleren Westens die Entwicklung des Segregationsindexes für verschiedene Einwanderergruppen und Zeitspannen auf der Grundlage von census tracts. Dabei stellte er fest, daß in den Jahrzehnten 1910-1920 und 1930-1950 der genannte Index für die ausgewählten zentralen Städte eine stetige, aber geringe Abnahme zeigte, darauf verweisend, daß noch Reste ethnischer Gruppen von sich aus oder gezwungenermaßen auf eine gewisse Absonderung Wert legten. Kantrowitz (1969) nahm die Fragestellung noch einmal auf unter Einbeziehung der Daten vom Jahre 1960 und der von Lieberson nicht berücksichtigten New York-Northeastern New Jersey Standard Consolidated Area, die zur Megalopolis gehört (Kap. VII.A.) und deren Eigenheit darin besteht, allein sechs zentrale Städte zu besitzen (New York City, Clifton, Jersey City, Newark, Passaic und Patterson)[1]. Dabei ordnete sich diese Region dem früher gewonnenen Ergebnis ein unter Benutzung der Formel 2.

---
[1] Abb. in Hofmeister, 1980, S. 175.

Daß sich dabei für manche Städte Besonderheiten ergeben, sei am Beispiel gerade der New York Consolidated Area klar gemacht, wobei als im Ausland Geborene diejenigen betrachtet werden, die heute meist in der zweiten Generation in den Vereinigten Staaten leben und selbst schon im Berufsleben stehen, was an der Altersstruktur ablesbar ist. Die Tabelle auf Seite 716 gibt den Segregationsindex für elf europäische „foreign born"-Gruppen wieder, wobei um des Vergleichs willen noch der entsprechende Index für Neger und Puertoricaner hinzugefügt wurde (Kantrowitz, 1969, S. 639).

Daraus ist zu ersehen, daß sowohl in der gesamten New York Consolidated Area als auch in dem kleineren Ausschnitt der New York SMSA die Segregation zwischen „alten Einwanderern" in der Regel gering ist (Index um 30), zwischen „alten" und „neuen" Immigranten meist höher liegt (zwischen 40 und 50), zwischen den verschiedenen „neuen" Zuwanderern unterschiedlich erscheint, sich häufig aber geringer als zwischen „alten" und „neuen" darstellt. Überall aber werden die höchsten Werte aller derer, die zum "foreign stock" gehören, gegenüber den Farbigen erreicht (um 80).

Nun gibt es einige Ausnahmen von der Regel. Das betrifft vor allem die Skandinavier und unter ihnen in erster Linie die Norweger, die selbst gegenüber den Schweden mit einem Index von 45 vertreten sind. Jonassen (1947) stellte die Wanderung der Norweger in New York dar, die ursprünglich in Manhattan im Bereiche der damaligen Dockanlagen Unterkunft fanden. Mit deren Verlagerung siedelten sie nach Brooklyn über, um hier bei sozialem Aufstieg immer weiter nach Süden auszuweichen.

Wenn die Übergangszone teils durch Verkehrsanlagen, Industrie und Lagerhäuser gekennzeichnet war und teils durch Wohnungen einer wenig bemittelten Bevölkerung bzw. ethnischer Minoritäten, an deren unterster Stufe die Negerghettos und die ihnen folgenden Puertoricaner im Nordosten bzw. der Mexikaner im Westen standen, so wurden mit der Suburbanisierung von Einrichtungen des tertiären Sektors und der Industrie sowie in dem Auflassen von Eisenbahnanlagen Flächen freigestellt, die einer andern Nutzung zugeführt werden konnten. Dasselbe ergab sich in bezug auf die Wohnungen, weil die Weißen nach dem Zweiten Weltkrieg in einem Ausmaß die zentralen Städte verließen, was durch das Anwachsen der Neger, Puertoricaner bzw. Mexikaner nicht mehr ausgeglichen werden konnte, so daß gerade im Übergangsgürtel Wohnungen und ganze Häuser leer standen. Für sämtliche Städte der Vereinigten Staaten ergab sich für das Jahr 1970 ein Anteil von etwa 5 v. H. vakanter Wohneinheiten (United Nations Statistical Yearbook, 1974, S. 810). Auf diese Weise wurde die zone of transition und deterioration – abgesehen vom CBD – zum wichtigsten Bereich der Stadterneuerung, die vornehmlich durch das Wohnungsbaugesetz vom Jahre 1949 und dessen spätere Ergänzungen in die Wege geleitet wurde. Dabei stellte die Bundesregierung Mittel bereit, um die „Gemeinden rechtlich und finanziell in die Lage zu versetzen, die Stadterneuerung zu planen, Bewohner und Betriebe umzusetzen, das Gelände aufzukaufen, abzuräumen und neu erschlossen und mit neuer Infrastruktur versehen zu einem angemessenen Preis der Privatwirtschaft zur Wiederverwendung ... zu verkaufen" (Uhlig, 1971, S. 17). Am Beispiel von Boston war bereits zu erkennen, daß ein Teil der Übergangszone dazu benutzt wurde, um Ergänzungsbezirke zum CBD in Verbindung mit Appartement-Hochhäusern als teure Mietswohnungen („high rise apartment") zu schaffen, der soziale Wohnungsbau für die Neger hinter andern Vorhaben zurückstand und eine Verstärkung der Ghettoisierung brachte. Dabei ging man in der Umgebung des CBD nicht gleichmäßig vor. Griffin und Preston (1966, S. 346ff.) sowie Hofmeister (1971, S. 158ff.), der sich auf die zuvor genannten Autoren bezog, unterschieden den Sektor aktiver Assimilation, an den sich nach außen wohlhabende Wohnviertel anschlossen. Innerhalb dieses Bereiches konnten neue Verwaltungsviertel, Büro-

Tab. VII.D.8 Segregation zwischen ausgewählten ethnischen Minoritäten (foreign stock) im Jahre 1960 für die gesamte New York-Northeastern New Jersey Standard Consolidated Area (oberhalb der Diagonale) und für die New York Standard Metropolitan Statistical Area (unterhalb der Diagonale)

Herkunftsland bzw. ethnische Gruppen	1	2	4	5	6	7	8	9	10	11	12	13
1. Großbritannien	–	30.9	49.7	31.6	25.9	44.9	42.3	40.6	42.5	51.6	43.3	79.8	81.4
2. Eire	28.1	–	56.1	41.8	33.8	50.2	47.5	45.5	47.4	55.4	45.5	79.0	76.9
3. Norwegen	51.4	58.7	–	45.4	52.4	65.9	64.1	64.5	66.4	70.7	58.9	87.7	88.2
4. Schweden	31.8	41.3	45.8	–	37.4	56.9	52.2	52.6	53.8	61.3	51.5	83.4	84.9
5. Deutschland	25.6	33.3	56.4	38.2	–	45.8	41.2	39.0	40.8	51.4	42.9	80.2	80.6
6. Polen	45.0	51.7	67.9	57.9	47.1	–	40.1	23.3	34.4	27.7	50.6	78.6	76.6
7. Tschechoslowakei	39.5	44.5	65.6	51.1	39.5	41.7	–	41.3	34.4	53.2	51.3	81.6	80.8
8. Österreich	40.2	47.1	68.0	54.2	40.4	20.3	39.9	–	30.2	21.4	50.4	80.2	77.2
9. Ungarn	39.1	44.2	68.3	52.9	38.7	31.3	33.9	24.7	–	39.9	54.0	80.4	78.8
10. UdSSR	50.2	57.1	72.9	62.2	52.1	20.0	49.0	19.0	32.7	–	59.4	81.1	78.1
11. Italien	44.9	48.0	60.2	51.9	45.6	52.7	51.6	53.0	53.9	60.5	–	78.9	78.2
12. Neger	80.3	80.3	88.4	83.7	80.6	79.7	81.9	81.1	80.4	81.8	80.5	–	66.0
13. Puertoricaner	79.8	76.5	88.2	83.9	79.7	75.5	78.6	76.6	76.3	78.1	77.8	63.8	–

Nach Kantrowitz, 1969, S. 639.

hochhäuser und die „high rise apartments" entstehen. Zieht man wiederum Boston heran, dann war es kein Zufall, daß solche Maßnahmen gerade im Westen in der Nähe von Beacon Hill und dem Common zur Durchführung kamen. In den Sektoren passiver Assimilation verblieben mitunter Lagerhäuser und Leichtindustrie; sofern es zu Umwandlungen kam, dann sah man Parkhochhäuser oder Parkplätze vor. Schließlich verblieben die Sektoren allgemeiner Inaktivität, veraltete Wohnbezirke, die ebenfalls einer Sanierung unterliegen können (Roxbury und South End in Boston), dann aber für Farbige und arme Weiße gedacht, deren neue Mietswohnungen zwar dem Standard entsprechen, aber mit geringen Mitteln erstellt wurden, abgesehen davon, daß eine Verstärkung der Ghettoisierung häufig die Folge und ein Herabwirtschaften der Häuser zu befürchten bzw. bereits eingetreten ist. Demgemäß zeichneten sich in der Entwicklung der zone of transition and deterioration verschiedene Tendenzen ab: zum einen eine Aufwertung durch verschiedenen Zwecken dienende Hochhäuser einschließlich der „high rise apartments", was eine gewisse Rückwanderung von älteren Ein- und Zweipersonenhaushalten aus den Vororten in die Nähe des CBD bewirkt, zum andern in der Bereitstellung von Parkmöglichkeiten eine Ergänzung zum CBD und schließlich Sanierungsbereiche für arme Weiße oder Farbige, die trotzdem Problembezirke bleiben, so daß vornehmlich im Bereich der Ghettos Zellen auszuscheiden sind, innerhalb derer die Bevölkerung sich in der einen oder andern Weise nicht an die sozialen Normen hält (Slum). Dafür ist nicht allein die Überbelegung von Wohnungen, Armut usf. als Grund zu betrachten, sondern vielfach treffen mehrere Ursachen zusammen, wie es z. B. Smith (1973, S. 120 ff.) am Beispiel von Tampa/Florida (1970: zentrale Stadt 278 000 E., urbanized area 369 000 E.) dargestellt hat.

Hier erscheint es wichtig, den Begriff „Slum" zu klären. In Großbritannien für den überbelegten Altbaubestand der Arbeiter gebraucht (Leister, 1970, S. 82 ff.), verbindet sich sonst damit das asoziale Verhalten einzelner Gruppen, die sich räumlich zusammenfinden. Unter letzterem Gesichtspunkt soll in Zukunft der Ausdruck „Slum" Verwendung finden mit Ausnahme von Großbritannien, wo sich „Slumsanierung", d. h. Erneuerung nicht mehr zeitgemäßer Wohnungen, so eingebürgert hat, daß man ihn in dem hier gebräuchlichen Sinn verwenden muß.

Wie weit CBD und Übergangszone die zentrale Stadt erfüllen, dürfte durchaus verschieden sein, je nachdem, in wieweit durch Eingemeindungen die jeweiligen Verwaltungsgrenzen nach außen verlegt wurden. Zumindest in Chicago schließt sich im Westen und Süden ein Bereich an, der von Hofmeister (1971, S. 95) als sozial stabil betrachtet wurde, jeweils zwischen den hier nach Westen und Süden ausgreifenden Wachstumsspitzen der Ghettos gelegen.

Das läßt sich an den Wohnverhältnissen ablesen. Hier mag es zunächst von Interesse sein, daß im Jahre 1890, als die europäische Einwanderung noch in vollem Gange war, 36,9 v. H. der non-farm-Haushaltungen in Eigenheimen lebten, 63,1 v. H. dagegen in Mietswohnungen. Bis zum Jahre 1970 hatte sich das Verhältnis umgekehrt, so daß nun 62,0 der Haushaltungen über ein eigenes Haus verfügten und lediglich 38,0 v. H. als Mieter fungierten (Wattenberg, 1976, S. 646). Einen weiteren Hinweis mag die pro Kopf zur Verfügung stehende Fläche geben, auf eine Auswahl zentraler Städte unterschiedlicher Einwohnerzahl beschränkt. Nach den Berechnungen von Bartholomew (1955, S. 34 ff.) variierten diese Angaben bei Einfamilienhäusern zwischen 49 und 136 qm/E. bei Abnahme mit der Größe der Städte; hinsichtlich der Mietshäuser war die Differenz geringer und lag zwischen 7 und 10 qm/E., wobei sich ein gewisser Anstieg mit wachsender Einwohnerzahl ergab. Wenngleich durch das Aufkommen der „high rise apartments" nach dem Zweiten Weltkrieg ein Anwachsen des Mietshausbestandes im Gange ist, so bleibt wohl die Neigung, ein Eigenheim zu erwerben, stärker.

Nun aber ist die zentrale Stadt noch für andere Funktionen wichtig, indem hier Grünflächen auftreten. Das gilt zunächst für Friedhöfe, deren Lage und Ausdehnung allerdings nur für Chicago untersucht wurden und Angaben lediglich bis zum Jahre 1950 vorliegen (Pattison, 1955). Bis zum Jahre 1850 verlegte man die von der wachsenden Bebauung umschlossenen kleinen Friedhöfe an die damalige nördliche und südliche Peripherie. Einen von ihnen wandelte man nach einer weiteren Verlegung in einen kleinen Park um. Bis zum Jahre 1900 wuchs die Zahl der Friedhöfe auf 27, bis zum Jahre 1950 auf 70 an, die nun eine Fläche von 3000 ha beanspruchten. 20 von ihnen befanden sich innerhalb der zentralen Stadt in der Nähe der Verwaltungsgrenze und machten hier 1 v. H. der Gesamtfläche aus, die andern verwies man in die Umgebung, mußte nun aber auf günstige Verkehrsverbindungen Wert legen, wobei zuerst die Eisenbahn, dann die Straßen entscheidend wurden. Keiner der nach 1900 entstandenen Friedhöfe wurde aufgelassen, denn das Ziel war erreicht, die Anlagen in die Nähe der Stadtgrenze zu verweisen. Einige Denominationen legen auf eigene Friedhöfe Wert. Alte und neue Immigranten taten mitunter dasselbe ebenso wie später die Neger, nicht aber Japaner und Chinesen, die innerhalb der „öffentlichen Friedhöfe" besondere Areale kauften. Sonst aber sind die öffentlichen Friedhöfe nicht in der Hand der Stadt- oder county-Verwaltungen, sondern stellen Geschäftsunternehmen dar, die den Erwerb der Flächen vornehmen, dabei darauf bedacht sind, diese so groß zu wählen, daß Erweiterungen möglich sind. Bis zum Jahre 1950 hatten aber nur drei Friedhöfe ein Areal von rd. 200 ha. Das wird dadurch ermöglicht, daß Kapellen bzw. Feierhallen und sonst notwendige Betriebsanlagen im Rahmen der Bestattungsinstitute angelegt werden und nicht auf dem Friedhof. 20-25 v. H. der Friedhofsfläche werden für Wege und wenige gärtnerische Anlagen vorgesehen. Demgemäß ist die Belegungsdichte hoch. Offenbar aus Großbritannien übernommen, kennt man keine Ruhefristen und demgemäß auch keine Wiederbelegung von Grabstellen. Anders aber als hier, wo zumindest in London bis zum Zweiten Weltkrieg für Minderbemittelte Tiefenbestattungen (6-12 Särge übereinander) üblich waren, macht man davon in den Vereinigten Staaten nur selten Gebrauch (Schildt, 1974, S. 47). Für jede inkorporierte Gemeinde innerhalb einer SMSA gelten dieselben Bestimmungen, nämlich die Friedhöfe an die Peripherie der Verwaltungsbezirke zu legen.

In verschiedenen Bezirken der zentralen Stadt hat man seit der zweiten Hälfte des 19. Jh.s dafür Sorge getragen, Erholungsflächen zu schaffen, wobei nicht allein ästhetische Gesichtspunkte eine Rolle spielten, sondern ebenfalls soziale. Gerade deswegen, weil sich die Einwanderer mit geringem Wohnraum zufrieden geben mußten, wollte man ihnen auf diese Weise zu Fuß zu erreichende Erholungsflächen zur Verfügung stellen, zumal Schrebergärten nie in Aufnahme kamen.

Infolgedessen findet man Parkanlagen teils im Bereiche des CBD. In New York richtete Olmsted den Central Park (336 ha) auf bis dahin nicht bebautem Gelände ein, wodurch die Bodenpreise in der Nachbarschaft anstiegen; bis zur Gegenwart ließ man eine Schrumpfung der Fläche nicht zu und verhinderte ebenfalls, ihn durch expressways erreichbar zu machen, wenngleich, bedingt durch benachbarte Farbigenviertel, es nicht ratsam ist, ihn während der Dunkelheit aufzusuchen. Andere Städte nahmen das Beispiel von New York auf.

Auch innerhalb der Übergangszone fehlen Parkanlagen nicht. Zum Teil stammen sie ebenfalls aus der zweiten Hälfte des 19. Jh.s wie etwa in Buffalo, wo die Geschäftsleute den Ehrgeiz hatten, eine dem Central Park ähnliche Anlage zu besitzen. Der 140 ha große Delaware-Park nordöstlich des CBD wurde später für sportliche Aktivitäten in Anspruch genommen, bis man schließlich im Jahre 1960 einen expressway hindurchlegte und damit in Frage steht, ob eine Erhaltung durchgesetzt werden kann.

Schließlich können auch Randbezirke der zentralen Stadt durch Parkanlagen betont werden. In dieser Beziehung sei auf Minneapolis verwiesen, dessen Parksystem mit zahlreichen Seen die zentrale Stadt etwa halbkreisförmig umgibt, die Anlagen aus dem 19. Jh. unverändert in die Gegenwart eingingen und nun durch neue Projekte am Mississippi ergänzt werden sollen (Heckscher, 1977).

Für die zentralen Städte berechnete Bartholomew (1955, S. 121), daß durchschnittlich 18,4 qm/E. Grünflächen zur Verfügung stehen bei sehr erheblichen Unterschieden zwischen den Städten.

Sicher fehlen den zentralen Städten der SMSAs die für europäische Kernstädte charakteristischen älteren Kulturdenkmäler einschl. von Patrizierhäusern usf. Vereinzelt allerdings findet man sie wie z. B. in dem im Jahre 1718 von den Franzosen gegründeten New Orleans (O'Loughin und Munski, 1979), wo in den dreißiger Jahren die spanischen Patiohäuser, auf privater Initiative beruhend, erneuert wurden, nur deshalb möglich, weil die Amerikaner diesen Bereich nicht zum Ansatzpunkt ihres CBD machten.

Jenseits der zentralen Stadt beginnen die Vororte, meist in eine innere und äußere Zone gegliedert, abgesehen von randlichen Satelliten, die sich gegenüber der zentralen Stadt eine größere Eigenständigkeit wahrten und dorthin kaum noch Pendlerbeziehungen existieren.

Es folgen dann die Vororte, für die Schnore (1957), die Ergebnisse anderer Autoren einbeziehend, eine Gliederung gab, wobei allerdings zu bedenken ist, daß lediglich Material bis zum Jahre 1950 Verwendung finden konnte und zudem eine Beschränkung auf solche Vororte erfolgen mußte, die 10 000 Einwohner und mehr hatten, weil nur für sie statistisches Material vorlag. Auf Veränderungen, die sich seitdem ergaben, wird später einzugehen sein. Infolgedessen wurden im Jahre 1940 333 und im Jahre 1950 363 Vororte erfaßt. Unabhängig davon, ob es sich um alte (vor dem Zweiten Weltkrieg) oder neue Vororte handelte und ebenso unabhängig davon, ob man es mit Orten zu tun hat, die mit Selbstverwaltung ausgestattet waren oder ihre Entstehung der Suburbanisierung von Bevölkerung und Industrie verdanken, zeigen sich einerseits Vororte, die im wesentlichen „Schlafstädte" darstellten (Trabanten) und andererseits solche, die Arbeitsplätze zur Verfügung stellten, überwiegend im sekundären Sektor, und demnach als Satelliten zu bezeichnen sind. Trabanten und Satelliten ist ihre Abhängigkeit von der zentralen Stadt und ihr Eingebettetsein in die Metropole gemeinsam; sie unterscheiden sich aber in der Art, daß Trabanten Arbeitskräfte abgeben und Verbraucher von Waren sind, Satelliten hingegen Arbeitskräfte einschl. von Pendlern benötigen und Waren erzeugen. Sowohl im Jahre 1940 als auch im Jahre 1950 lag das zahlenmäßige Verhältnis von Trabanten und Satelliten bei 1:1. Dabei ist allerdings zu bedenken, daß z. B. in Chicago nach der Abgrenzung der SMSA vom Jahre 1970 (ohne den im benachbarten Bundesstaat Indiana gelegenen Anteil) und den Bevölkerungsdaten vom Jahre 1950 nur 26 Vororte mindestens 10 000 Einwohner besaßen von damals insgesamt 178 existierenden. Bis zum Jahre 1970 kamen bei derselben Abgrenzung allein 69 neue Vororte hinzu (berechnet nach Cutler, 1976, S. 191 ff.). Dabei befanden sich Satelliten meist in größerer Entfernung vom CBD als Trabanten, die u. U. sogar unmittelbar an diesen anschließen konnten. Auch hinsichtlich der sozialen Struktur waren zwischen beiden Unterschiede vorhanden. In den Satelliten ging die Tendenz mehr zu den unteren Gliedern des Schichtenaufbaus, wobei die Bevölkerung stärker durch im Ausland Geborene geprägt wurde, jüngere Altersgruppen und in der Regel kinderreicher als die „Einheimischen" in den Trabantenstädten, die ein höheres Bildungsniveau aufwiesen und sozioökonomisch zu den oberen Gruppen rechneten.

In der inneren Vorortzone entwickelten sich „alte Satelliten", die auf Grund der in ihnen vorhandenen Industrie als Wohnort mit einer Bevölkerung zu rechnen haben, deren sozialer Status nach den unteren Gruppen tendiert und bei relativ geringer Entfernung zur Übergangszone ebenfalls Negerghettos besitzen (Rees, 1970, S. 338). Hinsichtlich der Erneuerung des Baubestandes können ähnliche Probleme auftreten wie in der zone of transition, aber eine Ergänzung zu CBD-Funktionen bzw. Sektoren aktiver Assimilation dürften hier kaum gegeben sein. Anders steht es mit alten Trabanten, denn hier vermögen sich Wandlungen zu vollziehen, insbesondere dann, wenn sie in nicht allzu großer Entfernung von der zentralen Stadt liegen. Farley (1964) führte Evanston (1970: 80 000 E.), 20 km nördlich von Chicago, als Beispiel der Erhaltung der gehobenen Sozialstruktur an. Nun bildete dieser Vorort mit seiner Northwestern University früher einen Anziehungspunkt. Nach Aufnahme von Leichtindustrie gruppierte Rees den Vorort derart ein, daß der sozio-ökonomische Status etwas über dem Durchschnitt lag bei gleichzeitiger Überalterung der Bevölkerung, deren durchschnittliches Einkommen sich im Jahre 1974 auf 17 000 Dollar belief, demnach keinesfalls die Werte erreichend, die für die Elitevororte an der Gold Coast in Chicago erzielt wurden mit 40 000 Dollar und mehr (Cutler, 1976, S. 191). Mit der Entwicklung von einem Trabanten zu einem Satelliten war hier ein sozialer Abstieg verbunden. Zugleich erkennt man, daß die sozio-ökonomische Gliederung kleinräumiger ist, als das in dem Modell von Rees zum Ausdruck gelangen kann, der den bevorzugten nördlichen Sektor direkt an den CBD anschließen läßt.

Die neuen Vororte kamen insbesondere Kriegsteilnehmern und den unteren Gliedern der Mittelschichten zugute. Eine besondere Form unter ihnen bilden die Levittowns, von der Firma Levitt auf Long Island und in New Jersey seit dem Jahre 1947 erstellt. Hatte sich im Nordwesten von Long Island seit den beiden letzten Jahrzehnten des vorigen Jahrhunderts die „Schloßlandschaft" der amerikanischen

Millionäre entwickelt (Schott, 1979), so ließ sich das wegen erheblicher Steuererhöhungen danach nicht mehr halten. Teils von öffentlichen und halböffentlichen Institutionen übernommen, verfiel ein anderer Teil, wenngleich mitunter die zugehörigen Parkanlagen der Öffentlichkeit zugänglich gemacht wurden. Im Süden davon waren bereits seit dem Ersten Weltkrieg bescheidene Eigenheime entstanden, die nach dem Zweiten Weltkrieg eine erhebliche Auffüllung erfuhren, verstärkt durch die Levittown, für die ursprünglich 2000 Wohneinheiten vorgesehen wurden, bei der erheblichen Nachfrage aber schließlich 15 000 Einheiten entstanden, die im Jahre 1960 65 000 Einwohner hatten (Hofmeister, 1971, S. 99 ff.). Für kinderreiche Familien gedacht, kamen solche Levittowns auch anderswo auf, wobei es sich um Sozialgruppen handelte, für die der Umzug in eine Levittown den erstmaligen Bezug eines Eigenheimes bedeutete, das ihnen das Vertrauen auf den sozialen Aufstieg stärkte.

Selbst wenn die Berechnungen von Bartholomew (1955, S. 83 ff.) veraltet sind, weil die äußere Vorortzone kaum Berücksichtigung finden konnte, so vermitteln seine Angaben doch den Unterschied gegenüber den entsprechenden Daten für die zentralen Städte. Bei Einfamilienhäusern, die ein beträchtliches Übergewicht zeigen, liegt die pro Person zur Verfügung stehende Fläche zwischen 72 und 285 qm, eine erhebliche Spanne umfassend, wobei die jüngeren Mittelschichten in bezug auf den Flächenbedarf mehr zu den niedrigeren Werten neigen. Zweifamilienhäuser treten zurück und besitzen 9-12 qm/E., Mehrfamilienhäuser, auf industrielle Satelliten beschränkt, lagen in dieser Beziehung an der unteren Grenze mit 2,9 qm/E.

Sicher werden auch die Vororte von Grünflächen durchsetzt. Für sie berechnete Bartholomew (1955, S. 92) 15 qm/E., demnach ein geringeres Ausmaß annehmend als in der zentralen Stadt. Das hat zwei Gründe, denn einerseits überwogen die Einfamilienhäuser, zu denen Gartenland gehört, und zum andern spielten die Gesichtspunkte, die für die Anlage von Grünflächen in der zentralen Stadt maßgebend waren, nun kaum noch eine Rolle.

Schließlich gelangt man in den Randbereich der SMSA, der durch unterschiedliche Nutzung gekennzeichnet ist. Es schieben sich bereits Eigenheime vor bzw. es kommt zum Verkauf landwirtschaftlicher Gebäude, die zu Wochenendhäusern umgestaltet werden. Noch intakte landwirtschaftliche Nutzfläche wechselt mit Brachland ab, das als Bauerwartungsland gedacht ist. Auf die urbanized area bezogen, stellte Bartholomew (1955, S. 93) hier den höchsten Anteil von Grünflächen fest, nämlich 27,2 qm/Person.

Überblickt man die Gesamtentwicklung unter Berücksichtigung der nachlassenden Bedeutung des CBD zugunsten der shopping centers, die die peripheren Wohnbereiche aufsuchen und sich in ihrem Angebot dem Sozialstatus der Bevölkerung anpassen, sieht man gleichzeitig die Suburbanisierung der Industrie (Kap. VII.D.3.) in Verbindung mit der Entwicklung der express highways und den vielfach ausgebildeten Ringautobahnen, dann ergibt sich zunächst eine starke Bevölkerungsmobilität innerhalb der zone of transition and deterioration. Sie ist hier einerseits durch die Zuwanderung von Angehörigen der Ober- und oberen Mittelschicht geprägt, was quantitativ zurücksteht gegenüber denjenigen, die durch Sanierungsmaßnahmen sich innerhalb dieser Zone vollzieht und vornehmlich

Farbige, arme Weiße und teilweise auch die Angehörigen der zweiten Einwanderungswelle betrifft. Ein geringeres Ausmaß besitzt die Bevölkerungsmobilität (Umzüge) am Rande der zentralen Städte und in den alten Vororten, um dann in der Außenzone wieder zuzunehmen, begründet in der Zuwanderung der Weißen, wobei nach dem Zweiten Weltkrieg auch die Mittelschichten davon Gebrauch machten.

Hofmeister (1971, S. 91) zeigte dies nach Unterlagen für das Jahr 1960 für Chicago, indem er von der zentralen Stadt zwei Querschnitte, einen nach Norden und einen nach Westen, legte, mit der Kombination verschiedener Merkmale. Allerdings muß hinzugefügt werden, daß der Anteil der unterschiedlichen Bauweise sich selten zu 100 v. H. ergänzt, weil einerseits Zweifamilienhäuser nicht berücksichtigt wurden und andererseits bei den Mehrfamilienhäusern nicht die Gebäude, sondern die sie enthaltenden Wohnungen eingingen. Die Zahlen innerhalb der zentralen Stadt bedeuten die Nummern der benutzten statistischen Bezirke (census tracts). Für die Vororte fand nach den Angaben von Cutler (1976, S. 191 ff.) eine Ergänzung statt, indem die Entfernung zum CBD und das mittlere Familieneinkommen im Jahre 1974 hinzugefügt wurden (s. Tab. VII.D.9).

Die wichtigsten Veränderungen von der Übergangszone bis zu den äußeren Vororten wurden oben bereits erläutert. Einer Ergänzung bedarf es noch hinsichtlich der Charakterisierung der Vororte. Bei den im nördlichen Sektor gelegenen handelt es sich durchweg um „neue Vororte", für deren Entstehung die Nachbarschaft zu den bereits aufgefüllten Elitevierteln am Seeufer maßgebend war ebenso wie die Erschließung durch einen besonderen highway. Unter ihnen entwickelten sich Shokie (regionales shopping center und Leichtindustrie) ebenso wie Morton Grove (Leichtindustrie) zu Satelliten, was in dem höheren Anteil der Umzüge und dem geringeren mittleren Familieneinkommen kenntlich ist. Unter den Vororten im Westen, die in ihrem sozialen Rang nicht an die des Nordens heranreichen, durch die geringe Ausdehnung der zentralen Stadt in dieser Richtung hervorgerufen, können Oak Park, Forest Park und voraussichtlich auch Maywood zu den „alten Vororten" gerechnet werden, in denen der Anteil der Mietshäuser noch relativ hoch ist, der Anteil der nach dem Jahre 1950 errichteten Einfamilienhäuser hingegen gering blieb. Unter ihnen gelten Oak Park, das bereits durch die Zuwanderung von Negern gekennzeichnet ist, und Forest Park als Trabanten, Maywood (Leichtindustrie) als Satellit. Hinsichtlich der „neuen Vororte" kommt letztere Eigenschaft Bellwood (wissenschaftliche Forschungsstellen) zu, während die übrigen Trabanten darstellen, unter denen sich Lombard durch sein leistungsfähiges regionales shopping center auszeichnet (Cutler, 1976, S. 150-154).

Schließlich muß noch auf die Megalopolis aufmerksam gemacht werden. Im allgemeinen lassen sich die dazu gehörigen Städte noch recht gut isolieren, wie es früher am Beispiel von Boston zum Ausdruck gelangte. Schon weniger gelingt das in der Standard Consolidated Area New York-Northeastern New Jersey, die im Jahre 1970 16,2 Mill. E. mit einer Bruttodichte von 2580 E./qkm besaß, wobei letztere etwa den zehnfachen Wert des für die gesamte Megalopolis errechneten hatte. Den Kern dieses Bereiches stellt New York City dar, zu der die boroughs Manhattan (1,4 Mill. E.), Bronx (1,4 Mill. E.), Queens (2,0 Mill. E.), Brooklyn (2,4 Mill. E.) und Richmond (0,3 Mill. E.) gehören. Außer Richmond, das nicht mehr zum harten Kern gezählt werden dürfte, weil es bis zur Gegenwart noch immer einen Bevölkerungsanstieg verzeichnet, wurden die andern boroughs teils bereits im 19. Jh. (Manhattan), teils in den sechziger (Brooklyn) und teils seit dem Jahre 1970 mit abnehmender Einwohnerzahl in die Citybildung einbezogen. Manhattan, das zwei CBDs besitzt, verlor seine Hafenfunktion am East River; die hier vorhandenen Lagerhäuser und die Industrie wurden im Zusammenhang mit künst-

Tab. VII.D.9 Veränderungen bestimmter Merkmale mit wachsender Entfernung vom CBD

Stadtgebiet	Anteil d. Einfamilienheime	Anteil d. nach 1950 errichteten Einfamilienheime	Anteil d. Mietswohnungen	Anteil d. foreign born[1]	Anteil d. in 5 Jahren Umgezogenen	Entfernung zum CBD in km	Mittl. Familieneinkommen 1974 in 10 000 Dollar
Nördliches Segment							
32	0,9	1,1	93,3	20,9	72,7		
24	6,0	0,4	73,0	50,7	54,1		
22	9,7	0,5	67,9	48,0	51,8		
21	11,2	1,0	60,8	47,2	45,9		
16	19,7	2,6	59,3	47,0	47,0		
14	18,6	3,1	63,4	63,0	52,8		
13	45,3	29,1	38,4	62,4	44,4		
Lincolnwood	97,8	73,4	6,1	49,3	52,4	18	28,0
Shokie	75,2	77,7	15,6	42,7	61,9	21	22,5
Morton Grove	95,9	82,2	10,3	33,1	64,5	26	23,5
Glenview	95,7	67,7	10,9	24,4	52,7	32	25,7
Westliches Segment							
32	0,9	1,1	93,3	20,9	72,7		
28	13,0	10,0	82,5	17,9	61,7		
27	6,8	0,5	79,1	12,5	70,5		
26	6,5	0,5	73,3	31,0	66,8		
25	23,1	4,9	59,7	47,5	46,7		
Oak Park	49,8	6,1	47,8	34,3	42,8	14	18,0
Forest Park	41,5	7,6	53,7	40,7	47,3	16	15,7
Maywood	60,5	8,1	35,8	26,8	48,3	18	14,0
Bellwood	81,8	60,2	17,0	34,3	50,6	21	16,7
Elmhurst	91,8	42,8	13,2	27,6	44,5	27	18,4
Villa Park	90,8	59,7	16,0	26,3	53,3	30	19,5
Lombard	93,5	56,9	14,8	25,5	44,9	33	19,2

[1] Foreign born bedeutet im Ausland Geborene der ersten und zweiten Generation

Nach Hofmeister, 1971, S. 91 und Cutler, 1976, S. 191 ff.

lichen Aufschüttungen durch Galerien, Künstlerateliers, „high rise apartments" und neue Parkanlagen verdrängt, wobei die „high rise apartments" sich fast ringförmig um die CBDs legen. Vornehmlich im Norden, durch Harlem gekennzeichnet, schließt die Übergangszone an, die zunächst von europäischen Einwanderern bewohnt wurde, um dann zum ausgesprochenen Neger- und nach dem Zweiten Weltkrieg zum Puertoricanerghetto zu werden. Bronx und Queens, die keinen CBD besitzen, stellen Wohnbereiche der Unter- und Mittelschichten dar, in denen Negerghettos nicht fehlen, so daß sich hier eine Fortsetzung der Übergangszone ergibt. Das ist teilweise auch noch in Brooklyn der Fall, das allerdings einen CBD besitzt, in abgeschwächtem Maße seine Hafenfunktion zu wahren wußte ebenso wie die Industrie ihre Standorte behielt. Als Wohnbereich ebenfalls Unter- und Mittelschichten beherbergend, konnten insbesondere im Süden in Brooklyn Heights mit Hilfe von Sanierungsarbeiten zumindest die obere Mittelschicht Fuß fassen. Auf diese Weise ergeben sich im innersten Kern von New York City das Nebeneinander von drei CBDs und gewisse Überschneidungen in der zone of transition and deterioration. Letztere bleiben dann in den äußeren Bereichen aus, auf deren nähere Charakterisierung verzichtet werden soll (Hofmeister, 1971, S. 264 ff.; Blume, 1979, S. 17 ff.).

Gehen wir nun zu den sozio-ökonomischen bzw. sozialökologischen Modellen über, die, auf die soziologische Schule von Chicago zurückgehend, jeweils für diese Stadt entworfen wurden. Zunächst legte Burgess (1925, S. 53 ff.) die „klassische Gliederung" vor, wobei zu bedenken ist, daß das zu einer Zeit geschah, als der Autoverkehr auch in Amerika noch nicht das Ausmaß erreichte wie kurz vor dem Zweiten Weltkrieg oder danach. Burgess sah das wesentliche Ordnungsprinzip durch den Central Business District gegeben, um den sich in konzentrischen Ringen die weiteren Glieder legten. Vornehmlich auf Untersuchungen in Chicago beruhend, zeichnete sich danach folgendes Bild ab (Abb. 124).

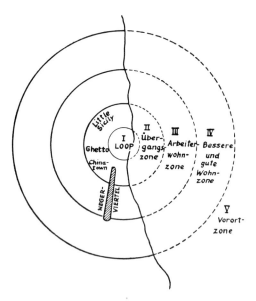

Abb. 124 Die Anordnung der funktionalen Glieder in konzentrischen Ringen (nach dem Schema von Burgess).

Der CBD, an der Mündung des Chicago Rivers in den Michigansee gelegen, ist der älteste Teil der Stadt und zugleich derjenige, der mit der Entwicklung zur Groß- und Weltstadt und der Konzentration des Geschäftslebens und der Dienstleistungen in seiner äußeren Gestalt eine gründliche Umwandlung erfuhr (Wolkenkratzer seit dem Jahre 1881); die Dichte der Wohnbevölkerung ist gering, die Bodenpreise dagegen liegen hier am höchsten.

Der CBD wird von der Übergangszone abgelöst, die zugleich eine solche der sozialen Wertminderung bedeutet (zone of transition and deterioration), wo mehrere Nutzungen vereint sind und das Wohnen meist auf ethnische Minderheiten beschränkt ist. Der Übergangszone schließt sich ringförmig das Arbeiterwohngebiet an. Sicherer Verdienst der Arbeiter, die meist schon in der zweiten Generation in den Vereinigten Staaten leben, gestatten ihnen, die Annehmlichkeiten des CBD in Anspruch zu nehmen, während die nächste Generation bereits danach strebt, sozial aufzusteigen, sich als Angestellte im CBD zu betätigen u. a. m. Wenn auch die Bebauung keineswegs einheitlich ist, so haben es die Arbeiter doch vielfach dazu gebracht, ein eigenes Haus zu besitzen, in dessen erstem Geschoß der Eigentümer lebt und dessen zweites Stockwerk vermietet wird. Die zweigeschossigen Häuser in frame-Konstruktion (Kap. VII.F.2.) wurden im wesentlichen zur Abgrenzung des Arbeiterwohngürtels benutzt. Diesen umgibt schließlich der äußere Wohnring, der – was in Abb. 124 nicht zum Ausdruck gelangt – sich in einzelne Abschnitte gliedern läßt, solche, in denen mehr Einfamilienhäuser des Mittelstandes überwiegen und andere, für die Bungalows in großen Gärten die Oberschicht aufnehmen. Jenseits davon beginnt die Vorortzone, die mit ihren Fabriken, Wohnsiedlungen usf. allmählich in die ländlichen Bereiche überleitet.

Burgess selbst erkannte seinem Anordnungsschema nur die Bedeutung einer theoretischen Vorstellung zu, die durch besondere Verhältnisse in mannigfacher Weise abgewandelt werden kann, was im Falle von Chicago, bedingt durch dessen Lage am Michigansee, bereits daraus zu ersehen ist, daß hier eine Reduktion auf Halbringe erfolgen mußte. Es handelt sich dabei um eine Abstraktion, in der den durch den CBD ausgelösten zentripetalen Kräften und dem zentrifugalen Ausweichen der Bevölkerung beim Wachstum der Stadt Rechnung getragen wird. So ist die soziale Gliederung nach Burgess ähnlich zu bewerten, wie die Intensitätsringe von Thünen hinsichtlich der landwirtschaftlichen Nutzung oder wie die jenseits des Stadtrandes auftretenden Ringe der „banlieue" von Chabot, die sich durch unterschiedliche Intensität der Stadt-Umland-Beziehungen ergeben.

Jede Abstraktion bringt es mit sich, daß untergeordnete Gesichtspunkte zugunsten des überragenden Prinzips vernachlässigt werden müssen bzw. letzteres Wandlungen unterliegt. Deshalb konnte es nicht ausbleiben, daß das Schema von Burgess oft genug durchbrochen erschien und der Versuch unternommen wurde, den realen Verhältnissen durch andere theoretische Vorstellungen gerecht zu werden.

Bereits an anderer Stelle wurde kurz auf die Faktorenanalyse verwiesen (Kap. VII.D.1.), mit Hilfe derer die sozialökologische Differenzierung auch für Chicago durchgeführt wurde (Rees, 1968 bzw. Berry und Horton, 1970, S. 306-396; Abb. 126). Dabei muß man sich vor Augen führen, daß Daten aus dem Jahre 1960 Verwendung fanden, die neueste Entwicklung noch nicht dargestellt sein kann. Immerhin existierte bereits ein Teil der interstate freeways (Kap. VII.D.3.), und darüber hinaus wurde vornehmlich Kriegsteilnehmern die Möglichkeit geboten, in noch größerer Entfernung vom CBD Eigenheime zu errichten. Nun ergab sich, daß der sozio-ökonomische Status sich in Sektoren gegeneinander absetzt, der Familienstatus aber in konzentrischen Ringen, so daß insgesamt ein Durchdringen

726 Die Städte

sektoraler und konzentrischer Elemente zustande kommt. Bei der erheblichen Vereinfachung, die für das Modell geboten erschien, indem für den sozio-ökonomischen Status lediglich hoch und niedrig, für den Familienstatus nur alt und jung unterschieden wurden, können bei einer solchen Polarisierung lediglich vier Möglichkeiten in Betracht kommen; die in Abb. 125 mit D bezeichneten Sektoren stellen die weit nach Westen und Süden vorstoßenden Negerviertel dar.

Daß bei geringerer Generalisierung Abstriche von diesem Modell zu machen sind, wurde für den sozio-ökonomischen Status am Beispiel des alten, nördlich des CBD gelegenen Vorortes Evanston dargetan; hinsichtlich der konzentrischen Abfolge des Familienstatus zeigte Hofmeister (1971, S. 92 ff.) – ebenfalls am Beispiel von Chicago für das Jahr 1960 –, daß zwischen älteren Verkehrslinien neue entstanden, die als Leitlinien weiterer, nach dem Zweiten Weltkrieg sich

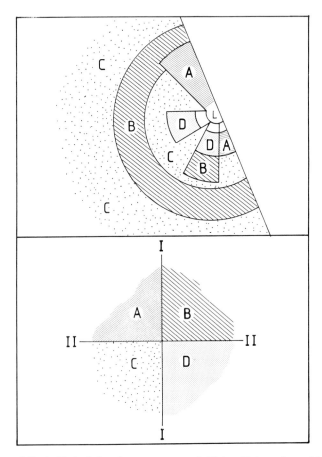

I   Sozio-ökologischer Status
II Familienstatus
I   Loop bzw. CBD

A Hoher Status; alte und kleine Familien
B Hoher Status; junge kinderreiche Familien
C Niedriger Status; alte und kleine Familien
D Niedriger Status; junge kinderreiche Familien

Abb. 125 Das sozialökologische Modell von Chicago (nach Rees).

entwickelnder Vororte gelten können, die von jüngeren bzw. jungen kinderreichen Familien bewohnt werden. „Zwei Tendenzen überlagern sich. Aus dem historischen Wachstum erklärt sich, daß häufig Gemeinden gleicher Alters- und Familienstruktur ringförmig angeordnet in etwa gleicher Entfernung vom Stadtzentrum auftreten. Aus der jüngeren Entwicklung heraus aber ergibt sich eine oft lineare Anordnung gleich strukturierter Gemeinden entlang den radialen Verkehrslinien, Eisenbahnen und Autoschnellstraßen wie z. B. in nordwestlicher Richtung entlang dem Northwest Expressway die Aufreihung der jungen Industriegemeinden Des Plaines, Mt. Prospect, Arlington Heights, Barrington."

Beschränken sich Burgess auf die sozio-ökonomische Gliederung und Rees bzw. Berry auf die sozialökologische, so macht der Einwand von Hofmeister deutlich, welch großen Einfluß die Verkehrswege besitzen. Nachdem sich letztere von der Benutzung der Eisenbahn auf die des Automobils verlagert hatte, trug Hoyt (1943) dem Rechnung, beschränkte sich aber nicht allein auf die Anordnung der sozialen Statusgruppen, sondern bezog ebenfalls die Standorte der Industrie ein, die statusmindernde Auswirkungen besitzt, zumindest in der damaligen Zeit. Auf diese Weise konnte er teilweise die Ursache für die von ihm vorgenommene sozio-ökonomische Differenzierung angeben. Aus diesem Grunde wurde davon Abstand genommen, sich streng an die historische Entwicklung zu halten, nach der das Schema von Hoyt auf das von Burgess hätte folgen müssen.

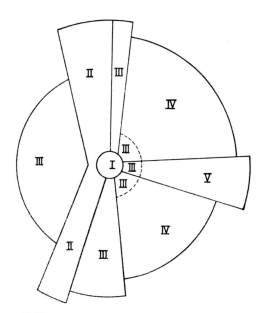

I City
II Leichtindustrie
III Wohnviertel Minderbemittelter
IV Wohnviertel des Mittelstandes
V Wohnviertel der begüterten Schichten

Abb. 126 Die Anordnung der funktionalen Glieder (nach dem Sektorenschema von Hoyt).

Die Hauptausdehnung der großen Städte vollzieht sich nach Hoyt nicht konzentrisch, sondern entlang der Verkehrswege in Sektoren, wenngleich der CBD allseits entweder von Industrie oder von Arbeiterwohngebieten einschließlich der ethnischen Minoritäten umgeben wird. Einige der Verkehrsleitlinien wirkten anziehend auf die Industrie, von Arbeiterwohnsiedlungen begleitet, beides in Sektorenform. Die nicht mit Industrie belasteten Verkehrsstränge außerhalb von CBD und Übergangszone bleiben den Mittel- und Oberschichten vorbehalten, meist in einem bevorzugten Abschnitt, so daß im Rahmen der Sektoren eine gewisse Asymmetrie gegeben erscheint.

Unter Berücksichtigung der Suburbanisierung des tertiären Sektors sowohl hinsichtlich Bürohochhäusern als auch in bezug auf shopping centers ebenso wie des sekundären Sektors mit den industrial estates, gelangten schließlich Harris und Ullman (1945) zu folgendem Schema:

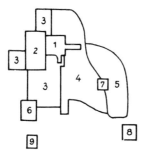

1 CBD
2 Gewerbebetriebe
3 Arbeiterwohnviertel
4 Wohnviertel des Mittelstandes
5 Wohlhabende Wohnviertel
6 Schwerindustrie
7 Shopping Center
8 Trabanten
9 Satelliten

Abb. 127 Die Anordnung der funktionalen Glieder mit mehrfachen Kernen (nach Harris und Ullman).

Sicher ist über den Familienstatus und die ethnische Differenzierung darin nichts ausgesagt, aber eine solche Darstellung hat den Vorteil, daß die Lage der sozial abgestuften Viertel einsichtig wird, Arbeiterwohnviertel in der Nähe des CBD und von Industrieanlagen, gehobene Wohnviertel in der Nachbarschaft regionaler shopping centers usf. erscheinen. Dreißig Jahre, nachdem diese Darstellung entstand, würde man voraussichtlich die Aufwertung in einem Teil der Übergangszone berücksichtigen ebenso wie die Vermehrung von shopping centers und industrial estates und schließlich die Verstärkung von Trabanten- und Satellitenstädten.

Schwirian und Matre (1969 bzw. 1974, S. 309 ff.) untersuchten mit Hilfe der Faktorenanalyse und bestimmter Korrelationen hinsichtlich des Wandels der Faktoren in sektoraler oder kreisförmiger Anordnung elf größere Städte in *Kanada*. Sie kamen zu dem Ergebnis, daß der sozio-ökonomische Faktor sich überwiegend in Sektoren ändert, wenngleich es dabei auch Ausnahmen gibt, während für den Familien- und ethnischen Status sich keine Regelhaftigkeit erkennen ließ. Das hat mehrere Gründe, denn die Industrialisierung setzte in Kanada später als in den Vereinigten Staaten ein, und anders als hier spielten die europäischen Zuwanderer noch nach dem Zweiten Weltkrieg eine Rolle, die sich ihre unterschiedlichen Lebensstile erhielten und dadurch eine kleinräumigere Gliederung in die Wege geleitet wurde. Schließlich spielt eine Rolle, daß sich nach dem Zweiten Weltkrieg die Nachfrage nach Appartementhäusern steigerte, weil junge Ein- und Zweipersonenhaushalte ebenso wie aus dem Erwerbsleben Ausgeschiedene zunahmen, die teils Erneuerungsbauten in der Nähe der CBD bevorzugten, teils aber auch in den Vororten entsprechende Wohnungen suchten, zumal die Mietspreise weniger als die Kaufpreise für Eigenheime anstiegen (Bourne, 1968, S. 212 ff.). So existierten z. B. in Winnipeg vor dem Jahre 1919 mehr als 8000 Appartementhäuser, deren Zahl nach dem Ersten Weltkrieg nur geringfügig zunahm, bis zum Jahre 1971 aber 27 500 Gebäude umfaßte mit einem Anteil an der Gesamtheit der Wohnhäuser von fast 20 v. H. (Weir, 1978). In Toronto betrug derselbe Anteil im Jahre 1950 10 v. H., im Jahre 1965 hingegen 26 v. H. (Bourne, 1968, S. 212 mit Verbreitungskarte). Im Jahre 1971 war der Anteil der Eigenheime am Gesamtbestand der städtischen Wohnungen in Kanada etwas niedriger als in den Vereinigten Staaten (54,1 gegenüber 58,4 v. H.), was einerseits mit dem stärkeren Bauboom von Appartements in Kanada nach dem Zweiten Weltkrieg zu tun hat, andererseits aber auch auf den Einfluß der franko-kanadischen Städte zurückzuführen ist, in denen das Mietswohnhaus von jeher üblich war und die Errichtung von Eigenheimen erst nach dem Zweiten Weltkrieg in Aufnahme kam. Was die ethnischen Minderheiten anlangt, so zeigte sich in Winnipeg, daß Franko-Kanadier, die zu Beginn des 19. Jh.s hier eine Missionsstation gründeten und mit rd. 6 v. H. an der Gesamtbevölkerung beteiligt sind, eine gewisse Konzentration um ihre Kirche aufweisen. Die europäischen Einwanderer der letzten Jahrzehnte des 19. Jh.s (Ukrainer, Polen, osteuropäische Juden) mit einem Anteil von 24 v. H. zeigen verschiedene „cluster" längs der nördlichen Ausfallstraße (Nader, 1976, S. 283 ff.; Weir, 1978, Bl. 25). Doch ist keine ausgesprochene Segregation vorhanden, indem die Angehörigen ethnischer Minoritäten nicht ausschließlich auf ihr Viertel beschränkt bleiben, sondern ebenfalls verstreut innerhalb der anglo-kanadischen Bereiche leben. Dies gilt ebenso für andere Minderheiten, unter denen hier nur die zahlenmäßig stärksten Gruppen herausgestellt wurden.

Zu Recht unterschieden Ray und Murdie (in Berry und Smith, 1972, S. 181 ff.) für Kanada unter Einschluß aller Städte von 10 000 Einwohnern und mehr, was dann ebenfalls für die großen Städte zu beanspruchen ist, einen atlantisch-peripheren Typ, dadurch gekennzeichnet, daß die jüngeren Einwanderungswellen in dem wirtschaftlich schwachen Gebiet fehlen und Anglo-Kanadier bestimmend erscheinen, von einem pazifisch-peripheren Typ, dessen Städte ökonomisch eine bestimmte, meist einseitige Ausrichtung besitzen und zudem durch skandinavische und ostasiatische Minderheiten charakterisiert sind. Weiter wurden die Präriestädte herausgestellt, die meist nach dem Zweiten Weltkrieg einen wirtschaftlichen Aufschwung erlebten und mit ihren osteuropäischen Zuwanderern eine Sonderheit darstellen. Schließlich kommen die Städte in Frage, die entweder durch Franko-Kanadier in Quebec oder durch Anglo-Kanadier in Ontario geprägt werden, unter denen vornehmlich die ersteren kulturelle Eigenheiten wahrten, wie es sonst in der Neuen Welt kaum üblich ist. Leider kann darauf nicht eingegangen werden; doch sei auf die Untersuchungen von Hulbert (1971), Nader (1976) und Hecht (1977) verwiesen. Für Montreal (1971: zentrale Stadt 1,2 Mill. E., Metropole 2,7 Mill. E.) ergibt sich die Besonderheit, daß Franko- und Anglo-Kanadier gemeinsam einwirkten, erstere zahlenmäßig das Übergewicht besitzend, letztere dafür in den wirtschaftlichen Aktivitäten entscheidender (Lamarche, Rioux und Sévigny, 1973; Racine, 1975). Eine der Megalopolis vergleichbare Städteballung, aber in wesentlich abgeschwächterem Maße und erst im Werden begriffen, bildet die Main Street zwischen Windsor im Westen und Quebec City im Osten, innerhalb derer zwar 53,5 v. H. der kanadischen Bevölkerung im Jahre 1971 lebte, aber nur 3,8 v. H. der Fläche städtisch bebaut war (Yeates, 1975, S. 27 und S. 81). Insgesamt nahm man stärker als in den Vereinigten Staaten darauf Bedacht, die Stellung des CBD nicht zu schmälern, indem öffentliche Verkehrsmittel den Zusammenhalt innerhalb der Metropolen übernehmen (Yeates und Garner, 1980, S. 235), so daß das Mehrkernmodell hier kaum angebracht, eher das Sektorenschema gültig ist, allerdings ohne die erhebliche Dekadenz eines Teiles der Übergangszone.

Bei den großen Städten *Australiens* zeigen sich insofern Unterschiede gegenüber denen Anglo-Amerikas, als dort die Primate City-Struktur gegeben ist. Letzteres trifft zwar nicht für *Neuseeland* zu; wenn hier dennoch auf die Darstellung der sozialen Differenzierung in den kleineren Städten verzichtet wurde, so deswegen, weil teils innerhalb ihrer kurzen Geschichte ein Konzentrationsprozeß einsetzte, die wenigen großen Städte das Übergewicht besitzen und bei ihnen Probleme sichtbar werden, die bei den weniger bedeutenden entfallen. Städtische Ballungsräume fehlen in beiden Ländern, es sei denn, daß man Sydney-Newcastle als solche betrachtet. Entscheidend wirkt sich die Küstenlage der Städte aus, unter denen Sydney (1976: 3,0 Mill. E.) und Melbourne (2,6 Mill. E.) noch an entsprechende Größenordnungen in Kanada erinnern, diejenigen in Neuseeland aber dahinter zurückbleiben (1976 Auckland: 797 000 E.).

Die Bevölkerungdichte in den großen Städten Australiens ist geringer als in denen Anglo-Amerikas, die flächenmäßige Ausdehnung aber erheblicher. Toronto (1976: zentrale Stadt 633 000 E., CMA[1] 2,8 Mill. E.) und Sydney (1976: zentrale Stadt 147 000 E., Metropole 2,9 Mill. E.), größenmäßig nicht viel voneinander abweichend, weisen bereits im Bevölkerungsanteil der zentralen Stadt mit 5 bzw. 23 v. H. beträchtliche Unterschiede auf, die Schwankungen in der Bevölkerungsdichte belaufen sich in Sydney auf 4960 – 330 E./qkm, in Toronto dagegen auf 12 500 – 2500 E./qkm, wobei die äußersten Vororte in Sydney in 50 km und in Toronto in 15 km Entfernung vom CBD liegen (Sydney nach Neutze, 1977, S. 31; Toronto nach Yeates und Garner, 1980, S. 234).[2] Ähnliches würde sich bei neuseeländischen Städten zeigen. Das hängt damit zusammen, daß noch stärker als in Anglo-Amerika das Eigenheim mit Garten bevorzugt wird, so daß im Jahre 1971 in Australien der Anteil der Eigenheime in den Städten 67,1 v. H. des Wohnhaus-Bestandes ausmachte (United Nations, Stat. Yearbook, 1974, S. 810). Selbst Arbeitern ist der Erwerb eines eigenen Hauses möglich. Die nach dem Zweiten Weltkrieg zuwandernden Europäer, zumindest die Flüchtlinge, die ohne Geldmittel kamen, mußten für eine gewisse Zeit staatliche Kontraktverpflichtungen eingehen. Der staatlich unterstützte Wohnungsbau begann in Australien in den Bundes-

---

[1] CMA entspricht in etwa der urbanized area in den USA.
[2] Es liegt jeweils die Bruttodichte zugrunde, die sich bei logarithmischer Darstellung als Gerade, von der höchsten Dichte ausgehend, ergibt.

staaten Neusüdwales und Victoria vor dem Ersten Weltkrieg (Neutze, 1977, S. 167) und gewann nach dem Zweiten Weltkrieg bei der Aufnahme überseeischer Einwanderer bzw. der in die Städte strebenden Maoris und Polynesier in Neuseeland besondere Bedeutung (Johnston, 1975, S. 156).

Bei weitgehendem Fehlen farbiger Einwanderer, dem Übergewicht der Briten während der Immigration im 19. Jh. und der Gepflogenheit, nur die Einwanderer der ersten Generation als "foreign born" zu betrachten – anders als in den Vereinigten Staaten – hatte sich bis zum Zweiten Weltkrieg sowohl in den Städten von Australien als auch in denen von Neuseeland eine recht einheitliche Bevölkerungszusammensetzung ausgebildet; in Melbourne z. B. galten bis zu dem genannten Termin 98 v. H. der Einwohner als im Lande Geborene. Das änderte sich seit dem Jahre 1947 grundlegend, indem mit der zweiten Einwanderungswelle der Anteil der Ausländer im Jahre 1971 in Perth bei 20 v. H., in Sydney und Melbourne noch etwas höher lag (Burnley, 1974, S. 10). In Neuseeland machen die „foreign born" im gesamten Land im Jahre 1976 lediglich 17 v. H. aus, wobei man annehmen kann, daß sie sich auf die Städte konzentrierten. Da in beiden Ländern Briten den Hauptanteil stellten, die gehobene Positionen einnehmen konnten, beschäftigte man sich in erster Linie mit den Gruppen, deren Anpassung schwieriger erschien. Das waren die Südeuropäer, die in Sydney zum Teil schon vor dem Zweiten Weltkrieg lebten, danach eine Verstärkung erfuhren, während sie in Melbourne erst nach dem Krieg zuwanderten. In neuseeländischen Städten handelte es sich um die vom Land in die Städte gekommenen Maori und um Polynesier, die insbesondere Auckland aufsuchten. Der Segregationsindex der Südeuropäer lag im Jahre 1961 in Melbourne zwischen 42 und 52 (Stimson, 1970, S. 120), der Dissimilaritätsindex für die Maori in Auckland bei 31 und der Polynesier bei 50 (Johnston, 1975, S. 156).

Man sollte erwarten, daß sowohl Südeuropäer (Italiener, Malteser und Griechen) ebenso wie Maori und Polynesier in der Übergangszone unterkamen. Das war zunächst auch der Fall, mit dem erheblichen Unterschied gegenüber den Vereinigten Staaten, daß sie hier bescheidene Eigenheime einheimischer Facharbeiter übernehmen konnten, die ihrerseits auf Grund günstiger Kredite sich in größerer Entfernung anspruchsvollere Einfamilienhäuser schufen. Abgesehen davon kam es in den Städten beider Länder selten zur Aufteilung großer Villen und deren Vermietung an die Neuankömmlinge, so daß sich die Degradierung der Übergangszone, die hier als „alte Vororte" bezeichnet werden, in Grenzen hielt. Das wurde außerdem dadurch bewirkt, daß eine erhebliche Suburbanisierung der Industrie einsetzte, was zur Folge hatte, daß Südeuropäer ebenso wie Maori und Polynesier in die Nähe der Arbeitsplätze abwanderten. In den „alten Vororten" stellte sich nun ein Bevölkerungsverlust ein. Nicht mehr benötigtes Industriegelände, Aufkauf kleiner Grundstücke durch Banken und Versicherungen, Auflassen von Lagerhallen ließen eine Ausweitung des CBD auf Kosten der Übergangszone zu ebenso wie die Anlage von Schnellstraßen und Parkmöglichkeiten. Demgemäß konzentrierten sich Südeuropäer, Maori und Polynesier noch in einem Teil der Übergangszone, aber sie fanden weitere Wohnstandorte an der Peripherie, sei es in Eigenheimen wie in den Städten Australiens, sei es in vom Staat erbauten Mietshäusern wie in den Städten Neuseelands. Es mag charakteristisch sein, daß – zunächst für Sydney geltend – wohl aber auf andere australische Großstädte übertragbar – 82 v. H. der Italiener, 76 v. H. der Malteser und 73 v. H. der Griechen in eigenen bescheidenen Häusern leben, verglichen mit 62 v. H. der im Lande Geborenen (Burnley, 1974, S. 179), worauf noch einmal zurückzukommen sein wird. Nachdem in den Außenbezirken Anknüpfungspunkte gegeben waren, wandte sich ein Teil der Neuankömmlinge sofort diesen Bereichen zu, ohne die „alten Vororte" zu berühren.

Die Wohnviertel der Mittelschichten schieben sich in der Regel zwischen die „alten Vororte" und die neuen, die mit Industrie ausgestattet sind. Letztere kann man mitunter als Satelliten ansprechen, wie es in der schematischen Darstellung von McGee (1969) wiedergegeben ist, wenngleich das nicht immer der Fall sein dürfte, wie es die Untersuchung von Johnston (1966, S. 31) über die Anordnung der hierarchisch gestuften Einkaufszentren in Melbourne beweist. Der Bereich der Mittelschichten dürfte in der Regel derjenige sein, innerhalb dessen nach dem Zweiten Weltkrieg am stärksten Mehrfamilienhäuser errichtet wurden, teils um eine weitere Ausdehnung der Bebauung an der Peripherie zu verhindern, teils um bestimmten Bevölkerungsschichten entgegenzukommen, die Vorteile in solchen "flats" sahen. Das waren einerseits junge Ein- und Zweifamilienhaushalte, die die Nähe des CBD suchten, andererseits ältere Ein- und Zweifamilienhaushalte, die häufig die Nachbarschaft von shopping centers bevorzugten. Dabei handelt es sich nicht um die in den Vereinigten Staaten „typischen high rise apartments", sondern um zwei- bis mehrgeschossige Wohnhäuser, die teils als Eigentums- und teils als Mietswohnungen vergeben werden.

Schließlich sind noch die Wohlstandsviertel zu behandeln. Wie es Johnston (1966) für Melbourne zeigte und in dem von McGee (1969) aufgestellten Schema der Gliederung neuseeländischer Städte ebenfalls enthalten ist, findet sich zumindest eines, wenn nicht mehrere Eliteviertel in der Nähe des CBD. U. U. gehen sie bereits auf das 19. Jh. zurück, wo die Wohlhabenden große Landhäuser (mansions) errichteten und erheblicher Besitz dazu gehörte. Da das heute nicht mehr zweckmäßig ist – das letzte Landhaus in Melbourne kam im Jahre 1965 zum Abriß – wurden nun Bestimmungen getroffen, eine angemessene Größe der neu zu bebauenden Parzellen zu erreichen, auf denen dann Bungalows entstanden und die Elitestruktur sich erhielt. Ebenso existieren Wohlstandsviertel in peripheren Bereichen, z. B. im Küstenbezirk von Melbourne oder an den tief eingeschnittenen Rias von Sydney bzw. in Hanglagen mit dem Blick auf das Meer in Auckland. Daß man sich mit der sektoralen und zonalen Anordnung des sozio-ökonomischen bzw. des Familienstatus auseinandersetzte, erscheint verständlich (z. B. Badcock, 1973 für Sydney, Johnston, 1973 für neuseeländische Städte); eine völlige Übereinstimmung wurde nicht gefunden, was teils auf die topographischen Verhältnisse zurückzuführen ist, die es erlauben, im Bereiche sehr zerschnittenen Geländes auf kurze Entfernung der Oberschicht die günstigsten Standorte, der Unterschicht bzw. den „foreign born" die Taleinschnitte zuzuweisen, was in den relativ umfangreichen local government areas (statistische Bezirke) sich nicht trennen läßt (Logan, 1966, S. 454ff.; Badcock, 1973, S. 19). Durch die jeweils doppelten Wohnbereiche der Unterschicht in den „alten Vororten" und an der Peripherie, der Oberschicht in der Nähe des CBD und zumindest in einem Sektor der Peripherie ergibt sich sicher eine anders geartete sozio-ökonomische bzw. sozialökologische Gliederung, als sie in den großen Städten der Vereinigten Staaten gegeben ist. Die Stärkung des CBD bei gleichzeitiger Entwicklung von hierarchisch gestuften shopping centers dürfte in dieser Beziehung eine Übergangsstellung zwischen den großen Städten der Vereinigten Staaten und denen Kanadas bedeuten.

In den kleinen und mittleren Städten der *Republik Südafrika* bewirkte der Group Areas Act vom Jahre 1950 für die Wohnbevölkerung noch schärfere Einschnitte, als es für die Geschäftsviertel (Kap. VII.D.2.a) in Frage kam, da bei letzteren ein Wandel nur dann erfolgte, wenn Inder beteiligt waren. Je nach der Bevölkerungszusammensetzung erhielten Mischlinge, Inder und Bantus je ihre eigene township, wobei die der letzteren zumeist die größte Entfernung zum Geschäftszentrum bzw. zu den industriellen Arbeitsplätzen hatte, entsprechende Omnibus- oder Bahnverbindungen dazu verhelfen, den Weg zwischen Arbeits- und Wohnplatz zu überwinden. Auch in den Bantu-Homelands traten Veränderungen ein, indem man zunächst die Idee hatte, an deren Rande Industrie

Die innere Differenzierung von Städten   733

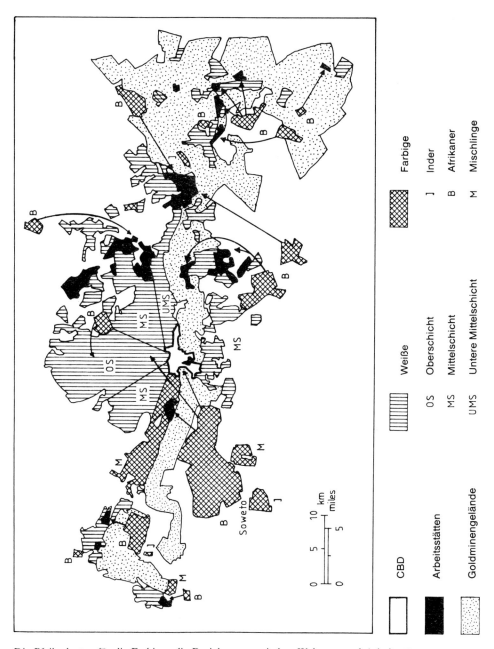

Die Pfeile deuten für die Farbigen die Beziehungen zwischen Wohnung und Arbeitsstätte an.

Abb. 128 Die sozio-ökonomische bzw. rassische Gliederung in Johannesburg (nach Hart und Fair).

anzusetzen und die Bantus zu veranlassen, von ihren Homelands die neu geschaffenen Arbeitsplätze als Pendler aufzusuchen. Nur zeigte sich dabei, daß die Übervölkerung der ehemaligen Reservate auf diese Weise nicht behoben werden kann, so daß man nun auch innerhalb der Homelands städtische Schwerpunkte, die mit Industrie ausgestattet werden sollen, schaffen will. Auf welche Schwierigkeiten das stößt, zeigte Maasdorp (1976) am Beispiel des Homelands Kwazulu in Natal, das keine zusammenhängende Fläche umschließt, sondern in zehn verschiedene Abschnitte zerfällt und der geplante Entwicklungsschwerpunkt Ulundi an der Grenze zum benachbarten weißen Territorium zu liegen kommen soll.

Noch gravierender wirkt sich das in Groß- und Weltstädten aus, besonders in dem Verdichtungsraum von Pretoria-Johannesburg-Vereeniging, von dem in Abb. 128 lediglich der Ausschnitt Johannesburg mit dem Witwatersrand dargestellt wurde. In Johannesburg mit 1,4 Mill, Einwohnern (1970: 501 000 Weiße, 810 000 Bantus, 83 000 Mischlinge und 39 000 Inder) lebten im Jahre 1970 etwa 90 000 Bantus als Dienstboten, wobei diese Zahl in dem Jahrzehnt 1960-1970 um 12 000 abgenommen hatte. Auch in dieser Beziehung sind gesetzliche Bestimmungen vorhanden, indem jeder weißen Familie nur eine Bantukraft zusteht, wenngleich von Ausnahmegenehmigungen Gebrauch gemacht wird. Insbesondere sind es Familien englischer Herkunft mit eigenen Villen, die das meiste Dienstpersonal halten, während diejenigen, die Appartements bewohnen, wegen Raummangels diese Möglichkeit nicht nutzen können und die von Buren Abstammenden es deswegen in geringerem Maße tun, weil sie – zumindest in der Wirtschaft – nicht die höchsten Posten bekleiden.

Abgesehen von dem mit Hochhäusern besetzten CBD, der von einer in Abb. 128 nicht zum Ausdruck kommenden Übergangszone umgeben wird, in der sich frühere Inderläden und -wohnungen finden, die früher eingeschossige Bauweise durch Appartement-Blöcke durchsetzt wird, ältere Industrie- und Dienstleistungsbetriebe sich einstellen ebenso wie Einkaufs- und Freizeiteinrichtungen (Modell von Schneider und Wiese, in Klimm, Schneider, Wiese, 1980, S. 202), ist das daran anschließende Europäerviertel in Sektoren gegliedert. Im Westen wurden die Mischlinge untergebracht, im Osten die untere Mittelschicht, beide an das Bergbaugelände anschließend. Daran lehnen sich zu beiden Seiten keilförmig die Bereiche der Mittelschichten, die den nach Norden gerichteten Sektor der Oberschicht begleiten. Letzterer reicht bis zu einer Entfernung von 15 km vom CBD, an amerikanischen und australischen Verhältnissen gemessen eine bescheidene Ausdehnung seit der letzten Jahrhundertwende (Hart, 1976 und 1977). Schließlich bewohnen Mittelschichten südlich des Minengeländes noch einen kleinen Abschnitt.

Der Witwatersrand bildete vor und während des Zweiten Weltkrieges ein bevorzugtes Zuwanderungsziel von Bantus, da mit der eingeleiteten Industrialisierung Arbeitskräfte benötigt wurden. Sie fanden zunächst in Spontansiedlungen Unterkunft, bis man in Johannesburg bereits in den dreißiger Jahren daran ging, in dem Bereich des heutigen Soweto für sie geplante Siedlungen zu errichten, die nach dem Group Area Act vom Jahre 1950 eine wesentliche Erweiterung erfuhren und um das Jahr 1970 500 000-600 000 Bantus beherbergten (Holzner, 1971). Bei erforderlichen Zuzugsgenehmigungen ging man an eine Gliederung auf Stammesgrundlage, so daß die entsprechenden Nachbarschaften Kindergärten, Schulen und Einkaufsmöglichkeiten erhielten, allerdings nicht in ausreichendem Maße für die große Zahl. Darüber hinaus existiert auch eine soziale Differenzierung, indem Lehrer, Ärzte usf., die nur in den Homelands ausgebildet werden können, größere und besser ausgestattete Häuser erhielten. Die Meinungen darüber, ob die Stammeszugehörigkeit als Gliederungsprinzip richtig sei oder nicht, gehen weit auseinander. Eine wesentliche Verbesserung der Wohnbedingungen wurde sicher erreicht, wenngleich die Bantus in ihren Lokationen kein Eigentum erwerben dürfen, sondern zur Miete wohnen, die Entfernungen zu den Arbeitsplätzen im CBD oder in den Industrieunternehmen groß und mittels überfüllter öffentlicher Verkehrsmittel zu überwinden sind, die Bezahlung gegenüber Weißen, die derselben Arbeit nachgehen, gering ist, Freizügigkeit nicht existiert bzw. andere Beschränkungen gegeben sind (Fair, 1976). Demgemäß erfolgte hier eine auf staatliche Initiative zurückzuführende Ghettobildung.

b) Das westlich orientierte Europa

Im westlichen und mittleren Europa sind Klein- und Mittelstädte im allgemeinen bedeutungsvoller als in den einstigen europäischen Kolonialländern, wenngleich in unterschiedlicher Weise. In England z. B. machten die Kleinstädte von East Anglia bereits im 18. Jh. eine Krise durch, veranlaßt durch die Verbesserung des Straßennetzes und das Absinken des Wollgewerbes, was sich dann mit dem Einsetzen des Eisenbahnbaus verstärkte (Dickinson, 1932). Es wurde auf Grund dieses Niedergangs damit gerechnet, daß man auf 75 v. H. solcher Marktstädte verzichten könne (Best und Rogers, 1973, S. 143 ff.). Nach dem Zweiten Weltkrieg, insbesondere seit den sechziger Jahren, bahnt sich allerdings ein Wandel an, indem Firmen aus London und dem Südosten des Landes ihre Industriebetriebe meist vollständig in die Kleinstädte verlagerten, ohne daß sich über die dadurch verursachten Veränderungen der sozialen Differenzierung etwas aussagen ließe (Lemon, 1975). Auch in Frankreich wurden die Städte mit weniger als 50 000 Einwohnern – zumindest nach dem Zweiten Weltkrieg – häufig zu Abwanderungsbereichen, woran nicht allein Arbeiter, sondern vornehmlich eine relativ weit gespannte Mittelschicht beteiligt war (Colloques Nationaux, 1970), man sich des Problems bewußt ist und nach Abhilfe sucht. Anders dagegen verhält es sich in den Beneluxländern, der Bundesrepublik Deutschland, Teilen der Alpenländer ebenso wie in Südeuropa (George, 1970).

Hinsichtlich der Sozialgruppen begnügte sich Schaffer (1970) mit einer Dreigliederung, indem er unter Bezugnahme auf die Stellung im Beruf eine Grundgruppe ausschied (Haushalte alleinstehender Frauen, von Arbeitern, einfachen Angestellten und Beamten), eine Mittelgruppe (Haushalte von Facharbeitern, mittleren Angestellten und Beamten) und eine Obergruppe (Haushalte von leitenden Angestellten und Beamten sowie von Angehörigen freier Berufe). Mitunter bleibt keine andere Möglichkeit, eine solche grobe Abstufung vorzunehmen, zumal in den Vereinigten Staaten vielfach die sechs bis sieben Sozialgruppen auf zwei reduziert werden. Trotzdem muß man sich der Tatsache bewußt bleiben, daß sich der Schichtenaufbau als komplizierter erweist.

Stärker auf soziologische Gesichtspunkte bezogen, erscheint die Differenzierung von Mayntz (1958, S. 106 ff.), wobei die Berufszugehörigkeit das wichtigste Kriterium abgab, was durch vorsichtige Auswertung von Befragungen zu einem gewissen Bewertungsmaßstab der Sozialschichten führte. Zur Unterschicht gehörten danach un- bzw. angelernte Arbeiter, zu denen heute auch der größte Teil der Gastarbeiter zu rechnen ist, zur unteren Mittelschicht Facharbeiter sowie einfache Angestellte und Beamte, zur oberen Mittelschicht kleinere Selbständige sowie mittlere Angestellte und Beamte, zur Oberschicht leitende Angestellte und Beamte, Angehörige freier Berufe und Unternehmer. Die Stellung von selbständigen Landwirten wird je nach der Betriebsfläche unterschiedlich gehalten. Rentner, die mitunter zur Unterschicht gezählt wurden, sollten besser nach ihrem früher ausgeübten Beruf eingestuft werden. In Mittelstädten, wo Ausbildungsmöglichkeiten – abgesehen von Berufsschulen – über die höheren Schulen hinaus existieren können, wurden Studierende bzw. Praktikanten von Popp (1976, S. 57) als besondere Gruppe der Unterschicht zugezählt, obgleich das nur ein kurzes Durchgangsstadium bedeutet. Die dargelegte Sozialschichtung von Mayntz wurde für eine Industriekleinstadt in Nordrhein-Westfalen durchgeführt und hat sich auch für andere Kleinstädte als sinnvoll erwiesen. Dabei stellt sich die Frage, ob dadurch spezifische Gegebenheiten impliziert werden oder ob die genannten Ergebnisse allgemeine Gültigkeit für sämtliche Städte beanspruchen können. Das von Bolte, Kappe und Neidhard (1967, S. 316) unter Verwendung des von andern Soziologen dargelegten Materials entworfene Bild für die Bundesrepublik Deutschland weist keine erheblichen Unterschiede gegenüber dem von Mayntz vertretenen auf, wobei es allerdings Folgendes zu beachten gilt: In Kleinstädten rechnen zur lokalen sozialen Oberschicht die Angehörigen der jeweils obersten Verwaltungsbehörden und Wirtschaftsstellen sowie des geistigen Lebens, die aber, da es nur wenig solcher Einrichtungen gibt, in der Selbsteinschätzung oder in der Bewertungsskala durch andere die soziale Oberschicht ausmachen. In größeren Städten, wo übergeordnete Posten existieren, die noch höher eingestuft werden, wird die kleinstädtische Oberschicht zur oberen Mittelschicht, und die Oberschicht setzt sich aus den Spitzenvertretern von Politik, Wirtschaft und Kultur zusammen. Auch hinsichtlich der Unterschicht ergeben sich zwischen kleinen und größeren Städten Unterschiede insofern, indem bei den letzteren eine Gruppe hinzuzufügen ist, die von Bolte u. a. als „sozial Verachtete" charakterisiert werden und die als soziale Randgruppe bezeichnet werden könnte. In Frankreich hat das Institut National de Statistique des Etudes Economiques (INSEE) seit dem Jahre 1970 eine soziale Gliederung mit Hilfe von Beruf und sozialer Stellung innerhalb von Stadtteilen durchgeführt, auf die sich das dargelegte Schichtmodell ohne Schwierigkeiten übertragen läßt.

Hinsichtlich von England und Wales sei auf die Untersuchung von Morgan (1974) aufmerksam gemacht, der sich mit einer Viergliederung begnügte.

Nun ist es in der Bundesrepublik Deutschland allerdings schwierig, mit Hilfe der Gemeindestatistik bzw. den Angaben für statistische Bezirke innerhalb von Städten eine soziale Schichtung durchzuführen, weil einerseits die Erwerbstätigen bzw. Beschäftigten für die drei Sektoren (Landwirtschaft usf., Industrie, Handel und Dienstleistungen) angeführt werden, dabei auch diejenigen, die in Verwaltung,

Forschung usf. innerhalb der Industrie sich betätigen, dem zweiten Sektor zugerechnet werden. Andererseits findet die soziale Stellung Berücksichtigung (Selbständige, mithelfende Familienangehörige, Beamte und Angestellte, Arbeiter), was ebenfalls nicht genügt. Es existieren unterschiedliche Ansätze, eine Überbrückung zu erzielen, wobei die Verbindung mit dem Ausbildungsstand wohl die beste Lösung darstellt, um un- und angelernte Arbeiter von Facharbeitern zu unterscheiden und ähnlich eine Aufgliederung der andern Gruppen zu erreichen.

Sicher dürften bei einem Vergleich der sozialen Schichtung zwischen den Vereinigten Staaten und den west-, mittel- und nordeuropäischen Ländern keine allzu großen Unterschiede auftreten, selbst wenn die historischen Grundlagen anders geartet sind und in den Vereinigten Staaten der wirtschaftliche Erfolg oder Mißerfolg eine stärkere Wertung erfährt und die staatlichen Leistungen für sozial Schwache gegenüber der Privatinitiative in dieser Beziehung zurücktreten. In den europäischen Ländern hingegen spielt die soziale Gesetzgebung zumindest seit dem letzten Viertel des 19. Jh.s eine erhebliche Rolle. Die Ähnlichkeit in der sozialen Schichtung zeigt sich auch darin, daß die Dissimilaritäts- bzw. Segregationsindizes zwischen den verschiedenen Schichten jeweils eine U-förmige Kurve ergeben – ebenso wie in den Vereinigten Staaten –, so daß die am unteren und oberen Ende des Schichtenaufbaus stehende Bevölkerung die größte soziale und gleichzeitig räumliche Segregation eingehen. Für Frankreich machte Chombart de Lauwe u. a. (1952 und 1965) am Beispiel von Paris darauf aufmerksam, für Österreich – allerdings in einem andern Zusammenhang – Bobek (1969, S. 200), dann Gisser (1969) unter Bezugnahme auf Wien, für Städte in England und Wales Morgan (1974) sowie Dennis und Clout (1980, S. 109), wobei letztere Wert darauf legten, daß die größte Distanz zwischen „blue und white collar workers" besteht und dies seit der früh einsetzenden Industrialisierung eine fundamentale Eigenschaft der englischen Gesellschaft geblieben sei. Soziale und räumliche Distanz zwischen den unteren und oberen Schichtgliedern sagen aber nichts über die spezifische sozio-ökonomische bzw. sozialökologische Gliederung der Sozialschichten innerhalb der Städte aus, denn es gibt – selbst bei Großstädten bzw. Verdichtungsräumen – die Möglichkeit, daß das soziale Gefälle vom Kern nach der Peripherie absinkt ebenso wie sich das Gegenteil einstellen kann. Ähnlich vermag sich eine überwiegend konzentrische oder sektorale Abfolge einzustellen (Gisser, 1969, S. 209), wobei teils physisch-geographische Einflüsse, teils Unterschiede in der historischen Entwicklung eingreifen.

In den südeuropäischen Ländern, vornehmlich in Italien und Spanien sowie Portugal liegen die Verhältnisse anders, indem hier – regional verschiedene Formen annehmend – die Feudal- bzw. ihr nahestehende Schichten noch immer eine Rolle spielen, was einem gesonderten Abschnitt vorbehalten bleiben muß.

α) **Klein- und Mittelstädte.** Die Kleinstädte in der Bundesrepublik Deutschland machten, da sie selten Kriegszerstörungen erlitten, nach dem Zweiten Weltkrieg ein beträchtliches Wachstum durch, was späterhin nachließ. Immerhin blieb es dabei, daß die Mobilitätsrate (Zu- und Fortzüge auf 1000 Einwohner bezogen) von kleinen zu großen Städten abnimmt (Schaffer, 1973, S. 9), die innerstädtischen Umzüge, auf 1000 Einwohner bezogen, mit der Größe der Städte wächst (Statistisches Jahrbuch deutscher Gemeinden, entsprechende Jahrgänge), wenngleich seit dem Jahre 1974 insgesamt mit einer Abnahme der Mobilität zu rechnen ist, die früher begründet wurde.

Zunächst ist für deutsche Kleinstädte die Altstadt mit dem Geschäftskern zu betrachten, welch letzterer sich in Kleinstädten dadurch auszeichnet, daß die meist zwei- bis dreigeschossigen Gebäude überwiegend Geschäfts-, Dienstleistungs- *und* Wohnzwecken dienen, wobei für letzteres die Obergeschosse vorgesehen sind. Bescheidene oder stolze Bürgerhäuser, die gerade das Zentrum dieser Städte so reizvoll gestalten, zeugen davon, daß der Kern des Geschäftslebens einst zugleich Wohnsitz der begüterten Schicht war, während einfache und schmucklose Häuser gegen die Peripherie der Altstadt bekunden, daß hier die weniger bemittelte Bevölkerung lebte, demgemäß ein soziales Gefälle vom Kern zur Stadtmauer existierte. Zweifellos blieb mancher Zug dieser sozialen Gliederung erhalten, wie es vor dem Zweiten Weltkrieg z. B. für Verden/Niedersachsen (1939: 20 000 E., 1977: 24 000 E.; Mathiesen, 1940, S. 22) oder für Schleswig (1933: 34 000 E., 1977: 30 000 E.; Schneider, 1934, S. 64) nachgewiesen wurde. Neuere Untersuchungen nach dem Zweiten Weltkrieg bestätigen diesen Sachverhalt (Jonas, 1958; Grötzbach, 1963; Birkenfeld, 1975; Brittinger, 1975; Oeser, 1976 u. a. m.). Der oberen Mittelschicht zugehörige Selbständige bestimmen im wesentlichen die Sozialstruktur im Geschäftszentrum; hoher Anteil der Ortsgebürtigen, die in der Lage sind, ihre Häuser modernen Erfordernissen anzupassen, verleihen diesem Bezirk traditionelle Züge, was sich u. U. in der historisch verursachten Konfessionszugehörigkeit oder im gegenwärtigen Verhalten widerspiegelt.

In Nebenstraßen des Kerns oder in dessen randlichen Bereichen, die früher Handwerkerviertel waren, kann es bereits zu einer sozialen Degradierung kommen, wenngleich das nicht immer der Fall zu sein braucht. Rentner, die ihre Gebäude nicht mehr erneuern können, machen einen Teil der überalterten Bevölkerung aus. Hinzu gesellen sich der Unterschicht zugehörige Einpersonenhaushalte oder Familien ohne Kinder, die aus dem benachbarten Umland zuzogen und u. U. nach ihrer Konsolidierung bessere Wohngegenden in der Außenstadt aufsuchen. Existieren Industriebetriebe, die zu einem erheblichen Teil auf un- bzw. angelernte Arbeiter angewiesen sind, die seit etwa 1960 von ausländischen Arbeitskräften gestellt werden, dann vermietet man die Wohnungen in diesen Bezirken an Gastarbeiterfamilien, was ein soziales Absinken bedeutet. Zugleich erklärt sich daraus die hohe Bevölkerungsdichte der Altstadt, die hier am höchsten oder zweithöchsten im Rahmen der Gesamtstadt zu liegen kommt.

Meist schließt sich eine Übergangszone oder ein Kernrandbereich an, vielfach mit Bauten aus dem Ende des 19. Jh.s versehen. Diese Bezirke sind in sich nicht einheitlich; häufig setzen sich die Sozialstrukturen durch, die den äußeren Rand der Altstadt bestimmen, indem sich an die degradierten Viertel weitere Bereiche der Unter- bzw. unteren Mittelschicht anschließen. Teils setzten sich kleine Gewerbebetriebe an, die von sich aus auf einen niedrigen Status der Wohnbevölkerung hinwirken. Bei der Ausweitung von Behörden u. a. m. kommt es ebenfalls vor, daß die obere Mittel- bzw. Oberschicht mit ihren Wohnungen den hohen sozialen Status des Geschäftsviertels nach außen hin fortsetzt. Von den topographischen Verhältnissen hängt es weitgehend ab, ob eine band-, ringförmige oder sektorale Gliederung innerhalb der Übergangszone und der nach außen folgenden Viertel gegeben erscheint.

Größere Industriebetriebe, die sich seit vorindustrieller Zeit zu erweitern vermochten und oft am alten Standort verblieben, solche, die in der zweiten Hälfte des 19. Jh.s gegründet wurden und an die Bahnlinie rückten ebenso wie diejenigen, die erst nach dem Zweiten Weltkrieg entstanden und in Kleinstädten ebenfalls eine periphere Lage an den Verkehrslinien einnehmen, werden von dicht bevölkerten Wohnbezirken der unteren sozialen Schichten umgeben. Hier stellt sich – ähnlich wie in einem Teil der Übergangszone – eine hohe Mobilität der Bevölkerung ein, indem die hier zugezogenen jungen Gruppen in Abhängigkeit vom Familienzyklus nach günstigeren Wohnmöglichkeiten suchen und von Zuwanderern aus dem Nahbereich ersetzt werden, so daß keine Änderung der Sozialstruktur stattfindet.

Die nach dem Zweiten Weltkrieg in den Außenbezirken entstandenen Blöcke des sozialen Wohnungsbaus können auf Grund der vorhandenen Bestimmungen im wesentlichen von der unteren Mittelschicht in Anspruch genommen werden, überwiegend junge Familien im Stadium des Aufbaus. Bei wachsender Haushaltsgröße, u. U. auch sozialem Aufstieg ziehen sie in jüngere Neubauten mit größeren Wohnungen, teils auch in Eigenheime über. Die von ihnen freigegebenen Wohnungen werden von Familien bezogen, die bisher in den degradierten Abschnitten der Altstadt bzw. im Kernrandbereich lebten. Infolgedessen findet sich bei den Zuwanderern einerseits die Tendenz, die nicht mehr angemessenen Teile der Altstadt zu verlassen, andererseits diejenige, einen Austausch zwischen randlich gelegenen Wohnkomplexen unterschiedlichen Alters vorzunehmen.

Obere Mittel- und Oberschicht treten anteilsmäßig in Kleinstädten zurück. Wie bereits erwähnt, wohnt ein Teil der Selbständigen innerhalb des Geschäftsviertels, ein anderer, vornehmlich leitende Angestellte, höhere Beamte und Angehörige freier Berufe bevorzugen diejenigen Bereiche der Außenstadt, die sich abseits von Industrie- und Verkehrsanlagen befinden, häufig in landschaftlich bevorzugten Gegenden. Zugleich aber ist dieser Teil der meist nicht ortsgebürtigen oberen Mittel- und Oberschicht bestrebt, in höherem Alter in bevorzugte Randgemeinden abzuwandern, so daß selbst in Kleinstädten die Randwanderung nicht fehlt. Dabei bleibt allerdings zu bedenken, daß höhere Beamte nicht mehr wie vor dem Zweiten Weltkrieg verpflichtet sind, am Arbeitsort zu wohnen und mitunter erhebliche Entfernungen, gefördert durch den Besitz eines Personenkraftwagens, in Kauf genommen werden, um in den Vororten von Mittel- und Großstädten zu wohnen und an deren Vorzügen teilzunehmen, was allmählich zu einer gewissen Gefahr für die soziale Ausgeglichenheit von Kleinstädten werden kann.

Die spezifischen Funktionen, die Kleinstädte besitzen, sind in der Variationsbreite gering. Meist handelt es sich um Dienstleistungsgemeinden der untersten Stufe in der Hierarchie der voll entwickelten Städte. Mitunter bringt der Fremdenverkehr eine besondere Note, was dann Pensionäre veranlaßt, solche Städte als Alterswohnsitz zu wählen. Industrie-Kleinstädte bilden einen weiteren Typ, innerhalb derer das Spektrum der Sozialschichten nach unten hin tendiert und, sofern die unterste Stufe der Verwaltungshierarchie nicht erreicht wird, Geschäftsleben, Bildungsangebot usf. unterdurchschnittlich bleiben.

Nicht mehr ganz zu den Kleinstädten zu rechnen sind die *Ackerbürgerstädte,* die nur noch hilfszentrale Funktionen ausüben, bei denen der Anteil der in der Landwirtschaft Erwerbstätigen 20 v. H. überschreitet, für die die Zahl der Einwohner pro landwirtschaftlichem Betrieb (mit einer landwirtschaftlichen Nutzfläche von 0,5 ha und mehr) um 10 liegt (Grötzbach, 1963, S. 85 ff.). Läden des täglichen Bedarfs sind kennzeichnend, deren Besitzer Landwirtschaft im Nebenerwerb treiben. Allenthalben, auch im Kern, sind Bauernhäuser zu finden. Sofern sich der Charakter der Ackerbürgerstadt erhielt, ob gegenüber früheren Verhältnissen in verminderter oder verstärkter Form, dann macht sich eine mehr oder minder starke Entmischung bemerkbar, die darin ihren Ausdruck findet, daß einige städtische Berufsschichten, vornehmlich Kaufleute und Handwerker, ihren Landbesitz aufgeben. Das kann sich einerseits darin äußern, daß die von den eigenen Bürgern nicht mehr bewirtschafteten Flächen als Besitz oder im Pachtverhältnis an Einmärker gelangt (Hartke, 1961) oder daß die eigenen Vollerwerbsbetriebe die aufgegebenen Flächen zur Besitzarrondierung nutzen und einmärkischer Besitz eine untergeordnete Rolle spielt (Zeiser, 1976, S. 161).

Immerhin bleibt festzuhalten, daß in west- und mitteleuropäischen Kleinstädten der Geschäftskern zu einem erheblichen Teil von der einheimischen oberen Mittelschicht bewohnt wird. Sonst aber sind bereits Ansätze gegeben, die in Mittelstädten in verstärkter Form auftreten, nämlich soziale Degradierung eines Teiles der Altstadt durch Zuzug von Angehörigen der Unterschicht einschließlich von ausländischen Arbeitskräften, der Ausbildung einer mit Gewerbe durchsetzten Übergangszone, den nach dem Zweiten Weltkrieg entstandenen Wohnblöcken verschiedenen Alters, bei denen die älteren Zugewanderte der Unter- und unteren Mittelschicht aufnehmen, die ihrerseits bei sozialen Aufstieg oder wachsender Haushaltsgröße in die neueren Wohnblöcke umziehen. Die obere soziale Mittelschicht sowie die Oberschicht, häufig nicht Ortsgebürtige, sind an der Randwanderung beteiligt. Innerhalb der Altstadt aber verstärkt sich das soziale Gefälle vom Kern gegen die Peripherie.

Dieses Phänomen der Minderung des sozialen Status vom Zentrum nach außen glaubte Aario (1951, S. 60 ff.) auch für Mittelstädte in Anspruch nehmen zu können, zumindest in Finnland. Außer dem Fehlen der Citybildung sollen sie hinsichtlich der inneren Differenzierung dadurch charakterisiert werden können, daß die wohlhabende Schicht mit den höchsten Einkommen das Geschäftszentrum und dessen unmittelbare Nachbarschaft bewohnt. Die Arbeiterviertel dagegen dehnen sich gegen die randlichen Bereiche aus, wo im allgemeinen geringere Bodenpreise bzw. Mieten maßgebend sind. Dieses Ergebnis wurde auf Grund eingehender Untersuchungen der beiden nach Helsinki größten Städte Finnlands, Tampere (um 1950: 127 000 E., 1976: 271 000 E.) und Turku (um 1950: 124 000 E., 1976: 164 000 E.) gewonnen, unter denen erstere als ausgesprochene Industriestadt, letztere als zentraler Ort hoher Ordnung mit dem Erzbischofssitz und einem nicht unbedeutenden Hafen damals wie heute zu gelten haben (Yli-Jopipii, 1972).

Man wird sich fragen müssen, ob diese Art der inneren Gliederung, bei der im wesentlichen das soziale Gefälle innerhalb der Gesamtstadt von innen nach außen zu beobachten ist, für *Mittelstädte* allgemeine Gültigkeit beanspruchen darf oder ob spezifische in der Entwicklung der finnischen Städte begründete Verhältnisse sich in der gekennzeichneten Anordnung durchsetzen. Man wird sich für letzteres entscheiden müssen, zumal schon bei deutschen Kleinstädten die Entwicklung nach dem Zweiten Weltkrieg insgesamt eine andere Differenzierung brachte. Die Holzbauweise (Kap. VII. D. 2.), die in den finnischen Städten früher ausschließlicher herrschte als heute, führte dazu, daß sich im Grund- und Aufriß historische Elemente nur in geringem Maße erhielten. Der regelmäßige Stadtplan der Innenstadt, wo auf breite Straßen Wert gelegt wurde, stammt zumeist aus dem Anfang des 19. Jh.s, und die großen Bauparzellen ließen eine auch modernen Anforderungen genügende Erneuerung zu, so daß wohl eine Konzentration des Geschäftslebens im innersten Kern mit einer gewissen, aber nicht starken Verdrängung der Wohnbevölkerung einsetzte, sonst aber für die wohlhabenden Schichten kein Anreiz bestand, den Stadtkern zu verlassen und sich der Außenzone zuzuwenden, wie es für Turku erneut von Siirilä (1968) dargelegt wurde.

Sonst aber wird man – nun bezogen auf deutsche Mittelstädte – eine Gliederung finden, die bis zum Zweiten Weltkrieg als Übergang zwischen der inneren Differenzierung von Klein- und Großstädten zu werten war, danach aber wegen der erheblichen Kriegszerstörungen von Mittel- und Großstädten für die soziale Differenzierung keine einheitlichen Gesichtspunkte mehr gelten.

Ziehen wir zunächst Ahlen/Westfalen (1977: 54000 E.) als Beispiel heran (Mayr, 1968), eine Industriestadt am nordöstlichen Rand des Ruhrgebietes ohne überörtliche Verwaltungsfunktionen, die hinsichtlich ihrer Einwohnerzahl an der unteren Grenze von Mittelstädten liegt. Hier lassen sich einige typische Merkmale ausmachen, allerdings ebenfalls einige Züge, die stärker auf Bergbau und Industrie zurückzuführen sind. Hervorgegangen aus einer hochmittelalterlichen Ackerbürgerstadt, noch daran kenntlich, daß sich gegen den Gemarkungsrand bäuerliche Betriebe erhielten, hat sich der einst ummauerte Bezirk zum Geschäftskern entwickelt, innerhalb dessen mitunter auch ein Obergeschoß für Dienstleistungen in Anspruch genommen wird. Trotzdem weist dieser Bereich die zweithöchste Bevölkerungsdichte innerhalb der Gesamtstadt auf, wenngleich nach dem Zweiten Weltkrieg die Bevölkerung im Zentrum stagniert bzw. sogar eine Abnahme zeigt, ohne daß es zur ausgesprochenen Citybildung kam, was als typische Eigenschaft von Mittel- gegenüber Kleinstädten zu werten ist. Überalterung der Bevölkerung bei hoher Erwerbsquote, vornehmlich im tertiären Sektor, werden die Obergeschosse nur zu einem geringen Teil von Selbständigen bewohnt, sondern gelangen zur Vermietung an Arbeiter, untere Angestellte und Beamte. Lediglich etwa ein Viertel der Altstadtbevölkerung lebt im eigenen Haus, wenngleich die Mieter überwiegend ortsgebürtig sind, Flüchtlinge nach dem Zweiten Weltkrieg nur geringe Aufnahme fanden, wiederum durch Konfession und Wahlverhalten bestätigt. Zu diesen Verhältnissen trug bei, daß die Oberschicht, insbesondere Angehörige freier Berufe, seit dem Ende des 19. Jh.s ihre Villen bzw. Bungalows in der sich bildenden östlichen Vorstadt errichteten, während im Süden eine Ausweitung durch das Bahnhofsviertel erfolgte, dessen Aussonderung bei Mittelstädten die Regel sein dürfte. Die obere Mittelschicht, vornehmlich die selbständigen Kaufleute, verließen nach dem Zweiten Weltkrieg die Altstadt und schufen sich ihre Eigenheime westlich davon in erheblicher Entfernung zu Verkehrs- und Industrieanlagen. Insofern erlebte die gesamte Altstadt einen sozialen Abstieg, was nicht immer der Fall zu sein braucht, hier aber durch die Industrialisierung gefördert wurde. Während der ersten Industrialisierungsphase am Ende des 19. Jh.s, als die Metallindustrie aufgenommen wurde, zog man zwar Facharbeiter aus entfernteren Gebieten an; der Hauptstrom der Arbeiter aber rekrutierte sich aus dem Münsterland, nicht erbberechtigte Kötter, die auf diese Weise einen sozialen Aufstieg versuchten. Mit Hilfe einer gemeinnützigen Baugesellschaft errichtete man für sie nördlich der Altstadt Wohnhäuser, die später in ihr Eigentum übergingen. Sei es durch Zuwanderung aus der Altstadt, sei es durch sozialen Aufstieg der einstigen Arbeiter lag hier zu Beginn der sechziger Jahre der Anteil der Angestellten höher als in der Altstadt, und der weitgehende Eigenbesitz verhinderte ein Eindringen von Flüchtlingen. Während sich die Werke der Metallindustrie an der Köln-Mindener Bahnlinie konzentrierten, die die Altstadt im Norden und Westen von den Arbeiter-Angestellten – und den gehobenen Wohnvierteln trennt, wurde der Osten und Süden seit dem ersten Jahrzehnt des gegenwärtigen Jahrhunderts durch den Bergbau bestimmt, so daß sich hier das Wachstum nicht von der Altstadt nach außen, sondern von isolierten Kolonien zum Zentrum hin vollzog. Abgesehen von dem Anstieg der Bevölkerungszahl, überwiegend Zuwanderer aus den deutschen Ostgebieten und einigen slawischen Ländern, hatten die zunächst isoliert gelegenen Zechenkolonien nicht allzuviel mit der inneren Differenzierung von Mittelstädten zu tun, zumal die werksgebundenen Wohnungen einen Austausch mit andern Bevölkerungsgruppen nur in beschränktem Maße zuließen. Auf Werksgelände wurden seit den sechziger Jahren auch die überwiegend ledigen Gastarbeiter untergebracht. Nach dem Zweiten Weltkrieg mit der Erweiterung des Bergbaus einerseits und der Aufnahme zahlreicher Flüchtlinge andererseits übernehmen gemeinnützige Baugesellschaften die Unterbringung der zuwandernden Bevölkerung, die neben Mietswohnungen auch den Eigenheimbau förderten, was zu einer größeren Geschlossenheit der bebauten Fläche führte. Längs der die Stadt durchziehenden Wege, die einzelnen Stadtviertel voneinander trennen, wurden Erholungsflächen ausgespart, und der am nordöstlichen Gemarkungsrand gelegene Stadtwald dient demselben Zweck. Starke Zuwanderung von außen, die bereits im letzten Jahrzehnt des 19. Jh.s einsetzte, Zweckgebundenheit der Zechenkolonien und der Bauten des sozialen Wohnungsbaus nach dem Zweiten Weltkrieg verhinderten einen Bevölkerungsaustausch zwischen den randlichen Wohnbereichen; der Zuzug in die Altstadt ließ nach, der innerstädtische Wegzug aus ihr aber nahm zu. Demnach stellt sich für Ahlen das Wanderungsverhalten nicht unbedingt als typisch für Mittelstädte heraus, denn auch die Randwanderung ist kaum vorhanden und zeichnet sich höchstens in Landerwerb oder -pacht der verbliebenen Inhaber landwirtschaftlicher Betriebe ab. Das ist insofern wichtig, als durch die Einflüsse von Staat, Stadt oder Wirtschaftsunternehmen eine Bindung bestimmter Bevölkerungsschichten an die auf sie zugeschnittenen Wohnungen erfolgen kann, damit eine Minderung der Mobilität, die nicht überall zur Erklärung der gegenwärtigen sozialen Gliederung herangezogen werden kann.

Ein anderes Extrem kleiner Mittelstädte findet sich in Bayreuth (1977: 67 000 E.; Taubmann, 1968), das sich als zentraler Ort höherer Ordnung auszeichnet und dessen Industrie durch Flüchtlingsbetriebe nach dem Zweiten Weltkrieg verstärkt und differenziert wurde, während die sechswöchigen Wagner-Festspiele keinen allzu großen Einfluß ausüben. Die Verhältnisse lassen sich allerdings auf Grund der oben erwähnten Arbeit lediglich bis zur Mitte der sechziger Jahre verfolgen, so daß die geringe Zahl von Gastarbeitern voraussichtlich darauf zurückzuführen ist und der Einfluß der neuen Universität noch nicht dargelegt werden kann. Unter den Städten Oberfrankens nimmt Bayreuth insofern eine Sonderstellung ein, als es eine der wenigen mit positiver Bevölkerungsbilanz darstellt. Abgesehen von dem Flüchtlingszustrom erfolgten die Zuzüge aus der näheren Umgebung, die Fortzüge waren zum geringeren Teil auf die Randwanderung zurückzuführen, zum größeren Teil bildeten die Großstädte Nürnberg, Stuttgart, München u. a. das Ziel. Hinsichtlich der innerstädtischen Umzüge stellten sich solche von Alt- und Neubaubereiche als entscheidend heraus, so daß die Mobilität der Bevölkerung in etwa den Verhältnissen von Mittelstädten entspricht.

Das gilt auch für die leichte Bevölkerungsabnahme in der Altstadt, ohne daß eine völlige Citybildung erreicht wurde. Anders allerdings als in Ahlen steht es hinsichtlich des Geschäftskerns, indem hier die obere Mittelschicht der Kaufleute nach wie vor die ihnen gehörigen Häuser bewohnt, womit sich voraussichtlich Ortsgebürtigkeit der älteren Bevölkerung verbindet, was den geringen Grundstücksverkehr erklärt. Das steht in völligem Gegensatz zu Ahlen/Westfalen, teils auf die unterschiedlichen Funktionen verweisend – Industriestadt bzw. zentraler Ort höherer Ordnung –, teils aber im Zusammenhang mit der Tatsache stehend, daß die Altstadt von Ahlen den Zweiten Weltkrieg in einigermaßen intaktem Zustand überlebte und der veraltete Baubestand die höheren Sozialschichten veranlaßte, sich neue Wohnviertel zu schaffen, während die Altstadt von Bayreuth teils leichteren und teils schwereren Zerstörungen anheimfiel, so daß man beim Wiederaufbau den erhöhten Ansprüchen an die Wohnungen gerecht werden konnte.

Außerhalb des Geschäftsbereichs, aber innerhalb der Altstadt und deren barocker Erweiterung zeigt sich ein stufenweiser Degradierungsprozeß, indem die selbständigen Handwerker in den Seitenstraßen nach der letzten Jahrhundertwende durch un- bzw. angelernte ebenso wie durch Facharbeiter ersetzt wurden, unter denen nun letztere dominieren. Die älteren sektorenförmig angegliederten Vorstädte, in denen früher Tagelöhner usf. lebten, entwickelten sich ebenfalls zu Arbeiter- bzw. Facharbeitervierteln, mitunter dadurch verstärkt, daß sich in der Nähe die heimische Textilindustrie ansetzte, die im Anschluß an das eigene Unternehmen und die Vorstadt Werkssiedlungen errichtete. Die auf den Bahnhof hin vorgenommene Erweiterung ebenso wie die Umgebung der ehemaligen Residenz verblieb als Wohngebiet der oberen Mittel- und der Oberschicht. Das bis zum Ende des 19. Jh.s sektorenförmige Wachstum wich danach einer Ausfüllung zwischen den Vorposten. Insbesondere nach dem Jahre 1945, als erhebliche Teile der Stadt zerstört waren und eine beträchtliche Zahl von Flüchtlingen aufgenommen wurde, sah sich die Stadt veranlaßt, den ihr gehörigen Grundbesitz an landwirtschaftlicher Nutzfläche durch Kauf von privater Hand zu vergrößern, um in der Lage zu sein, Industrieunternehmen und gemeinnützigen Baugesellschaften billiges Gelände zur Verfügung stellen zu können bzw. an private Bauwillige in Erbpacht zu vergeben. Auf diese Weise kam einerseits ein neuer Wohnring zustande, innerhalb dessen die verschiedenen Sozialschichten sich in Sektoren anordneten, aber derart, daß innerhalb der Sektoren noch Variationen auftreten konnten, indem teils die untere, teils die obere Mittel- und teils die Oberschicht den äußeren Rand der geschlossen überbauten Fläche einnahm. Andererseits konnten neue Industrieunternehmen, meist mit Arbeitervierteln kombiniert, in günstiger Verkehrslage nun an den Rand der Gemarkung verwiesen werden ebenso wie der soziale Wohnungsbau für die untere Mittelschicht in isolierten peripheren Abschnitten Wohnungen erstellte. Außer den aus der Residenzzeit erhalten gebliebenen innerstädtischen Erholungsflächen sparte man solche auch in dem geschlossenen Außenring aus.

So zeigt sich an beiden Beispielen, daß einerseits die Altstadt als Wohnbereich entweder völlig degradiert oder aber trotz einer gewissen Überalterung der Bevölkerung die selbständigen Kaufleute ihre Position zu wahren wußten. Zwischen diesen beiden Extremen sind bei Mittelstädten vielfache Übergänge zu erwarten, sofern lediglich Teilzerstörungen vorlagen oder im Altbaubestand Sanierungsmaßnahmen zur Durchführung kamen, was dann zu einer sozialen Aufwertung führt. Hinsichtlich der Außenstadt aber ist kein klares Prinzip der sozialen Gliederung erkennbar; wohl aber überlagern sich zwei entgegengesetzte Tendenzen. Hervorgerufen durch den früheren Abschluß der Städte durch Stadtmauern liegt einerseits ein konzentrisches Wachstum nahe, weil bis zum Aufkommen des innerstädtischen Verkehrs bzw. der Benutzung von Personenkraftwagen die Entfernung zwischen Arbeitsplatz und Wohnung sich in Grenzen halten mußte. Andererseits befürworten Verkehrsleitlinien eine sektorale Differenzierung, so daß sich nun beide Elemente durchdringen.

Geht man zu größeren Mittelstädten von 100 000 Einwohnern und mehr über, dann erweitert sich die Spannweite der Funktionstypen noch stärker. Ob der ehemalige Mauerring als innenstadtnahe Erholungsfläche vollständig oder teilweise gewahrt blieb oder nach dem Zweiten Weltkrieg zur Aufnahme breiter Ringstraßen in Anspruch genommen und zugleich an einigen Stellen in die Erweiterung des Geschäftsbereichs einbezogen wurde, spielt eine wichtige Rolle. Im Rahmen ehemaliger Residenzstädte sind meist ebenfalls innenstadtnahe Erholungsflächen gegeben. Sonst aber fand in der zweiten Hälfte des 19. Jh.s die Erweiterung zunächst in Richtung auf den Bahnhof hin statt, wobei zunächst häufig gehobene Schichten in diesen Bezirk zuwanderten, die bei stärkerem Verkehrsaufkommen, u. U. auch gewissen Modeströmungen folgend, dann in landschaftlich begehrte Bereiche abwanderten. Längs der Ausfallstraßen kamen Erweiterungen hinzu, teils in mehrgeschossigen Mietshäusern, wobei die Beziehung von Wohnungs- und Haushaltsgröße den jeweiligen sozialen Status bestimmen. Ebenso wie keiner der Mittelstädte eine Übergangszone fehlt, in der Gewerbe und Wohnungen sich verschränken, die enger oder breiter gehalten sein kann und innerhalb derer – meist jenseits der Eisenbahngleise – Zuwanderer vom Land in die sich bildenden Arbeiterviertel aufgenommen wurden, ebenso ist zumeist ein innenstadtnaher Bereich von Villen entwickelt. Mit ihren zahlreichen, über mehrere Stockwerke sich verteilenden Räumen können sie ohne Dienstpersonal nicht bewohnt werden und waren der Oberschicht zugehörig, in einer Zeit, als die sozialen Gegensätze zwischen Unter-, Mittel- und Oberschicht stärker als gegenwärtig ausgeprägt waren. Sofern solche innenstadtnahen Villen nicht in Bürogebäude umgewandelt wurden, sondern noch als Wohnungen dienen, konnten sie durch Umbauten zu Mietwohnungen umgestaltet werden, in denen sich die Eigentümer mitunter ein Stockwerk vorbehielten. Infolgedessen ergeben sich hinsichtlich der innerstädtischen Wanderungen zwei einander entgegengesetzte Tendenzen: Bei Aufgabe der Wohnfunktion setzt eine Abwanderung der Bevölkerung ein, die nur nach außen gerichtet sein kann, und bei Wahrung der Wohnfunktion ergibt sich ein Zuzug solcher Gruppen, die die Nähe der Innenstadt suchen, wobei die frühere soziale Homogenität kaum zu erhalten ist, wenngleich die Mietspreise es mit sich bringen, daß die obere Mittelschicht hier Möglichkeiten findet. Bei weiterem Wachstum der Bevölkerung dehnen sich Mietshäuser oder Villen schließlich so weit aus, daß benachbarte, einst ländliche Siedlungen erreicht werden, was dann ungefähr seit der letzten Jahrhundertwende zu einigen Eingemeindungen führte. Die alten Dorfkerne, die sich u. U. zum Aufbau sekundärer Geschäftszentren eignen, wurden von der städtischen Bebauung umrahmt. Die um die Kirchen gelegenen Friedhöfe gab man allmählich auf und verlegte sie an die damalige Peripherie. Mit der größeren Entfernung der neuen Wohnbereiche zum Geschäftskern kam es nun meist zur Aufnahme des innerstädtischen Verkehrs. In der Zwischenkriegszeit dehnten sich die Mittelstädte weiterhin aus, oder es erfolgte eine Verdichtung dort, wo große Gärten die Häuser umgaben, ob durch praktische Mietshäuser oder durch Eigenheime, wobei letztere nicht mehr den gehobenen Schichten vorbehalten blieben, sondern als Siedlungshäuser mit Nutzgärten bei steuerlichen Erleichterungen auch Arbeitern zugänglich wurden, es sei denn, daß in einigen Gegenden von jeher im Eigentum stehende Ein- und Zweifamilienhäuser die städtische Bauweise bestimmten bzw. Industrieunternehmen in dieser Weise Werkssiedlungen errichteten. Soweit keine Kriegszerstörungen vorlagen, ließen sich die Wohnbauten der Zwischenkriegszeit meist den gegenwärtigen Ansprüchen anpassen. War Eigenbesitz gegeben, dann blieb die Mobilität gering, während Inhaber von Mietswohnungen eine höhere Mobilität zeigten, sei es, daß sie nach einem Eigenheim strebten, bei generativer Vergrößerung der Familie mehr Wohnraum benötigten oder ein sozialer Aufstieg sich nur in Großstädten verwirklichen ließ.

Nach dem Zweiten Weltkrieg bedeutete es das erste Anliegen für diejenigen, deren Wohnungen zerstört worden waren ebenso wie für Heimatvertriebene und Flüchtlinge Wohnraum zu schaffen, wobei nun die Besitzverhältnisse am Grund und Boden entscheidend wurden. Wie bereits früher angedeutet, war es von Vorteil, wenn die Städte selbst an der Peripherie der bebauten Fläche über Land verfügten bzw. durch Kauf von privater Seite Erweiterungen vornehmen konnten, um dann den sozialen Wohnungsbau einzusetzen, was insbesondere der Unter- und unteren Mittelschicht zugute kam. Peripher gelegene Großwohngebiete wurden nun charakteristisch.

Am Beispiel von Eselsberg in Ulm (1977: 99 000 E.) untersuchte Schaffer (1968) ein solches Großwohngebiet, das im wesentlichen um die Mitte der fünfziger Jahre entstand, mit drei Hochhäusern, drei- bis viergeschossigen Wohnblocks und Reihenhäusern, in der Bauart eine gewisse Differenzierung aufweisend. Heimatvertriebene und Flüchtlinge, Heimkehrer und Sachgeschädigte machten etwa die Hälfte der aufgenommenen Bevölkerung aus, Ulmer Bürger die andere Hälfte. Werden die Hochhäuser von Angehörigen der oberen Mittelschicht bewohnt, dann geht das auf die Beschäftigten eines elektrotechnischen Ulmer Betriebes zurück, das sich hier Unterbringungsmöglichkeiten schuf. Sonst aber überwogen im Jahre 1965 Facharbeiter sowie einfache Angestellte und Beamte mit 65 v. H., während Großunternehmer und Randgruppen völlig fehlten. Eine solche Zusammensetzung ist weitgehend durch die Mobilität zustande gekommen, indem die obere Mittel- und die Oberschicht andere periphere Baugebiete der Stadt aufsuchten, zudem der wirtschaftliche Aufschwung seit dem Ende der fünfziger Jahre und steigendes Einkommen höhere Ansprüche an die Wohnungen verursachte, als es um die Mitte der fünfziger Jahre der Fall war. Daß zudem ein Teil der Nachbargemeinden von der Randwanderung der städtischen Bevölkerung erfaßt wurde, dürfte selbstverständlich sein.

All das, was sich in Anfängen bereits in Kleinstädten zeigte, erreicht in der jeweiligen Außenstadt von Mittelstädten ein größeres Ausmaß, zumal hier u. U. durch die Gründung von Campus-Universitäten neue Schwerpunkte gesetzt wurden. Die Randbereiche von Mittelstädten nehmen zugleich soziale Einrichtungen auf, die dem Trend der Bevölkerung nach der Peripherie folgen ebenso wie die Erholungsflächen, ob Sportplätze, Parkanlagen oder Kleingärten, sofern nicht – vornehmlich in Residenzstädten – entweder in der Alt- oder in der Außenstadt der Öffentlichkeit zugänglich gewordene Grünflächen vorlagen.

Hier soll nun vornehmlich auf die Kleingärten eingegangen werden, die zwar zuerst in Großstädten als Armengärten entstanden, was dann seit der Mitte des 19. Jh.s, von Leipzig ausgehend, von andern Groß- und Mittelstädten aufgegriffen wurde, in Kleinstädten allerdings kaum vonnöten war. Gleichgültig, ob von Vereinen oder von den Stadtverwaltungen Land zur Verfügung gestellt wurde, geben sie mit ihrer schematischen Aufteilung, der Umgrenzung durch Hecken und der Besetzung mit Lauben einen bezeichnenden Zug des Stadtrandes ab, wobei minder bemittelten Schichten die Möglichkeit geboten wurde, durch die Verwendung als Nutzgärten einen Teil der Eigenversorgung sicherzustellen (Johannes, 1955). In Zeiten der Not wie während und nach dem Ersten und in verstärktem Maße während und nach dem Zweiten Weltkrieg entwickelten sie sich mitunter zu „wilden" Wohnsiedlungen. In den Münchener sozialgeographischen Arbeiten wird den Kleingärten kaum Beachtung geschenkt, und im Jahre 1970 erscheinen Angaben über die Ausdehnung des Kleingartenlandes in dem Statistischen Jahrbuch für deutsche Gemeinden seit dem Zweiten Weltkrieg das einzige Mal, so daß sich daraus die Entwicklung nicht entnehmen läßt. Zweifellos aber erfolgt eine Reduktion, wie sie z. B. für Hannover nachgewiesen werden konnte (Grönig, 1970), wo die im Zentralverband der Kleingärtner zusammengeschlossenen Mitglieder fast um die Hälfte reduziert wurde, die Schrebergärten um etwa 9 v. H. an Fläche einbüßten. Der höhere Verdienst, das Aufsteigen in die Mittelschichten machten Nutzgärten entbehrlich. Hielt man an ihnen fest, dann fand häufig eine Umwandlung in Ziergärten statt. Mancher mag den Kleingarten als Freizeitbeschäftigung ansehen, wenngleich das Angebot an Erholungsmöglichkeiten so erweitert wurde, daß man von Besitz oder Pacht eines Kleingartens Abstand nehmen kann. Die benachbarten europäischen Länder nahmen die Schrebergartenbewegung auf, wenngleich nicht in dem Ausmaß, wie es in Deutschland der Fall war.

Wie bereits an den Beispielen von Ahlen/Westfalen und Bayreuth dargelegt, spielt für die Charakterisierung von Mittelstädten sowohl gegenüber Klein- als auch in bezug auf Großstädte die Altstadt als Wohnbereich eine bedeutende Rolle. Stärker als Kleinstädte wurden Mittelstädte von Kriegseinwirkungen betroffen, mehr auch machen sich bei letzteren Funktionsunterschiede bemerkbar, so daß diese beiden Gesichtspunkte nun in den Vordergrund gerückt werden sollen.

Beschränkt man sich an wenigen Beispielen – in diesem Falle auf französische Mittelstädte ausgeweitet – auf die Sozialgliederung der Altstadt unter Berücksichtigung des jeweiligen funktionalen Stadttyps, vornehmlich aber hinsichtlich ihres Intaktbleibens bzw. ihrer Zerstörung während des Zweiten Weltkriegs, dann ergibt sich folgendes Bild:

746   Die Städte

Sieht man sich darauf hin das Dienstleistungszentrum Perpignan (1975: 114 000 E.; Vigoureux und Ferras, 1976) und den Marinehafen Brest (186 000 E.; Bienfait, 1974) an, dann zeigt sich in Perpignan eines der Oberschichtviertel im Bereiche der früheren Umwallung einschließlich Glacis. Die nicht zerstörte Altstadt allerdings wird von Arbeitern einschließlich ausländischen Arbeitskräften, die in Frankreich bereits seit der Mitte des 19. Jh.s auftreten, in überalterten zwei- bis dreigeschossigen Häusern bewohnt. Die Altstadt von Brest dagegen, die zu 60-70 v. H. der Zerstörung anheimfiel, konnte ein völliger Neuaufbau vollzogen werden, so daß hier – abgesehen von den wirtschaftlichen Aktivitäten – ein gehobenes Wohnviertel entstand.

Als ausgeprägte Industriestädte haben Esslingen am Neckar (1977: 95 000 E.; Reitel, 1976) und Pforzheim (108 000 E.; Mischke, 1976) zu gelten. Wohl wurden beide Städte durch den letzten Krieg in Mitleidenschaft gezogen, aber in Esslingen blieb die Altstadt verschont, und in Pforzheim war gerade sie betroffen. Die Ausweitung der Industrie in Esslingen ließ es notwendig erscheinen, ausländische Arbeitskräfte heranzuziehen, die im Jahre 1970 17 v. H. der Gesamtbevölkerung ausmachten. Sie zogen in baulich überalterte Altstadtquartiere, wo ihr Anteil mit 20 v. H. im Jahre 1970 und 30 v. H. im Jahre 1974 über dem Durchschnitt der Stadt zu liegen kommt. Meist kinderreiche Familien, wird durch sie der Fortzug der deutschen Bevölkerung so gut wie aufgehoben. Da in der Altstadt 60 v. H. der Erwerbstätigen Arbeiter darstellen, ist mit einer relativ starken sozialen Degradierung zu rechnen. Bei den geplanten Sanierungen soll die Altstadt als Geschäfts-, Gewerbe- und Wohngebiet erhalten bleiben, was für die nun auszutauschende Bevölkerung den Zuzug sozial höher stehender Gruppen herbeiführen wird, für diejenigen, die sich sanierte Wohnungen nicht leisten können und in Außenbezirke abwandern müssen, Schwierigkeiten entstehen. In Pforzheim dagegen, wo sich die Altstadt völlig erneuern ließ, ist der hohe Anteil der Selbständigen entscheidend, wobei es sich einerseits um Geschäftsleute und andererseits um Inhaber von Kleinbetrieben der Schmuckwarenindustrie handelt. Hier stellt die Altstadt außer den Hanglagen und zusätzlich zu ihren andern Funktionen ein gehobenes Wohngebiet dar.

Unter den „alten Universitätsstädten" soll auf die Altstadt von Erlangen (101 000 E.) eingegangen werden (hochmittelalterliche und Hugenottensiedlung), wobei durch die Verlegung von Forschungsabteilungen der Siemenswerke im Jahre 1947 und die Fertigstellung eines neuen geplanten Geschäftsviertels südlich der Altstadt am Ende der sechziger Jahre einige Aspekte zum Ausdruck gelangen, die nicht für alle kontinentalen west- und mitteleuropäischen Universitätsstädte und keineswegs für alle Mittelstädte Gültigkeit beanspruchen können (Popp, 1976, S. 29 ff. und S. 54 ff.).

Die Bevölkerungsabnahme in der nicht zerstörten Altstadt setzte erst in den fünfziger Jahren ein; bis um das Jahr 1960 lebten hier bevorzugt Mittelschichten einschließlich der oberen Mittel- und Oberschicht. Seitdem hat sich die Sozialstruktur der Altstadt gründlich verändert, was insbesondere für den Zeitraum von 1968-1973 belegt werden konnte, wobei die Ausdehnung des tertiären Sektors nicht die Ursache bildet. Die Altstadt wurde zum Wohngebiet der Grundschicht, sofern Studierende, Praktikanten, Rentner und Pensionäre hinzugerechnet werden, mit rd. drei Viertel der Wohnbevölkerung. Mittelschichten umfaßten etwa 20 v. H., die Oberschicht lediglich 5 v. H. Hinsichtlich des Lebenszyklus gehörten fast 50 v. H. dem Stadium der Gründung und des Wachstums an, etwas mehr als ein Drittel dem des Schrumpfens und der Stagnation. Damit finden sich nun in der Altstadt einesteils Einheimische, die zur Überalterung neigen, meist Eigentümer ihrer Häuser sind, anderenseits junge Gruppen, d. h. Studenten und Praktikanten ebenso wie ausländische Arbeitskräfte. Sofern bei Erbgang die Häuser nicht an Firmen vermietet oder verpachtet werden, die die auf diese Weise gewonnenen Wohnungen an Gastarbeiter vermieten, verhalten sich diejenigen mittelständischen Gruppen, die noch Hausbesitzer sind, verschieden. Ein Teil von ihnen, die sich in der Regel eine Wohnung im eigenen Haus vorbehalten, richten die andern Wohnungen in möblierte Einzimmerwohnungen um und vermieten diese an Studierende und Praktikanten. Andere, die die dafür notwendigen Ausgaben scheuen, gehen zur Vermietung an ausländische Arbeitskräfte über, geben dann aber meist die Wohnung im eigenen Haus auf. Solche Verhältnisse vermögen sich aber nur dort auszubilden, wo die Universität noch eine relativ geschlossene Einheit bildet, wie es in ähnlicher Weise zumindest bis zum Beginn der siebziger Jahre in Tübingen (Ehlers, 1974, S. 222 ff.) oder für Marburg/Lahn (Jüngst und Schulze-Göbel, 1974, S. 167 ff.) galt, zumindest hinsichtlich der in Ausbildung Begriffenen. Was die ausländischen Arbeitskräfte anlangt, die in der Altstadt von Erlangen einen gewissen Schwerpunkt fanden, dann ist das von der Existenz entsprechender Betriebe abhängig, die auf die Beschäftigung ausländischer Arbeitskräfte angewiesen sind.

Schließlich sei darauf aufmerksam gemacht, daß durch Sanierungsmaßnahmen in der Altstadt meist eine soziale Aufwertung zustande kommt, was im Rahmen der Großstädte näher zu behandeln sein wird.

β) Groß- und Weltstädte bzw. Verdichtungsräume. Nach dem, was bisher über Klein- und Mittelstädte gesagt wurde, muß in Großstädten mit der Citybildung gerechnet werden, allerdings zumindest in der Bundesrepublik Deutschland, aber auch in Frankreich und andern mitteleuropäischen Gebieten stärker bewohnt als der CBD nordamerikanischer Städte. Zu der sozio-ökonomischen Gliederung gesellt sich der ethnische Status, der, obgleich in Frankreich, Deutschland und Großbritannien im 18. bzw. 19. Jh. Minoritäten einwanderten, auf den Zuzug ausländischer Arbeitskräfte nach dem Zweiten Weltkrieg beschränkt bleiben soll, weil hier sowohl für die Aufnahme- als auch die Abgabeländer die meisten Probleme erwachsen. Schließlich sind die Einwirkungen des Zweiten Weltkrieges einzubeziehen, wobei wohl keine Großstadt der Bundesrepublik verschont blieb, sonst aber gradmäßige Unterschiede bestehen bis hin zu denen, die völlig intakt blieben.

In *Großbritannien* setzte die Industrialisierung bereits im 18. Jh. ein, überwiegend nicht in den aus dem Hochmittelalter stammenden damals und später bedeutenden Städten, sondern im Bereiche unbedeutender „boroughs", was zunächst in einer erheblichen Verdichtung des Baubestandes innerhalb von diesen seinen Niederschlag fand. Etwa im Jahr 1835 entwickelte sich im Anschluß daran die „ältere Innenstadt", durch einfache Einfamilien-Reihenhäuser (back-to-back's) gekennzeichnet. In Schottland allerdings ging man zum Mietshausbau über, lediglich für die Arbeiter gedacht. Etwa seit dem Jahre 1880 kam in England die „äußere Innenstadt" zur Ausbildung, innerhalb derer man zwar beim Einfamilien-Reihenhaus verblieb, deren Ausstattung mit Gärten vorgeschrieben war, weniger aus sozialen, sondern aus hygienischen Gründen. Es handelt sich um diejenige Periode, die in Deutschland und Österreich (Bobek und Lichtenberger, 1966, S. 57 ff.) als Gründerzeit angesprochen wird. Abgeleitet von der Gründung des Deutschen Reiches, ausgedehnt auf die Zeit des beginnenden Eisenbahnbaus und der Trennung von Arbeits- und Wohnstätte, ging man hier zum Mietshausbau über, und zwar nicht allein für Arbeiter, sondern ebenfalls für höhere Sozialschichten. Allerdings sollte man den Begriff „Mietskaserne" – in Österreich „Zinskaserne" – vornehmlich für die Arbeitermietshäuser mit ihren Kleinwohnungen verwenden.

Während der Zwischenkriegszeit mußte man nach andern Lösungen suchen, weil nun soziale Probleme den Vorrang gewannen. Bereits in den beiden letzten Jahrzehnten des 19. Jh.s vorbereitet, geschah das in verschiedenen Formen, ob in den Außenstädten der britischen Conurbationen der erhebliche Flächenverbrauch zum "urban sprawl" führte (Leister, 1970, S. 44 ff. und S. 66 ff.), ob man Siedlungskolonien, Gartenstädte für unterschiedliche Sozialschichten anlegte oder genossenschaftlicher bzw. sozialer Wohnungsbau die Oberhand gewannen. Schließlich ist die Zeit nach dem Zweiten Weltkrieg einzubeziehen, wo beim Wiederaufbau zerstörter Städte verschiedene Wege eingeschlagen wurden, sozialer bzw. städtischer Wohnungsbau ein Ausufern der Verdichtungsräume verhindern sollte, staatliche Maßnahmen zur Unterstützung des Baus von Eigenheimen die entgegengesetzte Tendenz bewirkten.

Sofern bei Mittelstädten die frühere Ummauerung dazu führte, daß in etwa die Grenze zwischen Innen- und Außenstadt innerhalb dieses Grenzbereiches verläuft, so entfällt dieses Moment bei den meisten britischen Conurbationen. Im kontinentalen Europa hingegen konnte die gründerzeitliche Bebauung, insbesondere die durch Mietskasernen, meist erst jenseits davon einsetzen. Teils bedeutet dies, daß Altstadt nicht gleich Innenstadt zu setzen ist, weil gerade in den bedeutenden Städten des kontinentalen Europa die „Altstadt" zu verschiedenen Zeiten durch eine Neustadt ergänzt wurde (z. B. Frankfurt a. M. oder Hamburg), so daß man dann besser von „vorgründerzeitlicher Stadt" spricht. Bei Festungsstädten, die bis nach dem Ersten Weltkrieg diese Funktion wahrnehmen mußten, kamen in dem von Militärfiskus frei gegebenen Gelände sogar gründerzeitliche Neustädte zur Ausbildung (z. B. Köln und Mainz). Ehemalige Stadtmauern oder bastionäres Befestigungssystem tragen, vornehmlich bei einstigen vom Großbürgertum geprägten Städten, zur Gliederung der Innenstadt bei, bilden aber kaum noch die Grenze zwischen Innen- und Außenstadt. Weniger ist das in ehemaligen Residenzstädten der Fall, wenngleich sich die Auswirkungen der einstigen Residenz in anderer Beziehung bemerkbar machen.

In den Innenstädten war dem Wachstum in die Höhe, von Lichtenberger (1972) dargestellt, meist Grenzen gesetzt, weil die Monumentalbauten der Vergangenheit ihrer Wirkung nicht verlustig gehen sollten. Infolgedessen mußte auch an Erweiterungen nach außen gedacht werden. War bereits bei Mittelstädten die Einbeziehung von Dörfern bemerkbar, so begann dies in werdenden Großstädten früher und in weit größerem Umfang. Erhielt sich in Wien das die Altstadt einschnürende bastionäre Befestigungssystem bis um die Mitte des 19. Jh.s, so bildeten sich innerhalb der großen Gemarkung nach den Türkenkriegen längs der Ausfallstraßen bis hin zu dem im Jahre 1704 geschaffenen Linienwall, dem im 18. Jh. lediglich noch fiskalische Bedeutung zukam, spontan oder planmäßig angelegt, Vorstädte aus, deren Bewohner den „Städtern" nicht völlig gleichgestellt waren. Jenseits des Linienwalles entwickelten sich Vororte deren Bewohner als Tagelöhner oder Heimarbeiter für die gewerblichen Betriebe der Vorstädte arbeiteten oder die als Sommerfrische der begüterten Schicht dienten. Während die Vorstädte keiner Eingemeindung bedurften, weil sie innerhalb der Wiener Verwaltungsgrenzen lagen, waren spätere Eingemeindungen der Vororte durchaus üblich (Lichtenberger, 1978, S. 11 ff.). Während die Vorstädte zu Stadtteilen erwuchsen und einen Teil der benachbarten Vororte in sich aufnahmen, bildeten Vororte den „offenen Stadtrand", wo die Geschlossenheit der Bebauung aufhörte, in Österreich als Weichbild bezeichnet, was in der sonstigen deutsch-sprachigen Literatur keine Aufnahme fand.

Weit schwieriger lagen die Verhältnisse in Hamburg, wo preußische Enklaven innerhalb des Stadtstaates ebenso wie hamburgische Enklaven von preußischen Gebieten umfaßt wurden und erst die Groß-Hamburg-Lösung vom Jahre 1937 einen Ausgleich brachte, was sich noch gegenwärtig in der sozialen Gliederung ebenso wie in der Anlage von Erholungsflächen kundtut.

Schließlich sei in dieser Beziehung auf Köln verwiesen, dessen gründerzeitliche Neustadt bereits erwähnt wurde. H. Meynen (1978, S. 271) legte hier Definitionen für „Vorstadt" und „Vorort" vor, die nur aus der spezifischen Situation dieser Stadt zu verstehen sind. Auf Grund der Festungseigenschaft kamen Vorstädte nicht zur Entwicklung. Da Köln aber bestrebt war, an der Industrialisierung teilzunehmen, ließ sich das nur in Vororten verwirklichen, die einerseits nach außen und andererseits nach innen auf das Glacis zuwuchsen, das hier bis zum Jahre 1920 eine besonders markante Grenze abgab. Obgleich die wichtigsten Vororte bereits im Jahre 1880 eingemeindet wurden, kam es zur Ausbildung bestimmter Stadtteile, nicht aber zu der von Vorstädten. Dabei erhielt sich die Namengebung „Links- und rechtsrheinische Vororte von Köln" (Voppel, 1961). Ähnlich liegen die Verhältnisse in Mainz.

Sobald es zur Eingemeindung dörflicher Siedlungen kam, konnten zwei Gründe dafür maßgebend sein. Teils wurden damit bereits bestehende Verhältnisse rechtlich sanktioniert, wie es z. B. bei den Eingemeindungen von Frankfurt a. M. vor dem Ersten Weltkrieg der Fall war. Teils aber hatte man die zukünftige Entwicklung im Auge, das entsprechende Vorgehen derselben Stadt im Jahre 1928 kennzeichnend, als nicht allein bis dahin kaum mit dem Zentrum funktional verbundene Dörfer der Kernstadt angegliedert wurden, sondern auch die Stadt Hoechst, die selbst zu Eingemeindungen geschritten war. Allerdings ging die Initiative hierzu nicht allein von Frankfurt aus, sondern diente wirtschaftspolitischen Interessen des Deutschen Reiches, das deswegen auf die Einbeziehung von Hoechst drängte, weil dessen Farbwerke dem damals einzigen deutschen chemischen Konzern der IG-Farben angehörte, dessen Verwaltungsspitze in Frankfurt wenigstens mit einem der sonst weit gestreuten Werke in engere Berührung kommen sollte (Büschenfeld, 1958). Seitdem bildet Hoechst ein Glied der Kernstadt Frankfurt a. M. In besonderem Maße ging man in den schwedischen Großstädten daran, vorsorgliche Eingemeindungen vorzunehmen, was in Stockholm seit dem Jahre 1904 geschah (Davies, 1973) und ebenso für Malmö (Dewitt Davis, 1972, S. 96) bekannt ist. Die für Bauvorhaben vorgesehenen Flächen blieben im Besitz der Städte, die von sich aus nur längerfristige Verpachtungen vornahmen, so daß hier die Bodenspekulation auf ein Minimum beschränkt werden konnte.

M. W. unterschied zum erstenmal Kaltenhäuser (1958, S. 222), insbesondere bei der Eingemeindung von Dörfern, einer Erweiterung auf die kleiner Städte fähig, zwischen äußerer Vorortsbildung, bei der der vorhandene bäuerliche Kern intakt blieb und die städtischen Bauten sich randlich angliederten. Die innere Vorortsbildung bedeutet dann die Auflösung der dörflichen Sozialstruktur, einhergehend mit der Aufgabe der Landbewirtschaftung, u. U. über das Zwischenstadium der Ausbildung landwirtschaftlicher Nebenerwerbsbetriebe, deren Inhaber als Pendler einen Arbeitsplatz in der Stadt aufsuchen und allmählich zu städtischer Bauweise übergehen. Schließlich kann es zur Überlagerung beider Vorgänge kommen, sei es gleichzeitig oder in einem zeitlichen Abstand. Dabei ist unschwer einzusehen, daß in ehemaligen Realteilungsgebieten die innere Vorortsbildung schneller als in Anerbengebieten vor sich geht, sofern in letzteren vollbäuerliche Betriebe den Grundstock abgeben (z. B. Alt-Aubing im Westen des Stadtrandes von München; Blaschke, 1980, S. 15 ff.).

Demgemäß konnte man bis zur Gründerzeit zwischen vorgründerzeitlicher Stadt, Vorstädten und Vororten unterscheiden. Während der genannten Periode kam es zur Ausweitung der Innenstadt, die Entwicklung von Vorstädten blieb weitgehend aus, diejenige von Vororten erfuhr eine erhebliche Verstärkung. Voraussichtlich ist lediglich in den zur Randstad Holland gehörigen Städten eine Ausnahme zu sehen, weil man hier danach trachtete, das „innere grüne Herz" zu erhalten, demgegenüber der Stadtrand scharf absetzte. Als man nach dem Zweiten Weltkrieg an Erweiterungen insbesondere von Amsterdam und Den Haag gehen mußte, tat man das in Amsterdam unter Schonung des „grünen Herzens" in Form von Vorstädten (Biljermeer und Sloetervaart). Bei Zoetermeer als Vorstadt von Den Haag blieb allerdings nichts anderes übrig, als wertvolles gartenwirtschaftlich genutztes Gelände zu beanspruchen (Borchert und van Ginkel, 1979, S. 86 ff.).

Hinsichtlich der sozio-ökonomischen Gliederung ist zunächst die City und ihr Rand zu behandeln, von denen bereits festgestellt wurde, daß sie im deutschsprachigen Gebiet und in Frankreich mehr als der amerikanische CBD bewohnt wird. Die Großstädte des Deutschen Reiches in den Grenzen vom Jahre 1937 nahmen bis zum Zweiten Weltkrieg eine ähnliche Entwicklung. Der durch die politische Teilung erfolgte Einschnitt macht es erforderlich, sich hier auf die Großstädte der Bundesrepublik Deutschland zu beschränken.

Da letztere mehr oder minder der Zerstörung anheimfielen und – abgesehen von Industriewerken sowie Wohnungen – die City und ihr Rand davon betroffen wurden, kam es mit dem Wiederaufbau hier häufig zu einer sozialen Aufwertung. Das gilt nicht allein für die Städte des Ruhrgebietes (Achilles, 1969), sondern ist auch anderswo zu finden. Hier können das Kupfergassen- und Griechenmarktviertel in Köln angeführt werden ebenso wie die „Altstadt" von Frankfurt a. M., südlich der City gelegen, sofern sich die Pläne zur Umgestaltung des Dom- und Römerbereichs verwirklichen lassen (Wolf, 1982, S. 28 ff.). Von besonderem Interesse werden die Verhältnisse dann, wenn Altstädte mit wertvollem historischem Baubestand betroffen wurden, wie es in Nürnberg (1977: 489 000 E.) der Fall war. Hier entschloß man sich dazu, „alle beschädigten historischen (vor 1850) errichteten Bauten, soweit sie noch regenerationsfähige Substanz besitzen, wiederherzustellen", wozu auch – einmalig unter deutschen Großstädten – die Stadtmauer gehört, „völlig zerstörte Bauten jedoch sollten, gerade aus Respekt vor dem Baudenkmal, nicht als Kopien wieder entstehen, sondern endgültig verloren bleiben" (Mulzer, 1972, S. 75). Außer öffentlichen Gebäuden gehörten zu den Baudenkmälern 260 Wohnhäuser, die sich im Westteil der Altstadt häuften. Konnte man vor dem Zweiten Weltkrieg die Sozialstruktur der Altstadt als Arbeiterquartier mit einem hohen Anteil Selbständiger charakterisieren, wobei die südliche Altstadt hinsichtlich sozial höherer Schichten einen deutlichen Vorsprung besaß, so trat danach eine erhebliche Wandlung ein, indem diese Gruppe die Altstadt verließ, die Umgebung der Burg und der nordöstliche Abschnitt mit zahlreichen Neubauten einschließlich Eigentumswohnungen an Prestige gewann. Hier kam es zum Überwiegen von Angestellten und Beamten, während umgekehrt im Südwesten der Anteil der Arbeiter und Rentner anstieg und zudem ausländische Arbeitskräfte Unterkunft fanden.

Daß die Wiederherstellung von Fachwerkbauten nicht lohnte, dürfte einsichtig sein. Aber selbst wenn ein völliger Neuaufbau vollzogen werden mußte, konnte eine soziale Aufwertung der City resultieren. Das war z. B. in Hannover der Fall, wo man bereits im Jahre 1949 den Verkehrsplan des Innenstadtringes aufnahm und kurze Zeit später mit Hilfe der „Aufbaugemeinschaft Hannover um die Kreuzkirche" in der westlichen City „eine innerstädtische Wohnoase mit zwei- bis fünfgeschossigen Wohnhäusern und Gärten als geradezu kleinstädtisch anmutendes Bild von großem Reiz" schuf (Grötzbach, 1978, S. 188). Dabei war die Mitwirkung von Hillebrecht entscheidend, der eine zu scharfe Trennung von Einrichtungen des tertiären Sektors und Wohnfunktion ablehnte und die City wieder bewohnbar machen wollte. Ähnlich scheint es in Düsseldorf zu liegen, wo Alt- und Neustadt erhebliche Zerstörungen erlitten und die City deshalb als gehobenes Wohngebiet erscheint (O'Loughin und Glebe, 1980, S. 135). In Augsburg betrachtete Poschwatta (1978) die Aufwertung des Cityrandes als Innovation der beginnenden siebziger Jahre, was wohl für diese Stadt gelten mag, wie die früheren Ausführungen gezeigt haben, nicht auf alle deutschen Großstädte übertragbar ist.

Macht man die Gegenprobe für nicht zerstörte Teile der Altstadt bzw. der City, dann kann das Bahnhofsviertel in Frankfurt a. M. in seinen Nebenstraßen angeführt werden, wo der Textilgroßhandel in das Haus der Mode nach Eschborn übersiedelte (Kap. VII. D. 2. b.) und die frei gewordenen Räume in den Altbauten an ausländische Arbeitskräfte zur Vermietung kamen, die hier ihre größte Konzentration innerhalb der Kernstadt, u. U. sogar innerhalb des gesamten Verdichtungsraumes Rhein-Main mit einem Anteil von 74 v. H. an der Bevölkerung dieses statistischen Bezirkes (1979) besitzen (Statistisches Jahrbuch Frankfurt a. M., 1980, S. 11). In der Altstadt von Bern, wo zahlreiche kinderlose Haushalte, ein hoher Anteil von Arbeitern, und Rentnern ebenso wie ausländische Arbeitskräfte einen Teil der alten Laubenhäuser bewohnen, zeigt sich eindeutig die soziale Degradierung. Hier handelt es sich in Teilen der Altstadt um frühere Arbeiterquartiere, die „zum Zentrum der Berner Untergrundkultur" wurden (Hamm, 1977, S. 176). Allerdings ist bei einer solchen Beurteilung eine gewisse Vorsicht geboten, denn, sofern man auf kleinere räumliche Einheiten als die statistischen Bezirke zurückgreift, weisen am südexponierten Hang des Aaremäanders gelegenen Bezirke in Neubauten mittelständische Bevölkerungsgruppen auf (Gächter, 1978, S. 5).

Für die regionalen Großstädte in Frankreich – auf Paris wird an anderer Stelle eingegangen (Kap. VII. F. 2.) – nehmen die neuen Entlastungszentren in der Regel auch Wohnungen auf, was sich mit einem Anheben des sozialen Status verbindet. Zugleich aber versucht man, wertvollen Baubestand des 17. und 18. Jh.s unter Denkmalschutz zu stellen und im Innern der Städte erhebliche Sanierungen vorzunehmen. Im Jahre 1979 handelte es sich – auf alle französischen Städte bezogen – um 3700 ha, die mit Hilfe des Gesetzes Malraux vom Jahre 1962 eine Erneuerung erfahren sollten. In Bordeaux (1975: Agglomeration 591 000 E.), Nantes (438 000 E.), Nancy (279 000 E.) und in Dijon (280 000 E.) sollten 100 ha und mehr von solchen Maßnahmen betroffen werden (Borde, Barrère und Cassou-Mounat, 1980, S. 59), in Lyon stellen sich die Restaurierungsflächen wesentlich beschränkter dar (Bonnet, 1975, S. 63 ff.). In Bordeaux, wo die gesamte Altstadt unter Denkmalschutz gestellt wurde (150 ha), ist die bisherige Erneuerung auf einer Fläche von nur 3,5 ha beschränkt, denn wenngleich sich die Städte ein Vorkaufsrecht sicherten, so ist es einerseits schwierig, eine Einigung mit den zahlreichen Besitzern bzw. Erbengemeinschaften zu erreichen, und andererseits sind die Restaurierungsarbeiten kostspielig. Deshalb sieht man darauf, daß auch von privater Seite die Erneuerung in Angriff genommen wird, dadurch ermöglicht, daß dann erhebliche Zuschüsse gewährt werden. Abgesehen davon muß die bisher hier wohnende Bevölkerung, Rentner, Arbeiter und ausländische Arbeitskräfte, umgesetzt werden. Zumindest aber ist wichtig, die Innenstädte, d. h. die des Hochmittelalters, wieder zu beleben, deren überalterter Baubestand bis zum Zweiten Weltkrieg in zahlreichen Quartieren eine soziale Degradierung gebracht hatte.

Auch bei den *deutschen Großstädten* ist es mit der Konfrontation: Erhaltung von Teilen der City bzw. deren Rand und soziale Degradierung, Vernichtung und soziale Aufwertung, was sich auf einige nordfranzösische Großstädte übertragen läßt, nicht getan, sondern es kann ebenfalls vorkommen, daß sich trotz Zerstörungen die früheren Sozialverhältnisse wieder einstellten. Das ist z. B. in Mannheim der Fall, wo die gehobenen Schichten wieder die Oberstadt und die unteren Glieder des Schichtenaufbaus die Unterstadt bezogen.

Schließlich ist auf *Wien* zu verweisen, wo sich die City zweigeteilt ergibt, die Altstadt und die Ringstraßen der Gründerzeit umschließend. Erstere wird vom Mittelstand bewohnt, wenngleich noch immer einige Adelspalais von ihren Besitzern benutzt werden. Bei etwas Verzicht auf modernen Komfort ist allerdings die Überalterung der Bevölkerung erheblich, die in den für sie zu großen Wohnungen Untermieter aufnehmen. Gegenüber der zweiten Hälfte des 19. Jh.s, als die Oberschicht hier wohnte, ist nach Auflösung der österreichisch-ungarischen Monarchie ein gewisses soziales Absinken bemerkbar, ohne daß Unterschichten eindrangen, aber auch ohne daß eine Verstärkung der Citybildung einsetzte, weil dafür moderne Gebäude geeigneter sind. Ähnliche Verhältnisse haben bei gewissen Unterschieden in den einzelnen Abschnitten für die Ringstraßen zu gelten (Bobek und Lichtenberger, 1966; Lichtenberger, 1970 und 1978). Die Sanierung des Blutgassenviertels allerdings brachte für diesen Bereich eine Aufwertung.

Nach Ganser (1970, S. 63 ff.) war die Kernstadtmitte von München als ein Bezirk sehr hoher Mobilität zu betrachten. Ob das unter den veränderten Verhältnissen der siebziger Jahre noch allgemeine Gültigkeit besitzt, ist nicht völlig gesichert. Stärker schon ist der Trend hervorzuheben, daß trotz Abnahme der Bevölkerung von City und Cityrand cityzahes Wohnen für manche Bevölkerungsgruppen wieder erstrebenswert geworden ist, nicht nur für Ein- und Zweifamilienhaushalte, sondern auch für solche mit Kindern, letzteres vornehmlich dann, wenn infolge des Wiederaufbaus bzw. von Sanierungen Eigentumswohnungen genügender Größe in Mehrfamilienhäusern errichtet wurden.

In verschiedenen Formen schließt der gründerzeitliche „Gürtel" an die Altstadt an, wobei ersterer von Borde, Barrère und Cassou-Mounat (1980, S. 67) für französische Großstädte unter dem Begriff der "quartiers péricentraux" zusammengefaßt wurde.

Überblickt man den gründerzeitlichen Gürtel zunächst in einer Solitärstadt, wie sie Karlsruhe (1977: 276 000 E.) darstellt, dann ist hier am östlichen Rand der „Altstadt", zwar noch eingespannt in das Fächersystem, aber damals noch nicht in die Gemarkung eingeschlossene Siedlung „Klein-Karlsruhe" zu erwähnen; hier brachte man Bauarbeiter und andere untere Bedienstete des großherzoglichen Hofes in eingeschossigen Häusern unter, wobei eine Bevölkerungsdichte von 57 000 E./qkm erzielt wurde. Für den nun von der Sanierung betroffenen Bereich bürgerte sich die Bezeichnung „Das Dörfle" ein. Sonst nahm man während der Gründerzeit Erweiterungen nach Süden vor, teils mit der Verlegung des Hauptbahnhofs in diese Richtung verbunden (Südstadt). Ebenso erfolgte eine Ausweitung nach Osten, hier in Mischung mit einigen Fabrikbetrieben (äußere Oststadt), und schließlich war die Orientierung in besonderem Maße nach Westen gerichtet, wobei hier nicht allein Arbeiterquartiere entstanden, wohl aber über die Eingemeindung des Städtchens Mühlburg die kürzeste Entfernung zu dem im Jahre 1901 eröffneten Rheinhafen gegeben war. Das breite Band des Eisenbahngeländes, um den Rangierbahnhof, das Eisenbahn-Ausbesserungswerk und den Güterbahnhof erweitert, zum Teil in der Niederung der einstigen Kinzig-Murg-Rinne gelegen, setzte der Entwicklung gewisse, wenngleich nicht unüberwindbare Schranken, zumal man östlich davon über die Alb- und Pfinztal Vorbergzone und Schwarzwald erreichte. Die vorgenommenen Erweiterungen einschließlich von Mühlburg wurden als äußere Stadtteile bezeichnet. Bereits vor dem Ersten Weltkrieg ging man an die Eingemeindung benachbarter Dörfer, sowohl im Osten, im Süden, hier das Eisenbahn- und Feuchtgelände überschreitend und Rüppur einbeziehend, als auch im Westen. Demgemäß unterschied man im Jahre 1925 zwischen dem Stadtkern mit fast 39 000 Einwohnern (Dichte: 33 100 E./qkm[1]), den äußeren Stadtteilen mit 88 250 Einwohnern (Dichte 37 700 E./qkm) und den Vororten mit 18 250 Einwohnern (Dichte: 14 700 E./qkm; Generalbebauungsplan, 1927). Daraus läßt sich ersehen, daß damals die Citybildung kaum in Gang gekommen war, der Hauptteil der Zuwanderer sich den äußeren Stadtteilen zuwandte und auch die eingemeindeten einstigen Dörfer davon profitierten. Ging man in den neuen Stadtteilen zur drei- bis viergeschossigen Bauweise über, u. U. durch Hinterhäuser ergänzt, so beließ man es bei den Erweiterungen der Vororte bei zweigeschossigen Häusern im Rahmen einer äußeren Vorortsbildung, wobei in beiden Fällen Kleinwohnungen (ein bis zwei Wohnräume/Wohnung) charakteristisch waren.

Der gründerzeitliche „Gürtel" fehlt weder in Mannheim (Bähr und Killisch, 1971) noch in Stuttgart (Körber, 1959) ebensowenig wie in München oder Frankfurt a. M. Er ist in einem Teil der Neustadt von Mainz zu finden (Foerster, 1968), ebenso wie die „alten Vororte" von Köln dazu gehören. Kam man hier zunächst noch mit zwei- bis dreigeschossigen Mietshäusern aus, so ging man in den letzten Jahrzehnten des 19. Jh.s zu vier- bis fünfgeschossiger Bauweise über, mit Seitenflügeln und Hinterhäusern versehen. Für Sülz-Alt Klettenberg liegt eine Kartierung von Zschocke (1959, Karte 2), für Ehrenfeld eine detaillierte Untersuchung von H. Meynen (1978) vor. Auch in den Hellwegstädten des Ruhrgebietes wie in Dortmund ließen sich die mit hoher Bevölkerungsdichte ausgestatteten gründerzeitlichen Viertel, vornehmlich im Norden, ausmachen (Zapf, 1969), und in Hannover erschienen diese zweigeteilt, teils im rückwärtigen Gelände des Bahnhofs und teils im Stadtteil Linden, in dem die Industrialisierung begann.

Besonderes Interesse besitzt die Übergangszone in Hamburg, das zwar als monozentrischer Verdichtungsraum angesehen wird, wenngleich die Entwicklung polyzentrisch verlief.

Begründet war das in der Ausdehnung des Hamburger Stadtstaates bis zum Jahre 1937 (Kap. VII. C. 4.) ebenso wie darin, daß die Hamburger Reeder und Großkaufleute zunächst an der Industrialisierung nur wenig Interesse zeigten, umso mehr preußische Gemeinden daran interessiert waren. Verschärfend kam hinzu, daß Hamburg erst im Jahre 1888 dem deutschen Zollverein beitrat, bis zu diesem Zeitpunkt

---

[1] Die Berechnung der Bevölkerungsdichte erfolgte in bezug auf die bewohnte Fläche einschließlich Gärten und Höfen, wobei Fabrikgelände, Straßen usf. ausgeschlossen wurden, so daß eine Zwischenstufe von Brutto- und Nettodichte zustande kam.

Zollausland blieb, ebenfalls eine Begünstigung für die preußischen Gemeinden, von denen lediglich Altona ausgenommen wurde, weil diese Stadt bereits soweit mit Hamburger Stadtteilen zusammengewachsen war, daß eine zollpolitische Trennung nicht mehr möglich erschien (Braun, 1968, S. 61).

Zum gründerzeitlichen „Gürtel" ist hier die im 17. Jh. entstandene Neustadt zu rechnen ebenso wie die ehemalige Vorstadt St. Pauli, beide vornehmlich von Hafenarbeitern bewohnt, die ohne Vorhandensein des innerstädtischen Verkehrs zunächst auf die Nähe von Arbeits- und Wohnplatz Wert legen mußten. Da hier das Gelände bald nicht mehr ausreichte, erschlossen Terraingesellschaften das Gelände nordwestlich davon durch fünf- bis sechsgeschossige Mietskasernen, allerdings ohne Durchsetzung mit Industrieanlagen, so daß die Bevölkerungsdichte noch im Jahre 1960 bei etwa 40000 E./qkm lag. Manhart (1977, Karten) charakterisierte diese Bereiche auf Baublockbasis nach Daten vom Jahre 1970 durch kleine, schlecht ausgestattete Altbauwohnungen in Mehrfamilienhäusern, in einem Bereich, der von Kriegszerstörungen kaum betroffen wurde. Anders war das westlich der Alster, wo Hammerbrook als einer der schlechtesten Wohnbereiche nach dem Zweiten Weltkrieg einer andern Nutzung zugeführt wurde (Großmarkt) und der sonstige Wiederaufbau die gründerzeitlichen Viertel weitgehend zum Verschwinden brachte.

Wie schon erwähnt, ging die Entwicklung nicht allein von Hamburg aus. Zunächst setzte die Industrialisierung in Altona ein, wo die Durchdringung von Industrie und Mietskasernen erheblich und dem Zusammenwachsen mit St. Pauli sowie Eimsbüttel förderlich war. Nachdem die Stadt zum preußischen Zollausland erklärt wurde, verlagerten die Unternehmer ihre Betriebe in das westlich benachbarte Dorf Ottensen, das sich „rasch zu einem Wohn- und Arbeitsstättenmischgebiet sehr zweifelhaften Charakters" entwickelte (Braun, 1968, S. 61), Altona hingegen als Arbeiterwohngebiet erhalten blieb. Kleinere und langsam voranschreitende Sanierungen der vergangenen Jahre in dem wenig zerstörten Bereich haben etwas Abhilfe geschaffen.

Weiterhin kann Harburg als Schwerpunkt der Industrialisierung betrachtet werden mit einem Anteil der Arbeiter an den Erwerbstätigen von 70 v. H. und mehr.

Im Osten wurde Wandsbek, ein früherer Landsitz, in dem die gewerbliche Betätigung zur Förderung kam, zum Ausgangspunkt der Industrialisierung, früher von Hamburg schwer erreichbar und deshalb sein Eigenleben länger als Altona wahrend, um schließlich doch in den Sog von Hamburg einschließlich benachbarter ehemaliger Dörfer zu geraten.

Im Südosten konnte sich in Bergedorf, zwar nach Hamburg eingemeindet, aber zum preußischen Zollinland gehörend, die Industrie entfalten, ebenfalls in Verbindung mit der Erstellung von Mietskasernen.

Insgesamt waren es demnach fünf verschiedene und in relativ großer Entfernung zueinander gelegene Ansatzpunkte, die Anlaß zur Ausbildung gründerzeitlicher Arbeitermietskasernen gaben, so daß sich eine direkte gürtelförmige Anordnung nicht auszubilden vermochte.

Hinsichtlich des gründerzeitlichen Gürtels von Berlin, der lediglich im Westen nicht zur Ausbildung kam, sei auf die Arbeiten von Leyden (1933) und Hofmeister (1975, S. 332 ff.) verwiesen, von Müller (1978) dahingehend ergänzt, daß die fünfgeschossigen Mietskasernen mit ihren Seitenflügeln und bis zu fünf Hinterhäusern Arbeiter aufnahmen, die Bevölkerungsdichte 60000 E./qkm erreichte und sich dies auf die Bereiche innerhalb der im Jahre 1877 geschaffenen Ringbahn beschränkte, während die viergeschossigen Mietshäuser außerhalb der Ringbahn bei einer Bevölkerungsdichte von 40000 E./qkm dem Mittelstand vorbehalten waren.

Nun stellt sich die Frage, ob in sämtlichen großen Städten der gründerzeitliche Gürtel mit seiner Verschränkung von industrieller Betätigung und Wohnen vorhanden war oder ob eine solche Zone fehlt bzw. in ausgesprochen reduzierter Form vorhanden ist. In letzterer Beziehung muß auf Wien verwiesen werden, wo zwar in der ehemaligen Vorstadt Mariahilf etwas Ähnliches zustande kam, allerdings dadurch unterschieden, daß die Vorderhäuser von mittelständischen Schichten bewohnt werden. Sonst kamen Fabrikanlagen am Außenrande der gründerzeitlichen Stadt zur Anlage, d. h. auf Gelände der zu Vororten gewordenen ehemaligen Dörfer, wobei deren Ausweitung durch dreigeschossige Mietshäuser mit Kleinwohnungen erfolgte, Floridsdorf jenseits der Donau zu einem besonderen Ansatzpunkt wurde.

Ebenso wie in den deutschen Großstädten innerhalb des gründerzeitlichen Gürtels einstige Vorstädte aufgingen (vgl. Hamburg), ebenso verhält es sich mit den „quartiers péricentraux" *französischer Großstädte*. Bei sehr unterschiedlicher Entwicklung von Bordeaux, Toulouse, Marseille, Lyon, Nancy oder Lille, von Borde, Barrère und Cassou-Mounat (1980, S. 69 ff.) dargelegt, lassen sich ebenfalls Unterschiede zu den großen Städten der nordischen Länder, Großbritanniens und der deutschsprachigen Gebiete herausstellen. Sie sind vornehmlich darin begründet, daß – abgesehen von Paris – gegenüber dem 18. Jh. ein verlangsamtes Wachstum einsetzte; das hatte zur Folge, daß in den Erweiterungsbereichen des 19. und beginnenden 20. Jh.s, in denen alte Vorstädte aufgenommen wurden, teilweise drei- bis fünfgeschossige Mietshäuser entstanden, teilweise aber auch ein- bis zweigeschossige Bauten, letztere häufig in Anlehnung an bäuerliche Hausformen der Umgebung, den funktional uneinheitlichen Charakter der „quartiers péricentraux" verstärkend.

Blieb der gründerzeitliche „Gürtel" erhalten oder mußte der Wiederaufbau sehr schnell erfolgen, dann stellen sich hier besondere Problemgebiete ein. Nicht umsonst schied Aario (1951, S. 10 ff. und S. 26 ff.) für Helsinki im Anschluß an die City eine halbkreisförmige „Übergangszone" aus, innerhalb derer Sozialhilfeempfänger einen hohen Prozentsatz der Bevölkerung ausmachten und ebenfalls andere soziale Normen nicht gewahrt wurden. Dabei steht nun in Frage, ob der gründerzeitliche Gürtel mit der Übergangszone gleichzusetzen ist bzw. der Übergangszone nordamerikanischer Großstädte entspricht, wobei in Frankreich die Übergangszone stärker in Teile der Altstadt hineinreicht, als das sonst bei europäischen Städten der Fall ist. Lichtenberger (1972, S. 58 ff.) setzte sich damit auseinander und kam zu der Auffassung, daß überalterter Baubestand ohne die notwendigen hygienischen Einrichtungen sich sowohl im Kern von Großstädten als auch im Zentrum einstiger Vorstädte findet, Keller- und Dachwohnungen ebenso zu den „Slumunterkünften" gehören, die aber nicht notwendig mit Arbeiterquartieren koinzidieren. Bevölkerungsgruppen, die sich den sozialen Normen entziehen, sind nach ihrer Meinung über das gesamte städtische Gebiet bzw. innerhalb der Verdichtungsräume verstreut. Hier bedarf es doch wohl einer gewissen Differenzierung. Abgesehen davon, ob Mietshäuser mit Kleinwohnungen oder aufgeteilte Einfamilienhäuser der Oberschicht den Immigranten in den Vereinigten Staaten oder den zuwandernden Arbeitern in europäischen Großstädten als Unterkunft dienten, was sich in der unterschiedlichen Bevölkerungsdichte der Übergangszone äußerst (Vereinigte Staaten rd. 10 000 E./qkm, europäische Großstädte bis 60 000 E./qkm), bildeten sich in den Vereinigten Staaten innerhalb der „zone of transition and deterioration" die Farbigenghettos aus, die den europäischen Ländern fehlen. In Großbritannien gab es innerhalb der Arbeiterquartiere der älteren Innenstadt kleine Zellen, die sich mit den zu umfangreichen statistischen Bezirken nicht fassen lassen (Leister, 1970, S. 82 ff.) und soziale Randgruppen beherbergten, wobei eine gewisse Bevorzugung der gründerzeitlichen Viertel auszumachen

756 Die Städte

ist, wenngleich nicht ausschließlich auf diese beschränkt. Als nach dem Zweiten Weltkrieg in fast allen westlichen europäischen Ländern ausländische Arbeitskräfte aufgenommen wurden, bildeten sich bevorzugte Wohnstandorte dieser Gruppen aus, teils in der Innenstadt, meist aber in der Übergangszone, wenngleich nicht auf diese Bereiche beschränkt. Sie werden absichtlich nicht als Ghettos bezeichnet, weil die rechtlichen Grundlagen dazu nicht ausreichen. Nur in einem Falle kam es nach dem Zweiten Weltkrieg in Städten zur Ghettobildung, nämlich in Nordirdland zwischen Katholiken und Protestanten. Bis zum Jahre 1969 war zwar zwischen beiden eine Segregation gegeben (Poole und Boal, 1973), was aber Mischgebiete nicht ausschloß. Seitdem der Konflikt mehr als zuvor politisch relevant wurde, führten Zwangsmaßnahmen und durch die Unsicherheit aufkommende freiwillige Umzüge zum Verschwinden der gemischten Bezirke, so daß dadurch eine Ghettobildung erreicht wurde (Darby, 1976, S. 43 ff.).

Ein erheblicher Teil der älteren Innenstädte Großbritanniens, der gründerzeitlichen Arbeitermietskasernen des kontinentalen Europa ebenso wie Teile der „quartiers péricentraux" der großen Städte in Frankreich wurden zu bevorzugten Sanierungsgebieten. Wenngleich der „urban sprawl" bereits in der Zwischen-

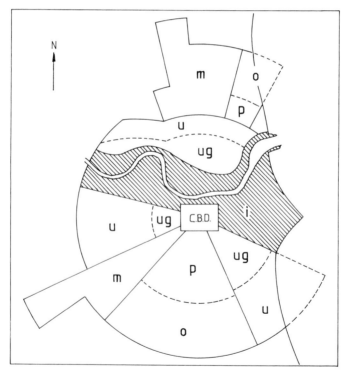

i	Industrie	m	Mittelschicht
u	Unterschicht	o	Oberschicht
ug	unterteilte Einfamilienhäuser	p	private Vermietung von Zimmern und Wohnungen

Abb. 129 Die soziale Differenzierung von Sunderland im Jahre 1961 (nach Robson).

kriegszeit einsetzte und Facharbeiter in die Außenstadt abwanderten, konnte man unter den damaligen wirtschaftlichen Verhältnissen an großflächige Sanierungen nicht denken.

Zunächst sei auf die sozio-ökonomische Gliederung einer isolierten *englischen Großstadt* eingegangen, bei der noch in etwa die Verhältnisse bis zum Ersten Weltkrieg zu erkennen sind, nämlich Sunderland (1977: county 300 000 E., zentrale Stadt: 200 000 E.), wobei die inzwischen erfolgte Eingliederung in die Tyneside-Conurbation keine Veränderungen herbeiführte. Die Industrieanlagen, die sich vom Wear-Ästuar aufwärts ziehen, bewirkten ein Abwandern der oberen Mittel- und Oberschicht, jeweils an den unterteilten Einfamilienhäusern zu erkennen, in die Arbeiter nachrückten, für die im Anschluß daran Reihenhaus-Erweiterungen geschaffen wurden. Mit der Ausbildung der CBD vermochte sich ein Mittelschicht-Sektor im Südwesten im Anschluß daran zu erhalten, so daß südlich des Wear eine sektorenförmige Gliederung erfolgte, nördlich davon aber eine konzentrische Abfolge erreicht wurde (Robson, 1969 nach Daten vom Jahre 1961). Sanierungen waren noch nicht erfolgt, wenngleich die Stadt an der jeweiligen Peripherie ihres Verwaltungsgebietes bereits Gelände aufgekauft hatte, um es dem öffentlichen Wohnungsbau zuzuführen.

Als zweites Stadium in der Erneuerung britischer Industriestädte läßt sich Cardiff (1977: 279 000 E.) betrachten. Auf der Grundlage von enumeration districts, etwa 150 Haushalte umfassend, beschäftigte sich Herbert (1970) – ebenfalls nach Daten vom Jahre 1961 – mit der sozio-ökonomischen Differenzierung. Auch hier war es zum Zeitpunkt der Untersuchung noch nicht zu Sanierungen gekommen, so daß sich konzentrisch um die City bzw. den CBD veraltete Arbeiter-Wohngebiete legten. Sonst aber war die Stadt bereits zum öffentlichen Wohnungsbau übergegangen, teils in Form von peripheren und nach innen sich verschmälernden Sektoren, die nirgends die City oder die veralteten Arbeiterbezirke erreichten, teils als kleine Einsprenglinge inmitten von Bereichen höherer Sozialschichten. Die besseren Wohnbereiche, die als zwei Sektoren von dem alten Arbeitergürtel bis zur Peripherie der zentralen Stadt streben und sich voraussichtlich jenseits der städtischen Verwaltungsgrenze fortsetzen, sind durch Eigenheime gekennzeichnet, wenngleich Einfamilienhäuser im öffentlichen Wohnungsbau nicht fehlen, die bei günstigen Darlehen u.U. in das Eigentum der unteren Mittelschicht übergehen können.

Durch den Abercrombie-Plan wurden im Jahre 1944 für London neue Maßstäbe gesetzt, bis der Town and Country Planning Act vom Jahre 1947 sowie spätere Novellierungen die Grundlage für die Erneuerung der Städte abgaben (Leister, 1970, S. 74 ff. und S. 101 ff.). Dabei beschränkte man sich nicht auf den Wohnungsbau allein, sondern nahm in der Regel eine Trennung von Auto- und Fußgängerverkehr und ebenso eine solche zwischen Industriestandorten und Wohnungen (zoning) vor. Das konnte getan werden, weil die Städte selbst als ausführende Organe der Planung Gelände erwarben, um – wie bereits erwähnt – einerseits den öffentlichen Wohnungsbau zu fördern und andererseits Flächensanierungen in der Innenstadt vorzunehmen. Unter Vereinbarung mit benachbarten counties, die einen Teil der umzusetzenden Bevölkerung aufnehmen sollten und unter teilweiser

Hinzuziehung von Entlastungsorten bzw. Trabantenstädten versuchte man dadurch, überschaubare Einheiten zu erhalten.

Als Beispiel einer Industriestadt, in der Sanierungen bereits ein erhebliches Ausmaß erreicht haben, sei auf Birmingham (zentrale Stadt: 1,0 Mill. E.; Conurbation West Midlands: 2,0 Mill. E.) verwiesen.

Hier hatte man bereits in der Zwischenkriegszeit mehr als 50 v. H. der Arbeiter, die man als Facharbeiter der unteren Mittelschicht zurechnen muß, in die Außenbereiche umgesetzt. Da die City von der Übergangszone abgelöst wird, die sanierungsreif war, mußten nun weitere Teile der Arbeiter entweder im eigenen Verwaltungsbezirk oder in benachbarten counties untergebracht werden. Innerhalb der zentralen Stadt geschah das nun nicht mehr allein in Ein- und Zweifamilienhäusern, sondern auch in Punkthochhäusern bis zu 16 Geschossen bzw. Maisonettes mit vier Stockwerken, um einen weiteren urban sprawl zu verhindern, die, dem Gelände angepaßt, relativ gestreut innerhalb des Stadtgebietes erscheinen (Abb. in Leister, 1970, S. 189). Danach konnte man an die Sanierung der Übergangszone gehen. Mit der Schaffung der Ringautobahn fand eine Cityerweiterung über diese hinaus statt, so daß in den fünf Sanierungsdistrikten (Comprehensive Development Areas bzw. CDAs) keine Cityfunktionen aufgenommen zu werden brauchten, wie es etwa in Glasgow der Fall war.

Tab. VII.D.10 Der Anteil der Flächennutzung in der Übergangszone vor und nach der Sanierung von Birmingham in den Jahren 1952 und 1972 (Auswahl)

Nutzung	Newton		Nechells		Green		Ladywood		Leebank	
	1952	1972	1952	1972	1952	1972	1952	1972	1952	1972
Öffentl. Geb. u. Straßen	24	18	28	20	28	23	29	35	28	19
Industrie	30	30	24	24	21	21	24	21	22	21
Wohnungen	41	26	44	30	48	30	45	24	43	29
Schulen	3	16	3	10	2	9	2	7	3	14
Grünflächen	2	17	1	16	1	17	0	13	4	17

Nach Stedman und Wood, 1975, S. 10.

Dabei fand eine Vereinfachung des Straßennetzes statt, das ohne Berücksichtigung der Autobahnen einen Flächenverlust erlitten. Wenn sich das für die Industrie vorgesehene Areal kaum änderte, dann hängt das mit der Bildung der industrial estates zusammen, die meist an der Peripherie der CDAs angelegt wurden. Der Flächenverlust für Wohnungen mag damit zusammenhängen, daß teils Mehrfamilienhäuser errichtet wurden und die Geschoßflächen nicht in die Berechnung eingingen. Dazu gehörige Schulen verzeichneten mit ihren großen Sportanlagen einen erheblichen Flächengewinn ebenso wie öffentliche Grünanlagen, für die die offizielle Forderung von 4 acres/1000 Einwohner oder 16 qm/E. eingehalten wurde. Leider lassen sich die angegebenen Werte nicht mit den für die CDAs von Glasgow vorliegenden (Pacione, 1977) vergleichen, was zum Teil auf die verschiedene Erhebungsmethode zurückzuführen ist (keine Angaben für Straßen und Grünflächen). Ähnlich aber wie in Glasgow ist damit zu rechnen, daß einerseits die neuen Wohnungen von Angehörigen der unteren Mittelschicht bezogen wurden, aber nur ein geringer Teil der früheren Bewohner, die bereits in den Außenbezirken untergebracht worden waren, in die CDAs zurückkehrten. Nun bleiben im Anschluß an die nun sanierte Übergangszone einige Bereiche übrig, die als „Mittelring" zusammengefaßt werden, innerhalb dessen die back-to back's noch immer eine erhebliche Rolle spielen und sich Ausweichmöglichkeiten für diejenigen boten, die nicht an die Peripherie wollten. Zwar liegen auch hier Pläne für eine Erneuerung vor, bei denen ein Zusammenwirken von Renovation existierender Häuser durch die Eigentümer bei staatlicher Kostenbeteiligung und an Flächensanierungen gedacht ist, wenngleich die Erfolge bis in die siebziger Jahre gering blieben, zumal sich die allgemeine wirtschaftliche Situation so verschlechterte, daß öffentliche Mittel nur noch in geringem Ausmaß beansprucht werden können. In einem andern Zusammenhang wird auf diesen Mittelring zurückzukommen sein.

In den erhaltenen Teilen der Übergangszone von Großstädten der *Bundesrepublik Deutschland* ging man ebenfalls zu Sanierungen über, in der Regel nach Erlaß des ersten Städtebauförderungsgesetzes vom Jahre 1971 bzw. des folgenden vom Jahre 1975, weil sich dann Bund, Länder und Gemeinden an den finanziellen Aufwendungen beteiligen mußten; auf Grund der besonderen Situation von West-Berlin konnte man hier bereits im Jahre 1963 damit beginnen. In der Regel war damit eine soziale Aufwertung verbunden wie im „Dörfle" von Karlsruhe (Ries, 1978) oder im Stadtteil Linden von Hannover (Sprengel, 1978, S. 140 ff.), wobei in letzterem Fall ein Teil der ausländischen Arbeitskräfte in einen Außenbezirk mit sozialem Wohnungsbau aufgenommen wurde. Eine ähnliche Aufwertung der Sozialstruktur stellte sich in Mannheim ein; hier liegen für die Neckarstadt-West, von der Innenstadt durch den Fluß getrennt, die notwendigen Erhebungen vor (Keppel, 1976); da aber Sanierungsgenehmigungen nicht für alle dafür vorgesehenen Bereiche auf einmal erzielt werden konnten, begann man damit in der westlichen Unterstadt, wo unterschiedliche Wohnungsgrößen, unter denen Drei- und Vierzimmerwohnungen überwiegen, eine Mischung der Altersgruppen herbeiführen sollten. Teilweise Entkernungen der Innenhöfe fanden statt, um Kinderspielplätze zu schaffen ebenso wie für Parkplätze zu sorgen, wenngleich man einige kleinere Betriebe des sekundären Sektors, sofern sie sich nicht störend auswirkten, an ihrem Standort beließ. Dabei wurde das Problem der zuvor hier wohnhaften ausländischen Arbeitskräfte nicht unbedingt gelöst, sondern nach außen verschoben (Nessler, 1981, S. 81 ff.). In Wien kam es in den äußeren Bezirken von Mariahilf durch Aufgabe oder Verlagerung von Betrieben des zweiten Sektors zu einer Verstärkung der Wohnfunktion, wobei die frei werdenden Flächen teils für Parkplätze reserviert wurden, teils aber mehrgeschossige Bauten (7-8) mit Eigentumswohnungen entstanden, verbunden mit einer Erhöhung des Sozialstatus (Lichtenberger, 1978, S. 132 ff.).

Insbesondere aber sei auf West-Berlin eingegangen, das hinsichtlich seiner gründerzeitlichen Mietskasernen herausragte und in den erhalten gebliebenen Abschnitten Sanierungen unumgänglich waren.

In dem ersten Stadterneuerungsprogramm vom Jahre 1963 wurden insgesamt 449 ha als notwendige Sanierungsfläche ausgewiesen, von denen rd. 186 ha in Wedding und 107 ha in Kreuzberg lagen, d. h.

760 Die Städte

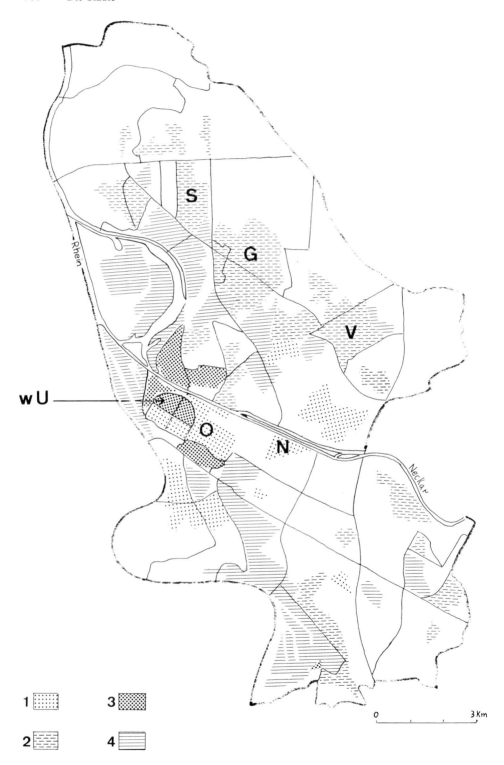

etwa 65 v. H. Entsprechend von Auflagen des Städtebauförderungsgesetzes vom Jahre 1971 kamen noch einige Erweiterungen hinzu. Wenn Hofmeister (1975, S. 364) die Untersuchung von Schinz (1968) im Bezirk Tiergarten heranzog, um Baubestand und Sozialstruktur im Sanierungsgebiet miteinander zu vergleichen, so sollen hier die entsprechenden Daten für Baublöcke in Wedding nach den Untersuchungen von Zapf (1969, S. 138 ff.) wiedergegeben werden, wobei man sich darüber klar sein muß, daß zu jener Zeit ausländische Arbeitskräfte in West-Berlin noch keine Rolle spielten. Zapf unterschied zwar hinsichtlich der Bausubstanz „schlechter Altbau, mäßiger Altbau, guter Altbau und Neubau", konnte aber nachweisen, daß die wesentlichen Unterschiede im Sozialstatus zwischen Altbauten aller genannten Kategorien und Neubauten bestehen, so daß die von ihr angegebenen Werte in dieser Weise umgerechnet wurden.

Es braucht wohl kaum etwas hinzugefügt werden, indem die Aufwertung in den Neubaublöcken offensichtlich ist.

Tab. VII.D.11 Alte und neue Baublöcke im Sanierungsgebiet Wedding nach Erhebungen im Jahre 1961 in v. H.

	Altbau	Neubau
Normalwohngebäude	84,5	15,5
Einpersonenhaushalte	43,0	24,0
Mehrpersonenhaushalte	54,0	76,0
Personen über 65 Jahre	17,0	10,0
Personen unter 15 Jahre	14,0	18,0
Unter den Erwerbspersonen waren		
Arbeiter	42,0	41,0
Beamte u. Angestellte	10,0	28,0
Nicht-Erwerbstätige	42,0	25,0

Nach Zapf, 1969, S. 150.

Für zerstörte Teile der Übergangszone konnte sich das in verstärktem Maße durchsetzen, sofern abstoßende Wirkungen der Industrie ausblieben bzw. anziehende Bereiche in Form von Grünflächen, teils mit Citynähe verbunden, zur Verfügung standen. Allerdings ist die Umwandlung von Arbeiterbezirken zu solchen der oberen Mittel- und Oberschicht wohl auf das Hansaviertel in West-

1 Untere Mittelschicht	wu Westliche Unterstadt
2 Mittelschichten	O Oststadt
3 Oberschicht	N Neu-Ostheim
4 Industriegelände	G Gartenstadt
	S Schönau
	V Vogelstang

Abb. 130 Die sozio-ökonomische Gliederung von Mannheim im Jahre 1970 (nach Bähr und Killisch).

Berlin beschränkt, wo infolge der Grenzziehung eine neue City geschaffen werden mußte und nördlich des Tiergartens im Jahre 1957 der eben erwähnte Bereich entstand, aus dem Bestreben, nach Verlust der Hauptstadtfunktion nicht allein durch Sanierung oder Wiederherstellung öffentlicher Gebäude, sondern auch für einen Teil der Wohnungen, überwiegend in Hochhäusern, zu einer repräsentativen Gestaltung zu gelangen (Hofmeister, 1975, S. 351 ff.).

Wenn in den großen Solitärstädten oder in den Conurbationen Großbritanniens die Sanierungsgebiete der Übergangszone zwar selten die früher hier wohnenden Haushalte aufnehmen, wohl aber dieselbe Sozialschicht, so zeigt sich in der Bundesrepublik Deutschland ein soziales Anheben innerhalb der Mittelschichten. Ähnliches ist in den „quartiers péricentraux" der *französischen Regionalstädte* gegeben, denn die früher erwähnten Verlagerungen des tertiären Sektors, mit Wohnungen verknüpft, vollzogen sich meist in der Übergangszone.

Der Cityrand, vornehmlich aber die erhalten gebliebene Übergangszone bilden den bevorzugten, wenngleich nicht alleinigen Wohnstandort ausländischer Arbeitskräfte, von einigen Ausnahmen abgesehen eine Erscheinung der Zeit nach dem Zweiten Weltkrieg.

Die großen Städte der nordischen Länder blieben davon nicht völlig verschont. Stärker davon betroffen waren diejenigen europäischen Länder, die vor dem Zweiten Weltkrieg ausgedehnten Kolonialbesitz hatten.

Das gilt zunächst für *Großbritannien,* wo die Angehörigen der „Neuen Commonwealthländer" im Jahre 1971 mit 2,8 v. H. an der Gesamtbevölkerung beteiligt waren, die rd. 7 v. H. der Erwerbstätigen stellten. Die ersten kamen während des Zweiten Weltkriegs, insbesondere Pakistanis, die es gewohnt waren, mehrere Jahre in der britischen Handelsflotte tätig zu sein (Dahya, 1974, S. 84), bis dann zu Beginn der fünfziger Jahre Anwerbungen in Indien, Pakistan und den Westindischen Inseln erfolgten, um Arbeiter für den Wiederaufbau und solche Beschäftigungen zu finden, die von der eigenen, in die untere Mittelschicht aufgestiegenen Bevölkerung abgelehnt wurden, bis schließlich in den sechziger Jahren Flüchtlinge aus den afrikanischen Besitzungen eintrafen. Die meisten von ihnen konnten lediglich als un- bzw. angelernte Arbeiter eingesetzt werden. Abgesehen von den Flüchtlingsfamilien ließen sich zunächst junge männliche Arbeitskräfte anwerben, die, sobald sie einen damals für sicher gehaltenen Arbeitsplatz und eine Wohnung gefunden hatten, ihre Familien nachholten. Dabei strebten Inder und Pakistanis nach Hauseigentum und gingen zur Vermietung an später eingetroffene Verwandte bzw. aus ihrem Heimatort Stammende über, während Westinder darin nicht interessiert waren, sondern hofften, über die Warteliste der Städte im sozialen Wohnungsbau unterzukommen. Bevorzugt von ihnen wurden die Conurbationen, insbesondere Birmingham, wo der Anteil der aus den „Neuen Commonwealth-Ländern" Stammenden 5,6 v. H. der Bevölkerung der zentralen Stadt ausmachte (1971) und London, wo deren Anteil noch höher lag.

In den *Niederlanden* kann die Zahl der ausländischen Arbeitskräfte nicht voll erfaßt werden, weil ein Teil derjenigen, die in den einstigen Kolonialgebieten beheimatet waren, die niederländische Staatsangehörigkeit besitzen. Infolgedessen betrug deren Anteil im Jahre 1974 an der Gesamtbevölkerung lediglich um 2 v. H., unter denen Westinder und Surinamesen an erster Stelle standen, Türken und Marokkaner folgten. Aufnahmegebiete wurden – wie auch sonst – die großen Städte Rotterdam, Den Haag, Amsterdam und Utrecht.

Nachdem der Zuzug aus der Deutschen Demokratischen Republik ausblieb, die Vollbeschäftigung erreicht war und dringend Arbeitskräfte im Baugewerbe, unteren Dienstleistungen und der Industrie benötigt wurden, schloß die *Bundesrepublik Deutschland* im Jahre 1955 und noch einmal im Jahre 1965 mit Italien Verträge ab, dann im Jahre 1960 mit Spanien und Griechenland, im Jahre 1961 mit der Türkei, in den Jahren 1963 und 1966 mit Marokko, im Jahre 1964 mit Portugal und im Jahre 1965 mit Jugoslawien und Tunesien, um aus diesen Ländern Arbeitskräfte heranzuziehen (Schrettenbrunner, 1976). Ein Beschäftigungsnachweis über die Bundesanstalt für Arbeit in Nürnberg ist notwendig, um die Aufenthaltsgenehmigung zunächst für ein Jahr zu erhalten, was verlängert werden kann, für

Tab. VII.D.12 Die Entwicklung des Anteils ausländischer Arbeitskräfte in der Bundesrepublik Deutschland nach den wichtigsten beteiligten Nationen

Jahr	absolute Gesamtzahl	Türken	Jugoslawen	Italiener	Griechen	Spanier
1961	686 000	1	2	29	6	6
1974	4,1 Mill.	24	17	15	10	7
1980	4,5 Mill.	33	14	13	7	4

1961 nach Neumann, 1976, S. 11; ab 1968 nach Statistisches Jahrbuch der Bundesrepublik Deutschland 1970 ff.

Italiener als Angehörige der Europäischen Gemeinschaft solche Beschränkungen entfallen. Schrettenbrunner (1976) und Giese (1978, S. 97) bezogen sich in der zahlenmäßigen Entwicklung der beteiligten Nationen auf die beschäftigten Arbeitnehmer, die im Jahre 1966 ein erstes Maximum erreichten, um bis zum Anwerbestop im Jahre 1974 zu einem wesentlich höheren Anteil zu gelangen. Für die hier in Frage stehenden Probleme ist es wichtiger, auf die ausländische Wohnbevölkerung zurückzugreifen (ohne die Angehörigen der Stationierungsstreitkräfte, diplomatische und konsularische Vertretungen u. a. m.). Dabei zeigt sich, daß im Jahre 1961 686 000 oder 1,2 v. H., im Jahre 1974 4,1 Mill. oder 6,6 v. H. und im Jahre 1980 4,5 Mill. oder 7,3 v. H. der Gesamtbevölkerung ausländische Arbeitskräfte mit oder ohne ihre Familien in der Bundesrepublik lebten (Neumann, 1976, S. 11; ab 1968 Statistisches Jahrbuch der Bundesrepublik Deutschland), demgemäß hinsichtlich der Wohnbevölkerung auch nach dem Jahre 1974 ein, wenngleich verlangsamter Anstieg verblieb, durch die Familienzusammenführung hervorgerufen.

Dabei ergaben sich Wandlungen hinsichtlich der Beteiligung der verschiedenen Nationen. Obgleich Verträge mit nordafrikanischen Staaten und Portugal bestehen, spielen deren Angehörige eine untergeordnete Rolle und werden deswegen in der folgenden Tabelle nicht aufgeführt.

Wenn man vornehmlich im Jahre 1961 von 100 v. H. weit entfernt ist, dann geht das voraussichtlich auf ungenaue Zählungen zurück, abgesehen davon, daß Gruppen erwähnt wurden, mit denen keine Verträge bestanden. Immerhin ist ersichtlich, daß zu Beginn Südeuropäer und unter ihnen Italiener an der Spitze standen. Bis zum Jahre 1970 änderte sich daran nicht viel; die relative Abnahme der Italiener bedeutete absolut einen Zuwachs, wenngleich ein Aufholen von Jugoslawen und Türken zu verzeichnen war. Bis zum Jahre 1980 ging dann der Anteil der Südeuropäer absolut und relativ zurück. Der relative Rückgang der Jugoslawen beinhaltete ein absolutes Wachstum, und die Türken erhielten die Spitzenposition.

Hinsichtlich der Verteilung der ausländischen Arbeitskräfte ergibt sich ein deutliches Gefälle von Süden nach Norden. Giese (1978, S. 94 ff.) versuchte die Verbreitung ausländischer Arbeitskräfte als Innovation, d. h. als Neuerung zu verstehen, die durch Nachahmung oder Kontakte sich fortpflanzt, wobei die Form der Ausbreitung entsprechend der amerikanischen Terminologie als Diffusion bezeichnet wird, besser ethno-soziologische Diffusion, da der Begriff auch in andern wissenschaftlichen Disziplinen unter verschiedenen Aspekten benutzt wird. Ist die Wanderungsentscheidung seitens der „Gastarbeiter" gefallen, dann kommt den Betriebsleitungen insbesondere des sekundären Sektors die Rolle zu, sich für oder gegen die Einstellung ausländischer Arbeitnehmer zu entscheiden, was zunächst von den Industrie- bzw. Dienstleistungszweigen abhängig war, innerhalb derer der Arbeitskräftebedarf durch Deutsche nicht mehr gedeckt werden konnte. In dieser Beziehung stand das Baugewerbe zunächst an erster Stelle; es folgte die Textilindustrie, die Eisen- und Metallverarbeitung einschließlich des Fahrzeugbaus usf. Wenn Giese die Arbeitsamtsbezirke Lörrach und Konstanz als erste nannte, die die Innovation aufnahmen, dann wurde das teils durch die Textilindustrie, u. U. in Verbindung damit, daß schon zu Beginn der fünfziger Jahre in der benachbarten Schweiz vornehmlich Italiener als Arbeitskräfte eingestellt wurden, hervorgerufen. Nicht später, sondern gleichzeitig kamen ausländische Arbeitskräfte im Wirtschaftsraum Stuttgart (Grötz, 1971, S. 58) ebenso wie in Mannheim (Bender, 1977, S. 167), München (Dheus, 1968) oder Hannover (Sprengel, 1978, S. 167) unter. Mit einer

764 Die Städte

gewissen Verzögerung wurden sie im Volkswagenwerk in Wolfsburg aufgenommen, da man hier bis zum Jahre 1962 noch auf genügend einheimische Arbeitskräfte zurückgreifen konnte, die Automatisierung deshalb verspätet einsetzte. Wenn in Hamburg, den Städten Schleswig-Holsteins, Bremen und dem Ruhrgebiet der Anteil der „Gastarbeiter" relativ niedrig blieb, dann hängt das im wesentlichen mit den hier vertretenen Industriezweigen zusammen. Den höchsten Anteil ausländischer Arbeitskräfte verzeichneten im Jahre 1979 bezüglich der Kernstädte Frankfurt a. M. (19,2 v. H.), Stuttgart (17,0 v. H.) und München 16,7 v. H.; Statistisches Jahrbuch deutscher Gemeinden, 1980).

Die *Schweiz* steht mit 898 000 ausländischen Arbeitskräften oder einem Anteil von 14 v. H. an der Gesamtbevölkerung unter den west- und mitteleuropäischen Ländern an erster Stelle, wobei Grenzgänger und Saisonarbeiter (Gaststättengewerbe) nicht eingerechnet sind. Sonst wird die Unterscheidung zwischen „Niedergelassenen", zu denen Angehörige wirtschaftlicher oder politischer Organisationen gehören, dazu Wissenschaftler usf. und „Einjahresverträglern" getroffen. Bei den letzteren war bis zum Jahre 1971 ein erheblicher Anstieg zu verzeichnen; seitdem setzte unter dem Einfluß der „Nationalen Aktion gegen Überfremdung von Volk und Heimat" ein erheblicher Rückgang ein. Etwa die Hälfte der als ausländische Arbeitskräfte zu Bezeichnenden geben Italiener ab (Statistisches Jahrbuch der Schweiz, 1981, S. 96).

Später als in andern west- und mitteleuropäischen Staaten wurde in *Österreich* die Vollbeschäftigung erreicht, so daß in Wien die ersten ausländischen Arbeitskräfte im Jahre 1968 eintrafen. Mit 218 000 ausländischen Erwerbstätigen – die entsprechende Wohnbevölkerung wird in der Statistik nicht erfaßt – erreichte man im Jahre 1974 den Höhepunkt, und bis zum Jahre 1977 war ein Absinken auf 189 000 zu verzeichnen (Statistisches Handbuch der Republik Österreich, 1978, S. 314). Jugoslawen, aus den entfernteren Agrarräumen des Landes stammend, standen mit einem Anteil von 62 v. H. an erster, Türken mit 12 v. H. an zweiter Stelle. In Wien handelte es sich im Jahre 1974 um 78 v. H. Jugoslawen und 18 v. H. Türken, gemessen an der Gesamtzahl der ausländischen Arbeitskräfte, die mit ihren Familien 10 v. H. der Wohnbevölkerung ausmachten, so daß sich hier ein Schwerpunkt ausbildete (Lichtenberger, 1978 S. 21).

Tab. VII.D.13 Der Anteil ausländischer Arbeitskräfte in Frankreich für die Jahre 1972/73 und 1976

Herkunft	1972/73	1976
Algerier	32	17
Portugiesen	21	19
Spanier	17	10
Italiener	17	10
Marokkaner	6	8 (bei absoluter Abnahme)
Tropisches Afrika	1,6	?
Tunesier	3	?

Nach: George, P.: Les migrations internationales. Paris 1976. Internat. Encyclop. of Population, Ross, (Hrsg.), Artikel: International Migration, S. 366–377. New York und London 1982. World Population trends and policies, Report, Vol. I. New York 1980.

Die Gründe, die *Frankreich* nach dem Zweiten Weltkrieg zur Aufnahme ausländischer Arbeitskräfte veranlaßten, waren dieselben wie sonst auch, wobei – ähnlich wie in den Niederlanden und Großbritannien – hinsichtlich der Abgabeländer die einstigen afrikanischen Besitzungen die wichtigste Rolle spielen. Hinsichtlich der Aufnahme von Algeriern führte man eine begrenzte Quote (jährlich 35 000) ein, und sonst werden Aufenthaltsgenehmigungen für ein Jahr, drei Jahre (résident ordinaire) und für zehn Jahre ausgestellt, letzteres dann, wenn die Betreffenden mindestens drei Jahre ununterbrochen ihrer Arbeit nachgingen und bei ihrer Einreise unter 35 Jahre alt waren. Läßt man Belgier und diejenigen, die in der zweiten Generation die französische Staatsangehörigkeit erwarben, meist

Südeuropäer und Polen der Einwanderung im 19. Jh. außer acht, dann betrug der Anteil der ausländischen Arbeitskräfte im Jahre 1968 fast 4 v. H., im Jahre 1972 etwas mehr als 6 v. H. Danach allerdings stellte sich bis zum Jahre 1976 ein erheblicher Rückgang ein, teils mit den wirtschaftlichen Schwierigkeiten zusammenhängend, teils auch damit, daß die aus Nordafrika bzw. dem tropischen Afrika Stammenden selten ihre Familien nachzogen.

Hinsichtlich der *Wohnstandorte* der *ausländischen Arbeitskräfte* wurde bereits erwähnt, daß die Übergangszone in besonderer Weise davon betroffen ist. Das gilt z. B. für den „Mittelring" in Birmingham, das nach London den größten Anteil von Farbigen besitzt. Dort zeigte sich in den Jahren 1961 und 1971 eine konzentrische Anordnung der betreffenden Wohnbereiche im Unterschied zu den Farbigenghettos in den großen Städten der Vereinigten Staaten, die sich als Sektoren ausgliedern lassen und den CBD direkt berühren, was in den zentralen Städten Großbritanniens nicht der Fall ist. Hier trat eine Umrahmung der nach dem Zweiten Weltkrieg geschaffenen Sanierungsgebiete ein. Diese Unterschiede haben mehrere Gründe, indem zumindest Pakistanis und Inder bestrebt sind, eigene Geschäfte und kulturelle Einrichtungen zu entwickeln, um den religiösen und sozialen Zusammenhalt zu wahren. Die relativ kurze Zeit, die sie in Großbritannien leben, gab ihnen selten die Möglichkeit, einen sozialen Aufstieg zu vollziehen, so daß sie auf billige Wohnungen bzw. Häuser [Altbauten (vor dem Ersten Weltkrieg)] angewiesen sind, die sich weder in den Sanierungsbereichen noch in der äußeren Innenstadt noch in den Vororten finden ließen. Die – meist entgegen den städtischen Intentionen einer Dezentralisation – erfolgte Segregation der Farbigen verteilt sich nun aber nicht gleichmäßig über den „Mittelring", sondern es ergeben sich Schwerpunkte (clusters) mit 50 v. H. und mehr Farbigen, die sich u. U. auf 25 – unter 50 v. H. abschwächen können, u. U. auch völlig ausbleiben, nämlich dann, wenn die Oberschicht althergebrachte Standorte zu wahren wußte. In dem Jahrzehnt von 1961-1971 fand eine Auffüllung und Ausweitung der Farbigenviertel statt, teils auf erneuter Zuwanderung beruhend, teils mit der hohen Geburtenrate zusammenhängend. Zwar verwandte man Dissimilaritäts- bzw. Segregationsindex auch in den großen Städten Großbritanniens (Collison, 1967; Woods, 1975), aber die entsprechenden Werte lassen sich nicht streng mit denen der Vereinigten Staaten vergleichen, weil hier die zweite Generation der Zuwanderer den Ausländern hinzugezählt wird, was in Großbritannien nicht der Fall ist, so daß die gemachten Angaben der Untersuchung von Jones (1976) entnommen wurden.

In den Niederlanden ließen sich Südeuropäer und Surinamesen – zumindest in Rotterdam – in der erhalten gebliebenen Übergangszone nieder, die die zerstörte und planmäßig wieder aufgebaute City umgibt, wobei vermutet wird, daß sich in Amsterdam ähnliche Verhältnisse einstellen (Drewe, van der Knaap und Rodgers, 1975, S. 204 ff.).

Trotzdem kam es zwischen beiden Städten insofern zu gewissen Unterschieden, indem in einer der „Neuen Städte" von Amsterdam (Biljermeer) Mittelschichten, die man hier ansetzen wollte, davon keinen Gebrauch machten und die Wohnungen deswegen an Surinamesen vergeben wurden (Borchert und van Ginkel, 1979, S. 86 ff.).

In der *Bundesrepublik Deutschland* kamen ausländische Arbeitskräfte zunächst allein, noch stärker in Frankreich, wo das Nachziehen der Familien ohnehin geringer ist, was mit der Art der Herkunftsländer zusammenhängt. Sie werden zunächst in den von den Betrieben erstellten und beaufsichtigten Heimen untergebracht, sicher kein Idealzustand, weil sie staatlich festgelegten Mindestbedingungen hinsichtlich Größe der Räume, hygienischer Einrichtungen u. a. m. gerade genügen und mitunter auch dies nicht tun. Man sollte allerdings nicht übersehen, daß zumindest seit den sechziger Jahren Betriebe sich große Mühe geben, das Leben im Heim zu erleichtern, wie das von Mainz (Olbert und Eggers, 1977, S. 139) oder dem Stuttgarter Wirtschaftsraum (Grötz, 1971, S. 56 ff.) berichtet wird. Die Ergebnisse des in Frankfurt a. M. durchgeführten Stichprobenverfahrens, wonach mit wachsender Aufenthaltsdauer der Anteil der in Wohnheimen Untergebrachten sinkt (Borris, 1973, S. 136), dürfte sich verallgemeinern lassen. Die Lage der Heime auf betriebseigenem Gelände läßt citynahe, cityferne Standorte ebenso wie industriell überformte Vororte zu.

Eine Besonderheit des Ruhrgebietes und des Bergisch-Märkischen Landes ist die Unterbringung ausländischer Arbeitnehmer mit ihren Familien in betriebseigenen Wohnungen, teils Ein- und teils Mehrfamilienhäuser, die allerdings meist überaltert sind (Hottes und Pötke, 1977, S. 72 nach Erhebungen vom Jahre 1970). Die Mehrzahl allerdings kommt in privat vermieteten Wohnungen unter, wobei sich – ähnlich wie im erst genannten Fall – keine Segregation zwischen Deutschen und Ausländern ergibt, im Bergisch-Märkischen Land selbst in den kleinen Städten. In den Industriestädten des Ruhrgebietes allerdings ist die Bevorzugung überalterter Miethäuser, meist in der dort ebenfalls ausgebildeten Übergangszone, zu erkennen, was hier dann zu Segregationserscheinungen führt. Besteht keine Möglichkeit, in der Nähe der City bzw. innerhalb der Übergangszone Altbauwohnungen zu finden, teils durch Sanierungsmaßnahmen veranlaßt, dann finden ausländische Arbeitskräfte in alten, innerhalb des jeweiligen Verdichtungsraumes gelegenen früheren Dorfkernen Unterkunft, wobei sich dann eine erhebliche Segregation zwischen Deutschen und Ausländern einstellt ebenso wie die verschiedenen Nationalitäten der letzteren zur Absonderung neigen (Geiger, 1975). Umsetzungen in Bauten des sozialen Wohnungsbaus, durch Sanierungen verursacht, kommen gelegentlich vor (z. B. Hannover; Sprengel, 1978, S. 140 ff.), sind aber in der Bundesrepublik Deutschland als Ausnahme zu werten. Stärker ist das in französischen Großstädten der Fall, wo Einweisungen in die nach dem Zweiten Weltkrieg entstandenen Großwohnsiedlungen für untere Einkommensschichten (Habitations à Loyer Modéré = HLM) etwas häufiger erfolgen trotz der Schwierigkeiten, die insbesondere zwischen Einheimischen und Magrebhinern auftreten. Sonst aber sind es hier die Altstädte ebenso wie die nicht erneuerten Bereiche der „quartiers péricentraux", in denen sich Konzentrationen ausländischer Arbeitskräfte finden, wobei die Hausbesitzer durch Zimmervermietung an Ledige erhebliches Geld verdienen, so daß sich für erstere die Bezeichnung „marchands de sommeil" eingebürgert hat (Borde, Barrère und Cassou-Mounat, 1980, S. 47; enthält Karte der Verteilung insgesamt auf S. 45 sowie die Ausländerquartiere in Marseille, Lyon, Bordeaux und Paris). Ähnlich wie in der Bundesrepublik charakterisierte Lichtenberger (1978, S. 22) die Wohngebiete ausländischer Arbeitskräfte für Wien: „Funktionslos gewordene Dörfer, Behelfsquartiere der

Zwischenkriegszeit, die allerdings in der Bundesrepublik kaum noch existieren, Industriegürtel der Gründerzeit, Altbauquartiere an den Ausfallstraßen". Abweichend von den deutschen Verhältnissen übernehmen „Gastarbeiter", in erster Linie Jugoslawen, Hausmeisterposten in Mittelstandsquartieren, erhalten dabei gleichzeitig eine Wohnung, was zur schnellen Anpassung dieser Gruppe führt, deswegen möglich, weil automatisch schließende Haustüren noch wenig Eingang gefunden haben. Einmalig für West- und Mitteleuropa dürfte allerdings die in französischen Großstädten gemachte Beobachtung stehen, daß ausländische Arbeitskräfte, meist am Stadtrand Behausungen selbst errichten (Spontansiedlungen), sowohl in Marseille, Lyon, Bordeaux als auch in Paris, ein Phänomen, das sonst lediglich in zahlreichen Entwicklungsländern anzutreffen ist.

Ganser (1970) betrachtete die erhalten gebliebene Übergangszone von München als einen Bereich mit geringer Mobilität, teils wegen der Überalterung der Bevölkerung und teils wegen der damals noch vorhandenen Wohnungszwangswirtschaft. In dieser Beziehung sind erhebliche Wandlungen eingetreten. Ein Kündigungsschutz besteht nur noch für Wohnungen des sozialen Wohnungsbaus, die von abwandernden Facharbeitern, unteren Angestellten und Beamten in Anspruch genommen werden. In die frei werdenden Kleinwohnungen rückten ausländische Arbeitskräfte nach, die in der Regel eine hohe Mobilität aufweisen, dadurch bedingt, daß die zunächst in Heimen Untergebrachten nach ein bis zwei Jahren möblierte Zimmer beziehen. Sofern sie ihre Familien nachholen, was auch etappenweise geschehen kann, werden dann billige Wohnungen benötigt, und falls sie damit in einen Bereich gelangen, der zur Sanierung ansteht, dann ist ein nochmaliger Umzug notwendig. Dasselbe geschieht, wenn sich Einrichtungen des tertiären Sektors auszudehnen beginnen und kurzfristige Vermietungen in Gang gesetzt werden (z. B. Westend in Frankfurt a. M.). Teilweise wird von den ausländischen Arbeitskräften erreicht, eigene Geschäfte (Lebensmittel) zu eröffnen, Gaststätten oder Reisebüros, am häufigsten bei solchen Gruppen, deren Lebensgewohnheiten am stärksten von denen der Einheimischen abweichen. Ob die Beobachtung von Hoffmeyer-Zlotnik (1977, S. 138 ff.) in Berlin-Kreuzberg auch anderswo zutrifft, daß die Zahl der türkischen Läden usf. zahlenmäßig größer ist als die beim Gewerbeaufsichtsamt gemeldeten, so daß deutsche Strohmänner die Lizenz erwerben und zur Verpachtung übergehen, läßt sich nicht entscheiden. In französischen Großstädten kam es im Einzelhandel zur Ausbildung des „informalen Sektors", indem Straßenhändler sich auf Parkplätzen einstellen, die Besucher von Restaurants usf. bedrängen, ihnen fremdländische Waren abzunehmen. Insgesamt aber verbindet sich mit der hohen Mobilität innerhalb der Übergangszone eine Abnahme der Gesamtbevölkerung, zumindest nach dem Zweiten Weltkrieg.

Auf das Problem der Integration, das zudem verschieden gefaßt wird, ebenso wie auf das der Re-Integration bei der Rückkehr in die Heimat kann hier nicht näher eingegangen werden (Bibliographie bei Hermanns u.a., 1977). Zumindest aber bleibt zu bedenken, daß trotz wirtschaftlicher Depression seit dem Jahre 1974 und Zunahme der Arbeitslosigkeit bei den jeweils heimischen Erwerbstätigen die west- und mitteleuropäischen Industrieländer es zunächst selbst waren, die die Anwerbung ausländischer Arbeitskräfte vornahmen, abgesehen davon, daß letztere noch immer Arbeiten verrichten, die die eigenen Arbeiter ablehnen.

Mit der Citybildung europäischer Großstädte mußte notwendigerweise die obere Mittel- und Oberschicht das Zentrum verlassen, so daß sich zunächst *citynahe Wohnbezirke* der genannten Sozialgruppen ausbildeten. Aario (1951) wies auf diesen Sachverhalt für Helsinki hin, wo die entsprechenden Viertel sich im Westen an die City anlehnen, durch die die Stadt von Süden nach Norden durchziehende Eisenbahn vom Hafen, der Übergangszone und den anschließenden Arbeiterquartieren getrennt. Ein solcher Gegensatz zwischen Westen und Osten unter Ausdehnung beider Sektoren nach Norden hat sich bis heute erhalten, wie die Untersuchung von Sweetser (1969) zeigt, dem allerdings vornehmlich daran lag, an den Beispielen von Boston und Helsinki amerikanische und europäische große Städte sozialökologisch miteinander zu vergleichen. Daß dabei spezifische Züge wie das früher erwähnte citynahe Eliteviertel in Boston (Kap. VII. D. 4. a.) oder die Übergangszone in Helsinki nicht mehr zu erfassen sind, überrascht nicht. Daß die höheren Schichten in Helsinki Mietswohnungen bevorzugen, was ebenfalls für andere Großstädte *Nordeuropas* gilt (z. B. Malmö; Dewitt Davies, 1972), in den Vereinigten Staaten aber Einfamilienhäuser, läßt sich zwar auf manche, aber nicht auf alle großen Städte des westlichen Europa übertragen. Die fehlende Segregation der schwedisch sprechenden Finnen erklärt sich daraus, daß sie den oberen Schichtengliedern zugehörig sind.

In *Großbritannien* – hier auch in Schottland – sind Wohnbezirke der Elite durch Einfamilienhäuser gekennzeichnet, selbst wenn sie sich in der Nähe der City befinden. Hier soll an Birmingham angeknüpft werden, wo südwestlich der Sanierungszone der Grundbesitz der Familie Calthorpe lag, die am Ende des 19. Jh.s daran ging, ihren „estate" unter strengen Bestimmungen aufzuteilen. Dazu gehörte das Verbot, industrielle Anlagen zu schaffen oder Geschäfte zu eröffnen ebenso wie die Vergabe der großen Grundstücke in Erbpacht und die Vorschrift, Landhäuser innerhalb von Parkanlagen zu errichten. Die spätere Umwandlung in eine Stiftung hat an der Situation nichts geändert mit Ausnahme dessen, daß der der City am nächsten zugewandte Abschnitt an die Stadt veräußert wurde, die hier eine Geschäftsstraße einrichtete und Wohnungen für junge Familien der Mittelschicht, die Vorzüge in der Nähe zur City sahen. Mit der Gründung der Universität im Jahre 1900 südlich davon bahnte sich die Tendenz an, eine Ausdehnung der von der Oberschicht bewohnten Bereiche nach Süden und Südosten vorzunehmen (Giles, 1976).

Geht man zu *kontinentaleuropäischen Großstädten* über, dann zeigen sich hier ebenfalls citynahe Bezirke der oberen Mittel- bzw. Oberschicht. Das gilt für Karlsruhe (Abele und Leidlmayr, 1972) ebenso wie für Mannheim; hier handelte es sich zunächst um die „Oststadt", für die Niederungsgelände aufgeschüttet werden mußte, durch gründerzeitliche Villen charakterisiert. Nach den Zerstörungen im Zweiten Weltkrieg erfolgte hier eine Ausdehnung des tertiären Sektors. Weiterhin bildete sich südlich des Schloßgartens, bis zur Rheinpromenade reichend, ein ähnlicher Bezirk aus, der einzige, der an der Rheinfront beteiligt ist, die sonst durch Hafen-, Verkehrs- und Industrieanlagen in Anspruch genommen wird (Abb. 131). In Stuttgart war es so gut wie vorgezeichnet, daß die höheren Sozialschichten vornehmlich die Keuperhänge besetzten, insbesondere die westliche Umrahmung mit Süd- bzw. Südostexposition. Für München kann Schwabing als citynahes gehobenes Wohngebiet in Anspruch genommen werden, wo nach dem Zweiten Weltkrieg der Wiederaufbau auf privater Basis vollzogen wurde, meist in der Form von Eigentumswohnungen (Böddrich, 1958). Daß das Westend in Frankfurt a. M. eine solche Funktion nicht mehr in vollem Maße erfüllt, wurde an anderer Stelle erwähnt. In Hamburg war es die Außenalster mit den Bezirken Rotherbaum, Harvestehude und den alsternahen Bezirken von Uhlenhorst, die sich als citynahe Wohnbereiche der gehobenen Schichten entwickelten, wobei das Eindringen von Cityfunktionen in Harvestehude dadurch ein wenig ausgeglichen werden konnte, daß Großhandelsbetriebe ihre Büroräume in die Nordstadt verlagerten, so daß zweckentfremdete Wohnungen wieder ihrer ursprünglichen Bestimmung zugeführt werden konnten, abgesehen davon, daß dadurch der von der City ausgehende Druck nachließ. In Berlin, wo die Mietskasernen im Süden und Südwesten eine Lücke aufwiesen, um das Stadtschloß und die Sommerresidenz Potsdam frei von der engen Verbauung zu halten, entwickelte sich zunächst der Kurfürstendamm zum citynahen Wohngebiet der oberen Sozialschichten, die dann immer weiter nach Westen ausweichen mußten. Für sämtliche gründerzeitlichen citynahen Villenbereiche, sofern sie nicht von Zerstörungen betroffen wurden, dürfte gelten, daß sie heute von sehr großen, gut ausgestatteten Altbauwohnungen in Mehrfamilienhäusern charakterisiert sind, wie es Manhart (1977, Karten) für Hamburg darstellte, da die mehrgeschossigen Villen mit Räumen für Personal usf. sich gut unterteilen und derart umbauen ließen, daß gegenwärtigen Komfortansprüchen Genüge getan wird.

Sowohl innerhalb der Altstadt bzw. in den daran anschließenden „quartiers péricentraux" der *französischen Regionalstädte* blieben einige Bezirke erhalten, die der oberen Mittel- und Oberschicht als Wohnbereich dienen, wohl in etwas größerer Streuung auftretend als in deutschen Großstädten.

Es gibt nun aber auch große Städte, in denen citynahe Oberschichtviertel fehlen bzw. eine andere Anordnung besitzen. Hier läßt sich z. B. Köln anführen, in der Teile der Altstadt und der gründerzeitlichen Neustadt, hier von vornherein in Mietshäusern, für die genannte Gruppe Wohnungen geschaffen wurden. Erst kurz vor dem Ersten Weltkrieg kam es in einigen Vororten zur Anlage von Villen (Zschocke, 1959, S.139). Daß in Wien solche Bezirke nicht auszumachen sind, wurde bereits begründet.

Meist begnügten sich die höheren Sozialschichten nicht damit, in der Nähe der sich bildenden City zu verbleiben. Begünstigt durch den zunächst aufkommenden Eisenbahn und später den verschiedenen Formen des innerstädtischen Verkehrs bestand nun die Möglichkeit, sich in größerer Entfernung vom Zentrum niederzulassen, teils im Anschluß an vorhandene Dörfer, teils auf einstigem Gutsgelände, wobei eine Beschränkung auf deutsche Großstädte erfolgt, die Bewegung in Großbritannien früher einsetze, mit Ausnahme von Paris in Frankreich später.

Für München, dessen Eisenbahnlinien nach Westen und Süden besser als nach andern Richtungen ausgebaut wurden, setzte diese Entwicklung im letzten Jahrzehnt des 19. Jh.s ein, als Standorte in 20-40 km vom städtischen Mittelpunkt aufgesucht wurden. Am Beispiel von Solln untersuchte Borcherdt (1972) einen solchen Oberschicht-Vorort.

Abgesetzt von dem entsprechenden Dorf, in der Nähe des Bahnhofs und am Rande des Isartals gelegen, erwarben begüterte Münchner Gelände, nachdem das Isartal als Naherholungsgebiet bekannt war. In Parkanlagen eingebettete gründerzeitliche Villen kennzeichneten die erste Bauphase. Nach dem Ersten Weltkrieg setzte sich das fort, wobei nun der Landhausstil bevorzugt wurde und der ländlichen Gemeinde durch Bereitstellung von Dienstleistungen und Steuereinnahmen Vorteile erwuchsen, was die innere Vorortsbildung einleitete und sich mit der Eingemeindung verstärkte. Als nach dem Zweiten Weltkrieg die Firma Siemens nördlich davon in Obersendling Gelände erwarb, um Produktions- sowie Forschungsstätten und Verwaltungsaufgaben des Konzerns hier zu konzentrieren, zog es das höhere Management vor, Solln als Wohnort zu wählen. Das war möglich, weil Bauunternehmer alte Villen bzw. noch nicht bebaute größere Parzellen aufkauften und bei Begrenzung der Bauhöhe mehrgeschossige Miets- und Eigentumswohnungen errichteten, das einstige Dorf in diesen Prozeß einbezogen wurde.

Innerhalb der Kernstadt von Frankfurt a. M. (ohne Hoechst) sollte man meinen, daß man ebenfalls danach strebte, gründerzeitliche Villenvororte zu entwickeln. Das war bis zu einem gewissen Grade auch der Fall, indem hier die Stadt Wert darauf legte, die begüterte Schicht innerhalb der eigenen Verwaltungsgrenzen zu halten, so daß Terraingesellschaften drei Villenbezirke aufschlossen (Tharun, 1975). Nach dem Zweiten Weltkrieg fand hier eine Verdrängung durch den dritten Sektor statt. Abgesehen davon übten bereits in jener Zeit die Taunusrandstädte mit benachbarten Dörfern besondere Anziehungskraft aus, zunächst Königstein und Kronberg (Kaltenhäuser, 1955).

Besonders auffallend ist die Vielzahl der gründerzeitlichen Villenvororte in Hamburg. Zwar bildeten sich in den kleineren oder größeren städtischen Kernen, die im Zusammenhang mit der Ausbildung der Übergangszone genannt wurden (Kap. VII. D. 4. b. β.), jeweils kleine Oberschicht-Bezirke aus, in Altona nicht anders als in Harburg oder Bergedorf. Trotzdem hatten die Unternehmer in der Industrie ebenso wie die Hamburger Kaufleute und Reeder ein stärkeres Interesse daran, besondere Vororte in landschaftlich reizvoller Umgebung auszubilden.

Die Elbvororte von Othmarschen bis Rissen entstanden teils längs der Elbchaussee und teils an der im Jahre 1867 eröffneten Bahnlinie Altona-Blankenese, wobei vermögende Bürger aus Hamburg und Altona sich hier niederließen. Ähnlich wie in Solln entwickelte sich ein früheres Naherholungsgebiet zunächst zu einem Bereich, in dem Naherholung, Villenbezirke mit äußerer Vorortsbildung sowie Bauern- und Fischerdörfer nebeneinander existierten, bis die innere Vorortsbildung einsetzte und nach dem Zweiten Weltkrieg mittels des Automobilbesitzes für die Naherholung entferntere Ziele aufgesucht wurden. Südlich von Wandsbek befand sich ein isolierter Gutsbezirk, der im Jahre 1861 zur Parzellierung kam, gut situierte Hamburger und Wandsbekern Baugelände zu erwerben vermochten, den Ortsteil Marienthal ausmachend. Nachdem die Eisenbahn Hamburg-Lübeck im Jahre 1865 fertiggestellt war, ließen sich wiederum aus Hamburg und Wandsbek stammende Angehörige der oberen Mittel- und Oberschicht in relativ großer Entfernung zum Zentrum im gegenwärtigen Rahlstedt nieder, einen Vorort im Osten bildend; nach dem Ersten Weltkrieg mit der Einrichtung der Walddörferbahn kamen einfachere Einfamilienhäuser hinzu, und nach dem Zweiten Weltkrieg wurden die noch vorhandenen Baulücken geschlossen, die Vorortbildung nach Schleswig-Holstein gelenkt. Manhart (1977, Karten) charakterisierte die hier aufgeführten Bezirke entweder als sehr große gut ausgestattete Mehrfamilienhäuser, sofern gründerzeitliche Villen zur Aufteilung kamen, oder als große Wohnungen in Einzelhäusern bei hohem Eigentümeranteil (50 v. H. und mehr). Schließlich ging man, nachdem die Bahnstrecke Hamburg-Berlin über Bergedorf-Reinbek zur Durchführung kam, bereits vor dem Ersten Weltkrieg über die Grenzen des Stadtstaates vom Jahre 1937 hinaus, so daß eine Villenkolonie in Reinbek entstand, einem kleinen Amtssitz in Schleswig-Holstein, wobei der Ersatz durch eine Vorortlinie Hamburg-Friedrichsruh von Einfluß war und den nahe gelegenen Sachsenwald zum Naherholungsgebiet machte. Nach dem Ersten Weltkrieg kamen Mittelschichten aus Hamburg hinzu, die entweder bescheidenere Einfamilien- oder Wochenendhäuser errichteten. Die Entwicklung nach dem Zweiten Weltkrieg verlief in andern Bahnen, wenngleich sich das bisher Geschaffene erhielt. Die Vielzahl gehobener Wohnbereiche und deren Streuung steht im Zusammenhang mit den kleineren Städten und deren Industrialisierung, die in dem Stadtstaat aufgingen, wobei es ebenfalls zu berücksichtigen gilt, daß die wohlhabenden Schichten des Stadtstaates als Wohnorte Hamburger Villenbezirke bevorzugten, die ein höheres Sozialprestige besaßen.

In Berlin ging, vorbereitet durch die Anlage königlicher und adliger Schlösser, die sich vornehmlich im Westen längs Spree und Havel befanden, die Entwicklung von Villen- bzw. Landhauskolonien in die genannte Richtung. Durch Aufkauf wenig ertragreicher landwirtschaftlicher Nutzfläche, durch Inanspruchnahme von Domänen, die sich ebenfalls im Westen befanden, und durch das Eindringen in Forstbezirke kamen in den Jahren 1863-1873 und 1885-1914 zahlreiche Landhauskolonien zustande, wobei Erfahrungen von Kommerzienräten und Bauunternehmern in England und Hamburg die Art und Weise der Bebauung beeinflußten. Unter ihnen soll die erste, auf das Jahr 1863 zurückgehende, nämlich Wannsee, genannt werden, weiter Lichterfelde (1865), wo einstiges Gutsgelände dafür genutzt wurde, das von der Kurfürstengesellschaft im Jahre 1865 gegründete Grunewald, nachdem 240 ha vom Forstfiskus zu diesem Zwecke erworben worden waren, bis hin zur Kolonie Dahlem (1901), einen Teil der dortigen Domäne für dessen Zweck in Anspruch nehmend (Hofmeister, 1975, S. 403 ff.), dessen Entwicklung bis zum Jahre 1960 von Partzsch (1962) untersucht wurde. Bei der Umwandlung von Dörfern, die in West-Berlin meist Angerdörfer waren, fand mitunter eine innere, mitunter eine äußere Vorortsbildung statt, wobei die sich entfaltenden Geschäftsviertel entweder im ehemaligen Dorfkern oder an dessen äußerem Rand zu liegen kamen, abhängig von der übergeordneten Verkehrsführung (Hofmeister, 1960). Daß ein solcher Ausbau – ähnlich wie in Hamburg und anderswo – durch die Vervollkommnung des innerstädtischen Verkehrs maßgeblich beeinflußt wurde, bedarf keiner näheren Begründung. Ein Rückgang der landwirtschaftlichen Nutzfläche blieb nicht aus, wobei die größten Flächen in den Stadtbezirken Lichtenberg, Pankow und Weissensee (Ost-Berlin) sowie in Spandau, Reinickendorf und Tempelhof (West-Berlin) lagen, entweder zu Dörfern gehörig, die aus früherem Klosterbesitz stammten (Spandau), oder zu Gütern, die von der Stadt aufgekauft wurden. Für „das letzte märkische Dorf" in West-Berlin, nämlich Lübars, zeigte Hofmeister (1975, S. 399) die Gefahren auf, die für seine Erhaltung bestehen.

Schließlich ist noch auf Wien einzugehen. Hier bildeten sich die Villenviertel (cottages) vornehmlich in zwei Bereichen aus, einerseits im westlichen Wiental in Anknüpfung an die frühere Sommerresidenz Schönbrunn und andererseits im Gebiet der Ausläufer des Wiener Waldes. In letzterem Falle handelte es sich um Weinbauorte, die bereits im 18. Jh. als Sommerfrischen benutzt wurden. Hier hatten vielfach Klöster Rebland inne; nach der Säkularisation kauften Adel und Angehörige der bürgerlichen Oberschicht die Meierhöfe auf, ließen das Rebland von Pächtern bewirtschaften und errichteten hier ihre cottages. Grinzing stellt eines der beliebtesten Villenvororte dar, in dem allerdings der Fremdenverkehr eindrang und dadurch die Umformungen beschleunigt wurden.

Im Rahmen des Werdegangs der großen Städte, für die die Gründerzeit den wichtigsten Anstoß gab, wurde auf die Mittelstandsviertel nur gelegentlich hingewiesen. Sie schieben sich in der Regel zwischen die Übergangszone und die Villenvororte, wenngleich es vorkommen kann, daß ein unvermittelter Übergang von einem Arbeiterwohnbezirk zu einem Villenvorort erfolgt (z. B. Ottensen und Othmarschen in Hamburg).

Hatte die Gründerzeit bereits den Unterschied zwischen Innenstadt einschließlich des gründerzeitlichen „Gürtels" und der Außenstadt mit ihren Vororten hervorgebracht ebenso wie die Auflösung des Stadtrandes, so setzte sich das in der *Zwischenkriegszeit* fort. Der „urban sprawl" in Großbritannien erlebte nun seine größte Ausdehnung, wobei schon zuvor die Gartenstadtbewegung eingesetzt hatte. *Gartenstädte* für unterschiedliche Sozialschichten gedacht, errichtete man kurz vor dem Ersten Weltkrieg in Karlsruhe-Rüppurr im Anschluß an das gewerblich überformte und bereits früher eingemeindete Dorf, nach Hellerau bei Dresden die zweite Anlage dieser Art innerhalb des Deutschen Reiches. Mit unterschiedlichen Haustypen ausgestattet, wollte man verschiedene Sozialgruppen heranziehen, wenngleich zunächst Beschäftigte bei der damaligen Reichsbahn das Hauptkontingent ausmachten. Hier kam es zur Eingemeindung von Durlach, der einstigen markgräflichen Residenz, in die Vorbergzone hineinreichend und trotz eigenem Geschäftszentrum und randlich angeordneter Industrie stark mit Karlsruhe verknüpft, was sich nach dem Zweiten Weltkrieg besonders auswirkte.

Die „Gartenstadt" in Mannheim, oberhalb des Hochgestades im Osten und völlig abgesetzt von der Stadt, den Vorstädten und den eingemeindeten Dörfern gelegen, entstand ähnlich wie diejenige in Karlsruhe auf genossenschaftlicher Basis. Sie erfuhr mehrere Erweiterungen durch eine Siedlung für kinderreiche Familien und eine benachbarte und in den Wald gerodete Heimstättensiedlung. In Abb. 130 gelangt das nicht eindeutig zum Ausdruck, weil die verschiedenen Abschnitte nicht zu einem statistischen Bezirk zusammengefaßt wurden, so daß Bähr und Killisch (1981) diesen der breit gefächerten Mittelschicht zuordneten. Zwei weitere Gartenstädte und kleine Heimstätten wiesen eine gewisse Streuung auf.

In Köln bildete sich im Jahre 1919 die von städtischen Bediensteten gegründete Wohnungsgenossenschaft „Kölner Gartensiedlung", die vornehmlich in einem Teil der linksrheinischen äußeren Vororte Reiheneigenheime errichtete (Bickensohl I), die zu den in der Nähe befindlichen Dörfern gehörige landwirtschaftliche Nutzfläche immer mehr einschränkend (H. Meynen, 1978, S. 92). Der Schwerpunkt dieser Siedlungstätigkeit verblieb innerhalb des genannten Bereiches, wenngleich in kleineren Ausmaßen Gartenstädte auch im Norden und Süden der linksrheinischen Vororte entstanden (Zschocke, 1959, Karte 1).

Frankfurt a. M. mußte mit seinen Gartenstädten ebenfalls in eingemeindete Vororte nach Norden ausweichen, wo in den Jahren 1927-1929 unter dem Architekten Ernst May die Römerstadt zwischen Praunheim und Heddersheim mit rd. 1200 Wohnungen, überwiegend in ein- bis zweigeschossigen Eigenheimen errichtet wurde, für untere und mittlere Sozialgruppen gedacht (Wolf, 1982, S. 49 ff.).

Mit der Gartenstadt Steenkamp begann man in Hamburg bzw. Altona im Jahre 1914, konnte allerdings erst nach dem Ersten Weltkrieg mit Hilfe der Siedlungs-Aktiengesellschaft-Altona damit fortfahren. Eine noch vorhandene Lücke zwischen den Elbvororten und dem Volkspark Bahrenfeld füllend, wurden eingeschossige Häuser mit Gärten bestimmend, für Minderbemittelte gedacht, durch deren sozialen Aufstieg aber nach dem Zweiten Weltkrieg die Einstufung als Mittelstandsquartiere gerechtfertigt ist. Ähnliche Gartenstädte, die sich hinsichtlich des sozio-ökonomischen Status kaum anders verhalten, kamen im Norden des Stadtstaates zur Entwicklung, wo der Anschluß an die Untergrundbahn im Jahre 1921 förderlich war ebenso wie im Bezirk Bergedorf, wobei der damalige Baudirektor Fritz Schumacher entscheidend mitwirkte.

Besonders markant zeigt sich die Randlage der Gartenstädte in West-Berlin. Hier handelt es sich einerseits um Staaken westlich von Spandau, zunächst für die Arbeiter der Rüstungsbetriebe gedacht, und andererseits um Frohnau, wo auf ehemaligem Gutsgelände Eigenheime für höhere Offiziere und Beamte eingerichtet wurden, noch heute einen Bereich der oberen Mittelschicht darstellend, an der nördlichen Stadtgrenze gelegen und sich nicht in den sonstigen Vorzugsbereich des Westsektors einfügen.

Auch in den französischen großen Städten – nicht in den Mittelstädten – faßte die englische Gartenstadtidee Fuß. Immerhin kamen an der äußeren Peripherie von Paris in der Zeit von 1920 bis 1939 sechzehn Gartenstädte zur Entwicklung, von den Gemeinde- bzw. Départementsämtern den Vorläufern der HLM (Habitations à Loyer Modéré) unterstellt. Sonst aber unterlag die Aufschließung von Gelände für Eigenheime stärker Privatgesellschaften, die die Parzellierung vornahmen, sonstige Bestimmungen aber entfielen, so daß kleine Häuser mit wenig Räumen, inmitten eines Gärtchens gelegen, wenig Bemittelten die Möglichkeit bot, in den Besitz eines Eigenheims zu gelangen, eine übergeordnete Planung aber entfiel (Bastié, 1980, S. 102; Borde, Barrère und Cassou-Mounet, 1980, S. 73 ff.).

Daß es in Wien kaum gelang, an der Peripherie Gartenstädte zu errichten, lag an den finanziellen Schwierigkeiten, denen sich Österreich nach dem Ersten Weltkrieg gegenübersah.

Allerdings kamen hier Siedlungen zustande, die mit den deutschen *Heimstätten* vergleichbar sind. Dabei waren es teils Genossenschaften, die auf Gemeindeland mit Unterstützung des Magistrats kleine zweigeschossige Reihenhäuser, mit Gartenland ausgestattet und unter Arbeitsbeteiligung derjenigen, die die Wohnungen erhielten, einrichteten, teils noch kleinere Siedlungshäuser, mitunter auch hier genossenschaftlich organisiert, mitunter auf privater Basis zustande gekommen, gegenüber den Reihenhäusern eine noch geringere Wohnfläche bietend (Bobek und Lichtenberger, 1966, S. 147 ff.).

In Deutschland wurde im Jahre 1919 das Reichssiedlungsgesetz und ein Jahr darauf das Reichsheimstättengesetz geschaffen, um den Städten eine rechtliche Grundlage an die Hand zu geben, Bauland zu erwerben, mit dem Ziel, Kriegsteilnehmern und Arbeitslosen schlichte Einfamilienhäuser mit Ställen für die Haltung von Kleinvieh und Nutzgärten zur Verfügung zu stellen, damit ein Teil der Eigenversorgung selbst gedeckt werden konnte. Darüber hinaus bildeten sich gemeinnützige Baugenossenschaften, Vorläufer des sozialen Wohnungsbaus, jeweils für bestimmte Sozialgruppen.

Gemeinnützige Gesellschaften gingen in Berlin daran, für Kriegsteilnehmer Heimstätten zu schaffen, von denen in West-Berlin in den Jahren 1919-1924 27 v. H. als ein- bis zweigeschossige Siedlungshäuser errichtet wurden, deren Anteil danach auf 5 v. H. sank (Hofmeister, 1975, S. 410), weil man einsah, daß bei erheblichem Wohnungsbedarf nicht jeder Familie Haus und Garten zur Verfügung gestellt werden konnte. In Hamburg entstanden in den Jahren 1932-1939 mehr als 3000 Kleinsiedlerstellen, sowohl an der südlichen (Harburg) als auch an der nördlichen Peripherie, deren gemeinsames Kennzeichen der mangelhafte Verkehrsanschluß war. Fast 1000 Kleinsiedlerstellen kamen am nördlichen Rand von München zur Ausbildung (Szymanski, 1977, S. 30), wobei bis heute hoher Eigentümeranteil charakteristisch ist (in Hamburg, z. B. 65 v. H.). In den Vororten von Köln gab die Stadt Gelände für die Bebauung mit Heimstätten frei, übernahm die Aufschließungsarbeiten, um über gemeinnützige Wohnungsbaugesellschaften Eigenheime errichten zu lassen.

Klein- bzw. *Schrebergärten*, die als Ersatz für nicht vorhandenes eigenes Gartenland auf den voll überbauten Parzellen der gründerzeitlichen Mietskasernen gedacht waren, erlebten in der Zwischenkriegszeit eine erhebliche Ausdehnung.

Zwar läßt sich das für Stuttgart nicht nachweisen, wahrscheinlich deswegen, weil hier die Arbeiterbauern einen erheblichen Teil der Industriearbeiter stellten, die über eigene Gärten verfügten. Mit Ausnahme von Dortmund nahmen die Hellwegstädte des Ruhrgebietes nur in geringem Maße daran teil, so daß Bochum im Jahre 1941 über 257 ha, Essen über 311 ha Kleingärten verfügte, 8,1 bzw. 4,7 qm/ E. entfielen, zum Teil mit der Raumbeengung innerhalb des Verdichtungsraumes, zum Teil aber auch mit Zechenkolonien bzw. vorbildlichem Werkswohnungsbau zusammenhängend. München, das seine Industrie erst nach dem Zweiten Weltkrieg verstärkt ausbaute, begnügte sich mit 218 ha Kleingartenland bzw. 2,6 qm/ E., den niedrigsten Wert, den Johannes (1955, S. 17 ff.) für deutsche Großstädte angab, sieht man von Stuttgart ab, wo aus den oben genannten Gründen keine Angaben gemacht werden konnten. Hamburg mit 2612 ha Kleingartenland oder 15,3 qm/E. sorgte am meisten dafür, daß die darauf entstandenen Laubenkolonien Elektrizitäts-, mitunter auch Wasseranschluß erhielten. In Berlin mit 5262 ha Schrebergärten oder 12 qm/E. wurden bereits in der Zwischenkriegszeit Lauben bzw. Behelfsbauten als Dauerwohnungen benutzt, deren Zahl zwischen den Jahren 1927 und 1933 von 13 000 auf 42 000 zunahm, danach aber keine wesentliche Steigerung mehr erfuhr (Hofmeister, 1975, S. 413). Am besten stand es in Hannover und Bremen, die für diese Zwecke 1300-1400 ha zur Verfügung stellten, so daß pro Einwohner rd. 30 qm Kleingartenland entfielen. In Österreich setzte die Schrebergartenbewegung später ein, was eine Beschränkung auf 4,4 qm/E. zur Folge hatte. Ein Teil der Lauben und Behelfsheime, meist in der Donauniederung gelegen, entwickelte sich während des Zweiten Weltkrieges zu Dauerwohnungen, die mitunter an Spontansiedlungen der Entwicklungsländer erinnerten (Bobek und Lichtenberger, 1966, S. 155 ff.).

Daß man nach dem Ersten Weltkrieg nicht mit Eigenheimen für bescheidene Ansprüche bzw. der verstärkten Ausweitung von Kleingartenland, deren Lauben teils vor und teils während des Zweiten Weltkrieges zu Dauerwohnsitzen wurden, auskommen konnte, zeigte sich bald. Das läßt sich für die Kölner Vorortzone nachweisen, wo die verschiedenen gemeinnützigen Baugenossenschaften Architekten heranzogen, um angemessene Mietswohnungen für sozial Schwache zu errichten. Ähnliches kam in Hamburg zustande, wo Dulsberg westlich von Wandsbek durch Schumacher gestaltet wurde, damals und auch noch bald nach dem Zweiten Weltkrieg als Vorbild für den sozialen Wohnungsbau angesehen. Zwar hatte die Firma Siemens in Berlin bereits vor dem Ersten Weltkrieg eine Konzentration ihrer Betriebe erstrebt. Im Jahre 1904 begonnen und zunächst im Jahre 1929/31 vollendet, bildet Siemensstadt einen besonderen Stadtteil der Berliner Außenstadt. Borsigwalde am Tegeler See ist das Gegenstück der Firma Borsig. Schließlich kamen auch hier gemeinnützige Baugesellschaften unter Beteiligung namhafter Architekten zum Zuge, die für mehrere Komplexe des sozialen Wohnungsbaus verantwortlich zeichneten. Die „Weiße Stadt" in Reinickendorf bildete darunter deswegen eine Besonderheit, weil von vornherein für ein zentrales Heizwerk und andere Gemeinschaftseinrichtungen gesorgt wurde, die in mehr als 1200 Wohnungen über 48 bis mehr als 70 qm Wohnfläche verfügten, auf die jeweilige Familiengröße abgestimmt, so daß der Abstand gegenüber den Arbeitermietskasernen der Gründerzeit klar zutage trat (Hofmeister, 1975, S. 411).

Am lückenhaften Stadtrand im Anschluß an die Reihenmietshäuser legte die Stadt Wien Sozialwohnungen an, deren Zahl je Objekt zwischen 50 und mehr als 1000 schwankte. An bestimmten Stellen, nämlich einerseits im Süden und andererseits im Norden wurde dadurch der geschlossene Stadtrand nach außen verschoben. Bis zum Jahre 1927 beschränkte man sich auf Kleinstwohnungen, noch beengter als diejenigen der Gründerzeit, indem 75 v. H. der Wohnungen eine Grundfläche von 38 qm besaßen. Dann entschloß man sich zu größeren Flächenzuteilungen, die aber 57 qm nicht überschritten, die wirtschaftlichen Schwierigkeiten markierend, denen Österreich in dieser Zeit ausgesetzt war.

Trotz der kritischen Situation, die die Zwischenkriegszeit bedeutete, darf nicht vergessen werden, daß auch die gehobenen Schichten neue Wohngebiete aufsuchten. In Stuttgart erweiterte man die Vorzugssiedlungen am westlichen Keuperrand nach der Höhe und entwickelte auf den Fildern im Anschluß an das Dorf Sillenbuch, in das benachbarte Höhengelände eingreifend, eine Villenkolonie. Die Oststadt in Mannheim fand eine Erweiterung nach Neu-Ostheim. In München verstärkte sich der Trend, Villenbezirke im Süden zu erweitern. Für die entsprechenden Sozialgruppen in Frankfurt a. M. kamen außer den bisher erwähnten Taunusrandstädten Oberursel und Bad Homburg hinzu. Mit der Regulierung der oberen Alster in Hamburg verfolgte man das Ziel, ein Villengebiet zu schaffen, um ein Abwandern der finanzkräftigen Schicht in damals noch nicht zum Stadtstaat gehörige Bereiche zu verhindern. Oberhalb davon kam es durch die Alstertal-Terraingesellschaft zur Aufsiedlung des Gutes Wellingbüttel, und mit der Schaffung der Walddörferbahn im Jahre 1920, die preußische Gebiete nicht berührte, wurden Wohlstedt-Ohlstedt zu Oberschichtvierteln.

Nach dem Zweiten Weltkrieg kam es in den nordischen Ländern zu erheblichen Sanierungen des Altbaubestandes unter Einschränkung der Errichtung von Einfamilienhäusern im Eigenbesitz, wie es Dewitt Davis (1972) am Beispiel von Malmö darlegte. In schwedischen Städten belief sich der Anteil der Haushaltungen mit Eigenheimen im Jahre 1970 auf 26,8 (United Nations, Statistical Yearbook, 1974). Wenn dieser Anteil in den finnischen Städten wesentlich höher liegt (1960: 42,8 und 1970: 48,7 v. H.), dann ist das darauf zurückzuführen, daß innerhalb der Verwaltungsgrenzen ländliche Gebiete eingeschlossen sind bzw. am Stadtrand gerade die wenig Bemittelten in kleinen Holzhäusern leben (Sweetser, 1969). Sowohl in Dänemark (1970: 32,8) als auch in den Niederlanden (1965: 17,2 v. H. und 1970: 25,4 v. H.) dürften die gemachten Angaben als überholt gelten. In der Schweiz hat das Eigenheim keinen so hohen ideellen Stellenwert wie in der Bundesrepublik Deutschland oder in Frankreich, so daß der Anteil der Haushaltungen mit Eigenheimen auf 25 v. H. geschätzt wird. Für Großbritannien enthält das Statistical Yearbook der United Nations weder für England und Wales noch für Schottland neuere Werte, deswegen verständlich, weil Einfamilienhäuser teils im Eigenbesitz stehen (owner occupier) und teils im öffentlichen Wohnungsbau Verwendung finden. Bei großzügiger Handhabung läßt sich in etwa damit rechnen, daß das Verhältnis von Haushaltungen in Ein- bzw. Mehrfamilienhäusern sich in England und Wales wie 2:1, in Schottland gerade umgekehrt wie 1:2 verhält, bezogen auf die Städte. In Frankreich wie in der Bundesrepublik Deutschland war es die Zwischen- und Nachkriegszeit, die der Ausbreitung der Eigenheime zum

Durchbruch verhalf (Städte Frankreichs 1968: Anteil der Haushaltungen in Eigenheimen 43,3, in der Bundesrepublik auf 42 v. H. geschätzt).

Für *Großbritannien* wurde die Entwicklung nach dem Jahre 1950 mit Ausnahme der „Neuen Städte" bereits dargelegt. In der *Bundesrepublik Deutschland* gab das erste Wohnungsbaugesetz vom Jahre 1950 zunächst die Grundlage ab, um durch gemeinnützige Gesellschaften den sozialen Wohnungsbau in Gang zu setzen. Das zweite Wohnungsbaugesetz vom Jahre 1957 hatte eine andere Zielsetzung, indem nun über Baukostenzuschüsse und Steuererleichterungen eine Förderung des Eigenheimbaus einsetzte. Beide Gesetze müssen zusammengesehen werden, weil es vielfach Neusiedlungen in den großen Städten gibt, in denen sozialer Wohnungsbau in Mehrfamilienhäusern und die Errichtung von Eigenheimen bzw. Mehrfamilienhäusern mit Eigentumswohnungen eine Ergänzung eingehen.

Zu Beginn der fünfziger Jahre wurden fast 70 v. H. aller Neubauten durch den sozialen Wohnungsbau geschaffen, zu denen auch solche gehören, die durch Baugenossenschaften bestimmter Behörden erstellt wurden. Bei unterschiedlicher Bauweise hielt man zu Beginn an herkömmlichen Form mit bescheidener Ausführung fest.

An zwei Beispielen sei dies erläutert. In Mannheim (Abb. 130) erweiterte man die in den dreißiger Jahren begonnene Heimstättensiedlung Schönau nach Norden mit mehrgeschossigen Bauten, zu 94 v. H. durch den sozialen Wohnungsbau erstellt, unter denen aber lediglich 1 v. H. über sämtliche hygienischen Einrichtungen einschließlich Sammelheizung verfügten, nur 15 qm/E. zur Verfügung standen (Bähr und Killisch, 1981, S. 38). Daß hier bei erheblich gestiegenen Ansprüchen bereits ein Abwanderungsbereich der deutschen Bevölkerung vorliegt, dürfte verständlich sein. Anders gestaltet waren die ersten Bauten des sozialen Wohnungsbaus in Hamburg, denn hier entstanden in der ersten Phase 400 Einfamilienhäuser in sehr schlichter Ausführung, bestehende Lücken zwischen dem südöstlichen geschlossenen Stadtrand und dem Subzentrum Bergedorf füllend. Zudem wandelte man die „wilden" Siedlungen der Laubenkolonien in Kleinsiedlerstellen um und nahm damit die Heimstättenidee wieder auf. Solche Lösungen zu kritisieren mit dem Hinweis, daß auch in der Zwischenkriegszeit Sozialwohnungen mit wesentlich besserer Ausstattung errichtet wurden, dürfte deshalb unberechtigt sein, weil die Notsituation nach dem Zweiten Weltkrieg ungleich größer war als nach dem Ersten.

Seit der Mitte der fünfziger Jahre konnte man großzügiger verfahren, wobei sich nun die Frage erhebt, wo sich billiges Gelände anbot, um Großwohnsiedlungen zu errichten, davon ausgehend, 10 000 Einwohner unterzubringen. Teils handelte es sich um eine Einschränkung der landwirtschaftlichen Nutzfläche, die über frühere Eingemeindungen von Dörfern zur Verfügung stand; mitunter existierten Allmenden, die nicht mehr voll genutzt wurden. Beschränkung der Schrebergärten bildete ein weiteres Mittel, und schließlich ging man daran, Waldrodungen vorzunehmen, was nun, mehr als 25 Jahre danach, kaum noch geschehen würde, um nicht noch weitere ökologische Schädigungen in Kauf nehmen zu müssen.

Als Beispiel einer kombinierten Neusiedlung innerhalb einstiger Waldflächen soll die Waldstadt in Karlsruhe herausgestellt werden. Im ersten Abschnitt entstanden drei- bis sechsgeschossige Wohnblöcke, von Punkthochhäusern umsäumt, beides auf den sozialen Wohnungsbau zurückgehend. Als Umrahmung dieser Anlage schuf man mit Hilfe des zweiten Wohnungsbaugesetzes Eigenheime unterschiedlicher Art. Sind die Wohnblöcke der unteren Mittelschicht vorbehalten, so steigert sich der Sozialstatus über Eigenheime in Reihenhäusern, deren Besitzer aus Finanzierungsgründen zunächst Untermieter aufnahmen, bis zu den Ein- und Zweifamilienhäusern gehobener Schichten (Abele und Leidlmayr, 1972, S. 38).

Darüber hinaus bietet Karlsruhe ein gutes Beispiel für die Randwanderung der Bevölkerung. Wenn im Jahre 1925 der Anteil der Innenstadtbevölkerung bei 27 v. H. lag, der der äußeren Stadtteile bei 62

v. H. und der der Vororte bei 11 v. H., so setzte sich bis zum Jahre 1970 unter Wahrung der damals angegebenen Einheiten und der Berechnungsmethode eine Verschiebung nach außen durch, indem nun auf die Innenstadt knapp 7 v. H. entfielen, die Citybildung aufzeigend, auf die äußeren Stadtteile 46 v. H. und auf die Vororte 47 v. H. Würde man die Umlandgemeinden, die bis zum Jahre 1970 bzw. später nicht eingemeindet wurden (z. B. Ettlingen u. a.), die Abwanderer von Karlsruhe bzw. Zuwanderer von außen aufnahmen, einbeziehen, dann käme das Übergewicht der Vororte noch mehr zur Geltung. Die Randwanderung der Bevölkerung nahm demgemäß nach dem Zweiten Weltkrieg, nachdem der Besitz eines Personenkraftwagens für weite Kreise möglich geworden war, noch größere Ausmaße an als zuvor. Ein Vergleich mit den von der Raumordnung und Landesplanung gemachten Angaben, wonach im Jahre 1970 50 v. H. der Bevölkerung in der Kernstadt lebten, lohnt sich kaum, weil sich die Randwanderung besser erfassen läßt, wenn man sie auf die genetisch verankerten Stadtteile bezieht.

Die Frage nach den Gründen der Randwanderung, die später nur noch selten angeschnitten wird, wurde in Karlsruhe leider auf zwei Vororte beschränkt, in denen der soziale Wohnungsbau fehlt (Suhr und Jäckle, um 1978). Doch mag wichtig erscheinen, daß die zu den äußeren Stadtteilen zu rechnenden Bereiche, in denen der soziale Wohnungsbau den stärksten Anteil hatte (Oberreut 61 v. H. und Rintheim 39,6 v. H.) als wenig begünstigte Wohnstandorte betrachtet wurden ebenso wie diejenigen Vororte, die sich in Hafennähe bzw. in der Nachbarschaft der neu ausgewiesenen Industriegebiete rheinabwärts hinziehen, was eine Bürgerumfrage der Stadt Karlsruhe im Jahre 1974 ergab. Demgegenüber galten im inneren Wohngürtel die Waldstadt, Rüppurr und Durlach mit der Bergwaldsiedlung als bevorzugte Wohngegenden, unter den Umlandgemeinden Ettlingen und Waldbronn, wobei letzteres durch die Initiative des Bürgermeisters zunächst als Kurort und zur Ergänzung als Wohnbereich für Haushalte mit hohem Einkommen entwickelt wurde. Damit werden die in den Hardtwald vorgeschobenen neuen Siedlungen ebenso wie die in die Vorbergzone hineinreichenden, die meist an ältere Kerne anknüpfen, bevorzugt. In nur wenigen Fällen spielt die Nähe zum Arbeitsplatz und der meist höhere Zeitaufwand ebenso wie die Ausstattung mit Geschäften und Dienstleistungen für die Wahl des Wohnstandortes eine Rolle, wohl aber die Verbesserung der Wohnverhältnisse in einer umweltfreundlichen Umgebung. Im Nordwesten handelt es sich überwiegend um industriell geprägte Vororte, die bis Eggenstein-Leopoldshafen reichen, wo die Kernkraftversuchsstation durch eine Schnellstraße mit den entsprechenden Instituten der Technischen Universität verbunden wurde. Die Rheinbrücke bei Maxau erleichterte es, schließlich noch das linksrheinische Wörth, das nach dem Zweiten Weltkrieg einen Hafen erhielt, im Jahre 1962 im Niederungsgelände das Lastkraftwagenmontagewerk der Daimler-Benz AG und schließlich die Erdölraffinerie der Mobil Oil (Pipeline-Verbindung mit Marseille und Genua, indirekt auch mit Triest) als äußerste Vorposten einzubeziehen. Als ehemaliges Fischer- und Bauerndorf verlief die Entwicklung von Wörth zur Arbeiterbauernsiedlung und nach dem Jahre 1960 zur städtischen Siedlung (Pemöller, 1981), die sich von Karlsruhe abhängig erweist. Nellner (1976) rechnete Leopoldshafen und Wörth nicht mehr zum Verdichtungsraum Karlsruhe, weil die Entfernung zu den nächsten Vororten mehr als 800 m beträgt, ein Hinweis darauf, daß die äußere Abgrenzung von Verdichtungsräumen bereits bei Solitärstädten Schwierigkeiten bereitet.

In Mannheim stellt die geplante Großwohnsiedlung Vogelstang, in den Jahren 1964-1973 entstanden (Abb. 130) demnach in einem Zeitraum, als der soziale Wohnungsbau rückläufig war (in der Bundesrepublik im Jahre 1967 noch 30 v. H. der Neubauwohnungen), allerdings die Anforderungen hinsichtlich der Ausstattung einen wesentlichen Anstieg verzeichneten (mehr als 20 qm/E. Wohnräume einschließlich sämtlicher hygienischer Einrichtungen und Sammelheizung) ein weiteres Beispiel dar, dem ähnliche in Heidelberg und Ludwigshafen an die Seite zu stellen sind. Damit verband sich bei den Planungen in der Regel das Bestreben, innerhalb einer Großwohnsiedlung mehr Einwohner aufzunehmen als in den fünfziger Jahren, so daß nun die Konzeptionen auf eine Bevölkerung von 20 000 und mehr abgestellt wurden.

In einer Entfernung von nur 6 km bis zur City, mit Autobahn- und elektrischem Straßenbahnanschluß versehen, erreichte man nördlich des Neckars eine Verdichtung innerhalb der Kernstadt. Im Mittelpunkt fanden die öffentlichen Gebäude mit einem Einkaufszentrum ihren Platz, um den sich drei

22geschossige Hochhäuser gruppieren. Nach außen strahlen sektorenförmig viergeschossige Hausketten aus, teils von 12-14geschossigen Hochhäusern umrahmt. Sonst werden die Sektoren durch zweigeschossige Reihen-Einfamilienhäuser und Bungalows voneinander getrennt. Dabei konnte eine Kongruenz zwischen Haustypen und Sozialgruppen festgestellt werden, indem die 12-14geschossigen Hochhäuser ebenso wie die Hausketten mit insgesamt etwa drei Viertel der Bevölkerung von Angehörigen der unteren Mittelschicht bewohnt werden, die die besseren Wohnverhältnisse als Grund für ihren Umzug hierhin angaben. Die 22geschossigen Hochhäuser hingegen, Reihenhäuser und Bungalows mit 18,5 v. H. der Bevölkerung nehmen Angestellte und Beamte höherer Kategorien auf, wobei für diejenigen in den Hochhäusern arbeitsorientierte Motive für ihre Zuwanderung maßgebend waren und die Hochhauswohnung nur als Zwischenstadium betrachtet wird, diejenigen in den Reihenhäusern und Bungalows die günstigeren Wohnungen und die schnelle Erreichbarkeit von Naherholungsgebieten (Wald auf der Niederterrasse) als Ursache für die Wahl von Vogelstang ansahen (Stephan, 1979).

Nun steht Mannheim nicht für sich, sondern stellt wohl die wichtigste, aber nicht alleinige Kernstadt des Rhein-Neckar-Verdichtungsraumes dar, denn dazu gehören Heidelberg, Worms, das diesen Status in dem Jahrzehnt von 1950-1961 annahm, und Frankenthal, das ein Jahrzehnt später in eine solche Situation gelangte (Pöhlmann, 1981). Hier muß nun nach den Verflechtungen zwischen links- und rechtsrheinischem Gebiet gefragt werden, was gleichzeitig bedeutet, die Wohnstandorte der oberen Mittel- und Oberschicht des gesamten Verdichtungsraumes zu bestimmen. In verschiedenen Spezialarbeiten, von Fricke (1981) zusammengefaßt, konnte unter Berücksichtigung von Bevölkerungsentwicklung, die allen Kernstädten eine Abnahme brachte, Haustypen und deren Alter, Sozialschichten und Pendelverkehr ein relativ genaues Bild gewonnen werden. Bereits in den fünfziger Jahren wurde die Suburbanisierung der Bevölkerung in den Odenwald gelenkt, nicht viel später in den Bereich der Bergstraße (Umgebung von Weinheim). Der größte Teil der in Neubauwohnungen Untergekommenen machten Auspendler aus (70 v. H.), die die Kernstädte als Zielort angaben, insbesondere Mannheim, dessen obere Mittel- und Oberschicht in die beiden genannten Vorzugsbezirke abwanderten. Linksrheinisch beschränkte sich die Suburbanisierung in den fünfziger Jahren zunächst auf die Nachbargemeinden der Kernstädte Ludwigshafen und Frankenthal. Bei Überspringen kleinerer Gemeinden mit negativer Bevölkerungsbilanz entwickelte sich in den sechziger Jahren am östlichen Rand des Pfälzer Waldes ein zweiter Streifen suburbanisierter Gemeinden, die zwar überwiegend von den höheren Sozialschichten der linksrheinischen Kernstädte aufgesucht wurden, aber entsprechende Gruppen von Mannheim ebenso daran beteiligt waren wie umgekehrt die rechtsrheinischen begünstigten Wohnstandorte auch von den entsprechenden Schichten der linksrheinischen Kernstädte aufgesucht wurden. Bedenkt man, daß die geringe Zahl der Rheinbrücken erhebliche Verkehrsschwierigkeiten mit sich bringt, dann läßt sich einerseits der Grad der Suburbanisierung ermessen und andererseits die Ausweitung des Verdichtungsraumes in den letzten dreißig Jahren. Zumindest aber ging die Erstellung von Großwohnsiedlungen und von Eigenheimen in etwa zeitlich parallel, was nicht auf Mannheim beschränkt ist, sondern für alle Verdichtungsräume der Bundesrepublik Deutschland zutreffen dürfte.

Das gilt z. B. auch für Stuttgart, in dessen Kernstadt eine der geplanten Großwohnsiedlungen mehr als 10000 Einwohner aufnahm, Ausdruck der Raumbeengung und der Schutzvorschriften für die Erhaltung der vorhandenen Wald- und landwirtschaftlichen Nutzflächen (Rebbau). Meist handelte es sich hier um kombinierte Verfahren (sozialer Wohnungsbau, Eigentumswohnungen, beides in Mehrfamilienhäusern, Eigenbesitz in Ein- bis Zweifamilienhäusern). Wie kompliziert sich hier der Landerwerb darstellte, konnte am Beispiel von Hofen-Neugereut dargetan werden (Bundesministerium für Raumordnung, Bauwesen und Städtebau, Nr. 060, 1978). Im Gegensatz zum Verdichtungsraum Rhein-Neckar verblieb hier die obere Mittel- und Oberschicht innerhalb der Kernstadt, teils damit zusammenhängend, daß zu Beginn die Errichtung von Eigenheimen privater Bauherren (1956 67 v. H. der Neubauten) ein ungleich größeres Gewicht besaß (Körber, 1959, S. 434) als der soziale Wohnungsbau und teils darauf zurückzuführen, daß die topographischen Gegebenheiten innerhalb bestimmter Bereiche der Kernstadt das begünstigten, was sowohl von Isenberg (1971) als auch von Baldermann (1977) hervorgehoben wurde. Da in etwa 15 km Entfernung von der Kernstadt eigenständige Mittelzentren zu liegen kommen, läßt sich nicht von einem monozentrischen Verdichtungsraum sprechen. Hinsichtlich der Polyzentralität wird nicht das Ausmaß des Verdichtungsraumes Rhein-Neckar, Rhein-Main oder des Ruhrgebietes erreicht. Infolgedessen nimmt der Verdichtungsraum Stuttgart eine Mittelstellung zwischen einem mono- und polyzentrischem Verdichtungsraum ein, was bereits im Rahmen der zentralen Orte und ihrer Hierarchie zum Ausdruck gelangte (Kap. VII. B.).

In keiner der großen deutschen Städte bzw. Verdichtungsräume fehlen peripher gelegene Großwohnanlagen, deren Verkehrsanschluß zum Zentrum bzw. zu den Arbeitsplätzen recht unterschiedlich ist ebenso wie die Ausstattung mit Geschäften und Dienstleistungsbetrieben, für die zudem häufig – nicht immer – das Fehlen von Industrieanlagen, bzw. solcher Unternehmen des dritten Sektors mit hohen Beschäftigtenzahlen charakteristisch erscheint, so daß dann das Auspendeln der Erwerbstätigen in andere Stadtteile erforderlich ist. Für die nordwestlichen Vororte von Köln finden sich die entsprechenden Unterlagen bei H. Meynen (1978, S. 102 ff.), für Hannover bei Christophers (1978, S. 231 ff.), für West-Berlin bei Hofmeister (1975, S. 380 ff.) und für Wien bei Lichtenberger, 1978, S. 44 ff.).

Am schwierigsten stellt sich dabei offenbar die Situation im Rhein-Main-Gebiet dar, denn hier fand nicht allein eine räumliche Ausweitung des Verdichtungsraumes statt, von Tharun (1975) auf Grund mannigfacher Kriterien für die Zeit von 1950-1970 dargelegt, sondern ebenfalls eine Auffüllung in bisher von der Suburbanisierung noch kaum erreichten Bezirken (z. B. Taunusvorland), zumal die im Jahre 1928 nicht eingemeindeten Orte durch Eigeninitiative in mancherlei Formen an dem Wirtschaftsaufschwung teilhaben wollten. Die Nordweststadt, am äußersten nördlichen Rand der Kernstadt Frankfurt a. M. gelegen und für eine Bevölkerung von 23 000 gedacht, besitzt zwar ein gut ausgestattetes Geschäfts- und Dienstleistungszentrum, unterhalb dessen drei unterirdische Ebenen ausgespart wurden, um von unten nach oben die Untergrundbahn-Station, Parkplätze und den Omnibusbahnhof aufzunehmen; doch machen lediglich Bewohner aus 2 km Entfernung von dem Angebot Gebrauch, weil gerade durch den Verkehrsanschluß mit der City diese den Vorrang genießt. In der Limesstadt auf der Gemarkung von Schwalbach, für 15 000 Einwohner entwickelt, blieb das Geschäftszentrum, die Verbindung zwischen dem ehemaligen Dorf und der neuen Siedlung herbeiführend, eher bescheiden. Als reine Wohnsiedlung konzipiert, deren Erwerbstätige im Jahre 1970 zu mehr als 80 v. H. auspendelten, haben inzwischen die Verwaltungen einiger Industrieunternehmen sich hier ansiedeln können. Ob damit aber eine stärkere Bindung der Erwerbstätigen an die in der neuen „Stadt" befindlichen Arbeitsplätze einherging, dürfte fraglich erscheinen (Wolf, 1982, S. 50 ff. und S. 43 ff.).

Etwas näher soll auf München eingegangen werden, das vor dem Zweiten Weltkrieg seine Verwaltungsgrenzen so weit auszudehnen vermochte, daß die Großwohnanlagen sämtlich innerhalb der Kernstadt entstanden. Abgesehen vom „Olympiadorf", das auf dem Oberwiesenfeld (früherer Exerzierplatz, dann Sportflughafen) in den Jahren 1967-1974 errichtet wurde und als Prestige-Objekt wesentlich günstigere Bedingungen zeigt, abgesehen auch von der Parkstadt Bogenhausen, die in nur 5,5 km Entfernung vom Zentrum in den Jahren 1955/56 bei freier Finanzierung und steuerlicher Vergünstigung für höhere Sozialschichten entstand, handelt es sich sonst um Hasenbergl am nördlichen Stadtrand, wo in den Jahren 1960-1964 über den sozialen Wohnungsbau lediglich Mehrfamilienhäuser für sozial Schwache geschaffen wurden, in rd. 10 km Entfernung vom Mittelpunkt mit einer Bevölkerung von rd. 20 000 (Zapf u. a., 1969; Szymanski, 1977). In etwa derselben Entfernung vom Zentrum kamen im Süden in den Jahren 1960/62 Fürstenried/Ost und Fürstenried/West zur Entwicklung, für jeweils 10 000 Einwohner gedacht, mit einer etwas größeren Variation in der Bauweise einschließlich Einfamilienhäusern, so daß sich eine gewisse Mischung der Sozialschichten ergab. Neu-Aubing am nordwestlichen Stadtrand, abgesetzt von dem intakt gebliebenen Dorf mit äußerer Vorortsbildung, entstand in den Jahren 1965-1969, rd. 20 000 Einwohner aufnehmen. Schließlich entschloß man sich, im Südosten „das größte Städtebauprojekt in Europa" (Dheus, 1968, S. 158) mit Neu-Perlach in Angriff zu nehmen. Für die Bundesrepublik mag das zwar richtig sein, sofern man das Planungsziel heranzieht; letzteres aber wurde nicht erreicht, indem im Jahre 1980 sich die Einwohnerzahl auf etwa 40 000 belief und damit die Größenordnung der Berliner Vorhaben (Märkisches Viertel, Gropiusstadt) erreichte. Für das westliche Europa aber lassen sich Projekte anführen, die noch umfassender waren. Mögen die ursprünglichen Mängel durch den Anschluß an die Untergrundbahn und die Einrichtung einer Geschäftspassage in den letzten Jahren etwas behoben worden sein, so hatte das Fehlen notwendiger Infrastrukturmaßnahmen den Vorzug, daß die Eigeninitiative der Bevölkerung geweckt wurde und in mancher Beziehung Nachbarschaftshilfe das ersetzte, was die Planung versäumt hatte. Die so oft von Soziologen beklagte Anonymität zwischen den Haushaltungen in Großwohnsiedlungen konnte auf diese Weise gemindert werden. Das frühere Dorf Alt-Perlach allerdings fiel der Neuanlage völlig zum Opfer (Ganser, 1969, S. 155 ff). Dabei ist zu bedenken, daß der soziale Wohnungsbau in der Bundesrepublik Deutschland in den siebziger Jahren noch mehr zurückging als zuvor (1980 rd. 20 v. H. der Neubauwohnungen), erhöhte Boden- und Baupreise selbst bei Berechnung der reinen Kostenmiete letztere auf ein Ausmaß anschwellen ließen, das die ursprüngliche Festlegung von 10 v. H. des Einkommens weit überstieg.

In Hamburg liegen die Verhältnisse insofern ähnlich, als Großwohnanlagen vornehmlich am Rande des Stadtstaates zur Ausbildung kamen, vorwiegend auf Kleingartengelände, mitunter auch bisher landwirtschaftliche Nutzflächen in Anspruch nehmend. Weniger im Osten, wo Lurup Arbeiter und untere Angestellte aufnahm, vermochten sich insbesondere östlich der Alster Großwohnsiedlungen auszubilden. Das frühere Prominentenviertel Rahlstedt wurde auf diese Weise halbkreisförmig von solchen Anlagen umrahmt und ging seiner Isolierung verlustig. Im Südosten von Horn bis nach Bergedorf ergaben sich zahlreiche Anknüpfungspunkte, was eine verstärkte Verbindung zwischen Bergedorf und Hamburg hervorbrachte (Braun, 1968, S. 56 ff., S. 67 ff., S. 77 ff.), wobei – wie anderswo auch – junge Familien mit Kindern die Haushaltsstruktur dieser Bereiche bestimmen, ohne daß auf Grund der vorangegangenen Bebauung eine direkte ringförmige Anordnung zustande kommen könnte.

Früher wurde bereits darauf aufmerksam gemacht, daß Villenvororte noch während der Gründerzeit jenseits der im Jahre 1937 festgelegten Grenzen des Stadtstaates entstanden. Dabei soll die Entwicklung von Reinbek weiter verfolgt werden, wobei sich zumindest ähnliche Probleme in andern Vororten ergeben, die im Bereiche von Schleswig-Holstein liegen. Über Zweigstellen kommunaler Behörden, hinsichtlich Schulen und anderer kultureller Einrichtungen, in bezug auf das Geschäftsleben und Dienstleistungen gelang es Reinbek, zentrale Funktionen für einen Teil der Gemeinden der Kreise Stormarn und Herzogentum Lauenburg zu erwerben. Die Verlegung der Bundesanstalt für Holz- und Forstwirtschaft von Tharandt (1940) hierher gab nach dem Zweiten Weltkrieg die Möglichkeit, die

Außenbeziehungen dieser Institution zu fördern. Die Erschließung eines Industrieparks, von Hamburger Industrie- und Großhandelsfirmen belegt, von der Wohnsiedlung abgesetzt und auf benachbarte Gemeinden übergreifend, vermochte einen neuen wirtschaftlichen Impuls zu geben. Die Aufgabe des Gutes, dessen Restflächen zwei mittelbäuerlichen Betrieben zugute kam, die bei arrondierter Betriebsfläche ausgesiedelt wurden, gaben Platz frei für die Entwicklung der Siedlung, die zwischen den Jahren 1945-1970 von rd. 7500 auf 16 000 Einwohner anwuchs. Nicht mehr Einfamilienhäuser allein bestimmen das Bild, sondern auch mehrgeschossige Wohnbauten mit Miets- oder Eigentumswohnungen, einem weit gespannten Mittelstand die Möglichkeit bietend, am Stadtrand zu wohnen. Ebenso wie die Stammbelegschaften der Hamburger Betriebe im Industriepark der Suburbanisierung ihrer Betriebe nur in geringem Maße gefolgt sind und die in den Kommunalbehörden Tätigen vielfach ebenfalls Einpendler, meist aus Orten in Schleswig-Holstein, darstellen, ebenso gehen etwa 60 v. H. der in Reinbek wohnenden Erwerbstätigen ihrem Beruf außerhalb nach bei einem völligen Überwiegen von Hamburg, insbesondere des Bezirkes Wandsbek. Nachdem im Jahre 1969 die elektrifizierte Schnellbahn über Reinbek hinausgeführt wurde und der Autobahnanschluß sich gegenüber der Darstellung von Jaschke (1973) verbessert hat, vereinigt Reinbek die Funktionen eines zentralen Ortes mit denen eines Vorortes. Damit verhinderte man die Schwerpunktsbildung, wie von der Raumforschung und Landesplanung für Schwarzenbek in 15 km Entfernung vorgesehen war, dessen Bevölkerung die in Reinbek vorhandenen Möglichkeiten in stärkerem Maße in Anspruch nimmt als umgekehrt.

Die Beurteilung der Großwohnsiedlungen fällt verschieden aus, wenngleich mehr die negativen als die positiven Seiten in den Vordergrund gerückt werden, indem die Hochhaus-Betonbauweise wenig Abwechslung schafft und die damit verbundenen Grünflächen wohl der Allgemeinheit zur Verfügung stehen, ohne daß für eigene Gärten der Familien gesorgt wird. Dabei ist allerdings zu berücksichtigen, daß es bessere und schlechtere Lösungen gibt, wie es Hofmeister (1975) bei der Gegenüberstellung der Gropiusstadt und des Märkischen Viertels in West-Berlin darlegte. Eintönigkeit ist schließlich auch bei der „verdichteten Flachbauweise" (Einfamilienreihen- oder Atriumhäuser) gegeben, die auf Grund ihrer Raumbeanspruchung trotz Eigentumsbildung ebenfalls nicht als Ideal angesehen werden. Ein Mittelweg hat sich offenbar bisher nur selten durchsetzen lassen.

In der ersten Nachkriegsphase in *Frankreich,* die bis zum Beginn der fünfziger Jahre anhielt, kamen am Rande der Städte den deutschen Heimstätten der Zwischenkriegszeit vergleichbare Eigenheime auf. Dann wurde man aber auch hier des dafür notwendigen Flächenverbrauchs gewahr und ging mit Hilfe der Organisationen der habitation à loyer modéré (H.L.M.) seit dem Jahre 1954 zur mehrgeschossigen Bauweise über, wobei die Großwohnanlagen im Umkreis von Paris in 10-30 km, bei den sonstigen Regionalstädten in 7-8 km Entfernung vom Zentrum entstanden und maximal für 40 000 Einwohner geplant wurden. Einer Wiederholung der im Jahre 1952 geschaffenen Radialstadt von Le Corbusier in Marseille stand man ablehnend gegenüber. Um eine Kontrolle über das Wachstum der großen Städte ausüben zu können, schuf man im Jahre 1958 Bereiche, die gerade für die Anlage von Mehrfamilien- bzw. Hochhäusern Priorität erhalten sollten (zones à urbaniser en priorité = Z.U.P.), so daß jedes Projekt mit 100 Wohnungen und mehr innerhalb der so ausgewiesenen Zonen zu liegen hatte. Von den „grands ensembles" mit 1000 Wohnungen und mehr, die in den französischen Städten in dem Jahrzehnt von 1954-1964 errichtet wurden, entfielen allein knapp 50 v. H. auf die Umgebung von Paris. Die ersten von ihnen wie Sarcelles im Norden der Hauptstadt wurde als reine Trabantenstadt geplant ohne jegliche Gemeinschaftseinrichtungen, wenngleich im Laufe der Zeit in dieser Beziehung manche Verbesserung eintrat (Beaujeu-Garnier, 1977, S.159). Daß dabei aber auch günstige Lösungen erzielt wurden, beweist u. a. Toulouse-Le Mirail (Coppolani, 1978, Abb. 13). Lebeau (1976, S. 75 ff. und Karte 11) stellte die Anlagen der Z. U. P. im Verdichtungsraum von Lyon kartographisch besonders heraus, die sich im Osten der Rhône häufen, weniger im Westen der Saône anzutreffen sind, wo im Bereiche der Ausläufer des Zentralplateaus die höheren sozialen Schichten ihre Einfamilienhäuser errichteten.

Am Ende der sechziger Jahre kehrte man wieder zur Befürwortung der Eigenheime zurück, die nur ausnahmsweise innerhalb der Z. U. P. ihren Platz fanden, sondern noch weiter außerhalb errichtet wurden, meist entlang der Ausfallstraßen. Zu Gruppen von 50 oder mehr Häusern vereinigt, jeweils mit Garten versehen, beteiligten sich die Organisationen der H. L. M. daran, so daß das Anfangskapital gering war und die monatlichen Abzahlungen die Mieten in den Wohnungen hier „grands ensembles" nicht überstiegen. Das konnte nur gelingen, wenn man zur Fertigbauweise überging, so daß auch dabei die Monotonie nicht ausblieb, selbst dann nicht, wenn verschiedene Typen Verwendung fanden. Es handelt sich dabei um die sog. „villages sociaux", für die unteren Mittelschichten gedacht. Darüber hinaus kam es zur Entwicklung von „villages à l'américaine", ebenfalls Gruppensiedlungen abgebend, aber mit größeren Grundstücken versehen und mitunter auf individuelle Bauweise Bedacht nehmend. Jede dieser vorgeschobenen Gruppensiedlungen erweist sich in sozialer Hinsicht einheitlich; doch kommt es ohne weiteres vor, daß neben einem „village social" ein solches der gehobenen Schichten zu liegen kommt. Insgesamt schätzt man, daß während der Zwischenkriegszeit zwei Drittel, seit den sechziger Jahren ein Drittel der Eigenheime entstanden. Die von Borde, Barrère und Cassou-Mounat (1980, S. 80) entworfene Karte der Entwicklung von Bordeaux nach dem Ersten Weltkrieg läßt die bis dahin vorhandene Bebauung, diejenige der Zwischenkriegszeit und die nach dem Zweiten Weltkrieg mit den zwei Phasen der Großwohnsiedlungen und der Eigenheime klar erkennen, selbst wenn die soziale Struktur der letzteren nicht mehr eingefügt werden konnte. Anstelle dessen sei hier auf Rouen verwiesen, wo sich der Ablauf ähnlich verhielt mit der Abweichung, daß ein Teil der Altstadt zerstört wurde und beim Wiederaufbau – ähnlich wie bei deutschen Großstädten – eine soziale Aufwertung erfuhr, ebenso wie eine strikte Trennung von Hafen- und bzw. Industrieanlagen und Wohnungen erfolgte. Was in dem Nord-Südprofil allerdings nicht zum Ausdruck gelangt, sind die seit den sechziger Jahren entstandenen Eigenheime (Frémont, 1977, S. 86/87).

Nach dem Zweiten Weltkrieg kam es mancherorts zur Entwicklung *„Neuer Städte"*. Sieht man von denjenigen ab, die unmittelbar mit der Industrie zusammenhängen (Kap. VII. C. 3. c.), dann lassen sich zwei Typen unterscheiden, nämlich Trabantenstädte, die u. U. als Selbstversorger-Orte in Erscheinung treten, hinsichtlich der Arbeitsplätze aber weitgehend auf einen übergeordneten Mittelpunkt angewiesen sind, und Satellitenstädte, innerhalb derer genügend Arbeitsplätze zur Verfügung stehen und die unabhängig von einem Zentrum höherer Ordnung zu existieren vermögen.

In den *nordischen Ländern* ging man nach längeren Vorbereitungen zu Beginn der fünfziger Jahre zur Anlage solch „Neuer Städte" über, und zwar im Umkreis der Hauptstädte. Das war z. B. in Helsinki der Fall, wo Tapiola im Südwesten auf einer dem Festland angeschlossenen Schäre zu nennen ist, die als Trabantenstadt bzw. -Vorort anzusprechen ist. Deutlich läßt sich die Entwicklung während der letzten dreißig Jahre bei den „Neuen Städten" im Umkreis von Stockholm ablesen, die in 8-12 km Entfernung von der Metropole entstanden unter den besonderen Bedingungen, die die schwedischen großen Städte auszeichnen, wobei die von Stockholm ausgehende Untergrundbahn die Voraussetzung für die Anlage der „Neuen Städte" darstellte. Die erste unter ihnen, zu Beginn der fünfziger Jahre fertiggestellt, gab Vällingby im Nordwesten ab, für 23 000 Einwohner konzipiert, die sich auf mehrere, durch Grünanlagen oder Wald getrennte Nachbarschaften verteilten. Deren Bevölkerung vermochte zu Fuß oder mittels der Untergrundbahn das Hauptzentrum zu erreichen, das ein weit über den lokalen Bedarf hinausgehendes Geschäfts-, Dienstleistungs- und kulturelles Angebot aufwies, um damit nicht allein die eigene Bevölkerung, sondern auch die des Umlandes zu versorgen (insgesamt 50 000 Menschen). Ein zweites Stadium ist in Farsta zu erkennen, im Jahre 1960 fertiggestellt, im Süden von Stockholm gelegen. Hier wurde bereits stärker auf den Autoverkehr Rücksicht genommen. Zu Beginn der siebziger Jahre ging man im Südwesten daran, eine weitere „Neue Stadt" zu schaffen, für eine Bevölkerung von 50 000 gedacht, in vier Distrikte gegliedert, dessen „Superzentrum" einerseits mit einem Parkhochhaus versehen wurde, um einerseits Stellplätze mit relativ kurzfristiger Belegung zur Verfügung zu haben, andererseits solche für Auspendler, die mit dem Wagen die Untergrundbahn-Station, mit dem öffentlichen Verkehrsmittel der Arbeitsplatz erreichten. Die

A_1 erhalten gebliebene Altstadt
A_2 wiederaufgebaute Altstadt
A_3 Erweiterung des kommunalen Zentrums nach dem 2. Weltkrieg (Cité)

H Hafen- und Industrieanlagen
E Eigenheime der Zwischenkriegszeit
U Universität
S Großwohnsiedlungen nach dem 2. Weltkrieg

Abb. 131 Nord-Süd-Profil (Skizze) von Rouen (nach Frémont).

Ausstattung des Geschäfts-, Dienstleistungs- und kulturellen Zentrums war noch vielseitiger als bei den bisher dargelegten Beispielen, so daß die Versorgung von 300000 Menschen im Hinterland gewährleistet war. Den jüngsten Plan verfolgt man in Järvafält im Nordwesten, teils an den Mälarsee anschließend. Hier ist man bestrebt, genügend Arbeitsplätze zu schaffen, sowohl im sekundären als auch im tertiären Sektor. Sofern das glückt und die hier Beschäftigten bereit sind, in der Nähe ihres Arbeitsplatzes zu wohnen, dann würde „eine Alternative zur City von Stockholm" (Davies, 1976, S. 100) gegeben sein, d. h. eine Entlastung von Stockholm durch eine Satellitenstadt käme zur Verwirklichung, zumal schon die früheren Trabantenstädte nicht einfache dormitory towns abgaben, sondern durch ihre Umland- bzw. Hinterlandbeziehungen ein Moment aufweisen, das den Stadtteil-Geschäftszentren der meisten Großwohnsiedlungen in der Bundesrepublik Deutschland und in Frankreich fehlt.

Sieht man in der Bundesrepublik Deutschland von den unmittelbar mit der Industrie zusammenhängenden „Neuen Städten" ab (Kap. VII. C. 3. c.), dann sind es nur einige wenige, die als Entlastung vorhandener großer Städte geplant wurden. Die erste von ihnen ist wohl Sennestadt, die seit dem Jahre 1957 für 20000 Einwohner im Süden des Teutoburger Waldes in Angriff genommen wurde und im Jahre 1962 Stadtrecht erhielt. Wie weit sie ihre Eigenständigkeit mit der Wieder-Eingemeindung nach Bielefeld zu wahren wußte, muß offen bleiben. Nürnberg-Langwasser gibt ein weiteres Beispiel ab. Die geringe Entfernung zur City von Nürnberg (7-8 km), der Anschluß an die Untergrundbahn, Änderungen in der Planung, indem man die vorgesehene Einwohnerzahl von 40000 auf 60000 erhöhte, das Übergewicht der unteren Mittelschicht und die geringe Bereitschaft der Erwerbstätigen, von den in Langwasser geschaffenen Arbeitsplätzen Gebrauch zu machen (lediglich 12 v. H. von ihnen gehen ihrer Arbeit am Wohnplatz nach), deutet auf die Entwicklung einer Trabanten-Vorstadt (Tuckner, 1971, S. 110ff.). Hinsichtlich der Nordweststadt von Köln, deren Gelände bereits vor dem Zweiten Weltkrieg zur Eingemeindung kam, wurde für Arbeitsplätze gesorgt, indem längs des Rheins nicht störende Industriebetriebe angesetzt wurden, ebenso wie es zur Auslagerung von Bürohochhäusern kam (Auf der Heide, 1975). Mit guten Schnellverbindungen zur City steht auch hier in Frage, ob es sich um ein Stadtteilzentrum handelt oder ob eine gewisse Selbständigkeit erreicht werden kann. Schließlich ist auf Norderstedt zu verweisen, nördlich des Hamburger Stadtstaates gelegen und nach Zusammenschluß von vier Dörfern im Kreis Segeberg/Schleswig-Holstein seit dem Jahre 1970 in Angriff genommen, letztlich im Zusammenhang mit der vorgesehenen neuen Startbahn des Hamburger Flughafens. Letzteres Projekt wurde zwar abgelehnt, aber mit rd. 37000 Einwohnern Ende der siebziger Jahre und der verwaltungsmäßigen Selbständigkeit besteht hier u. U. die Möglichkeit der Entwicklung eines eigenen städtischen Zentrums, das teils der Entlastung von Hamburg dient und teils für das benachbarte Schleswig-Holstein Anziehungskraft ausübt.

Mit Ausnahme von Paris (Kap. VII. F. 2.) hielt man sich in Frankreich mit der Anlage „Neuer Städte" zurück. Wie weit Villeneuve de Grenoble-Echirolles mit dem „Olympischen Dorf" (Winterspiele 1968) dazu gerechnet werden kann, läßt sich nicht völlig entscheiden (Joly, 1980), und Ähnliches dürfte für das noch zu

Marseille gehörige und am östlichen Ende des Etang de Berre in den siebziger Jahren entstandene Vaudreuil (1979: 5000 Einwohner) gelten. Meist wird bei den Ende der sechziger Jahre geplanten und während der siebziger Jahre in Angriff genommenen Projekten die Beurteilung darüber, ob es sich um selbständige Städte handelt oder nicht, deshalb erschwert, weil wohl für bestimmte Jahre Bevölkerungszahlen angegeben werden, nicht aber das Verhältnis von Beschäftigten und Erwerbstätigen in den neuen Einheiten, so daß Angaben über die Pendelwanderung entfallen. Auch bei Lille-Est, 6-7 km von den Zentren von Lille und Roubaix entfernt, stellt sich die genannte Frage. Wohl verlagerte man einen Teil der Universität hierher, die im Zusammenhang mit der Industrie den tertiären Sektor der letzteren verstärkte; die Anlage eines Stadtparks und von Sportflächen, die der sonstigen Agglomeration bis dahin fehlten, boten einen weiteren Anreiz. Mit 37 000 Einwohnern im Jahre 1975 aber wurde das Ziel, die Bevölkerung der „Neuen Stadt" auf 50 000 zu bringen, nicht erreicht, und die Nachbarschaft zu Lille gibt zu denken, ob es sich bei Lille-Est um eine selbständige Stadt handelt oder um eine Trabanten-Vorstadt. Die „Neue Stadt" l'Isle d'Abeaux, 35 km östlich von Lyon, an der Autobahn Lyon-Grenoble/Chambéry gelegen und mit der Verlegung des Flughafens nach Satolas, 30 km östlich von Lyon und 15 km von der Neuen Stadt entfernt, in Zusammenhang stehend, besaß im Jahre 1975 20 000 Einwohner. Die sehr positive Einschätzung von Bonnet (1975, S. 122 mit Abb.) ist inzwischen einer mehr kritischen gewichen (Borde, Barrère und Cassou-Mounat, 1980, S. 154 ff.), weil einerseits die wirtschaftliche Depression und andererseits die Verlangsamung des Bevölkerungszuwachses die ursprüngliche Zielsetzung kaum zur Realität werden lassen, mögen die Planungen über den Aufbau der „Neuen Stadt" noch so günstig und originell gewesen sein.

Daß die „Neuen Städte" Großbritanniens in der Regel als Industriestädte eingestuft werden, was weder von den deutschen noch den französischen behauptet werden kann, wurde bereits erwähnt. Damit hängt es zusammen, daß Facharbeiter meist überrepräsentiert sind, an- und ungelernte Arbeiter hingegen, für die die Mieten zu hoch sind, weitgehend fehlen, wirtschaftliche Führungskräfte, die auf diese Weise einen sozialen Aufstieg vollziehen, eine nicht unbedeutende Gruppe abgeben, der Anteil von Akademikern und sonstiger Selbständiger unterdurchschnittlich vertreten ist. Diese Verhältnisse wurden sowohl für die „Neuen Städte" im Umkreis von London (Abb. 103; in der allerdings drei nach dem Jahre 1965 entstandene noch nicht aufgenommen sind) als auch für diejenigen von Clydeside festgestellt (McDonald, 1975, S. 38 ff.; Aldridge, 1979), und voraussichtlich dürfte das ebenfalls für diejenigen in Tyneside zutreffen, die drei Regionen, die die meisten „Neuen Städte" aufweisen. Ob es sich bei den „Neuen Städten" um Trabanten oder Satelliten handelt, hängt teils von der Zeit ihrer Entstehung und teils von ihrer Entfernung zur zentralen Stadt ab. Unter den fünf „Neuen Städten" im Umkreis von Glasgow, die zwischen den Jahren 1947 und 1962 ins Leben gerufen wurden (Pacione, 1979, S. 406), darunter East Kilbride, 12 km südöstlich von Glasgow gelegen, und Cumberland, 22 km nordöstlich davon, ist zumindest East Kilbride, selbst wenn es eine selbständige verwaltungsmäßige Einheit abgibt, als Trabantenstadt einzustufen. Zwar stammt deren Bevölkerung zu 60 v. H. aus Glasgow, allerdings zum geringsten Teil aus dessen Sanierungsgebieten. Einpendler nach und Auspendler von Glasgow spielen eine beträchtliche Rolle, so daß trotz Einkaufszentrum, schulischer und gesundheitlicher Betreuung die Selbständigkeit, die man von Satellitenstädten verlangt, nicht unbedingt gegeben ist. Die in größerer Entfernung von Glasgow gelegenen allerdings sind als Satelliten zu betrachten. Unter den „Neuen Städten" um London, deren Einwohnerzahl zunächst auf 20000-40000 festgelegt wurde, was nach dem Zweiten Weltkrieg eine wesentliche Erhöhung erfuhr, können die älteren und ausgereifteren, die man vor dem Jahre 1950 anlegte wie Bracknell, Crawley, Harlow, Hempel Hampstead, Stevenage und Welwyn Garden City als Satelliten aufgefaßt werden (Aldridge, 1979). Sie haben zum Teil sogar im Rahmen von industrial estates Wachstumsindustrien der fünfziger und sechziger Jahre aufgenommen, und ebenfalls Verwaltungseinrichtungen der Industrie, was sich dann auf die soziale Zusammensetzung der Bevölkerung auswirkt. Zu Nachbarschaftseinheiten zusammengeschlossen, mit genügend öffentlichen Grünflächen versehen bei strikter Trennung von Fußgänger- und Autoverkehr ist es in Großbritannien in den meisten Fällen gelungen, den „Neuen Städten" als Entlastungsorte vorhandener Conurbationen in genügender Entfernung davon den Status von Satellitenstädten zu geben unter gleichzeitiger Beschränkung der Pendelwanderung.

Städtische Erholungsflächen finden sich in Großstädten in zweifacher Weise, teils im Bereiche der früheren Stadtmauern bzw. bastionären Befestigungssysteme und teils in solchen Städten, die als Residenzen angelegt wurden oder diese Funktion später übernahmen. Ersteres trifft weniger für die Conurbationen Großbritanniens zu, die sich überwiegend aus kleinen Anfängen entwickelten, so daß sich dieses Moment hier mehr auf isolierte Mittelstädte (Castle bzw. Cathedral towns) beschränkt. Ebenso wenig spielt dieses Moment für die nordischen Städte eine Rolle (mit Ausnahme von Dänemark), teils weil die Zahl der hochmittelalterlichen Städte gering ist und teils, weil die staatliche Konsolidierung eher zum Abschluß kam. Durch Vauban erhielten die französischen Grenzstädte im 17./18. Jh. ihr bastionäres Befestigungssystem, und wenngleich dessen Umwandlung zu Grünanlagen mehr in den kleineren Städten erfolgte, so vermochte auch manche Großstadt, sich innerhalb dieses Bereiches Parkanlagen zu schaffen (z. B. Lille; Borde, Barrère und Cassou-Mounat, 1980, S. 17 ff.). In Deutschland konnte das bereits für Mittelstädte belegt werden (Kap. VII. D. 4. b. α.); doch bleibt erstaunlich, wie oft hier auch Großstädte ihre ehemaligen Befestigungsanlagen in dieser Art und Weise umformten. In Augsburg gab – zumindest zum Teil – die Nähe der Wallanlagen die Möglichkeit, familiengerechte, wenngleich teure Eigentumswohnungen zu errichten. Frankfurt a. M. nutzte das Glacis für Grün- und Sportanlagen, mitunter nach außen erweitert durch Einbeziehen von Parkgelände, zu einstigen Patrizierhäusern gehörend. Städtischer Initiative war es zu verdanken, das nördliche Mainufer zur Grünanlage werden zu lassen (Wolf, 1975, S. 148). Ähnlich steht es in Köln, Hamburg oder Bremen, wobei in letzterem die einst zum Schutz der Stadt dienenden Flächen als Grüngürtel 21 ha oder 17 v. H. der Fläche von City und Cityrand ausmachen (Hartenstein und Staack, 1967, S. 39), und nicht von ungefähr finden sich bereits fertiggestellte oder noch in Planung begriffene Sanierungsbereiche in deren unmittelbarer Nachbarschaft (Bremen, Beiträge zur Stadtentwicklung, Wohnen in der Innenstadt, 1979). Dabei stellt sich heraus, daß eine solche Umformung früherer Befestigungsanlagen überwiegend in solchen werdenden Großstädten stattfand, in denen das bürgerlich bzw. großbürgerliche Element tonangebend war bzw. die Festungsfunktion bis in das beginnende 20. Jh. wahrgenommen werden mußte (Köln und Mainz).

Schloßgärten, die früher oder später der Öffentlichkeit zugänglich gemacht wurden, sind insbesondere Residenzstädten eigen. Dem 17., 18. oder beginnenden 19. Jh. entstammend, spiegeln sie verschiedene Kunststile wider, wenngleich nach ihrer Anlage mitunter Veränderungen vorgenommen wurden, um das jeweils neueste Ideal der Gartenbaukunst zu erreichen. Neben dem zunächst der Oberschicht vorbehaltenen Hyde Park und Regents Park im bevorzugten Abschnitt des westlichen London existierten daneben Volkswiesen, die für sportliche Zwecke und zur Erholung der Unterschicht gedacht waren, was während des 18. und 19. Jh.s in kontinentaleuropäischen Städten aufgenommen wurde. Zum Schloßpark in Karlsruhe einschließlich der Fasanerie mit 46 ha kam der Stadtpark hinzu. Der Hofgarten in München ist zwar auf 5 ha beschränkt (1613-1615). Hingegen nimmt der Nymphenburger Park eine Fläche von 207 ha (1671) ein, der benachbarte Hirschgarten eine solche von 24 ha (1780). Der Englische Garten, von vornherein für die Öffentlichkeit gedacht, umfaßt 364 ha (1789-1793) die Theresienwiese, seit 1810 für das Oktoberfest genutzt, 50 ha. Wenngleich in Wien die ehemaligen Befestigungsanlagen die gründerzeitliche Ringstraße aufnahmen, so blieben der Burggarten und der Volkspark als innerstädtische Grünflächen erhalten. Doch hatte man bereits im Jahre 1766 den in der Donauniederung gelegenen Prater als Volksgarten freigegeben (Lichtenberger, 1970, S. 95 und S. 130).

Während man in französischen wichtigen Städten gerade während ihrer Blütezeit im 18. Jh. öffentliche Parkanlagen schuf, die sich an Paris bzw. Versailles orientierten (z. B. in Toulouse oder Bordeaux), kam man sonst während des 19. Jh.s zur Ausweitung von Grünanlagen. In Großbritannien ging man nun in den Industrie-Conurbationen dazu über, wobei derjenige von Birkenhead als Modell für den Central Park in Manhattan diente (Kap. VII. D. 4. a.). Ebenso geht der Tivoli-Park in Kopenhagen auf englischen Einfluß zurück. Stadtverwaltungen oder Bürgervereinigungen gingen in den deutschen Großstädten an die Ausdehnung der Grünflächen. Bremen ist stolz auf seinen Bürgerpark (1866-1884) ebenso wie Hamburg auf den kurz vor dem Ersten Weltkrieg unter Fritz Schumacher geschaffenen Stadtwald mit 180 ha, als Volkspark konzipiert. Hinsichtlich von Köln, das ähnliche Versuche unternahm, sei auf die Arbeiten von Wiegand (1977) und H. Meynen (1979) verwiesen. Unter Vernachlässigung anderer Beispiele sei lediglich noch auf Berlin eingegangen, das vor dem 19. Jh. nur den Tiergarten mit 160 ha unter gewissen Einschränkungen als innerstädtische Grünfläche aufzuweisen hatte. Um die Mitte des 19. Jh.s ging man nun daran, in der Nähe des dicht besiedelten gründerzeitlichen Ringes Parkanlagen zu schaffen. Der erste unter ihnen stellte der Volkspark Friedrichshain (1848, jetzt Ost-Berlin) dar; es folgten der Humboldthain mit 32 ha und der Schillerpark mit 30 ha in Wedding, der Viktoriapark mit 16 ha in Kreuzberg, schließlich der Treptowerpark mit 79 ha (Ost-Berlin), was aber bei der meist sehr geringen Ausdehnung dieser Flächen zu keinem Ausgleich zwischen den verschiedenen Stadtteilen führen konnte.

Die von Wiegand (1977, S. 14) übernommene, nach dem Statistischen Jahrbuch deutscher Städte vom Jahre 1907 vorhandene Aufstellung über die pro Kopf der Bevölkerung zur Verfügung stehenden Grünflächen in deutschen Großstädten ist recht lückenhaft und nur insofern bemerkenswert, als Frankfurt a. M. mit 109 qm/E. an erster Stelle stand, sicher durch die ausgedehnten Stadtwaldungen hervorgerufen, Berlin (vor der Groß-Berlin-Lösung im Jahre 1920) mit 2,3 qm/E. unter Einschluß des Tiergartens den untersten Rang einnahm. Gleichzeitig ist daraus zu ersehen, in welchem Ausmaß die jeweiligen Verwaltungsgrenzen einer Stadt die Werte beeinflussen.

Erweiterungen von Parkanlagen fanden auch noch in der Zwischenkriegszeit statt, die man in der Regel als Volksparks ansprechen muß. In Stuttgart war es der Killesberg, zuvor Ödland bzw. aufgelassener Steinbruch, der auf diese Weise umgestaltet wurde. Hannover erweiterte mit dem Neuen Rathaus den Maschpark, dem sich, um die Ihme-Überschwemmungen zu beheben, in den dreißiger Jahren der Maschsee mit seinen Sportanlagen anschloß. Zudem wurde, nachdem man östlich von Kleefeld den Wildpark erworben hatte, dazu benachbart der Lönspark angelegt, in dem man besonderen Wert darauf legte, die heimische Vegetation zu schützen mit immerhin einer Fläche von rd. 100 ha. In Berlin kam der Volkspark Rehberge mit 86 ha in Verbindung mit Sportanlagen hinzu, welch letzteren nun größere Aufmerksamkeit als früher geschenkt wurde. In Köln konnten nun die um die letzte Jahrhundertwende begonnenen Umwandlungen des inneren Festungsgürtels in den „inneren Grüngürtel" vollendet werden, die Neustadt halbkreisförmig umrahmend und teils auf rechtsrheinisches Gebiet übergreifend ebenso wie der äußere Festungsring nun den „äußeren Grüngürtel" aufnahm, der allerdings im Westen auf Grund von Sondergenehmigungen unterbrochen ist und im Norden sich in einzelne Grünstreifen auflöst (H. Meynen, 1979). Auf weitere Beispiele soll verzichtet werden, wenngleich es bemerkenswert ist, daß es großen deutschen Städten in einer politisch und wirtschaftlich schwierigen Zeit gelang, die Durchgrünung fortzuführen. Dabei spielten in zweifacher Weise soziale Gesichtspunkte eine Rolle, indem einerseits Schutz vor Emissionen und gleichzeitig eine Ausweitung der Freizeitgestaltung gewährt wurden, andererseits aber auch die Arbeitsbeschaffungsprogramme eine Förderung erfuhren. Nach dem Zweiten Weltkrieg setzte sich das nur in geringem Ausmaß fort, häufig dann, wenn Städte Bundesgartenschauen übernahmen, wenngleich es nun zu einer erheblichen Ausweitung von Sportflächen unterschiedlicher Art kam. Das hängt teils mit der stärkeren Durchgrünung der neuen Wohngebiete zusammen und teils bei verkürzter Arbeitszeit mit einer Verlagerung des Ausflugsverkehrs in die benachbarten ländlichen Gebiete, die nun von dieser Seite eine Überformung erfahren.

Weiter kommen städtische Waldgebiete in Frage. Für frühere Reichsstädte ist die Erwerbung von Reichsgut im 13. und 14. Jh. gesichert. Das kommt z. B. für Nürnberg in Frage, wobei allerdings eine Vielzahl von ländlichen Siedlungen ebenfalls Nutzungsrechte besaß. Zu Beginn des 19. Jh.s gelangte der Reichswald in bayerischen Staatsbesitz, und seit der Gründerzeit traten mit der Erstellung der Eisenbahn, der Aufnahme der Industrie, dem vermehrten Wohnungsbau und später der Anlage von Autobahnen Interessenkonflikte auf, die zu einer Reduktion der Waldfläche zwischen den Jahren 1820 und 1970 um 7000 ha führte, so daß der gegenwärtige Bestand 24000 ha umfaßt (Otremba, 1950, S. 103 ff.; Rutz, 1971). In Frankfurt a. M. konnte im Süden von Sachsenhausen die Stadt im 14. Jh. Reichswald erwerben, der in städtischem Besitz blieb. Bei geringen Einbußen nach dem Zweiten Weltkrieg besitzt er eine Fläche von 4350 ha, wobei durch die Anlage eines Freizeitstadions der Forderung nachgekommen wurde, den Wald als Naherholungsgebiet zu nutzen.

Auf welche Art und Weise Hannover zur Erwerbung seines Stadtwaldes im Jahre 1371 kam, liegt nicht ganz klar. Die Eilenriede, vom Zentrum nur in geringer Entfernung, erlitt in den letzten 250 Jahren keine Einbußen (Möller, 1978).

Schließlich kommt eine weitere Möglichkeit in Frage, auf welche Art stadtnahe Wälder in den Besitz der Städte selbst oder den des Staates übergingen, insbesondere in Residenzstädten verwirklicht. Hier beanspruchten die regierenden Fürstenhäuser Waldgebiete als Jagdreviere, um sie zu gegebener Zeit der Öffentlichkeit zugänglich zu machen. Für Wien wurde das bereits erörtert, und dasselbe geschah mit dem Tiergarten in Berlin. Hier aber blieb der Grunewald bis um die Mitte des 19. Jh.s noch völlig umzäunt, bis dann der Forstfiskus Gelände zur Errichtung von Villenkolonien abgab. Erst nach der Gründung des Zweckverbandes Groß-Berlin im Jahre 1912 war die Stadt in der Lage, Wald aufzukaufen, nicht allein im Grunewald, sondern ebenfalls in Tegel, Köpenick, Potsdam usf. mit einer Fläche von 10000 ha. Sie befanden sich allerdings zum größten Teil im Westen der Stadt und kamen der Bevölkerung des Wilhelminischen Ringes am wenigsten zugute, hatten aber den Vorteil der Durchdringung von Wald und Seengelände. Seit dem Jahre 1937 bis zum Jahre 1972 erlitt die Waldfläche in West-Berlin eine Einbuße um fast 1300 ha, weil sich Eingriffe nicht vermeiden ließen (z. B. Flughafen Tegel). Immerhin hat der Wald, der mehr denn je als Naherholungsgebiet zu dienen hat, indem für kurzfristige Aufenthalte für die West-Berliner keine Ausweichmöglichkeiten bestehen, einen Anteil an der Gesamtfläche von 16 v. H. (Hofmeister, 1975, S. 428 ff.; Mielke, 1981, S. 186 ff.) und steht damit gegenüber andern großen Städten wie Frankfurt a. M. (21 v. H.) oder Stuttgart (23 v. H.) zurück, gegenüber Hannover mit 12 v. H. oder gar gegenüber Hamburg, das keinen Stadtwald besitzt, voran.

Die Ausstattung mit Grünflächen (Parkanlagen, Botanische und Zoologische Gärten, Sportplätze, parkartige Friedhöfe und Schrebergärten), jeweils bezogen auf die zentrale Stadt bzw. Kernstadt, stellt sich recht unterschiedlich dar. Für Paris errechnete man mit 1,25 qm/E. den geringsten Wert, der sich allerdings auf 10,2 qm/E. erhöht, wenn man den Baumbestand (fast 1 Mill.) im Bois de Boulogne und in dem von Vincennes ebenso wie diejenigen längs öffentlicher Straßen und Plätze einbezieht (Beaujeu-Garnier, 1977, S. 105). New York und London liegen mit 5,5 bzw. 9,0 qm/E. in etwa demselben Niveau. Wohl lassen sich solch niedrige Werte auch bei deutschen Großstädten finden, aber meist stehen hier größere Flächen zur Verfügung, in Bremen, Hamburg und Essen 10 – unter 15 qm/E., in Hannover, Düsseldorf, Frankfurt a. M., Stuttgart und München 15 – unter 20 qm/ E. und in Karlsruhe, Köln und West-Berlin bis 25 qm/E., wobei in West-Berlin der Unterschied gegenüber den früheren Angaben teils auf den Ankauf von Forstgelände und teils auf die veränderte politische Situation zurückzuführen ist (Statistisches Jahrbuch deutscher Gemeinden, 1980).

Schließlich ist in diesem Zusammenhang auf die *Friedhöfe* einzugehen. Ursprünglich waren die Begräbnisstätten um die Kirchen gelagert. Spätestens im 16. Jh. nahm man eine Verlagerung außerhalb der Stadtmauern vor, wie es für Nürnberg und München bezeugt ist. Die Zeit der Aufklärung war solchen Vorhaben besonders günstig, zumal nun nicht mehr allein Überbelegung, sondern auch hygienische Gesichtspunkte die Entwicklung vom Kirch- zum Friedhof förderten. Die Verordnungen dazu erfolgten in Berlin bereits unter Friedrich Wilhelm I., wenngleich die ältesten Kirchen erst um das Jahr 1800 das in die Tat umsetzten. Bei dem starken Wachstum der Stadt in der ersten Hälfte des 19. Jh.s legte man dann einen zweiten Ring von Friedhöfen an der damaligen Peripherie an (Jenz, 1977, S. 23 ff. mit Abb. auf S. 23 und S. 27). In Wien gab St. Stephan am spätesten seinen Kirchhof auf (1732); Josef II. veranlaßte die Schließung der Kirchhöfe in den Vorstädten, die nun jenseits des Linienwalles einzurichten waren. Die Choleraepidemie vom Jahre 1873 war verantwortlich dafür, daß auch diese aufgegeben werden mußten mit Ausnahme des St. Marxer Friedhofs, der dieser Maßnahme entging. Nun entschloß man sich im Jahre 1874 auf der Rückseite der Stadt im Südosten, einen Zentralfriedhof einzurichten, und daneben hatten vornehmlich Vororte, die aus Weinbauerndörfern hervorgingen, ihre Ortsfriedhöfe (Bobek und Lichtenberger, 1966, S. 236 ff.).

Wie am Beispiel von Wien zu erkennen war, existieren gesetzliche Bestimmungen, die von hygienischer Seite für die Auswahl von Friedhofsgelände maßgebend sind. Das bezieht sich in erster Linie auf Boden- und Grundwasserverhältnisse, von Gaebler (1974, S. 256), Ahlers (1974, S. 9) und Jenz (1977, S. 16 ff.) ausführlich erörtert. Allerdings lassen sich die Forderungen nicht immer verwirklichen, so daß dann engmaschige Drainungen notwendig sind wie in Hamburg oder künstliche Aufhöhungen bis zur Deichkante wie in Bremen. Daß darüber hinaus noch andere Forderungen bestehen, indem Friedhöfe „als letzte Ruhestätte der Toten eine ruhige, vom Lärm des Alltags unberührte Lage und ihrer Zweckbestimmung entsprechenden würdigen Eindruck darbieten" sollen (Gaedke, 1977, S. 43), ist rechtlich anerkannt. Das führt dazu, daß eine anderweitige Nutzung nur unter Schwierigkeiten durchführbar ist.

In den Flächennutzungsplänen muß das Areal ausgewiesen werden, das auch in Zukunft für Friedhöfe benötigt wird. Da bereits Prognosen über die Bevölkerungsbewegung in den sechziger Jahren für das Jahr 1980 oder noch später nicht eingetroffen sind, hat bei der nun rückläufig gewordenen Bevölkerungszahl das „Platzproblem an Dringlichkeit verloren" (Gaedke, 1977, S. 43). Nicht allein die jährliche Todesrate geht in solche Berechnungen ein, sondern auch die Größe der Grab- bzw. Urnenfläche, die Ruhefrist und die sonst benötigten Freiflächen. Schon in bezug auf die Ruhefrist existieren erhebliche Unterschiede, wie es die Angaben von Schildt (1974, S. 52 ff.) beweisen. Dabei fällt auf, sofern man sich auf Reihengräber beschränkt, daß diese in bayerischen Großstädten am geringsten ist (München 7, Nürnberg 10 Jahre), dem sich Wien mit 10 Jahren anschließt, während sonst mit 20-30 Jahren zu rechnen ist. In Paris begnügt man sich seit dem Jahre 1912 mit 5 Jahren, und in Lyon ist eine Spanne zwischen 5 und 30 Jahren gegeben.

Unter den zahlreichen Vorschlägen, die für das Einsparen von Friedhofsfläche gemacht wurden, spielt der Übergang von der Erd- zur Feuerbestattung eine besondere Rolle. Letztere hat den Vorteil, daß auf den Untergrund keine Rücksicht genommen zu werden braucht und die Grabstellen kleinere Ausmaße besitzen, falls man nicht auf letztere überhaupt verzichtet und anonyme Urnenbeisetzungen ohne Grabmal und Bepflanzung vornimmt, was in Skandinavien üblich geworden ist und in der Bundesrepublik Deutschland nun ebenfalls Eingang gewinnt. Der Anteil der Urnenbestattungen lag im Jahre 1973 z. B. in West-Berlin, Hamburg oder Bremen um 50 v. H. ähnlich wie in den Städten der Deutschen Demokratischen Republik (Kopenhagen aber und Stockholm bei 80 v. H.); in Münster oder Köln ging dieser Anteil nicht über 10 v. H. hinaus, was zweifellos mit der konfessionellen Zugehörigkeit der Bevölkerung zu tun hat.

Unabhängig davon erweist sich, ob als Friedhofsträger die Kommunen oder die Kirchen fungieren. Dort, wo die Eigenstaatlichkeit nach 1800 unter dem Einfluß Napoleons gewonnen wurde, nahm man das rheinisch-französische Recht auf, nach dem die Kommunen für das Friedhofswesen verantwortlich sind. In früher preußischen Gebieten liegen die Verhältnisse unterschiedlich, indem in altpreußischen Bereichen einschließlich Schleswig-Holstein das im Jahre 1793 in Kraft getretene preußische Landrecht den Kirchen diese Aufgabe überließ; in den später hinzugekommenen Gebieten, in denen bereits das rheinisch-französische Recht eingeführt war, nahm man keine Veränderung vor (Gaedke, 1977, S. 4). Auf diese Weise kam es zustande, daß man z. B. Köln, München oder im Stadtstaat Hamburg nur kommunale Friedhöfe kennt, in Berlin hingegen (Stand 1969) 63 evangelische, 5 katholische Friedhöfe existieren (zusammen 309 ha), seit dem Ende des 19. Jh.s allerdings städtische Friedhöfe hinzukamen (insgesamt 44 mit einer Fläche von 709 ha; Jenz, 1977, S. 43).

Insbesondere während der Gründerzeit mit dem Bevölkerungszustrom in die heutigen Verdichtungsräume reichten die vorhandenen Friedhöfe nicht mehr aus. Dabei schlug man damals zwei verschiedene Wege ein, den der Dezentralisation und den der Konzentration. Für ersteres lassen sich z. B. Köln und München anführen, wobei letzteres näher behandelt werden soll.

In München kam es im Jahre 1577 zur Anlage des Südfriedhofs, der im Jahre 1789 wesentlich erweitert und bis zum Jahre 1944 belegt wurde, demgemäß mehr als 350 Jahre im Dienst stand. In den Jahren 1866-1869 entstand der erste Nordfriedhof, der bis zum Jahre 1939 benutzt wurde. Bereits im Jahre 1884 kam der neue nördliche Friedhof hinzu, in den Jahren 1894-1900 der Ostfriedhof und schließlich im Jahre 1905 der Waldfriedhof, der erste seiner Art in Deutschland, der bis zum Jahre 1957 in Gebrauch war und im Jahre 1966 durch eine unmittelbar anschließende Anlage ersetzt wurde. Die Außerdienststellung nach nur fast einem halben Jahrhundert hängt damit zusammen, daß die Ausnutzung für Grabflächen bei Waldfriedhöfen, für die auch forstliche Belange zu berücksichtigen sind, mit 20 v. H. besonders gering ist. Daß trotzdem an der Idee des Waldfriedhofs festgehalten wird, nicht allein in München, sondern auch bei einem Teil der Neuanlagen in West-Berlin (Jenz, 1977, S. 52 ff.), bedeutet ein Gegenargument gegenüber der oftmals vertretenen These eines allzu großen Flächenverbrauchs.

Allein in Hamburg ging man m. W. in den siebziger Jahren des vorigen Jahrhunderts zur Anlage eines Zentralfriedhofs über, an der damaligen Nordgrenze des Stadtstaates gelegen und verfolgte damit in etwa gleichzeitig dasselbe Ziel wie in Wien. Nach dem Ersten Weltkrieg um etwa das Doppelte erweitert, liegt hier wahrscheinlich die größte zusammenhängende Friedhofsfläche in Verdichtungsräumen der Bundesrepublik vor (rd. 400 ha). Allerdings ist der Bezirk Altona auszunehmen, der einen eigenen Hauptfriedhof besitzt, daneben aber in aufgesogenen Industrieorten (Ottensen) als auch in den Elbvororten Ortsfriedhöfe weiter bestehen. Allerdings war bereits bei der Ausdehnung des Hauptfriedhofs Ohlsdorf klar, daß eine nochmalige Erweiterung nicht durchgeführt werden konnte, so daß die Stadt bereits zu Beginn der dreißiger Jahre Gelände für einen zweiten Hauptfriedhof an der östlichen Stadtgrenze kaufte. Gewisse Vorarbeiten wurden damals geleistet, aber nach dem Zweiten Weltkrieg stellte sich heraus, daß man den Bedarf überschätzt hatte, so daß die Arbeiten daran erst im Jahre 1959 begannen und mit der Eröffnung des Hauptfriedhofs Öjendorf im Jahre 1966 vollendet wurden. Als Parkfriedhof mit weiten Rasenflächen gestaltet, erstreckt er sich auf eine Fläche von knapp 100 ha, kann aber um fast das Doppelte erweitert werden (Lohfeld, 1973).

„Alter Friedhof" bedeutet – unabhängig von der Zeit der Entstehung – lediglich, daß er außer Dienst gestellt wurde und keine Bestattungen mehr stattfinden dürfen, es sei denn, daß Erbbegräbnisse in Grüften existieren. Als Erholungsflächen für alte Menschen und als Kulturdenkmäler werden sie erhalten. Den ältesten Kirchhof stellt wohl derjenige von St. Peter in Frankfurt a. M. dar, der um die Mitte des 15. Jh.s zur Entlastung des Domkirchhofs entstand und bis zum Jahre 1828 (Anlage des Hauptfriedhofs) seinen Zweck erfüllte. Am nördlichen Rand der Neustadt gelegen, leitet er in die zu Grünflächen umgestalteten ehemaligen Befestigungsanlagen über. Die dazu gehörige St. Peterkirche riß man zwar im 19. Jh. ab, um nach dem Zweiten Weltkrieg einen Neubau zu errichten. Der einst reformierte Geusenfriedhof in Köln aus dem Jahre 1575, von H. Meynen (1979, S. 165) als offen gelassener Friedhof charakterisiert, dürfte ebenso wie der unter Denkmalschutz gestellte Linienfriedhof St. Marx in Wien zu den „alten Friedhöfen" gehören.

Den besonderen Schutz, den Friedhöfe genießen, zeigt sich in den rechtlichen Schwierigkeiten, die einer Ent- bzw. Umwidmung entgegenstehen. Nach der Außerdienststellung ist eine Frist von dreißig Jahren gesetzt, bevor eine andere Nutzung an die Stelle treten kann. Ist man trotzdem genötigt, das früher zu tun, dann sind Umbettungen auf Kosten des Friedhofsträgers erforderlich, ein Problem, das wohl vornehmlich nach dem Zweiten Weltkrieg in West-Berlin zu verzeichnen war, von Jenz (1977) ausführlich behandelt. Daß mittelbar Friedhöfe, die im Laufe der Zeit trotz ursprünglich peripherer Lage in die Nähe von Wohngebieten gerieten, einerseits als Erholungsflächen bestimmter Personenkreise in Anspruch genommen werden – ähnlich wie die „alten Friedhöfe" –, andererseits bei günstiger Einpassung in das Grünflächensystem der Städte durch Industrie und Verkehr verursachte Emissionen zu mildern verhelfen, stellen Nebenwirkungen dar, die zu beachten sind.

Bei einem Vergleich mit den Vereinigten Staaten können „alte Friedhöfe" hier nur unter besonderen Voraussetzungen vorkommen (z. B. ehemals spanische Städte). Park- oder Waldfriedhöfe entfallen zumindest bei den von Geschäftsunternehmen erstellten, bei denen die Belegungsdichte höher ist, um die genügenden Gewinne zu erzielen. Dafür ist sich der Flächenverbrauch, der lediglich für die zentrale bzw. Kernstadt berechnet werden kann, in Chicago mit 1 v. H. etwas niedriger als in Berlin mit 1,5 v. H. oder in Frankfurt a. M. mit 2,5 v. H.

Zusammenfassung. Versucht man, die in den Vereinigten Staaten entwickelten Modelle (Kap. VII. D. 4. a.) auf europäische Städte zu übertragen, dann stößt man auf erhebliche Schwierigkeiten. Wenn O'Loughin und Glebe (1980, S. 65) allerdings vorsichtig darauf hinweisen, daß bei Mittelstädten in der Bundesrepublik Deutschland sich die sozio-ökonomische Gliederung nach dem Burgess-Modell vollzieht, so lassen sich Gegenbeispiele anführen, bei denen zumindest eine Durchdringung von konzentrischen und sektoralen Elementen vorliegt und die Oberflächengestalt interferierend eingreift, die ihm Rahmen der Faktorenanalyse bzw. anderer statistischer Verfahren nicht berücksichtigt werden kann. Daß es allerdings Großstädte gibt, bei denen die sozio-ökonomische Differenzierung in Sektoren, der Familienstatus in konzentrischen Ringen abgebildet ist, läßt sich nicht bestreiten. Für den ersteren Fall stellte das bereits Aario (1951) an Hand von Helsinki fest, zu einer Zeit, als der Besitz eines eigenen Kraftwagens für weite Kreise der Bevölkerung noch nicht in Frage kam, wohl aber die Lage des Hafens und der daran anschließenden Industrie ebenso wie die die Stadt von Süden nach Norden durchziehende Eisenbahn befürworteten, daß ein gehobener westlicher Sektor zur Ausbildung kam und ein östlicher, der die Arbeiter aufnahm. Auch andere Gründe für eine sektorale Differenzierung vermögen ausschlaggebend zu sein, die, einmal eingeführt, die spätere Entwicklung bestimmten. Für Belfast wies Burke (1972, S. 365 ff.) nach, daß die ummauerte kleine Stadt von englischem Großgrundbesitz umgeben war. Vom Ende des 17. bis in das 18. Jh. hinein gingen die Inhaber an die Anlage von Vorstädten, wobei eine Parzellierung erfolgte und die Grundstücke nicht in den Besitz der Erwerbenden überging, sondern in eine Art Erbpacht, die aber auf 40-50 Jahre beschränkt war und dann erneuert werden konnte. Da dieser Vorgang sukzessive vor sich ging, entstanden Sektoren, in denen der sozio-ökonomische Status unterschiedlich war.

In Abb. 130 ist die von Bähr und Killisch (1981) erarbeitete Gliederung von Mannheim wiedergegeben, allerdings unter Beschränkung auf die sozio-ökonomische Differenzierung. Bereits im Text wurde mehrfach darauf hingewiesen, daß bei der Abgrenzung der statistischen Bezirke wenig Rücksicht auf die historischen Gegebenheiten genommen wurde. Auf Grund der topographischen Verhältnisse im Neckar-Rhein-Mündungsgebiet erfolgte die Bebauung ohnehin in Sektoren, und die Vorzugsviertel der gründerzeitlichen Oststadt und des zwischenkriegszeitlichen Neu-Ostheim gelangen lediglich unter erheblichen Geländeaufschüttungen, die in damaliger Zeit schwieriger und kostspieliger waren als gegenwärtig, wo für solche Zwecke Großbagger zur Verfügung stehen. Abgesehen davon konnte die Gliederung der vornehmlich auf der östlichen Niederterrasse gelegenen Dörfer mit ihrem alten Kern und der äußeren Vorortsbildung nicht wiedergegeben werden. Demgemäß ist die Differenzierung in Sektoren wohl vorhanden, aber kleingliedriger als angegeben, wobei die topographischen Verhältnisse dabei sicher eine Rolle spielen. Bezieht man sich auf den Verdichtungsraum Rhein-Neckar, dann lassen sich die nach dem Zweiten Weltkrieg entstandenen Vorzugsbereiche im Odenwald, an der Bergstraße und am Rande des Pfälzer Waldes auf diese Weise ebenfalls nicht erfassen.

Sofern man auf Baublöcke zurückgreift, wohl zum erstenmal von Bratzel (1981) für Karlsruhe nach dem Stand vom Jahre 1970 durchgeführt, gelangt man insbesondere hinsichtlich der Differenzierung der Vororte zu besseren Ergebnissen, wenngleich die Unterscheidung von zehn Sozialschichten, die sich nicht mehr benennen lassen, etwas zu weit geht. Immerhin wird die sozio-ökonomische Gliederung lediglich als „tendenzielles sektorales Muster, der Familienstatus als tendenzielles konzentrisches Muster (S. 203) betrachtet, was schließlich als Einschränkung der sonstigen Vorstellungen zu verstehen ist.

Wie insbesondere für Großbritannien gezeigt werden konnte, kann sich, sobald noch keine Sanierungen stattfanden, eine Kombination von Sektoren und konzentrischen Ringen hinsichtlich des sozio-ökonomischen Status ergeben. Sofern der staatliche Wohnungsbau einsetzte und darüber hinaus im Anschluß an die City Sanierungen durchgeführt wurden, läßt sich kein klares Prinzip mehr erkennen, auch nicht das eines sozialen Gefälles von der Peripherie zum Kern, u. U. mit Ausnahme von ein oder zwei Sektoren, die die obere Mittel- und Oberschicht aufnahmen, dann in der Regel über die zentrale Stadt hinausreichend.

Zwar existiert in Wien ein nach Westen gerichteter Sektor der Oberschicht, frühere Weinbauerndörfer umgestaltend; sonst aber ist eine klare konzentrische Anordnung gegeben, und zwar mit einem sozialen Gefälle, das von der Altstadt einschließlich des gründerzeitlichen Ringes nach der Peripherie gerichtet ist. Die soziale Aufwertung in den Großstädten der Bundesrepublik Deutschland läßt sich teils auf Kriegszerstörungen und teils auf Sanierungen des Altbaubestandes zurückführen. Sonst aber verläuft das soziale Gelände in umgekehrter Richtung, wenngleich durch den sozialen Wohnungsbau auch an der Peripherie sich Abweichungen davon herausstellen.

Schließlich ist noch eine Möglichkeit in Betracht zu ziehen, nämlich die, daß sich keine erkennbare Regel ergibt. Das wurde insbesondere von Borde, Barrère und Cassou-Mounat (1980, S. 144) für die französischen Regionalstädte betont, da sich vier, fünf oder zehn Quartiere desselben sozialen Standards herausschälen lassen, die innerhalb der Agglomerationen völlig gesonderte Standorte haben können, was sowohl für die Altstadt, die „quartiers péricentraux" und die Außenbezirke gilt. Demgemäß wurde direkt von einer mosaikförmigen Gliederung gesprochen. Ähnliches dürfte in der Bundesrepublik Deutschland für den Verdichtungsraum Rhein-Main gelten, wo in der Zeit nach dem Zweiten Weltkrieg die Bodenspekulation wohl am stärksten eingriff, auch außerhalb der Kernstadt Frankfurt a. M. selbst. Für die westlich orientierten Großstädte bzw. Verdichtungsräume des westlichen, mittleren und nördlichen Europa läßt sich demgemäß kein einheitliches Prinzip in der Anordnung der sozialen Schichten ausmachen.

c) Südeuropa

Wenn für Südeuropa eine Beschränkung auf große Städte Italiens und der Iberischen Halbinsel stattfindet, dann hängt das einerseits damit zusammen, daß die Citybildung noch weniger als im westlichen und mittleren Europa ausgeprägt ist und damit die Frage nach dem Sozialstatus der Bevölkerung in den Geschäftsbereichen eine noch entscheidendere Rolle spielt, andererseits damit, daß nur wenige Stadtmonographien existieren, sonst Spezialarbeiten, die – so wichtig sie sein mögen – lediglich Teilaspekte berühren.

Es kommt hinzu, daß hinsichtlich der statistischen Daten, die als Hilfsmittel für die soziale Schichtung benötigt werden, in den verschiedenen Städten unterschiedlich vorgegangen wird und das hier gewonnene Material sich kaum mit dem der allgemeinen Volkszählungen in Einklang bringen läßt. Das betonten Galasso (1961, S. 77 und S. 81 nach Döpp, 1968, S. 29) und Coquery (1963, S. 591) für Neapel sowie Huez de Lemps (1972, S. 30) für Madrid, so daß eine gewisse Verallgemeinerung möglich erscheint.

Ein weiteres Moment ist zu beachten, das die Beurteilung erschwert, nämlich die „graue Arbeit", das was Monheim (1981) als „untergetauchte Arbeit" (economia sommersa) bezeichnete, die nicht auf Italien beschränkt ist, sondern sich ebenfalls auf der Iberischen Halbinsel findet, voraussichtlich nicht immer in denselben Formen. Dazu gehört die irreguläre hauptberufliche Lohnarbeit, von der kleine industrielle, handwerkliche oder Dienstleistungsbetriebe Gebrauch machen, falls ein Überangebot von Arbeitskräften vorliegt und man den Sozialleistungen, die Großbetriebe auf sich nehmen müssen, auf diese Weise entgeht. Es kommt die Doppelarbeit hinzu, die von zwei unterschiedlichen Sozialgruppen betrieben wird. Einerseits handelt es sich um höhere Angestellte bzw. Angehörige der oberen Mittelschicht, denen die zweite Tätigkeit dazu verhilft, ihren Lebensstandard zu erhöhen bzw. in etwa dem der Elite anzupassen. Das ist für Mailand (Dalmasso, 1971, S. 482), Turin und Rom (Monheim, 1981, S. 328) ebenso wie für Madrid (Huetz de Lemps, 1972, S. 30) bekannt und dürfte einer gewissen Verallgemeinerung fähig sein. Andererseits geht es um Angehörige der Unter- bzw. Marginalschicht, zu denen auch ambulante Händler zählen können, „bei denen ein zum Lebensunterhalt ausreichender Hauptberuf fehlt und deshalb mehrere marginale Arbeiten verknüpft werden müssen" (Monheim, 1981, S. 328). Daß letzteres mehr in den südlichen Großstädten von Italien und der Iberischen Halbinsel vorkommt, dürfte verständlich erscheinen. Wie weit Heimarbeit, die für die Städte Nordostitaliens und des Zentrums eine Rolle spielt, sich in entsprechenden Städten der Iberischen Halbinsel findet, ist einstweilen nicht zu übersehen, während die „malavita", d. h. die Unterwelt, die vom Schmuggel, Rauschgifthandel, Erpressung usf. lebt, wohl auf Süditalien einschließlich Sizilien beschränkt bleibt. In Palermo wurde ihr Anteil an den Erwerbstätigen auf 7 v. H. geschätzt (Monheim, 1981, S. 329).

Die verspätete Industrialisierung, die in Italien im Nordwesten begann, in Spanien – abgesehen vom Norden – sich vornehmlich auf Barcelona konzentrierte ebenso wie die Tatsache, daß die gegenwärtige soziale Gliederung eine noch stärkere historische Tiefe als im westlichen und mittleren Europa zumindest teilweise besitzt, rechtfertigen weiterhin die besondere Behandlung der südeuropäischen Großstädte, wenngleich in dieser Beziehung eine Auswahl getroffen werden muß. Zumindest ist die Sozialstruktur der toskanischen Städte nicht ohne die Entwicklung der Signoria seit dem Hochmittelalter zu verstehen, und in Süditalien spielt die spanische Herrschaftsperiode vom Ende des 14.-18. Jh.s eine entscheidende Rolle. Die einst maurischen Städte vornehmlich im Süden der Iberischen Halbinsel erhielten durch die Reconqista das spezifische soziale Gepräge, wovon einige Züge bis heute gewahrt blieben.

Im allgemeinen erweist sich der Abstand zwischen den verschiedenen Sozialschichten größer als im westlichen und mittleren Europa, bei einer allerdings nicht gleichmäßig verlaufenden Verstärkung von Norden nach Süden.

Das kann zunächst für Mailand (1966: 1,7 Mill. E.) nachgewiesen werden, was auf andere Großstädte Oberitaliens übertragen werden kann. Mailand wies im Jahre 1960 eine recht gleichmäßige Struktur zwischen dem zweiten und dritten Sektor auf – im Gegensatz zu Rom, wo letzterer überwog. Der hohe Anteil der Erwerbstätigen mit 44 v. H. verteilte sich zu 47 v. H. auf Arbeiter, unter denen sich ein erheblicher Anteil von Facharbeitern befand. Unter den Immigranten, die 1957-1965 35 v. H. der Bevölkerung stellten, kamen 10 v. H. aus dem Süden des Landes, die lediglich als ungelernte Arbeitskräfte im Straßenbau, Baugewerbe bzw. in den Großbetrieben der Industrie und im untersten Dienstleistungsbereich der Stadt eingestellt werden konnten. In Wirklichkeit ist ihre Zahl höher zu veranschlagen, weil sie bereits nach dem Ersten Weltkrieg – trotz Verbots – zuwanderten. 13,7 v. H. der Erwerbstätigen waren als unabhängige Handwerker usf. einzustufen, 33 v. H. als Angestellte, die sich als ausführende Organe derjenigen betätigten, die Entscheidungsbefugnisse inne hatten. Der Anteil der oberen Mittelschicht (überwiegend selbständige Akademiker) mit 2,3 v. H. und der Oberschicht mit 4,0 v. H. befand sich weit über dem Durchschnitt des Landes (2,0 v. H.). Wenn Facharbeiter kaum 3000 Lire (etwa 453 Dollar), Angestellte der höchsten Kategorie 150 000 Lire (etwa 22 500 Dollar) verdienten (im Jahre 1965), dann gab es darüber hinaus 1300 Familien, deren Einkommen bei 10 Mill.-400 Mill. Lire lag, so daß selbst in einer Stadt, deren wirtschaftliche Verhältnisse west- und mitteleuropäischen Großstädten nahe kam, die Einkommensunterschiede beträchtlicher waren (Dalmasso, 1971, S. 462 ff. und S. 482 ff.). Seit der Krise der Großindustrie hat sich zwar manches geändert, indem die Erwerbstätigkeit insgesamt, vornehmlich aber die in der Industrie zurückging ebenso wie die Immigration aus dem Süden u. a. m., was Dalmasso (o. J. S. 175/76) einerseits als „Verbürgerlichung der Mailänder Gesellschaft" bezeichnete, allerdings mit der erheblichen Einschränkung, daß das mittlere und Kleinbürgertum einen Niedergang erlebt.

Als Vergleich auf der Iberischen Halbinsel bietet sich lediglich Barcelona (1970: 1,7 Mill. E.) an. Da hier aber Daten über die soziale Schichtung nur für die Provinz Katalonien vorliegen (Wacker, 1965, S. 178; Ferras, 1976), läßt sich nur darauf aufmerksam machen, daß hier eine wesentliche Immigration aus den südlichen Gebieten auftritt, insbesondere aus Andalusien, wobei diese Immigranten, teilweise Analphabeten, ähnlichen Beschäftigungen nachgehen wie die ausländischen Arbeitskräfte im westlichen und mittleren Europa. Im Jahre 1970 waren etwa 50 v. H. der Bevölkerung in Barcelona bzw. in Katalonien, geboren, 42,2 v. H. stammten aus Andalusien, unter denen der größere Teil das nicht als Etappenstation für die Emigration ins Ausland betrachtete, sondern auf Grund des damals günstigen Arbeitsangebotes hier zu bleiben gedachte (Mertins und Leib, 1981, S. 269). Insbesondere Ferras (1976, S. 127 ff.; o. J., S. 182 ff.) setzte sich mit dem Gegensatz zwischen nicht-katalonischem „Proletariat" und den Aufstiegschancen der früheren katalonischen Unterschicht auseinander.

Die Städte der Toskana beanspruchen voraussichtlich eine Sonderstellung, selbst wenn einstweilen vornehmlich Unterlagen für die jeweilige Altstadt vorliegen (Sabelberg, 1980 und 1981). In Florenz (1976: 465 000 E.) war die Oberschicht in der Altstadt im Mittel mit 5 v. H. beteiligt (freie Berufe und Unternehmer), wobei diese sich aus der hochmittelalterlichen Signoria entwickelte, deren Grundbesitz an anderer Stelle behandelt wurde. Sie waren aber zugleich Unternehmer im Handel, Gewerbe, Bank- und Finanzwesen und veranlaßten einen Teil der ländlichen Bevölkerung, in die Stadt zu ziehen, um nicht allein die Verarbeitung landwirtschaftlicher Produkte, sondern auch die von Luxusgütern in die Hand zu nehmen. Von der altstädtischen Oberschicht im Jahre 1971 konnte etwa zwei Drittel ihren Stammbaum mindestens bis in das 18. Jh. zurückverfolgen (Sabelberg, 1981, S. 181 ff.). Hinzu kommt eine breit gestreute Mittelschicht mit einem Anteil von 53 v. H., während die nicht-selbständigen Arbeiter als Unterschicht im Mittel einen Anteil von 42 v. H. inne hatten.

Sevilla (1970: 548 00 E.) kann als traditionelle Großstadt des spanischen Südens betrachtet werden, in der mehr als 70 v. H. der Bevölkerung in der Stadt bzw. der entsprechenden Provinz geboren ist. Der Anteil der erwerbsfähigen Männer mit 20 v. H. im Jahre 1968 wurde wahrscheinlich zu niedrig angesetzt, weil hier die früher erwähnten Schwierigkeiten auftreten. Da in Neapel der Anteil der Erwerbstätigen im Jahre 1961 mit 27 v. H. angegeben wurde (Coquery, 1963, S. 591), dürfte das als ungefährer Maßstab auch für südspanische Städte angesehen werden, wenngleich hier der Anteil derjenigen, die nur unregelmäßig beschäftigt bzw. arbeitslos sind, kaum eine Rolle spielen (in Neapel, je nach Berechnung bei 24-34 v. H. liegend). Als Unterschicht, die im wesentlichen Handarbeit leistet, konnten 66 v. H. der Erwerbstätigen in Sevilla eingestuft werden, deren Verdienst im Jahre 1973 unter 20 000 Peseten (etwa 340 Dollar) lag. Sie zählten nicht zu den „Armen", sondern vermochten bei bescheidenen Ansprüchen ihren Lebensunterhalt zu bestreiten, vornehmlich dann, wenn mehrere Beschäftigungen aufgenommen wurden bzw. erwachsene und noch nicht verheiratete Kinder zum Familienunterhalt beitrugen. Etwa 3 v. H. der Erwerbstätigen gehörten der Oberschicht an, meist absentistische Latifundienbesitzer mit einem Einkommen von 100 000 Peseten und mehr (etwa 1400 Dollar). Demgemäß blieb der Anteil der Mittelschichten reduziert. Die im Jahre 1974 einsetzende Inflation, wo zwar bei steigendem Einkommen ein noch höheres Anwachsen der Preise und damit der Lebenshaltungskosten verbunden war, traf die Unterschicht sicher mehr als die Elite (Press, 1979, S. 165 ff. und S. 218 ff.).

Um nun die Verteilung der Sozialschichten darlegen zu können, empfiehlt es sich, kurz auf die der Bevölkerungsdichte einzugehen, wobei lediglich auf Rom und Neapel eingegangen werden soll.

Als Rom (1976: 2,9 Mill. E.) im Jahre 1870 Hauptstadt des geeinten Italien wurde, hatte die Stadt 226 000 Einwohner, die innerhalb der aurelianischen Mauer (Kap. VII. F. 2.) lebten, insbesondere im Bereiche von sechs zentralen rionie. Die Auffüllung erfolgte bis nach der letzten Jahrhundertwende bei steigender Zahl der rioni auf 22. Im Jahre 1966 wohnten hier noch 10 v. H. der Bevölkerung, wobei die mittlere Bruttodichte sich auf 16 000 E./qkm belief, allerdings bei erheblichen Unterschieden zwischen den verschiedenen rioni, indem in einigen die Dichte auf 60 000-70 000 E./qkm anschwellen konnte, in andern weit unter dem Durchschnitt blieb. Mit der weiteren Ausdehnung entstanden außerhalb der aurelianischen Mauer die quartieri urbani, deren Zahl und Ausdehnung im Laufe der Zeit wechselte. Sie beherbergten im Jahre 1966 74 v. H. der Bevölkerung bei einer mittleren Bruttodichte von 10 300

E./qkm, wobei auch hier innerhalb der einzelnen Abschnitte erhebliche Differenzierungen zu verzeichnen waren. Die sechs suburbi, die im Westen an die quartieri angeschlossen wurden, waren von 4 v. H. der Bevölkerung bewohnt mit einer mittleren Dichte von 200-300 E./qkm, bis es schließlich zur Eingemeindung des Agro Romano kam mit 11 v. H. der Einwohner und einer Dichte von 250 E./qkm. Sieht man von den erheblichen Unterschieden innerhalb der rioni und quartieri ab, dann ergibt sich ein Zuwachs der Bevölkerungsdichte von außen nach innen (Fried, 1973, S. 93), wobei die Ausbildung des gründerzeitlichen „Gürtels" mitteleuropäischer Städte ebenso wie der "zone of transition and deterioration" amerikanischer Städte unterblieb (Fried, 1973, S. 93). Das hängt nicht allein mit der geringen Industrialisierung von Rom zusammen – in Mailand lassen sich trotz Entwicklung der Großindustrie ähnliche Verhältnisse feststellen –, sondern läßt sich teils auf das verspätete Wachstum und teils Eigenarten der räumlichen Anordnung der Sozialschichten zurückführen.

Für Neapel (1976: 1,2 Mill. E.) liegen zwar Berechnungen der Nettodichte vor, nicht aber für Rom und andere Großstädte, so daß um des besseren Vergleichs willen die Bruttodichte herangezogen werden soll. Im Jahre 1961 lag die durchschnittliche Dichte in der Altstadt bei 50 000 E./qkm, demgemäß wesentlich höher als in Rom. Dabei finden sich innerstädtische Viertel bzw. Straßenzüge, wo die Dichte auf 98 000-137 000 E./qkm ansteigen kann, ein Absinken nach der innerstädtischen Peripherie bemerkbar wird mit Werten von 26 000-60 000 E./qkm (Döpp, 1968, S. 233 ff.). Vermochte sich Rom einen Verwaltungsbereich von 1500 qkm zu schaffen, so mußte sich Neapel mit 117 qkm zufrieden geben, wenngleich außerhalb davon noch einige Gemeinden zur „Conurbation" rechnen. Teils lassen sich die hohen Dichtewerte auf das letztere Phänomen zurückführen, und teils – sicher der tiefere Grund – ist die spanische Herrschaftsperiode dafür verantwortlich zu machen, als Neapel Hauptstadt des Königreichs beider Sizilien unter aragonischer Führung wurde. Unter dem Vizekönig Toledo fand zwar eine Stadterweiterung statt, mit Befestigungsmauern umgeben (Ende des 16. Jh.s). Wenngleich zunächst militärische Belange dafür verantwortlich waren, so mußte außerdem Raum für den aus Spanien zuziehenden Adel und Verwaltungsbeamte ebenso wie für das Militär geschaffen werden. Zudem zog man einheimische Barone heran, die sich so besser eingliedern ließen, und schließlich fand eine erhebliche Zuwanderung vom Land statt, weil deren Bevölkerung die Sicherheit der befestigten Stadt suchte und zudem glaubte, durch die damals zahlreiche Oberschicht Beschäftigungsmöglichkeiten zu finden. Das bedeutete letztlich den Beginn der sozialen Degradierung der inneren Altstadt, die man ebenfalls in einigen Großstädten Siziliens findet (Döpp, 1968, S. 29 ff. und S. 57 ff.).

Wie wirken sich nun die bisher geschilderten Verhältnisse auf die Anordnung der Sozialschichten in südeuropäischen Großstädten aus?

Für die großen Städte Oberitaliens, des Zentrums u. U. noch Rom umfassend, wird man davon auszugehen haben, daß trotz erheblicher Spanne in den Einkommensverhältnissen die räumliche Segregation geringer als im westlichen und mittleren Europa ist, der Segregationsindex – allerdings für keine Stadt berechnet – kaum eine U-förmige Kurve ergeben würde. In Mailand wohnt der größte Teil der Elite innerhalb der mittelalterlichen Altstadt (z. B. im Bereiche der Scala; Abb. bei Dalmasso, 1971, S. 486), wo die Aristokratie ihre alten Paläste zwar völlig erneuerte unter Erhaltung der äußeren Fassaden. Im Süden und Norden bildeten sich kleinbürgerliche Quartiere aus, die nach der letzten Jahrhundertwende sich in derselben Richtung bis zur spanischen Mauer (Mitte des 16. Jh.s) ausdehnten. Auf welche Zeit sich die Sozialgliederung der mittelalterlichen Stadt zurückführen läßt, ist nicht ganz geklärt, wohl aber sicher bis in die frühe Neuzeit, vielleicht auch älteren Datums. „Habiter dans le centre, est un élément de superiorité par rapport à ceux de la périphérie" (Dalmasso, 1971, S. 484). Ein Überwiegen der Angestellten ergibt sich in den Bereichen zwischen mittelalterlicher Stadt, der durch die spanische Mauer gegebenen Erweiterung bis hin zum äußeren Boulevard, während die Peripherie, vornehmlich im Nordwesten und -osten durch Arbeiter charakterisiert wird, unter denen sich meist ungelernte Immigranten aus dem Süden in dem genannten Abschnitt in dem äußersten Kranz niederließen. Junge männliche Alleinstehende kamen entweder auf dem Betriebsgelände der Großindustrie in Baracken unter Bedingungen unter, die sich kaum vom westlichen und mittleren Europa unterscheiden, oder sie mieteten Zimmer in nicht mehr gebrauchten Räumen der Gutsbetriebe. Sofern sie in Mailand zu bleiben gedachten, heirateten bzw. ihre Familien nachholten, legten sie ihre Ersparnisse in dem Kauf kleiner Parzellen an und schufen sich unter Mithilfe von Verwandten und Freunden bescheidene Eigenheime (genannt corée), so daß nicht genehmigtes Bauen (Spontansiedlungen, Kap. VII D. 4. f)) eine völlig untergeordnete Rolle spielt.

Zumindest bis in das Hochmittelalter zurückverfolgen läßt sich die sozioökonomische Gliederung der toskanischen Städte, sowohl in Siena als auch in Florenz (Sabelberg, 1980 bzw. 1981). Hier gaben die Palazzis der Signoria nicht nur die Wohnungen ab, sondern enthielten ebenfalls Räume für die gewerbliche Betätigung. Sie liegen verstreut in der Altstadt, mit andern Sozialschichten vermischt, die man vom Lande heranzog, um genügend Arbeitskräfte zu haben. Um 1300 setzte eine stärkere Segregation ein, indem nun Straßen entstanden, die fast nur Palazzis enthielten, bis schließlich seit dem 16. Jh. an der Peripherie der Altstadt Palazzis in großen Gartenanlagen zur Ausbildung kamen. Wenngleich ein Teil der Palazzis tertiären Nutzungen zugeführt wurden (Banken, öffentliche Verwaltung usf.), etwa 21 v. H. unter 131 Gebäuden solcher Art umfassend, so zeichnete sich die überwiegende Zahl (45 v. H.) durch die Mischung von Geschäften, Büroräumen und Wohnungen aus. Ebenfalls eine gemischte Nutzung zeigten 21 v. H. der Palazzis, bei denen aber die Wohnung dem Eigentümer zur Verfügung stand, und schließlich enthielten 24 v. H. der entsprechenden Gebäude lediglich die Wohnung des Besitzers, wobei unter den privaten Eigentümern mehr als die Hälfte ihren Stammbaum mindestens bis in das 18. Jh. zurückverfolgen konnte (Sabelberg, 1981, S. 183 nach Ginori Lisci, 1972).

Für Rom sind die Meinungen geteilt, je nachdem, ob italienische oder amerikanische Gesichtspunkte im Vordergrund stehen. Dalmasso (1971, S. 484) nahm eine stärkere räumliche Segregation als in Mailand an. Demgegenüber betonte Fried (1973, S. 93), daß nirgendwo eine absolute Segregation gegeben sei, z. B. in den rioni sowohl die ärmsten Rentner bis hin zu Angehörigen der Aristokratie wohnen. Als Rom Hauptstadt von Italien wurde, waren die zahlreichen Paläste des Adels von einfachsten Behausungen der Unterschicht umgeben, welch letztere sich von der Nähe zur Aristokratie Gelegenheitsarbeit oder großzügige Almosen versprachen (Aubrac, 1970, S. 16 und 18). Von den Adelspalästen blieben allerdings lediglich vier in privatem Besitz, wobei fraglich ist, ob die Eigentümer hier wohnen blieben. Demgegenüber setzte sich später eine etwas stärkere Segregation durch, an den unterschiedlichen Dichtewerten zwischen den verschiedenen rioni bemerkbar, was allerdings bei geringer Bruttodichte nicht allein auf das Wohnen hoher Sozialschichten schließen läßt, sondern auf eine verstärkte Citybildung. Die zahlreichen Planungsvorschläge, die seit dieser Zeit gemacht wurden, ob noch vor der letzten Jahrhundertwende, ob unter Mussolini oder ob nach dem Zweiten Weltkrieg (Gesetz „167" vom Jahre 1963), führten sicher zu einer Verstärkung der Segregation, ob ein Teil der Oberschicht in bestimmte Bereiche der quartieri zog und hier Bungalows errichtete, ob ein Teil der höheren Mittelschichten dasselbe tat, allerdings sich auf Eigentumswohnungen in mehrgeschossigen Häusern (meist vier Stockwerke) beschränkte, die sozial Schwachen allerdings jeweils an die Peripherie verwiesen wurden. Gingen die aus Rom Gebürtigen durch zahlreiche Straßendurchbrüche, durch die Regulierung des Tibers (nach dem Zweiten Weltkrieg) u. a. m. ihrer einfachen Unterkünfte verlustig oder kamen ländliche Immigranten, die in der Hauptstadt hofften, Arbeit zu finden, obwohl die Industrialisierung damals wie heute gering blieb und die im Osten nach dem Gesetz „167" vorgesehene Industriezone noch immer nicht entwickelt ist (Abb. bei Aubrac, 1970, S. 33 und Fried, 1973, nach S. 50) wurden an die Peripherie verwiesen. Sie kamen in den sog. „borgate" unter, die seit dem Jahre 1870 existieren, als Zuwanderer vom Land ungenehmigte Behelfsbauten (Spontansiedlungen) errichteten. Seit dem Jahre 1924 entstanden sie, wenn innerstädtische Bereiche geräumt werden mußten unter städtischer bzw. staatlicher Leitung und waren mit einem Raum für jede Familie ohne jegliche Infrastrukturmaßnahmen kaum besser ausgestattet als diejenigen vor dem Ersten Weltkrieg; erst in den dreißiger Jahren kam es dabei zu etwas besseren Verhältnissen. Nach dem Zweiten Weltkrieg entstand nach dem Gesetz „167" das borgate „Prima Porte", 13 km westlich der Via Flamina, das im Jahre 1959 mit 12 000 Einwohnern nicht viel anders aussah, als die übrigen dieser Siedlungen. Die durch die Eindeichung des Tibers verursachte Umsiedlungsaktion in überschwemmungsfreies Gelände wurde hinsichtlich des Baus von Wohnungen und deren Ausstattung zu wesentlichen Verbesserungen genutzt, zumal ebenfalls für nahe gelegene Arbeitsplätze gesorgt wurde. Als kleine Zellen am äußeren Rande der Stadt existierten Ende der 60er Jahre immerhin noch 30 borgate, und mehr als 3 v. H. der Bevölkerung lebten im Jahre 1967 in selbst errichteten Behelfsbauten (Fried, 1973, S. 279), der höchste Prozentsatz unter allen großen Städten Italiens. Wie überall in den italienischen Städten blieb der soziale Wohnungsbau zurück, sofern man den Vergleich zu west- und mitteleuropäischen Städten zieht, aber ebenfalls gegenüber Spanien. Teils hing das mit dem Geldmangel der Kommunen und des Staates zusammen, teils aber auch – sofern Pläne für eine Umgestaltung vorlagen – mit unterschiedlichen Auffassungen über die Verwirklichung der Pläne, mitunter politisch motiviert.

Eigenheime spielen insgesamt eine untergeordnete Rolle und kommen in Mailand und Florenz im Rahmen der Palazzis vor und teils bei der Unterschicht in Mailand in den corées bzw. in den borgate von Rom. Immerhin verfügt die Hauptstadt über den höchsten Anteil von „owner occupied-Wohnungen" (1966: 36,8 v. H.), wobei es sich aber überwiegend um Eigentumswohnungen höherer Sozialschichten in mehrgeschossigen Bauten handelt (Fried, 1973, S. 274). Als Ersatz dienen vielfach als Eigenheime errichtete Zweitwohnungen, die zwar in Nord-, Mittel- und Westeuropa nicht fehlen, denen aber im Rahmen von Monographien südeuropäischer Städte häufig ein besonderer Abschnitt gewährt wird.

Hinsichtlich von Sevilla, das bis zum Zweiten Weltkrieg kaum über die von den Mauren erweiterte Stadtmauer hinauswuchs, wurden die verschiedenen Haustypen, die gleichzeitig Aufschluß über den Sozialstatus geben, bereits von Mototo (1883, S. 23-26 nach Press, 1979, S. 44 ff.) dargelegt. Hier sollen nur die wichtigsten erwähnt werden, einerseits die „corrals de vecinos", vorwiegend zweigeschossige Miethäuser mit Einzimmerwohnungen, um einen Innenhof gruppiert, der von der

Straße lediglich durch einen Eingang erreicht werden kann, von der Unterschicht bewohnt, andererseits die Patiohäuser, die absentistischen Großgrundbesitzern gehörten und mit acht bis zehn Zimmern ausgestattet waren. Wohl aus maurischer Zeit stammend, war eine Segregation nicht gegeben. Die „corrals" entstanden seit dem 16. Jh., als der Handel aufblühte und die Latifundienbesitzer ihr Kapital durch die Errichtung der Mietshäuser anlegten. Die Beziehungen zu ähnlich gearteten Gebäuden in Lateinamerika sind an anderer Stelle zu erörtern (Kap. VII. D. 4. f.). Um das Jahr 1950 lebten etwa zwei Drittel der Bevölkerung in den „corrals"; zwar sank ihr Anteil danach, im wesentlichen durch Überschwemmungen des Guadalquivir veranlaßt. Die obdachlos Gewordenen brachte man zunächst provisorisch in Baracken oder Lagerhäusern unter. Nach dem Bürgerkrieg setzte ein erheblicher Zustrom der ländlichen Bevölkerung aus der eigenen Provinz ein, denen nichts anderes übrig blieb, als sich illegale Behausungen zu schaffen. Zudem kamen nun Erlasse über den Preisstop der Mieten heraus, mit dem Nachteil behaftet, daß für die Instandhaltung der Mietshäuser nichts mehr getan wurde. Es blieb nun keine andere Lösung, als zum Hochhausbau (8-9 Geschosse) überzugehen, indem man zunächst die Oberschicht veranlaßte, Eigentumswohnungen in Etagenhäusern zu beziehen, was für sie den Vorteil brachte, Hauspersonal einzusparen, das immer teurer wurde. Sie sollten den Markstein für die unteren Schichten abgeben, die man ebenfalls in Geschoßbauten unterbringen wollte, wobei die früheren Corral-Bewohner ebenso wie ländliche Zuwanderer und Rand- bzw. Marginalgruppen (Zigeuner) mit erheblicher staatlicher Unterstützung in der Tat das Beispiel aufnahmen. Bei bescheidenerer Wohnungsausstattung, aber der Möglichkeit, eine größere Wohnung als zuvor als Eigentum erwerben zu können, bot genügenden Anreiz. Am Ende der sechziger Jahre wurde die Altstadt als Wohnstandort wieder attraktiv, finanziell nur für die Oberschicht in Frage kommend, die nun aber bei der Errichtung von Eigentumswohnungen verblieb. Da für solche „condomiums" große Parzellen benötigt wurden, kamen dafür zunächst nur die durch die Überschwemmungen ruinierten "corrals" in Frage. Nun traf man von Seiten der Stadt besondere Bestimmungen über die Zahl der Stockwerke (meist vier Geschosse) ebenso wie über das Verhältnis von überbauter zu Grünflächen, welch letztere ein Drittel des zur Verfügung stehenden Areals einnehmen mußte. Den noch vorhandenen corral-Bewohnern durfte zwar nicht gekündigt werden; dennoch fand man Möglichkeiten, dies zu tun, wenn man den Nachweis erbringen konnte, daß die corrals vom Verfall bedroht waren. Das trifft man zweifellos auch im westlichen und mittleren Europa, aber bei dem stärkeren Traditionsbewußtsein der Bevölkerung von Sevilla sind diese Wandlungen doch erstaunlich. Auf diese Weise kamen in den letzten dreißig bis vierzig Jahren eine räumliche soziale Segregation zustande, bei der die Innenstadt von der Oberschicht bewohnt wird, die ebenfalls in einem inneren Kranz die Altstadt umgibt, bis dann nach außen der Sozialstatus absinkt. Ob sich überall in den großen Städten des südlichen Spanien solch durchgreifende Veränderungen durchsetzten, läßt sich einstweilen nicht übersehen, aber Ansätze dazu sind sicher gegeben, weil die staatlichen Verordnungen allgemeine Gültigkeit besaßen.

Schwieriger werden die Verhältnisse in den Millionenstädten Madrid und Barcelona. Hier ging man in der zweiten Hälfte des 19. Jh.s an erhebliche Stadterweiterungen (ensanche), die einerseits hochwertige tertiäre Einrichtungen aufnahmen und die andererseits zum Wohngebiet sozial gehobener Schichten wurden. Der Bauboom nach dem Bürgerkrieg setzte allerdings auch hier ein (Gormsen, 1981, S. 193 ff.), was zu einer Abnahme der illegal errichteten Siedlungen führte, die allerdings nicht völlig zum Verschwinden gebracht werden konnten. In bezug auf die obere Mittel- und Oberschicht ergaben sich zumindest in Madrid zwei Möglichkeiten, unter denen die eine darin bestand, Eigentumswohnungen in Hochhäusern zu beziehen mit mehr Geschossen als in Sevilla, die andere darin, große Eigenheime mit entsprechendem Gartengelände zu erwerben (Huez de Lemps, 1972, S. 49ff.).

Schließlich sind noch diejenigen großen Städte zu behandeln, in denen die Altstadt eine erhebliche soziale Degradierung erfuhr. Das gilt einerseits für Neapel, u. U. Palermo und andererseits für Lissabon. Die Gründe, die in Neapel dazu führten, wurden bereits erwähnt. Noch im 15. Jh. bestanden die Wohnhäuser in Alt-Neapel aus zwei bis drei Geschossen (Leyden, 1929, S. 2ff.). Nach der Regierungszeit des Vizekönigs Toledo wurden mit dem anhaltenden Zustrom der Bevölkerung noch vorhandene Gärten überbaut und bereits im ersten Drittel des 17. Jh.s das häufige Vorkommen von fünf- bis sechsgeschossigen Gebäuden betont, einmalig im damaligen Europa. Es kamen die „Bassi" hinzu, die während der spanischen Herrschaft entstanden, zugleich Kramläden und Werkstätten enthielten, wobei die anschließenden Gassen für alltägliche Verrichtungen herangezogen werden mußten. Im Jahre 1884 lebten 128000 oder 26 v. H. der Bevölkerung Neapels in den Bassi bei einer durchschnittlichen Belegung mit fünf Personen. Hinzu kamen die „Fondachi", ursprünglich als Lager- und Büroräume für fremde Fernhändler gedacht, wie man sie vielfach im Orient findet (Kap. VII. D. 4. f.). Mit fünf bis sieben Geschossen füllten sie sich während der spanischen Herrschaft mit Angehörigen von Randgruppen bzw. der Marginalschicht. Am Ende des 19. Jh.s waren sie noch von 9000 Menschen bewohnt (2 v. H. der Bevölkerung), und im Jahre 1958 existierten noch 66 Fondachi, die allerdings nicht auf die Altstadt beschränkt waren. Besser sah es in der vom Vizekönig Toledo geschaffenen Stadterweiterung (spanisches Quartier) aus, wo sich die Paläste des Adels häuften. Allerdings verließ der größere Teil dieser Schicht bereits während des 18. Jh.s das neuere Altstadtquartier, um entweder die westlich anschließende Riviera oder die benachbarten Hänge der Hügel als Wohnort zu wählen. Die frei werdenden Gebäude wurden durch Einziehen von Zwischengeschossen, Erhöhung durch Zusatzgeschosse, Nutzung von Kellern und Erdgeschoß für Wohnungen und schließlich durch Inanspruchnahme von Nischen in Treppenhäusern zu Wohnzwecken überfüllte Mietswohnungen, wo sich – abhängig von der Größe der Wohnung – unterschiedliche Schichten zusammenfanden, selbstverständlich unter Ausschluß der oberen Mittel- und Oberschicht. Während des 19. und beginnenden 20. Jh.s folgten höhere Mittelschichten dem Beispiel der Oberschicht, deren einfachere Wohnungen eine ähnliche Degradierung der Bausubstanz ebenso wie des Sozialstatus erlebten wie zuvor die Paläste. Die noch vorhandenen Baulücken, meist in verbliebenen Innengärten, füllte man im 19. Jh., als sich eine gewisse Industrialisierung einstellte, mit Mietshäusern aus. Nach der Einigung Italiens und der Wahl von Rom zur Hauptstadt sank zwar die Bevölkerung von Neapel nicht ab, wohl aber deren Bedeutung. Zwar ging man bald an Sanierungsarbeiten, die aber nicht durchgreifend waren. Als während des Zweiten Weltkriegs das Hafengelände und ein nicht unbeträchtlicher Teil des Wohnungsbestandes zerstört wurde, ließ selbst das sich nicht für eine ausreichende Umgestaltung, die Altes mit Neuem zu verbinden wußte, nutzen. Zwar vermochte der soziale Wohnungsbau dazu beizutragen, daß illegale Siedlungen so gut wie verschwanden. Die vor 1880 geschaffenen Altbauten aber, die im Jahre 1951 mit 35 v. H. am Gesamtbestand der Stadt beteiligt waren, befanden sich fast ausschließlich in der Altstadt (Döpp, 1968, S. 114 ff. und S. 332 ff.). Bei der Errichtung der neuen „City", eingeleitet unter Mussolini und Ende der fünfziger Jahre fortgesetzt, wurden wertvolle und der Instandsetzung noch fähige Gebäude zerstört, und an andern Stellen brachte die Errichtung von Hochhäusern in unmittelbarer Nähe von Altbaubeständen letztere noch mehr zur Geltung. Spekulation, u. U. auch der Einfluß der Mafia haben bisher zu keinen befriedigenden Ergebnissen der Sanierungen geführt.

Zu der Gruppe der Großstädte, deren Altstadt einem sozialen Degradierungsprozeß unterlag, gehört ebenfalls Lissabon (1970: 760 000 E.), wenngleich der Vorgang wesentlich jünger ist (Gaspar, 1979). Der erhebliche Bevölkerungszustrom aus den portugiesischen Provinzen, derjenigen, die in den portugiesischen einstigen Kolonien tätig waren und schließlich von den Kapverden, überwiegend Mulatten, verschärften nach dem Zweiten Weltkrieg die Situation. Die Altstadt ging ihrer Cityfunktionen weitgehend verlustig, die frei werdenden Räume wurden an Zuwanderer vermietet. Sonst aber mußte man zur Anlage illegaler Siedlungen übergehen, wovon sich 66 innerhalb der städtischen Verwaltungsgrenzen finden, weit mehr aber am Außenrand, wo eine Beaufsichtigung dieses Vorgangs meist entfiel (Karte bei Freund, 1977, S. 93 nach Salgueira, 1972). Zahlenangaben über die in „Spontansiedlungen" lebende Bevölkerung liegen nicht vor; doch ist zu vermuten, daß ihr Anteil an den Gesamteinwohnern hier am höchsten unter europäischen großen Städten liegt. Demgemäß zeigen sich ebenso wie in den Großstädten Süditaliens Phänomene, die sonst für Entwicklungsländer charakteristisch sind.

Zum Abschluß sollen die städtischen Grünflächen behandelt werden. Anders als in Mitteleuropa, wo die früheren Befestigungsanlagen häufig durch einen Grüngürtel ersetzt wurden, fehlt dieses Moment in südeuropäischen Großstädten weitgehend. Als einziges mir bekanntes Beispiel ist das lediglich in einem Teil der spanischen Mauer in Mailand mit dem Castello Sforzesco und dem Park Sempione (47 ha) der Fall. Meist aber ist ein bruchloser Übergang zwischen dem alten Kern und späteren Erweiterungen gegeben. Als Beispiel sei Madrid angeführt, wo die maurische Stadt mit dem Alcazar bzw. Schloß nahtlos in die hochmittelalterliche Stadt (Ummauerung 12. Jh.) übergeht; dasselbe geschieht mit den sich östlich anschließenden Vorstädten, ursprünglich von einer Mauer des 16. Jh.s umgeben, die allerdings an einigen Stellen an Boulevards erinnernde verbreiterte ringförmige Straßen besitzt. Weitere Ausdehnungen im Osten während des 16. Jh.s bilden sich im Straßennetz kaum ab, bis schließlich die Stadtmauer des 17. Jh.s (1625-1635) durch einen breiten baumbestandenen Boulevard gekennzeichnet ist (Paseo del Prado), an die dann die Neustadt des 19. Jh.s anschließt (Abb. in Huez de Lemps, 1972, S. 10). Solche Boulevards, die am Abend außerordentlich belebt, u. U. auch mit kleineren Plätzen im Bereich der ehemaligen Stadttore ausgestattet sind, zählen zum „dekorativen Grün". Parkanlagen sind in der Regel sehr beschränkt und gingen meist aus solchen hervor, die einst dem Adel gehörten und später von der Stadt übernommen wurden. Dazu gehört, z.B. der Parco Ducale in Parma, der Park der Villa Borghese oder der Villa Medici in Rom, das Parkgelände um das den früheren Alcazar ersetzende Schloß in Madrid, der sich bis in das tief eingeschnittene Manzaneres-Tal erstreckt. Jenseits davon auf einstigem königlichen Jagdgelände wandelte man dieses in den Park Casa de Campo um. Der frühere königliche Lustgarten El Retiro (143 ha) im Osten wurde von der

Stadt übernommen. Die bereits nach dem Ersten Weltkrieg als Campus angelegte Universität, die im Bürgerkrieg zerstört und an derselben Stelle wieder errichtet wurde, schloß man nach dem Zweiten Weltkrieg durch den Westpark gegenüber andern Stadtteilen im Nordwesten ab. Die Terrassengärten von Boboli (1550 entstanden) in Florenz sollten noch erwähnt werden.

Dekoratives Grün und Parkanlagen werden zum „öffentlichen" Grün gezählt, sofern letztere der Öffentlichkeit zugänglich sind. Bei Döpp (1968, S. 185 ff., besonders S. 198 ff.) ebenso wie bei Fried (1973, S. 282) finden sich Vergleiche solcher Anlagen für italienische Städte, unter denen leider Florenz nicht enthalten ist. Für Madrid fehlt eine entsprechende Berechnung, und für Barcelona konnte nur festgestellt werden, daß das öffentliche Grün in qm pro Einwohner geringer ist als in Rom. Die Angaben der genannten Autoren stimmen nicht völlig, aber in den Grundzügen überein. Danach ergibt sich folgende Aufstellung:

Tab. VII.D.14 Dekoratives Grün und öffentliche Parkanlagen in qm/Person

Mailand	1,0		Turin	2,4
Neapel	1,6	bei Weglassen peripherer und der Öffentlichkeit wenig zugänglicher Anlagen 0,58	Verona	4,0
Rom	2,0			

Döpp, 1968, S. 198 und Fried, 1973, S. 282.

Sieht man von Mailand ab, dann ergibt sich eine Zunahme von Süden nach Norden, wobei teils die klimatischen Verhältnisse eine Rolle spielen und die Pflege des Grüns bei längerer sommerlicher Trockenheit größere Schwierigkeiten und Ausgaben der Stadtverwaltungen notwendig macht, allerdings auch die Einstellung der Stadtgemeinden selbst nicht unterschätzt werden darf. Die wesentlich höheren Werte in zahlreichen mitteleuropäischen Städten sind auf dieselben Faktoren zurückzuführen, wobei in einigen noch die vorhandenen Stadtwaldungen wichtig sind, was in Italien kaum in Frage kommen dürfte und lediglich von Turin erwähnt wird.

Allerdings kommt den Privatgärten der Oberschicht in den italienischen und spanischen großen Städten größere Bedeutung zu als in den entsprechenden mitteleuropäischen Städten. Das öffentliche Stadtgrün in der gesamten Kommune von Neapel beansprucht eine Fläche von knapp 200 ha, das private hingegen 6400 ha, und in Rom halten sich öffentliches Stadtgrün mit 366 ha und privates mit 400 ha in etwa die Waage.

d) Sowjetunion und Ostblockländer

Unter den sozialistischen Industrieländern soll hier vornehmlich auf die Sowjetunion eingegangen werden. Zwar ist der Grund und Boden Staatseigentum, so daß die Grundstückspreise keine Rolle spielen dürften. Zumindest aber wurde eine Bewertung nach Zonen vorgenommen, nach dem im Kern die Preise um das drei- bis vierfache höher lagen als an der Peripherie (Kabakova, 1973 nach Bater, 1980, S. 126 ff.), damit die Planung daraus ihre Folgerungen ziehen könne und die Nutzung im Zentrum an Intensität zunehme. So ist diese Frage zwar nicht völlig ausgeschaltet, wenngleich die direkte Einwirkung auf die sozio-ökonomische Gliederung lediglich zu Vermutungen Anlaß geben kann.

Bei der geringen Bedeutung, die Kleinstädten zukommt, können diese hier außer acht gelassen werden. Gewisse Unterschiede zwischen Mittel- und Großstädten existieren, weil die Planungskonzeptionen in den letzteren stärker zur Ausführung gelangen als in den ersteren, sofern nicht Kriegszerstörungen oder „Neue Städte" (Kap. VII. C. 4. c.) Abweichungen hervorbringen. Insofern aber lassen sich Mittel- und Großstädte zusammenfassen, weil die Citybildung als Ausnahme zu werten ist bzw. sich in anderer Art äußert als in den westlichen

Ländern (Kap. VII. D. 4. b.). Weiterhin ist zu berücksichtigen, daß in den sich ausdehnenden Städten meist ein erheblicher Wohnungsmangel herrscht, weil der Zuzug in die Städte meist groß ist und der staatlich gelenkte Wohnungsbau damit nicht Schritt halten kann, selbst wenn für einige Großstädte Beschränkungen des Wachstums vorgesehen sind.

In bezug auf die städtische Sozialstruktur wurde die Spanne zwischen Ober- und Unterschicht mit der charakteristischen Ausdünnung der Mittelschichten geringer als vor der Revolution, aber eine völlige Egalisierung unterblieb. Letzteres ist ohnehin nur in sehr kleinen Gemeinschaften möglich wie in einigen Denominationen der Vereinigten Staaten, wo das auch nicht immer von Dauer war.

Für eine Mittelstadt wie Pskov (Pleskau, 1965: 137000 E.) wandten Koparov und Patrushew (1971, nach Matthews, 1979, S. 113) folgendes Verfahren an, um eine gewisse soziale Differenzierung zwischen dem Zentrum und der Peripherie zu ermitteln: Im zentralen Bereich lebten 85 v. H. der Bevölkerung in städtischen Häusern, womit wohl Mietswohnblöcke gemeint sind. In den Außenbezirken ohne Industrie überwogen mit 75-85 v. H. Ein- und Zweifamilienhäuser aus Holz, meist mit einem Gartengrundstück versehen, wo Zuwanderer vom Land mit geringen Einkünften wohnen, für die die Nutzgärten eine Verbesserung der sonst knappen Versorgung mit Gemüse bringt. Dabei konnte festgestellt werden, daß mit höherer Bildung und besserem Einkommen die Neigung sinkt, einen Nutzgarten zu bewirtschaften. Insgesamt kann man daraus mit Vorsicht den Schluß ziehen, daß ein gewisses soziales Gefälle vom Zentrum nach der Peripherie existiert.

Tab. VII.D.15 Die Sozialstruktur von Ufa für das Jahr 1968

Sozialschichten in v. H.	Zentraler Bereich	Neubauten	Peripherie
Arbeiter	33,5	47,1	57,4
Angestellte	9,0	17,8	12,2
Intelligenz (I. T. R.)	12,0	10,9	6,2
Intelligenz, andere	32,4	14,9	11,8
Rentner	13,1	9,3	12,4
	100,0	100,0	100,0

Fenin, 1971, bzw. Matthews, 1979 S. 12.

Für ein administratives Zentrum mit bedeutender Industrie wie Ufa (1977: 942000 E.) gab Fenin (1971, nach Matthews, 1979, S. 12) folgende soziale Gliederung an: Arbeiter, Angestellte, die keiner manuellen Beschäftigung nachgehen, aber in unteren Stellungen verbleiben, Intelligenz (I. T. A.), die bei Fach- oder Hochschulausbildung Spitzenpositionen in Partei und Staat ausüben, die übrige Intelligenz, die als Techniker oder innerhalb von Fach- und Hochschulen höhere Rangstufen einnehmen, und schließlich aus dem Erwerbsleben Ausgeschiedene. Weitere, nicht sehr glücklich als „kulturelle Indizes" bezeichnete Faktoren treten hinzu, unter denen der Besitz von Gartengrundstücken u. Ä. zu verstehen ist. Betrachtet man die Verteilung der verschiedenen Gruppen innerhalb der Stadt, dann ergibt sich nach derselben Quelle folgendes Bild:

Tab. VII.D.16 Der Anteil der nicht-industriellen Landnutzung in sowjetischen und US-amerikanischen Städten[1]

Größe der Städte	Landnutzung in V. H.	UdSSR	USA
50 – u. 100 000	Wohnungen	58,1	41,0
	Handel u. öffentl. Gebäude	14,2	15,0
	Straßen	11,7	26,8
	Parkanlagen	17,0	7,2
100 – u. 150 000	Wohnungen	50,0	46,7
	Handel u. öffentl. Gebäude	15,3	15,9
	Straßen	16,5	31,0
	Parkanlagen	18,0	6,0
250 000 u. m.	Wohnungen	42,2	45,8
	Handel u. öffentl. Gebäude	17,3	15,9
	Straßen	20,2	28,9
	Parkanlagen	20,3	9,9

Svetlichnyi 1960 bzw. Reiner und Wilsen, 1879, S. 64.
[1] Die hier für die Vereinigten Staaten angegebenen Werte können mit den sonst im Text verwendeten, insbesondere auf Tab VII.D.4 nicht übereinstimmen, weil die von der Industrie genutzten Flächen weggelassen wurden und deshalb eine Verschiebung in den Anteilen auftreten muß und teils deswegen, weil von sowjetischer Seite offenbar die städtischen Verwaltungsgrenzen als Bezugsfläche dienten, in den USA aber die urban areas.

Fügt man hinzu, daß Garten- und Haustierbesitz am geringsten in Neubauten und am höchsten an der Peripherie sind, dann wird man eine ähnliche Schlußfolgerung wie für die Mittelstädte ziehen können.

Die Flächennutzung sowjetischer und US-amerikanischer Städte unterschiedlicher Größenordnung, wie es die Aufstellung von Svetlichnyi (1960, nach Reiner und Wilson, 1979, S. 64) ergibt, kann zwar über die soziale Differenzierung kaum etwas aussagen, soll aber um des allgemeinen Vergleichs willen hier wiedergegeben werden, wobei allerdings die Industrieflächen außer acht blieben und ebenso unklar ist, ob unbebautes Land, Gärten usf. zu den Parkanlagen gerechnet wurden.

Daß zunächst der Anteil, der auf die Straßen entfällt, in den Vereinigten Staaten wesentlich höher liegt als in der Sowjetunion, hängt damit zusammen, daß zumindest zu dem angegebenen Zeitpunkt (1960) hier der öffentliche und dort der Individualverkehr die wichtigste Rolle spielte. Inzwischen ist auch in der Sowjetunion die Benutzung des Personenkraftwagens erheblich gestiegen, ohne daß in der Planung genügend Vorsorge für Garagen, Parkplätze usf. getroffen wurde. Wenn in der Sowjetunion der Anteil, den Wohnungen in Anspruch nehmen, mit der Größe der Städte abnimmt, dann ist die Ursache dafür darin zu sehen, daß die Planung sich stärker in den großen Städten durchsetzt, in denen nach dem Zweiten Weltkrieg aus finanziellen und ideellen Erwägungen, ebenso aber um die Nutzungsintensität zu steigern, die fünfgeschossige Bauweise immer mehr durch Gebäude von fünfzehn bis zwanzig Geschossen ergänzt wird. Sollten die angegebenen Werte für Parkanlagen in der Sowjetunion zu hoch und diejenigen für die Vereinigten Staaten zu niedrig liegen, dann hängt das offenbar damit zusammen, daß in letzterem Fall nur die öffentlichen Grünanlagen eingingen.

Die Tatsache jedoch bleibt bestehen, daß man in der Sowjetunion auf öffentliche Erholungsflächen mehr Wert legen muß als in den Vereinigten Staaten, weil hier manches in dieser Beziehung von privater Seite geschieht, was dort die öffentliche Hand übernehmen muß. Wenn in Moskau 8,4 qm/E. Grünfläche zur Verfügung stehen, so ist das nicht gerade viel; in Kiew sind es allerdings 18,5 qm/E., so daß erhebliche regionale Unterschiede bestehen.

Wie weit ein solches Angebot allerdings von den Arbeitern genutzt werden kann, liegt auf einer andern Ebene (Bater, 1980, S. 136 ff.) Selbst wenn die Industrialisierung in starkem Maße erst nach der Revolution einsetzte, so waren doch Vorläufer vorhanden. Dabei stellt sich die Frage, ob – sofern Städte den Ansatzpunkt bildeten – eine Übergangszone zur Entwicklung kam. Zumindest für Moskau ist das zu bejahen, dann hier setzte die Industrie an der Ringbahn an, meist dort, wo sie von radialen Verkehrslinien geschnitten wurde. Hier haben sich bis heute Distrikte erhalten, in denen sich eine Mischung von alten Mietshäusern und noch nicht nach außen verlagerten Industriewerken einstellt und die höchste Brutto-Dichte innerhalb der Stadt erreicht wird (12 000-23 000 E./qkm). Zwar wurde mit Sanierungen begonnen, die aber letztlich mehr dem Zentrum selbst oder den Außenbereichen zugute kamen (Hamilton, 1976, S. 24 ff.).

Sicher ist der Wohnungsbau Angelegenheit des Staates bzw. der Städte. Da aber staatliche Organisationen, Industrieunternehmen usf. die für sie notwendigen Beschäftigten lediglich erhalten können, wenn sie ihnen eine Wohnmöglichkeit bieten, gehen sie oft selbst daran, den Wohnungsbau in die Hand zu nehmen, so daß im Jahre 1977 zwar 70 v. H. der Wohnungen staatlich waren, von denen aber zwei Drittel im Jahre 1971 von Organisationen in Anspruch genommen wurden. Lediglich in Moskau, Leningrad und Kiew, wo die städtischen Sowjets über die genügenden politischen Verbindungen verfügten, war es anders. Auf diese Weise konnten die Städte selbst nur geringen Wohnraum zur Verfügung stellen, wobei die Einweisung über Wartelisten erfolgt. Bei relativer Gleichförmigkeit der Mieten, die allerdings etwas nach dem Einkommen gestaffelt sind, wird letztlich eine soziale Segregation unterbunden. Allerdings hat die „Intelligenz" die Möglichkeit, falls sie nicht durch die Zugehörigkeit zu einer öffentlichen Organisation versorgt werden kann, ihren sonstigen Einfluß geltend zu machen, um eher besser ausgestattete Neubauwohnungen zu erhalten als andere Gruppen.

Seit dem Jahre 1962 traten insofern Verbesserungen ein, als es erlaubt wurde, Baugenossenschaften zu bilden, die mit Hilfe langfristig abzuzahlender beim Staat aufgenommener Hypotheken Baublöcke errichten konnten, in denen sie dann eine Art Eigentumswohnung erhielten. In der Zeit von 1965-1973 wurden etwa 10 v. H. aller Neubauten durch solche Genossenschaften geschaffen (French, 1979, S. 97 ff.). Mitglieder einer Genossenschaft aber konnten nur solche werden, die über ein höheres Einkommen verfügten. Ob das bedeutet, daß einzelne Stadtviertel gehobenen Schichten vorbehalten bleiben oder ob es sich um einzelne als Zellen eingelagerte Baublöcke handelt, kann nicht entschieden werden.

Schließlich spielt die durchschnittlich zur Verfügung stehende Wohnfläche eine Rolle. Dabei ist zu bedenken, daß nach dem Jahre 1926 zunächst andere Aufgaben im Vordergrund standen, als den Wohnungsbau zu fördern, was sich erst recht während des Zweiten Weltkriegs bemerkbar machte. Bei sinkender Geburtenrate waren alte oder neue Wohnungen nach dem damaligen Standard oft zu groß, so daß Familien mit zwei oder drei Personen jeweils ein Zimmer zugewiesen wurde mit gemeinsamer Benutzung von Küche usf. Unter solchen Voraussetzungen kam es dazu, daß die Wohnfläche pro Einwohner in dem Zeitraum von 1926-1956 abnahm. Im Jahre 1926 lagen die entsprechenden Werte in Leningrad mit 8,7 qm/E. am höchsten, in Frunze mit 4,0 qm/E. am niedrigsten, wobei sich insgesamt ein Gefälle von Westen nach Sibirien und Mittelasien ergab. Im Jahre 1956 wies Odessa die größte Fläche auf (5,8 qm/E.), Alma Ata und Frunze die geringsten (3,7 bzw. 3,8 qm/E.). Dabei fand zweifellos eine Staffelung nach Sozialschichten statt, indem die „Intelligenz" das normal geforderte Areal von 9 qm/E. erhielt oder sogar überschritt. Auch wenn der spätere Wohnungsbau mit dem Bedarf nicht Schritt halten konnte, so setzten sich doch Verbesserungen durch, am stärksten in Moskau selbst, wo im Durchschnitt im Jahre 1977 10,3 qm/E. Wohnraum gewährt wurden, Alma Ata mit 7,8 qm/E. und Frunze mit 6,7 qm/E. eine geringere Erhöhung zeigten (Bater, 1980, S. 104 ff. und S. 107).

Wenn das Parkgelände erhebliche Flächen beansprucht, um der Masse Erholung bieten zu können, so kommen auch andere Formen der Freizeitgestaltung vor, die mehr dem Einzelnen bzw. den Familien zugute kommen. Industrieunternehmen oder andere Organisationen erhalten Gelände, das sie als Kleingärten unter ihre Mitglieder aufteilen, denen es erlaubt wird, damit Sommerlauben zu verbinden (Gartenkooperative), die allerdings nicht als Dauerwohnsitz dienen sollen. Sie sind in gewisser Weise den Schrebergärten Mitteleuropas vergleichbar, obwohl hier die Stadtverwaltungen dafür verantwortlich sind und die Parzellen auf Zeit verpachten (Shaw, 1979, S. 131).

Schließlich findet man in den Außenbezirken der vorrevolutionären großen Städten die Datschas, kleine Holzhäuser, die früher von Künstlern und Intellektuellen am Wochenende oder in den Ferien aufgesucht wurden. Im Grunde genommen widersprechen sie den Auffassungen des Sozialismus, aber man ging mit diesem Problem vorsichtig um, weil der Besitz einer Datscha zu stark in der russischen Tradition verankert ist. Man brachte einmal existierende Wochenendhäuser nicht zum Verschwinden, erließ aber Gesetze, die die Nutzung einer Stadtwohnung und einer Datscha verboten bzw. die Neuerrichtung von Datschas verhindern sollte. Daß insbesondere die „Neue Intelligenz" an der Erhaltung der Wochenendhäuser interessiert ist, braucht nicht näher erläutert zu werden (Shaw, 1979, S. 129 ff.).

Ob bei den neu angelegten Industriestädten – ähnlich wie in der Deutschen Demokratischen Republik – von vornherein die soziale Abstufung berücksichtigt wird, läßt sich nicht beweisen, wenngleich es naheliegend ist.

Innerhalb der Ostblockländer ist die eine oder andere Abwandlung zu beobachten, wobei einerseits Differenzierungen zwischen weitgehend zerstörten und intakt gebliebenen Städten zu machen sind, andererseits der überwiegend staatliche Hausbau in der einen oder andern Weise durch genossenschaftlichen Hausbau ergänzt wird. Hier soll lediglich auf Warschau (1978: 1,5 Mill. E.) eingegangen werden, das fast vollständig wieder aufgebaut werden mußte. Im Stadtkern, der eine Verschiebung erfuhr, brachte man die privilegierte Schicht unter, derer man zum Aufbau des Landes benötigte. Da man die Möglichkeit hatte, die Industrie an die Peripherie zu verlagern, verschwand die Übergangszone. So ergab sich für das Jahr 1970 insgesamt ein soziales Gefälle vom Zentrum nach der Peripherie, allerdings bei einer zusätzlichen Kleingliederung, die Weclawowicz (1977, S. 223) auf den Ausgleich des Sozialstatus zurückführte, die aber ebenfalls dadurch hervorgerufen sein kann, daß erhalten gebliebene Altbauten weiter benutzt werden mußten. Mit durchschnittlich 14,3 qm/E. Wohnraum sind die Verhältnisse etwas günstiger als in der Sowjetunion. Zwischen den Jahren 1950 bis 1976 nahm die Zahl der von staatlicher Seite errichteten Wohnungen von 60 v. H. auf 20 v. H. ab, die von Genossenschaften durchgeführten von 0 auf 57 v. H. zu, das unterstreichend, was bereits für die Sowjetunion dargelegt wurde und sich in manchen Variationen in den andern Ostblockstaaten wiederholt. Wenn im Jahre 1974 etwas mehr als 50 v. H. des Hausbestandes direkt oder indirekt (staatliche Industriebetriebe) staatliche Einrichtungen in den polnischen Städten waren, 14 v. H. der privaten Vermietung unterlagen und 19 v. H. im Eigentum von Privatpersonen standen, dann geben die beiden letzten Posten ein Relikt der Zeit vor dem Zweiten Weltkrieg ab, wobei es sich bei dem Privateigentum teils um periphere Bereiche handelt, die bereits von der Landwirtschaft geprägt werden, teils um Datscha-ähnliche Zweitwohnungen, die teils auf die Vorkriegszeit zurückgehen, teils aber der Nachkriegszeit entstammen, wo bei den beengten Wohnverhältnissen insbesondere in den großen Städten diese Möglichkeit einen Ausgleich schafft. Der Rest von 16 v. H. entfiel dann in Polen auf Genossenschaftsbauten (Bourne, 1981, S. 241 ff.).

e) Japan

Hatte sich in den japanischen Klein- und Mittelstädten gezeigt, daß noch Anklänge an die frühere soziale Ordnung existieren, so ist das in den Großstädten und insbesondere in den Ballungsräumen von Keihin und Hanshin (Kap. VII. B. 3.) nicht mehr der Fall. Mit ihrer hohen Bevölkerungsdichte, die für die 23 Stadtbezirke von Tokyo bei fast 16 500 E./qkm (1975) liegt, setzen sie sich gegenüber dem Ruhrgebiet (etwa 3000 E./qkm) ebenso wie gegenüber der Megalopolis der Vereinigten Staaten (rd. 275 E./qkm) eindeutig ab. Während in den letzteren aber mit einem Bevölkerungsverlust bzw. einer Abschwächung des Wachstums zu rechnen ist, zeichnet sich in den entsprechenden japanischen Bereichen eine Zunahme der Verdichtung ab. Zwar existiert in Japan seit dem Jahre 1919 eine Stadtplanung, aber zumindest seit der Mitte der fünfziger Jahre besitzt das wirtschaftliche Erstarken das unbedingte Primat und wird sozialen Problemen untergeordnet, abgesehen davon, daß zwar in Einzelfällen Planungen durchsetzbar sind, das Umgekehrte aber wohl überwiegt. Unter der Ausweisung von sieben Nutzungstypen kommen für das Wohnen folgende in Frage: Wohnbezirke 1. Ordnung, in denen außer Kindergärten und Schulen andere Nutzungen verboten sind, z. B. auch das Eröffnen von Geschäften. Seit dem Jahre 1968/70 hat man für diese Bereiche Vorschriften über Grund- und Geschoßfläche ebenso wie über die

Bauhöhe festgelegt, was sich deswegen als notwendig erwies, weil Bauherren mitunter daran gingen, eine Aufstockung vorzunehmen und dann für die nördlichen Nachbarn „das Recht auf Sonnenschein" eingeschränkt wurde. In den Wohngebieten 2. Ordnung dürfen Krankenhäuser, Geschäfte einschließlich Warenhäusern und Teestuben eingerichtet werden. Darüber hinaus sind in den allgemeinen Wohngebieten einige Vergnügungsanlagen, Hotels, gewerbliche Unternehmen, sofern ihr Flächenbedarf 50 qm unterschreitet, erlaubt. Schließlich sind noch Mischbereiche zu erwähnen, in denen kaum Beschränkungen vorliegen (Flüchter, 1978, S. 39 ff.). Abgesehen davon, daß solche Regelungen lediglich für Neubaugebiete in Frage kommen, gesellen sich weitere Schwierigkeiten hinzu, nämlich der Gegensatz von traditionellem Eigenheim aus Holz und Appartements aus Stahlbeton mit vier bis zehn Stockwerken, in denen Mietswohnungen zur Verfügung gestellt werden. Im Jahre 1970 standen im Durchschnitt aller japanischen Städte 50,7 v. H. Eigenheimen 40,1 v. H. Mietswohnungen gegenüber, wobei allerdings für beide Formen im Zeitraum von 1963-1968 in Tokyo die Größe der Wohnungen abnahm, bei ersteren von 83,0 auf 82,5 qm, bei den letzteren von 38,0 aus 32,9 qm (Nakabayashi, 1975, S. 85) und sich diese Tendenz fortgesetzt hat. Einer Familie mit zwei Kindern würden demnach in Mietswohnungen 8 qm/ Person zur Verfügung stehen. Glaubte man zunächst, dem Wunsch nach einem Eigenheim durch die Errichtung von Mietwohnungen begegnen zu können, so erfüllte sich das trotz der enorm angestiegenen Bodenpreise nicht.

Um einen Eindruck von der immer dichter werdenden Baufülle zu erhalten, sollen zwei Beispiele angeführt werden, die sich auf zwei Bezirke beziehen, die sich in 10-15 km Entfernung vom Stadtzentrum von Tokyo befinden, wobei ein Vergleich zwischen den Jahren 1963 und 1975 vorgenommen wurde. Bei dem ersten handelt es sich um einen Bereich der sozialen Oberschicht, wo im Jahre 1963 noch Grundstücke von 1600 qm existierten und genügend Gartenland die Häuser umgab. Bis zum Jahre 1975 fand eine erhebliche Unterteilung und Neubautätigkeit statt bei beträchtlicher Einschränkung des Gartengeländes (Abb. 132/33). Im zweiten Fall zeigten sich einschneidendere Wandlungen. Bereits im Jahre 1963 hatte man zwei Eigenheime durch zweigeschossige, aus Holz bestehende Mietshäuser (mokuchin) ersetzt. Bis zum Jahre 1975 war fast die gesamte Nordseite unter Beibehaltung der Parzellengröße von sieben- bis neungeschossigen Appartements (mansions) erfüllt, während im Süden lediglich ein Grundstück davon betroffen wurde (Nakabayashi, 1975, S. 89).

Letzterer Autor stellte eine Tabelle zusammen (1975, S. 98), in der er für verschiedene „Vororte" Parzellengröße und Haustyp sowie teilweise den sozialen Status der Bevölkerung angab. Parzellengrößen von 1000 qm und mehr mit Einfamilienhäusern können sich nur Angehörige der Oberschicht leisten. Solche mit einer Grundstücksfläche von 300-500 qm werden von Mittelschichten in Anspruch genommen, und diejenigen von 100-180 qm, die ebenfalls mit Eigenheimen besetzt werden, von der unteren Mittelschicht. Hier dürften Gärten so gut wie völlig fehlen, und die Raumbeengung ist oft so groß, daß für Küchenarbeiten der Hausfrau, das Spielen von Kindern u. a. m. die ungepflasterten benachbarten Wege herhalten müssen.

810 Die Städte

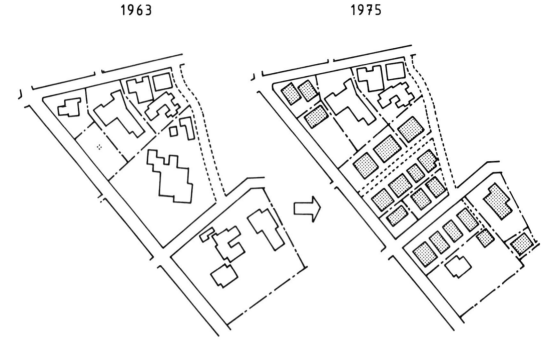

Abb. 132 Die Entwicklung eines Oberschichtviertels (Seijo) im Zeitraum 1963-1975 (nach Nakabayashi).

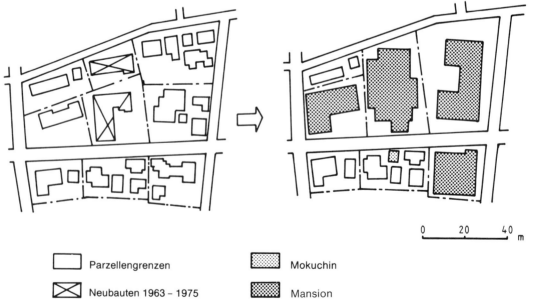

Parzellengrenzen   Mokuchin
Neubauten 1963 – 1975   Mansion

Abb. 133 Die Entwicklung eines sozial gemischten Viertels (Midorigaoka) im Zeitraum 1963-1975 (nach Nakabayashi).

Ist das Eigenheim wieder mehr im Vordringen begriffen, so nimmt die darin wohnende Bevölkerung – welcher sozialen Schicht sie auch angehören mag – außer den genannten noch andere Nachteile in Kauf. Brand- und Erdbebengefahr werden gesteigert; zur Überwindung der Entfernung zwischen Arbeitsplatz und Wohnung benutzt man die öffentlichen Verkehrsmittel, selbst wenn man im Besitz eines Autos ist, weil eine Erschließung durch Straßen, die die Bahnhöfe mit den Wohnvierteln verbinden, nicht stattfand und die unübersichtlichen Wege in den Außenbezirken besser und sicherer zu Fuß oder mit dem Fahrrad zurückgelegt werden, verbunden mit einem erheblichen Zeitverlust.

Wenn früher durch Burganlagen, Tempel und Schreine im inneren oder am Rande der Städte Grünflächen vorhanden waren, so sind diese in den großen Städten – vielleicht abgesehen von Kyoto – der Bebauung gewichen. Im Rahmen der Stadtplanung legte man ebenfalls auf die Ausweisung von Erholungsgebieten kaum Wert (Flüchter, 1978, S. 88), so daß Naherholungsgebiete einer erheblichen Einschränkung unterliegen. Unter den Industrieländern stellt Japan wohl das Land mit den geringsten Grünflächen pro Einwohner dar (3 qm), was in den großen Städten in wesentlich verschärfter Form auftritt, indem in Tokyo lediglich 1,3 qm/ E. zur Verfügung stehen (vgl. europäische Städte, Kap. VII. D. 4. b.).

Bei dem ungeregelten und sehr schnellen Wachstum der großen Städte konnte es zu keinem Ordnungsprinzip hinsichtlich der sozialen Gliederung der Bevölkerung kommen. Die Bereiche mit jeweils einheitlichem sozialen Status sind zu klein. Das mag auch der Grund sein, warum von japanischer Seite die Sozialökologie nicht aufgenommen wurde, obwohl man sonst hier gern auf amerikanische oder europäische Methoden zurückgreift (Kap. VII. D. 4. a. b.).

f) Entwicklungsländer

Geht man zu den Städten der Entwicklungsländer über, dann wird auch hier die Größenordnung eine Rolle spielen, wenngleich man sich darüber klar sein muß, daß mitunter Daten fehlen, um den Vergleich mit den Industrieländern deutlich zu machen. In einem Punkt allerdings sind wesentliche Unterschiede gegeben, indem die Unterschicht, nach lateinamerikanischem Vorbild als Marginalschicht bezeichnet, einen wesentlichen Anteil an der Bevölkerung ausmacht, teils in der ursprünglichen Sozialstruktur begründet und teils in der besonders nach dem Zweiten Weltkrieg einsetzenden Abwanderung der ländlichen Bevölkerung in die Städte. Damit verbindet sich häufig Unterbeschäftigung bzw. Arbeitslosigkeit, die durch keine sozialen Maßnahmen gemildert wird. Ein Teil von ihnen wohnt in den Außenbezirken und schafft sich die Unterkünfte selbst, so daß Spontansiedlungen entstanden. Diese wurden bereits bei den berg- und fischereiwirtschaftlichen Siedlungen behandelt (Kap. V. B. 2. 3.), dort auch angedeutet, warum Begriffe wie slum, bidonville oder shanty town zunächst unangebracht sind. In den Städten der Entwicklungsländer spielen Spontansiedlungen eine ungleich größere Rolle, zumal sie bereits in Kleinstädten aufzutreten vermögen. So ist es verständlich, daß man in der soziologischen und geographischen Literatur ihnen besondere Aufmerksamkeit schenkte. In England bedeutet slum lediglich Wohnnotstandsgebiet der Arbeiter (Leister, 1970, S. 82 ff), was nur die physische Ausstattung der Wohnungen betrifft, die nicht mehr dem zeitgemäßen Standard entsprechen, aber nichts mit einer Diskriminierung der Bevölkerung zu tun hat. Sonst aber verbindet sich mit den genannten Begriffen von vornherein eine Abwertung der in Spontansiedlungen Lebenden, was gegeben sein kann, aber nicht zu sein braucht. In einem zweiten Schritt muß deshalb untersucht werden, ob Slumbewohner vorliegen oder nicht, was am besten im Rahmen der großen Städte getan wird.

α) **Ost- und Südostasien.** Daß sich hinsichtlich der sozialen Gliederung in der Volksrepublik China heute kaum Angaben machen lassen, weil sich nach dem Zweiten Weltkrieg mehrere politische Strömungen einander ablösten, dürfte verständlich sein. Zumindest hat man es vermocht, durch Erneuerung alter und Errichtung neuer Häuser – von den Kommunen selbst durchgeführt – genügend Wohnraum zu schaffen, wenngleich die pro Person zur Verfügung stehende Fläche mit 3-4 qm niedrig liegt (Küchler, 1976, S. 164). Schließlich sollte noch darauf hingewiesen werden, daß die für südchinesische Städte typischen Bootssiedlungen

Tab. VII.D.17 Zahl und Anteil der in Spontansiedlungen lebenden Bevölkerung in ausgewählten Großstädten von Ost-, Südost- und Südasien

Land	Stadt	Jahr	Zahl in 1000	Anteil an der Gesamtbevölkerung
Taiwan	Taipeh[1]	1966	325	25
Rep. Korea	Séoul[1]	1970	137	30
Hongkong	[2]	1950	300	13
		1957	350	14
		1961	600	19
		1965	866	23
		1970	710	18
		1972	322	8
Singapore	[1]	1966	223	15
Philippinen	Manila[3]	1970	399	30
Indonesien	Djakarta[1]	1961	723	25
Malaysia	Kuala Lumpur[4]	1931	17	16
		1950	22	13
		1954	140	50
		1957	100	25
		1968	120	30
		1969	125–230	30–50
		1973	174	35
		1973	270	30
		1975	222	30
Indien	Kalkutta[1]	1961	2200	33
	Madras[5]	1961	106	25
		1971	900	36
Pakistan	Karachi[1]	1964	752	33

a) veränderte Stadtgrenzen
[1] Berry, 1973, S. 84
[2] Buchholz, 1978, S. 92 ff.
[3] Kolb, 1978, S. 62
[4] Johnstone, 1979, S. 23
[5] Blenck, 1974, S. 322
[6] Scholz, 1979, S. 376

verschwanden; nachdem man in Kanton eine Brücke über den Perlfluß gebaut hatte, schüttete man am Südufer des Flusses Land auf und veranlaßte die Bootsbesitzer, sich hier ihre Wohnungen zu errichten. Ob bei der geschlossenen Ansiedlung ein Angleichen an die sonstigen südchinesischen Lebensverhältnisse erreicht wurde, läßt sich kaum beurteilen, wenngleich bei einer Verteilung auf verschiedene Stadtbezirke und ihrer Zerstreuung einem solchen Projekt mehr Widerstand entgegengesetzt worden wäre. Zumindest scheint die Entstehung von Spontansiedlungen ohne rechtliche Genehmigung verhindert worden zu sein.

Unter den ostasiatischen Städten ist man am besten über Taipeh (1975: 2,1 Mill. E.) unterrichtet, das letztlich nicht mehr zu den Städten der Entwicklungsländer gerechnet werden darf, zumal in Taiwan das Analphabetentum so gut wie verschwunden ist und die erfolgte Hinwendung zur Industrie (Chemie und Elektronik) für Arbeitsplätze sorgte. Bedenkt man, daß am Ende des Zweiten Weltkrieges die Einwohnerzahl bei rd. 300 000 lag, davon etwa ein Drittel Japaner (japanische Besetzung 1895-1945), dann mußte einerseits der Zuzug der traditionell gebundenen Festlandschinesen (Angehörige von Verwaltung und Militär) und Zuwanderer vom Land aufgenommen werden. Dabei erhielt sich das Geschäfts- und Wohnviertel der shophouses, und die Umgebung des Verwaltungszentrums wurde von der Oberschicht in Anspruch genommen, die Einfamilienhäuser bevorzugten. Für Mittelschichten und Arbeiter errichtete man im staatlichen Wohnungsbau mehrgeschossige Mietshäuser, so daß sich das den chinesischen großen Städten ursprünglich ausgebildete soziale Gefälle vom Zentrum nach außen erhielt (Hsu und Pannel, 1982). Wenn in der Tab. VII. D. 17 der Anteil der in Spontansiedlungen Lebenden mit 25 v. H. angegeben wurde, so läßt sich das entweder auf den Zeitpunkt der Erhebung zurückführen oder darauf, daß landwirtschaftliche Gebiete zur Eingemeindung kamen, deren Bewohner dann in diese Kategorie aufgenommen wurden. Hinsichtlich der südostasiatischen Städte soll eine Beschränkung auf Thailand und Malaysia stattfinden. Thailand blieb ohne Kolonialherrschaft, Malaysia war zwar Kolonialland, machte aber nach der Verselbständigung eine soziale, kulturelle und wirtschaftliche Entwicklung durch, so daß es kaum noch zu den Entwicklungsländern zu rechnen ist. In beiden Fällen kann die Unterscheidung von Klein-, Mittel- und Großstädten getroffen werden.

In Thailand spielt die Stammes- und Sippenstruktur noch immer eine Rolle, wenngleich das Analphabetentum auf etwa 21 v. H. der mehr als Zehnjährigen zurückgedrängt werden konnte. Der Norden des Landes stand von der Mitte des 16. bis zum Ende des 18. Jh.s unter der Herrschaft von Burma und war durch Kriege so verwüstet, daß seit dem beginnenden 19. Jh. unter der Protektion des damaligen Königreichs Siam eine Neukolonisation einsetzte. Diese wurde von Nordthailändern getragen, die in Untergruppen mit verschiedenem Dialekt und Brauchtum zerfielen, nun aber immer mehr zur Gemeinsamkeit finden. Befestigte Herrensitze, mitunter an derselben Stelle wie diejenigen des 13. Jh.s, gaben gewisse Mittelpunkte ab, in denen die aristokratische Familien in Pfahlhäusern lebten; um diesen Kern, noch umgeben von Erdwällen oder Palisaden, legten sich Quartiere, die sich durch ihre ethnische Zugehörigkeit unterschieden. In der zweiten Hälfte des 19. Jh.s gaben die Fürsten von Chiang Mai den Chinesen das Handelsmonopol, und seitdem entwickelten sich Märkte und chinesische Kleinhandelsviertel. Nach dem Eisenbahnanschluß im Jahre 1921 und dem Übergang zur Marktwirtschaft wurden diejenigen Zentren bevorzugt, die Anschluß an das neue Verkehrsmittel erhielten. Die jeweiligen Bahnhöfe bildeten Ansatzpunkte eines zweiten Chinesenviertels, in dem der Großhandel in Aufnahme kam. Selbst die größeren Städte wie Chiang Mai (1966: mehr als 50 000 E., nach Uhlig, 1975, S. 190 und 1970: mehr als 100 000 E.), Lampang u. a. m. konnten einige Industriewerke an sich ziehen. Trotzdem spielt in den Klein- und Mittelstädten das bäuerliche Element noch eine bedeutende Rolle. Unter den nicht-landwirtschaftlich Erwerbstätigen stehen Handel und Dienstleistungen im Vordergrund, es folgen „Arbeiter", zu denen hier auch Handwerker gezählt werden, und nur ein geringer Teil ist in der Verwaltung beschäftigt. In dem dicht besiedelten Land (600 E./qkm landwirtschaftlicher Nutzfläche) kommt allerdings ein Moment zum Tragen, das bisher bei Klein- und Mittelstädten anderer Entwicklungsländer wahrscheinlich fehlt – von Ausnahmen wie Afghanistan abgesehen –, nämlich die Pendelwanderung von den ländlichen Gemeinden in die Städte, unter denen Chiang Mai und Lampang in dieser Beziehung an vorderster Stelle stehen. Mit deren Wachstum stellte sich ein Arbeitskräftebedarf vornehmlich im Baugewerbe ein, darüber hinaus aber auch in kleinen Fabriken; bei Handwerkern wurde es üblich, zusätzliches Personal zu beschäftigen. Aus einem Umkreis von 30 km kamen Arbeiterbauern, vornehmlich während der Trockenzeit, mit Fahrrädern, motorisierten Dreiradtaxis und zu Omnibussen eingerichteten Lastwagen täglich zur Arbeit. Für Chiang Mai wurde berechnet, daß an einem Tag im Jahre 1970 auf den in die Stadt führenden Hauptstraßen 7000 Personen einpendelten (Bruneau, 1974 und 1975).

War es für thailändische Klein- und Mittelstädte charakteristisch, daß ein Teil der Bevölkerung noch von der Landwirtschaft lebt, so fehlt dieses Moment in Malaysia so gut wie völlig und findet sich untergeordnet nur in kleinen Zentren von knapp 2000 Einwohnern. Überwiegend handelt es sich um koloniale Gründungen an Straßen oder deren Kreuzungen, in denen außer den Behörden – sofern es sich um Distrikts-Hauptorte mit etwa 10 000 Einwohnern handelt – nach der Unabhängigkeit das Schulwesen einen erheblichen Aufschwung nahm (39,4 v. H. der über Fünfzehnjährigen gelten als Analphabeten), so daß nun Ausbildungspendler Bedeutung erhielten, Berufspendler aber weitgehend fehlen, weil diese kleinen Städte wirtschaftlich wenig attraktiv sind und die Bevölkerung seit etwa dem Jahre 1957 oder später stark zur Abwanderung neigt. Zwar sind die Städte von den malayischen Kampongs der Kleinbauern oder auch von Plantagen umgeben, die aber außerhalb der Verwaltungsgrenzen bleiben. Malayen, die überwiegend in den Behörden bzw. in den malayischen Schulen beschäftigt sind, sondern sich ab von den Chinesen, die längs der Hauptstraße ihre shophouses haben, aber auch im Verkehrsgewerbe u. a. m. tätig sind. In geringer Zahl gesellen sich Inder hinzu, die wiederum in einem besonderen Quartier leben. Bereits in kleineren Städten ist demnach die völkische Sonderung gegeben. Bei allen Gruppen mindert sich der Geburtenüberschuß, und alle haben an der Abwanderung teil (Kühne, 1976, S. 257 ff.), was nun wiederum im Zusammenhang damit steht, daß sich keine Spontansiedlungen entwickeln, anders als im Orient und in Lateinamerika, wo das bereits auf dieser Stufe geschieht.

Als Mittelstadt, zugleich aber Hauptstadt von Sarawak (Ost-Malaysia), kann Kuching (1970: 63 000 E.) gelten, wobei Chinesen mehr als zwei Drittel der Bevölkerung stellen und zu den Malayen sich nun einheimische Gruppen (Dajaks) gesellen. Im Gegensatz zu den Kleinstädten bewirkt hier Zuwanderung das Wachstum der Stadt, was ebenfalls für Mittelstädte West-Malaysias zutrifft, mit dem Unterschied, daß deren völkische Zusammensetzung eine etwas andere ist. Nach den Einkommensverhältnissen unterschied Kühne (1976, S. 309ff.) fünf soziale Schichten. Zur Unterschicht gehörten danach un- und angelernte Arbeiter, Handwerker, Kraftfahrer, Ladenhelfer, Hausangestellte, Garköche usf. Die untere Mittelschicht setzte sich aus Facharbeitern, Büroangestellten, und Einzelhändlern zusammen. Eine mittlere Mittelschicht wurde von Beamten niederen Ranges, Bürovorstehern, Journalisten und Lehrern gebildet, welch letztere allerdings ein höheres Ansehen genießen, als es ihrer Entlohnung entspricht. Ärzte, Rechtsanwälte, Schuldirektoren und Hochschullehrer machten die obere Mittelschicht aus, und Spitzenstellungen waren der Oberschicht vorbehalten. Dabei besitzen die verschiedenen völkischen Gruppen völlig getrennte Wohngebiete, innerhalb derer eine soziale Staffelung gegeben erscheint, was insbesondere für die Chinesen gilt. Sie bewohnen als untere Mittelschicht die Chinatown mit ihren shophouses südlich des die Stadt durchziehenden Sarawakflusses, teils noch im Überschwemmungsgelände gelegen. Das chinesische Oberschicht-Viertel schließt sich in etwas höherem Gelände in etwa daran an, und von hier aus nimmt die soziale Stellung dieser Gruppe nach Westen, Süden und Osten hin ab. Die Malayen, die häufig noch das Wohnen in Kampongs bevorzugen und höchstens die mittlere Mittelschicht erreichen, haben ihre Wohnsitze vornehmlich nördlich des Flusses. Ausgesprochene Spontansiedlungen existieren nicht bzw. sind derart im Rückgang begriffen, daß sie als unwesentlich angesehen werden können, was ebenso für andere Mittelstädte Malaysias zutrifft, wenngleich in den letzteren die Malayisierung wesentlich größere Fortschritte gemacht hat.

Wurden Thailand und Malaysia als Beispiele herausgegriffen, deren Klein- und Mittelstädte sich unter recht günstigen Verhältnissen entwickelten, so darf das nicht auf andere südostasiatische Länder übertragen werden. In Indonesien z. B. blieben die stark agrar ausgerichteten einheimischen Kleinstädte meist intakt; die Hauptzuwanderung der ländlichen Bevölkerung richtete sich auf die immer mehr wachsenden Großstädte aus, die nun die Hauptlast zu tragen haben (Röll, 1979, S. 68ff.).

Mit Ausnahme von Indonesien und West-Malaysia geben die großen Städte in Südostasien entweder Stadtstaaten (Kap. VII. C. 4.) oder Primate Cities ab, die in der Regel durch völkischen Pluralismus gekennzeichnet sind. Dabei stellt sich die Frage, ob die verschiedenen völkischen Gruppen als wichtigstes Gliederungsmerkmal noch heute in Erscheinung treten oder ob in nachkolonialer Zeit eine Überwindung dieses Prinzips zu beobachten ist.

In Indonesien hatte sich während der Kolonialperiode eine klare Differenzierung zwischen Europäer-, Chinesen- und Malayenviertel ausgebildet, wie es Lehmann (1936) für Djakarta darlegte und in der vorigen Auflage in Abb. 118 (S. 491) wiedergegeben ist. Hier stellten sich Wandlungen ein. Abgesehen in der Reduktion in der Zahl der Europäer mußten oder wollten zahlreiche Chinesen in die Volksrepublik China abwandern, und diejenigen, die die indonesische Staatsangehörigkeit erwerben konnten, werden nicht mehr als Chinesen erfaßt. Zumindest aber war der Zustrom der ländlichen

Bevölkerung erheblich, Djakarta davon wohl am stärksten betroffen, wobei Indonesier verschiedener ethnischer Zugehörigkeit, Sprache und Religionen davon Gebrauch machten. Bisher ist für Djakarta (1971: 4,6 Mill. E.) von Segregationserscheinungen zwischen diesen Gruppen nichts bekannt mit Ausnahme dessen, daß die meisten Indonesier sich ihrer Herkunft bewußt sind und den Zusammenhalt pflegen (Bruner, 1974, S. 263), ob eine räumliche Segregation gegeben ist oder nicht. Nach den Darstellungen von Röll (1975, S. 311 ff.) und Krausse (1978, S. 11 ff.) läßt sich aber auch keine klare sozio-ökonomische Gliederung erkennen. Die Zahl der Rand- bzw. Marginalgruppen im Innern und die der Spontansiedlungen an der Peripherie ist wohl sicher höher als nach den Angaben in der Tab. VII. D. 17.

Anders als in den Klein- und Mittelstädten Nordthailands verhält es sich in Bangkok (1977; 4,7 Mill. E.). Hier ist man einerseits bestrebt, das einheimische Element der Thais zu stärken, andererseits aber auch Assimilation durch Mischehen mit den Chinesen in die Wege zu leiten, so daß sich deshalb der Anteil der letzteren an der Bevölkerung nicht angeben läßt (Uhlig, 1975, S. 186 ff.). Sicher existiert ein Chinesenviertel als Geschäfts- und Wohnbereich, aber über die sonstigen Verhältnisse ist wenig bekannt. Zwar wurden von Amerikanern verschiedene Master Plans entworfen, um eine geordnete Gliederung der Stadt zu erzielen, die es bisher wegen des überschnellen Wachstums (croissance anarchique nach Laine, 1971) nicht gibt, aber ob das unter den gegenwärtigen Verhältnissen bis zum Jahre 2000 gelingt, muß bezweifelt werden (Sternstein, 1972).

Zieht man nun Kuala Lumpur mit seinen Erweiterungen, Manila und Singapore sowie Hongkong in Betracht, dann findet man Kuala Lumpur im Übergangsstadium von der ethnischen zur sozio-ökonomischen Differenzierung, während in Manila und Singapore letzteres bereits erreicht ist, und in Hongkong, dessen Bevölkerung sich zu 98 v. H. aus Chinesen zusammensetzt, diese Frage unwesentlich ist, dafür hier andere Probleme in den Vordergrund rücken.

Wenn bei den Mittelstädten in Malaysia Spontansiedlungen nur in geringem Maße vorhanden sind, was auch für diejenigen in West-Malaysia gilt, zugleich aber die ethnische Differenzierung zum entscheidenden Kriterium wird, dann zeigen sich in *Kuala-Lumpur – Petaling Jaya – Klang – Port Swettenham* (um 1975: 970 000 E.) bereits andere Verhältnisse. Zwar existieren noch immer Viertel, in denen eine einzige völkische Gruppe zusammenlebt, ob Europäer (vornehmlich in Kuala Lumpur selbst), Chinesen, Malayen und Inder; darüber hinaus aber gibt es bereits Mischbereiche, hinsichtlich der Oberschicht vornehmlich zwischen Europäern und Indern, in den Mittel- und Unterschichten, wo Europäer fehlen, treten sämtliche Verknüpfungen auf mit Ausnahme derjenigen von Malayen und Chinesen. Hinsichtlich des Anordnungsprinzips läßt sich bei den bereits consolidierten Städten (Kuala Lumpur und Petaling Jaya) erkennen, daß Ober- und obere Mittelschicht das chinesische Geschäftsviertel teilweise umgeben, in einem Sektor aber Unter- und Mittelschichten sich mischen, bis dann in den sich aufsplitternden Außenbezirken das soziale Niveau abzusinken beginnt, meist in der Nähe von Eisenbahn- und Industrieanlagen. Daß Spontansiedlungen nicht fehlen, geht aus der Tab. VII. D. 17 hervor, wenngleich die Neubautätigkeit so erheblich ist, daß deren Bevölkerung in Abnahme begriffen ist. Ähnlich steht es in Petaling Jaya, wenngleich hier die Oberschicht fehlt, was ebenfalls für Klang und den im Aufbau begriffenen Hafen Swettenham gilt, in dem sich die Spontansiedlungen häufen, durch den starken Anteil von Bauarbeitern hervorgerufen (Kühne, 1976, S. 314 ff, und Karten). Zumindest für Kuala Lumpur und ihre Entlastungsstadt Petaling Jaya findet sich ein soziales zentral-peripheres Gefälle im Status, unterbrochen von dem einen oder andern Sektor mit niedrigerem Niveau.

Manila (1970: 4,8 Mill. E. mit Vororten) besitzt zwar eine chinesische Minorität, die aber an der Gesamtzahl der Einwohner nur mit etwa 5 v. H. beteiligt ist. Die Chinesen bewohnen zwar noch einen Teil ihrer Geschäftsstadt (Binondo). Bereits während der amerikanischen Periode, verstärkt nach der Unabhängigkeit des Landes wanderten sie in die gehobenen Wohnviertel ab, sei es, daß sie ihren geschäftlichen Betrieb in Binondo beließen oder sei es, daß auch dieser eine Verlagerung erfuhr. In der „Chinesenstadt" blieben nur sozial Schwächere und die ältere Generation zurück. Auf diese Weise bildeten sich hier ebenso wie in den Mittelstandsvierteln kleine chinesische Enklaven, die über

Geheimbünde usf. ihre verwandtschaftlichen und landsmannschaftlichen Bindungen wahren. Die Marginalschicht, die vornehmlich aus Zuwanderern von ländlichen Bereichen besteht, drängt sich in selbst errichteten Unterkünften dort zusammen, wo am leichtesten Gelegenheitsarbeit aufgenommen werden kann. Insbesonders konzentrieren sie sich in der Nähe des Hafens im Stadtteil Tondo zusammen, wo die höchste Bevölkerungsdichte innerhalb der gesamten Stadt mit 80 000 E./qkm erreicht wird. Die heimische Unterschicht, die meist Ein- oder Zweifamilienhäuser besitzt, meist noch Untermieter aufnimmt, hat eine geregelte Beschäftigung und bewohnt östlich sich anschließende Bereiche nördlich und südlich des die Stadt durchziehenden Paso-Flusses. Eine Besonderheit von Manila als eines Verdichtungsraumes in einem Entwicklungsland kann die Tatsache gelten, daß die Mittelschichten einen hohen Anteil an der Bevölkerung haben, was teils auf die amerikanische Kolonialperiode und teils der nach dem Zweiten Weltkrieg einsetzenden Filipinisierung zu verdanken ist. Sie legen keinen besonderen Wert auf Absonderung ihres Wohnbezirks, wenngleich sie einen besonderen Schwerpunkt in der Hügelzone des Nordostens besitzen und hier bis zum Stadtrand vordringen. Die Oberschicht hingegen wanderte an den Rand der nach dem Zweiten Weltkrieg neu geschaffenen City in einem südöstlichen Ausläufer, wo große Bungalows in Gärten den Abschluß gegenüber andern Gruppen durch strenge Bewachung noch verstärken (Kolb, 1978, S. 57 ff.).

Zum erstenmal begegnet hier ein Oberschicht-Ghetto, hervorgerufen durch den hohen Anteil der Bewohner von Spontansiedlungen und der geringen Zahl der zur Oberschicht Gehörigen, welch letztere des polizeilichen Schutzes bedürfen und deshalb von sich aus auf Abschluß von andern Gruppen Wert legen, Verhältnisse, wie man sie sonst wenig in Südostasien und dem tropischen Afrika trifft, wohl aber in Lateinamerika eine übliche Erscheinung darstellen.

Während in der spanischen Stadt die gehobenen Schichten in der damals kleinen Altstadt intramuros lebten und eine strenge ethnische Gliederung existierte, löste sich das unter dem Einfluß der Amerikaner und dem der Filipinos vollständig auf. Die nun vorhandene sozio-ökonomische Differenzierung steht dem Sektorenschema nahe, und zwar derart, daß die gehobenen Schichten die Peripherie bevorzugen, eine Umkehr dessen, was in Kuala Lumpur und Petaling Jaya zu beobachten war.

Singapore (1977: 2,3 Mill. E.), das auf einer Fläche von 581 qkm seine Bewohner unterbringen muß, was eine durchschnittliche Bevölkerungsdichte von 39 500 E./qkm ergibt, stellte dem dafür verantwortlichen Housing and Development Board (HDB) erhebliche Geldmittel zur Verfügung. Vom Jahre 1960 an wurde an die Sanierung des alten Stadtgebietes gegangen, darüber hinaus aber auch der soziale Wohnungsbau vorangetrieben, indem im Rahmen von zwei Fünfjahresplänen die Errichtung von 105 400 Wohn-Hochhäusern vorgesehen wurde. Ohne jegliche Verzögerung hatte man die geplante Zahl im Jahre 1970 sogar überschritten, so daß in den neuen Trabanten, in denen mit Ausnahme von Jurong, wo, angelehnt an den Hafen, ein Industrieviertel mit anschließender Wohnstadt entstand, wohl Einkaufs-, aber keine Arbeitsmöglichkeiten bestehen. Bis zu dem genannten Zeitpunkt hatte man hier 700 000 Menschen, 35 v. H. der damaligen Bevölkerung untergebracht. Im dritten Fünfjahresplan bis zum Jahre 1975 wurde – nun in größerer Entfernung vom Zentrum – weitere solcher Hochhaus-Trabanten vorgesehen. In Standard-Ausrüstung, mit Wohnungen von 1-3 Zimmern, was den Wohnraum/Person um das Doppelte steigerte (2,9 auf 5,8 qm), mit Standardmieten, die etwa 15 v. H. des Familieneinkommens ausmachen sollten, kam es zu einer erheblichen Verbesserung der Wohnbedingungen gerade für untere Einkommensgruppen. Allerdings galt es nun, die Bewohner, die zuvor in schlechten, aber eigenen Häusern gelebt hatten, daran zu gewöhnen, in Hochhaus-Wohnungen zu leben, wobei eine weitere Erschwerung dadurch hinzutrat, indem bei der Belegung keine Rücksicht auf die ethnische Zugehörigkeit genommen wurde, wenngleich Chinesen die überragende Mehrheit bilden, schon deswegen, weil ihr altes Viertel der Sanierung unterliegt, Malayen am wenigsten davon Gebrauch machen, weil sie die Einzelsiedlung bevorzugen. Gleichzeitig setzte sich der Trend zur Kleinfamilie durch, so daß mit dieser Art des Wohnungsbaus erhebliche soziale Wandlungen einhergingen. Wenn der Anteil der in Spontansiedlungen Lebenden für das Jahr 1966 mit 15 v. H. angegeben wurde (Tab. VII. D. 17.), im Verhältnis zu andern Verdichtungsräumen Ost- und Südostasiens ohnehin niedrig lag, so konnte er mit Sicherheit noch mehr abgesenkt werden. McGee (1967, S. 128) entwarf ein Schema für die sozialräumliche Gliederung südostasiatischer Städte. Doch verlief deren Entwicklung nach dem Zweiten Weltkrieg in so unterschiedlicher Weise, daß sich gegenwärtig kaum ein Idealmodell herstellen läßt. Yeoung (1973, S. 82) tat dasselbe für Singapore (Abb. 134), wobei nur hinzuzufügen ist, daß sich die ethnische Differenzierung einerseits in den Spontansiedlungen und andererseits zumindest in einem Teil der Bereiche, die der privaten Bebauung unterlagen, erhielt.

818 Die Städte

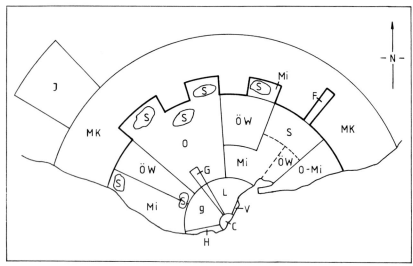

C	City	O	Oberschicht
H	Hafen	O-Mi	Obere Mittelschicht
V	Verwaltung	Mi	Mittelschicht
G	Geschäftsstraße	ÖW	Öffentlicher Wohnungsbau
gL	Gemischte Nutzung	S	Spontansiedlungen
F	Flughafen	MK	Marktgartenbau
I	Industrial estate		

Abb. 134 Modell der inneren Gliederung von Singapore (nach Yeoung).

Hongkong (1976: 4,4 Mill. E.) ist gegenüber Singapore in einer wesentlich schwierigeren Situation, weil die Abhängigkeit von den politischen Verhältnissen in der Volksrepublik China Probleme aufwirft, die wohl in keiner andern Stadt Südostasiens auftreten. Die illegale Zuwanderung von dort, bei der Familienzusammenführung, politische und wirtschaftliche Gründe sich häufig nicht voneinander trennen lassen, hat zu einer Übervölkerung und Wohnungsnot geführt, die einmalig ist. Mit einer der höchsten Bevölkerungsdichten in der Welt von 123 000 E./qkm, in manchen Vierteln auf 289 000 E./qkm ansteigend, dürfte das allein bereits auf den genannten Sachverhalt aufmerksam machen. Hinzu kommt, daß das Gelände zu fast einem Drittel aus felsigem Bergland besteht, so daß man vornehmlich an der Nordküste von Hongkong Island ebenso wie an den Küsten der Halbinsel Kowloon zu Landgewinnungsarbeiten übergehen mußte und in letzterem Gebiet die Abtragung von steil aufragenden Hügeln notwendig wurde, wobei man das anfallende Material dann zur Aufschüttung an den Küsten benutzte. Sicher gibt es in Hongkong Bereiche, wo die gehobene und gut verdienende Schicht wohnt. Sie teilt sich in zwei Bezirke auf, der eine, der aus historischen Gründen bevorzugt wird und sich auf Hongkong Island von der City quer über das stark reliefierte Gelände bis zur Südküste erstreckt, der andere, der sich ziemlich im Zentrum der Halbinsel Kowloon befindet, hier Ein- und Zweifamilienhäuser bestimmend erscheinen, mit Eigentumswohnungen in Hochhäusern durchsetzt. Insbesondere am nördlichen Saum der Insel als auch im Küstenbereich der Halbinsel überwiegen dann Mietshäuser von 4-5 Stockwerken, die bereits vor dem Zweiten Weltkrieg existierten, die aber im privaten Wohnungsbau noch gegenwärtig errichtet werden, nun allerdings mit sanitären Einrichtungen versehen. Sie haben ihre Besonderheiten, die sicher auf chinesische Lebensweise zurückgehen; jede Wohneinheit umfaßt etwa 60 qm, die durch Bretter unterteilt werden, so daß nur ein Teilraum an eine Einzelperson, meist aber an eine ganze Familie zur Vermietung gelangt. Hinzu kommen in den so untergliederten Teilräumen sog. bedspaces, die nicht mehr abgetrennt werden, in denen ein Bett bzw. zwei übereinander liegende Betten zur Aufstellung kommen, und schließlich erreicht man durch eingezogene horizontale Zwischendecken eine nochmalige Teilung und gewinnt auf diese Weise wiederum einen Raum, der einer Familie Unterkunft bietet. Aus einem 60 qm großen Raum erhält man dadurch eine vermietbare Fläche von 93 qm, was bedeutet, daß 2,4 qm/Person zur Verfügung stehen.

Aus der Tab. VII. D. 17 geht hervor, daß zwar der Anteil der in Spontansiedlungen Lebenden abgenommen hat; immerhin handelt es sich noch um 300 000 Menschen. Unter den Spontansiedlungen zeigen sich einige Unterschiede, indem es sich teils um „Bodensquatters" handelt, die sich ihre Behausungen aus verschiedenem Material, meist in der Nähe von Arbeitsmöglichkeiten errichten, häufig an steilen Hängen, was bei Taifunstürmen und Erdrutschen zur Vernichtung der Hütten führt ebenso wie das durch Feuersbrünste geschieht. Hinzu gesellen sich die „Dachsquatters", die sich auf den Dächern der Mietshäuser einrichten, und schließlich gibt es die „Bootssquatter", die auf veralteten Booten, die für die Fischerei nicht mehr zu gebrauchen sind, Unterkunft finden. Verspätet gegenüber der enormen Zuwanderung mußte man nach einer Lösung für die in Spontansiedlungen existierende Bevölkerung suchen. Man ging zu einer Art des sozialen Wohnungsbaus über, wobei es vordringlich war, möglichst schnell eine erhebliche Bevölkerungsmenge unterzubringen. Auf diese Weise entstanden keine „Neuen Städte", innerhalb derer Versorgung und Arbeitsmöglichkeiten gegeben waren, sondern seit dem Jahre 1935 standardisierte Umsiedlungs-Wohnblöcke, für die man in der ersten Zeit 2,2 qm/Person als Wohnfläche vorsah, was man später auf 3,25 qm/Person erhöhte. In sechs bis sieben Geschossen schuf man, meist von einem inneren Gang zu erreichen, Wohnungen, die ein bis drei Räume enthielten, wobei die Mieten höchstens 15 v. H. des monatlichen Verdienstes ausmachen durften. Sie finden sich auf Hongkong Island vornehmlich im Nordosten und Südwesten, in Bezirken, die gleichzeitig noch mit Spontansiedlungen durchsetzt sind; auf der Halbinsel Kowloon breiten sie sich im Anschluß an das bisher dicht besiedelte Gebiet aus und zog verwaltungsmäßig die in der Nähe gelegenen, ursprünglich zu den New Territories gehörigen Bereiche in das Stadtgebiet ein. Hier ebenso wie auf Hongkong Island drängte man die Spontansiedlungen in randliche Bezirke ab, wobei in den New Territories trotz des ungünstigen Reliefs Marktgartenbau betrieben wird. Dabei läßt sich – jeweils gesondert für Hongkong Island und die Halbinsel Kowloon – ein zentral-peripheres Gefälle ausmachen, indem die Wohngebiete der bemittelten Schichten auf der einen Seite von der „tenement-Bevölkerung" umrahmt wird – jeweils nach den Küsten zu –, auf der andern Seite von den Baublöcken des sozialen Wohnungsbaus, bis schließlich die Spontansiedlungen den äußeren Ring abgeben (Kühne, 1976).

Überall dort, wo Chinesen einen erheblichen Teil der Bevölkerung ausmachen, trägt der größte Teil der Familienangehörigen zum Lebensunterhalt bei, anders als in Indien oder im Orient, wo die Frauen vom Arbeitsprozeß ausgeschlossen sind, es sei denn, daß sie als Heimarbeiterinnen tätig sein können oder als Christen in dieser Beziehung keine Beschränkungen bestehen. Hier und da, vornehmlich in den Hafenstädte, mag es vorkommen, daß sich im Bereiche der Spontansiedlungen Slumnester ausbilden (z. B. Tondo in Manila), aber das ist trotz beengter Wohnverhältnisse mehr eine Ausnahme denn die Regel.

Sofern sich heute eine Gesamtbeurteilung ermöglichen läßt, vermindert sich die ethnische Segregation mit der Größe der Städte, falls unterschiedliche Volksgruppen vorhanden sind. Mit Ausnahme von Manila, dessen Oberschicht am stärksten amerikanische Vorbilder aufnahm, blieb aber in der Regel das zentral-periphere soziale Gefälle erhalten. Im Rahmen der früheren Kolonialstädte war das durch die einmal festgelegten Europäerviertel vorgezeichnet; hier wie auch sonst spielte darüber hinaus eine Rolle, daß zu der Zeit, als die Probleme der Verstädterung offenbar wurden, ein erheblicher Teil der neuen oberen Mittel- und Oberschicht noch nicht die Möglichkeit hatte, einen Personenwagen zu besitzen und deshalb auf die Nähe zum Arbeitsplatz Wert legen mußte.

β) Indien und Pakistan. Spielt für Südostasien die völkische Zugehörigkeit für die Viertelsbildung die wichtigste Rolle bei unterschiedlichem Eingreifen westlicher Phänomene, so ist nun die Frage zu stellen, wie es sich damit in *Indien* und *Pakistan* verhält unter Vernachlässigung von Bangladesch, über dessen Städte sich kaum Unterlagen finden lassen.

Die Städte der Indischen Union und von Pakistan zeigen manche Gemeinsamkeiten, indem es sich entweder um einheimische Städte handelt, um angloindische, um koloniale bzw. nachkoloniale Neugründungen (Abb. 120). Allerdings sind auch Unterschiede gegeben, die nach der politischen Teilung des Subkontinents noch stärker hervortreten als früher, indem sich die soziale Schichtung jeweils anders verhält. Zwar hatten die Mohammedaner das indische Kastensystem übernommen, es aber nie so strikt gehandhabt wie die Hindus. Insofern steht die städtische Sozialgliederung in Pakistan derjenigen des Orients nahe, was bei einem Vergleich zwischen den Ausführungen von Wirth (1966, S. 148) und Scholz (1974, S. 128 ff.) deutlich wird, wobei allerdings im nördlichen Belutschistan teils seßhaft gewordene Nomaden (Paschtanen) der Oberschicht angehören. Handwerker werden hier zur Unterschicht gerechnet, und schließlich kommen Flüchtlinge hinzu, die zu fast 50 v. H. in den größeren Städten Aufnahme fanden und mitunter ihrer Schichtzugehörigkeit verlustig gingen, so daß die Marginalschicht eine Ausweitung erfuhr.

Klein- und Mittelstädte spielen eine geringe Rolle, und erstere stehen Dörfern oft näher als Städten. Hier bestimmt in der Indischen Union wohl noch heute die Kastenordnung die soziale und berufliche Stellung. Diese wurde zwar im Jahre 1947 bzw. 1954 offiziell aufgehoben, so daß außer den Harijans und den Stammesangehörigen die Kastenzugehörigkeit statistisch nicht mehr erfaßt wird. Da sie aber im ländlichen Bereich noch immer gültig ist (Kap. IV. C. 2. e. β.) und vornehmlich in den company towns am stärksten überwunden wurde, ergibt sich die Frage, wie es damit in den Städten steht. Berry und Spodeck (1971, S. 269) bezogen sich auf eine Untersuchung von Fox (1969, S. 33), um selbst für Kleinstädte Auswirkungen der Kastenstruktur auf die soziale Gliederung in Zweifel zu ziehen. Aufderlandwehr (1976, S. 151 ff.) setzte sich mit diesem Problem an Hand von drei Städten in Andhra Pradesh auseinander, und Nissel (1977) tat dasselbe in seiner Studie über Bombay. Danach kann von einer völligen Aufgabe der Kastenordnung nicht die Rede sein, wenngleich insbesondere dort, wo staatliche Maßnahmen im Wohnungsbau einsetzten, auf eine Mischung der Kasten Wert gelegt wird.

Zwar sank im Zeitraum von 1901-1971 der Anteil der Analphabeten an der Gesamtbevölkerung in der Indischen Union von 94,6 auf 70,5 v. H. bei einer erheblichen Benachteiligung der Frauen, wenngleich innerhalb des Landes beträchtliche Differenzierungen gegeben sind (Krishan und Sgyan, 1977). Für Pakistan beläuft sich der entsprechende Wert auf 80 v. H. Allein diese Tatsache sollte Anlaß dafür geben, mit der Anwendung statistischer Methoden vorsichtig zu sein.

Hinsichtlich von Kleinstädten in der Indischen Union liegen wohl eine ganze Reihe von Untersuchungen vor, in denen aber meist die soziale Differenzierung außer acht gelassen wird. So ist man im wesentlichen auf die sozial-anthropologische Arbeit von Fox (1969) über die Marktstadt Tezibazar (rd. 7000 E.) mit günstigen Verkehrsverbindungen nach Varanasi (Benares) und Allahabad angewiesen. Allerdings lag das Schwergewicht der Untersuchung auf der Händlerkaste der Baniyas, die in dreizehn Untergruppen zerfiel, insgesamt aber 63 v. H. der Wohnbevölkerung ausmachte. Manuelle Arbeiten führten Angehörige unterer Kasten durch, die mitunter als tägliche Pendler aus den benachbarten Dörfern kamen. In fünf statistische Bezirke (wards) gegliedert, konnten diese wieder in sog. mohallas zerfallen, deren ursprüngliche Bedeutung nicht klar ersichtlich wurde. Wenn im ältesten Teil einerseits die Brahmanen abgesondert wohnen, andererseits Mohammedaner dies hier ebenfalls tun und die Gemüsegärtner randlich eigene Quartiere besitzen, dann sind zumindest noch Anhaltspunkte für das Fortbestehen der Kastenordnung gegeben. In dem neueren Teil, in dem sich die öffentlichen Gebäude und längs der Hauptstraße die Geschäfte befinden, hat sich wohl eine Mischung zwischen den Untergruppen der Baniyas ergeben, bei denen dann der sozio-ökonomische Status eine Rolle spielt. Dadurch, daß Kasten bestimmten Berufsgruppen zugeordnet sind, kann die Bewertung, ob Kastenzugehörigkeit oder sozio-ökonomischer Status die innere Differenzierung bestimmen, erheblich erschwert werden.

Kommen wir nun auf kleinere Städte in Pakistan zurück, dann finden sich hier insbesondere Beispiele aus Belutschistan, das hinsichtlich seiner seßhaft gewordenen Nomaden eine Sonderstellung beansprucht. Im südlichen Teil haben sich die Hindus als wohlhabende Bazarhändler erhalten, weil die ehemaligen Nomaden auf diese Positionen keinen Wert legten. Im Anschluß an die Bazarboxen ohne notwendige Verknüpfung von Verkaufsstätte und Wohnung findet sich ihr Quartier, gesondert gegenüber dem der Dienstboten und Landarbeiter ebenso wie gegenüber den von zugezogenen Beamten und Angestellten im öffentlichen und halböffentlichen Dienst. Das gilt nicht allein für Qalat (1971: rd. 5000 E.), einer heimischen Stadt, die allerdings nach einem Erdbeben in den dreißiger Jahren neu aufgebaut wurde, sondern ebenfalls für kleinere Zentren des Südens (Scholz, 1970 und 1975). Im Norden dagegen übernahmen die Paschtanen, die sich bereits als Nomaden im Handel betätigten, sowohl die Bazarläden als auch – falls vorhanden – die nach westlichem Muster angelegten Geschäfte, so daß die Hindus in die Indische Union abwanderten. Als Kolonialstadt, in der das cantonment ein Drittel der Fläche beansprucht, die civil lines und die Eisenbahnersiedlung ausgebildet sind, der Sidr-Bazar aber fehlt, wird das cantonment in Quetta weiter dem Militär vorbehalten, wenngleich auch Zivilpersonen zugelassen werden, die civil lines von den zugezogenen Beamten und Angestellten und u. U. von den wohlhabenden Paschtanen-Kaufleuten bewohnt, während im Süden des Bazars vornehmlich die Unterschicht lebt, demgemäß eine sozio-ökonomische Gliederung zustande gekommen ist. Nicht allein die von den Paschtanen Abhängigen, sondern auch eine erhebliche Zahl von Flüchtlingen kamen entweder in Elendsquartieren in der Nähe des Bazars unter oder in peripher gelegenen Lagern bzw. Spontansiedlungen (Scholz, 1974, S. 181).

Gehen wir zu den großen Städten der Indischen Union über, dann zeigte Brush (1968) bemerkenswerte Unterschiede in der Anordnung der Bevölkerungsdichte, die als solche fast ebenso hoch zu liegen kommen kann wie in Hongkong. Die von ihm getroffene wichtigste Unterscheidung ist wohl die, daß in einem Teil der Städte wie z. B. in Ahmedabad (1971: 1,7 Mill. E.), Poona (1,1 Mill. E.), Varanasi (Benares; 0,6 Mill. E.) oder Sholapur (0,4 Mill. E.) die größte Dichte im Bazarviertel erreicht wird, in den britischen Kolonialgründungen wie in Kalkutta (7,1 Mill. E.), Bombay (6,0 Mill. E.) und Madras (3,2 Mill. E.) bei dem Vorhandensein einer City (im europäischen Sinn) erst in 1,5-3 km Entfernung davon, nämlich dort, wo sich nachträglich das heimische Bazarzentrum entwikkelte. Dabei bezieht sich Brush auf die einzelnen wards[1] und auf die Volkszählung vom Jahre 1961 und gelangt ebenfalls zu dem Schluß, daß bei der ersten Gruppe bei erheblicher Bevölkerungszunahme in den letzten Jahrzehnten keine Suburbanisierung erfolgt, d. h. die Dichte in den einzelnen wards einigermaßen gleichmäßig ohne räumliche Ausdehnung zunahm. Das aber dürfte sich bei inzwischen weitgehender Industrialisierung, z. B. in Sholapur oder in Poona, geändert haben, so daß keine erheblichen Gegensätze mehr zwischen Städten der vorindustriellen Zeit und des Industriezeitalters bestehen.

Bei der Interpretation der sozialen Gliederung ist auf Abb. 118 zu verweisen, in der sich zunächst die indische Altstadt abhebt, ob sie noch heute von Mauern umgeben ist oder nicht. Für sie ist zunächst zu klären, ob hier die Kastenordnung noch Gültigkeit besitzt. Städte, die Brush (1968) zur Gruppe I rechnete, nämlich Ahmedabad, Poona und Sholapur, wurden von Berry und Spodeck untersucht, wobei zunächst – wenn möglich für verschiedene Zeitpunkte – das statistische Material zur Überprüfung kam, mit Hilfe dessen sich eine Faktorenanalyse ermöglichen ließ, leider ohne daß die entsprechenden Karten veröffentlicht wurden. Obgleich Sholapur nach der Unabhängigkeit zur Aufnahme industrieller Unternehmen überging, blieb hier die Kastenordnung erhalten. Nun sind in diesem Falle die Unterlagen besonders günstig, weil der Anteil der einzelnen Kasten für die verschiedenen wards erfaßt werden kann und außerdem 33 Variable zur Verfügung stehen. Diejenigen wards, die einen hohen Anteil von Brahmanen beherbergen, besitzen ebenfalls einen großen Prozentsatz von einheimischen Marathas, die zwar als Handwerker und in der Industrie Tätige sozio-ökonomisch untere bis mittlere Positionen einnehmen, hinsichtlich ihres rituellen Status aber hoch bewertet werden. Hingegen stellen die Lingayats wegen ihrer anders gearteten hinduistischen Ausrichtung ebenso wie Immigranten Gruppen dar, die in den wards mit erheblichem Brahmanen- und Maratha-Anteil unterrepräsentiert sind. Sozio-ökonomisch schlagen sie eine Brücke, indem sie vom Industriearbeiter bis zum Großhändler berufsmäßig eingestuft werden. Die Unberührbaren werden zwar nicht erwähnt, aber es kann kein Zweifel bestehen, daß sie am Rande oder außerhalb der Altstadtgrenze ihre einfachen Wohnstandorte finden. „Sholapur remains as testimony of the power of caste and communal factors in the formation of neighbourhood in a modern industrial city", wie es Berry und Spodeck betonten (1971, S. 281).

In mancher Beziehung noch besser erscheinen die Unterlagen für Poona, weil hier Daten für die Jahre 1822, 1937 und 1954 zur Verfügung stehen, und zwar unter Berücksichtigung der Kastenzugehörigkeit. Hier blieb die Kastenordnung bis zum Jahre 1954 erhalten. Danach aber setzte die Industrie verstärkt an und damit eine Suburbanisierung der Bevölkerung. Immerhin kann es sein, daß ein Teil vermögender Angehöriger der hohen Kasten als Gruppe in Außenbezirke abwanderte (Mehta, 1969), wie es ebenfalls für Bangalore dargestellt wurde, wo für die Altstadt keine Angaben gemacht werden konnten, ein Teil der Brahmanen aber in den äußersten nordwestlichen wards 50 – unter 90 v. H. der Bevölkerung im Jahre 1957 ausmachte (Rowe, 1973, S. 236). Für die sonst von Berry und Spodeck (1971) behandelten Städte ebenso wie für Kalkutta (Berry und Rees, 1969) existieren über die Kasten

---

[1] Wards stellen statistische Einheiten dar, die nicht auf die Entwicklung der Städte bezogen sind; in Großbritannien werden diese Einheiten nicht gerne gebraucht, weil ihre Einwohnerzahl zu groß ist, um eine soziale Gliederung zu erfassen.

und ihre Wohnbezirke keine Unterlagen, so daß aus dieser Sicht das Problem, ob Kastenordnung oder sozio-ökonomischer Status für die soziale Differenzierung verantwortlich sind, mit Hilfe der Faktorenanalyse nicht zu lösen ist. Blenck (1977, S. 162) betonte ausdrücklich, daß in der jeweiligen Altstadt die Kastenordnung gewahrt blieb, was voraussichtlich auch durch die Eigentumsverhältnisse unterstützt wird.

Bei den großen Städten in Pakistan ist davon auszugehen, daß sie stärker als die der Indischen Union von der Teilung des Subkontinents betroffen wurden, die Flüchtlinge sich den großen Städten zuwandten und bei deren hoher Geburtenrate die Marginalschicht eine erhebliche Zunahme erfuhr. Für Karachi (1978: 5,2 Mill. E.) schätzt Scholz (1979, S. 376) im Jahre 1964 deren Zahl auf 752 000 oder einen Anteil von 33 v. H. an der städtischen Bevölkerung, um das Jahr 1970 auf 900 000-1,5 Mill, d. h. maximal mit einem Anteil von mehr als 40 v. H., den höchsten Wert, der in der Tab. VII. D. 17 noch nicht erscheint.

Wenn in der Altstadt von Karachi die Bevölkerungsdichte mit 400 000 E./qkm angegeben wird, dann wurden die früher angegebenen Extremwerte ost- oder südasiatischer Städte übertroffen (Kap. VII. D. 4. f. α. β.). Bis zum Jahre 1947 lebten in Karachi wie auch in den andern großen Städten die verschiedenen Religionsgemeinschaften getrennt und unabhängig von ihrem sozio-ökonomischen Status, was nun an orientalische Verhältnisse erinnert. Nach der Unabhängigkeit wurden von den Wohlhabenden die Bungalows der früheren britischen Verwaltungsbeamten übernommen, und die Flüchtlinge überließ man sich selbst, die als „hawker" sich meist im informalen dritten Sektor betätigten, vornehmlich innerhalb des Bazars. Die im Jahre 1953 ins Leben gerufenen „Housing Societies" legten mehr Wert darauf, Wohnviertel für die einkommensstarken Schichten zu schaffen, in Sektorenform von den civil lines ausstrahlend. Erst seit dem Jahre 1958 wird vom Staat darauf gehalten, Mittelschichten und die Marginalen unterzubringen, wobei die Mittelschichten in einem dem Oberschichtviertel benachbarten Sektor aufgenommen wurden, die einstige railway-Kolonie nach außen eine Erweiterung erfuhr, Mittel- und Unterschichten aufnimmt, daß die alte ehemalige cantonment-Siedlung und der Bazar durch Unterschicht-Sektoren zur Erweiterung kamen (Scholz, 1972 und 1979). Demnach ergibt sich nicht allein für Karachi, sondern für alle großen Städte des Landes eine Anordnung der Sozialschichten, die einerseits von den einstigen britischen Anlagen beeinflußt ist und andererseits auf die Intentionen des staatlichen Wohnungsbaus zurückgeht. Ersteres trifft auch für die indischen Großstädte zu, in deren Altstadt aber der Kastenordnung stärkeres Gewicht zufällt, die ebenso bei den Zuwanderern vom Land eine Rolle spielt, sofern sie in Spontansiedlungen leben.

γ) Orientalische Länder. Vor der Berührung mit dem Westen, die zeitlich unterschiedlich einsetzte, war eine sozio-ökonomische Gliederung der Bevölkerung vorhanden, die sich aber nicht in einer solchen der Wohnviertel niederschlug, weil sich die orientalischen Städte dadurch auszeichneten, daß in ihnen verschiedene völkische und religiöse Gruppen sich gegeneinander abschlossen, begünstigt durch das Sackgassenprinzip im Grundriß (Kap. VII. F. 2.).

Hinsichtlich der sozialen Schichtung stellte Wirth (1966) die Verhältnisse für das Osmanische Reich des 19. Jh.s dar, zu dem allerdings Iran, Algerien, Marokko und Afghanistan nicht gehörten, mit einem Ausblick auf die moderne Entwicklung,

824 Die Städte

Tab. VII.D.18 Zahl und Anteil der in Spontansiedlungen lebenden Bevölkerung in ausgewählten Städten des Orients

Land	Stadt	Jahr	Zahl in 1 000	Anteil an der Gesamtbevölkerung
Türkei	Ankara[1]	1965	979	45
	Ankara[2]	1970	1 300	65
	Istanbul[2]	1970	1 300	45
	Izmir[2]	1970	600	35
	Adana[2]	1970	476	45
	Bursa[2]	1970	212	25
	Samsun[2]	1970	297	36
	Erzurum[2]	1970	97	35
Irak	Bagdad[3]	1961		46
	Bagdad[1]	1970		29
Tunesien	Tunis[4]	1956	105	25
	Tunis[5]	1972	225	24
	Tunis[6]	1977	250	26
Algerien	Algier[4]	1956	87	29, u. U. 40[6]
	Algier[7]	1966	217	23
Marokko	Rabat[8]	1960	70	20
	Casablanca[11]	1940	40	20
	Casablanca[4]	1950	100	20
	Casablanca[9]	1960	160	17
	Casablanca[10]	1971	85	4
	Casablanca[11]	1975	270	~15

[1] Berry, 1973, S. 84
[2] Dradrakis-Smith, 1975, S. 7
[3] Gulick, 1967, S. 252
[4] Stambouli, 1972, S. 90 und 97
[5] Lawless, 1979, S. 84
[6] Moissac, 1980, S. 114
[7] Eichler, 1976, S. 113
[8] Pletsch, 1973, bezieht sich nur auf das 8. arrond.
[9] Noin, 1971, S. 35
[10] Escalier, 1980, S. 9
[11] Clark, 1980, S. 168

bezog sich allerdings in erster Linie auf Fernhandelsstädte und regional vornehmlich auf die Levante. Dabei wird jeweils – wie es auch Wirth getan hat – die Unterscheidung von alten Schichten und neuen nach dem Eindringen westlicher Ideen zu treffen sein.

Zur Marginalschicht rechneten Tagelöhner, Straßenkehrer, ambulante Händler, Lastenträger, Wächter (Bazare und Serails), wobei in den Landstädten Landarbeiter und Teilbauern hinzukommen würden, sonst noch Musikanten, Wahrsager usf. Die Zuwanderung von Fellachen brachte ein erhebliches Anwachsen dieser Schicht, so daß Unterbeschäftigung oder Arbeitslosigkeit resultieren.

Weiter zählen zur Marginalschicht das meist ausgedehnte Hauspersonal, häufig aus Sklaven hervorgegangen, noch weniger angesehen als die früher genannte Gruppe, wenngleich einen etwas höheren Lebensstandard einnehmend. Schließlich gesellen sich abgesunkene Handwerker hinzu, die wegen der Einfuhr billiger industrieller Waren von ihrem Beruf nicht mehr existieren können.

Von ihnen abzusetzen ist die neue Unterschicht der un- bzw. angelernten Arbeiter, die sich gegenüber den zuvor Genannten durch ihr regelmäßiges Einkommen unterscheiden, aber in der orientalischen Gesellschaft, in der Handarbeit nichts gilt, zur Unterschicht gerechnet werden müssen.

Der alten Mittelschicht gehören einerseits Einzelhändler und andererseits selbständige Handwerker an, beide am Arbeitsplatz im Bazar vereint. Erstere Gruppe, meist des Lesens und Schreibens kundig, wurden und werden höher eingestuft als letztere, die Analphabeten sind, häufig völkischen oder religiösen Minderheiten angehören und in sich eine erhebliche Staffelung zeigen. Wie schon erwähnt, sank ein Teil von ihnen in die Marginalschicht ab, anderen gelang der Aufstieg als Kleinunternehmer im Transportgewerbe u. a. m. Vor der französischen Einflußnahme lagen die Verhältnisse in den Maghrebländern ähnlich. Danach aber unterlagen sowohl Einzelhändler als auch Handwerker der Verarmung, weil ersteren nur die einheimische Bevölkerung als Kunden zur Verfügung stand und das Handwerk meist den eingeführten Produkten unterlag, es sei denn, daß an der heimischen Kleidung festgehalten wurde oder die Teppichknüpferei Verdienst brachte (Ibrahim, 1975). Allerdings vermochten sich einige Händler zu halten, so die Bewohner der Insel Djerba, die in den tunesischen und algerischen Städten im Familienzusammenhalt ihre Waren verkauften, auch die Ausbildung des Nachwuchses vornahmen. In Algerien waren es die Bewohner der Oase Mzab, in Marokko die Chleuh (Plum, 1967, S. 282).

Seit der letzten Jahrhundertwende bildete sich eine neue Mittelschicht, für die die Schulbildung entscheidend wurde. Als mittlere Beamte und Angestellte, Lehrer, ärmere Angehörige freier Berufe finden sie ihr Auskommen und haben die Möglichkeit des sozialen Aufstiegs. In den Maghrebländern war das kaum möglich, weil insbesondere Franzosen diese Positionen einnahmen und das Schulwesen damals wenig gefördert wurde. Hier konnte erst nach Wiedererlangung der Selbständigkeit diese Schicht zur Ausbildung kommen.

Die alte soziale Oberschicht bildeten zunächst die Grundbesitzer, deren Vermögen aus Rentenansprüchen an ländlichem Grund- und städtischem Hausbesitz resultierte, was bestimmten Familien vorbehalten war, die gleichzeitig die Bildungsschicht ausmachten. Ein Teil von ihnen betätigte sich als Fernhändler, Großkaufleute oder Karawanenunternehmer; letztere stellten sich nach dem Niedergang des Karawanenverkehrs zumindest in der Levante auf den Import europäischer Waren um, so daß es vornehmlich christlichen Familien mit ihren ausländischen Beziehungen gelang, in die Oberschicht aufzusteigen. Hier auch sah man am frühesten davon ab, das gewonnene Kapital in Grundbesitz zu investieren, sondern legte es in der Intensivierung der Landwirtschaft oder in Industrieunternehmen an. Ein anderer Teil nahm die obersten Stufen in Heer und Verwaltung ein, und vornehmlich letztere betätigten sich als Steuerpächter und gelangten auf diese Weise zu Kapital. Mitunter vermochte sich diese Schicht nach dem Zusammenbruch des Osmanischen Reiches zu halten, wenngleich die neuen Regime in Afghanistan, in Iran und in Irak ebenso wie in Syrien der neuen aufstrebenden Mittelschicht Chancen gaben und die alte Oberschicht zurückgedrängt wird. In den Maghrebländern hatte zwar die alte Oberschicht an der politischen und wirtschaftlichen Entwicklung während der Protektorats- bzw. Kolonialzeit wenig teil. Sie verblieb als islamische Bildungsschicht in den alten Städten und konnte in Tunesien und in Marokko sich so organisieren, daß von ihr weitgehend die Befreiung ausging. In Algerien wurde diese Bewegung mehr von den ländlichen Notablen bzw. der ländlichen Bevölkerung getragen, so daß es hier besonders schwierig war, eine neue Elite zu bilden (Plum, 1967; Hermassi, 1975, S. 110ff.).

Nicht einordnen läßt sich die islamische Geistlichkeit, die mitunter in ärmlichen Verhältnissen lebt, nun aber in einigen Ländern immer stärkeren politischen Einfluß gewinnt.

Das Bildungsniveau in den einzelnen Gebieten ist durchaus unterschiedlich. Im Libanon gelten weniger als 20 v. H. der Bevölkerung als Analphabeten, 35 v. H. der mehr als Sechsjährigen in der Türkei, in Syrien und in Iran sind es bereits 60 v. H., in den Maghrebländern liegt ihr Anteil zwischen 68 v. H. und 78 v. H. und in Afghanistan bei mehr als 90 v. H., wobei für die städtische Bevölkerung jeweils niedrigere Werte anzusetzen sind als für die ländliche.

Geht man nun dazu über, die soziale Viertelsbildung in den orientalischen *Kleinstädten* darzulegen, dann wird man davon auszugehen haben, daß häufig die Landwirtschaft noch eine Rolle spielt, Großhändler meist von Zwischenhändlern ersetzt werden und Großgrundbesitzer selten zu finden sind. Die in der Landwirtschaft Tätigen, ob Kleinbauern, Landarbeiter oder Teilbauern haben ihre Wohnsitze meist in peripherer Lage. Sonst aber ist bereits hier meist zwischen Altstadt und Neustadt zu unterscheiden, wobei in ersterer die weniger bemittelten Einzelhändler und Handwerker leben, d. h. ein Teil der alten Mittelschicht. Die aktivsten dieser Gruppe wanderten bereits in die Neustadt ab, und der dadurch frei werdende Raum kam Zuwanderern vom Lande zugute, die sich als Gelegenheitsarbeiter betätigen. Infolgedessen macht sich bereits in Kleinstädten ein soziales Absinken der Wohnbevölkerung in der Altstadt bemerkbar, wobei sich allerdings gradmäßige Unterschiede von Fall zu Fall bzw. von Land zu Land einstellen können. Erheblich scheint eine solche Degradierung der Altstadt in Afghanistan dort zu sein, wo neben der Altstadt eine moderne Gartenstadt entstand, die fast sämtliche zentrale Funktionen auf sich vereinte und dem älteren Zentrum die Aufgabe überließ, als Wohnbereich zu dienen (z. B. Ghazni; Grötzbach, 1975, S. 420). Mit der höchsten Bevölkerungsdichte ausgezeichnet, verblieb hier die städtische Unterschicht, ein geringer Teil der alten Mittelschicht, die finanziell nicht in der Lage war, in das Neubaugebiet zu ziehen, schließlich Zuwanderer vom Land. Wenn trotzdem ein Teil des Baubestandes verfiel, dann erklärt sich das daraus, daß diejenigen, die die Altstadt verließen, zahlenmäßig größer waren als die ländlichen Immigranten. Spontansiedlungen an der Peripherie kamen hier nicht zur Ausbildung, weil teils die nicht mehr genutzten Altwohnungen zur Verfügung standen oder die ländliche Bevölkerung in den benachbarten Dörfern verblieb und von hier aus Gelegenheitsarbeit in der Stadt annahm, den von Planhol (1973, S. 164) dargelegten Gesichtspunkt bestätigend, daß bei starker sozialer Degradierung der Altstadt Spontansiedlungen so gut wie fehlen, umgekehrt bei relativ guter Erhaltung letztere auftreten, wobei allerdings Stagnation oder Wachstum der Bevölkerung einzubeziehen sind.

Ähnliche Beobachtungen wurden in Kleinstädten in Iran (Kopp, 1973, Momeni, 1976), in der Türkei (Höhfeld, 1977) und in Libanon (Spieker, 1975, S. 63 ff.)

gemacht, wobei diejenigen in der Türkei bereits Spontansiedlungen aufweisen. Allerdings sind auch Unterschiede vorhanden, die sich als unabhängig von dem Grad der Verwestlichung und ebenso unabhängig von der Größe der Städte erweisen. Zumindest zeichnen sich die Kleinstädte in Libanon dadurch aus, daß die verschiedenen Religionsgemeinschaften in besonderen Vierteln leben, demnach die Segregation erhalten blieb. Daß in der Türkei dieses Problem nicht auftreten kann, weil einerseits der Bevölkerungsaustausch zwischen Griechen und Türken stattfand und andererseits der Kampf gegen die Armenier nach dem Ersten Weltkrieg die Reste von ihnen zur Flucht in benachbarte Länder trieb, dürfte verständlich sein. Hier macht lediglich Istanbul eine Ausnahme, wo den christlichen und jüdischen Minoritäten Sonderrechte eingeräumt wurden, so daß sie noch immer dieselben Quartiere bewohnen wie im 17. Jh. (nach Stewig, 1964, S. 42 ff.). Die Frage der völkischen Minderheiten in den orientalischen Ländern einschließlich von Nordafrika und der verschiedenen Gründe, die zur Ausbildung bestimmter ethnischer Viertel führten, untersuchte Greenshields (1980, S. 120) eingehender, als es hier geschehen kann. Auf das Problem der jüdischen Bevölkerung braucht nur noch in Ausnahmefällen eingegangen zu werden, weil die meisten von ihnen es nach dem Zweiten Weltkrieg vorzogen, nach Israel überzuwechseln. Nach den wenigen Beispielen, die über Kleinstädte in den Maghrebländern vorliegen (Le Kef im nordwestlichen Tunesien; Dubois, 1973, S. 141 und Nedroma in Algerien; Sari, 1968), ist anzunehmen, daß das Absinken der „Altstadt" beträchtlich war und Spontansiedlungen nie fehlen.

Mehr in den Ländern des Vorderen Orients und weniger in denen des Maghreb wird man unter den Mittelstädten zwischen stärker traditionsgebundenen und mehr dem Westen sich öffnende unterscheiden, wobei man hier wie auch bei den Großstädten von solchen absehen sollte, die entweder auf der Grundlage des Erdöls entstanden oder als Wallfahrtsstätten gekennzeichnet sind.

In den historischen *Mittelstädten* von Afghanistan (Herat und Kandahar) blieben die traditionellen Verhältnisse am besten gewahrt. In Kandahar (1976: rd. 115 000 E.) verblieben die Paschtanen, die als Importeure, Großhändler und Transportunternehmer tätig sind, in ihren Altstadtquartieren, und lediglich die vom Lande zuziehenden Grundbesitzer ebenso wie die von Kabul geschickten Beamten fanden in der Neustadt Aufnahme. Die Farsiwan, als Schiiten wenig angesehen, stellen meist Kleinhändler und Handwerker dar, finden als Schreiber und Dienstboten Verwendung und bewohnen ein bestimmtes Altstadtquartier. Die Hindus, die hier aus dem Sind stammen, als Fernhändler, Einzelhändler wertvoller Waren und Geldverleiher fungieren, gaben am ehesten die Segregation auf. Je nach ihrem sozialen Prestige verblieben sie in der Altstadt oder bezogen neue Wohnungen in der Neustadt. Es kommen Usbeken (Teppichhändler) und Hazara als Unterschicht hinzu, die jeweils abgesondert in der Altstadt wohnen. Ähnlich wie bei den Kleinstädten kommen aus den benachbarten Dörfern Gelegenheitsarbeiter, so daß Spontansiedlungen fehlen (Wiebe, 1978).

In Iran sind Mittelstädte wenig entwickelt, so daß sich die gestellte Frage hier auf die Groß- bzw. Provinzhauptstädte verschiebt. In der Türkei dürfte Erzurum (1970: 134 000 E.) hierhin gehören, indem die Ober- und Mittelschicht in der Altstadt verlieb, äußere Quartiere erst nach dem Zweiten Weltkrieg im Anschluß an die Garnison und die im Jahre 1956 gegründete Universität zur Ausbildung kamen, darüber hinaus 13 v. H. der Bevölkerung in Spontansiedlungen lebt (Bazin, 1969). Ähnliches kann für Tarsus (1970: 75 000 E.), u. U. für Antalya in Anspruch genommen werden (Rother, 1971 und 1977, S. 73 ff.).

Selbst in Bursa (276 000 E.), dessen erhebliche Industrialisierung erwarten ließe, daß die Oberschicht an die Peripherie auswich, liegt der Sachverhalt anders. Wenngleich sich eine sozio-ökonomische Gliederung einstellte und demnach sich ein Teil der Verwestlichung durchsetzte, so bewohnen einkommensstarke Schichten weiterhin die „Altstadt", Unterschichten die Peripherie. Allerdings wandelten sich bei ersteren die Hausformen; das Verbot, osmanische Stadthäuser zu errichten (zweigeschossige Fachwerkbauten für je eine Familie), wirkte sich dahingehend aus, daß Mittelschichten in zwei- bis dreigeschossigen Mietshäusern, die Oberschicht in komfortablen Hochhäusern in Eigentumswohnungen ihre Wohnungen bezogen (Stewig u. a., 1980, S. 259 ff.). Infolgedessen kam das Schema von Burgess (Abb. 124) zur Ausbildung, allerdings mit umgekehrtem Vorzeichen, indem sich ein soziales Gefälle vom Zentrum nach der Peripherie einstellt. In Syrien zählte Wirth (1971, S. 294 ff.) Hama (1970: 137 000 E.), die Hochburg der syrischen Großgrundbesitzer, zu den traditionellen Mittelstädten, indem erst nach dem Zweiten Weltkrieg in beschränktem Maße ein modernes Wohnviertel entwickelt wurde.

Über die Mittelstädte in Libanon lassen sich heute kaum noch Aussagen machen. Zahlé in der Bekaa ebenso wie Saida im Küstenbereich des Südens haben seit ihrer Bearbeitung durch Spieker (1975) erhebliche Bevölkerungsverluste erlitten, und die Sanierung von Tripoli dürfte zum Stillstand gekommen sein.

Im Rahmen der Maghrebländer läßt sich wohl Salé (1976: 156 000 E.) zu dieser Gruppe rechnen, das zwar mit Rabat zusammengewachsen ist, trotzdem noch als selbständige Stadt geführt wird. Mit einer nur kleinen Europäerstadt konnte die Medina teilweise ihre Stellung erhalten, weil die alt eingesessene Oberschicht hier verblieb. Allerdings wanderte die Mittelschicht in das Europäerviertel ab. Ihre Häuser in der Altstadt stehen entweder leer oder werden zimmerweise an Neuankömmlinge vermietet.

Eine stärkere Aufnahme des westlichen Lebensstils in den Mittelstädten von Afghanistan ist kaum zu erwarten, weil die neuen Städte mit ihrer Industrie meist hinter dem geplanten Wachstum zurückblieben. Höchstens könnte Jalalabad (1976: 44 000 E.) dazu zählen, das den höheren Schichten aus Kabul als Winteraufenthalt dient. Als Gegenstück zu den traditionellen Städten in der Türkei kann Kayseri (1970: 161 000 E.) in Anspruch genommen werden, wo nach der Vertreibung von Christen und Armeniern die Altstadt von einkommensschwachen Schichten aufgesucht wurde. Hier fand allerdings eine umfassende Sanierung der Altstadt statt, die einzige überhaupt in der Türkei. Im Zusammenhang mit industrial estates wurden zwei- bis dreigeschossige für Arbeiter bestimmte Wohnhäuser errichtet, und zumindest die Oberschicht zog es vor, die Peripherie aufzusuchen und sich hier Villen zu bauen (Ritter, 1972; Becker, Hottes und Schultheis, 1978, S. 17). Zugleich stellt Kayseri die einzige größere Stadt in der Türkei dar, in der Spontansiedlungen fehlen, weil die Zuwanderung vom Land nicht übermäßig war und die Neubautätigkeit damit Schritt halten konnte. Über andere Mittelstädte läßt sich einstweilen wenig aussagen, denn bei Becker, Hottes und Schultheis (1978) wurde die geplante Flächennutzung untersucht, wobei Aussagen über die Stärke der Verwestlichung, sofern sie die Sozialgliederung betrifft, kaum möglich sind.

In Syrien stufte Wirth (1971) Homs (1970: 216000 E.) als westlich orientierte Mittelstadt ein, da in der gewerbereichen Stadt bereits zur französischen Mandatszeit die führenden Schichten im Anschluß an den modernen Geschäftsbereich Villenviertel errichteten. In Ägypten und den Maghrebländern befaßte man sich mehr mit den Großstädten, so daß einstweilen kaum Aussagen gemacht werden können.

Es geht nicht an, sämtliche *großen Städte* zu behandeln, doch wird auch hier ein Unterschied zwischen mehr traditionellen und stärker westlich orientierten Städten zu machen sein. Für Täbris (1976: 599000 E.) wies Schweizer (1972 bzw. 1979) den traditionsgebundenen Charakter nach, jeweils damit verbunden, daß die alten Schichten in der Altstadt verblieben. Bagdad (1977: 3,2 Mill. E.) dürfte ebenfalls dazu gehören, weil völkische und religiöse Gruppen zumindest teilweise an der Segregation festhielten. Ein Teil der Schiiten, die sich als Händler betätigten, hatte bereits zu osmanischer Zeit jenseits des westlichen Tigrisufers ein besonderes Quartier, während die Stadt selbst östlich des Stromes lag und erst nach dem Ersten Weltkrieg nach Bannung der Überschwemmungsgefahr nach Westen übergreifen konnte und dabei allmählich das Schiitenviertel erreichte. Kurden und ein Teil der christlichen Gemeinschaften hielten an ihren Altstadtquartieren fest, wo bei erheblichen Neubauten alte und neue Mittelschicht überwiegen, demnach keine ausgesprochene Degradierung einsetzte, was nun zu Spontansiedlungen führte. Sie existierten bereits um das Jahr 1930, wuchsen aber nach dem Zweiten Weltkrieg erheblich an (Tab. VII. D. 18.), bis man seit dem Jahre 1963 daran ging, im Osten der Stadt in 10 km Entfernung vom Zentrum Parzellen zu vermessen, diese mit Kanalisation und elektrischem Strom zu versehen und Baumaterial für die Eigenerstellung von Zweiraumhäusern zur Verfügung zu stellen, was ein Absinken der in Spontansiedlungen lebenden Bevölkerung zur Folge hatte. Letztere wurde im Jahre 1970 noch auf 600000 geschätzt. Die Sunniten allerdings, die die politische Führung in der Hand hatten, fanden sich in bestimmten Außenvierteln zusammen (Gulick, 1967).

Eine ähnliche Zwischenstellung nahm auch Damaskus (1970: 837000 E.) ein, wo man insofern bei den alten Verhältnissen verblieb, indem in den meisten Quartieren, ob in der Altstadt, alten oder neuen Vorstädten religiös und völkisch einheitliche Gruppen lebten, mit dem einen Unterschied gegenüber früher, daß solche Viertel nun auch dieselbe Schichtzugehörigkeit besaßen. Mit einem gewissen, aber keinem extremen sozialen Absinken der Altstadt ist zu rechnen, daran kenntlich, daß Christen der südlichen Vorstadt bei sozialem Aufstieg zunächst in das Christenviertel der Altstadt übersiedelten, um bei weiterem Vorwärtskommen in Außenbezirke der Mittel- oder Oberschicht zu wechseln (Dettmann, 1969, S. 278). Bereits in osmanischer Zeit bildeten die Hänge des im Nordwesten gelegenen Djebel Kayoun den ersten Ansatzpunkt für die damals herrschende türkische Oberschicht; reiche Mohammedaner und Christen folgten zu Beginn des gegenwärtigen Jahrhunderts diesem Beispiel, was sich während der französischen Mandatszeit verstärkte. Demgemäß existierten verschiedene christliche und mohammedanische Unter- und Mittelschichtviertel, und lediglich die Oberschicht nahm von der Segregation Abstand. Unter Einsatz des staatlich gelenkten Wohnungsbaus konnten für einkommensschwache Schichten in der südlichen Fortsetzung des Oberschichtviertels Wohnungen geschaffen werden, so daß die Ausbildung von Spontansiedlungen unterblieb (Dettmann, 1969, S. 297).

Für die meisten andern großen Städte aber ist eine erhebliche Degradierung der Altstadt charakteristisch. Das gilt bereits für Kabul (1976: Metropole 588000 E.), wo das allerdings erst seit dem Jahre 1960 einsetzte, Ober- und Mittelschicht abwanderte und ihre Häuser meist zimmerweise an Angehörige der Marginalschicht vermietete ebenso wie das mit einem Teil der Serails geschah. Ober- und Mittelschichten ordneten sich, dem Relief folgend, in Sektoren an, wobei ein Teil der aus andern Städten zuwandernden Angehörigen der Mittelschicht allerdings auf Schwierigkeiten stieß, Wohnungen zu erhalten. Sie waren es in diesem Falle, die die im Gelände der Stadt aufragenden Hügel besetzten, wobei die Grundstücke teils durch Kauf und teils durch Zahlung einer Strafsumme dann in ihr Eigentum übergingen.

Die Verhältnisse von Adana (1970: 347000 E.) kennzeichnete Rother (1971), ohne daß nähere Erläuterungen notwendig sind. Lediglich für Ankara (1,2 Mill. E.) muß festgestellt werden, daß zwar die Altstadt Wohngebiet blieb und keine extreme soziale Abwertung stattfand (Unter- und Mittelschichten), trotzdem aber der Anteil der in Spontansiedlungen lebenden Bevölkerung von 1965 bis 1970 von 47 v. H. auf 65 v. H. anstieg, damit hier der höchste Anteil unter allen türkischen Mittel- und Großstädten erreicht wurde. Damit ist die von Planhol aufgestellte Regel nicht durchbrochen, denn in diesem Fall muß berücksichtigt werden, daß die Altstadt zu klein ist, um alle ländlichen Zuwanderer, die überwiegend aus der eigenen Provinz kommen, aufnehmen zu können (Planhol u. a., 1973; Bolot, 1973 bzw. Planhol, 1977). Ähnlich wie in Adana bildete sich, abgesehen von der Altstadt, das Sektorenschema aus.

Abb. 117 gibt die Verhältnisse von Teheran wieder (Seger, 1975). Hier waren die Wohnbedingungen in der Alstadt bzw. Marginalbehausungen ausgesprochen schlecht, aber die Zuwanderer vermochten hier unterzukommen, so daß Spontansiedlungen fehlten (Planhol, 1964).

Beirut (1974: 702000 E.) hat nach dem Libanonkrieg und den jüngsten Auseinandersetzungen mit Israel viel von seinem Glanz eingebüßt. Als „westlich orientierte Stadt des Orients" (Ruppert, 1969) dürfte sie kaum noch anzusprechen sein und wie die Zukunft der Stadt und des gesamten Landes aussehen wird, ist einstweilen ungewiß.

Kairo (1974: 5,7 Mill. E.) allerdings kann als westlich orientierte Groß- bzw. Weltstadt aufgefaßt werden. Ober- und Mittelschichten verließen die Altstadt, in der die Unterschicht zurückblieb und ländliche Zuwanderer aufgenommen wurden. Dabei kam es nicht allein zur Überbelegung der verlassenen Häuser, sondern auch zu Dachbehausungen, was erlaubt ist, sofern kein standfestes Material verwandt wird. Waterbury (1973, S. 6) schätzte die Zahl der Dachbewohner auf eine halbe Million (um das Jahr 1970). Westlich der Altstadt errichtete man für die Verwaltungsbeamten mehrgeschossige Häuser, und daran anschließend bis an das

Ufer des Nils und auf die Insel Zamalek reichend entwickelte sich das Prominentenviertel mit aufwendigen Bungalows oder Hochhäusern mit Eigentumswohnungen (Abu Lughod, 1971, S. 187). Wenn Waterbury (1973, S. 2) der Auffassung ist, daß es für Kairo ein Unglück bedeute, keine Spontansiedlungen zu haben, dann kann man in dieser Beziehung etwas anderer Meinung sein; im Osten, die Altstadt fast allseits umkreisend, befinden sich ausgedehnte Friedhöfe, die früher lediglich von den Bewachern der Grabmäler bewohnt wurden, und gerade dieser Bereich ist es, den ländliche Zuwanderer aufsuchen. Im Jahre 1960 lebten in den Grabkammern oder dazwischen etwa 80 000 Menschen, und zehn Jahre später schätzte man ihre Zahl auf 1 Mill. Abgesehen davon boten die benachbarten Dörfer Ansatzpunkte, die ebenfalls zahlreiche Spontansiedlungen enthalten. Für den sozialen Wohnungsbau standen zu wenig Mittel zur Verfügung, und der private Wohnungsbau ist am Gewinn interessiert, so daß lediglich höhere Schichten davon Gebrauch machen können. Abgesehen aber von der Ost-West gerichteten Abfolge: Spontansiedlungen in der Gräberstadt, abgesunkene Altstadt, Mittelschichten und schließlich Oberschichtviertel am Nilufer läßt sich sonst in der Anordnung der Sozialschichten keine Regel erkennen, wie es Abu Lughod (1971, S. 187) für die Jahre 1947 und 1960 nachwies.

Innerhalb der Maghrebländer liegen die Verhältnisse in Algerien gesondert, weil hier einerseits die dezentralisierte Entwicklung gefördert wird und andererseits die Verstaatlichung von Industrie und Handel umfassend war. Hier wurde der orientalische Gesellschaftsaufbau durch die lang währende Kolonialzeit völlig gestört, so daß z. B. in Algier der Anteil der einheimischen Moslems im Jahre 1866 lediglich 20 v. H. und im Jahre 1954 51 v. H. betrug. Entweder lebten sie in der Haute Casbah, die in etwa die Medina ersetzte und durch Zuwanderung immer mehr aufgefüllt wurde (200 000 E./qkm), wenngleich der größere Teil der Immigranten sich in Spontansiedlungen niederließ. Als im Jahre 1962 Franzosen und andere Südeuropäer Algerien und dessen Städte verließen, setzte zunächst ein beträchtliches Chaos ein, weil die Besitznahme der europäischen Wohnungen völlig planlos verlief. Die von Pelletier (1959 nach dem Zensus vom Jahre 1955) dargelegte Viertelsbildung ist überholt ebenso wie die sozialökologische Gliederung von Eichler (1976 nach dem Zensus vom Jahre 1966). Untere und mittlere Einkommensschichten erhielten dann die von den Franzosen errichteten Etagenwohnungen in Hochhäusern, die für sie mehr als ungeeignet waren, weil der Abschluß der Familien nicht gewährleistet war, so daß Fenster vermauert wurden usf. Die höheren Einkommensgruppen übernahmen die einst französischen Villen, umgaben diese aber mit Mauern, um die Privatsphäre zu sichern. Erst seit dem Jahre 1978 wurde man sich der Folgen bewußt, die die Vernachlässigung des Wohnungsbaus mit sich brachte, so daß nun dafür mehr Mittel bereitgestellt werden, was bedeutet, daß die sozio-ökonomische Differenzierung noch nicht abgeschlossen ist (Lawless, 1979, S. 79 ff.).

In Marokko und Tunesien scheinen die Verhältnisse etwas einfacher zu liegen als im sonstigen Orient. Ob in Marrakesch (1970: 332 000 E.), Fes (400 000 E.), Rabat (368 000 E.), Casablanca (1,5 Mill. E.) oder Tunis (1976: 944 000 E.), überall wurde die Altstadt oder Medina meist von den Ober- und Mittelschichten verlassen, die in die Europäerstadt übersiedelten. Die Zurückgebliebenen gehörten überwiegend der Unterschicht an, und ländliche Zuwanderer kamen hinzu, die die verlassenen Gebäude zimmerweise belegten. Selbst in Fes, der Hochburg der traditionellen Oberschicht, war das der Fall (Berque, 1972), wo allerdings ein Teil der Kaufleute nach Rabat zog und die in der Neustadt verbleibende Oberschicht hier eine neue Moschee schuf. Ein Teil der Founduks am Rande der Medina konnte seine Funktion wahren; der größere jedoch verlor seine Aufgabe, Kaufleuten bei kurzen Aufenthalten als Unterkunft zu dienen, so daß die fensterlosen Räume an vom Lande zuwandernde Einzelpersonen bzw. Familien vermietet wurden, wobei Sippen- oder Stammesbindungen verloren gingen. Das von Pletsch untersuchte Beispiel in Rabat-Salé (1973, S. 7 ff.) dürfte nicht auf diese Stadt beschränkt sein. Auf jeden Fall wird die höchste Bevölkerungsdichte jeweils in der Altstadt erreicht.

Unterschiedlich verlief die Entwicklung des Judenviertels, der Hara oder Mellah. In Fes wohnen dort nur alte Leute, und die sonst Verbliebenen verteilten sich in kleinen Gruppen wohl vornehmlich auf die Neustadt (Berque, 1972). Zwischen Medina und Neuer Medina kam in Rabat eine Neue Hara zur Entwicklung, zumal man in Marokko bestrebt war, die gut situierten Juden im Lande zu halten. Noch anders liegt es in Casablanca, wo eine erhebliche jüdische Zuwanderung einsetzte, die ursprünglich in die Mellah gerichtet war, bis diese den Zuwachs nicht mehr aufnehmen konnte und sich im Umkreis der Medina gemischte Viertel ausbildeten (Adam, 1972, S. 43 ff.). In Tunis dagegen, wo das Judenviertel noch im Jahre 1959 von Sébag beschrieben wurde, ging man an den Abriß der Hara, nachdem die entsprechende Bevölkerung die Stadt zugunsten von Israel verließ (Despois und Reynal, 1967, S. 215).

Sofern der Zuzug von Marokkanern bereits während der Protektoratszeit begann, was meist nach dem Ersten Weltkrieg der Fall war, und ein Ausweichen in Spontansiedlungen unerwünscht war, ging man bereits in dieser Periode teils zur Ausweitung der Medina bzw. zur Anlage neuer „Medinen" über, was sowohl für Rabat als auch für Casablanca gilt (Pletsch, 1973, S. 36 ff.; Noin, 1971, S. 63).

Die Neustadt gliederte man von vornherein nach sozio-ökonomischen Gesichtspunkten, indem das Zentrum mit Mietshäusern die Mittelschichten aufnahm, die obere Mittel- und Oberschicht Villenviertel bewohnten, bis schließlich in noch größerer Entfernung von der Medina und der europäischen Geschäftsstadt sich Spontansiedlungen einstellten. Mit einer gewissen Senkung des Niveaus dürfte sich diese Differenzierung nach dem Abzug der Europäer erhalten haben.

Wenn in der ersten Zeit nach der Unabhängigkeit eine Übernahme der einstigen Europäerstadt durch Einheimische stattfand, so konnte die Entwicklung auch weitergehen. In Casablanca sah man vor, einen Teil der Medina niederzureißen und eine durchgrünte City zu errichten, was dann mit der Umsetzung der dort lebenden Bevölkerung verbunden sein müßte (Noin, 1971, S. 23), und in Tunis nahm die öffentliche und halböffentliche Verwaltung, durch Industrialisierung und Fremdenverkehr veranlaßt, einen solchen Aufschwung daß man den nördlichen Abschnitt der Europäerstadt für diesen Zweck heranzog, so daß die Neubauten für Kaufleute, Funktionäre usf. in erhebliche Entfernung vom früheren europäischen Zentrum gerieten (Miossec, 1979, S. 115 ff.), ebenso wie die Spontansiedlungen ausweichen mußten, deren Bevölkerung zwischen den Jahren 1972 und 1975 einen beträchtlichen Zuwachs erfuhr. Der staatliche Wohnungsbau für wenig Bemittelte, setzte sich nur in geringem Maß durch; als Beispiel in dieser Beziehung sei auf Mohammedia in Casablanca verwiesen, was sich in der Abnahme der in Spontansiedlungen lebenden Bevölkerung zwischen den Jahren 1960-1971 widerspiegelt (Tab. VII. D. 18.), seitdem aber wieder ein erheblicher Anstieg zu verzeichnen ist.

Bei fast allen größeren Städten des Orients einschließlich der Maghrebländer ergeben sich zwei Probleme, einerseits die Erhaltung historisch wertvoller Bauwerke, u. U. sogar die Sanierung der jeweiligen Altstadt und andererseits die Frage der Spontansiedlungen.

Ähnlich wie bei Sanierungsvorhaben in Thailand (Bangkok, Kap. VII. D. 4. α.) oder bei der Neuanlage von Städten in Indien (Chandigarh) bzw. Pakistan (Islamabad), wo man im ersteren Falle amerikanische Hilfe in Anspruch nahm, bei den letzteren Le Corbusier als Architekten heranzog, ebenso beauftragte man im Orient Europäer einschließlich solcher aus Osteuropa (z. B. Polen in Bagdad). Lawless (1980, S. 186 ff.) gab eine Zusammenstellung dieser Pläne, und führte – falls man Israel ausnimmt – vierzehn Projekte auf, von denen voraussichtlich noch keines verwirklicht worden ist, denn, abgesehen von den finanziellen Schwierigkeiten, taucht die Frage auf, was mit der gegenwärtigen Altstadtbevölkerung zu tun sei. Die Schwierigkeiten werden dadurch noch größer, indem Europäer und Amerikaner den Lebensstil der heimischen Bewohner zu wenig kennen, so daß dieses Moment kaum Berücksichtigung findet. In den Städten der Golfstaaten, die durch das Erdöl über genügend Mittel verfügen, liegen die Verhältnisse offensichtlich unterschiedlich. Das konnte bereits für Er Riad angedeutet werden und in den Städten des Sultanats Oman verstand man, Altes mit Neuem zu verbinden (Scholz, 1978). In Kuwait dagegen kaufte die Regierung sämtliche Grundstücke und Häuser in der Altstadt auf, so daß diese völlig zerstört und nach westlichem Vorbild errichtet wurde; von einem radialen und konzentrischen, für den Autoverkehr gedachten Straßennetz ausgehend, war die Regierung darauf bedacht, eine ethnische bzw. soziale Segregation durchzuführen, derart, daß die Kuwaitis in besonderen Vorstädten bzw. -orten untergebracht wurden, für die zahlreichen ausländischen Arbeitskräfte einschließlich Beduinen auf die man angewiesen ist, kaum Vorsorge getroffen wurde (Clark, 1980, S. 170 ff.).

Hinsichtlich der Interpretation der Tab. VII. D. 18 sei noch einmal an die These von Planhol (1973) erinnert. Danach ist es verständlich, daß Spontansiedlungen in Afghanistan und in Iran kaum auftreten, in den einst stark westlich orientierten Großstädten wie Teheran innerhalb der Altstadt mit Slumzellen zu rechnen ist ebenso wie in Kairo. Sofern der informale Sektor (Straßenhändler usf.) für die Beschäftigung maßgebend ist, eignet sich dazu das alte Zentrum am besten, weil man Wege einsparen kann. Dort, wo Degradierung der Altstadt und Spontansiedlungen nebeneinander existieren, stellt sich die Frage, ob die Zuwanderer vom Land zunächst erster aufsuchen, um später an der Peripherie sich bessere Unterkünfte zu schaffen. Soweit es im Augenblick zu übersehen ist, scheint diese Art der Mobilität eingeschränkt zu sein. Für Rabat z. B. stellte Pletsch (1973, S. 42 ff.) fest, daß in der Medina 20,6 qm/E. Raum zur Verfügung stehen, in der Spontansiedlung Doun 23 qm/E., so daß bei einem Umzug keine wesentliche Verbesserung der Wohnverhältnisse erwartet werden kann, wobei allerdings hinzugefügt werden muß, daß es bis zum Jahre 1967 in Marokko verboten war, in Spontansiedlungen standfeste Häuser über Nacht (claundestine) zu errichten. Darauf bezog sich offenbar die Bemerkung von Stewig (1977, S. 219), daß die Spontansiedlungen in Rabat „menschenunwürdig" seien im Gegensatz zu denen in Bursa bzw. andern türkischen Städten. In Bagdad konnte für das Jahr 1957, in Amman für den Beginn der siebziger Jahre festgestellt werden, daß 57 v. H. bzw. 33 v. H. der Erwerbstätigen, die in Spontansiedlungen wohnten, zumindest als Fabrikarbeiter, wenn nicht sogar in "white collar"-Berufen einen regelmäßigen Verdienst haben und vornehmlich die zu geringe und zu teure Bautätigkeit der öffentlichen Hand Selbsthilfeaktionen herbeiführt. Bei einem Vergleich älterer und nahe zur Altstadt gelegener Spontansiedlungen zu neuen an der Peripherie, hier als gecekondu bezeichnet mit demselben Bedeutungsinhalt wie die claundestine in Marokko, konnten in der Ausstattung der Wohnungen zwischen alten und neuen erhebliche Unterschiede festgestellt werden. Der Anteil der Haushaltungen, die sich mit weniger als 30 qm/E. zufrieden geben mußten, lag nach Aufnahmen im Jahre 1974 in den ersteren bei 50,6, in letzteren bei 20,8 v. H., der Anteil der Haushaltungen, die mit ein bis zwei Räumen zufrieden sein mußten, in ersteren bei 53,0, in letzteren bei 17,1, der Anteil der Eigentümer in ersteren bei 48,9 und in letzteren bei 78,2 v. H. Hinsichtlich der Sozialstruktur waren in dem alten gecekondu 47,4 v. H. der Erwerbstätigen im formalen Sektor tätig, in den neuen aber 62,4 v. H. (Drakakis-Smith, 1980, S. 101). Trotz der wesentlich günstigeren Situation der peripheren Siedlungen, für die nachträglich meist eine Legalisierung der Besitzverhältnisse erreicht wird, sind auch hier Umzüge sowohl aus der Altstadt als auch aus den älteren gecekondu in die peripher gelegenen selten.

Kurz ist noch auf die Städte Israels einzugehen. Unter ihnen existieren solche, in denen die arabische Bevölkerung völlig abwanderte. Hier machte sich nun der Unterschied zwischen den altansässigen „Veteranen" bzw. Zuwanderern aus Europa und den Immigranten aus Nordafrika und Asien bemerkbar. Gehörten die ersteren überwiegend den höheren Sozialschichten an, so waren die letzteren mit ihrem geringen Bildungsniveau und ohne finanziellen Rückhalt der Unterschicht zuzurechnen. Doch mag es als charakteristisch gelten, daß bei den erheblichen Anstrengungen, die im Schulwesen und der Ausbildung der Erwachsenen gemacht wurden, der Anteil der Analphabeten in dem Zeitraum von 1961-1972 für die jüdische Bevölkerung des gesamten Landes von 92 v. H. auf 12 v. H. gesenkt werden konnte. Zumindest in Klein- und Mittelstädten bewohnten die schon vor dem Jahre 1948 ansässigen Israelis den Stadtkern, der das Geschäftsviertel einschloß. Erweiterungen wurden von der Mittelschicht in Anspruch genommen bzw. von gesonderten Arbeiterquartieren. Sie erfuhren in dem Jahrzehnt von 1960-1970 eine Auffüllung, ohne daß sich die Sozialstruktur änderte. Bei der Schnelligkeit des Zuzugs aus Nordafrika und Asien sah es der Staat als seine Aufgabe an, mit einer geringen zeitlichen Verzögerung Wohnraum für die Immigranten bereit zu stellen. In den bisher besiedelten Abschnitten gab es dazu kaum eine Möglichkeit, weil der Boden privates Eigentum war und bei dem Bevölkerungsdruck die Bodenpreise rasch anstiegen. Wohl aber hatte man das in der Umgebung von Arabern verlassene Land in Staatsbesitz gebracht, und hier, in einiger Entfernung vom Zentrum, errichtete man zunächst einfache Einfamilienhäuser, um dann zum Bau von mehrgeschossigen Mietshäusern überzugehen (Gonen, 1972). Am Beispiel von Rishion Lezion (1972: 52000 E.) zeigten Gonen und Hason, (1975), daß sich zwar das zentral-periphere soziale Gefälle erhielt, aber bei dem schnellen Anpassungsvermögen, das der israelitischen Bevölkerung eigen ist, Zuzüge von den peripheren Außensiedlungen in den Kern stattfanden, was einen sozialen Ausgleich zwischen „Veteranen" und Neuankömmlingen in die Wege leitet.

Nicht alle Araber wanderten aus den Städten ab. In dieser Hinsicht wurde Akko in der nördlichen Küstenebene untersucht (Kipnis und Schnell, 1978). Dabei stellte sich eine beträchtliche, wenngleich nicht ausschließliche Segregation ein und Ausweitungstendenzen der arabischen Bevölkerung konnten deshalb kaum zum Zuge kommen weil zumindest bis zum Jahre 1960 eine Zuwanderung von auf dem Lande lebenden Arabern verboten war, die höchstens als Pendler Arbeitsplätze erhielten. Mit den beträchtlichen Sanierungsarbeiten, die seit dem Jahre 1970 in Jerusalem einsetzten, war man bestrebt, den mittelalterlichen Charakter der Stadt wieder herzustellen. Es kam zur Erneuerung des Bazars, zur Restaurierung oder Neuerrichtung von Synagogen und zur Schaffung von Grünflächen, insbesondere in der Umgebung der Mauer u. a. m. Die großen Leistungen, die vollbracht worden sind, hatten aber zur Folge, daß der Hausbesitz anderer völkischer Gruppen enteignet wurde und vornehmlich die Araber davon betroffen waren, obgleich eine endgültige und international anerkannte Lösung des Konflikts noch aussteht (Lawless, 1980, S. 193 ff.).

Ähnlich wie es bei den westlich-europäischen Städten nicht möglich war, ein einheitliches sozio-ökonomisches bzw. sozialökologisches Schema zu finden, das allgemeine Gültigkeit beanspruchen kann, ebensowenig läßt sich das für die orientalischen Städte durchführen, weil traditionelle Elemente sich in sehr verschiedener Weise mit westlichen Einflüssen kombinieren, abgesehen davon, daß die Auswirkungen der politischen Entwicklung in jüngster Zeit sich kaum beurteilen lassen.

δ) Tropisch-Afrika. Bei den *kleineren Städten* im *tropischen Afrika* – eine Unterscheidung zwischen Klein- und Mittelstädten läßt sich hier kaum durchführen – besteht das Problem darin, ob eine nach sozio-ökonomischen Gesichtspunkten durchzuführende Gliederung der städtischen Bevölkerung überhaupt möglich erscheint. Sofern die Kolonialmächte sich mit ihren Stützpunkten an vorhandene Siedlungen anlehnten oder neue schufen, bildete das Europäerviertel einen besonderen Komplex, dem im westlichen Afrika ein levantinischer, im östlichen ein indischer (einschließlich Pakistanis) Bezirk angegliedert war, deren Bewohner vom Zwischen- und Kleinhandel, u. U. auch vom Großhandel lebten. Hier stellten sich nach der Unabhängigkeit erhebliche Veränderungen ein, indem auf jeden Fall die Zahl der Europäer zurückging, in anglophilen Bereichen in stärkerem Maße als in frankophilen. Der im Rahmen verschiedener Entwicklungsvorhaben erfolgte Zuzug von Angehörigen anderer Nationen (Russen, Tschechoslowaken, Chinesen u. a.), die nach Abschluß ihres Projektes wieder in die Heimat zurückkehren, brachten keinen Ausgleich, wenngleich sie meist im einstigen Europäerviertel wohnen. In Bezug auf die Zwischenschicht von Levantinern und Indern ging man in den einzelnen Ländern verschieden vor; wenn nicht eine völlige Ausweisung erfolgte (Uganda), trat in der Regel eine Abnahme ein. Weiterhin kam es zur Ausbildung einer afrikanischen Elite, die während der Kolonialzeit die vorhandenen Bildungsmöglichkeiten nutzen konnte, u. U. an ausländischen Universitäten studierte und bei der Rückkehr in Verwaltung, Erziehungs- und Gesundheitswesen Aufgaben fand. Wenngleich für die Entwicklung des Schulwesens nach der Unabhängigkeit einiges getan wird und manche Städte ihr Wachstum vornehmlich dem Zustrom von Schülern verdanken (z. B. Gagnoa/Elfenbeinküste mit 1970: 36 000 E., davon 14 000 Schüler; Saint-Vil, 1975, S. 376), so ist der Anteil der Analphabeten mit etwa 70 – mehr als 90 v. H. im allgemeinen höher als in allen andern Entwicklungsländern. Zur Elite zählen auch diejenigen, die im Kolonialheer rangmäßig aufzusteigen vermochten, so daß mitunter Kriegsveteranen eine Sonderstellung eingeräumt wird. Diese Elite, die den Weg zu einem nationalen Bewußtsein in die Wege leiten soll, findet ihren Wohnsitz nun in der einstigen Europäerstadt. Die Masse der sonstigen Afrikaner läßt sich nach Stämmen gliedern, unter denen einige sich wirtschaftlich spezialisiert haben, sei es, daß sie dem Groß- oder Zwischenhandel nachgehen oder ein traditionelles Handwerk betreiben, u. U. auch das moderne Handwerk aufgenommen wurde. Vennetier (1975, S. 105 ff.) wies darauf hin, daß in vorkolonialen Städten Weberei, Herstellung von Schmuckwaren, Gerberei, Töpferei, Bierbrauerei (Hirsebier, meist durch Frauen) eine erhebliche Rolle spielen und in Städten mit etwa 25 000 Einwohnern 18 v. H.

der Erwerbstätigen vom Handwerk leben. In kolonialen Städten dagegen wie z. B. in Lome/Togo ist das moderne Handwerk stärker vertreten, wobei Schneider, Schreiner und andere mit dem Baugewerbe zusammenhängende Berufe im Vordergrund stehen, die immerhin 32 v. H. der Beschäftigten ausmachen. Sonst aber spielen in den Städten Landwirtschaft und Viehhaltung noch immer eine wichtige Rolle.

Sowohl in den vorkolonialen als auch in den Kolonialstädten treffen meist Angehörige mehrerer Stämme zusammen, mag häufig auch einer von ihnen dominant sein. In vorkolonialer Zeit war es bereits üblich, daß fremde Gruppen besondere Quartiere an der Peripherie bewohnten wie etwa die Haussa in den „Yorubastädten" (Kap. VII. C. 3. a.) Nigerias. Damit stellt sich nun die Frage, ob trotz Lockerung der Stammes- und Familienbindungen, die bei der Berührung mit der europäischen Kultur nicht ausblieben, dieses Prinzip weiter verfolgt wird oder ob eine Auflösung stattfand.

> Leider ist dabei eine Beschränkung auf westafrikanische Städte angebracht, weil es wenig sinnvoll ist, Städte in solchen Ländern heranzuziehen, die politisch noch nicht zur Ruhe gekommen sind. Ohne näher darauf einzugehen, sei zumindest auf Jinja am Victoriasee/Uganda verwiesen, für das Larimore (1958) und Hasselmann (1976, S. 204 ff.) die Verhältnisse vor und nach der Unabhängigkeit darlegten. Abgesehen von gewissen Besonderheiten, die mit dem Owen-Staudamm am Nil und der darauf aufbauenden Industrie in der Stadt zusammenhängen, übernahmen die Inder selbst in der Industrie weitgehend Posten, die früher den Engländern vorbehalten waren. Was sich seit der Ausweisung der Inder getan hat, läßt sich nicht übersehen.

Zieht man zunächst Bossangua (um 1970: rd. 20 000 E.) in der Zentralafrikanischen Republik heran (Hetzel, 1973), das als französischer Verwaltungsposten entstand, dann läßt sich seit 1941 ein gewisser Bevölkerungszuwachs feststellen. Abgesehen von den französischen Verwaltungseinrichtungen, einem Haupt- und drei Nebenmärkten setzte sich die Siedlung im Jahre 1941 aus 23, um das Jahr 1970 aus 48 Quartieren mit jeweils 150-950 Bewohnern zusammen, unter denen jedes Quartier ein Oberhaupt bzw. Vorsteher (chef) besaß. 80 v. H. der Bevölkerung gehörten dem Baja-Stamm an, die völlig von der Landwirtschaft lebten. Hinzu gesellten sich Angehörige islamisierter Stämme, die man als „Araber" zusammenfaßt. Unter ihnen waren die Bornu, die aus Nordnigeria kamen, und die Fulbe die wichtigsten Gruppen, zu denen dann noch Splitter anderer Ethnien kamen. Zwischen ihnen legte man zunächst auf keine Trennung Wert, bis die Fulbe nur einen „chef" aus ihrer Mitte anerkennen wollten, so daß nun besondere Quartiere für die Fulbe, die Bornu und die andern „Araber" eingerichtet wurden. Da der Hausbau ohnehin traditionell ist, machen solche Veränderungen keine Schwierigkeiten. Alle „Araber" nun betätigen sich zwar ebenfalls teilweise in der Landwirtschaft, stärker aber im Handwerk und Handel, letzteres vielfach als Kolporteure, die mit jener bäuerlichen Bevölkerung in Verbindung stehen, für die es zu langwierig ist, den Markt aufzusuchen. Damit sind charakteristische Züge kleinerer afrikanischer Städte angesprochen, indem zwar bestimmte Gruppen von Handel und Handwerk leben, sonst aber die landwirtschaftliche Betätigung eine mehr oder minder große Rolle spielt. In diesem Zusammenhang wies Chevassu (1972, S. 431) für kleinere Städte der Elfenbeinküste darauf hin, daß der Anteil der in der Landwirtschaft Erwerbstätigen unabhängig von der Größe der Städte sei.

Wie sich diese Verhältnisse etwas abzuwandeln vermögen, ohne daß die Grundzüge verloren gehen, läßt sich am Beispiel von Sarh (Früher Fort Archambault) in der Republik Tschad zeigen (um 1970: 40 000 E.; Chauvet, 1977). Drei unterschiedliche Wohngebiete wurden ausgegliedert: das zentrale Viertel in der Nähe des Marktes, ein zweigeteilter Übergangsbereich[1] und die peripheren Bezirke. Innerhalb des Zentrums haben islamische Gruppen ihren Standort, innerhalb dessen zahlreiche Marabuts über die Koranschulen das Erziehungswesen in der Hand haben.

Die Haussa, die den Iman stellen, gliedern sich nach ihrem Betätigungsfeld in unterschiedliche Gruppen, Groß-, Zwischen-, Kleinhändler bis zu Bauern. Sie gehen Verbindungen mit dem Kotoko ein, die von ihren Ersparnissen Lastwagen anschafften, was dem Großhandel wiederum zugute kommt. Die Bornu bilden ein weiteres Quartier, wobei alle Formen des Handels vertreten sind. Schließlich besteht innerhalb anderer islamischer Quartiere keine ethnische Segregation mehr, weil es sich um kleine Gruppen handelt, die meist erst im 19. Jh. islamisiert wurden und animistische Vorstellungen beibehielten. In allen diesen Quartieren hält man an der erweiterten Familie fest ebenso wie am traditionellen Hausbau. In der Übergangszone findet man in einem unterbrochenen inneren Ring diejenigen, die teils in der Verwaltung beschäftigt sind ebenso wie Veteranen. Hier ging man meist zum europäischen Hausbau über, und auf ethnische Trennung wird kein Wert gelegt, es sei denn, daß z. B. die Mbaya, die Protestanten wurden und eine Führungspersönlichkeit fanden, ein relativ geschlossenes Quartier auszubilden vermochten. Die äußere Übergangszone nahm vornehmlich Zuwanderer aus Zentralafrika und aus den Savannen des südlichen Tschad auf, die als Händler oder Arbeiter tätig sein wollten. Es handelt sich um solche Gruppen, die sich noch nicht endgültig entschlossen, in die Stadt überzusiedeln, so daß der Anteil der Rückwanderer groß ist, die wiederum durch Neuankömmlinge ersetzt werden. Die peripheren Quartiere schließlich wurden ausschließlich von Fischern und Bauern bewohnt, die ihre traditionelle Bauweise beibehielten, und zwar derart, daß eine Ethnie zumindest überwiegt. Selbst Bamako (1976: 400 000 E.) besaß in den sechziger Jahren bei einer Bevölkerung von 150 000 noch die Quartiersstruktur (Villien-Rossi, 1963 und 1966).

Unter gewissen Voraussetzungen allerdings muß selbst in kleineren Städten mit einer Auflösung in der genannten Beziehung gerechnet werden. Das gilt z. B. für Buea (um 1970: etwa 12 000 E.) im westlichen Kamerun, das von Deutschen als Stützpunkt am Kamerunberg in 800-1000 m Höhe geschaffen wurde. Abgesehen von dem Verwaltungszentrum – die Stadt verfügt über rd. 1000 Funktionäre und 2500 Angestellte – gibt es zwar verschiedene Quartiere, die durch Hecken oder Ödland voneinander abgegrenzt sind, die aber von heimischen und „fremden" Afrikanern in bunter Mischung bewohnt werden, wobei der Kleinhandel von den Ibo, Ibibio, Bamilike, Handwerk von den Haussa (Schneiderei) betrieben wird und die heimischen Bakwe, die sonst von der Landwirtschaft leben, Palmwein und Mais meist durch Frauen verkaufen. Lediglich die Bikom, Babute und Haussa

---

[1] Wenn im Folgenden von „Übergangsbereich" oder „Übergangszone" die Rede ist, dann hat das nichts mit der „Übergangszone" amerikanischer oder europäischer Städte zu tun.

838   Die Städte

besitzen stammesgebundene Quartiere. Auch hier ist mit einer erheblichen Instabilität der Bevölkerung zu rechnen. Der Grund für den Zuzug der „Fremden" ist wohl darin zu sehen, daß Buea in der Nähe der Plantagen der Cameroun Development Corporation liegt, und die Plantagenarbeiter hier das erwerben, was ihnen sonst nicht geboten wird (Courade, 1972, S. 475 ff.). Ähnliches war zumindest auch für das früher erwähnte Jinja in Uganda anzunehmen, wo die Industrialisierung zu einer solchen Mischung führte, die heimische bäuerliche Bevölkerung im Umkreis des Kerns daran ging, den Zuwanderern Parzellen mit entsprechenden Wohngelegenheiten zu vermieten oder Grundstücke zur Miete abgaben, in denen dann einige Immigranten sich selbst ihre Unterkunft schufen.

Bei den dargelegten Verhältnissen kann man die Quartierbildung in tropischafrikanischen Klein- und Mittelstädten nur in Ausnahmefällen als Spontansiedlungen auffassen.

Im Rahmen der tropischen afrikanischen Großstädte liegt die Problematik etwas anders als bisher. Wie bereits früher erwähnt (Kap. VII. C. 3. a.), kann auch hier die Landwirtschaft noch eine Rolle spielen, ohne daß die entsprechenden Städte als Landstädte eingestuft werden können. Sofern notwendig, wird in Einzelfällen darauf hingewiesen. Weiterhin ist darauf zu achten, wie weit die auf Stammesgrundlage ausgebildete Quartiersstruktur, die in kleineren Städten nur unter bestimmten Bedingungen zur Auflösung kam, sich in den bedeutenderen erhielt bzw. wie weit der Zusammenhang der erweiterten Familien intakt blieb. Hinsichtlich der Spontansiedlungen ist die horizontale Mobilität einzubeziehen, die sich offenbar anders verhält als in den sonstigen Entwicklungsländern; der Anteil der in Spontansiedlungen lebenden Bevölkerung läßt sich ohnehin nur für wenige Städte angeben (Tab. VII. D. 19.).

Tab. VII.D.19 Zahl und Anteil der in Spontansiedlungen lebenden Bevölkerung in ausgewählten Großstädten in Tropisch-Afrika

Land	Stadt	Jahr	Zahl in 1 000	Anteil an der Gesamtbevölkerung
Zambia	Lusaka[1]	1963	13	10
	Lusaka[2]	1972	100	33
Zaire	Kinshasa[3]	1967	360	40
Kenya	Nairobi[4]	1971	167	33
Tanzania	Daressalam[5]	1967	85	22
	Daressalam[5]	1970	100–140	25–30
Obervolta	Ougadougou[6]	1974	84	50
Elfenbeinküste	Abidjan[7]	um 1970	150–200	33
Senegal	Dakar[8]	1969	150	30

[1] Kay, 1967, S. 127
[2] Rothman, 1979, S. 282
[3] Ducreux, 1972, S. 559
[4] Hake, 1977, S. 94
[5] Vorlaufer, 1973, S. 198/99
[6] Bricker und Traore, 1979, S. 188
[7] Haeringer, 1972, S. 629
[8] Berry, 1973, S. 84

Insgesamt sollen nur solche Städte Erwähnung finden, deren Entwicklung bis zur Gegenwart einigermaßen zu verfolgen ist, wenngleich man sich selbst bei dieser Einschränkung darüber klar sein muß, daß Angaben über die Gesamtbevölkerung, die Bevölkerungsdichte, den Anteil der jeweiligen Stämme usf. meist nicht mehr den gegenwärtigen Stand entsprechen, weil Volkszählungen als solche auf Schwierigkeiten stoßen, zum Teil veranlaßt durch die politischen Unruhen, zum Teil auch durch das hohe Analphabetentum und schließlich durch die Intention, afrikanische Nationalstaaten zu bilden, für die die Stammeszugehörigkeit eher hindernd eingreift.

Demgemäß wird in diesem Zusammenhang auf die Darstellung der Städte Äthiopiens verzichtet, in denen nach dem Jahre 1974 sämtliche Grundstücke in staatliches Eigentum übergingen, städtische Kooperativen von 300-500 Haushaltungen ins Leben gerufen wurden, die mit Hilfe der Mietseinnahmen für die Verbesserung der öffentlichen Einrichtungen sorgen sollten; die Leiter der Kooperativen aber besaßen meist zu wenig Erfahrung, so daß völlig unbestimmt bleibt, was daraus geworden ist (Koehn und Koehn, 1979, S. 215 ff.). Hinsichtlich der Städte der Demokratischen Republik Somalia fehlen die notwendigen Unterlagen. Ebenso sollen die Zentren der einstigen portugiesischen Kolonien außer acht gelassen werden, und dasselbe gilt für diejenigen von Uganda und Zimbabwe.

In mancher Beziehung wird man die auf vorkolonialer Grundlage entstandenen Städte von jenen zu trennen haben, die als koloniale Gründungen gelten, wobei ebenfalls einige Zwischensituationen zu berücksichtigen sind, nämlich dann, wenn bei kriegerischen Auseinandersetzungen zwischen Afrikanern und Kolonialmächten wohl an ein altes Zentrum angeknüpft wurde, aber die Europäer wesentlichen Anteil an der Neugliederung hatten.

Unter den tropisch-afrikanischen *Großstädten,* bei denen sich die vorkoloniale Gründung erhielt, sollen Tananarive, Mombasa, Kano und Ibadan behandelt werden, die sich nach Bevölkerungszusammensetzung bzw. sozialer oder stammesmäßiger Gliederung jeweils verschieden verhalten, alle aber keine City besitzen.

Für Tananarive (1978: 400 000 E.) stellt sich die Frage der ethnischen Viertelsbildung nicht, weil die Bevölkerung zu 95 v. H. aus heimischen Merina besteht. Im Gegensatz zu den bisher genannten Städten hat sich die heimische Altstadt in Schutzlage auf der Höhe erhalten, ohne eine soziale Degradierung aufzuweisen und wird von den Mittelschichten bewohnt. Das am Fuß gelegene einstige französische Viertel nimmt die Oberschicht auf, und in den geplanten billigen Wohnungen in den Spontansiedlungen an der Peripherie leben die Unter- bzw. Marginalschichten (Sick, 1979, S. 179 ff.). Über die Dichteunterschiede ist kaum etwas bekannt; doch läßt sich annehmen, daß die Altstadt mit ihren zwei- bis dreigeschossigen Häusern u. U. die höchste Dichte besitzt, Immigranten hier nicht mehr aufgenommen werden können, die – wie in anderen Großstädten Afrikas auch – an die Peripherie verwiesen werden.

Eine Sonderstellung dürfte Mombasa (1975: 340 000 E.) einnehmen.

Im Osten der Insel befindet sich die kleine Altstadt mit dem Dhauhafen, wobei sich die Araber-Inder-Swaheli-Mischkultur durchsetzte. Diese Altstadt mit ihren Lehmhäusern im Norden und Steinhäusern im Süden blieb mit Ausnahme einiger Straßendurchbrüche intakt, wobei allerdings die Bevölkerung mit dem Niedergang der Segelschiffahrt verarmte, aber als geschlossene Gemeinschaft zu betrachten ist. Nachdem die Briten im Nordwesten und Südosten der Insel zwei getrennte Wohnbereiche entwickelten und im Westen ein Tiefseehafen geschaffen wurde, siedelten sich hier Inder und verschiedene einheimische Stämme der Küste und des Festlandes an. Ob schon in diesem Stadium oder erst mit der Sanierung im Jahre 1927 kam es zu einer erheblichen Mischung der einheimischen Ethnien und zur Lockerung der Stammesbindungen (Stern, 1972, S. 103). Nach dem Zweiten Weltkrieg gingen Firmen dazu über, für die Angestellten Mietshäuser zu errichten, wobei wesentlich weniger Stämme beteiligt waren, die trotz der moderneren Bauten ihre Bindungen stärker aufrecht erhielten. Mit dem Übergreifen auf das Festland wanderten in stärkerem Ausmaß Stämme des Hochlandes zu, wobei sowohl im Süden als auch im Norden eine stärker agrarische Betätigung einsetzte, bis schließlich – durch nicht bebautes Gelände getrennt – der für gehobene Schichten bestimmte Vorort Nyali entstand, der an seiner Ostseite unmittelbar an dem für den Fremdenverkehr ausgebauten Strand anschließt (Blij, 1968, S. 154; Vorlaufer, 1977, S. 521 ff.). Sieht man von der Kleingliederung auf der Insel ab, wo mit Ausnahme der Araber-Inder-Swaheli die stammesmäßige Gliederung verlorenging, dann ist das westliche Festland vornehmlich für die Ausweitung der Industrie bestimmt, das nördlich als Vorort der gehobenen Schichten, wobei abzuwarten bleibt, wie weit sich dessen Ausweitung vollzieht und die noch landwirtschaftlich ausgerichteten Kerne der Afrikaner zum Verschwinden bringt.

Kano (1975: 389 000 E.) und Ibadan (voraussichtlich 1,5 Mill. E.) zeichnen sich dadurch aus, daß die Altstadt, ob sie überwiegend Haussa und Fulbe (75 v. H.) oder Yoruba (1952: fast 95 v. H.) beherbergt, eine hohe Bevölkerungsdichte besitzen, in Kano zwischen 20 000-40 000, in Ibadan bei 50 000 E./qkm und mehr liegend, wobei man weitgehend an der heimischen Bauweise festhielt.

In Kano wohnten zumindest in den sechziger Jahren noch etwa zwei Drittel der Bevölkerung in der Altstadt, dessen Markt sie versorgt und dessen neue Moschee die Einheit im Bekenntnis zum Islam unterstreicht. Handwerker, Kleinhändler und Arbeiter, meist mit geringem Verdienst, stellen die Bewohner dar, und diejenigen, die ein höheres Einkommen erreichen, halten an dem Wohnen in der Altstadt fest. Von der Erziehung der Kinder in öffentlichen Schulen wird wenig Gebrauch gemacht, höchstens Koranschulen herangezogen. In Ibadan dagegen, wo eine Nord-Süd gerichtete Hügelkette die Altstadt durchzieht, wurde einer von ihnen zum Ansatzpunkt der im 19. Jh. entstandenen Siedlung. Um den „Palast" des Ogbu und den Markt gruppierten sich die compounds der erweiterten einheimischen Familien, die Bauern, Handwerker und Händler (Frauen) waren. Allerdings kommt es immer mehr zur Auflösung der erweiterten Familien, und die compounds lösen sich in Lehmhäuser von Kleinfamilien auf. Abgesehen davon sucht ein Teil der jüngeren Familien, sofern sie einen gewissen Sozialstatus erreicht hat, in andere Bereiche der sich erweiternden Stadt umzuziehen. Infolgedessen blieb die Altstadt von Kano ethnisch und religiös einheitlich und deren Bevölkerung der Tradition verhaftet, während in der Altstadt von Ibadan zwar die Yoruba wesentlich bestimmend waren, diese aber in getrennten Untergruppen lebten – was statistisch nicht faßbar ist –, dabei Islam und Christentum nebeneinander bestanden und außerdem die Neigung vorhanden war, westliche Einflüsse aufzunehmen.

Beide Städte dehnten sich aus, insbesondere, nachdem die britische Kolonialmacht die Verkehrsverbindungen von der Küste bis nach Kano geschaffen hatte. In Kano geschah das vornehmlich in östlicher Richtung, wobei die Briten darauf hielten, eine strenge Scheidung der verschiedenen Stämme bzw. Völker in die Wege zu leiten. Teils schuf man Quartiere für zuziehende Haussa, teils aber auch für Yoruba und Ibo in Sabon Gari, das einen besonderen Markt erhielt, der den der Altstadt allmählich übertraf und sowohl dem Einzel-, sondern auch dem Großhandel diente. Ebenso lebten die Levantiner in einem abgeschlossenen Viertel und übernahmen zunächst den Handel mit Textilien; nach dem Jahre 1950 trat zwar eine Verlagerung ihres Geschäfts- und Wohnbereiches ein, aber letztlich leben sie noch immer zusammen und schalteten sich in den Erdnußgroßhandel ebenso wie in die Gründung industrieller Werke im Nordosten ein. Im Norden entstand das Europäerviertel, das in seiner Ausdehnung fast die Hälfte der „Neustadt" einnimmt, wo in Gärten gelegene Bungalows überwiegen und nun nicht mehr allein Europäer, sondern Amerikaner und auch Afrikaner leben, die aufzusteigen vermochten. Zumindest bis in die sechziger Jahre erhielt sich eine solche ethnische Gliederung, wenngleich im Biafrakrieg die überlebenden Ibos in ihr Heimatgebiet zurückgingen, dafür von Yorubas ersetzt wurden (Becker, 1969, S. 62 ff.), wenngleich man der Ibos in Verwaltung usf. nicht entbehren konnte, sie – wie auch in andere Städte – zurückkehrten, voraussichtlich nun aber ohne Bindung an ein besonderes Quartier leben bzw. in der früheren Europäerstadt Aufnahme fanden.

Anders verlief die Entwicklung in *Ibadan*. Im Osten setzten sich junge einheimische Yoruba-Familien an, für die kein Platz mehr in den compounds war. Häufig noch Bauern, errichteten sie Lehmhäuser, und diejenigen, die einen höheren Verdienst hatten, gingen dazu über, gebrannte Ziegel zu benutzen, u. U. auch ein zweites Stockwerk zu errichten. Da besonders am Rande der Altstadt zahlreiche Schulen eingerichtet wurden, nahm man mitunter Lehrer zur Miete in die vervollständigten Wohngebäude auf. In den westlichen Vororten fanden in erster Linie Zuwanderer Unterkunft, Ibo, Haussa, Edo, Nupe, usf. Dabei sorgte die Stadt dafür, daß die heimische Bevölkerung das zur

Verfügung gestellte Land im Nord- und Südwesten in Grundstücke aufteilte. Insbesondere im Nordwesten errichteten diese Häuser darauf und vermieteten sie an Neuankömmlinge nach Stämmen getrennt. Den Haussa wies man den Stadtteil Sabo zu, da sie besonders auf Absonderung Wert legten. Einige von ihnen erwarben mehrere Häuser, um diejenigen, die auf Grund des Fernhandels häufig unterwegs waren, Unterkunft zu gewähren, ihnen Beziehungen zu Yoruba-Händlern zu vermitteln in engem Kontakt zu den Imams, die auf Grund ihrer Reisen zu den Diasporagemeinden über manches Wissen verfügten, das auch dem Handel zugute kommen konnte (Cohen, 1967, S. 117 ff.). Im Jahre 1950 ging die Bevölkerung von Sabo zur strenggläubigen Sekte der Tidjaniyya über, was die Absonderung betonte. Ihr Anteil an der Gesamtbevölkerung belief sich im Jahre 1952 auf 1,2 v. H. Seitdem und erst recht nach der Unabhängigkeit verstärkte sich der Zustrom der Haussa; unter dem neuen politischen Aspekt sahen die Yoruba den Sinn einer solchen Segregation nicht mehr ein, zumal Sabo bereits überfüllt war. Nun mieteten sich Haussa teils bei den Yoruba-Familien ein, und teils sollten sie sich mit den Landeigentümern selbst auseinandersetzen, um Parzellen zu erhalten, was voraussichtlich dazu geführt hat, daß sie vornehmlich im Norden zum Mittel der Spontansiedlungen übergingen.

Im Südwesten fand zwar auch eine Aufteilung in Parzellen statt, aber diese wurden von den Eigentümern an die Idjebu verkauft, die auf die Ausbildung ihrer Kinder besonderen Wert legten und eine christliche Gemeinschaft bildeten. Zudem schuf man hier Unterkünfte für solche Jugendliche, die den Volksschulabschluß besaßen und die höheren Schulen besuchen wollten (1930-1940). Um dieselbe Zeit wurde dieses Viertel Wohngebiet von Angestellten im Handel und in der angelsächsischen Verwaltung, innerhalb derer sie zum Bürovorsteher aufzusteigen vermochten. Lehrer, Rechtsanwälte und Ärzte, welch letztere ihre Ausbildung im Ausland erhielten, bildeten eine weitere Gruppe. Wenngleich die Idjebu das Grundelement abgaben, brachte der Zuzug der Mittel- und oberen Mittelschicht u. U. doch eine gewisse Mischung der Ethnien.

Nicht ausschließlich, aber doch mit erheblicher Ausdehnung war das „Reservat" im Norden für die Briten bestimmt. Im Jahre 1931 zahlenmäßig mit 150 Personen zurückstehend, wurden seit dem Jahre 1939, als Ibadan zum Hauptquartier der westlichen Provinzen gemacht wurde, immer mehr Europäer benötigt, deren Zahl sich bis zum Jahre 1952 auf zweitausend erhöhte. Seit dieser Zeit wanderte die einheimische Elite zu, so daß der Raum nicht mehr ausreichte und im Anschluß an das im Norden gelegene „Reservat" das Bodija Housing Estate in Angriff genommen wurde, an das sich in derselben Richtung die im Jahre 1948 gegründete Campus-Universität und ein Zweig der Ife-Universität anschließen (Mabogunje, 1967, S. 205 ff.). Die im Reservat und im Estate wohnende Bevölkerung – abgesehen von den Europäern – stammt zum geringsten Teil aus der Altstadt von Ibadan; einen stärkeren Anteil besitzen die Idjebu, doch sind Angehörige zahlreicher Yorubastädte beteiligt, für die nun mehr die soziale Stellung als die Stammeszugehörigkeit entscheidend ist. Immerhin spielt die Heimatstadt oft noch eine solche Rolle, daß man sich hier ein Haus baut, um nach dem Ausscheiden aus dem Dienst in den Geburtsort zurückzukehren.

Ougadougou (1975: 169 000 E.), Bourkina Faso (Obervolta) und Bamako/Mali (1976: 404 000 E.) können als heimische Städte angesprochen werden, die dennoch ihre Gliederung durch die jeweiligen Kolonialmächte erhielten.

Sofern die Afrikaner sich auf wenige Stämme verteilten, konnten die entsprechenden Bindungen Berücksichtigung finden. Das war in Ougadougou der Fall, wo die Mosi, die zahlreiche Ethnien in sich aufgenommen hatten, im Jahre 1962 fast 75 v. H. der Bevölkerung ausmachten. Ihr Übergewicht dürfte auch zur Zeit der französischen Besitznahme vorhanden gewesen sein. Von ihnen setzten sich die Fulbe und andere Moslems ab, die ein besonderes Quartier erhielten (Skinner, 1974, S. 38). Auch in Kumsai machte es keine Schwierigkeiten, eine Trennung der Ethnien vorzunehmen. Das Übergewicht hatten die Ashanti, die man in der Ashanti New Town unterbrachte; die aus dem Süden Zugewanderten setzte man in der Fante New Town an, und die zahlreichen aus dem Norden Kommenden gehörten fast alle dem Islam an, so daß in dem ihnen zugewiesenen Quartier Zongo offenbar keine weitere Trennung erfolgte (Manshard, 1961, S. 163).

Im Rahmen der späteren Entwicklung konnten für *Ougadougou* im Jahre 1962 23 Quartiere ausgemacht werden (Skinner, 1974, S. 42), die nur noch in geringem Maße die früheren Strukturen erkennen lassen. Mit der französischen Kolonialzeit gewann hier die katholische Mission Einfluß, die das Schulwesen aufbaute, die christlich gewordenen Afrikaner, die mit ihrem Bildungsvorsprung einen erheblichen Teil der Elite stellen, in eigenen Vierteln wohnen ebenso wie die der strengen Tidjaniyya-Sekte angehörigen Moslems. Sonst erweiterte man den Verwaltungsbereich unter Einschluß der entsprechenden Wohnbezirke, die einen weit nach Osten vorspringenden Sektor beanspruchen. Mittlere und untere Angestellte verdrängten einen Teil der bäuerlichen Bevölkerung, wenngleich noch immer 16 v. H. der Bewohner hauptberuflich von der Landwirtschaft leben (Vennetier, 1976, S. 123). Bereits während der Kolonialzeit kamen Spontansiedlungen zur Ausbildung, deren Bevölkerung allmählich in städtische Berufe überwechselte. Die nach der Unabhängigkeit entstandenen Spontansiedlungen füllten sich mit Bewohnern, die meist Verwandte in der Stadt hatten und in der Agrarwirtschaft verblieben. Immerhin wird geschätzt, daß die Hälfte der Fläche von Spontansiedlungen in Anspruch genommen wird (Bricker und Traore, 1979, S. 186ff.).

Anders waren die Verhältnisse in *Bamako,* für das der Anteil der verschiedenen Ethnien leider nicht vor der Zeit der französischen Kolonisation vorliegt, sondern lediglich für die Jahre 1948 und 1960 (Meillassoux, 1968, S. 10 und 14). Im Jahre 1948 waren die Bambara mit knapp 50 v. H. an der Gesamtbevölkerung der Stadt beteiligt, die Malinke als zweit größte Gruppe mit 8,2 v. H.; mehr als zwanzig weitere Ethnien gesellten sich hinzu. Die führenden Familien der Bambara und Malinke, die einen geschichteten Gesellschaftsaufbau besaßen, erhielten besondere Quartiere ebenso wie die Wolof, die den Franzosen bei den Kämpfen gegen das Malireich behilflich waren, und die Fischersiedlung der Bozo am Niger blieb intakt. Sonst aber war hier kaum eine Möglichkeit gegeben, jeder Ethnie ein besonderes Quartier zuzuweisen. Hier schuf die Zugehörigkeit zum Islam Bindungen, die eine räumliche Trennung nicht unbedingt erforderlich machten.

Abgesehen von den für die Angehörigen der einstigen Kolonialmacht errichteten Verwaltungsgebäuden und Wohnungen, die jeweils ein besonderes Viertel ausmachten, das nun von der neuen afrikanischen Elite in Anspruch genommen wird, hängt die stammesgebundene Quartiersbildung von der Zahl der beteiligten Ethnien ab bzw. der Verhaltensweise dieser zueinander. Einheimische Altstadt und Spontansiedlungen unterscheiden sich in der Regel wenig, weil man an der heimischen Bauweise festhielt. Darüber hinaus finden Zuwanderer vom Land in der Regel in der dicht besetzten Altstadt keinen Platz, sondern lassen sich von vornherein an der Peripherie nieder, ein wichtiger Unterschied gegenüber manchen Bereichen in Asien und in Lateinamerika. Häufig können sie hier nebenberuflich Landbewirtschaftung oder Viehhaltung betreiben, was eine Sicherung des Lebensunterhaltes bedeutet, auch das eine Eigenheit von Tropisch-Afrika darstellend.

Kommen wir nun zu den kolonialen Gründungen, dann sollen Kinshasa (Zaire; 1975: 2,1 Mill. E.), wo die Entwicklung weitgehend auf belgische Pläne zurückgeht, Daressalam (Tanzania; 1978: 870000 E.) als ostafrikanische, Accra (Ghana; 1970: 903000 E.) als anglophile westafrikanische und Dakar als frankophile westafrikanische Hauptstadt näher behandelt werden.

Kinshasa, auf einer Terrasse des Kongo oberhalb der Katarakte gelegen, entwickelte sich als Flußhafen, der Eisenbahnanschluß erhielt, mit einem Geschäftsviertel, das sich zur City ausbildete und der europäischen Wohnstadt mit einer Bevölkerungsdichte von 3600 E./qkm. Daran schlossen sich die „alten cités" an, planmäßig angelegte Siedlungen für Afrikaner, unter denen eine bei den Umbenennungen im Jahre 1966 dem früheren Léopoldville den Namen Kinshasa einbrachte. Die Bevölkerungsdichte belief sich im Jahre 1967 in den „alten cités" auf fast 20000 E./qkm, abgesetzt durch einen breiten Streifen, der als Militärgelände dient, den alten Flughafen und Radiostation aufnahm, schließen sich dann die seit dem Jahre 1940 entstandenen „neuen Cités" an mit einer Dichte von 15000 E./qkm. Das weitere Wachstum machte es seit dem Jahre 1955 notwendig, in den „cités planifiées" nochmalige Erweiterungen vorzunehmen, die nun einem gesamtstädtischen Urbanisierungsplan unterlagen und in denen die notwendigen Gemeinschaftsanlagen geschaffen wurden bei einer Bevölkerungsdichte von 12500 E./qkm. Schließlich folgt in ziemlicher Streuung die „zone d'extension", in der sich die Spontansiedlungen finden, allerdings derart, daß von den Landeigentümern Parzellierungen vorgenommen wurden und zur Zeit der Aufnahme noch nicht alle Grundstücke eine Bebauung erhalten hatten, so daß sich die Dichte auf 6000 E./qkm belief (Ducreux, 1970; Wiese, 1980, S. 286ff.). Sieht man von dem städtischen Kern ab, dann zeigt sich in diesem Falle eine leichte Minderung der Bevölkerungs-

Abb. 135 Cité in Kinshasa (mit Genehmigung des DAU-Bildarchivs, Stuttgart).

dichte von innen nach außen, den Planungen entsprechend, die die Belgier für die afrikanische Bevölkerung vorsahen.

Hier, wo die Kolonialverwaltung die planmäßige Ansiedlung der Afrikaner in einigen Etappen vornahm, wurde das ehemalige Europäerviertel zum Wohnbereich der afrikanischen Führungskräfte, wie es meist in kolonialen Städten der Fall war. Vor der Unabhängigkeit stellten ledige junge Arbeiter aus der engeren Umgebung das Hauptkontingent der Immigranten, so daß im Jahre 1967 40 v. H. der Gesamtbevölkerung der Stadt der Kongo-Ethnie angehörte. Danach strömten junge Familien aus entfernteren Bereichen ein, wobei die Aufnahme von Flüchtlingen aus Angola ebenfalls eine Rolle spielte. Voraussichtlich war es die Kongo-Ethnie, die in die am besten ausgestatteten „cités planifiées" abwanderte, zumal sie es verstanden hatte, als selbständige Geschäftsleute u. a. m. zu fungieren (Wiese, 1980, S. 293), hier auch der Schulbesuch der Kinder mit 75-84 v. H. am höchsten liegt. Die Neuankömmlinge suchten zunächst in den „alten und neuen cités" Unterkunft, wahrscheinlich bei mehrfachen Umzügen zwischen diesen, da Ducreux (1972, S. 562) die hohe innerstädtische Mobilität betonte. Das Ziel dieser Gruppe war es, zu einem Haus auf einem relativ großen Grundstück zu gelangen, was sich lediglich in der „zone d'extension" verwirklichen ließ. Hatte man die Parzelle erworben, so wartete man mit dem Bau des überwiegend aus standfestem Material zu erbauenden Hauses solange, bis man die Mittel dafür zusammen hatte. Zwar liegt ein Urbanisierungsplan für die gesamte Stadt vor (abgebildet bei Ducreux, 1972, S. 563), bei dem eine Erweiterung von Kinshasa nach Osten vorgesehen wird, und zwar in einzelnen Schwerpunkten, entweder als Satelliten oder Trabanten gedacht; da Wiese (1980) diese noch als auszuführende Pläne beschrieb, ist das Vorhaben bis jetzt noch nicht zustande gekommen.

Für *Daressalam* stellte sich heraus, daß hier das indische Geschäfts- und Wohnviertel einschließlich der benachbarten, unter deutscher Herrschaft entstandenen Afrikanersiedlung mit der höchsten Dichte im Jahre 1967 ausgestattet war (Vorlaufer, 1973, S. 53 ff.), nämlich mit mehr als 25 000 E./qkm. Die geringsten Werte besaßen die beiden einstigen Europäerviertel nördlich und südlich des Hafens innerhalb des Küstengestades des Indischen Ozeans. Durch zahlreiche vom Meer eingreifende Creeks ebenso wie durch die aus dem Landesinnern kommenden tief eingeschnittenen Flüsse ist das für Siedlungen geeignete Gelände inselhaft aufgelöst, abgesehen davon, daß die Briten besonderen Wert auf die Trennung der Rassen legten und auch dort Schranken errichteten, wo es topographisch nicht notwendig war (Vorlaufer, 1970, S. 33). Das gilt nicht allein für Daressalam, sondern zeigt sich ebenfalls z. B. in Nairobi (1975: 700 000 E.) oder in Lagos. Nach der Unabhängigkeit verfolgte man in

844 Die Städte

Daressalam das Ziel, die Industrie, gebunden an die sich zwischen den Einschnitten hinziehenden Riedel mit ihren Verkehrsanlagen, zu dezentralisieren; das bewirkte, daß im Anschluß daran Afrikanersiedlungen angelegt wurden, um die Nähe zum Arbeitsplatz zu wahren, allerdings nur selten in zusammenhängenden Sektoren, sondern mehr in inselhaft ausgebildeten Schwerpunkten, wobei eine Dichte bis zu 25 000 E./qkm erreicht, nirgendwo aber diejenige des indischen Geschäfts- und Wohnviertels erzielt wurde. Vergleicht man nach Vorlaufer (1973, S. 49 ff.) die Bevölkerungveränderungen in dem Jahrzehnt von 1957-1967, dann war zwar überall eine Zunahme festzustellen, die aber in den Außenbereichen eindeutig am höchsten war, mitunter die städtischen Verwaltungsgrenzen überschreitend. Spontansiedlungen fehlen nicht (Tab. VII. D. 19.), deren Bevölkerung trotz erheblicher Planungsmaßnahmen einen Zuwachs erfuhr. Relief und nachwirkende Kolonialpolitik führten dazu, daß die Bevölkerungsdichte weder einem konzentrischen noch einem sektoralen Prinzip unterliegt, denn die von Vorlaufer erwähnten Sektoren lösen sich fast ausnahmslos in einzelne Konzentrationskerne auf. Das von ihm entworfene Modell der sozialräumlichen Gliederung einschließlich der intra- und interurbanen Wanderungen ist in Abb. 136 wiedergegeben.

Über das indische Geschäfts- und Wohnviertel braucht kaum etwas gesagt zu werden, es sei denn, daß man bestrebt ist, den Einfluß der Inder im Geschäftsleben und in der Verwaltung zu mindern, wobei letzteres sich im Bereich 4 der Abb. 136 auswirkt. Der Elitesektor (3) im Anschluß an den Verwaltungsbereich stellt eine übliche Erscheinung dar ähnlich wie diejenigen von 1, 2 und 4, aus der Kolonialperiode überkommen, wo aufgestiegene Afrikaner ebenso wie Ausländer, die in mancher Beziehung Hilfe leisten sollen, unterkommen. Erstere stellen junge Zuwanderer aus dem Binnenland dar, überwiegend christlichen Stämmen zugehörig, die auf Missionsschulen ein gewisses Bildungsniveau erreicht hatten (vornehmlich Chagga vom Kilimandscharo-Gebiet und Nyakyusa vom Malawisee). Unterliegen die Ausländer einem erheblichen Wechsel, so ist das auch bei der afrikanischen Führungsschicht der Fall, bei ihnen durch Versetzungen verursacht und dadurch ermöglicht, daß sie meist Dienstwohnungen inne haben. In das auf die deutsche Zeit zurückgehende planmäßig angelegte Afrikanerviertel Kariakoo (5) dringt längs der Hauptstraßen der Einzelhandel ein, von Indern und Arabern getragen, während sonst bei geringer Verdichtung ein erheblicher Wechsel zwischen den Afrikanern einsetzte, die einheimischen Zamaro immerhin noch ein Viertel der afrikanischen Bevölkerung stellen, neue Zuwanderer die knappe Hälfte. Sonst ergab sich eine zellenförmige Auflösung der Siedlungsflächen, wobei es sich teils um geplante Siedlungen einer halbstaatlichen Gesellschaft handelt, die die Parzellen- bzw. Wohnungsvergabe unter bewußter Mischung von Angehörigen verschiedener Stämme vornahm. In Bezug auf die Spontansiedlungen, die sich teils an alte Siedlungskerne halten, wurde zwar eine solche Segregation nicht vorgenommen, wenngleich bei der Zuwanderung, die, wie sonst auch, nur von außen erfolgen kann, doch meist Angehörige der eigenen Großfamilie bzw. des Heimatortes aufgesucht werden; hier ist die Tendenz nicht auszuschließen, daß die früheren Bindungen sich erhalten.

Als Beispiel einer anglophilen westafrikanischen kolonialen Großstadt soll *Accra*/Ghana herangezogen werden, für das allerdings die Unterlagen aus dem Jahre 1960 stammen, deren weitere Entwicklung mit der Gründung der Universität im Norden einschließlich sonstiger Ausbildungsstätten und der Anlage des Hafens Tema im Westen der Darstellung von Frischen (1972) bzw. Manshard (1977, S. 52 ff.) entnommen werden kann. Für Accra lassen sich die unterschiedlichen Akkulturationsprozesse verschiedener Stämme nach den Untersuchungen von Brand (1972) besonders gut ausmachen, wobei sich einige Parallelen zu Abidjan und andern Küstenstädten ergeben.

Eine Kleingliederung von 268 statistischen Unterbezirken mit durchschnittlich 1300 Einwohnern erlaubt es, mit einigen Ansätzen der Faktorenanalyse (13 Variable) Aussagen zu machen, die etwas über das hinausgehen, was bisher angedeutet wurde. Dabei stellte sich zunächst ein dünn besiedelter Streifen heraus, der an das in der City befindliche Geschäftsviertel anschließt und sich in nordöstlicher Richtung bis zum Flughafen hin erstreckt. Mit weniger als 6000 E./qkm war darin die frühere Europäerstadt enthalten, die eine Ausweitung erfuhr und die „bürgerlichen" Zuwanderer (Mittelschichten) aufnahm, die zuvor in Städten des südlichen Ghana gelebt hatten. Hoher Ausbildungsstand der Erwachsenen, geringe Berufstätigkeit der verheirateten Frauen u. a. m. waren kenn-

Die innere Differenzierung von Städten 845

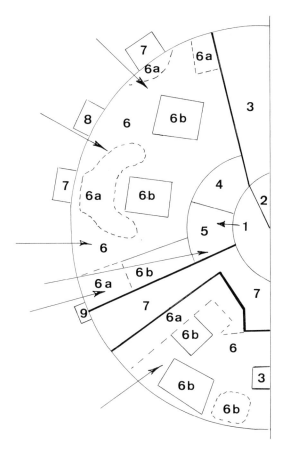

1 Zentrales Geschäfts- und Wohnviertel, Wohnbevölkerung Inder als Mittelschicht; keine Zuwanderung vom Land.
2 Verwaltungs- und Regierungsviertel ohne wesentliche Wohnbevölkerung.
3 Wohngebiet der mobilen oberen Mittel- und Oberschicht. Europäer und afrikanische Elite einschließlich Dienstpersonal.
4 Wohngebiet der indischen Mittelschicht; ohne Zuwanderung.
5 Wohn- und Geschäftsviertel Kariakoo, Geschäfts-Ergänzungsgebiet mit Minoritäten von Indern und Arabern als untere Mittel- bzw. obere Unterschicht; ältestes Afrikanerviertel der Stadt mit starker Ab- und Zuwanderung.
6 Zuwanderer – und Unterschichtbevölkerung. Stark zergliederte Bebauungsfläche; z. T. noch agrarisch genutzt.
6a Spontansiedlungen; mitunter in Anlehnung an ältere Dorfkerne. Afrikanische Unter- bzw. Marginalschicht; überwiegend islamisierte Stämme.
6b Geplante Siedlungen für junge Immigranten mit größeren christlichen Gruppen als obere Unter- bzw. sich bildende Mittelschicht.
7 Industriegebiete.
8 Kampus-Universität.
9 Flughafen.
  Ausweitungsrichtung des Geschäftsviertels (oberer Pfeil)
  Zielbereiche der ländlichen Immigranten (zweiter Pfeil)

Abb. 136 Die sozialräumliche Gliederung von Daressalam einschließlich der Zuwanderung bzw. der innerstädtischen Mobilität (nach Vorlaufer).

zeichnend, wobei außerdem der Anteil der nicht-afrikanischen Ausländer sich über dem Durchschnitt befand. Letztere beanspruchten einen im Nordwesten gelegenen Vorort (Tesano) im Jahre 1960 noch völlig für sich, weil der Besitz eines Autos Voraussetzung für diese Wohnsituation war.

Die Europäer fanden bei ihrer Besitzergreifung die heimische Gruppe der Gã vor, die – mit Ausnahme des eben erwähnten Sektors – über das gesamte Stadtgebiet verbreitet waren, u. U. Häuser zur Weitervermietung besaßen und dennoch mit zwei Schwerpunkten auftraten. Der eine zeigte sich im westlichen Küstensaum, wo in Anknüpfung an die City sich eine besondere Konzentration ausbildete und die Bevölkerungsdichte mit mehr als 75 000 E./qkm erreichte. Der andere im östlichen Küstenbezirk wurde ihnen bei einer Umsiedlungsaktion durch die Kolonialmacht zugewiesen. Diese Gruppe wies eine hohe Ortsgebürtigkeit auf (mitunter mehr als 75 v. H.); während die Erwachsenen meist noch Analphabeten waren, hielten die Familien darauf, ihre Kinder in die Schule zu schicken. Die Frauen betätigten sich im Kleinhandel in Verbindung mit den Märkten und trugen wesentlich zum Familienunterhalt bei. So befinden sich die Gã auf dem Wege zur Integration, und wenn dieses Ziel bis zum Jahre 1960 noch nicht vollständig erreicht war, dann war das darin begründet, daß man den städtischen Zuwanderern aus der Region in manchen modernen Berufsgruppen den Vorzug gab.

Schließlich sind die „fremden Afrikaner" zu beachten, worunter man in diesem Fall Zuwanderer aus den Savannen des nördlichen Ghana und „ausländische" Afrikaner versteht. Sie wurden nicht mehr nach Stämmen untergliedert, aber das gemeinsame Bekenntnis zum Islam stärkt ihren Zusammenhalt und die Betonung der Segregation, wie sich das auch in andern Städten Westafrikas herausgestellt hat. Sie wohnten teils zur City benachbart im traditionellen Fremdenviertel von Sabon Zongo, wobei die Bevölkerungsdichte zwar hoch ist, diejenige der Gã-Bezirke aber nicht erreichte, ebenso wie in einzelnen Konzentrationen, die sich halbkreisförmig in einiger Entfernung vom Zentrum befanden, wobei sich teilweise Spontansiedlungen einstellten (Nime). Aus Gebieten kommend, wo man in der Subsistenzwirtschaft verblieb, zeichneten sich die „Fremden" durch einen hohen Überschuß von Männern aus, bei denen die Arbeitslosigkeit am größten war, ganz zu schweigen von der Unterbeschäftigung, die sich statistisch nicht fassen läßt. Erwachsene und Kinder blieben weitgehend Analphabeten, so daß Arbeitsmöglichkeiten im modernen Sektor nicht in Frage kamen. Auf diese Weise stellten die „Fremden" diejenige Gruppe dar, die den Traditionen am stärksten verhaftet blieb. Wie weit die geplante Umsiedlung der Spontansiedlung Nime, für die nicht bekannt ist, ob sich ihre fremden Bewohner aus der Zabon Gora rekrutieren oder ob es sich um direkte Zuwanderung vom Lande handelt, vollzogen worden ist und in welcher Form, läßt sich bisher nicht übersehen (Manshard, 1977, S. 53). Zwar tauchte hier das Problem der „fremden Afrikaner" auf, die aus andern Staatsgebieten zuwanderten, teils freiwillig und teils erzwungen; das Streben nach Bildung von Nationen, das den Nachfolgestaaten der Kolonialgebiete eignet, dürfte auch für andere Städte an Bedeutung gewinnen, selbst wenn es nicht ausdrücklich erwähnt wurde.

In *Dakar* ist die Gliederung in die „Ville" auf der Halbinsel Capverde, die nördlich anschließende „Medina" und das sich halbkreisförmig darum legende „Groß-Dakar" üblich (Seck, 1970, S. 121 ff.), jeweils recht umfassende Einheiten, die mehrere funktionale und sozio-ökonomische Viertel umschließen. Im Jahre 1967 hatte die „Ville", die den Hafen, damit verbundenen Großhandel und Industrie aufnimmt ebenso wie das levantinische Geschäfts- und Wohnviertel und schließlich die einst französische „City" und den Wohnbereich der Kolonialmacht eine Bevölkerungsdichte von 10 000 E./qkm. Zuvor lebten hier auch Afrikaner, unter denen die Lebu und Serer als einheimische Gruppen gelten konnten (1968: 8,4 bzw. 5,8 v. H. der Afrikaner ausmachend). Nach einer Pestepidemie im Jahre 1914 sah man sich veranlaßt, eine Segregation zwischen Franzosen und Levantinern einerseits, Afrikanern andererseits vorzunehmen. Lebu und Serer erhielten nun in der Medina Parzellen, die immerhin so groß waren, daß die Landwirtschaft beibehalten werden konnte und ihnen finanzielle Unterstützung beim Hausbau zuteil wurde. Auf diese Weise konnte der Großfamilienzusammenhalt zunächst gewahrt bleiben (Whittlesey, 1941, S. 631). Allerdings vollzog sich hier eine schnelle Auffüllung, so daß bereits vor und erst recht nach dem Zweiten Weltkrieg nicht mehr an eine Parzellenvergabe gedacht werden konnte. Nun gingen die alten Eigentümer daran, auf ihren Grundstücken Unterkünfte für die Immigranten zu errichten, wobei die eigenen Stammesangehörigen den Vorzug erhielten, die älteren, bereits in das städtische Leben integrierten Eigentümer den jüngeren Mietern Hilfe leisteten, wenngleich auch Angehörige fremder Stämme Aufnahme fanden, insbesondere die Wolof, die als Arbeitskräfte für den Ausbau des Hafens u. a. m. benötigt wurden. Mit fast 46 v. H. (1968) stellen sie nun den größten Anteil an der afrikanischen Bevölkerung (Manshard, 1977, S. 33). Bis zum Jahre 1967 erhöhte sich die Dichte in der „Medina" auf 30 000 E./qkm. Die Verwaltung der Stadt bzw. der früheren

Kolonialmacht und des Nachfolgestaates Senegal war an einer solchen Entwicklung nicht interessiert, weil dadurch die Unterbeschäftigung verstärkt bzw. in Arbeitslosigkeit umschlagen konnte und die Ausbildung innerstädtischer Marginalviertel zu befürchten stand, denn zumindest seit der Unabhängigkeit erlitt die Stadt einen Bedeutungsverlust, weil die einstige Hauptstadt von Französisch-Westafrika diese Funktion lediglich noch für den Teilstaat Senegal wahrnehmen konnte und es jeweils von der politischen Situation abhängig ist, ob die binnenländischen Staaten ihren Handel über Dakar oder andere Häfen der Oberguineaküste abwickeln. Seit dem Jahre 1952 ging man an das Umsetzen der Eigentümer in der Medina in die Trabantenstadt Dagoudane Pikine in 15 km Entfernung vom Zentrum der Stadt. Hier nahm man Parzellierungen vor, überließ den Hausbau der Bevölkerung selbst, deren Erwerbstätige nun zu 65 v. H. zu ihrem Arbeitsplatz nach Dakar pendeln müssen. Allerdings hatte man bei dieser Umsiedlungsaktion nicht an die Mieter gedacht, die als Gelegenheitsarbeiter auf die Nähe zum Arbeitsplatz angewiesen waren. Sie kamen teils in noch existierenden Marginalvierteln unter, und teils bot sich ihnen eine andere Möglichkeit. Innerhalb der Medina waren noch größere landwirtschaftlich genutzte Parzellen vorhanden, die nun bei erheblichen Unterteilungen zum Verkauf kamen. Deren neue Besitzer waren zunächst Tukulor, später aus Frankreich zurückgekehrte Soninke, die nicht die Absicht hatten, hier zu wohnen, sondern für Mieter Unterkünfte zu errichten. Bei deren Belegung spielte die Stammesherkunft kaum noch eine Rolle, und die früher gegebene Hilfestellung für die Mieter blieb aus. Es entstanden neue innerstädtische Marginalviertel, in denen teilweise eine Bevölkerungsdichte von 100 000 E./qkm erreicht wird (Vernière, 1973 und 1977).

Das jüngste, erst nach dem Zweiten Weltkrieg einbezogene „Groß-Dakar" mit dem modernen Flughafen, der Universität und dem Diplomatenviertel, letztere beide im Nordwesten an die Küste anschließend, außerdem für bestimmte Berufsgruppen angelegte Siedlungen (Polizei usf.), schließlich die zuvor schon erwähnte Trabantenstadt Dagoudane Pikine besitzt eine Bevölkerungsdichte von 30 000 E./qkm, wobei dieser Wert erheblich unter- oder überschritten werden kann. Hier finden sich dann auch die Spontansiedlungen, vornehmlich südlich von Dagoudane Pikine, deren Bewohner von sich aus an eine Parzellierung gingen, aber den Vorteil gegenüber den planmäßig Umgesiedelten hatten, in der Nähe von Dörfern zu leben, deren Bevölkerung (Lebu) sich zur Abgabe von landwirtschaftlich zu nutzenden Grundstücken bereit erklärten.

Faßt man das über die sozio-ökonomische bzw. stammesmäßige Gliederung Gesagte für die tropisch-afrikanischen Städte zusammen, dann ergibt sich kein einheitliches Bild, wenngleich einige Besonderheiten gegenüber andern Entwicklungsländern. Bei den meisten autochthonen Städte blieben diese intakt, deren Bevölkerung die Tradition wahrt und sich, u. U. unter Auflösung der Großfamilien, wenig an der Modernisierung beteiligt. Hinzu kommt in der Regel ein bevorzugter Sektor, nämlich das einstige Europäerviertel, das weiterhin nichtafrikanischen Ausländern dient ebenso wie der einheimischen Elite, bei denen häufig Zuwanderer die Initiatoren der Modernisierung abgeben. Spontansiedlungen vermochten sich lediglich durch Zuzug von außen zu bilden.

Auch hinsichtlich der kolonialen Gründungen ergab sich hinsichtlich einiger Viertel eine bemerkenswerte Konstanz, nämlich in Bezug auf den europäischen Verwaltungsbezirk, der sich zur City ausweiten konnte, hinsichtlich des levantinischen oder indischen Geschäfts- und Wohnbereichs und schließlich der einst europäischen Wohnbezirke. Auch hier sind es vielfach Zuwanderer aus geringerer oder größerer Entfernung, die der afrikanischen Elite zuzurechnen sind. Spontansiedlungen können hier teils durch Abwanderung aus zentrumsnahen Bereichen entstehen (Kinshasa), teils durch Zuwanderung von außen (Daressalam) und mitunter durch Zusammenwirken beider Vorgänge (Accra). Innerstädtische Elendsviertel – zumindest an afrikanischen Verhältnissen gemessen – sind selten, aber nicht völlig auszuschließen (Dakar), wenngleich deren Entwicklung völlig anders verlief als z. B. im Orient oder in Lateinamerika, wo durch das Abwandern der Oberschicht deren Häuser zur Unterteilung kamen und einen Teil der Marginalschicht aufnahmen.

Wenn die Frage gestellt wird, ob die großen Städte in Tropisch-Afrika in ihrer sozio-ökonomischen Gliederung mehr der Differenzierung vorindustrieller Städte oder solchen der Industriegesellschaft ähneln, dann wird man sich der Überzeugung von Brand (1972, S. 197) anschließen können, indem sich unterschiedliche Kombinationen eingestellt haben, jeweils abgewandelt durch die verschiedenen Maßnahmen der Kolonialverwaltungen, was bis heute nachwirkt, und ebenso differenziert durch die Vorstellungen der neuen Staaten, nicht allein eine Verbesserung der Wohnverhältnisse, sondern der gesamten Infrastrukturmaßnahmen vorzunehmen. Stadtsanierung und -planung aber orientieren sich weitgehend an europäischen Vorbildern, wobei aber die Frage der Aufrechterhaltung der Stammessegregation – sofern noch vorhanden – von den Afrikanern selbst zu lösen ist.

ε) Lateinamerika. Geht man nun zu den *Klein-* und *Mittelstädten Lateinamerikas* über, wo die Verstädterung erheblich ist und zumindest in einigen Ländern versucht wird, zugunsten von Mittel- und andern Großstädten die Primate City-Struktur zu überwinden.

Hinsichtlich der sozialen Schichtung, die sich allerdings meist auf die großen Städte bezieht, werden zwar die Begriffe Ober-, Mittel- und Unterschicht weitgehend benutzt; doch bedarf es einer näheren Erläuterung, um die Unterschiede zwischen west- und mitteleuropäischen sowie amerikanischen Verhältnissen zu verstehen. Die erhebliche Differenzierung zwischen den lateinamerikanischen Staaten ebenso wie diejenigen, die innerhalb ein- und desselben Landes existieren, schlagen sich in der sozialen Gliederung der jeweiligen Städte nieder, so daß von einem einheitlichen Aufbau nicht die Rede sein kann. Es sei in dieser Beziehung auf die soziologisch-politisch ausgerichtete Länderkunde von Sandner-Steger (1973) verwiesen, in der die städtischen Sozialgruppen ausführlich lediglich für Argentinien behandelt wurden. Während der Kolonialzeit, als Spanier, die nach Ablauf ihrer Dienstzeit in die Heimat zurückkehrten, Verwaltung, Wirtschaft und einseitig auf das Mutterland ausgerichteten Handel in der Hand hatten, bildeten diese eine aristokratische Oberschicht. Die im Lande geborenen Spanier, als Kreolen bezeichnet, hatten nur in geringem Maße an den obersten Staats- und kirchlichen Ämtern teil. Mestizen und Indianer, die im beginnenden 17. Jh. z. B. in Lima und Santiago zwei Drittel und mehr der Bevölkerung ausmachten, galten als Unterschicht, die im wesentlichen Dienstleistungen für die Führungsgruppe zu erbringen hatte. Ein kommerziell oder handwerklich ausgerichtetes Bürgertum fehlte, und eine vertikale Mobilität war damals so gut wie unmöglich. Im portugiesisch besetzten Bereich erfolgte zwar der Export der Plantagenprodukte über die Küstenstädte ebenso wie der Import von Negersklaven, wobei zwar eine Berührung von Plantagenbesitzern und portugiesischen, später auch ausländischen Kaufleuten zustande kam, der Führungsanspruch der ersteren erhalten blieb.

Nach der Verselbständigung der einzelnen Staaten im ersten Drittel des 19. Jh.s übernahmen im früher spanisch besetzten Teil die Haciendenbesitzer, die nun stadtsässig wurden, die Rolle der „alten Oberschicht", und gleichzeitig bildete sich eine „alte Mittelschicht" (Sotelo, 1973, S. 150 ff.) aus verarmten oder kleineren Grundbesitzern, denen das höhere Bildungswesen offen stand und die als Ärzte,

Rechtsanwälte, Notare, u. U. größere Geschäftsleute tätig wurden. Zugleich aber blieb die alte Unterschicht im Dienstleistungssektor erhalten. Mit der Einbeziehung in die Weltwirtschaft am Ende des 19. bzw. im beginnenden 20. Jh., als land- und bergwirtschaftliche Produkte für die Industrieländer zur Ausfuhr gelangten, entwickelte sich teils eine neue Oberschicht, die im Ex- und Importgeschäft eine Aufgabe fand, teils aber neue Mittelschichten, die in der bürokratischen Verwaltung höhere und niedere Posten bekleideten, in Bank- und Versicherungswesen Eingang fanden, mitunter durch Aufstieg aus der Unterschicht ermöglicht, mitunter von europäischen Einwanderern gestellt. Von der Weltwirtschaftskrise schwer getroffen, ging man nun in einigen Ländern, insbesondere in Mexiko, Brasilien, Argentinien und Chile, zur Industrialisierung über, um Konsumgüter für den eigenen Markt zu erzeugen. Zumindest in den weit gespannten, wenngleich nicht sehr zahlreichen Mittelschichten waren Kräfte vorhanden, die als Unternehmer fungieren konnten. Nun benötigte man Techniker, ein neues Element innerhalb der Mittelschichten, ebenso wie angelernte Arbeiter, aus denen sich eine obere Unterschicht herauskristallisierte. Bereits in dieser Zeit, teilweise erst nach dem Zweiten Weltkrieg, wanderte die ländliche Bevölkerung in die Städte ab, für die es hier kaum noch Arbeitsplätze gab. Damit bildete sich eine städtische Marginalschicht aus, die über kein festes Einkommen verfügte, für die aber bisher unter gewissen Voraussetzungen – unabhängig von der Rassenzugehörigkeit – innerhalb mehrerer Generationen Aufstiegsmöglichkeiten bestanden. Von der weiteren politischen, wirtschaftlichen und kulturellen Entwicklung – die Schwankungen im Analphabetentum sind erheblich und liegen zwischen 7,4 v. H. in Argentinien und 67,9 v. H. in Bolivien – hängt es ab, ob das auch in Zukunft möglich sein wird. Wenngleich die erheblichen Diskrepanzen, die aus dem Zusammentreffen kolonialer Vorstellungen mit denen der modernen Industrieländer noch immer bestehen, so hat sich zumindest eine grundlegende Wandlung vollzogen, indem die horizontale koloniale Gesellschaftsschichtung einer vertikalen Mobilität gewichen ist, was nicht allein für die Großstädte Argentiniens (Sandner-Steger, 1973, S. 314) zutreffen dürfte, sondern einer gewissen Verallgemeinerung fähig ist.

Sandner (Sandner-Steger, 1973, S. 72) betonte, daß für zahlreiche *Klein-* und *Mittelstädte* Lateinamerikas die aus der Kolonialzeit überkommene soziale Gliederung gewahrt blieb, nämlich „das streng zentral-periphere Gefälle nach Wohlstand und Ansehen der von der plaza central . . . stufenweise bis zu den Hüttenvororten absinkt".

Teils läßt sich das noch heute bestätigen, teils aber fanden selbst in Klein- und Mittelstädten Wandlungen statt. Ersteres gilt z. B. für die überwiegend aus dem Ende des 19. Jh.s stammenden Kleinstädte von Uruguay, die von den Besitzern der Estancien in Verbindung mit dem Eisenbahnbau gegründet wurden. Unter ihnen kommt den Departements-Hauptorten besondere Bedeutung zu, weil sie mit höheren Schulen, Krankenhäusern, Banken, Elektrizität, Telephon usf. so ausgestattet sind, so daß die grundbesitzende Oberschicht all das zur Verfügung hat, was sie benötigt. Diese hat ihre Wohnungen im Kern, um den sich Beamte und Angestellte der Departements- und Gemeindeverwaltung sowie privater Dienstleistungen gruppieren. Diese Städte wurden nach dem Zweiten Weltkrieg, als man auf den Estancien immer weniger Arbeitkräfte benötigte und gleichzeitig Kleinbesitzer ihr Land aufgaben, zu Anziehungspunkten der genannten Gruppen. Da Handwerk und Industrie eine durchaus untergeordnete Rolle spielen, ist der erhebliche Anteil von Arbeitslosen (15-23 v. H. der im erwerbsfähigen Alter Stehenden) auf diese Zuwanderung zurückzuführen, zumal der Geburtenüberschuß gering ist. Lediglich die peripheren Bereiche kamen als Siedlungsstandorte in Frage (Collin-Delavaud, 1972).

Stellen Kleinstädte die ersten Auffangorte für den Zustrom der ländlichen Bevölkerung im Rahmen einer Etappenwanderung dar, wie es in den Oasenstädten des Großen Nordens in Chile der Fall ist (Bähr, 1976, S. 53 ff.), dann können solche Städte innerhalb eines Jahrzehnts einen Bevölkerungszuwachs von mehr als 25 v. H. erfahren, was z. B. für Ovalle (1970: 32 000 E.) der Fall ist, obgleich die Abwanderung der städtischen Bevölkerung in die Minenorte des Nordens groß ist.

Schon hier konnte festgestellt werden, daß die Zuwanderung Alleinstehender meist in die „Altstadt" erfolgt, wo die weiblichen Migranten häufig als Hauspersonal der gehobenen Schicht ein Zimmer in deren Häusern erhalten, während junge Männer entweder bei Verwandten unterkommen, die ihnen auch bei der Suche nach Arbeit behilflich sind, oder sich in veralteten und von ihren Besitzern nicht mehr bewohnten Häusern ein Zimmer mieten. Erst in einem zweiten Stadium, meist mit der Heirat, zieht man in Spontansiedlungen um, die für zugewanderte Familien den ersten Auffangort darstellen. Zugleich aber ging man im Rahmen des sozialen Wohnungsbaus an die Errichtung planmäßiger Außensiedlungen, die in der Regel jedenfalls in Chile mehr einem Teil der Mittelschicht zugute kommen. Das bedeutet bereits in mancher Beziehung eine gewisse Auflösung des zentralperipheren sozialen Gefälles, ähnlich wie es Rother (1977) für Kleinstädte in der Provinz O'Higgins im mittleren Chile beschrieb, wo allerdings die Spontansiedlungen fehlen, dafür aber durch den sozialen Wohnungsbau, der nicht auf Chile beschränkt ist, ein Teil der Mittelschicht, d. h. die im öffentlichen Dienst Tätigen, an der Peripherie wohnen, und dasselbe für die obere Unterschicht der Arbeiter gilt, falls Unternehmer in dieser Weise für ihre Beschäftigten sorgten.

Anders verhält es sich dort, wo Kleinstädte in den Abwanderungsprozeß einbezogen wurden und eine nennenswerte ländliche Immigration fehlt. Die Tatsache als solche legten Williams und Griffin (1978) für Kolumbien dar, ohne auf die Konsequenzen für die innere Gliederung solcher Städte einzugehen. Doch läßt sich das für mexikanische Kleinstädte nachholen, wo insbesondere das von Gormsen (1966) bearbeitete Beispiel von Tlaxcala (1960: 7500 E.) in Frage kommt. Als Amtssitz eines Gouverneurs besitzt es die entsprechenden Verwaltungs-, kulturellen und sozialen Institutionen, wenngleich der Einzelhandel unterrepräsentiert ist, dafür der Wochenmarkt die wichtigste Rolle spielt. Zwar existiert ein gewisses Gefälle vom Kern nach der Peripherie, aber im Stadtkern selbst erscheinen Durchbrechungen des Prinzips, weil Teile der Ober- bzw. oberen Mittelschicht und ehemaliger Haciendenbesitzer in größere Städte abwanderten. Die von ihnen geräumten Patiohäuser wurden von der Marginalschicht übernommen, so daß jeder Familie ein Raum zustand. Ebenso errichtete man einfachste Unterkünfte für die in den Haushaltungen der Vermögenden Tätigen bzw. ebenfalls marginale Gruppen. Um die verschiedenen Namen, die für solche Behausungen existieren (vecindados, tugurios, conventillos) gemeinsam benennen zu können, soll der

Begriff der innerstädtischen Marginalwohnungen geprägt werden, wozu auch die überfremdeten Patiohäuser gehören.

Kommen wir nun zu den *Mittelstädten*, dann macht sich der Mangel an Unterlagen ebenso bemerkbar wie die Tatsache, daß dabei eine gewisse Konzentration auf Chile stattfand. Popayán in Kolumbien (1970: 70 000 E.; Borsdorf, 1978), Sucre in Peru (1970: 40 000 E. Schoop und Marques, 1974 bzw. Borsdorf, 1978), Valdivia (1974: 99 000 E.) und Osorno (1974: 82 000 E.; Borsdorf, 1975) im Kleinen Süden von Chile, Iquiques (1970: 64 000 E.), Arica (1972: 108 000 E.) und Antofagasta (1972: 142 000 E; Bähr, 1975) im Großen Norden von Chile wurden hinsichtlich der sozialen Gliederung untersucht. Danach ergibt sich, daß teilweise die kolonialen Verhältnisse sich bis auf die Gegenwart vererbten (Beispiel: Popayán), falls keine Industrialisierung stattfand und damit auch die Immigration gering blieb. Sonst aber gibt sich zu erkennen, daß ein Teil der Ober- und oberen Mittelschicht sich in besonders begünstigter Lage ihre Bungalow-Viertel schuf, ein Merkmal, was bei Kleinstädten noch fehlt, soweit sich das gegenwärtig beurteilen läßt. Sofern Angehörige der Verwaltung aus der Hauptstadt in Provinzhauptstädte versetzt wurden, errichtete man angemessene Wohnungen (Antofagasta), ebenfalls in randlicher Lage, so daß dadurch eine gewisse Migration auch zwischen den Städten bzw. Angehörigen der oberen Mittelschicht zustande kam. Mit dem Wegzug von einem Teil der Oberschicht bildeten sich in der Nähe des Kerns innerstädtische Marginalwohnungen aus, die sich hier bereits zu einem besonderen Viertel zusammenschließen können, in denen vornehmlich Einzelwanderer Unterkunft fanden. Darüber hinaus bildeten sich einerseits an der Peripherie teils durch den sozialen Wohnungsbau für Arbeiter errichtete planmäßig angelegte Billigwohnungen, andererseits wiederum Spontansiedlungen, die in fast all den genannten Fällen in dem Jahrzehnt von 1960-1970 anwuchsen. Wenn Bähr (1976, S. 127) für Mittelstädte noch das zentral-periphere soziale Gefälle herausstellte, das erst bei großen Städten andern Prinzipien weicht, dann liegt das an der von ihm getroffenen Auswahl, kann aber nicht mehr allgemeine Gültigkeit beanspruchen.

Wenden wir uns nun den lateinamerikanischen *großen Städten* zu, dann ergeben sich auf Grund der hohen Verstädterung, der häufig ausgebildeten Primate City-Struktur, der verlangsamten Entwicklung einer City, den unterschiedlichen Möglichkeiten zum sozialen Wohnungsbau und der Grundbesitzverhältnisse (Großgrundbesitz, sofern sich dieser erhielt) Besonderheiten gegenüber großen Städten anderer Entwicklungsländer, wobei einige dieser Differenzierungen bereits bei kleineren Städten anzutreffen waren. Das gilt einerseits für die Unterkünfte, die man innerhalb des geschlossen bebauten Stadtbereiches für vom Lande Zuwandernde schuf, d. h. ein Teil der innerstädtischen Marginalwohnungen, und ebenso für die Spontansiedlungen.

Sandner (1969, S. 177 ff.) untersuchte in dieser Beziehung die Hauptstädte Zentralamerikas und kam zu dem Ergebnis, daß „im Wechselspiel zwischen den besseren Wohngebieten der oberen Sozialschichten und den Armenquartieren sich eine sektoren- oder strahlenförmige Aufgliederung der Randgebiete äußert. Diese immer deutlicher werdende Sektorengliederung kontrastiert scharf mit den Überresten der alten ringförmigen Ordnung im innerstädtischen Kern. Die sozial eindeutigsten Achsen und Wachstumsspitzen sind nicht immer durch Verkehrslinien vorgezeichnet; sie orientieren sich vielfach in erster Linie nach dem Relief und kleinklimatischen Unterschieden ..., wobei die Elitesektoren Ansätze zur Ghettobildung aufweisen. ... Die Wohngebiete der mittleren Sozialschichten lassen sich nur vereinzelt in diesen Ordnungstyp radialer Achsen eingliedern. Im Gegensatz zu den beiden extremen Sozialstufen überwiegt hier der Kontrast zwischen einem kern- oder ringförmigen Verbreitungsgebiet im Stadtinnern und einer zellenhaften Auflösung in kleine Siedlungskörper am Stadtrand", wobei letzteres als Eigenheit von Guatemala City zu gelten hat. Das bedeutet, daß Differenzierungen auftreten, die häufig von dem Zeitpunkt abhängig sind, in dem die Oberschicht die Altstadt verließ bzw. den Wandlungen, die vornehmlich in den beiden letzten Jahrzehnten hinsichtlich der Zuwanderer und ihrer Wahl der Wohnstandorte sichtbar werden (Kemper, 1977, S. 100 ff.). Damit ist zugleich der Forschungsstand einigermaßen charakterisiert, indem die Oberschichtsektoren meist gut herausgearbeitet werden, die mittelständischen Viertel mitunter wenig Berücksichtigung finden und das Schwergewicht der Untersuchungen häufig auf den Wohnstandorten der Unter- bzw. Marginalschichten liegt.

Zunächst gibt es große Städte, in denen das Abwandern der Oberschicht langsam nach dem Ersten Weltkrieg einsetzte, seine stärkste Forcierung aber erst nach dem Zweiten Weltkrieg erhielt. Als Beispiele seien Guatemala City (1973: 717 000 E.) und Quito (1974: 560 000 E.) genannt, beide hinsichtlich der Einwohnerzahl zur unteren Kategorie der Großstädte rechnend.

Nach Caplow (1967) lebten im Jahre 1948 in *Guatemala City* von einer bestimmten Anzahl alter führender Familien, die bereits im Jahre 1826 hier ansässig waren, noch 70 v. H. in der Altstadt, von derselben Zahl von Familien der neuen Oberschicht noch knapp 50 v. H., darauf verweisend, daß die neue Oberschicht, ob sie ausländische Vorbilder aufnahm oder nicht, früher den Kern verließ als die mehr in der Tradition verankerte alte Oberschicht, eine Erscheinung, die in zahlreichen lateinamerikanischen Großstädten zu beobachten ist. Damit entstanden Villenviertel, im Norden in direktem Anschluß an die Altstadt, im Süden in etwas größerer Entfernung davon (Sandner, 1969, S. 136). Bei der Ausdehnungstendenz der Stadt nach Süden geriet das Zentrum in eine periphere Lage und wird nun von Mittelschichten bewohnt, die sich hinsichtlich ihres Ausbildungsstatus kaum von den Oberschichten abheben. Infolgedessen fehlen innerstädtische Marginalwohnungen, so daß der Schluß nahe liegt, daß Immigranten von vornherein sich Spontansiedlungen schufen.

Wesentlich anders gibt sich die Sozialgliederung von *Quito* zu erkennen. Hier, wo die Hafenstadt Guayaquil einen ernsthaften Konkurrenten abgibt, blieb die Zuwanderung in die Hauptstadt bis nach dem Zweiten Weltkrieg gering. Bis zum Jahre 1969 war die Altstadt Wohngebiet der Oberschichten (Sick, 1970). Seit dieser Zeit setzten erhebliche Wandlungen ein, indem nun die Elite nach Norden auswich, längs der Hauptverkehrsachsen in ihrer Nähe Hochhäuser errichtet wurden, die teils als Büro- oder Geschäftsbauten, Hotels und Appartements Verwendung fanden, während sich die Industrie im Süden ansetzte. Wenn hier von Appartements die Rede ist – und das gilt für alle lateinamerikanischen Großstädte –, dann sind damit nicht die „high rise apartments" der Vereinigten Staaten gemeint, die sich an den CBD anschließen und nur für vermögende Ein- und Zweipersonenhaushalte gedacht sind, sondern es handelt sich um mehrgeschossige Gebäude mit großen Eigentumswohnungen, die als Hochhäuser konzipiert sein können, aber nicht unbedingt brauchen. Sie finden sich mitunter im Geschäftskern bzw. der City, mitunter auch außerhalb davon im Übergangsbereich zu den Elitesektoren. Für die zuziehende Bevölkerung eigens errichtete Marginalwohnungen blieben hier aus, weil durch den Auszug der Elite genügend Wohnraum frei wurde, der zur Vermietung gelangen konnte. Ebenso entwickelten sich nur wenige Spontansiedlungen, u. U. damit zusammenhängend, weil die vielfach als Handwerker tätigen männlichen Arbeitskräfte der umliegenden Dörfer als Tagespendler nach Quito kommen (Denis, 1976).

Da ein erheblicher Teil der großen Städte Lateinamerikas an Hochbecken gebunden ist, mag die Höhenlage dazu beitragen, daß pavement dwellers, wie sie vornehmlich für Südasien charakteristisch waren, zwar nicht völlig fehlen (z. B. Bogotá; Brücher, 1969, S. 183), insgesamt aber zurücktreten, selbst dort, wo klimatisch die Möglichkeit dazu gegeben wäre wie etwa in Rio de Janeiro (Perlman, 1976, S. 76), was nicht ausschließt, daß fliegende Händler sich in großer Zahl einstellen, die vornehmlich die Versorgung der sozial schwachen Bevölkerungsschichten übernehmen.

Zu einer zweiten Gruppe, zu der voraussichtlich die meisten großen Städte Lateinamerikas gehören, zählen diejenigen, in denen die Oberschicht die Altstadt bereits nach dem Ersten Weltkrieg verließ, unter denen Caracas (1971: 1,0 Mill. E.), Bogotá (1973: 2,9 Mill. E), Santiago de Chile (1975: 3,2 Mill. E.) und Lima (1972: 3,2 Mill. E.) angeführt werden sollen.

Santiago de Chile und *Bogotá* sind darin einander ähnlich, daß das Geschäftszentrum im wesentlichen noch vom Mittelstand bewohnt wird (Bähr, 1976, S. 52 ff.; Brücher, 1969, S. 184), die oberen Sozialschichten in Santiago einen nach Osten, in Bogotá einen nach Norden gerichteten Sektor beanspruchen, der immer stärker an Ausdehnung gewann (Amato, 1969 und 1970). Dabei wurden die älteren Viertel allmählich vom oberen Mittelstand übernommen, die in großen Gärten gelegenen Bungalows meist nach dem zweiten Weltkrieg durch hohe Eigentumswohnungen (Appartements) ersetzt, teils aus Gründen der Sicherheit und teils aus solchen der Kostensenkung, weil es billiger war, einen Hausmeister für mehrere Familien zu beschäftigen als die aufwendigen Bungalows durch hohe Mauern zu schützen und den einzigen Eingang streng bewachen zu lassen. U. U. kommt es dazu, daß ein Teil der Mittelschichten besondere Sektoren ausbildet. Hinsichtlich der Unterschicht waren verschiedene Möglichkeiten – jedenfalls bis zum Zweiten Weltkrieg – gegeben, indem sie in den Abschnitten, die von der Elite nicht gewählt wurden, entweder konzentrisch (Santiago) oder ebenfalls als Sektor (Bogotá) die Altstadt umgaben. Mit der immer stärker werdenden politischen Zentralisierung und der besonders hohen Zuwanderung aus anderen Teilen des Landes während und nach dem Zweiten Weltkrieg mußte an die Unterbringung der Immigranten gedacht werden. Ging Bähr noch im Jahre 1976 (S. 131) davon aus, daß zentrumsnahe Wohnviertel, entweder unterteilte Einfamilienhäuser oder eigens zu dem Zwecke errichtete einfachste aneinandergereihte Einzimmerwohnungen, dafür in Frage kamen, so korrigierte er das im Jahre 1978 (S. 82) für Santiago, weil die einstigen in der Nähe der Altstadt gelegenen Marginalwohnungen Sanierungsmaßnahmen hatten weichen müssen, was dann eine stärkere Verteilung der Immigranten auf existierende Arbeiterviertel zur Folge hatte, aus später zu nennenden Gründen der Anteil der in Marginalwohnungen Untergekommenen von 29 v. H. im Jahre 1952 auf 2,5 v. H. im Jahre 1970 sank (Bähr, 1978, S. 28). Das dürfte dann in etwa dem entsprechen, was Brücher und Mertins (1978, S. 56 ff.) für Bogotá feststellten, indem hier – abgesehen von den Elitevierteln relativ gleichmäßig über das Stadtgebiet verteilt waren, im Jahre 1970 etwa 20 v. H. der Stadtbevölkerung auf diese Weise Unterkunft fanden. Häufig entscheidet sich hier, ob die Zugewanderten dem städtischen Leben gewachsen sind oder nicht; in letzterem Falle kommt es zu Slumnestern, in ersterem sucht man den Bedingungen, die die Marginalwohnungen bieten, zu entgehen.

Abgesehen vom sozialen Wohnungsbau, der nur in Ausnahmesituationen zum Erfolg führt, sind dabei die Möglichkeiten in Santiago und in Bogotá in unterschiedlicher Art und Weise gegeben. In Santiago, wo man auch außerhalb der Innenstadt Sanierungsmaßnahmen durchführte und damit die Marginalwohnungen reduzierte, war man nicht in der Lage, von städtischer oder staatlicher Seite für die nun obdachlos gewordene Bevölkerung genügend Wohnraum zu schaffen. Es kam zu illegalen Landbesetzungen, die man duldete oder sogar befürwortete, wobei zunächst Behelfsbauten errichtet wurden, die man – da keine Miete zu zahlen war – später verbesserte. Angaben über den Anteil der in diesen Spontansiedlungen Wohnenden liegen nur für das Jahr 1964 vor; doch geht aus der wachsenden Zahl der hier als callampas bezeichneten Spontansiedlungen hervor, daß auch deren Einwohnerzahl angestiegen sein muß (Bähr, 1978, S. 29 ff.; Tab. VII. D. 20.).

Zwar existieren in Bogotá ebenfalls einige Spontansiedlungen, die aber insgesamt wenig ins Gewicht fallen und nur 1 v. H. der Bevölkerung beherbergen. Wenngleich auch nicht völlig legal, aber wegen ihres Einflusses geduldet, gingen hier die Großgrundbesitzer daran, Land an Makler zu verkaufen. Diese, die einen Überblick über stadtplanerische Festlegungen der Flächennutzung besaßen und damit Konflikte vermeiden konnten, gingen daran, das so gewonnene Land zu parzellieren, u. U. mit einigen

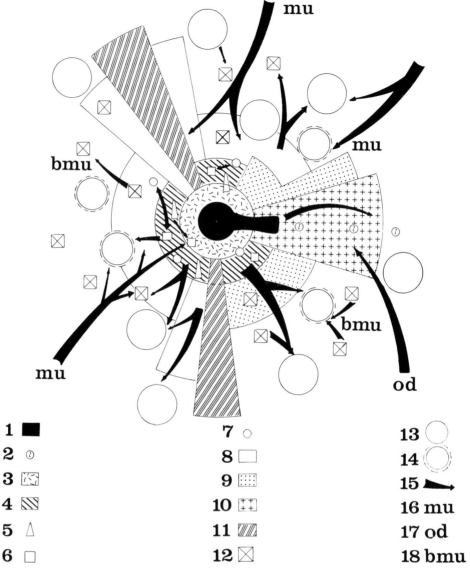

Abb. 137 Idealschema der spanisch-lateinamerikanischen Großstadt (nach Bähr und Mertins).

Infrastrukturmaßnahmen zu versehen, um dann die Grundstücke an ehemalige in Marginalbehausungen zur Miete Wohnende abzugeben. Dabei wurden An- und Ratenzahlungen so berechnet, daß es im Aufstieg begriffenen „Inquilinos" gerade möglich war, die erforderlichen Summen aufzubringen und immer noch ein erheblicher Gewinn für den Makler zustande kam. Die nun zu Eigentümern gewordenen „Inquilinos", die nicht mehr vertrieben werden konnten, versuchten durch Unterteilungen und Aufnahme von Mietern die erforderlichen Summen aufzubringen und im Laufe der Zeit an Verbesserungen ihrer zunächst ebenfalls provisorisch erstellten Behausungen zu gehen. Etwa ein Drittel der Fläche von Bogotá nehmen solche hier als „barrios piratas" bezeichneten Spontansiedlungen ein (1972), die fast 50 v. H. der Bevölkerung der Stadt aufnehmen. In anderen Städten Kolumbiens kommen solche Lösungen – wenngleich in geringerem Ausmaß – lediglich noch in Medellin (1973: 1,2 Mill. E.) vor (Brücher und Mertins, 1978, S. 49 und 46). Ein direkter Zuzug von außen ohne längeren Aufenthalt im sonstigen Stadtgebiet findet in geringem Ausmaß in Santiago statt, sofern Verwandte oder Freunde dort einen ersten Anhaltspunkt bieten. Auf Grund der dargestellten Verhältnisse in Bogotá ist das hier kaum möglich, es sei denn, daß man als Mieter in den „barrios piratas" aufgenommen wird (Vernez, 1973), zumal hier die Preise für die Benutzung der öffentlichen Verkehrsmittel niedrig gehalten werden und deshalb die Wege zum und vom Arbeitsplatz keine erhebliche finanzielle Belastung bedeuten, wenngleich der Zeitaufwand beträchtlich sein kann.

Tab. VII.D.20 Der Anteil der Familien nach Einkommen und Wohnbedingungen in Bogotá im Jahre 1970

Monatl. Einkommen in Dollar	Spontansiedlungen	„barrios piratas"	Öffentlicher Wohnungsbau	Kommerzieller Wohnungsbau	Summe
0– 26	0,1	2,1	0,4	4,8	7,4
26– 65	0,6	19,5	1,9	4,8	26,9
65–131	0,3	18,9	4,7	3,0	26,9
131–210[a]	–[a]	4,8	2,3	13,6	20,8
210 u. m.	–	–	1,4	16,6	18,0
Summe in v. H.	1,1	45,3	10,7	42,9	100,0
Zahl der Familien	4 955	204 182	48 740	193 124	451 000

[a] unter 0,1 v. H.

Nach Gilbert, 1978, S. 98 bzw. Valenzuela und Vernez, 1974, S. 110.

Im Falle von Bogotá besteht die Möglichkeit, Einkommens- und Wohnverhältnisse miteinander in Beziehung zu setzen, zumindest für das Jahr 1970. Als wichtigstes Resultat ergibt sich, daß der öffentlich geförderte Wohnungsbau nicht imstande ist, die zuziehende Bevölkerung aufzunehmen, eine Erscheinung, die sich wohl für die Großstädte aller Entwicklungsländer mit graduellen Abstufungen ergibt. Wenn im kommerziellen Wohnungsbau die untersten Einkommensgruppen nicht fehlen, dann läßt sich das auf die Einstellung von Hausmeistern u. Ä. zurückführen.

In *Lima* wich die Elite nach Südwesten und Süden hin aus, wo sie an der Küste bereits am Ende des 19. Jh.s ihre Sommersitze besaßen, die sie bei verbesserten Verkehrsverhältnissen zu ständigen Wohnsitzen ausbauten. Infolgedessen wurden gerade hier die sehr aufwendigen Patiohäuser des Zentrums frei. Anders als in Santiago und Bogotá folgten die Mittelschichten dem genannten Trend, was zur sozialen Degradierung mancher Altstadtquartiere und ihrer Umgebung führte, da Zuwanderer als Mieter in den unterteilten Einfamilienhäusern oder im sich ausdehnenden Stadtgebiet in eigens dafür geschaffenen Unterkünften zur Unterbringung kamen. Deler (1970, S. 82) unterschied allein fünf Typen von Marginalwohnungen, die sich nach seiner kartographischen Darstellung (S. 80) nicht allein auf den Kern und dessen Umgebung, sondern auf das bis zum Jahre 1940 bebaute Gebiet verteilten. Der Anteil der in Marginalwohnungen Lebenden wurde um die Mitte der sechziger Jahre auf etwa 20 v. H. geschätzt (S. 81).

Die Untersuchungen über die Spontansiedlungen von Lima (Mangin, 1967 und Turner 1967) sind deshalb besonders wichtig, weil sie als erste erkannten, daß hier die Zuwanderer zunächst in Marginalwohnungen der Altstadt und ihrer Umgebung ziehen. In andern großen lateinamerikanischen Städten nicht fehlend, in Lima aber mit besonderer Stärke auftretend, erfolgte hier die Anlage von Spontansiedlungen zu mehr als 80 v. H. durch lang vorbereitete organisierte Landbesetzungen, unter denen diejenige von Ciudad de Dios von Matos Mar (1969, S. 87 ff.) und diejenige von Las Cuevas von Turner (1967, S. 167 ff.) eingehend dargestellt wurden. Führer, die die Invasionen leiteten, spielten auch später eine entscheidende Rolle, wenn es zu Streitigkeiten zwischen den Teilnehmern kam, bei der Ausbildung von Vereinigungen, die u. U. Gemeinschaftsarbeiten in Angriff nahmen (Verbesserung der Wege, Bau von Schulen usf.), bis man schließlich die Legalisierung der Eigentumsrechte erreichte und unter bestimmten Voraussetzungen die ursprüngliche Spontansiedlung als integrierter Stadtteil anerkannt wurde. Alle diejenigen „barrios", die bis zum Jahre 1960 entstanden, erlangten durch Gesetz den genannten Status automatisch, es sei denn, daß eine staatlich gelenkte Umsiedlung stattfand wie im Falle von Ciudad de Dios. Unter den späteren, die immer mehr in die wüstenartigen Randgebiete des Ostens abgedrängt wurden, gelang das nur zu einem geringen Teil, zumal die staatliche Einflußnahme seit dem Umbruch des Jahres 1968 sich verstärkte. Seit dieser Zeit erhielten die Spontansiedlungen die Bezeichnung „pueblos jóvenes", um damit die verbreitete ablehnende Haltung gegenüber solchen Ausweitungen bzw. deren Bewohnern in eine positive Beurteilung umzuwerten. Mangin (1973), der seine Beobachtungen über die Spontansiedlungen von Lima in den fünfziger Jahren begann und sie bis in die siebziger Jahre verfolgte, konnte vornehmlich in denjenigen, die die staatliche Anerkennung erhielten, bemerkenswerte Veränderungen feststellen. Der Anteil derjenigen, die direkt vom Land bei Verwandten oder Freunden Unterkunft fanden, verstärkte sich, was gleichzeitig bedeutete, daß der Anteil der Mieter bzw. Untermieter zunahm. Der Einfluß der früheren Autoritäten wurde geringer zugunsten der Vertreter der öffentlichen Hand, was Vor- und Nachteile beinhaltete, letzteres, weil die Eigeninitiative nachließ, ersteres, weil Versorgungsanlagen rationalisiert werden konnten, die u. U. schon zuvor erstellten Schulen Lehrer erhielten usf.

Einen andern Weg versuchte man in *Caracas* zu gehen. Hier, wo man durch die Erdöllagerstätten Kapital anhäufen konnte, verwandte man dieses teilweise für einen völligen Umbau der Altstadt, indem sie sich einerseits in eine Hochhaus-City verwandelte und andererseits die westlich davon gelegenen Spontansiedlungen zur Auflösung kommen sollten, für deren Bewohner man fünfzehnstöckige Mietswohnungen schuf. Damit gingen Altbauten, die früher Zuwanderern als erste Unterkunft dienten, verloren, womit sich die Tendenz verband, daß sich ländliche Immigranten – meist in Anlehnung an bestehende Siedlungen – in der Längssenke zwischen Küstenkordillere und dem südlich aufsteigenden Hügelland sofort in Spontansiedlungen niederließen. Die Mietshäuser nahmen zwar 13 v. H. der damaligen Bevölkerung auf; darunter befand sich aber nur ein Teil der Familien, die man zwangsweise umsetzen wollte, ein anderer, dem eine bessere Beurteilung der Situation möglich war, wich in weiter entfernt gelegene Spontansiedlungen aus, zumal die in Caracas untergebrachten Industriebetriebe weit gestreut sind. Ländliche Immigranten zogen in die freien Wohnungen ein, denen Verwandte und Freunde folgten, so daß die als Grünflächen vorgesehenen Areale sich bald mit einfachsten Behausungen bedeckten, die Wohnungen überbelegt waren und die Mietszahlungen unterblieben, so daß das Projekt fallen gelassen wurde, allerdings man nun den Versuch unternahm, durch Sozialarbeit die sich entwickelnden Slums zu sanieren. Inzwischen weiteten sich die Spontansiedlungen aus, innerhalb derer sich nun der Ausleseprozeß vollzieht (Dwyer, 1976; Pachner 1973 und 1978).

Mit *Mexico City* (1975: Urban Area von M. C. 11,7 Mill. E.; Garza und Schteingart, 1978, S. 69) kommen wir zu jenen Groß- bzw. Weltstädten Lateinamerikas, bei denen die Auflösung der alten Ordnung, d. h. des zentral-peripheren sozialen Gefälles, bereits am Ende des 19. Jh.s in die Wege geleitet wurde.

Hier bildete sich während des Porfiriates (1876-1910) eine ausgesprochene Zonierung hinsichtlich des sozio-ökonomischen Status heraus, indem die Elite die Innenstadt verließ und im Westen neue Wohnmöglichkeiten fand, die Mittelschichten im Zentrum verblieben, Zuwanderer, die als Handwerker, Industriearbeiter oder Beschäftigte bei der Eisenbahn tätig wurden, im Norden und Osten unterkamen, als die Stadt im Jahre 1900 344 000 Einwohner hatte, etwa vergleichbar mit Guatemala City nach dem Zweiten Weltkrieg. Mit der im Jahre 1910 einsetzenden Revolution kam es zur Enteignung der Großgrundbesitzer, denen aber ihr städtischer Grundbesitz verblieb, der mit Verbesserungen der Infrastruktur und einem gewissen wirtschaftlichen Aufschwung einen Wertzuwachs erhielt, so daß es bei hohen Preisen zu Vermietungen kam. Wie sonst auch, setzte der große Zustrom aus andern Landesteilen während des Zweiten Weltkrieges ein; gleichzeitig nahmen die Verwaltungsaufgaben zu ebenso wie die wirtschaftlichen Aktivitäten. Nun verließen die Mittelschichten die Altstadt und bevorzugten teils die westliche und teils die südliche Peripherie, und zudem kam es im Norden zu einer vermehrten Ansetzung von Industrie, so daß die Sektorengliederung eine Verschärfung erfuhr. Die erhalten gebliebenen Altbauten der Innenstadt vermietete man an Neuankömmlinge, vornehmlich im Umkreis des Zácolo, des Verwaltungs- und kirchlichen Zentrums. Abgesehen davon, daß im Westen davon immer mehr Raum für die ausdehnende City benötigt wurde, erließ man für Mieter der marginalen Behausungen in den vierziger Jahren einen Preisstop, so daß ein Teil von ihnen lediglich 1 Dollar im Monat zu zahlen hatte (Gilbert und Ward, 1976, S. 296). Damit war dieser Gruppe der Anreiz, in Spontansiedlungen überzuwechseln, genommen, was zugleich bedeutete, daß weitere Immigranten hier nicht mehr unterkommen konnten. Sie mußten in einem weiteren Umkreis des Ostens, Nordens und Nordwestens Unterkunft suchen, sei es, in einstigen Spontansiedlungen oder in eigens zu diesem Zweck geschaffenen Unterkünften. Für diejenigen, die aus dem Dorf Tzintzuntzan im Bundesstaat Michoácan nach Mexico City kamen, konnten deren unterschiedliche Wohnstandorte vor dem Jahre 1960, danach und im Jahre 1974 kartographisch festgelegt werden (Kemper, 1977, S. 104 ff.), was den dargelegten Trend bestätigt. Dabei besitzen die alten Immigranten der Innenstadt ebenso wie die Bewohner von Spontansiedlungen meist ein höheres Einkommen und eine bessere Ausbildung als die neuen, die zunächst mit dem mittleren Bereich vorlieb nehmen müssen. Seit dem Jahre 1950 wurde innerhalb der damaligen Stadtgrenzen (Federal District) ein Bauverbot erlassen, was zur Folge hatte, daß Spontansiedlungen sich nur jenseits davon auszubilden vermochten. Das machte insofern Schwierigkeiten, weil dieses Gelände nach der Agrarreform Gemeinschaftsbesitz von Ejidos war (Kap. IV. D. 2. c.), mit denen nun Übereinkünfte getroffen werden mußten. Von seiten der Stadt kam es schließlich zur Enteignung von Ejido-Land, wobei die gezahlten Entschädigungen in keiner Weise dem Wert entsprachen. Benötigte man im Jahrzehnt von 1940-1950 die auf diese Weise gewonnenen Flächen für öffentliche Zwecke (Industrie- und Verkehrsanlagen), so ging dieser Anteil bis zum Jahre 1975 auf 12 v. H. zurück. Seit dem Jahre 1950 stellte man mehr Areal für den öffentlichen Wohnungsbau zur Verfügung, wobei – allerdings unter Einschluß der Spontansiedlungen – in den Jahren 1950-1960 35 v. H. der auf diese Weise eingemeindeten Flächen für die Unterbringung der Unter- bzw. Marginalschichten vorgesehen wurde, dieser Anteil in dem Jahrfünft von 1970-1975 auf 10 v. H. absank. Somit existierten im Jahre 1970 500 innerstädtische Marginalbezirke mit etwa 300 000 Einwohnern, während in Spontansiedlungen 4 Mill. Menschen unterkamen (Garca und Schteingart, 1978, S. 72 ff.).

Für Rio de Janeiro (1975: 5,9 Mill. E.), São Paulo (1976: 8,1 Mill. E.) und Buenos Aires (1974: 8,9 Mill. E), die alle zu der Gruppe lateinamerikanischer Groß- bzw. Weltstädte gehören, bei denen sich die Elite bereits seit dem Ende des 19. Jh.s ihre besonderen Viertel schuf, soll lediglich auf spezifische Gegebenheiten aufmerksam gemacht werden. Diese bestehen in erster Linie in dem Verhältnis von innerstädtischen Marginalwohnungen zu Spontansiedlungen. Aus der Tab. Kap. VII. D. 21. läßt sich erkennen, in welchem Ausmaß die Bevölkerung in den Spontansiedlungen von Rio de Janeiro nach dem Zweiten Weltkrieg anwuchs, während für Buenos Aires und São Paulo deren Anteil an der Gesamtbevölkerung im Vergleich zu sonstigen lateinamerikanischen Metropolen gering blieb, in letzterem Falle wahrscheinlich auf die Art der Berechnungsgrundlage zurückgehend.

In *Rio de Janeiro* unterschied Leeds (1974) mindestens acht Typen von Marginalwohnungen, ohne daß sich feststellen ließ, wieviel Menschen sich hier zusammendrängen und welcher Art die Bevölkerung ist. Seit dem beginnenden 20. Jh. führte man erhebliche Sanierungsarbeiten durch, denen ein beträchtlicher Teil des alten Baubestandes zum Opfer fiel. Trotzdem blieben Marginalwohnungen erhalten, für die Perlman (1976, S. 19) herausfand, daß sie von portugiesischen, spanischen und jüdischen überseeischen Einwanderern, die sozial nicht aufzusteigen vermochten, seit Generationen belegt sind. Das bedeutet, daß neue Immigranten hier keine Aufnahme finden konnten und von vornherein auf Spontansiedlungen angewiesen waren, eine weitere Variante der Mobilität. Diejenigen, die niemanden in der Stadt kennen – jeweils ein geringer Teil – werden auf Bahnhöfen, Omnibus-Haltestellen und Wegekreuzungen von Angehörigen einer staatlichen Stelle aufgefangen, ihnen für eine Woche Unterkunft gewährt, damit sie sich am Tage nach einer Arbeitsmöglichkeit umsehen können. Falls das mißlingt, werden sie auf Staatskosten in ihre Heimatorte zurückgeschickt. Die meisten haben

Tab. VII.D.21 Zahl und Anteil der in Spontansiedlungen lebenden Bevölkerung in ausgewählten Städten Lateinamerikas

Land	Stadt	Jahr	Bezeichnung	Zahl in 1 000	v. H. der Gesamtbevölkerung
Chile	Santiago[1]	1964	callampa	546	25
Peru	Lima[1]	1957	barriada	114	9
	Lima[1]	1961		360	21
	Lima[1]	1969		1 000	36
Kolumbien	Bogotá[2]	1964	barriada pirata	611	36
	Bogotá[2]	1970		1 399	49
Venezuela	Caracas[1]	1961	rancho	280	21
	Caracas[1]	1964		556	35
Guatemala	Guatemala City[3]	1963		40	10
Mexiko	Mexiko City[3]	1967	colonia proletaria	2 800	46
	Mexiko City[4]	1970		~4 000	~40–50
Brasilien	Rio de Janeiro[1]	1947	favella	400	20
	Rio de Janeiro[1]	1957		650	22
	Rio de Janeiro[3]	1961		900	27
	Rio de Janeiro[3]	1970		max. 2 000	20–30
	São Paulo[5]	1967		350	5
	São Paulo[5]	1970		1 900	24
Argentinien	Buenos Aires[3]	1966		800	10

[1] Berry, 1973, S. 84
[2] Brücher-Mertins, 1978, S. 35
[3] Bataillon, 1973, S. 400
[4] García und Schteingart, 1978, S. 348
[5] Husson und Lanvon, 1980 b, S. 226

Adressen von Verwandten oder Freunden, die selbst in Spontansiedlungen unterkamen, so daß diese aufgefüllt werden und in ihnen sich mehrere Altersgruppen zusammenfinden, weil einige bereits in der dritten Generation städtisches Leben in Rio begannen und selbst bei sozialem Aufstieg keinen Wohnungswechsel vornahmen, sondern mehr darauf bedacht sind, die eigenen Wohnverhältnisse zu verbessern. Stellte Wilhelmy (1952, S. 361) vor fast dreißig Jahren fest, daß Neger und Mulatten ohne Segregation teils innerhalb der Arbeiterviertel lebten und teils die im südlichen Abschnitt der Stadt aufragenden Morros bewohnten, so hat sich das insofern geändert, als die Spontansiedlungen der Morros auch weiße Zuwanderer aufnahmen, die in stärkerem Maße die „Führungsschicht" ausmachen (Perlman, 1976, S. 58 ff.). Das Verbreitungsgebiet der Spontansiedlungen wurde von Perlman (1976, S. 22) dargestellt. Einerseits handelt es sich um die erwähnten Morros im Süden in der Nähe der City und inmitten von Elite-Wohnbereichen mit eigenem Geschäftszentrum, andererseits um Bezirke im Norden in der Nachbarschaft der Industrie und schließlich um die außerhalb des Staates Guanabara in der zwar trocken gelegten, aber dennoch von Überschwemmungen heimgesuchten Baixada Flumense, wo einige bestehende junge Siedlungen, die man als Trabanten von Rio ansprechen könnte, Ansatzpunkte boten. Was die sozialen Verhältnisse anbelangt, so sei auf die Ausführungen über Lima verwiesen. Im Grunde besagt der Titel des Buches von Perlman „The Mythos of Marginality", bezogen auf die Spontansiedlungen, genug, wie es von einer etwas andern Seite her gesehen in der Unterscheidung zwischen „Slums of Despair" meist innerstädtisch, und „Slums of Hope", meist Spontansiedlungen durch Stokes (1962) zum Ausdruck gelangt.

Daß staatliche und städtische Verwaltung Spontansiedlungen mitunter nur ungern dulden, zumal wenn sie derart ins Gesichtsfeld rücken wie diejenigen auf den Morros von Rio, mag verständlich erscheinen. Besonders seit dem Jahre 1964 (Militärputsch) hatte man in dieser Hinsicht den ehrgeizigen Plan, bis zum Jahre 1976, dann verlängert bis zum Jahre 1983, sämtliche Spontansiedlungen zu vernichten und mit Hilfe des staatlichen Wohnungsbaus teils fünfgeschossige Häuserblocks und teils kleine Einfamilienhäuser zu schaffen, um die Bevölkerung hier unterzubringen. Der National Housing Bank stellte man erhebliche Geldmittel zur Verfügung, und die Institution Coordenaçao de Habitatçao de Interesse Social da Area Metropolitana do Grande Rio wurde mit der Durchführung beauftragt. Da die Nationalbank aber mit Gewinn arbeiten wollte, wurde das Gelände für die neuen „Vilas" vornehmlich im Westen weit ab von Verdienstmöglichkeiten erworben, die Schnelligkeit der Ausführung schadete der Qualität, und für Gemeinschaftseinrichtungen fehlte die Zeit. Bei der zwangsweisen Umsetzung legte man Wert darauf, die Gemeinschaften, die sich in den Spontansiedlungen gebildet hatten, zu zerschlagen, indem man die Bewohner auf mehrere Projekte verteilte. Diese, die meist ihren Arbeitsplatz beibehalten wollten, mußten nicht allein erhebliche Zeit aufwenden, um ihn zu erreichen, sondern ebenfalls die öffentlichen Verkehrsmittel bezahlen. Frauen und Kinder, die früher häufig zum Verdienst der Familien beitrugen, war das durch die großen Entfernungen nun verwehrt. Die monatlichen Abzahlungen für die Wohnungen kamen hinzu, die mit der Inflation noch nachträglich angehoben wurden. Das hatte zur Folge, daß ein Teil der Familien wieder auszog, um in anderen Spontansiedlungen unterzukommen, auf die Gefahr hin, noch einmal vertrieben zu werden, ein anderer zum Verlassen gezwungen wurde, wenn er mit den Zahlungen zu weit im Rückstand war. Barackenzimmer (casa de triagem), die teils in den „Vilas" und teils in noch größerer Entfernung errichtet wurden, mußten nun herhalten, um diese Gruppen unterzubringen. Daß unter solchen Voraussetzungen die physischen und psychischen Kräfte der Bevölkerung nachließen und es zur Ausbildung von Slums an der Peripherie kam, darf nicht verwundern. Nur ein kleiner Teil der Spontansiedlungen, bei denen sich die Nationalbank nur in geringem Maße finanziell beteiligte, setzte man unter Verbesserung der früheren Bedingungen an Ort und Stelle unter Mithilfe der Beteiligten um und legalisierte sie (Perlman, 1976, S. 195ff.). In die sich entleerenden Häuser des staatlichen Wohnungsbaus zogen Familien des unteren Mittelstandes ein, während die Gewinne der Bank für aufwendige Bauten der oberen Mittel- und Oberschicht oder für öffentliche und halböffentliche Zwecke Verwendung fanden.

Zieht man kurz noch Buenos Aires und São Paulo heran, dann zeichnen sich beide Städte dadurch aus, daß ihr erstes schnelles Wachstum durch die überseeische Einwanderung seit dem Ende des 19. Jh.s erfolgte. Spanier, Portugiesen und Angehörige anderer Nationen fanden in Buenos Aires, sofern es sich nicht um Westeuropäer handelte, in den von der Oberschicht bereits verlassenen und zimmerweise vermieteten Marginalwohnungen Unterkunft, deren Bevölkerung im Jahre 1887 26 v. H. ausmachte und anteilmäßig bis zum Jahre 1914 auf 14 v. H. fiel, wenngleich eine absolute Zunahme existierte (Bourde, 1974, S. 252). Vielen von ihnen gelang es, in die Mittelschichten aufzusteigen ebenso wie das in São Paulo der Fall war, so daß diese Gruppen an Bedeutung gewannen. Für Buenos Aires, das bereits nach dem Ersten Weltkrieg zum Hochhausbau überging, liegen neuere Angaben über den Anteil der in Marginalwohnungen Lebenden nicht vor. Trotz wirtschaftlicher Schwierigkeiten nach dem Zweiten Weltkrieg und trotz weiterer Immigration aus andern Landesteilen blieb der Anteil der Bevölkerung gering, der sich in Spontansiedlungen niederließ, wobei mit der Möglichkeit zu rechnen ist, daß seit dem Jahre 1966 (Tab. VII. D. 211) in dieser Beziehung Änderungen eintraten. Bereits James (1933, S. 295) erwähnte die Spontansiedlungen von São Paulo und wies auf die Lageunterschiede gegenüber Rio de Janeiro hin, indem hier die Morros und dort die Flußniederungen den Anknüpfungspunkt bildeten, ohne quantitative Aussagen zu machen. Im Jahre 1950 lag der Anteil der im tertiären Sektor Beschäftigten in São Paulo bei 54 v. H. (in Rio de Janeiro dagegen bei 71 v. H.), so daß der sekundäre Sektor beträchtlich beteiligt war, der mit der verstärkten Industrialisierung in den vergangenen zwanzig Jahren wahrscheinlich eine noch größere Ausweitung erfuhr, zumal das Baugewerbe ebenfalls einen Aufschwung nahm, um bei wachsender Inflation das Kapital in Sachwerten anzulegen. Der Anteil der Bevölkerung, der in Wohnungen unter dem Standard lebt, wurde im Jahre 1960 auf 20 v. H. geschätzt, wovon 5-10 v. H. auf Spontansiedlungen entfielen (Morse, 1970, S. 157).

Teils erfolgte seitdem ein Zuwachs, teils aber liegt für das Jahr 1970 eine andere Berechnung zugrunde, indem die „habitations précaires" an der Peripherie, bei denen die Parzellen gekauft oder gemietet wurden, um dann mit Hilfe von Angehörigen oder Freunden die Bauten selbst zu erstellen, nun eingeschlossen wurden (Husson und Lanvon, 1980, S. 226ff.). Zudem kann am Beispiel von São Paulo ein weiteres Charakteristikum lateinamerikanischer Städte gezeigt werden, indem rassische oder völkische Unterschiede, wie sie teils durch die durch die Beschäftigung von Negersklaven im Rahmen der Plantagenwirtschaft und teils durch die europäische Zuwanderung in der zweiten Hälfte des 19. Jh.s zustande kamen, nicht zur ausgesprochenen Viertelsbildung bzw. zur Entwicklung von Ghettos führte.

Mögen die Werte veraltet sein, so läßt sich daraus doch ein Bild gewinnen. Im Jahre 1934 betrug der Anteil der Ausländer hier 28 v. H., unter denen Italiener, Portugiesen sowie Spanier die größten Gruppen abgaben und Deutsche nicht unbeträchtlich beteiligt waren, während Syrer, Russen, Japaner usf. nur einen verschwindenden Bruchteil ausmachten. Wohl kam es bei Syrern, Juden und Japanern trotz oder wegen ihrer geringen Zahl zur Ausbildung besonderer Viertel, aber nur diejenigen, die ausgesprochen arm waren und zur Marginalschicht rechneten, legten auf Dauer auf den Zusammenhalt Wert; andere, die aufzusteigen vermochten, verlagerten ihre Wohnsitze in diejenigen Bereiche, deren Sozialstatus sie gewonnen hatten. Neger und Mulatten, die in São Paulo mit etwa 8 v. H. damals an der Gesamtbevölkerung beteiligt waren, lebten in gewissen Gruppen zusammen, die aber kaum auf rassische Schranken zurückgeführt werden konnten, sondern stärker mit deren sozio-ökonomischen Status zusammenhing, der überwiegend an der unteren Grenze des Schichtenaufbaus lag (Monbeig, 1947).

Für die südostasiatischen Großstädte läßt sich kein Modell ihrer sozialräumlichen Gliederung entwerfen, weil schon vor dem Zweiten Weltkrieg die Verhältnisse recht unterschiedlich waren und dies danach eine Verstärkung erfuhr. Dasselbe gilt für die orientalischen Großstädte, weil hier westliche Einflüsse teils zur völligen Degradierung der jeweiligen Altstadt führte, wobei dann die Stärke der ländlichen Zuwanderung dafür entscheidend wurde, ob sich darüber hinaus Spontansiedlungen entwickelten oder nicht. Auch im tropischen Afrika wird man vergeblich ein einziges Modell ausfindig machen können, wenngleich sich hier ergibt, daß die ländlichen Zuwanderer die peripheren Bereiche bevorzugen, zumal sich hier durch Landbewirtschaftung und Viehhaltung eine zusätzliche Erwerbsquelle ergibt und der Aufenthalt in den Städten vielfach nicht auf Dauer gedacht ist. Lediglich für indische Großstädte konnte bis zur Verselbständigung ein einheitliches Schema zugrundegelegt werden, da man die einheimischen Städte intakt ließ und ihnen jenseits von Eisenbahngelände usf. cantonments und civil lines hinzufügte (Kap. VII. D. 4. f. β.).

In Lateinamerika hingegen, zumindest in den von Spaniern besetzten Gebieten, lag den Städten nicht allein ein einheitlicher Plan zugrunde, sondern auch die Sozialverhältnisse bauten auf ein- und derselben Grundlage auf, bei der vornehmlich südspanische Elemente Eingang fanden, wobei die Eroberung fast eines Kontinents ohne nachfolgende Kolonisation eine noch schärfere soziale Spanne herbeiführte, und die Spanier, die die höchsten Verwaltungs- und kirchlichen Ämter bekleideten und den auf das Mutterland beschränkten Handel in der Hand hatten, Sonderrechte besaßen, die nach der Verselbständigung an die absentistischen Großgrundbesitzer übergingen. Das bedeutet, daß man hier den Begriff des Elite-Ghettos, der sonst noch in Manila bekannt wurde, mit mehr Recht anwenden kann als in andern Entwicklungsländern, wo man mit der rassischen Segregation auskommen konnte.

Nun versuchten zunächst Bähr (1976) und dann Bähr und Mertins (1981), ein Idealschema der lateinamerikanischen Großstadt zu entwerfen, ein klein wenig verändert in Abb. 137 wiedergegeben. Hinsichtlich Literatur und Text dürfte eine Einengung auf die spanisch-lateinamerikanische Stadt am Platze sein. Ausgegangen wird von der City, die nicht die Altstadt mit ihren Regierungsgebäuden und Kathedralen umfaßt, sondern sich längs einer von der plaza ausgehenden Straße etablieren mußte (Lichtenberger, 1972, S. 15). Eindeutig wird festgestellt, daß sie stärker als der amerikanische CBD oder die europäische City – nimmt man Südeuropa aus – bewohnt wird, wobei die entstandenen Hochhäuser zum Teil früher als in Europa aufgenommen (Buenos Aires bereits nach dem Ersten Weltkrieg) teils dem tertiären Sektor und teils als Appartementswohnungen einer gehobenen Schicht dienen, demgemäß eine ausgesprochene Degradierung der Altstadt unterblieb. Seitdem die Oberschicht die Altstadt verließ, fand eine Erweiterung der City in der Richtung der sich bildenden Eliteviertel statt, wobei wiederum in Hochhäusern eine Mischung von tertiären Aktivitäten und Wohnnutzung stattfand. Teils in den sechziger Jahren und teils später entwickelten sich innerhalb des Elitesektors Spezialgeschäfte für den gehobenen Bedarf. Ob damit eine Entwertung der City bzw. eine Zweiteilung in der Weise erfolgte, daß sich das eine auf die unteren, das andere auf die oberen Sozialschichten einstellte, läßt sich wohl noch nicht entscheiden. Das Beispiel von Panama City dürfte deswegen nicht angebracht sein, weil die Entwicklung der Stadt von der anderer Hauptstädte abweicht (Sandner, 1980). Mit Ausnahme des Elitesektors und der sich daran anschließenden Viertel der oberen Mittelschicht wurde konzentrisch um die City eine Mischzone ausgeschieden, wo kleine Läden, Handwerksbetriebe und Reparaturwerkstätten sich einstellen, deren Besitzer noch keine Trennung von Arbeitsstätte und Wohnung vornahmen. Sie läßt sich nicht klar von den „innerstädtischen Elendsvierteln", hier der allgemeinen Nomenklatur folgend, als Marginalzone bezeichnet, trennen. Zumindest in so bedeutenden Städten wie Santiago, Bogotá und Buenos Aires fallen beide Bereiche zusammen. Hier finden sich einerseits die früher geschilderten unterteilten und als Ein- bis Zweizimmerwohnungen vermieteten ehemaligen Einfamilienhäuser der abgewanderten Oberschicht, die nach dem Zentrum tendieren, andererseits die besonders für die Marginalschicht seit der zweiten Hälfte des 19. Jh.s bis zum Zweiten Weltkrieg, u. U. als Konvergenzerscheinung zum südlichen Spanien und Italien zu verstehen; kleine Spontansiedlungen gesellen sich hinzu. Teils einseitig konzentrisch und teils längs der sich an die Verkehrswege haltenden Industrie in Sektorenform finden sich die Wohngebiete der unteren Mittel- und Unterschicht, über die letztlich wenig ausgesagt wird. Galt bis in die Mitte der sechziger Jahre für die Zuwanderung das Schema: Provinz – Citynähe – periphere Spontansiedlungen, so hat sich seitdem ein Wandel vollzogen. Die Aufwertung citynaher Bereiche durch Wiederherstellung von Einfamilienhäusern und Sanierungsarbeiten, die zur Reduktion der sonstigen Marginalwohnungen führten, bewirkten, daß nun die Unter- bzw. untere Mittelschicht zur Zimmervermietung überging. Auch bei Unterbeschäftigung ist es möglich, sofern mehrere Familienmitglieder zu einem gewissen Verdienst gelangen, teils nach mehreren Umzügen zwischen innerstädtischen Marginalwohnungen, dann in Spontansiedlungen überzuwechseln. Diese werden in der deutschen Literatur als „Hüttensiedlungen" bezeichnet, was insofern nicht ganz gerechtfertigt ist, als die ursprünglich aus Behelfsmaterial hervorgegangenen „Hütten" in illegalen, noch mehr in semilegalen Spontansiedlungen (z. B. die barrios piratas in Bogotá) zur Verbesserung übergehen, standfestes Material verwenden usf., wobei dann Mieter von außen aufgenommen werden, um die finanziellen Leistungen erbringen zu können. Dasselbe geschieht selbst in den kleinen Wohnungen des sozialen Wohnungsbaus, bis dann die Mieter von sich aus ebenfalls zu einem eigenen Häuschen kommen wollen und demgemäß, sofern hoher Geburtenüberschuß und ebensolche Wanderungsgewinne zusammentreffen, die zellenförmige Aufsplitterung der Peripherie sich erweitert.

E. Die geographische und topographische Lage der Städte

Die Lageverhältnisse der Städte mußten schon öfter berührt werden. Ihre Betrachtung leitet von der Funktion, die sich in der inneren Differenzierung abbildet, über zur Physiognomie, so daß aus diesem Grunde eine zusammenfassende Behandlung erst jetzt erfolgen soll. In der Entwicklung der Stadtgeographie jedoch haben die Lagebedingungen, wohl ihrer Beziehungen zur physischgeographischen Ausstattung wegen, am Beginn dieses Zweiges der Kulturgeographie gestanden, und die Aufstellung von Lagetypen hat einst eine beträchtliche Rolle gespielt.

Zwei Gesichtspunkte sind auf jeden Fall zu berücksichtigen, die wohl von Hettner (1895, S. 364) zum erstenmal voneinander geschieden wurden: zum einen die Großlage im Raum, was auch als geographische Lage bezeichnet wird, und zum andern die Lage innerhalb des lokalen Bereichs, was man als topographische Lage zu erfassen pflegt. Durch „situation" und „site" werden diese Unterschiede in der französischen und angelsächsischen Literatur wiedergegeben.

1. Die geographische Lage der Städte

Was die Lage von Städten im Großraum betrifft, so wurden die Beziehungen zur horizontalen und vertikalen Gliederung der Erdoberfläche bereits im Rahmen der Verteilung der Städte als zentrale Orte besprochen (Kap. VII. B. 3.). Wir können demgemäß hier, wie es auch sonst vielfach geschieht, die Behandlung der geographischen Lage der Städte auf die ihrer Verkehrslage beschränken. In enger Verknüpfung mit den zentralen Funktionen und den daraus erwachsenden Aufgaben sind Städte als solche von vornherein verkehrsbegünstigt und erscheinen in dieser Hinsicht im Vorteil gegenüber den ländlichen und dem größten Teil der „zwischen Land und Stadt" stehenden Siedlungen.

Städte erzeugen den Verkehr – der Verkehr erzeugt Städte, unter dieser Kontradiktion steht häufig die Beurteilung der Beziehungen zwischen Verkehrswegen und Städten, sei es, daß diese Frage für die Entstehung der Städte wichtig wird oder sei es, daß allgemeine Aussagen gemacht werden sollen. Konnte z. B. Gradmann (1914, S. 175) den Fernverkehrswegen bei der Entstehung der württembergischen Städte nur eine sekundäre Stellung einräumen ebenso wie Sidaritsch (1924, S. 164 ff.) für die steirischen Städte, so sah Dörries (1929, S. 117 ff.) in ihnen für die Ausbildung der niedersächsischen Städte das primäre Element. Regionale Unterschiede in dieser Hinsicht sind vielfach zu finden, so daß eine genaue Untersuchung des jeweiligen Tatbestands notwendig erscheint. Allerdings ist die Altersbeziehung zwischen Verkehrswegen und Städten für weit zurückliegende Perioden oft schwer zu rekonstruieren. Wenn Pirenne (1927) die Städte Flanderns auf die mittelalterliche Haupthandelsstraße von Oberdeutschland über Köln nach Brügge zurückführte, während Leyden (1924, S. 139 ff.) die Festlegung dieser Straße den ohnehin aufblühenden flandrischen Städten zuschrieb, so dokumentiert sich darin nur die doppelseitige Verkettung, die eben zwischen Verkehrswegen und Städten besteht: Vorhandene Verkehrswege fördern die Entstehung von Städten als Rastorte und befruchten deren weitere Entwicklung; umgekehrt aber sind Städte bestrebt, Verkehrslinien an sich zu ziehen und zu Mittelpunkten des Verkehrsnetzes zu werden.

Da die Verkehrswege mehr oder minder von der Oberflächengestalt abhängig sind, so wurde die geographische Lage von Städten hauptsächlich in bezug auf diese Bindungen charakterisiert. J. G. Kohl (1841) stellte sein Werk über den „Verkehr und die Ansiedelungen des Menschen" in erster Linie unter den Gesichtspunkt der Abhängigkeit von der Erdoberfläche; wenngleich allzu mathematisch formuliert, gaben seine Untersuchungen doch Anregungen, die wirksam geblieben sind. Allerdings sollte darüber Klarheit bestehen, daß der Aufstellung geographischer Lagetypen jeweils eine statische Auffassung zugrundeliegt, die der Ergänzung durch den dynamischen Faktor bedarf, denn die Leitlinien der Oberflächengestalt werden nur wirksam, wenn eine ausreichende Verkehrsspannung besteht.

Gehen wir zunächst zur Betrachtung der wichtigsten geographischen Lagetypen über, so werden in Gebirgen die Oberflächenformen in besonderem Maße leitend. Sobald Gebirge nicht umgangen, sondern überquert werden müssen, geschieht es im Bereiche relativ niedriger Paßsenken. Vor dem letzten Anstieg zum Paß entwickeln sich dann zu beiden Seiten häufig kleine *Paß-* bzw. *Paßfußstädte*. Bedeutendere Städte innerhalb eines Gebirges vermögen sich nur in breiteren Tälern, Becken und Senken zu entfalten, die auch dem Verkehr den Weg weisen. Vornehmlich diejenigen Stellen, wo ein oder mehrere Nebentäler einmünden, sind begünstigt, so daß *Talmündungs-* bzw. *Talkonvergenz-Städte* eine nicht seltene Erscheinung darstellen.

In Mittelgebirgen spielen ausgesprochene Paßstädte nur eine untergeordnete Rolle, weil bei der relativ geringen Ausdehnung der Gebirge randlich gelegene Städte die Aufgabe übernehmen können, Rastorte des Verkehrs zu sein. Diese Gebirgsrandstädte aber sollten, auch wenn sie für den Paßverkehr unentbehrlich sind und durch ihn befruchtet werden, nicht als Paßstädte bezeichnet werden (z. B. Widmaier, 1913, S. 5), weil man damit weder ihrer Gesamtfunktion noch ihren Lageverhältnissen gerecht wird. Daß eigentliche Paßstädte in Mittelgebirgen nicht ganz fehlen, zeigt etwa die Situation von Geislingen an der Steige; es befindet sich am Fuße der Steige, des letzten Anstieges vor Erreichen des Talpasses der Schwäbischen Alb, der als einziger von einer wichtigen mittelalterlichen Handelsstraße (Italien–Brenner–Augsburg–Ulm–Köln–Flandern) benutzt wurde, an der Geislingen selbst als Stapelplatz Bedeutung erhielt. Talmündungs- und Talkonvergenz-Städte innerhalb von Mittelgebirgen ragen besonders hervor, wenn intermontane Becken- und Senkenlandschaften ausgebildet sind, die die Täler der umrahmenden Höhen aufnehmen. Eindrucksvoll zeigt sich das z. B. in den Sudeten, wo im Hirschberger Kessel Bober und Zacken nebst Zuflüssen das Gebirge erschließen und an ihrer Vereinigung die Stadt Hirschberg entstand, kurz bevor der Bober in sein Durchbruchstal eintritt. Ähnlich geartet liegen die Verhältnisse in der Neißesenke, innerhalb derer die Gewässer dem Glatzer Kessel zustreben. In dem Bereich, von dem aus alle größeren Tallandschaften zusammengefaßt werden können, entwickelte sich die Stadt Glatz, nicht als direkte Talmündungs-, wohl aber als Talkonvergenz-Stadt.

In Hochgebirgen kommt den Paßstädten wesentlich größere Bedeutung zu, wenn eine ausgesprochene Verkehrsspannung vorhanden ist. Dies trifft wohl in besonderem Maße für die Alpen zu, die eine Fülle von kleineren Paßstädten

864   Die Städte

besitzen, oft in erheblicher Höhenlage. Unter ihnen seien Matrei und Sterzing diesseits und jenseits des Brenners genannt. Für den St. Gotthard übernehmen Altorf und Bellinzona dieselbe Funktion, während für den Mont Genèvre auf Fenestrelles und Briancon verwiesen werden soll (Demangeon, 1946, S. 379 ff.). Die Alpen zeichnen sich weiterhin durch eine reiche innere Talgliederung aus, was Voraussetzung dafür ist, daß sich im Gebirgsinnern städtische Zentren hoher Ordnung zu entwickeln vermochten, im Gegensatz zu allen anderen europäischen Hochgebirgen, wo größere Gebirgsstädte so gut wie fehlen. Die alpinen Gebirgsstädte werden hinsichtlich ihrer geographischen Lage, abgesehen von den Paßstädten, als Talkonvergenz-Städte angesprochen werden können. Das gilt auch für die beiden bedeutendsten unter ihnen, nämlich Innsbruck und Grenoble. Innsbruck (115 000 E.) in der nördlichen Längstalfurche des Inn fängt einerseits drei Paßverkehrslinien von den nördlichen Kalkalpen her auf; diese werden andererseits mit den Verkehrssträngen der Längstalflucht selbst zusammengefaßt, auf eine einzige Route über das Silltal konzentriert, um zum wichtigsten Ostalpenpaß des Brenners zu führen (Bobek, 1928, S. 237 ff.). Zunächst durch Straßen erschlossen, bildete die im Jahre 1872 eröffnete Eisenbahn über den Brenner die erste Alpenüberquerung mit diesem Verkehrsmittel, das unter Benutzung des Oberinntales auch für die Überwindung des Arlbergpasses im Jahre 1912 eingesetzt wurde. Die im Jahre 1972 fertiggestellte Autobahn über den Brenner, die dort Anschluß an das italienische und im Alpenvorland bei Rosenheim an das deutsche Autobahnnetz erhält, bekräftigt die Verkehrsspannung in Nord-Süd-Richtung, während für die Arlbergstrecke ein solcher Verkehrsweg noch im Stadium der Planung steht. Der in der Zwischenkriegszeit eingerichtete Flughafen dagegen dürfte nur lokale Bedeutung besitzen (Rutz, 1969, S. 144 ff.; Schmeiss, 1975).

Auch Grenoble (399 000 E.) liegt in einer inneralpinen Talzone, die die Zentralmassive im Osten (Belledonne) von der Voralpenzone im Westen scheidet. Der breite obere Talabschnitt des Grésivaudan trifft hier mit dem etwas eingeengten des Isère-Tales zusammen, das eine bequeme Verbindung mit dem Vorland gewährleistet; darüber hinaus erschließt das von Süden her einmündende Drac-Tal mit seinen Verzweigungen nicht nur weitere Talzonen als Einzugsgebiet, sondern vermittelt den Weg zu mehreren Paßübergängen. So konnte Blanchard (1948, S. 67 ff.) von Grenoble als einer „ville de confluence" sprechen, einer Stadt zugleich, die ähnlich wie Innsbruck ihre Existenz den geographischen Lagebedingungen verdankt (née de causes naturelles), wenn überhaupt eine solche Determination am Platze ist.

Sowohl von Lyon als auch von Genf wurde Grenoble an das Autobahnnetz angeschlossen, das aber vorläufig noch nicht zu den Pässen weitergeführt ist. Bei weniger ausgeprägtem Relief ist die Beziehung zwischen Oberflächengestalt und Lokalisierung der Städte meist geringer. Das Zusammentreffen von Tälern kann auch hier u. U. einen Gunstfaktor bedeuten, ohne daß das notwendig der Fall zu sein braucht und häufig genug auch das Gegenteil in Erscheinung tritt. Das Augenmerk wird hier auf eine andere Tatsache zu lenken sein insofern, als offenbar die Flüsse als solche Anziehungskraft ausüben und die *Flußlage* der Städte in den Vordergrund rückt. Besonders einprägsam zeigt sich die Bindung an die Flüsse bei den chinesischen Städten. Ohne besondere Namen aufzuführen, soll eine statistische Übersicht diesen Sachverhalt darlegen:

Tab. VII.E.1 Die Bindung der Städte an die Flüsse in China

Größe der Städte Einwohnerzahl	Zahl der Städte insgesamt	Zahl der Städte in Flußlage
50 000 – unter 100 000	86	50
100 000 – unter 200 000	49	31
200 000 – unter 500 000	25	18
500 000 – unter 1 Mill.	10	6
1 Mill. und mehr	7	4

Nach Trewartha, 1952, S. 336 nach einer Quelle aus dem Jahre 1937.

Somit liegen mehr als 50 v. H. der chinesischen Städte aller Größenordnungen an Flüssen, die stärker als in einem andern Großraum als Verkehrsadern dienen. Der geringeren Verkehrsbedeutung der indischen Flüsse, nicht nur in der Gegenwart, sondern auch in der Vergangenheit, entspricht es, wenn die Flußlage der Städte hier weniger hervortritt. Immerhin ist nicht zu übersehen, daß vor allem wichtige Städte der indo-gangetischen Ebene an die Ströme herantreten. Am unteren Indus ist es vornehmlich Haiderabad in Pakistan (1972: 628 000 E.), das dadurch gekennzeichnet ist. Delhi (3,6 Mill. E.) und Agra (638 000 E.) in der Indischen Union lehnen sich an die Djamna an, deren Mündung in den Ganges durch Allahabad (514 000 E.) betont wird. Mit dem Ganges verbunden stellt sich die heilige Stadt Benares (Varanassa) dar (583 000 E.) ebenso wie auch Patna (490 000 E.), das dort zur Entfaltung gelangte, wo der Gandak vom Hauptstrom aufgenommen wird.

Die Flußlage der Städte erscheint ebenfalls in West- und Mitteleuropa als ein charakteristisches Element. Greifen wir zunächst die Rhônesenke als Beispiel heraus, so steht allen voran Lyon (1,1 Mill. E.) an der Vereinigung von Saône und Rhône; aber auch Vienne, Valence, Avignon oder Arles sind wesentlich durch ihre Lage am Hauptfluß bestimmt. Mit dem Rhein untrennbar verbunden ist Basel (378 000 E.), das an der Mündung der Birsig den Verkehr von Alpen, Schweizer Mittelland und Jura auf sich konzentriert, um ihn einerseits durch den Oberrheingraben nach Norden weiterzuleiten und ihn andererseits durch das Hochrheintal sowie die Burgundische Pforte nach Osten und Westen zu führen (Hassinger, 1927, S. 106 ff.; Boesch und Hofer, 1963, S. 90). Ein wesentlicher Teil der Bedeutung von Straßburg (335 000 E.) liegt in seiner Beziehung zum Rhein, an den sich, ebenfalls linksseitig, die alten Kaiserstädte Speyer und Worms anschließen. Zwischen ihnen entwickelte sich an der Mündung des Neckar rechtsseitig das jüngere Mannheim (328 000 E.), linksseitig die Industriestadt Ludwigshafen (174 000 E.). Am Zusammenfluß mit dem Main entstand Mainz (181 000 E.), ehe der Rhein sein Durchbruchstal durchzieht. An dessen Ausgang befindet sich zunächst Bonn (287 000 E.) und dann Köln (860 000 E.), das den Austritt aus dem Rheinischen Schiefergebirge beherrscht. Düsseldorf (637 000 E.) und Duisburg (412 000 E.) setzen die Reihe nach Norden hin fort, ehe auf niederländischem

Boden weitere wichtige Zentren durch die Stromlage wesentliche Züge erhalten. Wohl verdankt ein großer Teil der genannten Städte ihre Bedeutung nicht allein der Lage am Rhein, der im westlichen Mitteleuropa die überragende meridionale Verkehrsleitlinie abzeichnet; aber ebensowenig wäre ihre Entfaltung, ob in Vergangenheit oder Gegenwart, ohne diese Flußlage denkbar. Ähnliches gilt für die Städte an der Donau, an der sich außer Ulm, Regensburg, Passau und Linz die Hauptstädte Wien, (Preßburg), Budapest und Belgrad befinden, auch das ein Ausdruck dessen, daß die Flußlage kein Zufallselement darstellt, sondern für die Lageverhältnisse von Städten als begünstigender Faktor zu werten ist.

Ohne auf noch mehr Beispiele einzugehen, die in so reicher Fülle vorliegen, ist nun die Frage am Platze, welche Momente für die so häufige Erscheinung der Flußlage verantwortlich zu machen sind. Zweifellos werden mehrere Ursachen dafür in Anspruch genommen werden müssen, die jede für sich wirksam sein, aber ebenso kombiniert auftreten können, um dann gleichzeitig oder in zeitlicher Folge eine Steigerung in der Bedeutung der Städte hervorzurufen.

Zunächst ist zu berücksichtigen, daß die Flüsse in den Dienst des Verkehrs gestellt werden und die Städte bestrebt sind, solche Verkehrsadern zu nutzen. Überall im Verlaufe eines schiffbaren Flusses sollte dann die Möglichkeit zur Entwicklung von Städten bestehen, es sei denn, daß topographische Verhältnisse die Lagewahl einengen. Doch auch der Flußverkehr selbst schafft Voraussetzungen, die die Entfaltung von Städten in besonderem Maße fördert, so daß dadurch eine Auswahl unter den vorhandenen Ansatzpunkten stattzufinden vermag und eine genauere Fixierung auf bestimmte Stellen gegeben erscheint. Solche durch die Verkehrsbedingungen verursachte begünstigte Standorte zeigen sich zunächst dort, wo der Wasserstand ausreichend wird, um eine regelmäßige Schiffahrt zu gewährleisten. So betonte Leyden (1924, S. 133 ff.) die Flußlage der flämischen Städte, deren wichtigste dort zur Entwicklung gelangten, „wo die Schiffbarkeit – natürlich am mittelalterlichen Maßstab gemessen – ihren Anfang nahm", was z. B. für Brüssel an der Senne oder für Löwen an der Dijle gilt und für sie einst ein entscheidendes Element ihrer Lagebedingungen war. Es wird hinzugenommen werden müssen, daß hier Land- und Flußverkehr aufeinanderstießen und die entsprechenden Städte vom Umschlag profitierten. Den einstigen Beginn der Flußschiffahrt bezeichnen eine ganze Reihe jener Städte, die sich an der Fall-Linie im östlichen Nordamerika befinden, wo Piedmont und Küstenebene aneinandergrenzen. Montgomery, Columbus, Augusta, Petersburg oder Richmond sind die wichtigeren dieser Städte im Alten Süden, die ursprünglich die Aufgabe hatten, mit Hilfe des Flußverkehrs der Küstenregion die Plantagenprodukte des Piedmonts zu vermitteln (Schmieder, 1963, S. 151). Auch diejenigen Stellen, wo die Flußschiffahrt durch Stromschnellen behindert wird, geben u. U. bevorzugte Standorte für die Entwicklung von Städten ab. Es sei an Brazzaville und Kinshasa (Léopoldville) am Kongo erinnert. Beide, auf verschiedenen Staatsterritorien erwachsen, ziehen Nutzen aus ihrer Lage unterhalb des sich ausbreitenden Stanley Pool und oberhalb der langen Kataraktenstrecke, die durch eine Eisenbahnlinie zur Küstenregion umgangen wird. Schließlich müssen die *Flußmündungs-Städte* bzw. *-Häfen* berücksichtigt werden. Unter ihnen kommt den Ästuarhäfen besondere Bedeutung zu, die sich, ob im westlichen Europa oder im atlantischen Bereich

Nordamerikas, in der Regel im Innern der Ästuare entwickelten und für die die modernen Verkehrserfordernisse manche Probleme in sich schließen. Daß die Ästuarhäfen der Vereinigten Staaten wie Philadelphia oder Baltimore zugleich Fallinien-Städte sind und letztere im Norden und Süden jeweils durch unterschiedliche Lageverhältnisse im engeren Sinne gekennzeichnet sind, sei wenigstens am Rande vermerkt.

Ist die Flußlage der Städte teilweise auf den Flußverkehr selbst und dessen Bedingungen zurückzuführen, so beruht sie nicht minder auf einer wesentlich andern Wirkung, die die Flüsse auf den Verkehr ausüben: Sie unterbrechen den eigentlichen Landverkehr, der sich an bestimmten Stellen konzentrieren muß, um in Furten, mittels Fähren oder Brücken das Hindernis zu überwinden. So bedeutet die *Brückenlage*, durch welche lokalen Faktoren sie auch verursacht sein mag, ein durchaus wesenhaftes Element für die geographische Lage von Städten, was durch die Technisierung des Verkehrs an Wirksamkeit nicht eingebüßt hat. In dieser Verknüpfung wurde die Brückenstadt zu einem feststehenden Begriff, wobei die topographischen Voraussetzungen in besonderer Weise lenkend eingreifen, so daß geographische und topographische Lage gerade hier eng miteinander verflochten sind und die Einordnung unter das eine oder das andere unterschiedlich behandelt wird. Zunächst vermittelten vielfach Furten den Übergang, was sich im Namen mancher Stadt zeigt, wie es etwa in Frankfurt a. M., Frankfurt a. O. oder Oxford der Fall ist. Erst im Jahre 1225 erstand die erste Brücke über den Rhein, die Basel seine Vorrangstellung unter den oberrheinischen Städten für Jahrhunderte sicherte. Auch die Bezeichnung „Brücke" taucht mitunter in dem Namen von Städten auf, wie es Innsbruck, Brügge, Bridgewater, Samarobriva, der keltische Name von Amiens, oder Pont-sur-Yonne und Pont-d'Ain u. a. beweisen.

Die Tal- und Flußkonvergenz-Lage von Grenoble erhält ihre spezifische Note dadurch, daß der Schwemmkegel der Drac die sich vielfach verzweigende Isère einengt und auf lange Erstreckung die einzige Übergangsmöglichkeit schafft. Auf diese Weise wird der Ansatzpunkt für die Lage der Stadt auf einen begrenzten Bezirk beschränkt, der als Brückenkopf der Verkehrsspannung zwischen Lyon über den Mont Genèvre nach Italien gerecht werden konnte und diese Aufgabe noch heute versieht (Blanchard, 1948, S. 613 ff.). Breslau, das von dem alten Handelsweg der Hohen Straße berührt wurde, vermochte auch die die Sudetenpässe benutzenden Straßen aufzufangen, um sie an jener Stelle, wo sich das Flußbett der Oder verengt und Inseln den Übergang erleichtern, nach Norden weiterzuführen (Partsch, 1901). So stellen Brückenstädte in der Regel ausgesprochene Verkehrsknoten dar. Das gilt nicht minder für Prag, das die Verkehrswege von den den Böhmischen Kessel umrahmenden Gebirgen zusammenfaßt und durch seine Lage an der Moldau dazu besonders befähigt ist. Wenn die erste Brücke aus Holz, die zweite aus Stein vom Hochwasser zerstört wurde, so gelang Mitte des 14. Jh.s die endgültige Überbrückung des Stromes durch das Bauwerk der Karlsbrücke, ohne die das spätmittelalterliche Prag nicht zu denken ist. Zwölf Brücken sind es nun, die den Fluß überqueren und die zu beiden Seiten gelegenen Stadtteile miteinander verbinden (George, 1948). Auch bei der Entwicklung von Berlin hat die Brückenlage eine gewisse Rolle gespielt, deren Bedeutung allerdings unterschiedlich beurteilt wird. Immerhin ist nicht zu verkennen, daß Alt-Berlin-

Cölln gerade dort entstand, wo sich das Urstromtal der Spree auf 5 km Breite verengte und die Kurfürstenstadt am nördlichen Spreeufer sowie Cölln auf einer Spreeinsel die Überquerung ermöglichten. Dadurch war die Verknüpfung der beiden ausgedehntesten Grundmoränenplatten der Mark Brandenburg gegeben, nämlich Teltow und Barnim, so daß die Lage von Alt-Berlin vielleicht für den genannten Raum als „einzigartig" bezeichnet werden kann (Louis, 1936, S. 148), ihr aber wohl von Natur aus der größere Rahmen fehlte, der erst durch das politische Schicksal herbeigeführt wurde.

Auf diese Weise begegnen wir der Brückenlage in zahlreichen Fällen, wobei Zaragoza oder Sevilla, Florenz oder Turin noch erwähnt sein mögen, ohne auf die jeweils besonderen Bedingungen dieser Situation eingehen zu können. An Paris aber und London, die beide als ausgesprochene Brückenstädte erscheinen, soll nicht vorübergegangen werden. Schon seit gallo-römischer Zeit wurde die Seine in den Dienst der Flußschiffahrt gestellt, und bereits seit jener Periode unterhalb der Bièvremündung, dort, wo sich der Strom durch die Insel der Cité in zwei Arme teilt, von einer wichtigen Straße überquert. Die „Petit Pont", die den schmaleren südlichen Seine-Arm überbrückt, und die „Grand Pont" (Pont Neuf), die die Cité mit dem nördlichen Seine-Ufer verknüpft, trugen seit früher Zeit der Verkehrserleichterung Rechnung. Wie die französischen Könige den in der Natur vorgezeichneten Verkehrsknoten in Verbindung mit der Brückenlage nutzten, um Paris das Gewicht zu geben, welches dieser Stadt innerhalb Frankreichs und darüber hinaus zukommt, so lag es in der Entwicklung dieser Stadt zu beiden Seiten des Stromes begründet, daß heute 33 Brücken die Seine überspannen (Demangeon, 1934; Dion, 1951). Ursprünglich bedeutete also der Flußverkehr bei gleichzeitiger Überbrückungsmöglichkeit des Flusses für die Entfaltung von Paris einen doppelten Gunstfaktor. – Auch die geographische Lage von London zeichnet sich dadurch aus, daß hier zumindest zwei hervortretende Lagemomente eine gegenseitige Verstärkung eingehen. Die Brückenlage bildet die eine, bereits von den Römern erkannte Voraussetzung, und sie erhielt dadurch ihr besonderes Gepräge, daß von dieser Möglichkeit das letztemal vor der Mündung der Themse Gebrauch gemacht werden konnte (Ormsby, 1928). Die erste steinerne Brücke, die London Bridge, 1176-1209 errichtet, blieb bis zur Mitte des 18. Jh.s der einzige Übergang über den Strom. Erst im Jahre 1750 wurde die Westminster Bridge eröffnet, 1769 die Blackfriar Bridge, deren heutiger Bau mit Fußgänger- und Eisenbahnbrücke aus dem Jahre 1869 stammt. Schließlich kam im Jahre 1894 die Tower Bridge zum Abschluß (Abb. 114). Im Ästuar, innerhalb dessen sich die Häfen immer weiter nach Osten ausweiten, vermitteln Untertunnelungen die Verbindung zwischen Süden und Norden.

Haben wir bisher einige wichtige geographische Lagetypen von Städten kennengelernt, so ist noch einmal zu betonen, daß sich solche Lagebeziehungen im Laufe der Zeit zu wandeln vermögen und nicht unbedingt etwas Absolutes darstellen. An zwei Beispielen sei das erläutert. In der englischen Stufenlandschaft – wie auch in andern Stufenlandschaften – wird die geographische Lage der Städte häufig dadurch bestimmt, daß sie den Ausgang der die Stufen durchbrechenden Täler beherrschen, was sich in Großbritannien mit dem Begriff der „gap town" verbindet. In den nördlichen und südlichen Downs zeigen Guildford und Lewes die

Lageverhältnisse. Wie aber der Name von Guildford bereits andeutet, war ursprünglich die Brückenfunktion maßgebend; erst mit dem Einsetzen des Eisenbahnverkehrs veränderte sich die Situation und ließ aus der „Brückenstadt" eine „gap town" werden (Smailes, 1953, S. 42). – In den Vereinigten Staaten bildet der Mississippi eine gewisse Leitlinie für die Entwicklung von Städten, im Rahmen derer Minneapolis und St. Paul das Augenmerk auf sich lenken. Beide Städte, die jede ihr Eigenleben zu wahren suchen, obgleich sie zu einer Doppelstadt von etwa 2 Mill. (1970) Einwohnern geworden sind, entstanden unter verschiedenen Voraussetzungen. St. Paul gibt etwa die Stelle an, bis zu der die Dampfschiffahrt flußauf vorzudringen vermochte, was ihr zunächst das Übergewicht einbrachte. Für Minneapolis dagegen war außer den St. Anthony-Fällen, die die Grundlage für die Mühlenindustrie abgaben, die Brückenlage entscheidend. Die relativ geringe Breite des Flusses und das Vorhandensein einer Flußinsel erleichterten den Übergang, so daß hier die erste Brücke über den Mississippi überhaupt im Jahre 1855 entstand und für die weitere Kolonisation des Westens leitend wurde. Für St. Paul gewann die Brückenlage erst später Bedeutung, vornehmlich dann, als die Eisenbahnen beide Städte in 16 km Entfernung voneinander als Knotenpunkte benutzten (Hartshorne, 1932). Damit änderten sich die Lagebedingungen von St. Paul, indem der Schiffahrtsbeginn durch die Brückenfunktion ergänzt bzw. ersetzt wurde.

Im übertragenen Sinne läßt sich auch dort von einer Brückenlage sprechen, wo Landengen Meeresbuchten voneinander scheiden, der Landverkehr auf einen engen Bereich eingeschnürt und der Seeverkehr u. U. von zwei Seiten aufgenommen werden kann. Diesen Bedingungen entspricht in idealer Weise die Lage von Korinth, das in der Antike eine so hervorragende Rolle spielte, in seiner Bedeutung an die von Athen heranreichte und in römischer Zeit zur Hauptstadt der griechischen Kolonialprovinz erhoben wurde. Freilich zeigt sich gerade hier, daß vorzügliche Lagebedingungen ihren Wert einbüßen können, denn im Mittelalter war Korinth nur ein kleiner Flecken, und die nach einem Erdbeben im Jahre 1858 neu errichtete Stadt besitzt heute kaum 21 000 Einwohner. – Bezeichnenderweise verglich Bolivar, der an der Verselbständigung der lateinamerikanischen Staaten wesentlich beteiligt war, die Landenge von Korinth mit der von Panama. Hier, wo Zentralamerika auf etwa 65 km Breite eingeengt ist, fanden Spanier im Jahre 1513 den Weg vom Atlantik zum Pazifik, um mit der Gründung von Panama (1519) an der pazifischen Front die Ausgangsbasis für die Eroberung der südamerikanischen Kordillerenhochländer zu gewinnen. Doch der Isthmus ist zu breit, als daß sich von der Stadt Panama gleichzeitig die atlantische Küste beherrschen ließe, so daß an der letzteren immer sekundäre Stützpunkte notwendig waren. Wohl gab der Durchstich des Panamakanals der Isthmuslage von Panamy City (418 000 E.) einen neuen Impuls; doch entwickelte sich an der atlantischen Eingangspforte unter ähnlichen Bedingungen der Hafen Colón (135 000 E.), der in seiner Bedeutung allerdings in keiner Weise an Panama City heranreicht (Sandner, 1969, S. 45).

Wie Landengen fördernd auf die Ausbildung von Städten einzuwirken vermögen, so tun es nicht minder Meerengen, die im Falle einer vorhandenen Verkehrsspannung einerseits dem Schiffsverkehr in ihrer Längsrichtung den Weg weisen und andererseits den Anreiz zur Überquerung geben. Kopenhagen (rd. 1,4 Mill.

E.), das von dänischer, Malmö (257 000 E.), das von schwedischer Seite den Öresund beherrscht, mögen hier genannt sein, beide auf diese Weise an dem Verkehr von der Ostsee in die Nordsee und in umgekehrter Richtung beteiligt. Gibraltar, das als militärischer britischer Stützpunkt über die gleichnamige Meerenge zwischen Atlantik und Mittelmeer regierte, oder Aden, das im Altertum aus der Verbindung mit dem afrikanischen Gegengestade Nutzen zog, im Mittelalter ein wichtiger Handelshafen zwischen dem Abendland, Indien und Südostasien war, um mit dem Bau des Suezkanals für Großbritannien strategische Bedeutung zu erlangen, bis es im Jahre 1967 Hauptstadt der unabhängigen Republik Südjemen wurde. Auch Singapore, am südlichen Ausläufer der malayischen Halbinsel gelegen, dort, wo der Weltverkehr vom Indischen Ozean nach Ostasien vor oder nach der Durchquerung der Straße von Malakka am besten aufgefangen werden kann, gehört in diese Gruppe. Als eigener Stadtstaat (Kap. VII. C. 4.) übernahm es die Aufgaben des früheren britischen Stützpunktes und verblieb innerhalb des Commonwealth.

Die Lage an Landengen und Meerengen verknüpft sich in gewissem Sinne in der Situation von Konstantinopel (Istanbul, 2,2 Mill. E.), das eine Brückenlage besonderer Art besitzt, denn ob von Asien der Übergang nach Europa, von Europa der nach Asien gesucht wurde oder ob man vom Mittelmeer nach den pontischen Gestaden gelangen wollte, immer war man darauf angewiesen, die Enge des Bosporus zu überqueren oder den Durchgang durch die Meerenge zu gewinnen. Seit alter Zeit bildet die zwischen Marmarameer und Bosporus vorspringende Halbinsel im Westen den Ansatzpunkt städtischen Lebens, zumal das sie im Norden begrenzende untergetauchte Tal des Goldenen Horns einen vorzüglichen Naturhafen abgibt; dieser war leitend für die weitere Entwicklung der Stadt nach Norden, und auf ihn hin sind auch die asiatischen Brückenköpfe Skutari und Haydar Pascha orientiert.

Die geographischen Lageverhältnisse sind aber nicht allein unter dem Blickpunkt der Verkehrslage zu betrachten, ob diese lokaler Art ist und lediglich ein ausreichendes Hinterland sichert (*Marktlage* oder *Nahverkehrslage*) oder ob der Fernverkehr maßgebend eingreift und den Städten ein weites Einflußgebiet zuordnet. Daneben spielt auch die politische *Grenzlage* eine Rolle, sowohl für die Entstehung von Städten als auch für ihre Entwicklung, mag letztere im positivem oder negativem Sinne beeinflußt werden. Mit der mittelalterlichen Territorialbildung im mittleren und westlichen Europa waren die Grenzen bevorzugte Standorte für die Gründung neuer Städte, wie es sich z. B. in den Rheinlanden deutlich abzeichnet und hier die Verteilung der Städte weitgehend bestimmt. In Frankreich halten sich die „villes neuves", die vor allem eine Eigenart Aquitaniens darstellen und seit der Mitte des 13. Jh.s ins Leben gerufen wurden, häufig an territoriale Grenzlinien jener Zeit. Wurden Flüsse als politische Grenzen benutzt, dann erscheinen mitunter, einander konfrontierend, an beiden Ufern Städte, die derselben Schicht oder verschiedenen Perioden angehören können. Gegenüber der päpstlichen Stadt Avignon an der Rhône befindet sich Villeneuve-lès-Avignon, gegenüber Tarascon Beaucaire oder gegenüber Breisach am Rhein Neu-Breisach.

Über die politische Grenzlage hinaus muß nun die Beziehung, die zwischen Grenzen und Städten besteht, in einem größeren Zusammenhang gesehen werden.

Schon öfter war von einer Aufreihung der Städte längs bestimmter Linien die Rede, wobei, abgesehen von Flüssen, Landschaftsgrenzen eine entscheidende Rolle zukommt. Dieser enge Zusammenhang ist in der Funktion der Städte als zentrale Orte begründet. An *Landschaftsgrenzen* stoßen zumeist unterschiedlich geartete Wirtschaftsräume aneinander, die im Einflußgebiet einer Stadt zusammengefaßt werden und zumindest eine Begünstigung der Marktlage bieten. Geben Landschaftsgrenzen zugleich Verkehrsleitlinien ab, dann wird damit eine Steigerung in der Bedeutung der Städte erzielt, so daß auch für Großstädte oder zumindest wichtige Zentren eine solche Anordnung längs ausgezeichneter „Linien" zu beobachten ist.

Als erste Gruppe der Städte an Landschaftsgrenzen sind die *Gebirgsrandstädte* zu nennen, die der Gebirgsbevölkerung und der des Vorlandes in gleicher Weise als Mittelpunkte dienen und deshalb vielfach, wenngleich nicht immer, bedeutender sind als eigentliche Gebirgsstädte. So ist der Nordrand der Pyrenäen durch eine Reihe von Städten markiert, die sich jeweils an die Talausgänge halten, wie Mauléon, Oloron, Argelès, Bagnères-de-Bigorre, Saint-Gaudens, Saint-Giron, Foix, Prades und Céret. Die deutschen Mittelgebirge sind in der Regel von einem Städtekranz umgeben, wie es sich etwa am Rande des Harzes zeigt mit Thale, Blankenburg, Wernigerode, Ilsenburg, Harzburg, Goslar, Seesen, Osterode, Bad Lauterberg, Bad Sachsa, Ellrich und Ilfeld. Auch der Alpenrand zeichnet sich durch eine Vielzahl von Städten aus, die allerdings von recht unterschiedlicher Bedeutung sind, darauf verweisend, daß durch die Lagebezeichnung als solche nicht der volle Inhalt der Gesamtbeziehungen erfaßt werden kann. Relativ bescheidene Städte nur entwickelten sich am deutschen Alpenrand, während dafür München im Alpenvorland die Hauptverkehrswege an sich zog, nachdem es zu diesem Zwecke von Heinrich dem Löwen gegründet worden war. Auch am französischen Westalpenrand blieben die Städte klein, weil einerseits Talgliederung und Verkehrssituation der Gebirgsstadt Grenoble zugute kommen und andererseits die benachbarte Rhônesenke in mehrfacher Weise Vorzüge bietet; in ihr sind Randlage zum französischen Zentralplateau und Randlage zu den Alpen vereinigt, und sie leitet zudem die Verkehrsspannung zwischen Süden und Norden, so daß in der Verknüpfung dieser unterschiedlichen Aufgaben die Brückenstadt Lyon an der Saône-Rhône seit römischer Zeit zu einem maßgebenden Zentrum wurde. Ein wenig anders liegen die Verhältnisse am Ostalpenrand, indem hier wichtige Mittelpunkte als Gebirgsrandstädte in Anspruch genommen werden können. Unter ihnen ist Wien als überragend anzuerkennen, das diese Randlage in doppelter Weise, gegen Norden und gegen Osten, zeigt; dennoch gilt es zu betonen, daß seine Kraft keineswegs aus der Gebirgsrandlage allein resultiert. Wie oft wurde seine geographische Lage untersucht und von verschiedenen Gesichtspunkten her beleuchtet (Penck, 1895; Hassinger, 1910; Oberhummer, 1924; Scheidl, 1959 u. a.)! Weist die Donau den Weg nach Osten und Südosten bis zum Orient, so leiten Wiener Becken und Marchsenke zwischen Alpen, Böhmischen Randgebirgen und Karpaten in mancher Verzweigung nach dem Norden in den Bereich von Oder und Weichsel, während der Semmeringpaß sowohl die Verknüpfung mit den inneralpinen Längstalzonen der Ostalpen garantiert als auch weitere Pforten nach Triest und der Poebene öffnet. Sicher ist damit eine in der Natur vorgezeichnete unvergleichbare Vorzugsstellung als Verkehrsknoten gegeben, dessen spezifische Bedeutung allerdings darin beruht, daß er sich in einem kulturhistorischen Grenzraum befindet und zum Träger und Vermittler deutscher Kultur nach dem Osten und Südosten hin wurde. Ohne diese kulturelle Grenzlage ist die geographische Situation von Wien nicht zu verstehen.

So erscheinen Gebirgsrandstädte nur unter besonders gelagerten Voraussetzungen als wirklich wichtige Mittelpunkte. In der Regel rücken diese vom Gebirgsrand ab, um mehrere Verkehrslinien des Vorlandes und des Gebirges zusammenfassen zu können. Infolgedessen hält sich die „Hauptstädtelinie" Eurasiens nicht an den Nordrand der von West nach Ost verlaufenden Mittel- und Hochgebirge, sondern an deren Vorländer, um hier allerdings eine nicht minder ausgeprägte Landschaftsgrenze nachzuzeichnen. Es ist die nördliche Löß- bzw. Schwarzerdegrenze, die grundlegend andersgeartete Landschaften voneinander trennt, die darüber hinaus dem Verkehr die Bahn weist und an geeigneten Stellen auch die Verkehrsleitlinien der südlichen Gebirgsumrahmung aufzunehmen vermag. In Deutschland gehören Dortmund-Soest-Minden-Hannover-Braunschweig-Magdeburg-Leipzig-Dresden-Breslau-Ratibor zu dieser Städtereihe. Sie wird nach Osten hin fortgesetzt durch Mährisch - Ostrau - Radom - Lublin - Kowel - Kiew - Orel - Tambow - Pensa - Kasan - Ischewsk-Ufa. In Sibirien lehnen sich Orenburg(Tschkalow)-Omsk-Tomsk-Krasnojarsk-Tschita an den Übergangssaum von Schwarzerde und Podsolböden an. Daß diese Zone besondere Vorzüge für die Ausbildung von Großstädten bietet, braucht nicht noch eingehender dargelegt zu werden (Penck, 1912).

In Nordamerika, wo die wichtigen Landschaftsgrenzen des Kontinents meridional verlaufen, kommt dies ebenfalls in „Städtereihen" zum Ausdruck, ob wir an die Fallinien-Städte denken oder die des Mississippi hier einbeziehen. Der Bereich der Großen Seen jedoch, im Rahmen dessen Landschaftsgrenzen und unterschiedliche Wirtschaftsgebiete in enge Nachbarschaft zueinander geraten und der zugleich eine ausgezeichnete Verkehrsbahn darstellt, leistet der Entfaltung von Großstädten besonderen Vorschub. Duluth am Oberen See, Milwaukee und Chicago am Michigan-See, Detroit, Toledo, Cleveland, Erie und Buffalo am Erie-See sowie Toronto, Hamilton, Rochester am Ontario-See sind durch die gekennzeichneten Lageverhältnisse bestimmt und nutzen sie nach Maßgabe der jeweils gegebenen Voraussetzungen aus, ob die Industrie im Vordergrund steht oder der Handel die erste Stelle im wirtschaftlichen Leben einnimmt.

Als Landschaftsgrenzen erster Ordnung sind weiterhin die Meeresküsten zu betrachten. Die Gesamtsituation eines Landes in seinem Verhältnis zum Meer bestimmt die geringere oder größere Bedeutung von Küsten- bzw. Hafenstädten. Diese nehmen naturgemäß in Großbritannien eine hervorragende Stelle ein. Sind in Irland alle größeren Städte von Belfast im Nordosten über Dublin bis Limerick im Westen an das Meer gebunden, so öffneten sich die bedeutenden Städte Schottlands erst nachträglich durch Strombauten (Glasgow) oder den Anschluß eines Hafenortes (Edinburg-Leith) dem Seehandel. In England wird wiederum die enge Berührung von Land und Meer für die geographische Lage der Städte charakteristisch mit Liverpool, Bristol, Southampton, London, Hull, Newcastle u. a. Hafenstädte markieren die zweite wichtige Städtelinie an den Flußmündungen Mitteleuropas von Antwerpen und Rotterdam über Emden, Bremen und

Hamburg bis zu den Ostseehäfen Lübeck und Kiel, Wismar, Rostock, Stralsund, Greifswald, Stettin, Danzig, Königsberg, Riga, Reval und Leningrad (Petersburg, Kap. VII. C. 4.). Zur Eigenheit der nordischen Länder gehört es, daß sich die Städte hier an den Küstenrand halten. Nur eine von den norwegischen Städten mit mehr als 10 000 Einwohnern ist etwas binnenwärts verlagert (Hamar am Mjösensee); die übrigen sind entweder Fjordstädte wie die Hauptstadt Oslo oder entwickelten sich auf der strandflat wie Stavanger und Bergen. Von den schwedischen Städten liegt etwa die Hälfte am Meer, darunter die bedeutendsten Städte des Landes, Stockholm, Göteborg und Malmö, und ebenso sind etwa zwei Drittel der finnischen Städte an die Küste gebunden, nicht zuletzt die Hauptstadt Helsinki. Auch in den mediterranen Ländern liegt das Schwergewicht der Städte in den peripheren Küstensäumen, wenngleich nicht zu verkennen ist, daß hier mitunter auch die entgegengesetzte Tendenz wirksam wird. Das ist sowohl in den naturgeographischen als in den kulturhistorischen Voraussetzungen begründet. Nicht von ungefähr läßt sich gerade für die europäischen Mittelmeerländer nachweisen, daß in verschiedenen Kulturepochen unterschiedliche Anforderungen an die geographische Lage der Städte gestellt wurden, in Zeiten der Unruhe und innerer Auseinandersetzungen die Randlage gemieden, in Zeiten ausgedehnter Schiffahrt und blühenden Handels die Nachbarschaft zum Meer gesucht wurde. Es verbietet sich leider, diesem Wandel der geographischen Lageverhältnisse nachzugehen.

In den asiatischen Kulturländern ist es vornehmlich Japan, dem Küsten- bzw. Hafenstädte das Gepräge geben, so daß 84 v. H. der Städte mit mehr als 25 000 Einwohnern an die Küstenebenen gebunden sind und 60-70 v. H. kleinere oder größere Hafenstädte in Berührung mit den Gezeiten stehen (Trewartha, 1934, S. 406 ff.). Sonst verhalf meist erst die direkte Einflußnahme der Europäer wichtigen Hafenstädten zur Entwicklung. Hafenstädte nehmen in den ehemaligen europäischen Kolonialländern sicher eine bevorzugte Stellung ein, weil sie die Verbindung mit dem Mutterland garantierten und zugleich der wirtschaftlichen Arbeitsteilung gerecht werden konnten, die sich im Zeitalter des Kolonialismus zwischen den europäischen Industrie- und den überseeischen Rohstoffländern herausbildeten. Wenngleich es mit diesem Hinweis sein Bewenden haben muß, geht es doch nicht an, auf eine kurze Betrachtung der nordamerikanischen Küstenstädte zu verzichten. Sicher haben die Vereinigten Staaten den kolonialen Charakter völlig überwunden, und zu den Hafenstädten der Ostküste, die am frühesten zu Großstädten wurden, gesellten sich wichtige Zentren im Innern des Kontinents und an der Westküste hinzu (Jefferson, 1931 und 1941). Trotzdem ist nicht zu verkennen, daß den atlantischen Küstenstädten von Washington D. C. über Baltimore, Philadelphia bis nach New York und Boston eine Sonderstellung eingeräumt werden muß, sind in ihnen doch auf eine Küstenerstreckung von 600 km mehr als 24 Mill. Menschen konzentriert. New York, eine der größten Städte der Welt mit etwa 15 Mill. Einwohnern, die weitgehend das wirtschaftliche Leben der Vereinigten Staaten beherrscht, ohne die Hauptstadt des Landes zu sein, sicherte sich die Vorrangstellung unter voller Ausnutzung seiner geographischen Lage. Für diese spielt einerseits die untergetauchte Flußmündung des Hudson eine Rolle, die im Gegensatz zu der des St. Lorenz das ganze Jahr über eisfrei ist; andererseits wird die Hudson-Mohawk-Senke für die Verbindung der

Stadt mit dem Bereich der Großen Seen entscheidend, während die andern atlantischen Häfen wesentlich größere Schwierigkeiten in der Überwindung der Appalachen und der Verknüpfung mit ihrem Hinterland haben. Seitdem im Jahre 1825 der Erie-Kanal geschaffen und dadurch der Mittlere Westen und die Prärie angeschlossen worden waren, hatte New York den Sieg errungen und wußte später diese Beziehungen durch Eisenbahnen und highways zu sichern.

Kommt den Küsten in ihrer Grenzlage von Land und Meer für die Ausbildung und Entwicklung von Städten besondere Beachtung zu, so muß schließlich noch eine weitere Landschaftsgrenze in Betracht gezogen werden, die eine ähnliche Wirkung ausübt. Es ist der Wüstenrand in den Trockengebieten der Alten Welt, der die Entfaltung von Wüstenrandstädten oder Wüstenhäfen begünstigte, wie es an anderer Stelle im Rahmen der Karawanenstädte dargelegt wurde (Kap. VII. C. 3. e.).

2. Die topographische Lage der Städte

Die topographische Lage der Städte fügt sich weitgehend den allgemeinen topographischen Lagebedingungen der Siedlungen ein, ob es gilt, Überschwemmungsgelände zu meiden und auf trockenen Baugrund Wert zu legen, ob die Notwendigkeit der Wasserversorgung die Nachbarschaft von Flußadern oder Quellen suchen läßt u. a. m. In zahlreichen Fällen aber geben die zentralen oder besonderen Funktionen der Städte Veranlassung dazu, daß auch ihre topographische Lage ausgezeichnet erscheint gegenüber der der ländlichen Siedlungen. Nur solche lokalen Lageverhältnisse sollen hier berücksichtigt werden.

An erster Stelle ist die Schutzfunktion zu nennen, die die Städte der Alten Welt in mannigfachen Perioden übernahmen, so daß die Ortswahl vielfach von diesem Gesichtspunkt her bestimmt und die Naturgegebenheiten in den Dienst dieser Aufgabe gestellt wurden. Die *Höhenlage* trägt einem derartigen Bedürfnis in besonderer Weise Rechnung, wie es in der deutschen oder französischen Schichtstufenlandschaft zu beobachten ist und sich hier z. B. für Langres und Laon als typisch erweist oder wie es in der hessischen Landschaft mit ihren Vulkankuppen und Umlaufbergen häufig zu erkennen ist. Die Höhenlage der Städte erscheint vor allem charakteristisch in den Mittelmeerländern, wo sie mannigfache Abwandlungen erfährt, ob vorspringende Kaps zwischen zwei Meeresbuchten genutzt (Kaplage), ob die Gipfel isolierter Hügel ausersehen werden (Gipfel- oder Akropolislage), ob Höhenrücken die Gewähr für Sicherheit bieten. Da die Höhenlage jeweils eine Beeinträchtigung der Verkehrslage mit sich bringt, wird sie nur dann aufgesucht, wenn militärischer Schutz das erste Erfordernis bedeutet, während in Zeiten der Sicherheit das Streben besteht, die Ebenen zu bevorzugen. Infolgedessen wurden in verschiedenen Kulturepochen, die die Mittelmeerländer erlebten, unterschiedliche topographische Lageverhältnisse gewählt, für die die Spannung zwischen Gipfel und Ebene, Höhenstadt und Flachstadt, das wesentliche Merkmal abgibt. Einige Beispiele sollen das belegen. In Niederandalusien stand in vorrömischer Zeit die Schutzlage abseits der Küste und abseits der größeren Flüsse im Vordergrund. In römischer Zeit wurden, sofern es sich um die Anlage neuer Städte handelte, die Ebenen aufgesucht, und das gilt ebenfalls für die Periode der

Maurenherrschaft. Während der Reconquista gewann die Schutzlage auf Höhen erneut an Bedeutung, um mit der Befriedung im 16. Jh. an Wirksamkeit zu verlieren (Niemeier, 1935). In Griechenland und im griechischen Kolonisationsgebiet bildeten Burgsiedlungen in Akropolislage den Ansatzpunkt für die Ausbildung von Städten, die sich zunächst hangabwärts erweiterten, in die Ebene vordrangen und dann einer Stadtmauer zum Schutze bedurften. So gliederte sich der Akropolis von Athen seit dem Anfang des ersten Jahrtausends eine Hangsiedlung an, die sich in die Ebene ausdehnte, nach den Perserkriegen ihre Ummauerung erhielt und zu einer Stadt im eigentlichen Sinne erwuchs. Von nun ab gab man Flachstädten den Vorzug, die besonders für die hellenistischen Stadtgründungen typisch wurden (Gerkan, 1924; Kirsten, 1956). In Palästina hatten oft genug die Höhenstädte den Vorrang; aber seitdem der Zionismus an Bedeutung gewann, treten die Küstenstädte stärker in Erscheinung, insbesondere das im Jahre 1909 gegründete Tel Aviv. Auch in Indien spielen auf Höhen gelegene Burgstädte eine Rolle, während den Chinesen die Stadtmauer genügte und sie für ihre Städte die exponierte Höhenlage vermieden.

Aus dem Gesagten sind zunächst zwei Folgerungen zu ziehen. Zum einen läßt die Untersuchung der topographischen Lageverhältnisse, nach Möglichkeit im Zusammenhang mit historischen Unterlagen, u. U. Schlüsse auf die Entstehungszeit der Städte zu, was regional zu einer zeitlichen Schichtung der Städte zu verhelfen vermag. Zum andern unterliegen die topographischen Lageverhältnisse Wandlungen, die oft einer Veränderung in der Funktion der Städte entsprechen. So wurde, ob in früherer Zeit oder erst seit dem 19. Jh., die Höhenstadt häufig durch eine Unterstadt ergänzt, was nun wiederum die Viertelsbildung beeinflußte. Während in Carcassonne die Burgstadt, die Cité, zunächst sämtliche städtische Funktionen wahrnahm, trat mit der Gründung der Unterstadt um die Mitte des 13. Jh.s eine Teilung insofern ein, als der Cité lediglich die militärische Funktion verblieb, die übrigen zentralen Funktionen aber auf die Unterstadt übergingen. Seitdem die Schutzwirkung der Städte und Burgen unwirksam wurde, bildet die Cité ein Museum, und das gesamte städtische Leben konzentriert sich jetzt in der Ebenenstadt. Anders verlief die Entwicklung in Laon; hier vermochte die Oberstadt ihre städtischen Funktionen im wesentlichen zu wahren, während die sich seit dem 19. Jh. ausbildende Unterstadt die Verkehrsanlagen an sich zog und vornehmlich dadurch charakterisiert ist.

Die Schutzlage kann auch in anderer Form erzielt werden, indem das Wasser den Schutz gewährt. So kommt der *Flußinsellage* Bedeutung zu, wie es z. B. in Posen zu beobachten ist, wo die Dominsel den ältesten Teil der Stadt abgibt. Alt-Cölln, einer der Kerne von Berlin, liegt auf einer Insel der Spree. In Paris war die Seine-Insel die gallische Schutzsiedlung, durch die zugleich die Nord-Süd-Straße über den Fluß gesperrt werden konnte, und diese Vorzüge wogen so stark, daß man die Überschwemmungsgefahr in Kauf nahm. Mit dem Niedergang der römischen Macht und den Germanenvorstößen zog man sich wieder auf die Cité zurück, die demnach den Ausgangspunkt für die Entwicklung der heutigen Stadt bildet. Die Flußinsellage unterstützt die Brückenfunktion und bedeutet in der Regel eine Begünstigung der geographischen Lage, auch wenn sich damit u. U. der Nachteil verbindet, Überschwemmungen ausgesetzt zu sein. – Den Halbinseln im

Mündungswinkel zweier Flüsse kommt eine ähnliche Bedeutung zu, denn auch sie vermitteln einerseits Schutz, erleichtern andererseits Flußübergänge, um damit positiv auf die verkehrsgeographische Situation einzuwirken. Ein eindrucksvolles Beispiel der *Halbinsellage* bietet Passau an der Mündung von Inn und Ilz in die Donau, so daß es häufig als Dreiflüssestadt bezeichnet wird. Hier hatten sich bereits die Kelten auf dem Halbinselsporn von Donau und Inn niedergelassen, dort, wo ein Gneishügel vor Hochwasser sicherte. Die Römer wählten allerdings zunächst die südliche Innterrasse zum Standort ihres Kastells, um dann aber mit der stärkeren Gefährdung der Donaugrenze durch die Germanen wieder die Halbinsel zum Kern ihrer Siedlung zu machen. Hier liegt die Keimzelle für die Entwicklung der mittelalterlichen Stadt (Schneider, 1944). – Die Lage auf Landengen zwischen Seen, wie sie bei Städten der Jungdiluviallandschaft vorkommt (z. B. Schwerin) trägt dem Schutzbedürfnis ebenso Rechnung wie die Insellage auf trockenem Baugrund inmitten von Niederungsgelände, die für etliche Städte der ostdeutschen Urstromtalungen charakteristisch erscheint (Geisler, 1924, S. 404 ff.). Zwar halten sich die Städte der Oberrheinlande zumeist an die Vorbergzone und besetzen dort die Talausgänge der benachbarten Gebirge; doch das bedeutendste alte Zentrum, abgesehen von Basel, entwickelte sich in der Rheinniederung. Hier entstand Straßburg, dem seine geographische Lage zur Entfaltung verhalf, kurz bevor die Ill unter Aufnahme der Breusch den Rhein erreicht. Die topographischen Gegebenheiten sind nicht eben günstig zu nennen; doch der Kern der Stadt, der schon in vorrömischer Zeit als Fluchtburg diente, während der römischen Herrschaft das Kastell trug und den ältesten Teil der mittelalterlichen Stadt mit dem Münster abgibt, war ursprünglich eine trockene Insel inmitten von Altwässern bzw. Flußarmen, so daß eine ausgezeichnete Schutzlage erzielt wurde (Gley, 1932).

Ausgeprägte Talmäander schaffen ebenfalls die Möglichkeit zur Isolierung. Eindrucksvoller für die Physiognomie einer Stadt stellt sich die Lage in Flußschlingen dar, wenn diese in Hochflächen einschnitten, Höhen- und Mäanderlage vereinigt sind. Besançon entwickelte sich im Doubsmäander, dessen schmaler Hals von einer Höhe abgeschlossen wird. Diese doppelte Schutzlage hatten bereits die Sequaner erkannt, denen diese Stelle als Schutzsiedlung diente. Die Römerstraße von Lyon nach dem Rhein fand hier eine sichere Etappenstation, und die mittelalterliche Stadt nutzte dieselbe topographische Position, die ihrerseits seit römischer Zeit maßgebend für den Verlauf der Straßen wurde. Luxemburg auf der Höhe eines Mäandersporns, 60 m über der es umfangenden Alzette, erhält durch diese Lage seinen reizvollen Charakter. Die Zähringer wählten für Bern und Freiburg im Uechtland ebenfalls Hochflächensporne, die von der Aare bzw. Saane umfaßt werden. So ist die topographische Lage der Städte, für die Begriffe wie Höhenlage, Flußinsellage usf. nur hinsichtlich der ursprünglichen Keimzelle verwandt werden können, jeweils in Beziehung zur geographischen bzw. Verkehrslage zu stellen. Mitunter mag die Verkehrslage für die engere Ortswahl bestimmend werden, so daß dann im Rahmen der vorhandenen Möglichkeiten der Sicherung vor Hochwasser oder dem Schutzbedürfnis Rechnung getragen werden kann. Es ist jedoch ebenfalls in Betracht zu ziehen, daß die lokalen Lageverhältnisse den Ausschlag geben, auch wenn dies Schwierigkeiten für die Verkehrssituation mit sich bringen sollte und der Mensch das ersetzen muß, was die Natur nicht bietet.

Nicht anders liegen die Dinge bei den Küstenstädten bzw. den Häfen, deren topographische Lage eine Stärkung oder Schwächung der verkehrsgeographischen Voraussetzungen zu bedeuten vermag. Auch in diesem Falle ist das Augenmerk auf solche lokalen Lagebedingungen zu lenken, die eine Isolierung der Siedlung hervorrufen. Das kann durch weit vorspringende Kaps bewirkt werden, die zwei Meeresbuchten voneinander trennen. Inseln bieten sich an, ob sie sich im Mündungsbereich der Flüsse befinden, Lagunen eingelagert sind, die ihrerseits Verbindung mit dem offenen Meer besitzen, ob sie durch Nehrungen gebildet werden oder der Küste vorgelagert sind. Solche „ausgezeichneten" topographischen Lageverhältnisse stellen für die Kerne von Hafenstädten keine seltene Erscheinung dar. Die Phöniker, die bereits an der syrischen Küste die Kaplage und Insellage bevorzugt hatten, suchten für ihre Handelsniederlassungen im westlichen Mittelmeer ähnliche natürliche Voraussetzungen auf. So war Karthago ursprünglich eine „Inselstadt". Das mittelalterliche Venedig entstand als Inselstadt, und dieser topographische Lagetyp blieb ihr erhalten, nachdem sie sich auf mehr als hundert benachbarte Laguneninseln ausgedehnt hatte. Ihre topographische Lage, die es notwendig machte, den größten Teil der Häuser auf Pfähle zu gründen sowie Kanäle und Brücken für den inneren Verkehr zu schaffen, wird nur unter dem Gesichtspunkt der Schutzwirkung verständlich. Auch unter den deutschen Häfen findet sich dieser Inseltyp. Der Kern von Lübeck ist hierher zu rechnen, liegt er doch auf einem schmalen Diluvialrücken, der von Trave, Wakenitz und Sumpfland isoliert wurde. Als die Europäer begannen, sich in überseeischen Gebieten wirtschaftlich zu betätigen oder koloniale Erwerbungen erstrebten, machten sie für ihre Niederlassungen im Küstengebiet nur allzu gerne Gebrauch von der Insellage, falls eine solche vorhanden war. So wählten die Niederländer die schmale Ästuarinsel Manhattan im Bereiche der Hudsonmündung zum Stützpunkt aus, und dieses Neu-Amsterdam erwuchs zum Zentrum der Weltstadt New York. Auch die Flußinsellage von Montreal sollte in diesem Zusammenhang erwähnt werden. Insel- oder Halbinsellage sind für manche wichtigen Städte in Tropisch-Afrika entscheidend, ob man an Dakar, der Hauptstadt von Senegal, an Konakry, das dieselbe Funktion für die Republik Guinea ausübt, an Abidjan, Lagos oder Mombasa denkt, die Haupt- und/oder Handelsstädte von der Elfenbeinküste, Nigeria oder Kenya sind. Brücken oder Dämme ermöglichen dann meist, die Beziehungen zum Hinterland zu gewährleisten. Auf der südlichsten der sieben Inseln zwischen denen sich Watt- und Sumpfflächen ausdehnten, gründeten die Briten um die Mitte des 17. Jh.s Bombay; für sie war ebenfalls zunächst die Schutzlage entscheidend, auch wenn sie sich bald vor der Aufgabe sahen, Hügel abzutragen, Sumpfflächen aufzuschütten u. a. m., um festen Baugrund für die sich ausdehnende Stadt zu gewinnen (Krebs, 1939, S. 158 ff.). Für Hongkong, das sich in einer ähnlichen Situation befindet, wurde dies bereits an anderer Stelle erwähnt (Kap. VII. C. 4.).

Mit Absicht wurden solche topographischen Lageverhältnisse der Städte herausgestellt, die sich in der Regel bei ländlichen Siedlungen nicht finden[1], um darzutun,

---

[1] Es ist hier abzusehen von Hackbauvölkern, die meist kein Städtewesen ausgebildet haben, so daß ihre ländlichen Siedlungen um des Schutzbedürfnisses willen teilweise „exponierte" Lagebedingungen zeigen (Kap. IV. C. 2. d.).

daß die städtischen Funktionen der Vergangenheit oder Gegenwart mitunter auch in dieser Beziehung besondere Anforderungen stellen. Weiterhin aber gilt es noch einmal zu betonen, daß die Bezeichnung der jeweiligen Lagetypen auf die Keimzelle einer Stadt zu beschränken ist. Das Wachstum der Städte schließt notgedrungen ein Hinausgehen über den zuerst gewählten Ansatzpunkt ein, den „site primitif". Eine Flußinselstadt, der eine Entfaltung vergönnt ist, breitet sich auf eine oder beide benachbarte Flußufer aus und umfaßt, wenn man so will, in ihrer gegenwärtigen Ausdehnung mehrere Lagetypen. Man wird, um das in extremer Form deutlich zu machen, heute weder Berlin noch Paris zu den Flußinselstädten zählen. Zwar bleiben Oberflächengestalt, Grundwasserverhältnisse usf. im Rahmen einer solchen Entwicklung in gewissem Sinne leitend, aber die Kontinuität und der räumliche Zusammenschluß, der gewahrt werden muß, verlangten gerade hier, schwierige Naturbedingungen zu überwinden und u. U. selbst die Bodenformen maßgebend zu verändern, was sich insbesondere bei Groß- und Weltstädten zeigt.

Auf ein Beispiel, wie die topographischen Verhältnisse das Wachstum einer Stadt beeinflussen, um schließlich selbst eine gewisse Umwandlung zu erfahren, sei etwas näher eingegangen, und zwar im Hinblick auf Hamburg. Hier liegt der älteste Teil der Stadt auf einem Geestsporn am Übergang über die Alster, so daß trockener Baugrund und Sicherung vor Hochwasser gegeben waren. Die Alster aber entwickelte sich in mehrfacher Beziehung zur Lebensader der Stadt, nicht zuletzt deswegen, weil sie im Alstertief in der Elbmarsch einen geschützten und vom Tidenhub noch berührten Hafen zur Verfügung stellte, während sich die Elbe in 10 km Entfernung befand und ein Übergang über die breite versumpfte Flußmarsch zunächst unmöglich erschien. So war Hamburg Geestrandstadt und Talausgangsstadt zugleich wie viele andere Städte Nordwestdeutschlands. Seit dem beginnenden 13. Jh. dehnte sich Hamburg, für das die Hafenfunktion nun wichtiger wurde, in die Alstermarsch aus, die durch Eindeichungen, Inseldurchstiche und Flußabdämmungen eine gründliche Veränderung erfuhr, ohne daß das ursprüngliche Bild noch genau zu rekonstruieren wäre. Geestrand und Alstermarsch sind in der Altstadt vereinigt, so daß die Wachstumstendenz auf die Elbe hin orientiert war. Umfassender Handel und Größerwerden der seegängigen Schiffe führten dazu, daß seit der Mitte des 15. Jh.s die Stadt von sich aus mit Erfolg versuchte, einen genügend wasserreichen Elbearm an ihren Bereich heranzuziehen und die Norderelbe demgemäß einen künstlichen Verlauf besitzt. Auf diese Weise wurde Hamburg zu einer Stadt an der Elbe, zu einer Stadt zugleich, die Marschland, Geestrand und Geesthochfläche einbezieht. Wohl galten der Marsch die stärksten Umwandlungen durch Menschenhand, denn in ihr wurden die Hafenbekken ausgehoben und dort, wo neuere Stadterweiterungen flächenmäßig auf ihr vordrangen, mußten Sandaufschüttungen von 7-12 m zur Erhöhung des Baugrundes vorgenommen werden. Aber auch der Geestrand besitzt nicht mehr seine ursprüngliche Ausformung. Der „Berg", von dem Hamburg seinen Ausgang nahm, wurde nach dem großen Brande von 1842 um 14,3 m erniedrigt und damit der einst scharfe Rand zwischen Marsch und Geest im Stadtkern verwischt (Hamburg, 1955), zudem die Elbe überbrückt, untertunnelt und damit der Anschluß an Harburg gewonnen.

So sind die topographischen Lageverhältnisse im Rahmen der Gesamtentwicklung eines städtischen Gemeinwesens zu betrachten. Das bedeutet einerseits, daß das Verhältnis von geographischer und topographischer Lage einer Klärung bedarf, die sich beide gegenseitig zu fördern, aber auch zu hemmen vermögen. Es heißt andererseits, daß die natürlichen Leitlinien, denen das Wachstum einer Stadt aus kleinen Anfängen heraus folgt, zu beachten sind und doch der Überwindung naturgegebener Schwierigkeiten genügend Raum gelassen werden muß. Schließlich spielt die Verknüpfung von Funktion und topographischen Lageverhältnissen eine Rolle, denn wie die Viertelsbildung auf die jeweiligen Funktionen eingestellt ist, so verlangen diese u. U. spezifische topographische Voraussetzungen, denen nachzukommen ist.

F. Die Physiognomie der Städte oder ihre Grund- und Aufrißgestaltung

Gehen bereits die topographischen Lageverhältnisse weitgehend in die Erscheinungsform einer Stadt ein, so wird diese zumindest in demselben Maße durch Grundriß und Aufriß geprägt. Das aber führt zur morphologischen Betrachtungsweise, die noch bis vor drei Jahrzehnten im Vordergrund stadtgeographischer Untersuchungen stand. Grundriß- und Aufrißgestaltung sind nicht unabhängig von den zentralen Funktionen einer Stadt, und ebenso spiegeln sich die besonderen Funktionen der Vergangenheit oder Gegenwart in ihnen wider. Deshalb besteht ein enger Zusammenhang zwischen der Art der inneren Gliederung und den jeweiligen Grund- und Aufrißelementen, wie es früher an dem einen oder andern Beispiel dargelegt wurde. In dieser Verknüpfung ist ein wesentlicher Unterschied zu den ländlichen Siedlungen zu sehen.

Darüber hinaus aber kommt dem Grund- und Aufriß von Städten ein gewisses Eigengewicht zu, denn die Anforderungen, die Funktionen stellen, läßt sich in verschiedener Weise gerecht werden. Wie die Städte aus den politischen, sozialen, kulturellen und wirtschaftlichen Bedürfnissen eines Kulturvolkes erwächst, so findet dieses jeweils eigene Formen für die Ausprägung seiner Städte. Schon bei den ländlichen Siedlungen konnte an der kulturhistorischen Tradition des tragenden Volkes nicht vorübergegangen werden (Kap. IV. C. 2. e.). Noch weniger ist das im Rahmen der Gestaltung von Städten möglich, in denen sich kulturelle Momente potenzieren. Die chinesischen oder japanischen Städte zeigen ein anderes Gesicht als die indischen Städte, die orientalischen ein anderes als europäische oder amerikanische. Dort, wo eine Kultur in zeitlicher Folge von einer andern abgelöst wird, zeigt sich das häufig in einem Zusammentreffen, einer Überschichtung verschiedener Gestaltungsmomente des städtischen Siedlungsbildes. Durch direkte oder indirekte kulturelle Einflußnahme werden architektonische Formen übertragen. Greifen Kulturvölker kolonisierend, wirtschaftlich oder politisch über ihren eigenen Raum hinaus, dann versuchen sie zumeist, in den von ihnen entwickelten Städten *die* Prinzipien zur Geltung zu bringen, von denen ihr eigenes Städtewesen beherrscht ist.

1. Die Grundrißgestaltung

Ähnlich wie bei den ländlichen Siedlungen ergeben sich für die Betrachtung des Grundrisses von Städten zwei Möglichkeiten, nämlich einerseits eine morphographische Beschreibung, wie sie Geisler (1924, S. 412 ff.) und Martiny (1928, S. 30 ff.) den deutschen Städten zuteil werden ließen, und andererseits eine genetische Darstellung auf der Grundlage der Entstehung und Entfaltung der Städte, wie es von Dörries (1930, S. 221 ff.) gefordert und schon vor ihm in stadtgeographischen Monographien und der Untersuchung von Städtegruppen auf regionaler Grundlage durchgeführt wurde. Sicher ist – und dies in stärkerem Maße als bei den ländlichen Siedlungen – der genetischen Methode den Vorzug zu geben, denn die Gestaltung einer Stadt, wie sie durch die Grundrißelemente bewirkt wird, ist nur auf der Basis der Entwicklung eines städtischen Gemeinwesens zu begreifen, beginnend von dem ältesten Ansatzpunkt bis hin zur gegenwärtigen Ausdehnung. Soweit es angängig ist und die Unterlagen ausreichen, wird dieser Gesichtspunkt im folgenden im Vordergrund stehen.

Um nun die kulturell bestimmten Formen hervorzuheben, erscheint es zweckmäßig, sich auf den Kern der Städte zu beschränken, der in den alten Kulturländern häufig dadurch ausgezeichnet ist, daß er mit Stadtmauern gegen das Land abgeschlossen war oder noch ist. So behandeln wir im Grunde genommen erst die Gestaltung der Städte im Rahmen der anautarken Wirtschaftskultur. Mit Hilfe der auf diese Weise gewonnenen Übersicht soll dann versucht werden, einige wenige Grundtypen für die Anlage des Straßennetzes herauszustellen und ihre Voraussetzungen zu prüfen. In diesem Zusammenhang wird auf die Frage einzugehen sein, wie weit der Grundriß ein konservatives Gestaltungselement abgibt, das nur unter Schwierigkeiten verändert zu werden vermag. Auf dieser Vorbedingung beruht letztlich die Möglichkeit, den Stadtplan als Geschichtsquelle zu nutzen (Keyser, 1958), was nicht ausschließt, daß wesentliche Umformungen vorgenommen werden.

Wie schon oben erwähnt, spielt für die Ausbildung des Straßennetzes die Entwicklung der Städte, der dynamische Faktor, eine entscheidende Rolle. In welcher Art sich das Wachstum der Städte vollzieht und in der Straßenführung abzeichnet, wird gerade im Hinblick auf die Ausweitung der Städte im 19./20. Jh. anschließend zu erörtern sein. Wenn die Form der ländlichen Siedlungen nach der morphographischen oder genetischen Seite hin meist durch einen einzigen Begriff charakterisiert werden kann, so stellt sich für die Städte unter dem Aspekt ihres Wachstums heraus, daß in der Regel nach Alter und Form verschieden geartete Zellen an ihrem Aufbau beteiligt sind.

a) Der Grundriß des Stadtkerns auf historisch-kultureller Grundlage

Wir gehen von den Kulturländern Asiens aus, um uns dann Europa und den europäischen Kolonialländern zuzuwenden.

α) **Die Grundrißgestaltung des Stadtkerns in den asiatischen Kulturländern.** In *Ostasien* haben sich weitgehend chinesische Kultureinflüsse durchgesetzt, und dem ist es zuzuschreiben, daß der Grundriß der Städte nicht nur in den verschiedenen Teilen Chinas, sondern darüber hinaus in der Mandschurei und Korea ebenso wie in Japan mehr oder minder einheitliche Züge aufwies. Doch wie die älteste Grundlage städtischen Lebens innerhalb dieses Großraumes im nördlichen China zu suchen ist und sich in diesem Bereich offenbar ein fest gefügter Stadtbegriff ausbildete, so fanden hier auch diejenigen Elemente ihre schärfste Ausprägung, die die Gestaltung des Grundrisses bestimmten. Entfernen wir uns von diesem Zentrum, dann verlor der eine oder andere Zug an Prägnanz, wenngleich in der Gesamtheit der Anlage die chinesische Kulturtradition und deren Übertragung in stärkerem oder schwächerem Maße wirksam blieben.

Zur chinesischen Stadt gehörte ihre Umgrenzung durch rechteckige Stadtmauern, die wohl ein wichtiges Phänomen des Aufrisses darstellten, aber zugleich in enger Verbindung mit der Führung des Straßennetzes standen. Angaben über die Errichtung von Stadtmauern gaben die Möglichkeit, die Ausbreitung des chinesischen Städtewesens von den nordwestlichen Provinzen nach Osten und Süden seit dem dritten vorchristlichen Jahrhundert zu verfolgen, wenngleich die auf uns überkommenen Stadtmauern erst seit der zweiten Hälfte des 14. Jh.s entstanden, weil während der Mongolenherrschaft die Errichtung von Stadtmauern verboten war (Chang, 1970, S. 64). In der Regel waren letztere nach den Himmelsrichtungen orientiert und umschlossen damit eine mehr oder minder quadratische oder rechteckige Fläche. Das aber verlangte, die Wahl der topographischen Lageverhältnisse den damit verbundenen Forderungen unterzuordnen; verständlicherweise wurde besonderer Wert auf die Ebenenlage in der Nähe von Flüssen gelegt, die Hanglage vermieden und damit den Stadtmauern allein die Schutzfunktion übertragen. So war die Gestaltung der Städte auf ein festes Prinzip gegründet, das in den geomantischen Vorstellungen der Chinesen verankert war bzw. noch ist. Bedeutete der Norden die unheilvolle Seite, so befanden sich hier die minder wichtigen Stadttore, die vielfach geschlossen gehalten wurden, während die der Südseite als bevorzugt galten.

Der rechteckige und orientierte Mauerkranz zeigte sein schärfstes Profil in den nordchinesischen Städten, sowohl den kleineren als auch den bedeutenderen Zentren; unter den letzteren sei etwa auf Lantschou in Kansu, Sian in Schensi, Loyeng und Kaifeng in Honan verwiesen, die mit Ausnahme der ersteren im Ablauf der historischen Entwicklung alle ein- oder mehrmals Hauptstadt des Gesamtreiches waren. Auch Peking darf in dieser Reihe nicht vergessen werden (Abb. 138), zumal sich sein Werden genauer verfolgen läßt, als es sonst bei chinesischen Städten der Fall ist.

Seine heutige Anlage geht auf den Mongolenkaiser Kublai Khan zurück, der im Bereiche einer älteren Stadt, über deren Gestaltung nichts bekannt ist, seine Residenz- und Hauptstadt errichtete, die aber lediglich von einem Erdwall umgeben war. Erst im beginnenden 15. Jh. während der Mingdynastie erhielt sie die spätere Form aus gebrannten Ziegeln. Mit 13,5 m Höhe und einer Breite, die es gestattet, daß zwölf Reiter nebeneinander herreiten konnten, umfängt sie die Tatarenstadt, die das mit niedrigeren Parallelmauern versehene Residenzviertel der „ehemaligen Kaiserstadt" aufnahm; und noch einmal wiederholt sich dasselbe Prinzip, indem hierin eingeschlossen sich der Bezirk des eigentlichen Palastes befand, der wiederum von parallel geführten Mauern abgegrenzt wurde, die „Verbotene Stadt". Wie es aber schwer hält, die weitere Entwicklung einer Stadt vorausschauend zu beurteilen, so wuchs auch Peking über den zunächst vorgesehenen Rahmen der „Tatarenstadt" hinaus; im Süden entwickelte sich zunächst als Vorstadt die „Chinesenstadt", die im 16. Jh. nach demselben Prinzip ihre Ummauerung erfuhr (Schmitthenner, 1925, S. 6 ff.; Chang, 1970, S. 64). So wurde auch in Peking der Charakter der nordchinesischen Städte gewahrt. Hier, wo man oft genug den aus der benachbarten

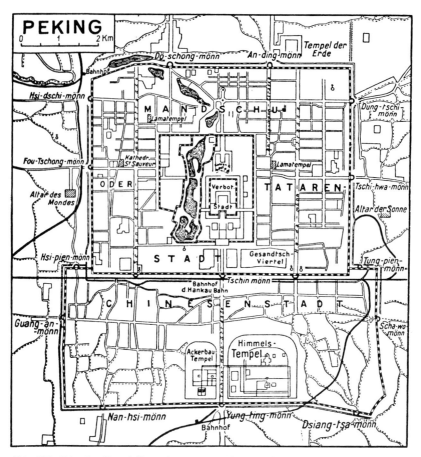

Abb. 138 Die alte Grundrißgestaltung von Peking mit Orientierung der Stadtmauern und des Straßennetzes (nach Schmitthenner).

Steppe einbrechenden Reiternomaden zu begegnen hatte, stellte die Ausrichtung auf die Schutzfunktion und die feste Form, die man für diese Aufgabe fand, ein bezeichnendes Merkmal dar.

Ein wenig anders liegen die Dinge, wenn wir uns von dem Kerngebiet des chinesischen Städtewesens entfernen. Stadtmauern fehlten allerdings den mittel- und südchinesischen Städten ebensowenig wie denen Koreas oder der Mandschurei. Aber sie stellten oft bescheidene Bauwerke dar, die teilweise nur deswegen errichtet wurden, weil sie nach nordchinesischem Vorbild zum Kennzeichen der Stadt gehörten. Auch die Orientierung wurde nicht mehr überall streng eingehalten. In Bereichen bewegteren Reliefs mußte die Anlage der Stadtmauern stärker dem Gelände angepaßt werden, wenn man nicht gar die enge Bezogenheit von Mauer und Stadt aufgab und erstere unabhängig von der Ausdehnung der Stadt über benachbarte Erhebungen führte, wie es z. B. in Nanking oder der südkoreanischen Hauptstadt Seoul der Fall war. Mitunter bleibt ungeklärt, warum man sich von der Ordnung löste und das Prinzip der Orientierung nicht zur Durchführung brachte.

Wie aber gestaltet sich nun die Gliederung des Stadtkerns durch das Straßennetz? Es steht zu erwarten, daß bei den nordchinesischen Städten in dieser Hinsicht eine unmittelbare Bezugnahme auf die Stadtmauer vorlag. In der Tat fanden wir zumeist, daß die Straßen parallel zu den Mauern verliefen und die gegenüberliegenden Stadttore miteinander verbanden. So waren auch die Straßen nach den Haupthimmelsrichtungen orientiert, und beide Systeme schnitten sich rechtwinklig zueinander. Man mag dies als Gitter- oder Schachbrettform bezeichnen, wenngleich damit nicht alles ausgesagt ist. Die Schnittpunkte der Hauptachsen wurden nicht zu Platzanlagen erweitert, wie solche chinesischen Städte überhaupt in der Regel fehlten. Die minder wichtigen Parallelstraßen, die keine Stadttore zum Ziele hatten, waren häufig nicht bis zur Mauergrenze durchgeführt, denn hier traf man vielfach auf unbebautes oder als Garten- und Feldland genutztes Gelände. Das hing nicht immer mit einer Bevölkerungsverminderung zusammen, sondern mitunter ließ man sich hier eine Reserve, um in Zeiten der Unsicherheit die Bevölkerung des umgebenden Landes aufnehmen zu können. Innerhalb der bebauten Fläche aber schnitten sich die dem Verkehr dienenden Straßen, die in ihrer Breite dem landesüblichen Verkehrsmittel des zweirädrigen Pferdekarrens angepaßt waren, von den engen Gassen, die in die um einen Hof gruppierten Wohneinheiten hineinführten. Um den klimatischen Bedingungen Nordchinas gerecht zu werden, suchte man, die Höfe nach Süden zu öffnen; diesem Bestreben waren die winkligen und oft blind endenden Wohngassen untergeordnet, die keiner systematischen Ausrichtung unterlagen. Ebenso fehlte den Vorstädten, die sich mitunter an der Einmündung der Straßen vor der Stadtmauer bildeten, die strenge Orientierung des Straßennetzes. Deutlich zeigte sich das etwa in der „Chinesenstadt" von Peking (Abb. 138), die erst nach Entwicklung der Siedlung ihre Stadtmauer erhielt und innerhalb derer die Hauptachsen noch einigermaßen klar ausgeprägt waren, während man sonst die Bebauung offenbar dem einzelnen mehr oder minder überließ (Schmitthenner, 1930, S. 80 ff.). Die Orientierung des Straßennetzes treffen wir, ob in Abhängigkeit von der Stadtmauer oder nicht, ebenfalls bei den „historischen" Städten Koreas (Lautensach, 1945) und der Mandschurei (Fochler-Hauke, 1941, S. 210 ff.), wenngleich hier mitunter schon stärkere Abweichungen vorkommen mögen. Unregelmäßigkeiten in dieser Beziehung zeigen sich auch bei den mittel- und südchinesischen Städten. Das dürfte z. B. für Nanking zutreffen, wo sich immerhin noch Anklänge an das System abzeichnen, während man im alten Teil von Schanghai vergeblich nach durchlaufenden Straßenfluchten sucht, und das seit früher Zeit wichtige Tschungking in Szetschuan jede Ausrichtung auf die Norm vermissen läßt (Spencer, 1939, S. 50 ff.). War sie nie vorhanden, oder nahm die Kraft der ordnenden Hand im Laufe der Zeit ab? So verliert die orientierte Straßennetzanlage im mittleren und südlichen China an Bedeutung. Man wird dafür außer der Entfernung zum Kerngebiet der systematischen Stadtanlagen im Norden noch andere Gründe in Ansatz zu bringen haben, denn die Straßen spielen hier als Ordnungselement an und für sich eine geringere Rolle. Abgesehen davon, daß sie in Anpassung an die klimatischen Verhältnisse schmal sind, vollzog sich der innerstädtische Verkehr nicht mit Hilfe von Fahrzeugen, sondern teils durch Kulis, die sämtliche Lasten beförderten und keiner Fahrbahn bedurften, und teils durch Boote auf den Kanälen, die für die ausgesprochenen Flußhäfen ein charakteristi-

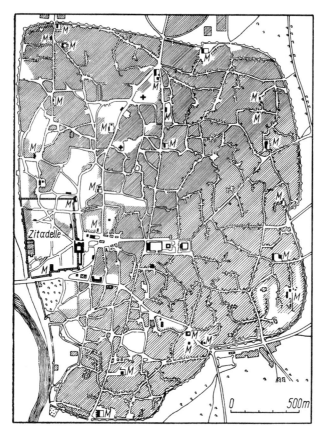

Abb. 139 Die Grundrißgestaltung von Ahmedabad als Beispiel einer nordindischen Stadt mit dem Sackgassenprinzip des Straßennetzes (nach Baedeker, Indien, 1914).

sches Element abgaben. Hier entwickelten sich auch die oftmals beschriebenen Bootsstädte, die nichts anderes als Vorstädte darstellten.

Dort, wo im Rahmen der ländlichen Siedlungen bereits chinesische Kultureinflüsse maßgebend waren (Kap. IV. C. 2. e. α.), wurde offenbar auch für die *japanischen Städte* das chinesische Prinzip übernommen. Das gilt vor allem für Nara und Kyoto, die alte Hauptstadt Japans, die im Jahre 792 als Residenzstadt gegründet und von vornherein in der genannten Art angelegt wurde. Bei den jüngeren während der Feudalzeit hervorgegangenen Burgstädten (Yokomachi) fanden sich zwar auch zwei senkrecht zueinander verlaufende Straßensysteme, die aber nicht völlig geradlinig waren und an den Kreuzungen oft gegeneinander versetzt erschienen (Abb. 110). Hinsichtlich der weiteren Gliederung ist auf Abb. 108, 109, 118 zu verweisen.

Weniger eindeutig liegen die Dinge bei den *indischen Städten*. Wohl existieren auch für ihre Gestaltung festgelegte und in der geistig-religiösen Kultur des Hinduismus fundierte Vorstellungen für die Anlage einer Stadt; aber Ideal und Wirklichkeit scheinen hier wesentlich mehr auseinanderzugehen, als wir es bei den chinesischen Städten fanden. Es kommt das Eindringen des Islams im Mittelalter hinzu, was nicht ohne Einfluß auf die Ausformung der Städte zu bleiben vermochte, zumal mit mehr oder minder erheblichen Verlagerungen oder Neugründungen zu rechnen ist, wie wir es an anderer Stelle am Beispiel von Delhi darlegten (Abb. 106). Auf dieser Basis unterschied Pfeil (1935) zwischen den Städten Südindiens auf hinduistischer Grundlage und denen Nordindiens auf mohammedanischer, während Krebs (1939, S. 140) einer solchen Gruppenbildung keine Bedeutung beimaß, „weil fast überall eine völlige Regellosigkeit des Straßennetzes herrsche" und nur bei einigen Tempelstädten planmäßige Anlagen zu erkennen seien. Auf diesen Punkt wird später zurückzukommen sein.

Auf der Basis von rund 150 Plänen indischer Städte, das umfassendste Material, was bisher einer Durchsicht unterzogen wurde, konnte Niemeier (1961) eine „typisch indische" Straßenführung und -gestaltung erkennen. Sie besteht zunächst in einem raschen Wechsel der Straßenbreite, was teilweise damit zusammenhängt, daß Veranden oder Verkaufsstände (Bazar) in die Straße vorrücken. Außerdem sind die Hauptstraßen relativ breit und mitunter schachbrettähnlich angeordnet. Schmal dagegen erscheinen die Nebenstraßen, die sich öfter zu kleineren Plätzen erweitern oder in Sackgassen ausmünden, aber nicht in dem Maße wie bei den orientalischen Städten. Immerhin trägt diese Ausformung dazu bei, die Kasten gegeneinander abzuschließen. Außerdem ist aber bei manchen Städten der islamische Einfluß unverkennbar, was insbesondere für den Norden Indiens gilt. Ziehen wir Ahmedabad als Beispiel heran (Abb. 139), so zeigt sich, daß die wichtigsten Straßen von den Stadtzentren gegen die Hauptmoschee konvergieren, und es ist eine offene Frage, wie weit primär Verkehrswege oder Bauelemente dafür verantwortlich zu machen sind. Weiterhin aber erscheinen die zahlreichen Sackgassen charakteristisch, die unabhängig von jeglicher Orientierung das wesentliche Gliederungsprinzip abgeben, nicht anders, als wir es in Alt-Delhi finden, das an seiner heutigen Stelle nachweislich im 17. Jh. von den Großmoguln ins Leben gerufen wurde (Abb. 106). Es ist dies nicht anders als bei den orientalischen Städten, so daß bei deren Behandlung auf dieses Element einzugehen sein wird.

Nicht ohne tieferen Grund erkannte Krebs den Tempel- und Palaststädten eine besondere Art der Grundrißgestaltung zu, denn sie sind es, die wahrscheinlich als ältester funktionaler Stadttyp Indiens zu betrachten sind (Kap. VII. C. 1.), und sie sind es zugleich, auf die sich vor allem die schon vor Christi Geburt niedergelegten Bauregeln der Inder beziehen, die in der Silpa Sastra zusammengefaßt sind und die ideale Gestaltung einer hinduistischen Stadtanlage vermitteln. Eine auf diesen Regeln aufbauende Rekonstruktion, wie sie Ram Raz (1834) und Havell (1915, S. 14) durchführten, zeigt Abb. 140 auf Seite 886.

Eine rechteckige Befestigung umschließt die Stadt, in deren Zentrum sich der Haupttempel oder der Palast befindet. Von hier aus leitet je eine breite Straße nach Norden und Süden sowie nach Osten und Westen bis zur Peripherie und den etwas seitlich verschobenen Stadttoren, während die durch die Hauptachse entstandenen Teilrechtecke durch gegeneinander versetzte schmalere Straßen gegliedert und den Wohnflächen die Abstufung nach Kasten auferlegt werden.

Die Realisierung eines solchen Planes, der als Abbild der Himmelsregion gedeutet wird (Reuther, 1925, S. 11), scheint nicht eben häufig zu sein. Er ist bei

886 Die Städte

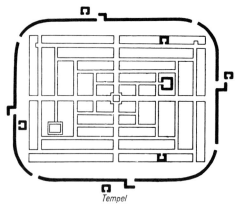

Abb. 140 Idealplan einer Hindustadt (nach Ram Raz und Havell).

den nordindischen Städten ohnehin nicht zu erwarten, weil unter mohammedanischem Einfluß die Bauregeln der Inder kaum noch Beachtung fanden. Eher mag sich eine gewisse Ausrichtung auf das Ideal in Teilen von Radschputana, Gudscherat sowie Orissa und südlich der Krischna einstellen, und zwar vornehmlich dann, wenn Tempel oder Paläste den Kern ausmachen. Bei der Anlage solcher Baumonumente, für die jeweils spezifische Bedingungen gelten, ist man in besonderem Maße bestrebt, dem Vorbild gerecht zu werden, das in der Verknüpfung von

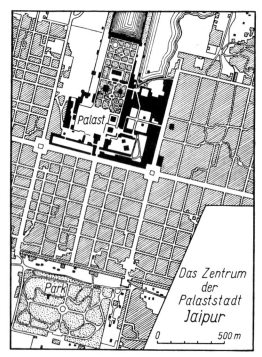

Abb. 141 Die Grundrißgestaltung der Palaststadt Jaipur, den Bedingungen der Silpa Sastra entsprechend (nach Baedeker, Indien, 1914).

religiösen Vorstellungen, praktischen Erfahrungen und ästhetischen Gesichtspunkten jahrhundertelang erprobt ist. So wirken die im Mittelpunkt einer Stadt gelegenen weitflächigen Tempel oder Paläste von sich aus entscheidend auf die Grundrißgestaltung ein.

Nicht von ungefähr stehen z. B. in Madura, Chindambaram oder Srirangam zentrale Tempelanlagen und die sie umfassenden breiten und nach den Haupthimmelsrichtungen orientierten Straßen, die u. U. den Bazar aufnehmen, in unmittelbarem Zusammenhang mit der rechteckigen Stadtmauer und den Stadttoren. Abseits der Hauptachsen allerdings zeigen sich mannigfache Abweichungen von der geforderten Norm. Nur wenige Stadtanlagen sind in Indien vorhanden, die dem Ideal in nahezu vollständiger Weise entsprechen. Es handelt sich um Jaipur, das innerhalb eines der wichtigsten Radschputana-Staaten im 17. Jh. gegründet wurde (Forrest, 1903, S. 114 ff.) und um die Tempelstadt Srirangam.

Haben wir für den chinesisch durchdrungenen und den indischen Kulturraum gesehen, daß die Grundrißgestaltung der Städte unabhängig von der jeweiligen Realisierung ein Idealplan existierte, so werden wir bei den *orientalischen Städten* meist vergeblich danach suchen. Einige etwas breitere, für zwei Tragtiere (meist Kamele) zu passierende unbefestigte und keineswegs geradlinige Straßen streben zwar von den Stadttoren der Befestigungsmauern, die die Burg oder Kasba des Stadtherrn häufig einschließt, auf die etwa im Zentrum gelegene Freitagsmoschee und den Bazar zu; sonst aber stellt sich ein Gassengewirr als charakteristisch heraus, dem selten eine Orientierung eignet, das aber durch zahlreiche Sackgassen seine besondere Note erhält (Abb. 142).

Diese Art der Gestaltung mit einigen durchgehenden Straßen, zwischen denen die Sackgassen blind enden, war für die Städte des Mittleren und Vorderen Orients typisch, ob man an die Levante denkt mit Antiochien (Weulersse, 1938), Damaskus (Wulzinger, 1924; Dettmann, 1969) oder Aleppo (Wirth, 1966), an das Zweistromland mit Bagdad (Duri, 1960, S. 894 ff.) oder Basra (Pellay, 1960, S. 1085 ff.), an Anatolien einschließlich Konstantinopel/Istanbul (Bartsch, 1954; Stewig, 1964; Planhol, 1969), an Iran oder Afghanistan mit Schiraz (Clark, 1963), Isfahan, Mesched oder Kabul (Hahn, 1964; Planhol, 1974) oder an Turkestan mit Buchara (Barthold, 1960, S. 1293 ff.) oder Kaschgar (Schulz, 1921 und Barthold, 1976, S. 1698 ff.; Giese, 1980). Die Fäden führen hinüber nach Indien, was zuvor berührt wurde. Nicht anders liegt es bei den Städten Ägyptens, wo die Altstadt von Kairo als Beispiel zu dienen vermag (Clerget, 1934), und im Maghreb weist die „Medina", die „Eingeborenenstadt", dasselbe Grundprinzip auf ebenso wie das in Sudan (Staat) für diejenigen Städte der Fall ist, die vor dem 19. Jh. entstanden und bis heute überdauerten oder die während des 19. Jh.s aus ägyptischen Kriegslagern hervorgingen, wobei dann allerdings lediglich der Bereich des einstigen Lagers durch Sackgassen ausgezeichnet ist (Born, 1968).

Nicht ganz geklärt ist, ob die arabischen Handelsniederlassungen an der ostafrikanischen Küste, meist auf den der Küste vorgelagerten Inseln entstanden, wie z. B. Mombasa oder Zanzibar, durch Sackgassen gekennzeichnet waren. Ihrer historischen Entwicklung und unterschiedlichen Bedeutung in bestimmten Zeitabschnitten ging Hoyle (1967) nach.

888 Die Städte

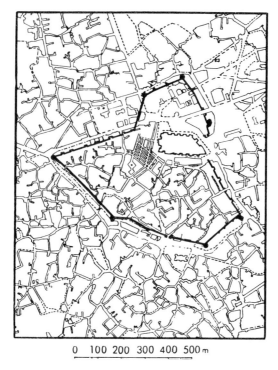

Abb. 142 Die Grundrißgestaltung von Kayseri in Mittelanatolien (nach Bartsch). Seit 1935 hat sich auch hier einiges geändert, wenngleich die Altstadtquartiere im Kern erhalten blieben (Richter, 1972).

Sieht man von den Außengebieten des Islams ab (Südostasien), dann ist die Gleichförmigkeit der Grundrißgestalt bei den orientalischen Städten mit dem Gegensatz von Durchgangsstraßen und Sackgassen bemerkenswert genug. Dies zeigt sich unabhängig davon, ob die Städte in den Kern- oder Kolonialräumen der jeweiligen Reichsbildungen entstanden; sie erscheint ebenso unabhängig davon, ob älteren städtischen Siedlungen mit anders gearteten Grundrißverhältnissen unter arabischer bzw. turko-mongolischer Herrschaft diese Funktion wieder zuteil wurde oder ob sich die Eroberer ihre eigenen Mittelpunkte schufen. Bei Erweiterungen konnte es u. U. vorkommen, daß planmäßige Vorstädte zur Entwicklung kamen mit einer oder mehreren parallel verlaufenden Hauptachsen, von denen aus rechtwinklig die Sackgassen abgesteckt wurden. Das war z. B. in Monastir (Tunesien) der Fall (Despois, 1955, S. 482 ff.; Wirth, 1975, S. 72 ff.), wo sich an die frühmittelalterliche Medina drei Erweiterungen anschlossen, deren erste in das spätere Mittelalter und deren letzte in die zweite Hälfte des 18. Jh.s fielen.

Sofern die Araber vorhandene Städte übernahmen, handelte es sich vornehmlich um hellenistisch-römische Gründungen. Ein gutes Beispiel dafür bietet Damaskus (Abb. 143). Hier konnten Watzinger (1921) und Wulzinger (1924) nachweisen, daß die West-Ost verlaufende Straße – wahrscheinlich eine alte Verkehrsader – und die rechtwinklig abzweigenden Nord-Süd-Straßen auf die hellenistisch-römische Periode zurückgehen, als sich der Städtebau eines planmäßigen Schemas

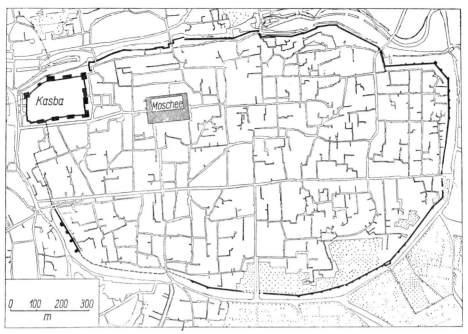

Abb. 143 Die Grundrißgestaltung von Damaskus. Griechische Stadtanlage, die unter islamischer Herrschaft durch Einführung von Sackgassen verändert wurde (nach Watzinger und Wulzinger).

bediente. Die Grundstückaufteilung dagegen mit den durch Tore verschließbaren Sackgassen entstammt der späteren Zeit, vielleicht in der spätbyzantinischen Epoche beginnend unter Verstärkung während der arabischen Herrschaft (Wirth, 1975, S. 61).

Wie aber erklären sich einerseits die wechselnde Breite der Durchgangsstraßen und andererseits das Sackgassenprinzip? Für ersteres verwies Wirth auf rechtliche Unterschiede zwischen dem Abendland und dem Islam. Im Abendland – ähnlich wie in hellenistisch-römischer Zeit – gehörten Markt-, Straßen- und Bauaufsicht zur städtischen Selbstverwaltung, wo streng auf die Einhaltung von Baufluchten gehalten wurde. Im Islam, wo eine Bürgergemeinde nicht existierte, wurde die Aufsicht über öffentliche Plätze und Straßen dem muhtasib übertragen, „der dafür zu sorgen hatte, daß der Passanten- und Durchgangsverkehr nicht behindert wird. Wenn das gewährleistet bleibt, kann er gegen Vor- und Zurückspringen von Baufluchten, gegen Biegungen und Krümmungen, Verbreiterung und Verengung selbst der Hauptstraßen kaum einschreiten" (Wirth, 1975, S. 65). Bei schwacher Zentralgewalt und demgemäß geringer Wirkungsmöglichkeit des muhtasib mochte es sogar vorkommen, daß einflußreiche Bewohner an Durchgangsstraßen gegenüberliegende Grundstücke bzw. Häuser erwarben, diese miteinander verbanden, so daß sich einstige der Öffentlichkeit zugängliche Durchgangsstraßen in Sackgassen verwandelten. Letztere waren gemeinsamer Besitz der Anlieger ohne Einspruchsmöglichkeit des muhtasib, was dann zur Privatsphäre des Hauses überleitete.

Nun aber stellt sich die Frage, ob die islamischen Gesetze allein für die Grundrißgestalt verantwortlich zu machen sind bzw. ob sich der Unterschied zwischen öffentlichen Durchgangsstraßen und nicht sämtlichen Einwohnern zugänglichen Sackgassen unter dem Einfluß des Islams seit dem frühen Mittelalter ausbildete oder auf ältere Grundlagen zurückzuführen ist. Nach den allerdings nicht sehr zahlreichen archäologischen Befunden ebenso wie nach Durchsicht der entsprechenden historischen Literatur kam Wirth (1975, S. 74) zu der Auffassung, „daß fast alle Eigentümlichkeiten des Straßengrundrisses der orientalischen Stadt in islamischer Zeit bereits für die altorientalische Stadt charakteristisch waren", selbst wenn über die damaligen Unterschiede in der Rechtsqualität von Durchgangsstraßen und Sackgassen kaum etwas bekannt ist ebensowenig wie über die Motive, die das Abschirmen der Privatsphäre erforderlich machten.

Das Sackgassenprinzip stellte zumindest seit dem Mittelalter nichts Zufälliges dar. Es ist bekannt, daß die Araber innerhalb ihrer Kriegslager eine Gliederung in Quartiere vornahmen, um Rivalitäten zwischen den beteiligten Stämmen auszuschalten. Auch bei den Zeltstädten der Mongolen, über die wir an Hand der Unterlagen für die vernichtete Tatarenresidenz Saraj an der unteren Wolga gewisse Vorstellungen haben (Spuler, 1943, S. 268), war eine solche Gliederung in Quartiere vorhanden, in denen unterschiedliche Bevölkerungsgruppen lebten, außer den Tataren selbst Alanen und Kumanen, Tscherkessen, Byzantiner sowie Kaufleute aus dem Zweistromland, Ägypten und Syrien. Bei der Übernahme vorhandener Städte und bei der Spaltung des Islams in verschiedene Glaubensrichtungen kam es zum Nebeneinander unterschiedlicher völkischer und religiöser Gruppen, die mit Hilfe des Sackgassenprinzips ein jeweils besonderes Quartier bewohnten, was dem Stadtherrn die Möglichkeit bot, Rivalitäten zwischen den Gruppen oder Aufstände gegen die Zentralgewalt schnell auszuschalten. So sind es die Sozialverhältnisse, die für das Sackgassenprinzip verantwortlich zu machen sind. Selbst wenn Fürsten nach früheren Vorbildern planmäßige Städte gründeten, stellten sich nach kürzerer oder längerer Zeit die Sackgassen wieder ein. Nur wenige Ausnahmen existieren wie etwa in Shibam in Hadramaut (Leidlmair, 1961, S. 20), das im 4. nachchristlichen Jahrhundert mit einem rechtwinklig sich kreuzenden Straßennetz gegründet wurde, oder Djidda und Mekka, wo man breite Straßen für die Wallfahrten benötigt (Planholl, 1957, S. 18 ff.; v. Wissmann, 1961).

β) Die Grundrißgestaltung der europäischen Städte einschließlich derjenigen des russischen Raumes. Wie für den gesamten europäischen Bereich historisch und kulturell sehr unterschiedliche Verhältnisse vorliegen, so prägt sich das nicht nur in den ländlichen Siedlungsformen (Kap. IV. C. 2. e. ε.), sondern auch in der Gestaltung der Städte aus. Wir haben demgemäß keinen einheitlichen Grundrißtyp zu erwarten, wie er im islamischen Orient gegeben war, sondern es ist mit einer Vielfalt der Formen zu rechnen, die nun aber eine enge Bezugnahme zur Entstehung der Städte nach Zeit und Funktion aufweisen.

Das zeigt sich bereits bei den Städten der *Mittelmeerländer*. Für sie wurde hinsichtlich der topographischen Verhältnisse die exponierte Höhenlage als eine der kennzeichnenden Typen herausgestellt. Diese beeinflußt die Grundrißentwicklung in der Regel maßgeblich, sei es, daß ein schmaler Höhenrücken nur eine einzige breitere Straße mit einer platzartigen Erweiterung aufzunehmen vermag,

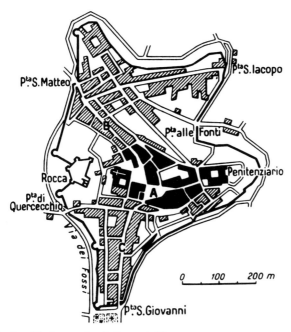

Abb. 144 San Gimignano (nach Campatelli).

sei es, daß die an den Stadttoren einmündenden Straßen auf eine Piazza oder Plaza konvergieren oder sei es, daß der Isohypsenverlauf das Straßennetz weitgehend vorzeichnet und die Anordnung der Straßen in konzentrischen Ringen begünstigt. Wenngleich allgemein kein enger Zusammenhang zwischen topographischer Lage und Grundrißausformung zu bestehen braucht, so stellt sich eine solche unregelmäßige Gestaltung in den mediterranen Städten besonders häufig in Verbindung mit der Höhenlage ein. Im einzelnen bleibt die zeitliche Einstufung der unregelmäßigen Grundrißformen zu klären, wobei wohl anzunehmen ist, daß der mittelalterlichen Periode dabei eine wichtige Rolle zukommt. Als Beispiel sei auf San Gimignano verwiesen (Abb. 144), dessen Entwicklung von Campatelli untersucht wurde (1957, S. 71 ff.).

Nun aber entstand ein nicht unerheblicher Teil der mediterranen Städte bereits in der Antike. Hier wird die Frage entscheidend, ob und wieweit sich die gegenwärtige Grundrißgestalt auf jene vor mehr als zweitausend Jahren zurückführen läßt. Es ist zu betonen, daß es nicht um die in vielen Fällen gesicherte Siedlungskontinuität, sondern um die Grundrißkontinuität geht, was nicht unbedingt dasselbe bedeutet. Zunächst haben wir in regionaler Hinsicht den Rahmen abzustecken, innerhalb dessen eine Erhaltung alter Grundrißformen möglich erscheint. Zweifellos scheiden Griechenland ebenso wie die benachbarten Balkanländer mehr oder minder aus, und auch in Spanien liegen die Voraussetzungen dafür nicht eben günstig. So wird das Problem der Grundrißkontinuität in erster Linie für italienische Städte akut, wenngleich hier und da auch auf spanische zurückgegriffen werden kann.

892 Die Städte

Als sicher kann gelten, daß für manche und recht bedeutende Städte die Grundrißkontinuität gegeben ist. Bereits Leyden (1929) wies darauf hin, daß sich der hippodamische Grundriß in einem Teil der Altstadt von Neapel erkennen lasse. Dieser erfuhr in hellenistischer und späthellenistischer Zeit Erweiterungen, die sich dem alten Prinzip einordneten. In Anlehnung an die Stadtmauer dehnte sich der Ort in römischer Zeit ungeregelt aus, wobei aber die bisher vorhandenen Abschnitte erhalten blieben, die Agora vom Forum abgelöst wurde. Die mittelalterlichen in Hafennähe entstandenen Quartiere stellten keine Plananlagen dar, wurden aber in die neu errichteten Stadtmauern (Ende des 13. bzw. Ende des 15. Jh.s) einbezogen. Mit der spanischen Herrschaft veranlaßte der Vizekönig Toledo eine nochmalige Ausdehnung, die ein Drittel der heutigen Altstadt umfaßte. Hier ging man auf das Prinzip zurück, das sich im spanischen Kolonisationsgebiet von Lateinamerika bewährt hatte (Döpp, 1968, S. 93 ff.).

In Florenz hebt sich der eine Fläche von 15 ha umfassende römische Kern prägnant hervor (Abb. 145) dessen Straßen nach den Haupthimmelsrichtungen orientiert sind (Cardo und Decumans). In Turin, Como oder Aosta, in Piacenca, Parma oder Bologna sind weitere Beispiele vorhanden, in welch starkem Maße die römische Anlage für die heutige Grundrißgestaltung, entscheidend wurde (Egli, 1962, Bd. 2, S. 46 ff.). Auf spanischem Boden mag etwa auf Zaragoza verwiesen

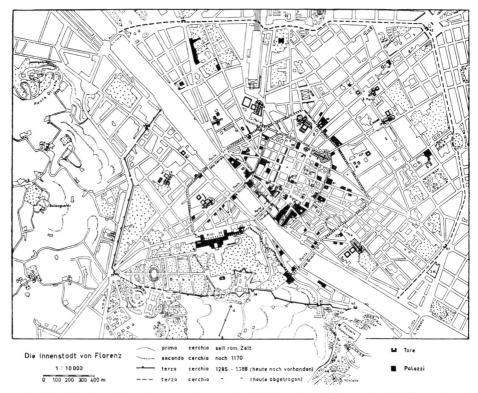

Abb. 145   Die Grundrißgestaltung von Florenz. Beispiel der Grundrißkontinuität im Kern seit römischer Zeit (nach Creutzburg).

werden, dessen Altstadt unverkennbar den Plan widerspiegelt, den ihm die Römer gaben (Lacarra, 1950). So kann die Vollkommenheit, mit der antike Grundrißformen auf die Gegenwart überkamen, als charakteristisch für diejenigen mediterranen Städte herausgehoben werden, denen seit ihrer Entstehung eine relativ stetige Entwicklung beschieden war. Je weniger sie sich über den ihnen durch Griechen oder Römer gegebenen Rahmen ausdehnten, umso ausschließlicher ist ihre Grundrißgestalt durch die ursprünglich und planmäßig angelegte Form bestimmt. Je bedeutender diese Städte aber wurden und der zunächst vorgesehene Raum für die Bevölkerung nicht ausreichte, um so mehr stellt die antike Anlage nur noch einen Teil der Gesamtheit dar, allerdings denjenigen, auf den die Erweiterungen Rücksicht zu nehmen hatten. So sah sich z. B. Florenz veranlaßt, zweimal, im 12. und im 14. Jh., seine Stadtmauern nach außen zu verlagern (Abb. 145), so daß es dann eine Fläche von 512 ha umschloß; der Verlauf der Stadtmauern und die Notwendigkeit, Anschluß an das antike Straßennetz zu gewinnen, gaben die Leitlinien für die Grundrißgestalt der hochmittelalterlichen Erweiterungen ab.

Die Entwicklung der Städte im *westlichen* und *mittleren Europa* setzte unter Ausbildung eigener Rechtsformen im frühen Mittelalter ein, und im ausgehenden Mittelalter war das gegenwärtige Städtenetz so gut wie vorhanden; lediglich in England machte die Industrialisierung eine beträchtliche Zahl neuer Mittelpunkte notwendig. Art und Zeit der Entstehung sowie weitere Entfaltung zeichnen sich im Grundriß der west- und mitteleuropäischen Städte trotz aller Mannigfaltigkeit der Formen mit einer Deutlichkeit ab, die als das wesenhafte Moment hervorzuheben ist.

Ein größerer Teil des zu betrachtenden Raumes gehörte dem römischen Imperium an. Römische Städte oder Militärlager bildeten häufig den Anknüpfungspunkt für das Werden der eigenen Städte. Damit ist die Frage nicht überflüssig, wie weit Grundrißelemente der einst römischen Siedlung in die Gestaltung der entsprechenden mittelalterlichen und damit der gegenwärtigen Städte eingingen. Im Gegensatz zu mediterranen Städten antiken Ursprungs läßt sich von einer ausgesprochenen Grundrißkontinuität nicht mehr sprechen. Nirgendwo ist das Straßenbild der Altstadt völlig durch das der römischen Anlage gegeben. In der Regel werden nur einige Spuren des alten Planes im heutigen Straßenverlauf sichtbar. Selbst für die gallo-römischen Städte Südfrankreichs bedeutete die Völkerwanderung – trotz Wahrung des städtischen Lebens an und für sich und trotz Erhaltung großartiger Baumonumente – einen so starken Einschnitt, daß ihre Grundrißgestalt nicht mehr allzu viel mit dem der römischen Periode zu tun hat (z. B. Arles). Römische Straßen und Brücken bildeten gewisse Anknüpfungspunkte und mögen hier und da die spätere Grundrißentwicklung beeinflußt haben. Dies ist z. B. in Basel der Fall, wo die römische Straße die Leitader der Talstadt und damit der kaufmännischen Ansiedlung wurde. Auch für Frankfurt a. M. hat sich durch archäologisch-historische Untersuchungen nachweisen lassen, daß die auf das einstige Kastell im heutigen Dombezirk zuführenden Straßen teilweise nachgewirkt haben, insbesondere im „Alten Markt" (Nahrgang, 1947, S. 50). Mitunter bildet sich das römische Kastell in seinen Umrissen im heutigen Straßenverlauf ab, wie es sich etwa in Wien oder Straßburg zeigt. Fast ist es als Ausnahme zu werten, wenn die Kastellanlage eine durchgreifendere Wirkung zeitigte. In

894   Die Städte

England erinnert der Grundriß von Gloucester und Chester mit den vier Hauptpforten, von denen jeweils gerade Straßen ins Innere führen und sich im Mittelpunkt treffen, durchaus an die Innenaufgliederung eines römischen Kastells; aber es ist nicht restlos gesichert, ob diese Verbindung hier wirklich vorliegt oder ob man im Hochmittelalter zu dieser Form fand. Anders steht es in Boppard, Köln (Keussen, 1918) oder Regensburg, wo zumindest ein Teil der Straßen innerhalb des „Lagers" in das mittelalterliche Straßennetz aufgenommen wurde. Daraus wird ersichtlich, daß römische Städte oder militärische Stützpunkte nicht nur historisch (Abb. 146), sondern auch topographisch gewisse Anknüpfungsmöglichkeiten brachten, aber auch nicht mehr.

Da der Grundriß der west- und mitteleuropäischen Städte unter dem Gesichtspunkt ihrer Entwicklung zu begreifen ist, so wollen wir zunächst an zwei Beispielen diesen Werdegang verfolgen, nämlich für Regensburg, das den römischen Ansatzkern besitzt und für Hildesheim, das dieser Grundlage entbehrt, dafür aber im Bischofssitz einen auch anderen Städten eigenen Kristallisationspunkt findet.

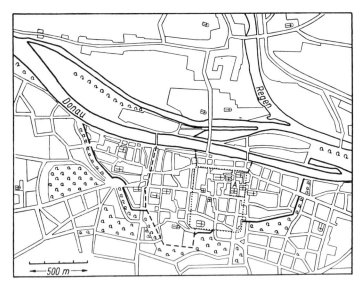

Abb. 146 Die Grundrißgestaltung von Regensburg. Nachwirken der römischen Kastellanlage und die mittelalterlichen Erweiterungen (nach Voggenreiter).

In Regensburg waren die Mauern des römischen Kastells, die mit der noch vorhandenen Porta Praetoria von Diokletian erneuert wurden, dafür verantwortlich zu machen, daß nach Abzug der römischen Besatzung in den Jahren 410-420 die Siedlung von Germanen weiter benutzt wurde. Aber erst im 9. Jh. wählten die ostfränkischen Könige den Platz als bevorzugte Residenz, und im 10. Jh. ging diese Funktion auf die bayerischen Herzöge über. Eine Anzahl von Kirchen inner- und außerhalb der römischen Mauer einschließlich des Domes nahm ihren Beginn im 9. Jh. Urkundlich wurden Kaufleute erst um die Mitte des 11. Jh.s erwähnt. Unter den um diese Zeit vorhandenen Vierteln, den pagus regi mit Nieder-Münster und der Alten Kapelle, den pagus cleri mit dem Dom und den pagus mercatorum mit

Die Physiognomie der Städte 895

St. Emmeran war letzterer insofern bevorzugt, als keine Zinsen abzugeben waren. Das Kaufmannsviertel schloß westlich an den Dom an bis zum Arnulfsplatz und erstreckte sich bis zur Donau, lag teils inner- und teils außerhalb der römischen Mauer, die voraussichtlich im 10. oder 11. Jh. erweitert wurde. Die später entstandenen Vorstädte wurden im Jahre 1293 bzw. 1330 in die Ummauerung einbezogen (Klebel, 1958).

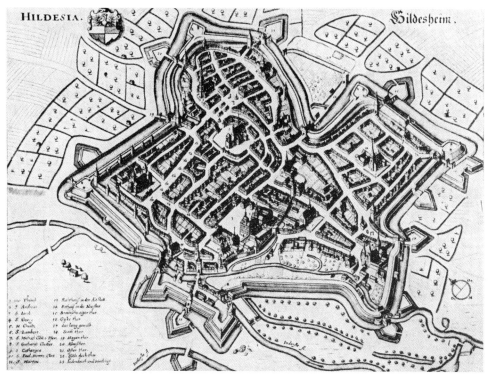

Abb. 147 Die Grundrißgestaltung von Hildesheim (mit Genehmigung des Niedersächsischen Staatsarchivs, Hannover).

Auch in Hildesheim (Abb. 147) begegnen wir der doppelten Wurzel der mittelalterlichen Stadt, der Domburg zum einen, ihr nördlich vorgelagert der Kaufmannskolonie zum andern, derart, daß für letztere eine alte Handelsstraße als „Alter Markt" die Leitlinie war. Um das Jahr 1000 wurden beide Kerne durch eine Stadtmauer zur Einheit gefügt. Wenn sich in Regensburg die mittelalterliche Stadt lediglich durch Vorstädte erweiterte, so zeigt Hildesheim eine andere Weiterentwicklung. Hier gliederte man im 12. Jh. einen neuen Teil an, innerhalb dessen für den Markt nicht mehr eine gekrümmte Straße, sondern ein Platz vorgesehen wurde, der sich nun als „Alter Markt" in der Namensbezeichnung erhielt. Schließlich geschah zu Beginn des 13. Jh.s eine nochmalige Erweiterung, die von vornherein planmäßig ausgelegt wurde und einen rechteckig ausgesparten Marktplatz zum Mittelpunkt hatte.

896   Die Städte

Der Markt bildet demnach einen wesentlichen Bestandteil der west- und mitteleuropäischen Städte, ob es genetisch zunächst im Frühmittelalter wahrscheinlich der Fernhandelsmarkt oder ob es später, nachdem die Stadt als festgefügter Begriff bestand, vor allem im Rahmen der Territorialstädte der lokale Markt für den ländlichen Umkreis war. So kommt auch der Gestaltung des Marktes besondere Bedeutung zu, und von hier aus ist vor allem in Deutschland versucht worden, den Grundriß der Städte zu erfassen und in ein System zu bringen (z. B. Gradmann, 1914; Dörries, 1929; Planitz, 1954). Das, was sich im Rahmen der genetischen Entwicklung der west- und mitteleuropäischen Städte als notwendig herausgestellt hatte, nämlich dem Markt eine besondere Stellung einzuräumen, suchte man später – in Deutschland seit dem beginnenden 12. Jh. – bewußt in der Gestaltung der Städte zum Ausdruck zu bringen. Der Straßenmarkt an einer Handelsstraße gab die Ausgangsbasis ab; er vermag bei kleineren Städten als wichtigstes Element im Grundriß hervorzutreten, während er sich bei größeren Städten nicht allzu wirkungsvoll abhebt, wie es sich an den Beispielen von Hildesheim und Regensburg zeigte. Der Straßenmarkt konnte nun auch, sobald man gewillt war, nicht nur in rechtlicher Beziehung, sondern ebenfalls hinsichtlich des inneren Aufbaus, zur ausgesprochenen Leitader werden. Mochte er in kleineren Städten in diesem Falle ebenfalls mehr oder minder den gesamten Grundriß beherrschen, so sorgte man

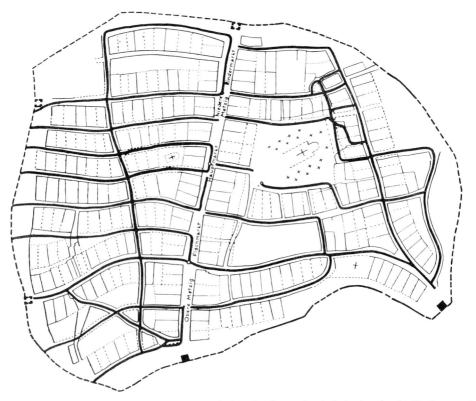

Abb. 148   Die Altstadt von Freiburg i. Br. mit dem Straßenmarkt als Leitachse (nach „Freiburg und der Breisgau", 1954).

dafür, wenn es um die Anlage bedeutenderer Mittelpunkte ging, daß das übrige Straßennetz auf den Straßenmarkt ausgerichtet war.

Wenn wir Freiburg i. Br. als eine der ersten Stadtgründungen Deutschlands unabhängig von ausgesprochenen Fernhandelsbeziehungen herausstellten (Abb. 148), so ist im Zusammenhang mit den Grundrißverhältnissen darauf zu verweisen, daß man sich des Straßenmarktes als Leitachse bediente. Nicht ganz ebenbürtig, wenngleich als Verkehrsstraße gedacht, ist die zweite, aus topographischen Gründen etwas nach Süden verschobene und sie kreuzende Hauptachse behandelt. Die engeren Nebenstraßen zweigen rechtwinklig, wenngleich nicht in völlig gerader Linienführung, vom Straßenmarkt ab, während für das Münster ein eigener Platz ausgespart und durch die West-Ost-Orientierung des Gotteshauses diesem seine Eigengliederung gegeben wurde. Eine solche Art der Gestaltung (Rippenform nach Gradmann) verwandten die Zähringer Herzöge überall dort, wo sie als Städtegründer auftraten, in Villingen und Offenburg, in Kenzingen und Rottweil nicht anders als in Freiburg im Uechtland oder in Bern, wobei topographische Verhältnisse geringere oder stärkere Abwandlungen bewirkten.

Wie sich die Marktstraße zunächst in Anknüpfung an Vorhandenes ausbildete, so mußte man bei größerer Entfaltung der Städte Wert darauf legen, dem Marktbetrieb mehr Raum durch platzartige Erweiterungen zuzugestehen, wie es sich im Rahmen einer allmählichen Entwicklung oder durch Erweiterungen ermöglichen ließ (vgl. Hildesheim). Damit lag es nahe, auch den Marktplatz in die planmäßige Gestaltung einzubeziehen, sei es als Erweiterung des Straßenmarktes oder sei es als selbständiger Platz neben dem Straßenmarkt. Es wurden mancherlei Lösungen in dieser Beziehung gefunden, wobei sich häufig beobachten läßt, daß im Bereiche mittelalterlicher Territorien jeweils derselbe Plan zugrundegelegt wurde. In der Verbindung von Straßenmarkt und Marktplatz kommt den Gründungen Heinrichs des Löwen gewisse Beachtung zu. In seiner Residenz München weist der Kern, der um die Mitte des 12. Jh.s angelegt wurde, eine Hauptachse und einen seitlich ausgesparten Marktplatz (Marienplatz) auf, und dasselbe Prinzip wurde zwanzig Jahre später für Hannoversch-Münden übernommen (Beuermann, 1951).

Allerdings ist hinsichtlich dieses Entwicklungsschemas auch eine gewisse Vorsicht geboten, denn dort, wo eine slawische Vorbesiedlung vorhanden war, die unmittelbar in die deutsche Zeit überging, war der erste Ansatzpunkt durch die Burg und eine Handelsniederlassung gegeben, denen später der Markt angegliedert wurde, wie es in Lübeck der Fall war (Fehring, 1980).

Einen weiteren Schritt bedeutet es, den Marktplatz, rechteckig gehalten, zum Mittelpunkt einer städtischen Anlage zu machen und von ihm aus die Straßenführung als Gitternetz zu bestimmen (Planitz, 1954). Damit war eine Gestaltung erreicht, die manch anderem Versuch, für den Grundriß einer Stadt die geeignete Form zu finden, überlegen war insofern, als einer einseitigen Entwicklung entgegengewirkt und der Gesamtkomplex auf ein Zentrum bezogen war. Allerdings wird dieser Vorzug mit dem Nachteil erkauft, daß größere Ansprüche an die topographischen Verhältnisse gestellt werden müssen und geringe Reliefunterschiede zumindest die Anlage eines solchen Planes erleichtern. Wie in Hildesheim

898 Die Städte

die letzte noch mittelalterliche Stadterweiterung zu Beginn des 13. Jh.s in der gekennzeichneten Art durchgeführt wurde (Abb. 147), so finden wir dasselbe in manch anderer alten Stadt wie etwa in Braunschweig, und für neue Stadtgründungen wurden der zentrale Markt und das Gitternetz der Straßen weithin entscheidend.

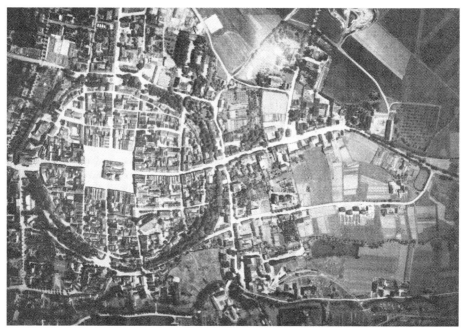

Abb. 149 Die Grundrißgestaltung von Reichenbach in Schlesien bis 1945. Beispiel des ostdeutschen Kolonialgrundrisses (Genehmigung von „Luftbild und Karte").

Wir können hier nicht auf die regionalen Unterschiede in der Ausformung des Grundrisses eingehen. Nur eines muß berücksichtigt werden. Je älter die Städte sind, um so mehr zeigt ihr Grundriß die Züge des Werdens, ohne daß eine Gesamtkonzeption vorhanden ist, was wohl für zahlreiche Städte Frankreichs, Belgiens und der südlichen Niederlande ebenso wie für Nordwest- und Westdeutschland gelten kann. Seit dem Anfang des 12. Jh.s (Deutschland) liegt den nun ins Leben gerufenen Städten häufig ein genauer Plan zugrunde, der aber regional und weitgehend in Abhängigkeit von Territorialgebieten vielfache Variationen aufweist, wohl kennzeichnend für Süddeutschland, die Schweiz und die österreichischen Lande. Im 13. Jh. setzte sich das Gitternetz mit dem zentralen Markt immer mehr durch. Diese Form treffen wir häufig bei den Bastide-Städten im südwestlichen Frankreich. Sie ist der Unterstadt von Carcassonne eigen oder zeigt sich in Aigues Mortes (1240), jenem von Ludwig dem Heiligen errichteten Kreuzzugshafen, der seine Meeresverbindung verlustig ging und als „tote Stadt", eingefaßt in ihren rechteckigen Mauerkranz, die ursprüngliche Anlage völlig wahrte. Auch in England fand dieser Plan zu Beginn des 13. Jh.s Verwendung, wie es in Salisbury oder bei den Stadtgründungen Eduards I. zu erkennen ist, etwa in Kingston-upon-Hull, Winchelsea oder den Städten im nördlichen Wales. Nirgendwo aber begegnen wir einem so ausschließlichen Hinstreben zu der gekennzeichneten Gestaltung wie im ostdeutschen Kolonisationsraum, der sich hinsichtlich seiner ländlichen Siedlungen durch geregelte Formen abhebt. Wie für diese von Westen nach Osten eine immer stärkere Hinwendung zu planmäßigen Formen zu beobachten ist, so liegt es hinsichtlich der Grundrißausformung der Städte nicht anders, allerdings mit dem Unterschied, daß nicht mehrere, sondern letztlich eine einzige Grundform verbindlich wurde; es ist eben die des zentralen Marktes oder Ringes (Schlesien) mit dem Rathaus in der Mitte, häufig ein besonderer Kirchplatz und ein gitterförmiges, auf den Markt bezogenes Straßennetz, das an dem runden, ovalen oder rechteckigen Mauerkranz seine Begrenzung findet (Abb. 149). Nicht zum Schema erstarrt, aber in so weiter Verbreitung für kleinere und bedeutende Städte die wichtigste Form, wird diese hier als „ostdeutscher Kolonialgrundriß" bezeichnet.

So verschieden wie das historische Schicksal des *östlichen Mitteleuropa* war, so unterschiedlich ist auch die Gestaltung der entsprechenden Städte. Es kann sich nur um wenige Hinweise handeln. Eine besondere Stellung nehmen sicher die Alföldstädte ein (Mayer, 1940) mit ihren der einstigen Umwallung angepaßten konzentrischen und den radial nach außen strebenden Wegen, aus ländlichen Siedlungen, Dorfstädten, hervorgegangen; sie vermochten sich u. U. zu voll entwickelten Städten zu entfalten. Sonst aber zeigt sich in der Gestaltung der Städte weitgehend direkter oder indirekter deutscher Kultureinfluß. Wenn in den baltischen Städten das Gitternetz nur selten angewandt wurde (z. B. in Narwa), wenn in den nördlichen Karpaten die unterschiedlichen, aber auf einen festen Plan zurückgehenden Formen mit der jeweiligen Herkunft der deutschen Kolonisten zusammenhängen (Weinelt, 1942), so treffen wir im polnischen Raum wieder die überragende Bedeutung des ostdeutschen Kolonialgrundrisses. Er bildete den Kern von Warschau, Kielce, Krakau, Sandomir oder Lemberg, abgesehen von den vielen kleineren Städten, bei denen sich die Anlage allerdings häufig auf den Marktplatz reduziert (Stoob, 1961). Es kann dies als Ausdruck dafür gewertet werden, daß die Formen deutschen Stadtrechts und städtischer Gestaltung in Bereiche verpflanzt wurde, die in ihrer eigenständigen Entwicklung nur in Ansätzen zu städtischer Kultur gelangt waren.

Anders liegen die Verhältnisse bei den *russischen Städten*. Für ihre Entstehung war die militärische Funktion meist überragend (Kap. VII. C. 1.), und das ging in zahlreichen Fällen in ihre Grundrißgestalt ein. Die Burg, der Kreml, wurde vielfach zum Mittelpunkt der Stadt (Abb. 150), so daß sich, der Umwallung entsprechend, ringförmige Straßen ausbildeten, von radialen, auf den Kern zuführenden, unterbrochen.

Diese radial-konzentrische Ausformung, die auch unter andern Bedingungen zu erwachsen vermag, erhält hier in der Bezogenheit auf die Burg ihre besondere Note und wird deswegen mitunter als „Kreml-Typ" bezeichnet. Ihm begegnen wir u. a. im alten Nowgorod (Abb. 150) ebenso wie in Jaroslaw (11. Jh.), in Nischni Nowgorod (13. Jh., Gorki), in Orenburg (1740) oder in der dem orientalischen Samarkand angegliederten Russenstadt (zweite Hälfte des 19. Jh.s), so daß die hervortretende Funktion in durchaus verschiedenen Perioden immer wieder zu

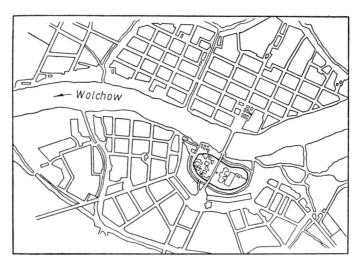

Abb. 150 Die Grundrißgestaltung von Nowgorod. Altstadt am linken Ufer des Wolchow. Beispiel des Kreml-Typs; Neustadt am rechten Ufer, planmäßiges Gitternetz (nach Pullé).

derselben Gestaltung führte. Ein klares und einprägsames Beispiel dieses Kreml-Typs ist sicher in Moskau (12. Jh.) zu finden, wo sich bei jeder Stadterweiterung, die im Laufe der Zeiten erfolgte, nicht planmäßig, aber in den gegebenen Erfordernissen begründet, die radiale und konzentrische Linienführung der Straßen durchsetzte. Das gilt für die „Tatarenstadt" Kitai-Gorod, die sich an den Kreml anlehnt und mit ihm im Jahre 1534 durch eine Stadtmauer zusammengeschlossen wurde. Es zeigt sich dies in der „Weißen Stadt" Beli-Gorod, die sich halbkreisförmig anlagert und deren einstiger Befestigungsgürtel sich in Boulevards abzeichnet. Und schließlich begegnen wir derselben Erscheinung in der „Erdstadt" Zemilianoi-Gorod, die nur mit einem Erdwall umgeben wurde, den älteren Teil auf der linken Seite der Moskwa wiederum im Halbkreis umgibt und auch auf die andere Seite des Flusses übergreift. Wenngleich der Kreml-Typ ein durchaus charakteristisches Kennzeichen für die Grundrißplanung russischer Städte darstellt, so ist er keineswegs die einzige vorhandene Form. Sowohl bei Stadterweiterungen als vor allem bei der Neugründung von Städten in den südlichen Steppenlandschaften, im östlichen europäischen Rußland und in Sibirien ging man zur planmäßigen Anlage über, nicht an die allmählich gewordene radial-konzentrische Gliederung anknüpfend, sondern ein schematisches Gitternetz benutzend, in einer Zeit, als die koloniale Erschließung neuer Gebiete im Vordergrund stand und man die Gestaltung der Städte nicht mehr sich selbst überließ.

Wir haben bisher den Grundriß der europäischen Städte vornehmlich in Projektion auf ihre Entstehung betrachtet und dabei Gewicht auf die regionale Differenzierung gelegt. Doch besitzt die Gestaltung von Städten auch noch eine andere Seite, indem bewußt architektonische Gesichtspunkte in den Vordergrund gestellt werden. Nachdem im Mittelalter auch bei planmäßiger Ausformung mitunter noch eine freiere Handhabung stattfand und man nicht unbedingt auf die Geradlinigkeit der Linienführung im Straßennetz bestand (gotischer Grundriß), legte man seit der

Renaissance darauf besonderen Wert. Von Italien ging diese Bewegung aus, wo bekannte Baumeister Idealpläne für Städte entwarfen. Diese waren vornehmlich für Festungsstädte gedacht, wurden allerdings nur selten realisiert, gaben aber den Städtebau in anderen Ländern und für die kommenden Jahrhunderte zahlreiche Anregungen.

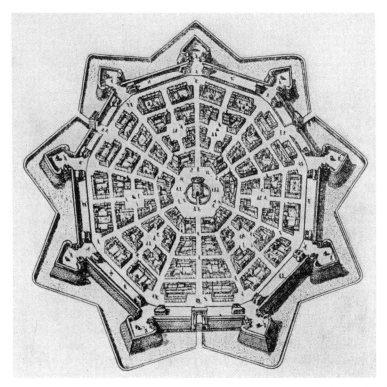

Abb. 151   Die Renaissancestadt Palma Nuova, 1593 gegründet (nach Braun und Hogenberg).

Verwirklichte Pläne dieser Art finden wir etwa in Palma Nuova (Abb. 151), das im Jahre 1593 gegründet wurde und klar das Prinzip zeigt, dem solche Schöpfungen unterlagen. Ein bastionäres Befestigungssystem im neuneckigen Polygon umschließt die Stadt, deren Zentrum durch einen entsprechenden polygonalen Platz gebildet wird. Von diesem strahlen die Straßen in radialer Richtung aus, während das zweite System konzentrisch zu den Polygonen verläuft. So wurde das, was sich bei allmählichem Wachstum von Städten auszubilden vermag (vgl. etwa Kreml-Typ in Rußland (Abb. 150), hier planmäßig durchgeführt. Einfacher ist es zweifellos, die Innengliederung durch quadratische Baublöcke vorzunehmen. Das ist z. B. für La Valetta (1608) auf Malta der Fall ebenso wie für die von Vauban geschaffenen Festungsstädte Saarlouis (1681) oder Neu-Breisach (1699; Decoville-Faller, 1961, S. 349 ff.) oder für die Festungsstadt Tamesvár in Banat. Sie alle haben zwar den durch die Befestigung gegebenen polygonalen Umriß, aber der zentrale Platz ist quadratisch oder rechteckig gestaltet, und parallel dazu verlaufen die beiden sich senkrecht schneidenden Straßensysteme. Für den Städtebau der Barockperiode wurde Frankreich weithin entscheidend. Europäische Fürsten orientierten sich an dem von Leveau entworfenen Plan für die Schloßstadt Versailles (1671), so daß es insbesondere Residenzstädte sind, für die jenes Vorbild maßgebend wurde (Stoob, 1979). Um das Schloß legt sich halbkreisförmig die Stadt, deren Straßennetz in den Grundzügen durch radial-konzentrische Linienführung gekennzeichnet ist. Es kommt dies in Karlsruhe, in Neustrelitz oder in Carlsruhe in Schlesien zur Geltung, und Peter der Große ließ einen Teil der Residenzstadt Petersburg (Leningrad) in dieser Art anlegen. Platzbildungen, in die die Straßen strahlenförmig einmünden, wie in Palma Nuova (Abb. 151), spielen dabei, ob in der Renaissance, im Barock, im Klassizismus oder in der Architektur des 19./20. Jh.s, eine wichtige Rolle (Brinckmann, 1908). Nur besondere funktionale Stadttypen erhielten durch architektonische Schöpfungen, die jeweils dem Zeitstil entsprechen und damit mehr oder minder gesamt-europäisch bestimmt sind, ihr Gepräge. Waren es im 17. und 18. Jh. vornehmlich Festungs- und Residenzstädte, die in dieser Weise ausgezeichnet wurden, so legte man dann in Fortsetzung dessen auf die Gestaltung der Hauptstädte besonderen Wert. Nach dem griechischen Befreiungskrieg, als Athen nur etwa 8000 Einwohner zählte, vermochte man hier einen Neuaufbau vorzunehmen, der vor allem von deutschen Architekten getragen war und der Erhaltung der klassischen Altertümer, die außerhalb des Bebauungsplanes blieben, Rechnung trug (Böhme, 1955). Dort, wo in der Neuzeit Städte errichtet und planmäßig ausgelegt wurden, ohne daß das Ziel künstlerischer Ausgestaltung verfolgt werden konnte, zeigt sich zumeist die Ausmessung in schematischen Baublöcken, oft mit einem zentralen quadratischen oder rechteckigen Platz. Dies finden wir bei den spät- und nachmittelalterlichen, von Territorialherren gegründeten kleinen Städten Siziliens ebenso wie bei einer Vielzahl nordischer Städte, die erst im 17., 18. und 19. Jh. ihre endgültige Ausformung erhielten. Wir treffen dasselbe bei den kleineren griechischen Städten, die nach der griechischen Befreiung weitgehend neu zu errichten waren; daß ein solches Schema auch bei den russischen Kolonialstädten verwendet wurde, haben wir bereits erwähnt. Schließlich muß darauf hingewiesen werden, daß seit Beginn des 20. Jh.s das Bestreben besteht, die sicher am einfachsten durchzuführende schematische Ausformung zu vermeiden und eine freiere Gestaltung zu begünstigen, wie es sich bei den englischen Gartenstädten (Abb. 93), oder den neuen Satellitenstädten im Umkreis der englischen Großstädte zeigt, wie es bei neuen Stadtplanungen in Deutschland vorgesehen ist (z. B. Sennestadt) oder wie es u. U. auch bei den sojwetrussischen neuen Industriestädten erscheint.

γ) Die Grundrißgestaltung der Kolonialstädte. Konnte es für die Gestaltung der europäischen Städte im Laufe der Jahrhunderte die Hinwendung zu einem rationalen Schema verfolgt werden, so bietet die Ausformung der kolonialen Städte, zu denen wir diejenigen Lateinamerikas und Nordamerikas rechnen, die von Australien und Neuseeland und der Südafrikanischen Republik ebenso wie die anderweitigen tropischen Kolonialstädte, weniger Probleme. Letztlich wurde das, was in Europa meist erreicht, in die kolonialen Gebiete übertragen. Trotzdem ist auch in diesen hinsichtlich der Gestaltung der Städte manche Differenzierung gegeben, denn häufig hatten die sich kolonial betätigenden Völker die Neigung, das bei ihnen Eigenständige nach Übersee zu verpflanzen, und zudem bildeten sich dort

Die Physiognomie der Städte 903

im Rahmen der weiteren Entwicklung u. U. selbständige Prinzipien heraus. Häufig war das von Europäern errichtete Fort, zumindest in der Frühzeit, ein gewisser Ansatzpunkt, während den Städten selbst eine Befestigung zumeist fehlt, was nicht ausschließt, daß sich dieses Element hier und da findet.

Für die portugiesischen Kolonialstädte erscheint charakteristisch, daß man nicht immer zu einer planmäßigen Anlage schritt oder bei der Durchführung einer solchen nicht unbedingt strenge Maßstäbe anlegte. In Moçambique oder Luanda ist der Verlauf der „Straßen nicht immer geradlinig" (Mecking, 1938, S. 909), und in Südamerika erinnert Bahia durchaus an Porto oder an Lissabon, ist es doch ebenso wie diese in Unterstadt und Oberstadt gegliedert, erstere mit unregelmäßiger Straßenführung, steile und enge Gassen die Vermittlung zur letzteren übernehmend, die dann planmäßig ausgelegt ist (Wilhelmy, 1952, S. 310ff.).

Einheitlicher in der Grundrißgestalt erweisen sich die spanischen Kolonialstädte. Als Spanien sein Kolonialreich in Lateinamerika aufzubauen begann, sah es sich in die Notwendigkeit versetzt, Städte als Verwaltungsmittelpunkte zu schaffen. Von der Heimat gewohnt, die Entwicklung der Städte mehr oder minder

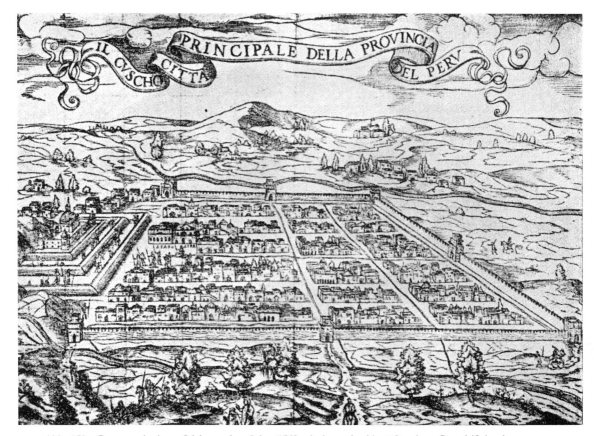

Abb. 152 Cuzco nach einem Stich aus dem Jahre 1563 mit dem schachbrettförmigen Grundriß (nach Wilhelmy).

sich selbst zu überlassen, wurde es zunächst auch im Kolonialland so gehalten (Antillen, nördliches Südamerika). Allerdings fand man zumindest bei den Azteken in Mexico Plangrundrisse vor, die sich durch einen zentralen Platz und einem rechtwinklig davon ausgehenden Straßensystem mit parallel dazu angelegten Kanälen auszeichneten. Sollte nach der Zerstörung einer Stadt durch die Spanier aus mancherlei Gründen ein schneller Wiederaufbau erfolgen, wie es in Mexico City selbst der Fall war, dann ging man mit Hilfe der indianischen Arbeitskräfte an die Wiederherstellung dessen, was man vorgefunden hatte (Newig, 1976, S. 257). Das schließt nicht aus, daß man sich sonst an antiken Vorbildern orientierte, so daß ein quadratischer Platz, die Plaza Mayor (Ricard, 1950), den Mittelpunkt der gesamten Anlage bildet und quadratisch vermessene Baublöcke dem sich rechtwinklig schneidenden Straßensystem eine quadratische Gliederung auferlegen (Abb. 152).

So wurde hier das Schachbrettsystem mit der Plaza als Zentrum entwickelt, was sich am besten in „Ebenenlage" durchführen ließ, von dem man aber auch dann kaum abwich, wenn sich Reliefhindernisse einstellten (Stanislawski, 1947; Wilhelmy, 1952, S. 72 ff.). Auf diese Weise sind die Städte Lateinamerikas und ein Teil derjenigen in den ursprünglich von Spanien besetzten Teilen Nordamerikas oder die auf den Philippinen (Kolb, 1942, S. 374 ff.) weitgehend durch ein- und dasselbe Schema bestimmt. Ein gutes Beispiel dafür, wie man zunächst an hergebrachten Formen festhielt, um sich dann den kolonialen Bedingungen anzupassen, geben die niederländischen Kolonialstädte ab. Die von Grachten durchzogenen Städte Hollands stellen schon in Europa eine Besonderheit dar, und an ihnen orientierte man sich, wenn es galt, unter ähnlich gelagerten natürlichen Voraussetzungen eine Stadtgründung vorzunehmen (Petersburg-Leningrad). Sie wurden auch zum Vorbild mancher niederländischen Kolonialstadt, wobei insbesondere Amsterdam als Vorbild diente.

<small>An der Einmündung der Amstel in den Ij entwickelte sich diese größte holländische Stadt auf Moor- und Schlickgrund, so daß sie unter Nutzung venetianischer Erfahrungen weitgehend auf Pfahlrosten ruht. Wies die Amstel dem ältesten Teil die Richtung, so wurde durch das Wachstum nach beiden Seiten der Ij als Basis gewonnen. Abgesehen von der Amstel selbst und zahlreichen sekundären Kanälen geben ihr die im 17. Jh. geschaffenen, den älteren Kern halbkreisförmig umfangenden Grachten mit den dazwischen gelegenen Baugrundstücken das Gepräge, die im Zuge planmäßiger Stadterweiterungen angelegt wurden (Diederich, 1952, S. 274 ff.); in diesen führte man einerseits Altes bei Berücksichtgung des Untergrundes, der Entwässerung u. a. fort, und andererseits trug man unter diesen besonderen Bedingungen den städtebaulichen Gesichtspunkten des 17. Jh.s Rechnung.</small>

Im Kolonialland ging man sehr schnell zur Anlage der Städte in Schachbrettform über. Aber dort, wo man unter Voranstellung günstiger geographischer Lagemomente gezwungen war, sich Stützpunkte im Sumpfland zu schaffen, hatte man in der Anlage von Grachten ein Mittel, der Schwierigkeiten zunächst Herr zu werden. Das wichtigste Beispiel in dieser Hinsicht ist in der Altstadt von Batavia (Djakarta) zu sehen, das im Jahre 1619 an der versumpften Flußmündung des Tiliwoen an der nordwest-javanischen Küste ins Leben gerufen, zur Hauptstadt des ostindischen Kolonialreichs der Niederlande wurde und diese Funktion nach der Unabhängigkeit Indonesiens wahrte. Im Norden, Osten und Westen von Kanälen eingefaßt und einst durch Mauern geschützt, ist das so abgegrenzte Rechteck durch ein Netz sich rechtwinklig schneidender Straßen und in dieses System eingefügter Grachten gegliedert. Das Ausheben der Grachten lieferte das

Material, um den Baugrund für Straßen und Häuser aufzuhöhen; sie hatten die Entwässerung zu regeln und dienten außerdem dem innerstädtischen Verkehr. Einen Vergleich solcher „Kanalstädte" – Venedig, Amsterdam oder Alt-Batavia –, wie ihn Brunhes anregte (1947, S. 93), lohnte es schon! Bei der Gründung der tropischen Kanalstadt aber hatte man wenig daran gedacht, welche Anforderungen tropisches Klima an den Europäer stellt, zumal im Niederungsland, und ebensowenig war berücksichtigt worden, was es unter dieser Voraussetzung bedeutet, wenn die Grachten die Abwässer aufnehmen mußten. Eine Gesundung der immer wieder von Epidemien heimgesuchten Stadt sah man zu Beginn des 19. Jh.s nur darin, das Europäerviertel in etwas höheres Gelände nach Süden zu verlagern, so daß nun Weltevreden, in aufgelockerter Form und tropischen Bedingungen angepaßt, entstand (Helbig, 1931). Dieses wuchs mit der den Chinesen überlassenen Altstadt zusammen, nahm noch andere Siedlungen auf, um auf diese Weise zu einer tropischen Weltstadt (Djakarta) zu werden.

In der Grundrißgestalt der französischen Kolonialstädte erkennen wir ähnliche Wandlungen, wie es eben für die niederländischen dargelegt wurde. Als man in Nordamerika zu siedeln begann und militärische Stützpunkte sowie wirtschaftliche Mittelpunkte benötigte, war man in der ersten Phase noch nicht darauf aus, die Grundrißform von vornherein festzulegen. Dies zeigt sich sowohl im Kern von Montreal (1641) als auch in dem von Quebec (1642). Für beide war ursprünglich die Schutzlage bestimmend, ersteres auf einer Insel im St. Lorenz, letzteres in seiner Oberstadt die Stelle beherrschend, wo der St. Lorenz-Strom sich plötzlich zum Ästuar weitet; die Unterstadt am Fluß, Treppen und steile Gassen in die umwehrte Oberstadt führend, findet sich hier ein für Nordamerika seltenes Bild, das viel mehr an europäische, insbesondere französische Städte erinnert. Bei der Gründung von New Orleans am Mississippi (1718) wurde bereits eine planmäßige Form gewählt, und dies tat man auch, als man etwa in Nordwestafrika oder in den tropischen Kolonialgebieten zur Anlage von Städten schritt. Man wird nicht unbedingt sagen können, daß für französische Kolonialstädte ein festes Schema hinsichtlich der Grundrißform ausgebildet wurde, wohl aber, daß der Stil der Straßen und Plätze vielfach französischer Eigenart entspricht, vornehmlich in den älteren Kolonialstädten wie in St. Louis, Rufisque oder dem Kern von Dakar.

Die aus der angelsächsischen Kolonisation hervorgegangenen Städte tragen insofern eine andere Note, als sich hier das Bestreben durchsetzte, zu einer schematischen Ausformung zu kommen. Doch gingen dem, zumindest in den Vereinigten Staaten, meist unregelmäßige Anlagen voran. In Neu-England entwickelten sich mitunter green villages (Kap. IV. C. 2. e.) zu Städten, wobei die vorhandenen Feldwege eine städtische Bebauung erhielten, was auch im nördlichen Pennsylvanien der Fall war, wo Kolonisten aus Neu-England einwanderten. Auch im südlichen Pennsylvanien überwiegen unregelmäßige Grundrisse trotz der relativ späten Erschließung seit dem Jahre 1760 (Pillsbury, 1970). Eines der besten Beispiele für solche Anlagen stellt Boston dar (1630), wo sich das Straßennetz dem unruhigen Relief anpaßte, die Ausweitungen vornehmlich im 18. Jh. mit Hilfe von Landgewinnungsarbeiten geschahen und hier die Häuser auf Pfähle gesetzt werden mußten, bis schließlich bei weiterem Wachstum die seit der Mitte des 19. Jh.s entstandenen Abschnitte das Schachbrettmuster zeigten (Reps, 1965, S. 140 ff.).

906 Die Städte

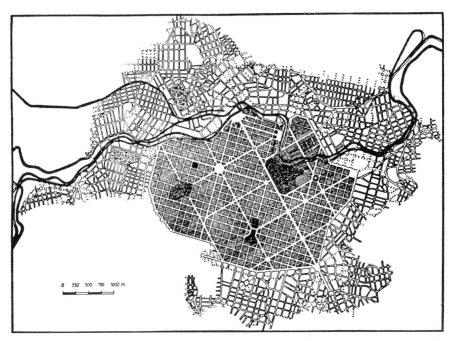

Abb. 153 Die Grundrißgestaltung von Belo Horizonte, Schachbrett mit übergeordneten Diagonalstraßen (nach Wilhelmy).

Als erste planmäßige Anlage in Neu-England ist New Haven (1638, Connecticut) zu betrachten, aus neun quadratischen Blöcken bestehend, die durch senkrecht zueinander verlaufende Straßen voneinander getrennt wurden, unter denen der im Mittelpunkt gelegene Block für öffentliche Gebäude bzw. Grünanlagen bestimmt war, wenngleich mit der Entwicklung des Geschäftszentrums und der Aufnahme der Yale-Universität mit Ausnahme des inneren öffentlichen Platzes heute kaum etwas von der ursprünglichen Anlage erkennbar ist. Allerdings läßt sich hier nicht entscheiden, ob europäische Vorbilder aufgenommen wurden bzw. wem eine solche Innovation zuzuschreiben ist. Etwas anders liegt es in dieser Beziehung in Philadelphia, das von William Penn im Jahre 1683 gegründet wurde, was für die Ausformung weiterer Städte im mittleren Pennsylvanien als Vorbild diente. Hier besteht zumindest die Möglichkeit, wenngleich nicht völlig beweisbar, daß der von Newcourt entworfene Plan für den Wiederaufbau von London nach dessen Zerstörung durch eine Brandkatastrophe als Vorbild diente. Einen zentralen Platz als Mittelpunkt benutzend, derart, daß von der Mitte der vier Seiten besonders breite Straßen fast in Ost-West- und in Nord-Südrichtung ausgelegt wurden, die übrigen schmaleren Straßen parallel dazu verliefen und symmetrisch zum Hauptplatz vier Quadrate für Grünanlagen zur Aussparung kamen (Reps, 1965, S. 157 ff.). So setzte sich während des 18. Jh.s ein Planschema durch, das nach der Unabhängigkeit fortgeführt wurde, zumal nun die auf Meridiane bezogene Landvermessung (Kap. IV. D. 2. a.) durchgeführt wurde, die das orientierte Gitternetz befürwortete. Da New York bzw. Manhattan im Unabhängigkeitskrieg der Zerstörung anheim fiel und außerdem die den Loyalisten gehörigen Grundstücke in den Besitz der Stadt übergingen, vermochte man hier im Jahre 1811 ohne Berücksichtigung der topographischen Verhältnisse und ohne genügend Raum für öffentliche Gebäude bereitzustellen, eine völlig schematische Anlage zu schaffen, wie es zumeist nicht anders im mittleren Westen geschah (Reps, 1965, S. 294 ff.) und in den Städten der pazifischen Küste wiederum Aufnahme fand. Nur in besonders gelagerten Fällen wie vor allem bei der Anlage der Bundeshauptstadt Washington (1791) zeichnen sich unter städtebaulichen Gesichtspunkten (Plan des Franzosen L'Enfant) Diagonalstraßen ab. Dies diente bei der Gründung von Belo Horizonte (1896), der neuen Hauptstadt von Minas Gerais, zum Vorbild, denn hier wurde einem Schachbrett als Basis ein Diagonalsystem breiter Straßen übergeordnet (Abb. 153).

Nach dem Zweiten Weltkrieg nahm man das Problem der Gründung neuer Gemeinden, die nicht unbedingt das Recht der Selbstverwaltung erhielten, sondern „unincorporated" blieben, wieder auf, wobei sich vornehmlich Industriekonzerne, Banken, Versicherungen und Großgrundbesitzer beteiligten, um ihre wirtschaftlichen Aktivitäten zu diversivizieren und finanzielle Profite zu erzielen. In der Periode von 1947-1969 entstanden auf diese Weise zwanzig solcher Siedlungen, vornehmlich in Florida, Arizona und Kalifornien, wobei es sich mitunter um Rentnerstädte handelte (Koch, 1975), die bei hohem Kostenaufwand nur für wohlhabende Schichten in Frage kamen.

Auch in den tropischen Bereichen sind die von Engländern gegründeten Städte überwiegend planmäßig angelegt, wenngleich nicht unbedingt in einer starr gebundenen Form, sondern in Anpassung an die tropischen Verhältnisse mehr nach der weitläufigen Anlage der Gartenstadt tendierend.

Dort, wo die Europäer in den Gebieten ihrer kolonialen Betätigung bereits Städte vorfanden, legten sie meist auf eine Trennung zwischen sich und den Einheimischen Wert. Die innere Gliederung solcher Städte, die weitgehend unter dem Gesichtspunkt der Segregation steht, setzt sich unter diesen Umständen häufig in einer unterschiedlichen Grundrißgestalt der funktionalen Glieder fort. Neben die orientalische Stadt mit ihren Sackgassen legt sich die planmäßig geschaffene Europäerstadt, oder neben die vielfach unregelmäßig geformte indische Stadt traten planmäßig angelegte civil lines und cantonments (Kap. VII. F. 2. a. α.).

b) Die Grundrißgestaltung des Stadtkerns unter allgemeinen Gesichtspunkten in der Spannung zwischen Konstanz und Wandlung

Nach dem vorangegangenen Überblick über die Grundrißgestalt der Städte in den verschiedenen Kulturregionen gilt es nun, die Grundrißformen selbst in gewissem Sinne zu klassifizieren. Ebenso wie bei den ländlichen Siedlungen zwischen ungeregelten und geregelten Typen unterschieden werden mußte, ebenso ergaben sich für den Grundriß der Städte zwei Hauptgruppen, die eine mit unregelmäßiger und die andere mit planmäßiger Ausformung; ihnen ist eine dritte Gruppe zur Seite zu stellen, wo sich unregelmäßige und planmäßige Gestaltung miteinander kombinieren (Beispiel Hildesheim, Abb. 147), was als zusammengesetzte Form bezeichnet werden soll.

Unter dem Begriff unregelmäßiger Grundriß ist nur zu verstehen, daß der Anlage einer Stadt kein fester Plan zugrunde liegt. Kaum ist damit etwas über die Entstehung der Städte ausgesagt, denn so einfach liegen die Dinge nicht, daß „allmählich gewordene Städte einen unregelmäßigen, haufendorfähnlichen Grundriß und gegründete Städte immer regelmäßig geometrische Anlagen sind" (Hassinger, 1933, S. 440). Wohl wurde ein großer Teil der islamisch-orientalischen Städte gegründet, ohne daß es zu einer planmäßigen Ausformung kam, und die west- und mitteleuropäischen Städte, die im Hochmittelalter zumindest eines rechtlichen Gründungsaktes bedurften, zeigen häufig genug unregelmäßige Formen. Außerdem kann es u. U. auch zu einer planmäßigen Form kommen, wenn nicht unbedingt beabsichtigt ist, eine Stadt zu gründen, sondern ein geometrisches Landvermessungssystem die Grundrißentwicklung weitgehend vorschreibt, wie es für nordamerikanische Städte immerhin in Betracht zu ziehen ist. Schließlich ist das, was man unter „allmählich gewordener Stadt" zu verstehen hat, keineswegs eindeutig; es kann sich um ursprünglich ländliche Siedlungen handeln, die auf Grund ihrer geographischen Lage oder einer ihnen zuteil gewordenen Rechtsstellung zu städtischen Mittelpunkten wurden; ebensogut aber kann die Entwicklung zur Stadt völlig andere Grundlagen besitzen, wie es für die west- und mitteleuropäischen oder auch für die russischen Städte dargelegt wurde (Abb. 150). So ist das, was unregelmäßiger Grundriß bedeutet, nicht allzu tief und bezieht sich lediglich auf die Form, die regional auf ihren Inhalt geprüft werden muß.

Eine weitere Untergliederung der unregelmäßigen Formen wird nicht erstrebt, weil dies in einer morphographischen Betrachtung stecken bleiben muß. Doch ist zumindest zu überlegen, welche wesentlichen Elemente in die Gestaltung einer Stadt kraft ihrer Funktion als Stadt eingehen und damit auch in den unregelmäßigen Formen zum Ausdruck gelangen. Hierbei spielt einerseits die Beziehung zwischen Städten und Verkehrswegen eine Rolle. Mitunter gibt eine Straße die Achse ab und zeichnet sich bei weiterer Entwicklung durch ihre Bedeutung aus. Häufiger wohl wird man im Grundriß gewahr, daß eine Stadt die Verkehrswege aus verschiedenen Richtungen sammelt und diese einem Mittelpunkt zugeführt werden. Weiter aber erhält eine Stadt oft genug durch einen Kristallisationskern ihre besondere Note, sei es der Markt oder die Burg, sei es die Kathedrale u. a. m. Um einen solchen Ansatzpunkt formiert sich das städtische Gemeinwesen mit der Tendenz, konzentrische Wachstumsringe auszubilden, was sich dann in einer ähnlich gearteten Linienführung der Straßen widerspiegelt. Schließlich vermag beides, die Stadt als Verkehrsknoten und das Hervortreten eines Kristallisationskernes in ihr, zu einer Kombination von radial und konzentrisch gerichteten Straßen zu führen, wie es der „Kreml-Typ" der russischen Städte klar genug zeigt (Abb. 150) und sich auch anderswo nachweisen läßt. Damit sind gewisse Grundlinien für die Ausformung des unregelmäßigen Grundrisses dargelegt worden, Möglichkeiten, die sich einstellen können, aber durch Topographie, Vorhandensein mehrerer Kristallisationskerne u. a. m. vielfach abgewandelt zu werden vermögen.

Weiterhin wird zu fragen sein, unter welchen Voraussetzungen eine unregelmäßige Gestaltung der Städte zustande kommt. Sehen wir davon ab, daß u. U. ländliche Siedlungen, Dörfer, zu Städten werden, dann haben wir unser Augenmerk zunächst auf die Verhältnisse West- und Mitteleuropas sowie Rußlands zu lenken; hier sind die historischen Grundlagen gesichert genug, um Schlüsse ziehen zu können. In diesen Gebieten findet sich die unregelmäßige Gestaltung vornehmlich dann, wenn die entsprechenden Städte aus der Frühentwicklung städtischen Lebens stammen. Parallelen dazu sind in der Entwicklung des antiken Städtewesens gegeben, was insbesondere am Beispiel von Athen dargelegt werden kann. Hier trat in mykenischer Zeit zunächst die Akropolis als Königsburg in Erscheinung (14./13. Jh. v. Chr.). Mit der Übersiedlung zerstreut wohnender Attiker unter Theseus (Synoikismos, 8. Jh. v. Chr.) wurde dann der Pnyx-Hügel gegenüber der Akropolis in die Bebauung einbezogen, in dessen Nachbarschaft sich der „Alte Markt" ausbildete. Seit dem Sturz des Königtums entwickelte sich die Akropolis immer mehr zum kultischen Mittelpunkt, während der Areopag-Hügel zum Zentrum von Gericht und Verwaltung bestimmt und schließlich der Marktbezirk in einer Senke zwischen Pnyx und Akropolis ausgeweitet wurde; hier, in der Agora, fand das städtische Leben seinen Kernpunkt. Zwar wurde Athen durch die Perser weitgehend zerstört, was nun zur Errichtung der neuen Stadtmauer führte (Triltsch, 1929; Kirsten, 1956; Wegner, 1979, S. 101 ff.). Wie sich hier allmählich städtisches Leben formte und das Hinzufügen immer neuer Aufgaben bis zur voll entwickelten Stadt (5. Jh. v. Chr.) eine unregelmäßige Gestaltung zur Folge hatte, so konnte man dann, als die Stadt ein fester Begriff war, an eine planmäßige Ausformung gehen (Kirsten-Kraiber, 1956, S. 86).

Ähnlich geartete Entwicklungslinien vom unregelmäßigen zu planmäßigen Formen bleiben uns anderswo verborgen, vornehmlich im alten Orient und in China, wie es aus der Darstellung von Egli (1959 und 1962) hervorgeht.

Eine unregelmäßige Grundrißgestalt vermag sich auch auf völlig anderem Wege auszubilden, nämlich dann, wenn eine Kultur mit entwickeltem Städtewesen und überwiegend planmäßiger Ausformung der Städte abklingt und nicht sofort durch eine ebenbürtige ersetzt wird. Selbst wenn unter diesen Umständen die Kontinuität nicht nur der Siedlung, sondern auch des städtischen Lebens gewahrt bleibt, aber die ordnende Hand schwindet, die durch die Obrigkeit oder das städtische Gemeinwesen gesetzt war, vollzieht sich relativ schnell der Übergang von der planmäßigen zur unregelmäßigen Gestaltung; teilweise Zerstörungen oder Bevölkerungsrückgang werden im Rahmen dieser „absteigenden Entwicklung" ebenfalls zu berücksichtigen sein. Es ist dies die Situation, die nach dem Zerfall des römischen Imperiums im Orient und in den Mittelmeerländern einsetzte und dafür verantwortlich zu machen ist, daß die einst planmäßige Ausformung der antiken Städte nur in relativ geringem Maße in den Grundriß von orientalischen, mediterranen sowie der west- und mitteleuropäischen Städte einging.

Stellen die unregelmäßigen Formen keine Ansprüche an die topographischen Gegebenheiten, so ist das bei den planmäßigen anders, denn sie verlangen nach Möglichkeit „Ebenenlage". Ist man demnach gewillt, eine Stadt nach einem bestimmten Plane anzulegen, so wird die Wahl der topographischen Lage in die genannte Richtung gelenkt. Die planmäßigen Grundrißformen erscheinen als Gesamtgruppe einheitlich, um doch in ihrer Ausprägung mancher Variationen fähig zu sein. Im Vordergrund steht jeweils das Prinzip rechtwinklich sich schneidender Straßen, was die einfachste Lösung bedeutet. Trotzdem ist auch auf dieser

Basis die Ausformung der chinesischen Stadt von anderen Grundsätzen getragen als die der indischen oder entsprechender europäischer Städte. Wenn in China und Indien letztlich eine Idealform für die Anlage einer planmäßigen Stadt existiert, so gelangte man in Europa zu immer neuen Ausdrucksformen planmäßiger Gestaltung, unter denen auch die radial-konzentrische Anlage eine Rolle spielt.

Ebenso werden wir uns im Falle der planmäßigen Grundrißformen der Frage zuzuwenden haben, welche Voraussetzungen für ihre Ausbildung notwendig sind. Aus den vorangegangenen Darlegungen können wir folgern, daß die voll entwickelte Stadt und das Bedürfnis nach ihr vorhanden sein muß, ehe an eine planmäßige Ausformung gedacht werden kann. Kult- und Palastbauten, bei denen schon früh (Ägypten, Babylonien) auf eine in den kultischen Vorstellungen wurzelnde Orientierung Wert gelegt wurde, mögen wesentlich dazu beigetragen haben, hernach auch der Stadt eine planmäßige Ausgestaltung zukommen zu lassen (Lavedan, 1936, S. 43 ff.), zumal sowohl für die chinesischen als auch die indischen Städte eine solche Grundlage nachweisbar ist (Kap. VII. F. 1. a. α.). Ob allerdings die an Palast- und Kultbezirk anknüpfenden Städte Ägyptens oder Babyloniens selbst planmäßig ausgelegt waren, erscheint nicht völlig gesichert. Eindeutig aber ist, daß die Städte der Induskultur (2400 bis 1700 v. Chr.), Harappa und Mohendjo-daro, in einem rechtwinklig sich kreuzenden Straßensystem ausgelegt waren. Für Mobendjo-daro steht die Nord-Süd- und Ost-West-Orientierung der Straßen fest, so daß u. U. von hier Verbindungsfäden zur hinduistischen Idealstadt der Silpa Sastra vorliegen (Kap. VII. F. 1. a. α.). Nicht unwichtig ist, daß der gekennzeichnete Tatbestand nur für die älteren Kulturschichten gilt, während in den jüngeren ein häufiges Vorspringen der Häuser gegenüber der Baufront zu beobachten ist und frühere, in das System eingefügte Gassen und Straßen durch Errichtung von Gebäuden verschwanden (Mackay, 1938, S. 23 ff.). Es heißt dies nichts anderes, als daß sich bei Nachlassen der Induskultur die einst gegebene Ordnung auflöste und damit ein planmäßiger Grundriß immer mehr seine ursprüngliche Anlage verlor und unregelmäßig wurde. – Wir wollen von den chinesischen Städten absehen, für die sich u. U. um 1400 v. Chr. das erstemal eine planmäßige Ausformung nachweisen läßt (Creel, 1936, S. 57 ff.), und ebensowenig gehen wir auf einzelne planmäßige Stadtanlagen in den orientalischen Ländern ein, die durch archäologische Forschungen festgestellt wurden (Haverfield, 1913; Lavedan, 1936; Stanislawski, 1946).

Wichtig und richtungweisend zugleich wurde die planmäßige Ausformung der griechischen Städte, wobei dort anzuknüpfen ist, was über deren unregelmäßige Gestaltung gesagt wurde. Seit dem 5. Jh. v. Chr., in der klassischen griechischen Periode, ging man zu planmäßigen Anlagen über (Gerkan, 1924), dabei wohl Gedankengut aus dem Osten aufnehmend, aber erst in einer Zeit, als städtisches Leben zur vollen Entfaltung gelangt war. Ein rechtwinklig sich kreuzendes Straßensystem, in dem u. U. eine oder beide Hauptachsen besonders ausgezeichnet waren, mit dem ausgesparten Platz der Agora erscheinen für den planmäßigen Grundriß der griechischen Städte charakteristisch. Diese Art der Gestaltung wird als hippodamischer Grundriß bezeichnet nach Hippodamus von Milet, der zumindest einen Teil der in Frage stehenden Städte anlegte, zunächst Milet (Mitte des 5. Jh.s v. Chr.), dann Piräus (445 v. Chr.). Ebenso erhielten andere Neugründungen dieselbe Gestaltung (Kirsten, 1956, S. 55 ff.), unter denen Rhodos (400 v. Chr.), Selinunt auf Sizilien und Neapel genannt werden sollen, zumal sich in letzterem diese Grundzüge unter besonders günstig gelagerten Voraussetzungen bis auf die Gegenwart erhielten. Fortgeführt wurde dies vor allem unter Alexander dem Großen und seinen Nachfolgern, so daß man sich in der hellenistischen Epoche weitgehend der planmäßigen Stadtanlage, den gegebenen politischen Notwendigkeiten gemäß, bediente, wie es manche Grabungsbefunde (z. B. Priene) deutlich gemacht haben, wie es weiterhin für Nicaea, Alexandria u.a.m. gilt. Abgesehen von dem Übergang zur planmäßigen Ausformung der Stadt an und für sich, wird hier zum erstenmal der Unterschied faßbar, der zwischen Mutterland und Kolonialgebiet hinsichtlich des Grundrisses der Städte auftreten kann, indem in ersterem die unregelmäßige und in letzteren die planmäßige Gestaltung überwiegt. Es sind dies ähnlich geartete Verhältnisse, wie sie sich im Gegensatz zwischen West- und Ostdeutschland finden und in weiteren Rahmen den Unterschied zwischen Europa und seinen einstigen Kolonialräumen bestimmen.

Nicht anders liegen schließlich die Dinge im Römischen Reich. Rom selbst, das sich allmählich zur Stadt entwickelte, zeigte auch im Grundriß die Züge des Werdens und war unregelmäßig gestaltet.

Die neu angelegten römischen Kolonien, die mit der Ausweitung der römischen Herrschaft zunächst in Italien im letzten Jahrhundert der Republik ins Leben gerufen wurden, zeigen ein durchaus klares Prinzip. Bei dessen Verwirklichung mochten geringere oder stärkere Abweichungen auftreten, ohne daß sich die Grundlinien verwischen. Zwei sich rechtwinklig schneidende Hauptachsen, die eine deutliche Orientierung aufweisen, stellen das Gerüst dar. Ost-West gerichtet, von Sonnenaufgang nach Sonnenuntergang, erscheint der Decumanus maximus, senkrecht dazu und demgemäß die Nord-Süd-Richtung verfolgend, der Cardo maximus. Nicht im mathematischen Mittelpunkt, aber doch im Bereiche des Achsenkreuzes befindet sich der für das Forum bestimmte Platz, während Theater oder Arena keine zentrale Position zukommt. Sowohl die sekundären Straßen als auch die äußere Begrenzung verlaufen parallel zu Decumanus und Cardo, so daß sich die Stadt insgesamt als Rechteck oder Quadrat gegenüber der Umgebung abhebt. Ebenso findet sich bei den Baublöcken, „insulae", eine quadratische oder rechteckige Ausformung, wobei hinsichtlich der Maßeinheit gewisse Beziehungen zum römischen Landvermessungssystem bestehen. Ob und wie weit etruskische Vorbilder verwandt worden sind, ist eine Frage für sich (Triltsch, 1929). Hervorzuheben aber gilt es, daß die römischen Stadtanlagen der Gestaltung der römischen Militärlager nahestehen und das als charakteristisch und eigener römischer Beitrag gewertet werden muß. Auch die Militärlager weisen nämlich das orientierte Hauptachsenkreuz von Decumanus und Cardo auf, ersteres die porta decumana mit der porta praetoria verbindend, letztere die porta principalis dextra mit der porta sinistra verknüpfend. Decumanus und Cardo leiten zum Praetorium, dem militärischen Mittelpunkt mit dem Heiligtum, was in den Städten dem Forum entspricht, während die Lagermauern im Rechteck oder Quadrat bewirken sollen, daß Angreifende sich in Gruppen aufteilen und dadurch die Verteidigung erleichtert wird (Lavedan, 1936, S. 176 ff.). Der von den Römern geschaffenen Norm für die Anlage von Castrum oder Stadt begegnen wir bei Ausgrabungen untergegangener oder später anders gestalteter Orte von Nordafrika (Timgad oder Karthago) über Italien (Herculaneum), Frankreich (z. B. Orange) bis England. Die Umrisse des römischen Castrums zeichnen sich bei einer ganzen Reihe west- und mitteleuropäischer Städte im Straßennetz des Zentrums noch gegenwärtig ab, und im mediterranen Raum, vornehmlich im nördlichen Italien, blieb die römische Anlage im Kern mehr oder minder erhalten. Darüber hinaus aber gewann sie für die Grundrißausformung der spanischen Kolonialstädte besondere Bedeutung (Kap. VII. F. 1. a. γ.), indem man teilweise auf die Werke des römischen Architekten Vitruv (88 bis 26 v. Chr.) zurückgriff, so daß den direkten und indirekten Wirkungen römischer städtebaulicher Gestaltung ein weiter Rahmen gegeben ist.

Auf diese Weise begegnen wir der Entwicklung von unregelmäßigen Formen zur planmäßigen Gestaltung der Städte immer wieder, ob in der Alten oder in der Neuen Welt, ob in der Antike, im Mittelalter oder in der Neuzeit. Die planmäßige Ausformung erhielt jeweils einen besonderen Impuls, wenn die Städte als politisch-militärische Stützpunkte im eroberten Gebiet benötigt wurden bzw. mehr oder minder weitreichende Kolonisationsbewegungen ähnliche Bestrebungen auslösten. So ist der Unterschied in der Grundrißgestaltung der Städte zwischen unregelmäßigen Formen im Mutterland und planmäßigen im Kolonialland weitverbreitet; aber wie keine Regel ohne Ausnahme gilt, so findet sich in China das umgekehrte Verhältnis, indem sich hier die planmäßigen Anlagen vor allem im altchinesischen Kulturgebiet des Nordens finden, während im „Kolonisationsland" des Südens stärkere Abweichungen zu beobachten sind (Kap. VII. F. 1. a. α.).

Konstanz und Wandlungsfähigkeit der Grundrißgestalt im Stadtkern, diese Frage wird uns nun zu beschäftigen haben. In mancher Beziehung wurde das Problem bereits berührt, so daß zunächst etwa im Hinblick auf das Verhältnis von hellenistischen zu orientalischen Städten oder von römischen zu mittelalterlichen in Europa folgende Feststellung zu treffen ist: Bei stetiger Entwicklung und Aufrechterhaltung der inneren Ordnung, wie sie durch Bauvorschriften bereits in der Antike vorhanden waren, ist mit einer Kontinuität der Grundrißverhältnisse über zwei Jahrtausende und mehr zu rechnen, während bei unstetiger Entwicklung keine Gewähr dafür besteht. Wie schwierig es immerhin ist, den Grundriß zu verändern, zeigt sich z. B. beim Wiederaufbau der deutschen Städte nach den Zerstörungen des Zweiten Weltkrieges. Unterirdische Versorgungsanlagen und besitzrechtliche Bindungen wirkten darauf hin, daß oft die alten Grundlinien der Gestaltung gewahrt blieben und die getroffenen Veränderungen mehr oder minder geringfügig sind. Bei den japanischen Städten hingegen, bei denen bis zum Zweiten Weltkrieg solche Versorgungsanlagen weitgehend fehlten, konnten sich in den zerstörten Städten stärkere Veränderungen durchsetzen, wie das bereits im Rahmen der inneren Differenzierung dargelegt wurde.

Allerdings veranlaßt das Baumaterial, das für die Gebäude der Städte verwandt wird, mitunter erhebliche Wandlungen, so lange, bis eine gültige Endform erreicht ist, die man sich dann zu erhalten bestrebt ist. Solche Verhältnisse waren vornehmlich dort entscheidend, wo bei fast ausschließlicher Holzbauweise Brandkatastrophen nicht ausbleiben konnten. Unter Mithilfe von Brandkatastrophen entstand in der Regel der planmäßige Grundriß der nordeuropäischen Städte, meist unabhängig von der Zeit ihrer Entstehung (Leighly, 1928). Insbesondere im 18. Jh. war man in Ost- und Westpreußen bestrebt, nach Bränden weitgehende Regulierungen des Straßennetzes vorzunehmen (Walther, 1960).

So erweist sich unter den dargelegten Voraussetzungen die Kontinuität des Grundrisses als ein wesenhaftes Element, und daraus schöpft die historisch-genetische Betrachtung ihre Quelle, wenngleich bei den orientalischen Städten dieses Moment auf die Durchgangsstraßen beschränkt bleiben muß und selbst hier nicht immer gewährleistet ist. Auf eine weitere Einengung der Kontinuität ist noch hinzuweisen. Konnte sich das Straßennetz über Jahrhunderte hinweg erhalten, so gilt das nicht unbedingt für die Grundstücksparzellierung. Wohl blieb zumeist der Standort kultischer und öffentlicher Gebäude erhalten, aber hinsichtlich der Wohngrundstücke ergaben sich im Laufe der Zeit mancherlei Veränderungen, die sich am besten an europäischen Beispielen fassen lassen, was später im Rahmen der Aufrißgestaltung zu behandeln sein wird (Kap. VII. F. 2.).

Zugunsten städtebaulicher Gesichtspunkte oder Notwendigkeiten, die sich aus dem städtischen Leben ergeben, können aber auch erhebliche Veränderungen vorgenommen werden, selbst dann, wenn es erforderlich ist, Vorhandenes niederzulegen. Allerdings ist und war diese Wandlungsfähigkeit, für die hohe Kosten aufgebracht werden müssen, in der Regel auf überragende Städte beschränkt, seien es Hauptstädte, wichtige Handelsstädte u. a. m. Rom und Paris, Moskau und Istanbul, sie alle unterlagen zu verschiedenen Zeiten, unter verschiedenen Bedingungen und mit verschiedenen Zielen solchen Umformungen, die als Beispiele für dieses Phänomen herangezogen werden sollen.

Rom, die Stadt der sieben Hügel, der Ausgangspunkt des Römischen Reiches und das Zentrum des römischen Imperiums, Hügel, Täler und Tiberebene in gleichem Maße umspannend – und Rom, die ewige Stadt, die Stadt der Päpste, die in ihrer Entwicklung zur Weltstadt von der Ebene wieder auf die Hügel hinaufwuchs (Creutzburg-Habbe, 1956). Wohl mag noch einiges an den Glanz des kaiserzeitlichen Rom erinnern, und die Stadtmauern des Marc Aurel aus der zweiten Hälfte des 3. Jh.s n. Chr. geben ihr noch heute einen gewissen Rahmen. Auf sie und ihre Stadttore mußte auch eine neue Entwicklung Bezug nehmen. Diese aber ging in erster Linie von den Päpsten aus, nachdem die Stadt im Mittelalter weitgehend in Trümmern lag und ihre Bevölkerung von etwa 700000 um 100 n. Chr. auf wenige Zehntausend im Mittelalter zurückgegangen war (Abb. 154). Den neuen Ansatzpunkt bildete die päpstliche Stadt am rechten Ufer des Tiber außerhalb der aurelianischen Mauer; im 9. Jh. erhielt sie eine besondere Stadtmauer. Doch erst um die Mitte des 15. Jh.s setzte die neue Entwicklung tatkräftig ein, wobei es sich nicht so sehr um ein Niederlegen von Altem, sondern um Neuschöpfungen handelte, die aus dem Geist der Renaissance und des Barock geboren wurden.

Einheitlich komponierte Platzbildungen, häufig mit strahlenförmig davon ausgehenden Straßenfluchten, erscheinen charakteristisch. Im Norden ist es die Porta del Popolo mit der Piazza del Popolo, von der aus die Via de Ripetta die gleichnamige Tiberbrücke berührt, die Via del Corso, in die Piazza del Venezia einmündend, und die Via Babuino, die an der Piazza del Spagna vorbeiführt. Ebenso strahlen von der Ponte San Angelo gegenüber der Engelsburg drei solcher Straßen aus, unter denen eine das früher gekennzeichnete Bündel schneidet und an der Piazza del Spagna ihr Ende findet. Abgesehen von dem Petersplatz selbst, von Bernini geschaffen (1656 bis 1667) und als eines der vollkommensten Barockwerke in die Kunstgeschichte eingegangen, war es Sixtus V. (1585 bis 1590), der, seiner Zeit und der vorhandenen Bebauung weit vorauseilend, die großen Straßenfluchten im Osten und Südosten veranlaßte, die zu den wichtigsten Verkehrsadern im modernen Rom wurden.

Anders liegen die Verhältnisse in *Paris*. Hier gab keine vorangegangene Zerstörung freie Bahn, hier mußten tiefe Eingriffe in Bestehendes vorgenommen werden, um eine Umgestaltung zu erzielen, die um die Mitte des 19. Jh.s durch Haussmann unter erheblichen Kostenaufwendungen durchgeführt wurde. Wohl spielte der immer intensiver werdende Verkehr eine Rolle, für den das vorhandene

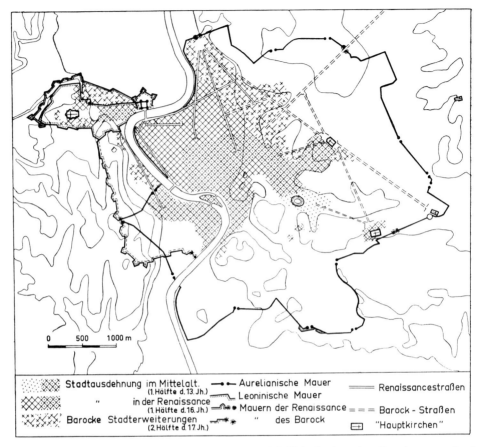

Abb. 154 Die Grundrißgestaltung von Rom bis einschließlich der barocken Erweiterungen (nach Creutzburg-Habbe).

Straßennetz nicht mehr genügte; aber in demselben Maße waren städtebauliche Erwägungen entscheidend, um Altes zu vernichten und Neues an die Stelle zu setzen. Besonders stark wurde die Cité auf der Seine-Insel davon betroffen, von der es Ende des 17. Jh.s hieß:

"C'est le quartier le plus peuplé et en même temps le plus incommode à cause de la confusion des maisons fort hautes la plupart, qui rendent les rues étroites et obscures" (Foncin, 1931, S. 496). Notre-Dame im Südosten und das Palais im Westen bildeten die alten Fixpunkte, um die eine klar gegliederte Neugruppierung breiter Straßen und regelmäßiger Plätze erfolgte; die einstigen Wohnhäuser verschwanden, und öffentliche Bauten traten an die Stelle. Aber auch sonst scheute man vor erheblichen Straßendurchbrüchen und -erweiterungen nicht zurück, legte Arterien durch die Stadt und schuf große Plätze, die sternförmig Boulevards und Avenuen aufnehmen, den Place de la Bastille oder den Place de la République, den Place de la Nation oder den Place d'Italie ebenso wie den Place de l'Opéra. Außer den an die älteren Befestigungen anknüpfenden Boulevards erhielt die Grundrißgestalt von Paris auf diese Weise ihr wesentliches Gepräge durch die großzügigen Sternplätze, unter denen der Place d'Etoile mit dem Triumphbogen zu den eindrucksvollsten zählt.

Dann überließ man Wachstum und Verdichtung sich selbst, bis nach dem Zweiten Weltkrieg erhebliche Wandlungen einsetzten mit der Absicht, Paris und seinen Vororten die Gestaltung zu geben, die der Funktion einer Hauptstadt gerecht wird und dies unterstreicht, was ohne Planung nicht mehr möglich erschien. Hand in Hand damit führte eine Verwaltungsreform dazu, diejenigen Bereiche, für die eine enge Bindung an Paris vorgesehen war, von solchen zu scheiden, die zunächst außerhalb

Die Physiognomie der Städte 915

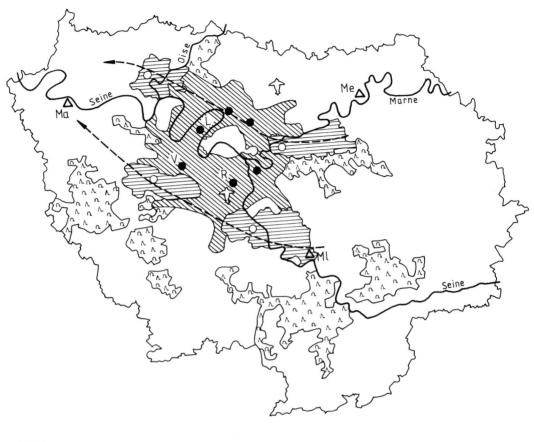

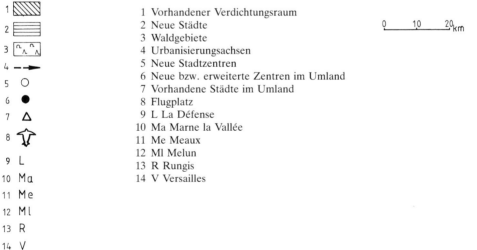

1 Vorhandener Verdichtungsraum
2 Neue Städte
3 Waldgebiete
4 Urbanisierungsachsen
5 Neue Stadtzentren
6 Neue bzw. erweiterte Zentren im Umland
7 Vorhandene Städte im Umland
8 Flugplatz
9 L La Défense
10 Ma Marne la Vallée
11 Me Meaux
12 Ml Melun
13 R Rungis
14 V Versailles

Abb. 155 Schema der Stadterneuerung bzw. -erweiterung in der Pariser Region (nach Beaujeu-Garnier).

bleiben sollten, so daß sich die so gebildete Région parisienne einschließlich von Paris selbst aus acht Départements zusammensetzt mit einer Fläche von 12 000 qkm und einer Bevölkerung von 9,9 Mill. (1975). Dem Institut d'aménagement et d'urbanisme obliegen die Planungen für die geschaffene Region.

Paris intra muros stellte hinsichtlich der vorgesehenen Modernisierung besondere Probleme, weil hier, zumindest im Kern, nur punkthaft vorgegangen werden konnte und der Bewahrung des wertvollen Baubestandes der Vorrang zukam. Das größte und in der Öffentlichkeit am meisten umstrittene Projekt bedeutete hier der Abriß der Großmarkthalle (Les Halles). In den südlichen, östlichen und nördlichen Randbezirken konnten stärkere Eingriffe vorgenommen werden. Hier handelte es sich um eine Entflechtung von Industrie und Wohnflächen und um eine Erneuerung des veralteten Baubestandes. Kleine Parzellen wurden zu größeren zusammengelegt, wobei man sich nach dem Abriß der früheren Bausubstanz eindeutig dafür entschied, Hochhäuser an die Stelle treten zu lassen, gleichgültig, welcher Nutzung sie zugeführt werden sollten (kulturelle Funktionen, Wohn-, Büroräume u. a. m.). Unter den umfangreicheren Projekten sei lediglich auf dasjenige von Maine-Montparnasse verwiesen, wo der Bahnhof Montparnasse neu gestaltet wurde, über dem sich Bürohäuser erheben, überragt von einem Turm von 250 m Höhe. Nachdem die Citroen-Werke verlagert waren, kleinere Industrieunternehmen und Lagerhallen zum Abbruch kamen, verwirklichte man im Südwesten das Projekt Front de Seine, wo auf einer Fläche von 87 ha Büro- und Wohntürme entstanden. Auf diese Weise wird der innere Kern allmählich von Hochhausbauten umrahmt. Dabei aber ließ man es nicht bewenden. In denjenigen Bereichen, die Paris intra muros kranzförmig umschließen, wählte man in etwa gleichmäßiger Verteilung Schwerpunkte für jeweils besondere Funktionen aus, zu denen etwa Versailles gehört, aber auch Rungis, das die Großmarkthalle aufnahm, verknüpft mit Wohnbauten und Geschäftszentrum. Vor allem bekannt wurde das im Westen gelegene La Défense, gekrönt von dem auf der Höhe gelegenen Centre national des industries et des techniques, einer Ausstellungshalle mit einer Fläche von 90 000 qm, dessen Dach als riesiges Betongewölbe erscheint. Der leichte Abfall zur Seine gestattete eine Abstufung der Hochhäuser, die teils als Wohnungen, insbesondere aber Büroräume nationaler und internationaler Industrieunternehmen dienen. Wenn das Département Seine fast 43 v. H. der Bürofläche der gesamten Région parisienne besitzt, dann ist das vornehmlich auf deren Häufung in La Défense zurückzuführen (Beaujeu-Garnier, 1977).

Schließlich griff man die Idee auf, „Neue Städte" zu schaffen, tat das aber in anderer Form als in Großbritannien. Von Paris 17-42 km entfernt (Marne-la-Vallée bzw. Cergy-Pontoise), mit einer Bevölkerung, die im Endstadium zwischen 300 000 und 1 Mill. liegen soll und im Jahre 1975 zwischen 83 000 und 234 000 schwankte (Cergy-Pontoise bzw. Evry), ziehen sie sich bandförmig zu beiden Seiten der Seine hin. Geschäftszentren, die zugleich kulturelle und solche Einrichtungen aufnehmen, die die zwischenmenschlichen Beziehungen stärken, bilden nicht unbedingt den Kern, sondern können auch randlich gelagert sein. Man war nicht darauf aus, allen Erwerbstätigen die Möglichkeit zu geben, in ihrem Wohnort ihren Beruf auszuüben, so daß lediglich in Cergy-Pontoise und in Melun-Sénart 50 v. H. und mehr Beschäftigung in ihrer „Neuen Stadt" gefunden haben (Abb. 155). Hinsichtlich der Funktionen war auf Bestehendes Rücksicht zu nehmen ebenso wie hinsichtlich der Bebauung, so daß es nicht geplante Gründungen aus einem Guß sind, zumal auch Privatinitiative zugelassen ist und der Anteil der Einfamilienhäuser zwischen 27 v. H. und 47 v. H. schwankt (Evry bzw. Melun-Sénart). Die britischen „Neuen Städte", in denen ohnehin das Einfamilienhaus den Vorzug erhielt und die sich in größerer Entfernung zum Zentrum ihrer Conurbation befinden (30-50 km), können als Industriestädte aufgefaßt werden, weil man beabsichtigte, Wohn- und Arbeitsort wieder zu vereinen, abgesehen davon, daß sie trotz Auflockerung stärker einem vorgegebenen Plan unterliegen.

Das schnelle Wachstum von *Moskau* nach dem Ersten Weltkrieg und seine Stellung als Zentrum der sowjetischen Macht weckten auch hier das Bedürfnis, dieser Funktion in der Gestaltung der Hauptstadt Ausdruck zu verleihen. Abgesehen von den Erweiterungen am Stadtrand (Kramm, 1959) ging es ebenfalls darum, Umformungen innerhalb der „Altstadt" vorzunehmen. Zwar wurde das Hauptmotiv der Grundrißgestalt, die radial-konzentrische Linienführung der Straßen (Abb. 150) nicht angetastet. Doch bedeuteten Verbreiterung der Boulevards, Vergrößerung der Plätze an den Schnittpunkten von radial und konzentrisch gerichteten Straßen, Ausweitung des Roten Platzes um fast das Zweifache, Vernichtung von etwa 330 Kirchen und Umwandlung einst bebauten Geländes in Parkanlagen recht starke Eingriffe in das früher Vorhandene mit der Tendenz, die unregelmäßige Ausformung einer planmäßigen zuzuführen (George, 1947, S. 370 ff.). Diese war mit einer Verbreiterung einiger Radialstraßen verbunden, etwa der früheren Krönungsstraße von Moskau nach Petersburg, der heutigen

Gorky-Straße, im 19. Jh. mit Adelspalais und den vornehmsten, meist in ausländischer Hand befindlichen Geschäften besetzt. So weit öffentliche Einrichtungen darin Platz fanden, versetzte man die Gebäude als Ganzes, und sonst wurden seit den dreißiger Jahren aufwendige, mit Säulen, Arkaden usf. versehene Bauwerke der Stalin-Epoche errichtet, deren äußere Pracht in keiner Weise der Innenausstattung entsprach. In den Randbezirken in der Nähe der Industriewerke wandte man sich auch dem Wohnungsbau zu, der aber gegenüber der Zahl der Zuziehenden zurückblieb, weil die erforderlichen Mittel nicht bereit standen. Seit Mitte der fünfziger Jahre wurde ein anderes Konzept geschaffen, indem einerseits dem Wohnungsbau der Vorrang gebührte, so daß 75 v. H. des Moskauer Wohnraumbestandes der Periode von 1955-1975 entstammt. Hinsichtlich der Repräsentativbauten wandte man sich den Beton-Glas-Konstruktionen zu in Hochbauweise, ob für Hotels, Kinos, Warenhäuser gedacht oder für öffentliche Zwecke wie der Turmbau der Zentrale des Rates für gegenseitige Wirtschaftshilfe (Karger, 1978, S. 171 ff.).

Die Altstadt von Istanbul zwischen dem Goldenen Horn und dem Marmarameer mit viermaligen Erweiterungsphasen, die sich durch Stadtmauern dokumentieren und deren letzte von Theodosius aus dem 5. Jh. n. Chr. stammt, war bis zum 19. Jh. durch das Sackgassenprinzip charakterisiert. Lediglich der Bazar und die Palastbauten machten eine Ausnahme. Nicht vorausschauend wie in Rom und nicht mit derselben Konsequenz wie in Paris, sondern langsam und den unmittelbaren Bedürfnissen Rechnung tragend, ging man seit dem Beginn des 19. Jh.s daran, einzelne Bezirke, die durch Brandkatastrophen vernichtet worden waren, mit einem planmäßigen Straßennetz auszustatten. Unter französischer Leitung seit dem Jahre 1930, unter deutscher seit dem Jahre 1956 ging man daran, radiale und tangentiale breite Straßenzüge anzulegen, zwischen denen die Baublöcke in rechtwinklig sich schneidenden Straßen angeordnet wurden, so daß nur knapp 50 v. H. der Altstadt-Fläche im orientalischen Grundriß verharrt (Stewig, 1964).

Schließlich bleibt noch, diejenigen inneren Umformungen zu betrachten, die in erster Linie auf Grund des modernen Verkehrs notwendig wurden und meist in der Richtung der größten Verkehrsspannung erfolgten. Es mag sich dabei um vereinzelte „linienhafte" Veränderungen handeln, die trotzdem die Wirkung haben, ältere Verkehrsstraßen außer Kraft zu setzen, und ebenso kann es zu rücksichtslosen Umgestaltungen kommen. Ob in Bagdad oder Kairo solche Durchbrüche die Einheit der orientalischen Gliederung auflösen oder ob in Schanghai oder Kanton das einst Gegebene weitgehend zerstört wurde, immer wird eine gewisse Uniformisierung und Abkehr von den traditionsgebundenen Formen erreicht. Auch dort, wo der Grundriß als geometrisches Schema erscheint, stellten sich Schwierigkeiten bei der Bewältigung des modernen Verkehrs ein. Ob beim Schachbrett oder bei ähnlich gearteten Formen, jeweils wurde das Fehlen von Diagonalstraßen bemerkbar, die man sich nun nachträglich zu schaffen bemüht, in den nordamerikanischen Großstädten nicht anders als in den lateinamerikanischen.

c) Das Wachstum der Städte und die Grundrißgestalt

Je kleiner eine Stadt ist, um so eher wird ihr Grundriß eindeutig der Gruppe der unregelmäßigen oder der planmäßigen Formen zugerechnet werden können. Dehnt sie sich in einem ihr angemessenen Rahmen aus, dann macht sich wohl der Unterschied zwischen dicht bebautem Kern und lockerer bebauten Erweiterungen bemerkbar. Wenn ersterer mehr oder minder unregelmäßig ist, dann zeigen letztere unter den modernen Bedingungen die Tendenz zu planmäßiger Gestaltung, wie es bei zahlreichen europäischen Städten zu beobachten ist. Umgekehrt weisen bei planmäßiger Anlage des Kerns die Erweiterungen unregelmäßige Züge auf, weil sie selten aus einem Guß geformt werden können; sie sind einerseits an Vorhandenes anzuschließen, und zwar in Abhängigkeit von dem Wachstum der Stadt, und andererseits bringt der Erweiterungsraum selbst ein eigenes Wegenetz mit, das u. U. in den städtischen Straßenverlauf eingeht. Nicht zufällig wird für nordeuropäische, japanische und teilweise auch amerikanische Städte immer wieder der Gegensatz zwischen dem planmäßig ausgelegten Kern und im Verhältnis dazu den unregelmäßig geformten peripheren Bereichen betont.

Bei Klein- und Mittelstädten wird es mit der dargelegten Unterscheidung meist sein Bewenden haben. Je größer aber eine Stadt wurde und sich aus bescheidenen Anfängen entwickelte, um so weniger läßt sich ihre Grundrißgestalt unter der Alternative unregelmäßig oder planmäßig begreifen. Wer vermag bei der planmäßigen Anlage einer Stadt in die Zukunft zu schauen, um zu sagen, ob und wie lange sie sich in den Grenzen hält, die ihr zugedacht waren? In Belo Horizonte (Abb. 153), das erst Ende des 19. Jh.s entstand, war bei der dort üblichen weitläufigen Bebauung der Raum innerhalb der Ringavenida bald zu klein. Neue Viertel bildeten sich im Anschluß an den Kern aus, die umrahmenden Hänge hinansteigend und im Grundriß nicht mehr das Schachbrett mit Diagonalfluchten einhaltend, sondern unter Verwendung des Schachbrettmusters in freierer Gestalt (Wilhelmy, 1952, S. 291). Was sich hier im Laufe von fünfzig Jahren vollzog und zu einer relativ einfachen, schon oben angedeuteten Gliederung des Grundrisses führte, ist bei andern in einen wesentlich längeren oder explosiveren Entwicklungsablauf gebettet. Wie die topographische Lage von Groß- und Weltstädten nicht durch einen einzigen Begriff charakterisiert werden kann, ebensowenig geht es an, ihre Grundrißgestalt durch einen solchen zu kennzeichnen. Es bleibt nichts anderes übrig, als Entwicklung und jeweilige Ausformung aufeinander zu beziehen. Auf diese Weise nur wird es gelingen, die Gestaltung der einzelnen Teilglieder zu verstehen und sie zu einem Gesamtbild zusammenzufügen, was dann selbst bei amerikanischen Großstädten mit ihrem Schachbrettsystem die Untersuchung lohnt. Konsequent durchgeführt heißt das, der Eigenständigkeit eines Stadtindividuums hinsichtlich der Grundrißgestaltung nachzugeben, was nicht im Sinne einer allgemeinen Betrachtung liegt.

So können hier nur gewisse Grundlinien dargelegt werden, die sich einerseits auf die Art des Wachstums und andererseits auf die Art der Ausformung beziehen, während die mannigfachen Kombinationsmöglichkeiten dann im Einzelfall nachgeprüft werden müssen und die Individualität einer Groß- oder Weltstadt ausmachen. Die Art des Wachstums einer Stadt mußte schon in mancher Beziehung berührt werden. Hier geht es darum, Wachstum und Grundrißgestalt aufeinander zu projizieren. Die Ausdehnung einer Stadt vollzieht sich zwischen zwei Extremen mit allen Übergängen, die nur gedacht werden können. Einerseits weitet sich eine Stadt linear längs der Hauptausfallstraßen in das umgebende Land, gleichgültig ob nach einer Richtung oder mehreren Richtungen. Andererseits ist man bestrebt, den kompakten Zusammenhang mit dem zuvor Gegebenen zu wahren, so daß ein mehr oder minder ringförmiges Wachstum resultiert. Eine vermittelnde Stellung nimmt die blockförmige Ausdehnung ein.

Der linearen Ausweitung begegnen wir bereits in vielfacher Weise bei den Städten der anautarken Wirtschaftskultur. Häufig genug läßt sich bei chinesischen Städten die Ausbildung von Vorstädten vor der Stadtmauer in Anknüpfung an Verkehrswege beobachten, und dasselbe zeigt sich bei orientalischen Städten oder denen des Mittelalters in Europa. Ein besonderes Ausmaß aber erreichte das linienhafte Wachstum im Rahmen der Ausdehnung der modernen Großstädte, denn nun gestatten die technischen Verkehrsmittel die Überwindung großer Entfernungen in geringer Zeit. So wurden die Eisenbahnen oder Ausfallstraßen mehr denn je zum Ansatzpunkt städtischer Bebauung, ohne daß der Kontakt mit der Stadt aufgegeben zu werden braucht. Das polypenartige Ausgreifen der Städte längs der Straßen ist in der modernen Entwicklung wohl überall bemerkbar, nicht nur bei europäischen, sondern auch bei sowjetischen und amerikanischen Großstädten. In Buenos Aires z. B. waren die ehemaligen Pampa-Pisten in dieser Hinsicht entscheidend, an denen sich jenseits des Kerns die lateinamerikanische Schachbrettform bricht und deutliche Unstetigkeiten im Grundriß hervorgerufen werden (Wilhelmy, 1963, S. 233). Ähnlich steht es in San Francisco, wo man darauf aus war, die exponierte und isolierte Lage des ursprünglichen Kerns zu mildern und die Erweiterungen längs einer entsprechenden Straße zunächst in der Richtung vorzunehmen, die eine Verbindung mit dem Festland garantierte. Auch hier entstanden dadurch Diskordanzen in der Grundrißgestaltung (Reps, 1965, S. 314). Weiterhin zeichnet sich das linienhafte Wachstum bei den wichtigen Städten Großbritanniens ab, die am frühesten der Großstadtentwicklung unterlagen. Hier war es zunächst am einfachsten und billigsten, die Bebauung längs vorhandener Straßen voranzutreiben, weil so die Ausführung von Zufahrtswegen auf ein Mindestmaß beschränkt und zudem öffentliche Versorgungsleitungen benutzt werden konnten. Das ist es, was man als „ribbon development" bezeichnet, dem erst durch die nach dem Ersten Weltkrieg einsetzende Stadtplanung entgegengearbeitet wird. Eine ähnliche Entwicklung treffen wir bei den sowjetischen Großstädten, bei denen zunächst die Eisenbahnen, nun aber auch die Straßen als leitend zu betrachten sind.

Dem linearen Ausdehnungsdrang steht das ringförmige Anwachsen gegenüber, das sich bei ausgesprochenen Küstenstädten notwendig auf einen Teilring beschränkt. Dies gilt vielfach auch für Flußstädte, vornehmlich in der Form, daß sich eine Uferseite bevorzugt entwickelt und die andere demgegenüber nachhinkt. Wie etwa in Florenz die erste Stadterweiterung nicht über den Arno hinausgriff (Abb. 145), wie sich das Wachstum von Moskau zunächst auf der linken Seite der Moskwa vollzog und die entsprechenden Ringstraßen jenseits des Flusses fehlten, so findet sich auch bei amerikanischen Städten die hemmende Wirkung der Ströme; letztere erweisen sich häufig als Nahtlinien verschiedener Schachbrettsysteme, wenn nicht gar das Konvergieren der Straßen auf Brücken weitere Unregelmäßigkeiten verursacht. Den vorindustriellen Städten war bzw. ist die ringförmige Ausweitung in besonderem Maße eigen. Ohne technische Verkehrsmittel mußte dem Streben nachgegeben werden, dem Zentrum möglichst nahe zu sein, was sich am besten durch eine gleichmäßige Ausweitung nach allen Seiten erreichen läßt. Darüber hinaus aber war zumindest für die Städte der Alten Welt weithin der Abschluß durch Stadtmauern charakteristisch, die von sich aus die Tendenz zu einem ringförmigen Wachstum auslösen. Wohl konnte bei linearer Ausdehnung ein Hinausschieben der Mauern in der einen oder andern Richtung zu einer gültigen und geschlossenen Umfassung führen, wie es z. B. die mittelalterliche Entwicklung von Regensburg zeigte (Abb. 146); aber mehr Raum war zu gewinnen, wenn man an eine allseitige Verlagerung der Mauern nach außen ging, sei es, um einen Status festzuhalten, der durch die Bebauung bereits vorweggenommen war, oder sei es, um einer zukünftigen Entfaltung den Weg zu weisen. Wie stark ein solch ringförmig geartetes Wachstum die Grundrißgestalt zu beeinflussen vermag, wird in den Ringstraßen oder Ring-Boulevards deutlich, wie wir sie in Köln oder Frankfurt a. M. treffen, in Mailand oder Florenz, in Paris, Wien oder Moskau. Weniger einprägsam, wenngleich vorhanden, zeichnet sich die ringförmige Ausdehnung bei amerikanischen Städten ab, und zwar in Diskordanzen der geometrischen Systeme. Wenn bei der modernen Großstadtentwicklung das konzentrische Wachstum zurücktritt und das Vorgreifen und Auffasern längs der Straßen überwiegt, so sucht man in den letzten Jahrzehnten von der Landesplanung, Stadtplanung und Raumordnung her diesem Vorgang Einhalt zu gebieten, um damit nach Möglichkeit der Stadt – aber auch dem Umland – wieder einen geschlossenen Rahmen zu geben.

Eine vermittelnde Rolle zwischen den beiden gekennzeichneten Extremen ist der blockförmigen Erweiterung zuzusprechen. Im Hochmittelalter wurde dies durch die Anlage von Neustädten bewirkt, wie wir es am Beispiel von Hildesheim sahen (Abb. 147); es begegnet uns aber auch in der Gegenwart vielfach, indem ausgedehnte Siedlungsblöcke dem Vorhandenen angelagert werden.

Läßt sich die Grundrißausformung von Stadterweiterungen nur unter Berücksichtigung des älteren Kerns vornehmen, so stellt sich eine weitere Einengung freier Gestaltung dadurch ein, daß bei starkem Wachstum mehr oder minder benachbarte Siedlungen in die Stadt aufgenommen werden, eine Erscheinung, die gerade im Hinblick auf die moderne Großstadtentwicklung das Typische ist. Ob das durch lineare, blockförmige oder ringförmige Ausweitung geschieht, immer bringen die einverleibten Siedlungen eine eigene Grundrißform mit, die sich nicht unbedingt auslöschen läßt, sondern im Straßennetz der erweiterten Stadt fortlebt. Dörfer und Städte gehen auf diese Weise in die Grundrißformierung von Groß- und Weltstädten ein und machen diese letztlich zur Conurbation bzw. zum Verdichtungsraum. Wie kompliziert ein zusammengesetzter Grundriß sein kann, zeigte Kolb (1978, Karte 3) am Beispiel von Manila, ohne daß hier näher darauf eingegangen werden kann.

2. Die Aufrißgestaltung

Besitzt der Stadtplan als zweidimensionales Element wesentliche Aussagekraft über Entstehung, Entwicklung und kulturelle Verwurzelung einer Stadt, so erhält ihre Physiognomie doch erst durch das dichte Zusammentreffen von Wohnhäusern und solchen Gebäuden, die für die zentralen und besonderen Funktionen notwendig sind, dreidimensionale Gestalt. Baumaterial und Hausform prägen die Erscheinung von Städten und stehen in engem Zusammenhang mit ihrer inneren Gliederung. Darüber hinaus kommt ihnen architektonisches Schaffen in besonderem Maße zugute, das aus der jeweiligen Kulturtradition schöpft, allerdings im Zeitalter von Weltwirtschaft und Weltverkehr einer gewissen Uniformisierung unterliegt.

Das verwendete Baumaterial erweist sich weitgehend abhängig von den natürlichen Gegebenheiten, ähnlich wie es beim Hausbau der ländlichen Siedlungen ist (Kap. IV. B. 5. a.). In der Nadelwaldzone Eurasiens sind vielfach „Holzstädte" charakteristisch. Überfluß an Holz, das zugleich ein leichtes Warmhalten der Räume während der langen und strengen Winter ermöglicht, hat trotz der Gefahren, die ein enges Aufeinanderrücken solcher Häuser mit sich bringt, immer wieder auf dieses Material verwiesen. In den nordeuropäischen Ländern spielt der Holzbau in den Städten eine erhebliche Rolle, so daß z. B. in Schweden die südliche Grenze vorwiegender Holzbauweise im Jahre 1930 auf der Linie Halmstad-Kristiansstad lag, sich gegenüber einem Jahrhundert zuvor nicht verändert hatte und nur Schonen ausschloß (Nelson, 1931). Sicher herrschen die Holzhäuser insbesondere in den kleineren Städten vor, während sie in den bedeutenderen auf die Außenbezirke beschränkt bleiben. Immerhin bedurfte es strenger Maßnahmen, um in Oslo nach einem Brande im 17. Jh. den Massivbau einzuführen (Isachsen, 1931), während Helsinki noch Ende des 19. Jh.s mehr Holz- als Massivhäuser hatte und auch heute nicht völlig als „Steinstadt" angesprochen werden kann. Daß sich in Polen oder im russischen Raum bis hin nach Igarka, dem unter sowjetischer Herrschaft geschaffenen Holzindustriezentrum am unteren Jenissei, der Holzbau in entsprechender Weise findet, bedarf keiner weiteren Erläuterung. Ist bei den ländlichen Siedlungen Japans der leichte Holzbau, vielfach aus Bambus, üblich, auch dort, wo er klimatisch ungeeignet ist, so wurde er ebenfalls in die Städte verpflanzt, um hier immer wieder die Veranlassung zu Brandkatastrophen zu sein.

In den einstigen Laubwaldgebieten West- und Mitteleuropas kommt dem Fachwerkbau erhebliche Bedeutung zu. Kleinere Reste erhielten sich in französischen Städten wie etwa in Dijon oder Troyes; bestimmender schon für das Stadtbild erscheint er in der Normandie, wo Bayeux erwähnt sein mag. Alte englische Städte, die nicht erst durch die Industrialisierung entstanden, werden teilweise durch Fachwerkbauten geprägt. Diese fielen in London zwar dem großen Brand im Jahre 1666 zum Opfer; doch sind sie z. B. für Stratford on Avon oder Worcester, für Shrewsbury oder York bezeichnend. „Fachwerkstädte" in denen die Altstadt weitgehend in dieser Bauweise erscheint, zeigen sich trotz der Zerstörungen während des letzten Krieges in vielfacher Form in Deutschland: in Eßlingen und Tübingen, in Fulda oder Hersfeld, in Osnabrück oder Soest, um einige Namen zu nennen. Wie der Fachwerkbau in den feuchteren Landschaften Anatoliens heimisch ist, so drang er hier auch in die Städte ein, falls nicht Naturstein zur Verfügung stand.

Lufgetrocknete Ziegel (Adobe) stellen das wichtigste Baumaterial in Trockengebieten dar, sofern nicht Lehmhütten oder Höhlen der ärmeren Bevölkerung als Unterkunft dienen. In Kairo wurden bis zum 14. Jh. luftgetrocknete Ziegel neben gebrannten so gut wie ausschließlich verwandt und geben noch heute den vorherrschenden Baustoff ab (Clerget, 1931, S. 529 ff.). Bis zur Mitte des 19. Jh.s waren sie für den Wohnbau der spanischen Kolonialstädte bestimmend, selbst dort, wo die klimatischen Verhältnisse dieser Bauweise nicht allzu günstig waren und Naturstein vorhanden gewesen ist (Wilhelmy, 1952, S. 99 ff.). Ländliche Wohnbauten aus pflanzlichem Material wurden häufig im Rahmen von Spontansiedlungen in den Städten der Tropen errichtet, falls man nicht im Anfangsstadium auf gesammelte Benzinkanister, Pappkartons u. a. m. zurückgriff. Wenn gerade in den Entwicklungsländern die soziale Abstufung innerhalb der Unterschicht von der

Bausubstanz abhängig gemacht (Kap. VII. D. 4. f.) und dabei vornehmlich auf den Unterschied zwischen standfestem bzw. provisorischem Material oder einer Mischung von beiden Wert gelegt wird, dann hat das bei einigen Einschränkungen, die sich in durchsetzbaren Baubestimmungen einstellen können, seine Berechtigung.

Wohl mag sich der in den Städten verwandte Baustoff vielfach in den Rahmen einfügen, der für die ländlichen Siedlungen gilt, wie es eben in kurzen Hinweisen skizziert worden ist. Aber weder Holz, Fachwerk oder luftgetrocknete Ziegel stellen bei gedrängter Bauweise, wo man u. U. bestrebt sein muß, bei knapp bemessenem Raum mehrere Stockwerke übereinander zu setzen, ideales Baumaterial dar, zumal wenn es darum geht, dauerhafte Gebäude zu errichten. Dieser Tendenz aber begegnen wir in den Städten in wesentlich stärkerem Maße als auf dem Lande. Monumentalbauten sollen nicht nur für die lebende Generation entstehen, sondern kommenden Geschlechtern zum Wahrzeichen werden. Zudem sind in den Städten – je bedeutender sie sind, um so mehr – wohl immer bestimmte soziale Gruppen vorhanden, Adel, Beamte, Bürger usf., denen das Wohnhaus nicht nur ein reiner und auf das Notwendigste beschränkter Zweckbau bedeutet, sondern die ihm auch hinsichtlich des Materials große Sorgfalt zukommen lassen.

Dort, wo sich geeigneter Naturstein findet, stellen sich seiner Verwendung keine Schwierigkeiten entgegen, und die Art des Gesteins trägt dann wesentlich zur Physiognomie einer Stadt bei. Der Granit gibt Avila das Gepräge, rötlicher Sandstein zeichnet die älteren Häuser von Salamanca aus (Jessen, 1930). Heller Tuff waren für Ürgüp und Nevşehir in Mittelanatolien bestimmend, und das Aufeinanderstocken des dunklen Andesit-Untergeschosses und des davon abstechenden hellen Tuff-Obergeschosses charakterisierte Kayseri (Bartsch, 1935, S. 186). In Deutschland sei aus der Fülle von Beispielen eines herausgegriffen, nämlich die Situation von Hannover, wo teils das Anstehende der Umgebung und teils importierter Stein für einzelne Bauwerke wichtig wurden. „Der gelblichweiße Deistersandstein oder der gleichaltrige Obernkirchener Sandstein sind echte Kinder der nächsten Berge im Bannkreis Hannover. Dann melden sich schon die Weserberge, sei es in Gestalt der graublauen und gelben Dolomite oder des roten Bundsandsteins aus dem Mittelwesergebiet an. Ihnen gegenüber haben von weiterher importierte Bausteine schon vor dem Kriege Fuß fassen können. Aber erst nach dem letzten Kriege erfolgte ein starker Einbruch von süddeutschem grauem Muschelkalk. Auch der Travertin, zunächst aus mittel- und süddeutschen Steinbrüchen stammend, ist heute sogar aus italienischen Vorkommen vertreten. Nicht zuletzt ist an die Eruptivgesteine zu denken, die bei wertvollen alten Bauten als Sockelsteine Verwendung fanden" (Keller, 1955/58, S. 102).

Wie stark in Mittelitalien die Tradition, Bauten in Haustein zu errichten bzw. zumindest die Fassaden mit entsprechenden Platten zu belegen, seit dem Mittelalter bis in die sechziger Jahre unseres Jahrhunderts lebendig war, zeigte Müller (1975) an Hand von Florenz, Prato bzw. Pistoia, wobei früher das entsprechende Material in der engeren Umgebung gewonnen wurde, bis mit Hilfe der modernen Verkehrsmittel auf Steinbrüche in größerer Entfernung zurückgegriffen werden konnte.

Fehlt Naturstein, dann ging man schon früh zum Brennen von Lehm über, um im Backstein einen haltbaren Baustoff zu gewinnen. Die Ausgrabungen in Harappa und Mohendjo-daro (Kap. VII. F. 1. a. α.) erwiesen, daß hier der Backstein zum Hausbau verwandt worden ist im Gegensatz zu den verwandten Kulturen Mesopotamiens, wo man sich zuerst mit luftgetrockneten Lehmziegeln begnügte (Waldschmidt, 1950, S. 5). Der Backstein wurde in den Flach- und Tiefländern weithin zum beherrschenden Baustoff. Zusammen mit Holz und Lehm zeigt er sich in den nordchinesischen Städten. In Kairo treten Backsteinbauten neben solche aus luftgetrockneten Lehmziegeln. In Aquitanien, z. B. in Toulouse, erscheinen die kleinen hellroten Ziegel bestimmend, und im nordeuropäischen Flachland setzte sich, ob nur für besondere Bauwerke oder den Gesamthabitus der Städte, der Backstein mehr oder minder durch. Es ist in diesem Zusammenhang nicht unwichtig, daß in bedeutenden Handelsstädten das Fachwerk am frühesten zugunsten des Massivbaus aufgegeben wurde, wie wir es in den Städten Flanderns oder der Niederlande beobachten können oder wie es sich in Bremen oder Lüneburg zeigt. Während man in Mainz noch im 17. Jh. überwiegend in Fachwerkhäusern lebte, spielte in Köln schon im 15. Jh. der Massivbau (Naturstein) eine Rolle, insbesondere bei Patrizierhäusern, und seit dem 14. Jh. holte man mittels der Flußschiffahrt Backsteine heran, um die Gefache auszumauern und den vorhandenen Fachwerkbauten größere Beständigkeit zu geben (Keussen, 1918, S. 80ff.). Die flämischen und niederländischen Handelsstädte ebenso wie etwa Bremen und Hamburg versuchten dagegen, Naturstein zu erhalten trotz der hohen Kosten, die der Transport verursachte, um Zierteile und ganze Fassaden damit gestalten zu können. Was hier nur an wenigen Beispielen herausgestellt werden sollte, einerseits das Bestreben nach dauerhaftem Material und andererseits die Unabhängigkeit von bodenständigen Baustoffen, verleiht städtischer Bauweise die besondere Note.

Industrialisierung, Verstädterung und Technisierung verschärften diese Tendenz und führten hinsichtlich des Baumaterials zu neuen Lösungen. Sehen wir von der weitgehenden Nutzung von Holz für die Wohnhäuser nordamerikanischer oder australischer Städte ab, lassen wir ebenfalls das für Westaustralien bezeichnende Wellblech außer acht, so war es zunächst die Massenproduktion gebrannter Ziegel, mit Hilfe derer man dem großen Bedarf nachkam, der durch das Wachstum der Städte entstand, auch in Gebieten, die Naturstein besitzen. Weitgehender Verputz geben dem Baumaterial als solchem geringere Ausdruckskraft als früher. Darüber hinaus aber gelang am Ende des 19. Jh.s die Entwicklung des Stahlgerüstbaus und die Verwendung von Portlandzement, womit jene Uniformisierung der Bauweise in die Wege geleitet wurde, der wir vor allem in den Groß- und Weltstädten der Erde begegnen.

Wie das Baumaterial ursprünglich dem der ländlichen Siedlungen entsprach, um dann den städtischen Erfordernissen angepaßt zu werden, so liegt es bezüglich der Hausformen nicht anders; auch sie wurden wohl zunächst im Rahmen der Entstehung städtischen Lebens dem Lande entnommen, um dann u. U. eine eigene Fortentwicklung zu nehmen. Deutliche Beziehungen zwischen ländlicher und städtischer Bauweise treffen wir z. B. in China, vor allem im Norden, wo man familienweise in eingeschossigen „von einer gemeinsamen Mauer umschlossenen und durch Höfe voneinander getrennten Gebäuden wohnte, die sich gegen die Höfe öffnen und der Straße die fensterlose Rückseite zukehren" (Schmitthenner, 1930, S. 95), wobei die Umfassung mit Mauern bis zur Gegenwart ein charakteristisches Merkmal abgibt. Auch in Japan, wo man vornehmlich nach dem Zweiten Weltkrieg die mehrgeschossige Bauweise zunächst bevorzugte, blieb es das Ideal, das ein-, höchstens zweigeschossige Haus aus Bambus als Heim der Familie zu besitzen, ohne daß sich eine nach europäischen Begriffen städtische Bebauung entwickelt hätte. Wie Wohntürme eine charakteristische Erscheinung des jemenitischen Gebirgslandes sind (Kap. IV. B. 5. b. α.), so fanden sie auch Eingang in die Städte, nicht unbedingt zu geschlossenen Straßenfronten vereinigt, sondern neben zweigeschossigen Häusern oder gar nur 4 m hohen Bazarläden aufstrebend, wie es von Sanaa oder Shibam in Hadramaut beschrieben wurde (Rathjens und v. Wissmann, 1929, S. 345; Leidlmair, 1961, S. 20). Sonst aber überwiegt in den orientalischen Ländern das um einen Hof gruppierte Flachdachhaus, das die Araber dem älteren Kulturbestand entnahmen (Wachsmuth, 1938), dieses aber insbesondere in den Städten zu hoher Vollendung führten, einerseits in Anpassung an die klimatischen Verhältnisse und andererseits den religiösen Forderungen des Islams gerecht werdend. Wohl zeigt sich das Hofhaus bereits in den ländlichen Siedlungen (Kap. IV. B. 5. b. α.), um in den Städten bei wesentlich beschränkterem Raum in die Höhe zu wachsen und zwei und mehrgeschossig zu werden, wie es sich etwa in Bagdad oder Kairo beobachten läßt. Ob auf römische oder maurische Tradition zurückgehend, übertrugen die Spanier das Hofhaus, das Patiohaus in die Neue Welt, allerdings überwiegend in eingeschossiger Form. Es stellt im spanischen Lateinamerika das koloniale Patrizierhaus dar, in das architektonisch vielfach maurische Einflüsse eingingen. Welch enger Zusammenhang zwischen ländlichen und städtischen Bauformen besteht, konnte Vosseler (1938) für die Schweiz erweisen. Nicht anders ist es z. B. in Niedersachsen; hier hört die Giebelstellung der Stadthäuser dort auf, wo auch in den ländlichen Siedlungen das längsgeteilte Einheitshaus seine Grenze findet (Schwarz, 1952). Immer aber gibt sich mit dem Aneinanderrücken der Häuser und der räumlichen Beengung die Tendenz zu erkennen, die Gebäude in die Höhe auszuweiten, ganz abgesehen von den Veränderungen der Innengliederung, die durch die städtische Lebensweise hervorgerufen wurden. Der Stockwerkhöhe als leicht faßbares Element für die Aufrißgestaltung der Städte besondere Aufmerksamkeit zuzuwenden, kommt demnach auch eine innere Berechtigung zu.

Stärker als auf dem Lande sind in den Städten soziale Unterschiede vorhanden, die in der Bauweise ihren Niederschlag finden. Wie sich z. B. in Lüneburg einst die durch die Saline reich gewordenen Patrizier zwei- bis dreigeschossige Backsteinbauten mit den hohen Treppengiebeln errichteten, so sind die Häuser der früheren Kleinbürger niedriger gehalten und in Fachwerk durchgeführt.

Die Bausubstanz von Alt-Lübeck ist zwar keineswegs einheitlich; doch läßt sich auch hier beobachten, daß die großen Backstein-Giebelhäuser, ob sie später einen Verputz erhielten oder nicht, bei einer Parzellenbreite von 7-9 m und einer Tiefe bis über 175 m den Patriziern gehörten, kleinere Giebelhäuser bei einer Breite von 5-7 m und einer Tiefe von 7-18 m im wesentlichen Handwerker aufnahmen. Seit der Renaissance kam die traufseitige Bebauung auf, die aber insgesamt zurücksteht. Die Unterschicht lebte in den sogenannten Ganghäusern, nachdem seit dem 14. Jh. Eigentümer daran gingen, die tiefen und nicht voll bebauten Grundstücke entweder dafür zu nutzen, kleine Häuschen zu Wohltätigkeitszwecken für die Armenpflege zu errichten oder 4 m breite und 5-6 m tiefe traufseitig aufgeschlossene, aneinandergereihte und unter einem Dach befindliche Häuschen zu vermieten. Als seit dem 18. Jh. die Eigentümer an den Mieteinnahmen nicht mehr interessiert waren, verkauften sie die Ganghäuser einzeln, meist an die früheren Mieter, so daß damit die rechtliche Fixierung der verdichteten Parzellen zustande kam. Da nur ein kleiner Teil der Innenstadt während des Zweiten Weltkrieges zerstört wurde und sich hier ein anderes Grundstücksmuster durchsetzte, war man sonst in Lübeck darauf bedacht, den historischen Baubestand zu wahren. Allerdings kam man an einer Reduktion der Gänge nicht vorbei, deren Zahl im Jahre 1787 sich auf 167 belief, um die Mitte der siebziger Jahre auf 70, wobei die geräumigen Grundstücke überwiegend in die Hände der Vorderhausbesitzer gerieten und dann das ursprüngliche Parzellierungsmuster wieder hergestellt war. Abgesehen von den Stiftungshöfen, wo man zu Verbesserungen schritt, kaufte sonst die Stadt die Ganghäuser auf und setzte Sanierungsmaßnahmen an, die teils den Altbesitzern zugute kamen und teils den Angehörigen wohlhabender Schichten, die bei Einhaltung gewisser Bestimmungen sich hier Zweitwohnungen errichteten (Lafrenz, 1977, S. 72 ff. und 83 ff.).

In Italien spielten in den aufstrebenden Städten des 12. Jh.s die wehrhaften Geschlechtertürme eine Rolle (case-torri), die das Stadtbild des kleinen San Gimignano (Abb. 143) noch heute bestimmen. Sie waren in Florenz ebenso vorhanden wie in Pistoia (Müller, 1975, S. 28 ff.) und haben sich in wenigen Exemplaren noch in Bologna erhalten. Nachdem die Fehden zwischen den rivalisierenden Ghibellinen und Guelfenfamilien an Bedeutung verloren, traten mit wachsendem Reichtum die Palazzis der Bankiers und Kaufleute an deren Stelle. Auf italienischen Einfluß sind die Geschlechtertürme in Regensburg zurückzuführen, die aus der Mitte des 13. Jh.s stammen und für die gegenwärtige Objektsanierung insofern Probleme aufwerfen, indem nach einer funktionsgerechten Nutzung gesucht werden muß (Kreuzer, 1970, Karte 84 mit Erläuterungen).

Sobald aber Städte eine große Zahl minder Bemittelter als Arbeitskräfte aufnehmen müssen, handelt es sich darum, billige Unterkünfte auf kleiner Fläche zu schaffen, das Haus als Wohnung der Familie aufzugeben und zum Mietshaus überzugehen. So haben die Mietshäuser in Kairo, hier als „rab" bezeichnet, die Aufmerksamkeit seit langem auf sich gelenkt. Vom traditionsgebundenen Hofhaus abweichend, wurden in Zeiten der Übervölkerung, wie vor allem im 13./14. Jh., sechs- bis siebengeschossige Mietshäuser errichtet, die u. U. zweihundert Menschen beherbergen mochten (Clerget, 1931, S. 539 ff.). In der heiligen Stadt Mekka und ihrem Hafen Djidda waren vor den modernen Umgestaltungen für die Wallfahrer vier- bis fünfgeschossige große Mietshäuser vorgesehen.

Zwar brauchen Mietshäuser nicht unbedingt in die Höhe zu wachsen, denn die frühesten Mietshäuser im südlichen Italien und Spanien besaßen teils ein bis zwei Geschosse (Abb. 144). Mietshäuser dürfen deshalb nicht mit mehrgeschossigen Wohnbauten gleichgesetzt werden, weder entwicklungsgeschichtlich noch in der gegenwärtigen Situation, sofern man hier an die unterschiedlichen rechtlichen Verhältnisse der Bauten denkt, die sich in den Spontansiedlungen der Entwicklungsländer finden.

Immerhin ist für Neapel bekannt, daß sechs- bis siebengeschossige Mietshäuser im ersten Drittel des 17. Jh.s bei dem erheblichen Bevölkerungszustrom während der spanischen Periode auftraten. Sicher ist Lichtenberger (1972, S. 10 ff.) darin Recht zu geben, daß große Städte, deren Bevölkerungszahl im Hochmittelalter mit etwa 20 000 anzusetzen ist, eher als Mittelstädte zum Mietshausbau übergingen. Ob sich aber ihre Hypothese halten läßt, „daß im kontinentalen West- und Mitteleuropa Mietshäuser sich von Neapel über Wien, Krakau, Warschau und Lublin" ausbreiteten, ein anderer Ast über das südliche Frankreich bis Paris verlief, ist in Zweifel zu ziehen. Die arkadengeschmückten Renaissancehöfe Italiens sollen dabei das Vorbild abgegeben haben, als man während der absolutistischen Periode für vermehrtes Hofpersonal, Beamte usf. Unterbringungsmöglichkeiten schaffen mußte, so daß zunächst die Mittelschicht in gemietete Etagenwohnungen zog. Letzteres wird sich bis zu einem gewissen Grade verantworten lassen, selbst wenn man in Betracht zu ziehen hat, daß Dienstwohnungen dabei eine beträchtliche Rolle gespielt haben, allein schon deswegen, um in größeren Territorien Beamte versetzen zu können.

Abgesehen davon haben die Renaissance-Arkaden Italiens – soweit bisher zu übersehen ist – kaum etwas mit den Laubengängen der Städte in der Schweiz, Österreichs, Deutschlands und Ostmitteleuropas zu tun. Die Lauben waren Bestandteil der Patrizierhäuser längs des Straßenmarktes oder Marktplatzes und dienten den einheimischen Kaufleuten zum Auslegen der zu verkaufenden Waren, um letztere vor Witterungseinflüssen zu schützen. Für Bern, wo auf die Erhaltung der Lauben Wert gelegt wurde, waren die Verbindungen mit Italien gering gegenüber denen mit Burgund, abgesehen davon, daß in der gedrungenen Architektur auch die Verknüpfung mit dem bäuerlichen Umland zum Ausdruck gelangte (Allemann, 1965, S. 137). Ob in Mittelwalde an der südlichen Grenze der Grafschaft Glatz die als Holzpfeiler angedeuteten Lauben eine Vorform darstellen, ehe man zum Steinbau überging, oder ob hier die Bürger sich zu keiner Zeit die Ausführung in Stein leisten konnten, muß ungeklärt bleiben. Manches spricht dafür, daß die Laubengänge bereits in das Hochmittelalter gehören, was dann eine Beeinflussung durch Italien ausschließen würde, zumal durch besondere Elemente wie Rolandsfiguren u. a. m. Verbindungen mit Flandern nachweisbar sind (Lopez, 1971, S. 15 ff., wichtig hier Diskussionsbemerkungen; Roslanowski, 1971, S. 49 ff.).

Wie bereits in Lübeck auf Veränderungen der Parzellengrenzen aufmerksam gemacht worden, so soll das nun an einem weiteren Beispiel dargelegt werden, um zu erkennen, wie bei wachsender Bevölkerungszahl im Rahmen der Frühindustrialisierung neuer Wohnraum geschaffen wurde.

Es sei dies am Beispiel von Alnwick in Northumberland, einst einer kleinen Burgstadt bzw. eines Einzelhandelszentrums getan, für das Conzen (1960) die Unterlagen gab. Hier läßt sich nachweisen, daß sich zwar im Kern das bis zum Hochmittelalter ausgebildete Straßennetz erhielt, sieht man von der teilweisen Überbauung des Marktplatzes in der frühen Neuzeit ab. In dem ältesten Teil waren die Parzellen schmal, aber von beträchtlicher Tiefe (142–174 m), so daß die Bebauung lediglich an der Front zum Marktplatz hin erfolgte, dahinter noch Nebengebäude und Gärten Platz fanden. Stärkere Veränderungen setzten erst seit dem letzten Viertel des 18. Jh.s ein, indem nun eine Auffüllung der noch nicht beanspruchten Parzellen durch Wohnhäuser (back-to-backs), Werkstätten u. a. m. einsetzte. Nur ein geringer Teil wurde offen gelassen, um einerseits den ein- bis zweigeschossigen Gebäuden etwas Licht zukommen zu lassen und andererseits den Zugang zu den einzelnen Hauseingängen zu ermöglichen. Einer solchen Ineinanderverschachtelung setzte man meist nach dem Zweiten Weltkrieg durch das slum clearing ein Ende.

In wesentlich stärkerem Ausmaß mußte man in den großen Städten im Zeitalter von Industrialisierung und Verstädterung versuchen, die zunehmende Bevölkerung unterzubringen. Abkehr von den traditionsgebundenen Formen, Übergang zum Mietshaus bei geschlossener Bebauung und äußerster Raumausnutzung (Mietskasernen) wurden für die kontinentaleuropäischen Großstädte weithin bezeichnend, während man in England und Wales in der Altstadt vorhandene Innenhöfe ausfüllte oder bei Stadterweiterungen für die Arbeiter Reihenhäuser als Doppelhäuser mit gemeinsamer Firstlinie errichtete (back-to-backs), so daß jede Wohnung ihren eigenen Eingang besaß und die zwei bis drei dazu gehörigen Geschosse übereinander angeordnet wurden (Leister, 1970, S. 46 ff.), in Schottland hingegen Mietskasernen die Oberhand gewannen.

Sonst war man u. U. bereits vor bzw. nach dem Ersten Weltkrieg bestrebt, den sozialen Forderungen im Wohnungsbau gerecht zu werden. Dabei lag das wesentliche Motiv im Übergang zur offenen aufgelockerten Bauweise, der Ausstattung der Häuser mit Gärten usf.

Da der Hausbau nicht mehr Sache des einzelnen blieb, sondern von Unternehmern, gemeinnützigen Gesellschaften oder von staatlicher Seite getragen wurde, entstanden im Rahmen der allgemeinen Tendenz zur Standardisierung große Bezirke einheitlicher Bebauung, ob in amerikanischen, europäischen Städten oder in solchen der Ostblockländer einschließlich der Sowjetunion, was sich nach dem Zweiten Weltkrieg sowohl bei Mietshäusern als auch bei Eigenheimen verstärkte.

Die Wahl des jeweiligen Haustyps allerdings unterliegt Schwankungen, die sich zwischen zwei Extremen bewegen. Das eine stellt das Einfamilienhaus dar, als Villa bzw. Bungalow großartiger und individueller gestaltet für besonders wohlhabende Kreise, bescheidener gehalten für weniger Bemittelte bis hin zu den Wohnwagenkolonien in den Vereinigten Staaten (Hofmeister, 1971, S. 99 ff.), den Afrikaner-Lokationen in der Südafrikanischen Republik oder den verschiedenartigen Hütten und Häusern der Spontansiedlungen in den unterentwickelten Ländern bis hin zum südlichen Europa. Bei ihnen wurden häufig zehn oder sogar mehr Typen unterschieden, weil teils die Art der Legalität einbezogen wurde (illegale, semi-legale oder später als legal anerkannte, wobei sich auch Zwischenstufen einstellen); weiterhin diente das verwandte Baumaterial zur Differenzierung (standfest gewordene Zelte, Verwendung von Schilf, Benzinkanistern usf. bis hin zu solchen, wo standfestes Material verwandt wird wie Ziegel oder Beton, bescheidene hygienische Einrichtungen vorhanden sind usf.). Relativ unabhängig von den politischen Systemen vollzog sich entweder ein Angleichen sozialer Unterschiede, oder es kam zu einer Verstärkung, letzteres dann, wenn Unterschicht-Ghettos (Vereinigte Staaten) oder Oberschicht-Ghettos (vornehmlich Lateinamerika) ausgebildet wurden.

Das andere Extrem ist durch den Hochhausbau gegeben. Dieser wurde in den Vereinigten Staaten, vor allem in Chicago und New York, entwickelt (Gerling, 1949), durchschnittlich wohl zwölf bis sechzehn Geschosse umfassend und zunächst lediglich für Geschäfts- und Bürohäuser vorgesehen; Steigerung nach der Höhe, zumindest für einzelne Gebäude, gab vor dem Zweiten Weltkrieg New York den Rekord, wo das Warenhaus von Woolworth (1913) 58 Stockwerke mit einer Gesamthöhe von 241 m umfaßte, das Chrysler Building mit 102 Stockwerken über und zwei unter der Erde eine Höhe von 379 m erreichte (Pillet, 1937). Nach dem Zweiten Weltkrieg setzte sich eine nochmalige Steigerung durch wie im Sears Tower in Chicago mit 110 Stockwerken und einer Höhe von 443 m. Hinsichtlich der Formen traten Veränderungen ein, indem man zunächst die Wände senkrecht in die Höhe zog, sie dann nach oben treppenförmig zurückversetzte, um nach dem Zweiten Weltkrieg zwischen einzelnen Stahlbetonpfeilern die Außenwände mit Glas zu verkleiden (Hofmeister, 1967). Ist auf diese Weise der Hochhausbau für den CBD nordamerikanischer Städte charakteristisch, so griff er in den „high rise-apartments" auch auf den Wohnbau über. Das blieb keineswegs auf die Vereinigten Staaten beschränkt, sondern wurde in den großen Städten von Kanada, Australien/Neuseeland und der Republik Südafrika übernommen bei unterschiedlichem Anteil der Verwendung für Wohnzwecke. Man wandte sich ihm in der Sowjetunion zu, für die Karger (1982, S. 518 ff.) die Unterschiede in deren Entwicklung für die stalinzeitliche Aera (1930 - etwa 1950), die Periode von 1960-1970 mit Wohnhochhäusern von zehn Geschossen und mehr, schließlich die darauf folgende Phase mit zwanzig und mehr Geschossen kartographisch darlegte. In Japan ging man nach dem Zweiten Weltkrieg sowohl bei Werkssiedlungen als auch innerhalb der Conurbationen zum Hochhausbau über. Dieses fand ebenfalls nach dem Zweiten Weltkrieg auch in europäischen Städten Eingang; das Hansaviertel in Berlin oder die wohl durchdachte Anlage der Gropiusstadt (Hofmeister 1975) legen beredtes Zeugnis davon ab, daß Möglichkeiten in dieser Beziehung sowohl für sozial gehobene Schichten als auch im Rahmen des sozialen Wohnungsbaus bestehen. Selbst in England ging man im Rahmen von Stadtsanierungen bzw. bei der Anlage der „Neuen Städte" teilweise dazu über. In den Entwicklungsländern nahm man mitunter den Hochhausbau nur für Gebäude besonderer Zweckbestimmung auf, wenngleich er meist unter gesondert gelagerten Verhältnissen (z. B. Hongkong oder Singapore) im Rahmen des sozialen Wohnungsbaus Aufnahme fand. Am frühesten setzte er sich in Lateinamerika durch (kurz vor dem Ersten Weltkrieg), um später meist für Wohnbauten gehobener Schichten (Eigentumswohnungen) Verwendung zu finden (Ausnahme Caracas).

So gibt sich in den Groß- und Weltstädten bzw. Verdichtungsräumen hinsichtlich Baumaterial und Hausform die Tendenz zur Uniformisierung zu erkennen, denn überall ist das mit der Verstädterung zusammenhängende Wohnungsproblem ähnlich geartet, überall gestatten die technischen Erfahrungen das Sich-Hinwegsetzen über natürliche Bedingungen, denen einst der Hausbau unterlag, und überall bringen der moderne Weltverkehr und immer bessere Kommunikationsmittel die Möglichkeit der schnellen Verbreitung neuer Ideen, die sich nicht allein auf die Baugestaltung auswirken, sondern auf alle Phänomene, die städtisches Leben betreffen.

Wohl ist das Endstadium in dieser Entwicklung selbst in den Groß- und Weltstädten in keiner Weise erreicht. In China legte man zwar die Stadtmauern nieder und suchte vornehmlich in der Hauptstadt, Plätze mit Repräsentativbauten zu schaffen und geht wohl sonst zum Bau von Reihenhäusern über, aber eine endgültige Vorstellung über den Aufbau der Städte ist wohl noch nicht gefunden. Noch immer spielen in Japan die kleinen Holzhäuser auch in den Groß- und Weltstädten eine Rolle, die im Jahre 1953 in Tokyo noch 95 v. H. aller Wohnhäuser ausmachten mit 4,5 qm/E. (Schöller, 1962, S. 211). Bei stark anwachsenden Bodenpreisen aber wachsen seitdem standardisierte Mietshäuser in die Höhe, deren Wohndichte sich kaum anders verhält als bei den Einfamilienhäusern. Man sollte das im Auge behalten, wenn es um die Beurteilung von Bauprojekten in den Entwicklungsländern geht. Die orientalischen Städte weisen mit ihren Moscheen eine stärkere Betonung der Vertikalen auf, wenngleich in unterschiedlicher Weise westliche Einflüsse eindringen. Den abendländischen Städten geben die romanischen, gotischen oder barocken Kirchbauten mit ihren Türmen zumeist die vertikale Mitte, und falls nur geringe Zerstörungen stattfanden, dokumentiert sich in den Häusern der Altstadt noch vielfach diejenige Epoche, in denen eine wirtschaftliche Blüte dem architektonischen Schaffen besondere Möglichkeiten bot, zumal die erlaubte Bauhöhe in der Altstadt vielfach davon abhängig gemacht wird, den früheren Rahmen nicht zu sprengen. Wenn früher hier die höchsten Gebäude lagen, die sich den Kirchbauten unterordneten, und nach außen die Bauhöhe niedriger wurde, so stellte sich nach dem Zweiten Weltkrieg häufig das umgekehrte Gefälle ein. Blieben die Zerstörungen gering wie z. b. in Wien, dann lohnt es noch immer, dem Beispiel von Hassinger (1916) zu folgen und den Hausbestand den verschiedenen Stilperioden zuzuordnen, denen die entstammen, was Lichtenberger (1951-1959, Bl. 121) in verfeinerter Form tat. Eine solche „kunstgeographische" Betrachtung würde für Prag eine lohnende Aufgabe sein, nur daß hier mehr noch als in Wien der Wohnungsbau den Vorrang hat und dem Staat dann die Mittel fehlen, all die vorhandenen Schätze in gutem Zustand zu halten. Es mag zur Eigenheit europäischer Städte gehören, daß auf diese das „historische Erbe" auch in der Aufrißgestalt nachklingt, wenngleich in der Regel nicht so weit zurückreichend wie die Grundrißausformung und im Laufe der Zeit stärkeren Veränderungen ausgesetzt.

Allerdings kommt den historischen Altbauten, zu denen man heute in der Bundesrepublik Deutschland bereits solche rechnet, die bis zum Ersten Weltkrieg entstanden (Jugendstil), eine besondere Problematik zu, weil – zumindest in Europa – die sozialen und wirtschaftlichen Verhältnisse ebenso wie der innerstädtische Verkehr (Kap. VII. G. 3.) derart schnellen Wandlungen unterlagen, daß es schwierig wird, das historisch Wertvolle sinnvoll zu nutzen. Denkmalschutzgesetze in den meisten europäischen Ländern, auch in denen der Ostblockländer und der Sowjetunion (Leningrad), tragen Sorge dafür daß kein unnötiger Abriß erfolgt, was meist durch Objekt- bzw. Ensemble-Sanierung erreicht wird. Teilweise bereits beim Wiederaufbau zerstörter Städte, sonst seit den sechziger Jahren, macht sich die Tendenz bemerkbar, die Citybildung zu vermeiden bzw. in der Altstadt Wohnungen vorzusehen, teilweise in Verbindung mit Geschäften und Dienstleistungsbetrieben. Sofern dafür unter Denkmalschutz stehende Gebäude in Frage kommen, tragen hohe Bodenpreise und ebensolche Baukosten dazu bei, einen entsprechenden Miets- bzw. Kaufpreis (Eigentumswohnungen) verlangen zu müssen. Das bedeutet, daß das Wohnen in Zentrumsnähe auf einkommensstarke Gruppen beschränkt bleibt, was dann vertretbar ist, sofern für die früher hier ansässigen sozial Schwachen geeigneter Wohnraum geschaffen wird. Daß in den Vereinigten Staaten ähnliche Probleme auftreten, wurde an anderer Stelle erwähnt (O'Loughin und Munski, 1979). Daß sich aber auch das Gegenteil einstellen kann, nämlich der vollständige Abriß historischer Viertel, falls sich deren Funktion im Gesamtgefüge wandeln, zeigt sich sowohl in London (Kap. VII. D. 4. b.) als auch in Paris (Abb. 155).

Eine Idealstadt, die allen sozialen, wirtschaftlichen, verkehrlichen und kulturellen Anforderungen genügt, kann es kaum geben. Zwar wies Moewes (1980, S. 539 ff.) auf Columbia/Maryland, halbwegs zwischen Washington D. C. und Baltimore gelegen hin; deren Entstehung und Entwicklung fand aber unter so günstigen Voraussetzungen statt, daß etwa im Gegensatz zu Reston mehr die unwiederholbare Einmaligkeit betont werden muß und trotzdem die Gefahr besteht, daß das bisher selbständige Gemeinwesen zum Vorort der benachbarten und zur Megalopolis gehörigen großen Städte herabsinkt, eine Übertragung auf andere Länder aber kaum möglich erscheint. Sowohl von französischer als auch von deutscher Seite, hier in erster Linie von Fritz Schumacher (1949, S. 133), bezog Stellung gegenüber der „ville radieuse" von Le Corbusier. „Die bestrickend vorgeführten Gedanken Le Corbusiers beginnen wieder die Gemüter zu bewegen. Er macht den Anspruch, ein Allheilmittel für die Großstadt darin gefunden zu haben, daß er statt der horizontalen Entwicklung unserer Städte die vertikale in ihrer äußersten Zuspitzung predigt. Das Wohnen will er in Wohntürmen von 40 Geschossen zusammendrängen, diese Türme könnten so weit auseinanderstehen, daß verlockende Grünflächen zwischen ihnen übrig bleiben".

Sie bedingen allerdings, daß die Verkehrsmittel, die solche Menschenballungen nicht nur innerhalb, sondern auch außerhalb der Bauten nötig machen, im gebundenen Verkehr unterirdisch und im freien Verkehr auf hochgelegenen Straßen laufen. – Da es aber erwiesen ist, daß alle Herstellungskosten sich bei Bauten über neun Geschossen unverhältnismäßig steigern und aller vertikaler Verkehr ungleich kostspieliger ist als der horizontale, ist es sehr zweifelhaft, ob auf solche Weise, auch wenn man diese Form des menschlichen Zusammenlebens für noch so wünschenswert hielte, erschwingliche Kleinwohnungen entstehen können. Der Gedanke der ville radieuse erweist sich vielleicht noch mehr als Papiergeburt, weil jedes allmähliche Heranwachsen einer solchen Stadt oder ein Einfügen in Bestehendes ausschließt". Wenngleich Schumacher in der Zwischenkriegszeit sich dafür einsetzte, nicht allein Eigenheime mit Gärten als die beste Lösung des Wohnungsproblems anzuerkennen, setzte er sich kurz nach dem Zweiten Weltkrieg für letzteres ein: „Wir müssen vom Hochhaus zum Flachbau übergehen" (1949, S. 137), was dann eine „Zersiedlung" mit sich gebracht hätte, die ebenfalls ihre Schattenseiten besitzt. Hingegen vertrat Walter Gropius (1980, S. 124 ff.) in seinem noch vor der Emigration nach den Vereinigten Staaten geschriebenen Aufsatz „Flach-, Mittel- oder Hochbau?" die Auffassung, daß ein Sowohl als Auch möglich und notwendig sei. „Der Flachbau ist nicht das Allheilmittel, logische Folge wäre die Auflösung und Verleugnung der Stadt. Auflockerung, nicht Auflösung der Städte ist das Ziel! Annäherung der Pole, Stadt und Land durch Einsatz unserer technischen Mittel und durch höchste Steigerung der Begrünung aller verfügbaren Flächen auf der Erde und auf den Dächern, so daß das Erlebnis der grünen Natur ein tägliches, nicht nur ein Sonntagsereignis ist.

Flach- und Hochbau sind entsprechend dem wirklichen Nutzungsbedarf nebeneinander zu entwickeln. Das Flachhaus möglichst als eingeschossiger Bau in den äußeren Stadtteilen mit niedriger Ausnutzungsziffer, das Hochhaus in rationeller Bauhöhe von 10-12 Geschossen und mit zentralen Kollektiveinrichtungen überall dort, wo sein Nutzungseffekt erwiesen ist, vor allem in den Zonen mit hoher Ausnutzungsziffer".

G. Besondere Probleme der Groß- und Weltstädte bzw. der Verdichtungsräume

Wenn wir die Groß- und Weltstädte noch einmal hervorheben, so gilt es zunächst, den Rahmen abzustecken, innerhalb dessen das geschehen soll. Städte unterscheiden sich in ihrer Funktion von den ländlichen und den zwischen Land und Stadt stehenden Siedlungen. Unter den zentralen Orten aber kommt den Groß- und Weltstädten eine Sonderstellung zu, nun nicht mehr allein innerhalb der Industrie-, sondern bereits ebenfalls in den Entwicklungsländern. Die Verstädterung als solche wurde, soweit notwendig, bereits behandelt (Kap. VII. B. 3), und sonst ist auf den Band Bevölkerungsgeographie dieses Lehrbuchs zu verweisen. Ebenso sollen bevölkerungsbiologische Probleme außer acht bleiben, denen sich Eickstedt (1941) bzw. Schwidetzky (1950 und 1971) von anthropologischer Seite zuwandten. Dasselbe gilt – von einigen Ausnahmen abgesehen – für physiologische und psychologische Folgen der Verstädterung (z. B. Hellpach, 1952), was wohl in der US-amerikanischen Literatur eine erhebliche Rolle spielt, Vergleiche zu andern hochentwickelten Industrieländern geschweige denn zu Entwicklungsländern kaum möglich sind. Soweit das für Groß- und Weltstädte von Belang ist, wurde bereits verschiedentlich darauf verwiesen. Dort kamen auch die sozialgeographischen bzw. sozialökologischen Fragen zur Sprache, die sich aus dem großstädtischen Leben ergeben. Die zahlreichen Gesichtspunkte, unter denen man die Großstadt zu erfassen bemüht ist, münden in die „Großstadtforschung" ein (Ipsen, 1959; Pfeil, 1972). Dabei werden die Gefahren aufgezeigt, die das flächenmäßige und – allerdings nur noch zum Teil – das bevölkerungsmäßige Wachstum der Großstädte hervorruft, die frühere Ordnung auflöst und zur Conurbation, städtischen Agglomeration bzw. zum Verdichtungsraum führt. Andererseits werden Wege gewiesen, um eine solche Entwicklung zu steuern, was man nicht zuletzt durch die Stadt- und Landesplanung sowie eine gelenkte übergeordnete Raumordnung zu verwirklichen sucht. In der Bundesrepublik Deutschland bieten die Veröffentlichungen der Akadamie für Raumforschung und Landesplanung bzw. deren Forschungs- und Sitzungsberichte mit 145 Bänden in dem Zeitraum von 1952-1982 das wichtigste, wenngleich nicht das alleinige Organ dieser Art, allerdings nicht nur Fragen der Großstadtforschung beinhaltend.

Wir aber haben uns damit zu beschäftigen, was Groß- und Weltstädte als Siedlungen für die darin lebenden Menschen für besondere Fragen aufwirft. Auf die Problematik der Abgrenzung von Verdichtungsräumen wurde bereits an anderer Stelle eingegangen (Kap. VII. A.), so daß hier – anders als in der dritten Auflage – darauf verzichtet werden kann. Das Stadtklima und dessen Folgeerscheinungen, die Versorgung mit Nahrungsmitteln, elektrischem Strom, Wasser usf. jedoch sind zu behandeln ebenso wie der innerstädtische- bzw. Vorortverkehr mit seinen positiven und negativen Auswirkungen, was teils Fragen der Umgestaltung der Oberflächengestalt und teils solche der Ökologie einschließt. Der in der dritten Auflage enthaltene Abschnitt „Die Verteilung der Groß- und Weltstädte" (S. 592) kann entfallen, weil einerseits in Kap. VII. B. 3 darauf eingegangen wurde und andererseits die entsprechenden Angaben auf unterschiedlichen Grundlagen beruhen. Man braucht nur an die Standard Metropolitan Statistical Areas in den

932 Die Städte

Vereinigten Staaten zu denken, die weder in Übereinstimmung mit den Stadtregionen oder den Verdichtungsräumen der Bundesrepublik Deutschland oder anderen europäischen Ländern zu bringen sind, um einzusehen, daß exakte Vergleichsmöglichkeiten nicht existieren. Schließlich entfällt Kap. VIII der dritten Auflage „Versuch einer siedlungsgeographischen Gliederung der Ökumene", was verschiedentlich in andern Abschnitten zum Ausdruck gebracht wurde.

1. Das Stadtklima und sein Einfluß auf die innere Differenzierung sowie die Grund- und Aufrißgestalt

Groß- und Weltstädte schaffen sich u. U. eigene Bodenformen, um den Zusammenhang ihrer Siedlungsfläche zu wahren und ihr Wachstum dorthin lenken zu können, wo wirtschaftliche oder verkehrliche Interessen es erforderlich machen. Abgesehen von dem „künstlichen" Boden, auf den später noch einmal hinzuweisen sein wird (Kap. VII. G. 3.), besitzen Groß- und Weltstädte bzw. Verdichtungsräume auch ein eigenes Mesoklima, von Eriksen (1975, S. 6) so benannt, weil diese Erscheinungen sich nicht auf die bodennahen Luftschichten von einigen Metern beschränken, sondern sich bis in eine Höhe von mehreren hundert Metern bemerkbar machen können. Einzuschließen sind auch mikroklimatische Erscheinungen, wie sie durch das dreidimensionale Relief der Städte hervorgerufen werden. Wie weit eine Einengung auf Groß- und Weltstädte berechtigt ist, muß später erläutert werden. Die großklimatischen Gegebenheiten werden dabei nicht aufgehoben, sondern erfahren lediglich Abwandlungen.

Entsprechend der Aufgabenstellung, wie sie die Überschrift dieses Abschnittes wiedergibt, und der hier gebotenen Kürze, muß auf die Ausführungen von Kratzer (1956), Geiger (1961), Eriksen (1975), Blüthgen-Weischet (1980) und Landsberg (1981) verwiesen werden, die entweder im Rahmen einer allgemeinen Klimageographie dem Stadtklima ein besonderes Kapitel widmeten, Stadt- und Geländeklimatologie miteinander verknüpften oder sich auf das Stadtklima als solches beschränkten; in lezterem Fall wird es jedoch immer notwendig sein, sich mit den Eigenschaften des nicht dem Einfluß der Städte unterworfenen Bereiches zu

Tab. VII.G.1 Vergleich zwischen Spurenstoffen in der reinen und verunreinigten Atmosphäre

Spurenelemente	Reine Atmosphäre		Verunreinigte Atmosphäre	
Feste Bestandteile, insbesondere Staub	0,01	$-$ 0,02 mg/m^3	0,07	$-$ 0,7 mg/m^3
Gasförmige Bestandteile				
Schwefeldioxid	10^{-3}	$-$ 10^{-2} ppm	0,02	$-$ 2,0 ppm
Kohlendioxid	310	$-$330 ppm	350	$-$700 ppm
Kohlenmonoxid		$<$ 1 ppm	5	$-$200 ppm
Stickoxide	10^{-3}	$-$ 10^{-2} ppm	10^{-2}	$-$ 10^{-1} ppm

Nach Georgii, 1963, S. 219; auch in Eriksen, 1975, S. 28; mg/m^3 = Milligramm/cbm; ppm = parts per million Volumeneinheit.

befassen. Infolgedessen kann hier nicht auf die seit den fünfziger Jahren verbesserten Meßmethoden eingegangen werden, die es gestatten, die Messungen an festen Bodenstationen durch mobile Meßfahrten oder durch Infrarotaufnahmen mit Hilfe von Flugzeugen usf. zu ergänzen (Eriksen, 1975, S. 9 ff.). Allerdings wird man sich im Folgenden meist damit begnügen müssen, die Verhältnisse in den Städten der Industrieländer in den Vordergrund zu stellen, weil dafür das meiste Material vorliegt.

Wohl jede Großstadt erscheint aus der Ferne in eine *Dunstschicht* gehüllt, was insbesondere an windstillen Tagen in den mittleren Breiten klar ausgeprägt ist. Hervorgerufen wird dies durch erhebliche Verunreinigungen der Luft (Gase, Ruß und Staub), die teils natürlichen Ursprungs sein können und teils durch Industrie, Hausbrand und Verkehr erzeugt werden (Tabelle bei Blüthgen-Weischet, 1980, S. 49). Außer den festen Bestandteilen spielen dabei Gase eine erhebliche Rolle, deren wichtigste in der Tabelle von Gorgii (1963) aufgeführt sind. Einerseits geben Staub und Ruß Kondensationskerne ab, und andererseits können sich die Gase bei bestimmten Konzentrationen nachteilig auf die Pflanzenwelt und das Wohlbefinden des Menschen auswirken. Die Schadstoffe oder Areosole gelangen als Emissionen in die Atmosphäre, halten sich dort je nach Größe der Partikel und den atmosphärischen Bedingungen im Schwebezustand, gehen u. U. untereinander oder mit anderen Stoffen chemische Verbindungen ein, um dann als Immissionen wieder abgesetzt zu werden (Blüthgen-Weischet, 1980, S. 48 ff.).

Die Verunreinigungen der Luft weisen eine erhebliche Schwankungsbreite auf, wobei Emissionen und entsprechende Immissionen, teils durch chemische Umsetzungen und teils durch Luftverdriftung bedingt, nicht dieselben zu sein brauchen. Die Witterungssituation, bei denen der Austausch mit der Atmosphäre gefördert oder gehemmt werden kann, die Geländeverhältnisse und die Rauhigkeit des Untergrundes, die sich bei der Dreidimensionalität der Städte besonders bemerkbar macht, gehen in die unterschiedlichen Konzentrationen ein.

Auf Grund amerikanischer Erfahrungen veröffentlichte Landsberg (1970, S. 366 ff.) eine Tabelle, die die durch die Verstädterung hervorgerufenen Klimaelemente im Vergleich zum offenen Land zum Gegenstand hat. Sie stimmt dort, wo Beziehungen mit der Aufstellung von Georgii möglich sind, nicht völlig überein, was im Grunde genommen auch nicht zu erwarten ist. „Die qualitativ und quantitativ wechselnden Emissionsquellen in den einzelnen Städten, die unterschiedliche Stadtstruktur und ihre großklimatische Einordnung machen einen direkten Vergleich von Städten etwa der USA und der Bundesrepublik fast unmöglich. Schon innerhalb der Bundesrepublik können bei einem Vergleich mehrerer Städte wesentliche Unterschiede etwa der mittleren Schwefeldioxidemissionen und -immissionen oder des Staub- und Bleiniederschlages auftreten" (Eriksen, 1975, S. 28). Zumindest aber gibt Landsberg einen Überblick, welche Faktoren für das Stadtklima wesentlich sind, teils unabhängig voneinander und teils im Zusammenhang miteinander (Tab. VII.G.2).

Breiten sich Städte in Mulden bzw. Kesseln aus, dann stellen sich überwiegend im Herbst Temperaturinversionen ein. Kältere Luft der benachbarten Höhen fließt dann meist an windschwachen Tagen unter Antizyklonaleinfluß in die Senke ab.

Tab. VII.G.2 Durchschnittliche Veränderungen, die durch die Verstädterung hervorgerufen werden

Klima-Elemente	Vergleich mit der ländlichen Umgebung
Luftverunreinigungen	
Kondensationskerne und feste Aerosole	10 mal mehr
Gasaereosole und ihre Umwandl.	5– 25 mal mehr
Bewölkung	
Dunst	5– 10 mal mehr
Winterl. Fog	100 v. H. mehr
Sommerl. Fog	30 v. H. mehr
Niederschlag	
Gesamtniederschlag	5– 10 v. H. mehr
Tage mit weniger als 5 mm N.	10 v. H. mehr
Schneefall	5 v. H. weniger
Relative Feuchte	
Winter	2 v. H. weniger
Sommer	8 v. H. weniger
Strahlung	
Globalstrahlung	15– 20 v. H. weniger
Ultraviolett-St., Winter	30 v. H. weniger
Ultraviolett-St., Sommer	5 v. H. weniger
Sonnenscheindauer	5– 15 v. H. weniger
Temperatur	
Jahresmittel	0,5– 1° mehr
Durchschn. Winterminimum	1 – 2° mehr
Dauer der Heizperiode	10 v. H. weniger
Windgeschwindigkeit	
Jährl. Mittel	20– 30 v. H. weniger
Sturmböen	10– 20 v. H. weniger
Windstillen	5– 20 v. H. mehr

Nach Landsberg, 1970, S. 374.

Dabei kann es zu Bodennebeln (0-2 m) kommen, die sich im Laufe des Tages wieder aufzulösen vermögen. Bei länger andauernder entsprechender Wetterlage kann der Nebel eine Höhe von 400-500 m erreichen, an deren Obergrenze sich eine Sperrschicht bildet. Sie fördert die Reflektion, die eine Energiezufuhr aus der Atmosphäre hemmt und an der sich, da durch die topographische Situation eine weitere Ausbreitung verhindert wird, eine Konzentration von Aerosolen und Wasserdampf mit sich bringt. Die Dunsthaube verdichtet sich nun zu Nebel mit einer Sichtweite von höchsten 1 km. Genetisch etwas anders zu deuten, schließlich aber einen ähnlichen Effekt herbeiführend, ist die Nebelbildung in den mittleren Breiten bei Hafenstädten, die vornehmlich im Winter auftritt, wenn das Meer wärmer als das Land ist. Dem Einfluß der Topographie auf Dunst- bzw. Nebelbildung widmete Eriksen (1975, S. 35 ff.) ein eigenes Kapitel, um die Bedeutung dieses Phänomens hervorzuheben.

Einige Beispiele der Luftverschmutzung sollen zur Erläuterung dienen, wobei allerdings bei den gasförmigen Elementen entweder die Angaben in mg/m^3 oder µg/m^3 (Millionstel g = 10^{-6} g) erfolgten, wie es sich nun allmählich durchzusetzen beginnt. Um die Originaltabelle von Georgii zu erhalten und dennoch einen Vergleich mit den neuen Bezeichnungen zu ermöglichen, wurden ihnen in Klammern die entsprechenden ppm-Werte hinzugefügt (Tab. VII.G.1).

In Freiburg i. Br. (1973: 175 000 E.), das weder als Groß- noch als Indutriestadt anzusprechen ist, zeigte sich vom Januar 1971 bis Ende Juni 1972 ein Gesamtmittelwert der Schwefeldioxid-Konzentrationen von 0,05 mg/m^3 (0,018 ppm), wobei die monatlichen Mittelwerte nie unter 0,3 mg/m^3 (0,11 ppm) absanken. „Die geringen Schwefeldioxid-Konzentrationen sowie das Fehlen von Groß-Emittenten lassen in Freiburg nur einen ausgeprägten Tagesgang entstehen" (Stadt Freiburg, Arbeitsbericht, 1974, S. 52). Dabei nehmen die entsprechenden Werte mit zunehmender Windgeschwindigkeit ab, und selbst im Winter sind Konzentrationen wenig ausgeprägt.

In demselben Arbeitsbericht wurden die Staubniederschläge und Bleikonzentrationen als Indikatoren für den Einfluß des Verkehrs innerhalb eines etwas kürzeren Zeitraumes (1 Jahr) gemessen. Der jährliche Durchschnitt der Staubniederschläge befand sich etwa in der Mitte der von Georgii angeführten Spannweite. Hinsichtlich der Bleistaub-Konzentrationen zeigte sich ein deutlicher Tagesgang mit Maxima am frühen Morgen (6^{30} h-8^{30} h) und am Nachmittag (16^{30} h-18^{30} h), wenn die Arbeit bzw. das Geschäftsleben beginnt bzw. aufhört, eine Erscheinung, die in zahlreichen großen Städten der Industrieländer gemacht wurde. Dabei erscheint es möglich, daß hinsichtlich der Konzentrationen eine Beziehung zur Größe der Städte vorliegt. Auch die Untersuchung der Flechtenvegetation, die von biologischer Seite als Anzeichen der Luftverschmutzung zumindest in Mitteleuropa gewertet wurde, wies in Freiburg keine besonderen Schädigungen auf. Von einigen Ausnahmen abgesehen, ließen sich hier mehr atypische als charakteristische Merkmale der Aresol-Konzentrationen feststellen, was im Abschnitt zuvor zur Begründung kam.

Allerdings bedeuten diese Ergebnisse nicht, daß das Stadtklima von Freiburg für die gesamte Bevölkerung zuträglich ist, denn die winterliche Nebelbildung im Zusammenhang mit Temperaturinversionen, die an heißen Sommertagen in manchen Stadtteilen auftretende Schwüle und der Einfluß des Föhns können sich gesundheitlich unangenehm bemerkbar machen.

Kehren wir zur Schadstoffbelastung unter besonderer Berücksichtigung der Schwefeldioxid-Immissionen zurück – die einzigen, bei denen die anthropogene Herkunft größer als die natürliche ist –, dann bietet sich Mannheim – Ludwigshafen – Frankenthal (1979: Mannheim 302 000 E., Ludwigshafen 161 000 E., Frankenthal 43 500 E.)[1] als Teil des Rhein-Neckar-Verdichtungsraumes an, zumal hier die Schwefeldioxid-Immissionen die höchsten Werte in Baden-Württemberg und in Rheinland-Pfalz abgeben, in Frankenthal durch Kohlenmonoxid ersetzt. Hier existieren Groß-Emittenten, die sich längs des Rheins konzentrieren (Abb. 130). Bereits Georgii und Hoffmann (1966, von Georgii in Kurzform 1970, S. 218 mit Abbildungen, S. 228 noch einmal wiedergegeben) untersuchten die Schwefeldioxid-Belastungen in 300 m Höhe und gelangten zu einem Höchstwert von 1200 µg/m^3 (0,44 ppm). Sie konnten ebenfalls die domförmige Aufbiegung bis etwa 700 m Höhe nachweisen bei nachlassender Konzentration, so daß die Belastungen nach der Definition von Georgii und Pendorf (1942) innerhalb der Grundschicht verbleiben (0-2 m bodennahe Luftschicht, 2-100 m Bodenschicht, 100-1000 m Oberschicht). Karrasch (1981, S. 180) und Dörrer (1981, S. 118 ff.) beschäftigten sich mit dem entsprechenden Phänomen für die bodennahe Luftschicht, ersterer lediglich für Mannheim, letzterer für Ludwigshafen – Mannheim – Frankenthal für das Jahr 1980 unter Benutzung des Emissionskatasters Mannheim

---

[1] Die Bevölkerungsangaben beziehen sich etwa auf die Zeit der Messungen.

Tab. VII.G.3 Schwefeldioxid-Immissionsbelastungen in Stadtteilen von Hannover im Jahre 1974/75

Maßeinh.	Jahres (LE)- bzw. max. Monatsmittel (KE)	Gesamtnetz	Stadtkern	Linden	Misburg	A. d. Horst Havelse Garbsen	Stöcken, Vinnhorst	Mühlenb., Oberricklingen	Grenzwerte der TA-Luft[1] vor 1975	nach
mg/m^3	LE	0,044	0,044	0,042	0,046	0,040	0,048	0,039	0,140	0,14
ppm	LE	0,016	0,016	0,015	0,017	0,015	0,018	0,014	0,052	0,05
mg/m^3	KE	0,171	0,155	0,155	0,169	0,170	0,195	0,141	0,50	0,40
ppm	KE	0,063	0,056	0,056	0,063	0,063	0,072	0,052	0,185	0,14

[1] TA-Luft = Technische Anleitung zur Reinhaltung der Luft
Nach Eriksen, 1978, S. 264.

– Karlsruhe und des Luftreinhalteplanes Ludwigshafen – Frankenthal. Mit einem Jahresmittelwert, den man als Langzeitwert benutzt, in Mannheim von 0,08 mg/m^3 (0,030 ppm) und in Ludwigshafen von 0,06 mg/m^3 (0,022 ppm) lag das Monatsmittel von drei repräsentativen Stationen meist unter dem Jahresmittel. Im Winter hingegen erfolgte ein beträchtlicher Anstieg, in Mannheim im Januar auf 0,15 mg/m^3 (0,056 ppm) und in Ludwigshafen auf 0,12-0,13 mg/m^3 (0,044-0,048 ppm), wobei diese Maximalwerte als Indikator für Kurzzeiteinwirkungen benutzt werden. Ein wenig einschränkend muß hinzugefügt werden, daß der Winter 1980 besonders streng war und das bei der Heizung frei werdende Schwefeldioxid sich nicht von dem durch die Industrie hervorgerufenen trennen läßt. Jeweils bei windschwachen Hochdrucklagen auftretend, hatte die vorherrschende Windrichtung – im Norden des Untersuchungsgebietes mit nördlicher und sonst mit westlicher Komponente – bestimmenden Einfluß auf die Ausbreitung der Schadstoffe. Längs des Rheins mit seinen Häfen und Industrieanlagen zeigte sich ein Nord-Süd gerichtetes Band besonders hoher Konzentrationen, wenngleich sonst Ludwigshafen weniger als Mannheim betroffen ist, wo die Ausdehnung nach Osten bis hin zur zwischenkriegszeitlichen Gartenstadt reicht (Abb. 130). Die auf den Verkehr zurückzuführenden Belastungen wurden durch Konzentrationen von Kohlenmonoxid wiedergegeben, so daß sich ein Vergleich mit Freiburg nicht ermöglichen ließ. Immerhin sei darauf verwiesen, daß in dieser Beziehung die „Altstadt" von Mannheim, die nach dem Zweiten Weltkrieg entstandene Siedlung Vogelstang (Abb. 130) und außerdem Frankenthal besonders betroffen sind. Mit der Flechtenkartierung in demselben Bereich (Karrasch, 1981, S. 188 und Abb. 8) stellte sich in Mannheim-Ludwigshafen, teils auch in Frankenthal die „Flechtenwüste" ein, der sich eine Übergangszone (Kampfzone) anschloß, die im Osten bis an die Bergstraße und im Westen bis an den Rand der Haardt reichte.

Obgleich Hannover (1973: 719 000 E.) als Industriestadt einzustufen ist und eine höhere Einwohnerzahl als Mannheim – Ludwigshafen – Frankenthal besitzt, waren hier die Immissionsbelastungen durch Schwefeldioxid relativ gering (1974/75), wie Tabelle VII.G.3 nachweist.

Die endgültige Beurteilung für die relativ geringe Luftverschmutzung in Hannover, die selbst in den Industriegebieten von Stöcken und Misburg (Erdölraffinerie und Zementwerke) die gesetzlich vorgeschriebenen Höchstgrenzen nicht erreicht, wenngleich der davon ausgehende Geruch in den guten Wohnanlagen des Ostens zu spüren ist, faßte Eriksen (1978, S. 267) folgendermaßen zusammen: „Die Ursache für die überaus positiv zu beurteilende Entwicklung kann einerseits in der besonderen meteorologischen Situation im Meßzeitraum mit günstigen Reinigungs- und Austauschmöglichkeiten in der Atmosphäre liegen, muß andererseits jedoch – und dieses Moment scheint gewichtiger zu sein – in der Umstellung der Heizmethoden ... gesehen werden. Vom TÜV (Technischer Überwachungsdienst Hannover e. V.) werden als weitere Ursachen genannt: die gestiegenen Heizkosten, der milde Winter im Untersuchungszeitraum und Rezessionserscheinungen in Industrie und Gewerbe", wobei die letzteren Erscheinungen nicht allein Hannover betreffen. Abgesehen von den Lageverhältnissen mit häufigem Fronten- und Luftmassenwechsel – insbesondere im Vergleich zu Mannheim – Ludwigshafen – ist wohl auch die andere Ausrichtung der Industriezweige zu berücksichtigen.

Oke und Hannel (1970, S. 113 ff.) beschäftigten sich in der Industriestadt Hamilton (Fläche 110 qkm, Bevölkerung 300 000 E.) im wesentlichen mit den Wärmeinseln, die aber in der Regel diejenigen Bezirke darstellen, die gleichzeitig die höchste Schadstoffbelastung besitzen. Hier ist die Schwerindustrie im Bezirk der östlichen See-Ebene im Süden des Hafens konzentriert (Stahlwerke, Maschinen- und elektrotechnische Industrie), der Central Business District mit Hochhäusern in der westlichen See-Ebene, und der Zwischenraum wird von Handelsbetrieben und Wohnungen eingenommen mit einem äußeren Kranz von Leichtindustrie. Darüber erhebt sich von Südosten nach Nordwesten die Niagara-Schichtstufe mit einem Höhenunterschied von 100 m, von zwei größeren Tälern durchschnitten. Die Landterrasse zeigt vornehmlich lockere Wohnhausbebauung, von einigen Hochhaus-Appartements durchsetzt. Damit ist die topographische und Gebäudesituation gekennzeichnet, die auf das Stadtklima von Hamilton einwirken.

Der Wärmeabgabe an die bodennahe Luftschicht durch ein Stahlwerk wurde besondere Beachtung geschenkt. Eine Beeinflussung durch die Gebäudestruktur scheidet hier aus, weil die Werke niedrig gehalten sind und einen genügenden Abstand voneinander besitzen. Ein Teil der erzeugten Wärme wird innerhalb des Betriebes verbraucht, ein anderer über hohe Schornsteine an die Oberschicht abgegeben, wo sich am Tage unter Verbindung mit Wasserdampf in 300 m Höhe Cumulus-Wolken bilden. Trotzdem erhält die Bodenschicht noch eine Wärmezufuhr von $0,53 - 0,80\,g\,cal\,cm^{-2}\,yr^{-1}$, was der Solarstrahlung an einem sonnigen Sommertag entspricht.

Bei vorherrschenden südlichen Winden bilden sich am Tage Wärmeinseln, die stärkste im Industriegebiet, eine etwas geringere im Central Business District und einige kleinere in der Höhe längs eines belebten Highways und schließlich bei einigen Konzentrationen von Hochhaus-Appartements. Das Problem mehrzelliger Wärmeinseln bzw. eines Wärmearchipels nach OKE (1969) ist später zu erörtern. Südliche Winde, die vorrangig sind, haben für die Schadstoffbelastung des Industriegebietes und des Central Business Districts den Vorzug, daß die Aerosole im wesentlichen dem Ontariosee zugeführt werden, so daß die Lage des Industriegebietes als günstig beurteilt werden muß. Bei starker Ausstrahlung am Abend über die zuvor erwähnten Täler, unter denen eines keine städtische Bebauung aufweist, schiebt sich Kaltluft in die See-Ebene und breitet sich hier längs der Unterkante der Schichtstufe aus, allerdings auf von Rasen durchsetzten Parkanlagen. Dabei machen sich zwei nach Norden gerichtete Ausläufer bemerkbar, einer, der dem entsprechenden Tal folgt, und der andere, der sich gegen den Central Business District vorschiebt, so daß an den genannten Stellen dann Nebelbildung einsetzt.

Bei geringer Windstärke (0-13 m/sec), klarem Himmel an nächtlichen Werktagen können sich die bisher dargelegten Verhältnisse ändern, nämlich dann, wenn der Temperaturunterschied zwischen dem nur selten einfrierenden See und dem Land einigermaßen ausgeglichen ist und nördliche Winde im Oktober und November die Oberhand gewinnen. Die beiden Hauptwärmeinseln erfahren dann eine Verlagerung nach Süden in jene Bezirke mit den höchsten Aerosolkonzentrationen, die größer als bei südlichen Winden sind, wobei nun ein Luftaustausch mit dem Hafen unterbleibt. Unter solchen Voraussetzungen ist die Küstenebene von Nebel erfüllt, zumal sich unter die allgemeine nördliche Luftströmung Kaltluft durch die Täler schiebt (Oke und Hannel, 1970, Fig. 3 und 4, S. 124).

Mit Absicht wurde dieses Beispiel angeführt, weil hier die komplexen Einflüsse zum Ausdruck gelangen, die in die Stärke der Schadstoffbelastung einzugehen vermögen, sei es die Topographie, Temperaturunterschiede zwischen See und Land, unterschiedliche Wetterlagen und nicht zuletzt die Art der städtischen Nutzung.

Für das Ruhrgebiet, das am stärksten belastete Industriegebiet in der Bundesrepublik Deutschland, sei auf die Untersuchung von Dornrös (1966) verwiesen, der Emissionen und Immissionen nach einer drei- bis vierfachen Rangskala (für die Immissionen z. B. hochgradig, stark, schwach und kaum luftverunreinigt) kartographisch darstellte (wiedergegeben bei Eriksen, 1975, S. 28) und ebenso den Flechten bzw. Nicht-Flechtenbewuchs als Indikator für Schädigungen heranzog.

Inzwischen veröffentlichte Karrasch (1983, S. 63 ff.) eine Untersuchung über die Schadstoffbelastungen im Ruhrgebiet, im Verdichtungsraum Rhein-Main und in dem von Rhein-Neckar in den üblichen

938   Die Städte

Maßeinheiten, nach Lang- und Kurzzeiteinwirkungen getrennt, wobei hinsichtlich sämtlicher ausgewählten Aerosole das westliche Ruhrgebiet die höchsten Konzentrationen aufweist, derart, daß im Rahmen der Kurzzeiteinwirkungen die gesetzlichen Grenzen häufig überschritten werden.

Wenn sich aus den früher behandelten Beispielen deutscher Städte keine Beziehung zwischen ihrer Größe und der Konzentration der Schadstoffbelastung herstellen ließ, dann ist das insbesondere auf die geringe Zahl zurückzuführen. Hinsichtlich der eben erwähnten Verdichtungsräume läßt sich schon eher ableiten, daß mit der Größe der Bevölkerung die Schadstoffbelastung wächst. Hinsichtlich der Vereinigten Staaten versuchte Georgii (1970, S. 220 und S. 231), eine solche Abhängigkeit zu beweisen, indem er das Freiland (Farm- und Weideland), die Außenbezirke, Städte von unter 700 000, von 700 000 – unter 1 Mill. und von 1 Mill. und mehr Einwohnern miteinander verglich. Doch lassen sich dabei einige Bedenken nicht ausräumen, die darin bestehen, daß man bei der Bevölkerung nicht übersieht, ob sie sich auf die Verwaltungsgrenzen oder die Standard Metropolitan Statistical Areas beziehen, außerdem bei den Städten mit weniger als 700 000 Einwohnern 117 Städte herangezogen wurden, bei denen mit einer größeren Bevölkerung zusammen nur 11. Letzteres dürfte nicht ausreichen, um individuelle Züge auszuschalten.

Dunst- bzw. Nebelbildung, die sich durch die Sichtweite unterscheiden, bilden nicht die einzigen, sich häufig negativ auswirkenden Elemente des Stadtklimas. Es kommt der *Smog* hinzu, bei dem man in der Regel den London- und den Los Angeles-Smog unterscheidet.

Der London-Smog stellt eine Verbindung von Nebel und Ruß dar. Falls während des Winters wärmere Luftmassen sich über die durch Bodeninversion ausgekühlten unteren Luftmassen legen, entsteht bei hoher relativer Feuchte zwischen beiden eine Sperrschicht. Diese sowohl als die topographische Lage der Stadt mit Kalkhöhen, die das Themsetal begrenzen, bewirken, daß ein Ausweichen der mit Ruß angereicherten Aerosole weder nach der Höhe noch nach den Seiten möglich erscheint. Durch den Ruß erhält der dichte Nebel eine gelblich-graue Farbe, und in Verbindung mit der Luftfeuchte teilt sich den Gebäuden die dunkle Färbung mit und greift u. U. auch die Bausubstanz an, was dann erhebliche Kosten für Reinigung bzw. Ersatz der Schadstellen verursacht. Am stärksten macht sich der London-Smog morgens, wenn die Arbeit in den Fabriken beginnt, der Hausbrand verstärkt wird und der Verkehr ein Maximum erreicht ebenso wie gegen Abend, bevor sich ein Nachlassen dieser Ursachen zeigt, bemerkbar. Die Schädigung der Atmungsorgane führte in verschiedenen Jahren zu einem Ansteigen der Todesfälle (Tab. VII.G.4).

Hinsichtlich des Los Angeles-Smogs liegen die Verhältnisse anders. In den sommertrockenen Subtropen macht sich die absteigende Luft des dann vorhandenen Subtropenhochs geltend. Bei nachlassender Luftfeuchte am Vormittag kommt keine Nebelbildung zustande. Die schnellere Erwärmung des Landes gegenüber dem Meer läßt es am Tage zu Seewinden kommen, die eine landeinwärts gerichtete Ausbreitung der Aerosole und mit Hilfe der Absinkinversion eine Konzentration der Schadstoffe bewirken. Das bringt einerseits Sichtbehinderungen mit sich (0,8-1,6 km), und andererseits erfolgen bei hoher Strahlungsenergie photochemische Umwandlungen. Zwar bildet sich die Konzentration der Aerosole am Vormittag

Tab. VII.G.4 Unterscheidungsmerkmale zwischen dem London- und Los Angeles-Smog

Kennzeichen	London-Smog	Los Angeles-Smog
Lufttemperatur	−3 bis 5°C	25–35°C
Relative Luftfeuchte	über 80 v. H.	unter 70 v. H.
Inversionstyp	Ausstrahlungsinversion	Absinkinversion
Windgeschwindigkeit	unter 2 m/sec	unter 2 m/sec
Häufigstes Auftreten	November-Januar	Juli-Oktober
Wichtige Komponenten	Schwefeldioxid und Folgeprodukte, Rußteilchen Kohlenoxid	Ozon, Stickoxide, Kohlenwasserstoffe, Kohlenoxid
Wirkung auf Reaktionspartner	Reduktion	Oxidation
Maximalkonzentration	morgens und abends	mittags
Belästigende Wirkung	Reizung der Atemorgane	Bindehautreizung

Nach Georgii, 1963, auch in Blüthgen-Weischet, 1980, S. 633.

aus – die umgebenden Höhen verhindern ein Ausweichen in dieser Richtung –, aber das Maximum zeigt sich um die Mittagszeit, wenn die Seewinde bereits nachlassen. Die etwa zwei Stunden vor Sonnenuntergang einsetzenden Landwinde – falls sie sich einstellen (Windstillen) – haben eine geringere Geschwindigkeit als die Seewinde und sind mitunter nicht in der Lage, sämtliche Aerosole genügend weit über das Meer zu verfrachten. Sie verbleiben dann in Küstennähe und gelangen mit dem am nächsten Tag einsetzenden Seewinden wieder in das Becken zurück. Auch die Pflanzenwelt kann Schaden nehmen, wobei es sich um hochwertige Kulturpflanzen handelt. Bei noch stärkerer Ausbildung des Smogs zeigen sich bei Menschen Bindehautentzündungen. Eine Verbreitungskarte über die Ausdehnung der Sichtbehinderungen, der Schädigungen von Spezialkulturen und der Bindehautentzündungen findet sich bei Leighton (1966, S. 166).

Wenn Eriksen (1975, S. 34/35) einige Einwände in der strikten Trennung des London- und des Los Angeles-Smogs machte, so hat das seine Berechtigung. Bereits in Mannheim ergaben sich Anzeichen für das Vorhandensein des sommerlichen Los Angeles-Smogs. Bestätigt wird das durch Untersuchungen in Washington, D. C. (Union Station), wo bei Windstillen im Sommer die höchste Konzentration von durch Oxidation entstandenen Aerosolen mit photochemischen Umsetzungen um die Mittagszeit erfolgt und Sichtbehinderungen von weniger als einem Kilometer verursachen (Landsberg, 1981, S. 38). Wenngleich unter andern klimatischen Bedingungen (Monsun) zeigt sich Ähnliches in Tokyo, wo hohe Konzentrationen von Schwefeldioxid (0,2 ppm) sich an winterlichen Tagen bei hoher relativer Luftfeuchte und geringer Windgeschwindigkeit einstellen und die Sichtweite auf 1-3 km herabsetzen. Umgekehrt kommt eine Konzentration gasförmiger Oxide vornehmlich im Sommer bei Absinkinversionen vor. Da die Seewinde zwischen 12 h und 14 h nachlassen, dann aber durch Einstrahlung auf dem Festland an Stärke gewinnen, verfrachten sie die entsprechenden Aerosole bis 40 km in die Kanto-Ebene hinein, so daß deren Konzentration am Nachmittag jeweils dann am höchsten ist, sobald sie die entsprechenden Abschnitte der Kanto-Ebene erreichen. Vereinzelt treten solche Situationen auch in anderen Jahreszeiten auf (Kawamura, 1977, S. 212 ff.).

Es stellt sich nun die Frage, ob sich die Luftverschmutzung fortsetzt oder ob man ihr Einhalt gebieten kann. Für letzteres existieren mehrere Möglichkeiten, indem bei Groß-Emittenten die Schornsteine erhöht werden, damit die Aerosole direkt in die Atmosphäre gelangen bzw. durch Filteranlagen die festen Aerosole einschließlich von Ruß abgefangen werden können. Sowohl in der Industrie als auch beim Hausbrand bringt der Übergang von Kohlefeuerung auf andere Energieträger (Erdöl und Erdgas) eine Verminderung des Smogs, wobei man beim Erdöl darauf zu achten hat, Entschwefelungen vorzunehmen bzw. von vornherein mit schwefelarmem Erdöl zu arbeiten. Hinsichtlich der Heizung – dort, wo sie aus großklimatischen Gründen notwendig ist – läßt sich eine weitere Einschränkung der Schadstoffbelastung durch Fernheizungen erzielen. Auch in bezug auf den Verkehr gibt es Möglichkeiten einer Verminderung der Aerosolkonzentrationen. Dazu trägt die Elektrifizierung der Eisenbahnen bei ebenso wie Benutzung bleifreien Benzins, wenngleich es im westlichen und mittleren Europa noch einiger Jahre bedarf, um dieses Ziel zu erreichen. Schließlich kann durch Ausschaltung von Parkplatzflächen im Bereiche von shopping centers oder Groß-Emittenten die in Bodennähe anfallende Schadstoffkonzentration so gut wie ausgeschaltet werden, wofür sich Tiefgaragen mehr als Hochhausgaragen eignen, was in manchen Fällen bereits zum Erfolg geführt hat.

Sind genügend lange Beobachtungsreihen vorhanden, dann lassen sich solche Verbesserungen erkennen.

Chandler (1965, S. 125) wies darauf hin, daß in London und den Schwerindustriegebieten Großbritanniens mit Hilfe des Clean Air Acts vom Jahre 1954 und dessen Verschärfungen im Jahre 1958 die Verunreinigungen abnahmen. Jenkins (1970, S. 294 ff.) stellte fest, daß sich bei einem Vergleich einer meteorologischen Station im Zentrum von London, dem Observatorium in Kew, fast 15 km südwestlich davon gelegen, und dem Royal Horticulture Society's Gardens in Wisley, fast 34 km südwestlich der Innenstadt, in der Periode von 1956-1967, bezogen auf diejenige von 1931-1960, die Sonnenscheindauer im Zentrum gerade im Winter sich um 50 v. H. erhöhte, was auf die Abnahme der Luftverschmutzung bzw. des Smogs zurückgeführt wurde.

Für Tokyo und andere japanische Industriestädte ließ sich nachweisen, daß vor und während des Zweiten Weltkrieges die Luftverschmutzung erheblich war, was sich mit der Abwanderung der Bevölkerung in die Verdichtungsräume und dem wirtschaftlichen Aufschwung nach dem Korea-Krieg verstärkte. Nachdem im Jahre 1962 ein Gesetz zur Verminderung der Luftverunreinigung erlassen wurde und in den Jahren 1956-1962 die Umstellung der Energiegewinnung auf Erdöl erfolgte, bewirkte das eine Abnahme der festen Aerosole unter die gesetzte Grenze, wenngleich nun ein Anstieg in der Konzentration der Schwefeldioxide zustande kam. Das im Jahre 1968 geschaffene Gesetz über „Air pollution control" mit der Erhöhung der Schornsteine und Entschwefelungsanlagen verursachte ein Geringerwerden dieser Art der Konzentration, allerdings unter beträchtlicher Erhöhung des photochemischen Smogs (Kawamura, 1977, S. 209 ff.). Das bedeutet, daß die Herabsetzung mancher Aerosol-Konzentrationen mit der Erhöhung anderer erkauft wurde. Dabei scheint die Verringerung des photochemischen Smogs am schwierigsten zu sein, wie es Leighton (1966, S. 165 ff.) und Neiburger (1957 bzw. McBoyle, 1973, S. 206 ff.) für Kalifornien bestätigten.

Auf die Behandlung der Schadstoffbelastung von Gewässern soll – mit Ausnahme der Trinkwasserversorgung und der Stadtentwässerung – hier verzichtet und in dieser Beziehung auf das Werk von Bretschneider, Lecher und Schmidt (1982) verwiesen werden.

Der „Glashauseffekt" der Dunsthaube trägt zur Ausbildung von *Wärmeinseln* über den Städten bei. Diese findet sich nicht allein bei Groß- und Weltstädten, sondern tritt bereits bei Klein- und Mittelstädten auf. Das wurde sowohl durch Untersuchungen in Lund (1968: 55 000 E.) nahe gelegt (Lindquist, 1968) ebenso wie für japanische Städte. Sobald in letzterem Fall die bebaute Fläche 60 v. H. und mehr erreicht, betrug der Temperaturunterschied zwischen einer Kleinstadt und dem offenen Land unter bestimmten Witterungsverhältnissen 1,5 °C, in Mittelstädten 3-4 °C und im Verdichtungsraum von Tokyo im Januar, wenn die Wärmeinsel am stärksten ausgeprägt ist, bis zu 8 °C (Kawamura, 1977, S. 221/21).

Nimmt man die Bevölkerungszahl als Maßstab für die Größe der Städte, so zeigte Oke (1979, wiedergegeben in Landsberg, 1981, S. 98), daß für zehn Städte in Quebec und weitere acht in Nordamerika sowie elf in Europa die Temperaturerhöhung mit steigender Bevölkerungszahl wächst, und zwar bei den nordamerikanischen Beispielen mehr als bei den europäischen, was u. U. teils auf die stärkere Ausbildung der Übergangszone und die noch größere Motorisierung in Nordamerika zurückzuführen ist und teils auch auf die Auswahl der Städte zurückgeht.

Allerdings kann wohl kaum eine lineare Beziehung zwischen Bevölkerungszahl und Stärke der Wärmeinsel hergestellt werden, weil die Art der funktionalen Stadttypen interferierend eingeht, in ausgesprochenen Industriestädten die Erwärmung höher ist als z. B. in solchen, die als Verwaltungshauptstädte eingestuft wurden.

Allerdings gilt eine solche Beziehung nicht allgemein. In den Polargebieten ist die Erwärmung in den Städten größer als es der Einwohnerzahl entspricht, und in den inneren Tropen tritt das Umgekehrte ein (Landsberg, 1981, S. 98), was durch die unten zu behandelnden Modellrechnungen von Terjung und Louie erklärbar wird.

Das Ausmaß der städtischen Wärmeinseln läßt sich nicht allein durch die Veränderungen deuten, die die Dunsthaube auf die Strahlungsbilanz ausübt, selbst wenn dadurch eine gewisse Steigerung der Temperatur in Städten gegenüber dem Freiland zustande kommt. Es gelangt die anthropogene Wärmeerzeugung hinzu, für die sich die Werte bei Blüthgen-Weischet (1980, S. 635) finden und hier nicht wiederholt zu werden brauchen. Schließlich ist die dreidimensionale Oberfläche in Städten zu berücksichtigen, die vornehmlich die kurzwellige Strahlung beeinflußt, so daß die Rauhigkeit der Oberfläche die Intensität der Wärmeinseln beeinflußt. Letzteres ging insbesondere in die Berechnungen von Terjung und Louie (1973, S. 201 ff.) ein.

Unter Zugrundelegung einer „synthetischen Stadt" bei Berücksichtigung von Gebäudehöhe und -tiefe, Breite und Verlauf der Straßen gelangten Terjung und Louie (1973, S. 201 ff.) für das Verhältnis von täglich absorbierter Sonneneinstrahlung in dreidimensionalen Städten zu der auf einer Ebene sowohl für verschiedene Klimazonen als auch für die Art der Wärmeinseln zu Ergebnissen, die nicht auf die mittleren Breiten beschränkt sind. Dabei wurden vier Zonen unterschieden, unter denen die beiden letzten (Vororte) nicht mehr in die Abbildungen eingingen.

Allerdings machen die Autoren drei Einschränkungen, indem sich einerseits die Berechnungen nur auf wolkenlosen Himmel beziehen, was in den inneren Tropen auf Schwierigkeiten stößt, andererseits, lediglich die kurzwellige Einstrahlung und

Tab. VII.G.5 Die angenommenen Zonen in einer synthetischen Stadt

Zone	Gebäudehöhe	Gebäudetiefe	Straßenbreite	Straßenrichtung
Zone 1	51–244 m	18,3–82,3 m	9,1–36,6 m	Ost-West-o. Nord-Süd
Zone 2	61–244 m u. 0– 15,2 m	9,1–30,5 m	9,1–18,3 m	Strassen durch Höchhäuser festgelegt
Zone 3	4,05–15,2m	9,1–30,5 m	9,1–18,3 m	Ost/West o. Nord/Süd
Zone 4	3,05 m	9,1 m	9,1 m	Ost-West u. Nord-Süd

Nach Terjung und Louie, 1973, S. 195, Text in Tabellenform wiedergegeben.

damit verbundene Absorption der Gebäude eingeht und schließlich die während des Tages vorkommenden Werte (7^{30} h–16^{30} h im Sommer in 40 ° Breite, 5^{30} h–18^{30} h im Winter) Berücksichtigung fanden, nicht aber die unterschiedliche Wärmeabgabe in der Nacht. Das bedeutet, daß die jahreszeitlichen Differenzierungen zum Ausdruck gelangen, nicht aber die innerhalb von 24 Stunden. Ist das Verhältnis von kurzwelliger Einstrahlung, bezogen auf drei Dimensionen zu der auf zwei größer als 1, dann heißt dies, daß die Gebäude mehr Wärme aufnehmen als das Freiland; liegt der entsprechende Wert unter 1, dann besteht kein erheblicher Unterschied zwischen beiden und die „Wärmeinseln" werden durch „Kälteinseln" abgelöst.

Am Äquator, d. h. in den inneren Tropen, haben die Wärmeinseln die geringste Intensität. Während der Äquinoktien können sie sogar verschwinden bzw. befinden sich in der Zone 1 und am inneren Rand der Zone 2, insbesondere bei Nord-Süd-Orientierung der Straßen, weil sich der Übergang von der Besonnung von Osten nach Westen sehr schnell vollzieht. Im „Winter" erscheinen Wärmeinseln in den südlichen Abschnitten der Zone 1 und 2, während sich im Norden mehr Kälteinseln ausbilden, und dort, wo hohe Gebäude die Einstrahlung von Süden her erhalten, ist die Absorption größer als im Norden. Die isolierten Kälteinseln in den Zonen 2 und 3 resultieren aus der Schattenwirkung hoher nach Norden gerichteter Gebäude. Während des „Sommers" liegen die Verhältnisse umgekehrt, indem die Zone 1 Wärmeinseln geringerer Intensität als im „Winter" besitzen und sogar Kälteinseln vorkommen, weil die Schattenwirkung hoher Gebäude nun erheblicher ist. Bereiche stärkerer Absorption zeigen sich jetzt am nördlichen Rand der Zone 1 beim Übergang in die Zone 2, vornehmlich dann, wenn der Sonne zugekehrte Hauswände mit Parkplätzen verknüpft sind. Hier kann es in den inneren Tropen zur höchsten Abweichung der Einstrahlung gegenüber dem Freiland kommen mit dem Maximalwert von 2,00-2,49.

In 40 ° Breite in den Subtropen sind die sommerlichen Verhältnisse ähnlich wie während der Äquinoktien in den inneren Tropen. Zwar existieren kleine Wärmeinseln in der Zone 1 und am inneren Rand der Zone 2, aber von geringer Intensität, und Kälteinseln fehlen, da der hohe Sonnenstand die Extreme der andern Jahreszeiten auslöscht. Während der Äquinoktien ist fast die gesamte Zone 1 von Wärmeinseln unterschiedlicher Größenordnung ausgefüllt mit dem Maximum im Süden (2,50-2,99) und einem gewissen Übergreifen in Zone 2. Die Schattenwirkung hoher Gebäude über Auto-Parkflächen läßt nun auch die Kälteinseln in Zone 1 und 2 entstehen. Am stärksten machen sich die Wärmeinseln im Winter bemerkbar, überwiegend in der Zone 1, wo die Schwankungen zwischen 1,5 und 5,0 und mehr liegen. Die besonders hohen Werte verbinden sich mit Hochhäusern, die nach Süden gerichtet sind und mit der beträchtlichen Wärmeabsorption durch die Straßen.

In den mittleren Breiten dehnen sich die Wärmeinseln bis in die Zone 3 aus, wenngleich die täglichen höchsten Verhältniswerte sich am Rande der Zone 1 befinden (bis mehr als 5,00). Trotzdem existieren Kälteinseln, die später noch einmal zu behandeln sind. Bei etwas veränderter Lage bleiben sie während der Äquinoktien erhalten, während sonst die Wärmeabsorption gegenüber dem Winter um die Hälfte abnimmt. Im Sommer stellen sich Verhältnisse ein, wie sie in etwa den tropischen Äquinoktien entsprechen.

In dieses Konzept passen sich die Beobachtungen von Ludwig (1970, S. 82 ff.; Ende der sechziger Jahre) in Fort Worth (0,5 Mill. E.) und Dallas (1,3 Mill. E.) in Texas gut ein. Dasselbe zeigte sich in San José, Kalifornien (0,7 Mill. E.). Die höchsten Tagestemperaturen in den Städten kommen mit mittlerer Gebäudehöhe (4-5 Stockwerke) bei sehr dichter Stellung vor, nicht aber im Central Business District mit seinen Hochhäusern. Wohngebiete oder solche, die eine Vegetationsdecke tragen, sind kühler, was nicht auf antizyklonale Wetterlagen bzw. Veränderungen der Bewölkung oder Windrichtung beschränkt ist. Zwar herrschen Wärmeinseln an windschwachen Tagen unter antizyklonalen Bedingungen vor, aber sie sind nicht völlig darauf beschränkt. Bei den Hochhäusern wird die direkte Sonnen- und die diffuse Himmelsstrahlung in der Höhe des Daches und etwas unterhalb aufgefangen und dient teils zur Wärme-Absorption der Wand unterhalb davon, ohne die unteren Stockwerke zu erreichen. Teils erfolgt von hier aus eine Reflektion auf die gegenüberliegende Wand, was wiederum zur Wärme-Absorption benutzt wird. Wenngleich hier auch tiefer liegende Stockwerke davon profitieren, so reicht die so gewonnene Wärmezufuhr nicht in die untersten Etagen und nicht auf die Straße. Bei den "densely packet buildings" mittlerer Höhe, wobei die im Rahmen der inneren Differenzierung herausgeschälte Übergangszone gemeint ist, gelangt die Einstrahlung bis auf den Grund, d. h. bis in das Niveau der Straße, was dann in den unteren Abschnitten zu den höheren Temperaturen am Tage führt (Ludwig, 1980, S. 85 ff. und Abb. 13, S. 104).

Ludwig (1970, S. 86 ff.) befaßte sich ebenfalls mit der nächtlichen Wärmeinsel, die u. a. daraus resultiert, daß die Ausstrahlung im Freiland größer als in Städten ist, weil hier die Wärmespeicherung am Tage zu einer Verlangsamung der Abkühlung führt. Landsberg (1981, S. 85 ff.) stellte manche Beispiele aus den Vereinigten Staaten zusammen, so daß z. B. bei isolierten shopping centers an windstillen und klaren Tagen die Wärmeinsel noch zwischen 22 h und 23 h besteht, die 2 °C über der Lufttemperatur liegt. An Tagen mit erheblicher Wolkenbedeckung und stärkeren Winden sinkt die Differenz auf 0,5 °C, wobei Unebenheiten im Gelände nicht hineinspielen. Bei kleinen Objekten, wie sie durch shopping centers gegeben sind, verschwindet die Wärmeinsel nach Mitternacht. In großen Städten bzw. Verdichtungsräumen hingegen bleibt sie bis zum Sonnenaufgang erhalten. Auf diese Weise sind Wärmeinseln vorwiegend, wenngleich nicht ausschließlich ein nächtliches Phänomen, worauf Weischet, Nübler und Gehrke (1974 bzw. Blüthgen-Weischet, 1980, S. 639) erhebliches Gewicht legten.

Ob innerhalb des Archipels der Wärmeinseln der Central Business District bzw. die City, die Übergangszone oder Industriekomplexe das Maximum aufweisen, stellt sich unterschiedlich dar. In den Vereinigten Staaten kommen solche Differenzierungen dann zustande, wenn entweder der Central Business District reduziert ist bzw. die Höhe der Gebäude gegenüber dem Durchschnitt absinkt und gleichzeitig die Übergangszone nicht klar ausgebildet ist, denn unter solchen Voraussetzungen befindet sich das Maximum innerhalb des Central Business Districts (Ludwig, 1970, S. 89), selbst wenn die entsprechenden Städte etwa dieselbe Einwohnerzahl besitzen. Es kann ebenso vorkommen, wie es zuvor am Beispiel von Hamilton/Kanada dargestellt wurde, daß Industriekomplexe das Maximum aufweisen. In europäischen Städten haben die bisherigen Untersuchungen in der Regel ergeben, daß das Geschäftsviertel in Mittelstädten bzw. die City in Großstädten mit dem Maximum aufwarten. Umgestaltungen nach dem Zweiten Weltkrieg allerdings können dazu führen, daß davon nur noch ein Teil der Altstadt betroffen ist, wie es für Freiburg i. Br. oder Bonn (Kessler, 1971, S. 20) zu erkennen ist (Weischet, Nübler, Gehrke, 1974, S. 44). Dort wo Bauverordnungen mit einer Beschränkung der Gebäudehöhe in der Altstadt bzw. der City nach dem Zweiten Weltkrieg beträchtlich gelockert wurden wie z. B. in Frankfurt a. M., muß damit gerechnet werden, daß sich ähnliche Verhältnisse wie in den Städten der Vereinigten Staaten ausbilden und sich ringförmig angeordnete Zellen um die City einstellen. Zwar wurde Höchst mit der chemischen Industrie im Rahmen der nächtlichen Temperaturverteilung nicht mehr erfaßt; wohl aber geht indirekt aus der Windverteilung bei Strahlungswetter (Flurwind) hervor, daß hier eine Wärmeinsel existiert (Georgii, 1970, S. 232 und S. 234), ohne daß sich ausmachen ließe, wo das Maximum liegt. U. U. können sich im Rahmen der Suburbanisierung von Industriezweigen mit erheblicher Wärmeproduktion auch hier Wärmeinseln ausbilden. In Mexico City ist zwar der kompakte Kern im jährlichen Durchschnitt um 2 °C wärmer als das Freiland, aber im nördlich davon befindlichen Industriegebiet stellt sich ein sekundäres Maximum ein (Jauregii, 1973, S. 300), insbesondere während der Trockenzeit (Oktober bis April).

Kälteinseln sind nicht allein von der Bauweise abhängig, sondern können durch Park- und Grünanlagen verursacht werden. Eriksen (1975, S. 37 ff.) machte darauf aufmerksam, daß diese eine gewisse Größe aufweisen müssen – ohne allerdings Werte anzugeben. Daß kleine entsprechende Flächen hinsichtlich ihrer Temperatur sich nicht von der städtischen Wärmeinsel abheben, bestätigte Lindquist (1968,

S. 66) für Lund. In Hannover jedoch, das über 1200 ha Erholungswald und 1800 ha allgemeine Grünflächen verfügt, kommt dieses Moment durchaus zum Tragen (Eriksen, 1978, S. 255 und 261), und auch der kleinere Hyde Park in London (125-140 ha) gibt sich als Kälteinsel gegenüber den benachbarten Straßen und dem bebauten Gelände zu erkennen; hier liegen die durchschnittlichen Tagestemperaturen an sonnigen Tagen um 1,3 °C niedriger als in der Umgebung (Chandler, 1965, S. 172).

Der Übergang von den städtischen Wärmeinseln zum Freiland erfolgt in der Regel schroff mit einer dichten Scharung der Isothermen, allerdings verbunden mit gewissen Verlagerungen, die durch unterschiedliche Strahlungsverhältnisse innerhalb des Tages und der Nacht verursacht werden. Ähnlich wie die Dunsthaube erhalten die Wärmeinseln eine domförmige Aufwölbung, die nach japanischen Untersuchungen in Mittelstädten die Höhe der Gebäude um das drei- bis fünffache übersteigt (30-40 m), in Tokyo hingegen auf 100-150 m veranschlagt wird (Sekiguti, 1970, S. 138). Das stimmt mit den Beobachtungen von Chandler (1965, S. 175 ff.) für London in etwa überein, der 50-150 m angab, ebenso wie mit denjenigen von Clarke (1968) bzw. Clarke und McElroy (1970, S. 108) für Cincinnati, die allerdings unter bestimmten Voraussetzungen, die hier nicht mehr erörtert werden können, eine Ausdehnung bis 400 m fanden.

Tab. VII.G.6 Jährlicher Temperaturanstieg in großen japanischen Städten in °C/Jahr

Stadt	1885–1935	1935–1965
Tokyo	0,009	0,032
Osaka	0,015	0,029
Kyoto	0,010	0,032

Nach Fukui, 1977, S. 288.

Die Wärmeinseln in den mittleren und höheren Breiten zeichnen sich durch eine geringere Mächtigkeit der Schneedecke aus. Besonders genau in dieser Beziehung sind die Untersuchungen von Lindquist (1968, S. 88 ff.) für Lund.

Teils abhängig von der Stärke des Schneefalls, der in den höheren Geländeabschnitten größer als in den niedriger gelegenen ist und teils auf das unterschiedliche Auftauen zurückzuführen, zeigt sich in der äußeren Umrahmung eine Mächtigkeit der Schneedecke von 6,5-8 cm (Januar bzw. Februar) und in der Innenstadt von weniger als 3 cm, was hier durch das schnellere Auftauen verursacht wird, zumal die Temperatur etwas über 0 °C liegt, in der Umgebung aber unter dem Gefrierpunkt. Durch Luftaufnahmen konnte der Abschmelzprozeß weiter verfolgt werden, insbesondere hinsichtlich der geneigten Dächer, die in der Umgebung fast zwei Drittel mehr Schneebedeckung aufweisen als in der Innenstadt.

Geringere Schneedecke und Frosthäufigkeit wirken sich wiederum auf die Vegetationsperiode aus. Für Washington, D. C. beginnt die frostfreie Zeit in der zentralen Stadt etwa drei Wochen früher als im Freiland und hört im Herbst zwei Wochen später auf. In Moskau verlängert sich die frostfreie Zeit im Jahr auf 30 Tage (1958) und in München auf 61 Tage (Landsberg, 1981, S. 121).

946　Die Städte

Liegt Beobachtungsmaterial über längere Perioden vor, dann läßt sich in wachsenden Städten eine Verstärkung der Wärmeinseln feststellen. Das zeigte Mitchell (1961, teilweise in Landsberg, 1981, S. 91) an amerikanischen Beispielen, wobei zwischen dem Ende des 19. Jh.s und etwa der Mitte des 20. Jh.s die durchschnittliche jährliche Erwärmung gegenüber dem Freiland bei etwa 0,04-0,02 °C lag, im Winter am geringsten und im Sommer am höchsten war. Als Ursache dafür kommt die Änderung der Strahlungsbilanz bzw. die Wärmeabsorption durch Häuser und Straßen in Frage. Ähnliche Ergebnisse wies Dettwiller (1970 bzw. Landsberg, 1981, S. 87 ff.) in Paris für den Zeitraum von 1880 bis 1960 nach. Fukui (1977, S. 286 ff.) verglich den jährlichen Temperaturanstieg in den Perioden 1885-1935 und 1935-1965 bei stagnierenden und wachsenden Städten. Im ersteren Fall ließ sich kaum ein Unterschied feststellen, im letzteren war er erheblich (s. Tabelle VII. G. 6.).

Wenn hier der Anstieg in dem Zeitraum von 1935-1965 größer war als bei den amerikanischen oder europäischen Großstädten, dann hängt das mit der späteren Industrialisierung, der Aufnahme der Errichtung von Hochhäusern und von asphaltierten Straßen zusammen.

Verfolgt man die Landnutzung mit der Temperaturdifferenz zwischen Stadt und Land (Δt_{u-r}), wofür Oke (1973 und 1976) sowie Fukui (1957) u. a. unterschiedliche mathematische Ableitungen insbesondere in der Abhängigkeit von der Bevölkerungszahl fanden (absolute Bevölkerungszahl, Logarithmus der B., Quadratwurzel der B.), dann besteht die Möglichkeit, nicht allein die Temperaturerhöhung im Laufe einer Periode zu bestimmen, sondern auch die räumliche Ausweitung der Wärmeinseln.

Das ist insbesondere für Tokyo durch Yoshino (1981) geschehen, was hier als Beispiel angeführt werden soll, allerdings beschränkt auf die Zeiträume 1914 bzw. 1975 und 1916-1925 sowie 1971-1975.

Damit sind die Wärmeinseln von 132 qkm auf 639 qkm oder um fast 18 v. H. angewachsen, beziehen auch die innerhalb des Verdichtungsraumes gelegenen andern Siedlungen ein und haben selbst Einfluß auf Feldland und Parkanlagen gewonnen.

Daß sich Wärmeinseln sehr schnell auszubilden vermögen, zeigte Landsberg (1981, S. 83) am Beispiel der „Neuen Stadt" Columbia, Maryland, zwischen Washington, D. C. und Baltimore. Im Jahre 1968, als der Ort lediglich 1000 Einwohner hatte, war der maximale Temperaturunterschied zwischen „Stadt" und Land ($\Delta t_{(u-r)\,max}$) lediglich 1 °C. Als man mit dem Bau eines Geschäftszentrums und der

Tab. VII.G.7 Die Landnutzung im Verdichtungsraum von Tokyo in qkm

Landnutzung	Jahr			
	1914	v. H.	1975	v. H.
Industrieflächen	5	0,2	173	6,1
Städt. überbaute Bereiche	127	5,1	466	18,0
Andere Siedlungen	72	2,5	812	31,0
Felder, Flughäfen	1 452	60,0	777	29,7
Parkanlagen u. ä.	826	33,3	390	14,2

Nach Yoshino, 1981, S. 46.

Tab. VII.G.8 Mittlere monatliche Minimumtemperaturen in °C im Durchschnitt der Monate Dezember bis Februar nach Landnutzungstypen in Tokyo

Landnutzung	Mitteltemperatur 1916–1925	Abweichung von Parkanlagen	Mitteltemperatur 1971–1975	Abweichung von Parkanlagen
Industrieflächen	−0,6	+0,7	+1,3	+1,6
Städt. überbaute Bereiche	−0,6	+0,7	+1,2	+1,5
Andere Siedlungen	−1,0	+0,3	+0,3	+0,6
Felder usf.	−1,1	+0,2	+1,1	+0,4
Parkanlagen	−1,3	0,0	−0,3	0,0

Nach Yoshino, 1981, S. 54.

Errichtung öffentlicher Gebäude begann, vergrößerte sich $\Delta t_{(u-r) \, max}$ auf 3 °C, und im Jahre 1974, nachdem eine Einwohnerzahl von rd. 20 000 erreicht war, betrug der entsprechende Wert 7 °C.

Betrachtet man noch einmal die Tabelle von Landsberg (Tab. VII. G. 2), dann sind nun die höheren Luftverunreinigungen in den Städten gegenüber dem Freiland geklärt, ebenso die stärkere Dunst- und Nebelbildung, die geringere Globalstrahlung im Verein der verkürzten Sonnenscheindauer und Beleuchtung. Dasselbe gilt für die Temperaturunterschiede, die sich mit einer verkürzten Heizperiode dort, wo sie notwendig ist, kombinieren. Es ist nun auf die *Windgeschwindigkeit* einzugehen. Oke und Hanell (1970, S. 120) stellten eine Tabelle über die kritische Windgeschwindigkeit zusammen, bei der sich Wärmeinseln *nicht* mehr auszubilden vermögen, wobei die im Original enthaltenen Beobachtungsjahre und die Autoren weggelassen wurden.

Tab. VII.G.9 Kritische Windgeschwindigkeiten für verschiedene Städte, die keine städtische Wärmeinseln mehr zulassen

Stadt	Bevölkerung	Kritische Windgeschwindigkeit in m/sec
London, Großbr.	8 500 000	12
Montreal, Kanada	2 000 000	11
Bremen, Bundesrepb. Deutschland	400 000	8
Hamilton, Kanada	300 000	6–8
Reading, Großbr.	120 000	4–7
Kumagaya, Japan	50 000	5
Palo Alto, Vereinigte Staaten	33 000	3–5

Nach Oke und Hannel, 1970, S. 120.

Zweifellos stammt die Einwohnerzahl aus den Beobachtungsperioden, die von 1933 (Bremen) bis 1967/68 (Montreal) reichen. Sicher wollten die Autoren darauf hinaus, daß sich eine Beziehung zwischen Bevölkerung und kritischer Windgeschwindigkeit herstellen läßt, was insofern seine Richtigkeit hat, als in kleinen Städten meist nur *eine* Wärmeinsel ausgebildet ist, die bereits bei Windgeschwindigkeiten unter 5 m/sec ausgelöscht werden, bei größeren höhere kritische Windgeschwindigkeiten erforderlich sind, um die Temperaturen in der Stadt herabzusetzen und einen Ausgleich zwischen Stadt und Freiland zu erzielen.

Haben wir bisher die größere Luftverschmutzung von Städten gegenüber dem Freiland einschließlich der Möglichkeiten, Abhilfen zu schaffen, behandelt, ebenso wie die teilweise damit zusammenhängende höhere Dunst- und Nebelbildung einschließlich des Smogs und schließlich die unterschiedliche Ausbildung der Wärmeinseln, so fehlt zunächst noch die Besprechung der Windgeschwindigkeit, für die Landsberg (Tab. VII. G. 2) längere Windstillen in den Städten gegenüber dem Freiland, geringere Jahresmittel und weniger Sturmböen angab.

Daß im allgemeinen die Windgeschwindigkeit in Städten sinkt, hängt mit der Rauhigkeit des Geländes bzw. der größeren Reibung zusammen. Es geht allerdings um das Ausmaß, um die entsprechenden Wirkungen beurteilen zu können. Dabei sind Messungen nur sinnvoll, wenn sie in verschiedenen Höhen vom Boden bis zum Dachniveau und darüber hinaus gemacht werden. Es gibt dann die eine Möglichkeit, daß bei antizyklonalen Wetterlagen und hohen Temperaturen im Sommer bei Windgeschwindigkeiten von 2 m/sec und darunter die Durchlüftung der Straßen herabgesetzt wird und der Boden bzw. die Straßen keine Frischluftzufuhr mehr erhalten (Georgii, Busch und Weber, 1974 bzw. Georgii, 1970, S. 223 und S. 236/237). Einerseits kommt es dann zur Überwärmung, die sich schädlich auf den Menschen auswirken kann und andererseits zur Konzentration von Schadstoffen, wofür die genannten Autoren als Beispiel im Raum von Frankfurt a. M. Kohlenmonoxid wählten. Betrugen die Konzentrationen in 3 m Höhe 14 ppm, so waren es in 22 m Höhe 9 ppm, wobei sich allerdings Luv- und Leeseite der Gebäude noch unterschiedlich verhielten, was hier nicht näher ausgeführt werden soll. Es benötigt einer Windgeschwindigkeit von 2 m/sec und mehr, damit die Ventilation das Straßenniveau erreicht, dabei absteigende Luftbewegungen des Gradientwindes im Luv oberhalb der Dachflächen, hier in eine horizontale Richtung einschwenkt, um im Lee wieder aufzusteigen. Daß sich dabei die Schadstoffbelastung verringert, in 3 m Höhe maximal 15 ppm beträgt und in 22 m Höhe 8 ppm, dürfte klar sein. Eine vollständige Ventilation der Straßen wird erst erreicht, wenn die Windgeschwindigkeit 5 m/sec und mehr ausmacht, wobei dann allerdings antizyklonale Witterungsbedingungen nicht mehr gewährleistet sind.

Bei einer Windgeschwindigkeit von 2–4 m/sec stellt sich dann häufig eine eigene städtische Windzirkulation ein, die als Flurwind bezeichnet wird. Da die Luft in der städtischen Wärmeinsel bei antizyklonalen Witterungsbedingungen in der Nacht aufsteigt, erfolgt vom Freiland her eine Auffüllung mit kühlerer Luft, die gegen die maximale Wärmeinsel konvergiert, u. U. auch gegen sekundäre Wärmeinseln, wie es zuvor angedeutet wurde. Vergleicht man die angegebenen Werte mit der Zusammenstellung von Oke und Hannell (Tab. VII. G. 9.), dann müßte man Frankfurt a. M., selbst wenn man nur die Verwaltungsgrenzen in Betracht zieht, in Städte von etwas mehr als 100 000 Einwohnern einreihen.

Für Küstenstädte der mittleren Breiten, wo Land- und Seewinde eine Rolle spielen, oder für Städte, bei denen die Reliefgestaltung hineinspielt – Chandler (1965) ging auf diesen Sachverhalt in London sowohl für die Windgeschwindigkeit (S. 66 ff.) als auch für die Wärmeinseln ein (S. 157 ff.) –, muß mit Abwandlungen gerechnet werden. Sobald im Rahmen antizyklonaler Wetterlagen im Sommer am Abend Talwinde zur Ausbildung gelangen, bringen sie zwar den benachbarten Stadtteilen Abkühlung, was sich aber mit einer stärkeren Verfrachtung von inzwischen aufgenommenen Aerosolen verknüpft (Eriksen, 1975, S. 38/39), so daß die positive Wirkung in bestimmten Bezirken zu negativen in andern führt. Zwar kennt man für London im Durchschnitt der Jahre 1937-1950 für jeden einzelnen Monat die Anzahl der Stunden mit einer Windgeschwindigkeit bis 1,5 m/sec (Chandler, 1965, S. 63), gemessen im Observatorium von Kew, was für die Windstillen und ihre unangenehmen Folgen im Sommer von Bedeutung ist, aber insgesamt stellen sich Windstillen auf Grund der häufigen zyklonalen Wetterlagen selten ein. Die durchschnittliche stündliche Windgeschwindigkeit in Kingsway innerhalb des zentralen Bereichs von London für den Zeitraum von 1948-1954 mit 1,6-3,3 m/sec für die einzelnen Monate (Chandler, 1965, S. 78) könnte u. U. auf einen Flurwind schließen lassen, aber auch diese Werte sind klein. Obgleich London nicht zu den extrem maritimen Gebieten Großbritanniens gehört, schlägt sich dieses Moment sowohl hinsichtlich der Windstillen als auch in bezug auf den Flurwind nieder.

Landsberg (1981, S. 127 ff.) stellte Beispiele aus Deutschland, Österreich, Italien, der Sowjetunion und den Vereinigten Staaten zusammen, bei denen entweder durch bauliche Veränderungen (Berlin), durch das Wachstum von Städten (Parma), durch unterschiedliche Windrichtungen zwischen Sommer und Winter (Wien) oder durch Anlage „Neuer Städte" Veränderungen der Windgeschwindigkeit resultieren. Was bauliche Wandlungen anlangt, so wurde auf die Arbeit über Berlin (Kremser, 1909) zurückgegriffen. Im Dachniveau eines Schulgebäudes in einer Höhe von 32 m ergab die durchschnittliche jährliche Windgeschwindigkeit in einem Jahrzehnt 5,1 m/sec; nachdem im nächsten Jahrzehnt die umgebenden Freiflächen mit mehrgeschossigen Wohnhäusern belegt wurden und man die Messungen um 7 m über der durchschnittlichen Dachhöhe der Neubauten vornahm, betrug die Windgeschwindigkeit nur noch 3,9 m/sec, eine Reduktion um 24 v. H. In Wien (Steinhauser u. a., 1959) kamen die Messungen einerseits auf dem Dach der Technischen Hochschule im Stadtinnern und andererseits im Observatorium am Stadtrand inmitten eines Parkgeländes zustande. Für westliche Winde im Sommer ist das Verhältnis der Windgeschwindigkeit zwischen Zentrum und Stadtrand größer als im Winter, hervorgerufen durch den Laubbaumbestand, der zu dieser Jahreszeit eine Abschwächung der Geschwindigkeit mit sich bringt, was im Winter entfällt; das beschränkt sich nicht auf Wien, sondern ist von allgemeiner Bedeutung. Bei südöstlichen Winden zeigt sich das Gegenteil; nun besitzt die City die höhere Geschwindigkeit, weil der Wind auf dem Weg zum Observatorium Gelände überstreichen muß, das eine hohe Rauhigkeit aufweist, bevor er das Observatorium erreicht. Es ist dies als Beispiel dafür anzusehen, wie durch spezifische Besonderheiten in einer großen Stadt die allgemeinen Prinzipien, die sonst in dieser Beziehung gelten, abgewandelt werden und dazu beitragen, daß jede Stadt ihr eigenes Mikro- bzw. Lokalklima hat. Bereits zuvor wurde auf die „Neue Stadt" Columbia/Maryland aufmerksam gemacht, und zwar im Rahmen der Ausbildung und Ausweitung der Wärmeinsel. Hier stellte Landsberg (1979 bzw. 1981, S. 128 ff.) fest, daß im Jahre 1964 in 25 v. H. der Fälle die Windgeschwindigkeit in der kleinen Stadt größer war als im Bereich des internationalen Flughafens Washington, D. C. – Baltimore; bis zum Jahre 1974 trat ein Rückgang auf 14 v. H. ein, und dafür nahmen in derselben Periode die Windgeschwindigkeiten, die sich unter denen des Flughafens befanden, von 43 v. H. auf 65 v. H. zu.

Mag im allgemeinen die Windgeschwindigkeit in Städten geringer als im offenen Freiland sein, so kann auch das Umgekehrte vorkommen. In besonderem Maße befaßte sich Oke (1978, S. 212 ff.) mit dieser Frage, der zunächst von Laborexperimenten ausging, die er dann an der Realität überprüfte. Er verfolgte zunächst die Windströmungen für ein einzeln stehendes Gebäude, das sich im Luv des Windes befand, ging dann zu Hausreihen mittlerer Höhe über, die hintereinander gestaffelt waren, bis er diese in den Zusammenhang mit einem parallel dazu errichteten Hochhaus brachte. Nimmt man den zweiten Fall als Beispiel heraus, dann entwickeln sich zwischen den Gebäuden Wirbel, wobei eine solche Turbulenz am Boden gering ist. Der relative Schutz, den Straßen dann bieten, ist entweder bei geringer oder bei hoher Windgeschwindigkeit am größten. Bei geringer Windgeschwindigkeit bleibt die Turbulenz zwischen dem Boden und oberhalb des Daches klein, und bei hoher Windgeschwindigkeit geschieht dies ebenfalls, weil in Abhängigkeit von der Höhe der Gebäude das Abheben der Windströmungen bereits vor dem eigentlichen Hindernis beginnt und durch die Stärke die Möglichkeit gegeben ist, die Dächer zu überstreichen. Allerdings gilt das nur, wenn sich die Gebäude im Luv des Windes befinden. Sobald dieser parallel zu den Bauten weht, wirken die Straßen als Kanal, in denen sich die Strömung verstärkt und dann höhere Geschwindigkeiten als im Freiland erzielt werden.

Ein besonderes Problem geben Hochhäuser ab, vornehmlich dann, wenn sie an Gebäude mittlerer Höhe anschließen. Befinden sie sich im Luv der Windrichtung, dann entwickelt sich auf dieser Seite in etwa drei Viertel der Höhe ein Stagnationspunkt, von dem sich einerseits Strömungen in den Zwischenraum zum niedrigeren Gebäude entwickeln, Luft mit höherer Geschwindigkeit bis zum Boden vordringt bei beträchtlicher Turbulenz. Weitere Strömungen verlaufen nach oben, überstreichen das Dach, um im Lee Wirbelbildungen zu erzielen. Schließlich werden die Ecken der Gebäude umflossen, an denen wiederum die Turbulenz eine besondere Stärke erreicht. Sofern Hochhäuser auf Säulen ruhen und zwischen dem Hochhaus Platz für eine Straße lassen, dann ist diese von dem Durchzug des Windes besonders betroffen. Die Windgeschwindigkeit kann sich sowohl in der Turbulenzzone zwischen dem niedrigeren und höheren Gebäude, beim Durchzug durch ein Hochhaus als auch an den Ecken bzw. Seiten des Hochhauses um das Dreifache gegenüber dem Freiland erhöhen. Das hat mancherlei Folgen, indem einerseits in kalten Klimaten ein Wärmeentzug der Wohnungen stattfindet, zudem sich die Schadstoffbelastung erhöht, in warmen Klimaten hingegen die Durchlüftung als angenehm empfunden wird.

In den Tropen und selbstverständlich auch in den entsprechenden Städten kommt das subjektiv empfundene *Schwüleelement* hinzu, das in den inneren Tropen der Flachländer ganzjährig auftritt, in den äußeren Tropen jahreszeitlich (Regenzeiten) und in erster Linie solche Bevölkerungsgruppen betrifft, die aus andern großklimatischen Regionen stammen. Hohe Temperaturen bei gleichzeitiger großer Luftfeuchte sind dazu erforderlich, so daß Scharlau (1943, S. 19 und 1952, S. 246), auf andern Autoren aufbauend, den Dampfdruckwert von 14,1 mm Quecksilbersäule als untere Grenze für das Schwüleempfinden einsetzte und danach eine Karte der Schwülezonen der Erde entwarf (enthalten in Blüthgen-Weischet, 1980, S. 168).

Inzwischen aber hat sich herausgestellt, daß in den Außertropen, wo ein Schwüleempfinden lediglich episodisch auftritt, die Verhältnisse wesentlich komplizierter liegen. Dammann hat sich für den Hamburger Raum (1960/62, S. 214), für das Rhein-Maingebiet (1960, S. 10) und für den Bereich des Oberrheingrabens mit seinen begrenzenden Gebirgen (1963, S. 177 ff.) besonders mit den hier relevanten Problemen befaßt. Anstelle des Dampfdruckwertes setzte er aus praktischen Gründen den Taupunkt ein (14,1 mm Dampfdruck entsprechen einem Taupunkt von 16,5 °C).

Tab. VII.G.10 Durchschnittliche Anzahl der Sommer- und Windtage 1957–1961 in Frankfurt a. M.

Ort der Messungen	Anzahl d. Sommertage[1]	Anzahl d. Windtage[2]
Flughafen	40	29
Stadt	44	2!

[1] Sommertage: Temperaturmaximum mindestens 25 °C
[2] Windtage: Windstärke mindestens 6 Beaufort (10,8–13,8 m/sec) in Tagen bei einer jährlichen Anzahl der Taupunkte von mindestens 16 °C

Nach Dammann, 1963, S. 181.

Für die hiesigen Belange reicht es aus, die von Dammann gegebene Zusammenfassung seines Aufsatzes vom Jahre 1963 (S. 192) wiederzugeben, um anschließend noch den Beweis dafür anzutreten, daß das Schwüleempfinden in Städten eher als im Freiland auftritt.

„1. Es muß der *meridionale Zirkulationstyp* eintreten, bei dem sehr warme Tropikluft hoher Wasserdampfkapazität über das Mittelmeer und die Alpen hinweg in unseren Raum vorstößt.

2. Die Luftmasse muß *stabil* geschichtet sein, damit das bei sehr starker Erwärmung vom Boden verdunstende Wasser sich in den unteren Schichten anreichern kann und nicht durch thermische Konvektion in hohe Atmosphärenschichten entführt wird. Das Auftreten einer einfachen Dampfdruckwelle mit nachmittäglichem Maximum und das Fehlen von Konvektionsbewölkung können als Charakteristikum dieser Situation gelten.

3. Die atmosphärische *Gegenstrahlung* muß sehr hohe Werte annehmen, eine Forderung, die bei Tropikluftvorstößen im allgemeinen erfüllt ist, einmal wegen des großen Feuchte- und Wärmegehaltes dieser Luft, oft auch wegen stärkerer Staubanreicherung. Lokale Einflüsse wie die Luftverschmutzung durch Industrie, auch die langwellige Ausstrahlung von Steinmassen in den Großstädten verstärken den physiologischen Effekt der Gegenstrahlung.

4. Die *Globalstrahlung* darf nicht so stark sein, daß sie die stabile Schichtung zerstört, weil dann in Bodennähe die Möglichkeit des Wasserdampfminimums heraufbeschworen wird. Die Globalstrahlung wird vor allem durch die Bewölkung reguliert, die bei Tropikluft fast stets vorhanden ist. Doch scheint die Umstellung von der Südwestlage zu einer antizyklonalen Südostlage mit einer Abnahme der Bedeckung und demzufolge einer Vergrößerung der Globalstrahlung verbunden zu sein ... Bei den Wolken handelt es sich aber durchweg nicht um den Konvektionstyp.

5. Die *Windgeschwindigkeit* muß gering sein, damit die feuchte Abkühlungsgröße niedrig gehalten wird. Mit schwächeren Luftbewegungen sind vor allem die antizyklonalen Situationen verbunden. Örtliche Effekte wie das windschwache Klima im Innern der Großstädte spielen dabei eine ebenso große Rolle wie im größeren Rahmen die Abgeschlossenheit mancher Tallagen.

6. Die *relative Feuchte* muß trotz hoher Lufttemperatur überdurchschnittliche Werte haben, das heißt, daß der Dampfdruck bzw. der Taupunkt und die Äquivalenttemperatur hoch sein müssen".

Am Beispiel von Frankfurt a. M. ließ sich dann das höhere Schwüleempfinden in der Stadt gegenüber dem Freiland belegen.

Für die Vereinigten Staaten konnte Havlik (1976) unter etwas andern Voraussetzungen ein geringes Schwüleempfinden für Chicago und Detroit nachweisen (ausführlich behandelt in Blüthgen-Weischet, 1980, S. 168).

Die relative Feuchte in Städten ist nach Landsberg (Tab. VII. G. 1) geringer als im Freiland, und zwar im Winter um 2 v. H. und im Sommer um 8 v. H., wobei die Ergebnisse mit Ausnahme von Parma/Italien für Städte der mittleren Breiten gewonnen wurden. Die geringere Luftfeuchte läßt sich damit begründen, daß das Regenwasser – allerdings bei geneigten Dächern mehr als bei Flachdächern – schnell abfließt, auf die befestigten Straßen gelangt und von hier aus künstlich abgeführt wird. Da die Vegetation gering ist, wird auch die Evapotranspiration deutlich herabgesetzt. Zwar geben bestimmte Industriezweige (Raffinerien, Kraft-, Zement- und Stahlwerke) ebenso wie Transportmittel (Automobile) Wasserdampf ab, was aber für die relative Luftfeuchte kaum von Bedeutung ist. Man braucht nur an das früher erwähnte Beispiel von Hamilton/Ontario zu denken, um sich das klar zu machen. In der Regel stellt sich die relative Feuchte dort am geringsten heraus, wo die Wärmeinseln am stärksten ausgeprägt sind, die dann gleichzeitig als „Trockeninseln" erscheinen (Landsberg, 1981, S. 180), so daß sowohl der jahreszeitliche als auch der tageszeitliche Gang in etwa der der Wärmeinseln entspricht. Landsberg und Maisel (1972) wiesen darauf hin, daß die reduzierte relative Luftfeuchte etwa zur Häfte auf die Ausbildung der Wärmeinseln, der andere Teil auf die kleinere Evapotranspiration zurückgeht.

Schwieriger steht es um die Erhöhung der *Niederschläge* in großen Städten (Tab. VII. G. 2), wobei Landsberg selbst hinzufügte, daß eine Erklärung dafür die meisten Rätsel aufgebe („precipitation still confronts us with the most puzzles"; 1981, S. 186). Blüthgen-Weischet (1980, S. 640) vertraten den Standpunkt, daß „die allgemeine Wetterlage bereits eine gewisse Neigung zur Bildung hochreichender Quellbewölkung aufweist". Eriksen (1975, S. 75 ff.) hingegen sah „die generelle Existenz eines solchen niederschlagssteigernden Effektes" als gesichert an.

Nun wird man mehr als bei andern Elementen, die das Stadtklima ausmachen, den Einfluß der Oberflächengestalt in Rechnung zu stellen haben, was u. U. interferierend eingreift und eine Erhöhung der Niederschläge verhindert. In manchen Ländern erfolgt die Aufstellung der Regenmesser in unterschiedlicher Höhe ebenso wie Verlagerungen der Geräte sich auswirken können. Die Berücksichtigung langjähriger Mittel führt hier nicht zu dem Erfolg wie bei Temperaturmessungen, weil hohe kurzfristig und aperiodisch auftretende Niederschläge selbst langjährige Mittel zu beeinflussen vermögen.

Nach einer Zusammenstellung von Landsberg (1981, S. 188) stellte sich heraus, daß die Niederschlagsdifferenz zwischen Freiland und Städten nicht höher ist als die Standardabweichung vom durchschnittlichen Jahresmittel, so daß sich bereits daran erkennen läßt, daß hier mehr Probleme als bei andern Elementen des Stadtklimas auftreten. Wenn trotz aller Unsicherheiten an dieser Stelle auf einige Fragen eingegangen wird, dann geschieht das deshalb, weil in der Praxis – zumindest in den Vereinigten Staaten – die Planung von Kanalisationsanlagen als Orientierungsmaßstab die durch Wirbelstürme hervorgerufenen maximalen Niederschläge innerhalb von zwei Stunden mit einer fünfjährigen Eintrittswahrscheinlichkeit verwendet.

Drei Ursachen führt Landsberg (1981, S. 187) an, die zu vermehrten Niederschlägen in den Städten führen. Zum einen ist es die Wärmeinsel als solche, die bei aufsteigenden Luftbewegungen unter gewissen Voraussetzungen die Bildung von Cumuluswolken begünstigt. Weiter bilden Städte ein Hindernis gegenüber den Luftströmungen, was dieselbe Wirkung zeitigt. Beide Momente verbinden sich häufig miteinander und lassen sich nicht unbedingt trennen. Schließlich sind es die Aerosole, die Kondensationskerne abgeben, was Kratzer (1956, S. 129) noch an die erste Stelle rückte.

Zumindest ist wohl gesichert, daß die Zahl der Tage, an denen in den mittleren Breiten Wärmeinseln zur Ausbildung gelangen, höher ist als diejenigen, bei denen in Verbindung mit den Wärmeinseln überwiegend im Sommer konvektive Regenschauer entstehen. Dabei ist es gleichgültig, ob davon besondere Bezirke innerhalb der Stadt betroffen sind oder ob bei aufsteigender Luft im Luv der allgemeinen Windrichtung und bei absteigender im Lee letztere Bereiche größere Niederschlagsmengen erhalten als erstere. Für alle damit zusammenhängenden Phänomene zeigte Landsberg (1981, S. 186 ff.) – ob in Europa, den Vereinigten Staaten oder darüber hinaus –, daß es große Städte gibt, bei denen anthropogene Einflüsse bei den „städtischen Niederschlägen" vorkommen, um bald danach Beispiele zu nennen, wo das in abgewandelter Form oder überhaupt nicht verwirklicht ist. Oke (1978, S. 266) wies entsprechend dem Ziel seiner Arbeit nur kurz darauf hin und bezog sich im wesentlichen auf einen Spezialfall. Außerdem handelt es sich um aperiodische Vorgänge, bei denen Häufigkeitsberechnungen nur selten zur Verfügung stehen, und unterschiedliche Regenmengen, die an einem Tag bzw. innerhalb weniger Stunden fallen, als Maßstab für einen „städtischen Regentag" dienen, die Vergleichbarkeit erschweren. Da dabei eine Auswirkung auf die innere Differenzierung (Kap. VII. D) ebensowenig wie auf die Grund- und Aufrißgestalt (Kap. VII. F) kaum gegeben sind, läßt es sich verantworten, auf weitere Erläuterungen zu verzichten.

Welche Konsequenzen lassen sich nach den bisherigen Ausführungen für die *innere Differenzierung* der Städte ziehen?

In den englischen Gartenstädten fand man zwar seit der letzten Jahrhundertwende einen Weg, die „Neuen Städte" mit genügend Grünflächen auszustatten, aber mehr aus sozialen und städtebaulichen Gründen als in der bewußten Absicht, den Nachteilen des Großstadtklimas zu entgehen. Die Idee als solche griff zwar auf andere europäische oder amerikanische Städte über, sieht man von europäischen Residenzstädten ab, dann mußten hier Wege gefunden werden, in vorhandenen Städten durch Bepflanzung breiter Straßen mit Laubbaumbeständen oder durch Umwandlung noch vorhandener Freiflächen in Parkanlagen zumindest Verbesserungen zu erzielen. Dem Vorschlag von Le Corbusier (1929, S. 140), eine Stadt mit 85-95 v. H. Grünflächen zu durchsetzen, im Kern Hochhäuser mit sechzig und gegen die Peripherie mit sechs Stockwerken zu errichten, hat sich nur in wenigen Fällen durchsetzen können, weil der Flächenverbrauch zu groß ist, zumal sich Hochhäuser lokalklimatisch als wenig günstig erwiesen haben (Oke, 1978, S. 234 ff.).

Ist der Einfluß, den die Berücksichtigung des Großstadtklimas auf die innere Gliederung hinsichtlich des Standortes der Grünflächen ausübt, nicht allzu hoch zu veranschlagen, so tritt er stärker in der Lage des Industriegeländes in Erscheinung, wenngleich auch hier unter gewissen Vorbehalten. Bestimmte Industriewerke verursachen Ruß und geben schädliche Gase ab; im Rahmen der Behandlung der Schadstoffbelastung wurde bereits auf die Möglichkeiten hingewiesen, welche Verbesserungen möglich sind, wenngleich eine völlige Anpassung an die „reine Luft" im Freiland kaum bewirkt werden kann.

Zumindest aber hat sich nach dem Ersten Weltkrieg der Gedanke durchgesetzt, Industrie- und Wohngebiete voneinander zu scheiden, wobei die Lage des Industriegeländes zur Hauptwindrichtung mehr als früher Beachtung findet. Die Winde des großklimatischen Regimes vermögen zwar bei genügender Geschwindigkeit die Dunsthaube zu beseitigen und die Ausbildung des „London-Smogs", der nicht auf diese Stadt beschränkt ist, herabzusetzen, belasten sich dabei u. U. mit andern Schadstoffen. Es ist sicher ungünstig, entsprechende Industrieanlagen im Luv der Hauptwindrichtung zu errichten, vorteilhaft, wenn das im Lee geschehen kann. Im westlichen und mittleren Europa und darüber hinaus würde demnach der Westen für Industriewerke als Nachteil, der Osten als Vorzug zu betrachten sein. Wohl ist in der inneren Gliederung der entsprechenden Groß- und Weltstädte mitunter eine Begünstigung des westlichen Sektors als Wohnbezirk der begüterten Schichten zu erkennen, wie es früher etwa für Berlin, London oder Paris (Kap. VII. D. 4. b.) dargelegt wurde; aber diese Differenzierung erfolgte sicher nicht unter Berücksichtigung des Stadtklimas, sondern die historische Entwicklung hatte eindeutig den Vorrang. So nimmt es nicht wunder, wenn in andern Großstädten der Standort der Industrie durchaus im Westen anzutreffen ist. Mannheim, das zudem noch von den linksrheinisch gelegenen Badischen Anilin- und Sodafabriken (BASF) betroffen wird, wurde bereits häufiger erwähnt (Abb. 130). Ähnliches gilt für die chemische Industrie in Hoechst, einem westlichen Stadtteil von Frankfurt a. M. Die Beispiele ließen sich mehren. Mitunter läßt sich ein Standortwechsel nicht durchführen, weil z. B. im Rahmen des Bergbaus die geologischen Bedingungen den Vorrang haben, und die chemischen Großindustrie, wenn irgend möglich, an größere Flüsse gebunden ist, die das notwendige Kühl- und Prozeßwasser liefern. Dann bleibt als einzige Möglichkeit, durch gesetzliche Maßnahmen eine Herabsetzung der Schadstoffbelastung zu erreichen.

Anders verhält es sich bei der Neuanlage von Städten. In der Sowjetunion, wo ein erheblicher Teil der Großstädte erst seit den dreißiger Jahren als Neugründungen entstand und man durch Besitzrechte und andere Bindungen nicht festgelegt war, hatte man bei der Gestaltung der Städte freie Hand und konnte dabei auch die Einflüsse des Großstadtklimas in Rechnung stellen. So erscheinen z. B. Wolgograd oder Magnitogorsk als „Bandstädte", in denen die Gruppierung der verschiedenen Viertel nicht um einen Mittelpunkt erfolgte, sondern in Bändern, die durch die Hauptwindrichtung bestimmt sind. Luvseitig liegen die Grünanlagen, denen sich Wohnbereiche anschließen, im Lee wiederum von Grünflächen umfaßt, die die Hauptverkehrsader aufnehmen. Dann erst schließen sich die Industrieanlagen mit der Eisenbahntrasse an. „Hier wurde zum erstenmal das Stadtklima als solches zusammen mit der Windrichtung zum stadtformenden Element" (Kratzer, 1956, S. 102/103), besser zum wichtigsten Faktor für die innere Gliederung. Ähnliches findet sich bei den neuen Entlastungsstädten im Umkreis von London oder

Glasgow. Allerdings läßt sich eine Schutzwirkung für die Wohnhäuser lediglich für die vorherrschende Windrichtung erreichen, nicht aber insgesamt. Es ist bereits angeklungen, wie wichtig das Baumaterial und die Bauweise in bezug auf das Stadtklima sind, was selbstverständlich für die unterschiedlichen Klimagebiete differenziert ist. Darüber ist man am besten über die Städte der mittleren Breiten, u. U. auch der Subtropen unterrichtet.

Geht man vom *Baumaterial* aus, dann ergibt sich nach den Untersuchungen von Kessler (1971) für Bonn, daß abgesehen von der „Sandsteinplatte" – der Asphalt und der Beton die stärkste Absorption besitzen und die aufgenommene Wärme auch längere Zeit speichern können, insbesondere in einem Vergleich zu unbewachsenem Boden oder Rasenflächen. Alles andere kann der Abb. 155 entnommen werden, ohne daß es einer näheren Interpretation bedarf.

Hinsichtlich der Gebäudestrukturen ist darauf an anderer Stelle noch einmal zurückzukommen. Für die Tropen dürfte sich eine Asphaltierung der Straßen nur bedingt eignen, weil je nach der Zusammensetzung bei allzu großer Erhitzung die Neigung zur Aufweichung besteht. Tägliche oder jahreszeitliche Niederschläge können hinzukommen, bei denen dann Straßen zu Erosionsrinnen werden. Hance (1975, S.27) hat sich mit den Schwierigkeiten des Straßenbaus im tropischen Afrika auseinandergesetzt, und diejenigen, die beim Bau des Trans-Amazonien-Highways auftreten, dürften als bekannt vorausgesetzt werden.

Weiterhin spielt die Richtung der Häuser zur einfallenden Sonne bzw. zu den vorherrschenden Winden eine Rolle. Das läßt sich ebenfalls aus Abb. 156 ersehen, wobei noch hinzugefügt werden muß, daß nach dem Zweiten Weltkrieg „mit der Verbreiterung der Straßen und Vergrößerung der Hausabstände die Hauptheizflächen, die früher im Dachniveau lag, in den bodennahen Lebensraum des Fußgängers verlegt ist. Die geneigten Dachflächen, die früher gegenüber den flachen Dächern in der Überzahl waren, reflektierten die direkte Sonneneinstrahlung weit über die Stadtfläche hinaus ... Durch die allgemeine Zunahme horizontaler Flächen und damit verbundener Bündelung der Strahlungsströme direkt nach oben wird die direkt über der Stadt befindliche Atmosphäre stärker als früher erwärmt, was wiederum eine größere Gegenstrahlung zur Folge hat" (Kessler, 1971, S.19/20). Dies widerspricht nicht unbedingt den Ergebnissen von Weischet, Nübler und Gehrke (1974) bzw. Blüthgen-Weischet (1980, S.639), die einen Sonderfall herausstellten. Hintereinandergereihte mehrstöckige Häuser mit Fronten nach Norden und Süden und geneigten Dächern, unter denen lediglich die äußerste Südwand kein Gegenüber besaß, getrennt durch Asphaltstraßen, bildeten die Ausgangssituation. Daß die Aufheizung am Tage von den Dachflächen erfolgt, ist selbstverständlich. Davon werden dann die Südwände am ehesten betroffen, sofern sie sich nicht im Schatten der anderen Hausreihen befinden. Sie absorbieren zunächst die Wärme und vermögen sie – je nach dem verwandten Material – zu speichern. Bei geringer Straßenbreite werden der Boden bzw. die Asphaltstraßen davon nicht mehr betroffen, so daß diese während des Tages am kühlsten sind. Abends kehrt sich das Verhältnis um, indem nun die Ausstrahlung an den Dachflächen ansetzt und die gespeicherte Wärme der Wände durch Reflektion an den Boden abgegeben wird; zusammen mit der langsamen Ausstrahlung der Asphaltdecken haben diese nun die höchsten Temperaturen. Die geschilderte

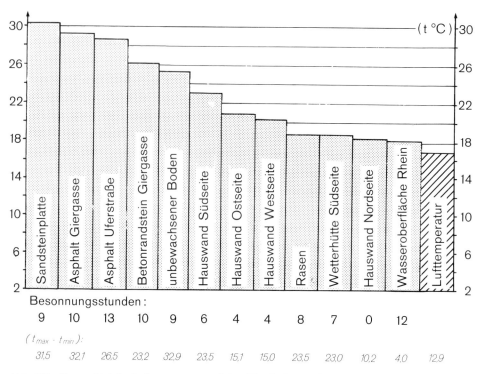

Abb. 156 Tagesmittel der Lufttemperatur und der Oberflächenstrahlungstemperaturen in °C, Besonnungsstunden der Oberfläche und deren Tagesschwankungen (nach *Kessler*, 1971, S. 20).

Anordnung der Gebäude ist zumindest für die mittleren Breiten nicht ideal, stellt sich aber dann ein, wenn während der Gründerzeit die vom Lande Zuwandernden schnell untergebracht werden mußten und das Lokalklima noch wenig Beachtung fand, oder wenn nach dem Zweiten Weltkrieg bei zerstörten Städten im westlichen und mittleren Europa beim Wiederaufbau Eile geboten war.

Abgesehen davon eignen sich Flachdächer für die mittleren Breiten ozeanischen und kontinentalen Typs ebenso wie für die höheren Breiten kaum, weil die Niederschläge nicht schnell genug abfließen können oder die Mächtigkeit der Schneedecke belastend wirkt, die bei geneigten Dächern nicht allein durch das schnellere Abtauen in Städten gemildert wird, sondern auch durch das Abgleiten an geneigten Dächern eine Minderung erfährt. Ebenso dürften auf Grund der Niederschläge in den immerfeuchten Tropen und den feuchten Subtropen Dachneigungen günstiger sein als Flachdächer.

Anders ist es in den warmen Trockengebieten und den sommertrockenen Subtropen. Hier, wo man Schutz vor der Wärme bzw. Hitze benötigt, wird die schnell einsetzende Ausstrahlung am Abend als günstig bewertet ebenso wie enge Straßen, die die gegenseitige Beschattung der Gebäude fördern, und nicht von ungefähr bilden Arkaden, ob innen (islamische Bereiche) oder außen ein Element, was einen ähnlichen Zweck erfüllt.

Besondere Probleme der Groß- und Weltstädte   957

Weiterhin ist die Farbgebung der Wände bzw. der Dächer zu beachten, weil bei Weiß die Absorption gemildert und bei Schwarz verschärft wird, was – auf die verschiedenen Klimagebiete angewandt – wohl keiner näheren Erläuterung bedarf. Daß man sich keinesfalls immer an solche Regeln hielt, insbesondere bei der Übertragung europäischen Bauens in den ehemaligen Kolonialbereichen, läßt sich aus dem Abschnitt über die Aufrißgestaltung von Städten ersehen (Kap. VII. F. 2.).

Kommt man nun zu den *Hausformen*, so zeigte Landsberg (1970, S. 133 und 1981, S. 84 ff.) daß mikroklimatische Einflüsse bereits bei isolierten Gebäudekomplexen eine Rolle spielen, wobei es in diesem Falle gleichgültig ist, ob man an das westliche und mittlere Europa oder an Verhältnisse in den Vereinigten Staaten denkt.

Fünfstöckiges Ziegelgebäude von 18 m Höhe umgeben U-förmig einen Innenhof mit einer Fläche von 32 mal 42 m, der auf der offenen Seite auf geteerte Parkplätze ausmündet. Sonst befinden sich außerhalb der Bauten Rasenflächen und in 150 m Entfernung davon ein kleines Waldareal. Der Innenhof war den ganzen Tag über von der Sonneneinstrahlung betroffen und zeigte deshalb am Boden die höchsten Temperaturwerte, die auf Rasen und erst recht im Wald deutlich niedriger waren. Bei Sonnenuntergang (nach 19 h) war zwar ein Absinken bemerkbar, wenngleich die Lufttemperatur noch immer überschritten wurde, was sich ebenfalls danach erhielt, weil nun die Ausstrahlung von den benachbarten Wänden wirksam wurde, während Rasen und Wald nun in etwa der Lufttemperatur entsprachen. Sobald am Nachmittag ein Gewitter niederging, kühlte sich zwar der Boden des Innenhofes ab. Da aber – im Gegensatz zu Rasen oder Wald – das Wasser schnell abgeführt und keine Wärme zur Verdunstung benötigt wurde, kehrte sich das schnell wieder in einen Anstieg um, was aus der folgenden Tabelle ersichtlich wird:

Tab. VII.G.11. Temperaturen an einem sonnigen sommerlichen Nachmittag und Abend innerhalb und in der Nähe eines Gebäudes

Lokal-zeit	Wind-geschw. m/sec	Lufttemp. in °C (2 m Höhe)			Oberflächentemperatur °C						
					Wandrichtung				Boden		
		I	G	Wa	N	O	S	W	I	G	Wa
16^{20}	3	30,6	30,6	30,0	32,0	35,0	34,5	>44	>44	33,0	30,0
19^{34}	1	28,3	27,8	28,2	30,5	31,0	31,5	33,5	33,0	29,0	27,5
21^{15}	>1	25,6	24,7	24,4	27,5	28,0	29,5	29,5	30,5	23,0	25,0

I = Innenhof, G = Grasfläche, Wa = Waldareal
Nach Landsberg, 1981, S. 85.

Für die höheren und mittleren Breiten sind solche Konstruktionen nicht unbedingt von Vorteil, selbst wenn sie als eine Art Atriumhäuser für eine Familie gedacht sind und der Innenhof als kleine Rasenfläche genutzt wird. Hier geschieht das u. U. mehr deswegen, um Raum zu sparen, ohne das damit verbundene städtische Lokalklima zu berücksichtigen. In den warmen Trockengebieten und den südlichen Abschnitten der sommertrockenen Subtropen hingegen sind Atriumhäuser, die auf eine lange Vergangenheit zurückblicken, eine dem Klima angepaßte Form. In Verbindung mit Flachdächern, kleinen oder keinen Fenstern an der Außenfront, Jalousien, die am Tag heruntergelassen und erst nach Sonnenuntergang geöffnet werden, Fliesenböden u. a. m. sucht man sich, gegen die Wärme zu schützen, u. U. auch gegen Winde wie dem Mistral im Rhônetal im Frühjahr und Herbst. Wohl machen hier die höheren Sozialschichten von der Möglichkeit Gebrauch, durch Heizung die Kühle des Winters erträglich zu machen, aber die Masse der Bevölkerung begnügt sich mit der Herdstelle als einziger Wärmequelle.

Unterschiede in der Höhe der Gebäude, deren engere oder weitere Stellung zueinander (Schattenwirkung), deren Richtung zu den vorherrschenden Winden, die Dachneigung ebenso wie die Breite der Straßen und der von ihnen aus sichtbare Horizontausschnitt sollten von Architekten und Stadtplanern berücksichtigt werden, um die Bauwerke so zu errichten, daß die mit dem Stadtklima verbundenen negativen Wirkungen herabgesetzt werden. Je höher die Gebäude und je enger die Straßen sind, desto mehr gesellt sich ein weiterer negativer Effekt hinzu, indem sich der Sonnenaufgang verzögert, der Sonnenuntergang früher einsetzt, womit sich ein Beleuchtungsverlust gegenüber dem Freiland verbindet (Landsberg, 1981, S. 72). Dieser kann bereits in Höhe der Dächer 50 v. H. betragen und verstärkt sich nach unten. Das ist nun insbesondere bei Hochhäusern der Fall, wenn sie isoliert oder in kleinen Gruppen auftreten. Obgleich insbesondere am Beispiel des Einflusses von Windrichtung und -geschwindigkeit demonstriert, glaubte Oke (1978, S. 238 ff.) – die beste Lösung darin zu finden, Hochhäuser nicht als erste Gebäude in einer neuen Siedlung zu erstellen, sah aber selbst ein, daß sich ein solches Ziel nicht verwirklichen lasse. Er gab einige Hinweise, wie man die unangenehmen Wirkungen abmildern könne, indem Hochhäuser auf einem zweistöckigen breiteren Sockel zu errichten seien, so daß Turbulenz bzw. Wirbel dann von der Höhe des Sockels abgefangen werden, nicht auf die Straßen gelangen und für Fußgänger die Benutzung der Straßen angenehmer wird. Letztlich hat der Bau von Hochhäusern von den Polargebieten bis zu den inneren Tropen Eingang gefunden. In ersteren besteht die Notwendigkeit, sie auf Pfeiler zu setzen, damit die Erwärmung durch die Gebäude nicht bis zum Dauerfrostboden reicht. Ob als Geschäfts- und Bürohäuser, kulturellen Belangen dienende Gebäude bzw. zum Wohnen gedacht, handelt es sich in den Tropen mitunter um Prestige-Objekte wie etwa der Kenyetta-Turm in Nairobi. Selten kommt Platzmangel als Ursache dafür in Frage, zum Hochhausbau überzugehen, was Wilhelmy bereits im Jahre 1958 für südamerikanische Großstädte feststellte und hier vor allem für Rio de Janeiro Gültigkeit hat, nicht aber für Buenos Aires, São Paulo, Caracas u. a. Zunächst von Europäern (Le Corbusier) in Rio de Janeiro entwickelt, kam es hier zur Ausbildung des für die Tropen geeigneten Hochhauses, „indem kassetierte Fassaden einen Sonnenrost darstellen, in dem bewegliche Aluminiumlamellen eine Beschattung und Kühlhaltung der Fensterflächen ermöglichen" (Wilhelmy, 1958 bzw. 1980, S. 61 ff. und S. 69). Das bedeutet allerdings gleichzeitig die Anlage elektrisch betriebener Aufzüge, Klima- und Entlüftungsanlagen. Sofern letzteres sich nicht allein auf die Arbeitsstätte beschränkt, sondern auch in der Wohnung Anwendung findet, mag das angehen. Nach Wilhelmy (1958) ist es in den südamerikanischen Großstädten nicht allein der ausgesprochenen Oberschicht möglich, das zu verwirklichen. Man hat aber schließlich daran zu denken, wie groß die Zahl derer ist, die sich das nicht leisten können bzw. in Spontansiedlungen leben (Kap. VII. D. 4. f–e) und von solchen Annehmlichkeiten ausgeschlossen sind. Insgesamt bedeutet dies, daß nicht allein das Stadtklima als solches in den verschiedenen Klimagebieten von Belang ist, sondern daß ein künstliches Klima zustande gebracht wird, was nicht mehr allein für Gebäude gilt, sondern ebenfalls bei bestimmten europäischen Eisenbahnwaggons ebenso wie bei Personenkraftwagen zur Anwendung gelangt.

2. Die Versorgung der Groß- und Weltstädte

Wie immerhin gewisse Einflüsse des Großstadtklimas auf die innere Differenzierung bzw. die Grund- und Aufrißgestaltung nachweisbar sind, so gilt dies auch in gewissem Sinne für die Versorgungs- und Entsorgungsanlagen. In unterirdischen Kabeln, Rohrleitungen, Kanälen usf., die der Elektrizitäts-, Gas- und Wasserversorgung sowie der Kanalisation und Telefonverbindungen zumindest in den Industrieländern dienen, ist ein beträchtliches Kapital investiert. Für die entsprechenden Anlagen in Berlin wurde berechnet, daß sich ihr Wert im Jahre 1938 auf 1,9 Milliarden Reichsmark belief und die Zerstörungen durch Kriegseinwirkung relativ unerheblich waren (Randzio, 1951, S. 15). Das führte dazu, daß der Wiederaufbau zunächst hinsichtlich des Grundrisses den Vorkriegsverhältnissen folgte (Kap. VII. E. und F.) und erst in einem zweiten Stadium in dieser Beziehung Veränderungen vorgenommen wurden.

Weiterhin bewirken die Versorgungsanlagen außer den für die Öffentlichkeit bestimmten Zwecken einen maßgebenden Faktor für die städtischen Wohnungen, bei denen man in dieser Beziehung in Groß- und Weltstädten besondere Anforderungen stellt, was selbst auf Entwicklungsländer übergegriffen hat, allerdings mit unterschiedlicher Intensität. In Tab. VII. G. 12 ist der dargelegte Sachverhalt deutlich zu erkennen. Unter Weglassen der Gasversorgung der Wohnungen, bei denen die Angaben noch unvollständiger sind als bei denjenigen von Elektrizität und fließendem Wasser darf man sich allerdings nicht daran stoßen, daß nicht alle Länder aufgeführt sind, z. B. die Sowjetunion fehlt und die Bereiche im tropischen Afrika nur geringe Erwähnung finden. Es kam aber darauf an, eine einheitliche Quelle zu benutzen, selbst wenn mit Ungenauigkeiten zu rechnen ist, die insbesondere in den Entwicklungsländern unvermeidbar sind.

Tab. VII.G.12 Anteil der Wohnungen, die mit fließendem Wasser und Elektrizität versorgt sind, wenn möglich mit Vergleichszahlen für die ländlichen Siedlungen

Land		Fließendes Wasser		Elektrizität	
		Stadt	Land	Stadt	Land
Europa					
Dänemark	1965	69,5	49,1	98,5	97,3
	1970	75,4	27,7	99,7	96,0
Finnland	1950	–	–	98,4	64,6
	1960	73,2	26,7	99,1	80,1
	1970	86,6	54,2	99,5	90,9
Frankreich	1962	89,5	58,2	98,0	96,8
	1968	95,5	79,1	99,5	97,7

Fortsetzung: siehe S. 960

Die Städte

Land		Fließendes Wasser		Elektrizität	
		Stadt	Land	Stadt	Land
BR-Deutschland	1960	99,2	95,0	88,8	88,6
Niederlande	1956	–	–	99,2	96,2
Schweden	1945	88,5	39,3	99,6	86,2
	1960	96,3	72,7	–	–
	1970	99,2	88,3	–	–
Schweiz	1950	98,8	77,3	100,0	95,2
Griechenl.	1951	23,0	0,6	53,2	2,9
	1961	46,5	3,8	81,5	13,5
	1971	88,1	37,2	97,6	77,2
Portugal	1950	42,5	3,1	46,9	8,5
	1960	82,3	14,5	88,5	27,5
Spanien	1950	58,9	13,2	86,4	73,8
	1970	99,2	88,3	–	–
Deutsche Dem. Rep.	1961	80,0	24,0	–	–
Bulgarien	1956	–	–	87,6	56,7
	1965	–	–	98,1	92,2
	1975	84,4	43,6	100,0	99,5
Polen	1950	42,4	–	88,0	–
	1960	68,0	6,4	97,8	61,9
	1970	75,2	12,2	99,6	92,0
	1978	87,2	35,8	–	–
Tschechosl.	1950	–	–	94,7	79,1
Ungarn	1960	52,0	4,2	92,6	62,9
Nordamerika					
Kanada	1951	94,1	39,5	99,3	56,9
	1967	–	–	–	–
	1971	99,3	84,1		
Vereinigte St.	1960	98,9	79,0	–	–
	1970	99,7	91,3	–	–
Australien					
Australien	1947	–	–	95,6	88,1
	1961	–	–	99,2	81,3
	1971	–	–	98,9	95,1
Japan					
	1968	97,3	88,5	–	–
Mittel- und Südamerika					
Brasilien	1950	39,5	1,4	60,0	3,6
	1970	45,8	1,6	75,6	8,4
	1976	67,8	13,7	84,9	19,2
Argentinien	1960	–	–	84,7	18,6
Chile	1952	75,6	18,0	77,4	14,9
	1960	78,9	11,4	86,3	23,9
	1970	63,1	12,7	–	–
Uruguay	1963	67,6	15,9	87,8	29,1
Kolumbien	1951	–	–	63,5	4,2
	1964	70,0	10,1	83,4	8,3

Fortsetzung: siehe S. 961

Land		Fließendes Wasser		Elektrizität	
		Stadt	Land	Stadt	Land
Bolivien	1963	33,8	4,4	76,4	7,6
Peru	1961	30,2	0,8	50,7	4,2
Costa Rica	1949	98,4	–	85,0	–
Puerto Rico	1950	59,0	16,2		
	1960	87,0	28,8	94,3	66,7
	1970	82,8	32,1	–	–
Jamaika	1960	64,6	5,7	–	–
Bahamas	1963	–	–	73,1	31,1
Mexiko	1970	54,0	17,1	80,7	27,8
Guatemala	1949	32,3	–	38,6	–
	1964	29,9	1,5	56,0	4,1
Orient					
Israel	1966	99,9	88,8	99,1	57,8
Marokko	1960	–	–	85,4	30,8
	1971	64,8	–	81,5	–
Algerien	1954	67,4	–	83,9	–
	1966	53,5	5,9	74,0	11,8
Türkei	1965	50,9	–	68,7	–
Iran	1966	37,8	0,7	68,6	3,7
Jordanien	1961	48,6	2,1	39,2	1,4
Ägypten	1960	39,5	–	37,8	–
Tunesien	1966	35,1	–	–	–
Süd- und Ostasien					
Singapore	1966	79,7	–	87,0	–
Hongkong	1971	97,2	34,3	–	–
West-Malaysia	1970	73,2	22,2	84,7	30,1
Rep. von Korea	1960	18,6	9,5	67,3	12,4
	1970	54,6	3,2	92,3	29,9
Thailand	1962/63	69,5	–	–	–
	1970	54,7	1,8	–	–
Sri Lanka	1963	46,4	4,4	35,9	2,3
	1971	16,3	1,6	34,5	3,0
Tropisch-Afrika					
Nigeria	1961	–	–	81,3	–
Seychellen	1971	41,6	17,7	–	–
Mauritius	1962	27,2	8,4	29,2	–
Malawi	1967	21,6	–	15,7	–

– = keine Angabe
Falls für ein Land Angaben für zwei verschiedene Jahre vorliegen und die neueren Datums niedriger als für den früheren Zeitpunkt liegen, dann ist das in unterschiedlichen Erhebungsdaten begründet. So wurden z. B. in Sri Lanka im Jahre 1963 Wasseranschlüsse innerhalb und außerhalb der Gebäude gezählt, im Jahre 1971 beschränkte man sich auf die Innenanschlüsse.
Nach Statistical Yearbook, Dep. of International Economic and Social Affairs, United Nations 1974, wo die Angaben das letztemal ausführlich dargelegt wurden, bis 1981.

962   Die Städte

a) Heizung und Licht

Eindrucksvoll zeigt sich die Vorrangstellung der modernen Groß- und Weltstädte in den *Heizanlagen,* naturgemäß dort, wo solche aus klimatischen Gründen notwendig sind. In früherer Zeit war in dieser Beziehung kein wesentlicher Unterschied zwischen ländlichen Siedlungen, kleineren und größeren Städten vorhanden, sofern man die Städte in den mittleren und höheren Breiten in Betracht zieht. Dasselbe Material, nämlich Holz, wurde verwandt, so daß die wichtigen Städte Bedacht darauf nehmen mußten, ihre im engeren Umkreis befindlichen Stadtwaldungen zu schützen oder – wenn an flößbaren Flüssen gelegen – letztere zum Transport von Holz aus entfernten Gegenden heranzuziehen. So erhielt z. B. Paris über die Seine und Yonne Holz weitgehend aus dem Morvangebiet. In jedem Haushalt wurden die benötigten Räume durch eigene Feuerstellen geheizt und Holz auch für die Bereitstellung warmer Mahlzeiten benutzt. Sicher ist die Nutzung von Holz für Heiz- und Kochzwecke in manchen Industrieländern nicht völlig verschwunden wie in Kanada, Nordeuropa und der Sowjetunion, ohne daß sich genaue Angaben machen ließen.

Anders steht es in den *Entwicklungsländern,* zumindest in denen, die über genügend Wald verfügen.

Tab VII.G.13   Der jährliche Pro-Kopf-Verbrauch an Brennholz und Holzkohle in ausgewählten Entwicklungsländern für den häuslichen Bedarf in m³ Rundholzäquivalent

Staat		Stadt		Land	
		Brennholz	Holzkohle	Brennholz	Holzkohle
Gambia	1971	0,66	0,78	1,20	0,12
Sudan	1962	0,38	1,06	1,01	0,26
Tanzania	1970	0,86	0,59	2,16	0,02
Thailand	1972	0,11	0,90	0,77	0,51
Nigeria	1972	0,97	0,09	–	–

Die Werte, um 1 Tonne Holzkohle zu gewinnen, schwanken zwischen 6 m³ und 24 m³ Rundholz. 1 m³ Rundholzäquivalent = 2,12 m³ Holz.
Nach Openshaw, 1980, S. 74/75.

Zwar wurde der Weltverbrauch an Brennholz und Holzkohle im Jahre 1976 von der FAO auf 1184 Mill. Rundholz-Äquivalent angegeben bzw. 47 v. H. des gesamten Holzverbrauchs; doch schätzte Openshaw (1980, S. 73) diesen Wert auf 3050 Mill. oder 63 v. H. des Verbrauchs. Kommt man auf Tab. VII. G. 13 zurück, dann läßt sich erkennen, daß in ländlichen Siedlungen mehr Brennholz verwandt wird, in Städten meist Holzkohle eine größere Rolle spielt, weil hier Bevölkerungsgruppen vorhanden sind, die sich den Kauf von Holzkohle leisten können. Der Verbrauch von Brennholz und Holzkohle in den Entwicklungsländern wird auf eine Tonne Holz pro Person im Jahr geschätzt, wovon 50 v. H. zum Kochen und 30 v. H. zum Heizen Verwendung finden, die restlichen 20 v. H. für Kleingewerbe und Dienstleistungen (Openshaw, 1980, S. 85). Steht kein Holz zur Verfügung, dann greift man auf tierischen Dung zurück, mit dem Nachteil verbunden, daß dieser nicht mehr den Feldern zugute kommt, ebenso wie auf landwirtschaftliche Abfallprodukte (Stroh usf.). In dem Sammelwerk von Smil und Knowland (1980) sind noch manche Angaben vorhanden, aber ohne die Unterscheidung zwischen ländlichen Siedlungen und Städten, so daß davon abgesehen werden mußte, das Material zu benutzen.

In vereinzelten Stadtmonographien ging man der Frage nach den Heizmethoden nach. Das geschah z. B. für Kabul (Hahn, 1964, S. 65 ff.), wo offenbar noch bis in die fünfziger Jahre Kuhdung, Brennholz und Holzkohle ausschließlich verwandt wurden, was dann mit der Erschließung von Wasserkraft auf die unteren sozialen Schichten beschränkt blieb. Die Verknappung von Holz führte dann dazu, daß im steigenden Maße Kochplatten und elektrische Heizöfen eingesetzt wurden, abgesehen von ungesetzlicher Stromanzapfung, die besonders in lateinamerikanischen Städten zu beobachten ist, mit ein Grund dafür, daß statistische Angaben mit Vorsicht zu benutzen sind. In Manila ist die Stromversorgung einigermaßen günstig, und trotzdem verfügen nur knapp 20 v. H. der Haushaltungen über Elektroherde bzw. Kochplatten (Kolb, 1978, S. 81), und in Teheran besaßen 82 v. H. der Wohnungen Anschluß an das elektrische Stromnetz bei sehr erheblichen Unterschieden zwischen den einzelnen Stadtvierteln in Abhängigkeit von dem damaligen sozialen Status (Seger, 1978, S. 95 ff.) bei einem jährlichen Verbrauch pro Kopf der Bevölkerung, der weit unter dem der Industrieländer lag (1970: 220 kWh gegenüber 3000 in der Bundesrepublik Deutschland). Dabei ist zu bedenken, daß es sich bei den genannten Beispielen jeweils um Hauptstädte handelt, die jeweils den höchsten Verbrauch innerhalb ihres Landes besaßen. Im allgemeinen kann man davon ausgehen, daß in den Entwicklungsländern – sofern Elektrizität überhaupt zum Heizen bzw. zum Kochen Verwendung findet (z. B. in Kathmandu/Nepal nur Brennholz und Holzkohle) – der Anteil der Haushaltungen in den Städten gegenüber dem der ländlichen Siedlungen erheblich ist, im Rahmen der Städte meist in den Hauptstädten der größte Verbrauch zu verzeichnen ist; von wenigen Ausnahmen abgesehen dürften die Haushaltungen mehr als die Industrie als wichtigste Konsumenten in Frage kommen bei einem pro Kopf-Verbrauch, der wesentlich unter dem der Industrieländer liegt.

In den *Industrieländern* ging man im Laufe des 19. Jh.s zur Benutzung der Kohle über, wenngleich zunächst nach wie vor jeder Raum mit einem eigenen Ofen versehen werden mußte. Dann aber drängte man vornehmlich in den großen Städten dazu, die Heizungen für Wohnungen oder Häuser zentral zu regeln, was dem einzelnen Haushalt Arbeitsersparnis, den Vorzug gleichmäßiger Temperatur in allen Räumen und größere Sauberkeit einbrachte ebenso wie eine geringere Schadstoffbelastung der Luft. Die letzte Errungenschaft in dieser Richtung unter Hinzutreten anderer Energiequellen (Erdöl, Erdgas, Wasserkraft, Atomkraft usf.) stellt die Fernheizung dar, durch die kleinere oder größere Häuserblocks versorgt werden; sie wird in Frankreich als "chauffage urbain" bezeichnet, worin ihr typisch städtischer bzw. großstädtischer Charakter zum Ausdruck gelangt. Solche Anlagen werden entweder der Bequemlichkeit wegen geschaffen, oder wirtschaftliche Erwägungen spielen eine Rolle, wenn überschüssige Wärme, vornehmlich in Elektrizitätswerken, auf diese Weise genutzt werden kann (Randzio, 1951, S. 31). In den Vereinigten Staaten kam die Fernheizung am Ende des 19. Jh.s auf; über

200 Städte Nordamerikas besitzen diese Anlagen bis hin zu den umfangreichen Werken, die die Hochhäuser versorgen, wobei sich zunächst zahlreiche Privatunternehmer an der Elektrizitätsgewinnung beteiligten, die seit dem Jahre 1910 fusionierten; noch heute sind es große Konzerne, die die Elektrizitätswirtschaft in der Hand haben (Vogelsang, 1979, S. 25 ff). Auf dem europäischen Kontinent entstanden um 1900 die ersten Fernheizanlagen in Dresden und München; bis zum Jahre 1939 wurden sie in weiteren großen Städten, auch in den beiden Millionenstädten Berlin (1926) und Hamburg (1921) eingerichtet[1]. Erst in den dreißiger Jahren ging man in Paris dazu über. Nach dem Zweiten Weltkrieg fand eine erhebliche Ausweitung statt, wobei es sich zu 95 v. H. um kommunale Einrichtungen handelte, und bereits 96 Städte Fernheizanlagen besaßen, aber vorläufig ist es noch nicht möglich anzugeben, wieviele Haushalte davon profitieren. Immerhin ist das Verteilungsnetz von 1800 km im Jahre 1949 auf fast 5300 km am Ende der fünfziger Jahre und auf fast 6790 km im Jahre 1981 gestiegen (Elektrizitätswirtschaft, Sonderausgabe Heizkraftwirtschaft, 1959 und Statistisches Jahrbuch deutscher Gemeinden, 1982, S. 367), derart, daß bereits Mittelstädte einbezogen wurden. Der Nettoverbrauch an elektrischem Strom privater Haushaltungen am Gesamtverbrauch innerhalb der Bundesrepublik Deutschland erfuhr eine Steigerung von 8 v. H. im Jahre 1950 auf 11 v. H. im Jahre 1960, auf fast 20 v. H. im Jahre 1980 (Zeitschr. f. Energiewirtschaft, 1982, S. 239), allerdings nicht allein auf die Städte bezogen, was bei den geringen Unterschieden, die gegenwärtig zwischen ländlichen Siedlungen und Städten bestehen, zumindest einen Anhaltspunkt gibt. Ein Viertel davon entfiel auf die Wärmeversorgung und ein weiteres Viertel auf Kochen und Waschen.

In Frankreich werden 60 v. H. der Energie in den Städten verbraucht. Mehr als die Hälfte davon verwandte man für Heizzwecke, 10 v. H. für die Küchen und 10 v. H. für Warmwassergeräte (Antoine, 1979, S. 38-44). Eine Unterscheidung nach der Größe der Städte läßt sich leider nicht durchführen. Zusätzlich muß bedacht werden, daß dort, wo Appartement-Hochhäuser eine Rolle spielen, die elektrisch betriebenen Aufzüge einen erheblichen Anteil am Verbrauch haben ebenso wie Klimaanlagen, was nicht auf die Industrieländer beschränkt ist, sondern auch in Entwicklungsländern Eingang gefunden hat. Ein Teil der Erdöl exportierenden Länder kommt hinzu, z. B. Kuweit, wo Klimaanlagen selbst im sozialen Wohnungsbau angebracht wurden (Kochwasser, 1969, S. 306) oder Saudi-Arabien, in dem Djidda mit einem Energieverbrauch von 365 Mill. kWh an erster Stelle lag (1973), Er Riad mit 347 Mill. kWh nicht viel zurückstand, Mekka und Taf mit 235 Mill. kWh folgte, um in Medina auf 46 Mill. kWh zurückzugehen. Wenn sonst darauf verzichtet wird, auf die verschiedenen Energieträger einzugehen, weil das als Problem der Wirtschaftsgeographie zu betrachten ist, so soll in diesem Zusammenhang lediglich darauf aufmerksam gemacht werden, daß in Saudi-

---

[1] Die west- und mitteleuropäischen Städte mit Fernheizanlagen wurden von Lavedan (1936, S. 192) kartographisch erfaßt, was in der zweiten Auflage nicht mehr der Fall war (vgl. auch Randzio, 1951, S. 31). Die von diesen Autoren gemachten Angaben stimmen nicht mit denen von Mölter und Stumpf überein (Elektrizitätswirtschaft, Sonderausgabe Heizkraftwirtschaft, 1959, S. 66/67), die die Zahl der Fernheizkraftwerke allein in der Bundesrepublik Deutschland (vor dem Jahre 1939) wesentlich höher angaben. Leider wird die genannte Zeitschrift nicht mehr fortgeführt.

Arabien 18 v. H. der Energie durch Meereswasser-Destillation verbraucht werden (Blume, 1976, S. 303 ff.).

Ähnlich wie mit der Heizung stand es ehemals mit der *Beleuchtung*. Zwischen ländlichen Siedlungen und Städten waren kaum Unterschiede gegeben, und nachts sanken Dörfer und Städte ins Dunkel. In zahlreichen *Entwicklungsländern* mag das heute noch der Fall sein wie etwa in Gabun, wo zwar das einstige Europäerviertel von Libreville elektrische Hausanschlüsse besitzt, die nicht zur Elite gehörigen Afrikaner sich aber mit Petroleumlampen begnügen. Hotelbauten, die für Europäer, Amerikaner usf. gedacht sind und weder auf elektrischen Strom noch Klimaanlagen verzichten können, erzeugen ihren Bedarf durch Generatoren, was sich dann in den hohen Preisen für Hotelzimmer auswirkt (Lasserre, 1958, S. 158). Etwas besser steht es in den Städten von Ghana, wo z. B. Cape Coast nur 25 v. H. der Haushalte keinen elektrischen Anschluß besitzen. Für indische Städte gab Blenck (1974, S. 313) eine Übersicht über die Wohnverhältnisse ländlicher Zuwanderer, die einen Eindruck von den Verhältnissen vermittelt (Tab. VII. G. 14).

Mit Ausnahme des Verkehrs wurden alle von Blenck aufgeführten Posten übernommen, weil sie zu einem erheblichen Teil noch innerhalb dieses Abschnittes benötigt werden. Was hier für die Beleuchtung in Frage kommt, spricht für sich, ohne daß es näherer Erläuterungen bedarf.

Nun darf das sicher nicht auf alle Entwicklungsländer übertragen werden, zumal es sich bei den indischen Städten nur um eine bestimmte soziale Schicht handelt. Unter den hinsichtlich der Heizverhältnisse erwähnten Städten der Entwicklungsländer begann man in Teheran im Jahre 1903 mit der Elektrifizierung. Bis in die siebziger Jahre besaßen 82 v. H. der Wohnungen elektrischen Strom innerhalb der Wohnung, allerdings mit beträchtlichen Unterschieden zwischen den einzelnen Vierteln, so daß sich das Verhältnis zwischen gehobenen und armen Wohnbereichen auf 6:2 belief (Seger, 1978, S. 95), die Straßenbeleuchtung im allgemeinen zufriedenstellend war einschließlich der Neonreklame. Ob sich daran etwas geändert hat, ließ sich nicht übersehen. In Manila hatten am Ende der siebziger Jahre fast 92 v. H. der Haushaltungen elektrisches Licht in der Wohnung einschließlich der Spontansiedlungen (Kolb, 1978, S. 81). In einem Teil der zuvor erwähnten Erdöl fördernden Länder dürfte die Versorgung mit Strom für die Beleuchtung eine Selbstverständlichkeit sein, zumal selbst im öffentlichen Wohnungsbau von vornherein die Ausstattung mit Radio oder Fernsehen erfolgte. Nicht umsonst liegt der Stromverbrauch in Venezuela am höchsten innerhalb der lateinamerikanischen Staaten (Nippes, 1978, S. 92), wenngleich eine Unterscheidung zwischen ländlichen Siedlungen und Städten nicht möglich ist und deshalb dieses Land in Tab. VII. G. 12 nicht erscheint. Ohne daß sich genaue Angaben machen ließen, wird man davon ausgehen müssen, daß in den großen lateinamerikanischen Städten, in denen innerhalb der Entwicklungsländer das Appartement-Hochhaus wohl am stärksten verbreitet ist, die elektrische Beleuchtung gesichert ist, wenngleich der Verbrauch durch die notwendigen Aufzüge und Klimaanlagen größer eingeschätzt werden muß. Hinsichtlich der Spontansiedlungen hat man mit erheblichen Unterschieden zu rechnen, wobei auf Kap. VII. D. d zu verweisen ist.

In den *Industrieländern* setzte sich im letzten Drittel des 19. Jh.s mit der Möglichkeit, Gas aus Kohle zu gewinnen, ein einfacheres Beleuchtungsmittel

966   Die Städte

Tab. VII.G.14 Typen der Wohnverhältnisse der Unterschicht – Stadtwanderer in indischen Städten

	Primitive Wohnverhältnisse in mehrgeschossigen Wohnblocks	Altstadt-Hinterhöfe	Spontansiedlungen	Pavement dweller
Wohnbesitzverhältnisse	bei regelmäßiger Mietzahlung praktisch unkündbar	mündl. Mietvertrag, jederzeit kündbar	Pacht, Unterpacht, Untermiete, Ungeregelte Verhältnisse, Häufig Vertreibung bei Nutzung der Parzelle als Bauland	geduldet, oft verjagt
Trinkwasser	ein Wasserhahn, 2 × tägl. 1 Stunde für 12–14 Familien	ein Wasserhahn, 2 × tägl. 1 Stunde für 12–24 Familien	Selten Brunnen. Wasserhahn 2 × tägl. 1 Stunde für 20–100 Familien	öffentliche Brunnen, Hydranten
Abwasser	unterirdische Kanalisation	unterirdische Kanalisation oder Straßenrand	Oft drainagelos, Stauwasser	Straßenrand
Toiletten	eine Toilette für 6–24 Familien	eine Toilette für 6–24 Familien, Straßenrand	Straßenrand und abgelegte Plätze	Straßenrand
Licht	Kerosinlampen im Haus, teilweise Straßenbeleuchtung. Keine Toilettenbeleuchtung	Kerosinlampen im Haus	Kerosinlampen	Straßenbeleuchtung
Lage	oft peripher, arbeitsplatzorientiert	In der Altstadt	Oft peripher, auf marginalem Land, in Baulücken	Im Zentrum, im Hafengebiet, arbeitsplatzorientiert
Witterungsschutz (Monsunregen, Hitze, Hochwasser)	Ausreichender Schutz gegen Monsunregen, ungenügende Durchlüftung, starke Hitze	Einsturzgefahr der Lehmbauten bei Monsunregen, geringe Brandgefahr in der Trockenzeit	Hochwassergefährdung, Einsturzgefahr der Lehmbauten bei Monsunregen, große Brandgefahr in der Trockenheit	Sehr ungenügender Schutz, Häuserschatten, Toreinfahrten

Nach Blenck, 1974, S. 313.

durch (Sorre, 1952, S. 350 ff.), das in gewissem Umfang bis nach dem Zweiten Weltkrieg noch immer zur Erhellung von ausgesprochenen Wohnstraßen europäischer Großstädte diente. Immerhin waren in West-Berlin um die Mitte der fünfziger Jahre mehr als 37 000 Gaslaternen in Betrieb gegenüber fast 42 000 Lampen mit elektrischer Beleuchtung (Berlin in Zahlen, 1955). In den neueren

Bänden des Statistischen Jahrbuchs Berlin wurde die Art der Straßenbeleuchtung nicht mehr aufgeführt, voraussichtlich deswegen, weil die elektrische Beleuchtung selbstverständlich geworden ist, einschließlich der Neonbeleuchtung. Die in der dritten Auflage vorhandene Tabelle (S. 575) „Die öffentliche Elektrizitätsversorgung 1962 und der Stromverbrauch in den Haushaltungen der Gemeinden der Bundesrepublik Deutschland" (nach Gemeindegrößenklassen) läßt sich nicht auf den neuesten Stand bringen, weil in dem Statistischen Jahrbuch deutscher Gemeinden (1982, S. 366 ff.) in der Zusammenfassung der Verbrauch, der auf die Haushalte entfällt, nicht mehr angegeben wird und in den für die Städte gesonderten Tabellen so wichtigen Orte wie Köln, Essen, Düsseldorf keine Angaben gemacht wurden, so daß eine eigene Berechnung wenig sinnvoll erscheint. Das gelingt lediglich für die Millionenstädte, wobei hinzugefügt werden muß, daß hier die Verwaltungsgrenzen maßgebend sind.

Tab. VII.G.15 Der elektrische Stromverbrauch in den Millionenstädten der Bundesrepublik Deutschland für das Jahr 1981 in v. H. des Gesamtverbrauchs

Stadt	Einwohnerzahl	Öffentliche Beleuchtung	Haushalte
Berlin-West	1,9 Mill.	7	40
Hamburg	1,6 Mill.	6	30
München	1,3 Mill.	8	32

Nach Statistisches Jahrbuch deutscher Gemeinden 1982, S. 368.

Daß Steinkohle heute noch der Haupterzeuger ist, dürfte überholt sein, aber daß München sich überwiegend auf die Wasserkraftwerke der Alpen stützt, ist voraussichtlich so geblieben. Der Verdichtungsraum Frankfurt a. M. einschließlich Offenbach, Darmstadt und Mainz mit dem wichtigsten Umspannungswerk in Hoechst bezieht elektrische Energie sowohl aus dem Braunkohlengebiet der Ville als auch aus dem Ruhrgebiet, und ebenso zieht man die Erzeugung der alpinen und der oberrheinischen Wasserkraftwerke heran, so daß ein Teil der Energie von Frankreich und der Schweiz erworben wird (Chardonnet, 1959, S. 138). Daran dürfte sich nichts geändert haben, zumal sich das Verbundsystem durchgesetzt hat, ob durch Hochspannungsleitungen oder unterirdische Kabel, so daß man zu jeder Zeit in der Lage ist, den Verbrauchern die gewünschte Menge zu liefern. In Paris benutzt man die Wasserkraftwerke des Zentralplateaus, des Oberrheins (Kembs) sowie der Alpen ebenso wie das Erdgas von Laca. Sternförmig streben die Hochspannungsleitungen bzw. Kabel auf die Hauptstadt zu. Beaujeu-Garnier (1977, Karte 32) veröffentlichte eine Karte darüber, auf die hingewiesen werden soll.

Selbst wenn nur ein geringer Teil der Energie auf die Straßenbeleuchtung entfällt, so erscheinen die Groß- und Weltstädte während der Nacht in Licht gehüllt. Nicht nur die Straßen der City und die Hauptausfallstraßen, sondern auch die Nebenstraßen werden erleuchtet. Baumonumente hüllt man in Licht ein und hebt sie aus dem Dunkel hervor. Das Großstadtleben zieht sich bis weit in die Nacht hinein, so daß auf Sparsamkeit im Stromverbrauch kein Wert gelegt wird. Das ist selbstverständlich in europäischen großen Städten der Fall trotz der meist wesentlich beträchtlicheren Schwierigkeiten der Energiegewinnung. Aubrac (1970, S. 59ff.) legte das z. B. für Rom dar, ohne daß hier näher darauf eingegangen werden kann.

Fragen wir uns nun, wie sich die Gas- und Elektrizitätsversorgung von Groß- und Weltstädten vollzieht, dann zeigt sich wohl überall, unabhängig von der Art der primären Energiequelle, die Tendenz, von kleinen Betrieben zu Großwerken überzugehen, wie es in der Industriewirtschaft allgemein zu beobachten ist. In Berlin wurde bereits im Jahre 1826 die Englische Gasgesellschaft gegründet und 1847 von den Städtischen Gaswerken übernommen. Im Jahre 1948 existierten sechs große Gasbetriebe, nachdem zuvor fünfzehn kleinere stillgelegt worden waren. Ein Jahr später erfolgte die Trennung der Werke und des Leitungsnetzes zwischen Ost- und West-Berlin. Von den vier an West-Berlin zugesprochenen Gaswerken der Berliner Gaswerke (GASAG) legte man zwei still, so daß die gesamte Versorgung Anfang der siebziger Jahre auf die Werke Charlottenburg und Mariendorf entfiel, die allein 57 v. H. ihrer Erzeugung als Heizgas an Haushaltungen abgab. Die Berliner Kraft- und Licht AG (BEWAG) besteht als gemischtwirtschaftliches Unternehmen seit dem Jahre 1931, während zuvor (1915-1923) kommunalwirtschaftlicher Betrieb eingeführt worden war, der dann in eine Aktiengesellschaft umgewandelt wurde. Die BEWAG betrieb im Jahre 1972 sieben Elektrizitätswerke, deren Stromerzeugung sich von 1962/63 (3,05 Mrd. kWh) bis 1972 verdoppelte (1971/72 6,1 Mrd. kWh) und man sich nun vor der Aufgabe sieht, ein 380 kV-Netz einzurichten (Hofmeister, 1975, S. 212ff.). Aus politischen Gründen entfällt eine Verknüpfung mit dem Umland hier völlig, und ob die Hoffnung auf ein Verbundnetz mit der Deutschen Demokratischen Republik in Erfüllung geht, steht dahin.

Anders liegen die Verhältnisse in Hamburg, wo zumindest die Hamburger Gaswerke GmbH Erdgas und Stadtgas für die Stadt selbst und weitere 79 Gemeinden (Städte und ländliche Siedlungen) in Schleswig-Holstein und Niedersachsen mit Erd- und Stadtgas versorgen und bereits ein 380 kV-Netz besteht (Öffentliche Versorgung mit Erd- und Stadtgas, 1970, S. A 95). In Köln liegen Elektrizitäts-, Gas- und Wasserwerke in einer Hand, wobei die Gaserzeugung allein auf Fremdbezug beruht. Wie weit das Umland davon profitiert, läßt sich nicht ersehen, aber es ist anzunehmen, daß dies nicht geschieht.

Als letztes Beispiel aus der Bundesrepublik Deutschland sei Frankfurt a. M. angeführt, wo ein städtisches Kraftwerk und die Main-Kraftwerke AG die Versorgung übernehmen, wobei letztere auch die im Westen gelegenen Vororte einbeziehen. In bezug auf Gas steht es nicht anders, indem ein städtisches Werk und die Hessen-Nassauische Gas-AG beteiligt sind und dabei ebenfalls die westlichen Vororte davon profitieren (Öffentliche Versorgung, 1970, S. A 74).

Ähnlich wie in Berlin begann in Wien die Gasversorgung durch eine englische Gesellschaft, bis im Jahre 1899 dies von der Kommune erworben wurde. „Seine Lage an der Stadlauer Ostbahnstraße weist auf die damalige Zulieferung der Kohle aus Oberschlesien hin. Mit der Umstellung der Versorgung Wiens auf russisches Erdgas wird das Gaswerk in wenigen Jahren völlig funktionslos sein. Es wurde bereits der Vorschlag gemacht, es unter Denkmalschutz zu stellen" (Lichtenberger, 1978, S. 185). Im Jahre 1900 wurde der Bau des städtischen Elektrizitätswerkes begonnen, zunächst als Kohlekraftwerk. Ende der siebziger Jahre existierten zwei Elektrizitätswerke, unter denen das Kraftwerk Donaustadt völlig auf die Verwendung von Erdgas umgestellt wurde und eine Umstellung auf Erdöl möglich ist. Weithin sichtbar ist der 150 m hohe Schornstein. Zwei Drittel der Stromversorgung von Wien können mit Hilfe dieser beiden Werke gedeckt werden, so daß eine Umlandverflechtung entfällt (Lichtenberger, 1978, S. 185 und S. 232).

In Paris beteiligten sich in der ersten Hälfte des 19. Jh.s verschiedene Gesellschaften mit kleineren Werken an der Versorgung der Hauptstadt; sie wurden im Jahre 1856 durch die „Compagnie d'Eclairage et de Chauffage par Gaz" zunächst organisarisch zusammengefaßt, bis man daran ging, eine gewisse Konzentration bei gesteigerter Leistungsfähigkeit der bestehenden Anlagen vorzunehmen. So existierten im Jahre 1890 zwölf Gaswerke, im Jahre 1955 lediglich sechs und im Jahre 1977 ein einziges mit vier Lagerungsmöglichkeiten. Mit zwei Raffinerien, die Strom erzeugen, und elf Umspannwerken machte die Elektrizitätswirtschaft einen ähnlichen Konzentrationsprozeß durch (Beaujeu-Garnier, 1977, Karte 32), wobei die Stadt von außen versorgt wird und nicht umgekehrt.

In London hatte sich vornehmlich während des Ersten Weltkrieges die Dezentralisierung kleiner Kraftwerke unterschiedlicher Besitzverhältnisse äußerst störend bemerkbar gemacht, zumal das Leitungsnetz nicht aufeinander abgestimmt war. Noch im Jahre 1926 handelte es sich um 65 Kraftwerke verschiedenster Unternehmen.

Sie waren zu einer Zeit geschaffen worden, als die Übertragung elektrischen Stroms nur auf begrenzte Entfernungen möglich war und versorgten deshalb auch nur jeweils kleine Bezirke der Weltstadt. Im Jahre 1926 wurde dann die halböffentliche Einrichtung des „Central Electricity Board" geschaffen, der es zu verdanken ist, daß im Zeitraum von 1926-1937 24 kleine Betriebe aufgelassen, ein völlig neues errichtet und drei im Anschluß an vorhandene ausgebaut wurden. Letztere befanden sich um des billigen Kohlebezugs willen ausschließlich an der Themse. Sie erzeugten im Jahre 1937 doppelt soviel Strom wie die Vielzahl der kleinen Werke im Jahre 1926 und produzierten 64 v. H. des gesamten Strombedarfs von London. Darüber hinaus trug man Sorge für eine Vereinheitlichung der Stromnetze, um die Möglichkeit der leichten Übertragung zu besitzen. Die Lage der entsprechenden Werke an der unteren Themse blieb erhalten, obgleich die Primärenergiequelle Kohle weitgehend durch Erdöl, Erdgas oder Kernkraft ersetzt wurde.

Daß in Tab. VII. G. 12 wenig Angaben über die Vereinigten Staaten und Kanada enthalten sind, muß in Kauf genommen werden. Doch ist anzunehmen, daß der Konzentrationsprozeß hier früher begann und der Pro-Kopf-Verbrauch wahrscheinlich höher liegt als in den europäischen Industrieländern, allein schon wegen der Vielzahl der Hochhäuser mit elektrisch betriebenen Aufzügen und Klimaanlagen. Offenbar hängt es mit den Besitzverhältnissen (privatwirtschaftliche Konzerne), u. U. auch mit Datenschutzbestimmungen zusammen, daß Angaben für bestimmte Städte kaum gemacht werden können.

Was in den europäischen Industrieländern noch bis nach dem Zweiten Weltkrieg wichtig war, nämlich die Eigenerzeugung an Energie, was von den Klein- über die Mittel- bis hin zu den Groß- und Weltstädten anstieg und letztere in der Lage waren, zumindest einen Teil ihres Umlandes zu versorgen, hat sich meist in das

Gegenteil verkehrt, indem Fremdbezug die Oberhand gewann und die Versorgung des Umlandes weitgehend aufgehoben ist. Daß es sich in West-Berlin anders verhält, hängt mit dem politischen Status dieser Stadt zusammen und daß bei einem Teil der Hafenstädte, die die Einfuhr primärer Energieträger besorgen, Umlandbeziehungen aufrecht erhalten bleiben, dürfte verständlich erscheinen. Die ober- oder unterirdischen Fernleitungen haben eine solche Entwicklung verursacht.

b) Wasserbeschaffung, Abwasser- und Abfallbeseitigung

Hinsichtlich der *Versorgung mit Trinkwasser* stellen sich in den Städten zahlreicher *Entwicklungsländer* erhebliche Schwierigkeiten ein, selbst wenn die Unterschiede zwischen den entsprechenden Ländern beträchtlich sein können, wie aus Tab. VII. G. 12 zu ersehen ist. In Lateinamerika besitzen die Haushaltungen der Städte in Peru, Bolivien und Guatemala bis etwa zu einem Drittel Wasserleitungen in ihren Wohnungen, was sich in den brasilianischen und kolumbischen Städten auf fast zwei Drittel erhöht. Für die großen Städte Tropisch-Afrikas liegen die wenigsten Angaben vor. In den Städten des Orients befindet sich die Spanne zwischen 35 v. H. in Tunesien (1966) und fast 100 v. H. in Israel. Ähnlich verhält es sich in Süd- und Ostasien, wo in Sri Lanka (1973) 16 v. H. der Haushalte Anschluß besaß, in West-Malaysia hingegen 73 v. H. (1970) und in Hongkong (1971) 97 v. H.

Betrachtet man nun einzelne Städte, für die Unterlagen vorhanden sind, dann läßt sich in Mexiko insbesondere Merida auf Yucatan herausstellen. Hier benutzt man Grundwasser, das aber nur bis 40 m Tiefe gewonnen werden darf, weil sonst die Gefahr der Versalzung besteht (Lindh, 1983, S. 43), so daß man wohl im wesentlichen auf Brunnen angewiesen ist. Vor demselben Problem steht Bangkok, das nur 1-2 m über dem Meeresspiegel liegt. Durch die Überbeanspruchung des Grundwassers bis 100 m Tiefe sinkt der Grundwasserspiegel jährlich um 2,50 m ab, was das Eindringen von Salzwasser zur Folge hat. Oberflächenwasser wird restlos von der Bewässerung in der Landwirtschaft benötigt (Lindh, 1983, S. 40/41). Noch schlimmer steht es in Djakarta, wo die kolonialzeitliche Stadt über kein einwandfreies Grundwasser mehr verfügt und die meisten Brunnen Schadstoffe enthalten, so daß nur abgekochtes Wasser gebraucht werden kann (Lindh, 1983, S. 41). In Sekondi-Takoradi (Ghana) dienen öffentliche Brunnen im wesentlichen der Versorgung mit Trinkwasser, so daß 650 Personen auf einen Brunnen angewiesen sind und der Weg von der Wohnung bis zu 200 m betragen kann (Lindh, 1983, S. 38). Die Problematik für Kairo liegt ein wenig anders, kommt aber häufig in Entwicklungsländern vor. Für das Jahr 1978 wurde hier geschätzt, daß von den 2,5 Mill. m^3 geförderten Wassers 47 v. H. verloren gehen, sei es durch schadhafte Rohre oder durch illegale Wasserentnahme (Lindh, 1983, S. 49). Für Manila schätzte man um das Jahr 1970, daß der Wasserverlust 30-45 v. H. beträgt und die Ursache dafür ähnlich wie in Kairo gelagert ist. Allerdings ist man hier auf Flußwasser angewiesen, das in einer Filterzentrale zur Reinigung gelangt, dann in Pumpstationen kommt und von hier in das Verteilernetz geht. Etwa drei Viertel der Haushalte waren daran angeschlossen, 14 v. H. hingegen auf Brunnen bzw. Pumpen mit ungereinigtem Grundwasser (Kolb, 1978, S. 81 ff.).

Kabul hatte zumindest bis vor dem Zweiten Weltkrieg Flußwasser zur Verfügung, das in Kanälen in die Stadt geleitet wurde. Zudem gab es Brunnen, die Grundwasser lieferten, was aber auf die Elite mit ihren Hausgärten und auf die Vorhöfe der Moscheen beschränkt blieb. Zusätzlich nutzte man die Qanate. Allerdings ging man im Jahre 1923 daran, eine Wasserleitung zu schaffen, die aber nur eine Länge von 30 km hatte und von dem Hochbehälter mit einem Fassungsvermögen von 1000 m^3 fünf Verteiler abzweigten, was aber nur bevorzugten meist öffentlichen Gebäuden zugute kam; Hausanschlüsse durften erstellt werden, aber nur auf eigene Kosten. Im Jahre 1957 legte man für den Neustadtkomplex ein zweites Verteilernetz an. Trotz alledem hat man mit einem Absinken des Grundwasserspiegels zu rechnen ebenso wie mit defekten Leitungen (Hahn, 1964, S. 61 ff.), so daß an eine absolute Sicherung nicht gedacht werden konnte.

Günstigere Voraussetzungen waren in Teheran gegeben. Zwar spielten bis in die fünfziger Jahre die Qanate für die Versorgung noch die wichtigste Rolle. Im Jahre 1970 lieferten öffentliche Tiefbrunnen und Qanate ebenso wie private Anlagen dieser Art etwas mehr als ein Fünftel des benötigten Wassers, während fast 80 v. H. durch Stauseen gefördert wurden. Der Jahresverbrauch stieg von 1963/64 bis 1970/71 von 53 auf 224 Mill. m^3, der tägliche Pro-Kopf-Verbrauch von 135 auf 224 Liter (zum Vergleich für das Jahr 1965: Hamburg 200 Liter, Paris 450 Liter; Seger, 1978, S. 87 ff.).

Daß ein Teil der Erdöl produzierenden Länder, die bereits in Kap. VII. G. 1 erwähnt wurden, dem nicht nachsteht, verwundert nicht. Vor dem Zweiten Weltkrieg erhielt Kuwait sein Wasser über Dhaus aus Basra, das dann in besonders dafür präparierten Ziegenhäuten nach Kuwait gebracht wurde. Mehrere ausländische Firmen erstellten dann eine moderne große Meerwasserentsalzungsanlage, die seit dem Jahre 1953 in Betrieb ist (Shuwaikh) und nach verschiedenen Reinigungsvorgängen in Wassertankwagen gelangt, die die Haushaltungen von Kuwait City versorgen. Zwar existieren keine Wasserleitungen in den Häusern, wohl aber eigene Wasserbehälter, die zweimal wöchentlich aufgefüllt werden. Außerdem entstanden am Golf zwei weitere Destillierwerke, und seit Beginn der sechziger Jahre wurde Grundwasser erbohrt, das in einer 88 km langen Wasser-Pipeline nach Kuwait City geführt wird. Weiter schloß man einen Vertrag mit Pakistan ab, um über eine entsprechende Pipeline Süßwasser aus dem Schatt-el-Arab zu beziehen. Auf diese Weise gewann man die Möglichkeit, selbst Grün- und Parkanlagen in der Stadt Wasser zukommen zu lassen (Kochwasser, 1969, S. 241 ff.); im Zeitraum von 1957-1975 stieg der Pro-Kopf-Wasserverbrauch von 41,5 auf 151,7 Liter täglich (Beaumont, 1980, S. 240).

Auch in Saudi-Arabien schuf man in Djidda und Al Khabur am Golf und am Roten Meer Meerwasserentsalzungsanlagen, allerdings erst in den sechziger Jahren, vornehmlich, um Djidda mit Wasser versorgen zu können; aber Mekka und Medina sind nach wie vor auf Brunnen angewiesen, was in extremen Trockenjahren insbesondere in Mekka dazu führen kann, daß Tanklastwagen von Djidda eingesetzt werden müssen, um den dringendsten Bedarf des Wallfahrtsortes zu decken. Etwas anders verhält es sich in Taif, in 1470 m Höhe gelegen, mit den höchsten Niederschlägen in Saudi-Arabien ausgestattet, was durch erhebliche Evatranspiration allerdings wieder eingeschränkt wird, aber immerhin haben diese Voraussetzungen dazu geführt, daß die Stadt zur Sommerresidenz gewählt wurde und der zusätzliche Fremdenverkehr einen beträchtlichen Bevölkerungsanstieg zur Folge hatte. Zwar bleibt bestehen, daß der größte Teil der Bevölkerung auf Brunnen angewiesen ist, die in Wadis niedergebracht wurden. Zudem aber existiert ein Qanatsystem, dessen Grundwasser in Reservoire gelangt und von hier aus in das Verteilernetz geleitet wird, wovon um das Jahr 1974 40 v. H. der Bevölkerung profitierten. Hinzu kam die Erschließung neuen Grundwassers in Wadis in einer Entfernung von 130 km von der Stadt, bis ein bestimmter Teil des in Djidda und Masrah gewonnenen Destillierwassers aus 160 km Entfernung die Versorgung von Taif verbesserte. Immerhin konnte damit der tägliche Pro-Kopf-Wasserverbrauch im Zeitraum 1975-1980 von 65 auf 110 Liter gesteigert werden (Raphael und Shabai, 1984, S. 183 ff.). Noch anders gestalten sich die Verhältnisse in Er Riad, das sich auf Tiefbrunnen bestimmter geologischer Formationen stützt, die in 50-200 km Entfernung von der Hauptstadt zur Erschließung kamen, so daß der tägliche Pro-Kopf-Verbrauch vom Jahre 1965 mit 120 Liter auf 350 Liter im Jahre 1967 anstieg, zugleich eine Erweiterung des Verteilernetzes stattfand und durch den Bau eines Wasserspeicherturmes gleichmäßiger Wasserdruck im gesamten Stadtgebiet gewährleistet ist. Der genannte Pro-Kopf-Verbrauch stellt einen Durchschnittswert dar, weil dabei die Unterschiede zwischen den Sozialschichten sehr erheblich sind. Die Wassergüte allerdings läßt zu wünschen übrig, da man sich zumindest bis zum Jahre 1975 auf das mechanische Filtern und die Chlorung beschränkte und bis dahin Wasseraufbereitungsanlagen noch nicht existierten (Barth, 1976, S. 19 ff; Beaumont, 1980, S. 241).

Weitere Angaben finden sich in dem Aufsatz von Schwager, Mazanec und Zimpel (1982), die die Unterschiede innerhalb der Arabischen Halbinsel darlegten.

Ähnlich wie bei der elektrischen Beleuchtung ergeben sich beträchtliche Differenzierungen zwischen den Entwicklungsländern, wobei ein Teil von ihnen hinsichtlich des Pro-Kopf-Verbrauchs an große Städte der Industrieländer heranreicht, allerdings mit der Einschränkung, daß ungesetzliche Entnahme von Wasser mancherorts eine Rolle spielt, Rohrleitungen nicht genügend instand gehalten werden und die Wassergüte nicht dem WHO-Anspruch genügt, die die Stadtbewohner der Industrieländer als selbstverständlich betrachten.

Hinsichtlich des Wasserkonsums in Groß- und Weltstädten der *Industrieländer* gilt, daß wesentlich größere Mengen notwendig sind als in den Städten niederen Ranges oder gar ländlichen Siedlungen, hervorgerufen durch Industrie, öffentliche Einrichtungen und gesteigerte Ansprüche der hier zusammengedrängten Wohnbevölkerung. Deutlich zeigt sich das darin, daß bei wachsender Einwohnerzahl der Wasserverbrauch nicht in demselben Verhältnis steigt, sondern erheblich stärker zunimmt. So hatte z. B. Hamburg um die Mitte des 19. Jh.s bei rd. 200 000 Einwohnern einen Wasserverbrauch von etwa 5 Mill. m^3, während er um die Mitte der fünfziger Jahre bei 1,75 Mill. Einwohnern über 100 Mill. m^3 betrug (Drobek, 1955, S. 172) und im Jahre 1981 bei einer Bevölkerung von 1,6 Mill. 141 Mill. m^3, wobei lediglich die Verwaltungsgrenzen als Bezugsbasis dienten (Statistisches Jahrbuch deutscher Gemeinden, 1982, S. 369). Abgesehen von der Industrie ist in bezug auf die öffentlichen Belange an die *Straßenreinigung* zu denken, die in den Groß- und Weltstädten einer strafferen Organisation und größerer Aufwendungen bedarf als in kleineren Orten (für die Entwicklungsländer liegen in dieser Beziehung kaum Angaben vor). Das für die Straßenreinigung benötigte Wasser macht im Rahmen des gesamten Wasseraufkommens nur einen geringen Teil aus; doch muß dieser Bedarf in Rechnung gestellt werden. So waren in Berlin im Jahre 1938 397 000 m^3 Wasser für die Straßenreinigung erforderlich, im Jahre 1955 in West-Berlin 182 000 m^3 bei einer gesamten Wasserförderung von 174 Mill. bzw. 137 Mill. m^3 in den entsprechenden Jahren und im Jahre 1981 215 000 m^3 bei einem Gesamtbedarf von 179 Mill. m^3, d. h. rd. 0,1-0,2 v. H. (Berlin in Zahlen bzw. Statistisches Jahrbuch Berlin, entsprechende Jahrgänge bis 1982).

Ebenso verlangt der Schutz gegen *Feuergefahr* in Groß- und Weltstädten besondere Vorkehrungen, denn einerseits sind hier Werte investiert, die nicht durch Vernachlässigung des Feuerschutzes aufs Spiel gesetzt werden dürfen, und andererseits stellt die Ausdehnung nach der Vertikalen spezifische Anforderungen an die Feuerlöschgeräte (Druckpumpen usf.). Der Wasserverbrauch der Feuerwehr dürfte im allgemeinen nicht sehr hoch liegen, wie es auf Grund der Untersuchungen für Hamburg abzuleiten ist (Drobek, 1955, S. 180). Die Schwierigkeiten bestehen vielmehr darin, für den Notfall immer die genügende Reserve zu besitzen. Für nordamerikanische Städte wurde geschätzt, daß die Bereitstellung von Feuerlöschwasser 25-40 v. H. der Gesamtkosten eines Wasserwerkes ausmachen. Weiterhin aber ist um des Feuerschutzes willen etwa die doppelte Zahl von Hydranten erforderlich, als es ohne eine solche Sicherungsmaßnahme notwendig wäre (Drobek, 1955, S. 180). So war Hamburg um die Mitte der fünfziger Jahre mit mehr als 21 000 und West-Berlin mit rd. 25 000 Hydranten sowie 23 Großhydranten ausgestattet. – Außer sanitären und sozialen Anlagen wie Schwimmbäder u. a. m. ist auch die *Wohnbevölkerung* der Groß- und Weltstädte an dem hohen Wasserverbrauch beteiligt.

Es ist nicht ganz einfach, einen Überblick darüber zu gewinnen, wie groß der tägliche Wasserbedarf jedes Einwohners in Groß- und Weltstädten ist. Lavedan (1936, S. 188 und 1959, S. 308) stellte Angaben für das Jahr 1930 bzw. um das Jahr 1950 zusammen. Daraus geht hervor, daß der Durchschnittswert in den Großstädten der Vereinigten Staaten mit 200 000 Einwohnern und mehr bei 400 Liter pro Kopf und Tag lag, was allerdings mitunter weit überschritten wurde wie z. B. in Chicago mit 1060 oder in Los Angeles mit 1200 Liter pro Kopf und Tag, in letzterem Falle auf die klimatischen Bedingungen zurückzuführen (sommertrockene Subtropen). Immerhin war die amerikanische Stadtbevölkerung in dieser Beziehung wesentlich anspruchsvoller als die der europäischen Länder. Hier ragten Rom mit 1000 und Madrid mit 600 Liter pro Kopf und Tag hervor, womit sich wiederum die Zusammenhänge zwischen klimatischen Verhältnissen und Wasserverbrauch zeigen. Paris mit 216 Liter pro Kopf und Tag (1953) wies durchaus günstige Verhältnisse auf, und London hatte diesen Wert im Jahre 1949 erreicht. Berlin und Amsterdam aber konnten lediglich 80 Liter pro Kopf und Tag abgeben.

Sofern lediglich die öffentlichen Wasserwerke und ihre Erzeugung einbezogen werden, kann man in der Bundesrepublik Deutschland bzw. in deren großen Städten damit rechnen, daß der Verbrauch der Haushaltungen einschließlich des Kleingewerbes – beides läßt sich statistisch nicht trennen – 60-70 v. H. der

Erzeugung an die Haushalte abgegeben werden. Nimmt man aber die Eigenförderung von Industriewerken hinzu, die in geringen Mengen an das öffentliche Wasserversorgungsnetz ebenfalls Wasser an Haushaltungen abgeben, dann sinkt der Verbrauch, den die Haushaltungen benötigen, auf etwa 40 v. H. Unter dieser Voraussetzung steht es dann ähnlich wie bei der Energieversorgung, indem als größter Verbraucher die Industrie anzusetzen ist.

Daß hinsichtlich des Pro-Kopf-Verbrauchs nach dem Zweiten Weltkrieg eine Steigerung einsetzte, ist letztlich selbstverständlich. In West-Berlin konnte man durch Modernisierung bestehender und Anlage neuer Wasserwerke einen Pro-Kopf-Verbrauch von 420 Liter täglich erreichen (Hofmeister, 1975, S. 215).

Auf welche Weise sucht man nun, den hohen Wasserbedarf der Groß- und Weltstädte zu decken? Bei hoher Menschenzahl auf engem Raum reichen Einzelbrunnen und Privatinitiative nicht aus, so daß es mit der Entwicklung der Groß- und Weltstädte im 19. Jh. notwendig zu einer zentralen Regelung kam. Hamburg stützte sich seit seiner Gründung, wie andere Städte auch, auf öffentliche und zahlreiche private Brunnen; im 16. und 17. Jh. wurden Gesellschaften ins Leben gerufen, die ihre Mitglieder durch Alster- und Elbwasserkünste mit Trinkwasser versorgten, bis dann nach deren Vernichtung durch die Brandkatastrophe (1842) der Plan verwirklicht wurde, eine zentrale Wasserversorgungsanlage zu schaffen, die im Jahre 1848 in Betrieb kam (Drobek, 1955). Eine ähnlich geartete Entwicklung ist auch anderswo zu beobachten (vgl. für Paris: Auray, 1933 und Lavedan, 1959, S. 306; für Lilles: Aurel 1951).

Nach dem DVGW-Merkblatt W 410 geht man von folgendem Wasserverbrauch nach Gemeindegrößen aus.

Tab. VII.G.16 Durchschnittl. einwohnerbezogener Wasserbedarf nach Gemeindegrößen

Gemeindegröße (Einwohner = E.)	im Haushalt (l/d)	Gesamtbedarf (l/d)
unter 2 000 E.	65	75
2 000 – unter 10 000 E.	80	95
10 000 – unter 50 000 E.	95	110
50 000 – unter 200 000 E.	105	125
200 000 und mehr E.	120	120
Kur- und Badeorte, Fremdenverkehrssiedlungen		150–300

l/d = Liter pro Tag

Nach: Taschenbuch der Wasserwirtschaft, 1982, S. 768.

Tab. VII.G.17 Tagesdurchschnitte für den Pro-Kopf-Verbrauch an Wasser

Art der Wohngebäude	Ausstattung (WC, Bad)	Wasserbedarf (l/d)*
Ein- u. Mehrfam.-Häuser	nein	60– 80
Einfam.-Reihenhäuser	ja	80–100
Einfam.-Einzelhäuser	ja	100–200
Mehrfam.-Häuser	ja	100–120
Einfam.-Einzelhäuser bzw. Komfortwohnungen (sanitäre Höchstausstattg.)	ja	200–400

l/d = Liter pro Tag   * Einwohnerbezogen

Nach: Taschenbuch der Wasserwirtschaft, 1982, S. 771

Die Gemeindegrößen-Einteilung entspricht weder den sonst in der Statistik üblichen noch den in Kap. VII. A vorgeschlagenen Abänderungen. Immerhin wird damit belegt, daß mit wachsender Einwohnerzahl der Wasserbedarf steigt, voraussichtlich in stärkerem Maße, als es der Bevölkerungszahl entspricht, wenngleich im Rahmen der Suburbanisierung in den Verdichtungsräumen die Unterschiede sich erheblich gemindert haben.

Sowohl hinsichtlich der Ausstattung der Wohnungen als auch nach der Siedlungsstruktur lassen sich ebenfalls Unterschiede im Wasserbedarf feststellen.

Das Wasser von Flüssen, Seen oder u. U. des Meeres kann herangezogen werden. In Hamburg war die Elbe in den Dienst der Wasserversorgung gestellt, so daß der Elbwasseranteil in der Innenstadt 14 v. H. und in Altona-Blankenese 26,3 v. H. betrug. Oberflächenwasser und vor allem Flußwasser geben zumindest seit der Industrialisierung durch die starke Belastung mit Schadstoffen nicht gerade eine Ideallösung ab, vor allem unter den modernen hygienischen Gesichtspunkten. Die Entkeimung muß mit besonderer Sorgfalt durchgeführt werden, und das Zusetzen von Chlor ist unumgänglich. Aus diesem Grunde trachtete man danach, andere Wasservorräte zu erschließen. *Eine* Möglichkeit besteht darin, Grundwasser zu gewinnen; so bemüht man sich in Hamburg, die Versorgung mit Trinkwasser allein darauf zu gründen und Elbwasser auszuschließen. West-Berlin bestreitet seine Trinkwasserversorgung ausschließlich aus Grundwasser. „Dieses rührt her aus der Versickerung des Niederschlags, aus dem Seihwasser der Oberflächengewässer und aus künstlichem Filtrat in den dafür angelegten Sickerbecken. ... Die erwähnten Sickerbecken erhalten ihr Wasser aus der Havel, und ebenfalls wird mit Havelwasser eine Anreicherung der Grunewaldseenkette vorgenommen. So gut auch die Qualität ist – das Wasser kommt im wesentlichen aus Tiefen zwischen 70 m und 100 m mit ca. 8 Grad gut gefiltert und mit minimalen Keimzahlen –, so besorgniserregend ist die Quantität der Förderung angesichts der Tatsache, daß der Grundwasserspiegel merkbar sinkt" (Hofmeister, 1975, S. 118/119). London stützte sich weitgehend auf das Wasser der Themse (⅔ des Trink- und Brauchwassers wurden dem Strom für diese Zwecke entnommen; Jäger, 1976, S. 36 ff.), aber die Suburbanisierung nach dem Zweiten Weltkrieg führte dazu, daß das Metropolitan Water Board 248 Bohrlöcher niederbrachte, um den wachsenden Bedarf durch Grundwasser zu decken, was bereits ein Nachsickern von Brackwasser zur Folge hatte (Graves und White, 1974, S. 170 ff.).

Qualitativ am besten dürfte in den meisten Fällen Wasser aus Quellgebieten sein. Die Römer griffen zur Versorgung ihrer Städte auf Quellen zurück. Solche wurden in den Albaner Bergen gefaßt, um den Bedarf von Rom sicherzustellen, was bei der Lage des Quellgebietes nach Nähe und Höhe zur Stadt auf keine allzu großen Schwierigkeiten stieß. Doch scheute man nicht davor zurück, über größere Entfernungen hin den Städten gut beschaffenes Quellwasser zuzuführen, selbst dann, wenn durch Tunnelanlagen oder Aquädukte Reliefunterschiede zu überwinden waren.

Begnügte man sich in Rom bis über die Mitte des 19. Jh.s hinaus mit den antiken Wassergewinnungs- und Verteilungsanlagen, so fand im Jahre 1869 eine erste Erweiterung statt. Vereinbarungen zwischen dem Vatikan und Vertretern der jungen Hauptstadt ließen es zur Gründung von Gesellschaften kommen, die für die Wasserfrage verantwortlich wurden. Trotz Erweiterungen unter Beibehaltung der Quellwasser-Gewinnung blieb die Versorgung kritisch, zumal der Fremdenverkehr der Stadt mit ihren 200 Springbrunnen zusätzlichen Verbrauch brachte. Erheblicher Wasserverlust, der auf 13-18 v. H. geschätzt wurde, auf undichte Rohre und andere Ursachen zurückzuführen, ungleichmäßige Verteilung innerhalb des Stadtgebietes u. a. m. führten mitunter zu Restriktionen im Wasserverbrauch, so daß z. B. im Sommer 1969 trotz eines regenreichen Winters und Frühjahrs für jeden Stadtbezirk die Stunden festgelegt wurden, während denen Wasser zur Verfügung gestellt wurde. Umfangreiche neue Pläne sind im Stadium der Verwirklichung, bei denen dann allerdings nicht mehr allein auf Quellwasser zurückgegriffen wird, sondern auch an die Erschließung von Grundwasser gedacht wird (Aubrac, 1970, S. 60 ff. mit Karte).

In Athen sind noch zwei solcher Anlagen aus dem 2. Jh. n. Chr. in Betrieb, aber zusätzliche Wasserwerke waren zu schaffen, um die Bevölkerung der griechischen Hauptstadt versorgen zu können, zumal der jährliche Wasserverbrauch seit dem Ende der sechziger Jahre um 8 v. H. anstieg, was als ausgesprochen hoher Prozentsatz zu werten ist (Lindh, 1983, S. 38). Talsperren 150 km nordwestlich von Athen sollten dazu verhelfen, deren Wasser über 71 km lange Tunnelanlagen und 7 km lange Rohrleitungen sowie über mehr als 100 km lange Kanäle nach Athen zu leiten. Die Fertigstellung dieses aufwendigen Projektes erfolgte im Jahre 1979.

In der zweiten Hälfte des 19. Jh.s ging man in Paris dazu über, sich hinsichtlich des erforderlichen Trinkwassers von dem Flußwasser der Seine zu lösen und letzteres nur noch als Brauchwasser zu nutzen. Für die Gewinnung von Trinkwasser aber wurden umfangreiche Arbeiten aufgenommen mit dem Ziele, der Stadt aus entfernteren Bereichen (rd. 100-200 km) Quellwasser zuzuleiten. Im Jahre 1865 faßte man die Quellen der Dhuys (Champagne), im Jahre 1874 die der Vanne und im Jahre 1893 die der Avre, um bei steigendem Bedarf sich dann doch entschließen zu müssen, zusätzlich filtriertes Flußwasser heranzuziehen. Doch gab man die Arbeiten zur Vermehrung der Quellwassernutzung nicht auf, so daß im Jahre 1900 die Quellen von Loing sowie Lunain und in den Jahren 1922 bis 1925 die der Vouzie in Nutzung genommen wurden. Da diese Bemühungen nur der innerhalb der damaligen Verwaltungsgrenzen von Paris wohnenden Bevölkerung zugute kamen, die Versorgung der Vororte unabhängig davon durchgeführt wurde und die Wasserförderung noch immer nicht ausreichend erschien, ist man dann auf gemeinsamer Basis dem Projekt näher getreten, Quellwasser aus dem Val de Loire im Bereiche von Orléans für die Gesamtheit der Hauptstadt zu gewinnen (Auray, 1951; Urbanisme, H. 41, 1946). Trotzdem decken diese Anlagen lediglich 40 v. H. des Bedarfs: die restlichen 60 v. H. werden über moderne Aufbereitungsanlagen aus der Seine, Marne und der Oise entnommen (Lindh, 1983, S. 36/37). Die Trinkwasserversorgung von Wien beruht weitgehend auf zugeleitetem Quellwasser der Alpen, während das Brauchwasser der Donau entnommen wird.

Unter bestimmten geomorphologischen und klimatischen Voraussetzungen (Lage auf Schwemmfächern am Rande hoher, im Winter schneebedeckter Gebirge) läßt sich Grundwasser auch in anderer Weise zur Trinkwasserversorgung heranziehen, indem – ähnlich wie in Teheran oder Marrakesch – Qanate benutzt wurden. Das ist für südspanische Städte erwiesen, insbesondere aber für Madrid, das etwa bis zur Mitte des 19. Jh.s das Trinkwasser aus Brunnen bezog, die ihr Wasser durch Qanate erhielten, während die Bewässerung von Gärten, Parkanlagen und Alleebäumen durch Brunnenschöpfräder (Norias) geschah.

Von den Mauren, die voraussichtlich die Technik der Qanate in einigen Oasen der Sahara kennengelernt hatten, eingeführt, wurde dieses Prinzip nach der Reconquista von den Spaniern übernommen, und bei wachsender Bevölkerungszahl erfolgte ein Ausbau. Dabei waren die Qanate bzw. Brunnen teils in städtischem und teils in Privatbesitz. Letztere gehörten zum Palast, wohlhabenden Bürgern und Klöstern, die ihre Brunnen in den Innenhöfen installierten. Die öffentlichen Brunnen befanden sich überwiegend inmitten eines Beckens, wo aus einer oder mehreren Röhren ständig Wasser ausströmte. Hier trafen sich die Wasserträger, die einen Teil der Bevölkerung ohne eigenen Brunnen versorgten bzw. die sonstigen Einwohner, die die Kosten für die Indienststellung eines Trägers nicht aufbringen konnten. Die Qualität des Trinkwassers war vorzüglich, und im Jahre 1847 existierten 56 öffentliche und 321 private Brunnen. Aber bei dem Wachstum der Hauptstadt um diese Zeit entfielen im Jahre 1850 im Durchschnitt nur täglich 10 Liter Wasser pro Kopf der Bevölkerung, und der Wasserpreis stieg um das 12fache. So entschloß man sich, das Wasser des Rio Lozoya aufzufangen „und über einen Kanal nach Madrid zu leiten. Der Lozoya wurde in dem Stausee Pontón de la Oliva aufgefangen und über den 77 km langen und durch zahlreiche Tunnels und Aquädukte geführten Canal de Isabel II. mit Madrid verbunden" (Braun, 1974, S. 110). Zwei weitere Talsperren kamen hinzu, was in den Jahren 1851-1859 durchgeführt wurde. Auf die Qanate nahm man bei der Ausweitung der Stadt keine Rücksicht. „Im Norden und Nordosten entstanden neue vornehme Wohnviertel mit schachbrettartigem Grundriß, und, um die Hauptwindrichtungen zu meiden, mit Nord-Süd und Ost-West-Orientierung. Auf die Qanate nahm man dabei keine Rücksicht. Teilweise folgten die Straßen den Qanaten. ... Vor 1858 galt der Grundsatz, daß Qanate unter den öffentlichen Verkehrswegen liegen müßten, weil sie dort besser vor dem Zugriff der Anwohner geschützt wären als unter Privatgelände ... Außerdem waren sie unter den Straßen vor Verunreinigung durch Senkgruben und dergleichen sicher ... Aus dieser Parallelführung von Qanat- und Straßennetz ergeben sich heute große Probleme. Noch viele alte Qanatstollen, die z. T. noch Frisch- oder Abwasserleitungen bergen, sind im Stadtgebiet erhalten geblieben. Vor Jahrhunderten erbaut, sind sie aber dem modernen Verkehr nicht gewachsen. So ereignen sich immer wieder Straßeneinstürze, die wegen ihres Ausmaßes und ihrer Häufigkeit eine ernste Angelegenheit darstellen" (Braun, 1974, S. 111).

So dürfte – abgesehen von den noch intakten römischen Anlagen – Madrid für sich in Anspruch nehmen können, eine der ersten Städte gewesen zu sein, deren Wasserversorgung durch Fernleitungen gewährleistet wurde.

Eine bessere Beschaffenheit des Wassers unter beschränkter Benutzung von Flußwasser erzielt man zuweilen auch dadurch, daß Wasser von Talsperren über Fernwasserleitungen den Verbraucherzentren der Städte zugeführt wird. So ist insbesondere die Sösetalsperre im Harz, seit Beginn der zwanziger Jahre entstanden (Brüning, 1928, S. 136), in den Dienst der Trinkwasserversorgung von Hildesheim, Hannover und insbesondere Bremen gestellt; eine unterirdische Fernwasserleitung von 200 km Länge führt bis nach Bremen, so daß hier nur noch 20 v. H. des Trinkwassers in gereinigtem Zustand der Weser entnommen wird (im Jahre 1972), der Rest sich auf zwei eigene und mehrere Grundwasserwerke auf niedersächsischem Gebiet und die Fernleitungen stützt (Bremen, 1975). Voraussichtlich erst nach dem Zweiten Weltkrieg gelangte auch Wolfsburg in den Genuß einer besonderen Fernleitung. Von den 266 Talsperren in der Bundesrepublik Deutschland mit mehr als 300 000 m^3 Speicherraum besitzen 152 einen solchen von mehr als 1 Mill. m^3 (Dlocik, Schüttler und Sternagel, 1982, S. IV-8 mit Karte). Außer dem Harz befinden sich diejenigen, die der Trinkwasserversorgung dienen, teils im Hessischen Bergland, vornehmlich aber im nördlichen Rheinischen Schiefergebirge.

Ein besonders engmaschiges Wasserversorgungsnetz ergibt sich im Ruhrgebiet, das teilweise zu den Fernleitungen gerechnet werden kann. Die Ruhr versorgt nicht allein ihr eigenes Einzugsgebiet mit Trink- und Brauchwasser, sondern ebenfalls den größten Teil des Emscher- und Lippebereiches. Das läßt sich aus mehreren Gründen erreichen. Um die jahreszeitlich stark schwankenden Abflußmengen eines Mittelgebirgsflusses, der im Osten hohe Niederschläge empfängt, ausgleichen zu können, legte der im Jahre 1913 gegründete Ruhrtalsperrenverein Talsperren an, deren Zahl im Jahre 1981 14 betrug (Dege und Dege, 1983, S. 122). Sie sollen nach genau festgelegten Plänen bei Niedrigwasserstand ihr Wasser der

Ruhr zukommen lassen. Da der Wasserverbrauch insgesamt aber höher ist, wird das Wasser nicht direkt der Ruhr entnommen, sondern im Auengebiet werden Sickerbecken angelegt, da unter einer ein Meter mächtigen Auelehmdecke bis zu 14 Meter Kiese und Sande liegen, die zur Anreicherung des Grundwassers benutzt werden. Über 37 Pumpwerke kann die relativ niedrige Wasserscheide gegenüber dem Norden überwunden und die nördlich des Ruhreinzugsgebietes befindlichen Bereiche mit Wasser versorgt werden.

In New York war das zu salzhaltige Wasser des Hudson-Ästuars schlecht zu benutzen. Seit dem Jahre 1842 ging man bereits daran, die Quellbezirke von Flüssen der nördlichen Umrahmung in den Dienst der städtischen Wasserversorgung zu stellen. Seitdem fand diese Maßnahme immer mehr Anwendung. Mit etwa 1000 kleineren und größeren Bächen und Flüssen, die sieben verschiedenen hydrographischen Einzugsbereichen angehören, wird das Wasser in 27 Staubecken gesammelt und durch gesicherte Aquädukte und Tunnelanlagen von mehr als 550 km Länge dem Verbraucherzentrum zugeführt. Bei diesem großzügigen Unternehmen, das nur durch Vereinbarungen benachbarter Bundesstaaten gelang, müssen die Quellgebiete geschützt, hunderte Farmen, darunter wohlhabende, auf Milchwirtschaft ausgerichtete verlegt werden, natürlich unter entsprechendem Kostenaufwand der Stadt. Deutlich gibt sich hier zu erkennen, daß nicht nur die Wasserversorgung als solche Schwierigkeiten bereitet, sondern ebenfalls die dadurch hervorgerufenen Veränderungen im Umland zu berücksichtigen sind (van Burkalow, 1959, S. 369 ff.). Wenn sich seitdem Wandlungen eingestellt haben sollten, dann können diese nur in einer nochmaligen Erweiterung des Einzugsgebietes bzw. in einer Vergrößerung der pipelines bzw. oberirdischen Zuleitungen bestehen (Abb. 157).

Den am weitesten ausgreifenden Wassertransfer findet man wahrscheinlich im Westen der Vereinigten Staaten, zumal Unterlagen in dieser Beziehung für die Sowjetunion nicht in demselben Maße existieren, der einzige Großraum, der dafür noch in Frage käme. In Südkalifornien wird Wasser genutzt, das zum Teil seinen Ursprung im nördlichen Abschnitt des Bundesstaates besitzt und dessen Güte zufriedenstellend ist. Aber das reicht nicht aus, um die nach dem Zweiten Weltkrieg besonders stark angestiegene Bevölkerung von Los Angeles und San Diego zu versorgen, zumal der Wasserverbrauch pro Kopf der Bevölkerung auf Grund der klimatischen Verhältnisse besonders hoch liegt. Dem Los Angeles Metropolitan Water District (LAMWD) boten sich drei Möglichkeiten an, den gesteigerten Bedürfnissen Rechnung zu tragen, nämlich der Los Angeles-, der California- und der Colorado-Aquädukt. Die zuletzt genannte Anlage bietet die meisten Schwierigkeiten. Ist die Wassergüte beim Verlassen der westlichen Rocky Mountains im Rahmen des Granby-Stausees mit 50 g/m^3 noch günstig, so steigert sich der Salzgehalt beim Durchzug des Flusses im südlichen Arizona auf 900 g/m^3, wozu auch die Nebenflüsse beitragen, die ebenfalls semiaride und aride Gebiete durchziehen. Die durchschnittliche Salzgehaltskonzentration verdoppelte sich innerhalb des 20. Jh.s. Das Salinitätsproblem ist auch deshalb von Belang, weil zwischen den Vereinigten Staaten und Mexiko im Jahre 1972 ein Vertrag geschlossen wurde mit dem Inhalt, das Wasser des Stausees Morelos auf einem bestimmten Salzgehalt zu halten (115 ppm, Tab. VII. G. 1), damit der in 48 km entfernt und

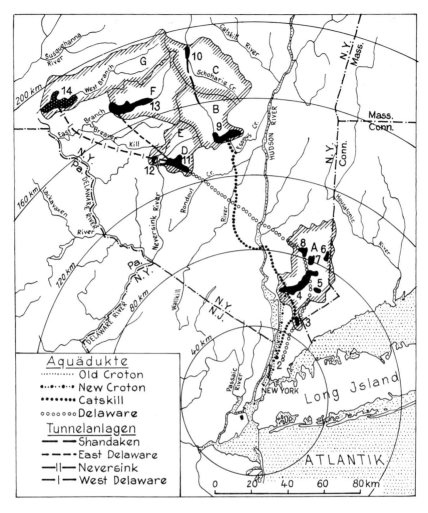

Abb. 157 Die Wasserbeschaffung von New York, die auf benachbarte Bundesstaaten übergreift – Mitte bis Ende der fünfziger Jahre – (nach van Burkalow).

auf mexikanischem Territorium gelegene Imperial Stausee nicht einer zu großen Belastung ausgesetzt sein sollte. Die Ausgaben für die Destillieranlagen werden auf 125 Mill.-450 Mill. Dollar geschätzt. Um das Wasserproblem für Los Angeles günstiger zu gestalten, will die North American Water and Power Alliance (NAWAPA) aus Kanada und Alaska Wasser beziehen, d. h. einen Transfer über mehrere 1000 km von Norden bis nach Mexiko vorsehen. Dabei käme es zur Anlage von Kanälen, Tunnelanlagen, Kraftwerken, Staudämmen und -seen, die 10^{10} m^3 Wasser jährlich zur Verfügung stellen könnten. Die damit verbundenen Nebeneffekte (Landwirtschaft, u. U. Absinken des Grundwasserspiegels u. a. m.) lassen sich einstweilen nicht beurteilen (Lindh, 1983, S. 32 ff.).

Insgesamt läßt sich sagen, daß in der Bundesrepublik Deutschland 64 v. H. des

Wasserbedarfs aus Grundwasser gedeckt wird, in den Vereinigten Staaten aber durch Oberflächenwasser, wozu insbesondere der Talsperrenbau beiträgt. Ähnlich wie in Deutschland meist als Mehrzweckanlagen errichtet (Hochwasserschutz, Energiegewinnung, Bereitstellung von Trink- und Brauchwasser bzw. Erholungsflächen) haben fünf von ihnen einen Stauraum von mehr als 20 Milliarden m^3, während die beiden größten Talsperren in der Bundesrepublik einen solchen von rd. 200 Mill. m^3 besitzen (Blume, 1975, S. 96 ff.).

Außer der Wasserversorgung an und für sich sind auch mit der *Wasserverteilung* innerhalb von Groß- und Weltstädten spezifische Aufgaben verbunden. Ähnlich wie in manchen Entwicklungsländern noch heute begnügte man sich früher in den werdenden Industrieländern mit öffentlichen und privaten Brunnen, und dort, wo der Lebensstandard unter dem Durchschnitt lag bzw. noch liegt, mag das selbst in Großstädten noch heute der Fall sein. Wenn Lavedan (1936, S. 186 ff.) in Porto, der zweitgrößten Stadt von Portugal, die lange Reihe von Frauen beobachtete, die geduldig darauf warteten, an öffentlichen Brunnen ihre Gefäße mit Wasser füllen zu können, so steht das in Übereinstimmung damit, daß in portugiesischen Städten weniger als die Hälfte der Wohnungen im Jahre 1950 direkten Wasseranschluß hatten, was sich allerdings bis zum Jahre 1960 auf 82 v. H. erhöhte. (Tab. VII. G. 12.). Bequemer, als sich am Brunnen selbst zu versorgen, war es zweifellos, dies durch Wasserträger versehen zu lassen. So konnten in Hamburg einst die relativ hoch gelegenen Wohnviertel nicht durch die Wasserkünste bedient werden, weil der Druck in den Leitungen nicht genügte; die Verteilung des Wassers wurde Wasserträgern übergeben, obgleich das für die Haushaltungen recht kostspielig war (Drobek, 1955, S. 170 ff.). Es muß auf Tab. VII. G. 12 verwiesen werden, um darzutun, daß in den meisten Industrieländern das Ziel erreicht ist, direkte Wasserleitungen in die Wohnungen zu legen, und zwar unter ausreichendem Druck, um auch denen in hohen Stockwerken die unmittelbare Wasserzuführung zu ermöglichen. Nur eine einzige Angabe soll die dazu erforderlichen Maßnahmen deutlich machen. „Während in West-Berlin 1949 rd. 3700 km Leitungen lagen, umfaßte 1968 das Netz rd. 4200 km Druckrohrleitungen, die aber teilweise schon über 70 Jahre alt waren und, da sie auch unter den Kriegseinwirkungen gelitten hatten, der heutigen Beanspruchung nicht mehr voll gewachsen waren. So mußte neben der Erweiterung auch ständiger Ersatz geleistet werden. Zwischenpumpwerke wurden in Marienfelde und am Columbiadamm, Druckstationen in Frohnau und an der Badstraße gebaut. Auch wurde der Einbau von Rohrbruchsicherungsanlagen forciert, die schadhaft gewordene Leitungsabschnitte von Rohrbruchsicherungsanlagen automatisch sperren (Hofmeister, 1975, S. 215 ff.).

Ähnlich wie sich die Schwierigkeiten der Wasserversorgung mit wachsender Menschenzahl erhöhen, ebenso verhält es sich mit der *Abwasser- und Abfallbeseitigung*, so daß die Aufgaben, die in dieser Beziehung in Groß- und Weltstädten bestehen, in ihren Dimensionen weit über das gehen, was in kleineren Städten oder gar in ländlichen Siedlungen erforderlich ist. Vor der Industrialisierung und Verstädterung vermochten die Flüsse und Bäche weitgehend die Abwässer aufzunehmen, da sie eine natürliche Selbstreinigungskraft besitzen, falls keine Überlastung auftritt und eine genügende Fließgeschwindigkeit gegeben ist, zumindest in den Außertropen.

Im Rahmen der *Entwicklungsländer* besitzen noch heute die großen Städte in Indonesien keine Kanalisation, sondern Abwasser und Abfall wird offenen Kanälen übergeben. Für Kabul hat sich in den Bereichen mit offener Bauweise das System der Hausbrunnen mit Sickergruben bzw. Wasserleitungsversorgung mit Schlinggruben erhalten, was in diesen Bezirken zu keinen Schwierigkeiten geführt hat. In den dicht bebauten Stadtteilen allerdings wäre eine Kanalisation notwendig, von der man nicht weiß, ob sie bisher durchgeführt wurde (Hahn, 1964, S. 65). Bei indischen Städten kann – zumindest für bestimmte Bevölkerungsgruppen – auf Tab. VII. G. 14 verwiesen werden. Selbst in Neu-Delhi nehmen zum größten Teil offene Kanäle, die in die Djamna geleitet wurden, das Abwasser und sonstige Abfälle auf. Seit dem Jahr 1938 existiert eine gewisse Kanalisation, aber nur 50 v. H. des darin transportierten Abwassers unterliegt einer Reinigung. In Bombay ist zwar die Kanalisation sechzig bis siebzig Jahre alt, aber die finanziellen Mittel reichen nicht aus, um das Rohrnetz in Ordnung zu halten und Erweiterungen vornehmen zu können (Lindh, 1983, S. 47/48). Wenn in Manila die Versorgung mit elektrischem Strom einigermaßen günstig war, diejenige mit Trinkwasser zumindest nicht völlig vernachlässigt wurde, so stand und steht es am schlimmsten hinsichtlich des Abwasserkanalnetzes. Ein solches wurde in den Jahren 1907 bis 1909 zwar von Amerikanern eingerichtet, seitdem aber weder grundlegend überholt noch entscheidend erweitert. „Es bediente im Jahre 1970 in der City ein Gebiet mit 350 000 Menschen, dazu kleinräumige Abwasserlösungen von Neubaugebieten für 130 000 Menschen, so daß 12 v. H. der Bevölkerung, nach anderen Quellen 18 v. H., von Abwassereinrichtungen bedient werden" (Kolb, 1978, S. 83). Das Brauchwasser der Industrie wird durch Abwasserrohre direkt in die Flüsse geleitet. Eine einheitliche Müllabfuhr fehlt; aber es existieren Deponien, die zu 25 v. H. die Abfallstoffe der öffentlichen Märkte aufnehmen. Die Spontansiedlungen werden weder durch Kanalisation noch durch Abfallbeseitigung bedient.

Nicht viel anders steht es in Teheran, wo am Straßenrand offene Gräben die häuslichen und gewerblichen Abwässer aufnehmen. Hauseigene Abwässer und Fäkalien gelangen in hauseigene Sickergruben, selbst in Neubaugebieten (Ahrens, 1966, S. 69).

Wie aus den dargelegten Beispielen ersichtlich wird, hat die Lage der Städte bzw. die herrschenden klimatischen Verhältnisse entscheidenden Einfluß auf die Verträglichkeit einer ungenügenden oder fehlenden Kanalisation. In den Trockengebieten lassen sich die traditionellen Methoden verantworten, zumindest in den Abschnitten, die keine zu hohe Bevölkerungsdichte aufweisen, weil tierische Krankheitsüberträger eine geringe Rolle spielen. In den nur wenige Meter über dem Meeresspiegel gelegenen Küstenstädten der Tropen (Djakarta oder Kalkutta) ebenso wie in denjenigen im Niederungsgelände hingegen können tierische Krankheitserreger in Massen auftreten, was bei hoher Bevölkerungsdichte, u. U. in Verbindung mit Unterernährung zu Epidemien führt.

Daß es in *hochkultivierten Ländern* bereits Vorläufer der Entsorgung gab, dürfte verständlich sein. Bereits die Babylonier und Assyrer, die alten Ägypter, Griechen und Römer gingen in ihren Städten zu wirksamen Kanalisationsanlagen über, was aber während der Völkerwanderung kaum fortgesetzt wurde.

Im 14. Jh. setzte sich Edward III. in England dafür ein, daß die Abfälle nicht mehr der Themse übergeben werden sollten, und eine Parlamentsakte vom Jahre 1388 sah Ähnliches vor. Karl VI. (Frankreich) wandte sich im beginnenden 15. Jh. gegen die Aufnahme von Pariser Abwasser in die Seine. In beiden Fällen hatten diese Maßnahmen allerdings keinen großen Erfolg, so daß noch im Jahre 1827 geschrieben werden konnte, daß die Themse mit 130 Kloaken bzw. Abzugskanälen den Abfällen der Kranken-, Schlachthäuser usf. und mit allen Arten von animalischen und Gemüseabfällen belastet wurde (Lindh, 1983, S. 11). Die Kanalisationsleitungen verlangen im Untergrund wesentlich mehr Raum als die der Wasser-, Gas- und Elektrizitätsversorgung, so daß die darin investierten Werte dementsprechend groß sind.

Welche technischen Probleme sich hinsichtlich Abwasser- und Abfallbeseitigung auftun, wird in folgenden Werken ausführlich dargelegt:

Imhoff, K. und Imhoff, R.: Taschenbuch der Stadtentwässerung, 25. Auflage, München/Wien 1979; Abwassertechnische Vereinigung e. V. (Hrsg.): Lehr- und Handbuch der Abwassertechnik, 3. Auflage, 3 Bände, Berlin/München 1982/83; Bundesminister des Inneren (Hrsg.): Wasserversorgungsbericht, 2 Teile, Berlin/Bielefeld/München 1982/83.

Nun gibt es verschiedene *Verfahren der Abwasserbeseitigung*. Eines davon bilden die städtischen Rieselfelder bzw. -wiesen, da der landwirtschaftliche Wert der Abwässer in den gelösten oder halb gelösten Dungstoffen und dem mitgeführten Schlamm liegt. „Die bestehenden städtischen Rieselfelder sind nur deshalb gebaut worden, weil man ein gutes Reinigungsverfahren für das Abwasser haben mußte und die Rieselfelder in dem besonderen Fall billiger waren, als die damals bekannten künstlichen Verfahren" (Imhoff und Imhoff, 1983, S. 83). Voraussetzung aber für die Anlage von Rieselfeldern sind durchlässige Böden, insbesondere Sand und jährliche Niederschläge, die im Durchschnitt 600 mm nicht übersteigen. Bei Regenwetter treten Schwierigkeiten auf, weil dann das Abwasser nicht gebraucht wird, abgesehen davon, daß während bestimmter Jahreszeiten eine Ableitung des Wassers stattfinden muß (z. B. Saat und Ernte). Im letzten Drittel des vergangenen Jh.s existierten Rieselfelder zumindest in Berlin, Breslau und Dortmund. Danach richtete man sich um die letzte Jahrhundertwende auch in Münster (Bosold, o. J., S. 111). Wenn Hofmeister (1975, S. 218) schreibt, „daß es zumindest seit 1971 außerordentlich umstritten ist, ob noch auf längere Sicht die Stadtgüter (von Westberlin) in Funktion bleiben sollen", so läßt sich das vielleicht mit noch mehr Recht für die Anlage von Rieselfeldern sagen. In der Zwischenkriegszeit ging man in Berlin (1200 ha Rieselfelder) dazu über, eine Verbindung mit Klärwerken herzustellen, die dann ebenfalls mit Absetzbecken auszustatten waren. Sie befinden sich heute ebenso wie der größte Teil der Rieselfelder innerhalb der Deutschen Demokratischen Republik bzw. Ostberlin. Nach der Teilung der Stadt konnten mehr als 80 v. H. des Westberliner Abwassers weiterhin dorthin abgegeben werden (1972). 18 v. H. kamen dem neu eingerichteten Klärwerk Ruhleben in Westberlin zugute, das erweiterungsfähig ist, und 2 v. H. dem einzig noch bestehenden Stadtgut Karolinenhöhe, das aber nur einen Teil seiner Fläche berieselt. Nach Inbetriebnahme eines zweiten Klärwerks soll der Teil des nach der Deutschen Demokratischen Republik geführten Abwassers auf 68 v. H. gesenkt werden (Hofmeister, 1975, S. 217). Erst nach dem Zweiten Weltkrieg ging man in Münster dazu über, eine Kläranlage zu schaffen, da die Rieselfelder (540 ha) durch den größeren Anfall von Abwasser überlastet wurden und eine Ausweitung der Flächen nicht möglich erschien. Abgesehen davon hat sich sowohl in Berlin als auch in Paris gezeigt, daß nach jahrzehntelanger Nutzung von Rieselfeldern sich zuviel Spurenelemente (z. B. Kupfer und Zink) ansammeln und die Hektarerträge mindern (Rohde, 1961, S. 542 bzw. Imhoff und Imhoff, 1979, S. 146).

Da mit Zuhilfenahme von Klärwerken auch eine Kostensteigerung verbunden ist, hat die Anlage von Rieselfeldern wohl keine große Zukunft.

Schließlich ist zu bedenken, daß in den westlich ausgerichteten Industrieländern die Versorgung der Städte mit leicht verderblichen Nahrungsmitteln teils durch verschiedene Konservierungsmethoden und teils durch die Beschleunigung des Verkehrs keine unbedingte Notwendigkeit mehr ist, demgemäß Rieselfelder auch aus diesem Grunde entbehrlich werden.

Um die Art und Ausmaß von Kläranlagen berechnen zu können, geht man von der auf einen Einwohner entfallenden täglichen Schmutzmenge aus, die in den Städten der Bundesrepublik Deutschland und den meisten anderen europäischen Ländern einschließlich England mit 180 g/E. angenommen wird, in denen der Schweiz, von Schweden und Nordamerika aber höher liegt. In bezug auf die Schmutzmenge sind absetzbare, nichtabsetzbare Schwebe- und gelöste Stoffe zu unterscheiden, die sich auf mineralische (Aschenreste) und organische (Ausglühen wichtiger Bestandteile) Substanzen verteilen. In den Städten der Bundesrepublik Deutschland machen die zuletzt genannten Arten etwa je die Hälfte des oben angegebenen Wertes aus. Es kommt der elementare biochemische Sauerstoffbedarf (BSB) hinzu, der in der Regel für 5 Tage ermittelt wird. Ebenfalls auf den Einwohner pro Tag ausgerichtet, gilt für deutsche Städte 60 g/E. am Tag als Restbelastung für verbindlich, in den oben erwähnten Bereichen mit höherem Schmutzanteil 75 g/E. Einerseits gelangen in diesen Unterschieden andere Lebensgewohnheiten und der jeweilige Lebensstandard zum Ausdruck, und andererseits kann das von Einfluß auf das Verfahren der Schmutzwasserbeseitigung sein (Imhoff und Imhoff, 1979, S. 91 ff. u. 97 ff.).

Außer den Rieselfeldern existiert eine zweite Möglichkeit der Abwasserbeseitigung im Mischverfahren, bei dem Ab- und Regenwasser durch dasselbe Kanalnetz in den Vorfluter oder die Kläranlage abgeleitet werden. Seit Beginn der Kanalisation – in London seit dem Jahre 1858, in Berlin seit dem Jahr 1873 – wurde das Mischverfahren eingeführt, das den Vorteil bietet, daß eine Verdünnung des Abwassers stattfindet und dadurch die mechanische, chemische oder biologische Reinigung gemindert werden kann. Mitunter hat sich diese Methode bis zur Gegenwart erhalten, allerdings bei dem stärker gewordenen Schmutzanfall unter erheblicher Vermehrung der Kläranlagen. Das gilt z. B. für die meisten Städte im Einzugsgebiet der Ruhr, wo der im Jahre 1913 gegründete Ruhrverband die Abwasserbeseitigung in die Hand nahm und zu Beginn der achtziger Jahre über 115 Kläranlagen verfügte. Diese vermögen das Abwasser entweder als Trink- oder Brauchwasser wieder zur Verwendung zu bringen. Seit Beginn des Bergbaus der Emscherzone in der Mitte des 19. Jh.s wurde der Hauptfluß Emscher zur Beseitigung des Abwassers eingesetzt. Bald stellten sich Bergschäden ein, bei denen sich bis zu 20 m Tiefe Senken bildeten, in denen sich stehende und verschmutzte Gewässer sammelten, was zu Epidemien führte. Im Jahre 1904 kam es deshalb zur Bildung der Emschergenossenschaft, die es sich zur Aufgabe machte, die Vorflutverhältnisse zu regeln. Dazu gehörte das Eindeichen des abgesenkten Geländes, was zu einer Polderlandschaft führte, die zu Beginn der achtziger Jahre 36 v. H. des Einzugsgebietes der Emscher erfaßte. Von den Bergschäden wurden auch Bäche und Flüsse betroffen, die auszubauen waren, „d. h. die Folge der Senkung wurde durch Vertiefung bzw. Hebung der Fluß- oder Bachsohle beseitigt" (Dege und Dege, 1983, S. 126), was für 356 km fließende Gewässer erforderlich war. Die Deiche mußten im Laufe der Zeit erhöht und verbreitert werden, was Schwierigkeiten mit dem immer dichter werdenden Verkehrsnetz mit sich brachte. Deshalb ging man nun zu Bach- und Flußverlegungen über, unter denen die bekannteste die zweimalige Verlagerung der Emschermündung in den Rhein in nördlicher Richtung darstellt. Hinsichtlich der Abwasserbeseitigung hielt man – ähnlich wie im Einzugsgebiet der Ruhr – am Mischverfahren fest, in einem Bereich, der zu 97 v. H. städtisch überbaut ist. Unter den nun 15 Kläranlagen war die im Jahre 1928 in Betrieb genommene „Emscherflußkläranlage" die wichtigste (Bottrop). In ihr fielen beträchtliche Mengen von Schlamm und Feinkohle an, die in einem Kraftwerk zur Verbrennung gelangten und damit zur Gewinnung elektrischer Energie beitrugen. Nach dem Zweiten Weltkrieg entstand etwas oberhalb der künstlichen Emschermündung die Großkläranlage „Emschermündung", in der die noch vorhandenen Feststoffe durch Rohre flußauf gepumpt werden und im Kraftwerk bei der „Emscherflußkläranlage" zur Verbrennung gelangen. Die Lippe hingegen kann auf Grund ihres salzhaltigen Wassers nicht für die Trinkwasserversorgung herangezogen werden. Ihr Wasser läßt sich zum größeren Teil als Brauch- und Kühlwasser verwenden. Zum kleineren Teil dient dieses der Speisung der Kanäle (z. B. Datteln-Ems-Kanal), wobei zwischen Flüssen und Kanälen ein Verbundsystem zustande kam. Ebenso wie in deutschen und zahlreichen europäischen Städten das Mischverfahren überwiegt, ebenso dürfte es sich bei den nordamerikanischen verhalten.

Das Trennverfahren kam frühestens in der Zwischenkriegszeit auf, fand aber eine erhebliche Ausdehnung erst nach dem Zweiten Weltkrieg. Häufig sind es die neueren Stadtteile, in denen dieses bevorzugt wird. Der Grund dafür liegt in der beträchtlichen räumlichen Erweiterung der Bebauung und damit der gepflasterten bzw. asphaltierten Straßen, die ein Versickern des Regenwassers nur noch in geringem Maße ermöglichen, so daß eine Überlastung der Kanalisationsröhren eintrat (Versiegelung). Das führte bei Starkregen zum Eindringen von Abwasser in die Keller – jedenfalls dort, wo eine Unterkellerung der Gebäude üblich ist – oder zur Überschwemmung von Straßen. Abgesehen davon nahm das Regenwasser bei der Berührung mit den Häusern und Straßen nun selbst Schmutzstoffe auf, so daß auch hier eine Reinigung stattfinden mußte. In West-Berlin wurden in den siebziger Jahren etwa 60 km^2 nach dem Misch- und 140 km^2 nach dem Trennverfahren behandelt. Schwierigkeiten blieben nicht aus, weil in trockenen Jahren der Abfluß der Havel im Bereich der Pfaueninsel gering ist und zu einem Drittel aus Abwasser besteht. Bei einer solch starken Beanspruchung „mutet es fast erstaunlich an, daß an den Ufern der Havel und Havelseen immer noch erhebliche Badegebiete ausgewiesen werden konnten" (Hofmeister, 1975, S. 119).

Weiterhin soll Hannover herangezogen werden, wobei zu betonen ist, daß die genannten Verhältnisse – Mischverfahren in den älteren Stadtteilen mit jeweils kleinerer Fläche, Trennverfahren in neueren Bezirken mit entsprechend größer angeschlossenem Areal – keinesfalls auf die angeführten Beispiele beschränkt ist. In Hannover spielt zunächst eine Rolle, daß zwar die Leine als Hauptfluß gilt, der die linksseitigen Zuflüsse südlich der Stadt aufnimmt, daß aber im Norden die Wietze und andere Bäche zur Aller entwässern abgesehen von den Mooren, die sich hier ausdehnen, demnach eine Wasserscheide vorliegt. Im Jahre 1885 führte man die Kanalisation ein und nahm das Mischverfahren auf. Seit der letzten Jahrhundertwende entstand das erste Klärwerk in Herrenhausen, das bis zum Jahre 1974 das einzige blieb, allerdings im Laufe der Zeit Erweiterungen und Modernisierungen erfuhr. Mit der Eingemeindung der nördlich gelegenen Stadtrandgemeinden ließ sich deren Abwasser nicht mehr an das bestehende Kanalisationsnetz auf Grund der Wasserscheidenlage anschließen. Nach Zwischenlösungen blieb man in der Innenstadt beim Mischverfahren, und in den Außenbezirken legte man im Jahre 1966 drei Hauptsammler an und führte überwiegend das Trennverfahren durch. Das Regenwasser leitete man zur Wietze, die in trockenen Jahren ohnehin zu versiegen drohte; das Schmutzwasser hingegen brachte man über Pumpwerke zum Klärwerk Herrenhausen. Da sich hier der Abwasseranfall in den Jahren 1950-1975 verdreifacht hatte, ging man kurz darauf zum Bau einer Großkläranlage 10 km leineabwärts über, die zumindest in der ersten Ausbaustufe steht (Jordan, 1978, S. 289 ff.).

Daß es radikalere Lösungen in europäischen großen Städten gibt, läßt sich am Beispiel von Stockholm nachweisen. Zur Reinigung der Abwässer gelangte man zwar erst im Jahre 1930, wobei das Mischverfahren bis zum Beginn der sechziger Jahre beibehalten wurde. Dann aber schuf man einen „Masterplan", der für das gesamte Stadtgebiet das Trennverfahren vorsah (Lindh, 1983, S. 28).

Vor Schwierigkeiten der Abwasserbeseitigung stehen auch einige Verdichtungsräume der Vereinigten Staaten, z. B. die Standard Metropolitan Statistical Area von Chicago. Bis zum Jahre 1900 wurde das Abwasser der damaligen Stadt dem Chicago-Fluß übergeben, der es in den Michigansee ableitete, welch letzterer gleichzeitig die Trinkwasserversorgung übernahm; Cholera, Typhus und andere Epidemien waren die Folge. Der damals ins Leben gerufene Chicago Sanitary District, der im Metropolitan Sanitary District of Greater Chicago einen Nachfolger fand, ohne die gesamte Standard Metropolitan Statistical Area zu erfassen, sorgte dafür, daß das dem See entnommene Trinkwasser ebenso wie die Strandbereiche an dessen Ufern von Schadstoffen verschont blieben. Sie legte neue Wasserwege an, die im Mischverfahren das Abwasser aufzunehmen hatten, leitete den Chicago- und den Calumet-Fluß in den des Illinois, über den man in das Einzugsgebiet des Mississippi und damit des Golfes von Mexiko geriet. Auf diese Weise entstand ein künstliches Gewässernetz von 110 km Länge, die Verlagerungen im Ruhrgebiet wohl noch übertreffend, einschließlich der Verlegung einer Wasserscheide. Außerdem führte man Frischwasser aus dem Michigansee zu, um die natürliche Regenerationsfähigkeit des Kanalwassers zu verstärken. Da im Laufe der Zeit dieses ohnehin schon komplizierte System bei Starkregen und u. U. damit verbundenem Rückstau des Michigansees das überschüssige Wasser nicht mehr aufnehmen konnte, sah man nun ober- und unterirdische Hochwasserrückhaltebecken vor, wobei die letzteren in 46 bis 88 Meter unter Grund angelegt wurden.

Hinsichtlich der Lagermöglichkeit kann in den unterirdischen Anlagen nur etwa 5 v. H. untergebracht werden. Sobald die Gefahr vorüber ist, wird das unterirdisch gelagerte Wasser an die Oberfläche gepumpt, wo es in Kläranlagen zur Reinigung kommt. Während der erste Tunnel- und Reservoirplan das Mischverfahren durchführte, ging man beim zweiten zum Trennverfahren über mit dem Vorteil einer Senkung des biochemischen Sauerstoffbedarfs auf 60 g/E. am Tag. Wiederverwendung einiger bei der Reinigung anfallender Stoffe, d. h. Bereitstellung von Düngemitteln für die Landwirtschaft ist ebenso wie bei europäischen Städten auch hier üblich, obgleich in den letzteren unterirdische Hochwasserrückhaltebecken kaum vorkommen dürften bzw. als Sonderfall zu betrachten sind. In den Vereinigten Staaten existieren sie vornehmlich in den regenreichen Verdichtungsräumen an der Westküste, d. h. in San Francisco und Seattle. In letzterem wurde das Demonstrationsprojekt "Computer Augmentation Treatment und Disposal" begonnen, wo auf einer Fläche von 7000 ha das Trennverfahren zur Anwendung kam (West-Berlin 14 000 ha), dadurch verständlich, daß es sich in Seattle um ein Versuchsobjekt handelt, in West-Berlin aber ein gewisser Abschluß erreicht worden ist (Cutler, 1976, S. 31 ff.; Lindh, 1983, S. 26 ff.).

Eine besondere Lösung gerade für die Aufnahme von Starkregen findet sich in manchen Städten von Ontario/Kanada. Hier folgt, wie das meistens der Fall ist, die Hauptkanalisation den Straßen, und Parkanlagen, die bewußt in Niederungsgelände von Flüssen oder dem angrenzenden See angelegt wurden und durch offene Kanäle mit den bebauten Bereichen verbunden sind, dienen als Hochwasserrückhaltebecken (Lindh, 1983, S. 28).

Zwar wurde Japan bisher nicht erwähnt; doch kann aus Kap. V. B. 4, Kap. VII. F und Kap. VII. G. 1 indirekt ersehen werden, daß in den hier vorhandenen Verdichtungsräumen sowohl bei den Groß-Emittenten im Bereiche von Aufschüttungsland als auch bei der Durchsetzung kleinerer gewerblicher Betriebe mit Wohngebieten wenig Rücksicht auf Luft- und Wasserverschmutzung genommen wurde, weil das Wirtschaftswachstum im Vordergrund des Interesses stand. Es kommt hinzu, daß der Konsum von Meeresprodukten eine wesentliche Rolle spielt, so daß bereits Empfehlungen für eine Einschränkung des Genusses von Schalentieren und Fischen vorliegen. Die Versäumnisse im Bau von Kläranlagen sind erheblich; doch ist zu hoffen, daß die neuen Gesetze und Privatinvestitionen für den Umweltschutz zu einer Besserung führen werden (Flüchter, 1984, S. 110 ff.).

Hinsichtlich der Abfallbeseitigung muß zwischen der Straßenreinigung (Kehricht), die die kleineren Beträge erbringt, und der Müllabfuhr unterschieden werden, zumindest, was die entsprechenden städtischen Betriebe anlangt. Mülldeponien werden teils wegen ihres großen Flächenbedarfs häufig abgelehnt, können aber bei geeigneter Behandlung rekultiviert werden. Ebenso besitzen Müllverbrennungsanlagen, die zur Elektrizitätsgewinnung beitragen, ihre Befürworter und Gegner (Luftverunreinigung). Schließlich spielt auch die Kompostierung eine Rolle, was dann der Landwirtschaft zugute kommen würde. Das bedeutet auch hier, daß eine Wiederverwertung möglich erscheint.

3. Der innerstädtische und Vorortverkehr (Nahverkehr) sowie an Weltstädte gebundene Fernverkehrsanlagen

Wie die Versorgung der Groß- und Weltstädte besondere Probleme birgt, die in stadtgeographische Fragen einmünden können, so trägt auch der Groß- und Weltstadtverkehr spezifische Züge, selbst unter der Voraussetzung, daß in diesem Zusammenhang lediglich der Personenverkehr betrachtet werden soll. Hinsichtlich des Güterverkehrs ist auf Kap. VII. D. 3 zu verweisen. Unter den modernen Verhältnissen sieht man sich in ländlichen Gemeinden und einem erheblichen Teil der zwischen Land und Stadt stehenden Siedlungen ebenso wie in kleinen Städten vor der Aufgabe, Ziel- und Durchgangsverkehr voneinander zu scheiden und letzteren auf Umgehungsstraßen zu verweisen. Aber innerhalb solcher Siedlungen lassen sich die relativ kurzen Wege in der Regel zu Fuß, u. U. mit dem Fahrrad zurücklegen. Schon in Mittelstädten sind die Entfernungen zwischen dem Zentrum und der Peripherie so erheblich, daß technische Verkehrsmittel eingesetzt werden müssen, ob es sich nun um solche der öffentlichen Hand handelt (öffentlicher Verkehr) oder den Einsatz privater Verkehrsträger (Individualverkehr), wobei allerdings nicht vergessen werden darf, daß sich der Fußgängerverkehr nicht erübrigt. Insgesamt sollte man die Kap. VII. B. 2 und Kap. VII. D. 4 heranziehen, innerhalb derer bereits Hinweise in dieser Beziehung gegeben wurden. Dabei wird wiederum die Unterscheidung zwischen Industrie- und Entwicklungsländern getroffen. Für erstere sind einige Gebiete von Europa, den Vereinigten Staaten bzw. Nordamerika, Rußland bzw. Sowjetunion und Japan wichtig, und für letztere muß man sich häufig damit begnügen, auf einzelne Weltstädte einzugehen, was bei der dort vorherrschenden Primate City-Struktur gerechtfertigt erscheint.

Zunächst soll in tabellarischer Form, der dann die Erläuterungen kurz folgen, die Entwicklung der technischen Verkehrsmittel kurz dargelegt werden, um von hier aus zu einer Beurteilung der gegenwärtigen Situation zu gelangen, was zunächst für einige Industrieländer geschieht. Dabei kommt es darauf an, Individual- und öffentlichen Verkehr zu unterscheiden (Tab. VII. G. 18). Weiterhin sind die Maßnahmen zu erläutern, die in Groß- und Weltstädten getroffen werden müssen, um die verschiedenen Verkehrsarten ohne größere Gefährdung miteinander in Einklang bringen zu können. Schließlich spielt in diesem Zusammenhang teils die Luftverschmutzung und teils die Lärmbelästigung eine Rolle, wobei in letzterem Falle allerdings darauf verwiesen werden muß, daß die verschiedenen Völker unterschiedlich darauf reagieren (Tab. VII. G. 21).

Abgesehen vom Fußgängerverkehr, der bis in das 19. Jh. hinein als einzige Möglichkeit bestand, nach Yeates und Garner (1980, S. 7) als „Fußgängerstadt" bezeichnet, mitunter durch Bootsverkehr ergänzt, kam als erstes technisches Verkehrsmittel für den innerstädtischen Verkehr der *Pferdeomnibus* auf, der zumindest seit dem ersten Drittel des vorigen Jahrhunderts gleisgebunden war. Von der Oberschicht, die in der Regel eigene Kaleschen besaß, kaum benutzt, weil nicht für standesgemäß gehalten, von der Unterschicht ebenfalls gemieden, weil sie den Preis dafür nicht aufbringen konnte, kam nur ein Teil der Mittelschicht für deren Benutzung in Frage, sowohl in den europäischen Ländern als auch in den Vereinigten Staaten und schließlich in Rußland. In Japan wurde das Zeitalter der Pferdeomnibusse, das sonst ungefähr bis in das letzte Jahrzehnt des 19. Jahrhun-

Tab. VII.G.18 Die Entwicklung der Verkehrsmittel (innerstädtischer und Vorortverkehr)
Bei allen Daten wurde meist der Ersteinsatz genannt; Elektrifizierung der Fahrzeuge konnte meist ermittelt werden, nicht aber die Aufnahme von Diesellokomotiven, deren erste im Jahre 1912 von der Firma Borsig und Sulzer hergestellt wurde.

a) Großbritannien

Individualverkehr

	Fußgänger
Um 1869	Fahrräder
1888	erster importierter Personenkraftwagen von Benz, ab 1920 größere eigene Produktion mit besonderer Steigerung nach dem Zweiten Weltkrieg

Öffentlicher Verkehr

Seit 1829, insbes. seit 1850	Pferdeomnibusse
Seit 1836	Dampfeisenbahnen
Um 1840	Straßenbahnen mit Dampflokomotiven
1863 bzw. 1890	Untergrundbahn, mit Dampf betrieben
Seit 1891	Elektrische Straßenbahnen
Seit 1899	Omnibusse, dann auch Trolleybusse
1903	Übergang zur Elektrifizierung der Eisenbahnen
Nach 1919	Elektrifizierung der Eisenbahnen
Seit 1930	Verringerung von Straßenbahnen und Trolleybussen bis zu deren Aufgabe
Seit 1950	Stillegung von Eisenbahnstrecken

Nach Hall, 1964, S. 52 ff.; Daniels und Warnes, 1980, S. 1 ff.

b) Vereinigte Staaten

Individualverkehr

	Fußgänger
Beginn des 20. Jh.	Personenkraftwagen mit steigender Bedeutung bis zur Gegenwart

Öffentlicher Verkehr

1831	Pferdeomnibusse, zunächst in New York
Vor 1850	Dampfeisenbahnen
1873	cable cars (s. Text)
1880	durch Dampflokomotiven gezogene Straßenbahnen
1888	Eektrische Straßenbahnen
1892	Rapid Transit-Bahnen, seit 1897/98 elektrifiziert
1904	Untergrundbahn
Ab 1920	Aufgabe der elektrischen Straßenbahnen zugunsten von Omnibussen bzw. Trolleybussen, Streckenstillegungen von Eisenbahnen

Nach Yeates und Garner, 1980, S. 185 ff.

c) Deutschland bzw. Bundesrepublik Deutschland

Individualverkehr

	Fußgänger
Um 1870	Radfahrer
Nach 1920	Personenkraftwagen, besonders seit 1960

Öffentlicher Verkehr

1835	Dampfeisenbahn
1839 bzw. 1865	Pferdeomnibusse
Um 1870	Schnellbahnen, dem älteren Rapid Transit-System in den USA vergleichbar
1877	Dampfstraßenbahn
1881	Elektrische Straßenbahn
Seit 1901	Omnibusse, später Trolleybusse
Seit 1902	Untergrundbahnen
Seit 1920	Elektrifizierung der Eisenbahnen
Seit 1943	Rückgang der elektrischen Straßenbahnen
Seit 1956	Rückgang der Trolleybusse
Seit 1960	Streckenstillegungen der Eisenbahnen

Nach Hendlmeier, 1968, S. 60 und 164 ff.

d) Rußland bzw. Sowjetunion

Individualverkehr

	Fußgänger
Seit etwa 1960	Ring Motorway

Öffentlicher Verkehr

Seit 1850	Dampfeisenbahn Leningrad–Moskau
Seit 1864	Pferdewagen bzw. -omnibusse in Leningrad
1860–1890	Verdichtung des Eisenbahnnetzes im europäischen Anteil
Seit 1890	Erschließung der östlichen Gebiete
Seit 1903	Elektrische Straßenbahn in St. Petersburg, nachdem minder wichtige Städte schon früher dazu übergegangen waren
Vor 1925	Geringer Einsatz von Omnibussen bzw. Trolleybussen
Seit 1926	Elektrifizierung der Eisenbahnen, als erste eine Vorortbahn von Baku aus
1935	Untergrundbahn in Moskau
Seit 1955	Stärkerer Einsatz von Omnibussen gegenüber Eisenbahnen

Nach Mellor, 1976, S. 245 ff.; Gol'ts, 1983, S. 560 ff. und Shaw, 1978, S. 192

e) Japan

Individualverkehr

	Fußgänger, Pferd und Wagen
?	Fahrräder
Vor 1960	Personenkraftwagen

Öffentlicher Verkehr

Seit 1872	Dampfeisenbahn, meist in Schmalspur
Ende des 19. Jhdt.	Elektrifizierung der Eisenbahn, zunächst bei den Privatlinien
1920 und 1930	Untergrundbahnen in Tokyo und Osaka
Seit 1930	Elektrifizierung der staatlichen Eisenbahnen
1930	Tunneleisenbahn zwischen Kyushu und Honshu
Seit 1950	Einsatz von Omnibussen
Seit 1960	Erweiterung von Untergrundeisenbahnen
Seit 1960	Aufgabe der Straßenbahnen in Tokyo
1964	Eröffnung der Tokaido-Eisenbahn

Nach Kornhauser, 1976, S. 72 ff.

derts anhielt, übersprungen. Pferdeomnibusse vermochten etwa 12, später 24 Personen auf einmal zu befördern und legten einschließlich der Unterbrechungen an den Haltepunkten 8 km pro Stunde zurück. In etwa gleichzeitig in Großbritannien und in den Vereinigten Staaten (Tab. VII. G. 18.) kamen Pferdeomnibusse auf dem Kontinent etwa 10 Jahre später zur Ausbildung, häufig zunächst unter der Leitung ausländischer Ingenieure. Weitere Einzelheiten in dieser Beziehung sind der Arbeit von Hendlmeier (1968) zu entnehmen, abgesehen von einigen Ausnahmen, wo diese Periode sich länger hinzog. Eine Variante der Pferdeomnibusse gaben Straßenbahnen ab, die von kleinen Dampflokomotiven gezogen wurden, was es sowohl in Städten von Großbritannien als auch der Vereinigten Staaten und ebenfalls im kontinentalen Europa gab. Großbritannien ging zeitlich in dieser Beziehung voran, die Vereinigten Staaten folgten, und die erste Dampfstraßenbahn in Deutschland wurde mit englischen Dampfmaschinen und Wagen im Jahre 1877 auf der 5-6 km langen Strecke von Kassel nach der Wilhelmshöhe eröffnet (Hendlmeier, 1968, S. 14). Sie haben sich nie lange gehalten, weil Luftverschmutzung und Lärmbelästigung bereits damals als störend empfunden wurde. Es kam ebenfalls vor, daß für die Innenstädte Verbote erlassen wurden, Dampfstraßenbahnen einzuführen wie z. B. in London und Berlin. Eine Besonderheit bildeten in den Vereinigten Staaten die Kabelstraßenbahnen, erstmals im Jahre 1873 in San Francisco erstellt. Eine stationäre Dampfmaschine, die ein unter dem Niveau der Straßen angelegtes Stahlkabel betrieb, vermochte die angehängten Wagen auch bei stärkerem Relief zu betreiben. Später legte man solche cable cars auch in ebenem Gelände an, so daß Chicago das ausgedehnteste Netz aufwies. Als Andenken an vergangene Zeiten wurde ein Teil der cable cars in San Francisco erhalten. – Für Rußland ist bisher nur von Leningrad bekannt, daß Pferdeomnibusse eingesetzt worden sind, und zwar erst seit dem Jahre 1864 auf einer Strecke von 10 km. Faßt man dabei den Begriff „Pendler" sehr weit und bezieht ihn nicht allein auf diejenigen, die täglich den Weg zwischen Wohn- und Arbeitsort zu überwinden haben, sondern nimmt den Personenkreis hinzu, der innerhalb eines Jahres gelegentliche Einkäufe tätigt bzw. an kulturellen Veranstaltungen u.a.m. teilnimmt (cultural shopping trips), dann hilft Tab. VII. G. 20. etwas weiter.

Allerdings ist zu beachten, daß in dieser der Gesamtverkehr aufgenommen wurde, innerhalb dessen der Nahverkehr nur einen Teil bildet. Deswegen sollte man bei der Interpretation das größere Gewicht auf die Arbeiterpendler legen. In dem Zeitraum von 1865-1925 machte bei der genannten Gruppe der Anteil der Fußgänger 90 v. H. und mehr aus, so daß sich die „Fußgängerstadt" wesentlich länger erhielt als in andern Industrieländern einschließlich Japan. Sonst benutzte man einfache Pferdekutschen (horse carts), bei deren Angaben unklar bleibt, ob Pferdeomnibusse hinzugezählt wurden. Die Benutzung von Pferdeomnibussen bzw. Pferdekutschen steigerte sich zwischen den Jahren 1865-1895 trotz relativer Abnahme, um nach dem Jahre 1925 völlig zu verschwinden. (Gol'ts, 1983, S. 564).

Tab. VII. G. 18. deutet darauf hin, daß auch andere Städte neben Leningrad an Pferdeomnibussen teil hatten. Dabei sank der Bootsverkehr auf den Kanälen ab. Ähnlich wie auch sonst konnten die Arbeiter keinen Gebrauch von dem neuen Verkehrsmittel machen, weil deren Betrieb am Morgen zu spät begann. Zuerst auf 10 km beschränkt, mit 2 kleinen Erweiterungen im Jahre 1875, hatte der geringe

Bedarf an Pferdeomnibussen auch noch einen andern Grund, denn es existierten einfache Droschken, deren Besitzer Lizenzen benötigten und damit ein erhebliches Steueraufkommen erbrachten, was bei den Pferdewagen nicht der Fall war (Bater, 1979, S. 30).

Bevor weitere Verbesserungen im Straßenverkehr einsetzten, hat man sich mit der Rolle der *Eisenbahnen* im Nahverkehr zu befassen. Die Benutzung der auf Kohlenbasis basierenden Dampfkraft kam zunächst in *Großbritannien* auf, und zwar innerhalb der Bergbaubetriebe. Im Nahverkehr stützte man sich zuerst in London mit einer Verbindung nach Greenwich auf Dampflokomotiven, deren Züge im zeitlichen Abstand von fünfzehn Minuten verkehrten. Pferdeomnibusse stellten sich auf diese Termine ein, um aus benachbarten Ortschaften weitere Einpendler in den Nahverkehr einzubeziehen, wo es von der Endstation der London Bridge nicht mehr weit zum Arbeitsplatz war. Bereits im Jahre 1844 beförderte diese Bahn mehr als 2 Mill. Fahrgäste. Auch andere Eisenbahngesellschaften, deren Hauptziel zunächst der Fern- bzw. Güterverkehr war, gingen dazu über, sich dem Nahverkehr zuzuwenden. Das galt z. B. für die Great Northern, die seit den Jahren 1850-1852 eine Zweiglinie nach den Dockhäfen eröffnete, zwar als Güterbahn gedacht, um schließlich zu einer wichtigen Linie für den Nahverkehr zu werden. Das erreichte man dadurch, daß als Ausgleich für das Niederreißen von Arbeiterwohnungen zum Zwecke der Einrichtung einer Endstation in der Nähe der City die Forderung erhoben wurde, billige Arbeiterfahrkarten auszugeben. Die Great Eastern, die durch ihre große Streckenlänge auffiel (17 km), überbot noch die durch die Cheap Trains Act vom Jahre 1883 geforderten Maßnahmen, indem sie mehr Arbeiterzüge einsetzte, als notwendig gewesen wäre, so daß sich nun im Nordosten Arbeiterwohngebiete entwickelten. Frühere Daten existieren nicht, aber immerhin pendelten im Jahre 1921 fast 800 000 Personen in die zentrale Stadt ein, davon etwa die Hälfte in die City. Im ersten Jahrzehnt des 20. Jahrhunderts ließ der Nahverkehr durch Dampfeisenbahnen nach, hervorgerufen durch Elektrifizierung und Motorisierung, wenngleich das in größerem Maßstab erst nach dem Ersten Weltkrieg erfolgte (Hall, 1964, S. 63 ff.; Daniels und Warnes, 1980, S. 8 ff.).

Die Elektrifizierung der Eisenbahnen bzw. die Aufnahme von Diesellokomotiven brachte zunächst eine Verkürzung des Zeitaufwandes, änderte aber nichts an der Situation, daß der öffentliche Verkehr insbesondere durch die Eisenbahnen (ohne Untergrundbahnen) anwuchs oder zumindest in bezug auf die beförderten Personen konstant blieb. Ein gewisser Rückgang setzte in den zwanziger Jahren ein, als Omnibusse zum Einsatz kamen. Ein wesentlicher Einbruch wurde erst mit dem stärkeren Aufkommen von Personenkraftwagen erzielt, so daß die British Railways in dem Zeitraum von 1956-1975 63 v. H. ihres Streckennetzes, bezogen auf das Jahr 1956, stillegten und einen Verlust an beförderten Personen um mehr als 25 v. H. hinnehmen mußten, die London Transport Area hinsichtlich der Passagiere allerdings nur um 3,5 v. H. (Daniels und Warnes, 1980, S. 179). Zieht man die Tabelle der eben genannten Autoren für das Jahr 1975/76 heran und schließt Fußgänger aus, um einen genaueren Vergleich mit andern Ländern erzielen zu können, dann wurde aus einer Stichprobe für die gesamte städtische Bevölkerung Großbritanniens errechnet, daß nur noch 3 v. H. die Eisenbahn

990   Die Städte

Tab. VII.G.19 Anteil der Benutzer unterschiedlicher Verkehrsmittel im Nahverkehr der Städte Großbritanniens

Art d. Gebietes	Gesamtzahl d. Stichproben	Eisenbahn	Bus	Fahrrad	Auto/Kleinbus	Sonst.
Beb. Geb. v. London	4864	10,3	21,0	4,0	62,7	2,0
Beb. Geb. v. Birmingham	1829	1,1	25,0	2,7	68,9	2,3
Beb. Geb. v. Manchester	2103	1,2	27,3	3,7	63,0	4,8
Beb. Geb. v. Glasgow	602	4,3	38,4	2,4	50,6	4,3
Beb. Geb. v. Liverpool	1000	2,1	34,2	2,6	56,5	4,5
Städtische Bevölkerung						
250.000–1.000.000	5605	0,8	25,6	4,1	65,6	3,9
100.000– 250.000	6242	1,5	22,0	6,5	65,5	4,5
50.000– 100.000	3174	3,1	16,7	6,2	70,0	4,0
25.000– 50.000	4068	2,2	14,0	6,1	72,9	4,8
3.00– 25.000	8286	1,6	11,2	6,1	75,5	5,6
Ges. städtische Bevölkerung	37415	2,9	19,6	5,1	68,1	4,3

Die Daten basieren auf einem Durchschnitt eines Tages innerhalb einer 7-Tage-Woche.
Nach Daniels und Warnes, 1980, S. 72.

benutzen, 20 v. H. andere öffentliche Verkehrsmittel; in London hingegen befördern die Eisenbahnen voraussichtlich unter Einschluß der Untergrundbahnen noch 10 v. H. und andere öffentliche Verkehrsmittel 22 v. H. der Passagiere. Damit stimmen zwar die von White und Senior (1980, S. 127) gemachten Angaben nicht überein, die sich für das Jahr 1977 allerdings lediglich auf die Tagespendler beziehen, unter denen in London fast 72 v. H. öffentlichen Verkehrsmitteln den Vorzug geben, davon beinahe 68 v. H. den Eisenbahnen. Stichprobenverfahren auf der einen Seite, bei denen die notwendige 10 Prozent-Grenze nicht erreicht wird, und Beschränkung auf eine bestimmte Bevölkerungsgruppe führen demgemäß zu unterschiedlichen Ergebnissen, die nur das eine gemeinsam haben, daß London eine Sonderstellung zukommt (Tab. VII. G. 19).

Der zeitliche Einsatz von Dampf-Eisenbahnen zwischen Großbritannien und den *Vereinigten Staaten* war unerheblich, denn um das Jahr 1850 hatte man die meisten der damaligen großen Städte dadurch miteinander verbunden. Allerdings legten die Eisenbahngesellschaften (Kap. VII. D. 3) größeres Gewicht auf den Güterverkehr, aus dem sie im Jahre 1880 80 v. H. ihrer Einnahmen gewannen. Einige Ausnahmen existierten wie in Boston oder San Francisco, und in Chicago, das sich zum größten Eisenbahnzentrum der Welt entwickelte, führte die Illinois Central Railroad im Jahre 1856 ausgesprochene Vorortzüge ein, die insbesondere für Einpendler in den CBD gedacht waren. Dabei entwickelten sich "railroad towns" in 40-80 km vom Zentrum, von Yeates und Garner (1980, S. 192) als exurbs bezeichnet. Gegenüber Großbritannien und insbesondere London ließen sich in dieser Beziehung Unterschiede feststellen, indem zwar südlich der Themse zwei Eisenbahnlinien mit ihren Abzweigungen die South Downs und das südliche

Küstengebiet erreichten und von wohlhabenden Schichten in Anspruch genommen wurden. Die Northern und Northeastern Railway ermöglichten mit ihren Fahrpreisermäßigungen seit dem letzten Drittel des vorigen Jahrhunderts auch Arbeitern, an der Außenwanderung teilzunehmen, ohne daß der Zusammenhalt mit der zentralen Stadt verloren ging. In den Vereinigten Staaten hingegen kamen die Vorortbahnen ausschließlich der Oberschicht zugute, die in ländlicher Umgebung leben wollte und dennoch den Kontakt mit dem CBD benötigte. Die Elektrifizierung der Eisenbahnen bzw. die Aufnahme von Diesellokomotiven besaß in den Vereinigten Staaten keinen Einfluß auf eine verstärkte Nutzung dieses Verkehrsmittels, hervorgerufen durch die schnelle Elektrifizierung der Straßenbahnen und den frühen Einsatz von Personenkraftwagen. Bis zu einem gewissen Grad hat sich der Pendelverkehr, den Eisenbahnen vollziehen, in Chicago gehalten, wo man das Rapid Transit-System im Jahre 1892 einführte, das 40-65 km pro Stunde zurücklegen konnte. Dabei handelte es sich entweder um Hochbahnen auf Dämmen oder Plattformen, die von Stahlgerüsten getragen wurden, oder um längere Unterführungen. Zunächst noch mit Dampf betrieben, ging man bald zu moderneren Antriebsarten über. Solche Rapid Transit-Lines entstanden ebenfalls in Boston (1891), Philadelphia (1905) und New York (1904), wo die hohen Kosten der Unterführungen eine Verzögerung herbeiführten. In den zuletzt genannten Städten gab man die Rapid Transit-Lines auf (Cutler, 1976, S. 118 ff.; Yeates und Garner, 1980, S. 202/3).

Nach dem Ersten Weltkrieg fand eine erhebliche Reduktion des Eisenbahnnetzes und dazu gehöriger Anlagen statt, die in Chicago eine Fläche von 135 km^2 beanspruchten; teils verlegte man ausgedehntere Areale, wie sie z. B. von Verschiebebahnhöfen benötigt wurden, nach außen, teils fand man Ersatz durch eine Nutzungsänderung und teils liegt früheres Eisenbahngelände brach (Cutler, 1976, S. 122).

Allerdings erlebten die Rapid Transit-Lines nach dem Zweiten Weltkrieg von seiten der Planung Befürworter, die sich darauf stützen konnten, daß öffentliche Mittel nicht allein für den Straßenbau (expressways usf.), sondern auch für die Erweiterung öffentlicher Verkehrsmittel eingesetzt wurden. Besondere Bedeutung kam dem Projekt des Bay Area Rapid Transit-Systems in San Francisco (Bart) zu, das eine Streckenlänge von 114 km erhielt und im Jahre 1970 eröffnet wurde. Besonders während des Spitzenbetriebs am Morgen und Nachmittag wollte man über ein schnelles und über große Entfernungen reichendes Verkehrsmittel verfügen, dessen neue Bahnstationen im Abstand von 40 km sich zu gewissen Schwerpunkten entwickeln sollten; durch hohe Geschwindigkeit (128 km pro Std.), genügenden Komfort und Ausbleiben der Parkprobleme am Arbeitsort machte man damit den Versuch, daß Autofahrer den Pendelverkehr mit dem eigenen Wagen aufgeben und sich auf das Rapid Transit-System umstellen würden, dessen Kosten sich auf 1,6 Mrd. Dollar beliefen.

Leider erfüllten sich die von der Planung durchgeführten Berechnungen nicht. Diese waren davon ausgegangen, daß das neue öffentliche Verkehrsmittel von 60 v. H. der Autofahrer benutzt werden würde, aber im Jahre 1976 waren es lediglich 51 v. H., zu Spitzenterminen lediglich 8000 anstelle von 28 000, die geschätzt worden waren. Anstelle von täglich 150 000 Passagieren, auf die das Rapid

Transit-System eingestellt werden sollte, handelte es sich im Jahre 1976 nur um 44 000. Abgesehen davon mußte man von den Bahnstationen entweder als Fußgänger den Arbeitsplatz bzw. die Wohnung erreichen, oder man war auf Wartezeiten angewiesen, um dann Omnibusse, Kleinbusse usf. in Anspruch nehmen zu können. Die Energiekrise seit dem Jahre 1976 änderte daran nichts, brachte aber der Benutzung zusätzlicher Omnibusse und Taxen einen erneuten Aufschwung (Yeates und Garner, 1980, S. 490 ff.).

Im Jahre 1835 wurde die erste Dampfeisenbahn in *Deutschland* auf einer 6 km langen Strecke zwischen Nürnberg und Fürth eröffnet, wozu man die notwendigen Lokomotiven aus Großbritannien importierte. In dichter Folge nahm man auch in andern Bereichen das neue Verkehrsmittel auf, war allerdings gegenüber Großbritannien und den Vereinigten Staaten dadurch gehemmt, daß unter den zahlreichen Kleinstaaten, die bis zur Gründung des Deutschen Reiches existierten, einige sich aufgeschlossen und andere sich zurückhaltend erwiesen, so daß das Hauptliniennetz erst um das Jahr 1870 vollendet war und bis zum Ersten Weltkrieg Nebenstrecken und Kleinbahnen Erweiterungen brachten. In erster Linie aber diente das Eisenbahnnetz dem Fernverkehr sowohl von Personen als auch von Gütern und war kaum auf den öffentlichen Nahverkehr zugeschnitten.

Seit dem Jahre 1871 begann man mit der Anlage von Vorortbahnen, die als S-Linien (Schnellverkehr) dem älteren Rapid Transit-System der Vereinigten Staaten in etwa entsprachen, sei es, daß Fernbahnen auf den dem Zentrum nahegelegenen Strecken unter Einsatz zusätzlicher Züge und sonstigem Zubehör diese Aufgabe übernahmen, oder sei es, daß – mitunter auf privater Initiative beruhend – der Nahverkehr auf besonderen und nach Möglichkeit kreuzungsfreien Strecken neu eingeführt wurde. Vornehmlich Berlin hatte mit der S-Bahn, wozu die der Reichsbahn unterstehende Ring- und Stadtbahn gehörte, erhebliche Schwierigkeiten in der Koordination, sowohl von Leyden (1933, S. 228 ff.) als auch von Hofmeister (1975, S. 227 ff.) eingehend erörtert, weil die Einheitsgemeinde erst nach dem Ersten Weltkrieg zustande kam und bis dahin eine übergeordnete Planung unmöglich erschien. Dabei diente der Vorortverkehr in erster Linie der Naherholung, und erst im letzten Jahrzehnt des 19. Jh.s kamen Tagespendler hinzu. In Hamburg war letzteres zwar auch der Fall, aber hier bildeten sich ausgesprochene Eisenbahn-Vororte aus (Kap. VII. D. 4. b. β).

Obgleich die Elektrifizierung in Deutschland durch Benz, Daimler u. a. relativ weit war (1878/79), hinkte die der Eisenbahnen im Vorortverkehr nach. Der Einsatz elektrischer Lokomotiven gelang im Jahre 1905 zwischen Murbach und Oberammergau, im Jahre 1914 in der Sächsischen Schweiz, ohne daß der öffentliche Nahverkehr davon berührt wurde. Erst in den zwanziger Jahren wurde ein Teil der S-Bahn in Berlin elektrifiziert, obgleich die mit Dampf betriebenen Linien noch immer den Vorrang hatten, voraussichtlich mit dem Kohlentransport und den Firmen zusammenhängend, die Dampflokomotiven herstellten. Gegenüber dem Rapid Transit-System in den Vereinigten Staaten zeigte sich in dieser Beziehung ein Rückstand von 30 Jahren. Allerdings war man zu einer erheblichen Vervollkommnung der Dampflokomotiven in Deutschland gelangt, die für manche besondere Fernzüge in den dreißiger Jahren eine Geschwindigkeit von 160 km pro Std. erreichten.

Obgleich das Schienennetz vom Jahre 1956 bis zum Jahre 1981 um 4500 km aufgelassen wurde – allerdings in geringerem Ausmaß als in Großbritannien und den Vereinigten Staaten – und man den entsprechenden Verkehr, wenngleich weniger intensiv durch den Einsatz von Omnibussen fortführte, war der Nahverkehr in den Verdichtungsräumen davon wenig betroffen. Hier fand sogar meist eine Ausweitung statt wie etwa im Ruhrgebiet, im Raum von Köln, Frankfurt a. M. oder München, und in Hamburg ging man daran, eine S-Bahn-Verbindung mit Harburg zu schaffen, um die niedersächsischen Vororte bzw. kleineren linkselbischen Städte schneller an das Zentrum anzuschließen, wobei nun Elektrifizierung oder Einsatz von Diesellokomotiven zur Selbstverständlichkeit wurden.

Hinsichtlich des Anteils des Eisenbahnverkehrs am Nahverkehr lassen sich nur ungenaue Angaben machen. Einerseits gab Hendlmeier (1968, S. 42) den Anteil der verschiedenen öffentlichen Verkehrsmittel für die gesamte Bundesrepublik im Jahre 1967 an, und andererseits ist dem Datenreport (1983, S. 315; Statistisches Bundesamt) zu entnehmen, daß die Beförderungskapazität der öffentlichen Verkehrsmittel im Nahverkehr 36 v. H. des gesamten Personenverkehrs ausmacht.

Im Statistischen Jahrbuch deutscher Gemeinden 1982 sind zwar für die einzelnen Städte die vorhandenen öffentlichen Verkehrsmittel angeführt, aber in der letzten Ausgabe nicht mehr die auf sie entfallende Personenbeförderung. Nimmt man die zuerst genannten beiden Fälle zusammen, dann entfielen um das Jahr 1970 auf die Stadtbahnen – allerdings ohne Schnellbahnen – und die Eisenbahnen ein Anteil von etwa 10 v. H., was allerdings lediglich als Anhaltspunkt zu werten ist. In den Verdichtungsräumen mögen die Verhältnisse etwas anders sein. Innerhalb des Frankfurter Verkehrsverbundes, der den Raum zwischen Mainz, Wiesbaden, Hanau, Friedberg und Darmstadt erfaßt, beförderte die Bundesbahn 20 v. H. und die Untergrundbahn 7 v. H. der Tagespendler, wobei allerdings ein Unsicherheitsfaktor besteht, indem die Bundesbahn mitunter auch Omnibusse einsetzt. Immerhin zeigt sich auch hier – ähnlich wie in Chicago oder London – daß bei erheblicher Förderung des öffentlichen Verkehrs der Anteil der Eisenbahnen über dem Mittel liegt, sofern sich die Berechnung auf die Pendler bezieht.

Rußland begnügte sich, eine Dampf-Eisenbahn zwischen St. Petersburg und der zaristischen Sommerresidenz Zarskoy Selo im Jahre 1837 zu eröffnen mit einer kurzen Verlängerung nach Pawlowsk (insgesamt 25 km), das als Naherholungsgebiet diente, wobei der Bau dieser Strecke dem Österreicher von Gerling übergeben wurde, der in der Monarchie Österreich-Ungarn genügend Erfahrungen gesammelt hatte. Allerdings mußte er die Verpflichtung eingehen, mit russischem Material zu arbeiten, was daran scheiterte, daß die Produktion von Eisen im Ural nicht groß genug war. So sah man sich gezwungen, Lokomotiven aus dem Ausland einzuführen.

Als zweite, nun dem Güter- und Personenverkehr dienende Linie ist diejenige zwischen St. Petersburg und Moskau anzusehen mit einer Streckenlänge von 650 km, womit man im Jahre 1841 begann und die im Jahre 1851 fertiggestellt war. Auf russischen Einfluß geht es zurück, wenn dafür die Breitspur (1,524 m gegenüber 1,435 m Normalspur) verwandt wurde, was aus militärischen Gründen geschah, um Angriffen aus dem Westen die Möglichkeit zu nehmen, die russische Eisenbahn für den Nachschub zu benutzen. Auch hier reichten die eigenen

Tab. VII. G.20 Geschätzte Zahl der Pendler in Rußland bzw. der Sowjetunion in ihrer Verteilung auf die öffentlichen Verkehrsmittel 1865–1975[a]

Jahr	Abs. Zahl der Pendler	Art des Transports in v. H. der Gesamtzahl			
		Einfachste Pferdekutsche	Eisenbahn[1]	Bus	Andere[2]
		Arbeiterpendler			
1865	1 000	100	–	–	–
1895	13 000	31	69	–	–
1925	49 000	2	98	–	–
1955	1 167 000	–	91	7	0,8
1975	10 884 000	–	35	64	1,0
		Pendler, die kulturelle Veranstaltungen besuchen bzw. Einkäufe machen[3]			
1865	600	66	33	–	–
1895	1 610	86	14	–	–
1925	62 000	48	40	5	6
1955	4 820 000	–	72	18	9
1975	25 880 000	–	31	63	6

[1] Bei den Eisenbahnen ist Umsteigen in Vorort-Omnibusse eingeschlossen.
[2] Personenkraftwagen, Schiffsverkehr auf Flüssen usw.
[3] Beinhaltet, daß 1975 zwei Drittel der „Pendler" diesem Sektor angehören.
[a] Die von Gol'ts angeführte Tabelle wurde insofern umgerechnet, als die Zahl der Fußgänger weggelassen und die absoluten Angaben in Prozent wiedergegeben wurden.
Nach Gol'ts, 1983, S. 364.

Eisenreserven nicht aus, ebensowenig wie die Kenntnisse eigener Ingenieure. Einerseits bezog man Schienengleise aus Großbritannien, und andererseits holte man zwei bekannte Lokomotivbauer aus Philadelphia, denen ein Stab von Mitarbeitern beigegeben wurde, um die Güter- und Personenwagen zu erstellen und die Russen anleiten sollten, Reparaturen und neue Waggons in Zukunft selbst in die Hand zu nehmen. In dem Zeitraum 1886–1899 verdichtete sich das Netz der Eisenbahnen im europäischen Rußland, teils um einen Austausch der landwirtschaftlichen Produkte zwischen den verschiedenen Landwirtschaftsgürteln zu erzielen und auch deren Ausfuhr zu ermöglichen, und teils waren militärische Belange maßgebend, wobei im Jahre 1898 bereits 55 v. H. des vorhandenen Netzes in staatlichen Besitz übergegangen waren. Dabei entwickelte sich der Pendlerverkehr im Umkreis der großen Städte im letzten Jahrzehnt des 19. Jh.s, wobei es sich zu einem geringen Teil um Arbeiterpendler handelte, sonst aber mit Hilfe der Eisenbahn während des Sommers Naherholungsgebiete aufgesucht wurden (Tab. VII. G. 20), was sich auf St. Petersburg bezog, für das die Strecke von hier nach Oranienbaum (Lomanosov) täglich von 26 Zügen in jeder Richtung befahren wurde, allerdings mehr als eine Stunde notwendig war, um die Strecke von 28 km zu überwinden.

Im letzten Jahrzehnt des 19. Jh.s erwies es sich dann als notwendig, Sibirien an das Eisenbahnnetz anzuschließen. Die Transsibirische Eisenbahn, bei der Erfahrungen der Canadian Pacific Railway (1885) genutzt werden konnten, wurde im Jahre 1905 eröffnet. In sowjetischer Zeit bemühte man sich nach der Konsolidierung um nochmalige Erweiterungen, die vornehmlich mit dem Auffinden neuer Lagerstätten und mit Gebietserweiterungen nach dem Zweiten Weltkrieg zusammenhingen. Die Gesamtlänge des Eisenbahnnetzes betrug im Jahre 1968 136 800 km, was seit dem Jahre 1917 einen Zuwachs um 66 500 km bedeutet (Mellor, 1976, S. 254). Ein Abbau von Strecken wie in den Vereinigten Staaten, Großbritannien und Deutschland fand zumindest nicht statt.

Die Fünfjahrespläne zielten außerdem auf eine Verbesserung der technischen Ausrüstung ab. Im Jahre 1926 schritt man zur Elektrifizierung einer kleinen Strecke von Baku nach einem Vorort, in dem die Erdölförderung aufgenommen wurde, um Arbeiter aus der Stadt heranziehen zu können. Im Jahre 1962 waren Dampflokomotiven – meist auf Nebenlinien beschränkt – nur noch mit 5,6 v. H. am Gesamtbestand beteiligt; im Jahre 1973 machten elektrisch betriebene Lokomotiven 27 v. H. aus, während 67 v. H. mit Diesellokomotiven betrieben wurden, deren erste aus Deutschland zur Einfuhr gelangte. Wenngleich der Güter- weit mehr als der Personenverkehr anstieg, so machte der Vorortverkehr hinsichtlich der Streckenlänge ein Viertel und in bezug auf die beförderten Personen im Jahre 1983 mehr als 90 v. H. des Eisenbahnverkehrs aus (Narodnoe Chozjajato SSSR, V 1983, S. 317). Allerdings wird dieser Wert relativiert, wenn man ihn auf den gesamten öffentlichen innerstädtischen und Nahverkehr bezieht, bei dem die Eisenbahnen im Jahre 1983 nur einen Anteil von 10 v. H. besaßen. Daß in Tab. VII. G. 19 etwas höhere Werte angegeben wurden, mag in dem Zeitunterschied von knapp 10 Jahren begründet sein.

Japan besaß zwar vor dem Jahre 1868 gut ausgebaute Straßen mit Raststationen (Kap. V. G.), die es dem Feudaladel erlaubten, in die Hauptstadt zu gelangen, und zudem spielte der Bootsverkehr eine Rolle. Nach der Öffnung des Landes sah man in dem Bau von Eisenbahnen eine Möglichkeit, Industrie und Handel zu fördern. Britische Ingenieure wurden geholt, die sich bei den vorhandenen Reliefunterschieden für den Bau von Schmalspurbahnen entschlossen. Die erste Linie entstand zwischen Tokyo und Schimbaschi bzw. Yokohama im Jahre 1872, zwischen Osaka und Kobe im Jahre 1874 mit einer Ausweitung bis Kyoto im Jahre 1877. Um das Jahr 1880 hatten die meisten größeren Städte Anschluß an das staatliche Eisenbahnnetz, und von nun ab waren die Japaner soweit, daß sie keiner ausländischen Unterstützung mehr bedurften. Nun kamen auch private Eisenbahngesellschaften hinzu, die die Normalspur bevorzugten, was insbesondere dem städtischen Nahverkehr zugute kam. Für Tokyo ist bekannt, daß die als Ringbahn angelegte Yamanote-Linie nicht überschritten werden durfte, so daß hier an bestimmten Punkten Bahnhöfe angelegt wurden, die ein Umsteigen von der staatlichen auf die Privatbahnen ermöglichten (z. B. das oben genannte Schimbaschi). Auch insofern waren die Privatbahnen von Bedeutung, indem sie bereits am Ende des 19. Jh.s mit der Elektrifizierung begannen, was bei den staatlichen Linien erst seit dem Jahre 1930 geschah (Kornhauser, 1977, S. 74/5; Yazawa, 1984, S. 22/3). Insofern war die Zeit, in der Dampf-Eisenbahnen für den Nahverkehr eingesetzt wurden, in den großen japanischen Städten relativ gering.

Immerhin beförderten die staatlichen Eisenbahnen im Jahre 1980 in Tokyo fast

34 v. H. der Fahrgäste öffentlicher Verkehrsmittel mit abnehmender Tendenz gegenüber dem Jahre 1960, Privateisenbahnen 26,7 v. H. mit einer gewissen Steigerung gegenüber 20 Jahren zuvor. Das bedeutet, daß in Tokyo die Eisenbahnen noch immer im Rahmen des Nahverkehrs das stärkste Gewicht unter den Industrieländern haben (Yazawa, 1984, S. 23).

Großbritannien ging mit der Entwicklung von *Untergrundbahnen* voran, die als solche zum S-Bahnverkehr gehören, hier aber besonders herausgehoben werden sollen. Das war darin begründet, daß die Endstationen der verschiedenen Eisenbahngesellschaften gehörigen Bahnhöfe in erheblicher Entfernung zueinander lagen und das Westend lange Zeit der öffentlichen Verkehrsmittel entbehrte. Die erste Untergrundbahn entstand in London im Jahre 1863; mit der City- und South London-Linie im Jahre 1890 und der etwas späteren Waterloo-Strecke brachte sie die Verbindung mit dem Süden; sie alle wurden noch mit Dampfkraft betrieben. Die erste elektrische Untergrundbahn richtete man im Merseyside zwischen Liverpool und Birkenhead im Jahre 1903 ein, bis diejenigen in Glasgow und London diesem Beispiel folgten. Mit mehr Stationen als die Eisenbahnen ausgerüstet, konnten die Untergrundbahnen Bereiche erschließen, die zuvor keinen Anschluß an das Zentrum von Liverpool bzw. London besaßen. Die Streckenlänge der Untergrundbahnen von London erreichte 400 km.

Nach dem Zweiten Weltkrieg ging man an eine Erweiterung der Merseyside-Untergrundbahn (Karte in Daniels und Warnes, 1980, S. 336), wobei man eine Reihe von Eisenbahnstationen zusammenschloß. Allerdings hatte man nicht damit gerechnet, daß bei der Suburbanisierung des zweiten und dritten Sektors die Zahl der Beschäftigten in der City um 50 v. H. zurückging, und außerdem ließ man die den Mersey querenden Fähren bestehen, die – weil wesentlich billiger – von 7000 Pendlern weiter benutzt wurden. Insofern haben die erheblichen Kosten, die der Bau dieser Untergrundbahn mit sich brachte, sich kaum gelohnt. Das wirkte sich auf Manchester aus, das aus diesem Grunde ein ähnliches Projekt aufgab.

Wesentlich bescheidener nimmt sich die Untergrundbahn in Tyneside aus, die eine Länge von 54 km besitzt, auf der 73 Stationen eingerichtet wurden. Über eine neue Brücke über den Fluß verläuft sie in Newcastle-upon-Tyne und Gateshead unterirdisch, wobei lediglich rd. 13 km neue Gleisanlagen zu schaffen waren. Von 6 h bis Mitternacht im Abstand von 2-7 Minuten verkehrend, steht zu hoffen, daß die Metro jährlich 30 Mill. Passagiere befördert, während die früheren Eisenbahnen das nur für 6 Mill. tun konnten (Daniels und Warnes, 1980, S. 333 ff.).

Die erste Untergrundbahn in den *Vereinigten Staaten* entstand im Jahre 1904 in New York, 40 Jahre später, als man in Großbritannien dieses Verkehrsmittel einsetzte, nun allerdings unter Überpringen der mit Dampf betriebenen Untergrundbahnen. Das Streckennetz erreichte allmählich eine Länge von ungefähr 400 km – ähnlich wie in London –, wovon 140 km in Tunnels geführt und jährlich 1,5 Mrd. Passagiere befördert wurden. Kurze Zeit darauf folgte Philadelphia mit dieser Einrichtung, während Chicago erst später daran ging und lediglich eine Linie von 8 km schuf, teils mit den Untergrundverhältnissen zusammenhängend (kein anstehender Fels) und teils auf das Rapid Transit-System zurückzuführen, das hier erhalten blieb (s. o.). Die seit den sechziger Jahren bemerkbare Tendenz, den öffentlichen Verkehr zu stärken, kommt auch darin zum Ausdruck, daß man in Washington, D. C. eine Untergrundbahn anlegte, die vor dem Jahre 1980 eine Streckenlänge von 37 km besaß und eine Erweiterung um 50 km vorgesehen ist, was sich hier offenbar bewährt hat (Yeates und Garner, 1980, S. 203). Gegenüber europäischen Weltstädten allerdings blieb die Zahl der Untergrundbahnen in den Vereinigten Staaten gering.

Auch in den großen Städten von *Kanada* nahm man nach dem Zweiten Weltkrieg die Erstellung von Untergrundbahnen auf. Das geschah in Montreal und Toronto. Im Jahre 1954 eröffnete die Toronto-Transit Commission eine entsprechende Strecke von 9 km, die gern benutzt wurde und deren Bahnstationen sich als Kerne für die Suburbanisierung wirtschaftlicher Unternehmen und der Bevölkerung erwiesen. Das ermöglichte die erwähnte Kommission im Jahre 1959, eine zweite solche Linie zu schaffen, wobei die Provinz Ontario ein Drittel der Kosten für die Untertunnelung u. a. übernahm (White und Senior, 1983, S. 125).

Im Unterschied zu den vorigen Abschnitten soll die Entwicklung der Untergrundbahnen im *kontinentalen Europa* nicht auf Deutschland beschränkt bleiben. Nach London erhielt im Jahre 1900 Paris seine Metro, deren Streckenlänge in diesem Jahr ungefähr 62 km betrug (Cadaux, 1931, S. 651 ff.), auch wenn diese Angabe wie auch spätere, die in der 3. Auflage (S. 586) wiedergegeben wurden, sich nicht allein auf die Metro bezogen. Zumindest fanden Erweiterungen statt, bis nach dem Zweiten Weltkrieg (Kap. VII. F) mit der Gründung der „Neuen Städte" einige neue Linien zur Einrichtung kamen und eine Streckenlänge von etwa 175 km erreicht wurde, wovon 160 km in Tunnels verliefen.

Etwa die Hälfte des öffentlichen Verkehrs vollzieht sich nun in der Metro, die innerhalb eines Jahres 240 Mill. Passagiere aufnimmt (Beaujeu-Garnier, Bd. 2, 1977, S. 147 ff.; Borde, Barrère und Cassout-Mounet, 1980, S. 180 ff.).

Was bisher oder später über Untergrundbahnen erwähnt wurde bzw. wird, so erweisen sich diese als ein Verkehrsmittel, das zumindest vor dem Zweiten Weltkrieg auf Millionenstädte beschränkt blieb, weil sich die hohen Kosten nur durch ein entsprechendes Verkehrsaufkommen als lohnend erwiesen. Eine gewisse Ausnahme ist in Oslo zu sehen, dessen Funktion als Hauptstadt von Norwegen eine Steigerung der Investitionen erlaubte. Als man im Jahre 1917 in Madrid, das damals rd. 700 000 Einwohner hatte, mit den Arbeiten für eine Untergrundbahn begann, waren die Meinungen darüber sehr verschieden, ob ein rentabler Betrieb zustande kommen würde. Doch selbst vorsichtige Erwartungen wurden von dem Ergebnis übertroffen, indem die Untergrundbahn hier – bis zum Jahre 1943 – eine Streckenlänge von 26 km erreichte und damals zum wichtigsten öffentlichen Verkehrsmittel zählte. Eine kleine Erweiterung geschah noch später, ohne eine durchgehende unterirdische Verbindung zwischen dem Süden und dem Norden der Stadt zustande zu bringen, was sich darin äußert, daß zu Beginn der siebziger Jahre die Untergrundbahn nicht mehr voll ausgelastet wurde (Huetz de Lemps, 1972, S. 71).

Daß Budapest bereits relativ früh eine Untergrundbahn erhielt – etwa ein halbes Jahrhundert, bevor das in Wien geschah – mag mit Bestrebungen der Selbständigkeit innerhalb der damals Österreich-Ungarischen Monarchie zusammenhängen.

Die erste Untergrundbahn in *Deutschland* entstand in Berlin im Jahre 1902, kurz nachdem Paris dazu übergegangen war, aber mit einer Verspätung gegenüber London von 40 Jahren. Teils mögen die Untergrundverhältnisse (Urstromtäler), teils aber das besondere Wachstum der Stadt nach der Gründung des Deutschen Reiches (1870/71) diese Verzögerung herbeigeführt haben. Zunächst blieb die Streckenlänge bescheiden, bis Verlängerungen eine solche von 54 km im Jahre 1930 herbeiführten. Nach dem Zweiten Weltkrieg zwischen den Jahren 1950 bis 1960 ging die Fahrgastbelastung von 30 auf 20 v. H. zurück. Um den schienengebundenen Oberflächenverkehr zu entlasten, indem man ähnlich wie in Paris die Straßenbahnen aufgab, ging man nun in West-Berlin an einen weiteren Ausbau der Untergrundbahn, um einen Teil der neuen Außensiedlungen aufzuschließen (Gropiusstadt) und eine fehlende Nord-Süd-Verbindung zu schaffen. Wenngleich nicht alle Wünsche erfüllt werden konnten (z. B. Verlängerung bis Spandau und zum Märkischen Viertel), so konnte die Streckenlänge im Jahre 1972 um 35 km erweitert werden, und noch einmal 30 km sind bis zum Jahre 1981 geplant, so daß dann 119 km für die Untergrundbahn zur Verfügung stehen; dabei stieg bis zum Beginn der siebziger Jahre das Fahrgastaufkommen auf 40 v. H. (Hofmeister, 1975, S. 23 ff., S. 239, Karte des U-Bahnnetzes und S. 250, Angabe der Streckenlänge). Die erste Untergrundbahn in Hamburg wurde im Jahre 1912 in Betrieb genommen und auf rund 90 km Streckenlänge erweitert, wovon ein Drittel unterirdisch verlief. Vor dem Zweiten Weltkrieg entwickelten sich Untergrundbahnen lediglich in den beiden Millionenstädten Berlin und Hamburg.

In andern deutschen Städten ging man zum Bau von Untergrundbahnen erst nach dem Zweiten Weltkrieg über, in der Regel seit den sechziger Jahren. München ging im Jahre 1965 im Zusammenhang mit der Olympiade-Veranstaltung voran und eröffnete zunächst eine Strecke von 13,5 km, die in Erweiterung begriffen ist und ebenfalls in Außengebiete geführt wurde, allerdings vielfach so, daß der Wohnungsbau voranging und erst nachträglich das neu eröffnete Verkehrsmittel erhielt, dessen Streckenlänge auf etwa 70 km geplant ist.

In Frankfurt a. M. entwickelten sich zwei verschiedene Systeme, einerseits die Stadtbahn[1] und andererseits die Untergrundbahnen. Erstere stellt eine U-Bahn-ähnliche Schnellstraßenbahn dar. Sie wird von Straßenbahnen benutzt, die man für die notwendigen Tunnels umbaute und die Gleise im Bahnsteigbereich angehoben wurden, so daß nur eine kleine Stufe zu überwinden ist. Dort, wo die oberirdische Führung weiter bestehen blieb, hat diese Stadtbahn noch schienengleiche Übergänge und besitzt nicht überall Vorfahrt. Die erste solche Verbindung war die zwischen der Hauptwache und der Nordweststadt (Kap. VII. D. 4.). Sonst aber ging man zu Untergrundbahnen über, die im Hauptbahnhof mit den Fernverkehrszügen zusammentreffen; Rolltreppen und Aufzüge verbinden das untere mit dem oberen Niveau. Dabei war die Untertunnelung lediglich in den dicht bebauten Bezirken notwendig, und sonst erreicht man die Außengebiete über frühere

---

[1] Mit dem Ausdruck „Stadtbahn" muß man vorsichtig sein. In Freiburg i. Br. heißt eine mit Großraumwagen versehene Straßenbahnlinie, die das westliche Neubaugebiet mit dem Bahnhof und dem Zentrum verbindet, „Stadtbahn". In Hannover wird die Untergrund-Straßenbahn als Stadtbahn bezeichnet. In Frankfurt a. M. bedeutet die „Stadtbahn" eine Zwischenlösung von elektrischen Straßen- und Untergrundbahnen. Am besten ist es, „Stadtbahn" als Eigennamen aufzufassen, weil sie unabhängig von den in Frage stehenden öffentlichen Verkehrsmitteln ist.

Eisenbahnstrecken, meist auf besonderen Gleiskörpern. In Köln verwandte man ein ähnliches Verfahren, indem innerhalb des Ringes (Kap. VII. D. 4.) sämtliche andern öffentlichen Verkehrsmittel zugunsten von Untergrundlinien verschwanden und letztere dann an bestimmten Stellen das Netz der oberirdischen Vorortbahnen benutzen (Hendlmeier, 1968, S. 53). Weitere Untergrundbahnen wurden in Düsseldorf und Nürnberg-Fürth eröffnet, wobei es allerdings sein kann, daß seit dem Jahre 1968 Unterpflasterbahnen, d. h. Untergrund-Straßenbahnen in Untergrundbahnen überführt wurden.

Es hat den Anschein, als ob im kontinentalen westlichen Europa die Anlage von Untergrundbahnen nach dem Zweiten Weltkrieg größer ist als in England oder den Vereinigten Staaten, denn es handelt sich nicht allein um deutsche Verdichtungsräume, in denen Untergrundbahnen entweder erweitert oder nun erst zur Ausbildung kamen, sondern auch in Wien, wo sie teilweise Eisenbahnen ersetzte und für die Ringstraße eine kreisförmige Linie geplant ist (Lichtenberger, 1978, S. 43 ff.). In Frankreich ging man daran, sowohl in Lyon als auch in Marseille und in Lille Untergrundbahnen zu schaffen, selbst wenn sie lediglich eine Streckenlänge von weniger als 10 km besitzen (MCLA, 1981, S. 15). Das ist wohl deshalb der Fall, weil man mehr als in England und den Vereinigten Staaten bestrebt ist, den öffentlichen Verkehr zu stärken.

Erst in *sowjetischer Zeit* ging man hier zum Bau von Untergrundbahnen im Jahre 1935 über und ließ das der wieder gewählten Hauptstadt Moskau zugute kommen. Die Streckenlänge erweiterte man in dem Zeitraum von 1965-1983 von 110 km auf 197 km, etwa die Hälfte der entsprechenden Werte von London und New York ausmachend und dem von Paris etwa gleichkommend, innerhalb der Sowjetunion aber mehr als 50 v. H. der gesamten Untergrundbahn-Linien beanspruchend. Die Zahl der beförderten Personen allerdings steigerte sich von 377 Mill. im Jahre 1940 auf 2,4 Mrd. im Jahre 1983 und überschritt damit weit diejenige von New York (1,5 Mrd.), darauf verweisend, daß im letzteren Fall dem Individualverkehr der Vorrang zukommt. Im Jahre 1955 ging man daran, in Leningrad eine Untergrundbahn zu schaffen. Moskau und Leningrad zusammen übernahmen im Jahre 1983 rd. 76 v. H. des den Untergrundbahnen zukommenden Personenverkehrs in der gesamten Sowjetunion. Vor 1960 erhielten Kiew, in dem Jahrzehnt von 1960-1970 Tiflis und Baku, in dem von 1970-1980 Charkow und Taschkent, im Jahre 1981 Erivan Untergrundbahnen, deren Streckenlänge und Beförderungskapazität sich in Grenzen hielten, einfach deswegen, weil es einiger Jahre bedarf, um das Liniennetz fertigzustellen, vornehmlich dann, wenn die oberirdischen gegenüber den unterirdischen verhältnismäßig kurz sind. Unter den öffentlichen Verkehrsmitteln war der Anteil der jährlich beförderten Personen im Jahre 1983 bei den Untergrundbahnen mit 13 v. H. höher als der durch Eisenbahnen mit 10 v. H.

Im Jahre 1920 entstand die erste Untergrundbahn in *Japan* und war für Tokyo bestimmt, wenngleich sie damals im sonstigen öffentlichen Verkehr wenig Bedeutung besaß, aber immerhin war ein Anfang getan, der zeitlich der sowjetischen Entwicklung um 15 Jahre voraus war. Zehn Jahre später folgte Osaka. Ein neuer Aufschwung zeichnete sich nach dem Zweiten Weltkrieg ab mit Nagoya in den sechziger und Sapporo in den siebziger Jahren (Kornhauser, 1976, S. 78). Auch in Kobe und Kyoto wurden vorhandene Eisenbahnen, die insbesondere von Osaka ausgingen, unterirdisch verlegt. Man rechnet damit, daß in Zukunft alle Großstädte mit 800 000 Einwohnern und mehr sich ein Netz von Untergrundbahnen zulegen. Obgleich die unterirdische Linienführung sich jeweils auf die Innenstädte beschränkt, sind die entstehenden Kosten so hoch, daß es fraglich erscheint, ob sich alle Pläne verwirklichen lassen.

Im Jahre 1982 gab es in Tokyo bereits 10 Linien, die vornehmlich das Stadtzentrum durchqueren und die früheren Straßenbahnen ersetzen. Sie sollen außerdem die verschiedenen Eisenbahn-Bahnhöfe miteinander verbinden und die Aufgabe übernehmen, einige Stationen der Ringbahn zu entlasten. Erweiterungen sind geplant. Beförderte die Untergrundbahn in Tokyo im Jahre 1960 fast 1 Mill. Personen, so steigerte sich dies bis zum Jahre 1980 auf fast 5 Mill. oder 22 v. H. der öffentlichen Verkehrsmittel.

Geht man nun zur Weiterentwicklung der Pferdeomnibusse bzw. ähnlicher Bahnen über, dann handelt es sich in erster Linie um die *elektrischen Straßenbahnen*. In *Großbritannien* begann man damit in Leeds im Jahre 1891, ein Beweis dafür, daß nicht immer die bedeutendsten Städte als Innovatoren auftraten. Im Jahre 1914 existierten in den Städten Großbritanniens 12 000 elektrische Straßenbahnen, die 3,3 Mill. Passagiere beförderten, wobei seit dem Ende des 19. Jahrhunderts keine Privatgesellschaften mehr zugelassen wurden, sondern der entsprechende Verkehr als städtische Einrichtung galt und im Zusammenhang damit billige Fahrkarten ausgegeben werden konnten. In Birmingham fanden die elektrischen Straßenbahnen seit dem Jahre 1911 Eingang, und im Jahre 1914 waren die meisten großen Städte damit ausgerüstet. Um dieselbe Zeit hatten Straßenbahnen den Hauptanteil am Nahverkehr, um dann allmählich zu verschwinden (Daniels und Warnes, 1980, S. 11/2). Insofern belief sich die Periode der städtischen Straßenbahnen in Großbritannien auf etwa 30 Jahre, was eine kurze Andauer bedeutet.

In den *Vereinigten Staaten* wurde die erste Straßenbahn im Jahre 1888 – 3 Jahre früher als in Großbritannien – in Virginia eingerichtet, ein Jahr später (1889) in Boston. Das letztere Beispiel wirkte sich dahingehend aus, daß bis zum Jahre 1892 200 Straßenbahnsysteme in nordamerikanischen Städten existierten, die im Jahre 1901 eine Linienlänge von 14 000 km besaßen. Das geschah gerade zu der Zeit, als hohe Geburtenrate und erhebliche überseeische Zuwanderung ein starkes Bevölkerungswachstum hervorriefen. Einige der früheren Pferdebahnlinien konnten auch für elektrische Straßenbahnen benutzt werden, und für neue Anlagen war es nicht mehr – wie bei den cable cars – erforderlich, unterhalb des Straßenniveaus die Kabelverlegung vorzunehmen. Die Stromzufuhr geschah durch Oberleitungen, und die Geschwindigkeit erhöhte sich auf 14-20 km pro Stunde. Die linienhaften Straßenbahnen gaben Veranlassung zum „urban sprawl", d. h. der fingerförmigen Ausweitung der Städte. Das kann man z. B. in Toronto erkennen, wo im Jahre 1886 die Bebauung noch kompakt war, und seit 1914 durch die Straßenbahnen der „urban sprawl" einsetzte. Im letzten Jahrzehnt des 19. Jh.s geschah dasselbe in Chicago. Die dabei entstandenen „street car suburbs" wurden nicht von der Oberschicht benutzt, die den Vorortverkehr der Eisenbahnen bevorzugte, sondern von einer breiten Mittelschicht, die auf diese Weise zu Einfamilienhäusern kam; Arbeiter, die wohl hätten die Fahrkosten bezahlen können, schieden aus, weil sie nicht in der Lage waren, die von Spekulanten errichteten Einfamilienhäuser zu finanzieren (Yeates und Garner, 1980, S. 192 ff.). Etwa bis zum Jahre 1920 hatten in den Städten der Vereinigten Staaten Straßenbahnen, etwa ebenso lange wie in Großbritannien, das Maximum ihrer Personenbeförderung erreicht, um dann so gut wie völlig abgebaut zu werden.

Zwar hatten Deutsche zuerst elektrische Straßenbahnen eingeführt, und Werner von Siemens „schuf die erste Straßenbahn der Erde ..., die neben Versuchszwecken auch der öffentlichen Personenbeförderung diente" (Hendlmeier, 1968, S. 21). Die Bahn, im Jahre 1881 eröffnet, war für 20 km pro Stunde Höchstgeschwindigkeit zugelassen und verkehrte von 6.20 h bis 23.25 h vom Bahnhof Groß-Lichterfelde der Berlin-Anhaltereisenbahn bis zur Hauptkadettenanstalt, wobei die Trasse noch erweitert wurde und bis zum Jahre 1930 existierte. Versuche der Firmen Siemens und Halske, die sich ebenfalls in Berlin betätigte, scheiterten allerdings an technischen Fragen. In *Deutschland* gab es im Jahre 1888 erst drei elektrische Straßenbahnen, diejenige von Lichterfelde nach Berlin, die von Frankfurt a. M. nach Offenbach und die von Schwabing nach dem Ungerer Bad (München). Das war vornehmlich darauf zurückzuführen, daß sich in den alten deutschen Städten gegenüber den in den Vereinigten Staaten üblichen Verfahren, den elektrischen Strom durch Oberleitungen zuzuführen, von seiten der Architekten und öffentlichen Stellen Widerstand entgegengesetzt wurde, um das in Jahrhunderten allmählich gewordene Stadtbild nicht zu stören. In Bremen ging man deshalb um das Jahr 1890 dazu über, die amerikanische Firma Thomson und Housten damit zu beauftragen, nach ihrem System eine geeignete Straßenbahn zu erstellen, die von der Börse bis zum Bürgerpark durch teilweise enge Gassen und eine niedrige Eisenbahnüberführung auf einer Strecke von 1,6 km geleitet wurde. Die späteren Straßenbahnen, die häufig Linienführungen von Pferdeomnibussen übernahmen, selbst wenn eine Erneuerung der abgenutzten Gleise deren Erweiterung auf die 1 m- oder 1,435 m-Spur notwendig war, erstellten dann bereits deutsche Firmen wie Siemens und Halske oder die Allgemeine Elektrizitätsgesellschaft (AEG). Im Jahre 1907 war die Elektrifizierung der Straßenbahnen zu Ende. Die Länge des entsprechenden Netzes zeigte sich sehr unterschiedlich und lief zu einem gewissen Grade unabhängig von der Größe der Städte. Berlin mit 137 km, Hamburg mit 124 km, München mit nur 8 km, aber Hannover, das um die letzte Jahrhundertwende etwa die knappe Hälfte der Einwohnerzahl der bayerischen Hauptstadt besaß, mit 300 km (unter Einschluß der für Industriebetriebe errichteten Strecken, sonst 162 km), sind Belege dafür. Daß Hannover im Hinblick auf seine Bevölkerung wohl eines der längsten Streckennetze unter den deutschen Städten betrieb, lag teilweise darin begründet, daß die Straßenbahn in besonderem Maße für den Güter- und Posttransport in Anspruch genommen wurde und teilweise Außenstrecken zur Anlage kamen, die den Drei-Kilometer-Kreis um den Mittelpunkt Kroepcke weit überschritten. Insbesondere handelte es sich um fünf Überlandlinien, unter denen hier lediglich die nach Barsinghausen – zunächst dem Güterverkehr mit Kohle dienend, später der schnellen Erreichbarkeit eines Naherholungsgebietes (Deister) – und die nach Hildesheim in einer Entfernung von 30 km Luftlinie gelegen, erwähnt werden sollen (Rippel, 1978, S. 116 ff.). Die Straßenbahn im Innern von Hannover führte zu einer flächenhaften Erschließung, und die Radiallinien faßte man durch eine Ringstraßenbahn zusammen, die in etwa in 3 km Entfernung vom Stadtmittelpunkt bzw. dem Hauptbahnhof verliefen, eine Erscheinung, die nicht auf Hannover beschränkt war, aber sonst im kontinentalen Europa sich überwiegend bei Eisenbahnen fand (Kap. VII. D. 3). Mit nur wenigen Stillegungen wurde dieses Netz bis kurz nach dem Zweiten Weltkrieg betrieben, selbst wenn bereits im Jahre 1925 die erste Omnibusstrecke eingeführt wurde. Eine wesentliche Reduktion setzte erst um das Jahr 1960 ein, als Omnibusse, Untergrund-Straßenbahnen (s. u.) und Personenkraftwagen eine wesentliche Konkurrenz bedeuteten.

Allerdings gab es wenige Städte, die entweder sehr kurze Zeit (Oldenburg, Pferdebahnen, 1884-1888) oder überhaupt keine elektrischen Straßenbahnen einführten, obwohl das von der Einwohnerzahl her gerechtfertigt gewesen wäre. Das junge Salzgitter, verwaltungsmäßig aus 28 Ortschaften im Jahre 1942 geschaffen, wandte sich moderneren Verkehrsmitteln zu. Leverkusen wurde bis zum Jahre 1958 durch eine Vorortlinie von Köln bedient, und in Göttingen mag die Traditionsverbundenheit eine Rolle gespielt haben, bis die bauliche Ausweitung soweit ging, daß man eines öffentlichen Verkehrsnetzes nicht mehr entbehren konnte, was dann sofort durch Omnibusse geschah.

Nach dem Ersten Weltkrieg kamen kleinere Streckenverkürzungen vor, die wenig ins Gewicht fielen, denn im Jahre 1937 erreichte die Streckenlänge der elektrischen Straßenbahnen in der Bundesrepublik Deutschland 4000 km mit einer Beförderungsleistung von 1,7 Mrd. Personen. Bombenzerstörungen während des Zweiten Weltkrieges ließen es manchen Städten geraten erscheinen, elektrische Straßenbahnen nicht mehr zu verwenden. Um die Mitte der fünfziger Jahre setzten Verkürzungen des Streckennetzes ein, das im Jahre 1966 in der Bundesrepublik Deutschland etwa die Hälfte dessen vom Jahre 1937 ausmachte (2130 km), obgleich die Beförderungsleistung um 12 v. H. (1,9 Mrd.) anstieg. Lediglich in München fand um diese Zeit noch eine Ausweitung statt, so daß hier erst im Jahre 1964 die größte Streckenlänge mit 135 km erreicht wurde, was teils durch das erhebliche Bevölkerungswachstum und teils durch den Rückstand gegenüber andern Verdichtungsräumen verursacht wurde (Hendlmeier, 1968, S. 41).

Inzwischen wurden die Straßenbahnen in West-Berlin und Hamburg völlig aufgegeben, nicht aber in der dritten Millionenstadt der Bundesrepublik, nämlich in München. Fünf Großstädte von 200 000 bis unter 500 000 Einwohnern unter insgesamt 19 taten dasselbe. Unter den Mittelstädten von 100 000 bis unter 200 000 Einwohner gaben etwa zwei Drittel den Straßenbahnbetrieb auf und bei denjenigen unter 100 000 Einwohnern blieb unter 85 Städten u. U. eine Linie von 10,5 km Länge erhalten (Statistisches Jahrbuch deutscher Gemeinden, 1982, S. 348 ff.; die angegebenen Werte beziehen sich auf das Jahr 1981). Dabei ist man in der Bundesrepublik Deutschland nicht soweit gegangen wie in England oder den Vereinigten Staaten, elektrische Straßenbahnen völlig aus dem öffentlichen Verkehr auszuschließen. Eine gewisse Verallgemeinerung der westdeutschen Verhältnisse auf andere Staaten des westlichen kontinentalen Europa dürfte zu verantworten sein. Von der Deutschen Demokratischen Republik ist lediglich bekannt, daß in Rostock der Straßenbahn- durch Omnibusbetrieb ersetzt wurde, in vielen Groß- und Mittelstädten das Grundgerüst des öffentlichen Verkehrs noch immer durch Straßenbahnen geblieben ist und in vier Großstädten (Leipzig, Dresden, Halle und

Magdeburg) beide Verkehrsarten einander ergänzen (Autorenkollektiv Kohl u. a., 3. Aufl., o. J., nach 1974, S. 488).

Über die Entwicklung der Straßenbahnen in den Städten *Rußlands* bzw. der *Sowjetunion* ist wenig bekannt, zumal dieses Verkehrsmittel in Tab. VII. G. 19 nicht aufgeführt wurde. Im innerstädtischen Verkehr wuchs das Streckennetz in dem Zeitraum von 1970-1983 von mehr als 8000 km auf mehr als 9000 km an, die Zahl der beförderten Personen allerdings nur von 8,0 auf 8,2 Mrd. Nimmt man Eisenbahnen und Metro zusammen, dann erreichte deren Passagierverkehr etwa den der elektrischen Staßenbahnen. In Moskau weitete man das Streckennetz von 110 km im Jahre 1965 auf 197 km im Jahre 1983 aus, wenngleich die Zahl der beförderten Personen von rd. 700 Mill. auf knapp 490 Mill. zurückging. Beanspruchte die Straßenbahn im Jahre 1940 in Moskau noch fast 64 v. H. des innerstädtischen Verkehrs, so sank dieser Anteil bis zum Jahre 1970 auf knapp 13 v. H. (Hamilton, 1976, S. 26), was sich voraussichtlich in den folgenden Jahren verstärkte.

Bezüglich der elektrischen Straßenbahnen – zumindest in Tokyo, vielleicht übertragbar auf die andern Ballungsgebiete in *Japan* – war diese als öffentliches Verkehrsmittel beliebter als die Eisenbahn. „In ihren besten Zeiten beförderten etwa 1500 Züge auf ca. 340 km Streckenlänge täglich über 1,6 Mill. Fahrgäste" (Yazawa, 1984, S. 26), auf die Hauptstadt bezogen. Das hat sich nach dem Zweiten Weltkrieg nicht halten lassen, weil Autobus und Personenkraftwagen die Einhaltung von Fahrplänen immer schwieriger gestalteten. Mit einer Verspätung von ungefähr vierzig Jahren gegenüber den Vereinigten Staaten ging die Tokyo Metropolitan-Regierung in dem Zeitraum von 1967-1972 daran, Strecke um Strecke stillzulegen und die Gleise zu entfernen mit Ausnahme einer Linie am nordwestlichen Rand, die als Erinnerung an frühere Zeiten erhalten blieb (Yazawa, 1984, S. 26). Außerhalb der Verdichtungsräume mögen Straßenbahnen, die insbesondere die Verbindung zwischen dem Geschäftszentrum bzw. der City und dem Bahnhof gewährleisten, nach wie vor verkehren.

Hatte die Straßenbahn in den großen Städten *Großbritanniens* kurz nach dem Ersten Weltkrieg das Maximum ihrer Benutzung erreicht, so traten nun *Omnibusse* an die Stelle. Seit dem Jahre 1950 änderte sich an der Zahl der eingesetzten Wagen relativ wenig, wenngleich es nun Anzeichen dafür gab, daß die Bevölkerung in geringerem Ausmaß davon Gebrauch machte. In den Jahren 1956-71 ging der Omnibusverkehr der Städte von Großbritannien um 46 v. H. zurück, in der London Transport Area sogar um 54 v. H. (Daniels und Warner, 1980, S. 179). Mit einer solchen Reduktion stiegen die Fahrpreise an, und es kam hinzu, daß für manche Zwecke auch der Bedarf sank, weil vornehmlich bei dem Einkauf von Lebensmitteln aufgrund des Vorhandenseins von Kühlschränken die Intervalle, in denen dies geschehen muß, größer geworden sind. Auf der Grundlage der Berechnung, die im Rahmen des Eisenbahnverkehrs durchgeführt wurde (Tab. VII. G. 19), bedeutet das, daß in allen Städten Großbritanniens Omnibusse im Jahre 1975/76 noch 20 v. H. des öffentlichen Verkehrs bestritten, in der London Transport Area noch 22 v. H.

Obgleich der Straßenbahnverkehr in den *Vereinigten Staaten* bereits nach dem Ersten Weltkrieg im Niedergang begriffen war, wurde die nun entstandene Lücke zunächst durch den Individualverkehr aufgefangen, bis zwischen dem Jahr 1920-1924 Omnibusse und zwischen den Jahren 1930-1935 Trolleybusse zum Einsatz kamen (Yeates und Garner, 1980, S. 206), die aber zu keiner Zeit, auch nicht während des Zweiten Weltkrieges, die Beförderungskapazität der Straßenbahnen im Jahre 1920 erreichten. Bis zum Jahre 1980 sank der Omnibusverkehr in den Städten der Vereinigten Staaten bis auf wenige Prozent ab (Nebelung und Miner, 1974, S. 77). Allerdings dürfte auch hier mit Differenzierungen zwischen den großen Städten zu rechnen sein, denn nach der Chicago Area Transportation Study vom Jahre 1956, immerhin von Berry und Horton (1970, S. 515) noch einmal abgedruckt, entfiel ein Viertel des Personenverkehrs auf den öffentlichen Verkehr und davon 16,5 v. H. auf Omnibusse, die damals täglich 1,7 Mill. Personen beförderten. Nun hat Chicago als einer derjenigen Verdichtungsräume in den Vereinigten Staaten zu gelten, in dem der öffentliche innerstädtische und Nahverkehr besondere Förderung erhielt, wie es aus den früheren Angaben hervorgeht. Allerdings lohnt der nicht gleisgebundene Omnibustransport erst bei relativ hoher Bevölkerungsdichte (900-1000 E./km^2), damit die genügende Rendite gewährleistet ist. In den großen Städten der Vereinigten Staaten dürfte es sich dabei um die Übergangszone (Kap. VII. D. 4. a; zone of transition and deterioration) handeln, innerhalb derer sich die Wohnungen der Farbigen und armen Weißen befinden, die am geringsten am Besitz eines eigenen Kraftwagens beteiligt sind. Da die Autobusse nur kurze Strecken befahren (die Hälfte nicht mehr als 5 km), geriet bei der erheblichen Suburbanisierung der Industrie die Ghettobevölkerung in eine schwierige Situation, weil die für sie in Frage kommenden Arbeitsplätze mit ihren finanziellen Mitteln nicht mehr erreichbar waren. Arbeitslosigkeit und geringe Benutzung der Omnibusse waren die Folge, was nun zu einer Erhöhung der Fahrpreise führte (Yeates und Garner, 1980, S. 495).

Hinsichtlich der Trolley- und Omnibusse liegen die Verhältnisse der *Bundesrepublik Deutschland* etwas anders als in den Vereinigten Staaten und Großbritannien. Wenn Trolley- = Oberleitungsbusse später eingesetzt wurden, sollen erstere doch zunächst behandelt werden. Der erste O-Bus (gleislose Bahn, aber mit elektrischer Zufuhr durch Oberleitung) verkehrte im Bielatal in der Sächsischen Schweiz im Jahre 1901, hatte aber wohl kaum etwas mit dem städtischen Nahverkehr zu tun. Das aber war im Jahr 1930 im Düsseldorfer Raum gegeben, wo die AEG die Einrichtung der Anlage übernahm. In den dreißiger Jahren folgte die Linie Idar-Oberstein, im Jahre 1936 Oldenburg. Sie alle existierten bis zur Mitte der fünfziger Jahre, so daß Hendlmeier (1968, S. 217) die Zeit von 1954 bis 1956 als Höhepunkt in der Nutzung von O-Bussen ansah. So waren die letzten dieser Fahrzeuge bis zum Jahre 1966 noch nicht verschwunden, aber es ist anzunehmen, daß dies bis zur Gegenwart geschah. In manchen Städten bildeten O-Busse während 20 und mehr Jahren das wichtigste öffentliche Verkehrsmittel. Das ist sicher darauf zurückzuführen, daß während und nach dem Zweiten Weltkrieg elektrischer Strom in ausreichendem Maße zur Verfügung stand, der Antrieb durch Dieselmotoren aber auf Schwierigkeiten stieß.

Man darf aber nicht soweit gehen, die bei den elektrischen Straßenbahnen gemachten Angaben derart umzukehren, daß dort, wo diese nicht aufgelassen wurden, sie als alleinige Träger des öffentlichen Straßenverkehrs dienen. Es gibt noch genügend große Solitärstädte bzw. Verdichtungsräume, bei denen elektrische Straßenbahnen *und* Omnibusse in Betrieb sind und dabei auch nicht immer eine Trennung derart erfolgte, daß erstere mehr im innerstädtischen und letztere mehr im Vorortverkehr eingesetzt wurden. Hier sind meist örtliche Entscheidungen der zu Verbundsystemen zusammengeschlossenen Verkehrsbetriebe verantwortlich, für die sich kaum Gesetzmäßigkeiten finden lassen.

Berlin war wohl die erste Stadt, die Omnibusse einsetzte, bis dann in den zwanziger Jahren andere Städte folgten wie z.B. Wiesbaden, wo 5 Straßenbahnlinien durch Omnibusse ersetzt wurden. Die Beförderungsleistung der Omnibusse überstieg im Jahre 1966 in den Städten der Bundesrepublik das erste Mal die der elektrischen Straßenbahnen, was sich seitdem sicher verstärkt hat.

Betrachtet man noch einmal Tab. VII.G.20, in der die Straßenbahnen allerdings nicht aufgenommen wurden, dann zeichnet sich seit der Mitte der fünfziger Jahre des 20. Jh.s ein Wandel ab, indem die frühere Vorrangstellung der Eisenbahn in der *Sowjetunion* gebrochen wurde. Mit der Verbesserung der Straßen, worauf man nun großes Gewicht legte, vermochte man Trolleybusse im innerstädtischen Verkehr einzusetzen, teilweise als Ersatz von Straßenbahnen, und im Vorortverkehr kamen nun Omnibusse auf. Im Jahre 1955 hatten Trolley- und Omnibusse bei der Beförderung von Arbeitspendlern in den Städten und Siedlungen städtischen Typs bereits einen Anteil von 7 v.H. und 18 v.H. bei den andern Pendlern. Im Jahre 1975 waren es bereits 64 bzw. 63 v.H. in beiden Kategorien.

Nimmt man den innerstädtischen Verkehr hinzu (Narodnoe Chozjajstvo SSSR V, 1984, S. 333 u. 334), dann ergaben sich für Omni- und Trolleybusse im Jahre 1970 ein Anteil von 71 v.H. und im Jahre 1983 ein Anteil von 76 v.H., wobei die Trolleybusse etwa mit einem Fünftel beteiligt waren. Sowohl hinsichtlich der Streckenlänge als auch in bezug auf die Beförderungsleistung ließ sich zwischen den Jahren 1970 und 1983 eine Zunahme feststellen, die allerdings geringer war als bei den entsprechenden Werten für die Omnibusse. Daß man in der Sowjetunion so lange an den Trolleybussen festhielt, im Gegensatz zu den andern hier behandelten Industrieländern, wo das – wenn überhaupt – nur eine kurze vorübergehende Erscheinung bedeutete, läßt sich u.U. darauf zurückführen, daß bei Trolleybussen die vorhandenen Oberleitungen einstiger Straßenbahnen weiter benutzt werden konnten.

Man muß sich allerdings darüber klar sein, daß innerhalb der Vielzahl der großen Städte dieses Landes Differenzierungen möglich sind. Für Moskau lag der Anteil der Omni- und Trolleybusse im Jahre 1970 bei 41 v.H. und im Jahre 1983 bei 43 v.H., wobei letztere in bezug auf ihre beförderten Personen nur etwas mehr als ein Zehntel ausmachten. Das findet seine Ursachen wohl darin, daß man hier am frühesten zu Neuerungen schritt, die erhebliche Beteiligung der Untergrundbahnen und der beträchtliche Rückgang in der Benutzung von Straßenbahnen zu berücksichtigen ist (Moskva V Ciffrach, 1984, S. 83).

In den *japanischen Verdichtungsräumen* kamen Omnibusse erst nach dem Zweiten Weltkrieg auf und wurden für die Straßenbahnen zu einer ernsthaften Konkurrenz. Bis zum Jahre 1970 erfuhr die Beförderungsleistung der Omnibusse absolut eine Zunahme; dann aber setzte absolut und relativ ein Rückgang ein, voraussichtlich zugunsten von Eisen- und Untergrundbahnen bzw. Taxen und Mietwagen (Yazawa, 1984, S. 23 und 26).

Gelangt man nun zum *Individualverkehr* und läßt dabei die Fußgänger zunächst außer acht, dann kommen Personenkraftwagen, Kleinomnibusse, Taxen, Kraftfahrräder und Fahrräder in Betracht. Hinzu gesellen sich Lastwagen, die der Belieferung von Industriewerken, von Geschäften und u. U. der Endabnehmer der Kunden dienen. Selbst bei der Trennung von Durchgangs- und Zielverkehr sind sie aus dem innerstädtischen und Vorortverkehr nicht wegzudenken, zumal sie häufig Stockungen im Verkehrsfluß herbeiführen.

Öffentlicher und Individualverkehr mit Motorfahrzeugen beeinflussen die Luftverschmutzung, die bereits in Kap. VII. G. 2 erwähnt wurde. Hier sei noch hinzugefügt, daß die Schwankungen in der Konzentration von Aerosolen innerhalb des Verkehrs am höchsten liegen, nämlich zwischen 10 und 60 v. H. (Eriksen, 1975, S. 30), was mit den jeweils eingesetzten Verkehrsmitteln in Zusammenhang steht. Dabei kommt dem motorisierten Verkehr sicher eine entscheidende Bedeutung zu, so daß dieser in den Vereinigten Staaten sowohl in New York als auch in Los Angeles für die Hälfte der Luftverschmutzung verantwortlich ist, wobei Stickoxide, Kohlenmonoxide und Blei die stärksten Auswirkungen haben. Dabei liegt deren Konzentration in den zentralen Städten fünf bis zehnmal höher als in den Vororten, so daß die Bevölkerung der Ghettos am meisten davon betroffen ist (Yeates und Garner, 1980, S. 480 ff.). Darüber hinaus verursachen motorisierte Fahrzeuge erheblichen Lärm, der bei Lastwagen größer als bei Personenkraftwagen ist. An belebten Straßenkreuzungen, wo der Verkehr nur durch Ampeln geregelt werden kann, verstärkt sich dieses Phänomen durch das Halten und Wiederanfahren der Wagen. Besondere Fenster, die diese Art der Belästigung abzufangen vermögen, können davor schützen, was aber mit dem Nachteil behaftet ist, daß dann in bestimmten Jahreszeiten die Fenster nicht geöffnet werden sollten, falls keine Klimaanlage vorhanden ist, die auch nicht unbedingt ein Ideal darstellt. In bezug auf Motorräder, die in den Vereinigten Staaten wenig in Gebrauch sind, im kontinentalen westlichen Europa, insbesondere in Frankreich bei der Jugend sehr beliebt sind, kommt es auf deren Fahrweise an, wieweit die Lärmbelästigung verstärkt wird. Besonders störend wirkt sich der motorisierte Verkehr innerhalb der Verdichtungsräume von Japan aus. Die durch Straßendurchbrüche erzielten breiten, radial nach außen gerichteten Magistralen, die bei dem Fehlen von Bürgersteigen meist direkt an die Häuser angrenzen, unter denen ein erheblicher Teil aus Holz besteht (Kap. VII. F.), hat bei diesen die Wirkung „eines kontinuierlichen leichten Erdbebens" (Flüchter, 1978, S. 73), so daß Lastwagen gehalten sind, die inneren Fahrbahnen zu benutzen.

Hinsichtlich der Personenkraftwagen soll – anders als bisher – von den Vereinigten Staaten ausgegangen werden. Hier kam um die letzte Jahrhundertwende kaum 1 PKW auf 1000 Personen, und sowohl Ford als auch die Begründer von General Motors hatten Schwierigkeiten, für ihre Pläne genügend Geld von den Banken zu erhalten. Als Ford im Jahre 1908 zur Fließband-Herstellung überging, war der Bann gebrochen, so daß im Jahre 1920 bereits 77 PKWs bezogen auf 1000 Einwohner entfielen, im Jahre 1940 206, im Jahre 1960 340 und im Jahre 1981 543, der höchste Wert, der in allen Ländern der Welt erzielt wurde (Yeates und Garner,

1980, S. 204; Statistisches Jahrbuch der Bundesrepublik Deutschland, 1983, S. 682). Selbst die Ölkrise brachte keinen Einschnitt in dieser Entwicklung. Zunächst dienten die PKWs insbesondere der Naherholung der Bevölkerung, bis etwa um die Mitte der zwanziger Jahre die Pendler hinzukamen.

Die enorme Zunahme des Automobilbesitzes nach dem Zweiten Weltkrieg mit dem Zuwachs an Zweitwagen innerhalb einer Familie hing teils mit dem Interstate Highway Act vom Jahre 1956 zusammen, mit dessen Hilfe die einzelnen Bundesstaaten durch expressways miteinander verknüpft wurden, und teils mit dem Federal Highway Act vom Jahre 1962, durch die den Standard Metropolitan Statistical Areas (SMSA) die Möglichkeit geboten wurde, die radial von den Städten ausgehenden und nicht miteinander verbundenen expressways miteinander zu verknüpfen bei einer 90prozentigen Kostenbeteiligung des Bundes. Das beliebteste, wenngleich nicht das alleinige Mittel stellten Ringautobahnen dar, wie z. B. in Dallas, Washington, D. C. oder Boston (Kap. VII. D. 3). Mit mindestens drei Fahrbahnen in jeder Richtung, mitunter auch mehr, beanspruchen die expressways etwa einen Streifen von etwa 36 m, zusätzlich den Flächen, die für die Auf- und Abfahrten der kreuzungsfrei geführten expressways benötigt wurden. Falls die expressways unter dem Niveau des normalen Straßennetzes angelegt wurden, mußte letzteres durch Brücken zusammengehalten werden wie in Chicago, Detroit oder St. Louis. Mitunter hob man einen Teil der expressways über die normale Straßenebene an, was in Boston oder San Francisco der Fall war; in beiden Fällen führte das dazu, daß man für Zu- und Abfahrten zwei Ebenen benötigte. Mitunter verblieb man im Straßenniveau, war dann aber gezwungen, die auf sie einmündenden Straßen abzuleiten (Hofmeister, 1971, S. 193 ff.). Wichtig dabei erscheint einerseits die Zerschneidung und Isolierung der Stadtteile und andererseits die immer weiter nach außen gerichtete Bebauung durch Einfamilienhäuser, den urban sprawl noch einmal verstärkend. Schließlich ist daran zu denken, daß expressways innerhalb der SMSA genügend Parkmöglichkeiten verlangen, damit man ohne Zuhilfenahme eines andern Verkehrsmittels, ob als Tagespendler oder zu andern Zwecken, das erreichen kann, was man möchte. Etwa die Hälfte des CBD von Los Angeles werden von Parkplätzen, Hoch- oder Tiefgaragen eingenommen, was nun wiederum zur Entwertung des CBD beiträgt. Innerhalb der SMSA beträgt die Länge der expressways etwa 800 km, was bedeutet, daß ein erheblicher Teil von ihnen ebenso wie der Ringbahnen als Stadtautobahnen zu betrachten sind.

Die Entwicklung in *Großbritannien* und *Deutschland* bzw. der Bundesrepublik können zusammengefaßt werden. In Großbritannien führte man im Jahre 1888 ein von Benz entworfenes Automobil ein, was aber ohne weitere Folgen blieb. Wegen der schwierigen wirtschaftlichen Verhältnisse in der Zwischenkriegszeit und dem Fehlen von billigem Treibstoff blieb die Produktion einheimischer und ausländischer Unternehmen, unter denen vornehmlich Ford eine Rolle spielte, gering (Blackburn, 1974, S. 260), so daß im Jahre 1930 auf 1000 Einwohner in Großbritannien 31 und in Deutschland 21 PKWs entfielen (Statistisches Jahrbuch des Deutschen Reiches, 1931, Internationale Übersichten, S. 78*). Erst nach dem Zweiten Weltkrieg wurde das anders, in Großbritannien etwas früher als in der Bundesrepublik, wobei im Jahre 1970 auf 1000 Einwohner in Großbritannien 208

1008 Die Städte

und in der Bundesrepulik 228 PKWs, im Jahre 1981 in den entsprechenden Ländern 282 bzw. 384 PKWs erzielt wurden (Statistisches Jahrbuch der Bundesrepublik Deutschland, 1971, S. 81*; 1983, S. 683).

In bezug auf die nun notwendig gewordenen Autobahnen bestehen Unterschiede. Sie entstanden in Deutschland bereits zu Beginn der zwanziger Jahre mit der AVUS (Automobil-Verkehrs- und Übungsstraße) in Berlin, die als Rennstrecke gedacht war, in den dreißiger Jahren eine Ausweitung auf 11 km durchgeführt wurde, wenngleich der Plan eines Stadtautobahnringes unter den gegebenen Verhältnissen nicht mehr zustande kam. Bis zum Jahre 1972 legte man nun in West-Berlin auf eine Fortsetzung des Stadtautobahnbaus Wert, deren Strecke um 13 km ausgedehnt wurde, was allerdings im Vergleich zu denselben Problemen bei den Untergrundbahnen gering war; trotzdem fand eine Entlastung sonstiger Stadtstraßen statt. Wenn die Meinungen über die Fortführung der Stadtautobahnen geteilt sind, so liegt das einerseits an dem frühen Termin, als man noch kaum Erfahrungen mit der Einrichtung von Stadtautobahnen hatte, und andererseits an den finanziellen Aufwendungen, die zu tätigen sind, so daß man häufig zu Kompromißlösungen greifen mußte (Hofmeister, 1976, S. 747 ff.). Immerhin blieb die West-Berliner Stadtautobahn eine der wenigen, die in einem Verdichtungsraum der Bundesrepublik Deutschland geschaffen wurde. Zunächst war man gezwungen, den Wiederaufbau der zerstörten Städte in Gang zu setzen und vermochte damals noch nicht zu ahnen, daß der PKW eine solch entscheidende Rolle im Verkehrsleben spielen würde. Insofern begnügte man sich mit der Benutzung von Durchgangsstraßen, die außerhalb der dichtbebauten Bereiche auf Tangenten stoßen, von denen aus mehrere An- und Zufahrten auf die Autobahnen führen. Immerhin war damit die Trennung von Ziel- und Fernverkehr gewährleistet.

In Großbritannien hingegen knüpfte man an die Transportuntersuchungen verschiedener Städte der Vereinigten Staaten an und übernahm das Prinzip der Stadtautobahnen für die Conurbationen. Zumeist geschah das im Zusammenhang mit der nun notwendig gewordenen Stadterneuerung, wobei die Kreuzungsfreiheit dadurch gewährleistet wurde, daß man die Autobahnen ober- oder unterhalb des normalen Straßennetzes anlegte. Ob man das Ringsystem übernahm wie in Birmingham oder eine andere Lösung fand, hing im wesentlichen von den topographischen Verhältnissen ab (Leister, 1970, S. 123 ff.). Damit verband sich die Vorsorge für genügend Parkplätze, was man in den Verdichtungsräumen der Bundesrepublik lediglich nachträglich tun konnte.

In der Bundesrepublik brachte die Hinwendung zum PKW eine Steigerung des Individualverkehrs, der im Jahre 1960 64 v. H. der Beförderungskapazität ausfüllte, was sich bis zum Jahre 1981 auf 77 v. H. erhöhte (Statistisches Bundesamt, Datenreport, 1983, S. 305). Allerdings ist zu beachten, daß es sich dabei um Durchschnittswerte handelt. Es liegen genügend Untersuchungen vor, daß mit größerer Entfernung von den Haltestellen öffentlicher Verkehrsmittel der Individualverkehr ansteigt. Dort, wo der öffentliche Verkehr besondere Förderung erfuhr, können Abweichungen eintreten, was insbesondere für die Verdichtungsräume Gültigkeit besitzt. Hier ging man organisatorisch meist zu Verkehrsverbänden über, die weit über die Verwaltungsgrenzen hinauszugehen vermögen. In bezug auf die Eisenbahnen wurde der Verkehrsverbund Frankfurt a. M. bereits erwähnt; am Ende der siebziger Jahre, allerdings lediglich auf die Tagespendler bezogen, hatte der Individualverkehr hier einen Anteil von 58 v. H. (Wolf, 1982, S. 23). Großbritannien hingegen, wo sich seit den siebziger Jahren ein Nachlassen im Besitz von PKWs bemerkbar macht, lag der Individualverkehr im Jahre 1975/76 bei 64 v. H., und Fahrräder kamen mit 4 v. H. hinzu.

In bezug auf die Nutzung von PKWs ist man in der *Sowjetunion* in einer schwierigen Situation, denn die Angaben sind sehr spärlich. Im Statistischen Jahrbuch der Bundesrepublik Deutschland vom Jahre 1961 (Internationale Übersichten, S. 69*) wurde lediglich angeführt, daß im Jahre 1959 3 PKWs auf 1000 Einwohner entfielen. Sowohl in Tab. VII. G. 20 als auch in der Untersuchung von Khorev und Likhoded (1983, S. 575) werden sie als „andere Verkehrsmittel" zusammengefaßt, worunter sich auch Flußschiffahrt u. a. befindet, und im Narodnoe Chozjajstvo UdSSR (1984, S. 333) bzw. im Moskva V Cifrach 1984 fehlen PKWs völlig. Der Untersuchung von Sobol (1983, S. 613) ist zu entnehmen, daß in Leningrad im Jahre 1977 3,8 v. H. der in Fahrzeugen beförderten Personen einen privaten PKW benutzten, wobei die Naherholung im Vordergrund stand. Etwas ausführlicher befaßte sich Parker (1979, S. 29ff.) mit dem Problem; er traf die Unterscheidung zwischen solchen PKWs, die dem Staat gehören und entweder als Taxen oder Dienstwagen zur Verfügung standen; erstere beförderten im Jahre 1965 2 v. H. und im Jahre 1975 4 v. H. der Personen. Zu letzterem Zeitpunkt lag die Zahl der PKWs in der Sowjetunion bei 4,7 Mill., unter denen 1,7 Mill. im staatlichen und 3 Mill. im privaten Besitz waren. Für das Jahr 1980 rechnete man mit 33 PKWs auf 1000 Einwohner, und lediglich in Moskau, das sich durch die Konzentration von Behörden, Parteidienststellen usf. auszeichnete, wurde ein höheres Ergebnis erzielt. Lediglich Funktionären und gut bezahlten Facharbeitern war der Erwerb eines privaten PKWs möglich. Ein Vergleich mit den Angaben für das Jahr 1959 (3 PKWs auf 1000 Einwohner) ergibt zwar in den letzten zwanzig Jahren eine beträchtliche Steigerung, die aber nicht darüber hinwegtäuschen kann, daß die Sowjetunion hinsichtlich des PKW-Bestandes das Niveau von Entwicklungsländern einnimmt. Häufig schlechter Straßenzustand, Fehlen ausreichender Tankstellen und Reparaturwerkstätten ebenso wie der Wechsel von politischen Intentionen auf dem Verkehrssektor haben zu diesem Zurückbleiben beigetragen.

Japan, das im Jahre 1959 drei Personenkraftwagen auf 1000 Einwohner hatte, vermochte seine Stellung wesentlich auszubauen. Im Jahre 1969 waren es bereits 68 und im Jahre 1981 209. In den Verdichtungsräumen, insbesondere in Tokyo, legte man unter Abriß bestehender Gebäude Schnellstraßen mit mehreren übereinander gelegenen Fahrbahnen an, von denen ein Teil auf die Küstenautobahn im aufgeschütteten Gelände ausmündet. Noch schwieriger war es, ringförmig ausgebildete Magistralen zu schaffen. Daß Pendler, selbst wenn sie ein eigenes Auto besitzen, dieses nicht für die Überwindung zwischen Wohn- und Arbeitsort einsetzen, liegt an der dichten Verbauung der Wohnsiedlungen, deren enge Gassen zu Konflikten mit Fußgängern führen. Abgesehen davon sind Parkplätze in der City weit verstreut, so daß es aussichtslos erscheint, während des Tages seinen Wagen hier oder in der Nähe der Bahnhöfe unterzubringen. Taxen und Mietwagen, die in Tokyo im Jahre 1980 fast 7 v. H. der Personen beförderten, reichen meist schon dazu aus, erhebliche Verkehrsstockungen herbeizuführen (Flüchter, 1978, S. 71 ff.; Yazawa, 1984, S. 23).

Im Rahmen des Individualverkehrs können u. U. auch *Fahrräder* eine Rolle spielen, was allerdings nicht für alle hier behandelten Industrieländer gilt. In den Vereinigten Staaten werden zwar Fahrräder erwähnt (Yeates und Garner, 1980, S. 486), ohne die quantitative Entwicklung beurteilen zu können. Für Rußland bzw. die Sowjetunion fehlen jegliche Angaben. In europäischen Ländern hingegen kam das Fahrrad im letzten Drittel des 19. Jh.s auf und wurde vornehmlich in den Niederlanden ein wichtiges Transportmittel des innerstädtischen und Vorortverkehrs. Allerdings nur auf die Tagespendler bezogen, machten Radfahrer im Jahre 1960 hier noch über die Hälfte des Individualverkehrs aus, was dann innerhalb von 10 Jahren (1970) auf 22 v. H. (Borchert und van Ginkel, 1979, S. 68) zurückging. In den großen Städten von Großbritannien hatten Radfahrer im Jahre 1975/76 noch einen Anteil von 4 v. H. am Verkehrsaufkommen; in Deutschland, wo zwar Werte fehlen, war dieses Verkehrsmittel vor dem Zweiten Weltkrieg bei Jugendlichen und Arbeitern von Gewicht, so daß man dazu überging, besondere Radfahrwege neben der Straße und Gehsteige für Fußgänger einzurichten, die mitunter bis an den Rand der jeweiligen Altstadt führten. Im Zuge der Motorisierung nahm man später davon Abstand, bis die Parkplatznot und die Minderung des wirtschaftlichen Wohlstandes insbesondere durch Jugendliche dem Fahrrad zu neuer Geltung verhalfen. Sie mußten sich allerdings damit abfinden, daß es nicht ungefährlich ist, Straßen zu benutzen, auf denen alle oberirdischen Verkehrsmittel zugelassen sind, was dann häufig damit beantwortet wird, Fußgängerwege unsicher zu machen. Wenngleich man in den japanischen Verdichtungsräumen dem öffentlichen Verkehr den Vorzug gibt, so sind die Tagespendler an den Endstationen des Eisenbahnnetzes meist noch nicht am Ziel. Zwar hat der Besitz eines PKWs erheblich zugenommen, aber man kann sie in den unübersichtlichen Gassen der dichtbebauten Wohnsiedlungen kaum benutzen, sondern hier sind es wiederum Fahrräder, mit Hilfe derer man die Wohnung erreicht und Fußgängern, spielenden Kindern u. a. am ehesten ausweichen kann, zumal es keine oder nur provisorische Bürgersteige gibt (Flüchter, 1978, S. 71).

Das gegenwärtige Verhältnis zwischen Individual- und öffentlichem Verkehr wurde in Tab. VII. G. 21 zusammengefaßt. Wenn die Möglichkeit bestand, nach dem Zweiten Weltkrieg zwei verschiedene Jahre heranzuziehen, wurde davon Gebrauch gemacht, um zu zeigen, wie schnell die Veränderungen ablaufen, allerdings vorläufig ohne Berücksichtigung der Fußgänger, was später einzubeziehen ist.

Ob der Individual- oder der öffentliche Verkehr im Vordergrund steht, jeweils ist es zu einer Überlastung bestimmter Straßen gekommen. Das einfachste Mittel, dem zu begegnen, bedeutet die Anlage von Untergrund- bzw. Unterpflasterbahnen, die sicher eine Entlastung herbeiführen, was allerdings durch die damit verbundenen hohen Investitionen nicht immer geschehen kann; in den Vereinigten Staaten machte man davon weniger Gebrauch als in andern Industrieländern, weil die lange Gewöhnung an den PKW, der mehr Freizügigkeit gestattet, davon abhielt. Im Rahmen der öffentlichen Verkehrsmittel ergibt sich jeweils die Schwierigkeit, daß deren Haltestellen häufig in zu großer Entfernung von der Wohnung

Tab. VII.G.21 Individual- und öffentlicher innerstädtischer und Vorortverkehr in den hier ausgewählten Industrieländern in v. H.

Jahr	Land	Individualverkehr (meist ohne Fußgänger)	Öffentlicher Verkehr
1975–76	Großbritannien	73,2 (insbesondere PKW, Fahrrad)	22,5 (insbesondere Omnibus, Eisenbahn)
1970	Vereinigte Staaten	95 v. H. (insbesondere PKW)	5 v. H. (insbesondere Omnibus, sonst alte und neue Rapid Transit-Systeme)[1]
1960	Bundesrepublik Deutschland	64 v. H. (insbesondere PKW)	36 v. H. (Eisenbahn, Omnibus, elektrische Straßenbahn)
1981		77 v. H. (insbesondere PKW)	23 v. H. (ebenso wie oben)
1960	Niederlande (nur Tagespendler)	58 v. H. (7 v. H. PKW, 51 v. H. Radfahrer)	42 v. H. (keine Angaben)
1971		69 v. H. (47 v. H. PKW, 22 v. H. Radfahrer)	31 v. H. (keine Angaben)
1955	Sowjetunion	0,8–9 v. H.	98,2–90 v. H. (vornehmlich Eisenbahn)
1975		1,0–6 v. H.	94–99 v. H. (insbesondere Omnibus)
1980	Japan	22 v. H. (keine Angaben)	78 v. H. (vornehmlich Eisenbahn)

[1] Bei Eisenbahnen sind Schnell- und Untergrundbahnen einbezogen.
Die Quellen sind im Text genannt und erübrigen sich hier.

liegen. Auf dieser Grundlage entwickelte sich das *Park-and-ride-System*, indem man in den großen Städten der westlichen Welt an den entsprechenden Bahnhöfen der Außenbezirke seinen PKW parkt mit der Einschränkung, daß der vorhandene Parkraum in den großen Städten der westlichen Welt für Langzeitparker (Berufspendler, teilweise Ausbildungspendler) häufig nicht ausreicht. In den japanischen Verdichtungsräumen bezieht sich das park-and-ride-System auf die Fahrräder, derer man sich bedient, um von den Bahnstationen die Wohnung zu erreichen (s. o.).

Das von Yeates und Garner (1980, S. 492 ff.) erwähnte Para Transit-System, das von seiten des Bundes oder auf Grund der Initiative der Städte selbst wohl noch im Stadium der Erprobung steht, sieht zumindest bei den neuen Rapid Transit-Lines vor, daß sich deren Benutzer telephonisch mit einer Zentrale in Verbindung setzen, die, mit Computern ausgestattet, umsonst eine Liste von Personen vermittelt, deren Wohnungen sich in der Nähe befinden; sofern man einen Dauerauftrag gibt, kann man von Taxen oder Kleinbussen von zu Hause abgeholt und zur Bahnstation gebracht werden, und auf dem Rückweg vollzieht sich dasselbe in umgekehrter Richtung. Davon erhofft man sich eine stärkere Inanspruchnahme der öffentlichen Verkehrsmittel, und es kam zu dem Begriff „commuter-computer". In der Zeit zwischen den Spitzenterminen, morgens und nachmittags, werden die mit Funk ausgerüsteten Taxen usf. zu verschiedenen Zwecken von Familienmitgliedern und solchen Personen benutzt, die nicht mehr im Erwerbsleben stehen.

Sonst sucht man nach andern Wegen, um eine Differenzierung des Straßenverkehrs zu erreichen. Ein wichtiges Mittel dazu bilden die Einbahnstraßen. In den Vereinigten Staaten konnte man in begrenztem Maße, nämlich dort, wo man an einer Aufwertung des CBD interessiert war, im Zusammenhang mit Sanierungsmaßnahmen Kleinblöcke zu Großblöcken zusammenschließen. Damit vermochte man einerseits Straßen einzusparen, die verbliebenen als Einbahnstraßen zu deklarieren und die Querstraßen gegeneinander zu versetzen, so daß gefährliche Kreuzungen weitgehend vermieden werden konnten (Hofmeister, 1971, S. 48 ff.; Kap. VII. D. 2. b.). Zu enge Straßen werden im kontinentalen Europa entweder nur für die Benutzung durch Anlieger gestattet, wenngleich damit zu rechnen ist, daß mit Erlaubnis und durch kontrollierte Parkuhren abgesichert oder ohne ein solch regelndes Instrument parkende PKWs eine Verengung der Bürgersteige mit sich bringen. Ebenso spielen hier Einbahnstraßen eine Rolle, die an belebten Kreuzungen durch Ampelsignale abwechselnd dem Fahrverkehr oder dem Fußgänger die Vorhand lassen. Zeitliche Begrenzung des notwendigen Lastwagenverkehrs innerhalb der City oder Beschränkung in der Nutzung von Straßen durch ausgewählte Verkehrsmittel geben eine weitere Möglichkeit ab, eine Regelung herbeizuführen. Um an gefährdeten Stellen die Fußgänger zu ihrem Recht kommen zu lassen, werden Unterführungen oder Überbrückungen der Straßen nicht allein in Verdichtungsräumen geschaffen, sondern bereits in größeren Mittelstädten. Alle solche Maßnahmen aber setzen voraus, daß eine genügende Aufsicht ausgeübt wird. Trotz all solcher Beschränkungen bleibt es nicht aus, daß der Fahrverkehr mitunter ins Stocken gerät. Selbst wenn die Berufspendler nicht die einzigen Verkehrsteilnehmer darstellen, sondern die städtische Bevölkerung selbst und Nicht-Tagespendler daran beteiligt sind, so geht es vornehmlich auf die Berufspendler zurück, wenn bei ihrem Hin- und Rückweg Überlastungen bzw. Stauungen auftreten.

Daß die Fußgänger den geringsten Platz benötigen, dennoch aber einen beträchtlichen Anteil am städtischen Verkehrsleben besitzen, läßt sich nur auf Grund besonderer Zählungen oder Stichproben nachweisen. In den Städten von Großbritannien wurden im Jahre 1975-76 im Durchschnitt aller Städte fast 43 v. H. der Wege zu Fuß zurückgelegt, etwas mehr in denjenigen unter 250 000 Einwohnern und etwas weniger in den ausgesprochenen Conurbationen (Daniels und Warnes, 1980, S. 72). In der Sowjetunion handelte es sich bei den Tagespendlern im Jahre 1975 um 23 v. H. der „trips" und bei denjenigen, die zu Einkäufen oder kulturellen Veranstaltungen kamen, um 18 v. H. (Gol'ts, 1983, S. 564). Das Umgekehrte wäre zu erwarten gewesen, so daß u. U. die Erklärung darin gefunden werden kann, daß diejenigen in Großbritannien, die ihren PKW oder die öffentlichen Verkehrsmittel verließen, um ihrer Betätigung nachzugehen, dann als Fußgänger zählten, was bei den Daten der Sowjetunion u. U. nicht geschah.

Mit der Verstärkung des PKW-Verkehrs in den Ländern des Westens nach dem Zweiten Weltkrieg war man hier gezwungen, vornehmlich die *Fußgänger* zu schützen. In Großbritannien tat man das auf zweierlei Weise. Teils nahm man eine horizontale Segregation innerhalb des Geschäftszentrums bzw. der City vor, mit der das während des Zweiten Weltkriegs zerstörte Coventry voranging. Die PKWs fing man auf Parkplätzen oder Parkhäusern am Rande der Geschäftshäuser auf, so daß Straßen und Plätze völlig Fußgängern zur Verfügung stehen. Zudem schuf man im ersten Geschoß Galerien, damit die Geschäfte des Obergeschosses direkt vom Kunden erreicht werden konnten, wenngleich sich das später erübrigte, weil meist die Geschäftsinhaber dazu übergingen, Erd- und Obergeschoß in ihrem Betrieb zu vereinigen. Überbrückungen an engen Stellen der Fußgängerzone sollten Verkürzungen der Wege herbeiführen, und eine Fahrstraße am Außenrande der Geschäftshäuser war bzw. ist für die Belieferung des Handels gedacht. Eine solche Lösung aber dürfte nur möglich sein, wenn der Geschäftskern sich auf eine relativ kleine Fläche erstreckt (in Coventry 41 ha). Auch bei den „Neuen Städten" Großbritanniens bevorzugt man in mancherlei Variationen die horizontale Trennung von PKW- und Fußgängerverkehr. Eine andere Lösung fand man in Leeds, indem hier Wohnstraßen die Häuser umgeben, die dann nach dem Vorbild von Coventry in der City zu Galerien bzw. Decks führen, während PKWs im Straßenniveau verkehren. Ähnlich steht es in Glasgow oder London (Leister, 1970, S. 148 ff.). Sind die für Fußgänger vorbehaltenen Straßen sehr lang, dann fand man zu besonderen Mitteln wie der Anlage von Transportbändern u. a. (Daniels und Warnes, 1980, S. 329 ff.), voraussichtlich aber erst in den siebziger Jahren.

Als man sich in den *Vereinigten Staaten* nach dem Zweiten Weltkrieg bewußt wurde, daß der CBD seine Vorrangstellung durch die Suburbanisierung des Großhandels mit seinen Bürohäusern und durch die Ausbildung verschiedener Arten von shopping centers seine Bedeutung immer mehr einbüßte, ging man in verschiedenen Städten zu Gegenmaßnahmen über. Sie bestanden vornehmlich in der hier als mall bezeichneten Schaffung von Fußgängerzonen und begrünten Plätzen, die u. U. bis zu 20 v. H. der Fläche des CBDs ausmachen konnten (z. B. Albuquerque). Der zuvor schon erwähnte Zusammenschluß von Klein- zu Großblöcken ließ mancherlei Möglichkeiten dafür offen. In Oklahoma City vereinte man sechs kleine zu einem Großblock, innerhalb dessen ein senkrecht zueinander gelegenes Straßenkreuz zur mall erklärt und überdacht wurde. Für Philadelphia sah man für Langzeitparker Großgaragen am Rande des CBDs vor und setzte kleine Elektrokarren ein, um für die nun zu Fußgängern gewordenen Personen den Weg bis zum Zentrum nicht allzu lang werden zu lassen. Für die Benutzer der Untergrundbahn schuf man für denselben Zweck unterirdische Transportbänder (Hofmeister, 1971, S. 142 ff.). Die Verhältnisse von Montreal, die an japanische Verdichtungsräume erinnern, wurden bereits in Kap. VII. D. 2. b.) dargelegt. Nicht allein innerhalb des CBD, sondern auch in den regionalen shopping centers, besonders denjenigen, die nach dem Jahre 1960 enwickelt wurden, existieren malls und besonders ausgestaltete Plätze, die der Erholungsfunktion dienen (Yeates und Garner, 1980, S. 333) und gleichzeitig soziale Kontakte fördern. Ob es aus diesem Grunde gelingt, dem CBD sein früheres Übergewicht wieder zu geben, erscheint fraglich.

Die ersten Fußgängerzonen in *Deutschland* entstanden bereits in der Zwischenkriegszeit (Essen um 1926, Köln 1930, Bremen um 1931), wobei Monheim (1980, S. 69) die Verkehrsentlastung als wesentliche Ursache ansah, wenngleich der PKW-Verkehr damals noch eine untergeordnete Rolle spielte. Bis zum Jahre 1950 erhöhte sich die Zahl der Fußgängerbereiche auf 8, bis zum Jahre 1960 in der Bundesrepublik auf 35, und im Jahre 1977 konnte ihre Zahl auf 350-400 geschätzt werden. Nicht allein in großen Städten, sondern auch in Mittel- und kleineren Städten ging man dazu über, wenngleich ihre Ausdehnung mit wachsender Bevölkerung zunimmt. Monheim unterschied (1980, S. 270) zwei Typen von Fußgängerbezirken; bei den älteren vor dem Jahre 1970 zur Ausbildung Gekommenen handelte „es sich um eng begrenzte Fußgängerbereiche als integrierende Bestandteile eines autogerechten Stadtumbaus, zu dem gleichzeitig neue Cityringe, Lieferstraßen und Parkbauten gehören. Planungsvorbilder sind die shopping centers auf der grünen Wiese" (Kap. VII. D. 2. b.), wobei eine solche Konzeption in Duisburg, Essen, Kassel, Offenbach und Stuttgart Verwirklichung fand. Als zweiten Typ schied er die multifunktionalen Fußgängerzonen aus, „die neben dem Einkaufen Erfordernisse der Freizeit- und Wohnfunktion, der historischen Stadtgestalt und des Umweltschutzes einbeziehen. Sie beschränken sich nicht auf ‚lohnende' Haupteinkaufsstraßen, sondern umfassen vielfältige Teilbereiche der Innenstadt und erreichen dadurch eine beträchtliche Ausdehnung". In dieser Beziehung wurden Bonn, Freiburg i. Br., Göttingen, Nürnberg und Osnabrück, z. T. noch Aachen und München herausgestellt. Man sollte dabei noch einen Gesichtspunkt berücksichtigen, indem es innerstädtische Fußgängerbezirke gibt, die im Straßenniveau keine öffentlichen Verkehrsmittel besitzen, in der Regel dann, wenn man zu Erweiterungen oder Neuanlagen von Untergrund- bzw. Unterpflasterbahnen ging, deren Haltestellen die Funktion übernehmen, die Bevölkerung an den Rand der Fußgängerzonen zu bringen. Fehlen solche Verkehrsmittel, dann bleibt nichts anderes übrig, als Omnibusse und/oder elektrische Straßenbahnen zuzulassen, abgesehen davon, daß Taxen in mancher Fußgängerstraße verkehren dürfen und Standplätze für Taxen am Rande ausgespart wurden, was notwendig ist, um einerseits das Hotel- und Gaststättengewerbe nicht zu beeinträchtigen und um andererseits den Geschäftskunden, die ihre Besorgungen konzentriert tätigen, keine allzu großen Beschwerden zu bereiten, um die Waren nach Hause zu bringen.

Insgesamt gelangte Monheim (1980, S. 272/73) zu der Auffassung, daß die Einrichtung von Zonen ohne Autoverkehr eine Steigerung der Fußgänger mit sich bringt, die das vielfältige Angebot der Innenstadt nutzen wollen, wobei die Freizeitbeschäftigung, insbesondere der Stadtbummel, die den shopping centers fehlt, eines der wichtigsten Gründe dafür ist. Daraus leitet sich ab, auf ein vielfältiges Angebot in dieser Richtung zu achten. Allerdings wird man hinzufügen müssen, daß bei Passantenbefragungen u. a. m. nur bestimmte Gruppen erfaßt werden und es andere gibt, die ihre Freizeit auf andere Art und Weise verbringen. Weiterhin ist darauf zu verweisen, daß eine Übertragung auf die großen Städte der Vereinigten Staaten und von Japan, u. U. auch andern Industrieländern nicht zulässig ist.

Um die Verkehrsbelastung übersehen zu können und Stockungen nach Möglichkeit zu vermeiden, wenngleich eine optimale Lösung in den Verdichtungsräumen kaum erzielt werden kann, soll an einem einzigen Beispiel auf Grund der Ergebnisse des Chicago Transportation Surveys vom Jahre 1977, der Ergebnisse vom Jahre 1960 und vom Jahre 1970 enthält, nach den Angaben von Yeates und Garner (1980, S. 376 ff.) auf die Probleme aufmerksam gemacht werden. Wie weit die gewonnenen Ergebnisse auf andere Verdichtungsräume des Landes transferierbar sind, stellt eine offene Frage dar, nachdem Erhebungen in Großbritannien (Daniels und Warnes, 1980, S. 54 ff.) ergaben, daß sich beträchtliche Unterschiede zwischen den Städten einstellten, teils auf der Art der Zählungen beruhend (mit oder ohne Fußgänger), teils mit der Größe und schließlich, ohne daß es erwähnt wurde, mit der funktionalen Basis der jeweiligen Städte bzw. Conurbationen zusammenhängend. Dabei ist wichtig, welche Bevölkerungsgruppen nach Alter, Geschlecht und sozialem Rang der Überwindung von Wegen bedürfen, welche Verkehrsmittel sie benutzen und wie oft das täglich, wöchentlich usf. getan wird, um die Spitzenbelastungen an verschiedenen Stellen übersehen zu können. Schließlich kommt es auf die damit verbundenen Zweckbestimmungen an. In dieser Beziehung unterschieden Yeates und Garner (1980, S. 379) diejenigen Wege, die direkt von der Wohnung zu einer bestimmten Aktivität und zurück führten (home-based activities) und solchen, bei denen zwei oder mehr Aktivitäten zur Koppelung kamen (z. B. Arbeit und Einkauf). Dabei stellte sich für Chicago heraus, daß etwa 83 der „trips" als home-based bestimmt werden konnten; davon waren etwa 30 v. H. mit der Arbeitsstätte verknüpft, fast 20 v. H. mit dem Einkauf, und fast derselbe Hundertsatz für soziale und Unterhaltungszwecke, rd. 10 v. H. für persönliche Belange und 9 v. H. für den Weg zur Schule oder andern Ausbildungsmöglichkeiten. Die angegebenen Werte mußten übernommen werden, wenngleich die Summierung der Einzeldaten nicht 83 v. H. ergibt. Zumindest aber läßt sich das relative Verhältnis der einzelnen Aktivitäten ausmachen, und ebenso erscheint es berechtigt, sich auf die „home-based" Zwecke zu beschränken. Der PKW als Verkehrsmittel wurde für mehr als 85 v. H. der Personentrips in Anspruch genommen, sei es, daß man Fahrgemeinschaften bildete oder sei es, daß ein Zweitwagen existierte, und für 9 v. H. kamen öffentliche Verkehrsmittel in Frage. Dabei ergaben sich an normalen Wochentagen zwei Hauptverkehrsspitzen; die erste lag zwischen 7 h-9 h, wenn Arbeit und Schule begannen, die innerhalb der genannten zwei Stunden 80 v. H. der gesamten Verkehrsbelastung bestritten, die zweite zwischen 16 h-18 h, wenn die Rückkehr von der Arbeit, der Schule und Einkäufen erfolgte mit 67 v. H. aller durchgeführten „trips". Sonstige Einkäufe und persönliche Belange verteilten sich gleichmäßiger über den Tag, hingen mit den jeweiligen Öffnungszeiten zusammen und fanden entweder vormittags nach der ersten Verkehrsspitze oder nachmittags vor der zweiten statt. Für den Abend blieben dann soziale und Unterhaltungsbelange reserviert.

Auf die Schwierigkeiten, die die Ghettobewohner der Übergangszone betrafen, wiesen Yeates und Garner (1980, S. 394 ff.) besonders hin. Farbige und arme Weiße, die jährlich weniger als 10 000 Dollar verdienten und nur als un- bzw. angelernte Arbeiter Verwendung finden konnten, wurden durch die Suburbanisierung entsprechender Industriewerke in dem Jahrzehnt von 1960 bis 1970 besonders betroffen, weil ihnen einerseits die Informationen über Stellen, die nur in den Zeitungen der Außenbezirke erscheinen, nicht zugänglich waren und die andererseits über keinen PKW verfügten. Sie waren auf öffentliche Verkehrsmittel angewiesen, Umsteigen von einem auf ein anderes ohne Aufeinanderabstimmung der

Fahrpläne war häufig gegeben, was zur Folge hatte, daß nur 20 v. H. der Neger in den Außenbezirken Beschäftigung hatten und bei einem Pendelweg fast 50 km zu überwinden waren, Hin- und Rückweg demnach beinahe 100 km ausmachten; für die Weißen hingegen, die in den Vororten wohnen, betrug der tägliche Pendelweg zu ihrer Arbeitsstätte im CBD, sofern sie komfortable mit Klimaanlage versehene Züge benutzten, nur bei etwas mehr als der Hälfte. Als Ideallösung wird es angesehen, die Vororte durch ein entsprechendes Wohnungsangebot auch für arme Weiße und Neger zu öffnen. In den Vereinigten Staaten nahm der Anteil der in Vororten lebenden Neger in dem Jahrzehnt von 1960-1970 nur von 4,78 auf 4,82 v. H. zu, und in Chicago schätzte man im Jahre 1968, daß 22 000-25 000 Arbeitsplätze nicht besetzt werden konnten aus Mangel an geeigneten Wohnungen für diese Gruppe. Trotzdem wird bezweifelt, ob eine solche Lösung bei den vorhandenen Widerständen zum Erfolg führen kann.

Kommt man zu den *Entwicklungsländern* dann muß man sich darüber klar sein, daß der innerstädtische und Vorortverkehr in der Regel weniger erfaßt wird als in den Industrieländern. Abgesehen davon läßt es sich nicht vermeiden, eine noch größere Beschränkung auf bestimmte Städte vorzunehmen, für die es einige Unterlagen gibt ebensowenig wie es möglich ist, diejenigen auszuwählen, die hinsichtlich ihrer inneren Differenzierung eingehender behandelt wurden und den zeitlichen Ansatz für die Aufnahme neuer Verkehrsmittel zu bestimmen. Das beste Material liegt für Süd- und Südostasien vor; schwieriger gestaltet es sich in Afrika und für Lateinamerika.

Daß die Überlastung der Straßen eine wesentlich größere Rolle spielt als in den Industrieländern, dürfte verständlich erscheinen, weil Ziel- und Durchgangsverkehr selten voneinander getrennt wurden, selbst wenn gelegentlich Pläne existieren, dieses Ziel durch die Anlage von Umgehungsstraßen zu erreichen, aber bei dem schnellen Wachstum der Städte und den geringen finanziellen Mitteln kam es häufig dazu, daß vorgesehene Verbesserungen nicht zur Ausführung kamen.

Beginnen wir mit *Süd-* und *Südostasien*, dann vermag die Darstellung von Nissel (1977, S. 86) für Bombay Einblick in die Probleme zu vermitteln: „Da fahren in schmalen Straßen der Bazarzone Doppeldeckerbusse mitten im Fußgängerstrom, neben Luxuslimousinen die alten schmutzigen Fiaker, die ‚Tongas' (zweirädrige Pferdekarren), Motorrikshas, Fahrräder neben Lastwagen und Lastenträger, die noch die Handkarren der fliegenden Händler überholen; mitten im Central Business District lähmen Kolonnen von Ochsengespannen, die kleine Benzintanks ziehen, den gesamten übrigen Verkehr (diese bunte Vielfalt entspricht der räumlichen Mischung der Aktivitäten)". Ein solches Durcheinander sich gegenseitig behindernder Beförderungsmittel einschließlich der Fußgänger, für die meist keine besonderen Gehsteige existieren, läßt sich für zahlreiche große Städte in Indien feststellen, etwa für Kanpur (1971: 1,3 Mill. E.; Chandrasekhara, 1978, S. 292) oder für Ahmedabad (1971: 1,7 Mill. E.; Jain, 1978, S. 235), obgleich hier nur die Angaben der registrierten Gefährte vorliegen und nicht die Zahl der beförderten Personen. Die genaueren Daten für Delhi (1,4 Mill. E.[1]; Breese, 1963, S. 257) und für Bombay (6,0 Mill. E.; Nissel, 1977, S. 81 ff.) sind später zu erörtern.

---
[1] Es wurden jeweils die Bevölkerungszahlen angegeben, die zur Zeit der Untersuchung maßgebend waren.

Fußgänger, für die meist keine Zählungen vorhanden sind, machen einen erheblichen Teil des *Individualverkehrs* aus. In Bombay kamen 59 v. H. der am Verkehr Beteiligten zu Fuß zur Arbeit oder zur Schule, wobei der Anteil bei niedrigem Sozialstatus höher, bei gehobenen Schichten geringer war (Nissel, 1977, S. 94), und in Bandung (Indonesien: 1,8 Mill. E.) befand sich der entsprechende Anteil bei 50 v. H. aller „trips", in Manila allerdings nur bei 10 v. H., was voraussichtlich auf die besondere Art des öffentlichen Verkehrs zurückzuführen war (Pendicur, 1984, S. 27 und 33).

U. U. läßt sich der Transport durch Tiere hier einbeziehen, was z. B. in Kabul (60 000 E.) bis nach dem Ersten Weltkrieg der Fall war, als Esel, Pferde und Kamele den Personen- und Warenverkehr besorgten (Hahn, 1964, S. 68 ff.). Ähnliches galt für Kairo (um 1900: 0,5 Mill. E.), wo man in den engen Gassen der Altstadt entweder zu Fuß oder mit Hilfe von Eseln auskommen mußte (Abu Lughod, 1971, S. 158 ff.). Für viele Städte des *Orients* dürfte das früher verbindlich gewesen sein.

Ähnliche Feststellungen wurden für *afrikanische Städte* getroffen. Lediglich für Abidjan (0,5 Mill. E.) liegen Schätzungen von dem Ausmaß des Fußgängerverkehrs vor, indem ihr Anteil auf 54 v. H. geschätzt wurde (Demur, 1972, S. 501). Insbesondere dort, wo die Besiedlung im Umkreis der Städte relativ dicht war, wurde zumindest auf den hohen Anteil der Fußgänger verwiesen, etwa für Nairobi, Kampala, Kano usf. O'Connor (1983, S. 274 ff.) führte das darauf zurück, daß die Frauen weiterhin die Landwirtschaft betreiben, und die Männer oft mehrere Meilen zu überwinden haben, um einem städtischen Beruf nachzugehen. Er wertete das als Vorzug, weil der städtische Wohnungsmarkt dadurch eine Entlastung erfährt und die Familien intakt bleiben.

Für *lateinamerikanische Städte* existieren in dieser Beziehung keine Unterlagen, aber von Ausnahmen abgesehen, hat es den Anschein, als ob in den großen Städten Fußgängern nicht die Bedeutung zukommt wie in einem Teil der afrikanischen, der süd- und südostasiatischen Städte.

Zum Individualverkehr gehören ebenfalls die *Radfahrer*. Vorlaufer (1967, S. 177) erwähnte für Kampala (32 000 E.), daß Fahrräder „schon" kurz nach der Jahrhundertwende eingeführt wurden, was bedeutet, daß zumindest für *afrikanische Verhältnisse* das als früher Zeitpunkt anzusehen ist. Wie weit das in andern tropischen afrikanischen Städten in Aufnahme kam, läßt sich nicht übersehen. Zumindest spielen sie in Abidjan (0,5 Mill. E.) eine sehr geringe Rolle und sonst kann es sein, daß sie von andern Verkehrsmitteln verdrängt wurden.

Wieder sind es *Süd-* und *Südostasien*, in dessen großen Städten Radfahrer häufig anzutreffen sind. Für das Jahr 1957 gab Breese (1963, S. 255) für Delhi (1,4 Mill. E.) an, daß – abgesehen von Fußgängern – 36 v. H. der Verkehrsteilnehmer sich des Fahrrads bedienen. Für andere große Städte wurde dieses Verkehrsmittel zwar erwähnt, ohne daß Angaben über die Zahl von deren Benutzern existieren. In Bandung (1,3 Mill. E.) machten Radfahrer 11 v. H. des Verkehrsaufkommens aus, derart, daß seit dem Ende der siebziger Jahre ein Anstieg um 36 v. H. zu verzeichnen war; Surabaya (2,3 Mill. E.) hatte 200 000 Fahrräder im Jahre 1977, weil der öffentliche Verkehr Lücken aufwies, und genau umgekehrt verhielt es sich in Manila. Ob in *lateinamerikanischen Städten* das Fahrrad jemals Eingang fand, läßt sich nicht klären. Falls dem so war, dann erhielten andere Verkehrsmittel die Oberhand.

Der Individualverkehr erhielt eine weitere Note durch die Aufnahme von *PKWs* bzw. *Motorrädern* und -rollern. Letztere werden allerdings für *lateinamerikanische Städte* nicht erwähnt, so daß im Rahmen des Personenverkehrs wohl vornehmlich PKWs in Frage kommen. Wilhelmy (1955 und 1980, S. 60) betonte, daß man in den lateinamerikanischen großen Städten früher als in Europa dieses Verkehrsmittel nutzte. Als Beweis dafür kann man Buenos Aires anführen, indem man hier bereits im Jahre 1905 zur Einfuhr aus den Vereinigten Staaten schritt. Im Jahre 1930 (54 000 E.) existierten hier bereits 50 000 PKWs, was 25 solcher Fahrzeuge pro 1000 Einwohner bedeutete (Kühn, 1941, S. 218). Die weitere Entwicklung muß sehr schnell verlaufen sein, indem man erhebliche Straßendurchbrüche verwirklichte, um genügend Platz für den entsprechenden Verkehr zu haben und bereits im Jahre 1941 eine autobahnähnliche Umgehungsstraße anlegte (Czajka, 1959, S. 182 ff.). Im Jahre 1965 (3,0 Mill. E.) war die Zahl der PKWs auf 500 000 gestiegen, so daß auf 1000 Einwohner 50 Fahrzeuge entfielen (George, 1968, S. 257). In den andern Hauptstädten der lateinamerikanischen Länder ist die Entwicklung nicht so gut zu übersehen. In den späten 60er Jahren kamen in Lima (1,7 Mill. E.) 11 v. H. der beförderten Personen mit dem eigenen Wagen (Dietz, 1978, S. 212 ff.), und in Mexico City (11,7 Mill. E.) waren etwa zu derselben Zeit 1,2 Mill. PKWs vorhanden, – 102 Wagen auf 1000 Einwohner. 20 v. H. der Bevölkerung bestritten hier auf diese Weise den Individualverkehr (Garza und Schteingart, 1978, S. 75). Ein solcher Wert erscheint allerdings zu hoch und ist sonst in keiner Hauptstadt der Entwicklungsländer, auch nicht in den Stadtstaaten Singapore oder Hongkong anzutreffen. Es kann nur die Vermutung geäußert werden, daß im Fall von Mexico City die Taxen hinzugerechnet wurden, die aber nicht mehr direkt zum Individualverkehr gehören.

Für heutige *afrikanische Städte* sind die Angaben recht spärlich. Selbst in dem kleinen Ife Ife (111 000), dem kulturellen Zentrum der Yoruba, kamen PKWs bereits im Jahre 1909 auf, auch wenn über deren Zahl nichts bekannt ist. Abidjan, gegenwärtig eines der reichsten Städte in Westafrika, hatte 70 v. H. der in der Elfenbeinküste verkehrenden PKWs, als im gesamten Land 40-100 solcher Fahrzeuge auf 1000 Personen entfielen. Daß dabei eine Beschränkung auf die europäische und afrikanische Elite stattfand, dürfte man als Selbstverständlichkeit betrachten, denn für diese Gruppe standen 250-375 Wagen pro 1000 Einwohner zur Verfügung, was dem Bestand in den meisten Industrieländern in etwa gleichkam (Reichman, 1972, S. 977 ff.), abgesehen davon, daß die Zahl der PKWs in stärkerem Maße anwuchs als die der Bevölkerung. Ähnliche Verhältnisse dürften für Lagos bestimmend sein. In Nairobi kamen die ersten eingeführten Wagen im Jahre 1917 zum Einsatz, und bis zum Ende der zwanziger Jahre war ihre Zahl derart angestiegen, daß das Abstellen der PKWs Schwierigkeiten bereitete, teils wegen der schlechten Straßenverhältnisse und teils wegen der Behinderung durch andere Fahrzeuge. Nicht offiziell, wohl aber notgedrungen, mußten die Autofahrer das Tempo beschränken. Mit 66 000 PKWs im Jahre 1974 und mit 110 000 im Jahre 1975 erreichte man innerhalb dieser kurzen Frist fast eine Verdoppelung des Bestandes (Hake, 1977, S. 25 ff.), was bedeutet, daß auf 1000 Einwohner 10 bzw.

13 PKWs kamen. Ähnliche Werte erhielt man in den sechziger Jahren in Kampala (Vorlaufer, 1967, S. 177 ff.), wo damals noch Inder und Europäer als Besitzer fungierten. Bei genügender Breite der Straßen ließ man hier in der Mitte einen Streifen frei, um Parkplatz zu gewinnen.

Kairo, dessen Berührung mit der westlichen Welt intensiver war, als bei den bisher erwähnten afrikanischen Städten, tauchten die ersten eingeführten Automobile bereits im Jahre 1903 auf, als in der damaligen Stadt nur 9 v. H. der Straßen befestigt und gleichzeitig so breit waren, daß zwei Wagen aneinander vorbeifahren konnten. Im Jahre 1930 existierten 7000-8000 PKWs, im Jahre 1960 fast 33 000 zusätzlich 14 000 Motorrädern. Zieht man lediglich die ersteren in Betracht, dann entfielen zu dem genannten Zeitpunkten 8 bzw. 10 Wagen pro 1000 Einwohner. Allerdings sperrte man inzwischen die Altstadt für den motorisierten Verkehr (Abu Lughod, 1971, S. 158 ff.).

Eine Sonderstellung nimmt ein Teil der Erdölländer ein. Das gilt bereits für Caracas, wo sich zwar für die Stadt selbst keine Unterlagen finden ließen, aber in Venezuela für das Jahr 1983 105 Wagen pro 1000 Personen existierten (Statistisches Jahrbuch der Bundesrepublik Deutschland, 1983, S. 682) und die Hauptstädte in den Entwicklungsländern überdurchschnittlich beteiligt waren, abgesehen von dem guten Straßennetz, das durch die Erdöl-Einnahmen ausgebaut werden konnte. Insbesondere aber sei auf Er Riad (Kap. VII. D. 2. b; Kuwait), dessen dreispurige Autobahnen in jeder Richtung zwar vornehmlich dem Fernverkehr dienen, aber auch der innerstädtische Verkehr profitiert davon, so daß bei Steuerfreiheit und billigem Treibstoff im Jahre 1983 298 Wagen auf 1000 Einwohner entfielen; damit wurden Werte der Industrieländer erreicht, zumal bei dem Aufbau der Stadt von vornherein genügend Parkplätze vorgesehen wurden und demgemäß der Fußgängerverkehr – anders als in sonstigen Entwicklungsländern – eine völlig untergeordnete Rolle spielt (Kochwasser, 1975, S. 239 und Statistisches Jahrbuch der Bundesrepublik Deutschland, 1983, S. 682). Das heißt zugleich, daß öffentliche Verkehrsmittel hinsichtlich des Personenverkehrs kaum von Belang waren und sind.

In *Süd-* und *Südostasien* läßt sich an einem Beispiel ausmachen, daß die Größe der Städte auch in das Verhältnis von Individual- zu öffentlichem Verkehr eingeht. Unter Abzug der Fußgänger wurden im Jahre 1977 in Chiang Mai (rd. 110 000 E.) lediglich 7 v. H. der „trips" vom Individualverkehr übernommen (5 PKWs und 35 Motorräder pro 1000 Einwohner; Pendacur, 1984, S. 35), letztlich auf Grund der Reduktion der gehobenen Schichten im Vergleich zu den großen Städten.

In *Indien* liegen lediglich die etwas veralteten Daten von Delhi vor (Breese, 1963, S. 257); danach stieg die Zahl der PKWs von 6400 im Jahre 1947 auf 10 000 im Jahre 1957, die der Motorräder und -roller in derselben Zeitspanne von 1800 auf 7500. Berücksichtigt man lediglich die PKWs, dann gelangt man für die damalige Zeit zu den äußerst geringen Bestand von 5 bzw. 8 PKWs pro 1000 Personen, wobei zudem noch die Einschränkung zu machen ist, daß es die Straßenverhältnisse lediglich in Neu-Delhi gestatteten, ein Automobil zu benutzen.

Für *südostasiatische große Städte* gab Pendakur (1984, S. 28) die notwendigen

Tab. VII.G.22 Auto- und Motorradbestand in südostasiatischen Weltstädten

Ort	Bevölkerungszahl mit Jahr	PKWs und Motorräder pro 1 000 Einwohner	Beförderte Personen im motorisierten Individualverkehr v. H.
Bandung Indonesien	1,3 Mill. 1976	100 davon PKWs 35	48 davon PKWs 14 Motorräder 23
Djakarta Indonesien	6,0 Mill. 1977	72 davon PKWs 25	35
Surabaya Indonesien	2,3 Mill. 1976	62 davon PKWs 11	64 davon PKWs 16 Motorräder 48
Kuala Lumpur West-Malaysia	1,0 Mill. 1978	150 davon PKWs 90 Motorräder 14	53 davon PKWs 39 Motorräder 14
Manila Philippinen	5,0 Mill. 1980	52 davon PKWs 45	25 davon PKWs 25 Motorräder kaum von Bedeutung
Bangkok	5,3 Mill. 1981	116 davon PKWs 62	28 davon PKWs 22 Motorräder 6

In Spalte 2 und 3 stimmen mitunter die Einzelangaben nicht mit der Summe überein; für Bandung liegt die Erklärung darin, daß Fahrräder einbezogen wurden.

Nach Pendakur, 1984, S. 28.

Zusammenstellungen, die allerdings Daten umfassen, die etwa zwanzig Jahre später als in Delhi maßgebend waren.

Die Unterschiede zwischen den hier angeführten Städten waren recht erheblich, was meist auf die wirtschaftlichen Gegebenheiten der jeweiligen Länder zurückgeführt werden kann. Die großen Städte in Indonesien lagen meist an der untersten Stelle, Bangkok und Manila nahmen eine Zwischenstellung ein, und Kuala Lumpur befand sich an der Spitze, was angesichts seiner modernen Entwicklung verständlich wird (Kap. VII. D. 4. f).

Schließlich sei noch auf die Stadtstaaten *Hongkong* und *Singapore* hingewiesen, wobei in Hongkong 45 PKWs und in Singapore 68 PKWs, im ersteren Fall im Jahre 1981, im zweiten im Jahre 1983, entfielen (Statistisches Jahrbuch der Bundesrepublik Deutschland, 1983, S. 682 und Singapore, Ministry of Culture, Information Division, 1980), demgemäß weniger als in Kuala Lumpur und in etwa die Werte einhaltend, die der Zwischengruppe der Hauptstädte der ASEAN-Staaten zukamen. Beide Städte besitzen ein gut ausgebautes Straßennetz, das allerdings kaum noch erweiterungsfähig ist. Gleichzeitig ergriff man sowohl in Hongkong als auch in Singapore Maßnahmen zur Eindämmung des Autobesitzes, die in Singapore noch drastischer als in Hongkong waren, so daß eine Beschränkung auf erstere Weltstadt sinnvoll erscheint.

Zwischen den Jahren 1969 und 1980 betrug die Zunahme der PKWs in Singapore 4 PKWs auf 1000 Bewohner, wobei sich seit dem Jahre 1975 ein absoluter Rückgang abzeichnete. Einerseits führte man für die Benutzung der Straßen Gebühren ein, die seitdem fast jährlich erhöht wurden. Andererseits wurden seit demselben Jahr Parkgebühren erhoben. Weiter schuf man eine reservierte Zone, die den Central Business District einschloß; hier benötigten die Besitzer von PKWs, sofern sie weniger als vier Personen beförderten, eine besondere Lizenz, wobei die Gebühren dafür ebenfalls eine Steigerung erfuhren, allerdings auf die „rush hours" von 7.30 h-10,15 h beschränkt. Schließlich gab man weniger Lizenzen aus und stoppte die Einfuhr. Diese Strategie bewirkte, daß die Zahl der Wagen in der Reservezone während der genannten Stunden um 73 v. H. sank, die Zahl derjenigen, die mit vier Personen fuhren, von 10 v. H. auf 44 v. H. anstieg, und diejenigen, die vor 7.30 h ihr Ziel erreichten, um 23 v. H. zunahm. Das Umfahren der Reservezone brachte dieser eine Entlastung um 22 v. H. Zahlreiche Autofahrer wandelten ihre Gewohnheiten, indem sie bis zu den Haltestellen öffentlicher Verkehrsmittel den eigenen Wagen benutzten, hier dann Parkmöglichkeiten geschaffen wurden (Park-and-ride-System), um dann in öffentliche Verkehrsmittel umzusteigen. Alle verwirklichten Maßnahmen haben hier offenbar positive Ergebnisse gezeitigt, selbst wenn der Zeitaufwand größer geworden ist (Chah, 1983, S. 213 ff.).

Hinsichtlich des *öffentlichen Verkehrs*, der unter Weglassen der Fußgänger meist überwiegt, allerdings die Werte in den russischen und japanischen Verdichtungsräumen nicht unbedingt erreicht, sind zunächst die heimischen Gefährte zu nennen, die vornehmlich für *Süd-* und *Südostasien* charakteristisch waren und mitunter noch sind. Dabei handelte es sich ursprünglich um zweirädrige Wagen, die zwei Personen befördern konnten und von Männern gezogen wurden. Man kann sie allgemein als Rikschas bezeichnen, die meist eine Weiterentwicklung durchmachten. Eine solche war dann gegeben, wenn man Tiere zum Ziehen einsetzte. Die bereits erwähnten Tongas in Bombay gehörten dazu. In Delhi beförderten sie 12,6 v. H. der Verkehrsteilnehmer (Breese, 1957, S. 255). Solche zweirädrigen Wagen, von Pferden gezogen, wurden seit den zwanziger Jahren nach Kabul exportiert, und als Viersitzer vermochten sie mindestens bis in die sechziger Jahre hier wohl das wichtigste Personenverkehrsmittel zu bilden, wenngleich sie seit dem Jahre 1958 in der Innenstadt verboten wurden (Hahn, 1964, S. 68). In *Afrika* beschaffte man sich in Lagos Pferde aus dem Norden des Landes, Wagen, die zwei bis vier Passagiere aufnehmen konnten, importierte man aus Großbritannien kurz vor der letzten Jahrhundertwende, aber lange scheinen sie sich nicht gehalten zu haben (Sada und Adefolalu, 1975, S. 96). Zudem vermittelten einfache Boote die Verbindung zwischen den Inseln und dem Festland. Ob die von Waterbury (1973, S. 7) genannten 60 000-80 000 Gefährte, von Eseln, Mauleseln und Pferden gezogen, in etwa den Tongas entsprechen, läßt sich nicht ausmachen. Bei Abu Lughod (1971) fanden sie keine Erwähnung. In Nairobi führte man vor dem Ersten Weltkrieg zu verschiedenen Zwecken Pferde, Maulesel, Kamele und sogar Zebras ein, außerdem etwa 200 Rikschas, was wohl im Zusammenhang mit dem Zuzug von Indern gebracht werden kann. Die letzten von ihnen waren bis zum Ende des Zweiten Weltkriegs in Gebrauch (Hake, 1977, S. 25 ff.). Allerdings erwähnte Vorläufer

(1967) für Kampala solche Gefährte nicht, was u. U. auf eine Überlieferungslücke bzw. eine frühere Aufgabe dieses Transportmittels zurückgeführt werden kann.

In *Lateinamerika* brachten Spanier und Portugiesen Wagen und Zugtiere mit, die bis zum Einsetzen moderner Verkehrsmittel durchaus genügten. Im Jahre 1909 verschwand in Buenos Aires der letzte Pferdeantrieb, wenngleich Pferdedroschken zumindest noch bis zum Jahre 1959 existierten (Czajka, 1959, S. 183 ff.).

Eine weitere Möglichkeit zur Vervollkommnung der Rikschas bestand darin, sie durch Radfahrer in Betrieb zu setzen, u. U. dabei dreirädrige Wagen zu verwenden. Für jedes dieser Gefährte sind in den einzelnen Ländern unterschiedliche Bezeichnungen in Gebrauch, die von Pendicur (1984, S. 22 ff.) zusammengestellt wurden, ohne daß es hier notwendig ist, darauf einzugehen. Zwei- und dreirädrige Rikschas, von Radfahrern gezogen, beförderten im Jahre 1957 3,8 v. H. der Verkehrsteilnehmer in Delhi bei steigender Tendenz in dem Jahrzehnt von 1947-1957 (Breese, 1963, S. 255 und S. 257), wobei es fraglich ist, ob sich letzteres fortgesetzt hat. In den Städten Südostasiens ist ihr Anteil an der Personenbeförderung recht unterschiedlich und meist abhängig von dem Ausmaß modernerer öffentlicher Verkehrsmittel. In Bandung kamen sie für 25 v. H. des Personenverkehrs auf, in Surabaya für 16 v. H., in Manila für 9 v. H. und in Bangkok für 2 v. H. (Pendacur, 1984, S. 28). Für Motorradfahrer in Betrieb gesetzte Rikschas liegen lediglich Angaben für Delhi vor, die 7,8 v. H. der beförderten Personen übernahmen (Breese, 1963, S. 255). Daß Rikschas, welcher Art auch immer, in Lateinamerika keinen Eingang fanden, braucht nicht näher erläutert zu werden.

Unterscheidet man im Geschäftsleben der Entwicklungsländer zwischen dem formalen und informalen Sektor, so läßt sich das auf den Verkehr übertragen. Pendacur (1984, S. 16 ff.) gebraucht zwar den Ausdruck „secondary transport", der aber schwer übersetzbar ist und den man durch „informal" ersetzen kann. Die Rikschafahrer sind in der Regel Kleinunternehmer mit einem oder wenigen Fahrzeugen. Sie können bestimmte Routen einhalten, brauchen das aber nicht. Sie halten meist dort, wo es verlangt wird; der Fahrpreis, der nicht festliegt, wird niedrig gehalten.

Nachdem der PKW in den großen Städten der Entwicklungsländer Eingang gefunden hatte, war es nicht mehr schwierig, einen Teil des öffentlichen Verkehrs durch *Taxen* versehen zu lassen. Hierzu lassen sich auch die Sammeltaxen rechnen, die fünf Personen befördern können, allerdings nicht all die Fahrzeuge, die als Kleinbusse eingestuft werden und bis zu zwanzig Menschen aufzunehmen vermögen, obgleich eine solche Unterscheidung nicht immer genau getroffen wird.

Geht man in diesem Falle von den *orientalischen Städten* aus, dann setzte man Taxen in Kairo vor dem Jahre 1940 für den öffentlichen Verkehr ein, und im Jahre 1960 übertraf ihre Zahl die der PKWs (Abu Lughod, 1971, S. 158 ff.). Für den öffentlichen Verkehr bestimmte Taxen übertrafen im Personenverkehr von Beirut in den sechziger Jahren den der Omnibusse, wobei deren Linien festgelegt waren (Ruppert, 1969, S. 439 ff.). In Teheran lag der Anteil dieses Verkehrsmittels einschließlich von Groß-Taxen (fünf Personen) im Bereiche der City in den siebziger Jahren bei 25 v. H. der Beförderungskapazität (Seger, 1978, S. 113 ff.). Seit den fünfziger Jahren nutzte man Taxen und Sammeltaxen in Kabul (Hahn, 1964, S. 70).

Für *Indien* kann man wiederum lediglich auf Delhi zurückgreifen, wo Taxen im Jahre 1957 4,4 v. H. der Personenbeförderung übernahmen, wesentlich weniger als alle Arten von Rikschas zusammen, weniger auch als die Tongas bzw. PKWs, wobei inzwischen Änderungen eingetreten sein können (Breese, 1963, S. 255).

In *Südostasien* traten sowohl in dem zuvor erwähnten Chiang Mai als auch in den Hauptstädten der Asean-Länder Taxen als öffentliches Verkehrsmittel zurück. Sie beförderten zwischen 1 v. H. (Bandung, Manila und Bangkok) und 15 v. H. (Djakarta) der Personen, teils, weil man an alten Gefährten festhielt, teils, weil der Besitz eines Fahrrades vielen Bewohnern möglich wurde und schließlich, weil sogenannte Minibusse (6-20 Personen) einen erheblichen Teil des öffentlichen Verkehrs übernahmen. Hongkong zeichnete sich dadurch aus, daß hier genügend andere öffenliche Verkehrsmittel zur Verfügung standen, so daß die Bedeutung von Taxen zurückstand. Lediglich Singapore machte eine Ausnahme, wo 22 v. H. der Personenbeförderung auf Taxen entfielen. Hatte man zunächst innerhalb der reservierten Zone Taxen von der Zahlung der Gebühren befreit, so wurde das kurz nach der Einführung solcher Zahlungen wieder rückgängig gemacht (Quah, 1983, S. 214). Allerdings trifft man hier bei den Taxen auf einen Komfort, der in Entwicklungsländern sonst selten zu finden ist, indem sie mit Klimaanlage und Funk ausgestattet wurden und „pirate taxis", d. h. nicht lizensierte Wagen ausgeschaltet wurden (Rimmer, 1984, S. 48), d. h. der informale Sektor zur Auflösung kam, wofür dieser und andere Autoren den Begriff des „paratransit"-Verkehrs einführten.

Wenig weiß man über den Taxenverkehr in den großen *afrikanischen Städten*. Er existiert zweifellos in Abidjan, für das Demur (1972, S. 598 ff.) die Angabe machte, daß etwa 3 Taxen auf 1000 Einwohner entfielen, mehr, als das in den westlichen Industrieländern der Fall ist (z. B. Paris 2 pro 1000 Personen). Taxen verkehren sicher in Lagos, (Sada und Adepolau, 1975, S. 101 ff.), in Nairobi (Hake, 1977, S. 25 ff.), wo nicht lizensierte Taxen von Pendlern benutzt wurden. Aber das Ausmaß im Verhältnis zu andern öffentlichen Verkehrsmitteln ist kaum bekannt.

Nicht viel anders lag es in *Lateinamerika*, wo z. B. in Lima Taxen auf festen Linien verkehren, dort halten, wo die Passagiere es verlangen und sehr niedrige Fahrpreise verlangt wurden. Während des Spitzenverkehrs allerdings waren lange Wartezeiten erforderlich, wohl dadurch etwas ausgeglichen, daß die Flexibilität dieser Fahrzeuge größer ist als die anderer öffentlicher Verkehrsmittel (Dietz, 1978, S. 212 ff.).

Ähnlich steht es mit den *Minibussen*, die etwa 6-20 Personen befördern können. In *Kairo*[1] wurden private Busse erwähnt, die u. U. Minibusse sein können, aber ihre Zahl lag weit unter der der öffentlichen Omnibusse (Abu Lughod, 1971, S. 158 ff.). Beirut besaß zwar in den sechziger Jahren Minibusse, die aber nur von den armen Bevölkerungsschichten genutzt wurden (Ruppert, 1969, S. 439 ff.). Sowohl in Teheran als auch in Kabul steht es nicht eindeutig fest, wie weit Kleinbusse eingesetzt wurden (Seger, 1978, S. 113 ff. und Hahn, 1964, S. 68), und

---

[1] Mitunter wurde, da die Reihenfolge der Gebiete eingehalten wurde, die zuerst genannte Stadt kursiv gesetzt und der Bereich nicht mehr erwähnt.

dasselbe gilt für Delhi (Breese, 1963, S. 255) und Bombay (Nissel, 1977, S. 88 ff.), für das lediglich Omnibusse Erwähnung fanden.

Sofern man den Paratransit-Verkehr mit Minibussen gleichsetzt, wenngleich keine völlige Übereinstimmung besteht, dann läßt sich immerhin ausmachen, daß in südostasiatische Städten mit einer Bevölkerung von unter 1 Mill. Minibusse den größten Teil des öffentlichen Verkehrs tragen. Das traf für Chiang Mai in Thailand zu, wo die Eigentümer der Gefährte darauf halten, daß sie weder von städtischen noch staatlichen Stellen kontrolliert werden (Pendacur, 1984, S. 35 ff.); sie traten hier an die Stelle von Taxen (s. o.).

In Metro Cebu und Davai (Philippinen) beförderte der Paratransit-Verkehr 63 v. H. bzw. 85 v. H. der Personen, wiederum deswegen, weil Taxen teils völlig fehlten oder in ausgesprochen geringem Maße beteiligt waren, was ebenso für Omnibusse der Fall war. Dort, wo letztere einen erheblichen Teil des öffentlichen Verkehrs abwickelten wie in Bangkok oder der Individualverkehr im Vordergrund stand wie in Kuala Lumpur, war der Anteil des Paratransit- am öffentlichen Verkehr gering mit 7 v. H. bzw. 10 v. H. Djakarta mit 23 v. H. nahm eine Mittelstellung ein, und im Rahmen der Millionenstädte hatte Manila eine Spitzenstellung inne mit 50 v. H. (Rimmer, 1984, S. 48). Die Ursache dafür ist darin zu sehen, daß hier die sog. jeepneys als öffentliches Verkehrsmittel eingesetzt wurden, amerikanische Heeres-Jeeps, die man auf Chassis derselben Herkunft montierte (Kolb, 1978, S. 72).

Im Rahmen der restriktiven Maßnahmen in Singapore ging man hier dazu über, die Besitzer von Minibussen zu Kooperativen zusammenzufassen (Singapore, 1980-1982; Rimmer, 1984, S. 48), und in Hongkong entschloß man sich dazu, allmählich für die Minibusse feste Routen einzuführen, die von Omnibussen nicht befahren werden können bzw. die Bevölkerung eine so geringe Dichte besitzt, daß sich der Einsatz von Omnibussen nicht lohnt (Statistisches Bundesamt, Statistik des Auslandes Hongkong 1984; Mai's Weltführer, Nr. 10, 1983).

Unter den *afrikanischen großen Städten* lassen sich die Kollektivtaxen in Abidjan, die bis zu zwanzig Personen aufnehmen können, als Minibusse auffassen. Sie kamen seit dem Jahre 1932 zum Einsatz; seit dem Beginn der fünfziger Jahre führte man festgelegte Preise ein, obgleich noch Ende der sechziger Jahre ein erheblicher Teil der Besitzer keine Lizenz besaß. Zu den Mikrobussen in Lagos müssen auch die „mammy waggons" gezählt werden, kleine Lastwagen, die man mit Holzbänken ausstattete (Sada und Adefolalu, 1975, S. 101 ff.). In Kinshasa existierten bis zur Mitte der fünfziger Jahre keine öffentlichen Verkehrsmittel (United Nations Economic Commission for Africa, 1969, S. 447) und ging dann offenbar gleich zum Omnibusbetrieb über. Für Nairobi existierten in den siebziger Jahren „pirate"-Busse, die von Pendlern genutzt wurden (Hake, 1977, S. 25 ff.). Schließlich waren Minibusse in Kampala nicht unbekannt; sie bedeuteten eine erhebliche Konkurrenz gegenüber den von der Kampala and District Services Ltd., einer europäischen Gesellschaft, die ihren Omnibuspark mit finanziellen Verlusten betrieb. Die Übernahme durch die Uganda Transport Ltd. im Jahre 1948 brachte in dieser Beziehung keine Änderung, so daß die dann gebildete Kampala and District Services Ltd. das Fahrmonopol in einem Umkreis von rd. 25 km vom Zentrum erhielt, womit sich wohl eine Einschränkung in der Zahl der Minibusse ergab (Vorlaufer, 1967, S. 177 ff.).

In den *lateinamerikanischen großen Städten* fehlen zwar Minibusse nicht – für Buenos Aires und für Lima fanden sie ausdrücklich Erwähnung (Czajka, 1959, S. 182 ff.; Dietz, 1978, S. 212 ff.) –, wenngleich andere öffentliche Verkehrsmittel, die noch zu behandeln sein werden, wichtiger sind.

Von einigen Einschränkungen abgesehen, kann man behaupten, daß dort, wo der informale Sektor des öffentlichen motorisierten Verkehrs im Vordergrund steht, der formale zurücktritt und umgekehrt.

In bezug auf die *Omnibusse* können für *Kairo* nur die Zahl der Wagen angegeben werden, was wenig nutzt; immerhin sei erwähnt, daß die Zahl der öffentlichen Busse die der privaten um fast das Dreifache übertraf (1960), daneben noch besondere Schul- und Touristenbusse vorhanden waren (Abu Lughod, 1971, S. 158 ff.). In Beirut existierten in den sechziger Jahren 6 städtische Buslinien, deren Bedeutung aber gegenüber den Taxen zurückstand (Ruppert, 1969, S. 439 ff.). Für Teheran gaben Omnibusse das einzige Massenverkehrsmittel ab (Seger, 1978, S. 439 ff.). Die Omnibusse in Kabul hielten keine festen Fahrpläne ein (Hahn, 1964, S. 68). Die städtischen und privaten Omnibusse in Delhi beförderten im Jahre 1957 immerhin 21 v. H. der Personen (Breese, 1963, S. 255). Omnibusse in Bombay erhielten erst innerhalb der beiden letzten Jahrzehnte das Übergewicht im öffentlichen Verkehr zu Lasten der elektrischen Straßenbahnen (s. u.), betrieben von der Bombay Electric Supply and Transport Undertaking (Best). Seit dem Jahre 1947 bis zum Jahre 1968 machte sich eine erhebliche Steigerung in der Zahl der Wagen bemerkbar, unter denen etwa 40 v. H. Doppeldecker waren. Allerdings lassen sich nicht alle vorhandenen Wagen einsetzen, weil sie teilweise überaltert waren wegen Importsperren für Ersatzteile, die im eigenen Land nicht erzeugt wurden; die Personenbeförderung wies beträchtliche Schwankungen auf, was darin seine Ursache hatte, daß die Fahrpreise – gestaffelt nach den zurückgelegten Entfernungen – erhöht wurden und auf längere Strecken dreimal so groß wie die der Eisenbahnen waren. In dem Zeitraum von 1961/62 bis 1969/70 lag die Beförderungsquote zwischen 1,6 Mill. und 2,2 Mill. Passagieren. Im Gegensatz zu andern Millionenstädten in Indien achtete man in Bombay darauf, daß es zu keinen Überlastungen kam, wenngleich dann für die Benutzer lange Wartezeiten entstanden. Lediglich in Madras lag die Qualität des Busverkehrs höher als in Bombay, das den von Delhi, Kalkutta, Haiderabad u. a. weit übertraf (Nissel, 1977, S. 88 ff.).

In den *südostasiatischen Metropolen* machten sich Ende der siebziger Jahre recht erhebliche Unterschiede bemerkbar. Abgesehen von den Städten mit weniger als 1 Mill. Einwohnern, die keinen oder nur einen sehr geringen Omnibusverkehr kannten (Chiang Mai, Davai und Metro Cebu), beförderte dieser in Kuala Lumpur 19 v. H., in Manila wegen des Vorhandenseins der jeepneys 25 v. H., in Djakarta 42 v. H. und in Bangkok 55 v. H. der Personen im öffentlichen motorisierten Verkehr. Ob man sich an Hongkong oder an Singapore orientierte, auf jeden Fall kam es in Bangkog, Kuala Lumpur, Djakarta und andern indonesischen Millionenstädten zur Zusammenfassung zahlreicher privater Busunternehmen, die nun städtischer bzw. staatlicher Kontrolle unterstehen (Rimmer, 1984, S. 48 ff.).

Singapore und Hongkong zeichnen sich dadurch aus, daß städtische bzw. staatliche Gesellschaften den Verkehr übernehmen, wobei man in Singapore zu Ein-Mann-Bussen überging, um die Kosten des ohnehin defizitären Betriebes zu senken; immerhin übernahmen die Omnibusse hier 42 v. H. (1972) des motorisierten öffentlichen Verkehrs (Rimmer, 1984, S. 48). Die Hongkong Kowloon Motor Bus Company bestritt etwa die Hälfte des öffentlichen Verkehrs, ohne daß die „rush hours" besonders zur Geltung gelangten, in der langen Arbeitszeit und dem Fehlen eines freien Wochenendes begründet (Leung, 1971, S. 140 ff.).

Seit dem Jahre 1960 wurde der öffentliche Busverkehr in *Abidjan* eröffnet, wobei 145 Bus-„trips" pro Person im Jahre 1971 zur Durchführung kamen, doppelt so hoch wie in Bamako, Freetown und Cotonou. Wie bei andern Motorgefährten stammten auch die Omnibusse aus Frankreich. In Lagos hatte im Jahre 1928 ein griechischer Unternehmer den Omnibusverkehr eingeführt, und im Jahre 1958 übernahm das die Stadt Lagos. Nachdem die ersten beiden Brücken (1895 und 1896) die die Insel Lagos mit einer benachbarten Insel und dem Festland verbanden, die beide aus Holz ausgeführt wurden, brach man aus Sicherheitsgründen später eine von ihnen ab, erneuerte die andere und errichtete im Jahre 1970 eine zweite, die eine der besten im tropischen Afrika sein soll. Sie kam dem Omnibusverkehr zugute, der die Lagos-Insel mit dem Festland verknüpfte, wo sich in erheblicher Entfernung vom Zentrum der Flughafen und etliche industrial estates befanden (Sada und Adefolalu, 1975, S. 57).

Weder in Buenos Aires noch in Rio de Janeiro fehlen Autobusse. In Rio verlaufen die Buslinien parallel zur Eisenbahn, waren aber im Fahrpreis teurer, so daß ihre Benutzung nur für Personen mit gutem Verdienst in Frage kam; moderne Trolley-Busse sollen dazu dienen, Gruppen mit geringerem Einkommen die Fahrt damit zu ermöglichen, wenngleich man sonst in den Entwicklungsländern keine guten Erfahrungen mit diesen Fahrzeugen gemacht hat (Vetter und Brasileiro, 1978, S. 272 ff.). In Lima existieren zwar Autobusse, wurden aber im öffentlichen Verkehr von Taxen und Mikrobussen übertroffen (Dietz, 1978, S. 212 ff.). Das stellen einige Beispiele dar, ohne daß Vollständigkeit erreicht wurde.

Da ein erheblicher Teil der großen Städte in den Entwicklungsländern als Küstenstädte entstanden und dabei für den Kern mitunter die Insellage charakteristisch ist, kommt u. U. der *Boots-* bzw. *Fährverkehr* hinzu. So waren an den Küsten Saudi-Arabiens noch immer die heimischen Dhaus in Betrieb (Blume, 1976, S. 308).

Für Bombay existiert eine neue Anlagestelle der Ferry Wharf für Fähren und die Küstenschiffahrt mit rd. 1 Mill. Passagieren im Jahr. Am ausgeprägtesten kommt das in Hongkong zum Tragen. Im Jahre 1898 wurde die Star Ferry (Fährbetrieb) eröffnet, die die Insel mit Kowloon verband, in den Jahren 1924 und 1931 gesellten sich zwei neue Fähren hinzu, und bis zum Jahre 1966 trat eine Erweiterung auf zwölf ein, die 17 v. H. des Passagierverkehrs von Hongkong bewältigten, unterstützt von Luftkissenbooten und Schnellgleitbooten, die Macao unter Berührung anderer Inseln erreichten. Der Hoovercraft-Fährdienst schuf eine Verknüpfung mit Kanton. Seit dem Jahre 1970 ging man an die Untertunnelung des Hafens, was nun fertiggestellt sein muß und den Vorzug besitzt, daß auch Omnibusse von der Insel zum Festland gelangen können (Leung, 1971, S. 146; Chai, 1983). Darüber hinaus existierten im Jahre 1982 45 000-60 000 Dschunken und Barkassen, die auch für den Transport von Gütern in Frage kamen (Statistik des Auslands, Länderbericht Hongkong, 1984, S. 53), abgesehen von den Schiffsbewohnern, die meist dem Fischfang nachgehen.

Eines der ältesten öffentlichen Verkehrsmittel in den meisten Industrieländern gaben *Straßenbahnen* ab, die zuerst als Pferdebahnen geführt wurden. In einigen großen Städten der Entwicklungsländer ging man ebenfalls dazu über. Das gilt etwa für *Kairo*, wo im Jahre 1998 8 Linien mit 22 km existierten, was sich lediglich über die Verbreiterung der Straßen erreichen ließ, allerdings unter Umgehung der Altstadt. Seit dem Jahre 1917 setzten Erweiterungen mit 13 neuen Linien ein, so daß hier – wohl der einzige Fall in den Entwicklungsländern – die elektrische Straßenbahn bis in die sechziger Jahre das Rückgrat des öffentlichen Verkehrs bildete, bis dann der Einsatz von Autobussen zur erheblichen Konkurrenz wurde (Abu Lughod, 1971, S. 132). Seit dem Jahre 1907 legte man in Damaskus eine elektrische Straßenbahn an, seit dem Jahre 1913 in Aleppo (Wirth, 1971, S. 281) und seit dem Jahre 1908 in Beirut, die später noch ausgebaut wurde (Chebabe-Ed-Dine, 1953, S. 126). Sie war noch im Jahre 1956 in Betrieb, aber da Ruppert (1969) sie nicht mehr erwähnt, ist anzunehmen, daß sie in der Zwischenzeit aufgelassen wurde, ähnlich wie es in den andern genannten Städten der Fall gewesen sein muß, in Bagdad bereits im Jahre 1947/48. Die Ausnahme bleibt Kairo, u. U. Alexandria.

In Iran waren die Beziehungen zur westlichen Welt weniger stark, so daß wohl in keiner der großen Städte, auch nicht in Teheran, Straßenbahnen angelegt wurden, die auch in Kabul fehlen. Dasselbe gilt für indische große Städte, wobei hier die Ursache voraussichtlich darin liegt, daß in einem Teil von ihnen Eisenbahnen die Funktion des Vorortverkehrs übernahmen. Allerdings traten sie in Djakarta wieder auf, doch machte man hier denselben Fehler wie in manchen westlichen Ländern, sie in den fünfziger Jahren aufzulassen, ohne auf andere Art und Weise die dadurch entstandene Lücke im öffentlichen Verkehr zu schließen (Pendacur, 1984, S. 29). In Singapore ist es wahrscheinlich nie zur Anlage von Straßenbahnen gekommen (Quah, 1983, S. 197 ff.), denn man kümmerte sich erst seit den sechziger Jahren um den öffentlichen Verkehr, der nun von Omnibussen durchgeführt wurde, da nach der Verselbständigung der soziale Wohnungsbau und die Familienplanung alle Kräfte beanspruchte. Lediglich in Hongkong begann man im Jahre 1888 mit dem Bau von Straßenbahnen und setzte seit dem Jahre 1902 Doppeldekker ein, deren Linie am nördlichen Rand der Insel verläuft und noch gegenwärtig eine nicht unbeträchtliche Zahl von Personen befördert (Statistik des Auslandes, Länderberichte Hongkong, 1984, S. 53 ff.).

Unter den *afrikanischen Großstädten* besaß voraussichtlich nur Lagos eine Straßenbahn, die man im Jahre 1902 eröffnete und über eine der früher erwähnten Brücken (s. o.) bis zur Eisenbahnstation Iddo führte (Sada und Adefolalu, 1975, S. 98), was bereits im Jahre 1933 aufgegeben wurde.

Ähnlich steht es in *Lateinamerika*. Hier kamen Straßenbahnen in Buenos Aires bereits im Jahre 1869/70 auf, u. U. im Zusammenhang mit der europäischen Einwanderung. In den fünfziger Jahren war der Bestand völlig veraltet (Czajka, 1959, S. 183), und da George (1969) sie nicht mehr erwähnt, ist zu vermuten, daß man an ihre Auflassung ging. Dort, wo in peruanischen Städten Straßenbahnen vorhanden waren, wurden sie als öffentliches Verkehrsmittel aufgegeben.

In nur wenigen Metropolen der Entwicklungsländer haben *Eisenbahnen* Bedeutung für den Vorortverkehr. Die meisten *orientalischen Großstädte* fallen in dieser Beziehung aus. Wichtiger sind Eisenbahnen in *Indien* und hier vornehmlich in Bombay. Im Jahre 1853 verkehrte die erste Dampfeisenbahn hier auf einer Strecke von 34 km. Zwei private englische Gesellschaften legten die Schienenstränge von Bombay aus ins Landesinnere, wobei die Central Railway und die Western Railway die Insel Bombay von Süden nach Norden durchziehen, die sich nur an einer Station berühren und das Grundgerüst des späteren städtischen Schnellbahnsystems bilden. Sie behindern den Straßenbau, zumal lediglich eine einzige Straßenbrücke existiert, über die der west-östlich gerichtete Verkehr geleitet werden muß. In den zwanziger Jahren dieses Jahrhunderts kam es zur Elektrifizierung, ebenso wie nun der Hafen Gleisanschlüsse erhielt und eine weitere Linie im Osten der Insel – Harbour Branch der Central Railway – hinzukam. Die zum S-Bahn-Netz ausgebauten Strecken in Bombay beförderten im Jahre 1960/61 26 v. H. der Passagiere sämtlicher indischer Staatsbahnen, was sich bis zum Jahre 1966/67 auf 35 v. H. erhöhte und durch den Vorortverkehr zustande kam. Dabei trennte man die für den Fernverkehr bestimmten Gleise und Bahnsteige von denen, die im Vorortverkehr in Abstand weniger Minuten verkehren. „Zuggarnituren, die maximal für 1400 Fahrgäste zugelassen sind, befördern zu Stoßzeiten mehr als 3000. Diese Personen müssen auf Trittbrettern hängen, oder außen auf den Fenstergittern, sie stehen zwischen den Waggons oder sogar auf den Dächern" (Nissel, 1977, S. 88; sonstige Angaben S. 85 ff.). Im Jahre 1966/67 beförderten die Schnellbahnen täglich mehr als 2 Mill. Personen. Sowohl in Kalkutta als auch in Madras ist der Vorortverkehr durch Eisenbahnen geringer, und in Delhi spielt er eine völlig untergeordnete Rolle.

Wie weit die fast 26 km lange Eisenbahnstrecke in Singapore, die die Verbindung mit West-Malaysia schafft, dem Nahverkehr dient, läßt sich kaum entscheiden (Singapore, Ministry of Culture, Information Division, 1982, S. 66 ff.); da man hier aber kein Mass Rapid Transit-System mit Umsteigen von der Bahn auf Busse besitzt, kann der Pendelverkehr nicht ganz unerheblich sein. In Hongkong ist die 34 km lange elektrifizierte Eisenbahnstrecke nach Kanton in den Vorortverkehr einbezogen, zumal die Ausdehnung der Stadt in die New Territories das notwendig machte. Mit der Beförderung von 80 000 Personen täglich zu Beginn der achtziger Jahre trägt diese Bahn einen beträchtlichen Teil des öffentlichen Verkehrs.

Während im *tropischen Afrika* Abidjan seinen öffentlichen Verkehr durch Omnibusse erledigt, verzichtete man in Lagos, Accra und Dakar nicht auf den Einsatz von Eisenbahnen (Reichman, 1972).

Mit 37 Stadtbahnhöfen in *Buenos Aires* trägt die Eisenbahn zum Vorortverkehr bei (Czajka, 1959, S. 185). In Rio de Janeiro beförderten die Vorortbahnen Ende der siebziger Jahre 500 000 Passagiere täglich, und zwar vornehmlich solche niedriger Einkommensgruppen, wobei der Anteil am gesamten öffentlichen Verkehr nicht angegeben wurde. Das vorhandene Rapid Transit-System kam nur für gut situierte Personen in Frage mit entsprechend geringerer täglichen Beförderung (Vetter und Brasileiro, 1978, S. 272). Als Vorortbahn läßt sich die Verbindung von

Lima nach Callao auffassen. In Mexico City entfielen um dieselbe Zeit etwa 10 Mill. Personen auf den öffentlichen Verkehr. Da aber Omnibusse allein 7,5 Mill. täglich übernahmen, blieben für den Eisenbahntransport etwa 1 Mill. übrig, da zusätzlich noch die der Transport durch die Untergrundbahn abgerechnet werden muß (Garza und Schteingart, 1978, S. 75). Mag der Eisenbahn- bzw. Schnellverkehr für einige Metropolen der Entwicklungsländer wichtig sein wie insbesondere für Bombay, so kann man allgemein sagen, daß dieser zurücktritt, offenbar stärker als in manchen westlichen europäischen Industrieländern.

Die eben bereits erwähnten *Untergrundbahnen* sind in den großen Städten der Entwicklungsländer nicht fremd, wenngleich sie nur sporadisch vorkommen. Bereits im Jahre 1911 wurde eine solche in Kairo in Betrieb genommen (24 km). In Bombay ist zumindest eine geplant ebenso wie in Bangkok (Pendicur, 1984, S. 34). Sowohl in Manila als auch in Singapore und in Hongkong sind Untergrundbahnen im Bau. In den großen Städten im tropischen Afrika zog man solche Pläne bisher wohl kaum in Erwägung.

In Lateinamerika ging Buenos Aires in dieser Beziehung voran, indem in den Jahren 1910-1914 vier Linien geschaffen wurden, deren Streckenlänge allerdings in keiner Weise mit den entsprechenden Industrieländern vergleichbar sind (4,6 km, 6,9 km, 5,5 km und 3,6 km) und zudem ein Umsteigen auf Omnibusse erforderlich war (Czajka, 1959, S. 185). Nach dem Zweiten Weltkrieg ging man in Mexico City an die Verwirklichung eines solchen Projektes, wobei 1,5 Mill. Personen täglich befördert wurden, etwas mehr als durch Eisenbahnen (s. o.).

Eine Gegenüberstellung von Individual- und öffentlichem Verkehr, wie es für ausgewählte Industrieländer in Tab. VII. G. 21 geschah, kann für die Entwicklungsländer einstweilen nicht gegeben werden, weil einerseits das Material zu ungleichmäßig ist und andererseits der informale Sektor – mit Ausnahme lateinamerikanischer Städte – erhebliche Unsicherheiten mit sich bringt.

Der *Flugverkehr* verknüpft Metropolen ein- und desselben Landes, wenn die Entfernungen groß genug sind bzw. internationale Beziehungen im Spiele sind. Im innerstädtischen und Vorortverkehr scheidet dieses Verkehrsmittel aus. Die Flughäfen allerdings beanspruchen immer ausgedehntere Flächen, so daß dann entweder eine Verlagerung an die neu entstandene Peripherie stattfindet (z. B. Chicago), ein zweiter Flughafen eröffnet wird (z. B. Paris) oder Erweiterungen vorgenommen werden, die dann zuvor land- oder forstwirtschaftlich genutztes Gelände betreffen. Dabei scheiden sich dann öfter Interessen der Wirtschaft und des Umweltschutzes. Hamburg gab letzterem den Vorrang, Frankfurt a. M., Stuttgart oder Tokyo dem ersteren. Singapore hat seinen Flugplatz verlegt, was in Hongkong geplant war, aber aus finanziellen Gründen zurückgestellt wurde.

Literatur

Allgemeine Werke und Bibliographien

Beaujeu-Garnier, J. und Chabot, G.: Traité de géographie urbaine. Paris 1963.
Beaujeu-Garnier, J.: Géographie urbaine. Paris 1980.
Berry, B. J. L. und Horton, F. F.: Geographic perspectives on urban systems. Englewood Cliffs, N. J. 1970.
Berry, B. J. L. und Smith, K. B.: City Classification Handbook. New York – London – Sydney – Toronto 1972.
Berry, B. J. L.: The Human Consequence of Urbanisation. London – New York usf. 1973.
Bourne, L. S.: Internal Structure of the City. Readings on Space and Environment. New York – Toronto – London 1971.
Bourne, L. S. und Simmons, J. W. (Hrsg.): System of Cities. New York 1978.
Broek, J. O. M. und Webb, J. W.: A Geography of Mankind, S. 367-416. New York – St. Louis usf. 1968.
Brunhes, J.: La Géographie Humaine. 3. Aufl. 3 Bde., S. 203-250 und 537-544. Paris 1925; 4. verkürzte Aufl., S. 85-104. Paris 1947.
Brunn, S. D. und Williams, J. F.: Cities of the World. World regional development. New York 1983.
Burke, G.: Towns in the making. London 1971.
Carter, H.: The study of urban geography. London 1972, 2. Aufl. 1975.
Carter, H.: Einführung in die Stadtgeographie. Übersetzt und herausgeg. v. *Vetter, F.* Berlin – Stuttgart 1980.
Chabot, G.: Les Villes. Paris 1948; 2. Aufl. Paris 1952.
Chabot, G.: Vocabulaire franco-anglo-allemand de géographie urbaine. Paris 1970.
Claval, P.: La Géographie urbaine. Revue de Géographie Montréal, S. 117-141 (1970).
Derruau, M.: Précis de Géographie Hunaine, S. 459-514. Paris 1969.
Dörries, H.: Der gegenwärtige Stand der Stadtgeographie. Pet. Mitteil. Ergh. 209, S. 310-325. Gotha 1930.
George, P.: La Ville. Le Fait Urbain à travers le Monde. Paris 1952; 2. Aufl. Précis de géographie urbain. Paris 1961.
Hamdan, G.: Urban Geography. Kairo 1960 (arabisch).
Hassinger, H.: Die Geographie des Menschen. Handbuch der Geogr. Wissenschaft, S. 432-447.
Hauser, P. M. und Schnore, L. F. (Hrsg.): The Study of Urbanization. New York 1965.
Herbert, D. T. und Johnston, R. J.: Geography and urban environment. Progress in research and applications. Chichester 1978.
Herbert, D. T. und Thomas, C. J.: Urban geography. A first approach. Chichester 1982.
Hofmeister, B.: Stadtgeographie. 1. Aufl. Braunschweig 1969; 3. Aufl. Braunschweig 1976; 4. Aufl. 1980.
Johnson, J. H.: Urban Geography. Cambridge 1972.
Jones, E.: Towns and Cities. London – Oxford – New York 1966.
Kiuchi, S.: Urban Geography. The Structure and Development of Urban Areas and their Hinterlands. Tokio 1951 (jap., ausführl. Besprechung von Scheidl, L.: Neuere Beiträge zur Siedlungsgeographie Japans. Pet. Mitteil., S. 112 ff. (1955).
Kiuchi, S. (Hrsg.): Urban and Rural Geography. Tokio 1967 (jap.).
Köhler, F.: Neuere Literatur zur Siedlungsstrukturforschung. Pet. Mitteil., S. 54-56 (1974). Bibliographie.
Lavedan, P.: Géographie des Villes. Paris 1936; 2. Aufl. Paris 1959.
Mayer, H. M. und Kohn, C. F.: Readings in Urban Geography. Chicago – London 1959; 4. Aufl. Chicago – London 1964.
Norborg, K. (Hrsg.): Proceedings of the IGU-Symposium in Urban Geography Lund 1960. Lund Studies in Geogr., Ser. B.: Human Geogr., Nr. 24 (1962).
Northam, R. M.: Urban Geography. New York 1975.
Ratzel, F.: Anthropogeographie. Bd. II, 1. Aufl., S. 449-510. Stuttgart 1909; Bd. II, 2. Aufl. Stuttgart 1912.
Richthofen, F. v.: Vorlesungen über Allgemeine Siedlungs- und Verkehrsgeographie, bearbeitet von O. Schlüter, S. 259-312. Berlin 1908.
Rimbert, S.: Les Paysages Urbains. Paris 1973.
Schöller, P.: Aufgaben und Probleme der Stadtgeographie. Erdkunde. S. 161-185 (1950).
Schöller, P. (Hrsg): Allgemeine Stadtgeographie. Darmstadt 1969.

Schöller, P. u. a.: Bibliographie zur Stadtgeographie. Deutschsprachige Literatur 1952-1970. Bochumer Geogr. Arbeiten, H. 14 (1970).
Schöller, P. (Hrsg.): Trends in Urban Geography. Reports on Research in Major Language Areas (Großbritannien und Irland, Niederlande und fläm. Gebiete Belgiens, deutschsprachige Bereiche, Polen, portugiesisch-sprachige Länder, Japan). Bochumer Geogr. Arbeiten, H. 16 (1973).
Ray, W. und Lynch, Sh.: Urban studies in geography: A bibliography 1970-1972. Exchange Bibliography, Council of Planning Librarians. Monticello 1973.
Smailes, A. E.: The Geography of Towns. London 1953.
Sorre, M.: Les Fondements de Géographie Humaine, Bd. III: L'Habitat, S. 154-436. Paris 1952.
Taylor, G.: Urban Geography. London 1949.

VII.A. Das geographische Wesen der Stadt einschließlich einiger Definitionen

Akademie für Raumforschung und Landesplanung, Bd. 58. Hannover 1982.
Beaujeu-Garnier, J. und *Chabot, G.:* Traité de géographie urbaine. Paris 1963.
Berry, B. J. und *Horton, F. J.:* Geographic perspectives on urban systems. Englewood Cliffs, N. J. 1970.
Blotevogel, H. H. und *Hommel, M.:* Struktur und Entwicklung des Städtesystems. Geogr. Rundschau, S. 155-164 (1980).
Bobek, H.: Grundfragen der Stadtgeographie. Geogr. Anzeiger, S. 213-224 (1927).
Bobek, H.: Über einige funktionelle Stadttypen und ihre Beziehungen zum Lande. Comptes Rendus du Congr. Intern. de Géographie Amsterdam, Bd. II, Sect. III a, S. 88-102. Leiden 1938.
Bobek, H.: Das Problem der zentralen Orte. Tagungsber. d. Deutsch. Geographentages Bad Godesberg, S. 199-213 (1969).
Boustedt, O.: Analyse und Gliederung des Stadtgebietes nach sozioökonomischen Merkmalen. Veröff. d. Akademie für Raumforschung und Landesplanung, Forschungs- u. Sitzungsber., Bd. 42, S. 155-172 (1968).
Boustedt, O.: Zur Konzeption der Stadtregion, ihrer Abgrenzung und ihrer inneren Gliederung – dargestellt am Beispiel von Hamburg. Veröff. d. Akademie für Raumforschung und Landesplanung, Forschungs- und Sitzungsber., Bd. 59 (1970).
Boustedt, O., Müller, G. und *Schwarz, K.:* Zum Problem der Abgrenzung von Verdichtungsräumen. Mitteil. d. Instituts f. Raumforschung 61. Bad Godesberg 1968.
Brunhes, J. und *Deffontaines, P.:* Histoire de la Nation Française, Bd. II: Géographie Humaine de la France. Paris 1926.
Chabot, G.: Les Villes. 1. Aufl. Paris 1948; 2. Aufl. 1952.
Christaller, W.: Die zentralen Orte in Süddeutschland. Eine ökonomische-geographische Untersuchung über die Gesetzmäßigkeit der Verbreitung und Entwicklung der Siedlungen mit städtischen Funktionen. Jena 1933.
Davidovich, V. S.: Satellite cities and towns of the USSR. Soviet Geography, Review and Translation, S. 3-35 (März 1962).
Dickinson, R. E.: The distribution and functions of the smaller urban settlements of East Anglia. Geography, S. 1-12 (1932).
Dickinson, R. E.: City, Region and Regionalism. London 1947 bzw. 1956.
Dickinson, R. E.: City and Region. London 1966.
Dörries, H.: Der gegenwärtige Stand der Stadtgeographie. Pet. Mitteil. Ergh. Nr. 209, S. 310-325. Gotha 1930.
Duncan, O. D.: Metropolis and region. Baltimore 1960.
Enequist, G.: Vad är en Tätort? Meddel. från Uppsala Univ. Geogr. Institution, Ser. A, Nr. 76 (1951).
Fawcett, C. B.: Distribution of the urban population in Great Britain 1931. Geogr. Journal, Bd. 79, S. 100-117 (1932).
Freeman, T. W.: The conurbations of Great Britain. Manchester 1959.
Friedmann, J. und *Miller, J.:* The urban field. Journal of the American Institute of Planners, S. 314-319 (Nov. 1965).
Geddes, P.: Cities in evolution. 1. Aufl. London 1915; 2. Aufl. 1968.
George, P.: La ville. Le fait urbain à travers le monde. Paris 1952.
George, P.: Précis de géographie urbaine. Paris 1961.
Geer, St. de: Karta över befolkningsfördening i Sverige. Stockholm 1919.
Geer, St. de: A map of the distribution of population in Sweden. Geogr. Review, S. 72-83 (1922).
Geisler, W.: Beiträge zur Stadtgeographie. Zeitsch. Gesellsch. f. Erdkunde Berlin, S. 274-296 (1920).
Geisler, W.: Zur Methode der Stadtgeographie. Pet. Mitteil. Ergh. Nr. 214, S. 39-47. Gotha 1932.

Geisler, W.: Oberschlesien-Atlas. Breslau 1938.
Gradmann, R.: Die städtischen Siedlungen des Königsreichs Württemberg. Forsch. z. deutschen Landes- und Volkskunde, Bd. XXI. Stuttgart 1914.
Hartke, W.: Die Verteilung der Bevölkerung Mitteleuropas. In: *Krebs, N.* (Hrsg.): Atlas des deutschen Lebensraumes, Karte 27. Leipzig 1938.
Hassinger, H.: Beiträge zur Verkehrs- und Siedlungsgeograhie von Wien. Mitteil d. Geogr. Gesellsch. Wien, S. 5-88 (1910).
Heller, W.: Zum Begriff der Urbanisierung. Neues Archiv f. Niedersachsen, 22, 4, S. 374-382 (1973).
Hommel, M.: Zentrenausrichtung in mehrkernigen Verdichtungsräumen – an Beispielen aus dem rheinisch-westfälischen Industriegebiet. Bochumer Geogr. Arbeiten, H. 17 (1974).
Isenberg, G.: Die Ballungsgebiete in der Bundesrepublik. Institut f. Raumforschung, Vorträge 6. Bad Godesberg 1957.
Hofmeister, B.: Stadtgeographie. Braunschweig 1980.
Jäger, H.: Großbritannien. Darmstadt 1976.
Klöpper, R.: Der geographische Stadtbegriff. Geogr. Taschenbuch, S. 453-461 (1956/57).
Leyden, F.: Groß-Berlin. Geographie einer Weltstadt. Breslau 1933.
Lindauer, G.: Beiträge zur Erfassung der Verstädterung in ländlichen Räumen. Mit Beispielen aus dem Kochertal. Stuttgart 1970.
Meynen, E. und *Hoffmann, F.:* Methoden zur Bestimmung von Stadt und Umland. Geogr. Taschenbuch, S. 418-423 (1954/55).
Nellner, W.: Die Abgrenzung von Agglomerationen im Ausland. Veröff. der Akademie f. Raumforsch. und Landesplanung, Forschungs- und Sitzungsber., Bd. 59, S. 91-101. Hannover 1970.
Nellner, W., Boecker, H. und *Görmann, G.:* Zur Abgrenzung und inneren Gliederung städtischer Siedlungsagglomerationen. Veröff. d. Akademie f. Raumf. und Landesplanung, Forschungs- und Sitzungsber., Bd. 112. Hannover 1976.
Nellner, W.: Synoptische Übersicht und vergleichende Analyse europäischer Agglomerationsmodelle. In: Akademie f. Raumf. und Landesplanung, Bd. 58, S. 399-441. Paderborn 1982 (mit ausführlicher Literatur).
Schlüter, O.: Bemerkungen zur Siedlungsgeographie. Geogr. Zeitschr., S. 65-84 (1899).
Schöller, P.: Aufgaben und Probleme der Stadtgeographie. Erdkunde, S. 161-184 (1953).
Schöller, P. (Hrsg.): Allgemeine Stadtgeographie. Darmstadt 1969.
Schöller, P.: Binnenwanderung und Städtewachstum in Japan. Erdkunde, S. 13-29 (1968).
Schöller, P. (Hrsg.): Zentralitätsforschung. Darmstadt 1972.
Schöller, P., Blotevogel, H. H., Buchholz, H. J. und *Hommel, M.:* Bibliographie zur Stadtgeographie, deutschsprachige Literatur 1952-1970. Paderborn 1973.
Schwarz, K.: Überlegungen zur Neubegrenzung von Stadtregionen in der Bundesrepublik im Anschluß an die Volkszählung 1970. Veröff. d. Akademie f. Raumf. und Landesplanung, Forschungs- und Sitzungsber., Bd. 59, S. 1-12. Hannover 1970.
Schwind, M.: Betrachtungen zum japanischen Zensus von 1955. Erdkunde, S. 64-69 (1957).
Sjoberg, G.: The preindustrial city. New York 1960.
Sombart, W.: Der Begriff der Stadt und das Wesen der Stadtbildung. Archiv f. Sozialwiss. und Sozialpolitik, S. 1-9 (1907).
Sorre, M.: Les fondements de la géographie humaine, Bd. III: L'Habitat. Paris 1952.
Statistisches Jahrbuch für das Deutsche Reich, Bd. I (1880-1883).
Tagungsberichte des Deutschen Geographentages Bad Godesberg, S. 71-120. Wiesbaden 1969.
Tagungsberichte des Deutschen Geographentages Mannheim, S. 288-444. Wiesbaden 1983.
Voppel, G.: Die Landeshauptstadt Hannover – zentraler Ort und Industriestadt im südlichen Niedersachsen. In: *Eriksen, W.* und *Arnold, A.* (Hrsg.): Hannover und sein Umland, S. 68-93. Jahrb. Geogr. Gesellsch. Hannover 1978.
Weigt, E.: Verstädterung. Stadt- und Landbevölkerung in den USA. Pet. Mitteil., S. 218-223 (1954).

VII.B. Die allgemeinen Funktionen der Stadt und ihre abgrenzbaren Raumbeziehungen

Abiodun, J. O.: Urban Hierarchy in a Developing Country. Geography, S. 145-154 (1967).
Alexandersson, G.: The Industrial Structure of American Cities. London – Stockholm 1956.
Ammann, H.: Der Lebensraum der mittelalterlichen Stadt. Eine Unterschung an schwäbischen Beispielen. Berichte zur Deutschen Landeskunde, Bd. 21, S. 284-316 (1963).

Amiran, D. H. K. und *Shahar, A.:* Geogr. Review, S. 348-369 (1961).

Annaheim, H.: Die Raumgliederung des Hinterlandes von Basel. „Wirtschaft und Verwaltung von Basel", S. 85-122 (1950).

Annaheim, H.: Umlandzonen von Basel und ihre Volksdichte (um das Jahr 1960). Regio, Strukturatlas Nordwestschweiz – Oberelsaß – Südschwarzwald, Bl. 7103. Basel – Stuttgart 1967.

Arnold, H.: Das System der zentralen Orte in Mitteldeutschland. Berichte z. Deutschen Landeskunde, S. 353-362 (1951).

Ash, J.: New Towns in Israel. Town Planning Review, S. 386-400 (1974).

Auf der Landwehr, W.: Mobilität in Indien. Bochumer Materialien zur Entwicklungsforschung und Entwicklungspolitik, Bd. 1. Tübingen und Basel 1976.

Bähr, J.: Migration in Lateinamerika unter besonderer Berücksichtigung des chilenischen Norte Grande. In: *Lauer, W.* (Hrsg.): Landflucht und Verstädterung in Chile, S. 34-58. Erdkundliches Wissen, H. 42 (1976).

Barrère, P.: La banlieue marachaire de Bordaux. Les Cahiers d'Outre-Mer, Nr. 6 (1949).

Barrère, P.: L'Attraction de Bordeaux sur les campagnes Girondins: Le rôle des transports en commun. Revue Historique de Bordeaux et du Département de la Gironde, S. 41-60 (1956).

Bartels, D.: Theorien nationaler Siedlungssysteme und Raumordnungspolitik. Geogr. Zeitschr., S. 110-146 (1979).

Baskin, C.: The central places of Southern Germany. Englewood Cliffs 1966 (Übersetzung der Arbeit von Christaller 1933).

Beaujeu-Garnier, J.: Atlas et géographie de Paris et la Région d'Ile-de-France, Bd. 1. Paris 1977.

Beavon, K. S. O. und *Mabin, A. S.:* The Lösch System of Market Areas: Derivation and Extension. Geographical Analysis, S. 131-151 (1975).

Beavon, K. S. O.: Central Place Theory: A Reinterpretation. London – New York 1977.

Bell, G.: Change in city size distribution in Israel. Ekistics, S. 103 ff. (1962).

Bergston, K. E.: Variability in intensity of urban fields by birth place. In: Studies of rural-urban interaction. Lund Studies in Geography, Ser. B, S. 25-32. Lund 1951.

Berry, B. J. L.: Grouping and regionalizing: an approach to the problem using multivariate analysis. In: *Garrison, W. L.* (Hrsg.): Quantitative geography. Evanston 1967.

Berry, B. J. L.: Geography of market centers and retail distribution. Englewood Cliffs 1967.

Berry, B. J. L.: City Size, Distributions and Economic Development. Economic Development and Cultural Change, IX, Nr. 4, S. 573-588 (Juli 1961); auch in: *Berry, B. J. L.* und *Horton, F. E.* (Hrsg.): Geographic perspectives on urban systems, S. 64-75. Englewood Cliffs 1970.

Berry, B. J. L.: Hierarchical diffusion: The basis of development filtering and spread in a system of growth centers and regional economic development. In: *English, P. W.* und *Mayfield, N. M.* (Hrsg.): Man, Space and Environment, S. 340-359. New York – London – Toronto 1972.

Berry, B. J. L., Barnum, H. G. und *Tennant, R. J.:* Retail location and consumer behavior. Papers and Proceed. of the regional Science Association, S. 65-108 (1962); auch in *Schöller, P.* (Hrsg.): Zentralitätsforschung, S. 307-330. Darmstadt 1972.

Berry, B. J. L. und *Garrison, W. J.:* Recent development of central place theory. Papers and Proceed. of the Regional Science Assoc., Bd. 4, S. 107-120. Philadelphia, Pa. 1958; auch in *Schöller, P.* (Hrsg.): Zentralitätsforschung, S. 69-83. Darmstadt 1972.

Berry, B. J. L. und *Gillard, Q.:* The changing shape of Metropolitan America. Commuting Patterns, Urban Fields, and Decentralization, 1960-1970. Cambridge/Mass. 1977.

Berry, B. J. L. und *Horton, F. E.:* Geographic perspective on urban systems. Englewood Cliffs, N. J. 1970.

Berry, B. J. L. und *Pred, A. R.:* Central place studies: A bibliography of theory and applications. 1. Aufl. 1961; 2. Aufl. Regional Science Research Institute Philadelphia 1965.

Berry, B. J. L. und *Kasarda, J. D.:* Contemporary Urban Ecology. New York – London 1977.

Blake, G. H.: Israel, immigration and dispersal of population. In: *Clarke, J. I.* und *Fisher, W. B.* (Hrsg.): Populations of the Middle East, S. 182-201. New York 1971.

Blenck, J.: Die Städte Indiens. In: *Blenck, J., Bronger, D.* und *Uhlig, H.* (Hrsg.): Südasien, S. 148-163. Frankfurt a. M. 1977.

Blotevogel, H. H.: Zentrale Orte und Raumbeziehungen in Westfalen vor der Industrialisierung. Bochumer Geogr. Arbeiten, H. 18 (1975).

Blotevogel, H. H.: Ein praxisorientierter Ansatz zur Zentralitätsbestimmung der nordrheinwestfälischen Oberzentren. Veröffentl. d. Akademie für Raumf. und Landesplanung, Forschungs- und Sitzungsber., Bd. 137, S. 77-142. Hannover 1981.

Blotevogel, H. H.: Das Städtesystem in Nordrhein-Westfalen. Münstersche Geogr. Arbeiten, H. 15, S. 71-103. Paderborn 1983.

Bobek, H.: Grundfragen der Stadtgeographie. Geogr. Anzeiger, S. 213-224 (1927).

Bobek, H.: Über einige funktionelle Stadttypen und ihre Beziehungen zum Lande. Comptes Rendus du Congr. Intern. de Géogr. Amsterdam, Bd. II, Sect. III a, S. 88-102. Leiden 1938.

Bobek, H.: Aspekte der zentralörtlichen Gliederung Österreichs. Berichte zur Raumforschung Wien, H. 2, S. 114-129 (1966).

Bobek, H.: Die Theorie der zentralen Orte im Industriezeitalter. Tagungsber. d. Deutschen Geographentages Bad Godesberg, S. 199-213. Wiesbaden 1969.

Bobek, H.: Die zentralen Orte und ihre Versorgungsbereiche. Österr. Gesellsch. f. Raumforschung und Raumplanung. Wien 1970.

Bobek, H.: Zum Konzept des Rentenkapitalismus. Tijdschr. voor economische und sociale Geogr., S. 73-78 (1974).

Bobek, H. und *Fesl, M.:* Das System der zentralen Orte Österreichs. Wien – Köln 1978.

Boesler, F. A.: Die städtischen Funktionen. Ein Beitrag zur allgemeinen Stadtgeographie auf Grund empirischer Untersuchungen in Thüringen. Abhandl. des Geogr. Instituts der Freien Univ. Berlin, Bd. 6. Berlin 1960.

Borcherdt, Ch.: Versorgungsorte und zentralörtliche Bereiche im Saarland. Anhand einer Karte aus dem Planungsatlas. Geogr. Rundschau, S. 48-54 (1973).

Borcherdt, Ch. u. a.: Versorgungsorte und Versorgungsbereiche. Zentralitätsforschungen in Nordwürttemberg. Stuttgarter Geogr. Studien, Bd. 92 (1977).

Borchert, J.: America's changing Metropolitan Regions. Annals of the Assoc. of American Geographers, S. 352-373 (1972).

Borchert, J. G. und *van Ginkel, J. A.:* Die Randstad Holland in der niederländischen Raumordnung. Geocolleg, Nr. 7. Kiel 1979.

Bourne, L. S. und *Simmons, J. W.:* Systems of cities. New York 1978.

Boustedt, O.: Die zentralen Orte und ihre Einflußbereiche in Bayern. The IGU Symposium in Urban Geography, S. 201-226. Lund 1962.

Bowland, D. T.: Theories of Urbanization in Australia. Geogr. Review, S. 167-176 (1977).

Bracey, H. E.: Towns as rural service centres: an index of centrality with special reference to Somerset. Transactions and Papers, S. 95-105 (1953).

Bracey, H. E.: English central villages. Identification, distribution and functions. The IGU Symposium in Urban Geography, S. 169-190. Lund 1962.

Bramhall, D. F.: Urban Development Policy in Chile. In: Geographic Research on Latin America, S. 356-365. Ball State Univ. Muncie. Indiana 1971.

Breese, G. (Hrsg.): The City in Newly Developing Countries. Englewood Cliffs 1969.

Bronger, D.: Kriterien der Zentralität südindischer Siedlungen. Tagungsber. und Wiss. Abhandl., Geographentag Kiel, S. 498-518. Wiesbaden 1970.

Browning, H. L.: Migrant selectivity and the growth of large cities in the devloping societies. Academy of Population Growth, Bd. 2, S. 273-314. Baltimore 1971.

Brush, J. E.: The hierarchy of central places in South Western Wisconsin. Geogr. Review, S. 380-402 (1953).

Brush, J. E. und *Bracey, H. E.:* Rural service centres in South Western Wisconsin and Southern – England. Geogr. Review, S. 559-569 (1955).

Bulst, N., Hoock, J. und *Irsigler, F.* (Hrsg.): Bevölkerung und Gesellschaft. Stadt-Land-Beziehungen in Deutschland und Frankreich, 14.-19. Jahrhundert. Trier 1983.

Busch-Zantner, R.: Zur Kenntnis der osmanischen Stadt. Geogr. Zeitschr., S. 1-13 (1932).

Bylund, H. und *Ek, T.:* Regionala beroendeförhållanden – en studie av näringslivet i Malmö. In: Produktionskostnader och regionala produktssystem: Bilaged II till Orter i regional samverkan. Statens offentliga utredningar (SOU) 1974, 3. Stockholm 1974.

Caldwell, J. C.: African Rural Migration – The Movement in Ghana Towns. Canberra 1969.

Carol, H.: Das agrargeographische Betrachtungssystem. Beitrag zur landschaftskundlichen Methodik, dargelegt am Beispiel der Karru. Geogr. Helvetica, S. 17-67 (1952).

Carol, H.: Sozialräumliche Gliederung und planerische Gestaltung des Großstadtbereiches. Raumforschung und Raumordnung, S. 80-92 (1956).

Carol, H.: The hierarchy of central functions within the city. Annals of the Association of American Geogr., S. 419-438 (1960).

Carter, H.: The study of urban geography. 2. Aufl. Abertwyth 1975.

Carter, H.: Einführung in die Stadtgeographie, übersetzt und herausg. von *F. Vetter.* Berlin – Stuttgart 1980.

Chabot, G.: La détermination des courbes isochrones en géographie urbaine. Comptes Rendus du Congr. Intern. de Géographie Amsterdam 1938, Bd. II, Sect. III A, S. 110-113.

Chabot, G.: Les villes. Paris 1952.

Chabot, G.: Carte des zones d'influence des grandes villes françaises. Mémoires et Documents, Bd. VIII, S. 139-143. Paris 1961.

Chang, S.: The Changing System of Chinese Cities. Annals of the Assoc. of American Geographers, S. 398-415 (1976).

Chatelain, A.: Le Journal. Facteur de Régionalisme. Les Etudes Rhodanienne (Lyon), S. 55-59 (1948).

Chatelain, A.: Géographie sociologique de la presse et régions françaises. Revue de Géographie de Lyon, S. 127-134 (1957).

Christaller, W.: Die zentralen Orte in Süddeutschland. Jena 1933. Neudruck Darmstadt 1968, s. a. Baskin.

Christaller, W.: Das Grundgerüst der räumlichen Ordnung in Europa. Frankf. Geogr. Hefte 1950.

Christaller, W.: Die Hierarchie der Städte. The IGU Symposium in Urban Geography, S. 3-11. Lund 1962.

Claeson, C.-F.: En korologisk publikanalys. Framställing av demografiska gravitationsmodeller med tillämpning vid omlands-betämning på koordinatkarta. Geogr. Annaler, S. 1-130 (1964 B).

Clarke, J.I.: Urban population growth in the Middle East and North Africa. In: Maghreb et Sahara, Festschr. J. Despois, S. 79-90. Paris 1973.

Claval, P.: Le système urbain et les réseaux d'information. Revue Géographique de Montréal, S. 5-15 (1973).

Cleef, E. van: The functional relations between urban agglomerations and the countryside with special reference to the United States. Comptes Rendus du Congr. Intern. de Géographie Amsterdam 1938, Bd. II, Sect. III a, S. 114-122. Leiden 1938.

Conzen, M. R. G.: Geographie und Landesplanung in England. Coll. Geogr., Bd. 2. Bonn 1952.

Cutler, I.: Chicago: Metropolis of the Mid-Continent. Dubuque/Iowa 1976.

Dacey, M. F.: Analysis of central place and the point patterns by a nearest neighbor method. Lund Studies in Geography, Ser. B, Human Geography, Nr. 24, S. 55-75. Lund 1962.

Davidovich, V. S.: Satellite Cities and towns of the USSR. Soviet Geography, Review and Translation, S. 3-35. März 1962.

Davidovich, V. G.: On the mobility of population in the national system of cities, towns and villages in the USSR. Soviet Geography, S. 413-449 (1973).

Davies, W. K. D. und *Lewis, C. R.:* Regional structures in Wales: Two studies in Connectivity. In: *Carter, M.* und *Davies, W. K. D.* (Hrsg.): Urban Essays, S. 22-31. London 1970.

Davis, S. G.: The rural-urban migration in Hong Kong and its New Territories. Geogr. Journal, S. 328-333 (1962).

Demangeon, A.: La France Economique et Humaine. In: Géographie Universelle, Bd. VI, 2. Paris 1948.

Deshpande, C. D. und *Bhat, L. S.:* India. In: Jones, R. (Hrsg.): Essays of World Urbanization, S. 358-376. London 1975.

Despois, J. und *Raynal, R.:* Géographie de l'Afrique du Nord-Ouest. Paris 1967.

Dickinson, R. E.: The regional functions and zones of influence of Leeds and Bradford. Geography, S. 548-557 (1930).

Dickinson, R. E.: The markets and market areas of East Anglia. Economic Geography, S. 172-182 (1934).

Dickinson, R. E.: City, Region and Regionalism. A geographical contribution to human ecology. 1. Aufl. London 1948; 2. Aufl. London 1956.

Dickinson, R. E.: City and Region. A geogr. interpretation. London 1966.

Ducreux, M.: La Croissance Urbaine et Démographique de Kinshasa. In: La Croissance Urbaine en Afrique Noire et à Madagascar, S. 549-565. Paris 1972.

Dürr, H.: Volksrepublik China. In: *Schöller, P., Dürr, H.* und *Dege, E.* (Hrsg.): Ostasien. Frankfurt a. M. 1978.

Dumont, M. E.: Les migrations ouvrière du point de vue de la délimitation des zones d'influence urbaine et la notion de zone d'influence prédominante. Bull. de la Société Belge de Géographie, S. 21-35 (1950).

Dwiewoński, K., Kiełzewska-Zaleska, M. und *Kosiński, L.:* Geographical studies in the economic stimulation of small towns. Prace Geograficzne, Nr. 9. Warschau 1957.

Eckey, H.-F.: Das Suburbanisierungsphänomen in Hamburg und seinem Umland. Veröffentl. d. Akademie f. Raumf. und Landesplanung, Forschungs- und Sitzungsber., Bd. 125, S. 185-210. Hannover 1978.

Efrat, E.: Industry in Israel's New Development Towns. GeoJournal I, S. 41-44 (1978).

Ehlers, E.: Die Stadt Bam und ihr Oasen-Umland. Zentraliran. Erdkunde, S. 38-52 (1975).

Ehlers, E.: City and Hinterland in Iran. Tijdschr. voor economische und sociale Geogr., S. 284-296 (1977).

Ely, R. F. und *Wehrwein, G. S.:* Land economics. New York 1940.

Ennen, E.: Die Stadt zwischen Mittelalter und Gegenwart. Rhein. Vierteljahrsbl. 30, S. 118-131 (1965).

Epstein, A. L.: Urbanization and Social Change in Africa. Current Anthropology, Bd. 8, Nr. 4, S. 275-296 (1967). Auch in *Breese, G.* (Hrsg.):

The City in Newly Developing Countries, S. 246-284. Englewood Cliffs, N. J. 1969.
Eyre, J. D.: Sources of Tokyo's fresh food supply. Geogr. Review, S. 455-474 (1959).
Feasy, R. A.: Israel: Planning and Immigration in Relation to Spatial Development. Occasional Publ., N. S., Nr. 8, Univ. of Durham 1976.
Fehn, K.: Die zentralörtlichen Funktionen früher Zentren in Altbayern. Raumbindende Umlandbeziehungen im bayerisch-österreichischen Altsiedelland von der Spätlatènezeit bis zum Ende des Hochmittelalters. Wiesbaden 1970.
Fliedner, D.: Wirtschaftliche und soziale Stadt-Landbeziehungen im hohen Mittelalter (Beispiele aus Nordwestdeutschland). In: Stadt-Land-Beziehungen und Zentralität als Problem historischer Raumforschung. Veröffentl. der Akademie f. Raumf. und Landesplanung, Forschungs- und Sitzungsber., Bd. 88, S. 123-137 (1974).
Flüchter, W.: Stadtplanung in Japan. Mitteil. d. Instituts f. Asienkunde Hamburg, Nr. 97. Hamburg 1978.
Fourastié, J.: Die große Hoffnung des 20. Jahrhunderts. Köln-Deutz 1954.
Franqueville, A.: Les Immigrés du Quartier de la "Briquetterie" à Yaounde (Cameroun). In: La Croissance Urbaine en Afrique Noire, S. 567-585. Paris 1972.
Friedmann, J.: Urbanization, planning and national development. London 1973.
Fuchs, R. J. und *Demko, G. J.:* Commuting in the USSR. Soviet Geography, S. 363-372 (1978).
Galpin, C. J.: Rural Life. New York 1918.
Geographical Analysis. Ohio State Univ. Press, seit 1969.
George, P.: Esquisse d'une comparaison statistique entre l'urbanisation de l'Afrique tropicale et de l'Amérique tropicale. Colloque Intern. du Centre National de la Recherche Scientifique, Science Humaine: La croissance urbaine en l'Afrique Noire, S. 611-615. Paris 1972.
Ginsburg, N.: Planning the Future of the Asian City. In: *Dwyer, D. J.* (Hrsg.): The City as a Centre of Change in Asia, S. 269-283. Hongkong 1972.
Godlund, S.: Bus services, hinterlands, and the location of urban settlements in Sweden, specially Scania. Lund Studies in Geography, Ser. B, Nr. 3 (1951).
Godlund, S.: Ein Innovationsverlauf in Europa, dargestellt in einer vorläufigen Untersuchung über die Ausbreitung der Eisenbahninnovation. Lund Studies in Geography, Ser. B, Human Geography, Nr. 6 (1952).
Godlund, S.: The function and growth of Bus Traffic within the sphere of urban influence.
Lund Studies in Geography, Ser. B, Human Geography, Nr. 18 (1956).
Gormsen, E.: Zur Ausbildung zentralörtlicher Systeme beim Übergang von der semi-autarken zur arbeitsteiligen Gesellschaft. Ein Vergleich historischer Abfolgen in Mitteleuropa mit heutigen Verhältnissen in Entwicklungsländern, insbesondere am Beispiel Mexikos. Erdkunde, S. 108-118 (1971).
Gottmann, J.: Megalopolis. The urbanized northeastern seaboard of the United States. New York 1961.
Gould, P.: People in information space: The mental maps and information surfaces of Sweden. Lund Studies in Geography, Ser. B, Human Geography, Nr. 42. Lund 1975.
Gould, W. T. G. und *Prothero, R. M.:* Space and time in African population mobility. In: *Kosiński, L. A.* und *Prothero, R. M.* (Hrsg.): People on the move, S. 39-49. London 1975.
Gradmann, R.: Die städtischen Siedlungen des Königreichs Württemberg. Forsch. z. deutschen Landes- und Volkskunde, Bd. XXI, 2. Stuttgart 1914.
Gradmann, R.: Schwäbische Städte. Zeitschr. Gesellsch. f. Erdkunde Berlin, S. 425-457 (1916).
Green, F. H. W.: Urban hinterlands in England and Wales. An analysis of bus services. Geogr. Journal, S. 64-88 (1950).
Green, F. H. W.: Bus services in the British Isles. Geogr. Review, S. 283-300 (1951).
Green, F. H. W.: Community of interest areas: Notes of central places and their hinterlands. Economic Geography, S. 210-226 (1958).
Green, H. L.: Hinterland boundaries of New York City and Boston in Southern New England. Economic Geography, S. 283-300 (1955).
Grötzbach, E.: Verstädterung und Städtebau in Afghanistan. Afghanische Studien, Bd. 14, S. 225-244 (1976).
Gutkind, C. W.: African Urbanism, Mobility and Social Network. International Journal of Comparative Sociology Leiden 6, Nr. 1, S. 48-60 (1965). Auch in: *Breese, G.* (Hrsg.): The City in Newly Developing Countries, S. 389-400. Englewood Cliffs 1969.
Hägerstrand, T.: The propagation of innovation waves. Lund Studies in Geography, Ser. B: Human Geography, Nr. 4. Lund 1952 bzw. *Schöller, P.* (Hrsg.): Zentralitätsforschung, S. 84-131. Darmstadt 1972.
Hägerstrand, T. und *Kuklinski, A. R.:* Information systems for regional development – A Seminar. Lund Studies in Geography, Ser. B: Human Geography, Nr. 37. Lund 1971.
Haggett, P.: Einführung in die kultur- und sozial-

geographische Regionalanalyse. Berlin – New York 1973.
Hall, P.: Weltstädte. München 1966; 2. Aufl. The World cities. London 1977.
Hall, P.: The containment of urban England. 2 Bde. London 1973 (in Kurzfassung im Geogr. Journal, S. 386-417 (1974).
Hanslik, E.: Biala, eine deutsche Stadt in Galizien. Geographische Untersuchung des Stadtproblems. Leipzig und Wien 1909.
Harris, C. D.: Cities of the Soviet Union. Chicago 1970.
Hartke, Q.: Pendelwanderung und kulturgeographische Raumbildung im Rhein-Main-Gebiet. Pet. Mitteil., S. 185-190 (1939).
Hartke, W.: Die Zeitung als Funktion sozial-geographischer Verhältnisse im Rhein-Main-Gebiet. Rhein-Mainische Forschungen, H. 32. Frankfurt a. M. 1952.
Hassinger, H.: Beiträge zur Verkehrs- und Siedlungsgeographie von Wien. Mitteil. Geogr. Gesellsch. Wien, S. 5-88 (1910).
Hein, W.: Die Einwirkungen der Großstadt Kiel auf ihre ländliche Umgebung. Schriften d. Geogr. Instituts d. Univ. Kiel, Bd. VIII, H. 3. Kiel 1938.
Heinritz, G.: Zentralität und zentrale Orte. Stuttgart 1979.
Hemmer: Wirtschaftsgeographie der Entwicklungsländer, S. 36-41. In: Vahlens Handbuch der Wirtschafts- und Sozialwissenschaften. Minden 1978.
Herbert, D.: Urban geography, a social perspective. Newton-Abbot 1972.
Herbert, D.: The geography of crime. London – New York 1982.
Heyn, E.: Zerstörung und Aufbau der Großstadt Essen. Arbeiten zur Rheinischen Landeskunde, H. 10 (1955).
Hill, R. D.: Land use and environment in Hong Kong. Erdkundl. Wissen, H. 58, S. 114-212. Wiesbaden 1982.
Holzner, L.: Urbanism in Southern Africa. Geoforum 4, S. 75-90 (1970).
Hommel, H.: Zentrenausrichtung in mehrkernigen Verdichtungsräumen an Beispielen aus dem rheinisch-westfälischen Industriegebiet. Bochumer Geogr. Arbeiten, H. 17. Paderborn 1974.
Hoselitz, B. F.: Generative and parasitic cities. Economic Development and Cultural Change, S. 278-294 (1955).
Hottes, K.: Die zentralen Orte im oberbergischen Land. Forsch. z. deutschen Landeskunde, Bd. 60. Remagen 1954.
Hoyt, H.: Economic backgrounds of cities. Land Economics, S. 188-195 (1941).

Ipsen, G.: Daseinsformen der Großstadt. Typische Formen sozialer Existenz in Stadtmitte, Vorstadt und Gürtel der industriellen Großstadt. Tübingen 1959.
Ito, T.: Tokaido – Megalopolis of Japan. GeoJournal, S. 231-246 (1980).
Jefferson, M.: The Law of the Primate City. Geogr. Review, S. 226-232 (1939).
Johnston, R. J.: New Zealand. In: *Jones, R.* (Hrsg.): Essays on World Urbanization, S. 133-166. London 1975.
Kade, G.: Die Stellung der zentralen Orte in der kulturlandschaftlichen Entwicklung Bugandas. Frankf. Wirtschafts- und Sozialgeogr. Schriften, Bd. 6 (1969).
Kant, E.: Umland studies and sector analysis. In: Studies of Ruralurban interaction. Lund Studies in Geography, Ser. B, Nr. 3, S. 3-13 (1951).
Kar, N. R.: Urban hierarchy and central functions around Calcutta in lower West Bengal. The IGU Symposium in Urban Geography, S. 253-274 (1962).
Karger, A. und *Stadelbauer, J.:* Sowjetunion. Frankfurt a. M. 1978.
Kerr, D. P. und *Simmons, J. W.:* Canada. In: *Jones, R.* (Hrsg.): Essays on World Urbanization, S. 168-174. London 1975.
Khorev, B. S.: The Problem of Small Cities and the Policy of Stimulating Small-City Growth. Soviet Geography, S. 263-273 (1974).
Kiuchi, S. und *Masai, Y.:* Japan. In: Jones, R. (Hrsg.): Essays on World Urbanization, S. 175-185. London 1975.
Klöpper, R.: Entstehung, Lage und Verteilung der zentralen Siedlungen in Niedersachsen. Forschungen z. deutschen Landeskunde, Bd. 71. Remagen 1952.
Klöpper, R.: Der Einzugsbereich einer Kleinstadt. Raumforschung und Raumordnung, S. 73-81 (1953).
Klucka, G.: Nordrhein-Westfalen in seiner Gliederung nach zentralörtlichen Bereichen. Landesentwicklung, Schriftenreihe d. Ministerpräsidenten des Landes NRW, Bd. 27 (1970).
Klucka, G.: Zentrale Orte und zentralörtliche Bereiche mittlerer und höherer Stufe in der Bundesrepublik Deutschland. Forsch. z. deutschen Landeskunde, Bd. 194. Bonn-Bad Godesberg 1970.
Kniffen, F.: The American Agricultural Fair: Time and Place. Annals of the Assoc. of American Geographers, S. 42-57 (1951).
Köck, H.: Das zentralörtliche System von Rheinland-Pfalz. Bundesforschungsanstalt für Landeskunde und Raumordnung, Forschungen zur Raumentwicklung, Bd. 2 (1975).

Kolb, J. H.: Service relations of town and country. Univ. of Wisconsin Agric. Exper. Studies, Research Bull. 58 (1923).

Kopp, H.: Städte im östlichen iranischen Kaspitiefland. Ein Beitrag zur Kenntnis der jüngeren Entwicklung orientalischer Mittel- und Kleinstädte. Erlanger Geogr. Arbeiten, H. 33 (1973).

Kortus, B.: Donbass and Upper Silesia – a comparative analysis of the industrial regions. Geogr. Polonica, S. 183-192 (1964).

Kosínski, L.: Population and urban geography in Poland. Geogr. Polonica, S. 79-96. Warschau 1964.

Kraus, Th.: Das rheinisch-westfälische Städtesystem. Festschr. z. Geographentag Köln, S. 1-13. Wiesbaden 1961.

Krenzlin, A.: Werden und Gefüge des rheinmainischen Verstädterungsgebietes. Frankfurter Geogr. Hefte, H. 37, S. 311-387 (1961).

Küchler, J.: Stadterneuerung in China. In: Geogr. Hochschulberichte, H. 3, S. 137-218. Göttingen 1976.

Kühne, D.: Urbanisation in Malaysia – Analyse eines Prozesses. Schriften des Instituts für Asienkunde in Hamburg, Bd. 42 (1976).

Kuhn, W.: Die Stadtdörfer der mittelalterlichen Ostsiedlung. Zeitschr. für Ostforschung, S. 1-69 (1971).

Lasserre, G.: Les Mécanismes de la Croissance et les Structures Démographiques de Libreville. In: La Croissance Urbaine en Afrique Noire, S. 719-738. Paris 1972.

Lauer, W.: Landflucht und Verstädterung in Chile. Erdkundl. Wissen, H. 42 (1976).

Lösch, A.: Die räumliche Ordnung der Wirtschaft. Jena 1940; 2. Aufl. Stuttgart 1944; Wiederabdruck Stuttgart 1962; s. a. Woglom; auch in *Schöller, P.* (Hrsg.): Zentralitätsforschung, S. 23-53. Darmstadt 1972.

Lukermann, F.: Empirical expressions of nodality and hierarchy in a circulation manifold. East Lakes Geography II, S. 17-44 (1966).

Manshard, W.: Die Städte des tropischen Afrika. Berlin – Stuttgart 1977.

Mayer, H. M.: The United States. In: *Jones, R.* (Hrsg.): Essays on World Urbanization, S. 67-92. London 1975.

McGee, T. G.: Rural-Urban Migration in a Plural Society. In: *Dwyer, D. J.* (Hrsg.): The City as a Centre of Change in Asia, S. 108-124. Hongkong 1972.

Matznetter, J.: Gedanken zu einem Vergleich der siedlungs- und wirtschaftsgeographischen Strukturen der europäischen Kultur- und der tropisch-subtropischen Überseeländer. Mitt. Österr. Geogr. Gesellsch., S. 406-425 (1963).

Matznetter, J.: Das Entstehen und der Ausbau zentraler Orte und ihrer Netze an Beispielen aus Portugiesisch-Guinea und Südwest-Angola. Nürnberger Wirtschafts- und Sozialgeogr. Arbeiten, H. 5, S. 93-113 (1966).

Meckelein, W.: Gruppengroßstadt und Großstadtballung in der Sowjetunion. Geographentag Berlin, S. 168-185. Wiesbaden 1960.

Medvedkov, Y. V.: The regular component patterns as shown in a map. Soviet Geography, S. 150-168 (1967).

Meschede, W.: Das kommerziell-zentrale Raumgefüge im niederländisch-westfälischen Grenzgebiet. Spieker, S. 219-231 (1977).

Meynen, E. und *Hofmann, F.:* Methoden zur Bestimmung von Stadt und Umland. Geogr. Taschenbuch, S. 418-242 (1954/55).

Meynen, E., Klöpper, R. und *Körber, J.:* Rheinland-Pfalz in seiner Gliederung nach zentralörtlichen Bereichen. Forsch. zur deutschen Landeskunde, Bd. 100. Remagen 1957.

Mitchell, J. C.: Distance, Transportation and Urban Involvement in Zambia. In: *Southall, A.* (Hrsg.): Urban Anthropology, S. 287-314. London – Toronto 1973.

Mitterauer, M.: Das Problem der zentralen Orte als sozial- und wirtschaftshistorische Forschungsaufgabe. Vierteljahrschr. f. Sozial- und Wirtschaftsgeschichte 58, S. 433-467 (1971).

Momeni, M.: Malayer und sein Umland. Entwicklung, Struktur und Funktionen einer Kleinstadt in Iran. Marburger Geogr. Schriften, H. 68 (1976).

Morse, R. M.: Recent Research on Latin American Urbanization: A Selective Survey with Commentary. In: *Breese, G.* (Hrsg.): The City in Newly Developing Countries, S. 474-506. Englewood Cliffs, N. J. 1969.

Müller, N. L.: Brazil. In: *Jones, R.* (Hrsg.): Urbanization, S. 212-222. London 1975.

Murdie, R. A.: Cultural differences in consumer travel. Economic Geography, S. 211-233 (1965).

Neef, E.: Das Problem der zentralen Orte. Pet. Mitteil., S. 6-17 (1950).

Neef, E.: Die Veränderlichkeit der zentralen Orte niederen Ranges. The IGU Symposium in Urban Geography, S. 227-234. Lund 1962.

Nielsen, A. C.: Designated Market Areas 1967/68. In: Berry, B. J. L.: Hierarchical diffusion: the basis of developmental filtering and spread in a system of growth centers. In: *English, P. W.* und *Mayfield, R. C.* (Hrsg.): Man, Space and Environment, S. 340-359. New York – London – Toronto 1972.

Nuystuen, J. D. und *Dacey, M. F.:* A graph theory interpretation of nodal regions. Papers

and Proceedings of the Regional Science Association, S. 29-42 (1961).
Palomäki, M.: The functional centers and areas of south Bothnia, Finland. Fennia, S. 1-233 (1964).
Pedersen, P. O.: Innovation diffusion within and between national urban systems. Geogr. Analysis, S. 203-254 (1970).
Petri, F.: Die Verhältnisse von Stadt und Land in der Geschichte der Niederlande. In: Stadt-Land-Beziehungen und Zentralität als Problem der Raumforschung. Veröff. der Akademie f. Raumf. und Landespl., Forschungs- und Sitzungsber., Bd. 88, S. 103-122 (1974).
Philbrick, A. K.: Principles of areal functional organization in regional human geography. Economic Geography, S. 299-336 (1957).
Phillips, P. D. und *Brunn, S. D.:* Slow Growth: A new epoch of American Metropolitan evolution. Geogr. Review, S. 274-292 (1978).
Pokshishevskiy, V. V.: Urbanization and Ethnogeographic Processes. Soviet Geography, S. 113-120 (1972).
Pred, A. R.: The spatial dynamics of U.S. urban industrial growth, 1800-1914: interpretive and theoretical essays. Cambridge/Mass. 1966.
Pred, A. R.: Large city interdependence and the preelectronic diffusion of innovation of the U.S. Geogr. Analysis, S. 165-181 (1971).
Pred, A. R.: On the spatial structure and organizations and the complexity of metropolitan interdependence. Regional Science Association, S. 115-131, S. 135-137 und S. 140-142 (1975). Auch in: *Bourne, L. S.* und *Simmons, J. W.* (Hrsg.): S. 292-309. New York 1978.
Pred, A. R.: Urban growth and City-Systems in the United States. Cambridge/Mass. – London 1980.
Pred, A. R. und *Törnquist, G. E.:* Systems of Cities and information flow. Lund Studies in Geography, Ser. B: Human Geography, Nr. 38. Lund 1973.
Preston, R. E.: "Two Centrality Models". Yearbook of the Association of Pacific Coast Geographers 32, S. 59-78 (1970).
Preston, R. E.: The structure of central place systems. Economic Geography, S. 136-155 (1971).
Preston, A.: Urban growth and city-systems in the United States, 1840-1860. Cambridge/Mass. – London 1980.
Pyle, G. F.: Approaches to Understanding the Urban Roots of Brazil. In: Geographic Research on Latin America, S. 378-395. Ball State Univ. Muncie, Indiana 1971.
Ray, D. M.: Cultural differences in consumer travel behaviour in Eastern Ontario. The Canadian Geographer, S. 143-156 (1967).

Rees, P.: Residential pattern in American cities. 1960 (Chicago). The Univ. of Chicago Dep. of Geography, Research Paper, Nr. 189. Chicago 1979.
Richards, S. F.: Geographic Mobility of Industrial Workers in India: A Case Study of Four Factory Labour Forces. In: *Dwyer, D. J.* (Hrsg.): The City as a Centre of Change in Asia, S. 72-95. Hongkong 1972.
Riddell, J. B. und *Harvey, M. E.:* The Urban System in the Migration Process: An Evaluation of Step-Wise Migration in Sierra Leone. Economic Geography, S. 270-283 (1972).
Ro, Ch.-H.: Housing Problems in Urban Korea. In: *Dwyer, D. J.* (Hrsg.): The City as a Centre of Change in Asia, S. 191-199. Hongkong 1972.
Rose, A. J.: Metropolitan Primacy as the Normal State. In: *Powell, J. M.* (Hrsg.): Urban and Industrial Australia, S. 85-101. Melbourne 1974.
Rother, L.: Die Städte der Çuzkurova: Adana – Mersin – Tarsus. Tübinger Geogr. Studien, H. 42 (1971).
Saint-Vit, J.: L'immigration scolaire et ses conséquences sur la démographie urbaine en Afrique Noire: L'exemple de Gagnoa. Les Cahiers d'Outre-Mer, S. 376-387 (1975).
Schaffer, F.: Faktoren und Prozeßtypen räumlicher Mobilität. Münchener Studien zur Sozial- und Wirtschaftsgeographie, Bd. 8, S. 39-48 (1972).
Schlesinger, W.: Über mitteleuropäische Städtelandschaften der Frühzeit. In: *Schlesinger, W.* (Hrsg.): Beiträge zur deutschen Verfassungsgeschichte des Mittelalters, Bd. II, S. 42-67. Göttingen 1963.
Schlier, O.: Die zentralen Orte des Deutschen Reiches. Zeitschr. d. Gesellsch. für Erdkunde Berlin, S. 161-170 (1937).
Schmitz, H.: Bildung und Wandel zentralörtlicher Systeme in Nord-Marokko. Erdkunde, S. 120-131 (1973).
Schneider, E.: Die Stadt Offenbach am Main im Frankfurter Raum. Ein Beitrag zum Problem benachbarter Städte. Rhein-Mainische Forschungen, H. 52. Frankfurt a. M. 1962.
Schöller, P.: Die rheinisch-westfälische Grenze zwischen Ruhr- und Ebbegebirge. Ihre Auswirkungen auf die Sozial- und Wirtschaftsräume und die zentralen Funktionen der Orte. Forsch. z. deutschen Landesk., Bd. 72 (1953).
Schöller, P.: Aufgaben und Probleme der Stadtgeographie. Erdkunde, S. 161-194 (1953).
Schöller, P.: Der Markt als Zentralitätsphänomen. Das Grundprinzip und seine Wandlungen in Zeit und Raum. Westfäl. Forsch., Bd. 15, S. 85-93 (1962).

Schöller, P.: Die deutschen Städte. Erdkundl. Wissen, H. 17. Wiesbaden 1967.

Schöller, P.: Binnenwanderung und Städtewachstum in Japan. Erdkunde, S. 13-29 (1968).

Schöller, P.: Ein Jahrhundert Stadtentwicklung in Japan. Colloquium Geographicum, S. 13-57 (1969).

Schöller, P.: Japanische Regionalzentren im Prozeß der Binnenwanderung. Erdkunde, S. 106-112 (1970).

Schöller, P.: Wanderungszentralität und Wanderungsfolgen in Japan. Erdkunde, S. 290-298 (1973).

Schöller, P.: Die Bedeutung historisch-geographischer Zentralitätsforschung für eine gegenwartsbezogene Raumwissenschaft. Geogr. Studien, H. 33, S. 237-249 (1976).

Schöller, P.: Japan. In: *Schöller, P., Dürr, H.* und *Dege, E.* (Hrsg.): Ostasien. Frankfurt a. M. 1978.

Schöller, P.: Überlegungen und Thesen zur Entwicklung und Gegenwartsproblemen der Siedlungszentralität. Veröff. d. Akademie f. Raumforschung und Landesplanung, Forschungs- und Sitzungsber., Bd. 137, S. 65-69. Hannover 1981.

Schmitthenner, H.: Die chinesische Stadt. In: *Passarge, S.* (Hrsg.): Stadtlandschaften der Erde, S. 85-108. Hamburg 1930.

Schultze, J. H.: Die Anwendbarkeit der Theorie der zentralen Orte. Pet. Mitteil., S. 106-110 (1951).

Schwarz, K.: Demographische Grundlagen der Raumforschung und Landesplanung. Veröffentl. der Akademie für Raumf. und Landespl., Abhandl., Bd. 64. Hannover 1972.

Schwidetzky, I.: Grundzüge der Völkerbiologie. Stuttgart 1950.

Schwidetzky, I.: Hauptprobleme der Anthropologie. Bevölkerungsbiologie und Evolution des Menschen. Freiburg i. Br. 1971.

Sinclair, D. J.: The growth of London since 1800. Guide to London Excursions. Intern. Geogr. Congress, S. 13-19. London 1964.

Skinner, G. W.: Marketing and Social Structure in Rural China. Journal of Asian Studies, Vol. 24, Nr. 1, Nov. 1964 und in: *English, H. W.* und *Mayfield, R. C.* (Hrsg.): Man, Space and Environment, S. 561-601. New York – London – Toronto 1972.

Smailes, A. E.: The urban hierarchy in England and Wales. Geography, S. 41-51 (1944).

Southall, A. W.: Kinship, Friendship, and the Network of Relations in Kisenyi, Kampala. In: *Southall, A. W.* (Hrsg.): Social Change in Modern Africa, S. 217-229. London – New York – Toronto 1961; 3. Aufl. 1965.

Southall, A. W.: Urban Anthropology. Cross-Cultural Studies of Urbanization. London – Toronto 1973.

Specht, H.: Der Landkreis Grafschaft Bentheim. Bremen – Horn 1953.

Spiegel, E.: Neue Städte/New Towns in Israel. Stuttgart – Bern 1966.

Spieker, U.: Libanesische Kleinstädte. Zentralörtliche Einrichtungen und ihre Inanspruchnahme in einem orientalischen Agrarraum. Erlanger Geogr. Arbeiten, Sonderbd. 3 (1975).

Statistisches Bundesamt Wiesbaden (Hrsg.): Statistik des Auslandes, Afrikanische Länder, jeweils die neuesten Ausgaben.

Stewart, J. Q.: Empirical Mathematical Rules concerning the Distribution and Equilibrum of Population. Geogr. Review, S. 461-485 (1947).

Stewig, R.: Die Stadt in Industrie- und Entwicklungsländern. Uni-Taschenbücher 1247. Paderborn – München usf. 1983.

Stoob, H.: Frühneuzeitliche Städtetypen. In: *Stoob, H.* (Hrsg.): Die Stadt. Gestalt und Wandel bis zum industriellen Zeitalter, S. 195-228. Köln – Wien 1979.

Stoob, H.: Stadtformen und städtisches Leben im späten Mittelalter. In: *Stoob, H.* (Hrsg.): Die Stadt. Gestalt und Wandel bis zum industriellen Zeitalter, S. 157-194. Köln – Wien 1979.

Suret-Canale, J.: Les liaisons routières de Toulouse et de sa région. Revue de Géographie des Pyrénées et du Sud-Ouest, S. 118-144 (1944).

Tatevosyan, R. V.: Methods of Analysis of Interregional Migration in the USSR in Relation to the Process of Urbanization. Soviet Geography, S. 126-131 (1972).

Tharun, E.: Planungsregion Untermain – Zur Gemeindetypisierung und inneren Gliederung einer Verstädterungsregion. Rhein-Mainische Forsch., H. 81 (1975).

Troin, J.-F.: Les Souks marocains. Aix-en-Provence 1975.

Tuominen, O.: Das Einflußgebiet der Stadt Turku im System der Einflußgebiete SW-Finnlands. Fennia 71, 5 (1949).

Ullman, E. L. und *Dacey, M. F.:* The minimum requirement approach to economic base. The IGU Symposium in Urban Geography, S. 121-143. Lund 1962.

Unikel, L.: Mexico. In: *Jones, R.* (Hrsg.): Essays on World Urbanization, S. 282-296. London 1975.

United Nations Economic Commission of Africa: Léopoldville and Lagos. Comparative Study of Conditions in 1960. UN Economic Bull. for Africa 1, Nr. 2, S. 50-65. Auch in: *Breese, G.* (Hrsg.): The City in Newly Developing Countries, S. 436-460. Englewood Cliffs. N. J. 1969.

Vennetier, P.: Les Villes d'Afriques tropicales. Paris – New York 1976.
Vernière, M.: Les oubliés de l'Haussmannisation Dakaroise. L'Espace géographique, S. 5-23 (1977).
Veröffentl. der Akademie f. Raumforschung und Landesplanung: Stadtregionen in der Bundesrepublik Deutschland. Forschungs- und Sitzungsber., Bd. 103. Hannover 1975.
Vorlaufer, K.: Dar Es Salam. Hamburger Beiträge zur Afrika-Kunde, Bd. 15. Hamburg 1973.
Ward, D.: Cities and Immigrants. New York – London – Toronto 1971.
Weulersse, J.: La primauté des cités dans l'économie syrienne. Etude des relations entre villes et campagnes dans le Nord-Syrie avec d'exemples choisis à Antioche, Hamma et Lattaquié. Comptes Rendu Congr. Intern. Géogr. Amsterdam, Bd. 2, Sect. III a, S. 235-239. Leiden 1938.
Wilhelmy, H.: Südamerika im Spiegel seiner Städte. Hamburg 1952.
Winz, H. und *Lembke, H.:* Die Intensivkulturen der Mittelmark. Zeitschr. f. Erdkunde, S. 562-582 (1939).
Wirth, E.: Damaskus – Aleppo – Beirut. Ein geographischer Vergleich dreier nahöstlicher Städte im Spiegel ihrer sozialen und wirtschaftlich tonangebenden Schicht. Erde 1966, S. 166-202 (1966).
Wirth, E.: Die Beziehungen der orientalisch-islamischen Stadt zum umgebenden Land. Erdkundliches Wissen, H. 33, S. 323-333 (1973).
Wirth, E.: The Middle East with special reference to Syria, Lebanon, Iraq and Iran. In: *Jones, R.* (Hrsg.): Essays of World Urbanization, S. 317-323. London 1975.
Witthauer, K.: Die Bevölkerung der Erde. Verteilung und Dynamik. Pet. Mitteil. Ergh. Nr. 265. Gotha 1958.
Witthauer, K.: Verteilung und Dynamik der Erdbevölkerung. Pet. Mitteil. Ergh. Nr. 277. Gotha und Leipzig 1969.
Wogdom, W. H. und *Stolper, W. F.:* The economics of location. New Haven 1954 (Übersetzung der Arbeit von Lösch).
Wolf, K.: Die Konzentration der Versorgungsfunktionen in Frankfurt a. M. Rhein-Mainische Forschungen, H. 55. Frankfurt a. M. 1964.
Wolf, K.: Neuere Ergebnisse stadtgeographischer Forschung, erläutert an Beispielen aus dem Rhein-Main-Gebiet. Berichte z. Deutschen Landeskunde, Bd. 45, S. 135-144 (1971).
Woytinski, W. S. und *Woytinski, E. S.:* World Population and Production. Trends and outlooks. New York 1953.
Wülker-Weymann, G.: Bauerntum am Rande der Großstadt, Bd. II: Bevölkerungs- und Wirtschaftswandlungen im 19. und 20. Jahrhundert (Hainholz, Vahrenwald und List bei Hannover). Leipzig 1940.
Yamamoto, S., Tabayashi, A., Ichiminami, F. und *Ikui, M.:* Regional changes in Japanese Agriculture from 1960 to 1975. Science Reports of the Institute of Geoscience, Univ. of Tsukuba, Sect. A: Geogr. Sciences, Bd. 2, S. 1-14 (1981).
Zayonchkovskaya, Zh. D. und *Zakharina, D. M.:* Problems of Providing Siberia with Manpower. Soviet Geography, S. 671-683 (1972).
Zipf, G. K.: National Unity and Disunity. Bloomington 1941.

VII.C. Städte mit besonderen Funktionen oder Funktionale Stadttypen

Ahmad, Q.: Indian Cities Characteristics and Correlates. Univ. of Chicago, Dep. of Geography, Paper Nr. 102 (1965).
Ahnert, F.: Washington, D.C. Entwicklung und Gegenwartsbild der amerikanischen Hauptstadt. Erdkunde, S. 1-26 (1958).
Aitkin, S. R. und *Sheshkin, F.:* Malaysia's Emerging Conurbation. Annals of the Association of American Geographers, S. 546-563 (1975).
Alberti, M. P. P.: Strutture Commerciali di una Città die Pellegrinaggio. Manshhad (Iran Nord-Oriental). Univ. degli Studio die Trieste, Facolta di Economica e Commercio, Instituto di Geografia, Publ. Nr. 8 (1971).
Alexandersson, G.: The industrial structure of American Cieties. London – Stockholm 1956.
Alexandersson, G. und *Nordström, G.:* World Shipping. Stockholm – Göteborg – Uppsala usw. 1963.
Amiran, D. H. K. und *Shahar, A.:* The towns of Israel. The principles of their urban geography. Geogr. Review, S. 348-369 (1961).
Andreae, W. und *Lenzen, H.:* Die Partherstadt Assur. Leipzig 1933.
Aubin, H.: Vom Altertum zum Mittelalter. Fortleben und Entstehung. München 1949.
Aurousseau, M.: The Distribution of Population. Geogr. Review, S. 563-592 (1921).
Autorenkoll.: Die Bezirke der DDR. Gotha – Leipzig 1974.
Barbieri, G.: Prato e la sua industria tessili. Studi

geografici sulla Toscana, Ergänzungsband zu Bd. LXIII, S. 1-70. Florenz 1957.
Barbieri, G.: Porti d'Italia. Memoire die Geografia Economica, Vol. XX. Neapel 1959.
Bartsch, G.: Ankara im Wandel der Zeiten und Kulturen. Pet. Mitt., S. 256-266 (1954).
Bataillon, M. C.: Rôles et caractères des petites villes. (Amérique Latin). Bull. de L'Association de Géographes Français, S. 185-191 (Juni-Nov. 1970).
Becker, E.: Kano, eine afrikanische Großstadt. Deutsches Institut für Afrikaforschung. Hamburg 1969.
Berry, B. J. L.: Geography of market centres and retail distribution. Englewood Cliffs, N. J. 1967.
Berry, B. J. L.: Latent Structure of American Urban System with International Comparisons. In: *Berry* and *Smith* (Hrsg.): City Classification Handbook, S. 11-57. New York – London usw. 1972.
Berry, B. J. L. und *Smith, K. B.:* City Classification Handbook. New York – London usw. 1972.
Berry, B. J. L. und *Spodek, H.:* Comparative Ecologies of Large Indian Cities. Economic Geography, Suppl. II zu Bd. 47, S. 266-285 (1971).
Bird, J.: Seaports and Seaport Terminals. London 1971.
Blazhko, N. J.: The system of urban places in the Donets territorial. Soviet Geography, S. 11-16 (1964).
Blazhko, N. J.: Economic-geographical modeling of cities. In: *Demko, G. J.* und *Fuchs, R. J.* (Hrsg.): Geographical perspectives in the Soviet Union, S. 614-649. Columbus 1974.
Blackbourne, A.: The spatial behaviour of American firms in Western Europe. In: *Hamilton, F. E. I.* (Hrsg.): Spatial perspectives on industrial organization and decision-making, S. 245-264. London – New York usf. 1974.
Blenck, J., Bronger, D. und *Uhlig, H.* (Hrsg.): Südasien. Fischer-Länderkunde, Bd. 2. Frankfurt a. M. 1977.
Blotevogel, H. H. und *Hommel, M.:* Struktur und Entwicklung des Städtesystems. Geogr. Rundschau, S. 155-164 (1980).
Blüthgen, J.: Die Erlanger Stadtviertel. Mitteil. Fränk.Geogr. Gesellschaft, S. 1-30 (1971).
Buchanan, I.: Singapore in South East Asia. London 1972.
Büschenfeld, H.: Höchst – Die Stadt der Farbwerke. Die Folge der Auswirkung von Eingemeindungen auf das Funktionsgefüge der betroffenen Städte. Rhein-Mainische Forschungen, H. 45. Frankfurt a. M. 1958.

Carrière, F. und *Pinchemel, P.:* Le fait urbain en France. Paris 1963.
Centre National de la Recherche Scientifique Paris (Hrsg.): Coll. Intern., Nr. 587; Second coll. Franco-Japonais de Géographie: Villes et Ports. Paris 1979.
Chang, S.: The Changing System of Chinese Cities. Annals of the Assoc. of Amer. Geographers, S. 398-415 (1976).
Chardonnet, J.: Métropoles Economiques. Cahiers de la Fondation Nationale des Sciences Politiques, Nr. 102. Paris 1962.
Church, R. J. H.: West Africa. 7. Aufl. London 1974.
Clerget, M.: De quelques caractères communs distinctifs des villes arabes dans l'Orient médiéval. Comptes Rendus du Congr. Intern. de Géographie Paris 1931, Bd. III, S. 438-444. Paris 1934.
Collin-Delavaud, A.: Paysanda, ville industrielle d'Uruguay. Cahiers des Ameriques Latines, S. 191-194 (1972).
Collin-Delavaud, A.: L'Uruguay, un exemple d'urbanisation originale en pays d'élevage. Les Cahiers d'Outre-Mer, S. 361-389 (1973).
Cresswell, P. und *Thomas, R.:* Employment and population balance. In: *Evans, H.* (Hrsg.): New Towns: The British Experience, S. 66-79. London 1972.
Darby, H. C. (Hrsg.): A new historical geography of England. Cambridge 1973.
Delhaes-Guenther, D. W.: Industrialisierung in Südbrasilien. Die deutsche Einwanderung und die Anfänge der Industrie in Rio Grande do Sul. Köln 1973.
Demangeon, A.: La France Economique et Humaine. In: Géographie Universelle. Bd. VI. Paris 1946 und 1948.
Despois, J. und *Raynal, R.:* Géographie de l'Afrique du Nord-Ouest. Paris 1967.
Dion, R.: Paris, Lage, Werden und Wachsen der Stadt. Frankfurter Geogr. Hefte, Jg. 25, H. 1. Frankfurt a. M. 1951.
Dobrowolska, M.: The growth pole concept and the socio-economic development of region undergoing industrialization. Geogr. Polonica, H. 33, S. 83-101 (1966).
Dollfus, M. O.: Colloque sur le rôle des villes dans la formation des régions en Amérique Latine. Bull. de l'Association des Géographes Francais, Nr. 282-283 (1970).
Dorfs, P.: Wesel, eine stadtgeographische Monographie mit einem Vergleich zu anderen Festungsstädten. Forschungen z. deutschen Landeskunde, Bd. 201 (1972).
Duckwitz, G.: Kleinstädte an Nahe, Glan und Alsenz, ein historisch-geographischer, wirt-

schafts- und siedlungsgeographischer Beitrag zur regionalen Kulturlandschaftsentwicklung. Bochumer Geogr. Arbeiten, H. 11 (1971).

Duncan, O. u. a.: Metropolis and Region. Baltimore 1960.

East, W. G.: An Historical Geography of Europe. 5. Aufl. London 1956.

Ehlers, E.: Die Stadt Bam und ihr Oasen-Umland. Erdkunde, S. 21-38 (1975).

Ennen, E.: Frühgeschichte der europäischen Stadt. Bonn 1953.

Förster, H.: Industrialisierungsprozesse in Polen. Erdkunde, S. 214-231 (1974).

Forschungsleitstelle für Territorialplanung der Staatlichen Plankommission der DDR: Siedlungsstruktur und Urbanisierung. Ergänzungsheft zu Pet. Geogr. Mitteil., Nr. 280. Gotha/Leipzig 1981.

Forst, H. T.: Zur Klassifizierung von Städten. Arbeiten zur angewandten Statistik, H. 17. Würzburg 1974.

Friedman, H.: Alt-Mannheim im Wandel seiner Physiognomie, Struktur und Funktion. Forschungen z. deutschen Landeskunde, Bd. 168 (1968).

Fujioka, K.: Historical Development of Japanese Cities. In: Japanese Cities, hrsg. von Association of Japanese Geographers, Special Publ., Nr. 2, S. 13-16. Tokio 1970.

Gaebe, W.: Die Analyse mehrkerniger Verdichtungsräume. Das Beispiel des Rhein-Ruhr-Raumes. Karlsruher Geogr. Hefte, H. 7 (1976).

Gautier, E.-F.: Les Villes Saintes de l'Arabie. Annales de Géographie, S. 115-131 (1918).

Gilbert, E. W.: The University Town in England and West Germany. Chicago 1961.

Goodwin, W.: The Management Center of the United States. Geogr. Review, S. 1-16 (1965).

Gottmann, J.: L'homme, la route et l'eau en Asie sud-occidentale. Annales de Géographie, S. 575-601 (1938).

Gradmann, R.: Die städtischen Siedlungen des Königreichs Württemberg. Forschungen zur deutschen Landes- und Volkskunde, Bd. XXI, 2. Stuttgart 1914.

Gregory, S.: Statistical Methods and the Geographer. 2. Aufl. London 1968.

Griffin, E. C. und *Ford, L. R.:* Tijuana: Landscape of a Cultural Hybrid. Geogr. Review, S. 435-447 (1976).

Haase, C.: Stadtbegriff und Stadtentstehungsgeschichte in Westfalen. Westfälische Forschungen 1958 bzw. In: Die Stadt des Mittelalters, hrsg. von *C. Haase*, Bd. I, Darmstadt 1969.

Hahlweg, H.: Die Gemeindetypenkarte 1961 für Baden-Württemberg. Raumforschung und Raumordnung, S. 68-74 (1968).

Hamburg: Großstadt und Welthafen. Festschr. zum XXX. Deutschen Geographentag 1955. Kiel 1955.

Hamdan, G.: The growth and functional structure of Khartoum. Geogr. Review, S. 21-40 (1960).

Hannemann, M.: Die Seehäfen von Texas. Frankfurter Geogr. Hefte, Bd. II, 1. Frankfurt a. M. 1928.

Harris, C. D.: A Functional Classification of Cities in the United States. Geogr. Review, S. 86-99 (1943).

Harris, C. D.: The Cities of the Soviet Union. Geogr. Review, S. 107-121 (1945).

Harris, C. D.: Cities of the Soviet Union. Studies in their Functions, Size, Density, and Growth. Fifth of the Monograph Series, hrsg. von Association of American Geographers. Chicago 1970.

Harrison Church, R. J.: West Africa. A study of the environment and of man's use of it. London 1974.

Hassinger, H.: Beiträge zur Siedlungs- und Verkehrsgeographie von Wien. Mitt. der Geogr. Gesellsch. Wien, S. 5-88 (1910).

Hassinger, H.: Geographische Grundlagen der Geschichte. Freiburg i. Br. 1953.

Hearn, G.: The seven cities of Delhi. Kalkutta und Simla 1928.

Hellmann, M.: Probleme früher städtischer Sozialstruktur in Osteuropa. Vorträge und Forschungen des Konstanzer Arbeitskreises, Bd. XI, S. 379-402 (1966).

Herubel, M.: Les ports maritimes. Paris 1943.

Hilling, D.: Port Development and Economic Growth: The Case of Ghana. In: *Hoyle, B. S.* und *Hilling, D.* (Hrsg.): Seaports and Development in Tropical Africa, S. 127-145. London 1970.

Hofmeister, B.: Berlin. Eine geographische Strukturanalyse. Darmstadt 1975.

Hoselitz, F.: Urbanization and Town Planning in India. In: Confluence Harvard University, International Seminar, Vol. VII, S. 115-127 (1958).

Hottes, K.: Industrial estates – Industrie – und Gewerbepark-Typ einer neuen Standortgemeinschaft. In: *Hottes, K.* (Hrsg.): Industriegeographie, S. 484-515. Darmstadt 1976 (mit zahlreicher Literatur über die industrial estates).

Hoyle, B. S. und *Hilling, D.:* Seaports and Development in Tropical Africa. London 1970.

Huetz de Lemps, M. A.: Madrid. Notes et Etudes Documentaires, Nr. 3854-3855 (1972).

Huttenlocher, F.: Städtetypen und ihre Gesellschaften an Hand südwestdeutscher Beispiele. Geogr. Zeitschr., S. 161-182 (1963).

Huttenlocher, F.: Die Stadt Tübingen. In: Geographischer Führer für Tübingen und Umgebung, S. 56-137. Tübingen 1966.

Illeris, S.: The functions of Danish towns. Internationaler Geographentag London, Symposium Stadtgeographie in Nottingham 1964.

Imhof, A.: Der agrare Charakter der schwedischen und finnischen Städte des 18. Jahrhunderts. Vergleich zwischen West- und Mitteleuropa. Historische Raumforschung, Bd. 11, Forschungsber. des Ausschusses „Historische Raumforschung der Akademie für Raumforschung und Landesplanung", S. 161-197. Hannover 1974.

Jäger, H.: Großbritannien. Darmstadt 1976.

James, H. G.: The urban geography of India. Bull. of the Geogr. Society of Philadelphia, Bd. 28, S. 40-62 (1930).

James, P. E. und *Faissol, S.:* The Problem of Brazil's Capital City. Geogr. Review, S. 301-317 (1956).

Jankuhn, H.: Die frühmittelalterlichen Seehandelsplätze im Nord- und Ostseeraum. Vorträge und Forschungen des Konstanzer Arbeitskreises für mittelalterliche Geschichte, Bd. IV, S. 451-498. Sigmaringen 1958 bzw. 1970.

Jeannin, M.: L'Agriculture et les habitantes de Makélékélé (Brazzaville). In: Travaux et documents de géographie tropicale, Nr. 7, S. 17-46 (1972).

Jefferson, M.: The World's City Folks. Geogr. Review, S. 446-465 (1931).

Jefferson, M.: The Law of the Primate City. Geogr. Review, S. 226-232 (1939).

Jenny, J. H.: Die Beziehungen der Stadt Basel zu ihrem ausländischen Umland. Baseler Beiträge zur Geographie 10 (1969).

Jumper, S. R.: Wholesale Marketing of Fresh Vegetables. Annals of the Association of American Geographers, S. 387-396 (1974).

Kappe, G.: Die Unterweser und ihr Wirtschaftsraum. Formen und Kräfte einer Landschaft am Strom. Deutsche Geogr. Blätter, Bd. 40 (1929).

Kerr, D.: Financial Functions, Metropolitanism, the case of Toronto. Internationaler Geographentag London, Symposium Stadtgeographie in Nottingham 1964.

Keuning, H. J.: Een typologie van de Nederlandse steden. Tijdschr. voor Economische und Sociale Geografie, S. 187-206 (1950).

Khoreû, B. S.: Isslevanie functsio'noi strukrury gorodskikh SdSSR. Voprosy geografii, sbornik 66, M. "Mysl", S. 34-58 (1965). Ins Englische übersetzt in: Soviet Geography, S. 31-51, Jan. 1966.

Kielcewska-Zaleska, M.: Changes in the functions of small towns in Poland. Geographica Polonica 3, S. 79-92. Warschau 1964.

King, H. W. H.: The Canberra-Queanbeyan Symbiosis. A study of urban mutualism. Geogr. Review, S. 101-118 (1954).

King, L. J.: Cross-Sentional Analysis of Canadian Urban Dimension 1951 and 1961. Canadian Geographer X, Nr. 4, S. 205-242 (1966).

Kirsten-Buchholz-Kollmann: Raum und Bevölkerung in der Weltgeschichte. Würzburg 1956.

Kirsten, E.: Die griechische Polis als historisch-geographisches Problem des Mittelmeerraumes. Colloquium Geogr., Bd. 5. Bonn 1956.

Klöpper, R.: Landkreis und Stadt Ludwigshafen am Rhein. In: Die deutschen Landkreise, Reihe Rheinland-Pfalz, Bd. 2. Speyer 1957.

Klöpper, R.: Junge Industrie-Großstädte: Ludwigshafen – Leverkusen – Höchst. Berichte zur Deutschen Landeskunde, Bd. 23, S. 101-214 (1959).

Kohl, I. G.: Die geographische Lage der Hauptstädte Europas. Leipzig 1874.

Kohlhepp, G.: Industriegeographie des nordöstlichen Santa Catarina (Südbrasilien). Heidelberger Geogr. Arbeiten, H. 21 (1968).

Kortus, B.: Changes in the industrial structure. A case of the Upper Silesian Industrial – District. Geogr. Polonica, S. 183-190 (1976, H. 33).

Kosinski, L.: Population and Urban Geography in Poland. Geogr. Polonica 3, S. 74-96. Warschau 1964.

Konstantinov, O. A.: Some conclusions about the geography of cities and the urban population of the USSR based on the results of the 1959 census. Soviet Geography, S. 59-75 (1960).

Kraus, Th.: Köln. Grundlagen seines Lebens in der Nachkriegszeit. Erde, S. 96-111 (1954).

Krenz, G.: Siedlungsgeographische Probleme im Gebiet von Eisenhüttenstadt. Geographische Berichte, S. 69-85 (1964).

Küpper, U.: Regionale Geographie- und Wirtschaftsförderung in Großbritannien und Irland. Kölner Forschungen zur Wirtschafts- und Sozialgeographie, Bd. X (1970).

Kuhn, W.: Die Stadtdörfer der mittelalterlichen Ostsiedlung. Zeitschr. f. Ostforschung, S. 1-69 (1971).

Kuipers, H.: The changing landscape of the island of Rozenburg. Geogr. Review, S. 362-378 (1962).

Lamps, M.: Localisation Spotanée et Localisation Planifiée de l'Industrie. Le complex régional de Halle – Leipzig. Mosella, Nr. 2 und 3. Metz 1972.

Lange, N. de: Städtetypisierung in Nordrhein-Westfalen im raum-zeitlichen Vergleich. 1961 und 1970. Münstersche Geogr. Arbeiten, H. 8 (1980).

Leborgne, J. R.: Le site et l'évolution urbaine de Douai. Annales de Géographie, S. 109-121 (1950).

Le Guen, G.: La Structure de la Population Active des Agglomérations Françaises de plus de 20 000 Habitants. Annales de Géographie, S. 355-370 (1960).

Lehmann, E.: Die Lage Leipzigs und des Leipziger Landes. „Das Leipziger Land", S. 5-18. Leipzig 1964.

Lehmann, H.: Frankfurt a. M. Erde V, S. 66-80 (1954).

Leister, I.: Die Industrialisierung in der Republik Irland. Geogr. Rundschau, S. 285-300 (1964).

Leister, I.: Marburg. Marburger Geogr. Schriften, H. 30, S. 3-76 (1966 bzw. 1967).

Leyden, F.: Groß-Berlin. Geographie einer Weltstadt. Breslau 1933.

Leyden, F.: Drie voormalige Vestingen (Nijmwegen, Maastricht, Hertogenbosch). Tijdschr. voor Economische Geografie, S. 81-96 (1938).

Linge, G. J. H.: Canberra after fifty years. Geogr. Review, S. 467-486 (1961).

Lonsdale, R. E. und *Browning, C.:* Rural – Urban Locational Preferences of Southern Manufacturers. Annals of the Association of American Geographers, S. 255-268 (1971).

Ludat, H.: Frühformen des Städtewesens in Osteuropa. In: Vorträge und Forschungen des Konstanzer Arbeitskreises, Bd. IV, S. 527-553 (1958).

Mackay, E.: Die Induskultur. Ausgrabungen in Mohendjo Daro und Harappa. Leipzig 1938.

Manshard, W.: Die Städte des tropischen Afrika. Berlin – Stuttgart 1977 (mit zahlreicher Literatur).

Matznetter, J.: Die Siedlungen der Moçambique-Küste. In: Ostafrika. Erdkundliches Wissen, H. 36, S. 115-133. Wiesbaden 1974.

Mayr, A.: Universität und Stadt. Ein stadt-, wirtschafts- und sozialgeographischer Vergleich alter und neuer Hochschulstandorte in der BRD. Münstersche Geogr. Arbeiten, H. 1 (1979).

Meckelein, W.: Gruppengroßstadt und Großstadtballung in der Sowjetunion. Deutscher Geographentag Berlin 1959, S. 168-185. Wiesbaden 1960.

Mecking, L.: Die Seehäfen in der geographischen Forschung. Pet. Mitt. Ergh. 209, S. 326-345. Gotha 1930.

Mecking, L.: Benares, ein kulturgeographisches Charakterbild. Geogr. Zeitschrift, S. 20-35 und S. 77-96 (1931).

Mecking, L.: Die Großlage der Seehäfen, insbesondere das Hinterland. Geogr. Zeitschr., S. 1-17 (1931).

Meo, G. D. und *Houtmann, J.-C.:* L'aménagement des grandes ports japanais. Annales de Géographie, S. 46-89 (1974).

Merlin, P.: Villes Nouvelles. Paris 1969.

Metz, F.: Karlsruhe. In: Beiträge zur oberrheinischen Landeskunde, Festschr. zum 22. Deutschen Geographentag, S. 131-152. Breslau 1927.

Mikolaiski, J.: Polish Sea-Ports, their Hinterlands and Fore-lands. Geogr. Polonica, Bd. 2, S. 221-229 (1964).

Miljukoff, P.: Die Entstehung des russischen Städtewesens. Vierteljahrsschr. für Sozial- und Wirtschaftsgeschichte, Bd. IV, S. 130-146 (1918).

Miner, H.: The primitive city of Timbouctoo. Princeton 1953.

Modelski, G.: International content and performance among the World's largest corporations. In: *Modelski, G.* (Hrsg.): Transnational corporations and world order, S. 45-65. San Francisco 1979.

Moesch, I. und *Simmert, D. B.:* Banken. Strukturen, Macht, Reformen. Köln 1976.

Morgan, F. W.: The pre-war hinterlands of the German-Baltic Ports. Geography, S. 210-211 (1949).

Morrisett, I.: The economic Structure of American Cities. Papers and Proceedings, Regional Science Association, Volume IV (1958).

Moser, C. A. und *Scott, W.:* British Towns. A Statistical Study of their Social and Economic Differences. Edinburgh und London 1961.

Müller-Hillebrand, V.: Die Weltstädte als Absatz- und Verbrauchszentren. Berichte des Instituts für Exportforschung Erlangen – Nürnberg. Opladen 1971.

Munsi, S. K.: The Nature of Indian Urbanisation. Geogr. Review of India, S. 287-299 (1975).

Myakawa, Y.: The Industrial Estates in Tohuku Public Investments and Location of Plants. Japanese Journal of Geology and Geography, Vol. XLIII, Nr. 1-4, S. 21-49. Tokyo 1973.

Nagel, B.: Unternehmensbestimmung. In: Problemorientierte Einführungen, Bd. 10/XI. Köln 1980.

Nanjappa, K. L.: Small-scale Industries. In: *Vakil, C. N.* und *Mohan Rao, U. S.* (Hrsg.): Industrial Development of India, S. 65-72. New Delhi 1973.

Nelson, H. J.: A Service Classification of American Cities. Economic Geography, S. 189-210 (1955).

Niemeier, H. J.: Stadt und Ksar in der algerischen

Sahara, besonders im Mzab. Erde, S. 106-128 (1956).

Niesing, H.: Der Gewerbepark (industrial estate) als Mittel der staatlichen regionalen Industrialisierungspolitik, dargestellt am Beispiel Großbritanniens. Schriften zur Regional- und Verkehrsproblematik in Industrie- und Entwicklungsländern, Bd. 7. Berlin 1970.

Obenaus, H.: Waren- und Schiffsverkehr der Rostocker Häfen nach dem zweiten Weltkrieg. In: *Schmidt, G.* (Hrsg.): Der Rostocker Raum, S. 115-160. Geogr. Gesellsch. der Deutschen Demokr. Rep. Rostock 1966.

Okuda, Y., Ota, I. u. a.: Industrialization and Growth of Manufacturing Cities in Japan. In: Japanese Cities: A Geographical Approach, Spec. Publ., Nr. 2 der Association of Japanese Geographers, S. 53-62. Tokio 1970.

Orni, E. und *Efrat, E.:* Geography of Israel. Jerusalem 1964.

Orni, R.: Städtebau und Bevölkerungslenkung in Israel. Geogr. Zeitschrift, S. 195-216 (1975).

Otremba, E.: Nürnberg. Die alte Reichsstadt in Franken auf dem Wege zur Industriestadt. Forschungen zur deutschen Landeskunde, Bd. 48. Landshut 1948.

Paris, Ville Internationale. La Documentation Française. Paris 1973.

Penkhoff, I.: Die Siedlungen Bulgariens, ihre Entwicklung, Veränderungen und Klassifizierung. Geographische Berichte, S. 211-227 (1960).

Pécsi, M. und *Sárfálni, B.:* Die Geographie Ungarns. Budapest 1961.

Peppler, G.: Ursachen sowie politische und wirtschaftliche Folgen der Streuung hauptstädtischer Zentralfunktionen im Raum der Bundesrepublik Deutschland. Frankfurter Wirtschafts- und Sozialgeogr. Schriften, H. 27 (1977).

Pfeifer, G.: Brasilia. Hermann v. Wissmann-Festschrift, S. 289-320. Tübingen 1962.

Pinchemel, P.: La France. 4. Aufl. Paris 1969/70.

Pirenne, H.: Les villes du moyen âge. Brüssel 1927.

Planitz, H.: Frühgeschichte der deutschen Stadt. Zeitschrift der Savigny-Stiftung für Rechtsgeschichte, S. 1-91. (1943).

Pownall, L. L.: Functions of New Zealand Towns. Annals of the Association of American Geographers, S. 332-350. (1953).

Pred, A. R.: The Spatial Dynamics of the U.S. Urban-Industrial Growth 1800-1914. The Regional Science Studies Series. Cambridge 1966.

Rat zum Studium der Produktivkräfte beim Staatlichen Plankomitee der UdSSR: Siedlungsstruktur und Urbanisierung. Ergänzungsheft zu Pet. Geogr. Mitteil., Nr. 280. Gotha/Leipzig 1981.

Rathjens, C.: Die Pilgerfahrt nach Mekka. Von der Weihrauchstraße zur Ölwirtschaft. Hamburger Abh. zur Weltwirtsch. Hamburg 1948.

Ray, D. M.: The location of the United States Manufacturing subsidiaries in Canada. Economic Geography, S. 389-400 (1971).

Ray, D. M. und *Murdie, R. A.:* Canadian and American Urban Dimensions. In: Berry und Smith, S. 181-210 (1972).

Rees, J.: Decision-making, the growth of the firm and the business environment. In: *Hamilton, F. E. I.* (Hrsg.): Spatial perspectives on industrial organization and decision-making, S. 189-211. London – New York usf. 1974.

Ried, H.: Die Siedlungs- und Funktionsentwicklung der Stadt Saarbrücken. Arbeiten aus dem Geographischen Institut der Universität des Saarlandes, Bd. III. Saarbrücken 1958.

Rimmer, P. J.: The Changing Status of New Zealand Seaports 1853-1960. Annals of the Assoc. of American Geographers, S. 88-100 (1967).

Ris, K. M.: Leverkusen. Großgemeinde – Agglomeration – Stadt. Forschungen zur deutschen Landeskunde, Bd. 99. Remagen 1957.

Ritter, U. P.: Die wirtschaftspolitische und raumordnerische Bedeutung der Industrial Parks in den USA. Forschung und Landesplanung, Bd. XVII, S. 125-148 (1961).

Roeck, M. de: Le port d' Anvers: Situation et Problèmes. Semaine Internationale de Géographie Bruxelles, S. 54-59. Brüssel 1958.

Roemer, A.: The St. Lawrence Seaway, its ports and hinterlands. Tübinger Geogr. Schriften, H. 43 (1971).

Rörig, F.: Die Gründungsunternehmerstädte des 12. Jahrhunderts. In: Hansische Beiträge zur deutschen Wirtschaftsgeschichte, S. 243-277. Breslau 1928.

Rostovtzeff, M.: Caravan Cities. Oxford 1932.

Rühl, A.: Die Nord- und Ostseehäfen im deutschen Außenhandel. Veröffentlichungen des deutschen Instituts für Meereskunde. Berlin 1920.

Rühl, A.: Die Typen der Häfen nach ihrer wirtschaftlichen Stellung. Zeitschr. d. Gesellsch. für Erdkunde Berlin, S. 297-302 (1920).

Ruppert, K.: Der Lebensunterhalt der Bayerischen Bevölkerung – eine wirtschaftsgeographische Planungsgrundlage. Erdkunde, S. 285-291 (1965).

Sager, G.: Die Entwicklung der Dockhäfen. Geographische Berichte, S. 152-165 (1960).

Sandner, G.: Die Hauptstädte Zentralamerikas. Wachstumsprobleme, Gestaltwandel, Sozialgefüge. Heidelberg 1969.

Sandru, G.: Vergleichende Betrachtung der rumänischen Städte. Geographische Berichte, S. 29-41 (1960).

Schätzl, L.: Räumliche Industrialisierungsprozesse in Nigeria. Gießener Geogr. Schriften, H. 31 (1973).

Schlesinger, R. W.: Über mitteldeutsche Stadtlandschaften der Frühzeit. Blätter für deutsche Landesgeschichte 93, S. 15-42 (1958).

Schlesinger, W.: Stadt und Burg im Lichte der Wortgeschichte. Studium Generale, S. 433-444 (1963) bzw. in: Die Stadt des Mittelalters, hrsg. von *C. Haase*, S. 95-121. Darmstadt 1969.

Schlesinger, W.: Städtische Frühformen zwischen Rhein und Elbe. Vorträge und Forschungen des Konstanzer Arbeitskreises, Bd. IV, S. 297-362 (1958).

Scheuerbrandt, A.: Südwestdeutsche Stadttypen und Städtegruppen bis zum frühen 19. Jahrhundert. Heidelberger Geogr. Arbeiten, H. 32 (1972).

Schmitthenner, H.: Chinesische Landschaften und Städte. Stuttgart 1925.

Schmitthenner, H.: Die chinesische Stadt. In: Stadtlandschaften der Erde, hrsg. von *S. Passarge*, S. 85-108. Hamburg 1930.

Schmökel, H.: Das Land Sumer. Stuttgart 1955.

Schmökel, H.: Ur, Assur und Babylon. Stuttgart 1955.

Schöller, P.: Probleme des geteilten Berlin. Erdkunde, S. 1-11 (1953).

Schöller, P.: Die deutschen Städte. Erdkundl. Wissen, H. 17 (1967).

Schöller, P.: Hongkong – Weltstadt und Drittes China. Geogr. Zeitschr., S. 110-141 (1967).

Schöller, P.: Ein Jahrhundert Stadtentwicklung in Japan. Colloquium Geogr., Bd. 10, S. 13-45 (1969).

Schöller, P.: Tokyo – Entwicklung und Probleme wachsender Hauptstadt-Konzentration. In: *Leupold, W.* und *Rutz, W.* (Hrsg.): Der Staat und sein Territorium, S. 86-105. Wiesbaden 1976.

Schultze, J. H.: Die Häfen Englands. Schriften des Weltwirtschaftl. Instituts der Handelshochschule Leipzig, Bd. 6. Leipzig 1930.

Schwarz, G.: Hannover als Industriestadt. Jahrb. der Geogr. Gesellschaft Hannover, S. 57-115 (1953).

Schweizer, G.: Die Stadt (in Saudi-Arabien). In: *Blume, H.* (Hrsg.): Saudi-Arabien. Tübingen und Basel 1976.

Schwirian, K. P. und *Matre, M.:* The Ecological Structure of Canadian Cities. Research paper. Dep. of Sociology. The Ohio State Univ. 1969. Auch in: *Schwirian, K. P.* (Hrsg.): Comparative Urban Structure, S. 309-323. Lexington, Mass. – Toronto – London 1974.

Singh, R. L.: Banaras: a Study in Urban Geography. Benares 1955.

Singh, S. S. M.: The Stability Theory of Rural Central Places of the Ganga Plain. The National Geogr. Journal of India, Vol. IV, S. 13-21 (1965).

Smith, R. H. T.: Method and Purpose in Functional Town Classification. Annals of the Assoc. of American Geographers, S. 539-549 (1965).

Sombart, W.: Der moderne Kapitalismus, Bd. I, 1.7. Auflage München – Leipzig 1928.

Spate, O. H. K.: Factors in the development of capital cities. Geogr. Review, S. 622-231 (1942).

Spate, O. H. K.: The Partition of India and the Prospects of Pakistan. Geogr. Review, S. 5-29 (1948).

Spate, O. H. K. und *Ahmad, E.:* Five Cities of the Gangetic Plain. Geogr. Review, S. 260-278 (1950).

Spate, O. H. K. und *Learnmouth, A. T. A.:* India and Pakistan. London 1967.

Stewig, R.: Dublin. Funktionen und Entwicklung. Schriften des Geographischen Instituts der Universität Kiel, Bd. XVIII, H. 2. Kiel 1959.

Stewig, R.: Byzanz – Konstaninopel – Istanbul. Ein Beitrag zum Weltstadtproblem. Schriften des Geographischen Instituts der Universität Kiel, Bd. XVIII, H. 2. Kiel 1964.

Stoob, H.: Kartographische Möglichkeiten zur Darstellung der Stadtentstehung in Mitteleuropa, besonders zwischen 1450 und 1800. Historische Raumforschung I: Forschungs- und Sitzungsber. der Akademie für Raumforschung und Landesplanung, S. 21-76. Bremen – Horn 1956.

Stoob, H.: Die Ausbreitung der abendländischen Stadt im östlichen Mitteleuropa. Zeitschr. für Ostforschung, S. 25-84 (1961).

Täubert, H.: Typengliederung der sowjetischen Städte. Pet. Mitteil., S. 234-239 (1958).

Takahashi, N.: Industrialisation et création des villes industrielles au Japon. Sciences reports of the Tokyo Kyoiku Daigaku, Sect. C, Vol. 11, Nr. 108-110, S. 185-215 und Nr. 111, S. 217-247. Tokyo 1973.

Tanabe, K.: A comparative study of the urban renewal in Singapore and Djakarta: An examination of the basis underlying city planning. The Science Report of Tôhoku Univ., 7. Ser. (Geography), Nr. 17, S. 129-144 (1968).

Tanabe, K.: Recent changes in the central areas of Japanese cities. Reports of the Univ. of Tôhoku Univ., Bd. 23,2, S. 187-201 (1973).

Tanabe, H.: Problems of the New Towns in Japan. GeoJournal, S. 39-46 (1978).

Thomson, K. W.: Das Industriedreieck des Spencer-Golfs als Beispiel einer Industrialisierung außerhalb der Großstädte. Erde, S. 286-300 (1955).

Toschi, U.: The Vatican City State from the standpoint of political geography. Geogr. Review, S. 529-538 (1931).

Trewartha, G. T.: Japanese Cities: Distribution and Morphology. Geogr. Review, S. 404-417 (1934).

Trewartha, G. T.: Japan. A physical, cultural and regional geography. University of Wisconsin Press 1945.

Trewartha, G. T.: Chinese Cities: Origins and Functions. Annals of the Association of American Geographers XLII, S. 69-93 (1952).

Uhlig, H.: Südostasien – Australien. Fischer-Handbücher, Bd. 1. Frankfurt a. M. 1975.

Ullmann, E. L.: A theory of location for cities. American Journal of Sociology, Bd. 46. Chicago 1941.

Ullmann, E. L. und *Dacey, M. F.:* The minimum requirement approach to the urban economic base. The IGU Symposium in Urban Geography, S. 121-143. Lund 1962.

Vallaux, C.: Géographie Sociale, le Sol et l'Etat. Paris 1911.

Vennetier, P.: Les Hommes et leurs Activités dans le Nord du Congo-Brazzaville. Cahiers O. R. S. T. O. M. II, 1. Paris 1965.

Vennetier, P.: Réflexions sur l'approvisionnement des villes en Afrique noire et à Madagascar. In: La croissance urbaine dans les pays tropicaux, S. 1-13. Travaux et documents de géographie tropicale, Nr. 7 (1972).

Vennetier, P.: Les Villes d'Afrique tropicale. Paris – New York 1976.

Vercauteren, F.: Etudes des Civitates de la Belgique Seconde. Contribution à l'Histoire Urbaine du Nord de la France de la fin du IIIe à la fin du XIe siècle. Brüssel 1934.

Vidal de la Blanche, P.: Tableau de la Géographie de la France. Paris 1911.

Vorlaufer, K.: Physiognomie und Funktion Groß-Kampalas. Frankfurter Wirtschafts- und Sozialgeogr. Schriften, Bd. 1/2 (1967).

Votrubec, C.: Geographical studies and analysis of New Towns and Settlements. Journal of the Czechoslavic Geogr. Congress, S. 175-177. Prag 1964.

Weigend, G. G.: Some Elements in the Study of Port Geography. Geogr. Review, S. 185-200 (1958).

Weigt, E.: Verstädterung. Stadt- und Landbevölkerung in den USA. Pet. Mitteil., S. 218-223 (1954).

Wendehorst, A. und *Schneider, J.* (Hrsg.): Hauptstädte. Entstehung, Struktur und Funktion. Schriften d. Zentralinstituts f. fränkische Landeskunde und allgemeine Regionalforschung a. d. Univ. Erlangen, Bd. 18 (1979) (mit Beiträgen über China, Rom, Bonn, Washington usf.).

Weis, D.: Die Großstadt Essen. Forschungen zur deutschen Landeskunde, Bd. 59. Landshut 1951.

Wilhelmy, H.: Südamerika im Spiegel seiner Städte. Hamburg 1952.

Wirth, E.: Damaskus – Aleppo – Beirut. Erde, S. 96-137 (1966).

Yamaguchi, K.: Japanese Cities: Their Functions and Characteristics. In: Japanese Geography, Spec. Publ. of the Assoc. of Jap. Geographers, Nr. 2, S. 159-197 (1970).

Zierer, C. M.: Scranton as an urban community. Geogr. Review, S. 415-428 (1927).

Zimmer, D. M.: Die Industrialisierung der Bluegrass Region von Kentucky. Heidelberger Geogr. Arbeiten, H. 31 (1970).

The Statesman's Year Book. London 1947-78.

Statistisches Jahrbuch für die Bundesrepublik Deutschland 1978.

VII.D. Die innere Differenzierung von Städten oder die Viertelsbildung

Aegesen, A.: The Copenhagen district and its population. In: Guidbook Denmark, Congr. Intern. de Géogr. Norden 1960, hrsg. v. *Jacobsen, N. K.*, S. 351-360. Kopenhagen 1960.

Aario, L.: The inner differentiation of the large cities of Finland. Fennia 73, Nr. 2 (1951).

Abele, G. und *Leidlmair, A.:* Die Karlsruher Innenstadt. Berichte zur Deutschen Landesk., Bd. 41, S. 217-230 (1968).

Abele, G. und *Leidlmayr, A.:* Karlsruhe. Studien zur innenstädtischen Gliederung und Viertelsbildung. Karlsruher Geogr. Hefte, H. 3 (1972).

Abercrombie, P.: Greater London Plan. London, Stationary Office 1945.

Abu-Lughod, J. L.: Cairo. Princeton, N. J. 1971.

Achilles, F.-W.: Typen sanierungsbedürftiger städtischer Wohnviertel im Ruhrgebiet. Geogr. Rundschau, S. 121-127 (1969).

Adaleno, I. A.: Market centres and retail distribution in the Lagos Metropolitan Area. Mainzer Geogr. Studien, H. 17, S. 75-78 (1979).

Adam, A.: Casablanca, essai sur la société marocaine au contact de l'Occident. Paris, C. N. R. S. Paris 1968.

Adesina, S.: The development of western education. In: Aderibigbe, A. B. und Ajayi, J. F. A. (Hrsg.): Lagos. The development of an African City, S. 124-142. Ikeja 1975.

Agricola, S.: Planung von Freizeiteinrichtungen für den Feierabend (Wohn- und Wochenendbereich). In: *Nahrgang, W.* (Hrsg.): Freizeit in Schweden, S. 78-107. Düsseldorf 1975.

Ahlers, E.: Der Friedhof in der Stadtplanung (Bremen). In: Friedhofsplanung, Bund Deutscher Landschaftsarchitekten e. V. BDLA, Bd. 15, S. 8-13. München 1974.

Ahlmann, H. W., Ekstedt, J. C., Jonsson, G., William-Olsson, W.: Stockholms inre differentierung. Stockholm 1934.

Ahrendt, A.: Freizeit und Kommune. In: *Nahrgang, W.* (Hrsg.): Freizeit in Schweden, S. 36-45. Düsseldorf 1975.

Aiken, S. R.: Squatters and squatter settlements in Kuala Lumpur. Geogr. Review, S. 158-175 (1981).

Aiken, S. R. und *Leigh, C. H.:* Malaysia's emerging conurbation. Annals of the Assoc. of American Geographers, S. 546-563 (1975).

Aldridge, M.: The British New Towns. A programme without a policy. London 1979.

Al-Genabi, H. K. N.: Der Suq (Bazar) von Bagdad. Mitteil. Fränk. Geogr. Gesellsch., S. 143-285 (1976).

Amato, P. W.: Environmental quality and locational behavior in a Latin American City (Bogotá). Urban Affairs Quarterly, Bd. 5, Nr. 1, S. 83-101 (1969).

Amato, P. W.: Elitism and Settlement Patterns in the Latin American Cities. Journal of American Institute of Planners, S. 96-105 (1970).

Amato, P. W.: A Comparison: Population Densities, Land Values and Socioeconomic Class in four Latin American Cities. Land Economics, Bd. 41, S. 447-455 (1970). Auch in: *Schwirian, K. P.* (Hrsg.): Comparative Urban Structure, S. 185-192. Lexington/Mass. – Toronto – London 1974.

Arisue, T. und *Aoki, E.:* The Development of Railway Network in the Tokyo Region from the Viewpoint of the Metropolitan Growth. The Association of Japanese Geographers, S. 191-200. Tokyo 1970.

Armstrong, W. R. und *McGee, T. G.:* Revolutionary change and the Third World City: a theorie of urban evolution. Civilizations, Bd. 18, Nr. 3, S. 353-376 (1968).

Arnold, A.: Die Industriestruktur im Wirtschaftsraum Hannover – ihre Entwicklung und heutige Problematik. In: Hannover und sein Umland, Jahrb. d. Geogr. Gesellsch. Hannover, S. 148-167 (1978).

Arsdol, M. D. van, Camilleri, S. F. und *Schmidt, C. F.:* The Generality of Urban Social Area Indexes. American Sociological Review, S. 277-284 (1958) bzw. *Schwirian, K. P.* (Hrsg.): Comparative Urban Structure, S. 287-301. Lexington/Mass. – Toronto – London 1974.

Atteslander, P.: Dichte und Mischung der Bevölkerung. Stadt und Regionalplanung, hrsg. v. *Koller, P.* und *Diederich, J.* Berlin – New York 1975.

Aubrac, L.: Rome. Notes et Etudes Documentaires, Nr. 3694-3695. Paris 1970.

Auf der Heide, U.: Citybildung und Suburbanisation im Kölner Raum. Kölner Forschungen zur Wirtschafts- und Sozialgeographie, Bd. XXI, S. 41-61 (1975).

Aufderlandwehr, W.: Mobilität in Indien. Bochumer Materialien zur Entwicklungsplanung und Entwicklungspolitik, Bd. 1. Tübingen und Basel 1976.

Aufrère, L.: Introduction à l'étude morphologique et démographique de L'Avenue des Champs Elysées. Annales de Géographie, S. 13-37 (1950).

Badcook, B. R.: The residential structure of Metropolitan Sydney. Australian Geogr. Studies, S. 1-27 (1973).

Bähr, J.: Migration im Großen Norden Chiles. Bonner Geogr. Abhandl., H. 50 (1976).

Bähr, J.: Neuere Entwicklungstendenzen lateinamerikanischer Großstädte. Geogr. Rundschau, S. 125-133 (1976).

Bähr, J.: Zur Entwicklung der Faktorökologie mit dem Beispiel einer sozialräumlichen Strukturanalyse der Stadt Mannheim. Mannheimer Geogr. Arbeiten, Bd. 1, S. 121-164 (1977).

Bähr, J.: Santiago de Chile. Mannheimer Geogr. Arbeiten, Bd. 4 (1978).

Bähr, J. und *Killisch, W.:* Strukturanalyse der Stadt Mannheim nach Art der Flächennutzung, den Wohnverhältnissen und dem sozioökomischen Status der Bevölkerung. Mannheimer Geogr. Arbeiten, S. 29-52 (1981).

Bähr, J. und *Mertins, G.:* Idealschema der sozialräumlichen Differenzierung lateinamerikanischer Großstädte. Geogr. Zeitschr., S. 1-33 (1982; mit zahlreicher Literatur).

Baerwald, T. J.: The Emergence of a "New Downtown". Geogr. Review, S. 308-318 (1978).

Bahrenberg, G. und *Giese, E.:* Statistische Methoden und ihre Anwendung in der Geographie. Stuttgart 1975.

Baldermann, J., Hecking, G. und *Krauss, E.:* Wanderungsmotive und Stadtstruktur (Stuttgart). Städtebaul. Institut d. Universität Stuttgart, Schriftenreihe 6. Stuttgart 1976.

Baldock, C. V. und *Lally, J.:* Sociology in Australia and New Zealand. Theory and methods. Westport/Conn. – London 1974.
Bangert, W.: Die Mittelstadt, 3. Teil: Grundlagen und Entwicklungstendenzen der städtebaulichen Struktur ausgewählter Mittelstädte. Veröffentl. der Akad. für Raumf. u. Landespl., Forschungs- und Sitzungsber., Bd. 70, S. 9-29 (1972).
Barrère, P.: Les quartiers de Bordeaux. Auch 1956.
Barrère, P. und *Cassou-Mounat, M.:* La nouvelle urbanisme. Revue des Pyrénées et du Sud-Ouest, S. 133-140 (1978).
Bartholomew, H.: Land uses in American Cities. Cambridge/Mass. 1955.
Bartsch, G.: Das Gebiet des Erciyes Dagi und die Stadt Kayseri. Jahrb. Geogr. Gesellsch. Hannover, 1934/35, S. 87-202 (1935).
Bastié, J.: Paris und seine Umgebung. Geocolleg 9. Kiel 1980.
Bataillon, C.: Bidonvilles latinaméricains: aspects généraux. Cahiers des Amériques Latines, S. 399-411 (1973).
Bater, J. H.: The Soviet City. London 1980.
Bazin, M.: Erzurum: un centre régional en Turquie. Revue de Géographie de l'Est, S. 269-314 (1969).
Beaujeu-Garnier, J. und *Bastié, J.:* Paris et la Région Parisienne. Atlas Paris, B. 15. Paris 1972.
Beaujeu-Garnier, J.: Paris. In: Taillefer u. a. (Hrsg.): Atlas de Géographie de Paris, Bd. 2. Paris 1977.
Beaver, S. H.: The Railways of great Cities. Geography, S. 116-120 (1937).
Beavon, K. S. O.: The Intra-Urban Continuum of Shopping Centres in Cape Town. The South African Journal, S. 58-71 (1972).
Becker, Ch.: Kano, eine afrikanische Großstadt. Hamburger Beiträge zur Afrika-Kunde, Band 10. Hamburg 1969.
Becker, F., Hottes, K. H. und *Schultheis, E.:* Flächennutzungsplanung in der Türkei. Materialia Turcica, Beiheft 2. Bochum 1978.
Bell, W.: Economic, Family and Ethnic Status. An Empirical Test. American Sociological Review, S. 45-52 (1956) bzw. *Schwirian, K. P.* (Hrsg.): Comparative Urban Structure, S. 279-301. Lexington/Mass. – Toronto – London 1974.
Bell, W.: Social Areas: Typology of urban neighbourhoods. In: *Sussman, M. B.* (Hrsg.): Structure and analysis, S. 61-92. New York 1959.
Bellett, J.: Singapore's Central Area Retail Pattern. The Journal of Tropical Geography, S. 1-16 (Juni 1966).

Bender, R. J.: Räumlich-soziales Verhalten der Gastarbeiter in Mannheim. Mannheimer Geogr. Arbeiten, H. 1, S. 165-201 (1977).
Benedict, P., Tümertekin, E. und *Mansur, F.:* Turkey. Geographic and social perspectives. Leiden 1974; vornehmlich Teil 3 mit Aufsätzen über Städte, die hier nicht mehr aufgeführt werden können.
Benneh, G.: Bawku, une ville marché du Ghana Nord. Les Cahiers d'Outre-Mer, S. 168-182 (1974).
Benzenberg, W.: Wachstum und Planung in Tsuen Wan und Kwun Tong. Diss. Köln 1977.
Berger, M.: Industrialisation Policies in Nigeria. Ifo-Institut für Wirtschaftsforschung München, Afrika-Studien, Nr. 88. München 1975.
Berque, J.: Le Maghreb entre Deux Guerres. Paris 1962.
Berque, J.: Fés ou le destin d'une médina. Cahiers Intern. de Sociologie, S. 5-32 (1972).
Berry, B. J. L.: Commercial Structure and Commercial Blight. Research Paper, Nr. 85. Dep. of Geography, Research Series, Univ. of Chicago 1963.
Berry, B. J. L., Simmons, J. W. und *Tennant, R. J.:* Urban population densities: structure and change. Geogr. Review, S. 389-405 (1963).
Berry, B. J. L. und *Rees:* The factorial ecology of Calcutta. American Journal of Sociology, Bd. 74, S. 445-491 (1969).
Berry, B. J. L. und *Smith, K. B.:* City classification Handbook. New York usf. 1972.
Berry, B. J. L.: The human consequences of urbanisation. New York usf. 1973.
Berry, B. J. L., Goodwin, C. A., Lake, R. W. und *Smith, K. B.:* Attitudes toward Integration: The role of Status in community response to racial change. In: *Schwartz, B.* (Hrsg.): The changing face of the suburbs, S. 221-264. Chicago und London 1976.
Berry, B. J. L. und *Horton, F. E.:* Geographic perspectives on urban systems. Englewood Cliffs 1970.
Berry, B. J. L. und *Horton, F. E.:* Chicago Oak Park and Park Forest. In: *Berry, B. J. L.* und *Horton, F. E.:* Geographic Perspectives on urban systems. Englewood Cliffs 1970.
Berry, B. J. L. und *Kasarda, J. D.:* Contemporary Urban Ecology. New York – London 1977.
Berry, B. J. L. und *Spodek, H.:* Comparative Ecologies of Large Indian Cities. Economic Geography, Vol. 47, Nr. 2 (Suppl.), S. 266-285 (1971).
Best, R. H. und *Rogers, A. W.:* The Land Use Structure of Small Towns and Villages in England and Wales. London 1973.
Bienfait, J.: Brest. Notes et Etudes Documentai-

res. Les villes françaises. Nr. 4073-4075 (April 1974).

Birkenfeld, H.: Untersuchungen zum sozio-ökonomischen Strukturwandel der Städte Bühl und Achern. Diss. Freiburg i. Br. 1975.

Blake, G. H.: The small town. In: *Blake, G. H.* und *Lawless, R. I.* (Hrsg.): The changing Middle Eastern City, S. 209-229. London – New York 1980.

Blanchard, R.: Annecy. Essai de géographie urbaine. Annecy 1958.

Blaschke, E.: Sozialgeographische Analyse des Untersuchungsgebietes Aubing/Neuaubing. Arbeitsmaterialien zur Raumordnung und Raumplanung, H. 4: Forschungsprojekt „Alte Dorfkerne und neue Stadtrandsiedlungen", S. 15-137. Bayreuth 1980.

Blenck, J.: Endogene und exogene entwicklungshemmende Strukturen, Abhängigkeiten und Prozesse in den Ländern der Dritten Welt, dargelegt am Beispiel von Liberia und Indien. Heidelberger Geogr. Arbeiten, H. 40, S. 395-418 (1974).

Blenck, J.: Die Städte Indiens. In: *Blenck, J., Bronger, D.* und *Uhlig, H.:* Südasien. Fischer Länderkunde, Bd. 2. Frankfurt a. M. 1977.

Blenk, J., Bronger, D. und *Uhlig, H.:* Südasien. Frankfurt a. M. 1977.

Blij, H. J. de: Mombasa. An African City. Northwestern Michigan State Univ. 1968.

Blüthgen, J.: Erlangen. Das geographische Bild einer expansiven Mittelstadt. Erlangen 1961.

Blume, H.: Valparaiso, eine Kleinstadt am Rande Chicagos. Stuttgarter Geogr. Studien, Bd. 69, S. 345-357 (1957).

Blume, H.: Die Westindischen Inseln. Braunschweig 1968.

Blume, H.: USA, eine geographische Landeskunde, Bd. 2. Darmstadt 1979.

Boal, F. W.: Social space in the Belfast Region. In: *Jones, E.* (Hrsg.): Readings in Social Geography, S. 149-167. London 1975.

Bobek, H.: Innsbruck, eine Gebirgsstadt, ihr Lebensraum und ihre Erscheinung. Forsch. z. deutschen Landes- und Volkskde., Bd. 25. Stuttgart 1928.

Bobek, H.: Die Theorie der zentralen Orte im Industriezeitalter. Tagungsber. und wiss. Abhandl. Deutscher Geographentag Bad Godesberg, S. 199-214. Bad Godesberg 1969.

Bobek, H. und *Lichtenberger, E.:* Wien. Gestalt und Entwicklung seit der Mitte des 19. Jahrhunderts. Graz – Köln 1966.

Bodzenta, E.: Innsbruck. Eine sozialökologische Studie. Mitteil. Geogr. Gesellsch. Wien, S. 323-360 (1959).

Böddrich, J.: Der Strukturwandel von München-Schwabing seit 1850 (eine sozialgeographische Untersuchung). Mitt. Geogr. Gesellsch. München, S. 47-102 (1958).

Boehlke, H. K.: Der Friedhof als Erholungsfläche und Bestandteil des öffentlichen Grüns? In: Friedhofsplanung, Bund Deutscher Friedhofsarchitekten e. V., BDLA, Bd. 15, S. 19-24. München 1974.

Böhm, H., Kemper, F.-J. und *Kuls, W.:* Studien über Wanderungsvorgänge im innerstädtischen Bereich am Beispiel von Bonn. Arbeiten zur Rheinischen Landeskunde, H. 39 (1975).

Bohnert, J. E. und *Mattingly, P. F.:* Delimitation of the CBD through time. Economic Geography, S. 335-347 (1964).

Boileau, G.: Tentative de réhabilitation sociale par la rénovation urbaine à Boston. La Revue de Géographie de Montréal, S. 5-30 (1975).

Bolot, H.: Ankara, étude de géographie urbaine. 2 Bde. Thèse Paris 1973.

Bolte, K. M., Kappe, D. und *Neidhard, F.:* Soziale Schichtung in der Bundesrepublik Deutschland. In: *Bolte, K. M.* (Hrsg.): Deutsche Gesellschaft im Wandel, Bd. I, S. 233-343. Opladen 1967.

Bonnet, J.: La ville nouvelle d'Isle d'Abeau. Revue de Géographie Lyon, S. 171-176 (1975).

Bonnet, J.: Lyon et son agglomération. Notes et Etudes Documentaires, Nr. 4207, 4208 und 4209. Juli 1975.

Book, T.: Stadsplan och Järnväg i Norden. Medd. från Lunds Univ. Geogr. Institution, Serie Abhandl. Nr. LXIX. Lund 1974.

Book, T.: Stadsplan och Järnväg i Storbritannien och Tyskland. Medd. från Lunds Univ. Geogr. Institution, Serie Abhandl. Nr. LXXXI. Lund 1978.

Borcherdt, Ch.: Die Wohn- und Ausflugsgebiete in der Umgebung Münchens. Berichte z. Deutschen Landeskunde, Bd. 9, S. 173-187 (1957).

Borcherdt, Ch.: Der Wandlungsprozeß der Bebauung großstädtischer Villenvororte, erörtert am Beispiel von München-Solln. Erde, S. 49-60 (1972).

Borcherdt, C.: Städtewachstum und Agrarreform in Venezuela. Tagungsber. und wissensch. Abhandl., Deutscher Geographentag Bad Godesberg, S. 187-198. Wiesbaden 1969.

Borcherdt, C. und *Schneider, H.:* Innerstädtische Geschäftszentren in Stuttgart. Vorläufige Mitteilungen über einen methodischen Ansatz. Stuttgarter Geogr. Studien, Bd. 90, S. 1-38 (1976).

Borchert, J. G. und *van Ginkel, J. A.:* Die Randstad Holland in der niederländischen Raumordnung. Geocolleg 7. Kiel 1979.

Borde, J. und *Barrère, P.:* Les travailleurs mi-

grants dans la communité urbaine de Bordaux. Revue Géogr. des Pyrénées et du Sud-Ouest, S. 29-50 (1978).
Borde, J., Barrère, P. und Cassou-Mounat, M.: Les villes françaises. Paris – New York – Barcelona – Mailand 1980.
Borris, M.: Ausländische Arbeiter in einer Großstadt. Eine empirische Untersuchung in einer Großstadt. Frankfurt a. M. 1973; 2. Aufl. 1974.
Borsdorf, A.: Population Growth and Urbanization in Latin America. GeoJournal, S. 47-60 (1978).
Bourdé, G.: Urbanisation et immigration en Amérique Latine (19. und 20. Jahrh.). Buenos Aires. Paris 1974.
Bourne, L. S.: Market, location and site selection in apartment construction. The Canadian Geographer, S. 211-226 (1968).
Bourne, L. S.: Internal Structure of the City. New York usf. 1971.
Bourne, L. S.: The Geography of Housing. London 1981.
Bowden, M. J.: Growth of the Central Districts in Large Cities. In: Schnore, L. F. und Lampard, E. E. (Hrsg.): The New Urban History, S. 75-109. Princeton 1975.
Brand, R. R.: The spatial organization of residential areas in Accra, Ghana, with particular reference to aspects of modernization. Economic Geography, S. 284-298 (1972).
Brandes, H.: Struktur und Funktion des Personen- und Güterverkehrs in der Stadtlandschaft Hamburg. Hamburger Geogr. Studien, H. 12 (1961).
Bratzel, P.: Stadträumliche Organisation in einem komplexen Faktorensystem, dargestellt am Beispiel der Sozial- und Wirtschaftsraumstruktur von Karlsruhe. Karlsruher Manuskripte zur mathematischen und theoretischen Wirtschafts- und Sozialgeographie Karlsruhe, H. 53 (1981).
Braun, G.: Marktleben in Moshi, Tanzania. Nürnberger Wirtschafts- und Sozialgeographische Arbeiten, Bd. 8, S. 367-371 (1968).
Braun, J. und Mathias, W.: Freizeit und regionale Infrastruktur. Komm. f. Wirtschaft und sozialen Wandel, Bd. 103. Göttingen 1975.
Braun, P.: Die sozialräumliche Gliederung Hamburgs. Diss. Hamburg 1968.
Braun, P. und Soltau, D.: Soziale Gliederung des Hamburger Raumes. Deutscher Planungsatlas, Bd. 8, Lief. IX. Hamburg 1976.
Bremen, Senator: Beiträge zur Stadtentwicklung. Wohnen in der Innenstadt. Bremen 1979.
Bricker, G. und Traoré, S.: Transitional urbanization in Upper Volta: The case of Ougadougou, a Savannah capital. In: Obudho, R. A. und El-Shaks, S. (Hrsg.): Development of urban systems in Africa, S. 177-195. New York 1979.
Bride-Collin-Delavaud, A.: Moyennes et petites villes d'Uruguay. Editions de l'Institut des Hautes Etudes de l'Amérique Latine 1972.
Brigham, E. F.: The Determinants of Residential Land Value. Land Economics, S. 325-334 (Febr. 1965); auch in: Bourne, L. S. (Hrsg.): Internal Structure of the City, S. 160-169. Toronto – London 1971.
Brill, D.: Baton Rouge, La. Aufstieg, Funktionen und Gestalt einer jungen Großstadt des neuen Industriegebiets am unteren Mississippi. Schriften Geogr. Institut Univ. Kiel, Bd. XXI, H. 2 (1963).
Brittinger, W.: Der sozioökonomische Wandel in Kleinstädten im Verlauf der letzten fünfundzwanzig Jahre, dargestellt am Beispiel von Donaueschingen, Löffingen und Neustadt/Schw. Diss. Freiburg i. Br. 1975.
Brockmann, J.: Sozialstruktur. In: Koordinationsausschuß deutscher Osteuropa-Institute: Sowjetunion, S. 35-48. München 1974.
Bronger, D.: Kriterien der Zentralität südindischer Siedlungen. Deutscher Geographentag Kiel, S. 498-518. Wiesbaden 1970.
Brown, R. H.: Political Areal Functional Organization: with special reference to St. Cloud, Minnesota. Department of Geography, Research Paper, Nr. 51. Chicago 1957.
Brücher, W.: Die moderne Entwicklung von Bogotá. Geogr. Rundschau, S. 181-189 (1969).
Brücher, W. und Mertins, G.: Intraurbane Mobilität und sozialer Wohnungsbau in Bogotá/Kolumbien. Marburger Geogr. Schriften, H. 77, S. 1-131 (1978).
Bruneau, M.: Ethnies, peuplement et organisation de l'espace en Thailande septentrionale. Cahiers d'Outre-Mer, S. 356-390 (1974).
Bruneau, M.: L'apparition du fait urbain dans le nord de la Thailande. Cahiers d'Outre-Mer, S. 326-361 (1975).
Bruner, E. M.: The expression of ethnicity in Indonesia. In: Cohen, A. (Hrsg.): Urban ethnicity, S. 251-281. London – New York usf. 1974.
Brush, J. E.: Spatial Pattern of Population in Indian Cities. Geogr. Review, S. 362-391 (1968).
Buchanan, I.: Singapore in Southeast Asia. London 1972.
Bucher, J. und Gächter, E.: Einkommensstruktur und Einkommensverteilung in der Stadt Bern 1970 nach Quartieren. Berner Beiträge zur Stadt- und Regionalforschung, H. 4. Bern 1975.
Buchholz, E. W.: Formen städtischen Lebens im Ruhrgebiet – untersucht an sechs stadtgeogra-

phischen Beispielen. Bochumer Geogr. Arbeiten, H. 8 (1970).
Buchholz, H. J.: Die Wohn- und Siedlungskonzentration in Hong Kong als Beispiel einer extremen städtischen Verdichtung. Erdkunde, S. 279-290 (1973).
Buchholz, H. J.: Bevölkerungsmobilität und Wohnverhalten im sozialgeographischen Gefüge Hong Kongs. Bochumer Geogr. Arbeiten, Sonderreihe, Bd. 10 (1978).
Büchner, H. J.: Die Mainzer Neustadt. Eine wilhelminische Stadterweiterung im Kräftefeld stadtbaulicher Leitbilder der letzten hundert Jahre. In: Mainz und der Rhein-Main-Nahe-Raum. Festschr. z. 41. Deutschen Geographentag in Mainz, S. 51-85. Mainzer Geogr. Studien, H. 11 (1977).
Bühler, H. u. a.: Die Freie Straße, eine Basler Geschäftsstraße. Regio Basiliensis, S. 72-98 (1976).
Büschenfeld, H.: Höchst, die Stadt der Farbwerke. Rhein-Mainische Forschungen, H. 45 (1958).
Bundesminister für Raumordnung, Bauwesen und Städtebau: Versuchs- und Vergleichsbauten und Demonstrativvorhaben: Demonstrativvorhaben Stuttgart Hofen-Neugereut. Schriftenreihe 01.161 (1978).
Burgess, E. W.: The growth of the city. In: *R. E. Park, E. W. Burgess* und *R. D. Mackenzie* (Hrsg.): The City, S. 47-62. Chicago 1925.
Burke, G. L.: Greenheart Metropolis. Planning in Netherlands. London – Melbourne – Toronto 1966.
Burke, N. T.: An early modern Dublin suburb; the estate of Francis Aungier, Earl of Longford. Irish Geography, S. 365-385 (1972).
Burnley, I. H.: European Immigration settlement patterns in Metropolitan Sydney 1947-1966. Australian Geogr. Studies, S. 61-78 (1966).
Burnley, I. H.: Urbanization in Australia. The post-war experience. Cambridge 1974.
Burnley, I. H.: Social ecology of immigrant settlement in Australian cities. In: *Burnley, I. H.* (Hrsg.): Urbanization in Australia. The Post-War experience, S. 165-183. Cambridge 1974.
Burnley, I. H.: The growth of the Australian population 1947-1971. In: *Burnley, I. H.* (Hrsg.): Urbanization in Australia, S. 1-15. Cambridge 1974.
Busch-Zantner, R.: Zur Kenntnis der osmanischen Stadt. Geogr. Zeitschr., S. 1-13 (1932).
Busse, C.-H.: Strukturwandel in den citynahen Hamburger Wohngebieten Rotherbaum und Harvestehude. Berichte z. Deutschen Landeskunde, Bd. 46, S. 171-198 (1972).
Butzin, B.: Helsinki – aspects of urban development and planning. GeoJournal, S. 11-26 (1978).
Cameri, G.: La conurbazione Rabat-Salé. Memorie di Geogr. econ. e antrop., Istituti di Geogr. Econ. dell'Univ. Napoli, Bd. IX (1972/73).
Cantor, L. M. und *Hatherly, J.:* The medieval parks of England. Geography, S. 71-85 (1979).
Caplow, T.: The modern Latin American City. In: *Tax, S.* (Hrsg.): Acculturation in the Americas, S. 255-260. New York 1967.
Carol, H.: Die Geschäftszentren der Großstadt. Dargestellt am Beispiel der Stadt Zürich. Ber. z. Landesforschung und Landesplanung, S. 132-144 (1959).
Castle, L. M. und *Gittus, E.:* The distribution of social defects in Liverpool. Sociological Review, Bd. 5, S. 43-64 (1957).
Castle, D. M. und *Stone, G.:* London Docks. Guide to London Excursions, S. 60-63 (1964).
Centlivres, P.: Structure et évolution des bazars du Nord Afghan. In *Grötzbach, E.* (Hrsg.): Aktuelle Probleme der Regionalentwicklung und Stadtgeographie Afghanistans, S. 119-145. Afghanische Studien, Bd. 14 (1976).
Centre d'Etudes de Géographie Tropicale: La croissance urbaine dans les pays tropicaux (L'approvisation des villes), Nr. 7, Teil 1: Les activités agricoles des citadins. Bordeaux 1972.
Chabot, G.: Carte des zones d'influence des grandes villes françaises. Mémoires et Documents, Bd. VIII, S. 139-143. Paris 1961.
Chombart de Lauwe, P. H.: Paris. Essaie de sociologie, 1952-1964. Paris 1965.
Clozier, R.: La gare du Nord. Paris 1940.
Chatterjee, A. B.: Howrah: A study in social geography. Calcutta 1967.
Chauvet, J.: Tradition et modernisme dans les quartiers de Sarh (République de Tchad). Les Cahiers d'Outre Mer, S. 57-82 (1977).
Chevassu, J.: Essai de définition de quelques Indicateurs de Structure et de Fondement de l'Economie des Petites Villes de Côtes d'Ivoire. In: La Croissance Urbaine en Afrique Noire et à Madagascar. Coll. Intern. de Cadre National de la Recherche Scientifique: Sciences Humaines, Bd. I, S. 415-432. Paris 1972.
Christie, J.: Covent Garden: Approaches to Urban Renewal. Town Planning Review, S. 31-62 (1974).
Christophers, E.: Verstädterungstendenzen in der hannoverschen Vorortzone, dargestellt am Beispiel Garbsen und Ahlem. Hannover und sein Umland, Festschrift, S. 231-250. Geogr. Jahrbuch Hannover. Hannover 1978.
Clark, B. D.: Urban Planning: Perspectives and Problems. In: *Blake, G. H.* und *Lawless, R. I.*

(Hrsg.): The changing Middle Eastern City, S. 154-177. London – New York 1980.
Clark, C.: Urban population densities. Journ. Royal Stat. Soc., Ser. A, S. 490-496 (1951).
Clarke, J. I.: The Iranian City of Shiraz. Dep. of Geography, Univ. of Durham, Research Papers, N. 7 (1963).
Clarke, J. I. und *Clark, B. D.:* Kermanshah. Univ. of Durham, Dep. of Geography, Research Paper Series, Nr. 10 (1969).
Cohen, A.: The Hausa. In: *Lloyd u. a.* (Hrsg.): The City of Ibadan, S. 117-127. Cambridge 1967.
Cohen, A.: Custom and politics in Urban Africa. A study of Haussa migrants in Yoruba towns. Berkeley – Los Angeles 1969.
Cohen, Y. S.: Diffusion of an Innovation in an Urban System. The Spread of Planned Regional Shopping Centers in the United States 1949-1968. The University of Chicago, Dep. of Geogr., Research Paper Nr. 140 (1972).
Collin-Delavaud, C.: L'Uruguay, un example d'urbanisation en pays d'élévage. Les Cahiers d'Outre-Mer, S. 361-389 (1972).
Collison, P.: Immigrants and residence. Sociology I, Nr. 3, S. 277-292 (1967).
Colloques Nationaux du Centre National de la Recherche Scientifique: Grandes et petites Villes. Paris 1970.
Conrad, R.: Die Kölner Neustadt und der innere Grüngürtel. In: *Kayser, K.* und *Kraus, Th.* (Hrsg.): Köln und die Rheinlande. Festschr. z. Deutschen Geographentag, S. 170-181. Wiesbaden 1961.
Coppolani, J.: Toulouse. In: *Taillefer u. a.* (Hrsg.): Atlas de Géographie du Midi Toulousain, S. 105-119. Paris 1978.
Coquery, M.: Aspects démographiques et problèmes de croissance d'une "Ville millionère": le cas de Naples. Annales de Géographie, S. 572-604 (1963).
Costello, V. F.: The industrial structure of a traditional Iranian City. Tijdsch. voor econ. en sociale Geografie, S. 108-119 (1973).
Courade, G.: L'espace urbain de Buëa (Cameroun Occidentale). In: La Croissance Urbaine en Afrique Noire et à Madagascar. Coll. Intern. de Cadre National de la Recherche Scientifique: Science Humaine, Bd. 2, S. 999-1014. Paris 1972.
Cutler, I.: Chicago. Metropolis of the Mid-Continent. Chicago 1976.
Dach, P.: Struktur und Entwicklung von peripheren Zentren des tertiären Sektors, dargestellt am Beispiel Düsseldorf. Düsseldorfer Geographische Schriften, H. 13 (1980).
Dähn, H. und *Nachtigal, E.:* Bauliche Entwicklung, Kriegsschäden und Baualter der Wohngebäude (Hamburg). Deutscher Planungsatlas, Bd. VIII, Lief. 1, Erläuterungen. Veröffentl. d. Akademie für Raumforschung und Landesplanung. Hannover 1971.
Dahya, B.: The nature of Pakistani ethnicity in industrial cities in Britain. In: *Cohen, A.* (Hrsg.): Urban ethnicity, S. 77-118. London – New York usf. 1974.
Dalmasso, E.: Milan, capitale économique de l'Italie. Paris 1971.
Dalmasso, E.: Tertiarisation et classes moyennes à Milan. Villes en Parallèle, Bd. 2, S. 169-176 (1979?).
Darby, J.: Conflict in Northern Ireland: The development of a polarised community. Dublin – New York 1976.
Davies, D. H.: The "Hard Core" of Cape Town's Central Business District. Economic Geography, S. 53-69 (1960).
Davies, M. L.: The role of the land policy in the expansion of a city. Tijdsch. voor econ. en sociale Geografie, S. 245-250 (1973).
Davies, M. L.: The social and economic impact of suburban expansion in the Stockholm Region. Tijdsch. voor econ. en sociale Geografie, S. 95-101 (1976).
Deler, J. P.: Lima 1940-1970. Aspects de la croissance d'une capitale sud-américaine. Traveaux docum. Géogr. Trop. Bordeaux – Talence 1974.
Demerath, N. J. und *Gilmore, H. W.:* The Ecology of Southern Cities. In: *Vance, R. B.* und *Demerath, N. J.* (Hrsg.): The Urban South, S. 135-164 (1954 bzw. 1971).
Demographic Yearbook 1973.
Deler, J. P.: Croissance accélérée et formes de sous-développement urbain à Lima. Les Cahiers d'Outre-Mer, S. 73-94 (1970).
Denis, P.-Y.: L'Organisation spatiale et les mutations récentes de la périphérie de Quito. Cahiers de Géogr. de Québec, S. 479-504 (1976).
Dennis, R. und *Clout, H.:* A social geography of England and Wales. Oxford – New York usf. 1980.
Deskins, D. R. jr. und *Yuill, R. S.:* A new functional urban boundary? The Professional Geographer of the Assoc. of American Geographers, S. 330-335 (1967).
Despois, J. und *Raynal, R.:* Géographie de l'Afrique du Nord-Ouest. Paris 1967.
Dettmann, H.: Damaskus. Eine orientalische Stadt zwischen Tradition und Moderne. Erlanger Geogr. Arbeiten, H. 26 (1969).
Dettmann, H.: Zur Variationsbreite der Stadt in der islamisch-orientalischen Welt. Geogr. Zeitschr., S. 95-123 (1970).

Dheus, E.: Die Olympiastadt München. Entwicklung und Struktur. Stuttgart – Köln 1972.
DeWitt, D., jr.: A factorial ecology of Malmö 1965. The social geography of a city. Medd. från Lunds Univ. geografiska institution. Ser. Avhandlingar, Nr. 67. Dep. of Human Geogr. Lund 1972.
Diamond, G. R.: Central Business District of Glasgow. The IGU-Symposium in Urban Geography Lund, 1960, S. 525-534. Lund 1962.
Dibes, M. B.: Die Wochenmärkte in Nordsyrien. Mainzer Geogr. Arbeiten, H. 13 (1978).
Dickinson, R. E.: The distribution and functions of the smaller urban settlements of East Anglia. Geography, S. 19-31 (1932).
Dickinson, R. E.: The West European City. London 1951.
Die Stadt- und Landkreise Mannheim und Heidelberg. Amtliche Kreisbeschreibung, Bd. III. Stuttgart 1970.
Dieleman, F. M. und *Jobse, R. B.:* An economic spatial structure of Amsterdam. Tijdsch. voor econ. en sociale Geografie, S. 351-367 (1974).
Donnison, D. und *Eversley, D.* (Hrsg.): London: Urban Patterns, Problems and Policies. London 1973.
Doren, A.: Italienische Wirtschaftsgeschichte. Jena 1934.
Dorfs, W.: Wesel. Eine stadtgeographische Monographie mit einem Vergleich zu anderen Festungsstädten. Forsch. z. deutschen Landeskunde, Bd. 201 (1972).
Dorn, K.: Die Altstadt von Zürich. Veränderungen der Substanz, Sozialstruktur und Nutzung. Niederteufen 1974.
Drakakis-Smith, D. W. und *Fisher, W. B.:* Housing Problems in Ankara. Occasional Publ. (New Series), Nr. 7., Dep. of Geography, Univ. of Durham 1975.
Drakakis-Smith, D. W.: Socio-economic problems – the role of the informal sector. In: Blake, G. H. und *Lawless, R. I.* (Hrsg.): The changing Middle Eastern City, S. 92-120. London 1980.
Dreier, G.: Die Planung für Hamburgs Geschäftsstadt Nord. Raumforschung und Raumordnung, S. 249-257 (1967).
Drewe, P., van der Knaap, G. A. und *Rodgers, H. M.:* Segregation in Rotterdam. An explorative study on theory, data and policy. Tijdsch. voor econ. en sociale Geografie, S. 204-216 (1975).
Dubois, R.-E.: Un problème de développement urbain: Le Kef (Tunisie). Les Cahiers d'Outre-Mer, S. 129-149 (1973).
Duckwitz, G.: Kleinstädte an Nahe, Glan und Alsenz. Bochumer Geogr. Arbeiten, H. 11 (1971).
Ducreux, M.: La croissance urbain et démographique de Kinshasa. In: La Croissance Urbaine en Afrique et Madagascar. Bd. I, S. 549-565. Paris 1972.
Duncan, O. D. und *Duncan, B.:* Methodological analysis of segregation. Amer. Sociol. Review, Bd. 20, S. 210-217 (1955).
Duncan, O. D. und *Lieberson, S.:* Ethnic segregation and assimilation. American Journal of Sociology, Bd. 64, S. 364-374 (1959).
Dupuis, J.: Madras et le Nord du Coromandel. Paris 1960.
Dutt, A. K. und *Harrity, P. B.:* Drawing Power of the Daily Shopping Centers in Calcutta and its Correlates. Geogr. Review of India, S. 249-261 (1972).
Dwyer, D. J. (Hrsg.): Asian Urbanization. A Hong Kong Casebook. Hongkong 1971.
Dwyer, D. J.: High rise responses: Caracas. In: Dwyer, D. J. (Hrsg.): People and Housing in Third World Cities. Perspectives of spontaneous settlements, S. 119-150. London – New York 1975.
Ecker, L. und *Schmals, K. M.:* Soziologische Aspekte der Stadterneuerung. In: *Hamm, B.* (Hrsg.): Lebensraum Stadt. Beiträge zur Sozialökologie deutscher Städte, S. 137-179. Frankfurt a. M. – New York 1979.
Ehlers, E.: Die Städte des südkaspischen Küstentieflandes. Erde, S. 6-33 (1971).
Ehlers, E.: Die südkaspische Stadt – Typus oder Individuum. Erde, S. 186-190 (1972).
Ehlers, E.: Tübingen als Universitätsstadt. In: Die europäische Kulturlandschaft im Wandel. Festschr. f. K. H. Schröder, S. 222-237. Kiel 1974.
Ehlers, E.: Die Stadt Bam und ihr Oasen-Umland, Zentraliran. Erdkunde, S. 38-51 (1975).
Eichler, G.: Algiers Sozialökologie 1955-1970: Vom Kolonialismus zur nationalen Unabhängigkeit. Urbs et Regio, Kasseler Schriften zur Geographie und Landesplanung, Bd. I (1976).
Engelsdorp, van, Gastelaars, R. und *Beek, W. F.:* Ecologische differentiatie binnen Amsterdam: en factor-analytische benadering. Tijdsch. voor econ. en sociale Geografie, S. 62-78 (1972).
Escalier, R.: Espace et urbain flux migratoires. Le cas de la métropole Casablanca. Méditerranée, S. 3-14 (1980).
Evans, I. S.: Centre national de la Recherche Scientifique. Univ. Louis Pasteur Strasbourg, Laboratoire de Cartographie Thématique, S. 31/32 (1979).
Eyles, J.: Environmental satisfaction and London's Docklands. Dep. of Geography, Queen

Mary College, Univ. of London, Occasional Papers, Nr. 5 (1976).
Fair, T. J. D.: Metropolitan Planning and the policy of separate development with special reference to the Witwatersrand Region. Dep. of Geography, Queen Mary College, Univ. of London, Occasional Papers, Nr. 7, S. 55-66 (1976).
Fakhfakh, M.: Croissance urbaine de l'agglomération sfaxienne. Revue Tunisienne de Sciences Sociales, Bd. 25, S. 173-191 (1971).
Farley, R.: Suburban persistence. Americ. Sociological Review, Bd. 29, S. 38-47 (1964).
Fehn, H.: Bauliche Entwicklung der Münchner Kernstadt 1808-1958. Topogr. Atlas Bayern, Bl. 114. München 1968.
Ferras, R.: Barcelone – croissance d'une métropole. Univ. de Lille 1976.
Ferras, R.: Espace social et espace urbain à Barcelone. Villes en Parallèle, Bd. 2, S. 177-186 (1979?).
Fichter, E. M.: Der Einzelhandel im siedlungsgeographischen Gefüge von Djakarta. Diss. Köln – Lindenthal 1972.
Fick, E.: Buxtehude. Siedlungsgeographie einer niedersächsischen Geestrandstadt. Hamburger Geogr. Studien, H. 1 (1952).
Firey, W.: Sentiment and Symbolism as ecological variables. American Sociological Review, Bd. X, S. 140-148 (1945).
Firey, W.: Land use in Central Boston. Cambridge 1947.
Flüchter, W.: Stadtplanung in Japan. Mitteil. d. Instituts für Asienkunde Hamburg 1978.
Foncin, M.: Versailles. Etude de géographie historique. Annales de Géogr., S. 321-341 (1919).
Ford, L.: Continuity and Change in Historical Cities: Bath, Chester and Norwich. Geogr. Review, S. 253-273 (1978).
Ford, L. und *Griffin, E.:* The Ghettoization of Paradise. Geogr. Review, S. 140-158 (1979).
Förster, H.: Funktionale und sozialgeographische Gliederung der Mainzer Innenstadt. Bochumer Geogr. Arbeiten, H. 4 (1968).
Fox, D. J.: Urbanization and economic development in Mexico. In: Cities in a changing Latin America. Latin American Publ. Fund, S. 1-21. London 1969.
Fox, R. G.: From Zanindar to Ballot Box. Community Change in a North Indian Market Town. Ithaca, New York 1969.
Fox, R. G.: Urban Anthropology. Cities in their Settings. Englewood Cliffs, New Jersey 1977.
Frankfurter Statistische Berichte, H. 1 (1980).
Freie und Hansestadt Hamburg: Stadtentwicklungskonzept. Hamburg 1980.

Frémont, A.: Atlas et géographie de la Normandie. Paris 1977.
French, R. A.: The Individuality of the Soviet City. In: *French, R. A.* und *Hamilton, F. E. I.* (Hrsg.): The Socialist City. Spatial Structure and Urban Policy, S. 73-104. Chichester – New York usf. 1979.
Freund, B.: Die städtische Entwicklung Portugals und der Großraum Lissabon. Frankfurter Wirtschafts- und Sozialgeogr. Schriften, H. 26, S. 71-95 (1977).
Fricke, W.: Die Bevölkerungs- und Siedlungsentwicklung im Rhein-Neckar-Raum unter besonderer Berücksichtigung der suburbanen Prozesse. Mannheimer Geogr. Arbeiten, H. 10, S. 207-228 (1981).
Fried, R. C.: Planning the Eternal City. New Haven und London 1973.
Friedmann, H.: Alt-Mannheim im Wandel seiner Physiognomie, Struktur und Funktionen (1606-1965). Forschungen z. deutschen Landeskunde, Bd. 168 (1968).
Friedrichs, J.: Stadtanalyse. Soziale und räumliche Organisation der Gemeinschaft. Rowohlt Taschenbuch, Reinbek bei Hamburg 1977.
Frischen, A.: Die Entwicklung und Struktur von Tema, Ghanas jüngster Großstadt. Erde, S. 116-127 (1972).
Gäbler, H.-J.: Baugrund und Bebauung Hamburgs. Der Einfluß der natürlichen Gegebenheiten auf die Entwicklung einer Weltstadt. Hamburger Geogr. Studien, H. 14 (1962).
Gächter, E.: Die demographisch-sozioökonomische Struktur der Stadt Bern 1970 in quartierweiser Gliederung. Berner Beiträge z. Stadt- und Regionalforschung, H. 1. Bern 1974.
Gächter, E.: Die Gebäude- und Wohnungsstruktur von Stadt und Region Bern. Berner Beiträge z. Stadt- und Regionalforschung, H. 4, S. 7-56 (1975).
Gächter, E.: Die demographische Struktur der Stadt Bern 1960 in quartierweiser Gliederung (mit Vergleichen zu 1970). Berner Beiträge z. Stadt- und Regionalforschung, H. 4, S. 76-91 (1975).
Gächter, E.: Untersuchungen zur kleinräumigen Bevölkerungs-, Wohn- und Arbeitsplatzstruktur der Stadt Bern. Geogr. Helvetica, S. 1-16 (1978).
Gaedke, J.: Handbuch des Friedhofs- und Bestattungswesens. 4. Aufl. Köln – Berlin usf. 1977.
Gallais, J.: Le Delta Intérieur du Niger, Bd. II. Mémoires de l'Institut Fondamental d'Afrique Noire, Nr. 79. Ifan – Dakar 1967.
Gans, H.: The Urban Villagers. New York und London 1962.
Gans, H. J.: Die Levittowner. Sozialgeographie

einer „Schlafstadt". Bauwelt Fundamente 20. Gütersloh/Berlin 1969.

Gansäuer, K.-F.: Die verkehrsgeographische Struktur Kölns. Köln und die Rheinlande, S. 112-128. Wiesbaden 1961.

Ganser, K.: Sozialgeographische Gliederung der Stadt München auf Grund der Verhaltensweise der Bevölkerung bei politischen Wahlen. Münchener Geogr. Hefte 1966.

Ganser, K.: Alte Dorfkerne – stagnierende Raumzellen innerhalb dynamischer Stadtrandzonen am Beispiel München. Verhandl. und wiss. Abhandl., Deutscher Geographentag Bad Godesberg, S. 155-157. Wiesbaden 1969.

Ganser, K.: Die Entwicklung der Stadtregion München unter dem Einfluß regionaler Mobilitätsvorgänge. Mitteil. Geogr. Gesellsch. München, S. 45-76 (1970).

Garrison, W. L.: Studies of Highway Development and Geographic Change. Seattle 1959.

Garza, G. und *Schteingart, M.:* Mexico City: The emerging metropolis. In: *Cornelius, W. A.* und *Kemper, R. V.* (Hrsg.): Latin American Urban Research, Bd. 6, S. 51-85. Beverly Hills – London 1978.

Gaspar, J.: Zentrum und Peripherie im Ballungsraum Lissabon. Urbs et Regio, Bd. 12 (1979).

Gaube, H. und *Wirth, E.:* Der Bazar von Isfahan. Beih. zum Tübinger Atlas des Vorderen Orients, Reihe B, H. 22 (1978).

Gay, F. J.: L'Agglomération Rouen – Elbeuf. Notes et Etudes Documentaires, Nr. 4130-4332. Paris 1974.

Geer, Sten de: Greater Stockholm. Geogr. Review, S. 497-506 (1923).

Geertz, C.: Peddlers and Princes. Social Development and Economic Change in two Indonesian Towns. Chicago und London 1963/1968 (2. Aufl.).

Geiger, F.: Zur Konzentration von Gastarbeitern in alten Dorfkernen. Geogr. Rundschau, S. 61-71 (1975).

Genordu, F.: Les centres urbaines à Madagascar, connée récentes. La croissance urbaine en Afrique et à Madagascar, S. 591-609. Paris 1972.

Generalbebauungsplan der Stadt Karlsruhe. Karlsruhe 1927.

Geographische Rundschau, H. 11, S. 481-528 (1982): Stadtstrukturen im Internationalen Vergleich (wichtige Beispiele hinsichtlich der kulturhistorischen Situation von Städten).

George, P.: Essai d'interprétation géographique des statistiques de population de l'agglomération de Montréal. Revue Géogr. de Montréal, S. 361-374 (1967).

George, P.: Originalité des capitales des pays temperée de l'Amérique Latine. Revista Geografica, Rio de Janeiro, Nr. 67, S. 31-42 (1967).

George, P.: Conclusion Générale. In Colloque usf., S. 568-573. Paris 1970.

George, P.: Les migrations internationales. Paris 1976.

Giese, E.: Hoflandwirtschaft in den Kolchosen und Sowchosen Sowjet-Mittelasiens. Geogr.. Zeitschrift, S. 175-197 (1970).

Giese, E.: Der Einfluß der Bauleitplanung auf die wirtschaftliche Nutzung des Boden- und Baumarktes in Großstädten, dargestellt am Beispiel der Frankfurter Innenstadtplanung. Geogr. Zeitschrift, S. 109-124 (1977).

Giese, E.: Räumliche Diffusion ausländischer Arbeitnehmer in der Bundesrepublik Deutschland 1960-1976. Erde, S. 92-110 (1978).

Giese, E.: Transformation of Islamic Cities in the Soviet Middle East into Socialist Cities. In: *French, R. A.* und *Hamilton, F. E. J.* (Hrsg.): The Socialist City. Spatial Structure and Urban Policy, S. 145-165. Chichester – New York 1979.

Giese, E.: Innerstädtische Landnutzungskonflikte in der Bundesrepublik Deutschland – analysiert am Beispiel des Frankfurter Westends. In: Zentrum für regionale Entwicklungsforschung der Justus-Liebig-Univ. Gießen, H. 11, S. 1-32. Saarbrücken 1979.

Gilbert, A.: Bogotá. Politics, planning and crisis of lost opportunities. In: *Cornelius, W. A.* und *Kemper, R. V.* (Hrsg.): Latin American Urban Research, Bd. 6, S. 87-126. Beverly Hills – London 1978.

Gilbert, A. G. und *Ward, P. M.:* Housing in Latin American Cities. In: *Herbert, D. T.* und *Johnston, R. J.* (Hrsg.): Geography and environment, Bd. I, S. 285-318. Chichester – New York usf. 1978.

Giles, B. D.: High states neighbourhoods in Birmingham. West Midlands Studies, Bd. 9, S. 10-33 (1976).

Ginsburg, N. S.: Urban Geography and "Non-Western" Cities. In: *Hauser, P. M.* und *Schnore, L. F.* (Hrsg.): The Study of Urbanization, S. 311-346. New York – London – Sydney 1967.

Ginori Lisci, L.: I palazzi di Firenze nella storia e nell'arte. 2 Bde. Florenz 1972.

Gisser, R.: Ökologische Segregation der Berufsschichten in Großstädten. In: *Rosenmayr, L.* und *Höllinger, S.:* Soziologie in Österreich, S. 199-219. Wien – Köln – Graz 1969.

Gist, N. P. und *Halbert, L. A.:* Urban Society. New York 1956.

Godschalk, D. R.: Comparative New Community Design. Journal of the American Institute of Planners, S. 371-387 (Nov. 1967).

Göttlich, G.: Der Raum Abidjan als Industriestandort. Frankf. wirtschafts- und sozialgeogr. Schriften, H. 13 (1973).
Golany, G. (Hrsg.): International urban growth policies. New York usf. 1978 (mit Beiträgen über Großbritannien, Frankreich, Dänemark, Schweden, Bundesrepublik Deutschland, Schweiz, Israel, Japan, Indien, Malaysia, Vereinigte Staaten, Kanada, Australien, Polen, Sowjetunion mit entsprechender Literatur).
Gonen, A.: The role of high growth rates and of public housing agencies in shaping the spatial structure of Israeli towns. Tijdsch. voor econ. en soc. Geografie, S. 402-410 (1972).
Gonen, A. und *Hason, S.:* A centripetal pattern of intra-urban mobility in Israeli medium-sized towns. Geogr. Annaler, S. 55-62 (1975).
Goos-Hartmann, R.: Probleme der Sozialstruktur citynaher Innenstadtgebiete. Neues Archiv f. Niedersachsen, Bd. 19, S. 155-167 (1970).
Gorki, H. F.: Die Dortmunder Bevölkerung von 1961-1970. In: *Gorki, H. F.* und *Reiche, A.* (Hrsg.): Festschr. W. Dege, S. 15-33. Dortmund 1975.
Gormsen, E.: Barquisimeto. Heidelberger Geogr. Arbeiten, H. 12 (1963).
Gormsen, E.: Tlaxcala-Chiautempan-Apizaco. Heidelberger Geogr. Arbeiten, S. 115-132 (1966).
Gormsen, E.: Städte und Märkte in ihrer gegenseitigen Verflechtung und in ihren Umlandbeziehungen. Das Mexiko-Projekt der Deutschen Forschungsgemeinschaft, Berichte über begonnene und geplante Arbeiten, S. 180-193. Wiesbaden 1968.
Gormsen, E. und *Harris, B.:* Kolkhos Markets in Moscow. In: *Gormsen, E.* (Hrsg.): Market Distribution Systems. Mainzer Geogr. Studien, H. 10, S. 91-100 (1976).
Gormsen, E., Harris, B. und *Heinritz, G.:* Free enterprise in the USSR. Geogr. Magazine London, S. 376-382 (1977).
Gormsen, E.: „Gründerjahre" in Spanien und ihre Folge für den Städtebau der Nachkriegszeit. Marburger Geogr. Schriften, S. 193-212 (1981).
Grabowski, H.: Bibliographie zur Stadtsanierung (Internationale Auswahl). Paderborn 1980.
Greenshields, T. H.: "Quarters" and ethnicity. In: *Blake, G. H.* und *Lawless R. I.* (Hrsg.): The changing Middle Eastern City, S. 120-140. London – New York 1980.
Greif, F.: Der Wandel der Stadt in der Türkei unter dem Einfluß der Industrialisierung und Landflucht. Deutscher Geographentag Erlangen – Nürnberg, S. 407-419. Wiesbaden 1972.
Griffin, D. W. und *Preston, R. E.:* A Restatement of the "Transition Zone". Annals of the Assoc. of Amer. Geogr., S. 339-350 (1966).
Grönig, G.: Tendenzen im Kleingartenwesen, dargestellt am Beispiel einer Großstadt (Hannover). Landschaft und Stadt, Beiheft 10. Stuttgart 1970.
Grötzbach, E.: Geographische Untersuchung über die Kleinstadt der Gegenwart in Süddeutschland. Münch. Geogr. Hefte, H. 24. Regensburg 1963.
Grötzbach, E.: Kulturgeographischer Wandel in Nordost-Afghanistan. Afghanische Studien, Bd. 4. Meisenheim 1972.
Grötzbach, E.: Die junge Entwicklung afghanischer Provinzstädte. Ghazni und Mazar-i-Sharif als Beispiele. Geogr. Rundschau, S. 416-424 (1975).
Grötzbach, E.: Verstädterung und Städtebau in Afghanistan. Afghanische Studien, Bd. 14, S. 225-244 (1976).
Grötzbach, E.: Periodische Märkte in Afghanistan. Erdkunde, S. 15-19 (1976).
Grötzbach, E.: Die Innenstadt von Hannover – ihre Entwicklung und aktuelle Problematik. Jahrb. Geogr. Gesellsch. Hannover, S. 185-201 (1978).
Grötzbach, E.: Städte und Bazare in Afghanistan. Eine stadtgeographische Untersuchung. Beihefte zum Tübinger Atlas des Vorderen Orients, Reihe B, Nr. 16. Wiesbaden 1979.
Grotz, R.: Entwicklung, Struktur und Dynamik der Industrie im Wirtschaftsraum Stuttgart. Eine industriegeographische Untersuchung. Stuttgarter Geogr. Studien, Bd. 82 (1971).
Grotz, R.: Die Wirtschaft im mittleren Neckarraum und ihre Entwicklungstendenzen. Geogr. Rundschau, S. 14-26 (1976).
Grotz, R. und *Kulinat, K.:* Baulandpreise als Indikatoren für Verdichtungsprozesse. Jahrb. f. Statistik und Landeskunde von Baden-Württemberg, S. 48-81 (1973).
Groves, P. A.: Towards a Typology of Intrametropolitan Manufacturing Location. A Case Study of the San Francisco Bay Area. Occasional Papers, Univ. of Hull, Nr. 16. Hull 1971.
Gulick, J.: Baghdad. Portrait of a city in physical and cultural change. Journal of the American Institute of Planners, S. 246-258 (1967).
Gutschow, N.: Die japanische Burgstadt. Bochumer Geogr. Arbeiten, H. 24 (1976).
Haberland, G.: Groß-Haiderabad. Diss. Hamburg 1960.
Haeringer, P.: L'urbanisation de masse en question. Quatre villes de l'Afrique Noire. La croisance urbaine en Afrique Noire et à Madagascar, S. 625-651. Paris 1972.
Haggett, P.: Einführung in die kultur- und sozial-

geographische Regionalanalyse. Berlin – New York 1973.
Hahn, H.: Die Stadt Kabul (Afghanistan) und ihr Umland, Bd. I. Bonner Geogr. Arbeiten, H. 34 (1964).
Hahn, H.: Wachstumsabläufe in einer orientalischen Stadt am Beispiel von Kabul/Afghanistan. Erdkunde, S. 16-32 (1972).
Hake, A.: African Metropolis (Nairobi). New York 1977.
Hall, P.: London: Metropolis and Region. Oxford 1976.
Hall, P.: The location of the clothing trades in London 1861-1951. Transactions and Papers. The Institute of British Geographers, S. 155-178 (1960).
Hall, P. und *Martin, J. E.:* The economic and social geography of the county of London. Guide to London Excursions, S. 34-36 (1964).
Hall, P.: The Development of Communication. In: *Coppock, J. T.* und *Prince, H. C.* (Hrsg.): Greater London, S. 52-79. London 1964.
Hall, P.: Industrial London, a general view. In: *Coppock, J. T.* und *Prince, H. C.* (Hrsg.): Greater London, S. 225-245. London 1964.
Halliman, D. M. und *Morgan, W. T. W.:* The city of Nairobi. In: *Morgan, W. T. W.* (Hrsg.): Nairobi. City and Region, S. 98-120. Nairobi – London – New York 1967.
Hamilton, F. E. J.: The Moscow City Region. Problem Regions in Europe. Oxford 1976.
Hamilton, F. E. J.: Spatial Structure of East European Cities. In: *French, R. A.* und *Hamilton F. E. J.* (Hrsg.): The Socialist City. Spatial Structure and Urban Policy, S. 195-261. Chichester – New York usf. 1979.
Hamilton, F. E. J. und *Burnett, A. D.:* Social processes and residential structure. In: *French, R. A.* und *Hamilton, F. E. J.* (Hrsg.): The Socialist City, S. 263-304. Chichester – New York usf. 1979.
Hamm, B.: Sozioökologie und Raumplanung. In: *Attesländer, P.* (Hrsg.): Soziologie und Raumplanung, S. 94-117. Berlin – New York 1976.
Hamm, B.: Die Organisation der städtischen Umwelt. Ein Beitrag zur sozialökologischen Theorie einer Stadt (Beispiel Bern). Soziologie in der Schweiz, Bd. 6. Frauenfeld und Stuttgart 1977.
Handwörterbuch der Raumforschung und Raumordnung. Akademie für Raumforschung und Landesplanung. Hannover 1966.
Hanf, Th.: Der Libanonkrieg. Von der Systemkrise einer Konkordanzdemokratie zum „Spanischen Bürgerkrieg" der Araber? Aktuelle Informations-Papiere zur Entwicklung und Politik. Arnold Bergstrasser Institut Freiburg i. Br. 1976.

Hanffstengel, H. v.: Die historisch-städtebaulichen Gegebenheiten in ihrer Bedeutung für die Stadtentwicklung, dargestellt am Beispiel der Stadt Nürnberg für die Zeit von 1806 bis 1945. Akademie für Raumforschung und Landesplanung, Arbeitskreis „Geschichtliche Entwicklung des Stadtraumes", S. 8-46. Arbeitsmaterial 1976.
Harris, C. D. und *Ullman, E. D.:* The nature of cities. Annals of American Academy of Political and Social Science, S. 7-17 (1945).
Hart, T.: The evolving pattern of elite white residential areas in Johannesburg 1911-1970. The South African Journal, S. 68-75 (1976).
Hart, T.: Business cycles and the housing market – the core of the Primate City. South African Journal, S. 116-129 (1977).
Hartenstein, W. und *Staak, G.:* Land use in the urban core. In: *Heinemeyer, W. F.* u. a. (Hrsg.): Urban core and inner city. Proceed. of the intern. study week Amsterdam, S. 35-52. Leiden 1967.
Hartke, W.: Die sozialgeographische Differenzierung der Gemarkungen ländlicher Kleinstädte. Geogr. Annaler, S. 105-113 (1961).
Hasegawa, N.: Changes in the spatial variation of land value and land use. The Science Report of the Tohoku Univ., Nr. 13, S. 157-164 (1964).
Hasselmann, K.-H.: Untersuchungen zur Struktur der Kulturlandschaft von Busoga/Uganda. Abhandl. d. Geogr. Instituts Berlin, Anthropogeographie, Bd. 17 (1976).
Hecht, A.: Die anglo- und franko-kanadische Stadt. Ein sozioökonomischer Vergleich am Beispiel von Hamilton und Quebec City. Trierer Geogr. Studien, Sonderbd. 1, S. 87-112 (1977).
Heckscher, A.: Open Spaces. The life of American cities. New York – San Francisco – London 1977.
Heineberg, H.: Zentren in West- und Ostberlin. Untersuchungen zum Problem der Erfassung großstädtischer funktionaler Zentrenausstattungen in beiden Gesellschafts- und Wirtschaftssystemen Deutschlands. Bochumer Geogr. Arbeiten, Sonderreihe 9 (1977).
Heinz, W. R., Hermes, K. u. a.: Altstadterneuerung Regensburg (Sozialbericht). Regensburger Geogr. Schriften, H. 6 (1975).
Helbig, K.: Batavia. Eine tropische Stadtlandschaftskunde im Rahmen der Insel Java. Diss. Hamburg 1931.
Hennebo, D. und *Schmidt, E.:* Entwicklung des Stadtgrüns in England. In: *Hennebo, D.* (Hrsg.): Geschichte des Stadtgrüns, Bd. III. Hannover – Berlin o. J.
Herbert, D. T.: Principal component analysis and

urban social structure: A study of Cardiff and Swansea. In: *Carter, M.* und *Davies, W. K. D.* (Hrsg.): Urban essays. Studies in Geography of Wales, S. 79-100. London und Colchester 1970.

Herbert, D. T.: Social Area Analysis (Winnipeg). In: *Herbert, D. T.* (Hrsg.): Urban Geography. A Social perspective, S. 139-163. Newton Abbot 1972.

Herbert, D. T.: Residential mobility and preferences: a study of Swansea. In: *Clark, B. D.* und *Robson, M. B.* (Hrsg.): Social patterns in cities, S. 103-121. Institute of British Geographers, Special Publ., Nr. 5. Oxford 1973.

Hermanns, H., Lienau, K. und *Weber, P.:* Arbeiterwanderungen zwischen Mittelmeerländern und mittel- und westeuropäischen Industrieländern. Eine annotierte Auswahlbibliographie mit geogr. Aspekt. München – New York usf. 1979.

Herzog, R.: Ägypter – Nubier – und Bedja. In: *Baumann, H.* (Hrsg.): Die Völker Afrikas und ihre traditionellen Kulturen, S. 509-619. Wiesbaden 1979.

Hetzel, W.: Bossangua – Beispiel eines sekundären Zentrums in der Zentralafrikanischen Republik. Kölner Geogr. Arbeiten, Sonderfolge: Beitr. z. Landesk. Afrikas, H. 5, S. 79-118 (1973).

Hildebrand, H.: Die Mainzer Altstadtsanierung – Ziele – Probleme. Mainz und der Main-Nahe-Raum. Festschr. z. 41. Deutschen Geographentag, S. 37-57. Mainz 1977.

Hillebrecht, R.: Erhaltung alter Stadtkerne. In: *Bahrdt, H. P., Hillebrecht, R.* und *Weidner, H. P. C.* (Hrsg.): Stadtsanierung in Niedersachsen, S. 25-54. Hannover 1976.

Hilsinger, H.-H.: Das Flughafenumland. Bochumer Geogr. Arbeiten, H. 23 (1976).

Hodder, B. W. und *Ukwu, U. I.:* Markets in West Africa. Studies of markets and trade among the Yoruba and Ibo. Ibadan 1969.

Hodder, B. W.: Periodic and daily markets in West Africa. In: *Meillassoux, C.* (Hrsg.): The Development of Indigenous Trade and Markets in West Africa, S. 347-358. Oxford 1971.

Höfle, G.: Das Londoner Stadthaus. Seine Entwicklung in Grundriß, Aufriß und Funktion. Heidelberger Geogr. Arbeiten, H. 48 (1977).

Höhfeld, V.: Anatolische Kleinstädte. Anlage, Verlegung und Wachstumsrichtung seit dem 19. Jahrhundert. Erlanger Geogr. Arbeiten, Sonderband 6 (1977).

Hoffmeyer-Zlotnik, J.: Gastarbeiter im Sanierungsgebiet. Beiträge zur Stadtforschung, Bd. I. Hamburg 1977.

Hofmeister, B.: Die Angerdörfer im Raume von West-Berlin. Beispiele für die großstädtische Überformung ehemaliger Dorfkerne. Ber. z. Deutschen Landeskunde, Bd. 26, S. 1-23 (1960).

Hofmeister, B.: Das Problem der Nebencities in Berlin. Ber. z. Deutschen Landeskunde, Bd. 28, S. 45-73 (1962).

Hofmeister, B.: Stadt und Kulturraum Angloamerika. Braunschweig 1971.

Hofmeister, B.: Berlin. Eine geographische Strukturanalyse. Darmstadt 1975.

Hofmeister, B.: Stadtgeographie. Braunschweig 1976 bzw. 1980.

Hofmeister, B.: Die Stadtstruktur. Erträge der Forschung. Darmstadt 1980 (mit zahlreicher Literatur).

Holzner, L.: Soweto – Johannesburg. Beispiel einer südafrikanischen Bantustadt. Geogr. Rundschau, S. 209-222 (1971).

Horwood, E. M. und *Boyce, R.:* Studies of the Central Business District and Urban Freeway Development. Seattle 1959.

Hoselitz, B. F.: Generative and Parasitic Cities. Economic Development and Cultural Change, S. 278-294 (1955).

Hottes, K.: Köln als Industriestadt. In: Köln und die Rheinlande, Festschrift zum 33. Deutschen Geographentag, S. 129-154. Wiesbaden 1961.

Hottes, K. und *Pötke, P. M.:* Ausländische Arbeitnehmer im Ruhrgebiet und im Bergisch-Märkischen Land. Bochumer Geogr. Arbeiten, Sonderreihe, Bd. 6. Paderborn 1977.

House, J. W.: The North East (Industrial Britain). Newton Abbot 1969.

Hoyt, H.: Forces of urban centralization and decentralization. American Journal of Sociology, S. 843-852 (1943).

Hoyt, H.: The Structure and Growth of Residential Neighbourhoods in American Cities. Washington, D.C.: Federal Housing Administration, S. 112-122 (1939).

Hoyt, H.: The structure of American cities in the post-war Aera. American Journal of Sociology, S. 475-493.

Hoyt, H.: Recent Distortion of the Classical Models of Urban Structure. Land Economics, S. 199-212 (1964).

Hsu, Y.-R. A. und *Panneel, C. W.:* Urbanisation and residential spatial structure in Taiwan. Pacific Viewpoint, S. 22-52 (1982).

Hue, K.: The spatial structure of the commercial centers in Chungho-Yungho area. Geographical Research, Inst. of Geogr. National Taiwan Normal Univ., Nr. 6, S. 243-271 (1980).

Hübschmann, E. W.: Die Zeil. Sozialgeographische Studie über eine Straße. Frankfurter Geogr. Hefte, 21. Jg. (1952).

Huetz de Lemps, M. A.: Madrid. Notes et Etudes

Documentaires. Les Grandes Villes du Monde. Paris, Nr. 3854-3855 (Januar 1972).

Hulbert, F.: Le rayonnement et l'impact économique du Carneval de Québec. Cahiers de Géogr. de Québec, S. 77-104 (1971).

Hussan, J.-L. und *Lanvan, A.:* Un essai de contrôle de la croissance urbaine pauliste: la politique récente de déconcentration des activités industrielles. Cahiers des Amériques Latines, Bd. 21/22, S. 207-256 (1980).

Ibrahim, F. N.: Das Handwerk in Tunesien – eine wirtschafts- und sozialgeographische Strukturanalyse. Jahrb. Geogr. Gesellsch. Hannover, Sonderheft 7 (1975).

Ibrahim, F.: Die Konurbation Khartum. Geogr. Rundschau, S. 363-371 (1979).

Isenberg, G.: Die raumwirtschaftliche Lage der Stadt Stuttgart im Verhältnis zu ihren Nachbargemeinden. Raumforschung und Raumordnung, S. 200-201 (1971).

Jackson, J. C.: The Chinatown of South East Asia. Pacific Viewpoint, S. 45-77 (Mai 1975).

Jackson, J. N.: The Canadian City. Space, Form, Quality. Toronto usf. 1973.

Jäger, H.: Großbritannien. Darmstadt 1976.

Jäkel, H.: Ackerbürger und Ausmärker in Alsfeld/Oberhessen. Rhein-Mainische Forschungen, H. 4 (1953).

James, O. E.: Rio de Janeiro and São Paulo. Geogr. Review, S. 271-298 (1933).

Jaschke, D.: Reinbek. Untersuchungen zum Strukturwandel im Hamburger Umland. Hamburger Geogr. Studien, H. 29 (1973).

Jenz, H.: Der Friedhof als stadtgeographisches Problem der Millionenstadt Berlin – dargestellt unter Berücksichtigung der Friedhofsgründungen nach dem 2. Weltkrieg. Abhandl. d. Geogr. Instituts – Anthropogeographie Berlin, Bd. 26 (1977).

Johannes, E.: Entwicklung, Funktionswandel und Bedeutung städtischer Kleingärten. Schriften d. Geogr. Instituts d. Univ. Kiel, Bd. XV, H. 3. Kiel 1955.

Johnson, E. A. J.: The Puerto Rican Program of Areal Transformation. In: *Johnson, E. A. J.* (Hrsg.): The Organization of Space in Developing Countries, S. 310-325. Cambridge/Mass. 1970.

Johnston, R. J.: The distribution of an intra-metropolitan central place hierarchy. Australian Geogr. Studies, S. 19-33 (1966).

Johnston, R. J.: The location of high status residential areas. Geografiska Annaler, S. 23-35 (1966 B).

Johnston, R. J.: Social Area Change in Melbourne 1961-66. A sample exploration. Australian Geogr. Studies, S. 79-98 (1973).

Johnston, R. J.: Residential differentiation in major New Zealand urban areas: a comparative factorial ecology. In: *Clark, B. C.* und *Gleave, M. B.* (Hrsg.): Social patterns in cities, S. 143-167. Institute of British Geographers, Special Publ., Nr. 5. London 1973.

Johnston, R. J. (Hrsg.): Urbanisation in New Zealand. Wellington 1973.

Johnston, R. J.: New Zealand. In: *Jones, R.* (Hrsg.): Essays on World Urbanization, S. 133-167. London 1975 (zahlreiche Literatur).

Johnston, R. J. und *White, P. E.:* Reactions of foreign workers in Switzerland: An essay in electoral geography. Tijdsch. voor econom. en sociale geografie, S. 341-354 (1977).

Johnstone, M.: Urban squatters and unconventional housing in Peninsular Malaysia. The Journal of Tropical Geography, S. 19-33 (Dez. 1979).

Jonas, F.: Die wirtschaftsräumliche Differenzierung der Stadt des niedersächsischen Berglandes. Göttinger Geogr. Abhandl., H. 21 (1958).

Jonassen, C. T.: Cultural variables in the ecology of an ethnic group. American Sociological Review, Bd. XIV, S. 32-41 (1949) bzw. The Norwegians in Bay Ridge: A sociological study of an ethnic group. Univ. Microfilms, Ann Arbor, Michigan 1947.

Jones, E.: A social geography of Belfast. London 1960.

Jones, P. N.: Colored Minorities in Birmingham, England. Annals of the Association of American Geographers, S. 89-103 (1976).

Jones, P. N.: The distribution and diffusion of the coloured population in England and Wales 1961-1971. Transactions, The Institute of British Geographers, N. S. 3, S. 515-532 (1978).

Jüngst, P.: Vancouver, eine stadtgeographische Skizze. Marburger Geogr. Schriften, H. 50, S. 71-102 (1971).

Jüngst, P. und *Schulze-Göbel, H.:* Sozialräumliches Wohndatengefüge als Basis innovativer Stadtplanung. Marburger Geogr. Schriften, H. 61, S. 101-180 (1974).

Kade, G. und *Vorlaufer, K.:* Grundstücksmobilität und Bauaktivität im Prozeß des Strukturwandels citynaher Wohngebiete. Frankfurter Wirtschafts- und Sozialgeographische Schriften, H. 16 (1974).

Kaltenhäuser, J.: Taunusrandstädte im Frankfurter Raum. Funktion, Struktur und Bild der Städte Bad Homburg, Oberursel, Kronberg und Königstein. Rhein-Mainische Forschungen, Bd. 43 (1955).

Kant, E.: Zur Frage der inneren Gliederung der Stadt, insbesondere der Abgrenzung des Stadtkerns mit Hilfe der bevölkerungskartographischen Methoden. The IGU-Symposium in Urban Geography Lund, S. 321-381. Lund 1962.

Kantrowitz, N.: Ethnic and racial segregation in the New York Metropolis, 1960. American Journal of Sociology, Bd. 74, S. 685-695 (1969).

Karaboran, H. H.: Die Stadt Osmaniye in der oberen Çukurova. Entwicklung, Struktur und Funktionen einer türkischen Mittelstadt. Diss. Heidelberg 1975.

Kay, G.: A social geography of Zambia. London 1967.

Keeble, D. E.: Industrial Decentralisation and the Metropolis: The North West London Case. Transactions and Papers of British Geographers, S. 1-54 (1968).

Keeble, D. E.: Industrial Location and Planning in the United Kingdom. London 1976.

Kellogg, J.: Negro urban clusters in the postbellum South. Geogr. Review, S. 310-327 (1977).

Kemper, R. V.: Migration and adaptation. Tritzuntzan peasants in Mexico City. Sage Library of Social Research, Bd. 43.London 1977.

Keppel, H.: Stadterneuerng unter dem Aspekt veränderter Bevölkerungsentwicklung am Beispiel der Neckarstadt-West. Städtebauliches Institut der Universität Stuttgart 1976.

Kessler, A.: Puno am Titicacasee. Eine stadtgeographische Kartierung. Heidelberger Geogr. Arbeiten, H. 15, S. 164-170 (1966).

Keyser, E. (Hrsg.): Hessisches Städtebuch. Stuttgart 1957.

Keyser, E. (Hrsg.): Württembergisches Städtebuch. Stuttgart 1962.

Khorev, B. S.: The Problems of small cities and the policy of stimulating small-city Growth. Soviet Geography, S. 263-273 (1974).

King, A. D.: Colonial urban development. Cultural, social power and environment. London 1976.

Kipius, B. A. und Schnell, I.: Changes in the distribution of Arabs in mixed Jewish-Arab Cities in Israel. Economic Geography, S. 168-180 (1978).

Kitagawa, E. M. und Bogue, D. J.: Suburbanization of Manufacturing Activity within Standard Metropolitan Areas. Studies in Population Distribution, Nr. 9. Scripps Foundation. Miami, Ohio 1955.

Kitagawa, K.: Hierarchical System of Central Place within the Cities in Japan. In: Association of Japanese Geographers; Japanese Cities, S. 135-141. Tokyo 1970.

Klimm, E.: Maun-Entwicklung, Struktur und Funktion einer "Tswanastadt". Kölner Geogr. Arbeiten, Sonderfolge: Beitr. z. Landeskunde Afrikas, H. 5, S. 119-133 (1973).

Klimm, E., Schneider, K. G. und Wiese, B.: Das südliche Afrika, Bd. I: Republik Südafrika – Swasiland – Lesotho. Darmstadt 1980.

Klöpper, R.: Niedersächsische Industriekleinstädte. Schriften der wirtschaftswissenschaftlichen Gesellschaft zum Studium Niedersachsens e. V., N. F., Bd. 14. Oldenburg 1941.

Klöpper, R.: Der Stadtkern als Stadtteil, ein methodischer Versuch zur Abgrenzung und -stufung von Stadtteilen am Beispiel von Mainz. The IGU-Symposium in Urban Geography Lund, S. 535-553. Lund 1962.

Koch, J.: Tripoli (Libanon) – eine orientalische Stadt im Wandel. In: Beihefte zum Tübinger Atlas des Vorderen Orients. Reihe B (Geisteswissenschaften), S. 107-129. Wiesbaden 1977.

Koehn, P. und Koehn, E. F.: Urbanization and urban development, planning in Ethiopia. In: Obudho, R. A. und El-Shaks, S. (Hrsg.): Development of urban systems in Africa, S. 215-241. New York 1979.

Körber, J.: Die neuere Entwicklung des Großstadtraumes Stuttgart. In: Meynen, E. und Voppel, G.: Wirtschafts- und sozialgeographische Themen zur Landeskunde Deutschlands, Th. Kraus Festschr., S. 423-438. Bad Godesberg 1959.

Köster, G.: Santa Cruz de la Sierra (Bolivien). Entwicklung, Struktur und Funktion einer tropischen Tieflandsstadt. Aachener Geogr. Arbeiten, H. 12 (1978).

Kohlhepp, G.: Industriegeographie des nördlichen Santa Catarina. Heidelberger Geogr. Arbeiten, H. 21 (1968).

Kolb, A.: Groß-Manila. Die Individualität einer tropischen Millionenstadt. Hamburger Geogr. Studien, H. 34 (1978).

Kopp, H.: Städte im östlichen iranischen Kaspitiefland. Ein Beitrag zur Kenntnis der jüngeren Entwicklung orientalischer Mittel- und Kleinstädte. Mitteil. Fränk. Geogr. Gesellsch., S. 33-197 (1973).

Kotsch, P.: The Freight Transport Problems of a large Shipping Company. By Example of the Volkswagen AG. Geo Journal, S. 69-78 (1977).

Kraus, Th.: Die Altstadtbereiche westdeutscher Großstädte und ihr Wiederaufleben nach der Kriegszerstörung. Erdkunde, S. 94-99 (1953).

Krausse, G. H.: Intra-urban variation in Kampung-settlements of Jakarta: a structural analysis. The Journal of Tropical Geography, S. 11-26 (Juni 1978).

Kremer, A.: Die Kölner Altstadt und ihre Geschäftsviertel in jüngerer Entwicklung. Köln und die Rheinlande, Festschr. z. 33. Deutschen Geographentag, S. 112-128. Wiesbaden 1961.

Kreße, J. M.: Die Industriestandorte in mitteleu-

ropäischen Großstädten. Berliner Geogr. Studien, H. 3 (1977).
Kreth, R. und *Waldt, H.-O.:* Die Entwicklung der funktionalen Struktur des Mainzer Stadtzentrums im Zuge des Wiederaufbaus nach 1945. In: Mainz und der Rhein-Main-Nahe-Raum. Festschr. Geographentag Mainz, S. 17-36. Mainzer Geogr. Studien, H. 11 (1977).
Kreth, R.: Sozialräumliche Gliederung von Mainz. Geogr. Rundschau, S. 142-149 (1977).
Krings, W.: Die Kleinstädte am mittleren Niederrhein. Arbeiten zur Rheinischen Landeskunde, H. 33 (1970).
Krishan, G. und *Shyam, M.:* Literacy in India. Geogr. Review of India, S. 117-125 (1977).
Kühne, D.: Urbanisation in Malaysia – Analyse eines Prozesses. Schriften des Instituts für Asienkunde in Hamburg, Bd. 42 (1976).
Künzler-Behncke, R.: Entstehung und Entwicklung fremdvölkischer Eigenviertel im Stadtorganismus. Frankfurter Geogr. Hefte, H. 35. Frankfurt a. M. 1960.
Kuls, W. (Hrsg.): Probleme der Bevölkerungsstruktur. Darin *Berry, Simmons* und *Tennant,* S. 122-149. Darmstadt 1978.
Larimore, A. E.: The Alien Town. Patterns of Settlement in Busoga, Uganda (Jinja). The Univ. of Chicago, Dep. of Geogr., Research Paper, Nr. 55 (1958).
Latin American Urban Research.
  Bd. I: Hrsg.: *Rabinowitz F. F.* und *Trueblood, F. M.:* Latin American Urban Research. Beverly Hills, Cal. 1971.
  Bd. II: Hrsg.: *Geisse, G.* und *Hardoy, J. E.:* Regional and urban development politics: A Latin American Perspective. (Ausführe. anglo- und lateinam. Literatur 1969-1971). Beverly Hills 1972.
  Bd. III: Hrsg.: *Rabinowitz, F. F.* und *Trueblood, F. M.:* National-local linkages: The interrelationship of urban and national politics in Latin America. Beverly Hills – London 1973.
  Bd. IV: Hrsg.: *Cornelius, W. A.* und *Trueblood, F. M.:* Anthropological perspectives on Latin American Urbanization. (Ausführl. anglo- und lateinam. Literatur 1972-1974). Beverly Hills – London 1974.
  Bd. V: Hrsg.: *Cornelius, W. A.* und *Trueblood, F. M.:* Urbanization and inequality. Beverly Hills – London 1975.
  Bd. VI: Hrsg.: *Cornelius, W. A.* und *Kemper, R. V.:* Metropolitan Latin America: The challenge and the response. (Ausführl. anglo- und lateinam. Literatur 1975-1976). Beverly Hills – London 1978.
Lawless, R. I.: Algeria: Transformation of a colonial urban system under a planned economy. In: *Obudho, R. A.* und *El-Shakh, S.* (Hrsg.): Development of urban Systems in Africa, S. 79-98. New York 1979.
Lawless, R. I.: The future of historic centres: Conservation or redevelopment? In: *Blake, G. H.* und *Lawless, R. I.* (Hrsg.): The changing Middle East, S. 178-208. London 1980.
Lea, K. J.: Greater Glasgow. Scott. Geogr. Magazine, S. 4-19 (1980).
Lebeau, R.: Lyon.In: *Taillefer u. a.* (Hrsg.): Atlas de Géographie de la Région Lyonnaise, S. 105-119. Paris 1978.
Leeds, A.: Housing-settlement types, arrangement for living, proletarization, and the social structure of the city. In: *Cornelius, W. A.* und *Trueblood, F. M.* (Hrsg.): Latin American Urban Research, Bd. 4, S. 67-99. Beverly Hills – London 1974.
Leister, I.: Wachstum und Erneuerung britischer Industriegroßstädte. Wien – Köln – Graz 1970.
Lemon, A.: Postwar industrial growth in East Anglia Small Towns. Research Paper, Nr. 12, School of Geogr., Univ. of Oxford, März 1975.
Les Villes Françaises. Notes et Etudes Documentaires (bisher erschienen Aix-en-Provence 1974, Amiens 1974, Angers 1974, Bayonne 1975, Besançon 1970, Brest 1974, Clermont-Ferrand 1965, Lille et sa communauté urbaine 1976, Limoges 1970, Lyon et sa agglomération 1975, Marseille 1963, Mulhouse 1970, Nancy 1973, Nice 1964, Orléans 1975, Paris 1969, 1971, 1972, 1973, 1974 unter jeweils verschiedenen Gesichtspunkten, Rouen-Elbeuf 1974, Saint-Etienne 1973, Toulon 1973).
Lever, W. F.: Manufacturing Decentralisation and Shifts in Factor Costs and External Economics. In: *Collins, L.* und *Walker, D. F.* (Hrsg.):Locational Dynamics of Manufacturing Activty, S. 295-324. London – New York usf. 1975.
Lewis, J. W.: Order and Modernization in the Chinese City. In: *Lewis, J. W.:* The City in Communist China. Stanford Press 1971.
Lewis, P. F.: Small Town in Pennsylvania. In: *Hart, J. F.* (Hrsg.): Regions of the United States, S. 323-351. New York, Evanston usf. 1972.
Leyden, F.: Groß-Berlin. Geographie einer Weltstadt. Breslau 1933.
Leyden, F.: Die Entvölkerung der Innenstadt in den größeren Städten von Holland. Tijdsch. voor Econ. Geogr., S. 222-239 (1934), S. 79-87 und S. 169-186 (1935).
Lichtenberger, E.: Die Differenzierung des Geschäftsbereichs im zentralörtlichen System am Beispiel der österreichischen Städte. Verhandl. Deutscher Geographentag Bad Godesberg, S. 229-242 (1969).

Lichtenberger, E.: The nature of European Urbanism. Geoforum 4, S. 45-62 (1970).
Lichtenberger, E.: Wirtschaftsfunktion und Sozialstruktur der Wiener Ringstraße. Graz 1970.
Lichtenberger, E.: Die städtische Explosion in Lateinamerika. Zeitschr. f. Lateinamerika (Wien), S. 33-55 (1972).
Lichtenberger, E.: Die europäische Stadt-Wesen, Modelle, Probleme. Berichte zur Raumforschung und Raumplanung Wien, 16. Jg., S. 3-25 (1972).
Lichtenberger, E.: The Eastern Alps. Problem Regions of Europe. Oxford 1975.
Lichtenberger, E.: Die Wiener Altstadt. Von der mittelalterlichen Bürgerstadt zur City. Wien 1977.
Lichtenberger, E.: Stadtgeographischer Führer, Wien. Sammlung geographischer Führer 12. Stuttgart 1978.
Lieberson, S.: Ethnic patterns in American Cities. Glencoe 1963.
Lloyd, P. C.: Indigenious Ibadan. In: *Lloyd, P. C., Mabogunje, A. L., Awe, B.* (Hrsg.): The City of Ibadan, S. 59-83. Cambridge 1967.
Lloyd, P. C.: The Yoruba. An urban People? In: *Southall, A.* (Hrsg.): Urban Anthropology, S. 71-106. New York – London – Toronto 1973.
Lo, C. P. und Welch, R.: Chinese urban population estimates. Annals of the Assoc. of American Geographers, S. 246-53 (1977).
Loew, G.: Les villes de Jordanie Orientale. Revue de Géogr. de Lyon, S. 345-360 (1975).
Logan, M. L.: Manufacturing Decentralization in the Sydney Metropolitan Area. Economic Geograpy, S. 151-162 (1964).
Logan, M. L.: Locational behaviour of manufacturing firms in urban areas. Annals of the Assoc. of Amer. Geographers, S. 451-466 (1966).
Lohfeld, K. H.: Öjendorf – neuer fortschrittlicher Hauptfriedhof in Hamburg. Deutsche Friedhofskultur, H. 4, S. 61-71 (1973).
Louis, H.: Die geographische Gliederung von Groß-Berlin. Länderkundl. Forschung, Festschr. N. Krebs, S. 146-171. Stuttgart 1936.
Lowry, I. S.: Location Parameters in the Pittsburgh Model. Regional Science Association, Papers and Proceedings 11, S. 145-165 (1963).
Lundquist, J.: The Economic Structure of Morogoro Town. Research Report Nr. 17. Scandinavian Institute of African Studies. Uppsala 1973.
Maasdorp, G.: The Development of the Homelands with special reference to Kwazulu. Dep. of Geography, Queen Mary Colleg, Univ. of London, Occasional Papers, Nr. 7, S. 21-36 (1976).
Mabogunje, A. L.: The Ijebu. In: *Lloyd, P. C., Mabogunje, A. L., Awe, B.* (Hrsg.): The city of Ibadan, S. 85-95. Cambridge 1967.
Mabogunje, A. L.: The morphology of Iabadan. In: *Lloyd, P. C., Mabogunje, A. L.* und *Awe, B.* (Hrsg.): The city of Ibadan, S. 35-56. Cambridge 1967.
Mabogunje, A. L.: Urbanization of Nigeria. New York 1968.
Mabogunje, A. L.: Manufacturing and the Geography of development in Tropical Africa. Economic Geography, S. 1-20 (1973).
Mackensen, R., Papalekas, J. Ch., Pfeil, E., Schütte, W. und *Lucius, B.:* Daseinsformen der Großstadt. Tübingen 1959.
McElrath, D. C.: The social areas of Rome: a comparison analysis. American Sociol. Review, Bd. 72, S. 376-391 (1962).
Mahnke, H.-P.: Die Hauptstädte und die führenden Städte der USA. Stuttgarter Geogr. Studien, Bd. 78 (1970).
Malik, R. A.: Cities of Upper Indo-Gangetic Plain. Pakistan Geogr. Review, S. 61-72 (1965), insb. Lahore.
Mangin, W.: Latin American squatter settlements: A problem and a solution. Latin American Research Review, S. 65-98 (1967).
Mangin, W.: Sociological, cultural and political characteristics of some urban migrants in Peru. In: *Southall, A.* (Hrsg.): Urban Anthropology, S. 315-350 (1973).
Manhart, M.: Die Abgrenzung homogener städtischer Teilgebiete. Eine Clusteranalyse der Baublöcke Hamburgs. Beiträge zur Stadtforschung, Bd. 3. Hamburg 1977.
Mann, E.: Nairobi – From Colonial to National Capital. Nürnberger Wirtschafts- und Sozialgeogr. Arbeiten, Bd. 8, S. 141-156 (1968).
Manshard, W.: Die Stadt Kumasi (Ghana). Erdkunde, S. 161-180 (1961).
Manshard, W.: Die Städte des tropischen Afrika. In: Urbanisierung der Erde, Bd. I. Berlin – Stuttgart 1977.
Marchand, B.: La structure urbaine de Caracas. Annales de Géographie, S. 106-143 (1969).
Marthelot, P.: Dimensions nouvelles d'une métropole: le Caire. Revue de Géographie de l'Est, S. 379-90 (1969).
Marthelot, P.: Alger dans ses nouvelles dimensions. In: Maghreb et Sahara. Acta Geographica, S. 283-287. Paris 1973.
Martin, J. E.: Three Elements in the Industrial Geography of Greater London. In: *Coppock, J. T.* und *Prince, H. C.* (Hrsg.): Greater London, S. 240-264. London 1964.
Martin, J. E.: Greater London. An Industrial Geography, London 1966.
Mathiesen, Ch. W.: Syntese af Københavns kom-

munes befolknings- og boligstruktur. Geogr. Tidsskrift, Bd. 72, S. 57-63 (1973).

Mathiesen, C. W.: The Urbanization Process, Copenhagen case. Geogr. Tidsskrift, S. 98-101 (1980).

Mathiesen, I.: Verden und sein Lebensraum. Jahrb. d. Geogr. Gesellsch. Hannover 1938/39, S. 1-88. Hannover 1940.

Matthews, M.: Social Dimensions in Soviet Urban Housing. In: *French, R. A.* und *Hamilton, F. E. J.* (Hrsg.): The Socialist City. Spatial Structure and Urban Policy, S. 105-118. Chichester – New York usf. 1979.

Matos Mar, J.: Die Barriadas von Lima. Eine Untersuchung über die Elendsviertel der peruanischen Hauptstadt. Bad Homburg 1969 (in spanisch erschienen Lima 1966 bzw. 1967).

Matznetter, J.: Das Verhältnis von Funktionselementen und hierarchischer Stellung am Beispiel von Mittelpunktssiedlungen in Moçambique. Frankfurter Wirtschafts- und Sozialgeogr. Schriften, H. 28, S. 105-139 (1978).

May, H.-D.: Junge Industrialisierungstendenzen im Untermaingebiet unter besonderer Berücksichtigung der Betriebsverlagerungen aus Frankfurt am Main. Rhein-Mainische Forschungen, H. 65 (1968).

Mayer, O.: Townsmen or tribesmen. Kapstadt – London usf. 1971.

Mayntz, R.: Soziale Schichtung und sozialer Wandel in einer Industriegemeinde. Schriftenreihe des Unesco-Institutes für Sozialwissenschaft Köln, Bd. 6. Stuttgart 1958.

Mayr, A.: Ahlen in Westfalen. Bochumer Geogr. Arbeiten, H. 5 (1968).

McDonald, G.: Social and geographical mobility in the Scottish New Towns. Scott. Geogr. Magazine, S. 38-51 (1975).

McGee, T. G.: The Southeast Asian City. A social geography of the Primate Cities of Southeast Asia. London 1967.

McGee, T. G.: The social ecology of New Zealand cities. In: *Forster, J.* (Hrsg.): Social Processes in New Zealand, S. 144-180. Auckland 1969.

McIndre, W. E.: The Retail Pattern of Manila. Geogr. Review, S. 66-80 (1955).

Meer, F.: Domination through Separation: a Résumée of major laws enacting and preserving racial segregation. Dep. of Geography, Queen Mary College, Univ. of London, Occasional Papers, Nr. 6, S. 17-38 (1976).

Mehta, S. K.: Patterns of residence in Poona (India) by income, education, and occupation (1937-65). American Journal of Sociology, Bd. 73, S. 496-508 (1968).

Mehta, S. K.: Patterns of residence in Poona, India, by caste and religion: 1822-1965. Demography, S. 473-491 (1969).

Meillassoux, C.: Urbanisation of an African community. Voluntary Association in Bamako. Seattle – London 1968.

Mellor, R. E. H.: Sowjetunion. Harms Handbuch der Erdkunde III. 2. Aufl. München – Frankfurt a. M. 1972; 3. Aufl. 1976.

Mensching, H.: Tunesien. 1. Aufl. Darmstadt 1968; 2. Aufl. 1979.

Mensching H. Wirth, E.: Nordafrika – Vorderasien. Fischer-Länderkunde, Bd. 4. Frankfurt a. M. 1973.

Merlin, P.: New Towns. London 1971.

Mertins, G. und Leib, J.: Räumlich differenzierte Formen der spanischen Arbeitsemigration. Marburger Geogr. Schriften, H. 84, S. 255-276 (1981).

Messerli, B. und Baumgartner, R. (Hrsg.): Kamerun. Grundlagen zum Natur- und Kulturraum. Geographica Bernensia, G 9. Bern 1978.

Meynen, H.: Die Kölner Grünanlagen. Beiträge zu den Bau- und Kunstdenkmälern im Rheinland, Bd. 25. Düsseldorf 1979.

Meynen, H.: Die Wohnbauten im nordwestlichen Vorortsektor Kölns mit Ehrenfeld als Mittelpunkt. Forschungen zur deutschen Landeskunde, Bd. 210 (1978).

Meynier, M. A. und Le Guen, M.: Rennes. Notes et Etudes Documentaires, Nr. 3 257. Paris 1966.

Michl, S.: Urban squatter organizations as a national government tool. The case of Lima, Peru. In: Latin American Research, Bd. III, S. 175-178. Beverly Hills – London 1973.

Mielke, H.-J.: Die kulturlandschaftliche Entwicklung des Grunewaldgebietes. Abhandl. Geogr. Inst. d. Freien Univ. Berlin, Bd. 18 (1971).

Miller, R.: The new face of Glasgow. Scottish Geogr. Magazine, S. 5-15 (1970).

Miossec, J.-M.: L'affirmation de la fonction économique de Tunis. In: Villes et Parallèle, Bd. II, S. 91-120. Paris – Nanterre 1979?.

Mischke, M.: Faktorenökologische Untersuchung zur räumlichen Ausprägung der Sozialstruktur in Pforzheim. Karlsruher Manuskr. zur math. und theor. Wirtschafts- und Sozialgeographie. Februar 1976.

Möller, G.: Naherholungsgebiete in Stadt und Großraum Hannover. Jahrbuch d. Geogr. Gesellsch. Hannover, S. 168-184 (1978).

Momeni, M.: Malayer und sein Umland. Marburger Geogr. Schriften 1976.

Monbeig, P.: La croissance de la ville de São Paulo. Revue de Géographie Alpine, S. 261-310 (1947).

Morgan, B.: Social distance and spatial behavior: a research note. Area 6, S. 293-297 (1974).
Morill, R. M.: The Negro Ghetto. Problems and Alternatives. Geogr. Review, S. 339-361 (1965).
Morikawa, H. und *Katagawa, K.:* Hiroshima-Wandlungen der inneren Struktur und Region. Erdkunde, S. 100-108 (1963).
Morse, R. M.: Recent research on Latin American Urbanization: A selective survey with commentary. Latin American Research Review, S. 3-74 (1965).
Morse, R. M.: São Paulo: A case study of a Latin American Metropolis. In: Latin American Urban Research, Bd. I, S. 151-186. Beverly Hills 1970.
Mortimore, M. J.: Some aspects of rural-urban relations in Kano. In: La croissance urbaine en Afrique Noire et à Madagascar, Bd. 2, S. 871-888. Paris 1972.
Moses, L. und *Williamson, H. W.:* Location of Economic Activities in Cities. The American Economic Review, S. 211-222 (1967).
Müller, D. O.: Verkehrs- und Wohnstrukturen in Groß-Berlin 1880-1980. Geographische Untersuchungen ausgewählter Schlüsselgebiete beiderseits der Ringbahn. Berliner Geogr. Studien, Bd. 4 (1978).
Müller-Wille, W.: Stadt und Umland im südlichen Sowjet-Mittelasien. Erdkundliches Wissen. H. 49. Wiesbaden 1978.
Mukherjee, R. C.: A Case Study of Growth, Function and Regional Relationship of a Small Town. Geogr. Review of India, S. 32-37 (Sept. 1968).
Mulzer, E.: Der Wiederaufbau der Altstadt von Nürnberg 1945-1970. Mitteil. Fränk. Geogr. Gesellschaft, Bd. 19, S. 1-225 (1972).
Munshi, M. C.: Location of Industry. Evolution of a Policy. In: *Vakil, C. N.* und *Mohan Rao, U. S.* (Hrsg.): Industrial Development of India. Policy and Problems, S. 248-263. Neu Delhi 1973.
Munsi, S. K.: An Enquiry into Urban Stagnation in the Small Towns of West Bengal. Geogr. Review of India, S. 205-221 (Sept. 1973).
Murphy, R. E.: Central Business District Research. IGU-Symposium in Urban Geography. Lund 1960, S. 473-483. Lund 1962.
Murphy, R. E.: The Central Business District. Chicago – New York 1972 (mit der Literatur über den CBD bis zum Jahre 1970).
Murphy, R. E.: The American City. New York usf. 1966 bzw. 1974.
Murphy, R. E. und *Vance, J. E.:* Delimiting the CBD. Economic Geography, S. 189-222 (1954).

Murphy, R. E. und *Vance, J. E.:* A comparative study of nine Central Business Districts. Economic Geography, S. 301-336 (1954).
Murphy, R. E., Vance, J. E. und *Epstein, B. J.:* Internal structure of CBD. Economic Geography, S. 47-59 (1955).
Naciri, M.: Salé, étude de géographie urbaine. Revue de Géogr. de Maroc, S. 11-32 (1963).
Nader, G. A.: Cities of Canada, 2 Bde. Profiles of fifteen Metropolitan Centres. Macmillan Company of Lmt. 1976.
Nakabayashi, J.: Recent transformation of residential quarters in a Japanese Metropolitan City. Geogr. Reports of Tokyo Metropolitan Univ., Nr. 10, S. 83-100 (1975).
Nehring, D.: Stadtparkanlagen in der ersten Hälfte des 19. Jahrhunderts. Ein Beitrag zur Kulturgeschichte des Landschaftsgartens. Hannover – Berlin 1979.
Nellner, W.: Die Entwicklung der inneren Struktur und Verflechtung in Ballungsgebieten – dargestellt am Beispiel der Rhein-Neckar-Agglomeration. Veröff. d. Akad. f. Raumforschung u. Landespl., Beiträge, Bd. 4. Hannover 1969.
Nellner, W.: Die Siedlungsagglomeration Karlsruhe. Veröffentl. d. Akademie f. Raumforschung und Landesplanung, Forschungs- und Sitzungsber., Bd. 112, S. 109-132. Hannover 1976.
Nessler, H.-J.: Stadtsanierung in Mannheim. Möglichkeiten und Grenzen behördlicher Maßnahmen und stadtgeographische Auswirkungen am Beispiel der Westlichen Unterstadt. In: Mannheim und der Rhein-Neckar-Raum, Festschr. z. 43. Deutschen Geographentag, S. 81-92. Mannheimer Geogr. Arbeiten, H. 11 (1981).
Neumann, F.: Daten zu Wirtschaft, Gesellschaft usf. der Bundesrepublik Deutschland 1950-1975. Baden-Baden 1976.
Neutze, M.: Urban Development in Australia. London 1977.
Niemeier, G.: Städte im Osten der USA. Festschr. Gentz.: Deutsche geographische Forschung in der Welt von heute, S. 139-153. Kiel 1970.
Niewöhner, E.: Täglicher Suq und Wochenmarkt in Sa'da, Jemen. Erdkunde, S. 24-27 (1976).
Niner, P. und *Watson, C. J.:* Housing in British cities. In: *Herbert, D. T.* und *Johnston, R. J.* (Hrsg.): Geography and urban environment, Nr. I, S. 319-351. Chichester – New York 1978.
Nissel, H.: Die indische Metropole Bombay. Entwicklung, funktionelle und sozialräumliche Typisierung. Geogr. Jahresber. aus Österreich, S. 7-30 (mit Karte; 1973/74).

Nissel, H.: Bombay. Untersuchungen zur Struktur und Dynamik einer indischen Metropole. Berliner Geogr. Studien, Bd. 1 (1977).

Noin, D.: Casablanca. Notes et études documentaires, Juni 1971, Nr. 3797-3798. La Documentation Française Paris 1971.

Norcliffe, G. B.: A Theory of Manufacturing Places. In: *Collins, L.* and *Walker, D. F.* (Hrsg.): Locational Dynamics of Manufacturing Activity, S. 19-57. London – New York usf. 1975.

Oeser, R.: Veränderungen der Wohnbevölkerung in der Altstadt von Weißenburg in Bayern. Mitteil. Fränk. Geogr. Gesellsch., S. 488-500 (1976).

Oettinger, B.: Die Wochenmärkte des westlichen Mittelanatolien. Erdkunde, S. 19-28 (1976).

Ogendo, R. B.: Industrial Geography of Kenya. Nairobi 1972.

Ojany, F. F. und *Ogendo, R. B.:* Kenya. A Study in Physical and Human Geography. Nairobi 1973.

Olbert, H. und *Eggers, H.:* Das Jenaer Glaswerk Schott & Genossen, der größte Industriebetrieb in Mainz. Ansiedlung – Produktion – Außenbeziehungen. Mainzer Geogr. Studien, H. 11, S. 139-162 (1977).

O'Loughlin, J. V. und *Glebe, G.:* Faktorökologie der Stadt Düsseldorf. Ein Beitrag zur urbanen Sozialraumanalyse. Düsseld. Geogr. Schriften, H. 16 (1980).

O'Loughlin, J. und *Munski, D. C.:* Housing rehabilitation in the inner city. A comparison of two neighborhoods in New Orleans. Economic Geography, S. 52-70 (1979).

Olsen, K. H.: Das römische Stadtquartier EUR: Trabant, Neue City oder Administrations-Distrikt. Abhandl. d. 1. Geogr. Instituts d. Freien Univ. Berlin, Bd. 13, S. 245-259 (1970).

Onokerhoraye, A. G.: The changing pattern of retail outlets in West African Urban Areas: The case of Benin, Nigeria. Geogr. Annaler, S. 28-42 (1977).

Onyemelukwe, J. O. C.: Industrial migration in West Africa: the Nigerian case. In: *Hamilton, E. E. I.* (Hrsg.): Industrial Change, S. 119-131. London – New York 1978.

Orgeig, H. D.: Der Einzelhandel in den Cities von Duisburg, Düsseldorf, Köln und Bonn. Kölner Forschungen zur Wirtschafts- u. Sozialgeogr., Bd. XVII (1972).

Otremba, E.: Nürnberg. Die alte Reichsstadt in Franken auf dem Wege zur Industriestadt. Forschungen z. deutschen Landesk., Bd. 48 (1950).

Ottens, H. F. L.: Spatial development of the Green Heart of the Randstad: Policies versus theoretical and empirical evidence. Tijds. voor econ. en sociale Geografie, S. 130-143 (1979).

Pachner, H.: Der städtische Vorort Baruta. Sozialgeographische Untersuchungen am Stadtrand von Caracas. Stuttgarter Geogr. Studien, S. 95-107 (1973).

Pachner, H.: Randliches Wachstum und zunehmende innere Differenzierung venezolanischer Städte. Marburger Geogr. Schriften, H. 77, S. 169-202 (1978).

Pacione, M.: The revivification of the transition zone in Glasgow. Norsk Geogr. Tidskr., S. 137-141 (1977).

Pacione, M.: The in-town hypermarket: an innovation in the geography of retailing. Regional Studies, S. 15-37 (1979).

Pailhé, J.: Les transformations de la composition sociale de la ville de Bordeaux. Revue Géogr. des Pyrénées et du Sud-Ouest, S. 11-28 (1978).

Pailing, K.: The River Thames from Central Greenwich. Guide to London Excursions, hrsg. von *Clayton, K. M.*, S. 53-59. London 1964.

Pape, H.: Er Riad. Stadtgeographie und Stadtkartographie der Hauptstadt Saudi-Arabiens. Bochumer Geogr. Arbeiten, Sonderh., Bd. 7 (1977).

Paris, C. und *Lambert, J.:* Housing Problems and the State. In: *Herbert, D. T.* und *Johnston, R. J.* (Hrsg.): Geography and the urban environment, Bd. II, S. 227-258. Chichester – New York usf. 1979.

Parkes, D.: Formal factors in the social geography of an Australian Industrial City (Newcastle). Australian Geogr. Studies, S. 171-200 (1973).

Partzsch, D.: Die Entwicklung des Berliner Ortsteiles Dahlem von einem agraren zu einem städtischen Landschaftsteil. Raumforschung und Raumordnung, S. 216-229 (1962).

Pass, D.: Vällingby and Farsta – from idea to reality. Cambridge/Mass. und London 1973.

Pattison, W. D.: The cemeteries of Chicago: A phase of Land Utilization. Annals of the Assoc. of American Geogr., S. 245-257 (1955).

Pelletier, M. J.: Un aspect de l'habitat à Alger: les bidonvilles. Revue de Géogr. de Lyon, S. 279-288 (1955).

Pemöller, A.: Hamm als Teil der Großstadt Hamburg. Hamburger Geogr. Studien, H. 11 (1961).

Pemöller, A.: Zur Siedlungsgenese der Stadt Wörth am Rhein. Frankf. Beiträge zur Didaktik d. Geograhie, Bd. 5, S. 328-341 (1981).

Perlman, J. E.: The myth of marginality. Urban poverty and politics in Rio de Janeiro. Berkeley – Los Angeles – London 1976.

Pfeffer, K. H.: Pakistan-Modell eines Entwicklungslandes. Schriften des Deutschen Orient-Instituts. Opladen 1967.

Pfeifer, W.: Die Paßlandschaft von Niğde. Ein Beitrag zur Siedlungs- und Wirtschaftsgeographie von Inneranatolien. Gießener Geogr. Schriften, H. 1 (1957).

Picquet, M.: Evolution récente du peuplement de l'agglomération de Tunis. Cah. O. R. S. T. M., Sér.: Sciences Humaines, Bd. XII, Nr. 4, S. 345-376 (1975).

Planhol, X. de: Les fondements géographiques de l'histoire de l'Islam. Paris 1968.

Planhol, X. de, Hebrard, A.-M. und Brillon, B.: Ankara: Aspects de la croissance d'une métropole. Revue de Géographie de l'Est, S. 155-187 (1973).

Planhol, X. de: Observations sur deux bazars du Badghis: Kala Nao et Bala Mourghab. Afghanische Studien, Bd. 14, S. 146-151. Meisenheim 1976.

Planhol, X. de: Aspects de la Géographie sociale d'Ankara. Revue de Géographie de l'Est, S. 99-107 (1977).

Pletsch, A.: Die Fondouks in den Medinen von Rabat und Salé. Marburger Geogr. Schriften, Bd. 59, S. 7-21 (1973).

Pletsch, A.: Wohnsituation und wirtschaftliche Integration in den marginalen Wohnvierteln der Agglomeration Rabat-Salé (Marokko). Marburger Geogr. Schriften, H. 59, S. 23-61 (1973).

Plum, W.: Sozialer Wandel im Maghreb. Hannover 1967.

Pöhlmann, R. P.: Die Abgrenzung und innere Gliederung des Rhein-Neckar-Raumes seit dem Zweiten Weltkrieg. Ein Beitrag zur sozioökonomischen Entwicklung des Raumes von 1950-1970. Mannheimer Geogr. Arbeiten, H. 10, S. 287-303 (1981).

Poncet, J.: Continuités urbaines et discontinuités sociales á Tunis. In: Villes en Parallèle, Bd. II, S. 193-217. Paris – Nanterre 1979?.

Poole, M. A. und Boal, F. W.: Religious residential segregation in Belfast in mid-1969: a multilevel analysis. In: *Robson, B. T.* (Hrsg.): Social patterns in cities. Institute of British Geographers, Sep. Publ., Nr. 5, März 1973, S. 1-40. London 1973.

Popp, H.: Die Altstadt von Erlangen. Bevölkerungs- und sozialgeographische Wandlungen eines zentralen Wohngebiets unter dem Einfluß gruppenspezifischer Wanderungen. Mitteil. Fränk. Geogr. Gesellsch., S. 29-142 (1976).

Poschwatta, W.: Innovation citynahen Wohnens – aktionsräumliche Gesichtspunkte. Verhandl. Deutscher Geographentag Mainz, S. 88-97. Wiesbaden 1978.

Poulsen, M. F., Rowland, D. T. und Johnston, R. J.: Patterns of Maori migration in New Zealand. In: *Kosinski, L. A. und Prothero, R. M.* (Hrsg.): People on the move, S. 309-324. London 1975.

Pred, A.: The Intrametropolitan Location of Manufacturing. Annals of the Association of American Geographers, S. 165-180 (1964).

Preston, R. E.: A detailed comparison of Land Use in three transition zones. Annals of the Assoc. of Amer. Geogr., S. 461-484 (1968).

Price, E. T.: The Central Courthouse Square in the American County Seat. Geogr. Review, S. 29-60 (1968).

Rabinowitz, F. F. und Siembieda, W. J.: Minorities in Suburbs. The Los Angeles Experience. Lexington, Mass. – Toronto 1977.

Racine, J.-B.: Un type Nord-Américain d'expansion métropolitaine: La couronne urbaine du Grand Montréal. 3 Bde. Thèse Nizza 1973, Lille 1975.

Radford, J. P.: Race, Residence and Ideology: Charleston, South Carolina in the mid-ninteenth century. Journal of Historical Geography, S. 329-346 (1976).

Ray, D. M. und Murdie, R. A.: Canadian and American urban dimensions. In: *Berry, B. J. L. und Smith, K.:* City Classification Handbook, S. 181-210. New York – London usf. 1972.

Rees, H.: Industries of Britain. London – Toronto usf. 1970.

Rees, P. H.: The Factorial Ecology of Metropolitan Chicago 1960. M. A. Thesis, Univ. of Chicago bzw. *Berry, B. J. L. und Horton, F. E.* (Hrsg.): Geographic Perspectives on Urban Systems, S. 306-397. Englewood Cliffs, N. J. 1970.

Rees, 1970 s. Berry und Horton.

Regensburg. Die Altstadt als Denkmal. München 1978.

Reichert, M.: Die Vorortbildung der süd- und mitteldeutschen Großstädte. Stuttgarter Geogr. Studien, H. 54/55 (1936).

Reiner, T. A. und Wilson, R. H.: Planning and Decision Making in the Soviet City: Rent, Land, and Urban Form. In: *French, R. A. und Hamilton, F. E. J.* (Hrsg.): The Socialist City. Spatial Structure and Urban Policy, S. 49-71. Chichester – New York usf. 1979.

Reitel, F.: Esslingen sur Neckar. Mosella, Bd. VI, Nr. 3 (1976).

Rheinisches Städtebuch, hrsg. v. *E. Keyer.* Stuttgart 1956.

Rhode, B.: Die Verdrängung der Wohnbevölkerung durch den tertiären Sektor. Strukturwandel in citynahen Stadtgebieten in Hamburg und Frankfurt a. M. 1961-1970. Beiträge zur Stadtforschung, Bd. 2. Hamburg 1977.

Ries, H.-G.: Untersuchungen zur Problematik der Sanierung citynaher Großstadtbereiche und eine Analyse des sozioökonomischen Funktionswandels erneuerter Innenstadtbereiche, dargestellt an den Beispielen des Dörfle in Karlsruhe und des Schnoor-Viertels in Bremen. Diss. Köln 1976.

Riffel, E.: Das Rhein-Neckar-Gebiet als Wirtschafts-, Planungs- und Verwaltungsraum. Mannheimer Geogr. Arbeiten, H. 10, S. 305-327 (1981).

Robson, B. T.: Urban analysis. A study of city structure with special reference to Sunderland. Cambridge 1969.

Röll, W.: Indonesien. In: *Uhlig, H.* (Hrsg.): Südostasien. Fischer-Länderkunde, Frankfurt a. M. 1975.

Röll, W.: Indonesien. Stuttgart 1979.

Rogerson, C. M.: Industrial Movement in an Industrializing Economy. The South African Geogr. Journal, S. 88-103 (Sept. 1975).

Rohr, H.-G. v.: Industrieverlagerungen im Hamburger Raum. Hamburger Geogr. Studien, H. 25 (1971).

Rohr, H.-G. v.: Die Tertiärisierung citynaher Gewerbegebiete. Berichte z. Deutschen Landeskunde, Bd. 46, S. 29-48 (1972).

Rohr, H.-G. v.: Der Prozeß der Industriesuburbanisierung. Veröffentl. der Akademie für Raumforschung und Landesplanung, Forschungs- und Sitzungsber., Bd. 102, S. 95-121 (1975).

Romero, A.: Sozialistische Stadtplanung und Wohnungsbaupolitik am Beispiel von Warschau. Urbs et Regio, Sonderbd., S. 410-452 (1979).

Rose, H. M.: The All-Negro Town: its evolution and function. Geogr. Review, S. 362-381 (1965).

Ross, A. (Hrsg.): Internationale Encyclopaedia of Population: Artikel: International Migration, S. 366-377. New York – London 1982.

Rossnagel, P.: Die Stadtbevölkerung in den Vereinigten Staaten von Amerika nach Herkunft und Verteilung. Schriften d. Deutschen Ausland-Instituts, Reihe A, Bd. XXV. Stuttgart 1930.

Rother, K.: Gruppensiedlungen in Mittelchile. Erläutert am Beispiel der Provinz O'Higgins. Düsseldorfer Geogr. Schriften 1977.

Rother, L.: Die Städte der Çuzkurova. Adana – Mersin – Tarsus. Tübinger Geogr. Studien 1971.

Rother, L.: Tradition und Wandel in Antalya (Antiochia) – eine türkische Mittelstadt zwischen 1930 und heute. In: *Schweizer, G.* (Hrsg.): Beiträge zur Geographie orientalischer Städte und Märkte, S. 13-105. Wiesbaden 1977.

Rothman, N. C.: Housing and service planning in Lusaka, Zambia. In: *Obudho, R. A.* und *El-Shaks, S.:* Development of urban systems in Africa, S. 272-287. New York 1979.

Rowe, W. L.: Caste, kinship and association in urban India. In: *Southall, A.* (Hrsg.): Urban Anthropology, S. 211-249. New York – London – Toronto 1973.

Ruppert, K. und *Maier, J.:* Naherholung und Naherholungsverkehr – geographische Aspekte eines speziellen Freizeitverhaltens. Münchener Studien zur Sozial- und Wirtschaftsgeographie, Bd. 6, S. 55-77 (1970).

Ruppert, R.: Beirut. Eine westlich geprägte Stadt des Orients. Erlanger Geogr. Arbeiten, H. 27 (1969).

Rusam, H.: Untersuchung alter Dorfkerne im städtisch überbauten Bereich Nürnbergs. Schriftenreihe des Stadtarchivs Nürnberg, Bd. 27 (1979).

Ruth, W.: Der Reichswald bei Nürnberg. Probleme seiner Nutzung im Jahre 1971. Geogr. Rundschau, S. 181-191 (1971).

Sabelberg, E.: Siena. Ein Beispiel für die Auswirkungen mittelalterlicher Stadtentwicklungsphasen auf die heutige Bausubstanz in den toskanischen Städten. Düsseldorfer Geogr. Schriften, H. 15, S. 111-131 (1980).

Sabelberg, E.: Das „zentrale Marktviertel". Eine Besonderheit italienischer Stadtzentren. Erde, S. 57-71 (1980).

Sabelberg, E.: Die Palazzi in toskanischen und sizilischen Städten und ihr Einfluß auf die heutigen innerstädtischen Strukturen – dargestellt an den Beispielen Florenz und Catania. Marburg. Geogr. Schriften, H. 84, S. 165-191 (1981).

Salgueira, T. B.: Barrios clandestinos na periferia de Lisboa. Estudos de geografia urbana, relatório Nr. 4, Centro de Estudos Geográficos. Lissabon 1972.

Saint-Vil, J.: L'immigration scolaire et ses conséquences sur la démographie urbaine en Afrique Noire. L'example de Gangnoa (Côte d'Ivoire). Cahiers d'Outre-Mer, S. 376-387 (1975).

Sandner, G.: Die Hauptstädte Zentralamerikas. Heidelberg 1969.

Sandner, G. und *Steger, H.-A.:* Lateinamerika. Fischer-Länderkunde, Bd. 7. Frankfurt a. M. 1973.

Sari, D.: L'Evolution récente d'une ville précoloniale en Algérie Occidentale: Nedroma. Revue

Tunisienne de Sciences Sociales, S. 217-236 (Dez. 1968).
Schäfer, H.: Mainz. Berichte zur Deutschen Landeskunde, Bd. 33, S. 84-87 (1966).
Schätzl, L.: Räumliche Industrialisierungsprozesse in Nigeria. Gießener Geogr. Schriften, H. 31 (1973).
Schaffer, F.: Untersuchungen zur soziolgeographischen Situation und regionalen Mobilität in neuen Großwohngebieten am Beispiel Ulm-Eselsberg. Münchener Geogr. Hefte, H. 32 (1968).
Schaffer, F.: Faktoren und Prozeßtypen der räumlichen Mobilität. Münchener Studien zur Sozial- und Wirtschaftsgeographie, Bd. 8, S. 39-48 (1972).
Schaffer, F.: Faktoren der innerstädtischen Differenzierung der Bevölkerung. In: *Ruppert, K.* und *Schaffer, F.:* Sozialgeographische Aspekte urbanisierter Lebensformen, S. 4-22. Veröffentl. der Akademie für Raumforschung und Landesplanung, Abhandl., Bd. 68. Hannover 1973.
Schamp, H.: Ägypten. Tübingen 1977.
Scharlau, K.: Moderne Umgestaltungen im Grundriß iranischer Städte. Erdkunde, S. 180-191 (1961).
Schenck, H.: Concepts behind Urban and Regional Planning in China. Tijdsch. voor econ. en sociale Geografie, S. 381-388 (1974).
Schenk, W.: Ausländer, insbesondere ausländische Arbeitnehmer in der Altstadt von Nürnberg. Nürnberger Wirtschafts- und Sozialgeogr. Arbeiten, Bd. 24, S. 221-234 (1975).
Schildt, H.: Gewinnen wir durch rationelle aber würdige Totenbestattung Raum für die Lebenden? In: Friedhofsplanung, Bund Deutscher Landschaftsarchitekten e. V., BDLA, Bd. 15, S. 42-55. München 1974.
Schinz, A.: Stadterneuerung in Berlin. Raumforschung und Raumordnung, S. 10-16 (1968).
Schmeiss-Kubat, M.: Innsbruck. Innsbrucker Geogr. Studien, Bd. 2, S. 25-42 (1975).
Schneider, I.: Stadtgeographie von Schleswig. Schriften d. Geogr. Instituts d. Univ. Kiel, Bd. II, H. 1. Kiel 1934.
Schneider, K. G.: Die Inder – eine Minorität in der Republik Südafrika. Köln 1977.
Schnore, L. F.: Satellites and Suburbs. Social Forces, Bd. 36, S. 121-127 (1957).
Schnore, L. F.: On the Spatial Structure of Cities in the Two Americas. In: *Hauser, P. M.* und *Schnore, L. F.* (Hrsg.): The Study of Urbanization, S. 347-398. New York – London – Sydney 1967.
Schnore, L. F., André, C. D. und *Sharp, H.:* Black Suburbanization. In: *Schwartz, B.*

(Hrsg.): The changing face of the suburbs, S. 69-94. Chicago und London 1976.
Schnore, L. F. und *Evenson, P. C.:* Segregation in Southern Cities. The American Journal of Sociology, Bd. 72, S. 58-67 (1966/67).
Schöller, P.: Centre Shifting and Centre Mobility in Japanese Cities. IGU-Symposium on Urban Geography. Lund 1960, S. 577-593. Lund 1962.
Schöller, P.: Paradigma Berlin. Lehren aus einer Anomalie und Thesen zur Stadtgeographie. Geogr. Rundschau, S. 425-434 (1974).
Schöller, P.: Unterirdischer Zentrenausbau in japanischen Städten. Erdkunde, S. 108-125 (1976).
Scholz, F.: Kalat und Quetta. Der ehemalige und die gegenwärtige städtische und wirtschaftlichen Mittelpunkt Belutschistans (West-Pakistan). Geogr. Rundschau, S. 297-308 (1970).
Scholz, F.: Karachi. Beispiel für die Bewältigung des Flüchtlingsproblems in Pakistan. Geogr. Rundschau, S. 309-320 (1972).
Scholz, F.: Die räumliche Ordnung in den Geschäftsvierteln von Karachi und Quetta (Pakistan). Erdkunde, S. 47-61 (1972).
Scholz, F.: Belutschistan. Eine sozialgeographische Studie des Wandels in einem Nomadenland seit Beginn der Kolonialzeit. Göttinger Geogr. Abhandl., H. 63 (1974).
Scholz, F.: Die Hindus in der pakistanischen Provinz Belutschistan. Geogr. Rundschau, S. 460-469 (1975).
Scholz, F.: Sultanat Oman. Erde, S. 23-74 (1977).
Scholz, F.: Verstädterung in der Dritten Welt: Der Fall Pakistan. *Kreisel, W., Sick, W. D.* und *Stadelbauer, J.* (Hrsg.): Siedlungsgeographische Studien, S. 341-384. Berlin 1979.
Schoop, W. und *Marquez, L. A.:* Desarollo urbano y organismo actual de la Ciudad de la Plate, Sucre. La Paz 1974.
Schott, C.: Wandlungen in der Wohnstruktur der New Yorker Oberschicht mit besonderer Berücksichtigung der Schloßlandschaft an der „Goldküste". Siedlungsgeographische Studien, S. 387-406. Berlin – New York 1979.
Schrettenbrunner, H.: Gastarbeiter. Frankfurt a. M. – Berlin – München 1971 bzw. 1976.
Schulze, R. E.: Segregated Business Districts in a South African City. Dep. of Geography, Queen Mary College, Univ. of London, Occasional Papers, Nr. 7, S. 69-84 (1976).
Schwartz, B. (Hrsg.): The changing face of the suburbs. Chicago 1976.
Schwarz, G.: Hannover als Industriestadt. Jahrb. Geogr. Gesellsch. Hannover, S. 57-97 (1953).
Schweizer, G.: Tabriz (Nordwest-Iran) und der Tabrizer Bazar. Erdkunde, S. 32-46 (1972).
Schweizer, G.: Die Stadt. In: *Blume, H.* (Hrsg.):

Saudi-Arabien, S. 231-252. Tübingen und Basel 1976.
Schweizer, G. (Hrsg.): Beiträge zur Geographie orientalischer Städte und Märkte. Beihefte zum Tübinger Atlas des Vorderen Orients, Reihe B (Geisteswissenschaften), Nr. 24. Wiesbaden 1977 (mit vollständiger Literatur bis 1976).
Schwirian, K. P. und *Matre, M.:* The ecological structure of Canadian cities. Research Paper, Dep. of Sociology, The Ohio State Univ. 1969; auch in: *Schwirian, K. P.* (Hrsg.): Comparative Urban Structure, S. 309-323. Lexington/Mass. – Toronto – London 1974.
Scola, R.: Food Markets and shops in Manchester 1770-1870. Journal of Historical Geography, S. 152-168 (1975).
Scott, P.: The Australian CBD. Economic Geography, S. 290-314 (1959).
Sebag, P.: L'évolution d'un Ghetto Nord-Africain. Le Hara de Tunis. Publ. de l'Institut des Hautes Etudes de Tunis. Paris 1959.
Seck, A.: Dakar. Métropole Ouest-Africaine. Dakar 1970.
Seger, M.: Strukturelemente der Stadt Teheran und das Modell der modernen orientalischen Stadt. Erdkunde, S. 21-38 (1975).
Semmer, M.: Sanierung von Mietskasernen. Stadt- und Regionalplanung, hrsg. von *Koller, P.* und *Diederich, J.* Berlin – New York 1970.
Sen, E.: Die Entwicklung der Wohngebiete der Stadt Ankara seit 1923 unter besonderer Berücksichtigung des gecekondu-Phänomens. Diss. Saarbrücken 1975.
Sendut, H.: The Structure of Kuala Lumpur, Malaysia's Capital City. In: *Breese, G.* (Hrsg.): The City in Newly Developing Countries, S. 461-473. Englewood Cliffs 1969.
Seraphim, H.-J. und *Heuer, J. B.:* Siedlung II: Städtische Siedlung. In: Handwörterbuch der Sozialwissenschaften, Bd. IX, S. 248-260. Stuttgart – Tübingen – Göttingen 1956.
Shaw, D. J. B.: Recreation and the Soviet City. In: *French, R. A.* und *Hamilton, F. E. J.* (Hrsg.): The Socialist City. Spatial Structure and Urban Policy. S. 119-143. Chichester – New York usf. 1979.
Sheiks-Dilthey, H.: Mombasa und Nairobi in Ostafrika. Geogr. Rundschau, S. 126-131 (1979).
Shevky, E. und *Williams, M.:* The Social Areas of Los Angeles. Analysis and Typology. Berkeley und Los Angeles 1949.
Shevky, E. und *Bell, W.:* Social area analysis. Stanford 1955.
Sick, W.-D.: Tropische Hochländer im Spiegel ihrer Städte. Ein Vergleich zwischen Quito (Ecuador) und Tananarive (Madagaskar). Tübinger Geogr. Schriften, Bd. 34, S. 293-308 (1970).
Sick, W.-D.: Madagaskar. Darmstadt 1979.
Sürilä, S.: Die funktionale Struktur der Stadt Turku. Fennia 98/1 (1968).
Simmons, J. W.: The Changing Pattern of Retail Location. The Univ. of Chicago, Dep. of Geogr., Research Paper, Nr. 92 (1964).
Singh, B.: Urban Morphology of Pakiata, Punjab. Geogr. Review of India, S. 273-286 (Dez. 1971).
Sjoberg, G.: Cities in Developing and in Industrial Societies. In: *Hauser, P. M.* und *Schnore, L. F.* (Hrsg.): The Study in Urbanization, S. 209-263. New York – London – Sydney 1967.
Skinner, E. P.: African urban life. The transformation of Ougadougou. Princeton/N. J. 1974.
Skinner, G. W.: Marketing and Social Structure in Rural China. The Journal of Asian Studies, Bd. 24, Nr. 1 (1964) bzw. in: *English, P. W.* und *Mayfield, R. C.* (Hrsg.): Man, Space and Environment, S. 561-610. New York – London – Toronto 1972.
Slater, T. R.: Landscape parks and the form of small towns in Great Britain. Institute of British Geographers, Transactions and Papers, N. S., Bd. 2, S. 314-331 (1977).
Smailes, A. C. und *Hartley, G.:* Shopping centres in Greater London Area. Transactions and Papers, S. 201-213 (1961).
Smailes, A. E.: The Indian City. Geogr. Zeitschr., S. 177-191 (1969).
Smith, D.: The Geography of social well-being. McGraw-Hill Problem Series in Geography. New York u. a. 1973.
Smith, D. M.: Inequality in an American city: Atlanta, Georgia. Occas. Paper, Nr. 17. Dep. of Geogr., Queen Mary College, Univ. of London (1981).
Soppolsea, J.: Route 128-Route 495. Annales de Géographie, S. 596-617 (1976).
Sotelo, I.: Soziologie Lateinamerikas. Stuttgart – Berlin usf. 1973.
Spieker, U.: Libanesische Kleinstädte. Zentralörtliche Einrichtungen und ihre Inanspruchnahme in einem orientalischen Agrarraum. Erlanger Geogr. Schriften, Sonderband 3 (1975).
Sprengel, U.: Zur sozialräumlichen Differenzierung Hannovers – eine Skizze auf statistischer Grundlage. Jahrb. d. Geogr. Gesellsch. Hannover, S. 125-147 (1978).
Stadelbauer, J.: Zum Einzelhandel in einer sowjetischen Stadt, am Beispiel von Eriwan. Erdkunde, S. 266-276 (1976).
Stäblein, G. und *Valenta, P.:* Faktorenanalytische Bestimmung von Wohnbereichstypen am Bei-

spiel der Stadt Würzburg. Berichte z. Deutschen Landeskunde, Bd. 48, S. 219-238 (1974).

Stambouli, F.: Sous emploi et espace urbain en Maghreb. Revue Tunis. de Sciences Sociales, Nr. 28/29, S. 85-106 (1972).

Stambouli, F.: Système Sociale et Stratification Urbaine en Maghreb. Revue Tunisienne de Sciences Sociales, S. 69-106 (1977).

Stamp, C. D. und *Beaver, S. T.:* The British Isles. 6. Aufl. London 1971 bzw. 1974.

Statistisches Bundesamt Wiesbaden: Bautätigkeit und Wohnen. 1% Stichprobe 1978. Fachserie 5. Stuttgart – Mainz 1980/81.

Statistisches Handbuch der Republik Österreich 1978.

Statistisches Jahrbuch der Bundesrepublik Deutschland, jeweils angegebene Jahrgänge.

Statistisches Jahrbuch der Schweiz 1980.

Statistisches Jahrbuch deutscher Gemeinden 1970 und folgende.

Statistisches Jahrbuch. Frankfurt a. M. 1980.

Stedman, M. B.: The townscape of Birmingham in 1956. Transactions and Papers, S. 225-238 (1958).

Stedman, M. B. und *Wood, P. A.:* Urban renewal in Birmingham. Geography, S. 1-17 (1965).

Steed, G. P. F.: Centrality and Locational Change: Printing, Publishing and Clothing in Montreal and Toronto. Economic Geography, S. 194-217 (1976).

Steinmüller, G.: Der Münchner Stadtkern. Eine sozialgeographische Studie. In: Beiträge zur Stadtgeographie Münchens, hrsg. v. H. Fehn, Landeskundl. Forschungen, hrsg. von d. Geogr. Gesellsch. München, H. 38. München 1958.

Stephan, H.: Mannheim-Vogelstang. Struktur und Entwicklung einer geplanten städtischen Großwohnsiedlung. Mannheimer Geogr. Arbeiten, H. 2, S. 11-39 (1979).

Sternstein, L.: Planning the Future of Bangkok. In: *Dwyer, D. J.* (Hrsg.): The City as a centre of Change in Asia, S. 243-254. Hongkong 1972.

Stewig, R.: Byzanz – Konstantinopel – Istanbul. Schriften d. Geogr. Instituts d. Univ. Kiel, Bd. XXII, 2 (1964).

Stewig, R.: Bursa, Nordwestanatolien. Strukturwandel einer orientalischen Stadt unter dem Einfluß der Industrialisierung. Schriften d. Geogr. Instituts d. Univ. Kiel, Bd. 32 (1970).

Stewig, R.: Die räumliche Struktur des stationären Einzelhandels in der Stadt Bursa. Schriften d. Geogr. Instituts d. Univ. Kiel, Bd. 38, S. 143-175 (1973).

Stewig, R.: Vergleichende Untersuchung der Einzelhandelsstrukturen der Städte Bursa, Kiel und London/Ontario. Erdkunde, S. 18-30 (1974).

Stewig, R.: Der Orient als Geosystem. Schriften des Deutschen Orient-Instituts. Opladen 1977.

Stewig, R., Tümertekin, E., Tolun, B., Turfan, R. und *Wiebe, D.:* Bursa, Nordwestanatolien. Kieler Geogr. Arbeiten, H. 51 (1980).

Stimson, R. J.: Patterns of immigrant settlement in Melbourne 1947-61. Tijdsch. voor econ. en sociale Geogr., S. 114-126 (1970).

Stren, R.: A survey of lower income areas in Mombasa. In: *Hutton, J.* (Hrsg.): Urban challenge in East Africa, S. 97-115. Nairobi 1972.

Sugimura, N.: Structure and Location of the Stores on Central Shopping Streets. In: Association of Japanese Geographers: The Japanese Cities, S. 143-150. Tokyo 1970.

Suhr, E. und *Jäckle, B.:* Individuelle Wohnansprüche und Standortentscheidungen von Haushalten von Waldbronn bzw. Beziehungen zwischen Randwanderungen und städtischen Planungsbehörden: Forchheim, eine Fallstudie für die Stadtregion Karlsruhe. Geogr. Institut der Univ. Karlsruhe, um 1978.

Sutcliffe, A. und *Smith, R.:* Birmingham 1939-1970. London – New York – Toronto 1974.

Swauger, J.: Pittsburgh's residential pattern in 1815. Annals of the Assoc. of American Geogr., S. 265-277 (1978).

Sweetser, F.: Ecological factors in Metropolitan zones and sectors (Boston und Helsinki). In: *Dogam, M.* und *Rokkau, S.* (Hrsg.): Quantitative Ecological Analysis in the Social Sciences, S. 413-456. Cambridge/Mass. und London 1969.

Szymanski, M.: Wohnstandorte am nördlichen Stadtrand von München. Münchener Studien zur Sozial- und Wirtschaftsgeographie, Bd. 14 (1977).

Taeuber, K. E. und *Taeuber, F.:* Negroes in the Cities. Chicago 1965.

Takahashi, N.: Industrialisation et création des villes industrielles en Japon. Science Reports of the Tokyo Kyigu Daikagu, Sect. C.: Geography, Geology and Mineralogy, Vol. 11, S. 185-215 und S. 217-259 (1973).

Tanabe, K.: A comparative study of urban renewal in Singapore and Djakarta. The Science Reports of the Tôhoku Univ., Ser. 7, Nr. 17, S. 129-144 (1968).

Tanabe, K.: Intra-regional Structure in Japanese Cities. The Association of Japanese Geographers: Japanese Cities, S. 109-119. Tokyo 1970.

Tanabe, K.: Recent changes in the central areas of Japanese cities. Science Reports of the Tôhoku Univ., Bd. 23, Nr. 2, S. 187-201 (1973).

Taubmann, W.: Bayreuth und sein Verflechtungsbereich. Forschungen z. deutschen Landeskunde, Bd. 163 (1968).

Taubmann, W.: Bremen – Entwicklung und Struktur der Stadtregion. Geogr. Rundschau, S. 206-218 (1980).

Temple, P. H.: The Urban Markets of Greater Kampala. Tijdschr. voor Econ. en Sociale Geografie, S. 346-359 (1969).

Tharun, E.: Bemerkungen zur Lage gehobener Wohnviertel im städtischen Raum (Frankfurt a. M.). Rhein-Mainische Forschungen, H. 80, S. 153-160 (1975).

Theodorson, G. A. (Hrsg.): Studies in Human Ecology. Evanston – New York 1961 (zahlreiche Aufsätze, nicht auf die USA beschränkt, meist in Zeitschr. veröffentlicht).

Thorrimgton-Smith, E., Rosenberg, M. und *McCrystal, L.:* Pietermaritzburg 1990. Planning Report. Pietermaritzburg 1974.

Thürauf, G.: Industriestandorte in der Region München. Münchener Studien zur Sozial- und Wirtschaftsgeographie, Bd. 16 (1975).

Tomas, F.: Annaba et sa Région. Université de Saint Etienne 1977.

Troin, J.-F.: Les Souks Marocains. 2 Bde. Aix-en-Provence 1975.

Tsai, W.-A.: A geographical study on the functional activities of major shopping centers within different grades of urban settlements in Kaoshiung Pinglung area. Geographical Research, Inst. of Geogr. National Taiwan Normal Univ., Nr. 6, S. 71-113 (1980).

Tuckner, H.: Nürnberg-Langwasser. Planungs- und Entwicklungsprobleme eines satellitären Stadtteils von 1932-1970. Mitteil. Fränk. Geogr. Gesellschaft, Bd. 18, S. 110-138. Erlangen 1971.

Tümertekin, E.: Central Business Districts of Istanbul. Review of Geogr. Institute of the University of Istanbul, S. 21-36 (1965-1968).

Tümertekin, E.: The growth and changes in the central business districts of Istanbul. Review of the Geogr. Institute of the Univ. of Istanbul, Nr. 12, S. 27-37 (1969).

Tümertekin, E.: Manufacturing and suburbanization in Istanbul. Review of the Geogr. Institute of the Univ. of Istanbul, Nr. 13, S. 1-40 (1970/71) [s. insbesondere Karte 3].

Tuominen, O.: Das Geschäftszentrum der Stadt Turku. Fennia 54, 2 (1930).

Turner, J. C.: Barriers and channels for housing development in modernizing countries. Journal of the American Institute of Planners, S. 167-181 (1967).

Überla, K.: Faktorenanalyse. Berlin – Heidelberg – New York 1968. 2. Aufl. 1971.

Uhlig, H. (Hrsg.): Südostasien. Frankfurt a. M. 1975.

Uhlig, K. R.: Stadterneuerung in den USA. Bonn 1971.

Ukwe, s. Hodder.

United Nations: Statistical Yearbook of Intern. Economic and Social Affairs. New York 1974.

Valencuela, J. und *Vernez, G.:* Construccíon popular y estructura del mercado de vivienda: El caso de Bogotá. Rev. Interamericana de Planificatión, Bd. 8, S. 88-140 (1974).

Vance, D. H.: The hard core of Cape Town's Central Business District: An attempt of delimitation. Economic Geography, S. 53-69 (1960).

Vance, J. E., Jr.: Emerging Patterns of Commercial Structure in American Cities. Lund Studies of Geogr., Nr. 24, S. 485-518 (1962).

Vance, R. B. und *Demerath, N. J.:* The Urban South. Chapel Hill 1954. Wiederabdr. 1971.

Van der Haegen, H. und *van Weeser, J.:* Urban geography in the Low Countries. Tijdsk. voor econ. en sociale Geografie, S. 79-89 (1974).

Vassal, S.: Orléans. Note et Etudes Documentaires 1, Nr. 4153-4155. Paris 1975.

Vennetier, P.: Quelques données sur l'artisanat dans les villes d'Afrique tropicale. Cahiers d'Outre-Mer, S. 105-113 (1975).

Vennetier, P.: Les villes d'Afrique tropicale. Paris – New York usf. 1976.

Verhandlungen des Deutschen Geographentages Mainz, Bd. 41. Wiesbaden 1978.

Vernière, M.: Pikine, "ville nouvelle" de Dakar, un cas de pseudo-urbanisation. L'Espace géographique, S. 107-126 (1973).

Vernière, M.: Les oubliés de l'Haussmannisation Dakaroise. L'Espace géographique, S. 5-23 (1977).

Vernez, G.: Residential movements of low-income families: the case of Bogotá. Land Economics, S. 421-428 (1974).

Vigouroux, M. und *Ferras, R.:* Perpignan. Notes et Etudes Documentaires, Nr. 4308-4310. Paris 1976.

Villien-Rossi, M.-J.: Bamako, capitale du Mali. Bull. de l'Institut Fondamental d'Afrique Noire, Bd. XXVIII, S. 249-380 (1966).

Visé, P. de: Changing population and its impact on public elementary schools in Oak Park, Illinois. In: *Berry, J. L.* und *Horton, F. E.* (Hrsg.): Geographic perspectives on urban systems, S. 413-417. Englewood Cliffs 1970.

Vogel, H.: Das Einkaufszentrum als Ausdruck einer kulturlandschaftlichen Innovation, dargestellt am Beispiel des Böblinger Regionalzentrums. Forschungen z. deutschen Landeskunde, Bd. 209 (1978).

Vonesch, K.: Neue Formen der Warenverteilung. Das shopping center Main-Taunus in Frankfurt. Neue Züricher Zeitung, 28. Juni 1964.

Voppel, G.: Die Kölner Vororte. In: Köln und die Rheinlande, Festschr. z. XXXIII. Deutschen Geographentag, S. 182-195. Wiesbaden 1961.

Voppel, G.: Die Landeshauptstadt Hannover – zentraler Ort und Industriestadt. Jahrb. Geogr. Gesellsch. Hannover, S. 68-93 (1978).

Vorlaufer, K.: Physiognomie, Struktur und Funktion Groß-Kampalas. Frankf. Wirtschafts- und Sozialgeogr. Schriften, H. 1 und 2 (1967).

Vorlaufer, K.: Koloniale und nachkoloniale Stadtplanung in Dar es Salaam. Frankf. Wirtschafts- und Sozialgeogr. Schriften, H. 8 (1970).

Vorlaufer, K.: Dar es Salaam. Bevölkerung und Raum einer afrikanischen Großstadt unter dem Einfluß von Urbanisierung und Mobilitätsprozessen. Hamburger Beiträge zur Afrika-Kunde, Bd. 15 (1973).

Vorlaufer, K.: Bodeneigentumsverhältnisse und Bodeneigentümergruppen im Cityerweiterungsgebiet von Frankfurt a. M.-Westend. Frankfurter Wirtschafts- und Sozialgeographische Schriften, H. 18 (1975).

Vorlaufer, K.: Deutsche Kolonialherrschaft und Zentrenbildung in Ostafrika. Frankfurter Wirtschafts- und Sozialgeogr. Schriften, H. 28, S. 27-104 (1978).

Wacker, G.: Der Großraum Barcelona als Bedarfszentrum in Spanien. Diss Erlangen – Nürnberg 1965.

Wagner, H.-G.: Das Siedlungsgefüge im südlichen Ostalgerien (Nemencha). Erdkunde, S. 118-134 (1971).

Wagner, H.-G.: Die Souks in der Medina von Tunis. Versuch einer Standortanalyse von Einzelhandel und Handwerk in einer nordafrikanischen Stadt. Schriften d. Geogr. Instituts d. Univ. Kiel, Bd. 38, S. 91-142 (1973).

Ward, D.: The Emergence of Central Immigrant Ghettoes in American Cities 1840-1920. Annals of the Association of American Geographers, S. 343-359 (1968).

Ward, D.: Cities and Immigrants. New York – London – Toronto 1971.

Warnes, A. M.: The decentralisation of employment from the large English cities. Occasional Papers, Geography Department, King's College, London 1977.

Waterbury, J.: Cairo: Third world metropolis. The American Universities Field Staff, Northeast Africa Series, Bd. XVIII, Nr. 8 (1973).

Wattenberg, B. J. (Hrsg.): The statistical history of the United States. New York 1976.

Watts, H. D.: Market Area and Spatial Rationalization: the British Brewing Industry after 1945. Tijdsch. voor Econ. en Sociale Geografie, S. 224-246 (1977).

Weber, D.: Die Bürohausstadt in Amerika: Midland, Texas. Mitteil. Geogr. Gesellsch. Wien, S. 48-56 (1961).

Weigand, K.: Stadtgeographische Studien in Südwesttexas. Wiesbaden 1973.

Weir, T. K.: Atlas of Winnipeg. Toronto – Buffalo – London 1978.

Welawowicz, G.: The structure of the socio-economic space of Warsaw in 1931 und 1970. Geogr. Polonica, Bd. 37, S. 201-224 (1977).

Wenzel, H.: Sultan Dagh und Akschehir-Ova. Eine landeskundliche Untersuchung. Schriften d. Geogr. Instituts d. Univ. Kiel, Bd. I, H. 1 (1932).

White, P. und *Woods, R.:* The geographical impact of migration. London – New York 1980.

Whitelaw, J. O.: Migration patterns and residential selection in Auckland, New Zealand. Australian Geogr. Review, S. 61-76 (1971).

Whittlesey, D.: Dakar and the other Cape Verde settlements. Geogr. Review, S. 609-640 (1941).

Wick, K. D.: Kurfürstendamm und Champs Elysées. Geographischer Vergleich zweier Weltstraßengebiete. Abhandl. des 1. Geogr. Instituts der Univ. Berlin, Bd. 11 (1967).

Wiebe, D.: Struktur und Funktion eines Serails in der Altstadt von Kabul. Schriften Geogr. Institut d. Univ. Kiel, Bd. 38, S. 213-233 (1973).

Wiebe, D.: Formen des ambulanten Gewerbes in Südafghanistan. Erdkunde, S. 31-44 (1976).

Wiebe, D.: Stadtentwicklung und Gewerbeleben in Südafghanistan. Afghanische Studien, Bd. 14, S. 152-172. Meisenheim 1976.

Wiebe, D.: Stadtstruktur und kulturgeographischer Wandel in Kandahar und Südafghanistan. Kieler Geogr. Schriften, Bd. 48 (1978).

Wiegand, H.: Entwicklung des Stadtgrüns in Deutschland zwischen 1890 und 1925 am Beispiel der Arbeiten Fritz Enckes. Hannover 1977.

Wiese, B.: Klein- und Mittelstädte in Südafrika. Historisch-genetische und funktionale Typen, dargestellt an Beispielen aus Nord- und Osttransvaal. Köln 1977.

Wiese, B.: Zaire. Landesnatur, Bevölkerung, Wirtschaft. Darmstadt 1980.

Wilhelmy, H.: Südamerika im Spiegel seiner Städte. Hamburg 1952.

Williams, L. D. und *Griffin, E. C.:* Rural and small town depopulation in Columbia. Geogr. Review, S. 15-30 (1978).

William-Olsson, W.: Stockholm; its structure and development. Geogr. Review, S. 420-438 (1940).

William-Olsson, W.: Stockholm Structure and Development. Intern. Congr. Geography Norden. Uppsala 1960.

Williams, P. R.: The role of institutions of the inner London housing market. Institute of British Geographers, N. S., Bd. 1, S. 72-82 (1972).

Wills, T. M. und *Schulz, R. E.:* Segregated Business Districts in a South African City. Dep. of Geography, Queen Mary College, Univ. of London, Occasional Papers, Nr. 7, S. 67-84 (1976).

Wilson, R. A. und *Schulz, D. A.:* Urban Sociology. Englewood Cliffs 1978.

Winters, C.: Traditional urbanism in the North Central Sudan. Annals of the Association of American Geographers, S. 500-522 (1977).

Wirth, E.: Die soziale Stellung und Gliederung der Stadt im Osmanischen Reich. Vorträge und Forsch., hrsg. Konstanzer Arbeitskreis, S. 403-427. Konstanz – Stuttgart 1966.

Wirth, E.: Damaskus – Aleppo – Beirut. Geogr. Zeitschr., S. 96-137 und S. 166-202 (1966).

Wirth, E.: Strukturwandlungen und Entwicklungstendenzen der orientalischen Stadt. Erdkunde, S. 101-127 (1968).

Wirth, E.: Syrien. Darmstadt 1971.

Wirth, E.: Zum Problem des Bazars. Der Islam, S. 203-260 (1974) und S. 6-46 (1975).

Wise, M. J.: The evolution of the jewellers and gun Quarters in Birmingham. Transactions and Papers of the Institute of Brit. Geogr., S. 59-72 (1951).

Wolcke, I.-D.: Die Entwicklung der Bochumer Innenstadt. Schriften d. Geogr. Instituts der Univ. Kiel, Bd. XXVIII (1968).

Wolf, K.: Geschäftszentren. Nutzung und Intensität als Maß städtischer Größenordnung. Rhein-Mainische Forschungen, H. 72 (1971).

Wolf, K.: Die Frankfurter Grünflächen. Veröff. d. Akademie f. Raumforschung und Landesplanung, Forschungs- und Sitzungsber., Bd. 101: Städtisches Grün in Geschichte und Gegenwart, S. 147-153. Hannover 1975.

Wolf, K.: Der Frankfurter Stadtrand und das unmittelbare Umland nördlich des Mains. In: *Glaesser, H.-G.* und *Schymik, F.* (Red.): Das Rhein-Main-Gebiet, S. 37-63. Sammlung Geogr. Führer, Bd. 13. Berlin – Stuttgart 1982.

Wolf, K.: Frankfurt a. M. – Die Innenstadt zwischen Bockenheim und Sachsenhausen. In: *Glaesser, H.-G.* und *Schymik, F.* (Red.): Das Rhein-Main-Gebiet, S. 13-36. Sammlung Geogr. Führer, Bd. 13. Berlin – Stuttgart 1982.

Wolforth, J.: Residential concentration of Non-British Minorities in 19th century, Sydney. Australian Geogr. Studies, S. 207-218 (1974).

Wolfram, U.: Räumlich-strukturelle Analyse des Mietpreisgefüges in Hamburg als quantitativer Indikator für den Wohnlagewert. Mitteil. Geogr. Gesellsch. Hamburg, Bd. 66 (1976).

Woods, R. I.: The stochastic analysis of immigrant distributions (Birmingham). Research Papers, Nr. 11. School of Geography, Univ. of Oxford 1975.

Woods, R. I.: Migration and social segregation in Birmingham and the West Midlands. In: *White, P.* und *Woods, R.* (Hrsg.): The geographical impact of migration, S. 180-197. London – New York 1980.

World population trends and policies 1979, Monitoring Report, Vol. I. New York 1980.

Yeates, M. H. und *Garner, B. J.:* The North American City. New York – Evanston usf. 1971; 2. Aufl. 1980.

Yeates, M.: Main Street. Windsor to Quebec City. Toronto 1975.

Yeoung, Y. M.: National Devlopment Politics and Urban Transformation in Singapore. The Univ. of Chicago, Dep. of Geogr., Research Paper, No. 149 (1973).

Yeoung, Y. M.: Hawkers and Vendors: Dualism in South East Asia. Journal of Trop. Geogr., S. 81-86 (Juni 1977; mit zusammenfassender neuer Literatur).

Yli-Jokipii, P.: A Functional Classification of Cities in Finland. Fennia 119 (1972).

Yokoo, M.: Growth of Urban Area of Aizu-Wakamatsu, Fukushima Prefecture. Science Report of the Tôhoku University, 7. Ser. (Geography), Vol. 21, Nr. 2, S. 233-234 (1972).

Young, B. S.: Aspects of the Central Business District of Port Elizabeth, Cape Province. Journal of Social Research 12, Nr. 1, S. 27-48 (Mai 1961).

Zapf, K., Heil, K. und *Rudolph, J.:* Stadt am Stadtrand. Eine vergleichende Untersuchung in vier Münchner Neubausiedlungen. Frankfurt a. M. 1969.

Zapf, K.: Rückständige Viertel. Eine soziale Analyse der städtebaulichen Sanierung in der Bundesrepublik. Frankfurt a. M. 1969.

Zeiser, G.: Studien zur Bevölkerungs- und Wirtschaftsgeographie des Renchtals. Diss. Freiburg i. Br. 1976.

Zelinsky, W.: The Pennsylvania Town: an overdue geographical account. Geogr. Review, S. 127-147 (1977).

Zschocke, R.: Die linksrheinischen Vororte Kölns. Ihre Ausdehnung seit dem 19. Jahrhundert im heutigen Bilde der Stadt. In: *Meynen, E.* und *Voppel, G.* (Hrsg.): Wirtschafts- und sozialgeographische Themen zur Landeskunde Deutschlands, Th. Kraus-Festschr., S. 133-146. Bad Godesberg 1959.

VII.E. Die geographische und topographische Lage der Städte

Ahlmann, H. W.: De norske städernas geografiska förutsättningers. Ymer, S. 249-299 (1917).
Blache, J.: Sites Urbains et Rivières Françaises. Revue de Géographie de Lyon, S. 17-55 (1959).
Blanchard, R.: Les Alpes Occidentales, Bd. II. Grenoble – Paris 1948.
Bobek, H.: Innsbruck, eine Gebirgsstadt, ihr Lebensraum und ihre Erscheinung. Forschungen zur deutschen Landes- und Volkskunde, Bd. XXV/3. Stuttgart 1928.
Brunhes, J. und *Deffontaines, P.:* Géograhie Humaine de la France, Bd. II. Paris 1926.
Brunhes, J.: La Géographie Humaine. Edition Abrégé, S. 85-90. Paris 1947.
Demangeon, A.: Paris, la ville et sa banlieue. Paris 1934.
Demangeon, A.: La France Economique et Humaine. In: Géographie Universelle, Bd. VI, Teil 2. Paris 1946 und 1948.
Dion, R.: Paris. Lage, Werden und Wachsen einer Stadt. Frankfurter Geogr. Hefte, Jg. 25, H. 1. Frankfurt a. M. 1951.
Dörries, H.: Entwicklung und Formenbildung der niedersächsischen Stadt. Forschungen zur deutschen Landes- und Volkskunde, Bd. XXVII/2. Stuttgart 1929.
Geisler, W.: Die deutsche Stadt. Forschungen zur deutschen Landes- und Volkskunde, Bd. XXII/5. Stuttgart 1924.
George, P. und *Desvignes, S.:* Le grand Prague. Annales de Géographie. S. 249-256 (1948).
Gerkan, A. v.: Griechische Städteanlagen. Berlin und Leipzig 1924.
Girardin, P.: Fribourg et son site. Bull. de la Société Neuchât. de Géographie XX, S. 117-128 (1909/10).
Gley, W.: Die Entwicklung der Kulturlandschaft im Elsaß bis zur Einflußnahme Frankreichs. Frankfurt a. M. 1932.
Gradmann, R.: Die städtischen Siedlungen des Königreichs Württemberg. Forschungen zur deutschen Landes- und Volkskunde, Bd. XXI/2. Stuttgart 1914.
Groteluschen, W.: Die Städte am Nordostrande der Eifel. Beiträge zur Landeskunde der Rheinlande. H. 1. Bonn 1933.
Hamburg: Hamburg, Großstadt und Welthafen. Festschr. zum XXX. Deutschen Geographentag Hamburg, hrsg. v. *W. Brünger.* Kiel 1955.
Hartshorne, R.: The Twin City District, a unique form of urban landscape. Geogr. Review, S. 431-442 (1932).
Hassinger, H.: Über einige Aufgaben der Geographie der Großstädte. Geogr. Jahresbericht aus Österreich VIII, S. 1-32 (1910).

Hassinger, H.: Beiträge zur Siedlungs- und Verkehrsgeographie von Wien. Mitteil. Geogr. Gesellsch. Wien, S. 5-88 (1910).
Hassinger, H.: Die geographische Verteilung der Großstädte auf der Erde. Deutsche Rundschau für Geographie und Statistik XXXIII, S. 385-390 (1911).
Hassinger, H.: Basel. In: Beiträge zur oberrheinischen Landeskunde, hrsg. von *F. Metz,* S. 103-130. Breslau 1927.
Hettner, A.: Die Lage der menschlichen Ansiedlungen. Geogr. Zeitschr., S. 361-375 (1895).
Jefferson, M.: Distribution of the World's City Folks. Geogr. Review, S. 446-465 (1931).
Jefferson, M.: The Great Cities of the United States, 1940. Geogr. Review, S. 479-487 (1941).
Kirsten, E.: Die griechische Polis als historisch-geographisches Problem. Colloquium Geographicum, Bd. 5. Bonn 1956.
Kohl, J. G.: Der Verkehr und die Ansiedelungen der Menschen in ihrer Abhängigkeit von der Gestaltung der Erdoberfläche. Dresden und Leipzig 1841.
Krebs, N.: Vorderindien und Ceylon. Stuttgart 1939.
Lehmann, H.: Standort-Verlagerung und Funktionswandel der städtischen Zentren an der Küste der Po-Ebene. Sitzungsber. der Wissensch. Gesellsch. an der Univ. Frankfurt a. M., Bd. 2, Nr. 3 (1963).
Leyden, F.: Die Städte des flämischen Landes. Forschungen zur deutschen Landes- und Volkskunde, Bd. XXIII/2. Stuttgart 1924.
Leyden, F.: Groß-Berlin. Geographie einer Weltstadt. Breslau 1933.
Louis, H.: Die geographische Gliederung von Groß-Berlin. Länderkundliche Forschung, Festschr. N. Krebs, S. 146-171. Stuttgart 1936.
Nelsen, H.: Geografiska studier över de svenska städernas och stadsliknande orternas läge. Lunds Univ. Årsskrift, N. F. XIV. Lund 1918.
Niemeier, G.: Siedlungsgeographische Untersuchungen in Niederandalusien. Abhandl. aus dem Gebiet der Auslandkunde, Bd. 42, Reihe B. Hamburg 1935.
Oberhummer, E.: Die geographische Lage von Wien. In: Wien, sein Boden und seine Geschichte, S. 113-150. Wien 1924.
Ormsby, H.: London on the Themse. A study of the natural conditions that influenced the birth and growth of a great city. 1. Aufl. London 1924, 2. Aufl. London 1928.
Partsch, J.: Lage und Bedeutung Breslaus. In: Breslau, Lage, Natur und Entwicklung. Eine

Festgabe zum 12. Deutschen Geographentag, S. 1-29 (1901).

Penck, A.: Die geographische Lage von Wien. Schriften des Vereins zur Verbreitung naturwissenschaftlicher Kenntnisse in Wien, S. 673-706 (1895).

Penck, A.: Die Lage der deutschen Großstädte. Städtebauliche Vorträge V. Berlin 1912.

Philippson, A.: Umbrien und Etrurien. Geogr. Zeitschr., S. 449-465 (1933).

Pirenne, H.: Les villes du Moyen Age. Brüssel 1927.

Ratzel, F.: Anthropo-Geographie oder Grundzüge der Anwendung der Erdkunde auf die Geschichte, Bd. II, S. 464-496. Stuttgart 1891.

Ratzel, F.: Die geographische Lage der großen Städte. In: Die Großstadt, Jahrb. der Gehe-Stiftung, Bd. IX, S. 33-72. Dresden 1903.

Richthofen, F. v.: Vorlesungen über Allgemeine Siedlungs- und Verkehrsgeographie, hrsg. von *O. Schlüter.* Berlin 1908.

Rutz, W.: Die Alpenquerungen. Nürnberger Wirtschafts- und Sozialgeogr. Arbeiten, Bd. 10 (1969).

Scheidl, L.: Die Lage Wiens und Österreichs in Europa. In: Lebendige Stadt, Almanach der Stadt Wien, S. 26-33. Wien 1959.

Schmeiss, M.: Innsbruck. Funktionen und Funktionswandel der Landeshauptstadt Tirols. Geogr. Rundschau, S. 224-230 (1975).

Schmieder, O.: Die Neue Welt. II. Teil. Nordamerika. Heidelberg – München 1963.

Schneider, R.: Passau. Werden, Antlitz und Wirksamkeit der Dreiflüssestadt. Forschungen zur deutschen Landeskunde, Bd. 44. Leipzig 1944.

Sidaritsch, H.: Die steirischen Städte und Märkte in vergleichend geographischer Darstellung. In: Zur Geographie der deutschen Alpen, R. Sieger-Festschr., S. 188-192. Wien 1924.

Smailes, A. E.: The Geography of Towns. London 1953.

Sorre, M.: Les Fondements de la Géographie Humaine, Bd. III: L'Habitat, S. 202-214. Paris 1952.

Tuckermann, W.: Die geographische Lage der Stadt Köln und ihre Auswirkungen in Vergangenheit und Gegenwart. Pfingstbl. des Hansischen Geschichtsvereins XIV. Lübeck 1923.

Trewartha, G. T.: Japanese Cities. Distribution and Morphology. Geogr. Review, S. 404-417 (1934).

Trewartha, G. T.: Chinese Cities: Numbers and Distribution. Annals of the Association of American Geographers, S. 331-347 (1952).

Vosseler, P.: Über den Einfluß des Verkehrs auf die Bildung und Verteilung der städtischen Siedlungen der Schweiz. Tijdsschrift van het Kon. Nederl. Aardrijkskundig Genootschap, S. 132-150 (1951).

Ward-Perkins, J.: Etruscan towns, Roman roads and medieval villages. The Historical Geography of Southern Etruria. Geogr. Journal, S. 389-405 (1962).

Widmaier, J.: Untersuchungen zur Topographie der städtischen Siedlungen im württembergischen Neckargebiet. Diss. Freiburg i. Br. 1913.

VII.F. Die Physiognomie der Städte oder ihre Grundriß- und Aufrißgestaltung

Acharya, P. K.: Indian Architecture according to the Manasare Silpa-sastra. London 1927 bzw. 1933.

Allemann, F. R.: 25mal die Schweiz. München 1965.

Andreae, W., Fabricius, E., Lehmann-Hartleben, K.: Städtebau. In: *Pauly-Wissowa* (Hrsg.): Realenzyklopädie der klassischen Altertumswissensch. 2. R., Halbbd. 6a, S. 1973-2124 (1926).

Baedeker von Indien. Leipzig 1914.

Bähr, J.: Siedlungsentwicklung und Bevölkerungsdynamik an der Peripherie der chilenischen Metropole Groß-Santiago. Das Beispiel des Stadtteils La Granja. Erde, S. 126-143 (1976).

Barthold, W. und Frye, R. N.: Buchara. Encyclopaedia of Islam, Bd. I, S. 1293-1296. Leiden 1960.

Barthold, W. und Spuler, B.: Kaschgar. Encyclopaedia of Islam, Bd. IV, S. 1698/99. Leiden 1976.

Bartsch, G.: Das Gebiet des Erciyes Daği und die Stadt Kayseri in Mittelanatolien. Jahrbuch der Geogr. Gesellsch. Hannover 1934/35, S. 87-202. Hannover 1935.

Bartsch, G.: Stadtgeographische Probleme in Anatolien. Verhandl. des Deutschen Geographentags Frankfurt a. M. 1951, S. 129-132. Remagen 1952.

Beaujeu-Garnier, J.: Atlas et géographie de Paris et la Region d'Ile de France. 2 Bde. Paris 1977.

Bataillon, C.: Bidonville latin-américoins: aspects généraux, nationaux et régionaux. Cahiers des Ameriques Latines, S. 399-411 (1973).

Berry, B. J. L.: The Human Consequences of Urbanisation. London 1973.

Berry, B. J. L. und *Kasarda, J. D.:* Contemporary Urban Ecology. New York und London 1977.

Beuermann, A.: Hannoversch-Münden. Das Lebensbild einer Stadt. Göttinger Geogr. Abhandl., H. 9. Göttingen 1951.

Biyong, B.: La Croissance Urbaine en Afrique et Madagascar. L'Exemple de Cameroun. In: Colloques Internatinaux, S. 339-356 (1972).

Blenck, J.: Slums und Slumsanierung in Indien. Tagungsber. und Wissensch. Abhandl. des Deutschen Geographentages Kassel, S. 311-337. Wiesbaden 1974.

Blume, H.: Valparaiso, eine Kleinstadt am Rande Chicagos. Stuttgarter Geogr. Studien, Bd. 69, S. 345-357 (1957).

Böhme, H.: Die Gestalt des modernen Athen. Deutsche Geograph. Blätter, Bd. 47, H. 3/4. Bremen 1955.

Boerschmann, E.: Anlage chinesischer Städte. Stadtbaukunst alter und neuer Zeit. Berlin 1924.

Bogle, J.: Town Planning in India. Oxford 1929.

Born, M.: El Obeid. Geogr. Rundschau, S. 87-97 (1968).

Breese, G. (Hrsg.): The City in Newly Developping Countries. Englewood Cliffs 1969.

Brinckmann, A. E.: Platz und Monument. Berlin 1908.

Brinckmann, A. E.: Stadtbaukunst. Geschichtliche Querschnitte und neuzeitliche Ziele. Handbuch der Kunstwissenschaft, Ergänzungsbd. Berlin 1920.

Brunhes, J. und *Deffontaines, P.:* La Géographie Humaine. Paris 1947.

Brush, J. E.: The Morphology of Indian Cities. In: *Turner, R.* (Hrsg.): India's Urban Future, S. 57-70. Berkeley und Los Angeles 1962.

Campatelli, L.: Una cittadina medievale: San Gimignano. Studi Geografici sulla Toscana, Suppl. al Vol. LXIII. della Rivista Geografica Italia, S. 71-94. Florenz 1957.

Chang, S.-D.: Some Observations on the Morphology of Chinese Walled Cities. Annals of the Assoc. of American Geographers, S. 63-91 (1970).

Clark, J. I.: The Iranian City of Shiraz. Research Papers Series, Dep. of Geography, University of Durham, Nr. 7 (1963).

Clerget, M.: L'Habitation Indigène au Caire. Annales de Géographie, S. 527-543 (1931).

Clerget, M.: Le Caire. Kairo 1934.

Colloques Internatinaux du Centre National de la Recherche Scientifique: Sciences Humaines. La Croissance Urbaine en Afrique Nord et à Madagascar. 2 Bde. Paris 1972.

Conzen, M. R. G.: Alnwick, Northumberland. A study in town-plan analysis. The Institute of British Geographers, Publ. Nr. 27. London 1960.

Conzen, M. R. G.: The Plan Analysis of an English City Centre (Newcastle upon Tyne). The IGU Symposium in Urban Geography Lund, S. 383-414. Lund 1962.

Creel, H. G.: The Birth of China. London 1936.

Creutzburg, N., Eggers, H., Noack, W. und *Pfannenstiel, M.:* Freiburg und der Breisgau. Freiburg i. Br. 1954.

Creutzburg, N. und *Habbe, K.:* Die Bedeutung des Bodenreliefs für die Entwicklung der Stadt Rom. Korrespondenzbl. der Geograph.-Ethnol. Gesellsch. Basel, 6. Jg., Nr. 1, S. 2-12 (1956).

Cutler, I.: Chicago, Metropolis of the Mid-Continent. Chicago 1975.

Deconville-Faller, M.: La région de Neuf-Brisach. Revue Géographique de l'Est, S. 343-362 (1961).

Demangeon, A.: La France Economique et Humain, S. 800 ff. In: Geógraphie Universelle, Bd. VI/2. Paris 1948.

Denner, D. A.: Chester Conservation in Practice. Town Planning Review, S. 383-394 (1975).

Despois, J.: La Tunisie Orientale. Publ. de l'Institut des Hautes Etudes de Tunis, Sect. Lettres, Vol. I. Paris 1955.

Dettmann, K.: Damaskus. Eine orientalische Stadt zwischen Tradition und Moderne. Erlanger Geogr. Arbeiten, H. 26 (1969).

Dickinson, W. E.: The West European City. London 1951.

Dix, G.: Norwich: A fine old City. Town Planning Review, S. 418-434 (1975).

Döpp, W.: Die Altstadt von Neapel. Entwicklung und Struktur. Marburg. Geogr. Schriften, H. 37 (1968).

Dörries, H.: Entstehung und Formenbildung der niedersächsischen Stadt. Forschungen zur deutschen Landes- und Volkskunde, Bd. 27, S. 79-266. (1929).

Dörries, H.: Der gegenwärtige Stand der Stadtgeographie. Pet. Mitt. Ergh. 209, S. 310-325. Gotha 1930.

Doherty, P.: A social geography of the Belfast Urban Area, 1971. Irish Geography, S. 68-87 (1978).

Drakakis-Smith, D. W.: Slums and squatters in Ankara. Case Studies in four Areas of the City. Town Planning Review, S. 255-240 (1976).

Ducreux, M.: La Croissance Urbaine et Démographique de Kinshasa. In: Colloques Internationaux du Centre National de la Recherche Scientifique. Sciences Humaines. La Croissance Urbaine en Afrique et à Madagascar. 2 Bde. Paris 1972.

Duri, A. A.: Bagdad. In: Encyklopaedia of Islam, Bd. I, S. 894-908. Leiden 1960.
Dutt, B. B.: Town Planning in ancient India. London 1925.
Dwyer, D. J.: Attitudes towards Spontaneous Settlement in Third World Cities. In: *Dwyer, D. J.:* The City as a Centre of Change in Asia. Hongkong 1972.
Dwyer, D. J.: People and Housing in the Third World Cities. London – New York 1975.
Egli, E.: Geschichte des Städtebaus. 3 Bde. Erlenbach – Zürich und Stuttgart 1959, 1962 und 1967.
Fehring, G. P.: Untersuchungen zur Vorgeschichte des Lübecker Raumes. Lübecker Schriften zur Archäologie und Kulturgeschichte, Bd. 5. Lübeck 1980.
Fochler-Hauke, G.: Tucuman, eine Stadt am Ostrand der Puna. Erde, S. 37-53 (1950/51).
Foncin, M.: La Cité. Annales de Géographie, S. 479-503 (1931).
Forrest, G. W.: Cities of India. Westminster 1903.
Gantner, J.: Grundformen der europäischen Stadt. Wien 1928.
Geddes, P.: Cities in Evolution. London 1915.
Geisler, W.: Die deutsche Stadt. Forschungen zur deutschen Landes- und Volkskunde, Bd. XXII/5. Stuttgart 1924.
Geisler, W.: Australische Stadtlandschaften. In: Stadtlandschaften der Erde, hrsg. von *S. Passarge,* S. 124-143. Hamburg 1930.
Geographische Rundschau 1982: Mehrere Aufsätze über die Kulturgebundenheit der Stadt.
George, P.: U.R.S.S. – Haute Asie – Iran. Paris 1974.
Gerling, W.: Das amerikanische Hochhaus. Seine Entwicklung und Bedeutung. Würzburg 1949.
Gerkan, A. v.: Griechische Städteanlagen. Berlin und Leipzig 1924.
Giese, A.: Aufbau, Entwicklung und Genese der islamisch-orientalischen Stadt in Sowjet-Mittelasien. Erdkunde, S. 46-61 (1980).
Gradmann, R.: Die städtischen Siedlungen des Königreichs Württemberg. Forschungen zur deutschen Landes- und Volkskunde, Bd. XXI, S. 137-226 (1914).
Grötzbach, E.: Verstädterung und Städtebau in Afghanistan, Afghanische Studien, Bd. 14. S. 225-244. Meisenheim 1976.
Gropius, W.: Architektur. Wege zu einer optischen Kultur. Frankfurt a. M. und Hamburg 1956.
Gutkind, E. A.: International Story of City Development. Bd. I: Central Europe. New York – London 1964; Bd. II: The Alpine and Scandinavian Countries. 1965; Bd. III: Spain and Portugal. 1967; Bd. IV. Italy and Greece. London 1969.
Gutschow, N.: Die japanische Burgstadt. Bochumer Geogr. Arbeiten, H. 24 (1976).
Hahn, H.: Die Stadt Kabul (Afghanistan) und ihr Umland. Bonner Geogr. Abhandl., H. 34 und H. 35 (1964 und 1965).
Hall, R. B.: The cities of Japan: Notes on distribution and inherited forms. Annals of the Association of American Geographers, S. 175-200 (1934).
Hamdam, G.: The Pattern of Medieval Urbanism in the Arab World. Geography, S. 122-134 (1962).
Hamm, E.: Städtegründungen der Herzöge von Zähringen in Südwestdeutschland. Veröffentl. des Alemannischen Instituts Freiburg i. Br. 1922.
Hassinger, H.: Kunsthistorischer Atlas der Reichshaupt- und Residenzstadt Wien. Österreich. Kunsttopographie XV. Wien 1916.
Hassinger, H.: Die Geographie des Menschen. Klutes Handbuch der Geograph. Wissenschaft. Potsdam 1933.
Havell, E. B.: The ancient und medieval Architectures of India. London 1915.
Haverfield, F.: Ancient Town-Planning. Oxford 1913.
Helbig, K.: Batavia. Eine tropische Stadtlandschaft. Diss. Hamburg 1931.
Hillebrecht, R.: Stadt Hannover. Die Planung des Wiederaufbaus nach 1945. Urbanistica, Nr. 53, S. 22-40. Turin 1968.
Höfle, G.: Das Londoner Stadthaus. Seine Entwicklung in Grundriß, Aufriß und Funktion. Heidelberger Geogr. Arbeiten, H. 48 (1977).
Höhl, G.: Bamberg, eine geographische Studie. Mitteil. der Fränkischen Geographischen Gesellschaft, Bd. 3, S. 1-31. Erlangen 1957.
Hofmeister, B.: Die City der nordamerikanischen Großstadt. Geogr. Rundschau, S. 457-465 (1967).
Hofmeister, B.: Städte und Kulturraum in Angloamerika. Braunschweig 1971.
Hoppenfeld, M.: A Sketch of the Planning-Building Process for Columbia, Maryland. Journal of the American Institute of Planners, S. 398-409. (Nov. 1967).
Huttenlocher, F.: Die Städte des Neckarlandes. Stuttgarter Geographische Studien, H. 69, S. 142-150. Stuttgart 1957.
Isachsen, F.: Bidrag til Oslos Geografi. Svensk Geogr. Årsbok, S. 166-187 (1931).
Jäger, H.: Großbritannien. Darmstadt 1976.
Jessen, O.: Spanische Stadtlandschaften. In: Stadtlandschaften der Erde, hrsg. von *S. Passarge,* S. 29-40. Hamburg 1930.

Jürgens, O.: Spanische Städte, ihre bauliche Entwicklung und Ausgestaltung. Abhandl. aus dem Gebiet der Auslandkunde XXIII. Hamburg 1926.

Karger, A.: Sowjetunion. Fischer Länderkunde. Frankfurt a. M. 1978.

Karger, A. und Frank, W.: Die sozialistische Stadt. Geogr. Rundschau, S. 519-528 (1982).

Keller, G.: Naturbausteine im Stadtbild Hannovers. Jahrbuch der Technischen Hochschule Hannover, S. 101-109 (1955/58).

Keussen, H.: Topographie der Stadt Köln im Mittelalter. Bonn 1918.

Keyser, E.: Städtegründungen und Städtebau in Nordwestdeutschland im Mittelalter. Forschungen zur deutschen Landeskunde, Bd. III, 1 und 2. Remagen 1958.

Kirsten, E.: Die griechische Polis als historisch-geographisches Problem. Colloquium Geographicum, Bd. 5. Bonn 1956.

Kirsten-Kraiber: Griechenlandkunde. Heidelberg 1956.

Klaar, A.: Baualterpläne österreichischer Städte. Hrsg. von Österreich, Akademie der Wissensch., Kommission d. Historischen Atlas der Alpenländer. Wien 1972 ff.

Klebel, E.: Regensburg. Vorträge und Forschungen des Konstanzer Arbeitskreises, Bd. IV, S. 87-104. Sigmaringen 1958 bzw. 1970.

Koch, J.: Rentnerstädte in Kalifornien. Tübinger Geogr. Studien, H. 59 (1975).

Kolb, A.: Die Philippinen. Leipzig 1942.

Kolb, A.: Groß-Manila. Die Individualität einer tropischen Millionenstadt. Hamburger Geogr. Studien, H. 34 (1978).

Kramm, H.-J.: Moskau. Geographische Berichte, S. 207-217 (1959).

Krebs, N.: Vorderindien und Ceylon. Stuttgart 1939.

Kreuzer, G.: Regensburg. Topographischer Atlas von Bayern. München 1970.

Küchler, J. und Kong-Sut, S.: Das räumliche Ungleichgewicht Hongkongs. Erde, S. 141-179 (1971).

Lacarra, J. M.: El desarolo urbano de las ciudades de Navarra y Aragon en la Edad Media. Pirineos, S. 5-34 (1950).

Lautensach, H.: Korea. Stuttgart 1945.

Lautensach, H.: Maurische Züge im geographischen Bild der Iberischen Halbinsel. Bonner Geogr. Abhandl., H. 28. Bonn 1960.

Lavedan, P.: Histoire de L'Urbanisme. Paris 1926 und 1941.

Lavedan, P.: Géographie des Villes. In: Géographie Humaine, hrsg. von P. Deffontaines. Paris 1936; 2. Aufl. Paris 1959.

Leidlmair, A.: Hadramaut. Bevölkerung und Wirtschaft im Wandel der Gegenwart. Bonner Geogr. Abhandlungen, H. 30. Bonn 1961.

Leighly, J. B.: The towns of Mälardalen in Sweden. A study in urban morphology. University of California, Publ. in Geography, Vol. 2, Nr. 1. Berkeley 1928.

Leister, I.: Wachstum und Erneuerung britischer Industriegroßstädte. Köln – Graz 1970.

Leyden, F.: Neapel. Geogr. Anzeiger, S. 319-379 (1929).

Lichfield, N. und Darin-Drabkin, H.: Land policies in planning. London – Boston – Sydney 1980.

Lichtenberger, E.: Sozialräumliche und funktionelle Gliederung Wiens um 1770. Atlas von Niederösterreich, Bl. 121. Wien 1951-58.

Lichtenberger, E.: Die europäische Stadt – Wesen, Modelle, Probleme. Österr. Gesellsch. f. Raumforschung und Raumplanung, H. 1, S. 3-25 (1972).

Lichtenberger, E.: Die Wiener Altstadt. 2 Bde. Wien 1977.

Lopez, R.: L'architecture civile des villes médiévales: exemples et plans de recherche. In: Les constructions civiles d'intérét public dans les villes au Moyen Age et sous l'Ancien Régime et leur financement. Colloque Intern. 1968 in Spa, S. 15-31. Brüssel 1971.

Mackay, E.: Die Induskultur. Ausgrabungen in Mohendjo-daro und Harappa. Leipzig 1938.

Manshard, W.: Die Städte des tropischen Afrika. Berlin – Stuttgart 1977.

Martiny, R.: Die Grundrißgestaltung der deutschen Siedlungen. Pet. Mitt. Ergh. 197 (1928).

Machatschek, F.: Landeskunde von Russisch-Turkestan. Stuttgart 1921.

Mayer, R.: Die Alföldstädte. Abhandl. der Geogr. Gesellsch. Wien, Bd. XIV, H. 1. Wien 1940.

Meckelein, W.: Gruppengroßstadt und Großstadtballung in der Sowjetunion. Verhandlungen Deutscher Geographentag Berlin, S. 168-185. Wiesbaden 1960.

Mecking, L.: Japanische Stadtlandschaften. In: Stadtlandschaften der Erde, hrsg. von *S. Passarge*, S. 109-123. Hamburg 1930.

Mecking, L.: Bau und Bild afrikanischer Küstenstädte in ihrer Beziehung zum Volkstum. Zeitschr. für Erdkunde, S. 913-929 (1938).

Moewes, W.: Grundfragen der Lebensraumgestaltung. Raum, Mensch, Prognose „offene Planung" und Leitbild. Berlin – New York 1980.

Müller, R.: Die Entwicklung des Naturwerksteinbaus im toskanischen Apennin als Funktion städtebaulicher Gestaltung. Frankfurter Wirtschafts- und Sozialgeogr. Schriften, H. 19 (1975).

Murphey, R.: Shanghai. Key to modern China. Cambridge 1953.

Nahrgang, K.: Die Frankfurter Altstadt, eine historisch-geographische Studie. Rhein-Mainische Forschungen, H. 27. Frankfurt a. M. 1947.

Nelson, H.: Swedish Town Types. Building material and town plans. Svensk Geogr. Årsbok, S. 3-30 (1931).

Newig, J.: Der Schachbrettgrundriß der Stadt Mexico – antikes Vorbild oder indianische Traditon? Pet. Geogr. Mitteilungen, S. 253-264 (1976).

Niemeier, G.: Zur typologischen Stellung und Gliederung der indischen Stadt. In: Geographie, Geschichte und Pädagogik, Festschr. f. W. Maas, S. 128-146. Braunschweig 1961.

Oberhummer, E.: Shanghai. Mitt. der Geogr. Gesellsch. Wien, S. 5-27 (1932).

O'Loughin, J. und Munski, D. C.: Housing rehabilitation in the inner city, a comparison of two neighbourhoods in New Orleans. Economic Geography, S. 52-70 (1979).

Passarge, S.: Stadtlandschaften im arabischen Orient. In: Stadtlandschaften der Erde, hrsg. von S. Passarge, S. 71-84. Hamburg 1930.

Pellay, Ch.: Alt-Basra. Encyclopaedia des Islams, Bd. I, S. 1085/86. Leiden 1960.

Penkoff, K.: Die Siedlungen Bulgariens, ihre Entwicklung. Veränderung und Klassifizierung. Geographische Berichte, S. 211-227 (1960).

Pfeil, K.: Die indische Stadt. Diss. Leipzig 1935.

Pillet, M. M.: Le Gratte – Ciel Orientaux. Urbanisme, H. 59, S. 233-247 (1937).

Pillsbury, R.: The Urban Street Pattern as a Culture Indicator: Pennsylvania 1682-1815. Annals of Assoc. of American Geographers, S. 428-446 (1970).

Planhol, X. de: Le Monde Islamique. Essai de Géographie Religieuse. Paris 1957.

Planhol, X. de: De la Ville Islamique à la Métropole Iranienne. Quelques Aspects du Développement Contemporain de Téhéran. Mémoirs et Documents, Bd. IX, S. 59-78 (1964).

Planhol, X. de: Géographie Urbaine de l'Asie Mineure. Revue de Géographie de l'Est, S. 249-268 (1969).

Planhol, X. de: Eléments autochtones et éléments turco-mongols dans la Géographie urbaine de l'Iran et l'Afghanistan. Bull. de l'Assoc. des Géographes Français, S. 147-160 (1974).

Planitz, H.: Frühgeschichte der deutschen Stadt. Zeitschr. der Savigny-Stiftung für Rechtsgesch., Germ. Abteil., Bd. 63, S. 1-91 (1943).

Planitz, H.: Die deutsche Stadt im Mittelalter. Graz – Köln 1954.

Pletsch, A.: Wohnsituation und wirtschaftliche Integration in den marginalen Wohnvierteln der Agglomeration Rabat-Salé. Marburger Geogr. Schriften, H. 59, S. 23-61 (1973).

Pownall, L. L.: Metropolitan Auckland 1740-1945. The Historical Geography of a New Zealand City. The New Zealand Geographer, S. 107-124 (1950).

Publications de la Casa de Velazquez: Série "Recherches en Science Sociales, Fasc. IV: Forum et Plaza Mayor dans le Monde Hispanique. Paris 1978 (wichtige Arbeit für den Vergleich der Funktionen der Plaza Mayor in Spanien und Lateinamerika, der im Text nicht mehr eingebracht werden konnte).

Pullé, G.: Le città della Russia. Boll. della Società Geografica Italiana, S. 523-540 (1936).

Ram Raz: Essay on the Architecture of the Hindus. London 1834.

Rathjens, C. und Wissmann, H. v.: Sanaa. Eine südarabische Stadtlandschaft. Zeitschr. der Gesellsch. für Erdkunde Berlin, S. 329-353 (1929).

Reitemeyer, E.: Die Stadtgründungen der Araber im Islam nach den arabischen Historikern und Geographen. Diss. München 1912.

Reps, J. W.: The Making of Urban America. A History of City Planning in the United States. Princeton 1965.

Reuther, O.: Das Wohnhaus in Bagdad und anderen Städten des Irak. Diss. Dresden 1910.

Reuther, O.: Indische Paläste und Wohnhäuser. Berlin 1925.

Ricard, R.: La Plaza Mayor en España y en America Española. Estudios Geograficos, S. 321-327 (1950).

Richter, G.: Moderne Entwicklungstendenzen türkischer Städte am Beispiel von Kayseri. Geogr. Rundschau, S. 93-101 (1972).

Roslanowski, T.: Eléments principaux de la disposition spatiale et de l'aménagement des villes polonaises du Moyen Age: remparts et marchés urbains. In: Les constructions civiles d'intérêt public dans les villes d'Europe au Moyen Age et sous l'Ancien Régime et leur financement. Colloque Intern., S. 49-83. Brüssel 1971.

Sandner, G.: Die Hauptstädte Zentralamerikas. Heidelberg 1969.

Schmid, A.: Denkmalpflege aus europäischer Sicht. In: Maier, H. (Hrsg.): Denkmalschutz. Internationale Probleme – nationale Projekte, S. 20-40. Zürich 1976.

Schmieder, O.: Spuren spanischer Kolonisation in US-amerikanischen Städten. Hans Meyer-Festschr., S. 272-282. Berlin 1928.

Schmitthenner, H.: Die chinesische Stadt. In: Stadtlandschaften der Erde, hrsg. von *S. Passarge,* S. 85-108. Hamburg 1930.

Schöller, P.: Wachstum und Wandlung japanischer Stadtregionen. Erde, S. 202-234 (1962).

Schöller, P.: Hongkong. In: *Schöller, P. u. a.* (Hrsg.): Ostasien. Frankfurt a. M. 1978.

Schultz, A.: Kaschgar (Chinesisch-Turkestan). Stadt und Landschaft. Mitt. aus dem Seminar für Geographie der Universität Hamburg, Jg. 37. Hamburg 1921.

Schumacher, F.: Probleme der Großstadt. Vor und nach dem Kriege. Köln 1949.

Schwarz, G.: Regionale Stadttypen im niedersächsischen Raum. Forschungen zur deutschen Landeskunde, Bd. 66. Remagen 1952.

Sen, H.: Die Entwicklung der Wohngebiete der Stadt Ankara. Geogr. Zeitschr., S. 25-39 (1972).

Sölch, J.: Die Städte in der vortechnischen Kulturlandschaft Englands. Geogr. Zeitschr., S. 41-56 (1938).

Spuler, B.: Die Goldene Horde. Die Mongolen in Rußland, S. 1223-1502. Leipzig 1943.

Stanislawski, D.: The Origin and Spread of the Grid-Pattern Town. Geogr. Review, S. 105-120 (1946).

Stanislawski, D.: Early Spanish Town Planning in the New World. Geogr. Review, S. 105-120 (1947).

Stein, R.: Das Bürgerhaus in Schlesien. Tübingen 1966.

Stewig, R.: Bemerkungen zur Entstehung des orientalischen Sackgassengrundrisses am Beispiel der Stadt Istanbul. Mitt. Österr. Geogr. Gesellsch., S. 25-47 (1966).

Stoob, H.: Die Ausbreitung der abendländischen Stadt im östlichen Mitteleuropa. Zeitschr. für Ostforschung, S. 25-84 (1961).

Stoob, H.: Die hochmittelalterliche Städtebildung im Okzident. In: *Stoob, H.* (Hrsg.): Die Stadt. Gestalt und Wandel bis zum industriellen Zeitalter, S. 131-156. Köln 1979.

Stoob, H.: Frühneuzeitliche Städtetypen. In: *Stoob, H.* (Hrsg.): Die Stadt. Gestalt und Wandel bis zum industriellen Zeitalter, S. 195-228. Köln 1979.

Suter, K.: Die Siedlungen des Mzab. Vierteljahrsschr. der Naturforsch. Gesellsch. in Zürich, S. 1-52 (1958).

Trewartha, G. T.: Japanese Cities. Distribution and Morphology. Geogr. Review, S. 404-417 (1934).

Trewartha, G. T.: Japan, a physical, cultural, and regional Geography. Wisconsin 1960.

Triltsch, F.: Die Stadtbildungen des Altertums und die griechische Polis. Klio 22, S. 1-83 (1929).

Turner, A.: New Communities in the United States: 1968-1973. Town Planning Review, S. 259-273 und S. 415-430 (1974).

Turner, J. F. C.: Uncontrolled Urban Settlement. Problems and Policies. In: *Breese, G.* (Hrsg.): The City in Newly Developing Countries, S. 507-534. Englewood Cliffs 1969.

Urbanisme: Zeitschr. Paris, seit 1932.

Vennetier, P.: Les villes d'Afrique tropicale. Paris – New York 1976.

Voggenreiter, F.: Die Stadt Regensburg, ihre Erscheinung und ihre Entwicklung. Diss. München, Potsdam 1936.

Vorlaufer, K.: Dar es Salam. Hamburger Beiträge zur Afrikakunde. Hamburg 1973.

Vosseler, P.: Das alte Bürgerhaus der Schweizer Stadt und seine Beziehungen zum Schweizer Bauernhaus. Comptes Rendus du Congr. Intern. de Géographie Amsterdam 1938, Bd. II, Sect. IIIa, S. 222-232. Leiden 1938.

Votrubec, C.: Matériaux pour l'étude des villes nouvelles en Tchécoslavaquie. Revue de Géographie de L'Est, S. 138-143 (1963).

Wachsmuth, F.: Die Widerspiegelung völkischer Eigentümlichkeiten in der alt-morgenländischen Baugestaltung. Abhandl. für die Kunde des Morgenlandes, Deutsch-Morgenländ. Gesellsch. XXIII, 5. Leipzig 1938.

Waldschmidt, E.: Geschichte des indischen Altertums. In: Weltgeschichte in Einzeldarstellungen, Geschichte Asiens. München 1950.

Walther, R.: Die Veränderungen ost- und westpreußischer Stadtgrundrisse nach der Ordenszeit. Zeitschrift für Ostforschung, S. 33-56 (1960).

Watzinger, C. und *Wulzinger, K.:* Damaskus, die antike Stadt. Wissensch. Veröffentl. des Deutsch-Türkischen Denkmalschutzes IV. Berlin und Leipzig 1921.

Weber, D.: Die Bürohausstadt in Amerika: Midland, Texas. Mitteil. Geogr. Gesellsch. Wien, S. 48-56 (1961).

Wegner, M.: Die Anlage griechisch-römischer Städte. In: *Stoob, H.* (Hrsg.): Die Stadt, Gestalt und Wandel bis zum industriellen Zeitalter, S. 101-116. Köln 1979.

Weinelt, H.: Deutsche mittelalterliche Stadtanlagen in der Slowakei. Südosteuropäische Arbeiten, Nr. 29. München 1942.

Weulerssee, J.: Antioche, un type de cité d'Islam. Comptes Rendus du Congr. Intern. de Géographie Amsterdam 1938, Bd. III, Sect. III, S. 250-254. Leiden 1938.

Wihelmy, H. und *Rohmeder, W.:* Die La Plata-Länder. Braunschweig 1963.

Wirth, E.: Die Lehmhüttensiedlungen der Stadt Bagdad. Erdkunde, S. 309-316 (1954).

Wirth, E.: Damaskus – Aleppo – Beirut. Ein geographischer Vergleich dreier nahöstlicher Städte im Spiegel ihrer sozial- und wirtschaftlich maßgebenden Schichten. Erde, S. 96-137 und S. 166-232 (1966).
Wirth, E.: Syrien. Darmstadt 1971.
Wirth, E.: Die orientalische Stadt. Saeculum, S. 45-94 (1975).
Wissmann, H. v.: Bauer, Nomade und Stadt im islamischen Orient. In: Die Welt des Islams und die Gegenwart, hrsg. von *R. Paret,* S. 22-63. Stuttgart 1961.
Wulzinger, K. und *Watzinger, C.:* Damaskus, die islamische Stadt. Wissensch. Veröffentl. des Deutsch-Türkischen Denkmalschutzes V. Berlin und Leipzig 1924.

VII.G. Besondere Probleme der Groß- und Weltstädte bzw. der Verdichtungsräume

Abu Lughod, J. L.: Cairo. 1001 years of the city victorious. Princeton 1971.
Abwassertechnische Vereinigung e. V. (Hrsg.): Lehr- und Handbuch der Abwassertechnik. 3. Aufl. in 3 Bänden. Berlin – München 1982/83.
Ahrens, P. G.: Die Entwicklung der Stadt Teheran. Eine städtebauliche Untersuchung ihrer zukünftigen Gestaltung. Opladen 1966.
Antoine, S.: Un programme d'énergie au nouveau de la ville et de l'habitat par une nouvelle attitude: vouloir une réduction d'ensemble des gaspillages urbains. Urbanisme, S. 38-44 (1979).
Aubrac, L.: Rome. In: Les grandes villes du Monde, Nr. 3694-3695 (Mai 1970).
Auray, M.: L'Alimentation en eau de la région Parisienne. Urbanisme, S. 270-276 (1951).
Autorenkollektiv Kohl, H. u. a. (Hrsg.): Ökonomische Geographie der Deutschen Demokratischen Republik, Bd. 1. 3. Aufl. Gotha/Leipzig, o. J. (nach 1974).
Barth, H. K.: Probleme der Wasserversorgung in Saudi-Arabien. Beihefte der Geogr. Zeitschr., H. 45 (1976).
Bater, J. H.: The legacy of autocracie: Environmental quality in St. Petersburg. In: *French, R. A.* und *Hamilton, F. E. I.* (Hrsg.): The socialist city, S. 23-47. Chichester – New York usf. 1979.
Berlin. Berlin in Zahlen, Taschenbuch, hrsg. vom Statistischen Amt der Stadt Berlin 1954 ff.; vom Jahre 1952 an Statistisches Jahrbuch Berlin bis 1982.
Blackburn, A.: The spatial behaviour of American firms in Western Europe. In: *Hamilton, F. E. I.* (Hrsg.): Spatial perspectives on industrial organization and decision-making, S. 245-264. London – New York 1974.
Beaujau-Garnier, J.: Atlas et géographie de Paris et la région d'Ile de-France, Bd. 2. Paris 1977.
Beaumont, P.: Urban Water Problems. In: *Blake, G. H.* und *Lawless, R. I.* (Hrsg.): The Changing Middle Eastern City, S. 230-250. London – New York 1980.
Blank, J. P. und *Rahn, T.* (Hrsg.): Die Eisenbahntechnik. Entwicklung und Ausblick. In: 125 Jahre Deutsche Eisenbahn. 2. Aufl. Darmstadt 1983.
Blenck, J.: Slums und Slumsanierung in Indien. Tagungsber. und wissensch. Abhandl. d. 39. Deutschen Geographentages, S. 310-337 (1974).
Blüthgen-Weischet: Allgemeine Klimageographie. Lehrbuch der Allgemeinen Geographie, Bd. 2. 3. Aufl. Berlin – New York 1980.
Blume, H.: USA, eine geographische Landeskunde, Bd. I. Darmstadt 1975.
Blume, H.: Moderne Wirtschaftsentwicklung und Weltverflechtung in Saudi-Arabien. In: *Blume, H.* (Hrsg.): Saudi-Arabien. Tübingen – Basel 1976.
Borchert, J. G. und *Ginkel, J. A. van:* Die Randstad Holland in der Niederländischen Raumordnung. Kiel 1979.
Borchert, J. R.: The surface water supply of American municipalities. Annals of the Association of American Geographers, S. 15-32 (1961).
Borde, J., Barrère, P. und *Cassout-Mounat, M.:* Les villes françaises. Paris 1980.
Bornstein, R. D.: Observations of the urban heat island effect in New York City. Journal of Applied Meteorology, S. 575-582 (1968).
Bosold, H.: Die Abwasserreinigung der Stadt Münster. Wasserwirtschaft in Nordrhein-Westfalen, S. 111-115. München o. J.
Braun, C.: Teheran, Marrakesch und Madrid. Ihre Wasserversorgung mit Hilfe von Qanaten. Eine stadtgeographische Konvergenz auf kulturhistorischer Grundlage. Bonner Geogr. Abhandl., H. 52 (1974).
Breese, S.: Urban development. Problems in India. Annals of the Association of American Geographers, S. 253-265 (1963).
Bremen. Grundsätze zur Stadtentwicklung. Bremen 1975.
Bretschneider, H., Lecher, K. und *Schmidt, M.* (Hrsg.): Taschenbuch der Wasserwirtschaft. 6. Aufl. Hamburg – Berlin 1982.

Brüning, K.: Alte und neue Wasserwirtschaft im Harz und ihre natürlichen Grundlagen, eine wirtschaftsgeographische Skizze. Jahrb. d. Geogr. Gesellsch. Hannover, S. 113-140. Hannover 1928.

Brüning, K.: Niedersachsen. Land, Volk, Wirtschaft. Schriften der wirtschaftswissenschaftlichen Ges. zum Studium Niedersachsens E. V. Bremen – Horn 1956.

Bundesministerium des Innern (Hrsg.): Bericht über die Wasserversorgung in der Bundesrepublik Deutschland. Teil A: Bericht über die Wasserversorgung in der Bundesrepublik Deutschland. Teil B: Materialien in 5 Bänden. Berlin – Bielefeld – München 1982/83.

Burkalow, A. van: The geography of New York City's water supply. A study of interaction. Geogr. Review, S. 369-386 (1959).

Cadoux, C. N.: Développement des services publiques urbains. Bull. de l'Institut Intern. de Statistique, Bd. XXV, Bd. 3, S. 560-612. S'Gravenhage – Den Haag 1932.

Chandler, T. J.: The climate of London. Hutchinson 1965.

Chah, J. S. T.: Singapore. Development Policies and trends. In: *Chen, P.* (Hrsg.): Singapore development policies and trends, S. 197-223. Singapore 1983.

Chai, B. K.: Hongkong mit Macao. Mai's Weltführer, Nr. 10. Frankfurt a. M. 1983.

Chebabe-el-Dine, S.: Géographie de Beyrouth. Beirut 1953.

Chardonnet, J.: Métropoles économiques. Paris 1959.

Clarke, T. F. und *Mcelroy, J. L.:* Experimental studies of the nocturnal urban boundary layer. World Meteorological Organization, Techn. Note, Nr. 108, S. 108-112. Genf 1970.

Cutler, I.: Chicago, Metropolis of the Mid-Continent. Chicago 1976.

Czajka, W.: Buenos Aires als Weltstadt. Festschr. zum 32. Deutschen Geographentag Berlin, S. 159-202 (1959).

Dammann, W.: Die Schwüle als Klimafaktor. Jahrb. d. Techn. Hochschule Hannover, S. 214-222 (1960/61).

Dammann, W.: Die Schwüle als Klimafaktor im Heidelberger Raum. Heidelberg und die Rhein-Neckar-Lande, Festschr. d. XXXIV. Deutschen Geographentags, S. 177-192. Heidelberg – München 1963.

Dege, W. und *Dege, W.:* Das Ruhrgebiet. 3. Aufl. Geocolleg. Berlin – Stuttgart 1983.

Demur, C.: Les transports urbains à Abidjan. In: La Croissance urbaine en Afrique Noire et à Madagascar, Bd. I, S. 501-525. Paris 1972.

Deshpande, C. D.: Puna: A metropolis in transition. In: *Misra, R. P.* (Hrsg.): Million cities in India, S. 304-321. Neu Delhi usf. 1978.

Dettwiller, J.: Evolution séculaire du climat de Paris. Mém. météorol. Nat. Paris 1970 nach *Landsberg, H. E.:* The urban climate, S. 87 ff. New York – London usf. 1981.

Dietz, H. A.: Metropolitan Lima: Urban Problems – solving under military rule. In: *Cornelius, W. A.* und *Kemper, R. V.* (Hrsg.): Latin American Urban Research, Bd. 6, S. 205-226 (1978).

Dloczik, M., Schüttler, A. und *Sternagel, H.:* Der Fischer-Informationsatlas Bundesrepublik Deutschland. Frankfurt a. M. 1982.

Dörrer, I.: Aspekte der Umweltbelastung Mannheim – Ludwigshafen. Mannheimer Geogr. Arbeiten, H. 10, S. 117-133 (1981).

Dornrös, M.: Luftverunreinigung und Stadtklima im Rheinisch-Westfälischen Industriegebiet und ihre Auswirkungen auf den Flechtenbewuchs der Bäume. Arbeiten z. Rhein. Landeskunde, Bd. 23 (1966).

Drobek, W.: Die Wasserversorgung in Hamburg einst und jetzt. In: Hamburg, Großstadt und Welthafen zum XXX. Deutschen Geographentag Hamburg 1955, S. 169-184. Kiel 1955.

Eickstedt, E. v.: Bevölkerungsbiologie der Großstadt. Stuttgart 1941.

Elektrizitätswirtschaft: Zeitschr., hrsg. von der Vereinigung deutscher Elektrizitätswerke, 1953 ff.; erscheint nicht mehr.

Eriksen, W.: Probleme der Stadt- und Geländeklimatologie. Darmstadt 1975.

Eriksen, W.: Klimatisch-ökologische Aspekte der Umweltbelastung Hannovers – Stadtklima und Luftverunreinigung. Jahrb. Geogr. Gesellsch. Hannover, S. 251-273. Hannover 1978.

Fels, E.: Stadtklima. In: Der wirtschaftende Mensch als Gestalter der Erde. In: *Lütgens, R.* (Hrsg.): Erde und Weltwirtschaft, Bd. 5, S. 125-128. Stuttgart 1954.

Flohn, H.: Klimaschwankung oder Klima-Modifikation? Arbeiten z. Allgemeinen Klimatologie, S. 291-309. Darmstadt 1971.

Flohn, H.: Geographische Aspekte der anthropogenen Klimamodifikation. Hamburger Geogr. Studien, H. 28, S. 13-30 (1973).

Flohn, H. und *Penndorf, R.:* Die Stockwerke der Atmosphäre. Meteor. Zeitschr., S. 1-7 (1942).

Flüchter, W.: Stadtplanung in Japan. Problemhintergrund. Gegenwärtiger Stand, kritische Bewertung. Mitt. d. Instituts f. Asienkunde. Hamburg 1978.

Fukui, E.: Increasing temperature due to expansion of urban areas in Japan. 75th Anniv. Vol. Jour. Meteor. Society Japan, S. 336-341 (1957).

Fukui, E.: Climatic fluctuations, past and present. In: *Fukui, E.* (Hrsg.): The climate of Japan, S. 271-304. Amsterdam – Oxford – New York 1977.

Garza, G. und *Schteingart, M.:* Mexico City: the emerging metropolis. In: *Cornelius, W. A.* und *Kemper, R. V.* (Hrsg.): Latin American Research, Bd. 6, S. 51-85 (1978).

Geiger, R.: Das Klima der bodennahen Luftschicht. 4. Aufl. Braunschweig 1961.

George, P.: Problèmes de la République Argentine. Annales de Géographie, S. 258-277 (1968).

Georgii, H. W.: Die Belastung der Großstadtluft mit gasförmigen Luftverunreinigungen. Umschau 24, S. 757-762 (1963).

Georgii, H. W.: The effects of air pollution on urban climates. World Meteor. Organization, Techn. Note, Nr. 108, S. 214-237. Genf 1970.

Georgii, H. W. und *Hoffmann, L.:* Beurteilung von SO_2-Anreicherungen in Abhängigkeit von meteorologischen Einflußgrößen. Staub 26, S. 511 (1966; verkürzt aber mit Abb. in World Meteorological Organization, Techn. Note, Nr. 108, S. 228/29). Genf 1970.

Goldreich, Y. und *Manes, A.:* Urban effect on precipitation in the greater Tel-Aviv Area. Arch. met. Geophys. Bio, Bioclim. Ser. B, Bd. 27, S. 213-224 (1979).

Golt's, G. A.: The Dynamics of Commuting in the USSR and Some Approaches to Forecasting. Soviet Geography, S. 560-569 (1983).

Graves, N. J. und *White, J. T.:* Geography of the British Isles. London usf. 1974.

Hahn, H.: Die Stadt Kabul (Afghanistan) und ihr Umland. Bonner Geogr. Abhandl., H. 34 (1964).

Hake, A.: African Metropolis. Nairobi's self-help city. New York 1977.

Hall, P.: The development of communications. In: *Coppock, J. T.* und *Prince, H. C.* (Hrsg.): Greater London, S. 52-79. London 1964.

Hance, W. A.: The geography of modern Africa. New York – London 1975.

Hanna, S. R.: Urban meteorology, ATLD Conc. 35. Air Research Labor. Oak Ridge, Tenn. 1969.

Havlik, D.: Untersuchungen zur Schwüle im kontinentalen Tiefland der Vereinigten Staaten von Amerika. Geogr. Institut d. Univ. Freiburg i. Br. 1976.

Hellpach, W.: Mensch und Volk der Großstadt. Stuttgart 1952.

Hendlmeier, W.: Von der Pferde-Eisenbahn zur Schnell-Straßenbahn. Überblick über die Entwicklung des deutschen Straßenbahn- und Obuswesens unter besonderer Berücksichtigung westdeutscher Betriebe. München 1968.

Hofmeister, B.: Stadt und Kulturraum Angloamerika. Braunschweig 1971.

Hofmeister, B.: Bundesrepublik Deutschland und Berlin. 1. Berlin. Die zwölf westlichen Bezirke. Darmstadt 1975.

Huetz de Lemps, M. A.: Madrid. Notes et études documentaires, 31. Januar 1972, Nr. 3854-1855. Paris 1972.

Imhoff, K. und *Imhoff, R.:* Taschenbuch der Stadtentwässerung. 25. Aufl. München – Wien 1979.

Ipsen, G.: Daseinsformen der Großstadt. Typische Formen sozialer Existenz in Stadtmitte, Vorstadt und Gürtel der industriellen Großstadt. Tübingen 1959.

Jäger, H.: Großbritannien. Darmstadt 1976.

Jain, K. C.: Ahmedabad. An expanding metropolis. In: *Misra, R. P.* (Hrsg.): Million cities in India, S. 213-241. Neu-Delhi usf. 1978.

Jauregui, E.: The urban climate of Mexico City. Erdkunde, S. 298-307 (1973).

Jenkins, J.: Increase in averages of sun-shine in Central London. World Meteor. Organization, Technical Note, Nr. 108, S. 292-294. Genf 1970.

Jordan, E.: Gewässer, Wasserversorgung und Abwasser in der Stadt und im Großraum Hannover. Jahrb. Geogr. Gesellsch. Hannover, S. 274-302 (1978).

Karrasch, H.: Ausgewählte Studien zur Luftqualität im Rhein-Neckar-Gebiet. Mannheimer Geogr. Arbeiten, H. 10, S. 179-189 (1981).

Karrasch, H.: Die Luftqualität im nördlichen Oberrheingebiet in vergleichender Sicht. Mannheimer Geogr. Arbeiten, H. 14, S. 63-100 (1983).

Kawamura, T.: Climatic modification by human activities. In: *Fukui, E.* (Hrsg.): The climate of Japan, S. 209-224. Amsterdam – Oxford – New York 1977.

Kessler, A.: Über den Tagesgang von Oberflächentemperaturen in der Bonner Innenstadt an einem sommerlichen Strahlungstag. Erdkunde, S. 13-20 (1971).

Khorev, B. S. und *Likhoded, V. N.:* Rural-urban commuting in the USSR. Soviet Geography, S. 570-606 (1983).

Kolb, A.: Groß-Manila. Die Individualität einer Millionenstadt. Hamburger Geogr. Studien, H. 34 (1978).

Kratzer, P. A.: Das Stadtklima. 2. Aufl. Braunschweig 1956.

Kochwasser, F. H.: Kuwait. Tübingen – Basel 1969.

Kornhauser, D.: Urban Japan: its foundation and growth. London – New York 1976.

Kühn, F.: Grundriß der Kulturgeographie von Argentinien. Hamburg 1933.
Kühn, F.: Das neue Argentinien. Hamburg 1941.
Landsberg, H. E.: Climates and urban planning. World Meteor. Organization, Technical Note, Nr. 108, S. 364-374. Genf 1970.
Landsberg, H. E.: Atmospheric changes in a growing community (The Columbia/Maryland experience). Urban Ecology, S. 53-81 (1979).
Landsberg, H. E.: The urban climate. Int. Geophysics Series. Bd. 28. New York – London usf. 1981.
Landsberg, H. E. und *Maisel, T. N.:* Micrometeorological observations in an area of urban growth. Boundary Layer Meteorol., S. 61-63 (1972).
Lasserre, G.: Libreville. La ville et sa région. Paris 1958.
Lavedan, P.: Géographie des villes. Paris 1936; 2. Aufl. Paris 1959.
Le Corbusier C.-E. J. und *Hildebrandt, H.:* Städtebau. Stuttgart 1929.
Leighton, P. A.: Geographical aspects of air-pollution. Geogr. Review, S. 151-174 (1966).
Leister, I.: Wachstum und Erneuerung britischer Industriegroßstädte. Wien – Köln – Graz 1970.
Leung, C. K.: The growth of public passenger transport. In: *Dwyer, D. J.* (Hrsg.): Asian Urbanization, S. 123-136. A Hong Kong Case Book. Hongkong 1971.
Leung, C. K.: Mass Transport in Hong Kong. In: *Dwyer, D. J.* (Hrsg.): Asian Urbanization, S. 155-166. A Hong Kong Case Book. Hongkon 1971.
Leyden, F.: Groß-Berlin. Geographie einer Weltstadt. Breslau 1933.
Lichtenberger, E.: Stadtgeographischer Führer Wien. Sammlung Geographischer Führer 12. Berlin – Stuttgart 1978.
Lindh, G.: Water and City. United Nations educational, scientific and cultural organization. Paris 1983.
Lindquist, S.: Studies on the local climate in Lund and environs. Geogr. Annaler, Ser. A, S. 79-93 (1968).
Ludwig, F. L.: Urban temperature fields. World Meteor. Organization. Technical Note, Nr. 108, S. 80-107. Genf 1970.
MCLA: Métro de Lyon et Marseille. Urbanisme, Bd. 50 (1981).
Mellor, R. E. H.: Sowjetunion. Harms Handbuch der Geographie, 3. Aufl. München 1976.
Mitchell, J. M.: The temperature of cities. Symp. Air over cities. U.S. Public Health Serv. Publ. SEC, Techn. Rept., A 62-5, S. 131-143 (1961).
Mölter, F. J. und *Stumpf, H.:* Die Heizkraftwirtschaft in der Bundesrepublik Deutschland. Elektrizitätswirtschaft, Sonderausgabe Heizkraftwirtschaft, S. 65-71 (1959). Ein neueres Heft nicht mehr erschienen.
Moskva v ciffrach, 1984, zur Verfügung gestellt und übersetzt von Prof. Dr. Stadelbauer.
Myers, D. J.: Caracas: The politics of intensifying primacy. In: *Cornelius, H. A.* und *Kemper, R. V.* (Hrsg.): Latin American Urban Research, Bd. 6, S. 227-258 (1978).
Narodnoe Chozjajstvo USSR v, 1984, zur Verfügung gestellt und übersetzt von Prof. Dr. Stadelbauer.
Nebelung, H. und *Meyer, H.:* Neue Verkehrssysteme im öffentlichen Personennahverkehr. Veröffentlichungen der Akademie für Raumforschung und Landesplanung, Forschungs- und Sitzungsberichte, Bd. 92, S. 75-92. Hannover 1974.
Neiburger, M.: Weather modification and smog. Science, Bd. 126, S. 637-645 (1957; enthalten in *McBoyle, G.* (Hrsg.): Climate in Review, S. 206-216. Boston usf. 1973.
Nippes, K.-H.: Methoden und Ziele bei der Erarbeitung eines Wasserkraftkatasters (Beispiel Kolumbien). Beiträge zur Hydrologie, H. 5, S. 73-140 (1978).
Nissel, H.: Bombay. Untersuchung zur Struktur und Dynamik einer indischen Metropole. Berlin 1977.
O'Connor, A.: The African City. London usf. 1983.
Öffentliche Versorgung. 3. Aufl. Darmstadt 1958/59; 7. Aufl. Darmstadt 1970; 8. Aufl. 1972; von da ab Erscheinen eingestellt.
Oke, T. R.: City size and the urban heat island. Atmos. Environ 7, S. 769-779 (1973).
Oke, T. R.: The distinction between canopy and boundary layer urban heat island. Atmosphere 14, S. 268-277 (1976).
Oke, T. R.: Boundary Layer Climates. London – New York 1978.
Oke, T. R.: Review of urban climatology. World Meteorol. Organization, Technical Note, Nr. 108, S. 113-126 (1979).
Oke, T. R. und *Hannel, F. G.:* The form of the urban heat island in Hamilton, Canada. World Meteorol. Organization, Technical Note, Nr. 108, S. 113-126. Genf 1970.
Openshaw, K.: Woodfuel – a time for reassessment. In: *Smil, V.* und *Knowland, W. E.* (Hrsg.): Energy in the developing world, S. 72-86. Oxford – New York usf. 1980.
Parker, W. H.: Motor transport in the Soviet Union. School of Geography of Oxford, Research Paper 23. Oxford 1979.
Pendacur, V. S.: Urban transport in Asean. Insti-

tute of Southeast Asian Studies, Research Notes and Discussion Papers, Nr. 43 (1984).
Pfeil, E.: Großstadtforschung. Veröffentl. der Akademie für Raumforschung und Landesplanung.; Abhandl. 19. Bremen – Horn 1950; 2. Aufl. Hannover 1972.
Randzio, E.: Unterirdischer Städtebau, besonders mit Beispielen aus Groß-Berlin. Veröffentl. d. Akademie für Raumforschung und Landesplanung., Abhandl. 20. Bremen – Horn 1951.
Raphael, C. N. und *Shabai, H. T.:* Water resources for At Taif, Saudi-Arabia. A study of alternative sources for an expanding urban area. The Geographical Journal, S. 183-191 (1984).
Rimmer, P. J.: The role of paratransit in South East Asean Cities. Singapore Journal of Tropical Geography, S. 45-62 (1984).
Rippel, J. K.: Stadtentwicklung und Nahverkehr in Hannover seit der Mitte des vorigen Jahrhunderts. Jahrbuch der Geogr. Gesell. Hannover, S. 114-124 (1978).
Rohde, G.: Spurenelementanreicherung verursacht Rieselmüdigkeit. Wissensch. Zeitschr. f. Technik der Wasserwirtschaft, S. 542-550 (Nov. 1961).
Ruppert, H.: Beirut. Eine westlich geprägte Stadt des Orients. Erlangen 1969.
Sasa, P. O. und *Adefolalu, A. A.:* Urbanisation and problems of urban development (Lagos). In: *Aderibigle, A. B.* und *Ajaeji, J. F. A.* (Hrsg.): Lagos. The development of an African city, S. 79-107. London 1975.
Scharlau, K.: Die Schwüle als meßbare Größe. Bioklimatische Beiblätter, Bd. 10, S. 19-23 (1943).
Scharlau, K.: Die Schwülezonen der Erde. Berichte des Deutschen Wetterdienstes i. d. US-Zone, Bd. 7, S. 246-249 (1952).
Schöller, P.: Unterirdischer Zentrenausbau in japanischen Städten. Erdkunde, S. 109-125 (1974).
Schwager, I., Mazanec, Chr. u. *Zimpel, G.:* Die Bedeutung der Meerwasserentsalzung und ihre Sonderrolle unter den Verhältnissen der Arabischen Halbinsel. Mitt. d. Geogr. Gesell. in München, Bd. 67, S. 155-174 (1982).
Schwidetzky, I.: Grundfragen der Völkerbiologie. Stuttgart 1950.
Seger, M.: Teheran. Eine stadtgeographische Studie. Wien – New York 1978.
Sekiguti, T.: Thermal situations of urban areas, horizontally and vertically. World Meteorological Organization, Techn. Note, Nr. 108, S. 137-140. Genf 1970.
Shaw, D. J. B.: Planning Leningrad. Geogr. Review, S. 183-200 (1978).

Singapore, Ministry of Culture, Information Division 1980-1982.
Smil, V. und *Knowland, I. E.* (Hrsg.): Energy in the Developing World. Oxford – New York usf. 1980.
Sobol, I. A.: Passenger-trip patterns between Leningrad and suburbs. Soviet Geography, S. 607-615 (1983).
Sorre, M.: Les fondements de la géographie humaine, Bd. III: L'Habitat, S. 350-375. Paris 1952.
Stadt Freiburg: Arbeitsbericht einer interdisziplinären Arbeitsgruppe. Untersuchung der klimatischen und lufthygienischen Verhältnisse der Stadt Freiburg i. Br. Freiburg i. Br. 1974.
Statistical Yearbook, hrsg. vom Statistical Office of the United Nations, Department of Economic and Social Affairs. New York 1964-1981.
Statistisches Bundesamt: Statistik des Auslandes. Länderbericht Hongkong 1984.
Statistisches Jahrbuch der Bundesrepublik Deutschland, verschiedene Jahrgänge, internationale Übersichten.
Statistisches Jahrbuch deutscher Gemeinden 1956-1982.
Statistisches Jahrbuch des Deutschen Reiches, verschiedene Jahrgänge, internationale Übersichten.
Steinhauser, F., Eckel, O. und *Sauberer, F.:* Klima und Bio-Klima von Wien. Teil 3. Wetter und Leben, Bd. 11 (Sonderheft). Wien 1959.
Taschenbuch der Wasserwirtschaft s. u. Bretschneider u. a.
Terjung, W. H. und *Louie, S. S. F.:* Solar radiation and urban heat islands. Annals Assoc. of American Geographers, S. 181-207 (1973).
United Nations Economic Commission for Africa: Léopoldville and Lagos. Comparative study of conditions 1960. In: *Breese, S.:* The city in newly developing countries: Readings on urbanism and urbanization, S. 436-460. London – Sydney usf. 1969.
Urbanisme: Revue Mensuelle de l'Urbanisme Français. Paris bis 1982.
Veröffentlichungen der Akademie für Raumforschung und Landesplanung bzw. deren Forschungs- und Sitzungsberichte 1952-1982.
Vetter, D. M. und *Brasileiro, A. M.:* Toward a development strategy for Grande Rio de Janeiro. In: *Cornelius, H. A.* und *Kemper, R. V.:* Latin American urban research, Bd. 6, S. 205-226 (1978).
Vogelsang, I.: Die staatliche Regulierung der amerikanischen Elektrizitätswirtschaft. Zeitschr. für Energiewirtschaft, S. 25-32 (1979).
Vorlaufer, K.: Physiognomie, Struktur und Funktion Groß-Kampalas. Frankfurter Wirtschafts-

und Sozialgeographische Schriften, Bd. 1/2. (1967).

Waterbury, J.: Cairo. Third World Metropolis. Part II. Transportation. Field Staff Reports Africa. Vol. XVIII, Nr. 7. North East Africa Series, Nr. 7, Sept. 1973.

Weischet, W., Nübler, W. und Gehrke, A.: Der Einfluß von Baukörperstrukturen auf das Stadtklima am Beispiel Freiburg i. Br. In: *Franke, E.* (Hrsg.): Stadtklima. Ergebnisse und Aspekte für die Stadtplanung, S. 39-64. Stuttgart 1977.

Westwood, J. N.: A history of Russian railways. London 1964.

White, H. P.: Industrial water use. Geogr. Review, S. 412-430 (1960).

White, H. P. und Senior, M. L.: Transport geography. London – New York 1983.

Wilhelmy, H.: Die Großstadt im Kulturbild Südamerikas. Kinzl-Festschrift. Schlernsch. 1958 bzw. Kleine geographische Schriften, Bd. I: Geographische Forschung in Südamerika, Festsch. Wilhelmy, S. 48-64. Berlin 1980.

Wilhelmy, H.: Die Großstadt im Kulturbild Südamerikas. Studium Generale, S. 77-87 (Bd. VIII, 1955). Auch in *Kohlhepp, G.* (Hrsg.): Geographische Forschungen in Südamerika, S. 48-64. Kleine Geographische Schriften, hrsg. von *Beck, H.,* Bd. I. Berlin 1980.

Wilhelmy, H.: Neue Lebensformen im tropischen Südamerika. Kleine geographische Schriften, Bd. I: Geographische Forschungen in Südamerika, Festschr. Wilhelmy, S. 65-72. Berlin 1980.

Wirth, E.: Syrien. Eine geographische Landeskunde. Darmstadt 1971.

Wolf, K.: Das Rhein-Main-Gebiet aus sozial-geographischer Sicht. In: *Glaeßer, H.-G.* unter Mitarbeit von *Schymik, I.:* Das Rhein-Main-Gebiet. Sammlung geographischer Führer, Bd. 3. Berlin – Stuttgart 1982.

Yazawa, T.: Tokio. In: Problemräume der Welt, Bd. 4. Köln 1984.

Yeates, M. und Garner, B.: The North American City. 3. Auflage. San Francisco usw. 1980.

Yoshino, M.: Change of air temperature distribution due to the urbanization in Tokyo and its surrounding regions. Science Reports of the Institute of Geoscience, Univ. of Tsukuba, Sect. A: Geographical Sciences, Bd. 2, S. 45-60 (März 1981).

Sachregister

Aachen (Bundesrepublik Deutschland) 603, 1016
Aarau (Schweiz) 547
Abercrombie-Plan für London vom Jahre 1944 sowie spätere Novellierungen 757
Abfallbeseitigung 986
Abgesetzte verstädterte Bereiche (Bundesrepublik Deutschland) 492, 493, 770, 772
Abgrenzbare Stadt-Land-Beziehungen 539
Abgrenzung von Verdichtungsräumen 494
Abhaltende Entwicklungskerne der Industrie 693, 694, 695
Abidjan (Elfenbeinküste) 593, 689, 877, 1019, 1020, 1025, 1026, 1028, 1030
Abwasserbeseitigung
  Kanäle und Flüsse 983
  Kanalisation mit Kläranlagen
    Mischverfahren, Trennverfahren 983-986
  Rieselfelder 982, 983
Abwasserbeseitigung durch Rieselfelder
  Bundesrepublik Deutschland 982, 983
  Deutschland 549, 982
  Deutsche Demokratische Republik 982
  Frankreich 983
Abwasserbeseitigung in einzelnen Regionen
  Bundesrepublik Deutschland 985
  Deutschland 982
  Indische Union 981
  Japan 986
  Orient 970, 981
  Südostasien 981
  Tropisch-Afrika 970
Accra (Ghana) 628, 842, 844-846, 1030
Accra-Tema (Ghana) 689
Ackerbürgerstädte
  Siedlungs- und Flurformen 599
Ackerbürgerstädte in einzelnen Regionen
  Bundesrepublik Deutschland 740
  Mitteleuropa 598, 741
  Ostdeutschland 598, 599
  Ostmitteleuropa 598
Adana (Türkei) 558, 683, 824, 830
Addis Abeba (Äthiopien) 578
Adelaide (Australien) 574
Aden (Republik Südjemen) 870
Ägypten, Entstehung von Städten 586
Ältere Innenstädte (England) 747
Aerosole s. Schadstoffbelastung
Ästuar-Mündungshäfen 627
Äthiopien 803
Äußere Innenstadt (England) 747

Äußere Vorortsbildung 749, 753, 770, 771
Äußerer Einzelhandelsbereich (Australien) 674
Äußerer Wohnring (Vereinigte Staaten)
  Mittelschichtviertel 725
  Oberschichtviertel 725
Agglomeration s. Verdichtungsräume
Agora – Athen (Griechenland) 909
Agra (Indische Union) 865
Agrarstädte s. Landstädte
Ahlen (Bundesrepublik Deutschland) 610, 741, 745
Ahmedabad (Indische Union) 821, 822, 823, 884, 1018
Aigues Mortes (Frankreich) 898
Aizu-Wakamatsu, Präfektur Fukushima (Japan) 654, 655
Akita (Japan) 607
Akko (Israel) 834
Akropolis-Athen (Griechenland) 909
Akropolislage 874
Akşehir (Türkei) 651
Albuquerque – Neu-Mexiko (Vereinigte Staaten) 1015
Aleppo (Syrien) 620, 887, 1029
Alexandria (Ägypten) 622, 626, 911, 1029
Alföldstädte (Südosteuropa) 899
Algier (Algerien) 597, 683, 824, 831
All negro towns (Vereinigte Staaten) 705
Allahabad (Indische Union) 594
Allgemeine Funktionen von Städten 487, 494 ff.
Alma Ata (Sowjetunion) 807
Almere Haven (Niederlande) 569
Alnwick (England) 926
Alpenrandstädte 871, 872
Alt-Aubing – Münchener Verdichtungsraum (Bundesrepublik Deutschland) 749
Alt-Batavia – Djakarta (Indonesien) 905
Alt-Berlin-Cölln (Deutschland) 867, 868
Alt-Cölln (Deutschland) 875
Alt-Perlach – Münchener Verdichtungsraum (Bundesrepublik Deutschland) 780
Altdorf (Schweiz) 864
Alte Einwanderung (Vereinigte Staaten) 571
Alte Friedhöfe 790
Alte Vororte (Australien) 731
Altona – Hamburger Verdichtungsraum (Bundesrepublik Deutschland) 633, 668, 754, 770
Altstadt
  Groß- und Weltstädte (Frankreich, Mitteleuropa) 748
  Mittelstädte (Mitteleuropa) 742

XX Sachregister

Altstadt, bzw. gründerzeitlicher Gürtel, Ausländische Arbeitskräfte
  (Frankreich, Großbritannien, Mitteleuropa) 756
Amman (Jordanien) 833
Amritsar (Indische Union) 594
Amsterdam (Niederlande) 569, 750, 762
Amtsorte 497, 525, 526
Analphabetentum
  Europäisches Mittelmeergebiet 796
  Indische Union 820
  Israel 561, 834
  Lateinamerika 849
  Nordwestafrika, Orient 826
  Südostasien 813, 814
  Tropisch-Afrika 835
Angarsk (Sowjetunion) 612, 613
Anglo-indische Städte (Indien) 653
Anglo-kanadische Städte (Kanada) 729
Ankara (Türkei) 635, 683, 824, 830
Antalya (Türkei (828
Anteil der nicht-industriellen Landnutzung in Städten der Sowjetunion und der Vereinigten Staaten 805
Anteil der Wohnungen mit Elektrizitätsanschluß
  Australien, Bundesrepublik Deutschland 960
  Deutsche Demokratische Republik 960
  Europäisches Mittelmeergebiet 960
  Frankreich 959
  Griechenland, Japan, Kanada 960
  Korea, Sri Lanka, Südostasien
  Lateinamerika 960, 961
  Mitteleuropa, Nordeuropa 959, 960
  Ostmitteleuropa 960, 961
  Südosteuropa 960
  Tropisch-Afrika 961
  Vereinigte Staaten 960
Anteil der Wohnungen mit fließendem Wasser
  Bundesrepublik Deutschland 960
  Deutsche Demokratische Republik 960
  Europäisches Mittelmeergebiet 960
  Frankreich 959
  Griechenland, Japan 960
  Kanada, Korea 961
  Lateinamerika 960, 961
  Mitteleuropa, Nordeuropa 959, 960
  Ostmitteleuropa 960
  Sri Lanka, Südostasien 961
  Südosteuropa 960
  Tropisch-Afrika 961
  Vereinigte Staaten 960
Anthropogene Wärmeerzeugung 941
Antibes (Frankreich) 598
Antike Wassergewinnungs- und Verteilungsanlagen 975, 976
Antikes Straßennetz (Europäisches Mittelmeergebiet) 891
Antiochien (Türkei) 887

Antofagasta (Chile) 851
Antwerpen (Belgien) 627, 872
Anziehende Entwicklungskerne der Industrie 693, 694, 695
Aosta (Italien) 892
Araber als Kaufmannsschicht (Südostasien) 686
Arabische Kriegslager 587
Arbeiterbauern 503
Arbeiterwohngebiete, Chicago-Illinois (Vereinigte Staaten) 724, 725
Areopag-Hügel – Athen (Griechenland) 909
Argelès (Frankreich) 871
Arles (Frankreich) 598, 865, 893
Armengärten (Mitteleuropa) 745
Assur (Zweistromland) 587
Astrachan (Sowjetunion) 592, 612
Athen (Griechenland) 623, 640, 909, 976
Atlantic – Süddakota (Vereinigte Staaten) 553
Atlantic-Wisconsin (Vereinigte Staaten) 549
Atlantische Seehäfen 626
Atlantisch-periphere Städte (Kanada) 729
Atriumhäuser und Mikroklima 957
Auckland (Neuseeland) 574, 628, 731, 734
Augsburg (Bundesrepublik Deutschland) 564, 590, 596, 604, 786
Augusta-Georgia (Vereinigte Staaten) 866
Ausländische Arbeitskräfte
  Altbauquartiere an Ausfallstraßen 766, 767
  Betriebseigene Ein- und Mehrfamilienhäuser 766
  Hauseigentum 765
  Industriegürtel der Gründerzeit 766, 767
  Mietwohnungen
    in der Altstadt 766
    in der Altstadt bzw. im gründerzeitlichen Gürtel 756
    in funktionslos gewordenen Dörfern von Verdichtungsräumen 766, 767
    in den quartiers pericentraux 766
    im sozialen Wohnungsbau 766
    in Behelfsquartieren bzw. Wohnheimen 766, 767
Ausländische Arbeitskräfte/Charakteristika
  Eigene Geschäfte und kulturelle Einrichtungen (Mitteleuropa) 767
  Informeller Sektor im Geschäftsleben (Frankreich) 767
  Segregation zwischen Einheimischen und ausländischen Arbeitskräften (Mitteleuropa) 766
Ausländische Arbeitskräfte im westlichen Europa
  Bundesrepublik Deutschland 565, 762
  Frankreich 746, 752, 764, 765
  Großbritannien 762
  Mitteleuropa 751, 759, 762, 764, 765, 766
Autobusse als Verkehrsmittel 1010, 1026, 1028, 1029

Sachregister   XXI

Autun (Frankreich) 595
Avignon (Frankreich) 865
Avignon – Villeneuve-lès-Avignon (Frankreich) 870
Avila (Spanien) 921
Avus – Berlin (Deutschland) als Renn- und Übungsstraße 1008
Avus – West-Berlin als Stadtautobahn 1008
Australien
  Äußerer Einzelhandelsbereich 674
  Alte Vororte = Übergangszone 731
  Ballung von Verdichtungsräumen 730
  Bevölkerungsdichte in Städten bzw. Stadtteilen 730, 732
  Bürohausviertel im Anschluß an innere und äußere Einzelhandelsbereiche 674
  Bundeshauptstadt 573
  CBD und dessen Ausweitung 673, 731, 733
  Ethnische Gliederung der Bevölkerung 706
  Geographische Lage 730
  Hauptstädte der Bundesländer 573, 574, 606
  Innerer Einzelhandelsbereich (CBD) 674
  Primate City-Struktur und -Index 573, 574
  Randwanderung der Bevölkerung 733
  Randwanderung der Industrie 574, 731
  Randwanderung des tertiären Sektors 674, 731
  Segregationsindex für Südeuropäer 731
  Shopping centers 731, 732
  Soziale Schichtung 706
  Staatlicher Wohnungsbau 731, 732
  Stadt-Umland-Beziehungen 574
  Verkehrsmittel 574
  Verteilung der Städte 573, 574
  Wohnungsausstattung mit elektrischem Strom 960
  Verhältnis von Eigenheimen zu Mehrfamilienhäusern (Appartments) 731, 732, 923, 928
  Wohnungsbau 731, 732
  Zwischenstädtische Wanderungen 574
Autarke Wirtschaftskultur 530
Autobahnen 1010, 1021

Babylon (heute Irak) 910
Bach- und Flußverlegungen zur Abwasserbeseitigung
  Bundesrepublik Deutschland – Ruhrgebiet 983-985
  Vereinigte Staaten 985
Back-to-backs (England) 747
Bad Homburg v. d. H. – Verdichtungsraum Frankfurt a. M. (Bundesrepublik Deutschland) 775
Bad Lauterberg (Bundesrepublik Deutschland) 871
Bad Sachsa (Bundesrepublik Deutschland) 871
Bagdad (Irak) 620, 683, 824, 833, 871, 924, 1029
Bagnère de Bigorre (Frankreich) 871

Bahia (Brasilien) 639, 903
Bahnhöfe, Bedeutung für die einstigen Burgstädte in Japan 656
Bahnhofsviertel 751
Bahrein, Verstädterung 557
Baku (Sowjetunion) 1001
Ballungsräume s. Verdichtungsräume
Baltimore – Maryland (Vereinigte Staaten) 537, 867, 873, 949
Bam (Iran) 559, 560, 599
Bamako (Mali) 837, 839, 842, 1028
Bandstädte (Sowjetunion) 954
Bandung (Indonesien) 1019, 1022, 1024, 1025
Bangalore (Indische Union) 822
Bangkok (Thailand) 588, 626, 833, 970, 1022, 1024-1026, 1031
Bangui (Zentralafrikanische Republik) 600
Bantu-Homelands (Südafrikanische Republik) 732, 733, 734
Baranquilla (Kolumbien) 623, 624
Barcelona (Spanien) 622, 786, 800, 801
Barockstädte als Residenzstädte 901, 902
Barrios piratas (Kolumbien) 855
Barsinghausen (Bundesrepublik Deutschland) 1003
Basel (Schweiz) 547, 629, 865, 867, 893
Basic employment 585
Basra (Irak) 587, 887
Bastides-Städte (Frankreich) 898
Batavia s. Djakarta (Indonesien)
Baton Rouge – Louisiana (Vereinigte Staaten) 707, 712
Bauregeln der Inder (Hindus) 855
Bayeux (Frankreich) 595, 821, 921
Bayreuth (Bundesrepublik Deutschland) 742, 745
Bazare (Indien, Nordwestafrika, Orient) 651, 652, 682-686
Bazare, Bauliche Gestaltung 648, 651, 681
  Indischer Typ, Levantinischer Typ 648
Beamtenstädte
  China, Mitteleuropa 589, 590
  Sowjetunion 592
Bedeutungsverlust und -gewinn des CBD (Vereinigte Staaten) 676
Beirut (Libanon) 620, 622, 683, 830, 1024, 1025, 1027, 1029
Beleuchtungsverlust durch Bebauung 958
Belfast (Großbritannien) 793, 872
Belfort (Frankreich) 591
Belgorod (Sowjetunion) 592
Bellinzona (Schweiz) 864
Belo Horizonte (Brasilien) 906, 907
Belutschistan s. Pakistan
Beneluxländer
  Bauweise 775, 923
  Bischofssitze 595
  Kleinstädte, Mittelstädte 735

XXII   Sachregister

Großstädte unter eigenem Stichwort
    Rechtliche Stellung von Städten 735
    Wohnungsbau 725, 923
Bergbausiedlungen (Sowjetunion) 553
Bergbaustädte 487
    Australien 606
    Bundesrepublik Deutschland 610
    Sowjetunion 607
    Vereinigte Staaten 582, 604, 605
Bergedorf – Hamburger Verdichtungsraum (Bundesrepublik Deutschland) 754, 770, 772
Bergen (Norwegen) 873
Berkane (Marokko) 650
Berlin (Deutschland) 494, 542, 546, 637, 661, 693, 754, 771, 773, 774, 787, 789, 954, 964, 973, 982, 983, 998-1000, 1003, 1007
Bern (Schweiz) 638, 646, 751, 876, 926, 897
Besançon (Frankreich) 876
Besondere Funktionen von Städten 487 ff.
Besondere topographische Lagetypen von Städten 874 ff.
Beschäftigte im CBD nach Rassen (Republik Südafrika) 676, 678
Bevölkerungsdichte, Kartographische Methoden 483
Bevölkerungsdichte in Städten
    Australien 730
    Bundesrepublik Deutschland 484, 491, 738
    Europäisches Mittelmeergebiet 796-798
    Frankreich 484
    Großbritannien 484, 758
    Hongkong 818
    Indische Union 821, 822
    Mitteleuropa 484, 500, 750, 753, 754
    Neuseeland 730
    Pakistan 823
    Tropisch-Afrika 844, 845
    Vereinigte Staaten 722, 724
Bevölkerungsmobilität in der Übergangszone (Vereinigte Staaten) 721
Bevölkerungsverteilung s. Bevölkerungsdichte
Bevölkerungszahl und Temperaturerhöhung in Städten 941
Beziehungen zwischen ländlicher und städtischer Bauweise 923, 924
Bezirksorte 497
Bidonvilles 811
Bielefeld (Bundesrepublik Deutschland) 518, 603
Bietigheim (Bundesrepublik Deutschland) 547
Biljermeer – Amsterdam/Verdichtungsraum 750, 765
Bingerville (Elfenbeinküste) 593
Birmingham (England) 490, 612, 630, 693, 696, 758, 762, 765, 768, 1004, 1010
Bischofssitze 622
    Bundesrepublik Deutschland 590, 596
    England 594

Europäisches Mittelmeergebiet 595
    Frankreich, Mitteleuropa 594, 595
Blankenburg (Deutsche Demokratische Republik) 871
Blockförmige Erweiterung von Städten 920
Bloemfontein (Republik Südafrika) 637
Blue collar workers, Großbritannien 737
    Vereinigte Staaten 713
Blumenau (Brasilien) 610
Bochum (Bundesrepublik Deutschland) 596, 611, 671, 690, 774, 935
Bodennahe Luftschicht 935
Bodenpreise im CBD 673, 674, 724
Bodensquatter 839
Bogenhausen – Münchener Verdichtungsraum (Bundesrepublik Deutschland) 780
Bogotá (Kolumbien) 624, 853-855, 858
Bologna (Italien) 925
Bolton, South East Lancashire (England) 605
Bombay (Indische Union) 556, 557, 597, 608, 624, 627, 686, 703, 821, 877, 981, 1036, 1027, 1031
Bonn (Bundesrepublik Deutschland) 637, 865, 944, 955, 956, 1016
Bonn/Bad Godesberg (Bundesrepublik Deutschland) 603, 637
Bootssiedlungen (China) 812, 813
Bootssquatter (Hongkong) 819
Bootsstädte (China) 884
Bordeaux (Frankreich) 542, 546, 617, 751, 752, 755, 767
Borissow (Sowjetunion) 592
Boroughs als Ursprung von Industriestädten (Großbritannien) 747
Bossangua (Zentralafrikanische Republik) 836
Boston (Vereinigte Staaten) 572, 573, 618, 619, 659, 698, 701, 705, 709, 710, 873, 874
Bottrop (Bundesrepublik Deutschland) 610, 984
Bouake (Elfenbeinküste) 601
Bracknell (England) 786
Brasilia (Brasilien) 639
Bratsk (Sowjetunion) 612, 613
Braunschweig (Bundesrepublik Deutschland) 615, 616, 622, 872, 898
Brazzaville (Zaire) 641, 866
Breisach – Neu-Breisach (Bundesrepublik Deutschland bzw. Frankreich) 870
Bremen (Bundesrepublik Deutschland) 582, 625, 627, 633, 668, 773, 774, 786, 787, 927, 1003, 1016
Bremerhaven (Bundesrepublik Deutschland) 492, 627, 633
Breslau (Schlesien) 546, 590, 867, 872
Brest (Frankreich) 591, 746
Briançon (Frankreich) 864
Bridgewater (England) 867
Brisbane (Australien) 574
Bristol (England) 872

Britische Kolonialstädte 905-907
Britisches Verwaltungsviertel (Indien) 684
Bronx – Verdichtungsraum New York
 (Vereinigte Staaten) 722
Brooklyn – Verdichtungsraum New York
 (Vereinigte Staaten) 722
Brücke in Ortsnamen von Städten 867
Brücken, in
 Basel (Mitteleuropa) 868
 London (England) 868
 Paris (Frankreich) 868
 Prag (Ostmitteleuropa) 867
Brügge (Belgien) 546, 867
Brüssel (Belgien) 866
Brunnen – öffentliche und private – als Wasserlieferanten vorindustrieller Städte bzw. in Entwicklungsländern 974
Brutto-Bevölkerungsdichte 708, 759
Buchara (Sowjetunion) 887
Budapest (Ungarn) 640, 866, 999
Buea (Kamerun) 593, 837, 838
Buenos Aires (Argentinien) 627, 640, 688, 857, 919, 958, 1020, 1027-1031
Bürgerpark – Bremen (Bundesrepublik Deutschland) 787
Bürohausbauten 670
Bürohausviertel 674, 715, 716
Bürohochhäuser 672
Buffalo – New York (Vereinigte Staaten) 572, 606, 872
Bujumbura (Burundi) 641
Bulawayo (Zimbabwe) 609
Bundesrepublik Deutschland
 Abgesetzte verstädterte Bereiche 492, 493
 Abwasserbeseitigung 985
 Ausländische Arbeitskräfte 565, 762, 763
 Einwohner-Arbeitsplatzdichte 491, 492
 Ergänzungsgebiet der Kernstadt 491, 492
 Management-Zentren 631, 632
 Mittelgroße Zentralstädte 603
Burggarten – Wien (Österreich) 787
Burgos (Spanien) 635
Burgstädte
 Deutschland, Frankreich 590
 Europäisches Mittelmeergebiet 590
 Japan 574, 589, 654, 656, 659, 884
 Ostmitteleuropa 590
 Rußland 591, 592
Bursa (Türkei) 547, 681, 824, 828
Buschmärkte 503
Buxtehude (Bundesrepublik Deutschland) 692

Caen (Frankreich) 617
Callao (Peru) 623, 1031
Cambridge (England) 595, 596
Campus-Universitäten, Frankreich, Mitteleuropa 598, 745

Canberra (Australien) 639
Canterbury (England) 594
Cantonments (Indien) 684, 685
Carlsruhe (Schlesien bzw. Polen) 902
Cape Coast (Ghana) 965
Casablanca (Marokko) 824, 831-833
Caracas (Venezuela) 688, 853, 856, 858, 928, 958, 1021
Carcasonne (Frankreich) 590, 875, 898
Cardo maximus 911
Cardiff (England) 757
Castle towns (England) 786
Castrop-Rauxel (Bundesrepublik Deutschland) 610
Cathedral towns (England) 786
CBD 658, 659, 721
 Harter Kern 674
CBD und City, Vergleich 673, 674
CBD und Übergangszone in Boston 710
CBD und Wärmeinseln 944
Central Business Hight Index 674
Central Business Intensity Index 674, 690
Central Park – New York (Vereinigte Staaten) 719, 787
Céret (Frankreich) 871
Cergy-Pontoise – Verdichtungsraum Paris (Frankreich) 916
Cerro de Pasco (Peru) 553
Champs Elysées-Paris (Frankreich) 612, 663
Chandigarh (Indische Union) 833
Charkow (Sowjetunion) 1001
Charleston – South Carolina (Vereinigte Staaten) 707
Charlottenburg – West-Berlin (Bundesrepublik Deutschland) 968
Chauk s. Hauptmarkt (Indische Union) 707
Cherbourg (Frankreich) 591
Chester (England) 894
Chiang Mai (Thailand) 653, 814, 1021, 1026, 1027
Chicago Area Transportation Study 1006
Chicago – Illinois (Vereinigte Staaten) 521, 537, 539, 543, 544, 572, 612, 618, 628, 646, 695, 698, 701, 703, 717, 722, 724, 726, 927, 952, 973, 985, 986, 988, 1002, 1003, 1006, 1009, 1031
China
 Beamtenstädte 589
 Boolstädte 812, 834
 Exterritoriale Konzessionen 624
 Fernhandelsstädte als Seehäfen 624
 Fluchtburgen, Fu-Städte 589
 Geographische Lage 865
 Geschäftsviertel 686
 Größenordnung 554
 Großstädte 686
 Grundriß 880-884

Hierarchie der Städte 554
Hsien-Städte 589
Industriestädte 555, 608, 614
Tschu-Städte 589, 608
Umkreise von zentralen Orten 530
Verstädterung 554
Verteilung der Städte, Verwaltungsreform 553-555
Volkskommunen 554, 555, 589
Warenhäuser 686
Wohnraum pro Person 812
Chinatown (Südostasien) 687, 688
Chindambaran (Indische Union) 887
Chinesen als Kaufmannsschicht (Südostasien) 686
Chinesenstadt (Peking, China) 883
Chinesenviertel (Südostasien) 653
Chonimachi (Japan) Handels- und Handwerkerquartier 656
Chur (Schweiz) 595
Cincinnati – Ohio (Vereinigte Staaten) 572, 945
Cinque Ports (England) 591
Cité-Paris (Frankreich) 612, 875, 914
Cities als größere Städte gegenüber den towns in angelsächsischen Ländern 532
City
  Beschäftigungsgrad, Bevölkerungsdichte 661
  Nachtbevölkerung, Tagesbevölkerung 661
  Wohnindex 661
City
  Frankreich, Mitteleuropa 750
City als Stadtviertel 670
Citybildung
  Australien 674
  Bundesrepublik Deutschland 665-668
  Europäisches Mittelmeergebiet 672, 673
  Frankreich 672
  Großbritannien 661, 668-670
  Großstädte Europas 660-667
  Hongkong 687
  Japan 679-681
  Mitteleuropa 660, 661, 666, 747, 777
  Nordeuropa 661-665
  Nordwestafrika 682
  Orient 681-683
  Ostblockländer 679
  Pakistan 683
  Republik Südafrika 673-678
  Singapore 687
  Sowjetunion 678, 679
  Südostasien 686, 687
  Tropisch-Afrika 682
Citynahe Wohnbereiche gehobener Schichten
  Großbritannien 769
  Mitteleuropa, Nordeuropa 768
  Vereinigte Staaten 769
City-Rahmen 668
Ciudad de Dios – Lima (Peru) 856

Ciudad-El Paso – Neu-Mexiko (Vereinigte Staaten) 610
Civil lines (Indien) 685
Clean Air Acts vom Jahre 1954 und 1958 (Großbritannien) 940
Cleveland – Ohio (Vereinigte Staaten) 605, 872
Clydeside (Großbritannien) 605
Coïmbra (Portugal) 596
Colón (Panama) 869
Colorado-Aquädukt (Vereinigte Staaten) 978
Columbia – Maryland (Vereinigte Staaten) 930, 946, 949
Columbus – Ohio (Vereinigte Staaten) 866
Como (Italien) 892
Company towns 608, 702
Containersystem 698
Conurbationen 489, 490, 605, 641
Council Bluffs – Omaha – Wisconsin (Vereinigte Staaten) 549
Counties 490
County von London (England) 566
Coventry (England) 1015
Crawley, Neue Stadt um London aus der Zwischenkriegszeit (England) 786
Cumberland, Neue Entlastungsstadt der Nachkriegszeit von Glasgow 785
Cuxhaven (Bundesrepublik Deutschland) 627, 633
Cuzco (Peru) 903

Dacca (Bangladesch) 641
Dachneigungen und Besonderheiten des Mikroklimas 955, 956
Dachsquatter 819
Dänemark 540, 594, 617, 775, 869, 870
Dänemark
  Bischofssitz 594
  Multifunktionale Städte 617
  Stadt-Land-Beziehungen 540
Dahlem (West-Berlin) 771
Daimyo-Sitze (Japan) 656, 679
Dakar (Senegal) 641, 842, 846, 847, 877, 905, 1030
Dallas – Texas (Vereinigte Staaten) 619, 1009
Damaskus (Syrien) 620, 683, 829, 830, 887, 1029
Danzig (Polen) 623, 626, 679, 873
Daressalam (Tanzania) 579, 580, 581, 689, 842-845
Darmstadt (Bundesrepublik Deutschland) 543, 667
Davai (Südostasien) 1024
Decumanus maximus 911
Definition von Städten
  Differenzierung des Ortsbildes 485, 486
  Geschlossenheit der Ortsform 485
Degradierung der jeweiligen Altstadt in einigen Entwicklungsländern 830-832

Delaware-Park – Buffalo (Vereinigte Staaten) 719
Delft (Niederlande) 569
Dehli (Indische Union) 557, 587, 588, 865, 1018, 1019, 1021-1027, 1030
Delsberg (Schweiz) 547
Den Haag (Niederlande) 569, 630, 638, 750, 762
Denkmalschutz in europäischen Ländern und der Sowjetunion 751, 752, 929
Denver – Colorado (Vereinigte Staaten) 615, 713
Des Moines – Wisconsin (Vereinigte Staaten) 549
Detribalisierung 489
Detroit – Michigan (Vereinigte Staaten) 572, 584, 611, 618, 619, 677, 872, 952, 1009, 1011
Deutsche Mittelgebirge, Gebirgsrandstädte 871
Deutschland
   Ackerbürgerstädte 740
   Beamtenstädte 590
   Bergbaustädte 610
   Bevölkerungsdichte 484, 491
   Bischofssitze 590, 595
   Burgstädte 590
   Dienstleistungszentren 603, 604
   Eingemeindungen 564
   Eisenbahnen und Städte 615, 616
   Entstehung von Städten 589, 590, 591
   Exportgewerbestädte 504
   Festungsstädte 591
   Gartenstädte (Zwischenkriegszeit) 771, 772
   Gemeindetypisierung 492
   Geschäftskern in Kleinstädten 738
   Großstädte 564, 652, 670, 671, 672
   Hafenstädte 623
   Heimstättensiedlungen 773
   Herkunft der städtischen Bevölkerung 546
   Hierarchie der Geschäftszentren 671
   Hierarchiestufen 504, 563
   Hochmittelalterliches Städtenetz 562, 563, 564
   Industriestädte 591, 610, 611
   Innere Differenzierung 646
   Katalog zentraler Güter und Dienste nach Christaller 496
   Kleinstädte 603, 652, 735, 738
   Klosterstädte 595
   Kontinentale Fernhandelsstädte 629
   Kriegshäfen 591
   Landflucht 563
   Marktsiedlungen 495
   Mittelstädte 562, 564, 603
   Multifunktionale Städte 629
   Parasitäre Stadt-Land-Beziehungen 563
   Pendelwanderung 492, 494, 565, 614
   Primäre Industriestädte 611, 614
   Rechtliche Stellung von Städten 483
   Residenzstädte 590, 591
   Römische Militärlager 589, 590
   Solitärstädte 564
   Stadt-Land-Beziehungen 495, 541, 542
   Trabantenstädte 564
   Umkreise von zentralen Orten 525, 526, 530, 533, 548, 551, 552
   Universitätsstädte 596
   Untere Grenze der Bevölkerung von Städten 483
   Verkehrsprinzip 496
   Verstädterte Zone 491, 492
   Verstädterung 564
   Verwaltungsprinzip 496
   Zentrale Orte 502, 505, 506, 507, 511, 512, 513, 546
   Zwischenstädtische Wanderungen 563, 564
Dezentralisierung tertiärer Einrichtungen (Vereinigte Staaten) 677
Dezentralisierung zentralörtlicher Funktionen Indische Union 556
Dienstleistungszentren 601 ff.
Dienstleistungszentren
   Deutsche Demokratische Republik 603, 604
   Frankreich 602
Differenzierung der City von Tokyo 680
Differenzierung des Ortsbildes
   Definition von Städten 485, 486
Diffusion ausländischer Arbeitskräfte
   Bundesrepublik Deutschland 762
Diffusion
   des Fernsehens 537
   der Straßenbahnen 537
   der Zeitungen 538, 539
Dijon (Frankreich) 617, 751, 921
Dispersionsfaktor
   Zentrale Orte 498, 499
Dissimilaritätsindex 713, 714, 737, 765
Dissimilaritätsindex
   Maori (Neuseeland) 731
   Polynesier (Neuseeland) 731
Distriktzentren (Sowjetunion) 678, 679
Diversified cities 581, 582
Djakarta (Indonesien) 686, 812, 815, 816, 904, 905, 981, 1022, 1026, 1027, 1029
Djidda (Saudi-Arabien) 594, 890, 925
Dockanlagen 627, 670
Dörfle – Karlsruhe 753, 759
Donbass (Sowjetunion) 612, 613
Donetz-Djnepr-Gebiet 607, 608
Doppelarbeit (Europäisches Mittelmeergebiet) 795
Doppelstädte bei Flüssen als Territorialgrenzen 870
Doppelstädte (Vereinigte Staaten – Mexiko) 573, 610
Doppelter Wohnungsmarkt (Vereinigte Staaten) 713
Dordrecht (Niederlande) 569
Dorsten (Bundesrepublik Deutschland) 610

Dortmund (Bundesrepublik Deutschland) 519, 551, 591, 611, 631, 774
Dover (England) 591
Downtown – San Francisco (Vereinigte Staaten) 612
Dresden (Deutsche Demokratische Republik) 637, 661, 771, 872, 1004
Druckereigewerbe 675, 696
Dschunken als Verkehrsmittel 1029
Dublin (Irland) 625, 872
Düsseldorf (Bundesrepublik Deutschland) 492, 519, 520, 521, 551, 629, 631, 667, 668, 751, 865
Düsseldorf (Bundesrepublik Deutschland) Büroentlastungsstädte 668
Duisburg-Ruhrort (Bundesrepublik Deutschland) 519, 628, 631, 668, 690, 865
Dukkane 648, 649
Duluth – Minnesota (Vereinigte Staaten) 872
Dunedin (Neuseeland) 628
Dunsthaube 934
Dunstschicht über Verdunstungsräumen 933
Durban (Republik Südafrika) 632, 638, 678
Durlach mit Bergwaldsiedlung – Verdichtungsraum Karlsruhe (Bundesrepublik Deutschland) 777
Durchschnittliche Veränderungen von Klimaelementen durch die Verstädterung 934
Dushanbe (Sowjetunion) 678

East Anglia (England) 735
Eastend – London (England) 612, 670
East Kilbride, – Neue Stadt im Umkreis von Glasgow (Großbritannien) 785
Ebenen Lage 874, 875
Edinburgh (Großbritannien) 872
Ehrenfeld – Köln/Verdichtungsraum 753
Eigenheime bzw. Ein- und Zweifamilienhäuser
 Australien 730, 731
 Frankreich 775, 776
 Großbritannien 768, 775
 Japan 811
 Neuseeland 731
 Nordeuropa 775
 Taiwan 813
 Vereinigte Staaten 717, 721, 722, 725
Eigentumswohnungen, Mitteleuropa 752
Einbeziehung alter Dorfkerne in Mittelstädten Mitteleuropa 744
Eindhoven (Niederlande) 611, 630
Einfamilien-Reihenhäuser, England 747
Einfluß der Dreidimensionalität von Städten auf die Wärmeinseln 941, 942
Einfluß der Industrie (Bundesrepublik Deutschland)
 Stadt-Land-Beziehungen 564
Einfluß der Topographie auf die Nebelbildung 954

Einfluß von Kriegszerstörungen
 Mittelstädte/Mitteleuropa 741, 742, 744, 745
 Westeuropa 746
Einfluß von Parkanlagen auf das Stadtklima 953
Eingemeindungen 488, 491, 564, 646, 744, 748, 749, 753, 770, 772
Einkaufszentren, s. shopping centers
Einschränkungsmaßnahmen der Luftverschmutzung 940
Einwohner-Arbeitsplatzdichte (EAD) (Bundesrepublik Deutschland) 491, 492
Einzelhandel
 Europäisches Mittelmeergebiet 672
Einzelhandelszentren 601 ff.
Eisenbahn und Städte (Bundesrepublik Deutschland) 615, 616
Eisenbahnen als Verkehrsmittel 930
Eisenbahngesellschaften
 Japan, Nordamerika 695
Eisenbahnstädte
 Nordamerika, Sowjetunion 615
Eisenhüttenstadt (Deutsche Demokratische Republik) 613, 614
Elbing (Ostpreußen) 627
Elite-Ghettos (Lateinamerika) 860
Emden (Bundesrepublik Deutschland) 627, 872
Emissionen 933
Emscherflußkläranlagen, Ruhrgebiet (Bundesrepublik Deutschland) 984
England
 Ältere Innenstädte 747
 Bischofssitze 594
 Cinque Ports 591
 Grundriß 894, 898, 899
 Hierarchie der Geschäftszentren 670
 Kleinstädte, Marktstädte 735
 Mittelstädte, s. Westeuropa
 Römische Militärlager 589
 Stadt-Land-Beziehungen 539
 Umkreise von zentralen Orten 552
 Universitätsstädte 595
Englischer Garten – München (Bundesrepublik Deutschland) 787
England und Wales
 Hafen- und Industriestädte 617
 Hierarchiestufen zentraler Orte 504
 Rang-Größenverteilung 565
 Stadt-Land-Beziehungen 539, 540
 Verstädterung 565
 Zentrale Orte 502, 503, 513
Eng verbundenes Hinterland 547
Entebbe (Uganda) 641
Entlastungsorte
 Frankreich 751
 Großbritannien 758
 Randstad Holland 568

Sachregister XXVII

Entstehung von Städten
  Ägypten 586
  Deutschland 589, 590, 591
  Kreta, Zweistromland 586
Entstehung von Städten und funktionale Stadttypen 488
Entwicklung technischer Verkehrsmittel 987
Ephesos – Ruinenstadt (Türkei) 622
Episodischer Bedarf 644
Erdstadt Zemilianoi-Gorod 'Moskau (Sowjetunion) 900
Erie-Pennsylvania (Vereinigte Staaten) 872
Ergänzungsgebiet der Kernstadt (Bundesrepublik Deutschland) 491, 492
Erhöhung von Schornsteinen bei Groß-Emittenten 939, 940
Erhöhung der Windgeschwindigkeit 950
Erholungsflächen 644, 811
Erholungsflächen – Mittelstädte (Mitteleuropa) 742, 743, 745
Erholungsflächen pro Kopf der Bevölkerung
  Europäisches Mittelmeergebiet 802, 803
  Frankreich, Großbritannien, Mitteleuropa 789
  Sowjetunion 806
  Vereinigte Staaten 719, 721, 789
Erholungsflächen pro Person in den Vororten (Vereinigte Staaten) 721
Eriwan (Sowjetunion) 678
Erlangen (Bundesrepublik Deutschland) 596
Erneuerung des CBD 677
Er Riad (Saudi-Arabien) 681, 833, 964, 972, 1021
Erster Sektor in Städten 491
Erweiterungen der Städte durch
  Blockförmige Ausdehnung, Ringförmige Angliederung 918
  Längs Ausfallstraßen 918
Erzurum (Türkei) 824, 827, 828
Eselsberg – Ulm (Bundesrepublik Deutschland) 491, 645
Esposizione Universale di Roma (EUR) (Italien) 673
Essen (Bundesrepublik Deutschland) 519, 611, 631, 668, 671, 1016
Esslingen (Bundesrepublik Deutschland) 746
Etang de Berre (Frankreich) 625
Etappenweise Landflucht 558
Etappenweise Stadtwanderung
  Lateinamerika 577
  Tropisch-Afrika 579
Ethnische Gliederung der Bevölkerung
  Australien 706
  Kanada 706, 728, 729
  Republik Südafrika 706
  Vereinigte Staaten 706, 707
Ethno-soziologische Diffusion 763
Ettlingen (Bundesrepublik Deutschland) 777, 796, 797

Europäerviertel (Republik Südafrika) 734
Europäische Kolonialstädte und einheimische Städte 907
Europäisches Mittelmeergebiet
  Antikes Straßennetz 891
  Bevölkerungsdichte 796, 797
  Bischofssitze 595
  Burgstädte 590
  Citybildung 672, 673
  Dekor und öffentliches Grün pro Person der Bevölkerung 802, 803
  Doppelarbeit 795
  Eigenheime 799
  Eigentumswohnungen der Oberschicht 800
  Einzelhandel 672
  Geographische Lage 873
  Graue Arbeit
    Großstädte 795, 797-803, 891
    Grundriß 890-893, 920
    Hochhäuser 800, 801
    Kleinstädte 735
    Kontinuität antiker Grundrißelemente 892
    Konzentrische Ringstraßen 891
    Management-Zentren 630
    Marginalschichten 795
    Mittelstädte 735
    Palazzi 797, 798, 800, 801
    Piazzas bzw. Plazas 891
    Privatgärten der Oberschicht 803
    Römische Militärlager 589
    Soziale Degradierung der Altstadt 801, 802
    Soziales Gefälle vom Zentrum nach der Peripherie 800
    Soziale Differenzierung 737, 794-803
    Spontansiedlungen 799-802
    Tägliche Märkte 672, 673
    Topographische Lage, Wechsel zwischen Höhen und Ebenen 874, 890, 891
    Umkreise von zentralen Orten 530, 541, 596
    Universitätsstädte 596
Europoort-Rotterdam/Verdichtungsraum 627
Evry – Neue Stadt im Verdichtungsraum von Paris 916
Exportgewerbestädte, Deutschland 504
  Flandern 604
Express highways (Vereinigte Staaten) 697, 721
Exterritoriale Konzessionen (China) 624

Fabrikviertel (Vereinigte Staaten) 659
Fahrräder als Verkehrsmittel 1012, 1019, 1024, 1028
Faktorenanalyse 586, 646, 725, 728
Fall-Linienstädte (Vereinigte Staaten) 866, 872
Familienstatus der Bevölkerung in konzentrischen Ringen nach Rees (Vereinigte Staaten) 725, 726
Familienstatus der Bevölkerung (Kanada) 728

XXVIII Sachregister

Farbige Mittelstandsviertel (Vereinigte Staaten) 713
Farsta-Stockholmer Verdichtungsraum (Schweden) 671, 785
Federal Highway Act vom Jahre 1962 (Vereinigte Staaten) 1009, 1011
Fenestrelles (Frankreich) 864
Fernhandelsstädte
　Ägypten 620
　Australien, China, Japan 624
　Mitteleuropa 562
　Neuseeland 624
　Orient 620
　Republik Südafrika 624
　Vereinigte Staaten 618, 619
Fernheizungen als Mittel zur Erniedrigung von Schadstoffen 940
Fernverkehr und Städte 862, 870
Fes (Marokko) 831, 832
Festungsstädte 586, 591, 748, 901, 902
Finnland, Eigenheime 775
　Hierarchiestufen der zentralen Orte 504
　Holzhäuser 775
　Umkreise der zentralen Orte 530, 546
Fjordstädte 873
Fläche der City in der Bundesrepublik Deutschland bzw. des CBD in den Vereinigten Staaten 690
Fläche der City in Entwicklungsländern 690
Flächenhaftes Wachstum der Städte und räumliche Ausdehnung der Wärmeinseln 946
Feuerwehr und Wasserverbrauch 973
Flächennutzung in der Übergangszone von Birmingham (England) vor und nach der Sanierung 758
Flandern, Exportgewerbestädte 604
　Wiksiedlungen 622
Flechten als Indikator für Luftverschmutzung 935, 937, 938
Flechtenwüste 937
Flecken 598
Fliegende Händler
　Indische Union 683, 685
　Lateinamerika 688
　Orient 652, 684
　Pakistan 683
　Südostasien 686, 687
　Tropisch-Afrika 689
Florenz (Italien) 672, 796-799, 803, 868, 892, 893, 921, 925
Floridsdorf – Wiener Verdichtungsraum (Österreich) 755
Fluchtburgen (China) 589
Flugzeuge als Verkehrsmittel 1031
Flurwind 944, 949
Flußinsellage 875

Flußlage
　China 865
　Deutschland 865, 866
　Frankreich, Indien 865
　Mitteleuropa, Südosteuropa 865, 866
　Tropisch-Afrika 866
　Vereinigte Staaten 866
Flußmündungshäfen 626, 627
　Baltikum bzw. Sowjetunion 873
　Bundesrepublik Deutschland 872, 873
　Deutsche Demokratische Republik 873
　Europäisches Mittelmeergebiet 873
　Großbritannien, Irland 872
　Japan 873
　Mitteleuropa, Nordeuropa 872, 873
　Ostpreußen bzw. Sowjetunion 873
　Pommern bzw. Polen 873
　Sowjetunion 873
　Vereinigte Staaten 873, 874
　Westpreußen bzw. Polen 873
Flußverkehr und Städte 866
Flußwasser zur Gewinnung von Trinkwasser 970, 971, 975, 976
Foix (Frankreich) 811
Forts als Ansatzpunkte kolonialer Städte 903
Fort Worth – Texas (Vereinigte Staaten) 943
Forum (Römische Städte) 911
Fos (Frankreich) 625
Frame-Konstruktion (Vereinigte Staaten) 725, 923
Frankenthal (Bundesrepublik Deutschland) 778
Frankfort – Kentucky (Vereinigte Staaten) 593
Frankfurt a. M. einschl. Verdichtungsraum (Bundesrepublik Deutschland) 521, 543, 629, 631, 667, 698, 748-750, 753, 764, 770, 775, 786, 788-790, 893, 920, 967, 968, 1000, 1003, 1031
Franko-kanadische Städte 729
Frankreich
　Abwasserbeseitigung 982, 983
　Ausländische Arbeitskräfte 751, 752, 764-766
　Bastides-Städte 898
　Bevölkerungsdichte 484
　Bischofsitze 594, 595
　Burgstädte 590
　Campus-Universitäten 598
　City 750
　Citybildung 672
　Denkmalschutz 752
　Dienstleistungszentren 602
　Erholungsflächen 786, 787
　Festungsstädte 591
　Flußmündungshäfen 627
　Funktionale Stadttypen 584
　Gartenstädte 672
　Großstädte 672
　Gründerzeitliche Eingemeindungen von Vororten 755
　Grundriß 893, 898, 913-915, 902

Neue Städte der Nachkriegszeit 784, 785
Neue Städte im Umkreis von Paris 915, 916
Trinkwasserversorgung 976
Französische Kolonialstädte, Grundriß 905
Freetown (Sierra Leone) 579
Freiburg i. Br. (Bundesrepublik Deutschland) 547, 596, 896, 897, 935, 944, 1016
Freie Straße-Basel (Schweiz) 663
Freihandelszone (Vereinigte Staaten – Mexiko) 609
Freitagsmoschee 651, 681
Fremdbezug von elektrischer Energie 969, 970
Fremdenverkehrs-Städte 487, 582, 583
Fribourg/Freiburg im Uechtland (Schweiz) 876, 897
Friedhöfe
  Mitteleuropa 744, 790
  Vereinigte Staaten 718
Frohnau – West-Berlin (Bundesrepublik Deutschland) 772
Front de Seine – Sanierungsgebiet von Paris (Frankreich) 916
Frunze (Sowjetunion) 807
Fu-Städte/Provinzhauptstädte (China) 589
Fürstenfeldbruck – Verdichtungsraum München (Bundesrepublik Deutschland) 780
Fulda (Bundesrepublik Deutschland) 543, 595, 921
Funktionale Stadttypen 487, 581 ff.
  Ägypten 586
  Australien 606, 607, 632
  Bundesrepublik Deutschland 739
  China 599, 608
  Europäisches Mittelmeergebiet 586, 589, 590, 595, 596, 620, 630
  Frankreich 584, 589, 590, 591, 595-598, 602
  Großbritannien 605, 611, 612
  Hongkong 608
  Indien 587, 594, 599, 608, 609
  Japan 607, 630
  Kanada 632
  Lateinamerika 599, 609, 610
  Mitteleuropa 589-591, 594-596, 598, 602-604, 610, 611-615, 616, 630-632, 742, 743, 745
  Nordeuropa 597, 598, 632
  Orient 586, 587, 594, 599, 681, 608, 619, 620
  Ostblockländer 613, 614
  Ostmitteleuropa 590, 598, 599
  Republik Südafrika 632
  Sowjetunion 582, 583, 591, 607, 608, 612, 613, 615
  Tibet 593, 594
  Tropisch-Afrika 589, 591, 594, 596, 598-601, 608, 630
  Vereinigte Staaten 582, 585, 591-593, 595, 601, 602, 604-606, 610, 611, 615, 618, 619
Furt in Ortsnamen 867

Furten zur Überwindung von Flüssen 867
Fußgängerstädte 987, 988
Fußgängerverkehr
  Großbritannien 1014, 1015
  Sowjetunion 987, 1011, 1019
Fußgängerzonen
  Bundesrepublik Deutschland 1016
  Großbritannien 1014, 1015
  Vereinigte Staaten 1015

Gärtnerviertel – München (Bundesrepublik Deutschland) 688
Gagnoa (Elfenbeinküste) 835
Galerie de Boutiques – Montreal (Kanada) 677
Galveston – Texas (Vereinigte Staaten) 627, 628
Gandersheim (Bundesrepublik Deutschland) 622
Ganghäuser-Lübeck (Bundesrepublik Deutschland) 925
Gap towns (England) 868
Garnisonsstädte 586, 591
Gartenstadt – Verdichtungsraum Rhein-Neckar (Bundesrepublik Deutschland) 772
Gartenstädte
  Deutschland, Frankreich 771, 772, 773
  Großbritannien 747, 771
Gau-Orte 497, 525, 526
Gdingen (Polen) 623
Gebäudehöhe und Ausbildung von Wärmeinseln 943
Gebäudenutzung längs eines expressways in Minneapolis-St. Paul – Minnesota (Vereinigte Staaten) 699
Gebäudenutzung längs Flughafenstraßen 700
Gebirgsrandstädte 871, 872
Gecekondu-Siedlungen, über Nacht gebaute Hütten bzw. Häuser von Spontansiedlungen (Türkei) 833
Geestemünde – Bremerhaven (Bundesrepublik Deutschland) 633
Geestrandstädte 878
Gegenküsten 625
Gehobene Schichten (Deutschland)
  Wohnviertel der Zwischenkriegszeit 775
Geislingen an der Steige (Bundesrepublik Deutschland) 863
Gelsenkirchen (Bundesrepublik Deutschland) 610
Gemeindetypisierungen 492, 582
Generative Städte 577
Gent (Belgien) 546, 604
Genua (Italien) 620, 621, 622
Geographische Lage
  Australien 624, 873
  China 653, 865, 949
  Deutschland 627, 863, 867, 868, 871-873
  Europäisches Mittelmeergebiet 868, 970, 873
  Frankreich 864-868, 870, 871

Griechenland 869
Großbritannien 867-869, 872
Hongkong 624
Indien 626, 865
Irland 872
Japan 854-856, 873
Kanada 872
Lateinamerika 627, 872
Mitteleuropa 866-873
Neuseeland 628
Nordeuropa 869, 873
Orient, Singapore 870
Ostmitteleuropa 872
Sowjetunion 872, 873
Tropisch-Afrika 866
Vereinigte Staaten 866-868, 872-874
Geschäftsstraßen in Großstädten der Vereinigten Staaten, s. Spezialisierung des CBD 675
Geschäftsviertel westlichen Typs (Orient) 651, 652
Geschäftszentren, Kleinstädte
   Mitteleuropa 657, 738
   Orient 650, 651, 652
   Vereinigte Staaten 658, 659
Geschäftszentren, Mittelstädte
   Mitteleuropa 658, 741
   Nordeuropa 740
Geschlechtertürme (Italien) 925
Geschlossenheit der Ortsform
   Definition von Städten 485
Geusenfriedhof – Köln (Bundesrepublik Deutschland) 791
Ghettobildung
   Nordirland 756
   Vereinigte Staaten 717
Ghettomaker 713
Gibraltar (Großbritannien) 870
Gipfellage 874
Gitterschema im Grundriß 900, 902
Gladbeck (Bundesrepublik Deutschland) 610
Glasgow (Großbritannien) 605, 630, 693, 758, 872, 955, 1015
Glashauseffekt der Dunsthaube 941
Glatz (Schlesien bzw. Polen) 863
Gloucester (England) 894
Gnesen (Polen) 590
Göteborg (Schweden) 537, 873
Göttingen (Bundesrepublik Deutschland) 596
Goldenes Horn-Istanbul (Türkei) 870
Gorki (Sowjetunion) 899
Gorlowka (Sowjetunion) 608
Gorod (Rußland) 592
Goslar (Bundesrepublik Deutschland) 871
Gotischer Grundriß 900
Grachten, Niederlande 904
   Indonesien/Djakarta 905
Graue Arbeit (Europäisches Mittelmeergebiet) 794, 795

Gravitationsmodell 538
Greifswald (Deutschland) 621
Grenoble (Frankreich) 672, 784, 864, 867, 871
Griechische Polis 622
Grinzing – Wiener Verdichtungsraum (Österreich) 771
Grönland (Dänemark)
   Kolonien 553
Größe der Städte und Schadstoffbelastung 838
   Wärmeinseln 941
Größenordnung von Städten 643, 647 ff.
Groningen (Niederlande) 563
Gropius-Stadt – West-Berlin (Bundesrepublik Deutschland) 928
Großbritannien
   Ästuarmündungshäfen 627
   Ausländische Arbeitskräfte 762
   Bevölkerungsdichte 484
   Blue collar workers 737
   Boroughs als Ursprung von Industriestädten 747
   Citybildung 661, 747
   Conurbationen 567, 772
   Eigenheime 775
   Eisenbahngesellschaften 693
   Entlastungsorte 758
   Erholungsflächen 786, 787
   Fußgängerzonen 1015
   Gartenstadtbewegung 771
   Groß- und Weltstädte 565, 668-670, 612, 661, 747, 748
   Hochhäuser 928
   Industrial estates 605, 786
   Industriestädte 605
   Innere Differenzierung 646, 793, 794
   Kriegshäfen 591
   Linienhafte Ausweitung der Städte 919
   Management-Zentren 630
   Mobilität der Bevölkerung 565
   Neue Städte 605, 612, 671, 785, 786, 916
   Pendelwanderung 567, 695
   Primäre Industriestädte 611, 612
   Randwanderung der Industrie 701
   Rechtliche Stellung von Städten 484
   Ringautobahnen 697, 698
   Ringeisenbahnen 693
   Slumbezirke 717, 811, 812
   Stadtautobahn 1010
   Trabantenstädte 758
   Trennung von Auto- und Fußgängerverkehr 757
   Verkehrsmittel 989, 1002, 1005, 1012, 1013
   Verwaltungsreformen 490
   Wohnungen 757
   Wohnungsbaugesetz v. 1950 776
   White collar workers 737
   Zentrale Orte 500

Groß-Emittenten 935
Große Seen als Landschaftsgrenze bzw. Städtelinie (Kanada – Vereinigte Staaten) 872
Großgemeinden 483
Großlage von Seehäfen 625
Großstadtforschung 931
Groß- und Weltstädte
    Fernverkehrsverbindungen 697
    Grundrißformen 917-920
    Soziale Differenzierung 747 ff.
    Standorte der Industrie 691-700
    Standorte der Verkehrsanlagen 691 ff.
    Vereinigung unterschiedlicher topographischer Lagetypen 878
Groß- und Weltstädte
    Australien 573, 574
    Bundesrepublik Deutschland 564, 667, 670-672
    Deutschland 562
    Europäisches Mittelmeergebiet 673
    Frankreich 672, 748
    Großbritannien 565, 612, 661, 668-670, 747, 748
    Indien 685, 686
    Japan 574-576, 679-681
    Kanada 677
    Lateinamerika 576, 577, 688, 851, 852
    Mitteleuropa 563, 611, 665, 666, 747-749
    Nordeuropa 662-665
    Orient 681-684
    Republik Südafrika 677
    Sowjetunion 679
    Südostasien 577, 578, 686, 687, 689
    Tropisch-Afrika 688, 689
    Vereinigte Staaten 611, 673-677
Großwohngebiete der Nachkriegszeit (Mitteleuropa) 744
Group Areas Act (Republik Südafrika) 659, 660, 677, 678, 732, 734
Gründerzeit (Mitteleuropa) 747, 770, 771
Gründerzeitliche Neustädte (Mitteleuropa) 748
Gründerzeitliche Villenvororte (Deutschland) 770, 771
Gründerzeitliche Vororte (Mitteleuropa) 750
Gründerzeitlicher Gürtel
    Mitteleuropa 752, 755, 754
    Nordeuropa 755
Grundstücksparzellierung und Grundriß 913
Grundstückspreise 644, 645
Grundriß der Altstadt
    China 880-883, 910
    Deutschland 893-898
    England 898
    Englische Kolonialstädte 905-907
    Europäisches Mittelmeergebiet 890-893, 902, 903, 913, 914, 920
    Frankreich 898, 913-916
    Französische Kolonialstädte 905

    Griechische bzw. hellenistische Kolonisationsanlagen 898, 910, 911
    Großbritannien 899
    Indien 884-887, 910
    Japan 654-656, 884
    Kanada 905
    Korea 882, 883
    Lateinamerika 903-907, 918, 919
    Mitteleuropa 899, 902, 904, 913, 920
    Niederländische Kolonialstädte 904, 905
    Nordeuropa 912, 913
    Nordwestafrika 887, 905, 908
    Orient 887-890, 908, 910, 917
    Ostmitteleuropa 898
    Portugiesische Kolonialstädte
    Römische Kolonisationsanlagen 912
    Rußland bzw. Sowjetunion 899-902, 916, 917
    Südostasien 904, 905
    Südosteuropa 899
    Spanische Kolonialstädte 903, 904
    Tropisch-Afrika 903, 905, 907, 908
    Westeuropa 908
Grundwasser durch Brunnen zur Trinkwasserbesorgung
    Europäisches Mittelmeergebiet 976, 980
    Lateinamerika 970
    Orient 971
    Südostasien, Tropisch-Afrika 970
Grunewald – West-Berlin (Bundesrepublik Deutschland) 612, 771
Gruppenstädte (Sowjetunion) 573
Guatemala City (Guatemala) 688, 852, 858
Güterbahnhöfe als anziehende Kerne der Industrie 694, 695
Güterumgehungsbahnen 693
Guildford (England) 868, 869
Gummersbach (Bundesrepublik Deutschland) 603

Haarlem (Niederlande) 569
Habitation à Loyer Modéré (HLM) (Frankreich)
    Großwohnanlagen im sozialen Wohnungsbau der Nachkriegszeit 766
Hafenhinterland 626
Hafenstädte
    Australien, China 624
    Europäisches Mittelmeergebiet 620-622
    Frankreich 617, 625, 627
    Griechische Kolonisationsanlagen 622
    Großbritannien 605, 625, 627, 628
    Hongkong, Indien 624
    Japan 624, 625, 695
    Kanada 627
    Lateinamerika 623, 624, 627
    Mitteleuropa 621-627, 629
    Neuseeland 624, 628
    Nordeuropa 621

Orient 619-622, 626
Republik Südafrika 624
Hafenstädte
　Geographische Lage 872
　Topographische Lage 877
Hafenstädte als Neue Städte 623
Hafenstädte als Verkehrsstädte (Nordamerika) 615
Hafen- und Industriestädte (England und Wales) 617
Hagen (Bundesrepublik Deutschland) 551
Haiderabad (Indische Union) 1027
Haiderabad (Pakistan) 865
Halbinsellage 875, 876
Halle/Saale (Deuschland) 637
　Deutsche Demokratische Republik 1004
Hamar (Norwegen) 873
Hamburger Verdichtungsraum (Bundesrepublik Deutschland) 521, 541, 543, 551, 582, 607, 627, 631, 633, 637, 661, 667, 696, 698, 700, 748, 753, 754, 769-776, 778, 780, 786, 878, 923, 968, 972, 973, 975, 980, 1000, 1003, 1004, 1031
Hamilton (Kanada) 872, 937, 938, 944, 947, 952
Hampstead, Neue Stadt im Umkreis von London 786
Hamman (öffentliche Bäder) Orient 651
Hamm (Bundesrepublik Deutschland) 603
Handels- bzw. Fernhandelsstädte 616 ff.
Handelsstationen 553
Hane (Orient) 651
Hannover – Verdichtungsraum (Bundesrepublik Deutschland) 491, 542, 546, 615, 616, 637, 692, 745, 751, 766, 774, 788, 872, 921, 937, 945, 985, 1003, 1004
Hannoversch-Münden (Bundesrepublik Deutschland) 897
Hansa-Viertel – Berlin-West (Bundesrepublik Deutschland) 761, 762, 928
Hansestädte 621
Hanshin/Osaka-Kobe-Kyoto/Verdichtungsraum (Japan) 576
Hara s. Judenviertel
Harappa (Pakistan) 586, 910, 923
Harburg – Verdichtungsraum Hamburg 633, 754
Harlem – Verdichtungsraum New York 723
Harlow – Neue Stadt im Umkreis von London 786
Harter Kern des CBD 668
Hartford – Connecticut (Vereinigte Staaten) 618, 619
Harvestehude – Verdichtungsraum Hamburg (Bundesrepublik Deutschland) 923
Harzburg (Bundesrepublik Deutschland) 871
Hasenbergl – Münchener Verdichtungsraum (Bundesrepublik Deutschland) 780
Hastings (England) 591
Hausbau und Stadtklima
　Innere Tropen, Mittlere Breiten, Subtropen 958

Hauptgeschäftsstraßen 668
Hauptmarkt (Indische Union) 684, 685
Hauptstädte, Geographische Lage 639
　Periphere Lage, Zentrale Lage 639, 640
Hauptstädte
　Föderativ organisierte Staaten 638, 639
　Stadtstaaten 632, 633, 634
　Zentral organisierte Staaten 634, 635, 636, 637, 638
Hauptstädte von Bundesländern bei föderativem Aufbau von Staaten
　Australien 573, 574, 638
　Deutschland 637
　Kanada 574, 638
　Lateinamerika (teilweise) 639, 640
　Niederlande 637
　Republik Südafrika, Schweiz 638
　Vereinigte Staaten 573, 638
Hauptstädtelinie Eurasiens 872
Hausformen und Mikroklima 957
Haydar-Pascha – Verdichtungsraum Istanbul (Türkei) 870
Heidelberg (Bundesrepublik Deutschland) 596, 777, 778
Heilbronn (Bundesrepublik Deutschland) 507, 521, 534, 547, 548
Heilungkiang (Mandschurei) 608
Heimstättensiedlungen der Zwischenkriegszeit (Mitteleuropa) 773, 776
Hellenistische Stadtgründungen 911
Hellerau-Dresden (Deutsche Demokratische Republik) 771
Hellwegstädte (Bundesrepublik Deutschland) 610, 611
Helsinki (Finnland) 755, 768, 793, 873, 921
Hemel, Neue Stadt im Umkreis von London 786
Herat (Afghanistan) 558, 682, 827
Herkunft der städtischen Bevölkerung
　Deutschland 546
　Schlesien 546
　Schweden, Estland 546
Herne (Bundesrepublik Deutschland) 518, 610, 667
Hersfeld (Bundesrepublik Deutschland) 595, 921
Hierarchie der Geschäftszentren
　Bundesrepublik Deutschland 670
　England 670
　Japan 681
　Niederlande, Schweden 670
Hierarchiestufen der Städte bzw. zentralen Orte
　Algerien 561
　China 555
　Bundesrepublik Deutschland 504, 505, 507, 511, 512, 513, 515, 516, 517, 518, 519, 520, 522, 523, 563
　England und Wales, Finnland 504
　Israel, Marokko 561

Republik Südafrika, Schweiz 504
   Vereinigte Staaten 504
High rise apartments 715, 717, 718, 928
Hildesheim (Bundesrepublik Deutschland) 895, 897, 898
Hilfszentrale Orte 496
Hillington – Clydeside (Großbritannien) 605
Hinduistische Idealstadt 909
Hinterhäuser bei gründerzeitlichen Stadterweiterungen (Mitteleuropa) 753
Hinterland 486, 557, 602, 622
Hinterland von Hafenstädten 617
Hippodamischer Grundriß 910
Hirschberg (Schlesien bzw. Polen) 683
Hirschgarten – München 787
Hobart (Tasmanien) 574
Hoechst-Frankfurt a. M. / Verdichtungsraum 611, 749, 867, 954
Höhenlage 874, 875, 890, 891
Hofen-Neugereut – Verdichtungsraum Stuttgart 779
Hofgarten – München (Deutschland) 787
Holzbauten s. Baumaterial
Holzstädte (Nadelwaldzone Eurasiens) 920
Homelands (Republik Südafrika) 735
Homeless Western City 544, 545, 597, 608, 624, 633, 634, 686, 687, 688, 703
Hongkong als Stadtstaat
   Aufschüttungsbereiche 818
   Bevölkerungsdichte in Stadtteilen 818
   Fliegende Händler (Hawker) 687
   Gliederung des Stadtstaates 818, 819
   Industrie 703
   Landwirtschaft 544, 545
   Märkte 687
   Sozio-ökonomisches Gefälle vom Zentrum nach der Peripherie 819
   Spontansiedlungen 818, 819
   Sqatter (Boden-, Boots-, Dach-) 819
   Topographische Lage 877
   Verkehrsmittel 1022, 1026-1031
   Versorgung mit Trinkwasser 861, 970
   Wohnraum pro Person 818, 819
   Zahl und Anteil der in Spontansiedlungen Lebenden 812
Houston – Texas (Vereinigte Staaten) 627, 628
Hsien-Städte (China) 554, 589, 608, 653, 654
Hue (Vietnam) 588
Hull (Großbritannien) 872
Hyde Park – Londoner Verdichtungsraum (England) 787, 945
Hyste (England) 588

Ibadan (Nigeria) 578, 688, 839, 841
Idar-Oberstein (Bundesrepublik Deutschland) 1006
Idealschema einer spanisch-lateinamerikanischen Großstadt 854
Ife-Ife (Nigeria) 1020
Igarka (Sowjetunion) 921
Ijmuiden (Niederlande) 569
Ilfeld (Deutsche Demokratische Republik) 871
Ilsenburg (Deutsche Demokratische Republik) 871
Immissionen von Areosolen 933
Imperial Stausee (Mexiko) 979
Inder
   – als ausländische Arbeitskräfte (Großbritannien) 762
   – als Geschäftsleute (Ostafrika) 676
   – als Kaufmannsschicht (Südostasien) 686
   – Republik Südafrika 739
Indianapolis – Indiana (Vereinigte Staaten) 615
Indien, Anglo-indische Städte 653
   Bazar indischen Typs 683
   Cantonments 684, 685
   Chauk. s. Hauptmarkt
   Company towns 608, 820
   Geographische Lage 865
   Grundriß 884, 885
   Hauptmarkt 684, 685
   Heimische Städte 820, 885, 886
   Industrial estates, Industriestädte 608
   Kastenordnung 557, 820
   Kleinstädte 653, 820
   Kolonialstädte 820, 821
   Landstädte 600
   Land-Stadt-Wanderung 556, 557
   Nachkoloniale Städte 820
   Nebenmärkte 684, 685
   Palaststädte 885, 886
   Rechtliche Stellung von Städten 483, 484
   Residenzstädte 587, 588
   Sidr-Bazar 683, 684
   Tempelstädte 594, 885, 886
   Topographische Lage 875
   Wallfahrtsstädte 593, 594
   Wochenmärkte 633
Indische Union, Ausbildung einer City 821
   Dezentralisierte zentralörtliche Struktur 556
   Regulierte tägliche Märkte 653
   Verteilung der Städte 556
Individualverkehr 987, 1008-1014, 1026, 1031
Indonesien, Palaststädte 588
Induskultur 586, 910
Industrial estates
   Großbritannien 605, 758, 786
   Indien 608
   Indische Union 682, 683
   Japan 607
   Orient 649
   Tropisch-Afrika 608
   Vereinigte Staaten 606, 698, 701-703, 728, 1028

Industrie und Stadtklima 954
Industriegebiete und Wärmeinseln 944
Industrieländer
　Stadt-Land-Beziehungen 487
　Fernheizungen, Zentralheizungen 963
Industrie- und Dienstleistungszentren (Bundesrepublik Deutschland) 603
Industrielle Management-Zentren (Bundesrepublik Deutschland) 631
Industriestädte 487, 546, 556, 604 ff.
　Australien 606, 607
　Brasilien 610
　Bundesrepublik Deutschland 610, 611
　China 608, 614
　Deutsche Demokratische Republik 591
　Entwicklungsländer 702
　Frankreich 584
　Geographische Lage 604
　Großbritannien 605
　Japan 611
　Lateinamerika 609, 610
　Sowjetunion 583, 607, 608, 611
　Tropisch-Afrika 608, 609, 610
Innenstadt
　Groß- und Weltstädte (Frankreich) 748
　(Mitteleuropa) 748
Informaler Sektor – des Geschäftslebens 686
　– des Verkehrs 1024, 1025, 1027
Innere Differenzierung
　Altersaufbau der Bevölkerung 645
　Ausbildung der Bevölkerung 645
　Ausstattung der Gebäude 645
　Bevölkerungsdichte einzelner Viertel 645
　Einkommen der Bevölkerung 645
　City bzw. CBD 645
　Episodischer, periodischer und täglicher Bedarf 644
　Erholungsflächen 644
　Ethnischer Status 645
　Familienstatus 645
　Funktionen der Städte 644
　Geschäfts- und sekundäre Geschäftsviertel 645
　Größe der Städte 648 ff.
　Grundstückspreise 644, 645
　Kernstädte 647
　Kleinstädte 648 ff.
　Mietpreise, Mobilität der Bevölkerung 645
　Politisches Wahlverhalten 645
　Sanierungsprojekte 646
　Schrebergärten 644
　Segregation, Sozialer Status 646
　Sozialgruppen 645
　Sozialökologische Gliederung 647
　Sozio-ökonomischer Status 646, 647
　Stichprobenverfahren 647
　Verkehrsanlagen 644
　Wohnungsbau 644, 645

Innere Differenzierung
　Bundesrepublik Deutschland, Großbritannien 646
　Indische Union 685
　Vereinigte Staaten 648, 649, 724, 725
Innere Differenzierung von Chicago nach Burgess (Vereinigte Staaten) 724, 725
Innere Gliederung, s. innere Differenzierung
Innerer Einzelhandelsbereich (Australien) 674
Innere Vororte (Vereinigte Staaten) 719
Innere Vorortsbildung 749, 770, 771
Innovation des Fernsehens 537
　der Straßenbahnen 537
Innovationen, Entwicklungsländer 538, 539
Innsbruck (Österreich) 864, 867
Insellage 877
Integrierte shopping centers 661, 671
Intensität der Stadt-Land-Beziehungen nach Chabot 725
Intensitätsringe von Thünen hinsichtlich der land- und forstwirtschaftlichen Nutzung 725
Interstate freeways (Vereinigte Staaten) 725
Interstate Highway Act vom Jahre 1956 (Vereinigte Staaten) 697, 1009
Interurbane Standortverlagerung der Industrie 700, 702
Intraurbane Verlagerungen der Industrie 701, 702
Ischewsk (Sowjetunion) 872
Iserlohn (Bundesrepublik Deutschland) 492, 551
Islamabad (Pakistan) 641, 833
Isle d'Abeaux – Verdichtungsraum Lyon (Frankreich) 785
Israel, Analphabetentum 561
　Großstädte 834, 875
　Hierarchie der Städte 560
　Kleinstädte 561, 834
　Log-normale Verteilung der Städte 561
　Mittelstädte 561, 834
　Neue Städte 561
　Pendelwanderung 834
　Rang-Größenverteilung 562
　Topographische Lage 875
Istanbul (Türkei) 635, 683, 824, 827, 870, 913, 917
Isthmuslage 869
Izmir (Türkei) 824

Jaervarfält – Verdichtungsraum Stockholm 784
Jäverstadt – Verdichtungsraum Stockholm 784, 785
Jaffa (Israel) 638
Jahrmärkte 541
Jaipur (Indische Union) 886, 887
Jährlicher Temperaturanstieg (Japan) 945
Jalabad (Afghanistan) 828
Japan
　Abwasserbeseitigung 986
　Appartmenthäuser 809

Bevölkerungsdichte in Städten und Stadtteilen 808
Burgstädte 574, 589, 654, 695
Chonimachi 656
Chonin 654, 656
Daimyo-Sitze 654, 656, 679
Eisenbahngesellschaften 695
Erholungsfläche pro Person 811
Fernhandelsstädte als Seehäfen 624
Geographische Lage 873
Geschäftszentren 655, 656
Gesetz über Air Pollution Control 941
Großstädte 679-681
Grundriß 884
Hauptstädte der Präfekturen 575
Hierarchie der Einkaufszentren 681
Holzstädte 921
Industrial estates 607
Industriestädte 607, 611
Kaufleute- und Handwerkerviertel 654, 656
Kleinstädte 654, 655
Kriegerviertel 654, 656
Management-Zentren 630
Mischbereiche (Wohnungen, Gewerbe usf.) 809
Mobilität der Bevölkerung 575, 576
Neue Städte 607
Parasitäre Städte 574
Pendelwanderung 576, 607
Primate City-Struktur 575
Randwanderung der Industrie 701
Rastorte des Verkehrs 616
Residenzstädte 588, 589
Samurai 654, 656
Soziale Gliederung der Burgstädte 656
Sozialschichtung
Tempel 654, 656
Tokaido-Bahn 576
Tokaido-Verdichtungsräume 576
Traditionelle Eigenheime 809, 811
Umkreise von zentralen Orten 532, 544
Untere Grenze für die Bevölkerung von Städten 483
Unterirdische Geschäftsstraßen 680
Verdichtungsräume 576
Verkehrsmittel 990-1002, 1005, 1007-1013
Verkehrsstädte 596
Verlagerung von Einkaufsstraßen 679, 680
Verstädterung 575, 576
Verstädterungsförderungsgebiete 544
Verstädterungskontrollgebiete 544
Wärmeinseln 941
Wohnbezirke erster bzw. zweiter Ordnung 808, 809
Wohnfläche pro Person 809
Wohnverhältnisse 924
Jaroslaw (Sowjetunion) 899

Jeepneys, Verkehrsmittel (Philippinen) 1026
Jefferson City-Missouri (Vereinigte Staaten) 593
Jelez (Sowjetunion) 592
Jerusalem (Israel) 561, 638, 834
Jinja (Uganda) 836, 838
Johannesburg (Republik Südafrika) 638, 701, 733, 734
Johannesburg-Vereeniging-Bloemfontein / Verdichtungsraum Republik Südafrika 632
Joinville/Brasilien 610
Judenviertel 832
Junction City – Kansas (Vereinigte Staaten) 591

Kabelstraßenbahn als Verkehrsmittel (Vereinigte Staaten) 988
Kabul (Afghanistan) 558, 683, 828, 830, 963, 981, 1019, 1023-1025, 1027, 1029
Kaduna (Nigeria) 593, 702
Kälteinseln
  in Städten der mittleren Breiten 943
  in tropischen Städten 942, 943
  und Parkanlagen 545
Käufer verschiedener Geschäftseinrichtungen (Vereinigte Staaten) 676
Kaifeng (China) 881
Kairo (Ägypten) 683, 830, 831, 887, 921, 923, 924, 917, 1019, 1021, 1024, 1025, 1027, 1029, 1031
Kairouan (Tunesien) 587
Kala Noa (Afghanistan) 649
Kalifornia-Aquädukt (Vereinigte Staaten) 978
Kalkutta (Indische Union) 556, 557, 597, 608, 624, 626, 627, 686, 703, 812, 823, 981, 1027, 1030
Kampala (Uganda) 580, 641, 689, 1019, 1021, 1024, 1026, 1027
Kanada
  Abwasserbeseitigung
  Anglo-kanadische Städte 729
  Anteil der Wohnungen mit elektrischem Strom 966
  – mit fließendem Wasser 966
  Appartmenthäuser 729
  Atlantisch-periphere Städte 729
  CBD 673, 677, 730
  Ethnische Gliederung der Bevölkerung 706, 728, 729
  Familienstatus 728
  Geographische Lage 872
  Hochwasserrückhaltebecken 986
  Kanalisation
  Kaufpreise für Eigenheime 729
  Kleinstädte 658, 659
  Main Street 730
  Management-Zentren 632
  Mehrkernmodell 730
  Mietpreise 728

XXXVI Sachregister

Missionsstationen 729
Pazifisch-periphere Städte, Präriestädte 729
Segregation der ethnischen Minderheiten 729
Sektorenschema 730
Soziale Schichtung der Bevölkerung 706
Sozio-ökonomischer Status 728-730
Topographische Lage 877
Übergangszone 730
Umkreise von zentralen Orten 529
Verdichtungsräume 730
Zentrale Orte 510
Kanalisationsanlagen der Antike 980, 981
Kandahar (Afghanistan) 682
Kandalakscha (Sowjetunion) 553
Kang (Botswana) 641
Kano (Nigeria) 620, 688, 702, 839, 840, 1019
Kanpur (Indische Union) 608, 1018
Kansas City – Missouri (Vereinigte Staaten) 615
Kanton (China) 874, 917
Kaplage 874, 877
Kapstadt (Republik Südafrika) 632, 638, 674
Karatschi (Pakistan) 641, 812, 823
Karawanenstädte 580, 619, 620, 621, 874
Karl Marx-Allee – Ost-Berlin (Deutsche Demokratische Republik) 679
Karlsbrücke-Prag (Tschechoslowakei) 876
Karlsruhe (Bundesrepublik Deutschland) 493, 564, 590, 646, 665, 666, 753, 768, 771, 772, 776, 777, 793, 902
Karthago (Algerien) 621, 702, 877, 912
Kartographische Methoden, Bevölkerungsdichte in Städten 483
Kasan (Sowjetunion) 592, 872
Kaschgar (Sowjetunion) 887
Kassel (Bundesrepublik Deutschland) 493, 564, 1016
Kastenordnung (Indien) 557
Katalog zentraler Güter und Dienste (Bundesrepublik Deutschland) 496, 498, 499
Kathmandu (Nepal) 963
Kaufmannskolonie 895
Kawasaki (Japan) 696
Kayseri (Türkei) 828, 829, 921
Keihin, Tokyo-Yokohama – Verdichtungsraum (Japan) 576, 809, 810
Kempten (Bundesrepublik Deutschland) 590
Kenyatta-Turm, Nairobi (Kenya) 958
Kenzingen (Bundesrepublik Deutschland) 897
Kerbela (Irak) 594
Kernstadt (Bundesrepublik Deutschland) 491, 492, 591, 778
Key West – Florida (Vereinigte Staaten) 591
KFZ-Gewerbe 681, 682, 683
Khane/Großhandelsgebäude im Orient 561
Kibbutzim (Israel) 561
Kiel (Bundesrepublik Deutschland) 543, 564, 873
Kiew (Sowjetunion) 806, 872, 1001

Kingston-upon-Hull (England) 899
Kigali (Rwanda) 641
Kinshasa (Zaire) 579, 580, 689, 839, 842, 843, 866, 1026
Kirchdörfer (Bundesrepublik Deutschland) 495
Kirkby-Merseyside (England) 605
Kitakyushi (Japan) 607
Kläranlagen
    Bundesrepublik Deutschland, Großbritannien 983
    Kanada, Vereinigte Staaten 983
Kleinstädte
    Beneluxländer 735
    Bundesrepublik Deutschland 512, 735, 737, 738
    China 531, 653, 654
    Deutsche Demokratische Republik 502, 603
    Deutschland 562, 656
    Europäisches Mittelmeergebiet 735
    Frankreich 735
    Großbritannien 656, 735
    Indische Union 653
    Israel 561, 854
    Japan 532, 654-656
    Kanada 658, 659
    Korea 532
    Lateinamerika 502, 503, 656, 660
    Mitteleuropa 656, 657, 735, 736
    Nordwestafrika 650
    Orient 648, 651-653
    Pakistan 653
    Republik Südafrika 659, 660, 732
    Südostasien 653, 660
    Sowjetunion 502
    Tropisch-Afrika 652, 653, 660
    Vereinigte Staaten 533, 535, 658, 659, 697, 706
Klimaanlagen 964, 965
Klimazonen und Wärmeinseln 941
Klosterstädte
    Deutschland, Schweiz, Tibet 595
Kloten – Zürich (Schweiz) 700
Kobe (Japan) 543, 590
Koblenz (Bundesrepublik Deutschland) 543, 590
Köln (Bundesrepublik Deutschland) 492, 519-521, 562, 590, 595, 622, 629, 631, 769, 772-774, 786-788, 791, 865, 894, 920, 923, 968, 1001, 1016
Königsberg (Ostpreußen bzw. Sowjetunion) 873
Kohlefeuerung und andere Energieträger in ihrem Einfluß auf die Luftverschmutzung 940
Kohlendioxidbelastung (Bundesrepublik Deutschland) 937
Kohlenmonoxid-Konzentration 932, 935, 937
Kolchosmärkte (Sowjetunion) 541, 679
Kolberg (Westpreußen bzw. Polen) 590
Kolojien (Grönland) 553
Kolumbien
    Log-normale Verteilung der Städte 577
    Verstädterung 576

Kombination von konzentrischer und sektoraler Anordnung der Sozialschichten 793, 794
Konakry (Republik Guinea) 877
Kontinuität des Grundrisses 912
Konstantinopel, s. Istanbul
Konstanz (Bundesrepublik Deutschland) 763
Kontinentale Fernhandelsstädte
    Bundesrepublik Deutschland, Schweiz 629
Kontinuität antiker Grundrißelemente (Europäisches Mittelmeergebiet) 892-894
Konzentrationsprozeß von Elektrizitäts- und Gaswerken in Groß- und Weltstädten
    Deutschland 968
    Frankreich, Großbritannien 969
Konzentrische Anordnung der Sozialschichten
    Mitteleuropa, Westeuropa 737, 743
Konzentrisches Muster, tendenziell 793
Kopenhagen (Dänemark) 869, 870
Kopfbahnhöfe 693, 695
Korea, Umkreise von zentralen Orten 532
Korinth (Griechenland) 622, 869
Kowloon – Verdichtungsraum Hongkong 838
Krakau (Polen) 590, 899
Krasnojarsk-Tschita (Sowjetunion) 872
Krefeld (Bundesrepublik Deutschland) 492, 603
Kreisorte 497, 525, 526
Kreml (Sowjetunion) 592
Kremltyp des Grundrisses (Rußland) 900
Kreta (Griechenland)
    Entstehung von Städten 586
Kreuzberg/West-Berlin 759, 767
Kriegshäfen
    Deutschland, Frankreich, Großbritannien 591
    Sowjetunion 583
Kristallisationskerne von Städten 908
Kritische Windgeschwindigkeit 947
Kriwoirog (Sowjetunion) 608
Kuala Lumpur (Malaysia) 641, 687, 812, 816, 1022, 1026, 1027
Kuching (Malaysia) 815
Künstliche Hauptstädte 639
Kufra – Oasen 587
Kuibyschew (Sowjetunion) 592
Kulturell bestimmte Stadttypen 593 ff.
Kulturelle Funktionen 644, 647
Kumagaya (Japan) 948
Kumasi (Ghana) 597, 839, 841
Kunstgeographische Betrachtungen des Aufrisses 929
Kurfürstendamm/West-Berlin 612, 663, 679, 769
Kurfürstenstadt – Berlin (Deutschland) 868
Kurzzeiteinwirkungen 935
Kuweit (Kuweit) 833
Kuwait – Stadt (Kuwait), Klimaanlagen 964
Kuwait, Trinkwasserversorgung 971
    Verstädterung 557
Kuzbas (Sowjetunion) 607, 612, 613

Kwazulu-Natal (Republik Südafrika) 734
Kyoto (Japan) 575, 589, 884, 945, 1001

La Cité des Grattes-Ciel – Lyoner Verdichtungsraum (Frankreich) 672
La Défense – Paris 915, 916 (Frankreich)
Ladenstädte s. shopping centers
Ländlicher Umkreis von Städten 495
Lärmbelastung durch motorisierten Verkehr 987, 988, 1010
Lagos (Nigeria) 578, 580, 688, 689, 702, 877, 1020, 1021, 1025, 1028-1030
Lampang (Thailand) 814
Landengenlage 876
Landeshauptorte 497, 525, 526
Landflucht (Deutschland) 563
Landflucht und Sozialstruktur
    Afghanistan 558
    Lateinamerika 756, 757
Landhausstil 732, 771
Landlage von Seehäfen 625
Landnutzung in Tokyo (Japan) 1914 und 1975 946
Landnutzung und monatliche Minimumtemperaturen Dez.-Febr. in Tokyo 947
Landschaftsgrenzen und geographische Lage von Städten 871-874
Landstädte
    Afghanistan, Bulgarien 599
    Frankreich 598
    Indien 600
    Iran 599, 600
    Lateinamerika 600
    Orient 599, 600
    Polen, Rumänien 599
    Schweden 598
    Sowjetunion 582
    Südosteuropa 599
    Tropisch-Afrika 600, 601
Langres (Frankreich) 874
Langwasser – Verdichtungsraum Nürnberg-Fürth-Erlangen 784
Lantschou (China) 881
Laon (Frankreich) 874, 875
Las Cuevas – Limaer Verdichtungsraum (Lateinamerika) 856
Las Vegas – Nevada (Vereinigte Staaten) 713
Lateinamerika
    Anteil der Wohnungen mit elektrischem Strom 960, 961
    Anteil der Wohnungen mit fließendem Wasser 960, 961
    Citybildung 688
    Diffusion von Zeitungen (Chile) 536, 539
    Eliteghettos 851, 860, 927
    Etappenweise Stadtwanderung 577
    Fernhandelsstädte 623, 624
    Fliegende Händler 688

Geographische Lage 869
Grundriß 904, 917
Idealschema der sozio-ökonomischen Gliederung spanischer Kolonialstädte 854
Industriestädte 609, 610
Kleinstädte 577, 849
Landflucht und Sozialstruktur 576, 577
Landstädte 600
Märkte 688
Mittelstädte 849
Niederländische Kolonialstädte (Surinam) 904
Parasitäre Städte 577
Primate City-Struktur 577
Soziale Schichtung 848, 849
Spontansiedlungen 861
Verkehrsmittel 1019-1021, 1024, 1025, 1027-1031
Versorgung mit Trinkwasser 960, 961, 970
Verstädterung 576, 577
Verteilung der Städte 577
Verwaltungsstädte 593
Zwischenstädtische Wanderungen 593
Laubengänge in Städten Mitteleuropas 926
Laubenkolonien (Deutschland) 774
La Valetta (Malta) 901
Lebanon – Kentucky (Vereinigte Staaten) 659
Leeds (England) 1004
Legalisierung von Spontansiedlungen 856
Lehe (Bundesrepublik Deutschland) 632
Leiden (Niederlande) 569
Leipzig (Deutsche Demokratische Republik) 629, 637, 745, 872
Lelystad (Niederlande) 569
Lemberg (Polen bzw. Sowjetunion) 899
Leningrad (Sowjetunion) 570, 592, 611, 612, 625, 627, 636, 678, 806, 807, 929, 988, 1001, 1011
Les Halles, alter Großmarkt von Paris (Frankreich) 916
Les Halles – Straßburg (Frankreich) 672
Levante, Kleinstädte 649
Levantiner als Geschäftsleute (Westafrika) 660
Levantinischer Bazar 648
Leverkusen (Bundesrepublik Deutschland) 611, 631
Levittowns (Vereinigte Staaten) 720, 721
Lewes (England) 868, 869
Libanon
  Bazar, Neue Geschäftsviertel 651
  Kleinstädte, Großstädte 826
  Stadt-Land-Beziehungen 558, 559
  Zentrale Orte 503
Libreville (Gabun) 579, 965
Lichtenberg – Ost-Berlin (Deutsche Demokratische Republik) 771
Lichterfelde – West-Berlin (Bundesrepublik Deutschland) 771

Lille bzw. Verdichtungsraum Lille-Roubaix (Frankreich) 755, 785
Lille-Est – Verdichtungsraum Lille-Roubaix (Frankreich) 785
Lima (Peru) 623, 640, 853, 855, 856, 858, 1020, 1025, 1027, 1028, 1031
Limerick (Irland) 872
Limesstadt – Rhein-Main-Verdichtungsraum 779, 780, 799
Linden – Hannoverscher Verdichtungsraum 692, 753, 759
Lineare Ausweitung von Städten
  China 918
  Großbritannien 919
  Mitteleuropa, Orient 918
  Sowjetunion 919
Links- und rechtsrheinische Vororte im Kölner Verdichtungsraum 749
Linz (Österreich) 866
Lippstadt (Bundesrepublik Deutschland) 551, 603
Lissabon (Portugal) 605, 673, 903
Liverpool (England) 592, 627, 628, 872
Livny (Sowjetunion) 592
Local service centers (Vereinigte Staaten) 602
Locker verbundenes Hinterland 547
Lörrach (Bundesrepublik Deutschland) 763
Loewen (Belgien) 866
Log-normale Verteilung von Städten, Definition 555, 556
Log-normale Verteilung von Städten
  Brasilien 577
  Israel 561
  Kolumbien 577
  Nigeria 580, 581
  Sowjetunion 570
  Venezuela 577
  Vereinigte Staaten 570
Lokale Zentren (Sowjetunion) 583
Lokatoren 598
London (England) 565, 570, 612, 627, 630, 640, 656, 661, 668, 669, 693-695, 725, 757, 762, 868, 872, 929, 938-940, 947-949, 954, 969, 973, 975, 982, 983, 988, 999, 1005, 1015
Loop-Chicago (Vereinigte Staaten) 612
Los Angeles (Vereinigte Staaten) 615, 618, 645, 677, 698, 939, 973, 978, 979, 1008, 1009
Los Angeles Smog 939
Loulou (China) 620
Loyeng (China) 881
Luanda (Angola) 903
Lublin (Polen) 614, 872
Lubumbashi (Zaire) 609
Ludwigsburg (Bundesrepublik Deutschland) 547, 548
Ludwigshafen – Rhein-Neckar-Verdichtungsraum (Bundesrepublik Deutschland) 513, 543, 611, 777, 778, 865, 935

Lübars – West-Berlin (Bundesrepublik Deutschland) 771
Lübeck (Bundesrepublik Deutschland) 541, 552, 621, 873, 877
Lüdenscheid (Bundesrepublik Deutschland) 551
Lüneburg (Bundesrepublik Deutschland) 923, 924
Lünen (Bundesrepublik Deutschland) 610
Luftgetrocknete Ziegel s. Baumaterial
Lund (Schweden) 941
Lyon – Verdichtungsraum (Frankreich) 634, 755, 767, 785, 865, 871, 1000
Lyttelton (Neuseeland) 628

Macao (Portugiesische Kolonie) 1028
Madison-Wisconsin (Vereinigte Staaten) 595
Madras (Indische Union) 812, 1027, 1030
Madrid (Spanien) 634, 635, 639, 799-802, 812, 973, 976, 999
Madura (Indische Union) 887
Mährisch-Ostrau (Tschechoslowakei) 872
Märkte s. auch Teil 1, Indien 686
   Lateinamerika 688
Magdeburg (Deutsche Demokratische Republik) 872, 1005
Magnitogorsk (Sowjetunion) 608, 954
Mailand (Italien) 630, 672, 673, 796-798, 802, 920
Maine-Montparnasse – Paris (Frankreich) 916
Main Street (Kanada) 730
Main-Taunus shopping center – Rhein-Main-Verdichtungsraum (Bundesrepublik Deutschland) 671
Mainz (Bundesrepublik Deutschland) 595, 748, 753, 766, 787, 865
Makejewka (Sowjetunion) 608
Malaysia, Ethnische Segregation 814
   Pendelwanderung 814
   Verdichtungsraum 578, 641, 687
   Verstädterung 578
Mall (Indien) 684
Malmö (Schweden) 536, 537, 749, 768, 775, 869, 870, 873
Mammi-waggons (Nigeria) 1026
Management-Zentren
   Australien 632
   Bundesrepublik Deutschland 631, 632
   Großbritannien, Italien, Japan 630
   Kanada, Niederlande 630
   Ostblockländer 629, 630
   Republik Südafrika 632
   Schweden, Schweiz 630
   Sowjetunion 629, 630
   Vereinigte Staaten 618, 619
Manchester (England) 605, 612, 628, 656, 694
Mandalay (Burma) 588
Manhattan – New York (Vereinigte Staaten) 722, 877

Manila (Philippinen) 688, 812, 816, 817, 819, 920, 963, 981, 1022, 1024-1027, 1031
Mannheim (Bundesrepublik Deutschland) 543, 591, 752, 753, 763, 772, 775, 776, 778, 793, 935, 939, 954
Mannheim-Ludwigshafen-Frankenthal s. Rhein-Neckar-Verdichtungsraum
Manufacturing belt (Vereinigte Staaten) 606
Maoris in den Städten von Neuseeland 731
Marburg-Lahn (Bundesrepublik Deutschland) 596, 746
Marginalschichten 795, 811, 823
Marginalwohnungen 823, 853, 855, 857
Mariahilf-Wien (Österreich) 754, 759
Mariendorf – West-Berlin (Bundesrepublik Deutschland) 968
Marktlage 870
Marktorte 495, 497, 525, 526, 597, 735
Marktplätze 897-899
Marne – La Vallée (Frankreich), Neue Stadt im Umkreis von Paris 715, 915, 916
Marokko
   Hierarchie der Städte 561
   Stadt-Land-Beziehungen 559
Marrakesch (Marokko) 831, 976
Marseille (Frankreich) 617, 621, 625, 634, 672, 755, 767, 1001
Matamoros-Brownsville/Mexiko-Vereinigte Städte 610
Matrei (Österreich) 864
Mauléon (Frankreich) 871
Mauretanien
   Primate City-Struktur 580, 581
   Verstädterung 578
Medellin (Kolumbien) 609, 855
Medina (Saudi-Arabien) 594, 965, 972
Medina als Altstadt (Nordwestafrika) 887
Meeresküsten als Landschaftsgrenzen 872-874
Meereslage von Seehäfen 625
Meereswasserentsalzungsanlagen zur Trinkwassergewinnung
   Orient (Kuwait, Saudiarabien) 971
Megalopolis 521, 536, 573, 714, 722
Mehrgeschossige Hofhäuser (Orient) 924
Mehrkerntheorie – Modell von Harris und Ullmann (Nordamerika) 728, 730
Mehrzellige Wärmeinseln 937
Meiji-Reform (Japan) 574, 654, 656
Mekka (Saudi-Arabien) 594, 890, 964
Melbourne (Australien) 574, 632, 730, 731, 732
Mellah s. Judenviertel
Melun-Sénart (Frankreich) Neue Stadt im Umkreis von Paris 916
Mériadeck-Bordeaux (Frankreich) 672
Merida (Mexiko) 970
Merkmale von Wohnungen und Bevölkerung mit wachsender Entfernung vom CBD 722, 723

XL Sachregister

Merseyside (England) 605
Mersin (Türkei) 558
Mesoklima von Verdichtungsräumen 932
Messung der Überschußbedeutung
   Telephonmethode 497
Metropolitan Districts (Vereinigte Staaten) 490
Mesched (Iran) 594
Mexicali-Calexico (Mexiko – Vereinigte Staaten) 610
Mexiko
   Mittelstädte 577
   Rang-Größenverteilung 577
   Verstädterung 576
   Zentrale Orte 502, 503
Mexiko City (Mexiko) 503, 577, 688, 858, 904, 944, 957, 1020, 1031
Mexiko – Vereinigte Staaten/Doppelstädte 610
Midland – Texas (Vereinigte Staaten) 690
Miethäuser 717, 722, 743, 744, 747, 755, 768, 769, 774
Mietkasernen 747, 754, 926
Mietpreise 645, 728, 744
Migration 579
Mikroklima und Hausformen 955-957
Mikroklimatische Erscheinungen in Verdichtungsräumen 932
Milet (Türkei) 622, 910
Militärlager (Römisches Reich) 589
Militärsiedlungen (Pakistan) 683, 684
Milwaukee – Wisconsin (Vereinigte Staaten) 619, 872
Minden (Bundesrepublik Deutschland) 872
Minderstädte 598
Minneapolis-St. Paul/Minnesota (Vereinigte Staaten) 573, 615, 698, 699, 719
Minibusse als Verkehrsmittel 1025-1027
Minoische Kultur (Kreta) 586
Missionsstationen (Kanada) 729
Mitteleuropa
   Ackerbürgerstädte 598
   Anziehende Entwicklungskerne der Industrie 694
   Ausländische Arbeitskräfte 751, 759, 762-766
   Bevölkerungsdichte in Städten 484
   City 750
   Citybildung 660, 661, 747
   Eigentumswohnungen 752
   Eingemeindungen 753
   Erholungsflächen 742, 743
   Fachwerkbauten in Großstädten 751, 921
   Geschäftsviertel in Mittelstädten 658
   Großstädte 563
   Gründerzeitliche Eingemeindungen 755
   Gründerzeitliche Gürtel 752-754
   Gründerzeitliche Vororte 750
   Hafenstädte 872, 873
   Hinterhäuser bei gründerzeitlichen Wohnbauten 753
   Kleinstädte 656-658, 735
   Konzentrische Anordnung der Sozialschichten 737
   Marktplätze 897, 898
   Miethäuser 755
   Mittelschichten 736
   Mittelstädte 658, 735
   Oberschichten, Randgruppen 736
   Ringeisenbahnen 693
   Sanierung in Altstädten 752
   Sektorale Anordnung der Sozialschichten 737
   Slumbereiche 755
   Soziale Aufwertung der Altstadt 752
   Soziale Aufwertung der Städte in der Nachkriegszeit 750
   Soziale Aufwertung der Übergangszone 759
   Soziale Degradierung der Altstadt 751, 752
   Soziale Gesetzgebung 737
   Sozialschichten 735, 736
   Stadt-Land-Beziehungen 539, 561-565
   Tägliche Märkte 656
   Umkreise von zentralen Orten 536
   Unterschichten 736
   Vorgründerzeitliche Städte 750
   Vororte als Standorte der Industrie 750
   Wiederaufbau zerstörter Altstädte 750, 751
   Wiksiedlungen 622
   Wochenmärkte 656
   Zentrale Orte 500, 502
Mittelgroße Zentralstädte (Bundesrepublik Deutschland) 603
Mittellandkanal 692
Mittelpunkt-Siedlungen 485, 553
Mittelstädte
   Beneluxländer 735
   Bundesrepublik Deutschland 564, 603
   Deutschland 562
   Europäisches Mittelmeergebiet 735
   Frankreich 735
   Israel 561
   Japan 945
   Mexiko 577
   Mitteleuropa s. gesondert
   Nordeuropa 740, 741
   Orient 680
   Sowjetunion 571
   Tropisch-Afrika 579
   Westeuropa 745, 746
Mittelstädte (Mitteleuropa)
   Altstadt 742
   Ansätze zur Citybildung 658
   Armengärten 745
   Außenstadt 743, 745
   Bahnhofsviertel 741, 742, 743
   Campus-Universitäten 745

Eigenheime 744
Einbeziehung alter Dorfkerne 744
Einfluß der Kriegszerstörungen 741, 742, 743, 744, 745
Eingemeindungen 744
Erholungsflächen 742, 745
Friedhöfe 744
Funktionale Stadttypen 742, 743, 745
Geschäftskern 741
Großwohngebiete 744
Industrieviertel 741, 742
Innenstadtnahe Villen 743
Konzentrische Anordnung der Sozialschichten 743
Mietshäuser, Mietspreise 743, 744
Mobilität der Bevölkerung 742, 744
Randwanderung der Bevölkerung 744
Randwanderung der Ober- und oberen Mittelschichten 741
Ringstraßen 749
Sanierungsmaßnahmen 747
Schrebergärten 745
Sektorale Anordnung der Sozialschichten 742, 743
Siedlungshäuser mit Nutzgärten 744
Soziale Degradierung bestimmter Viertel 742
Soziale Degradierung der Altstadt 741
Soziale Gliederung der Außenstadt ohne klare Anordnung 743
Soziale Gliederung von Universitätsstädten 746
Sozialer Wohnungsbau 742, 744
Übergangszone 743
Werkssiedlungen 744
Wilde Wohnsiedlungen 745
Wohnviertel 741
Mittelwalde (Schlesien) 936
Moabit – West-Berlin (Bundesrepublik Deutschland) 612
Mobilität der Bevölkerung 645
   Bundesrepublik Deutschland 564
   Großbritannien 565
   Japan 575, 576
   Mitteleuropa 742, 744
   Tropisch-Afrika 579
   Vereinigte Staaten 572
Moçambique
   Seehäfen 628
Mönchengladbach (Bundesrepublik Deutschland) 603
Mohammedia – Verdichtungsraum Casablanca (Marokko) 833
Mohendjodaro (Pakistan) 586, 923, 999, 1015
Mombasa (Kenya) 839, 840, 877, 887
Monastir (Tunesien) 888
Mongolen, Zeltstädte 890
Mono-industrielle Städte 585
Monozentrische Verdichtungsräume 535

Montgomery-Alabama (Vereinigte Staaten) 866
Monterrey (Mexiko) 609
Montevideo (Uruguay) 577, 627, 640
Montmartre – Paris (Frankreich) 612
Montreal (Kanada) 628, 632, 677, 696, 729, 730, 805, 877, 947, 999, 1015
Morenos-Stausee (Vereinigte Staaten) 878, 879
Mosaikförmige sozio-ökonomische bzw. sozialökologische Gliederung der Bevölkerung 794
Moshavim (Israel) 561
Moskau (Sowjetunion) 570, 592, 608, 612, 635, 636, 678, 679, 806, 809, 900, 913, 916, 917, 1002, 1005, 1007, 1011
Motorisierter Verkehr und Lärmbelästigung 1008
  – Luftverschmutzung 1008
Motorräder als Verkehrsmittel 1019, 1020
Mülhausen (Frankreich) 547, 629
Mülheim an der Ruhr (Bundesrepublik Deutschland) 671
Müllabfuhr 986
Mülldeponien 986
Müllheim (Bundesrepublik Deutschland) 547
Müllverbrennungsanlagen 986
München (Bundesrepublik Deutschland) 491, 521, 629, 631, 632, 637, 645, 661, 668, 696, 700, 701, 742, 752, 753, 767, 769, 770, 773, 774, 780, 790, 791, 891, 964, 1000, 1003, 1004, 1016
Münster/Westfalen (Bundesrepublik Deutschland) 519, 654, 603, 983
Multinationale Management-Zentren (Japan) 630
Multifunktionale Städte
   Bundesrepublik Deutschland 629
   Dänemark, Polen, Rumänien 617
   Sowjetunion 583, 592, 617
   Vereinigte Staaten 584, 618
Municipal Boroughs 490
Murmansk (Sowjetunion) 612, 625

Nagoya (Japan) 575, 576, 630, 680, 917
Nahverkehrsanlage von Städten 870
Nairobi (Kenya) 755, 958, 1019, 1026
Namibia, s. Südwestafrika
Nancy (Frankreich) 640, 751
Nanking (China) 640, 882, 883
Nantes (Frankreich) 617
Nara (Japan) 884
Nationale Management-Zentren (Japan) 630
Natürliche Hauptstädte 639
N'djamena, früher Fort Lamy (Tschad) 600
Neapel (Italien) 620, 622, 673, 797, 801, 893, 925
Nebel und Städte 934
Nebelbildung und Topographie 934
Nebencities (Japan) 681
Nebengeschäftszentren bzw. -straßen 670
Nebenmärkte (Indien) 684, 685

XLII   Sachregister

Nebenstraßen des Geschäftskerns (Bundesrepublik Deutschland) Kleinstädte 738
Neckarstadt-West-Mannheim (Bundesrepublik Deutschland) 759
Negerghettos (Vereinigte Staaten) 712, 713, 715, 720
Netto-Bevölkerungsdichte 708, 753
Neu-Aubing – Münchener Verdichtungsraum (Bundesrepublik Deutschland) 780
Neu-Breisach (Frankreich) 591, 901
Neu-Delhi (Indische Union) 640, 981
Neu-Hoyerswerda (Niederlausitz) 614
Neu-Ostheim – Mannheim (Bundesrepublik Deutschland) 775
Neustrelitz (Deutsche Demokratische Republik) 902
Neu-Tichau (Polen) 614
Neue Einwanderung (Vereinigte Staaten) 571
Neue Geschäftsviertel (Orient) 651
Neue Städte
  Australien 639
  Bundesrepublik Deutschland 611, 784
  Deutsche Demokratische Republik 613, 614
  Frankreich 781, 785
  Großbritannien 566, 567, 605, 612, 671, 785
  Indische Union 833
  Israel 561, 562
  Japan 607
  Lateinamerika 639
  Mitteleuropa 611, 614, 765
  Niederlande 569
  Nordeuropa 782, 783
  Ostblockländer 613, 614
  Pakistan 641
  Sowjetunion 612, 613
  Tropisch-Afrika 641
Neue Vororte (Vereinigte Staaten) 720
Neuseeland
  Einfamilienhäuser 731
  Fernhandelsstädte als Seehäfen 624
  Maoris in Städten, Mittelschichten 731
  Polynesier in Städten 731
  Primate City-Index 574
  Seehäfen 628
  Übergangszone 731
  Verdichtungsräume 730
  Wohlstandsviertel 732
Neuß (Bundesrepublik Deutschland) 590, 603
Newcastle (Australien) 606
Newcastle upon Tyne (England) 872
New Orleans – Louisiana (Vereinigte Staaten) 603, 627
New York – New York (Vereinigte Staaten) 521, 537, 570, 606, 618, 619, 627, 659, 677, 722, 796, 873
New York – Northeastern New Jersey Standard Consolidated Area 714

New York Consolidated Area (Vereinigte Staaten), Segregationsindex 716
New Territories-Hongkong 809
Newtons Gravitationsgesetz 536
Nicht zerstörte Altstädte bzw. Cities (Mitteleuropa)
  Degradierung der Sozialstruktur 751
Nicht-industrielle Management-Zentren
  Bundesrepublik Deutschland 631
  Vereinigte Staaten 619
Nicht-integrierte shopping centers 671
Niederandalusien (Spanien) 874, 875
Niederländische Kolonialstädte 904, 905
Niederlande
  Citybildung 660
  Eigenheime 775
  Grundriß 898
  Hierarchie der Geschäftszentren 670
  Management-Zentren 630
  Neue Städte 569
  Parasitäre Stadt-Land-Beziehungen 563
  Pendelwanderung, Raumordnungspläne 569
  Trabantenstädte 569
  Umkreis von zentralen Orten 544
Niederschlagsverhältnisse in Städten 952, 953
Niger
  Primate City-Struktur 580, 581
Nigeria (Tropisch-Afrika)
  Industriestandorte bzw. -städte 608, 609, 702
  Karawanenstädte 580
  Log-normale Verteilung der Städte 580, 581
  Yorubastädte 580
  Zentrale Orte 502
Nodalität 505
Nördliche Löß- bzw. Schwarzedegrenze als Leitlinie für die Ausbildung von Städten 872
Nonbasic employment 585
Nordamerika, s. auch Kanada und Vereinigte Staaten, Baumaterial s. gesondert
  Eisenbahngesellschaften 695
  Eisenbahnstädte 615
  Flußmündungshäfen 627
  Seehäfen als Fernhandelsstädte 624, 873
  Verkehrsstädte 615
Nordeuropa, Geographische Lage 873
  Baumaterial 920, 921
  Gründerzeitlicher Gürtel 755
  Mietswohnungen gehobener Schichten 768
  Neue Städte 782, 783, 785, 802, 803, 916
  Soziale Gesetzgebung 737
  Übergangszone 755
  Wiksiedlungen 622
  Wohnbau (Anteil von Eigenheimen zu Mehrfamilienhäusern) 775
Nordhorn (Bundesrepublik Deutschland) 692
Nordirland (Großbritannien)
  Ghettobildung 756

Nordstadt – Hamburger Verdichtungsraum (Bundesrepublik Deutschland) 664
Nordweststadt – Rhein-Main-Verdichtungsraum (Bundesrepublik Deutschland) 553, 799
Norilsk (Sowjetunion) 553
North American Water and Power Alliance 979
Norwich (England) 611
Nouakschott (Mauretanien) 641
Novokuznezk (Sowjetunion) 608
Nova Huta – Krakauer Verdichtungsraum (Polen) 614
Nowgorod (Sowjetunion) 592, 622, 790
Nürnberg (Bundesrepublik Deutschland) 604, 667, 668, 692, 742, 750, 780, 788, 1016
Nuevo Laredo – Laredo (Mexiko – Vereinigte Staaten) 610
Nutzung des CBD (Republik Südafrika) 677, 678
Nutzung der Flächen einer Stadt 643
Nutzung der Gebäude einer Stadt 643
Nymphenburger Park, Münchener Verdichtungsraum 787

Oasenstädte 620
Oberflächengestalt, Einfluß auf die sozio-ökonomische bzw. sozial-ökologische Gliederung der Bevölkerung 793
Oberhausen (Bundesrepublik Deutschland) 610
Oberschichtviertel 709, 736, 769
Oberursel – Randstadt von Frankfurt a. M. 775
Obervolta, s. Burkina Faso
Odessa (Sowjetunion) 807
Öffentlicher Verkehr
 Bundesrepublik Deutschland 1013
 Großbritannien, Japan, Mitteleuropa 1013
 Sowjetunion 1013
 Thailand 1027
 Vereinigte Staaten 1013
Öffentliche Bäder (Orient) 651, 681
Ökonomische Gesetze
 Zentrale Orte 496
Österreich Alpenrandstädte, s. auch Mitteleuropa, 871
 Heimstätten 773
 Römische Militärlager 589
 Zentrale Orte 505, 506
Offenbach – Frankfurt a. M./Verdichtungsraum 543, 967, 1003, 1016
Offenburg (Bundesrepublik Deutschland) 897
Offener Stadtrand 748
O'Hare-Chicago (Vereinigte Staaten) Flughafen 700
Oklahoma City – Oklahoma (Vereinigte Staaten) 1015
Oldenburg (Bundesrepublik Deutschland) 1004, 1006
Oldham (England) 605
Oloron (Frankreich) 871

Olten (Schweiz) 547
Olympia – Washington (Vereinigte Staaten) 593
Olympiadorf, München/Verdichtungsraum 780
Omaha – Nebraska (Vereinigte Staaten) 615, 780
Omnibusse als Verkehrsmittel 1025-1027, 1029, 1031
Omsk (Sowjetunion) 871
Oppeln (Schlesien) 713
Orel (Sowjetunion) 592, 872
Orenburg/Tschkalow (Sowjetunion) 872, 899
Orient
 Bazar 651
 Funktionale Stadttypen 681
 Geschäftsviertel westlichen Stils 651, 652
 Großstädte 681-683, 828, 830
 Grundriß 687-690, 908, 924
 Karawanenstädte 619-621
 Kleinstädte 648-652, 681, 826
 Landstädte 599, 600
 Lineare Ausweitung der Vorstädte 918
 Mittelstädte 680, 827-829
 Neue Geschäftsviertel 651
 Öffentliche Bäder 651
 Periodische Märkte 648
 Residenzstädte 586, 587
 Soziale Degradierung der Altstadt 826
 Soziale Schichtung 823-826
 Spontansiedlungen 824
 Stadt-Land-Beziehungen 558-560
 Umkreise von Städten 545, 547
 Verkehrsmittel 1030, 1031
 Versorgung mit Trinkwasser 961, 970
 Verstädterung 557
 Wallfahrtsplätze 594
 Zwischenstädtische Beziehungen 558
Orientierte Straßensysteme 910, 911
Ortsfriedhöfe in Verdichtungsräumen 792
Ortsnamen deutscher Städte 590
Ortsnamen von Städten als geographische Lagebezeichnungen 867
Osaka (Japan) 575, 597, 624, 630, 680, 695, 701, 945, 1001
Oslo (Norwegen) 546, 873, 999
Osnabrück (Bundesrepublik Deutschland) 921, 1016
Osorno (Chile) 851
Ostasien, Verstädterung 577, 578
Ostdeutscher Kolonialgrundriß (Polen) 899
Ostmitteleuropa,
 Ackerbürgerstädte 598
 Handelsstädte 617
 Ringeisenbahnen 693
 Stadtdörfer 598, 599
Ostblockländer, Citybildung 679
 Genossenschaftlicher Hausbau 807
 Management-Zentren 629, 630
 Primäre Industriestädte 613, 614

XLIV Sachregister

Staatlicher Hausbau 807
Umkreise von zentralen Orten 545
Oststadt – Mannheim/Verdichtungsraum 768
Osterode (Bundesrepublik Deutschland) 871
Othmarschen – Hamburg/Verdichtungsraum 770, 771
Ottawa (Kanada) 630
Ottensen – Hamburg/Verdichtungsraum 771
Ougadougou (Bourkina Faso) 600, 839, 841, 842
Ovalle (Chile) 850
Overgrown villages 600
Oxford (England) 595, 596, 867

Pakistan
Bazar 683
Cantonments 683, 684
Flüchtlingsprobleme 823
Hauptmarkt, Mall, Nebenmärkte 684
Sidr-Bazar 683, 684
Pakistanis als ausländische Arbeitskräfte (Großbritannien 762
Palastbauten und planmäßiger Grundriß 910
Palaststädte (Indien, Südostasien) 588, 885-887
Palazzi (Italien) 925
Palermo (Italien) 795, 801
Palma Nuova (Italien) 901
Palmyra/Zweistromland 619, 620
Palo-Alto – Kalifornien (Vereinigte Staaten) 947
Panama City (Panama) 869
Pankow – Ost-Berlin (Deutsche Demokratische Republik) 771
Parasitäre Stadt-Land-Beziehungen
Deutschland 563
Iran 559, 560
Japan 574
Lateinamerika 577
Niederlande 563
Orient 558, 559, 560
Para-Transit-System 1013, 1026
Paris (Frankreich) 543, 546, 570, 596, 597, 612, 622, 634, 640, 696, 737, 767, 868, 913-916, 946, 954, 967, 969, 973, 976, 982, 983, 1031
Park-and-ride-Systeme 1013, 1023
Parkanlagen und Kälteinseln 947
Park Forest – SMSA Chicago (Vereinigte Staaten) 713
Parma (Italien) 802, 952
Part Dieu – Lyoner Verdichtungsraum (Frankreich) 672
Parzellengrenzen und ihre Veränderungen 926
Passau (Bundesrepublik Deutschland) 590, 876
Paßfußstädte 863
Paßstädte 863
Patalia-Pandschab (Indische Union) 653
Patna (Indische Union) 865
Pavement dwellers 852
Paysanda (Uruguay) 609

Pazifisch-periphere Städte (Kanada) 729
Peking (China) 554, 555, 597, 640, 881-883, 928
Pendelwanderung
Afghanistan 558, 826
Bundesrepublik Deutschland 492, 494, 565, 778, 779
Deutsche Demokratische Republik 614
Ekuador 852
Großbritannien 566, 567, 695
Israel 834
Japan 576, 607
Niederlande 569
Republik Südafrika 734
Senegal 847
Sowjetunion 571
Thailand 814
Vereinigte Staaten 490, 572, 720
Pensa (Sowjetunion) 872
Perpignan (Frankreich) 746
Perth (Australien) 574
Personenkraftwagen 1008-1011, 1020, 1031
Petersburg bzw. Leningrad (Rußland) 621, 902
Petersburg – Virginia (Vereinigte Staaten) 866
Petropawlowsk (Sowjetunion) 612
Pfahlbaustädte 877
Pferdeomnibusse als Verkehrsmittel
Großbritannien, Rußland, Vereinigte Staaten 988
Pforzheim (Bundesrepublik Deutschland) 746
Philadelphia – Pennsylvania (Vereinigte Staaten) 537, 606, 611, 618, 619, 627, 867, 873, 905, 1015
Philippinen
Abwasser- und Abfallbeseitigung 981
Grundriß der Städte 904
Öffentlicher Verkehr 1026
Verstädterung 578
Phönikische Städte 621, 877
Phoenix – Arizona (Vereinigte Staaten) 713
Piacenza (Italien) 892-894
Pistoia (Italien) 825, 921
Piazzas (Italien) 891
Pietermaritzburg-Natal (Republik Südafrika) 659, 677, 678
Piräus (Griechenland) 622, 910
Pirate Taxis bzw. Omnibusse 1025, 1026
Pisa (Italien) 620
Pittsburgh – Pennsylvania (Vereinigte Staaten) 572, 606, 618, 619, 658, 698
Plananlagen des Hochmittelalters
Frankreich, Großbritannien 898, 899
Mitteleuropa, Schweiz 898
Planmäßiger Grundriß
Ägypten, Babylon, China 910
Griechenland 910, 911
Hellenistische Stadtgründungen 911
Indien 910
Nicaea, Priene 911

Plaza bzw. Plaza Mayor (Spanien und Lateinamerika) 904
Plymouth (England) 591
Pnyx-Hügel-Athen (Griechenland) 909
Pointe Noire (Volksrepublik Kongo) 628
Polen
    Landstädte 599
    Multifunktionale Städte 617
    Trabantenstädte 614
    Zentrale Orte 502
Politische Grenzlage von Städten 870, 871
Politisch fundierte Stadttypen 586 ff.
Polozk (Sowjetunion) 622
Polyindustrielle Städte (Frankreich) 585
Polyzentrische Verdichtungsräume 513, 536, 567, 573, 779
Polynesier in Städten von Neuseeland 731
Pont d'Ain (Frankreich) 867
Pont-sur-Yonne (Frankreich) 867
Poona (Indische Union) 822
Popayan (Bolivien) 851
Port Elizabeth (Republik Südafrika) 632
Porto (Portugal) 903
Port Klang-Verdichtungsraum Kuala Lumpur (Malaysia) 641
Port Swettenham s. Port Klang
Portland (England) 591
Portsmouth (England) 591
Posadi 592
Posen (Polen) 590, 875
Postindustrielle Städte 493
Potosi (Bolivien) 553
Präfekturstädte (China) 608
Prades (Frankreich) 871
Präriestädte (Kanada) 729
Prag (Tschechoslowakei) 867, 929
Prato (Italien) 921
Preston (England) 605
Pretoria (Republik Südafrika) 638
Pretoria-Johannesburg-Vereeniging 734
Primäre Industriestädte
    Bundesrepublik Deutschland 611
    Deutsche Demokratische Republik 614
    Großbritannien 611, 612
    Ostblockländer, Sowjetunion 612, 613, 614
Primärer Sektor 486
Primate City-Struktur 521, 555, 557, 565
Primate City-Struktur
    Australien 573, 574, 730
    Burundi 580, 581
    Chile 577
    Gambia 580, 581
    Japan 575
    Lateinamerika 577
    Mauretanien, Niger, Senegal 580, 581
    Sowjetunion 570
    Sri Lanka 578

Tanzania 580, 581
Thailand 578
Tschad 580, 581
Uruguay 577
Produktionsstädte 604
Pro-Kopf-Verbrauch von Brennholz und Holzkohle
    Thailand, Tropisch-Afrika 962
Prokopjewsk (Sowjetunion) 608
Provinzhauptorte 497, 525, 526
Pskow [Pleskau] (Sowjetunion) 804
Puebla (Mexiko) 503
Pueblos jóvenes (Peru) 856
Puerto Rico, Standorte der Industrie 703
Pyrenäenstädte 871

Qalat (Belutschistan, Pakistan) 821
Qanate zur Trinkwasserversorgung
    Europäisches Mittelmeergebiet 976, 977
    Nordwestafrika 976
    Orient 971, 972, 976
Qatar (Verstädterung) 557
Quartieri urbani (Rom, Italien) 796, 797
Quartier Latin – Paris (Frankreich) 612
Quartier péricentraux, Gründerzeitlicher Gürtel in französischen Städten 752, 762
Quartiersbazare (Orient) 683
Quebec (Kanada) 627, 730, 905
Quellwasser zur Trinkwasserversorgung
    Antike Städte bzw. Römische Städte mit Aquädukten und Tunnelanlagen 975
    Frankreich, Mitteleuropa 976
    Vereinigte Staaten 978, 979
Quetta (Belutschistan, Pakistan) 821
Quito (Ekuador) 852

Rab, Mietshäuser in Kairo (Ägypten) 925
Rabat (Marokko) 824, 832
Radfahrwege (Deutschland) 1012
Radial-konzentrisches Straßennetz
    Barockstädte 902
    Kreml-Typ (Rußland) 900
    Renaissance-Ablagen 901
Radom (Sowjetunion) 872
Räumliche Ausweitung von Wärmeinseln bei flächenhaftem Wachstum der Städte 946
Rahlstedt – Hamburger Verdichtungsraum (Bundesrepublik Deutschland) 780
Randbereich der SMSA s. (Vereinigte Staaten) 721
Randstad Holland (Niederlande) 567, 568
Randwanderung der Bevölkerung (Bundesrepublik Deutschland) 776, 777
Randwanderung der Industrie
    Bundesrepublik Deutschland 679, 698, 700, 701
    Großbritannien 567, 701

Japan, Republik Südafrika 701
  Vereinigte Staaten 697, 698, 699, 700, 701
Randwanderung des dritten Sektors
  Bundesrepublik Deutschland 770
  Großbritannien 567
  Ostblockländer 614
  Sowjetunion, Vereinigte Staaten 571, 572
Randzone (Bundesrepublik Deutschland) 491, 492
Rang-Größenverteilung der Städte
  England und Wales 565
  Israel 561, 562
  Lateinamerika 577
  Sowjetunion 570, 571, 573
  Vereinigte Staaten 562, 563, 570, 571
Rangordnung der Städte 495
Rangun (Burma) 626
Rapid-Transit-System 1013, 1030
Rassische Segregation (Vereinigte Staaten) 712, 713
Rassische townships (Republik Südafrika) 732
Rastorte des Verkehrs (Japan) 616
Ratibor (Ostschlesien) 872
Rauhigkeit der Oberfläche bei Dreidimensionalität der Städte, Einfluß auf die Wärmeinseln 941
Raumordnungspläne (Niederlande) 569
Raumordnung und Landesplanung (Bundesrepublik Deutschland) 492
Rawalpindi (Pakistan) 641
Reading (England) 947
Rechtliche Stellung von Städten
  Belgien 484
  Deutschland 483
  Frankreich, Großbritannien 484
  Indien 483, 484
Rechteckige Stadtmauern
  Römische Kolonialstädte 911
Recife (Brasilien) 624
Recklinghausen (Bundesrepublik Deutschland) 610
Red Oak-Iowa (Vereinigte Staaten) 553
Reichenbach (Schlesien) 898
Reichsheimstättengesetz (Deutschland) 773
Reichssiedlungsgesetze (Deutschland) 773
Reinbek-Hamburger Verdichtungsraum (Bundesrepublik Deutschland) 780
Regensburg (Bundesrepublik Deutschland) 590, 596, 886, 894, 895, 919, 923
Regionale shopping centers (Vereinigte Staaten) 671, 676
Regionale Stadttypen 585, 642
Regionalstädte (Frankreich) 552, 617, 672
  Denkmalschutz in Altstädten, Entlastungszentren 751
Regulierte tägliche Märkte (Indische Union) 653
Reichsstädte (Deutschland) 788
Relative Feuchte in Städten 952

Remscheid (Bundesrepublik Deutschland) 492
Renaissance-Arkaden (Italien) 925, 926
  Städte 901
Rennes (Frankreich) 617
Rentenkapitalismus 557
Rentnerstädte (Vereinigte Staaten) 582, 907
Reorientalisierung 683
Republik Südafrika
  Appartmenthäuser 734
  Beschäftigte im CBD nach Rassen 676, 678
  CBD 673, 674
  Europäerviertel 734
  Fernhandelsstädte als Seehäfen 624
  Ghettos 735
  Group Areas Acts 659, 677, 678, 732, 734
  Hierarchiestufen zentraler Orte 504
  Hochhäuser im CBD, Homelands 734, 735
  Inder 739
  Kleinstädte, innere Differenzierung 659
  Management-Zentren 632
  Nutzung des CBD 677, 678
  Pendelwanderung 734
  Randwanderung der Industrie 701
  Rassische Gliederung der Bevölkerung 706
  Rassische townships 732
  Sektorenschema in der Anordnung der Sozialschichten 739
  Sozio-ökonomischer Status der Bevölkerung 733, 734
  Spontansiedlungen, Übergangszone 734
  Verdichtungsräume 734
  Wohnviertel der Mischlinge 739
  – der Mittelschichten 734
  – der Oberschicht 734
  Zentrale Orte 498, 500, 501
Residenzen, als städtische Erholungsflächen 786
  von Priesterkönigen 586
Residenzstädte 788, 789
Residenzstädte als Ursprung von Groß- und Mittelstädten, Mitteleuropa 748
  Deutschland 590, 591
  Frankreich 590
  Indien, Japan 587, 588, 589
  Orient 586, 587
Reval (Baltikum) 621, 873
Rhein-Main-Verdichtungsraum 492, 546, 631, 938, 953
Rhein-Neckar-Verdichtungsraum (Bundesrepublik Deutschland) 513, 631, 778, 935, 937, 938
Rhein-Ruhr-Einkaufszentrum (Essen-Mülheim an der Ruhr) 671
Rhein-Ruhr-Gebiet, Management-Zentren 631
  Zentrale Orte 519, 541, 546
Rhein-Ruhr-Verdichtungsraum 492, 750
Rheydt (Bundesrepublik Deutschland) 603
Rhodos (Griechenland) 622, 911
Ribbon development 919

Sachregister   XLVII

Richmond – New York (Vereinigte Staaten) 722
Richmond – Virginia (Vereinigte Staaten) 708, 886
Rieselfelder 542
Riga (Baltikum) 570, 621, 627, 873
Rikshas als Verkehrsmittel 1023
Ringautobahnen, Großbritannien 697, 698
  Vereinigte Staaten 697, 1009, 1011
Ringeisenbahnen
  Großbritannien 693
  Japan 696
  Mitteleuropa, Ostmitteleuropa 693
  Vereinigte Staaten 695
Ringförmiges Wachstum von Städten 919, 920
Ringstraßen, Mitteleuropa 743, 920
Rintheim-Karlsruhe (Bundesrepublik Deutschland) 777
Rio de Janeiro (Brasilien) 610, 624, 639, 640, 688, 853, 857-859, 958, 1028, 1030
Rio Grande do Sul (Brasilien) 610
Rioni – Rom (Italien) 796
Rissen-Hamburg (Bundesrepublik Deutschland) 770
Riverview – Nebraska (Vereinigte Staaten) 591
Rochdale (England) 605
Rochefort (Frankreich) 591
Rochester (Kanada) 872
Römerstadt – Frankfurt a. M. (Bundesrepublik Deutschland) 772
Römerstädte 622
Römische Militärlager
  Deutschland 589, 590
  England, Frankreich, Italien 589
  Österreich, Römisches Reich 589
  Schweiz, Spanien 589
Römische Militärlager
  Planmäßiger Grundriß, Porta decumana 911
  Porta praetoria, Praetorium 911
  Quadratische oder rechteckige Stadtmauern 911
Römische Grundrißelemente
  Bundesrepublik Deutschland 894
  Frankreich, Großbritannien 893, 894
  Mitteleuropa, Schweiz 893
Rom (Italien) 630, 640, 672, 673, 795-799, 802, 913, 914, 968, 973, 975, 976
Romney (England) 591
Rostock (Deutsche Demokratische Republik) 594, 621, 873
Roskilde (Dänemark) 594
Rotterdam (Niederlande) 569, 627, 765, 872
Rottweil (Bundesrepublik Deutschland) 590, 897
Rouen (Frankreich) 617, 782, 783, 873
Rüppur – Karlsruhe/Verdichtungsraum 771, 772
Ruhefrist von Grabstätten 790
Ruhrgebiet (Bundesrepublik Deutschland)
  Abwasserbeseitigung 983, 984
  Schadstoffbelastung 938

Ruhrpark-Einkaufszentrum – Bochum (Bundesrepublik Deutschland) 671
Ruhrtalsperrenverein (Bundesrepublik Deutschland) 977, 978
Rumänien
  Landstädte 599
  Multifunktionale Städte 617
Rungis – Paris/Verdichtungsraum 543, 915
Rural-non-farm-Bevölkerung (Vereinigte Staaten) 573
Rußland s. auch Sowjetunion, Fernhandelsstädte 622
  Grundriß 899, 900, 909
  Verkehrsmittel 990, 1005
Rwanda, Verstädterung 579

Saarlouis (Bundesrepublik Deutschland) 901
Sackgassenprinzip (Nordwestafrika und Orient) 887, 890
Sacramento – Kalifornien (Vereinigte Staaten) 593
Saida [Sidon] (Libanon) 621
Saint Gaudens (Frankreich) 871
Saint Giron (Frankreich) 871
Salamanca (Spanien) 596, 921
Salé (Marokko) 682
Salisbury (England) 898, 899
Salisbury (Zimbabwe) 689
Salt Lake City – Utah (Vereinigte Staaten) 510, 674
Salto (Uruguay) 577
Salvador (Brasilien) 624
Salzgitter (Bundesrepublik Deutschland) 611, 1004
Samarabriva [keltischer Name für Amiens] (Frankreich) 867
Samarra (Irak) 592
Sammeltaxen 1024
Samsun (Türkei) 824
Samuraimachi (Japan) 592
San Diego – Kalifornien (Vereinigte Staaten) 713, 978
San Francisco – Kalifornien (Vereinigte Staaten) 612, 615, 618, 619, 646, 698, 986, 988, 1010
San Gimignano (Italien) 891, 925
Sanierungsgebiete
  Frankreich (Altstädte) 751
    (Gründerzeitlicher Gürtel) 756
  England (City) (Übergangszone) 758
  Mitteleuropa (Altstädte) 752
    (Gründerzeitlicher Gürtel) 756, 759, 761
  Vereinigte Staaten (Übergangszone) 721
  West-Berlin (Übergangszone) 759
San Marcos – Texas (Vereinigte Staaten) 659
Sandwich (England) 591
Santa Caterina (Brasilien) 610
Santiago de Chile (Chile) 623, 853, 858

Santiago de Chile-Valparaiso – Viña del Mar – Verdichtungsraum (Chile) 577
São Paulo (Brasilien) 610, 688, 858, 859, 860, 958
Sapporo (Japan) 575, 1001
Saratow (Sowjetunion) 592
Sarcelles – Pariser Verdichtungsraum 781
Sarh – früher Fort Archambault (Republik Tschad) 837
Sasa (Jemen) 649
Satellitenstädte 491, 492, 783-786, 802
Savai (Philippinen) 1026
Schadstoffbelastung
  Hamilton (Kanada) 937, 938
  Rhein-Main-Verdichtungsraum 938
  Rhein-Neckar-Verdichtungsraum, Ruhrgebiet 938
Schadstoffbelastung
  Einfluß – von Art der städtischen Nutzung 938
    – von Temperaturunterschieden von Land und See 938
    – von Topographie 938
    – von unterschiedlichen Wetterlagen 938
Schanghai (China) 554, 624, 883, 917
Schema der sozial-ökonomischen Gliederung der spanisch-lateinamerikanischen Städte 861
Schinbaschi – Tokyo (Japan) 696
Schiraz (Iran) 682
Schlafstädte (Vereinigte Staaten) 719
Schlesien, Herkunft der städtischen Bevölkerung 546
Schleswig (Bundesrepublik Deutschland) 738
Schloßgärten als städtische Erholungsflächen 787
Schloßpark – Karlsruhe (Bundesrepublik Deutschland) 787
Schnellbahnen als Verkehrsmittel 1030
Schnellstraßen zu Flughäfen, Dezentralisierung tertiarer Einrichtungen 677
Schönbrunn – Wiener Verdichtungsraum (Österreich) 771
Schrebergärten 644, 745, 773, 744
Schutzmotiv bei der Wahl der topographischen Lage 874
Schwabing – Münchener Verdichtungsraum (Bundesrepublik Deutschland) 768, 769
Schweden
  Eingemeindungen 749
  Herkunft der städtischen Bevölkerung 546
  Hierarchie der Geschäftszentren 670
  Landstädte 598
  Management-Zentren 630
  Stadt-Land-Beziehungen 540
  Umkreise von zentralen Orten 530, 536, 537
  Universitätsstädte 597
  Wohnungsbau 775
  Zentrale Orte 508, 509
Schwedt (Deutsche Demokratische Republik) 614

Schwefeldioxid-Immissionen 932, 935, 936
Schweiz
  Bischofsitze 595
  Eigenheime 775
  Hierarchiestufen zentraler Orte 504
  Fernhandelsstädte 629
  Klosterstädte 595
  Management-Zentren 630
  Plananlagen des Hochmittelalters 898
  Römische Militärlager 589
  Städtegründungen der Zähringer 897
  Umkreise von zentralen Orten 547
  Wohnungsbau 775, 924, 926
Schwerin (Deutsche Demokratische Republik) 876
Schwüleempfinden 951
Schwülezonen der Erde 950
Scranton – Pennsylvania (Vereinigte Staaten) 604
Seattle-Tacoma – Washington (Vereinigte Staaten) 538, 713, 986
Seehäfen
  Großlage, Landlage, Meereslage 625
Seehäfen als Fernhandelsstädte 620, 621
Seesen (Bundesrepublik Deutschland) 871
Segregationsindex 713-716, 731, 737, 765
Seidenstraße 620
Sekondi-Takoradi (Ghana) 628
Sektor aktiver Assimilation in der Übergangszone (Vereinigte Staaten) 715
Sektorale Anordnung der Sozialschichten Mitteleuropa, Westeuropa 737, 742, 743
Sektorale und konzentrische Durchdringung hinsichtlich der Sozialschichten 793
Sektoren allgemeiner Inaktivität in der Übergangszone (Vereinigte Staaten) 717
Sektoren passiver Assimilation in der Übergangszone (Vereinigte Staaten) 717
Sektorenschema, tendenziell 793
Sektorenschema hinsichtlich der Sozialschichten 793, 794, 830
Sektorenschema
  Kanada 730
  Republik Südafrika 739
Sektorenschema nach Hoyt (Vereinigte Staaten) 727, 728
Sekundäre Industriestädte 610, 611
Sekundärer Sektor, s. auch Industrie 486, 489, 497, 546, 584
Selbstversorgerorte 782
Sendai (Japan) 607
Senegal
  Primate City-Struktur 580, 581
  Verstädterung 578
Sennestadt – Bielefeld/Verdichtungsraum 784
Seoul (Südkorea) 578, 812, 882
Serails, s. Khane
Serpuchow (Sowjetunion) 592

Sevilla (Spanien) 796, 799, 800, 868
Shanty towns 811
Shimbam (Hadramaut) 890, 924
Sholapur (Indische Union) 822
Shopping centers
　Australien 732
　Bundesrepublik Deutschland 670, 671, 672
　England, Niederlande 670
　Republik Südafrika 676
　Schweden, Schweiz 670, 671
　Vereinigte Staaten 675, 721, 728, 1015
　Wärmeinseln 944
Sian (China) 881
Sidon (jetzt Saida, Libanon) 621
Sidr-Bazar (Indien) 683, 684, 686
Siedlungs- und Flurformen/Ackerbürgerstädte 599
Siedlungshäuser mit Nutzgärten (Mitteleuropa) 744
Siedlungskolonien (Großbritannien) 747
Siegen (Bundesrepublik Deutschland) 492, 543, 603
Siena (Italien) 798
Sierra Leone
　Etappenweise Stadtwanderung, Mobilität 579
Silpa Sastra 910
Singapore
　Ethnische Differenzierung 686, 687, 817
　Fliegende Händler 686, 687
　Flughafen 1031
　Geographische Lage 870
　Industrie 703
　Innere Differenzierung 817, 818
　Märkte 687
　Sanierung der Altstadt, Sozialer Wohnungsbau 817
　Sozialschichten 818
　Spontansiedlungen 686, 687, 812, 817, 819
　Stadtstaat 633
　Trabantenstädte 817
　Verkehrsmittel 1022, 1023, 1025-1031
　Wohnraum pro Person 817
Sinken der Windgeschwindigkeit in Städten 948
Skutari – Istanbuler Verdichtungsraum (Türkei) 870
Sloetermeer – Den Haag (Niederlande) 750
Slumsanierung (Großbritannien) 717
Smog 938-940
Smolensk (Sowjetunion) 592, 622
SO2-Belastung
　Hannover (Bundesrepublik Deutschland) 937
SO2-Konzentrationen 935, 937
Soest (Bundesrepublik Deutschland) 551, 872
Soissons (Frankreich) 595
Solingen (Bundesrepublik Deutschland) 492
Solitärstädte (Bundesrepublik Deutschland) 564, 603, 632, 762

Solln – Münchener Verdichtungsraum (Bundesrepublik Deutschland) 769
Solothurn (Schweiz) 547
Sok, s. Bazar
Southampton (England) 872
South Shore – Chicago/Verdichtungsraum 713
Soweto – Johannesburg (Republik Südafrika) 734, 735
Sowjetunion
　Baugenossenschaften 806, 807
　Beamtenstädte 592
　Bergbaustädte 553, 607
　Burgstädte 591, 592
　Citybildung 678, 803, 804
　Datschas der neuen Intelligenz 807
　Distriktzentren 678, 679
　Eisenbahnstädte 615
　Erholungsflächen 806, 807
　– pro Person 806
　Fremdenverkehrs-Städte 583
　Großstädte 571, 678
　Gruppenstädte 573
　Handelsstädte 617
　Hauptstädte der Unionsrepubliken 573
　Industriestädte 583, 607, 608, 611
　Kleingärten 807
　Kleinstädte 571
　Kolchosmärkte 679
　Kriegshäfen, Landstädte 583
　Linienhaftes Wachstum der Städte längs der Eisenbahnen 919
　Log-normale Verteilung 570
　Lokale Zentren 583
　Management-Zentren 629
　Mittelstädte 571
　Multifunktionale Städte 583, 592, 617
　Pendelwanderung 571
　Primäre Industriestädte 612, 613
　Rang-Größen-Verteilung 570
　Soziales Gefälle vom Kern nach Peripherie 804, 805
　Städtesysteme 570, 612
　Umkreise von zentralen Orten 541, 545
　Universitäts- und Forschungszentren 583
　Verdichtungsräume 573
　Verkehrsmittel 990, 1005, 1007, 1009-1011, 1013
　Verkehrsstädte 583, 615
　Verstädterung 570, 571
　Weltstädte 678
　Wohnfläche pro Person 807
　Wohnungsbau 805
　Zwischenstädtische Wanderungen 571
Soziale Funktionen 647
Soziale Gesetzgebung
　Mitteleuropa, Nordeuropa, Westeuropa 737

L   Sachregister

Soziale Gliederung der Bevölkerung
    Australien 706, 732
    Europäisches Mittelmeergebiet 737
    Frankreich, Großbritannien 736, 737
    Japan 656
    Kanada 706, 728-730
    Lateinamerika 848, 849
    Mitteleuropa 735, 736, 738, 740-745, 760, 761
    Nordeuropa 740
    Republik Südafrika 706, 733, 734
    Sowjetunion 804
    Tropisch-Afrika 835
Soziale Schichtung und statistische Grundlagen (Bundesrepublik Deutschland) 737
Soziales Gefälle vom Kern – nach der Peripherie 794
    – von der Peripherie zum Kern 794
Sozialer Wohnungsbau
    Bundesrepublik Deutschland 739, 742, 744
    Großbritannien 747, 762
    Hongkong 819
    Lateinamerika 853, 855
    Mitteleuropa 742, 744, 807
    Nordeuropa 740
    Singapore 817
    Vereinigte Staaten 715
Sozio-ökonomische Differenzierung großer Städte der Vereinigten Staaten
    – nach dem Sektorenschema von Hoyt 727, 728
    – nach der Mehrkerntheorie von Harris und Ullman 728
Sozio-ökonomische Gliederung, Einfluß der Oberflächengestalt 793
Sozio-ökonomischer Status der Bevölkerung in sektoraler Gliederung nach Rees 725
Spätindustrielle Phase
    Umkreise von zentralen Orten 530
Spätindustrielle Städte 493
Spandau West – Berlin 771
Spanische Kolonialstädte 903, 904, 912
Sperrschicht 933
Speyer (Bundesrepublik Deutschland) 590, 865
Spezialisierung der City bzw. des CBDs
    Bahnhofsviertel 664, 667, 678, 679
    Bankenviertel 664, 666, 667, 670
    Bürohausviertel 666, 667, 668, 670
    Gewerbebetriebe (Druckereien und Konfektion) 664, 668, 674, 675
    Großhandelsviertel 682, 683
    Hauptgeschäftsstraßen 664, 668, 674, 675, 679
    Hotelviertel 678
    Möbelgeschäfte 667, 675
    Praxen von Rechtsanwälten 666
    – von Spezialärzten 666
    Versicherungsviertel 664, 666, 667, 670
Spontansiedlungen, Typisierung 927, 933

Spontansiedlungen
    Europäisches Mittelmeergebiet 799, 801, 802
    Hongkong 812, 818, 819
    Indische Union 812
    Lateinamerika 824, 853, 855-858, 861
    Nordwestafrika 824, 831-833
    Orient 824, 830, 831, 924
    Pakistan 821, 824
    Singapore 817
    Südostasien 816, 817
    Taiwan 813
    Tropisch-Afrika 838, 843-847
Spurenstoffe in der reinen und verunreinigten Atmosphäre 932
Sri Lanka
    Primate City-Struktur 578
Srirangam (Indische Union) 887
St. Andrew (Großbritannien) 595
St. Gallen (Schweiz) 595
St. Lorenz-Seeweg 628
St. Louis – Missouri (Vereinigte Staaten) 572, 641, 677, 905, 1009, 1011
St. Petersburg, s. Leningrad
Staaken – West-Berlin 772
Staatlicher Wohnungsbau
    Australien 730, 731
    Großbritannien 747, 748
    Nordeuropa 540
Stadtautobahnen
    Bundesrepublik Deutschland, Großbritannien 1010
    Japan 1009
    Vereinigte Staaten 1011
Stadtbahn 1000
Stadtbefestigungen als städtische Erholungsflächen 786
Stadtbegriff 483 ff.
Stadtdörfer 485, 598, 599, 622
Stadterneuerung der Übergangszone 715
Stadtgebürtigkeit (Tropisch-Afrika) 579
Stadtklima 932 ff., 953-955
Stadtklima
    Bewölkung, Luftverunreinigungen 934
    Niederschlag, Relative Feuchte 934
    Strahlung, Temperatur, Windgeschwindigkeit 934
Stadtklima und Baumaterial 955
Stadt-Land-Beziehungen
    Afghanistan, Algerien 558, 559
    Bundesrepublik Deutschland 541, 542
    Dänemark 540
    Deutschland 495
    Einfluß der Industrie 564
    Eisenbahnzeitalter 539
    England und Wales 539, 540
    Entwicklungsländer 486, 487
    Frankreich 495, 540

Industrieländer 487
Iran, Libanon, Marokko 558, 559
Mitteleuropa 539, 561, 562, 563, 564, 565
Nordwestafrika 559, 561
Schweden 540
Syrien 557
Türkei, Tunesien 558
Verkehrsmittel 540, 541
Vorindustrielle Periode 539
Vereinigte Staaten 540
Westeuropa 539
Stadt-Land-Wanderung (Tropisch-Afrika) 579
Stadt- und Landesplanung 831, 931
Stadtregionen (Bundesrepublik Deutschland) 490, 492, 564, 565
Stadt-Staaten 632, 633, 634
Stadtstaaten (Südostasien) 815
Stadtpark – Karlsruhe (Bundesrepublik Deutschland) 787
Stadtwald bzw. Volkspark – Hamburg (Bundesrepublik Deutschland) 787
Städte
   Geschlossenheit der Ortsform (Definition) 485
   Industriezeitalter, Vorindustrielle Phase 493
   Spätindustrielle Periode 493
Städte als zentrale Orte 483 ff.
Städte der Inkas (Südamerika) 593
Städte und Verkehr 908
Städtebauförderungsgesetz vom Jahre 1971 in der Bundesrepublik Deutschland 759
Städtebildende Funktionen 585
Städtegründungen Heinrichs d. Löwen (Bundesrepublik Deutschland) 897
Städtegründungen der Zähringer (Bundesrepublik Deutschland) 896, 897
Städtenetz
   Deutschland, Hochmittelalter 562, 563, 564
Städtereihen
   Eurasien 872
   Frankreich, Großbritannien 871, 872
   Japan 873
   Mitteleuropa 871, 873
   Nordamerika 872-874
   Nordeuropa 873
Städtesysteme 493, 525, 529, 570, 612
Städte und Flüsse (China) 865
Städte und Verkehr 862
Städtische Bauweise in Abhängigkeit von der Sozialschichtung 924-927
Städtische Erholungsflächen
   Bundesrepublik Deutschland 786-788
   Frankreich, Großbritannien 786, 787
   Nordeuropa 786
Städtische Waldgebiete als Erholungsflächen 788, 789
Städtische Windzirkulation 948
Städtisches Leben 485, 488

Stahlgerüstbau 923
Standard Consolidated Area New York – North Eastern New Jersey 722
Standard market towns (China) 554
Standardabweichung 583
Standort ethnischer Minderheiten
   Australien, Neuseeland 731
Standorte der Industrie 728, 739
   – von Arbeiterwohnvierteln (Vereinigte Staaten) 728
   – von Bürohochhäusern 728
Staubniederschläge 932, 935
Stauseen als Trinkwasserlieferant 971
Stavanger (Norwegen) 873
Stein als Baumaterial für Städte 921
Sterzing (Österreich) 864
Stettin (Pommern) 590, 623, 627, 873
Stichprobenverfahren 647
Stockholm (Schweden) 630, 661, 662, 663, 664, 665, 673, 749, 873, 985
Stockwerkhöhe bei Bauwerken 924
Stockwerknutzung in der Übergangszone 709
Stralsund (Deutsche Demokratische Republik) 621, 873
Straßburg (Frankreich) 590, 617, 865, 876
Straßenbahnen als Verkehrsmittel 988, 1029
Straßenbeleuchtung, elektrischen Strom bzw. Gas 955, 956
Straßendurchbrüche als Beitrag zum Wandel des Grundrisses 917
Straßenmarkt
   Bundesrepublik Deutschland 896, 897
   Schweiz 897
Straßenreinigung 972, 973, 986
Stratford-on-Avon (England) 921
Stuttgart (Bundesrepublik Deutschland) 507, 548, 629, 631, 668, 670, 698, 700, 764, 768, 788, 1016, 1031
Stuttgarter Verdichtungsraum 519, 520, 521, 530, 534, 631
Suburbane Zone (Bundesrepublik Deutschland) 492, 493
Suburbanisierung 489, 494, 1015
Suburbanisierung der Industrie
   Australien 731
   Großbritannien 567
   Vereinigte Staaten 572, 681, 715, 719, 721
Suburbanisierung des tertiären Sektors
   Großbritannien 567
   Mitteleuropa 677
   Vereinigte Staaten 728
Subzentren des Geschäftslebens, s. shopping centers
Sucre (Peru) 851
Sudan – Orientalische Städte 652, 887, 962
Südamerika
   Flußmündungshäfen 627

Grundriß der Städte 903, 904
Städte der Inkazeit 593
Südasiatischer Typ des Bazars 648
Südasien
   Versorgung mit Trinkwasser 961, 970
   Verstädterung 577, 578
Südostasien
   Chinesische Geschäfts- und Wohnviertel 653, 687
   Citybildung 687
   Großstädte 588, 626, 686-688, 833
   Hafenstädte 676
   Kleinstädte 653, 814, 815
   Märkte 687
   Mittelstädte 653, 814, 815
   Palaststädte 588
   Pendelwanderung 814
   Primate City-Struktur 578, 815
   Spontansiedlungen 812-814, 816
   Tägliche Märkte 653
   Verkehrsmittel 1018-1027, 1031
   Verstädterung 577, 578
   Wochenmärkte 653
Südeuropäer, Australien 731
Südkorea
   Analphabetentum, Verstädterung 578
Südosteuropa
   Landstädte 599
   Umkreise von zentralen Orten 541
Sülz-Alt Klettenberg – Köln/Verdichtungsraum 753
Sukzession der Einwanderer und ihre Viertelsbildung (Vereinigte Staaten) 711
Sultanat Oman 833
Sumerische Kultur 586
Sunderland (England)
   Sozio-ökonomische Gliederung 756, 757
Sungai Way Subang (Malaysia) 641
Supermärkte (Vereinigte Staaten) 676
Surabaya (Indonesien) 1019, 1022, 1024
Sydney (Australien) 574, 632, 730, 731
Sydney – Newcastle (Australien) 730
Synthetische Städte 942
Syracus (Italien) 622
Syrien, Stadt-Land-Beziehungen 557
Sysran (Sowjetunion) 592

Täbris (Iran) 682
Tägliche Märkte
   Entwicklungsländer 660
   Europäisches Mittelmeergebiet 672
   Mitteleuropa 656
   Orient 681
   Südostasien 653
   Türkei 649
   Westeuropa 656
Täglicher Bedarf 644

Taif (Saudi-Arabien) 964, 971, 972
Taipeh (Taiwan) 812, 813
Taiwan,
   Standorte der Industrie 703
   Verstädterung 578
Talausgangslage 876
Talkonvergenzstädte 863, 864
Talmäanderlage 876
Talsperren bzw. Staubecken mit Fernwasserleitungen zur Trinkwasserversorgung
   Bundesrepublik Deutschland 977
   Europäisches Mittelmeergebiet 965, 977
   Griechenland 976
   Orient 971
   Vereinigte Staaten 978, 980
Talwinde 948
Tambow (Sowjetunion) 872
Tampa – Florida (Vereinigte Staaten) 727
Tampere (Finnland) 717
Tananarive (Madagaskar) 839
Tangshan-Hebei 740
Tanzania
   Primate City-Struktur 580, 581
   Pro-Kopf-Verbrauch von Brennholz und Holzkohle 962
Tapiola – Verdichtungsraum Helsinki (Finnland) 782, 783
Tarascon – Beaucaire (Frankreich) 870
Tarnobrezy (Polen) 614
Tarsus (Türkei) 558
Taschkent (Sowjetunion) 558, 678, 1001
Tatarenstadt Kitai-Gorod – Moskau (Sowjetunion) 900
Taunusrandstädte 770
Taxen als Verkehrsmittel 1024, 1027, 1028
Teheran (Iran) 559, 683, 684, 830, 833, 963, 976, 981, 1025, 1027, 1029
Tel Aviv (Israel) 638, 875
Telephonmethode
   Messung der Überschußbedeutung 497
Tema (Ghana) 628
Temesvar (Rumänien) 901
Tempelstädte 487, 594, 886, 887
Territorialgrenzen und Städte, Deutschland und Frankreich 870
Tertiärer Sektor 486, 497, 546, 584
Tezibazar (Indische Union) 830, 831
Thailand
   Individualverkehr 1026
   Öffentlicher Verkehr 1027
   Pro-Kopf-Verbrauch von Brennholz und Holzkohle 962
Thale (Deutsche Demokratische Republik) 871
Theresienwiese – München (Bundesrepublik Deutschland) 787
Tibet, Klosterstädte 593
Tientsin (China) 554, 624

Sachregister LIII

Tiflis (Sowjetunion) 1001
Tihuana (Mexiko) 609
Tijuana – San Diego; Kalifornien (Vereinigte Staaten) 610
Timbuktu (Mali) 620
Timgad (Nordafrika) 912
Tjumen (Sowjetunion) 571
Tlaxcala (Mexiko) 850, 851
Tohoku (Japan) 571, 607
Tokaidobahn (Japan) 576
Tokaido – Verdichtungsraum (Japan) 576
Tokugawa – Periode (Japan) 589
Tokyo (Japan) 574, 575, 624, 636, 680, 695, 696, 701, 811, 940, 941, 945, 946, 1005, 1011, 1031
Toledo (Spanien) 635
Toledo – Ohio (Vereinigte Staaten) 872
Tomsk (Sowjetunion) 872
Tongas als Verkehrsmittel 1023
Tonkin – Lyon (Frankreich) 672
Topographische Lage von Städten
  China 875
  Europäisches Mittelmeergebiet 874-877
  Frankreich 874-876
  Griechenland 872
  Hongkong 877
  Indien 875
  Indische Union 877
  Israel 875
  Kanada 877
  Mitteleuropa 875-878
  Nordwestafrika 877
  Ostmitteleuropa 875
  Tropisch-Afrika 877
  Vereinigte Staaten 877
Topographische Lage von Städten, Einfluß des Schutzmotivs 874
Toronto (Kanada) 632, 696, 729, 812, 872, 999, 1002
Toskana (Italien), Einfluß der Signoria auf die Sozialgliederung 795
Toulon (Frankreich) 591
Toulouse (Frankreich) 540, 672, 755, 787, 923
Tours (Frankreich) 617
Towns 549
Toyota (Japan) 607
Trabantenstädte 489, 491, 492, 781-785
Trabantenstädte
  Bundesrepublik Deutschland 564
  Großbritannien 758, 759
  Niederlande 569
  Polen 614
  Vereinigte Staaten 719, 720, 721
Traditionelle Städte im Orient 827, 828
Transfer von Wasser von Alaska nach Los Angeles 979
Transition Height-Index 708
Transition Intensity-Index 708

Transport durch Tiere 1019
Transportbänder für den Fußgängerverkehr 1015
Trautenau (Tschechoslowakei) 502
Trennung von Auto- und Fußgängerverkehr (Großbritannien) 757
Trennung von Industrie- und Wohngebieten (Großbritannien) 757
Tribale Struktur in Städten (Tropisch-Afrika) 580
Trier (Bundesrepublik Deutschland) 590, 595
Trinkwasserversorgung durch
  Brunnen 970, 971, 976, 979, 980
  Flüsse 973
  Grundwasser (Bohrlöcher 975, 976)
  Meeresentsalzungsanlagen 971
  Qanate 971, 976, 977
  Quellwassergewinnung 975, 976, 978, 979
  Talsperren mit Fernwasserleitungen 971, 976, 977, 979, 980
Tripoli (Libanon) 683
Trockeninseln in Städten 952
Tropisch-Afrika
  Anglophile koloniale Gründungen 842
  Citybildung 689
  Einstige Europäerstadt 835
  Frankophile koloniale Gründungen 842
  Großstädte 578, 839, 842
  Grundriß 907
  Handwerk 835, 836
  Hauptstädte 580, 581
  Inderviertel 835, 844, 845, 847
  Industrial estates 608
  Industriestädte 608, 609
  Industriestandorte 702
  Kleinstädte 652, 653, 660
  Landstädte 600, 601
  Landwirtschaft 835
  Levantinisches Viertel 835, 840, 846, 847
Tropisch-Afrika
  Verkehrsmittel 1019-1030
  Versorgung mit Trinkwasser 961, 970
Tschad
  Primate City-Struktur 580, 581
Tschernigow (Sowjetunion) 592
Tschernijew (Sowjetunion) 622
Tschu-Städte (Präfekturhauptstädte) China 589
Tschungking (China) 883
Tsingtau (China) 589
Tübingen (Bundesrepublik Deutschland) 596, 746, 921
Tugurios 850
Tulsa – Oklahoma (Vereinigte Staaten) 674, 713
Tunis (Tunesien) 824, 831-833
Tunnelanlagen zur Gewinnung von Trinkwasser 975, 978
Turbulenzone zwischen niedrigen und hohen Gebäuden 950
Turin (Italien) 795, 868, 892

Turku (Finnland) 740
Tyneside (England) 785
Tyros (jetzt Sour, Libanon) 621

Überbrückung der Straßen für Fußgänger 1014
Übergangszone
  Australien 731
  Frankreich 755
  Kanada 730
  Mitteleuropa 743
  Neuseeland 731
  Nordeuropa 755
  Republik Südafrika 734
  Vereinigte Staaten 715, 723, 724, 725, 728
Übergangszone und Wärmeinseln 943, 944
Übergangszone (Vereinigte Staaten)
  Bevölkerungsdichte 707, 708, 709
  Ethnische bzw. rassische Minderheiten 725
  Reihenhäuser 709
  Sanierungen 717
  Sektor aktiver Assimilation 715
  Sektoren allgemeiner Inaktivitäten 717
  Sektoren passiver Assimilation 717
Überseeische Zuwanderung (Australien) 730, 731
Überwärmung von Straßen 948
Ürgüp (Türkei) 921
Ufa (Sowjetunion) 804
Uganda 1026
Uljanonowsk-Simbirsk (Sowjetunion) 592
Ulm (Bundesrepublik Deutschland) 507, 521, 534, 591, 596, 645, 866
Ulundi (Republik Südafrika) 743
Umgekehrte Einpendler (Vereinigte Staaten) 572
Umkreise von zentralen Orten
  Abgeschlossene Städtesysteme 529
  Abgrenzung durch Isolinien 552, 553
  Äußere Reichweite 525
  Aktionsreichweiten 534, 548
  Altersstruktur der Bevölkerung 548, 549, 551
  Anautarke Wirtschaftskultur 530
  Anordnung der Hierarchiestufen 524 ff.
  Bedeutung von Zeitungen 537, 542
  Bevölkerungsdichte von trade areas 533
  Einfluß der rheinisch-westfälischen Grenze 550
  Einflußgebiete 435, 436, 524, 532, 534, 539, 546, 547
  Einflußbereiche von sozialen Gruppen 550
  Einkaufsverhalten von Farmern 549
  – von Städtern 549
  Entropie 529, 530
  Ergänzungsgebiete 525
  Frischmilchversorgung 542, 543
  Gemüseversorgung 542, 543
  Großhandel 543
  Gruppen spezifischer Aktionsreichweiten 548
  Güterspezifische Aktionsreichweiten 547
  Hexagonale Anordnung der Städte 524, 525, 528, 531, 532
  Hinterland 524, 532, 534, 535, 536, 537, 538, 539, 540, 541
  Hsien-Städte (China) 530, 531
  In-Kreise 525
  Innere Reichweite 527
  Intermediate market towns (China) 530, 531
  K-Werte 525, 526, 532
  Kreisförmige Anordnung 524
  Kartographische Darstellung 553
  Marktprinzip 525
  Marktzyklen 530, 531
  Mehrfach-Beziehungen 536
  Mennoniten 549
  Methode des nächsten Nachbarn 529
  Offene Städtesysteme 529
  Offiziöse Einrichtungen 541, 547
  Rechteckanordnung 529
  Regelmäßige Verteilung 524, 529, 530, 532
  Reichweite rangspezifischer Güter 525, 526
  Religiöse Gruppen 550, 551
  Rhombenanordnung 529
  Schwellenwerte für rangspezifische Güter 525, 526
  Sozialstrukturen 548
  Spätindustrielle Phase 530
  Städtearme Sektoren 527, 528
  Städtereiche Sektoren 527, 528
  Städtesysteme 525
  Standard market towns (China) 530, 531
  Stichprobenverfahren 547, 551
  Trade areas 532
  Umland 524, 532, 534, 535, 536, 539, 540, 543, 546, 547
  Verkehrsprinzip 525, 529
  Versorgung mit kurzfristigen Gütern 524
  – mit langfristigen Gütern 524
  – mit periodischen Gütern 524
  Versorgungsprinzip 525, 529
  Wochenmärkte 541
  Zufällige Verteilung 524, 529, 530
  Zwangsbeziehungen 541, 547
Umkreise von zentralen Städten (central market towns) 530, 531
Umkreise von zentralen Orten
  Bundesrepublik Deutschland 525, 526, 530, 533, 542, 543, 548, 551, 552
  China 530, 531
  England 552
  Entwicklungsländer 547, 566, 567
  Europäisches Mittelmeergebiet 541
  Finnland 530, 546
  Frankreich 530, 541, 552
  Hongkong 544, 545
  Industrieländer 543
  Italien 530
  Japan 532, 544

Kanada 529, 549, 550
Korea 532
Mitteleuropa 536
Niederlande 544
Orient, Ostblockländer 545
Schweden 530, 536, 537
Schweiz 547
Sowjetunion 541, 545
Südosteuropa 541
Türkei 547
Vereinigte Staaten 529, 530, 532, 533, 536, 537, 538, 539, 541, 543
Wales 552
Umland 602
Umwidmung von Friedhöfen 792
Ungeregelter Grundriß 911
Universitätsstädte
    Bundesrepublik Deutschland 596
    Großbritannien 595
    Italien, Portugal 596
    Schweden 597
    Sowjetunion 583
    Spanien 596
    Vereinigte Staaten 582, 595
Untere Grenze der Bevölkerung von Städten
    Deutschland, Frankreich, Japan 483
Unterführungen für Fußgänger 1014
Untergrundbahnen 695, 998-1002, 1031
Unterirdische Geschäftsstraßen 680
Unterirdische Hochwasserrückhaltebecken 986
Unternehmerinnovation 537, 538
Unterschichten (Mitteleuropa) 736
Unterschied von City und CBD 673
Unterstadt – Mannheim (Bundesrepublik Deutschland) 759
Uppsala (Schweden) 597
Urban sprawl 569, 747, 771, 1002, 1009, 1011
Urban village 712
Urbanisation 488
Urbanisierung 488
Urbanized Areas (Vereinigte Staaten) 490
Uruguay
    Primate City-Struktur 577
    Verstädterung 576
Utrecht (Niederlande) 569, 762

Vällingby – Stockholm (Schweden) 671, 783
Valdivia (Chile) 851
Valence (Frankreich) 865
Valladolid (Spanien) 625
Valparaiso – SMSA Chicago (Vereinigte Staaten) 659, 707
Valparaiso (Chile) 538, 624
Varanasi (Benares) (Indische Union) 594, 865
Vatikanstadt Rom (Italien) 632, 633
Vaudreil – Verdichtungsraum Marseille (Frankreich) 785

Vecindados 850
Velbert (Bundesrepublik Deutschland) 551
Venedig (Italien) 620, 622, 877, 905
Venezuela
    Log normale Verteilung der Städte 577
    Verstädterung 576
    Zentrale Orte 502, 503
Veränderung der Windgeschwindigkeiten in Städten 949
Verden (Bundesrepublik Deutschland) 738
Verdichtungsräume 506, 513, 530, 565
Verdichtungsräume, Abgrenzung 493
– Mehrkernige 493
– Monozentrische 493
– Polyzentrische 493
Verdichtungsraum
    Bundesrepublik Deutschland 492, 493, 494, 497, 564
    Hamburg 564, 780, 781, 784
    Hannover 564, 763, 779
    Köln 779
    München 564, 763, 780, 799
    Nürnberg – Fürth – Erlangen 564, 784
    Rhein – Main 564, 779
    Rhein – Neckar 564, 777, 778, 788, 397
    Rhein – Ruhr, Saarbrücken 564
    Stuttgart 535, 547, 552, 763, 778, 779
    West-Berlin 779
Vereinigte Staaten
    Äußere Vororte 719
    All negro towns 705
    Alte Einwanderung 571
    Alte Satelliten 720
    Appartments-Hochhäuser 715
    Arbeiterwohngebiete 725
    Arbeiterwohnheime 728
    Autoparkplätze 1011
    Bedeutungsverlust des CBD 676
    Bergbaustädte 582, 604, 605
    Bevölkerungsmobilität in der Übergangszone 721
    Bürohausviertel 715, 716, 927
    CBD 673, 674, 728
    Colorado-Aquädukt 978
    Deckung des Wasserbedarfs durch Talsperren 980
    Dezentralisierte tertiäre Einrichtungen 677
    Doppelstädte 573
    Eigenheime 717, 721, 722, 725
    Einbahnstraßen 1014
    Einzelhandelszentren 582, 601, 602
    Erholungsflächen pro Person 718, 719, 721
    Ethnische Gliederung 706, 707
    Express Highways 697, 721
    Fabrikviertel 695
    Fernheizungen 963, 964

Flächenanteil der Industrie 703
- von Parkanlagen 703, 704
- von Straßen 703, 704
- von Wohnungen 703, 704
Frame-Konstruktion 725
Friedhöfe 718, 792
Fremdenverkehrsstädte 582
Funktionale Stadttypen 582, 585
Fußgängerzonen 1015
Garnisonsstädte 591
Ghettobildung 715, 717, 755, 927
Granby-Stausee 978
Großhandelsstädte 585
Grundriß 905, 906, 908, 911, 978, 979
Handelsstädte 618, 619
Hauptstädte der Bundesstaaten 593
Hierarchiestufen zentraler Orte 504
High rise apartments 723, 928
Hochgaragen 1011
Industrial estates 606, 728
Industrielle Suburbanisierung 695
Industriestädte 582, 606, 611
Innere Vororte 719
Innerstädtische Geschäftszentren 675
Interstate Highways 697, 725
Käufer verschiedener Geschäftseinrichtungen 676
Kleinstädte 658, 659
Levittowns 720, 721
Local service centers 602
Log-normale Verteilung 570
Luftverschmutzung und Individualverkehr 1010
Managementzentren 619
Manufacturing belts 606
Mehrkernmodell von Harris und Ullmann 728
Metropolitan Districts 490
Miethäuser 717, 722
Mittelstädte 658
Mobilität der Bevölkerung 572
Morelos-Stausee 978, 979
Multifunktionale Städte 584, 618
Negerghettos 720
Neue Einwanderung 571
Neue Vororte 720
Nichtindustrielle Management-Zentren 619
Öffentlicher und Individualverkehr 1013
Para-Transit-System 1013
Parkanlagen 719
Pendelwanderung 490, 572, 720
Polyzentrische Verdichtungsräume 573
Randbereiche der SMSA 721
Randwanderung der Bevölkerung 572
- des zweiten Sektors 572, 697-701
- des dritten Sektors 572
Rapid Transit Lines 1013
Regionale Shopping centers 676

Rentnerstädte 582, 907
Ringautobahnen 687, 1009, 1011
Ringeisenbahn 693
Ringförmiges Wachstum der Städte 920
Rural-non-farm-Bevölkerung 573
Sanierungsmaßnahmen 721
Salzgehalt des Wassers und dessen Problem 978
Satellitenstädte 708, 719, 720, 728
Schlafstädte 719
Segregation von Skandinaviern 715
Shopping centers 721, 728, 1015
Slumbezirke 717
Soziale Gliederung der Bevölkerung 704 ff.
Sozialer Wohnungsbau 715
Stadtautobahnen 1011
Stadt-Land-Beziehungen 540
SMSA 490, 494
Standorte der Industrie 728
- von Arbeiterwohnvierteln 728
- von Bürohausvierteln 728
- von Sportplätzen 703, 704
Suburbanisierung der Industrie 721
- des tertiären Sektors 728, 1015
Supermärkte 676
Trabantenstädte 719, 720, 728
Tiefgaragen 1011
Übergangszone 725, 728
Umgekehrte Einpendler 572
Umkreise von zentralen Orten 529-533, 536-543, 553
Universitätsstädte 582, 595
Unterirdische Hochwasserrückhaltebecken 986
Urban sprawl 1011
Urbanized areas 490
Verkehrsbelastung 1016-1018
Verkehrsmittel 988-990, 1004-1006, 1008-1012
Verkehrsstädte 582
Verwaltungsstädte 592, 593
Verstädterung 570, 571
Verwaltungsviertel 715
Vororte und Vorortzonen 719, 722, 725
Wandel des Grundrisses 919
Wasserverbrauch pro Person in Städten 973, 978
Wohnfläche pro Person in Vororten 721
- in zentralen Städten 719
Yankeestädte 705
Zentrale Orte 498, 500, 501, 521, 606
Zentrifugalkräfte im Rahmen der inneren Differenzierung 725
Zufuhr von Trinkwasser 978
Zwischenstädtische Wanderungen 571, 572
Vereinigte Staaten – Mexiko
Freihandelszone 609
Vererbte Standorte der Industrie 696
Vergleich von Spurenstoff zwischen reiner und unreiner Atmosphäre 932

Vergnügungsviertel 668
Verkehr und Städte 862
Verkehrsfunktionen 647
Verkehrsmittel
　Bundesrepublik Deutschland 1001-1011
　Deutsche Demokratische Republik 1004, 1005
　Großbritannien 1002
　Hongkong, Singapore 1027, 1028
　Südostasien 1018-1027
　Vereinigte Staaten 988-990, 1004-1006, 1008-1012
Verkehrsprinzip (Bundesrepublik Deutschland) 496
Verkehrsstädte
　Japan 696
　Nordamerika 582, 615
　Sowjetunion 583, 615
Verkehrsverbindungen (Bundesrepublik Deutschland) 1011
Verkehrswege in ihrer Bedeutung für die SMSAs (Vereinigte Staaten) 727, 728
Verlagerung von Einkaufsstraßen (Japan) 679, 680
Verringerung der Frosthäufigkeit in Städten 945
Verringerung der Schneedecke in Städten 945
Versailles (Frankreich) 590, 787, 902, 915, 916
Versorgung mit Trinkwasser
　Lateinamerika 960, 961, 970
　Südasien, Tropisch-Afrika 961, 970
Versorgungsbereiche (Bundesrepublik Deutschland) 495, 496
Versorgungsorte (Bundesrepublik Deutschland) 495, 496
Verstädterte Zone (Bundesrepublik Deutschland) 491, 492
Verstädterung
　Afghanistan 557
　Argentinien 576
　Bahrein 557
　Brasilien 576
　Bundesrepublik Deutschland 564
　Burundi 579
　China 554
　England und Wales 565
　Irak 557
　Japan, Kolumbien 575, 576
　Kuwait 557
　Lateinamerika 576, 577
　Malaysia, Mauretanien 578
　Mexiko 576
　Nordwestafrika 559, 561
　Orient, Ostasien 557, 558
　Philippinen 578
　Qatar 557
　Rwanda 579
　Senegal 578
　Sowjetunion 570, 571

Südasien, Südkorea 577, 578
Südostasien 577, 578
Taiwan 578
Uruguay 576
Venezuela 576
Vereinigte Staaten 570, 571
Zambia 578
Verstädterungsförderungsgebiete (Japan) 544
Verstädterungsgrad 488
Verstädterungskontrollgebiete (Japan) 544
Verstärkung der Wärmeinseln bei Wachstum der Städte 946
Verteilung der Städte 553 ff.
Verunreinigungen der Luft durch Gase, Ruß und Staub 933
Verwaltungsfunktionen 643, 647
Verwaltungsfunktionen in Geschäftsvierteln (Entwicklungsländer) 660
Verwaltungsgrenzen von Städten 483
Verwaltungsprinzip (Bundesrepublik Deutschland) 496
Verwaltungsreformen
　China 553
　Großbritannien 490
Verwaltungsstädte
　Lateinamerika, Tropisch-Afrika 593
　Vereinigte Staaten 592, 593
Verwaltungsstationen 553
Verwaltungsviertel, Frankreich 672
　Vereinigte Staaten 715
Vevey (Schweiz) 630
Vienne (Frankreich) 865
Viersen (Bundesrepublik Deutschland) 603
Viertelsbildung, s. innere Differenzierung
Villages sociaux (Frankreich) 782
Villes neuves de Grenoble 784
Villeurbanne – Verdichtungsraum Lyon (Frankreich) 672
Villingen (Bundesrepublik Deutschland) 897
Volkskommunen (China) 554, 555, 589
Volkspark – Wien (Österreich) 787
Volkswiesen (Großbritannien) 787
Vorgründerzeitliche Städte (Mitteleuropa) 750
Vorhäfen 627
Vorindustrielle
　– Abwasserbeseitigung 980
　– Städte 493, 494, 919
　– Wasserversorgung 980
Vororte
　Mitteleuropa 748, 479
　Vereinigte Staaten 719, 722, 725
Vororte als Standorte der Industrie (Mitteleuropa) 755
Vorortsverkehr 987 ff.
Vorsorgliche Eingemeindungen 749
Vorstädte (Mitteleuropa) 748
Vysograd (Sowjetunion) 592

Wachstum der Städte 488
Wärmeinseln 937, 941, 942
Wärmeinseln
   Ausdehnung nach der Höhe 945
   CBD (Vereinigte Staaten) 941, 943, 944
   City europäischer Städte 944
   in Städten – der mittleren Breiten 944
   – der Subtropen 943
   – der Tropen 942, 943
   Industriekomplexe 944
   Nachts, Tagsüber 944
   Shopping centers (Vereinigte Staaten) 944
   Übergangszone 943, 944
Waldbronn – Karlsruhe/Verdichtungsraum 777
Waldfriedhöfe 790, 791
Waldstadt – Karlsruhe (Bundesrepublik Deutschland) 776, 777
Waldstadt – Mannheim/Verdichtungsraum 776
Wales, Umkreise zentraler Orte 552
Wallfahrtsplätze, Orient 594
   Indien 593, 594
Wandel des Grundrisses
   Ägypten 911
   Frankreich 911, 913-916
   Italien 913, 914
   Sowjetunion 913, 916, 917
   Türkei 913, 917
   Vereinigte Staaten 919
Wandel der Holzbauweise in Städten Nordeuropas 912, 913
Wanderhändler 530, 531
Wanderungsmodell (West-Malaysia) 578
Wandsbek – Hamburg/Verdichtungsraum 633, 668, 754
Wanne-Eickel (Bundesrepublik Deutschland) 610
Wannsee – West-Berlin/Verdichtungsraum 771
Waräger 622, 623
Warnemünde (Deutsche Demokratische Republik) 623
Warschau (Polen) 679, 808
Washington, D. C. (Vereinigte Staaten) 573, 584, 593, 639, 640, 873, 907, 939, 940, 945, 949, 999, 1009
Wasserbeschaffung 970 ff.
Wasserverbrauch 972-974, 978
Wasserverteilung 980
Wattenscheid – Bochum/Verdichtungsraum 610
Wedding – West-Berlin/Verdichtungsraum 759, 761
Weichbild 598, 741
Weihrauchstraße 619, 620
Weinheim – Verdichtungsraum Rhein-Neckar (Bundesrepublik Deutschland) 778
Weiße Stadt – Reinickendorf – West-Berlin/Verdichtungsraum 774
Weiße Stadt Beli-Gorod – Moskau (Sowjetunion) 900

Weiße Stadt – West-Berlin (Bundesrepublik Deutschland), Neue Stadt der Zwischenkriegszeit 774
Weißensee (Ost-Berlin) 771
Weltvreden – Djakarta (Indonesien) 905
Wellblech s. Baumaterial
Wellington – Florida (Vereinigte Staaten) 591
Wellington (Neuseeland) 628
Werkssiedlungen (Mitteleuropa) 744
Wernigerode (Deutsche Demokratische Republik) 871
Wesel (Bundesrepublik Deutschland) 591
Westafrika, Verstädterung 578
West-Berlin 564, 612, 633, 696, 759, 769, 788, 790, 791, 949, 973-975, 980, 982, 984, 1004
Westend – Frankfurt a. M. (Bundesrepublik Deutschland) 767
Westend – London (England) 612, 668
Western und Non-western cities 689, 690
Westeuropa
   Grundriß von Städten 908
   Ungeregelter Grundriß bei Frühformen 909
   Vorindustrielle Kanalisationsanlagen 983
Westinder als ausländische Arbeitskräfte Großbritanniens 762
Westindien, Grundriß der Städte 904
   Grundriß spanischer Kolonialstädte 904
West-Malaysia, Wanderungsmodell 578
West Midlands mit Birmingham als Zentrum 490
Westminster-London (England) 668
Westslawen, Burgstädte 590
White collar workers (Großbritannien) 737
Whyalla (Australien) 606
Wiederaufbau zerstörter Altstädte (Mitteleuropa) 750, 751
Wiederverwertung von Müll 986
Wien (Österreich) 494, 546, 640, 656, 666, 693, 696, 737, 748, 752, 790, 792, 794, 871, 872, 929, 949, 968, 976, 979, 1001
Wiental (Österreich) 771
Wiesbaden (Bundesrepublik Deutschland) 543, 1007
Wigbold 598
Wiksiedlungen
   Flandern, Mitteleuropa, Nordeuropa, Westeuropa 622
Wilde Wohnsiedlungen (Mitteleuropa) 745
Wilhelmsburg – Hamburg/Verdichtungsraum 633
Wilhelmshaven (Bundesrepublik Deutschland) 591
Winchelsea (England) 899
Windgeschwindigkeiten auf Flughäfen 949
Windrichtung und Standort von Industrieanlagen 954
Windsor (Kanada) 730
Windstillen 948, 949
Winnipeg (Kanada) 729

Wirtschaftliche Funktionen 647
Wisby (Schweden) 621
Wismar (Deutsche Demokratische Republik) 621, 873
Witwatersrand (Republik Südafrika) 632, 638
Wochenmärkte
  Entwicklungsländer 653, 660
  Indien 653
  Marokko 650, 651
  Mitteleuropa 656
  Orient 649, 683
  Westeuropa 656
Wörth-Karlsruhe (Bundesrepublik Deutschland) 777
Wohlstandsviertel
  Australien, Neuseeland 732
Wohlstandsviertel in Abhängigkeit von Industrieanlagen 954
Wohnfläche pro Person in Eigenheimen (Vereinigte Staaten) 721
Wohnfläche pro Person in den zentralen Städten
  Vereinigte Staaten 718, 719
  In den Vororten 721
Wohnhausdichte 485
Wohnorte von ausländischen Arbeitskräften 762
Wohnraum pro Person in Spontansiedlungen 833, 834
Wohnstandorte ausländischer Arbeitskräfte – Mittelring Birmingham (England) 765
Wohntürme als städtische Bauten 924
Wohnungsbau (Frankreich) 802
Wohnungsbaugesetze 776
Wohnviertel (Republik Südafrika)
  Bantus 732, 733, 734, 735
  Inder 732, 733
  Mischlinge 732, 733
  Weiße Mittelschichten, Weiße Oberschicht 733, 734
Wohnwagen (Vereinigte Staaten) 921
Wolfsburg (Bundesrepublik Deutschland) 611, 631, 763, 977
Wolga-Ural-Bereich (Sowjetunion) 607, 608
Wolgograd-Zarizyn (Sowjetunion) 592
Wolkenkratzer 724
Wolgrad (Sowjetunion) 954
Wollogong (Australien) 606
Worcester (England) 921
Worcester-Massachusetts (Vereinigte Staaten) 690, 708
Workuta (Sowjetunion) 553
Worms (Bundesrepublik Deutschland) 590, 778, 865
Woronesch (Sowjetunion) 592
Würzburg (Bundesrepublik Deutschland) 564,
Wüstenhäfen 629, 874
Wuppertal (Bundesrepublik Deutschland) 492, 590 551

Xanten (Bundesrepublik Deutschland) 590

Yankee-Städte (Vereinigte Staaten) 705, 711
Yaounde (Kamerun) 579
Yokamachi (Japan) 654, 656
Yokohama (Japan) 575, 576, 624, 695
York (England) 611
Yorubastädte (Nigeria) 580, 600, 653, 702
Youngston – Ohio (Vereinigte Staaten) 708
Ypern (Belgien) 604

Zambia, Kupferstädte 579, 580
  Verstädterung 578
Zanzibar (Tropisch-Afrika) 887
Zaragoza (Spanien) 868
Zechenkolonien (Bundesrepublik Deutschland) 610, 741, 774
Zeil – Frankfurt a. M. (Bundesrepublik Deutschland) 663
Zeitungsviertel 670
Zellenförmige Aufsplitterung der Spontansiedlungen 861
Zentrale Dörfer 490, 549, 598, 606
Zentrale Hauptstädte 634, 635, 636
Zentrale Lage/Hauptstädte 639, 640
Zentrale Orte
  Basic employment 514
  Bedeutung von Banken 510
  – von Sonntagszeitungen 510
  – von Tageszeitungen 510
  Bezirksorte 497
  Bundesrepublik Deutschland 498, 499, 505, 506, 507, 511, 512, 513, 519, 521, 522, 523, 541, 546
  Deutsche Demokratische Republik 502
  Deutschland 515, 517, 518, 519, 520, 521, 522, 523
  Dispersionsfaktor 498, 499
  Entwicklungsländer 502, 503
  Eigenbedürfnisse 510
  Einbußen von Kleinzentren 502
  Faktorenanalyse 511, 513
  Fragebogen-Erhebung 505, 506
  Funktionale Stadttypen 509
  Funktionsspezialisierung 519, 520, 521, 522
  Gauorte 497, 525, 526
  Gesamtbedeutung 505, 512, 516, 521
  Gesetzte Dienste 505
  Graphenmethode, Gravitationsmodell 513
  Großbritannien 500, 503, 513
  Großzentrale Versorgungsleistung 517
  Herkunft der Bevölkerung 545, 546, 547
  Hierarchie und trade areas 533
  Hierarchiestufen 510, 511, 512, 513, 521, 523
  Hierarchical marginal goods 508
  Hierarchie der Märkte 503
  – der Städte 503

Hierarchiestufen 503, 504, 507
Historisch betrachtet 495
Index der Lokalfunktionen 516
– für städtische Funktionen 516
Innere Reichweite zentraler Güter 507
Kanada 510
Kaufkraft der Bevölkerung 498, 500, 509, 523
Kreisorte 497, 525, 526
Landeshauptorte 497, 525, 526
Lebensmittelversorgung 542
Lokalfunktionen 515
Marktorte 497, 525, 526
Minimum requirement-Methode 514, 515, 535
Mitteleuropa 502, 503, 505, 506
Mittelzentraler Besatz der Bereichsbevölkerung 517, 518
Mittelzentren 511, 512, 513, 522
– mit Teilfunktionen von Oberzentren 512, 513
– Versorgungsleistung 517, 518, 519
Nodalität 510, 513, 516, 521
Nodalitätsindex 516, 517
Nonbasic employment 513
Obere Reichweite zentraler Güter 507
Oberzentren 511, 512, 522
– Versorgungsleistung 517, 518, 520
Ökonomische Gesetze 496
Offizielle Einrichtungen 511
Offiziöse Dienste 498, 505
– Einrichtungen 511, 551
Oktrojiertes Netz 503
Periodische Märkte 502
Polen 502
Präsenzgrad von zentralen Funktionen 511, 512
Provinzhauptorte 497, 525, 526
Rang-Größenverteilung 500
Rangordnung 483 ff.
Raumordnung und Landesplanung 519, 523
Realitätsbestimmung 496
Reichweite zentraler Güter und Dienste 507
Republik Südafrika 498, 500, 501
Schweden 508, 509
Selbstversorgungsorte 506, 507, 534
Singuläre Funktionen 512
Städtebildende Funktionen 515, 516
Städtesysteme 510, 518
Stichprobenverfahren 505, 517
Tägliche Märkte 502
Telephonmethode 503, 513
Tertiärer Sektor 514, 519
Threshold sales level 508
Towns 500, 501, 504, 505, 525
Tschechoslowakei 502
Ubiquitäre Versorgungsleistung 516, 517, 518
Überschußbedeutung 496, 497, 498, 505, 508, 509, 510, 512, 513, 514, 516, 521

Umlandmethode 513, 523
Umsatzschwelle 507, 508
Umsatzüberschußmethode 510, 513
Untere Grenze zentraler Güter 507
Unterzentraler Besatz der Bereichsbevölkerung 517, 518
Unterzentren 511, 512, 513
– mit Teilfunktionen von Mittelzentren 512
Unterzentrale Versorgungsleistung 516, 517, 518
Vereinigte Staaten 498, 500, 501, 509, 511, 513, 514, 515, 521
Versorgungsorte 495, 496, 522
Verwaltungsfunktionen 502, 505
Verwaltungshierarchie 521
Wertschöpfungsquote 515
Wirtschaftliche Hierarchie 521
Zentrale Berufsgruppen 514, 516
Zentrale Dörfer 498, 500, 529
Zentrale Weiler 498, 500, 529
Zentralität 513, 521
Zentralitätsgrad 498, 499
Zentralitätsindex 500
Zwangsbeziehungen 505, 551
Zwischenstädtische Beziehungen 510, 511, 518, 536, 537, 539
Zentralfriedhöfe 790-792
Zentralheizungen 963
Zentralörtliche Stadt-Land-Beziehungen (Iran) 560
Zentrifugale Kräfte im Rahmen der inneren Differenzierung (Vereinigte Staaten) 725
Zentripetale Kräfte von Städten 489
Zinskasernen 747
Zielverkehr 1018
Zirkulation 579
Zone of transition and deterioration (Vereinigte Staaten) 707, 708, 709, 715
Zoning 757
Zürich (Schweiz) 671, 983
Zweipolige Städte (Orient) 683, 684
Zweistromland/Entstehung von Städten 586
Zwergstädte 483, 598
Zwischenkriegszeit, Deutschland 771-775
Frankreich 773
Zwischenstädtische Beziehungen 494, 536, 537, 539, 558
– Orient 558
Zwischenstädtische Wanderungen
Australien 574
Bundesrepublik Deutschland 564
Deutschland 563
Sowjetunion 571
Vereinigte Staaten 571, 572

Siedlungsgeographische Studien
Festschrift für Gabriele Schwarz

Herausgeber: W. Kreisel, W. D. Sick, J. Stadelbauer

17 cm x 24 cm. 535 Seiten. Zahlreiche Abbildungen. 1979. Fester Einband.
ISBN 3 11 007573 3

Aus dem Inhalt
Historisch-genetische Siedlungsforschung in Mitteleuropa – Geographie der ländlichen Siedlungen außerhalb Mitteleuropas – Allgemeine und regionale Stadtgeographie – Kulturlandschaftswandel und Siedlungsplanung (überwiegend an Beispielen aus Südwestdeutschland).

Bernd Andreae
Allgemeine Agrargeographie

12 cm x 18 cm. 219 Seiten. Mit 45 Abbildungen, 27 Kartenskizzen. 1984. Kartoniert.
ISBN 3 11 010076 2   (Sammlung Göschen, 2624)

Dieser Göschen-Band ist eine **Einführung** in die **Allgemeine Agrargeographie** im Weltmaßstab. Er ist modern, allgemeinverständlich und kurzgefaßt, so daß er gleichermaßen den Geographie- und Agrarstudenten, aber auch den interessierten Laien anspricht.

Aus dem Inhalt
Agrarbetriebe als Bausteine der Agrarlandschaft · Wandlungstendenzen im Weltagrarraum · Räumliche Differenzierungen im Weltagrarraum · Marginalzonen im Weltagrarraum · Landschaftsgürtel im Weltagrarraum und ihre für die Agrarwirtschaft bedeutsamen Merkmale · Klassifizierungsrahmen für agrarräumliche Einheiten · Weiterführende Literatur · Englische Maßeinheiten · Worterklärungen · Register.

Bernd Andreae
Agrargeographie

2. Auflage
Strukturzonen und Betriebsformen in der Weltlandwirtschaft

17 cm x 24 cm. 503 Seiten. Mit 121 Abbildungen, 49 Übersichten, 78 Tabellen, 2 Farbkarten in der Rückentasche. 1982. Fester Einband. ISBN 3 11 008559 3

Aus dem Inhalt
Die Agrargeographie als Wissenschaft · Die Klimazonen des Weltagrarraumes und ihre agrargeographisch bedeutsamen Merkmale · Die Abgrenzung des Weltagrarraumes · Agrarbetriebe als Bausteine der Agrarlandschaft · Klassifizierungsrahmen für agrarräumliche Einheiten · Die Agrargeographie der feuchten Tropen · Die Agrargeographie der Trockengebiete · Die Agrargeographie der gemäßigten Breiten · Strukturwandlungen des Weltagrarraumes im Wirtschaftswachstum · Literaturverzeichnis.

de Gruyter · Berlin · New York

Genthiner Straße 13, D-1000 Berlin 30 · Tel.: (0 30) 2 60 05-0 · Telex 1 84 027 · Telefax (0 30) 2 60 05-251
200 Saw Mill River Road, Hawthorne, N.Y. 10532 · Tel.: (914) 747-0110 · Telex 64 66 77 · Telefax (914) 747-1326

Lehrbuch der Allgemeinen Geographie

H. Louis
Allgemeine Geomorphologie
4., erneuerte und erweiterte Auflage. In zwei Teilen.
Unter Mitarbeit von K. Fischer.
Textteil: XXXI, 814 Seiten. 147 Figuren.
2 beiliegende Karten.
Bilderteil: II, 181 Seiten. 176 Bilder. 1979.
ISBN 3 11 007103 7 (Band 1)

Blüthgen/Weischet
Allgemeine Klimageographie
3. Auflage
Etwa 900 Seiten. 208 Abbildungen und 4 mehrfarbige Karten. 1980.
ISBN 3 11 006561 4 (Band 2)

F. Wilhelm
Schnee- und Gletscherkunde
VIII, 414 Seiten. 58 Abbildungen.
156 Figuren und 71 Tabellen. 1975.
ISBN 3 11 004905 8 (Band 3)

J. Schmithüsen
Allgemeine Vegetationsgeographie
3., neu bearbeitete und erweiterte Auflage.
XXIV, 463 Seiten. 275 Abbildungen.
13 Tabellen und 1 Ausschlagtafel. 1968.
ISBN 3 11 006052 3 (Band 4)

H. G. Gierloff-Emden
Geographie des Meeres
Ozeane und Küsten als Umwelt 2 Teilbände
Teil 1: XXIV, 847 Seiten. 324 Abbildungen und 1 Ausschlagtafel. 1979.
ISBN 3 11 002124 2 (Band 5, Teil 1)
Teil 2: XXVI, 608 Seiten. 290 Abbildungen und 1 Ausschlagtafel. 1979.
ISBN 3 11 007911 9 (Band 5, Teil 2)

G. Schwarz
Allgemeine Siedlungsgeographie
4. Auflage. 1989. (Band 6)

E. Obst
Allgemeine Wirtschafts- und Verkehrsgeographie
3., neu bearbeitete und erweiterte Auflage.
XX, 698 Seiten. 57 Abbildungen und 1 mehrfarbige Karte. 1965. Mit Nachdruck zur 3. Auflage von E. Obst und G. Sandner. 64 Seiten. 1969.
ISBN 3 11 002809 3 (Band 7)

M. Schwind
Allgemeine Staatengeographie
XXII, 581 Seiten. 94 Abbildungen und 57 Tabellen. 1972.
ISBN 3 11 001634 6 (Band 8)

E. Imhof
Thematische Kartographie
XIV, 360 Seiten. 153 Abbildungen und 6 mehrfarbige Tafeln. 1972.
ISBN 3 11 002122 6 (Band 10)

S. Schneider
Luftbild und Luftbild-Interpretation
XVI, 530 Seiten. 216, zum Teil mehrfarbige Bilder. 1 Anaglyphenbild. 181 Abbildungen und 27 Tabellen. 1974.
ISBN 3 11 002123 4 (Band 11)

J. Schmithüsen
Allgemeine Geosynergetik
Grundlagen der Landschaftskunde
XII, 349 Seiten. 15 Abbildungen. 1976.
ISBN 3 11 001635 4 (Band 12)

In Vorbereitung:

Bevölkerungsgeographie
Sozialgeographie

de Gruyter · Berlin · New York

Genthiner Straße 13, D-1000 Berlin 30 · Tel.: (0 30) 2 60 05-0 · Telex 1 84 027 · Telefax (0 30) 2 60 05-251
200 Saw Mill River Road, Hawthorne, N.Y. 10532 · Tel.: (914) 747-0110 · Telex 64 66 77 · Telefax (914) 747-1326